Universum

Physik Qualifikationsphase

Niedersachsen

Cornelsen

Universum Physik
Qualifikationsphase Gymnasium Niedersachsen G9

Autorinnen und Autoren: Dr. Hans-Otto Carmesin, Stade; Anneke Emse, Krefeld; Martin Piehler, Loxstedt; Inka Katharina Pröhl, Bremerhaven

Teile dieses Werkes beruhen auf Arbeiten von: Dr. Christian Burisch, Eva-Maria Geck, Prof. Dr. Lutz Kasper, Dr. Reiner Kienle, Ulf Konrad, Björn Mai, Carl-Julian Pardall, Antonius Rübbelke, Torsten Trumme, Dr. Ursula Wienbruch, Lutz Witte

Beratung: Lutz Witte, Wilhelmshaven

Redaktion: Dr. Wiebke Salzmann

Redaktionelle Mitarbeit: Dr. Christian Wende

Layoutkonzept und Umschlaggestaltung: SOFAROBOTNIK GbR, Augsburg & München

Grafik: newVISION! GmbH Bernhard A. Peter, Pattensen; ww-visuell Werner Wildermuth, Würzburg

Layout und technische Umsetzung: Typo Concept GmbH, Hannover

Begleitmaterialien zum Lehrwerk:

Schülerbuch als E-Book	978-3-06-010903-6
Lösungen zum Schülerbuch	978-3-06-011392-7
Begleitmaterial auf USB-Stick inkl. E-Book als Zugabe und Unterrichtsmanager auf cornelsen.de	978-3-06-013712-1
Unterrichtsmanager Plus online inkl. E-Book als Zugabe und Begleitmaterialien auf cornelsen.de	978-3-06-013718-3

www.cornelsen.de

Dieses Werk enthält Vorschläge und Anleitungen für Untersuchungen und Experimente. Vor jedem Experiment sind mögliche Gefahrenquellen zu besprechen. Beim Experimentieren sind die Richtlinien zur Sicherheit im naturwissenschaftlichen Unterricht einzuhalten.

1. Auflage, 1. Druck 2020

Alle Drucke dieser Auflage sind inhaltlich unverändert und können im Unterricht nebeneinander verwendet werden.

Druck: Firmengruppe APPL, aprinta Druck, Wemding

ISBN 978-3-06-010899-2

PEFC
PEFC/04-32-0928

PEFC zertifiziert
Dieses Produkt stammt aus nachhaltig bewirtschafteten Wäldern und kontrollierten Quellen.

www.pefc.de

Atomhülle 308

Atomkern 340

In den Aufgaben kennzeichnen:
- ■ erhöhtes Anforderungsniveau
- □ experimentelle Aufgabe

Elektrische Felder

In diesem Kapitel beschäftigen Sie sich mit:

1000µF
6.3 V
1000µF
6.3 V

Elektrostatik

Elektrische Ladungen: Es gibt positive und negative elektrische Ladungen. Ungleichnamig geladene Körper ziehen sich an, gleichnamig geladene Körper stoßen sich ab. Ein Körper ist **elektrisch neutral**, wenn er gleich viel positive und negative Ladung enthält. Ladungen können mit einem Elektroskop oder einer Glimmlampe **nachgewiesen** werden. Eine Glimmlampe leuchtet an der Seite, an der die negativen Ladungen eintreten, und zeigt so das **Vorzeichen der Ladung** an.
Körper können an den Polen einer elektrischen Quelle elektrisch positiv oder negativ geladen werden.

Elektroskop: Ein Elektroskop zeigt an, wie stark es elektrisch geladen ist. Es unterscheidet nicht zwischen positiver oder negativer Ladung.

Elektrische Influenz: Wenn man von außen einem Leiter elektrische Ladung annähert, dann verschieben sich die elektrischen Ladungen im Leiter aufgrund der anziehenden und abstoßenden Wirkung zwischen den Ladungen.

Ladung und Strom: Elektrischer Strom ist fließende elektrische Ladung.

Der elektrische Stromkreis

Elektrische Stromstärke: Die elektrische Stromstärke gibt an, wie viel elektrische Ladung in einem bestimmten Zeitabschnitt an einer Stelle im Stromkreis vorbeifließt.
Das Größensymbol ist I. Die Einheit der elektrischen Stromstärke ist ein Ampere (1 A).

Elektrische Spannung: Im elektrischen Stromkreis ist die Spannung einer elektrischen Quelle der Antrieb für den elektrischen Strom. Das Größensymbol ist U.
Die Einheit der elektrischen Spannung ist ein Volt (1 V).
Bei gleichen Stromstärken gilt: Je größer die elektrische Spannung der elektrischen Quelle ist, desto mehr Energie wird von der Quelle zum Gerät übertragen.

Elektrischer Widerstand: Der elektrische Widerstand gibt an, wie stark ein Gerät oder ein Gegenstand den elektrischen Strom hemmt.
Bei gleicher Spannung gilt: Je größer der Widerstand ist, desto kleiner ist die Stromstärke im gesamten Stromkreis.
Das Größensymbol ist R. Die Einheit für den elektrischen Widerstand ist ein Ohm (1 Ω).
Im Stromkreis gilt: $R = \frac{U}{I}$.

Spezifischer Widerstand: Der spezifische Widerstand ρ ist eine Materialkonstante. Für einen Draht der Länge l und der Querschnittsfläche A gilt: $R = \rho \cdot \frac{l}{A}$.
Die Einheit des spezifischen Widerstands ist $1\,\Omega \cdot \frac{\text{mm}^2}{\text{m}}$.

Verzweigter Stromkreis: Die Gesamtstromstärke der Ströme, die zu einem Knoten hin fließen, ist genauso groß wie die Gesamtstromstärke der Ströme, die von diesem Knoten weg fließen. Die Spannung an den parallel geschalteten Geräten ist gleich.

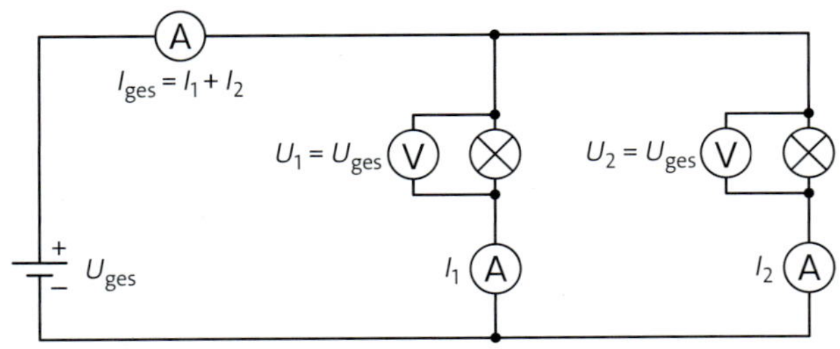

$I_{ges} = I_1 + I_2 + \ldots;\ U_{ges} = U_1 = U_2 = \ldots$

Unverzweigter Stromkreis: Im unverzweigten Stromkreis ist die Stromstärke an jeder Stelle des Stromkreises gleich groß. Die Gesamtspannung ist genauso groß wie die Summe der Teilspannungen.

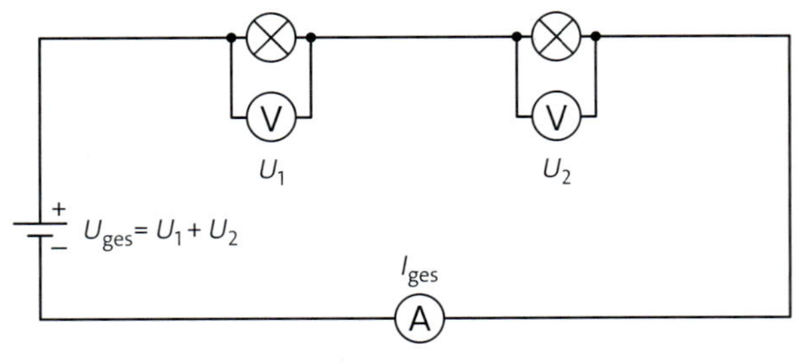

$I_{ges} = I_1 = I_2 = \ldots;\ U_{ges} = U_1 + U_2 + \ldots$

Elektrische Leistung: Die Leistung P beschreibt die im Stromkreis pro Sekunde übertragene Energie:

$P = \frac{\Delta E}{\Delta t} = U \cdot I.$

Die Einheit der Leistung ist: $1\frac{\text{J}}{\text{s}} = 1\,\text{V} \cdot \text{A} = 1\,\text{W}$.

Elektrostatik

1 Eine Folie wird durch Reiben mit einem Wolltuch negativ geladen. Erläutern Sie, wie Sie damit feststellen können, ob ein Luftballon positiv oder negativ geladen ist.

2 Erklären Sie, warum man bei einem Elektroskop nicht unterscheiden kann, ob es positiv oder negativ geladen ist.

3 Zwei identische Elektroskope sind positiv geladen und haben unterschiedliche Zeigerausschläge. Sie werden mit einem Kabel verbunden. Erläutern Sie, wie sich die Zeigerausschläge ändern.

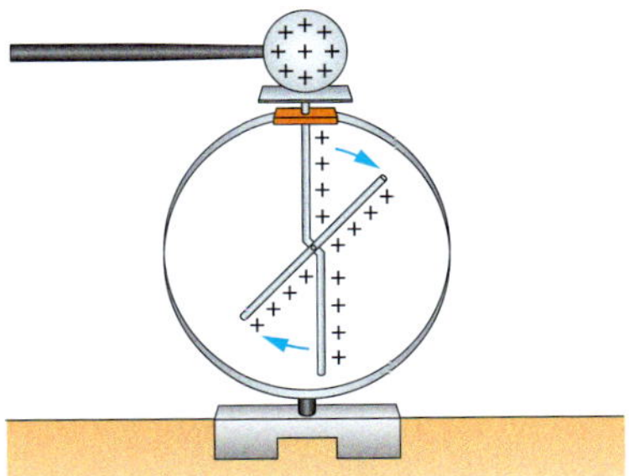

Elektrischer Stromkreis

4 Zwischen zwei unterschiedlich geladenen Metallplatten hängt eine elektrisch leitende, leichte Kugel an einem isolierenden Faden.

a) Mit der beweglichen Kugel wird kurz eine Platte berührt. Dann wird die Kugel losgelassen. Sie pendelt zwischen den Platten. Erklären Sie, warum dies passiert.

b) Skizzieren Sie die Anordnung einschließlich Kraft und Ladung für die Zeitpunkte kurz bevor und kurz nachdem die Kugel die rechte Platte berührt.
Beschriften Sie, wie Kugel und Platte jeweils geladen sind.

c) Begründen Sie, warum die Bewegung nach einiger Zeit aufhört.

d) Stellen Sie eine Vermutung an, was geschehen würde, wenn beide Platten gleich geladen wären. Begründen Sie.

5 Es ist $I_1 = 1{,}2\,\text{A}$ und $I_3 = 1{,}8\,\text{A}$. Berechnen Sie die Stromstärke I_2.

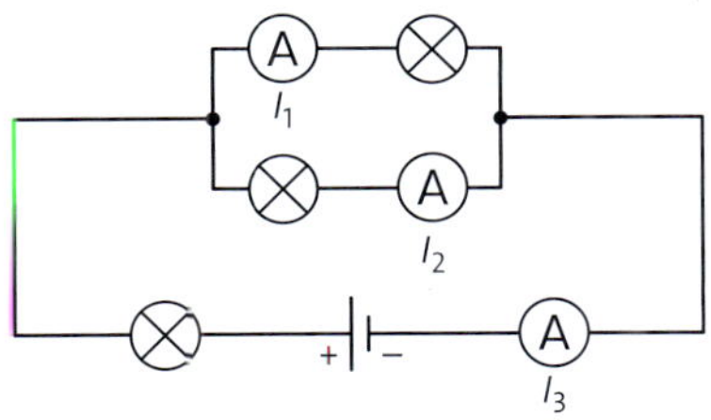

6 Berechnen Sie, wie lange man eine Leuchtdiode, durch die eine Stromstärke von 20 mA fließt, mit einem Lithium-Ionen-Akku maximal betreiben kann, wenn der Akku die Aufschrift „1000 mAh" trägt.

7 **a)** Erläutern Sie die Aussagen:
Ein Stromstärkemessgerät muss in Reihe zum Gerät geschaltet werden.
Ein Spannungsmessgerät muss parallel zur Batterie oder zum Gerät geschaltet werden.

b) Begründen Sie: Ein Stromstärkemessgerät muss den Strom praktisch ungehemmt durchlassen.
Ein Spannungsmessgerät darf den Strom praktisch nicht durchlassen.

c) Ein Stromstärkemessgerät wird statt eines Spannungsmessgeräts eingebaut (oder umgekehrt). Beschreiben und erklären Sie, was geschieht.

8 Bei den zwei abgebildeten Schaltungen aus zwei baugleichen Lampen A und B wird an den markierten Stellen ein dünner Draht eingesetzt. Erläutern Sie, wie sich dabei die Helligkeiten von L_1 und L_2 ändern.

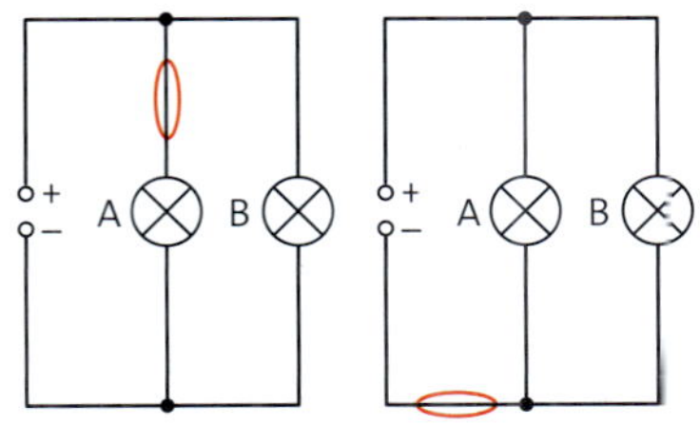

9 Fertigen Sie jeweils eine Schaltskizze zu einer Schaltung mit vier baugleichen Widerständen an. Dabei sollen die jeweils angegebenen Bedingungen erfüllt sein.

a) Die Stromstärke durch R_1 soll dreimal so groß sein wie durch die anderen Widerstände.

b) Die Stromstärke durch jeweils zwei Widerstände soll gleich groß sein, aber bei keinem so groß wie I_{ges}.

c) Vergleichen Sie die beiden Schaltungen bezüglich der Teilstromstärken.

10 Herr Brauns Wasserkocher hat eine Leistung von 2400 W. Bis ein Liter kaltes Wasser zu kochen beginnt, dauert es 2 min 45 s.

a) Berechnen Sie die aufgenommene Energiemenge in J und in kWh.

b) Herr Braun möchte Energie „sparen" und überlegt sich, seinen Kocher durch einen anderen mit einer Leistung von 1800 W zu ersetzen. Nehmen Sie Stellung.

11 Ein Kurzschluss entsteht, wenn beide Pole der elektrischen Quelle direkt miteinander verbunden sind. Dies ist unbedingt zu vermeiden. Erläutern Sie, warum.

12 Bei einer UND-Schaltung sind die Schalter in Reihe, bei einer ODER-Schaltung dagegen parallel geschaltet. Erklären Sie, warum die Schaltungen die Namen „UND" und „ODER" tragen.

1 Ein Blitz schlägt in ein Auto ein.

Das elektrische Feld

Der Blitz schlägt mit einer Spannung von mehreren 1000 V in das Auto ein, trotzdem kann eine Person darin unverletzt mit einem Schrecken davon kommen. Wir fragen uns daher: Was hindert den Blitz daran, in das Auto zu gelangen?

Ladungstransport beim Blitz • Diese Frage beantworten wir in zwei Schritten: Zuerst überlegen wir uns, was beim Blitz konkret einschlägt, und anschließend, warum der Blitz nicht in das Auto springt.
Was schlägt bei einem Blitz ein? Das erkennen wir mithilfe der Influenzmaschine in ▸Abb. 2. Hier wird durch Reibung Ladung getrennt. Diese springt später als Funken bzw. kleiner Blitz über, was zu einem Ladungsausgleich führt.

2 Influenzmaschine

An den kleinen Blitzen erkennen wir außerdem, dass sich die Ladung von der einen Kugel auf ungefähr bogenförmigen Flugbahnen zur anderen Kugel bewegt. Welche Kräfte führen zu dieser leicht gebogenen Flugbahn?

Modellversuch mit Grießkörnern • Um diese Bögen genauer zu untersuchen, führen wir einen Versuch mit Grießkörnern in Rizinusöl durch. Dazu legen wir zuerst zwei kleine Metallkontakte in das Öl und streuen anschließend Grießkörner hinein (▸Abb. 3 A). Dann laden wir den einen Kontakt positiv und den anderen negativ auf. Nun beobachten wir, dass sich die Grießkörner bewegen. Dabei bilden sie bogenförmige Ketten zwischen den beiden Metallkontakten (▸Abb. 3 B).

▸Abb. 3 C zeigt, wie sich die Grießkörner anordnen, wenn beide Kontakte dieselbe Ladung tragen.

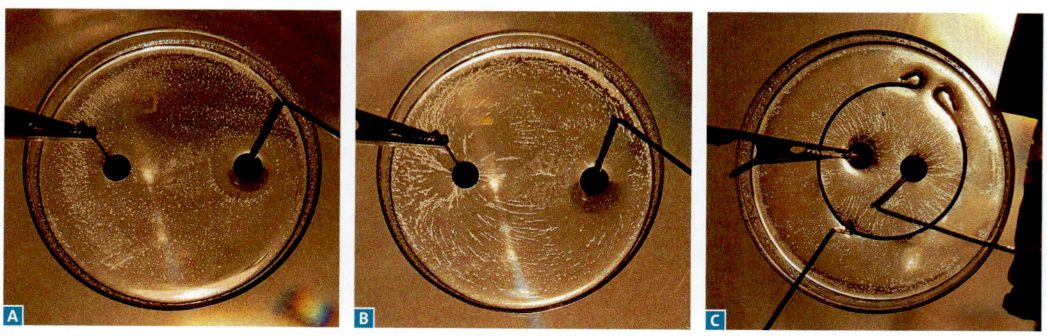

3 Versuch mit Grießkörnern: **A** ohne Spannung, **B** ungleiche Pole, **C** gleiche Pole

Polarisation • Sobald die Metallkontakte elektrisch geladen sind, bewegen sich die Grießkörner im Öl. Ursache ist die elektrische Kraft. Da das Öl jedoch nicht elektrisch leitet, bleibt jedes Grießkorn als Ganzes elektrisch neutral. Aber die negativen Ladungen wandern innerhalb des Grießkorns in Richtung des positiven Metallkontaktes. Das Fehlen dieser negativen Ladung auf der anderen Seite des Grießkorns führt dazu, dass diese Seite positiv geladen ist. So bewirkt die elektrische Kraft in jedem Grießkorn eine Ladungsverschiebung wie in ▸Abb. 4. Wir sagen, das Grießkorn ist **polarisiert.** Somit können die Ladungen der beiden Metallkontakte in ▸Abb. 3 B sogar in einem sehr entfernten Grießkorn Ladungen bewegen. Wie ist das möglich?

Das elektrische Feld • Wir kennen bereits ein Beispiel, bei dem ein Gegenstand in großer Entfernung eine Kraft bewirkt: den Magneten. Dabei entsteht in der Umgebung des Magneten ein magnetisches Feld. In diesem Feld wiederum wirkt auf andere Magneten eine Kraft. Analog entsteht in der Umgebung einer elektrischen Ladung ein elektrisches Feld. Auf jede Ladung im Grießkorn wiederum wirkt eine elektrische Kraft.

Kettenbildung • Die positiven und negativen Enden benachbarter polarisierter Grießkörner ziehen einander an. Viele polarisierte Grießkörner bilden so eine Kette, die gebogen zwischen den Kontakten verläuft (▸Abb. 3 B). Die Bogenform der Kette kommt daher, dass die Vektoren der elektrischen Kraft, die auf die einzelnen Körner wirkt, entlang der Kette ihre Richtung ändern, wie in Abb. 5 für die positiven Ladungen gezeigt.

Wir können die Grießkornketten stetig und glatt durch Linien ergänzen, so dass diese die beiden Metallkontakte miteinander verbinden. Diese Linien heißen **Feldlinien.** Zu diesen tangential liegen die Vektoren des **elektrischen Feldes.** So stellen die Ketten den Verlauf des elektrischen Feldes gut dar.

Konventionsgemäß beginnen die Feldlinien des elektrischen Feldes auf positiven Ladungen und enden auf negativen.
Ein elektrisches Feld erzeugt bei einer positiven Ladung eine parallel zum Feld und bei einer negativen Ladung eine entgegengesetzt zum Feld gerichtete Kraft.

4 Verschiebung von Ladungen im Grießkorn

Beim Grießkornversuch erproben die Ladungen in den Grießkörnern das Feld, man nennt sie **Probeladungen**. Ladungen, die das Feld erzeugen, heißen **felderzeugend.**

1 Skizzieren Sie die Feldlinien des Magnetfeldes bei einem Stabmagnet.

2 In der Umgebung der positiven elektrischen Ladung in ▸Abb. 5 verlaufen die Ketten aus Grießkörnern im Idealfall radial.
a) Zeichnen Sie eine einzelne positive Ladung mit ihren Feldlinien.
b) Zeichnen Sie bei den Feldlinien aus Teil a) an drei Stellen die Vektoren des elektrischen Feldes ein.
c) Zeichnen Sie eine positive Probeladung ein und zeichnen Sie den an diese angreifenden Kraftvektor.
d) Begründen Sie anhand der Probeladung, dass in einem Punkt weder eine Feldlinie in zwei Feldlinien aufspalten kann noch zwei Feldlinien zu einer zusammenlaufen können.
e) Zeichnen Sie eine negative Probeladung mit Kraftvektor ein.

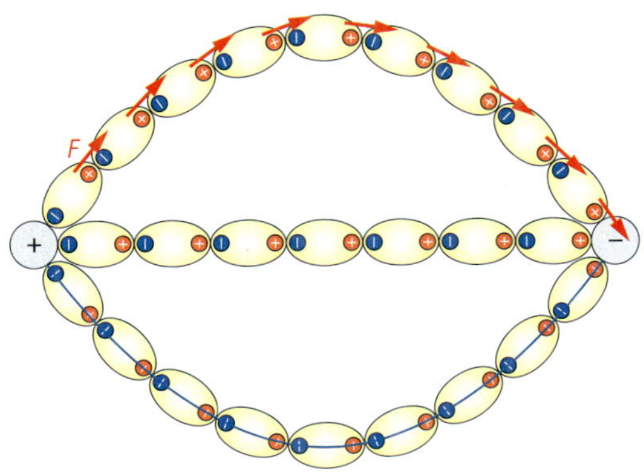

5 Musterbildung beim Grießkornversuch

1 Versuch zur Abschirmung

Elektrisches Feld im Auto • Um herauszufinden, wie das elektrische Feld in einem Auto oder allgemein einem Metallkäfig verläuft, führen wir einen Modellversuch mit Grießkörnern in Öl durch. Wir stellen den Käfig durch einen Metallring zwischen zwei elektrisch geladenen Platten dar (▸Abb. 1). Das elektrische Feld zwischen den Metallplatten polarisiert die Grießkörner und sie verdeutlichen den Verlauf der Feldlinien. Aber innerhalb des Metallrings bleiben die Grießkörner ungeordnet liegen. Also befindet sich kein elektrisches Feld im Metallring. Man sagt, der Metallring schirmt das elektrische Feld ab. Deshalb herrscht auch im Inneren eines Metallkäfigs kein elektrisches Feld und die Ladungen des Blitzes, die sich entlang der Feldlinien bewegen müssen, können nicht ins Käfiginnere gelangen.

In einem Metall sind nur die Elektronen als negative Ladung beweglich und wandern zum positiven Pol. Die positiven Ladungen im Metall würden zum negativen Pol hinbewegt – diese sind jedoch im Metall an die Atome gebunden und deshalb unbeweglich.

Ein Gefäß aus Metall schirmt elektrische Felder ab. Man nennt ein solches Gefäß einen **Faradayschen Käfig**.

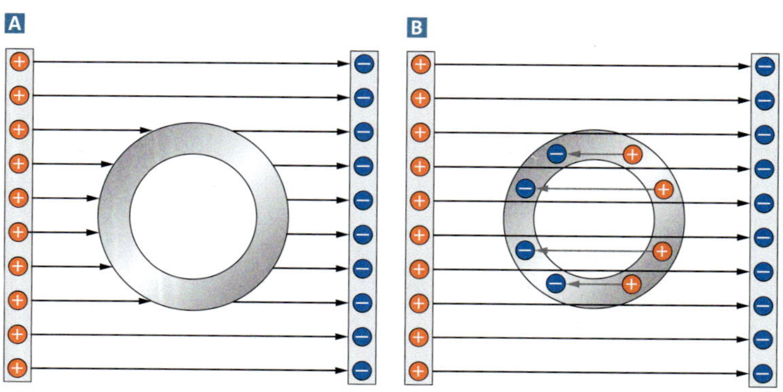

2 Abschirmung: **A** Feldlinien, **B** Erklärung

Wie schirmt Metall ab? • Die Abschirmung entsteht, sobald das elektrische Feld ins Metall eindringt (▸Abb. 2 A). Dieses Feld verursacht Kräfte auf die elektrischen Ladungen im Metall. Negative Ladungen werden durch die elektrischen Kräfte entgegengesetzt zum Feld bewegt, d.h. hin zum positiven Pol. So entstehen geladene Bereiche im Metall (▸Abb. 2 B). Eine solche Verschiebung von Ladung durch ein elektrisches Feld nennt man **Influenz.** Das Feld der verschobenen Ladungen wirkt dem eingedrungenen Feld entgegen. Die Ladungen im Metall bewegen sich so lange, bis in der Summe kein Feld mehr im Innern des Metalls herrscht, bis also das von ihnen erzeugte Feld das eingedrungene Feld genau ausgleicht. Somit ist im Metall und in jedem Hohlraum darin das elektrische Feld gleich null (▸Abb. 2). Auf diese Weise schirmen verschobene Ladungen auch das elektrische Feld im Innenraum des Käfigs blitzschnell ab. Dazu muss das Metall natürlich dick genug sein, ein Millimeter Blech genügt.

Trifft ein elektrisches Feld auf einen Metallkörper, so werden in diesem elektrische Ladungen verschoben.
Das nennt man **Influenz.**
Durch Influenz ist das elektrische Feld in einem Metallkörper und in einem Hohlraum darin gleich null. Das nennt man **Abschirmung.**

Feldlinien an Metalloberflächen • Elektrische Feldlinien stehen immer senkrecht auf Metalloberflächen (▸Abb. 1). Die tangentiale Komponente des Feldes ist an der Metalloberfläche also null. Was kompensiert eine auf die Metalloberfläche treffende tangentiale Feldkomponente? Wieder ist die Ursache die Influenz: Eine auftreffende tangentiale Feldkomponente verschiebt an der Oberfläche blitzschnell Ladungen. Die verschobenen Ladungen erzeugen ein Feld, das entgegengesetzt zur Richtung des auftreffenden Feldes ist. Diese Ladungsverschiebung hält an, bis die tangentiale Feldkomponente null ist, also bis die tangentiale Feldkomponente der verschobenen Ladungen die auftreffende tangentiale Feldkomponente genau kompensiert.

Feld im Plattenkondensator • Eine parallele Anordnung zweier Metallplatten wie in ▸Abb. 1 nennt man **Plattenkondensator.** Ein weiterer Modellversuch mit Grießkörnern in Öl zeigt uns das Muster der Feldlinien im Plattenkondensator. Dazu bringen wir zwei parallele Stäbe ins Öl und laden sie entgegengesetzt elektrisch auf. Die Grießkornketten in ▸Abb. 4 A sind zwischen den Stäben zueinander parallel und haben ungefähr konstanten Abstand, also eine konstante Dichte. Die Dichte von Grießkornketten und Feldlinien können wir zuverlässig beschreiben, auch ohne sie zu berechnen. Entsprechend sind auch die Feldlinien zwischen den geladenen Platten eines Plattenkondensators zueinander parallel und diese Feldlinien haben eine konstante Dichte. Da die Dichte der Feldlinien die Stärke des Feldes repräsentiert, hat das Feld zwischen den Kondensatorplatten konstante Stärke. Ein solches Feld nennt man **homogen.**

Ein Feld mit parallelen Feldlinien konstanter Dichte nennt man **homogenes Feld.** Im geladenen Plattenkondensator entsteht ein homogenes elektrisches Feld, dessen Feldlinien senkrecht zu den Platten verlaufen.

Feldlinien an Metallspitzen • Ein Blitzableiter lenkt die Ladungen schon aus großer Entfernung gezielt in den eigenen Metallkörper hinein. Wie funktioniert das?
Um das herauszufinden, führen wir wieder einen Modellversuch mit Grießkörnern in Öl durch. Dabei modellieren wir den Blitzableiter durch eine geerdete Metallspitze. Die Gewitterwolke bilden wir durch eine elektrisch negativ geladene Metallplatte nach. Die entstehenden Feldlinien (▸Abb. 5 A) verlaufen bei der Metallspitze besonders dicht. Daher werden im Umfeld des Blitzableiters die Ladungen entlang der Feldlinien zum Blitzableiter hingeführt. Warum verlaufen die Feldlinien bei der Spitze besonders dicht?
Die Wolke verschiebt durch Influenz positive Ladungen in die Spitze. Da die Ladungen die Quelle der Feldlinien sind, entspringen an der Spitze besonders viele Feldlinien. Hinzu kommt, dass Feldlinien senkrecht auf der Metalloberfläche stehen, also auch auf den flachen Seiten der Spitze. So können sie nicht in dem Bereich vor der Spitze verlaufen. Feldlinien aus diesem Bereich verdichten sich so zur Spitze hin (▸Abb. 5 B).

1 Ein Plattenkondensator wird geladen. Skizzieren Sie die Feldlinien beider Platten und untersuchen Sie, wo sich die Feldlinien addieren bzw. kompensieren.

2 Ein Metallkörper ist an den positiven und ein Metallring an den negativen Pol eines Netzgerätes wie in ▸Abb. 3 angeschlossen.
a) Skizzieren Sie den Versuch und tragen Sie Ladung sowie Feldlinien ein.
b) Beschreiben Sie die Feldlinien mit den Begriffen radial, Richtung und Symmetrie.

3 Feld bei geladener Scheibe im geladenen Ring

A

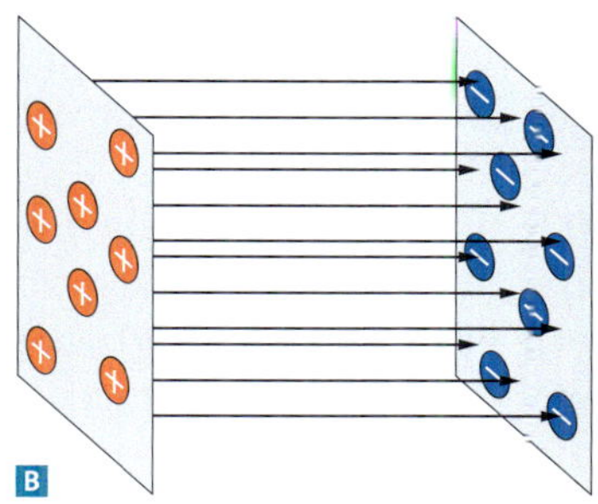

B

4 **A, B** Feld zwischen parallelen Platten

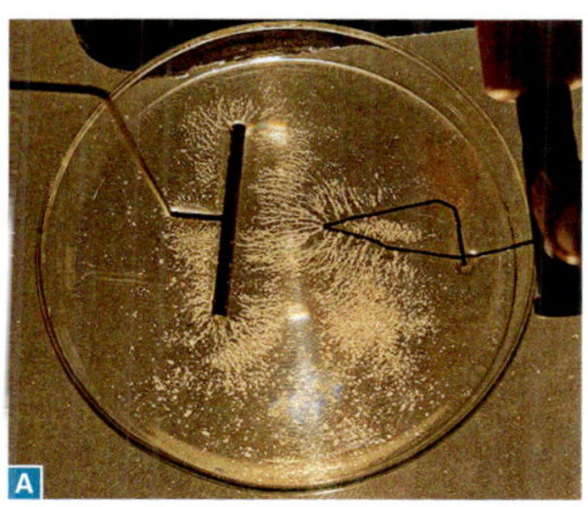

A

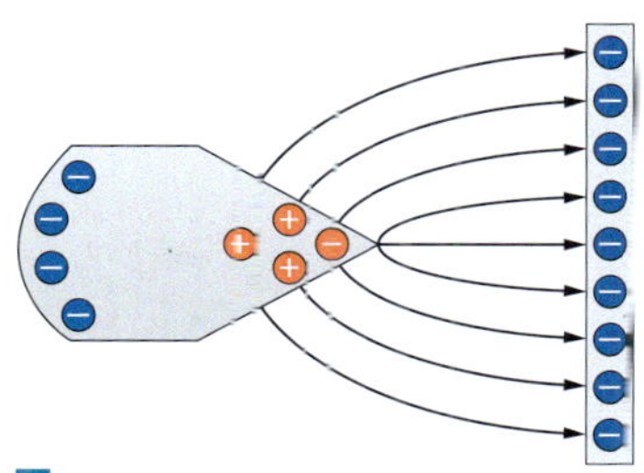

B

5 **A, B** Feld in der Nähe einer Spitze

Versuch A • Elektrische Kräfte

V1 Kraft zwischen Ladungen

Material:
Kunststofffolien, handlicher Styroporblock, Stativmaterial, Glimmlampe, Klebefilm

Arbeitsauftrag:
a) Reiben Sie mit dem Styroporblock auf den Kunststofffolien und hängen Sie die Folien mithilfe des Klebefilms jeweils an einem Stativständer auf wie in ▸Abb. 1 gezeigt.
b) Variieren Sie den Abstand und stellen Sie eine „Je desto"-Regel auf.
c) Bestimmen Sie das Ladungsvorzeichen der Folien mit einer Glimmlampe. Hinweis: Berühren Sie das eine Ende der Glimmlampe als Erdung mit dem Finger und halten Sie das andere Ende an die Folien. Die Glimmlampe leuchtet dann kurz am negativen Pol auf.
d) Skizzieren Sie den Versuch, die Kraftvektoren, die Ladungen und die Feldlinien.
e) Führen Sie die Versuche a) bis d) erneut durch, wobei Sie nun eine Folie und den Styroporblock an die Stativstangen hängen.
f) Formulieren Sie eine Regel zu der zwischen zwei geladenen Körpern auftretenden elektrischen Kraft, abhängig vom Abstand und dem Vorzeichen der Ladung.

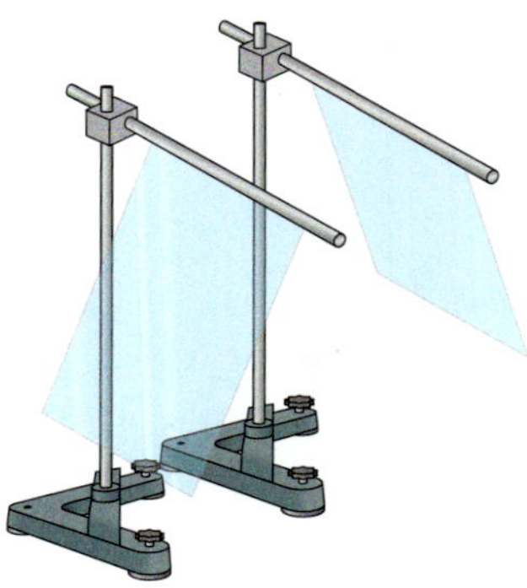

1 Elektrische Kraft bei zwei Folien

V2 Influenz

Material:
Metallkugeln mit Kunststoffhalter, Stativmaterial, Glimmlampe, Elektroskop, Hochspannungsnetzgerät ohne berührungsgefährliche Spannung

Arbeitsauftrag:
a) Stellen Sie eine Metallkugel mit einem Stativfuß fest auf. Laden Sie eine andere bewegliche Kugel mit dem Netzgerät positiv auf und bringen Sie die bewegliche Kugel in die Nähe der festen (▸Abb. 2).
b) Skizzieren Sie den Versuch und die vermutete Ladungsverschiebung auf der festen Kugel.
c) Berühren Sie die feste Kugel mit dem Finger auf der Seite, die von der positiv geladenen Kugel am weitesten entfernt ist. Begründen Sie, dass bei dieser Erdung negative Ladung auf die feste Kugel fließt.
d) Überprüfen Sie die resultierende negative Ladung der festen Kugel mit dem Elektroskop und der Glimmlampe.
e) Führen Sie die obigen Versuche mit umgekehrtem Vorzeichen durch.
f) Legen Sie Papierschnipsel auf den Tisch und heben Sie diese aus der Ferne mit einer geladenen Kugel an.
g) Modellieren Sie Abschirmung, indem Sie die Schnipsel in eine Röhre aus Alufolie stecken und das elektrische Anheben erneut testen.

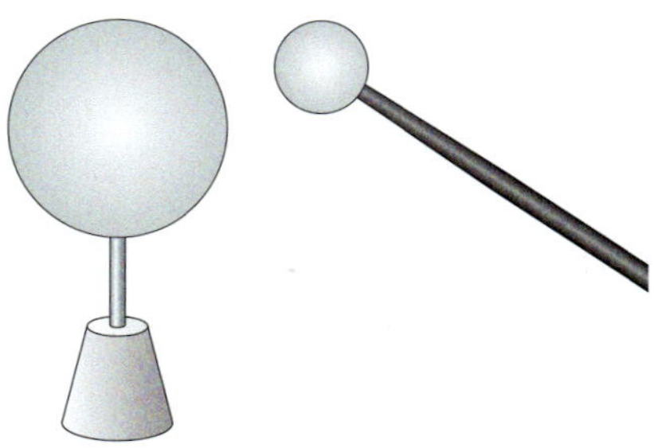

2 Versuch zur Influenz

V3 Elektrische Kraft beim Kopieren

Material:
Klemmbrett, Kunststofffolie, kleines Tuch, Mehl, Pinsel, Teller

Arbeitsauftrag:
a) Befestigen Sie die Kunststofffolie am Klemmbrett. Zeichnen Sie mit einem mit dem Tuch bedeckten Finger einen Buchstaben auf die Folie. Drücken Sie dabei fest auf und reiben Sie mehrmals hin und her. Streuen Sie etwas Mehl auf die Folie und verteilen Sie es mit dem Pinsel. Halten Sie die Folie über den Teller und lassen Sie das lose Mehl von der Folie auf den Teller fallen. Beurteilen Sie, ob der Buchstabe erkennbar ist (▸Abb. 3).
b) Der Buchstabe in ▸Abb. 3 wurde wie beschrieben erstellt. Erklären Sie das Verfahren mit den Begriffen elektrische Ladung, Ladungstrennung durch Berührung zweier Stoffe, Aufladen, Isolator, Influenz und elektrische Kraft. Hinweis: Zwei unterschiedliche Stoffe ziehen Elektronen unterschiedlich stark an.
c) Das Experiment ist ein Modellversuch für den Kopierer. Ordnen Sie Begriffe des Modellversuchs den Begriffen des Kopierers zu. Verwenden Sie dabei die Begriffe Belichten, Toner, Zeichnen mit Tuch, Mehl. Hinweis: Licht kann Ladungen von einem Stoff ablösen.

3 Elektrische Kraft stellt Buchstaben dar

Material A • Blitze beim Eiffelturm

In ▸Abb. 4 sind Blitze dargestellt, die in den Eiffelturm einschlagen. Besonders helle Blitze sind im Vordergrund, andere im Hintergrund.

A1 Beschreiben Sie das Geschehen und die Blitze beim Eiffelturm. Gruppieren Sie die Blitze nach deren Ausgangsregionen und nach deren Endpunkten.

A2 **a)** In ▸Abb. 5 sind der Eiffelturm und die Feldlinien skizziert. Skizzieren Sie passende Feldvektoren und Kraftvektoren beim Eiffelturm. Hinweis: Das elektrische Feld und die räumlich veränderliche Leitfähigkeit der Luft gemeinsam bewirken die oft gezackte Form eines Blitzes.

4 Blitzeinschlag beim Eiffelturm

b) Begründen Sie den Verlauf der Feldlinien und der Feldvektoren mit Ladungen im Eiffelturm, in den Wolken und am Erdboden.

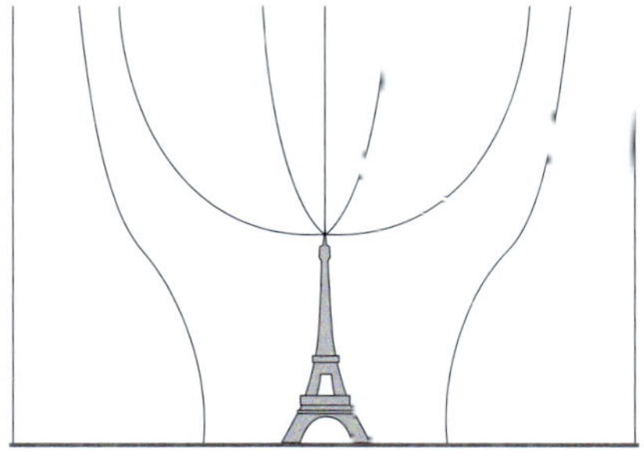

5 Feldlinien am Eiffelturm

A3 **a)** Erklären Sie den Verlauf der einschlagenden Blitze. Argumentieren Sie mit Ladungen, aber auch mit Feldlinien, Kraft- und Feldvektoren

b) Erklären Sie die Verläufe der übrigen Blitze. Verwenden Sie dabei wieder die Begriffe wie in A3 a).

Material B • Influenz

Beim Flugzeug schlagen Blitze bevorzugt in die Spitzen von Tragflächen und Rumpf ein (▸Abb. 6). In der Nähe von Gewitterwolken tritt am Flugzeug Influenz auf.

6 Blitze schlagen in ein Flugzeug ein.

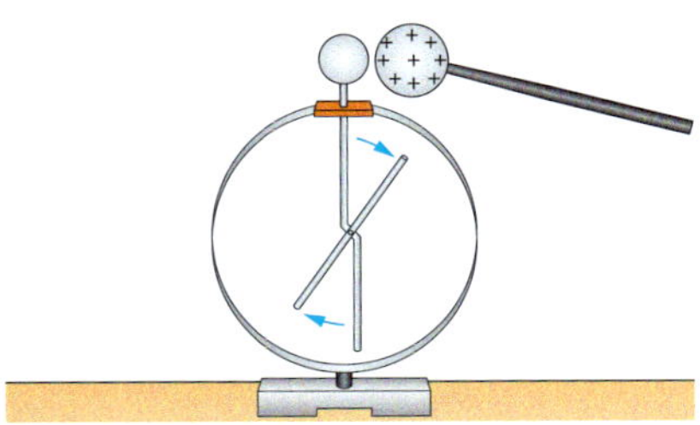

7 Elektroskop

B1 **a)** Das Elektroskop in ▸Abb. 7 hat einen Zeigerausschlag, obwohl es insgesamt elektrisch neutral ist. Erklären Sie das Phänomen.

b) Skizzieren Sie Abb. 7 und tragen Sie passende Ladungen, Feldvektoren und Kraftvektoren ein. Symbolisieren Sie dabei die Stärke der Kraft durch die Länge des Vektors.

c) Begründen Sie die Influenz mit der „Je desto"-Regel aus Versuch V1.

B2 **a)** Stellen Sie die Analogie zwischen dem Flugzeug und den Influenzversuchen mit einer Tabelle dar.

b) Skizzieren Sie das Flugzeug mit den Blitzen sowie passende Ladungen in den Wolken und Ladungsverschiebungen im Flugzeug. Skizzieren Sie dazu passende Feldlinien, Feldvektoren und Kraftvektoren. Symbolisieren Sie dabei die Stärke der Kraft durch die Länge des Vektors.

B3 **a)** ▸Abb. 8 zeigt Feldlinien zwischen einer Gewitterwolke und einem Kirchturm. Zwischen dem Kirchturm und seiner Umgebung entsteht ein Bereich geringer Feldstärke. Begründen Sie dies anhand des Bildes.

b) Skizzieren Sie das Bild und tragen Sie Ladungen passend ein. Begründen Sie mit Influenz.

c) Erklären Sie mit diesen Ladungen, warum sich der Bereich geringer Feldstärke bildet.

d) Erläutern Sie die Ladungsverteilung im Blitzableiter anhand von ▸Abb. 8.

8 Feldlinien beim Gewitter

1 Schornsteine stoßen Staub aus

Die elektrische Feldstärke

Aus vielen Schornsteinen tritt Staub aus. Saubere Luft ist jedoch für uns alle wichtig. Daher stellt sich die Frage: Kann man die Staubteilchen möglichst zuverlässig und direkt durch eine selektiv wirkende Kraft aus der Abluft entfernen?

Im Prinzip erzeugen die Platten im Elektrofilter und die Staubteilchen ein elektrisches Feld. Weil das Feld an den Platten überwiegt, nennt man die Ladung der Platten **felderzeugend** und die Ladungen der Staubteilchen **Probeladungen**. Diese bewegen sich im Feld und erproben es somit.

Elektrofilter • Um den Staub aus der Luft herauszubewegen, nutzt man die elektrische Kraft. Dazu lädt man die Staubteilchen zunächst elektrisch auf. Anschließend wird die Luft mit den geladenen Staubteilchen zwischen elektrisch geladenen Platten hindurchgeleitet. Dabei werden die geladenen Staubteilchen an die jeweils entgegengesetzt geladene Platte gezogen (▸Abb. 2).

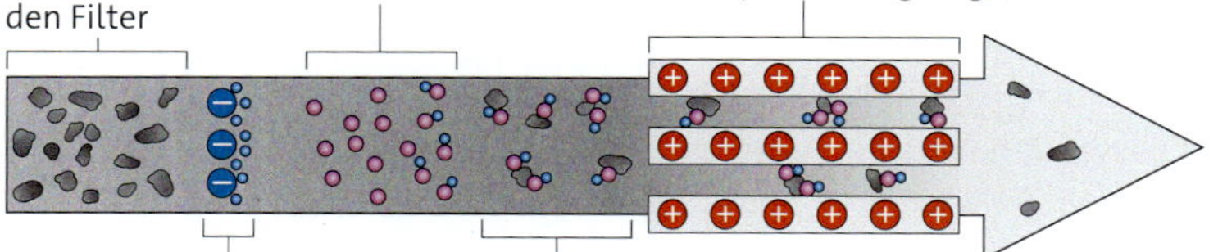

2 Elektrofilter, Staubteilchen negativ geladen

Hat sich genug Staub an einer Platte angesammelt, wird dieser durch Hämmer abgeklopft, fällt in Transportbehälter und wird z. B. einer weiteren Nutzung zugeführt. Für die Planung einer solchen Anlage ist es wichtig zu wissen, wie groß die Kraft ist, die ein Staubteilchen im Elektrofilter zur Platte hin beschleunigt. Um das herauszufinden, machen wir einen Modellversuch.

Modellversuch • Wir modellieren den Elektrofilter durch einen Plattenkondensator, an dem eine Spannung U_P anliegt. Wir stellen das Staubteilchen durch ein Metallplättchen mit einer Ladung q dar, das sich zwischen den Platten befindet. Diese Ladung erzeugen wir zuverlässig und gleichbleibend durch eine anliegende Spannung U_M. Um die Bewegung des Metallplättchens möglichst genau erfassen zu können, hängen wir es an einen Faden (▸Abb. 3). So lange $U_p = 0$ ist, hängt das Plättchen unter dem alleinigen Einfluss der Schwerkraft F_G senkrecht nach unten. Wird an den Kondensator eine Spannung angelegt, wirkt auf das Plättchen eine elektrische Kraft F_{el} in x-Richtung und lenkt das Plättchen aus. Wir möchten zunächst herausfinden, wie F_{el} von der Ladung des Plättchens abhängt. Dabei fassen wir die Ladung des Plättchens als Probe-

ladung q auf, mit der wir die im Plattenkondensator auftretenden elektrischen Kräfte erkunden oder erproben. Da im Plattenkondensator ein homogenes elektrisches Feld herrscht, ist dieser für die Untersuchung gut geeignet.
Wir vermuten, dass die elektrische Kraft umso größer ist, je größer die Probeladung q ist. Um diesen Zusammenhang zu überprüfen und genauer zu erkunden, ermitteln wir zunächst die elektrische Kraft F_{el}. Dazu messen wir die seitliche Auslenkung x des Metallplättchens und analysieren diese mithilfe des Kräfteparallelogramms in ▸Abb. 3. Konkret ermitteln wir den Winkel α der seitlichen Auslenkung aus der Strecke x und der Länge L des Fadens:

$$\sin\alpha = \frac{x}{L}.$$

Aus dem Kräfteparallelogramm in ▸Abb. 3 lesen wir ab, dass die auf das Plättchen wirkende elektrische Kraft F_{el} mithilfe der Gewichtskraft $F_G = m \cdot g$ und des gemessenen Winkels α bestimmt werden kann:

$$F_{el} = m \cdot g \cdot \tan\alpha.$$

Die Probeladung q des aufgeladenen Plättchens messen wir mit einem **Messverstärker**. Dieser zeigt die Ladung q in der Einheit Amperesekunde, As, oder kurz **Coulomb**, C, an.

Um die Abhängigkeit der Kraft F_{el} von der Probeladung q herauszufinden, variieren wir die Ladung des Plättchens durch Verändern der Spannung U_M und bestimmen jeweils die resultierende elektrische Kraft. Unsere Messwerte sind in ▸Abb. 4 dargestellt. Wir erkennen, dass der Hochachsenabschnitt bezogen auf die maximal vorkommende Kraft relativ klein ist und somit näherungsweise vernachlässigt werden kann. Somit ist die elektrische Kraft auf ein geladenes Objekt proportional zu dessen Ladung q:

$$F_{el} \sim q.$$

Elektrische Feldstärke • Die zu dieser Proportionalität gehörende Konstante hat eine physikalische Bedeutung: Sie beschreibt die Stärke des elektrischen Feldes. Man nennt sie elektrische Feldstärke $|\vec{E}|$ und sie hat die Einheit Newton pro Coulomb $(1\,\frac{N}{C})$:

$$F_{el} = |\vec{E}| \cdot q.$$

Hier und im Folgenden schreiben wir bei Gleichungen ohne Vektoren die elektrische Feldstärke $|\vec{E}|$ in Betragsstrichen, um sie auch formal von der Energie E unterscheiden zu können.

Während wir hier nur den Betrag der Kraft F_{el} bestimmen, ist im Allgemeinen die Kraft ein **Vektor**. Entsprechend ist auch die elektrische Feldstärke ein Vektor. In diesem Sinne verallgemeinern wir die obige Gleichung:

$$\vec{F}_{el} = q \cdot \vec{E}.$$

Wir fassen zusammen:

Jeder Punkt im elektrischen Feld wird durch eine elektrische Feldstärke $|\vec{E}|$ charakterisiert. Auf eine Probeladung q wirkt dort die elektrische Kraft: $F_{el} = q \cdot |\vec{E}|$. Eine Einheit dieser Feldstärke ist $1\,\frac{N}{C}$.

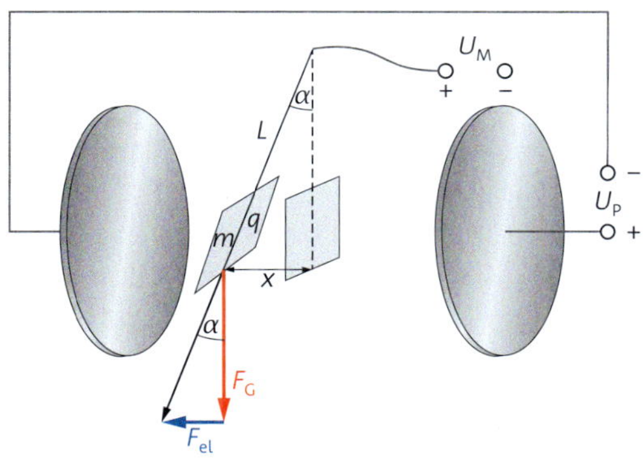

3 Modellversuch mit Kräfteparallelogramm

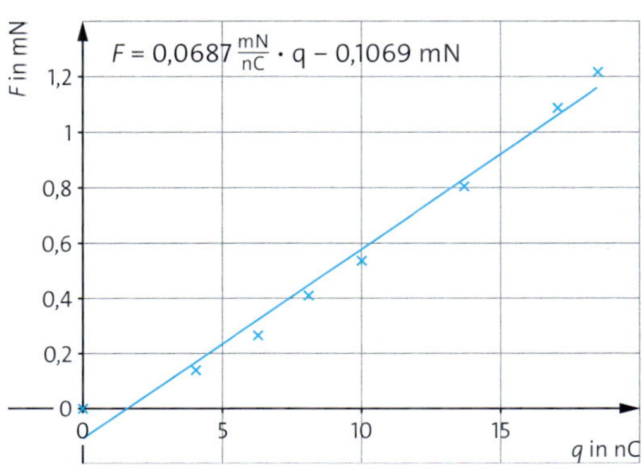

4 $F(q)$-Diagramm

Durch Influenz verschiebt sich etwas Ladung. Daher steigt der Graph in ▸Abb. 4 etwas mehr als linear.

EIGENSCHAFTEN DES ELEKTRISCHEN FELDES

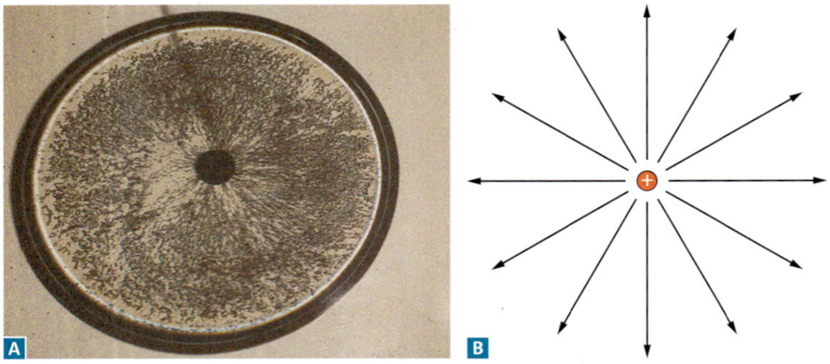

1 Punktförmige Ladung: **A** Versuch, **B** Feld

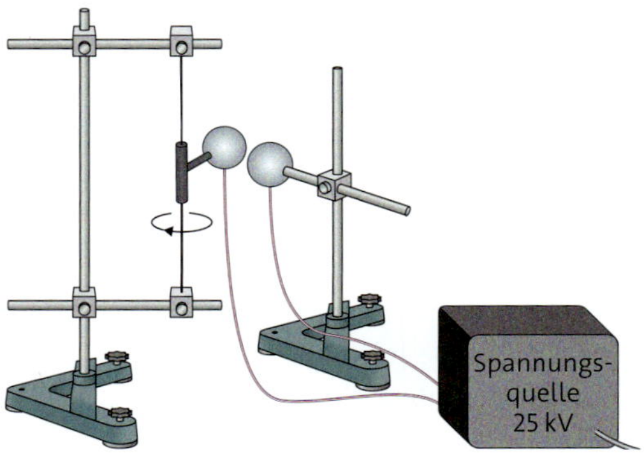

2 Drehwaage

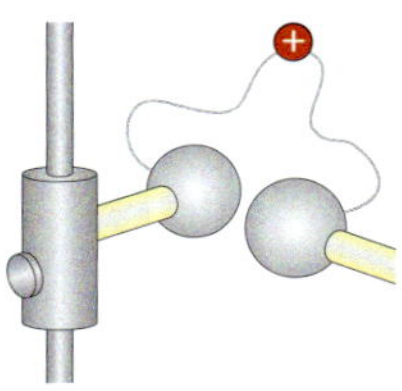

3 Geladene Kugeln der Drehwaage

Feldstärke im Plattenkondensator • Wir wissen schon, dass sich in einem mit Luft gefüllten und geladenen Plattenkondensator ein homogenes Feld befindet, in dem die Feldlinien parallel zueinander und senkrecht zu den Platten verlaufen. Gleichgültig, an welcher Stelle im Plattenkondensator wir den Versuch mit dem am Faden hängenden geladenen Plättchen durchführen, wir messen immer die gleiche Feldstärke. Im luftgefüllten Plattenkondensator hat die Feldstärke in jedem Punkt also nicht nur die gleiche Richtung, sondern auch den gleichen Betrag. Somit entspricht der Feldstärke in jedem Punkt der **gleiche Vektor**. Wir fassen zusammen.

Ein homogenes elektrisches Feld hat in jedem Punkt den gleichen Feldstärkevektor.

Feld einer Punktladung • Im Atom betrachtet man meist den Atomkern als felderzeugende Ladung und das Elektron als Probeladung. Das Beispiel zeigt, dass auch Felder von sehr kleinen, fast punktförmigen Objekten, sogenannten Punktladungen, wichtig sein können. Wir untersuchen zunächst die Feldlinien einer solchen kleinen Ladung, indem wir eine kleine Metallscheibe in ein Bad aus Öl mit Grießkörnern bringen und die Scheibe elektrisch positiv laden (▸Abb. 1 A). Die Feldlinien verlaufen von der positiv geladenen Scheibe ausgehend **radial** nach außen (▸Abb. 1 B).

Die Anordnung ist **drehsymmetrisch** mit der Scheibe als Zentrum. Von der positiv geladenen Scheibe ausgehend verändert sich die Feldstärke $|\vec{E}|$ daher in jeder Richtung gleich als Funktion vom Abstand r zum Zentrum. Ein solches Feld, bei dem die Feldstärke radial verläuft und nur vom Abstand zum Zentrum abhängt, heißt **radialsymmetrisches Feld**.

Abhängigkeit der Feldstärke von *r* • Nachdem wir wissen, dass die Feldstärke nur vom Abstand r vom Zentrum abhängt, untersuchen wir den funktionalen Zusammenhang $|\vec{E}|(r)$. Um diesen zu ermitteln, verwenden wir die sogenannte **Drehwaage** in ▸Abb. 2. Mit der Drehwaage können wir eine sehr kleine Kraft F messen, die auf die Kugel links in ▸Abb. 2 und 3 wirkt. Dazu befindet sich diese Kugel am Ende eines kleinen waagerechten Balkens, der an einem senkrechten Faden befestigt ist. In unserem Versuch übt die rechte Kugel in ▸Abb. 2 eine elektrische Kraft F_{el} auf die linke Kugel aus und als Folge verdrillt sich der Faden um einen kleinen Winkel α, der proportional zur Kraft F_{el} ist, gemäß dem Hookeschen Gesetz. Diesen Winkel α messen wir. In einem Vorversuch bestimmen wir den Proportionalitätsfaktor, indem wir bekannte Kräfte auf die linke Kugel in ▸Abb. 2 ausüben und die entsprechenden Winkel messen.

Im Hauptversuch ermitteln wir dann die elektrische Kraft F_{el} für verschiedene Abstände r der beiden geladenen Kugeln. Dabei stellen wir eine während des ganzen Versuchs konstante Ladung Q_1 bzw. Q_2 auf der linken bzw. der rechten Kugel sicher, indem wir die Kugeln über feine Drähte permanent mit einer Spannung von 25 kV aufladen (▸Abb. 2 und 3). Unsere Messwerte sind in ▸Abb. 4 dargestellt. Sie zeigen, dass die elektrische Kraft umso kleiner ist, je größer der Abstand r zwischen den beiden Kugeln ist.

Coulomb-Gesetz • Für große r geht die Kraft gegen null. Bei der Regression schließen wir die Exponentialfunktion aus, da sie unrealistisch schnell mit r gegen null geht. Die Regression mit einer Potenzfunktion passt und ergibt einen Exponenten von ungefähr „minus zwei" (▸Abb. 4). Die Kraft ist also proportional zu $\frac{1}{r^2}$:

$$F_{el} \sim \frac{1}{r^2}.$$

Zudem ist die Kraft auf die linke Kugel gleich der Ladung Q_1 multipliziert mit derjenigen Feldstärke, welche die andere Kugel mit der Ladung Q_2 erzeugt. Somit ist die Kraft proportional zu Q_1:

$$F_{el} \sim Q_1.$$

Nach dem Wechselwirkungsprinzip übt die Ladung Q_1 auf die Ladung Q_2 eine Kraft vom gleichen Betrag aus. Diese ist analog gleich Q_2 mal der Feldstärke, welche die Ladung Q_1 erzeugt:

$$F_{el} \sim Q_2.$$

Wir fassen die Proportionalitäten zusammen:

$$F_{el} \sim \frac{Q_1 \cdot Q_2}{r^2}.$$

Man nennt diese elektrische Kraft auch die **Coulomb-Kraft** F_C. Mit diesem Versuch lässt sich auch der Proportionalitätsfaktor bestimmen:

$$F_C = \frac{1}{4 \cdot \pi \cdot \varepsilon_0} \cdot \frac{Q_1 \cdot Q_2}{r^2}.$$

Dabei nennt man ε_0 die **elektrische Feldkonstante**. Sie ist die grundlegende Naturkonstante der Elektrizität und charakterisiert die Stärke der elektrischen Kraft, die eine Ladung auf eine andere ausübt. Es gilt:

$$\varepsilon_0 = 8{,}854 \cdot 10^{-12}\,\frac{\mathrm{A \cdot s}}{\mathrm{V \cdot m}}.$$

Die von der Ladung Q_1 erzeugte elektrische Feldstärke ermitteln wir, indem wir die Kraft F_C durch die Ladung Q_2 teilen:

$$|\vec{E}| = \frac{F_C}{Q_2} = \frac{1}{4 \cdot \pi \cdot \varepsilon_0} \cdot \frac{Q_1}{r^2}.$$

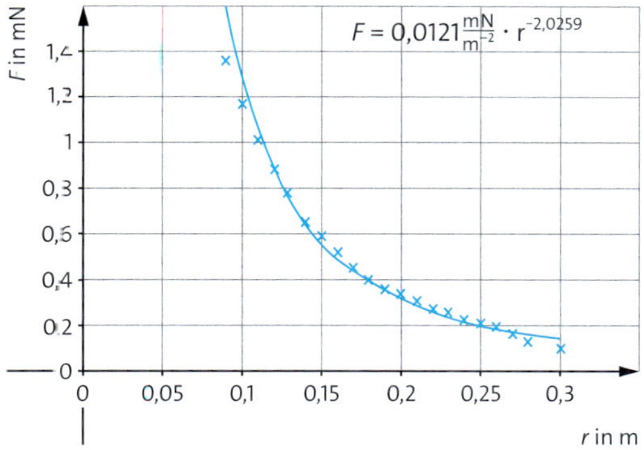

4 $F(r)$-Diagramm

Eine Ladung Q_1 übt auf eine in der Entfernung r befindliche Ladung Q_2 eine Kraft vom Betrag F_C aus:

$$F_C = \frac{1}{4 \cdot \pi \cdot \varepsilon_0} \cdot \frac{Q_1 \cdot Q_2}{r^2}.$$

Diese Regel heißt **Coulombsches Gesetz** und ε_0 heißt elektrische Feldkonstante. Eine Ladung Q_1 erzeugt ein **radialsymmetrisches Feld**, das in der Entfernung r folgenden Betrag hat:

$$|\vec{E}| = \frac{1}{4 \cdot \pi \cdot \varepsilon_0} \cdot \frac{Q_1}{r^2}.$$

1 Bei einem Gewitter herrscht eine elektrische Feldstärke von $|\vec{E}| = 200\,000\,\frac{\mathrm{V}}{\mathrm{m}}$. Rechnen Sie diese Größe in die Einheit $\frac{\mathrm{N}}{\mathrm{C}}$ um.

2 Bei einem Elektrofilter liegt an den Platten eine Spannung von 50 kV an, wobei die Platten einen Abstand von 0,2 m haben.
a) Bestimmen Sie die Feldstärke.
b) Um die Staubteilchen im Elektrofilter trennen zu können, werden sie durch eine Hochspannung auf die Ladung $q = 3 \cdot 10^{-18}\,\mathrm{C}$ gebracht. Berechnen Sie die auf ein Staubteilchen wirkende Kraft.
c) Ein Staubteilchen hat die Masse 10^{-18} kg. Ermitteln Sie seine Beschleunigung.
d) Überprüfen Sie, ob mit einer Geschwindigkeit von $4\,\frac{\mathrm{m}}{\mathrm{s}}$ eintretende Staubteilchen in einem Filter von 1 m Länge eine der Platten erreichen können.

Versuch A • Elektrische Felder

V1 MOSFET: Feld steuert Transistor

Material:
Feldeffekttransistor, Voltmeter, Amperemeter, zwei regelbare Netzgeräte, Kabel

Arbeitsauftrag:
a) Beim Feldeffekttransistor wird ein Strom zwischen dem negativen Pol Source (S, Quelle der Elektronen) und dem positiven Pol Drain (D, Abfluss der Elektronen) durch einen dritten Pol Gate (G, Tor) gesteuert (▸Abb. 1). Das Material ist ein Halbleiter und Bereiche mit negativen Ladungsträgern sind in ▸Abb. 1 gelb markiert. Begründen Sie, dass der Feldeffekttransistor nicht leitet, solange keine Spannung am Gate anliegt.
b) Überprüfen Sie diese Aussage, indem Sie eine Spannung U_{DS} an die Kontakte Drain und Source anlegen und die Stromstärke I_D in diesem Stromkreis am Kontakt Drain messen.
c) Legen Sie zusätzlich eine Spannung U_{GS} an die Kontakte Gate und Source und erhöhen Sie diese Spannung langsam, bis Sie einen deutlichen Strom I_D messen.
d) Erklären Sie mithilfe der ▸Abb. 1, wie ein elektrisches Feld entsteht und die Leitfähigkeit herstellt.
e) Variieren Sie U_{GS} und erstellen Sie ein $I_D(U_{GS})$-Diagramm. Bestätigen Sie, dass es ab einer Spannung U_{Th} (Th steht für threshold, Schwelle) einen leitenden Bereich gibt.

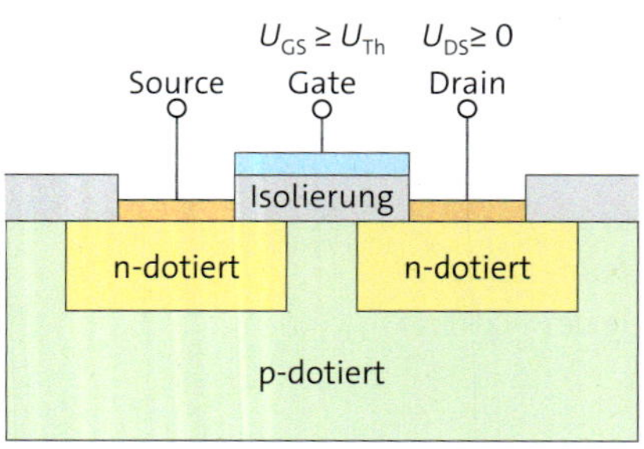

1 Aufbau des Feldeffekttransistors

V2 Elektrofeldmeter

Material:
Isolierte Metallkugel, isolierte Alu-Platten, berührungsungefährliches Hochspannungsnetzgerät, Glimmlampe

Arbeitsauftrag:
Mit einem Elektrofeldmeter (▸Abb. 2) können wir die Feldstärke messen. Es besteht aus vier Metallsektoren, von denen im Mittel zwei von einem sich schnell drehenden Flügelrad verdeckt sind. Zwischen zwei benacharten Sektoren misst man eine Spannung mit periodisch wechselndem Vorzeichen.
Das Prinzip bilden wir im Modellversuch nach. Dazu erzeugen wir ein elektrisches Feld mit einer geladenen Metallkugel.
a) Wir modellieren einen unverdeckten Metallsektor mit einer Alu-Platte. Zeigen Sie, dass die Glimmlampe eine Ladung auf der Alu-Platte anzeigt, wenn diese in das Feld der geladenen Metallkugel gehalten wird. Deuten Sie das Ergebnis mit Influenz.
b) Wir modellieren die Verdeckung eines Metallsektors, indem wir eine zweite Alu-Platte zwischen die Kugel und die erste Alu-Platte stellen. Zeigen Sie, dass die Glimmlampe hier keine Ladung auf der Platte nachweist.
c) Leiten Sie aus den Beobachtungen ab, wie das Elektrofeldmeter funktioniert.

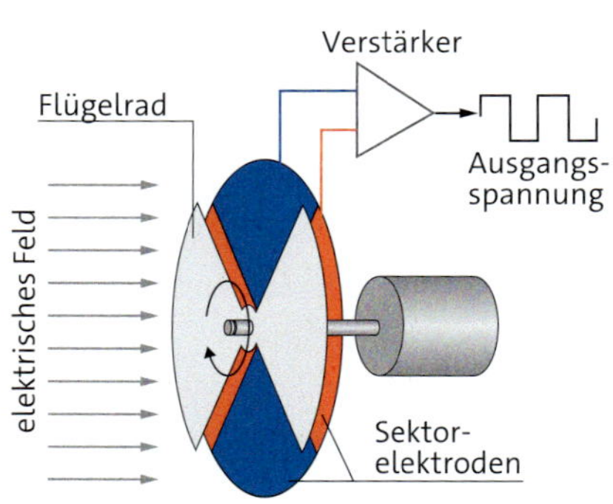

2 Elektrofeldmeter

V3 Vektorfeld

Material:
Computer, Tabellenkalkulation

Arbeitsauftrag:
Der Verlauf eines elektrischen Feldes in einer Ebene wird veranschaulicht, indem an Gitterpunkten Feldvektoren dargestellt werden. Dabei gibt deren Länge die Feldstärke an. Wir erzeugen ein solches Bild für eine felderzeugende Ladung der Größe $Q = 4\pi \cdot \varepsilon_0 \cdot \mathrm{V} \cdot \mathrm{m}$ mit einer Tabellenkalkulation und zeigen vereinfachend kurze Striche statt Vektoren (▸Abb. 3).
a) Verwenden Sie eine Spalte für die x-Koordinate in m (1. Zeile) und für die E_x Koordinate in $\frac{\mathrm{V}}{\mathrm{m}}$ (2. Zeile) und eine zweite Spalte analog für y und E_y. Wählen Sie einen Punkt P_1 $(x|y)$. Ermitteln Sie den Abstand von P_1 und Q mittels: $r = (x^2 + y^2)^{0,5}$ und bestimmen Sie daraus die Feldstärke $|\vec{E}|$ bei P_1. Berechnen Sie $E_x = |\vec{E}| \cdot \frac{x}{r}$ und analog E_y. Tragen Sie in die erste Zeile x und y ein. Tragen Sie in die zweite Zeile $x + E_x$ und $y + E_y$ in obigen Einheiten ein. Die dritte Zeile ist eine Leerzeile.
b) Stellen Sie den Feldvektor als Graph dar (▸Abb. 3).
c) Erzeugen Sie weitere Feldvektoren, indem Sie die drei Zeilen in die darunterliegenden kopieren und für weitere Punkte $(x|y)$ jeweils neue Koordinaten eintragen.
d) Stellen Sie das resultierende Vektorfeld als Graph dar (▸Abb. 3).

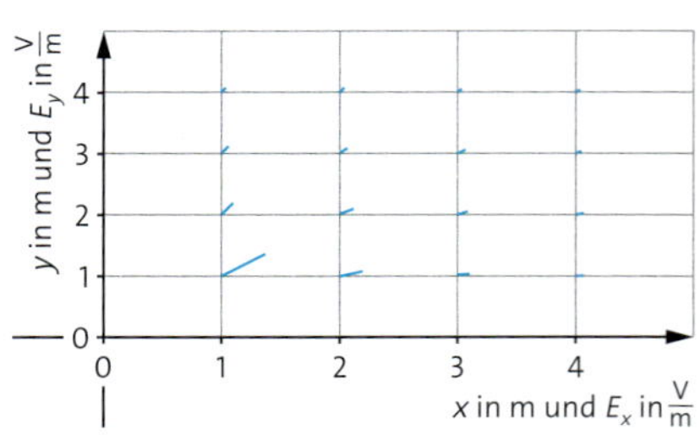

3 Vektorfeld des elektrischen Feldes

Material A • Elektrischer Fluss einer Ladung Q

Wir untersuchen hier die Abhängigkeit der elektrischen Feldstärke $|\vec{E}|$ vom Abstand r von der felderzeugenden Ladung Q mithilfe einer Feinwaage (▸Abb. 4).

A1 Wir führen den Versuch durch.

a) Dazu verwenden wir eine Feinwaage mit einer Genauigkeit von ±0,01 g. Ermitteln Sie die Genauigkeit der Messung der Kraft F.

b) Wir laden beide Kugeln mithilfe einer permanent anliegenden Spannung von 5000 V auf. Erläutern Sie den Zweck der dauerhaft anliegenden Spannung.

c) Mit einem Messverstärker messen wir die Ladung $Q = 8{,}3\,\text{nC}$. Erläutern Sie eine Methode zum Ermitteln der Feldstärke aus den Messgrößen.

A2 Nun werten wir den Versuch aus.

a) Die Messwerte zeigt ▸Tabelle 5. Berechnen Sie die Feldstärken $|\vec{E}|$.

b) Vermuten Sie, wie die Feldstärke $|\vec{E}|$ vom Abstand r abhängt.

c) Untersuchen Sie mithilfe einer passenden Regression, wie die Feldstärke $|\vec{E}|$ vom Abstand r zur felderzeugenden Ladung Q abhängt.

d) Ermitteln Sie aus den Messwerten die elektrische Feldkonstante ε_0.

e) Untersuchen Sie die Messungenauigkeit der elektrischen Feldkonstanten, indem Sie aus den Messwerten einen maximalen und einen minimalen Wert ermitteln.

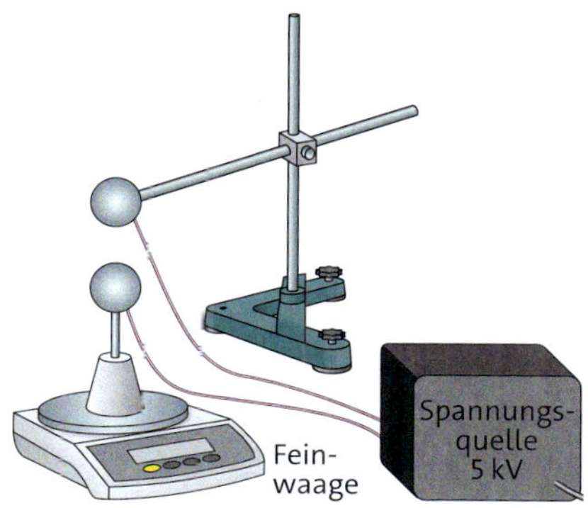

4 Versuchsskizze

A3 a) Formulieren Sie Ihr Ergebnis zum Funktionsterm $|\vec{E}|(r)$.

b) Formulieren Sie Ihr Ergebnis zur elektrischen Feldkonstanten einschließlich der Messgenauigkeit.

r in m	F in mN
0,1	1,6
0,11	1,3
0,12	1,1
0,13	0,95
0,14	0,8
0,15	0,7
0,16	0,6
0,17	0,55
0,18	0,5
0,19	0,45
0,2	0,4

5 Messwerte

Material B • Elektrostatisches Lackieren

Beim Lackieren mit einer Spritzpistole können viele Tröpfchen am Werkstück vorbeifliegen (▸Abb. 6 A). Zur Abhilfe legt man eine Spannung zwischen Werkstück und Spritzpistole an (▸Abb. 6 B).

B1 Erklären Sie anhand von Abb. 6, wie das elektrostatische Lackieren im Prinzip funktioniert.

B2 a) Das Tröpfchen entweicht, wenn der Betrag der elektrischen Energie durch die kinetische Energie übertroffen wird. Begründen Sie.

b) Um herauszufinden, ob die Lacktröpfchen das Werkstück wirklich erreichen, ermitteln wir zunächst deren kinetische Energie. Die Tröpfchen treten aus der Spritzpistole mit einer Geschwindigkeit von $60\,\frac{\text{m}}{\text{s}}$ aus. Kleine Tröpfchen haben einen Radius von 10 µm und eine Masse von $4 \cdot 10^{-12}\,\text{kg}$.

c) An der Spritzpistole liegt eine Spannung von 80 kV an. Bei gleicher Spannung wurde in einem Vorversuch bei einer Kugel mit dem Radius $r = 1\,\text{cm}$ die Ladung $Q = 89\,\text{nC}$ gemessen. Bei $r = 2\,\text{cm}$ wurde die Ladung $Q = 178\,\text{nC}$ und bei $r = 4\,\text{cm}$ die Ladung $Q = 356\,\text{nC}$ gemessen. Ermitteln Sie den funktionalen Zusammenhang.

d) Berechnen Sie mit diesem Zusammenhang die Ladung Q und die elektrische Energie eines Tröpfchens. Vergleichen Sie kinetische und elektrische Energie und beurteilen Sie.

e) Große Tröpfchen haben den zehnfachen Radius. Analysieren und beurteilen Sie analog.

A

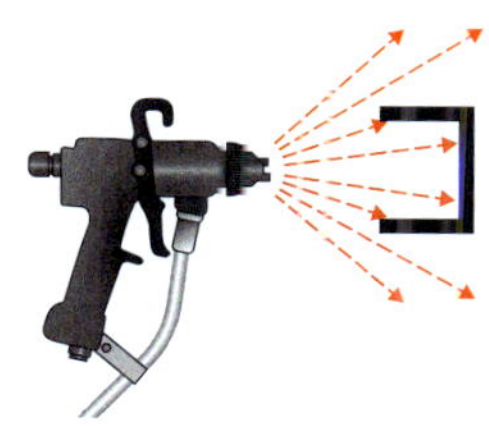

B

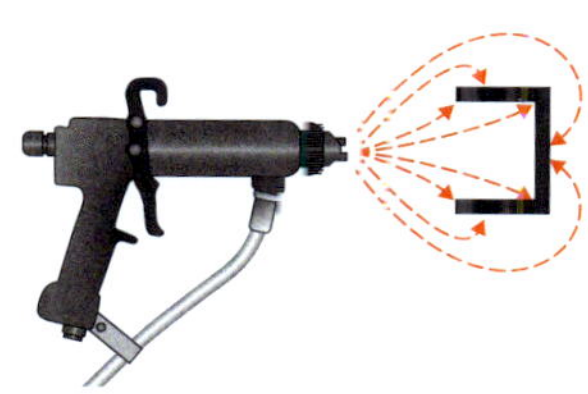

6 Elektrostatisches Lackieren

1 Ein Blitz schlägt ein.

Feldstärke und Spannung

Der Blitz schlägt ein. Dabei erreichen Hauptblitze Geschwindigkeiten von einem Drittel der Lichtgeschwindigkeit. Wie erhalten die Ladungsträger die dafür nötige Energie?

Feldenergie • Die Ladungen im Blitz könnten die Energie durch die Teilchen der Luft erhalten. Aber Ladungsträger strömen auch im Vakuum. Stöße mit den Luftteilchen können also nicht die Ursache sein. Da es im Vakuum gar keine massiven Teilchen gibt, kommen nur Felder für den Energietransport infrage. Also muss es das elektrische Feld sein, welches den Ladungen die Energie bereitstellt. Demnach verfügt eine elektrische Ladung im Feld über eine Energie.

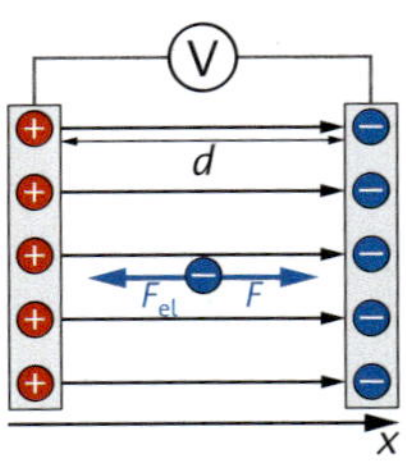

2 Verschiebung einer negativen Ladung im elektrischen Feld

Energie im homogenen Feld • Wie viel Energie wird der Ladung im Feld zugeführt? Um diese Frage beantworten zu können, analysieren wir die Verschiebung einer negativen Probeladung q im besonders einfachen Fall des homogenen Feldes (▸Abb. 2). Wenn wir dieses Teilchen mit dem Ladungsbetrag q von der positiven Platte des Plattenkondensators zur negativen Platte verschieben, dann erhöht sich seine Energie E um:

$$\Delta E = q \cdot U.$$

Dies entspricht der Definition der elektrischen Spannung U, denn die Energie pro Ladung ist gleich der anliegenden Spannung.
Um die Energie nun durch die Feldstärke auszudrücken, berechnen wir sie zunächst als das Produkt von Kraft und Weg, wobei die Kraft die elektrische Kraft F_{el} ist und der Weg der Plattenabstand d:

$$\Delta E = F_{el} \cdot d.$$

Die Kraft können wir bereits durch die Feldstärke $|\vec{E}|$ ausdrücken, weil gilt: $F_{el} = q \cdot |\vec{E}|$.

Diesen Kraftterm setzen wir ein und erhalten für die Energie:

$$\Delta E = q \cdot |\vec{E}| \cdot d.$$

Verschieben wir eine negative Probeladung q im homogenen elektrischen Feld der Feldstärke $|\vec{E}|$ in Richtung der Feldlinien um eine Strecke Δx, dann wird der Ladung folgender Energiebetrag zugeführt:
$\Delta E = q \cdot |\vec{E}| \cdot \Delta x.$

Die Spannung als Energie pro Ladung ist:
$U = |\vec{E}| \cdot \Delta x$.

Modellversuch • Unser nächster Versuch verdeutlicht, dass die Energie im elektrischen Feld nur von der Spannung abhängt, aber nicht vom Weg oder vom Zeitablauf. Wir hängen einen Tischtennisball an einen Faden und bringen den hängenden Ball in einen Plattenkondensator mit einem Plattenabstand von $d = 0{,}1$ m, an dem eine Spannung von 5000 V anliegt (▸Abb. 3). Wir schubsen den Ball an, sodass er eine Platte berührt. Dadurch lädt sich der Ball mit einer messbaren Probeladung von $q = 10$ nC auf. Somit hat er folgende potenzielle Energie:

$$\Delta E = q \cdot |\vec{E}| \cdot d = 10\,\text{nC} \cdot 50\,000\,\frac{\text{V}}{\text{m}} \cdot 0{,}1\,\text{m} = 50\,\mu\text{J}.$$

Diese Energie wird frei, indem sich der Ball zur gegenüberliegenden Platte bewegt. Berührt er nun diese, wird er mit der entgegengesetzten Ladung aufgeladen und bewegt sich zurück. Das wiederholt sich, bis der Kondensator weitgehend entladen ist.

Energie im radialen Feld • Allgemeiner als für das homogene Feld berechnen wir nun die Energie ΔE, die nötig ist, um eine Probeladung q im radialen Feld einer Ladung Q von einer Entfernung r_A zu einer Entfernung r_E zu verschieben. Die Kraft F_{el} hängt vom Abstand r ab:

$$F_{el}(r) = \frac{q \cdot Q}{4 \cdot \pi \cdot \varepsilon_0} \cdot \frac{1}{r^2}.$$

Für unterschiedliche Ladungsvorzeichen von q und Q ist die Kraft anziehend und der Kraftterm negativ (▸Abb. 4). Um die Energie auch für eine solche abstandsabhängige Kraft zu ermitteln, unterteilen wir die Strecke von r_A bis r_E durch zwei weitere Zwischenstellen bei r_2 und r_3 (▸Abb. 4). Die Energieänderung beim Verschieben von r_A zu r_2 ist das Produkt aus der Kraft F_{el} und der Distanz $r_2 - r_A$, dargestellt als Flächen in ▸Abb. 4. Dabei verwenden wir die Kraft beim geometrischen Mittel der Abstände $\sqrt{r_2 \cdot r_A}$ und setzen den Term für F_{el} ein:

$$\Delta E = -F_{el}\left(\sqrt{r_2 \cdot r_A}\right) \cdot (r_2 - r_A),$$

$$\Delta E = -\frac{q \cdot Q}{4 \cdot \pi \cdot \varepsilon_0} \cdot \left(\frac{r_2}{r_2 \cdot r_A} - \frac{r_A}{r_2 \cdot r_A}\right).$$

Das geometrische Mittel führt hier zum exakten Betrag der Energie.

Wir kürzen:

$$\Delta E = -\frac{q \cdot Q}{4 \cdot \pi \cdot \varepsilon_0} \cdot \left(\frac{1}{r_A} - \frac{1}{r_2}\right).$$

Wir addieren zu diesem Ausdruck die analog ermittelten Energien zum Verschieben von r_2 zu r_3 und von r_3 zu r_E:

$$\Delta E = -\frac{q \cdot Q}{4 \cdot \pi \cdot \varepsilon_0} \cdot \left(\frac{1}{r_A} - \frac{1}{r_2} + \frac{1}{r_2} - \frac{1}{r_3} + \frac{1}{r_3} - \frac{1}{r_E}\right).$$

Die Zwischenstellen-Terme heben einander auf:

$$\Delta E = -\frac{q \cdot Q}{4 \cdot \pi \cdot \varepsilon_0} \cdot \left(\frac{1}{r_A} - \frac{1}{r_E}\right).$$

Die Berechnung wird umso genauer, je mehr Zwischenstellen wir verwenden. Der Grenzfall unendlich vieler Zwischenstellen liefert das exakte Ergebnis. Das haben wir hier aber bereits erreicht, weil die Zwischenterme wegfallen. Somit ist es nicht nötig, Zwischenstellen zu verwenden.

Wenn eine Probeladung q im radialen Feld einer Ladung Q von einem Anfangsabstand r_A zu einem Endabstand r_E verschoben wird, dann ändert sich die potenzielle Energie um:

$$\Delta E = -\frac{q \cdot Q}{4 \cdot \pi \cdot \varepsilon_0} \cdot \left(\frac{1}{r_A} - \frac{1}{r_E}\right).$$

Die Energieänderung hängt nur von der Distanz $r_E - r_A$ ab. Das gilt auch für Umwege.

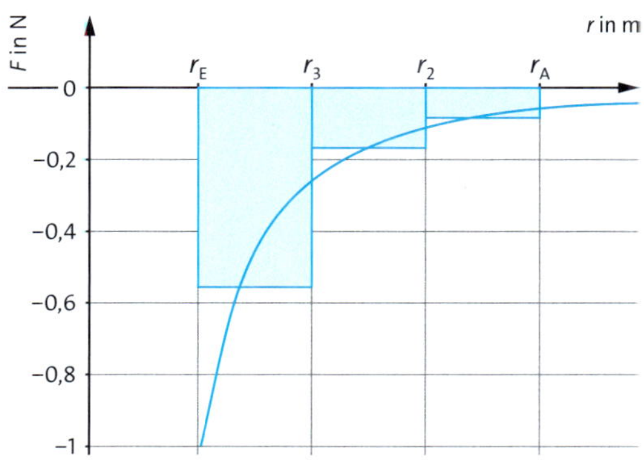

4 $F(r)$-Graph einer Probeladung q im Feld einer Ladung Q

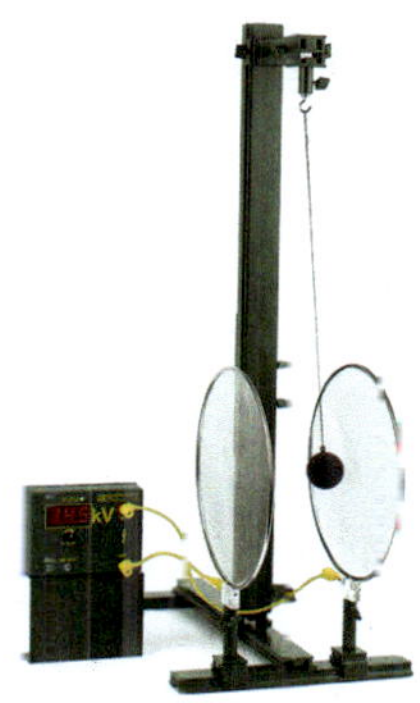

3 Plattenkondensator mit Ball

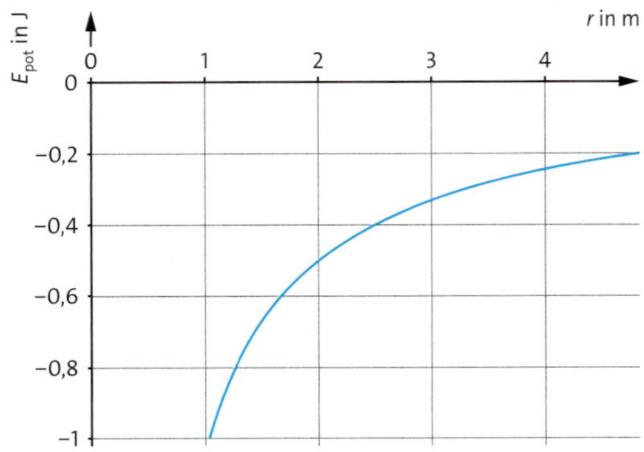

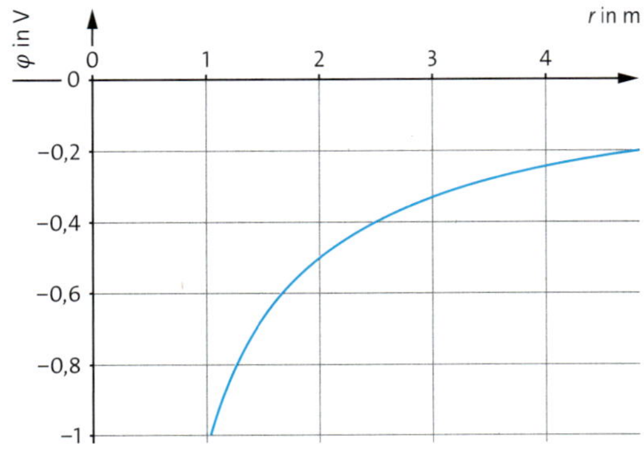

1 $E_{pot}(r)$-Graph einer Probeladung q im Feld einer Ladung Q

2 Potenzial $\varphi(r)$ einer Ladung Q abhängig von r

Generell ist die zwischen zwei Punkten A und B anliegende Spannung U gleich der Differenz der Potenziale: $\varphi(B) - \varphi(A) = \Delta\varphi$.

Potenzielle Energie im radialen Feld • Bisher haben wir die Änderung ΔE der potenziellen Energie einer Probeladung q im Feld einer Ladung Q bestimmt, die bei einer Verschiebung von einem Anfangsabstand r_A zu einem Endabstand r_E auftritt. Man führt die **potenzielle Energie** E_{pot} als diejenige Energieänderung ein, für die beim Anfangsabstand $r_A \to \infty$ die Energie null festgelegt ist. Somit gilt:

$$\Delta E = \lim_{r_A \to \infty} \left(-\frac{q \cdot Q}{4 \cdot \pi \cdot \varepsilon_0} \cdot \left(\frac{1}{r_A} - \frac{1}{r_E} \right) \right).$$

Geht r_A gegen unendlich, so geht der Bruch $\frac{1}{r_A}$ gegen null. Nennen wir den Endabstand kurz $r = r_E$, dann erhalten wir (▸Abb. 1):

$$E_{pot} = \frac{q \cdot Q}{4 \cdot \pi \cdot \varepsilon_0} \cdot \frac{1}{r}.$$

Eine Probeladung q hat im radialen Feld einer Ladung Q in einem Abstand r die potenzielle Energie:

$$E_{pot} = \frac{q \cdot Q}{4 \cdot \pi \cdot \varepsilon_0} \cdot \frac{1}{r}.$$

Potenzial im radialen Feld • Die elektrische Spannung U zwischen zwei Punkten gibt die Energiedifferenz ΔE pro Probeladung q an. Analog führt man den Quotienten „potenzielle Energie E_{pot} pro Probeladung q" ein und nennt das Ergebnis **elektrisches Potenzial** φ (▸Abb. 2):

$$\varphi = \frac{Q}{4 \cdot \pi \cdot \varepsilon_0} \cdot \frac{1}{r}.$$

Die Einheit ist Joule pro Coulomb, also Volt. So wie die elektrische Feldstärke die Kraft pro Probeladung angibt, so gibt das Potenzial die Energie pro Probeladung an. Beide Größen charakterisieren die Umgebung einer Ladung Q auf einfache Weise unabhängig von der Probeladung.

Im radialen elektrischen Feld einer Ladung Q hat ein Punkt im Abstand r das Potenzial:

$$\varphi = \frac{Q}{4 \cdot \pi \cdot \varepsilon_0} \cdot \frac{1}{r}.$$

Feld im Plattenkondensator • Wir ermitteln mit dem Prinzip der Energieerhaltung die Feldstärke in einem Plattenkondensator ($d = 0{,}1\,\text{m}$, $U = 5000\,\text{V}$), in dem sich eine Probeladung von $q = 10\,\text{nC}$ befindet. Deren elektrische Energie $U \cdot q$ ist die potenzielle Energie im elektrischen Feld. Verschiebt man die Probeladung von einer Platte zur anderen, ändert sich ihre elektrische Energie daher um ΔE:

$$\Delta E = q \cdot |\vec{E}| \cdot d = q \cdot U.$$

Wir lösen nach der Feldstärke auf und erhalten:

$$|\vec{E}| = \frac{U}{d} = \frac{5000\,\text{V}}{0{,}1\,\text{m}} = 50\,000\,\frac{\text{V}}{\text{m}}.$$

Im Plattenkondensator mit Plattenabstand d und anliegender Spannung U ist der Betrag der elektrischen Feldstärke im Inneren $|\vec{E}| = \frac{U}{d}$. Die elektrische Feldstärke hat somit die Einheiten $1\,\frac{\text{V}}{\text{m}} = 1\,\frac{\text{N}}{\text{C}}$.

Material im Plattenkondensator • Um besonders viel Energie im Kondensator speichern zu können, möchten wir mehr Ladung auf die Platten bringen. Dazu versuchen wir, die elektrischen Kräfte bzw. die elektrischen Feldstärken zu verringern. Wir untersuchen, wie sich die elektrische Feldstärke verändert, wenn ein Material in den Raum zwischen den Platten eingebracht wird. Weil sich mit Papier leicht experimentieren lässt, probieren wir es mit diesem. Zunächst legen wir an den luftgefüllten Plattenkondensator mit der Fläche $A = 0{,}07\,\text{m}^2$ und dem Plattenabstand $d = 0{,}05$ m die Spannung $U = 5000$ V an. Dabei beträgt die messbare Ladung:

$Q = 62\,\text{nC}$

und die Feldstärke ergibt sich zu:

$$|\vec{E}| = \frac{U}{d} = \frac{5000\,\text{V}}{0{,}05\,\text{m}} = 100\,000\,\frac{\text{V}}{\text{m}}.$$

Dann trennen wir den Kondensator vom Netzgerät, schieben ein Buch zwischen die Platten und messen die anliegende Spannung. Diese sinkt auf 1500 V. Die Ladung hat sich hierbei nicht geändert. Also muss sich die Feldstärke geändert haben:

$$|\vec{E}_{\text{Papier}}| = \frac{U}{d} = \frac{1500\,\text{V}}{0{,}05\,\text{m}} = 30\,000\,\frac{\text{V}}{\text{m}}.$$

Die Feldstärke hat sich also um folgenden Faktor verkleinert:

$$\varepsilon_r = \frac{|\vec{E}|}{|\vec{E}_{\text{Papier}}|} = 3{,}3.$$

Den Quotienten der Feldstärken mit bzw. ohne Material nennt man **relative Dielektrizitätskonstante** ε_r. Dies ist eine für jedes Material spezifische Konstante. Jedes Dielektrikum hat eine relative Dielektrizitätskonstante ε_r.

Polarisation • Generell nennt man ein wenig leitendes Material ein **Dielektrikum**. Wie funktioniert ein Dielektrikum? In manchen Dielektrika befinden sich **polare Moleküle**. Das sind Moleküle mit einer positiv geladenen und einer negativ geladenen Seite, wie z.B. Wasser. Diese polaren Moleküle richten sich im elektrischen Feld des Plattenkondensators aus (▸Abb. 3 A). So erhält das Dielektrikum effektiv Pole, man sagt es ist **polarisiert**. Weil hier die Orientierung von Teilchen zur Polarisation führt, heißt dieses Phänomen **Orientierungspolarisation**. Als Folge erzeugt das Dielektrikum ein elektrisches Feld, welches das ursprüngliche Feld teilweise kompensiert.

Doch auch unpolare Stoffe wie pulverisierter Schwefel haben eine relative Dielektrizitätskonstante $\varepsilon_r > 1$. Schwefel ist atomar und besteht somit nicht aus polaren Molekülen. Eine Polarisation kann dennoch entstehen, weil das elektrische Feld im Plattenkondensator die Ladungen im Schwefelatom etwas verschieben kann (▸Abb. 3 B). Entsprechend heißt dieses Phänomen **Verschiebungspolarisation**.

Die relative Dielektrizitätskonstante ε_r wird auch **relative Dielektrizitätszahl** oder **relative Permittivität** genannt.

Wenn in einen Kondensator mit einer Ladung Q ein Dielektrikum mit einer relativen Dielektrizitätszahl ε_r gefüllt wird, dann verringert sich die Feldstärke um den Faktor ε_r.

1 Ein luftgefüllter Kondensator hat bei der Spannung $U = 5000$ V die Ladung $Q = 50$ nC.
a) Ermitteln Sie die Feldstärke.
b) Der so geladene Kondensator wird mit einem Dielektrikum mit $\varepsilon_r = 5$ gefüllt. Berechnen Sie die neue Feldstärke.
c) Wird an den so gefüllten Kondensator die Spannung $U = 5000$ V angelegt, so steigt die Ladung auf 250 nC. Vermuten Sie begründet eine Regel.

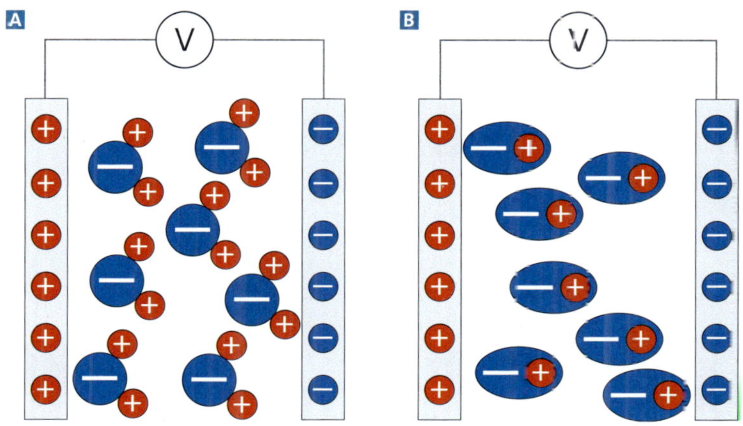

3 **A** Orientierungspolarisation, **B** Verschiebungspolarisation

Versuch A • Elektrische Felder und Potenziale

V1 EKG mit dem GTR aufnehmen

Material:
GTR mit EKG-Sensor

Arbeitsauftrag:

a) Schließen Sie an den GTR den EKG-Sensor an. Kleben Sie die elektrischen Kontaktpflaster auf die Haut wie in ▸Abb. 1A gezeigt. Starten Sie die Aufnahme und stellen Sie den Verlauf der Spannung $U(t)$ als Diagramm dar (▸Abb. 1A).

b) Recherchieren Sie die üblichen Extrempunkte P, Q, R, S und T im EKG und identifizieren Sie diese in Ihrer Aufzeichnung.

c) Ermitteln Sie als Ersatz für die Amplitude die Differenz zwischen minimaler und maximaler Spannung. Im Beispiel ist es $U = 1{,}4\,\text{mV} - 0{,}99\,\text{mV} \approx 0{,}4\,\text{mV}$.

d) Kleben Sie die Kontaktpflaster an die Positionen 1 und 2 wie in ▸Abb. 3 und zeichnen Sie wieder den Spannungsverlauf $U(t)$ auf. Bestätigen Sie, dass $U(t)$ anders verläuft als in ▸Abb. 1B. Bilden Sie wieder die Differenz maximaler und minimaler Spannung. Im Beispiel ergibt sich $U_{12} = 0{,}5\,\text{V}$.

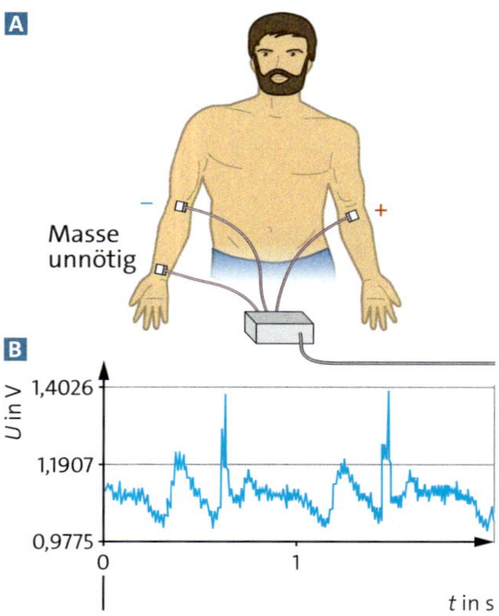

1 Messung des EKG: **A** Elektroden, **B** $U(t)$

V2 Äquipotenziallinien

Material:
Voltmeter, Papier, Neodymmagnete, weicher Bleistift, Netzgerät, Kabel mit Krokodilklemme

Arbeitsauftrag:

a) Zeichnen sie mit dem Bleistift ein schmales Rechteck auf das Papier. Bringen Sie an den Enden des Rechtecks über und unter dem Papier je einen Magneten zur Befestigung an. Schließen Sie die Pole des Netzgerätes an die Magnete an (▸Abb. 2). Stellen Sie die Spannung auf 8 V ein. Schließen Sie den Minuspol des Netzgerätes an den des Voltmeters an. Schließen Sie an den Pluspol des Voltmeters ein Kabel an und tasten Sie mit diesem die Spannungen auf dem Rechteck ab. Ermitteln Sie so Linien gleicher Spannung.

b) Zeichnen Sie Punkte mit gleicher Spannung in einem Modellrechteck ein.

c) Deuten Sie den Aufbau als Spannungsteiler.

d) Interpretieren Sie das Ergebnis mit dem Begriff Potenzial. Verwenden Sie dabei die Bezeichnung **Äquipotenziallinie** für Linien mit konstantem Potenzial.

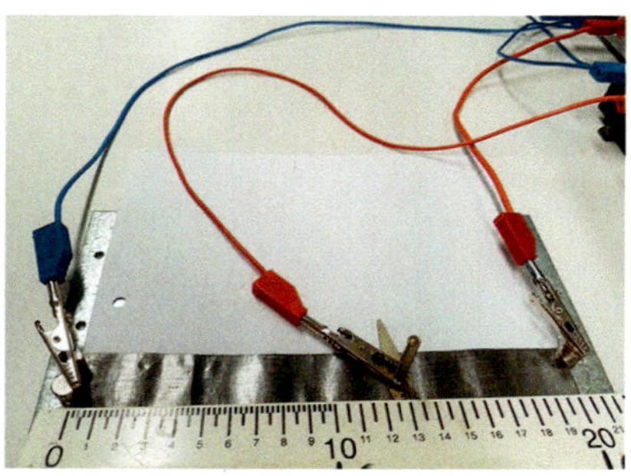

2 Versuchsaufbau zum Spannungsteiler

V3 Äquipotenziallinien des Dipols

Material:
Voltmeter, Papier, Neodymmagnete, weicher Bleistift, Netzgerät, Kabel mit Krokodilklemme, GTR mit EKG-Sensor

Arbeitsauftrag:

Wir untersuchen in der Ebene Linien mit gleicher Spannung bzgl. eines Referenzpunktes, also **Äquipotenziallinien**.

a) Messen Sie mit dem EKG-Sensor wie in Versuch 1 Äquipotenziallinien (▸Abb. 3A). Im Beispiel sind U_{12}, U_{13} und U_{14} gleich $1{,}1\,\text{mV} \pm 0{,}2\,\text{mV}$.

b) Zum Vergleich messen Sie Äquipotenziallinien in einer Schicht aus Graphit wie in Versuch 2. Dazu ergänzen Sie das schmale mit Bleistift gezeichnete Rechteck zu einem breiten. Messen Sie Linien mit konstantem Potenzial und tragen Sie diese in ein Modellrechteck ein (▸Abb. 3B).

c) Vergleichen Sie beide Muster.

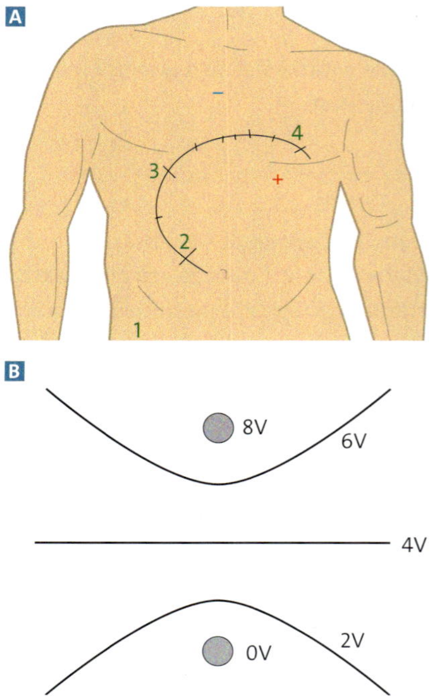

3 Äquipotenziallinien: **A** EKG, **B** Graphitstrich

Material A • Dipol

Mit folgendem Begriff finden wir eine Analogie zum Gravitationsfeld: „Eine Äquipotenziallinie wird von Punkten mit gleicher Potenzialdifferenz zu einem Referenzpunkt gebildet. Diese Linie ist überall senkrecht zu den Feldlinien.“ Ein positiv geladener und ein negativ geladener Pol wurden in Öl mit Grießkörnern gebracht und erzeugten das Feldlinienbild in ▸Abb. 4.

A1 Beschreiben Sie das Feldlinienmuster.

A2 **a)** Skizzieren Sie die beiden Pole und tragen Sie Ladungen sowie die Feldlinien ein.

b) Ergänzen Sie in der Skizze Feldvektoren.

c) Ergänzen Sie Äquipotenziallinien entsprechend obiger Begriffsklärung.

A3 **a)** Bei Riederting im Chiemgau wurden die Höhenlinien relativ genau vermessen (▸Abb. 5). Begründen Sie, dass die Höhenlinien praktisch die Äquipotenziallinien des Gravitationsfeldes sind.

b) Erläutern Sie die Ähnlichkeit im Verlauf der Äquipotenziallinien in der Skizze zu ▸Abb. 4 mit dem in ▸Abb. 5.

c) In ▸Abb. 5 wird darauf hingewiesen, dass sich bei Riederting ein Krater eines Asteroideneinschlags befindet. Erklären Sie, was dafür spricht.

4 Feld des elektrischen Dipols

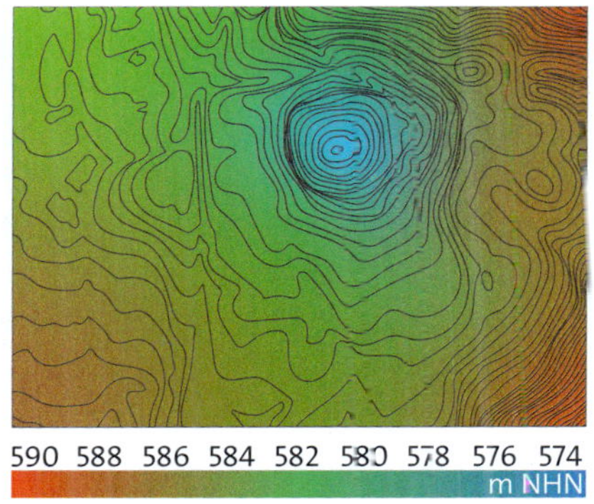

5 Höhenlinien bei Riederting

Material B • Fluchtgeschwindigkeit, Spannung und Kapazität

B1 Der Meteorit Alan Hills 81005 wurde 1981 in der Antarktis gefunden, stammt aber vom Mond. Wie kam der Stein auf die Erde?

a) Der Meteorit Alan Hills muss auf dem Mond auf die Fluchtgeschwindigkeit v_{Flucht} gebracht worden sein. Bei dieser Geschwindigkeit ist die kinetische Energie gleich der potenziellen Energie. Der Mond hat eine Masse von $7{,}349 \cdot 10^{22}$ kg und einen Radius von $R = 1737$ km. Ermitteln Sie die entsprechende Fluchtgeschwindigkeit.

b) Begründen Sie auch mit dem Aussehen des Mondkraters in ▸Abb. 6, dass der Meteorit diese Fluchtgeschwindigkeit vermutlich beim Einschlag eines anderen Asteroiden auf dem Mond erhalten hat.

B2 **a)** Eine Kugel mit Radius R trägt eine positive Ladung Q. Dann wird eine negative Probeladung q mit der Fluchtgeschwindigkeit v_{Flucht} von der Oberfläche der geladenen Kugel aus nach oben geschossen. Ermitteln Sie die entsprechende kinetische Energie $\Delta E_{R,\infty}$ zur Bewegung der Probeladung q vom Radius R bis zum Radius $r = \infty$.

b) Die Spannung $U_{R,\infty}$ zwischen einem Punkt beim Radius R und einem anderen Punkt beim Radius $r = \infty$ ist der Quotient $U_{R,\infty} = \frac{\Delta E_{R,\infty}}{q}$. Begründen Sie.

c) Leiten Sie eine Formel für diese Spannung her.

d) Zeigen Sie, dass diese Spannung $U_{R,\infty}$ proportional zur Ladung Q der Kugel ist.

e) Leiten Sie eine Formel für den Proportionalitätsfaktor her.

f) Lösen Sie nach Q auf und zeigen Sie so: $Q = 4\pi \cdot \varepsilon_0 \cdot R \cdot U$. Man nennt den Faktor vor U die **Kapazität** C der Kugel, kurz $C = 4\pi \cdot \varepsilon_0 \cdot R$.

6 Mondkrater

BLICKPUNKT

Gravitationsfeld und elektrisches Feld

Newtons Gravitationsgesetz • Die Sonne hält alle Planeten mit ihrer Gravitationskraft im Planetensystem (▸Abb. 1). Dabei bewegen sich die Planeten völlig regelmäßig um die Sonne. Können wir aus dieser Bewegung das Gesetz der Gravitationskraft ermitteln?

Bewegung der Planeten • Wir sehen uns dazu erst einmal die Bewegung der Planeten genauer an. Diese bewegen sich ungefähr auf Kreisbahnen (▸Abb. 1). Verrät uns diese Kreisbewegung das Gesetz der Gravitationskraft F_G (▸Abb. 2)? Denn bei dieser Kreisbewegung wird die Zentripetalkraft durch die Gravitationskraft realisiert.

Abhängigkeit vom Bahnradius • Wenn alle Planeten die gleiche Masse hätten, dann könnten wir in einem Graphen die Zentripetalkraft abhängig vom Bahnradius der Planeten auftragen und daran ablesen, wie die Schwerkraft vom Abstand abhängt. Aber die Planeten haben unterschiedliche Massen. Dieses Problem lösen wir, indem wir die Kraft pro Masse auftragen. Wir wissen schon durch die Grundgleichung der Mechanik $F = m \cdot a$, dass die Kraft pro Masse gleich der Beschleunigung ist. Wir tragen also die Zentripetalbeschleunigung a_Z der Planeten abhängig vom Bahnradius r auf. Dazu berechnen wir mithilfe von ▸Tabelle 5 die Zentripetalbeschleunigungen mit der bekannten Formel:

$$a_z = r \cdot \omega^2 = 4\pi^2 \cdot \frac{r}{T^2}.$$

Der Graph zur Zentripetalbeschleunigung der Planeten in ▸Abb. 3 zeigt, dass die Zentripetalkraft mit größer werdendem Radius sehr schnell kleiner wird. Um ein Naturgesetz zu finden, wenden wir die potenzielle Regression an. Dazu gibt der Computer uns folgendes Gesetz an:

$$a_z = 1{,}37 \cdot 10^{20} \frac{\text{m}}{\text{s}^2} \cdot \left(\frac{r}{\text{m}}\right)^{-2{,}001\ldots}.$$

Offensichtlich nimmt die Zentripetalbeschleunigungen a_Z und damit die Gravitationskraft F_G der Planeten proportional zu $\frac{1}{r^2}$ ab:

$$F_G \sim \frac{1}{r^2}.$$

Massenabhängigkeit • Die Planetenbahnen verraten nichts über die Massenabhängigkeit. Das ist auch nicht nötig, denn die Grundgleichung der Mechanik sagt uns schon, wie die Gravitationskraft von der Masse m_P des Planeten abhängt:

$$F_G = a_Z \cdot m_P.$$

Die Kraft F_G ist also proportional zur Planetenmasse:

$$F_G \sim m_P.$$

Und wie hängt die Gravitationskraft von der Masse m_S der Sonne ab? Ebenso wie die Erde besteht auch die Sonne aus Atomen, Elektronen und Atomkernen. Warum sollte die Gravitationskraft also bei der Sonnenmasse eine andere Abhängigkeit haben? Die Kraft F_G ist proportional zur Sonnenmasse:

$$F_G \sim m_S.$$

1 Planetensystem

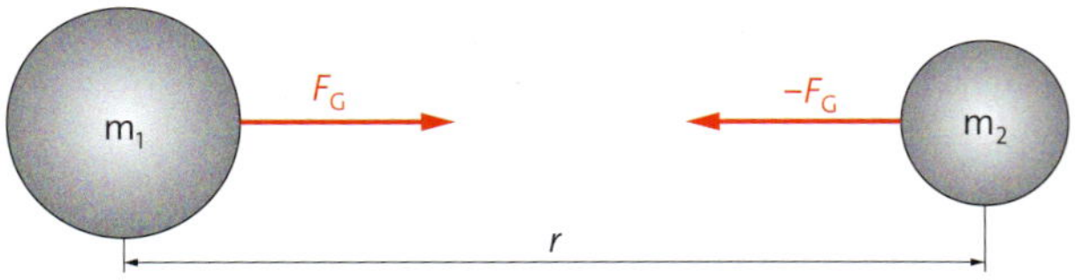

2 Gravitationskraft F_G bei zwei Massen

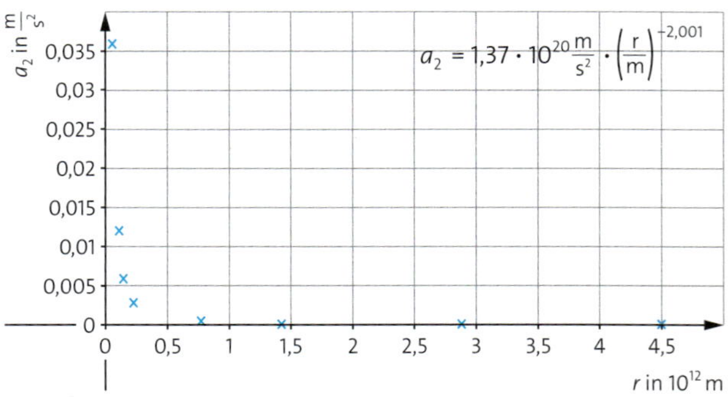

3 Zentripetalbeschleunigung abhängig vom Radius

Gravitationsgesetz und Graviationskonstante • Wir kombinieren die drei Proportionalitäten:

$$F_G \sim \frac{m_S \cdot m_P}{r^2}.$$

1798 hat HENRY CAVENDISH den Proportionalitätsfaktor, die **Gravitationskonstante,** erstmals gemessen:

$$G = 6{,}674187 \cdot 10^{-11} \frac{\text{m}^3}{\text{kg} \cdot \text{s}^2}.$$

Entsprechend formulierte ISAAC NEWTON 1687 das **Gravitationsgesetz:** Zwei Massen m_1 und m_2 im Abstand r ziehen einander mit der Kraft F_G an (▸Abb. 2) – da F_G stets anziehend wirkt, ist ihr Vorzeichen negativ:

$$F_G = -G \cdot \frac{m_1 \cdot m_2}{r^2}.$$

Coulombsches Gesetz und Gravitationsgesetz • Ebenso formulierte CHARLES AUGUSTIN DE COULOMB 1785 das **Coulombsche Gesetz.** Es besagt, dass zwischen zwei Ladungen Q_1 und Q_2 im Abstand r die Kraft F_C wirkt:

$$F_C = \frac{1}{4 \cdot \pi \cdot \varepsilon_0} \cdot \frac{Q_1 \cdot Q_2}{r^2}.$$

Dabei ist für Ladungen gleichen Vorzeichens F_C positiv, also abstoßend, für Ladungen entgegengesetzten Vorzeichens negativ, also anziehend. Beide Gesetze sind strukturgleich: Bei der Gravitation sind die beiden Massen ursächlich, bei der elektrischen Kraft die beiden Ladungen. Der Betrag der Kraft nimmt proportional zu r^2 ab, wobei eine grundlegende Naturkonstante den Proportionalitätsfaktor bestimmt: Gravitationskonstante G bzw. elektrische Feldkonstante ε_0.

Elektrisches Feld und Gravitationsfeld • Man kann die Masse $m_1 = m$ und die Ladung $Q_1 = Q$ als felderzeugend auffassen und m_2 als Probemasse sowie Q_2 als Probeladung. Wir erhalten dann den Term für die **Gravitationsfeldstärke** G^* bzw. die **elektrische Feldstärke** $|\vec{E}|$, indem wir durch m_2 bzw. Q_2 teilen:

$$G^* = -G \cdot \frac{m}{r^2} \quad \text{und} \quad |E| = \frac{1}{4 \cdot \pi \cdot \varepsilon_0} \cdot \frac{Q}{r^2}.$$

Diese von punktförmigen felderzeugenden Objekten ausgehenden Felder sind **radial** gerichtet, was durch den Feldlinienverlauf in ▸Abb. 4 verdeutlicht wird.

Potenzielle Energie im radialen Feld • Wir haben bereits die potenzielle Energie des elektrischen Feldes aus dem Coulombschen Gesetz ermittelt:

$$E_{\text{pot,el}} = \frac{1}{4 \cdot \pi \cdot \varepsilon_0} \cdot \frac{Q_1 \cdot Q_2}{r}.$$

Wegen der Strukturgleichheit der Kraftgesetze sind auch die potenziellen Energien strukturgleich. Auch hier ist wieder $E_{\text{pot,Grav}}$ negativ, da bei Annäherung an m die potenzielle Energie abnimmt, während $E_{\text{pot,el}}$ bei Annäherung an Q für entgegengesetzte Probeladung ab-, für gleiche Probeladung jedoch zunimmt. Entsprechend ist die potenzielle Energie der Gravitation $E_{\text{pot,Grav}}$:

$$E_{\text{pot,Grav}} = -G \cdot \frac{m_1 \cdot m_2}{r}.$$

1 Die Erde hat eine Masse von $5{,}972 \cdot 10^{24}$ kg und am Äquator einen Radius von 6378 km.

a) Ermitteln Sie die auf eine Masse von 1 kg wirkende Gravitationskraft F_G am Äquator.

b) Ein Beobachter im Weltraum sieht, dass die Masse mit der Erddrehung eine Kreisbewegung ausführt. Ermitteln Sie die entsprechende Zentripetalkraft F_Z.

c) Berechnen Sie die am Äquator mit einem Federkraftmesser messbare Gewichtskraft $F_{\text{Gewicht}} = F_G - F_Z$.

d) Ermitteln Sie den am Äquator messbaren Ortsfaktor g und die dort vorliegende Gravitationsfeldstärke G^*.

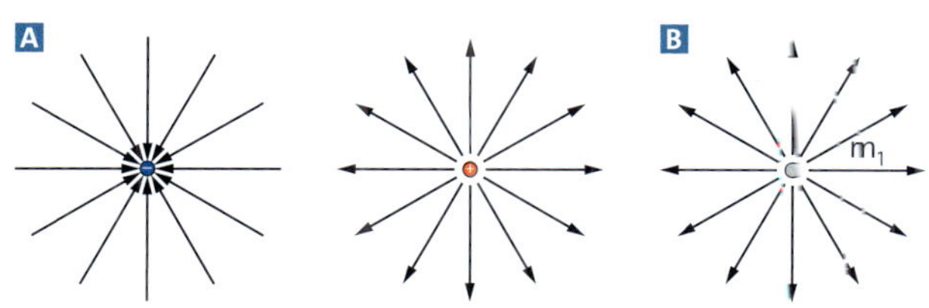

4 Radiales Feld: **A** elektrisches Feld, **B** Gravitationsfeld

	Merkur	Venus	Erde	Mars	Jupiter	Saturn	Uranus	Neptun
T in 10^9 s	0,008	0,019	0,032	0,059	0,375	0,935	2,672	5,223
r in 10^{12} m	0,058	0,108	0,150	0,228	0,778	1,432	2,884	4,509

5 Umlaufzeiten T und Bahnradien r der Planeten

1 Rücklicht eines Fahrrades

Speichern von Ladung

Das Fahrrad steht, der Dynamo liefert keine Energie und dennoch leuchtet das Rücklicht. Auf welche Weise werden Ladung und Energie in der Rückleuchte gespeichert?

2 Plattenkondensator

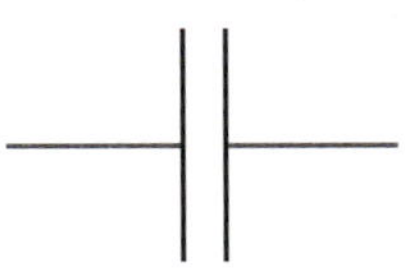

3 Schaltzeichen des Kondensators

Speichern von Ladung • Im Rücklicht werden Ladungen im Prinzip ebenso gespeichert wie bei zwei parallelen Platten, also wie bei einem **Plattenkondensator** (▸Abb. 2). Das Schaltzeichen für einen Kondensator deutet die beiden Platten an (▸Abb. 3), auch wenn bei vielen Kondensatoren die beiden Flächen innen etwas anders geformt sind als in ▸Abb. 2. Im Rücklicht aus ▸Abb. 1 finden wir unter der LED einen relativ großen Zylinder mit zwei elektrischen Kontakten und mit der Aufschrift 5 V und 1,0 F. Das ist der Kondensator.

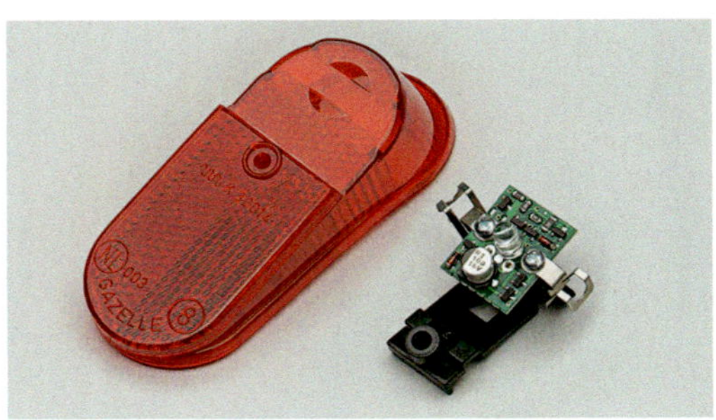

4 Kondensator beim Standlicht

Ladung im Kondensator • Wir wissen schon, dass die Spannung 5 V ein Maß dafür ist, wie viel Energie eine Ladung hat. Daher untersuchen wir die Größen Ladung und Spannung in dem in ▸Abb. 5 dargestellten Experiment. Dabei wollen wir den Kondensator relativ langsam am Netzgerät aufladen, damit wir den Vorgang sehr deutlich und möglichst einfach beobachten können. Zu diesem Zweck begrenzen wir die Stromstärke mithilfe eines elektrischen Widerstands R (▸Abb. 5). Zunächst entladen wir den Kondensator völlig, indem wir dessen beide Anschlüsse durch ein Kabel miteinander verbinden. Anschließend entfernen wir dieses Kabel und schalten das Netzgerät zum Aufladen ein, somit realisieren wir genau die in ▸Abb. 5 dargestellte Schaltskizze im Versuch. Beim Aufladen zeichnen wir die Stromstärke I und die Spannung U_C am Kondensator abhängig von der Zeit auf.

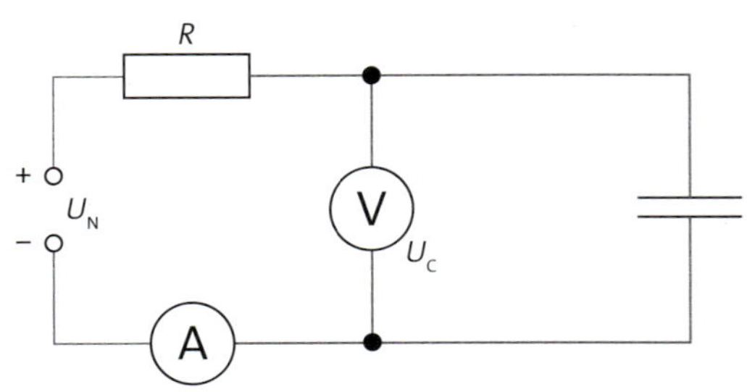

5 Schaltskizze zum Laden des Kondensators

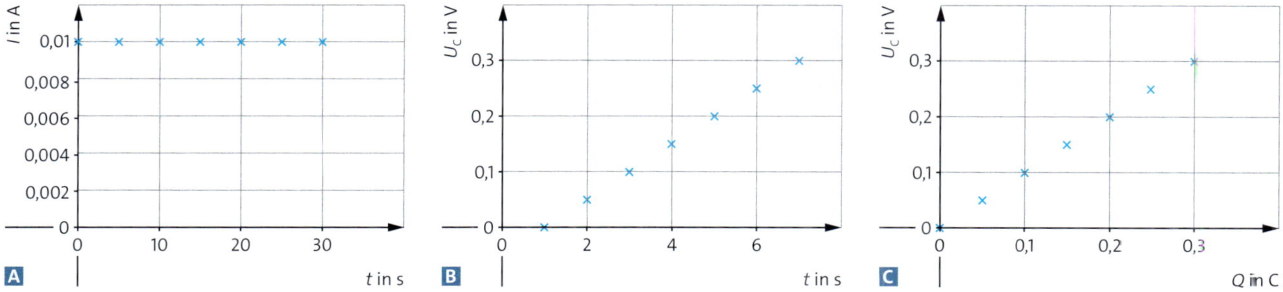

6 **A** $I(t)$-Diagramm, **B** $U_C(t)$-Diagramm, **C** $U(Q)$-Diagramm

Zur Auswertung stellen wir zunächst den Zeitverlauf der Stromstärke $I(t)$ dar (▸Abb. 6 A). So lange wir den Kondensator nur wenig aufladen, können wir die Stromstärke in diesem Versuch annähernd konstant halten. Dann können wir die Ladung Q zu jedem Zeitpunkt t als Produkt berechnen: $Q = I \cdot t$.

Die Einheit der Ladung Q ist eine Amperesekunde, 1 As, und heißt kurz 1 **Coulumb,** 1 C.

Durch einen elektrischen Leiter fließt bei einer Stromstärke I in einer Zeitspanne t die elektrische Ladung $Q = I \cdot t$.
Die Einheit der elektrischen Ladung ist ein Coulomb C oder eine Amperesekunde As: $1\,\text{A} \cdot \text{s} = 1\,\text{C}$.

Kapazität des Kondensators • Bei unserem Experiment nahm die am Kondensator anliegende Spannung U_C beim Aufladen mit der Zeit zu (▸Abb. 6 B). Wovon könnte diese Spannung abhängen? Beim Aufladen werden immer mehr Ladungen auf dem Kondensator zusammengedrängt. Es lässt sich also vermuten, dass die Energie pro Ladung, also die Spannung U_C, mit zunehmender Ladungsmenge Q zunimmt. Dabei sollte die Geschwindigkeit, mit der die Ladungen auf den Kondensator fließen, kaum eine Rolle spielen. Um das genauer zu untersuchen, stellen wir die Kondensatorspannung abhängig von der Ladung dar (▸Abb. 6 C). Diese Abbildung zeigt, dass die Spannung am Kondensator proportional zur Ladung Q des Kondensators ist. Von den beiden möglichen Proportionalitätskonstanten wählen wir jedoch nicht $\frac{U_C}{Q}$, sondern $\frac{Q}{U_C}$.

Die Proportionalitätskonstante $\frac{Q}{U_C}$ heißt **Kapazität** C des Kondensators und gibt das Verhältnis zwischen der gespeicherten Ladung und der im Kondensator herrschenden Spannung an.

Hat die Spannung U_C ihren maximal zulässigen Wert erreicht, gibt C an, wie viel Ladung der Kondensator bei dieser Spannung maximal aufnehmen kann. Der Kondensator im Rücklicht in ▸Abb. 4 kann also bei der zulässigen, vom Dynamo gelieferten Spannung $U = 5\,\text{V}$ und der Kapazität von $C = 1\,\text{F}$ folgende Ladung speichern: $Q = C \cdot U = 5\,\text{V} \cdot 1\,\text{F} = 5\,\text{C}$.

Die Spannung U_C am Kondensator ist proportional zur Ladung Q auf dem Kondensator. Die Proportionalitätskonstante $\frac{Q}{U_C}$ heißt Kapazität C. Ihre Einheit ist ein Farad gleich ein Coulomb pro Volt, $1\,\text{F} = 1\frac{\text{C}}{\text{V}}$. Es gilt: $Q = C \cdot U$.

1 Zwei Kondensatoren haben die Kapazitäten $C_1 = 1\,\text{F}$ und $C_2 = 3\,\text{F}$.
a) Die beiden Kondensatoren werden parallelgeschaltet und an eine Spannung von 10 V angeschlossen. Berechnen Sie die beiden Ladungen und die insgesamt in beiden Kondensatoren gespeicherte Ladung.
b) Ermitteln Sie die Kapazität C_{gesamt} dieser Parallelschaltung und leiten Sie eine Formel für diese Kapazität C_{gesamt} her.
c) Die beiden Kondensatoren werden in Reihe geschaltet und die Spannung 10 V wird angelegt. Ermitteln Sie die gespeicherte Ladung Q.
Tipp: Nutzen Sie $\frac{Q}{1\,\text{F}} + \frac{Q}{3\,\text{F}} = 10\,\text{V}$.

Ein Kondensator funktioniert nur bis zu einer maximalen Spannung U_{C_max}. Legt man eine höhere Spannung an, dann können Funken überspringen oder Material kann geschädigt werden. Daher kann ein Kondensator nur die maximale Ladung $Q_{max} = C \cdot U_{C\_max}$ aufnehmen.

Am Kondensator messen wir eine relativ kleine Spannung, weil sich die Netzspannung entsprechend der Maschenregel auf den Widerstand und den Kondensator verteilt: $U_N = U_R + U_C$.

Im Grenzfall ΔQ gegen null ist die Energie genau: $E = \frac{1}{2} \cdot Q \cdot U$.

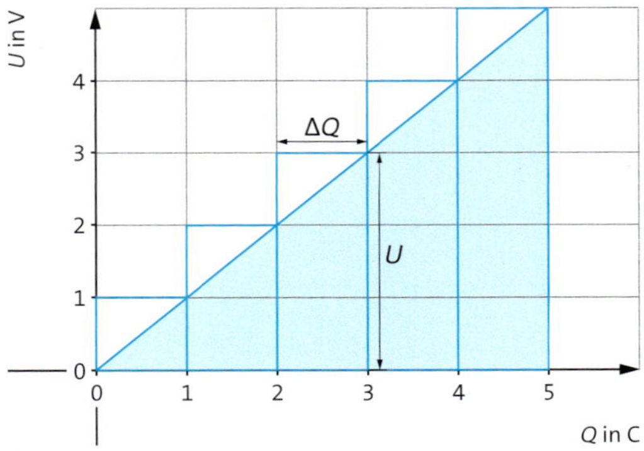

1 Energie als Fläche unter dem $U_C(\Delta Q)$-Graphen

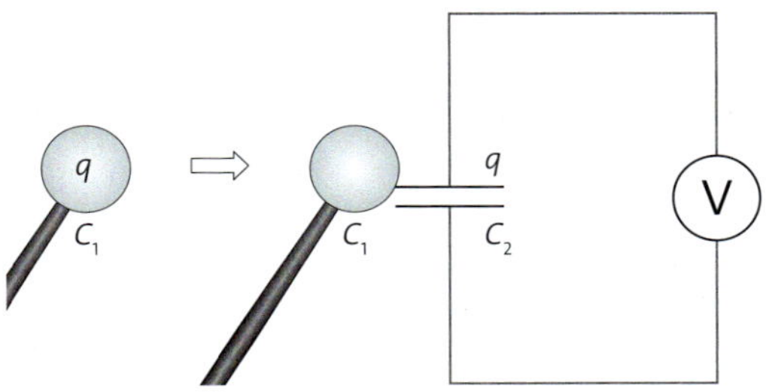

2 Messung kleiner Ladungen

Da ΔQ nur eine gedankliche Hilfe darstellt, kann man den Grenzfall ΔQ gegen null ohne Weiteres durchführen und so die Energie exakt bestimmen.

Energie • Beim Rücklicht des Fahrrads speichert der Kondensator elektrische Ladung und Energie. Wie viel Energie speichert der Kondensator, wenn durch den Dynamo eine Spannung von beispielsweise 5 V anliegt?
Grundsätzlich ist die beim Laden des Kondensators aufzuwendende Energie ΔE gleich dem Produkt aus der anliegenden Spannung U_C und der aufgebrachten Ladung ΔQ:

$$\Delta E = \Delta Q \cdot U_C.$$

Beim Laden des Kondensators ist die Spannung U_C nicht konstant, sondern nimmt proportional zur bereits auf dem Kondensator vorhandenen Ladung Q zu. Daher ist am Anfang zum Aufbringen einer Ladung ΔQ nur eine geringe Energie ΔE nötig, während ΔE später zunimmt. Um diese unterschiedlichen Energiebeträge zu addieren und zur Steigerung der Genauigkeit dabei ΔQ möglichst klein zu wählen, gehen wir graphisch vor (▸Abb. 1). Offensichtlich ist das Produkt $U \cdot \Delta Q$ ein Rechteck in ▸Abb. 1. Werden diese Rechtecke schmal genug (d.h. ΔQ klein genug) gewählt, ist ihre Gesamtfläche näherungsweise gleich der Fläche des Dreiecks mit der Grundseite Q und der Höhe U_C. Die Fläche eines Dreiecks ist gleich $\frac{1}{2}$-mal die Grundseite mal die Höhe:

Weil U proportional zu Q ist, ergibt die Fläche aller Rechtecke zusammen ein Dreieck.

$$E = \frac{1}{2} \cdot Q \cdot U_C.$$

Dabei ist $Q = C \cdot U_C$. Wir setzen ein:

$$E = \frac{1}{2} \cdot C \cdot U_C^2.$$

Wenn an einem Kondensator mit einer Kapazität C eine Spannung U_C anliegt, dann hat der Kondensator die elektrische Energie $E = \frac{1}{2} \cdot C \cdot U_C^2$ gespeichert.

Somit speichert der Kondensator im Rücklicht bei der maximal zulässigen Spannung von 5 V folgende Energie:

$$E = \frac{1}{2} \cdot C \cdot U_C^2 = \frac{1}{2} \cdot 1\,\mathrm{F} \cdot (5\,\mathrm{V})^2 = 12{,}5\,\mathrm{F} \cdot \mathrm{V}^2 = 12{,}5\,\mathrm{J}.$$

Messung kleiner Ladungen • Wie misst man eine kleine Ladung, z.B. $q = 2\,\mathrm{nC}$, auf einem Gegenstand mit einer unbekannten Kapazität C_1? Eine besonders genaue Methode besteht darin, dass man den Gegenstand an einen Kondensator mit einer Kapazität C_2 hält (▸Abb. 2). Das entspricht einer Parallelschaltung, weshalb am Gegenstand und am Kondensator die gleiche Spannung U anliegt.
Somit geht die Ladung q teilweise auf den Kondensator C_2 über, teilt sich also auf in zwei Teilladungen q_1 (Gegenstand) und q_2 (Kondensator) mit $U = \frac{q_1}{C_1} = \frac{q_2}{C_2}$ oder $q_2 = q_1 \cdot \frac{C_2}{C_1}$. Man wählt einen Kondensator mit einer relativ großen Kapazität C_2, z.B. $C_2 = 10\,\mathrm{nF}$, sodass sich praktisch die ganze Ladung q auf den Kondensator bewegt. Dann gilt näherungsweise: $U = \frac{q}{C_2}$. Man misst also die Spannung U am Kondensator mit einem Messverstärker, das Messergebnis sei ein Wert von $U = 0{,}2\,\mathrm{V}$. Die gesuchte Ladung beträgt demnach:

$$q = C_2 \cdot U = 10\,\mathrm{nF} \cdot 0{,}2\,\mathrm{V} = 2\,\mathrm{nC}.$$

So wie man bei einem Multimeter einen passenden Messbereich einstellt, wählt man hier einen Kondensator mit geeigneter Kapazität C_2 – groß im Vergleich zu C_1 und zugleich so klein, dass U groß genug für eine genaue Messung ist.

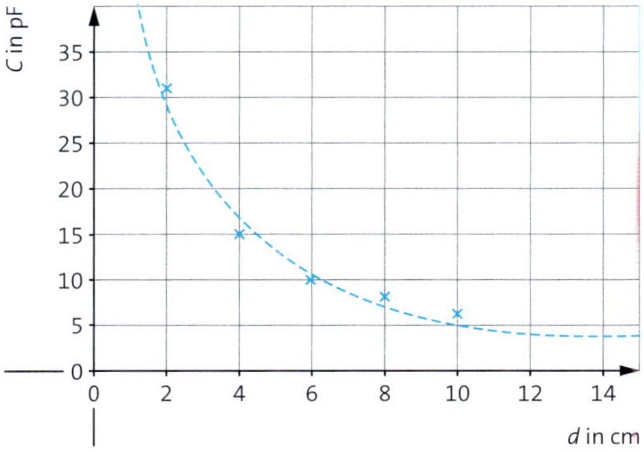

4 $C(d)$-Diagramm

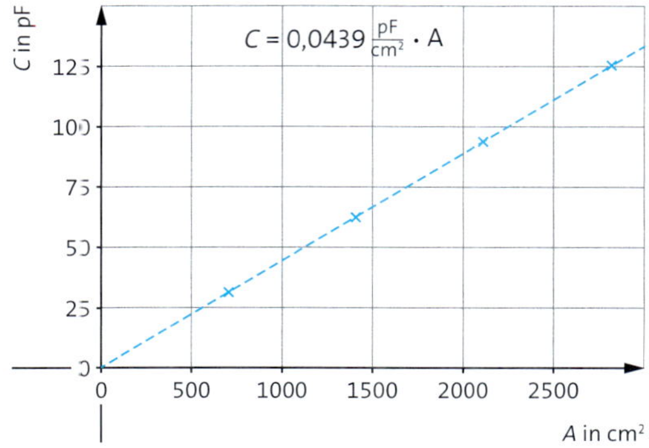

5 $C(A)$-Diagramm

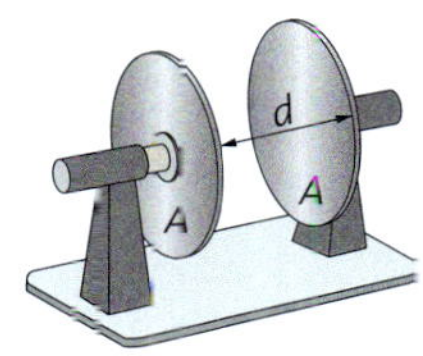

3 Plattenkondensator

Geometrie und Kapazität • Ein Plattenkondensator besteht aus zwei parallelen Platten. Wovon hängt die Kapazität des Plattenkondensators ab?

Vermutlich spielen die Flächen A der Platten und deren Abstand d eine Rolle (▸Abb. 3). Denn Ladungen kann man eher auf große Flächen, aber kaum in kleine Volumina drängen. Um das zu untersuchen, führen wir eine Versuchsreihe durch, wobei sich zwischen den Platten Luft befinden soll. Dabei messen wir die Spannung U sowie die Ladung Q am Kondensator und ermitteln daraus die Kapazität. Für die Anfangswerte $d = 2\,\text{cm}$ und $A = 706\,\text{cm}^2$ erhalten wir:

$$C = 3 \cdot 10^{-12}\,\text{F} = 30\,\text{pF}.$$

Zuerst variieren wir den Abstand d bei der konstanten Fläche von $A = 706\,\text{cm}^2$ und bestimmen die Kapazität. Die Messwerte sind in ▸Abb. 4 dargestellt. Wir probieren verschiedene Regressionen aus und erkennen, dass gilt:

$$C \sim \frac{1}{d}.$$

Nun variieren wir die Fläche A bei einem Abstand von $d = 2\,\text{cm}$, indem wir Plattenkondensatoren parallelschalten. Wieder messen wir die Kapazität (▸Abb. 5). Eine lineare Regression bestätigt:

$$C \sim A.$$

Wir kombinieren beide Proportionalitäten:

$$C \sim \frac{A}{d}.$$

$$C = k \cdot \frac{A}{d} \Rightarrow k = C \cdot \frac{d}{A}.$$

Die Regressionsgerade zum Graphen $C(A)$ (▸Abb. 5) liefert k für $d = 2\,\text{cm}$ zu:

$$k = 4{,}39 \cdot 10^{-10}\,\frac{\text{F}}{\text{m}^2} \cdot d = 8{,}78 \cdot 10^{-12}\,\frac{\text{F}}{\text{m}}.$$

Im Rahmen der Messgenauigkeit ist k gleich der **elektrischen Feldkonstante** ε_0. Damit gilt:

$$C = \varepsilon_0 \cdot \frac{A}{d}.$$

Die Kapazität des Plattenkondensators in Luft ist proportional zu dessen Fläche A und zum Kehrwert $\frac{1}{d}$ des Plattenabstands d. Die Proportionalitätskonstante ist die elektrische Feldkonstante. Somit ist diese Kapazität:
$C = \varepsilon_0 \cdot \frac{A}{d}$.

1 Eine Gewitterwolke entspricht näherungsweise einem Plattenkondensator.
Eine Wolke habe über dem Boden die Grundfläche $A = (2\,\text{km})^2$ und die Höhe $d = 1000\,\text{m}$.
a) Berechnen Sie die Kapazität.
b) Ein Blitz leitet bei einer Feldstärke von $|\vec{E}| = 200\,000\,\frac{\text{V}}{\text{m}}$ die Ladung zum Boden. Ermitteln Sie die entsprechende Spannung, Ladung und Energie des Blitzes.

2 Ein Plattenkondensator wird mit einem Dielektrikum gefüllt. Dabei steigt die messbare Kapazität um den Faktor ε_r. Begründen Sie, dass für die Kapazität gilt:
$C = \varepsilon_0 \cdot \varepsilon_r \cdot \frac{A}{d}$.

Jedes Dielektrikum hat eine für es spezifische Dielektrizitätszahl ε_r.

Versuch A • Ladungen, Kapazitäten, Feldkonstanten

V1 Messung von ε_0

Material:
Plattenkondensator, Kondensator mit 10 nF, Netzgerät mit berührungsungefährlicher Spannung, Voltmeter

Arbeitsauftrag:
a) Laden Sie zunächst den Plattenkondensator mit einer berührungsungefährlichen Spannung von 5 kV auf (▸Abb. 1 A). Trennen Sie den Plattenkondensator dann vom Netzgerät. Schließen Sie nun einen zweiten Kondensator mit einer Kapazität von $C = 10\,\text{nF}$ an den Plattenkondensator an und messen Sie die Spannung U_a (▸Abb. 1 B). Begründen Sie, dass fast die ganze Ladung vom Plattenkondensator auf den zweiten Kondensator fließt.
b) Ermitteln Sie aus der gemessenen Spannung U_a die Ladung Q, die auf dem Plattenkondensator war. Hinweis: Berechnen Sie die Ladung Q auf dem zweiten Kondensator.
c) Berechnen Sie aus der Ladung Q und der anfangs anliegenden Spannung U die Kapazität C des Plattenkondensators.
d) Messen Sie die Fläche A einer Platte und den Abstand d der Platten.
e) Berechnen Sie die elektrische Feldkonstante ε_0. Vergleichen Sie mit dem Literaturwert und beurteilen Sie.

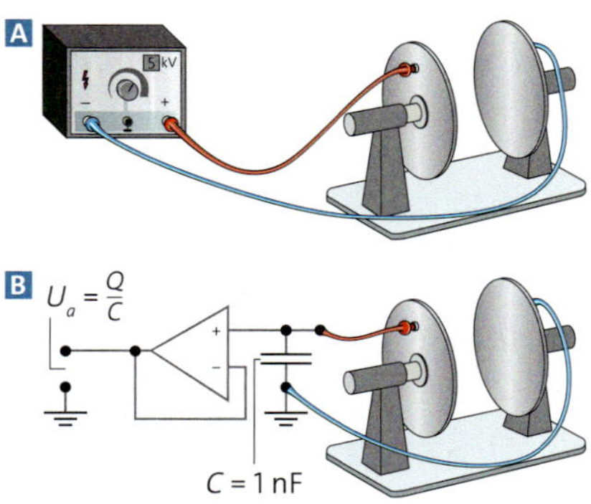

1 **A** Aufladen, **B** Messung der Spannung

V2 Energie im Fahrradkondensator

Material:
Kondensator, Voltmeter, Amperemeter, Netzgerät, Widerstand

Arbeitsauftrag:
a) Bauen Sie den Versuch auf wie in ▸Abb. 2 gezeigt.
b) Entladen Sie den Kondensator zunächst, indem Sie seine beiden Kontakte mit einem Kabel miteinander verbinden. Messen Sie die Spannung U und begründen Sie, dass diese nun 0 V beträgt.
c) Schalten Sie das Netzgerät ein und zeichnen Sie die Spannung U sowie die Stromstärke I abhängig von der Zeit t in Zeitschritten von $\Delta t = 5\,\text{s}$ auf.
d) Berechnen Sie für jeden Zeitschritt die Leistung P, die Ladung ΔQ und die Energie ΔE, die auf den Kondensator übertragen werden.
e) Berechnen Sie für jeden Messzeitpunkt die Energie E, die sich im Kondensator befindet.
f) Erstellen Sie ein $E(U)$-Diagramm und führen Sie eine quadratische Regression durch. Stellen Sie eine Formel für die Energie abhängig von der Spannung U auf und beurteilen Sie.
g) Erklären Sie, weshalb die Spannung U von 0 V allmählich auf 5 V ansteigt.

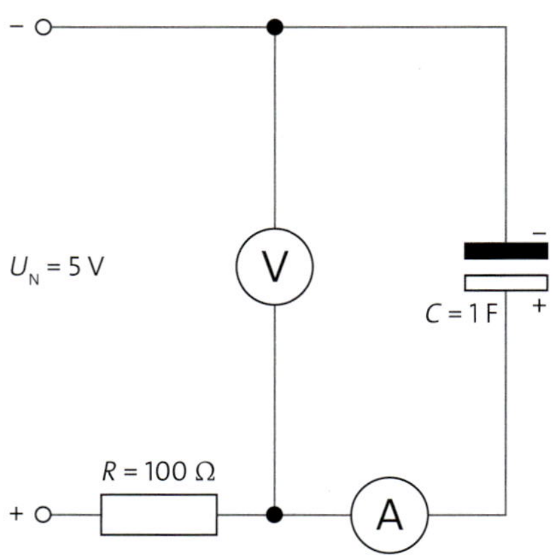

2 Aufladen eines Fahrradkondensators

V3 Wechselstromwiderstand

Material:
Kondensator, Voltmeter, Amperemeter, Funktionsgenerator für Wechselspannung mit variabler Frequenz

Arbeitsauftrag:
a) Bauen Sie einen Stromkreis auf wie in ▸Abb. 3. Legen Sie eine Gleichspannung an. Messen Sie die Stromstärke.
b) Erklären Sie, warum im Stromkreis mit Kondensator kein dauerhafter Gleichstrom fließt.
c) Legen Sie eine Wechselspannung mit der Frequenz 50 Hz an. Messen Sie wieder die Spannung und die Stromstärke.
d) Erklären Sie, warum im Stromkreis mit Kondensator aber ein dauerhafter Wechselstrom fließt.
e) Ermitteln Sie die Kreisfrequenz ω und den Wechselstromwiderstand $R(\omega) = \frac{U_{max}}{I_{max}}$.
f) Ermitteln Sie $R(\omega)$ für verschiedene Kreisfrequenzen $\omega = 2\pi \cdot f$ und erstellen Sie ein $R(\omega)$-Diagramm.
g) Führen Sie eine Regression durch und geben Sie einen passenden Term für ein $R(\omega)$ an.
h) Ermitteln Sie analog für Kondensatoren mit anderen Kapazitäten einen passenden Term für ein $R(\omega)$ und bestätigen Sie $R(\omega) = \frac{1}{\omega \cdot C}$.

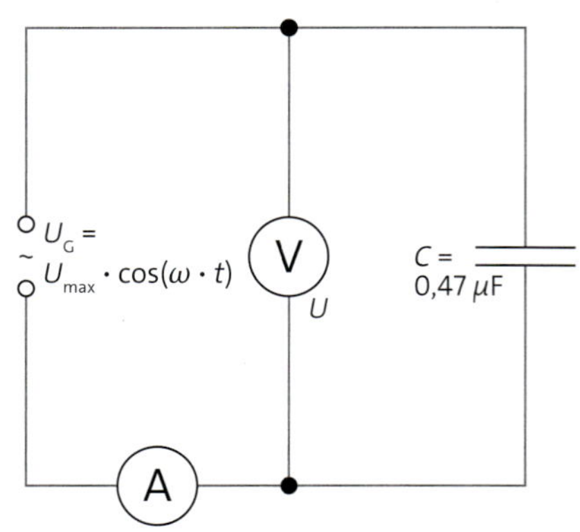

3 Wechselspannung am Kondensator

Material A • Maschenregel zeigt Energieerhaltung

Die in einem Stromkreis übertragene Energie lässt sich durch einen Versuch wie in ▸Abb. 4 mithilfe einzeln gemessener Spannungen bestimmen.

A1 Beschreiben Sie die Schaltung und die Messwerte.

A2 **a)** Formulieren Sie eine einfache Regel für die gemessenen Spannungen. Bestätigen Sie die Regel mithilfe der Gleichung $U = R \cdot I$. Berechnen Sie den Widerstand, den beide einzelnen Widerstände zusammen bilden und bestätigen Sie damit die gemessene Stromstärke.

b) Formulieren Sie eine einfache Regel für die Energie ΔE, die eine Ladung im Stromkreis an ein Bauteil mit einem Widerstand R überträgt.

A3 **a)** Stellen Sie fest, ob eine Ladung, nachdem sie den Stromkreis einmal durchlaufen hat, mehr oder weniger Energie hat. Ermitteln Sie dazu die an jedem Bauteil übertragene Energie ΔE.

b) Formulieren und begründen Sie anhand der Versuchsergebnisse ein allgemeines Prinzip zu den Energien ΔE, die eine Ladung q in einem Stromkreis an die Bauteile überträgt.

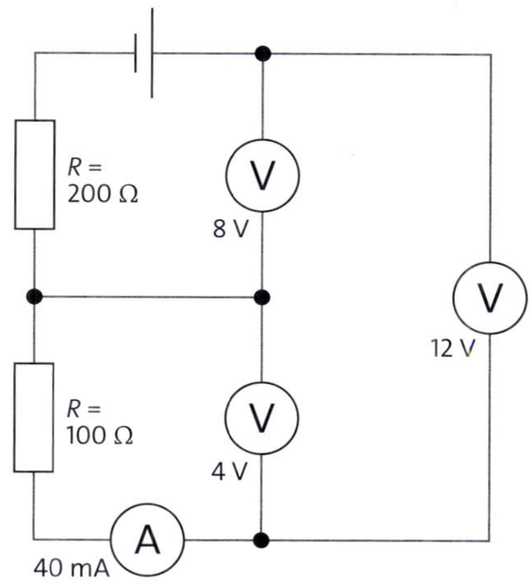

4 Spannungen im Stromkreis

Material B • Flash-Memory

Ladungszustände von Kondensatoren kann man auch nutzen, um Binärinformationen zu speichern. Dies wird bspw. in Flash-Memorys genutzt, wie sie in USB-Sticks oder Smartphones eingesetzt werden. Ein Flash-Memory ist ein Feldeffekttransistor, der zusätzlich ein Floating-Gate enthält (▸Abb. 5). Auf diesem wird elektrische Ladung gespeichert. Vom Ladungszustand des Floating-Gates hängt ab, ob im FET ein Strom fließen kann oder nicht. Auf die Weise können logische "0" bzw. "1" dargestellt werden. Das Floating Gate kann daher als Kondensatorplatte aufgefasst werden. Es ist durch ein Dielektrikum von der Drain-Source-Strecke getrennt, welche die andere Platte darstellt.

B1 **a)** Dieser Kondensator hat eine Fläche von $3\,\mu m^2$. Zwischen den leitenden Flächen befindet sich ein Dielektrikum mit einer Dicke von $0{,}4\,\mu m$. Ermitteln Sie die Kapazität. Gehen Sie dabei von einer für Isolatoren typischen relativen Dielektrizitätszahl von 5 aus.

b) Der Speicher wird mit einer Spannung von $U = 3\,V$ erfolgreich aufgeladen. Berechnen Sie die gespeicherte Ladung Q und die Anzahl gespeicherter Elektronen.

c) Für die Nutzung als Datenspeicher ist es wichtig, dass die Ladungen auf dem Floating-Gate bleiben. Um dies zu untersuchen, berechnen Sie zunächst den Widerstand R eines guten Isolators mit einem spezifischen Widerstand $\rho = 1025\,\Omega \cdot \frac{mm^2}{m}$. Tipp: $R = \rho \cdot \frac{l}{A}$; l = Länge des Leiters, A = Querschnittsfläche. Berechnen Sie daraus die Stromstärke I bei einer Spannung von 3 V und ermitteln Sie die Zeit, in der die gespeicherte Ladung Q bei dieser Stromstärke I durch diesen Isolator fließt. Beurteilen Sie Ihr Ergebnis im Hinblick auf die Datensicherheit.

B2 Berechnen Sie die Anzahl Binärinformationen, die sich so auf einer Fläche von $1{,}5\,cm^2$ speichern lassen, wenn 80 % der Fläche für Zwischenräume zwischen den $3\,\mu m^2$ großen speichernden Flächen wegfallen.

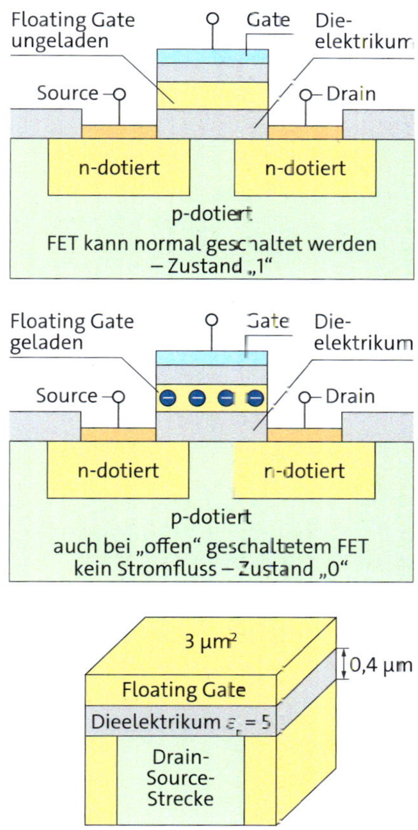

5 Flash-Memory

1 Blitzlicht

Entladung des Kondensators

Fotografen nutzen zur Aufhellung des Motivs einen Blitz. Beim Blitzlicht wird in sehr kurzer Zeit elektrische Energie in Lichtenergie umgewandelt. Wie schnell geht das?

Schneller Energiespeicher • Für ein Blitzlicht müssen wir elektrische Energie besonders schnell in Lichtenergie umwandeln. Bei Akkus oder Batterien wird allerdings erst chemische Energie in elektrische Energie umgewandelt. Schneller geht es, wenn wir die elektrische Energie wie beim Kondensator direkt speichern und nutzen. Dort ist elektrische Ladung gespeichert, deren Energie beim Entladen sofort zur Verfügung steht.

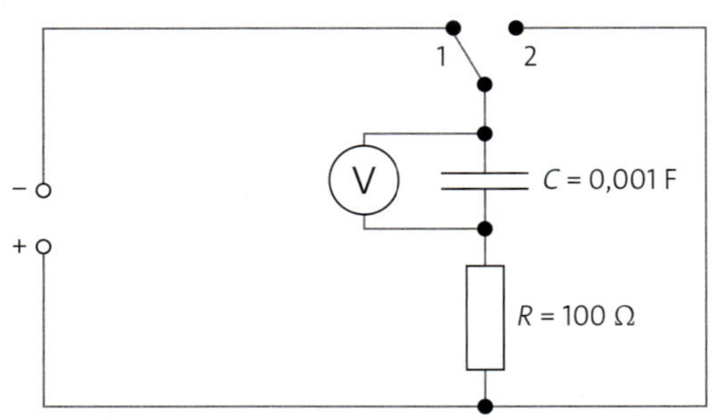

2 Modellversuch

Wie schnell können wir einen Kondensator entladen? Um das zu untersuchen, machen wir den Versuch in ▸Abb. 2.

Modellversuch • Damit wir die Entladung des Kondensators besser beobachten können, begrenzen wir die Stromstärke mithilfe eines elektrischen Widerstands $R = 100\,\Omega$. Dadurch verlangsamt sich der Entladevorgang. Im Versuch steht der Umschalter zunächst links (Position 1) und wir laden den Kondensator der Kapazität $C = 0{,}001\,\text{F}$ auf. Dabei messen wir die am Kondensator anliegende Spannung U. Wenn sich diese nicht mehr ändert, dann ist der Kondensator aufgeladen.

Anschließend legen wir den Umschalter nach rechts um (Position 2) und trennen damit den Kondensator vom Netzgerät. Gleichzeitig schließen wir den Stromkreis zum Entladen und der Kondensator entlädt sich. Wir zeichnen den Verlauf der Spannung $U(t)$ abhängig von der Zeit auf. Dazu verwenden wir ein Messwerterfassungssystem. So können wir sowohl langsame als auch schnelle Entladevorgänge untersuchen.

Halbwertszeit • Den resultierenden Zeitverlauf $U(t)$ zeigt ▸Abb. 3 A. Wie können wir den Zeitverlauf auswerten? Nach dem Aufladen beträgt die Anfangsspannung am Kondensator 8 V. Diesen Wert nennen wir $U_0 = U(t = 0) = 8\,\text{V}$. Wir lesen am Graphen ab, dass sich nach circa 0,07 s die Spannung auf 4 V halbiert. Das illustriert die schwarze Markierung in ▸Abb. 3 A. Nach weiteren 0,07 s, also zum Zeitpunkt 0,14 s, hat sich die Spannung nochmals halbiert, nun auf 2 V (rote Markierung). Wiederum 0,07 s später zum Zeitpunkt 0,21 s hat sich die Spannung erneut auf 1 V halbiert. Die Spannung halbiert sich also alle 0,07 s. Diese Zeit nennt man die **Halbwertszeit** $T_{\frac{1}{2}}$. Wir fassen zusammen:

Beim Entladen des Kondensators halbiert sich die Spannung $U(t)$ am Kondensator für jeden Zeitpunkt t immer nach der Halbwertszeit $T_{\frac{1}{2}}$, also zum Zeitpunkt $t + T_{\frac{1}{2}}$. Kurz gesagt: $U(t + T_{\frac{1}{2}}) = \frac{1}{2} \cdot U(t)$.

Regression • Das Auftreten einer Halbwertszeit ist charakteristisch für eine Exponentialfunktion. Wir führen daher eine exponentielle Regression durch. Das Ergebnis zeigt ▸Abb. 3 B. Nach dem Runden erhalten wir die Funktion:

$$U(t) = 8\,\text{V} \cdot e^{-\frac{10}{\text{s}} \cdot t}.$$

Beim Entladen des Kondensators nimmt die Spannung $U(t)$ am Kondensator exponentiell mit der Zeit ab: $U(t) = U_0 \cdot e^{-\frac{t}{\tau}}$.

Welche Bedeutung hat aber der Parameter τ im Exponenten? Die Exponentialfunktion haben wir mit der Halbwertszeit $T_{\frac{1}{2}}$ charakterisiert. Es ist die Zeit, nach der sich die Exponentialfunktion um den Faktor 2 verringert. Analog nennen wir die Zeit, nach der sich die Exponentialfunktion um den Faktor der Eulerschen Zahl e = 2,71828... verringert, die **Zeitkonstante** τ. Zum Zeitpunkt $t = \tau$ ist also der Exponent der Funktion −1, sodass für den Spannungsverlauf gilt:

$$U(\tau) = U_0 \cdot e^{-1}.$$

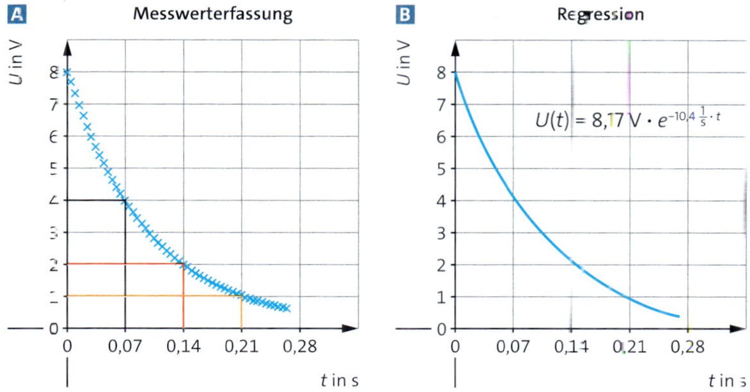

3 $U(t)$-Diagramm: **A** Messung und **B** Regression

Die exponentielle Regression ergab einen Exponenten von $-\frac{10}{\text{s}} \cdot t$. Der Exponent muss für $t = \tau$ den Wert −1 annehmen. In unserem Fall ist die Zeitkonstante damit $\tau = 0{,}1$ s und es gilt:

$$U(t) = 8\,\text{V} \cdot e^{-\frac{t}{0{,}1\,\text{s}}}.$$

Um τ zu bestimmen, lösen wir die folgende Gleichung nach τ auf:

$-\frac{10}{\text{s}} \cdot \tau = -1$

$\tau = \frac{1\,\text{s}}{10} = 0{,}1\,\text{s}$

Nach Ablauf der durch die Zeitkonstante definierten Zeitspanne τ verringert sich die Spannung jeweils um den Faktor e. Je kleiner die Zeitkonstante τ ist, desto schneller entlädt sich der Kondensator.

Für Wachstums- oder Abklingvorgänge in der Physik wählt man in der Regel als Basis die Eulersche Zahl e. Exponentialfunktionen mit anderen Basen lassen sich auf die Basis e umrechnen.

1 Ein Kondensator in einem Stromkreis zeigt beim Entladen den Zeitverlauf $U(t) = 5\,\text{V} \cdot e^{-\frac{t}{2\,\text{min}}}$. Berechnen Sie die Halbwertszeit.

2 Ein Kondensator hat in einem Stromkreis beim Entladen die Halbwertszeit 5 h und die anfängliche Spannung 20 V.

a) Berechnen Sie die Zeitkonstante τ.

b) Geben Sie einen Funktionsterm für $U(t)$ an.

c) Berechnen Sie die Spannung zu den Zeiten 10 h, 15 h, 30 h und 2 d.

3 Im Flash-Speicher eines USB-Sticks wird jede Binärinformation als Ladung in einem Kondensator dargestellt. Die Information ist verloren, wenn sich die Ladung auf 1 % verringert hat. Ermitteln Sie die Zeitkonstante, bei der die Information 10 Jahre lang erhalten bleibt.

4 In der Medizin wird das Nuklid ^{18}F mit der Halbwertszeit 110 min eingesetzt. Ermitteln Sie die Masse, die verabreicht werden muss, wenn 2 h nach dem Spritzen noch 20 mg des Nuklids im Körper sein sollen.

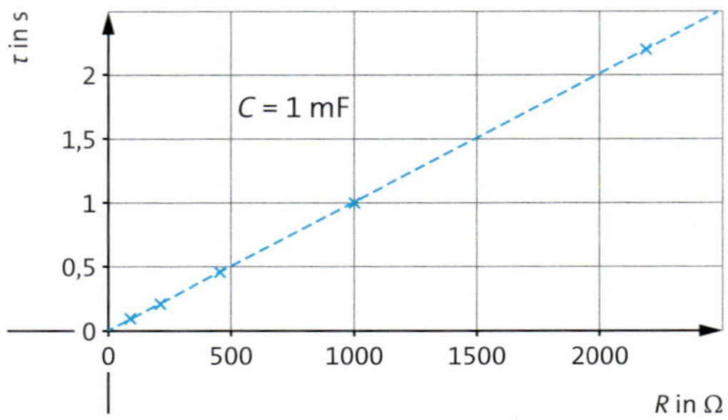

1 $\tau(R)$ – Diagramm

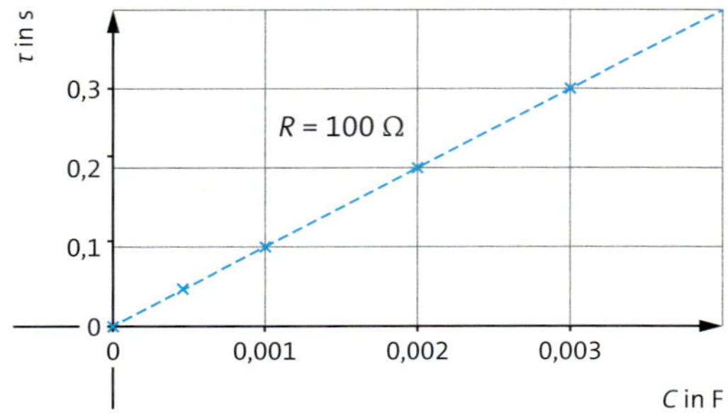

2 $\tau(C)$ – Diagramm

Kleine Zeitkonstante • Beim Blitzlicht soll sich der Kondensator sehr schnell entladen. Wir benötigen also eine sehr kleine Zeitkonstante. Bei einer Belichtungszeit von $\frac{1}{1000}$ s sollte die Zeitkonstante unter $\frac{1}{1000}$ s liegen.

Der Strom, der beim Entladen fließt, wird durch einen Widerstand gehemmt. Dadurch entlädt sich ein Kondensator langsamer. Wir vermuten daher, dass ein hoher Widerstand mit einer großen Zeitkonstante einhergeht. Um dies zu überprüfen, variieren wir in einer Versuchsreihe zum Entladevorgang den Widerstand, wobei wir die Kapazität konstant halten. Das Ergebnis zeigt ▸Abb. 1. Die Zeitkonstante ist proportional zum Widerstand: $\tau \sim R$.
Die Zeitkonstante sollte auch von der Kapazität abhängen, da bei großer Kapazität viel Ladung zu transportieren ist. Auch dadurch dauert der Entladevorgang länger. Wir variieren also in einer weiteren Versuchsreihe die Kapazität, wobei wir den Widerstand konstant halten. Das Ergebnis zeigt ▸Abb. 2. Die Zeitkonstante ist proportional zur Kapazität: $\tau \sim C$.
Wir kombinieren die beiden Proportionalitäten. Die Zeitkonstante ist proportional zum Produkt aus Kapazität und Widerstand: $\tau \sim R \cdot C$.

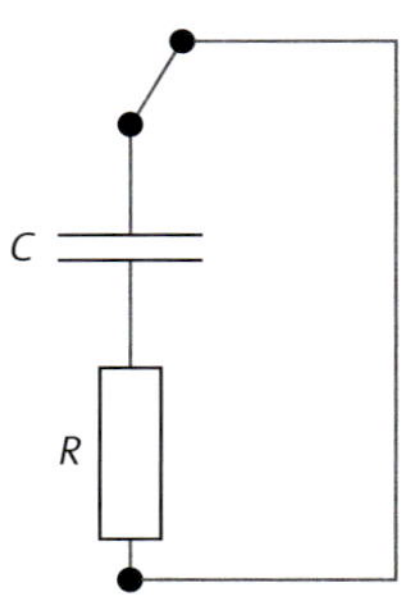

3 Stromkreis beim Entladen

Bei der Auswertung unserer beiden Versuche stellen wir fest, dass der Quotient aus τ und $R \cdot C$, also die Proportionalitätskonstante, gleich 1 ist. Wir fassen zusammen:

Beim Entladen des Kondensators ist die Zeitkonstante gleich dem Produkt aus Widerstand und Kapazität: $\tau = R \cdot C$

Zeitverlauf der Ladung • Aus dem zeitlichen Verlauf der Spannung $U(t)$ ermitteln wir, wie sich die auf dem Kondensator gespeicherte Ladung $Q(t)$ beim Entladen verhält, indem wir die Spannung $U(t)$ mit der Kapazität C multiplizieren:

$$Q(t) = C \cdot U(t) = 8\,\text{V} \cdot 0{,}001\,\text{F} \cdot e^{-\frac{t}{\tau}}.$$

Das Produkt $8\,\text{V} \cdot 0{,}001\,\text{F} = 8\,\text{mC}$ stellt den Anfangswert $Q_0 = Q(t = 0)$ der Ladung dar. Somit nimmt neben der Spannung auch die Ladung auf dem Kondensator exponentiell mit der Zeit ab:

$$Q(t) = Q_0 \cdot e^{-\frac{t}{\tau}}.$$

Maschenregel • Unsere Ergebnisse aus den Versuchen wollen wir nun auch rechnerisch begründen. Dazu analysieren wir den Stromkreis in ▸Abb. 3, in dem ein Kondensator und ein Widerstand in Reihe geschaltet sind. Einen solchen geschlossenen Umlauf nennen wir Masche. In einer Masche gilt:

Die Summe aller Spannungen in einer Masche ist gleich 0.

Differenzengleichung • Nach dieser Maschenregel ist die Summe der Spannungen in ▸Abb. 3 gleich null:

$$U_R + U_C = 0.$$

Um den zeitlichen Verlauf der Ladung zu modellieren, drücken wir diese beiden Spannungen durch die Stromstärke beziehungsweise die Ladung aus:

$$I \cdot R + \frac{Q}{C} = 0.$$

Zur Analyse der Änderung der Ladung drücken wir die Stromstärke als Ladungsänderung pro Zeit aus und lösen nach ΔQ auf:

$\frac{\Delta Q}{\Delta t} \cdot R + \frac{Q}{C} = 0 \Rightarrow \Delta Q = -Q \cdot \frac{\Delta t}{R \cdot C}$.

Wir wissen, dass die Zeitkonstante $\tau = R \cdot C$ ist:

$\Delta Q = -Q \cdot \frac{\Delta t}{\tau}$.

Eine solche Gleichung nennen wir **Differenzengleichung**. Diese Gleichung gibt an, wie groß die Ladungsänderung ΔQ nach einem fest gewählten Δt in Abhängigkeit von der Ladung Q ist. Je kleiner die Ladung Q auf dem Kondensator ist, desto kleiner ist auch die Landungsänderung $|\Delta Q|$. Die Größe Δt nennen wir **Zeitschritt**.

Berechnung • Mit der Gleichung für ΔQ ermitteln wir den Zeitverlauf $Q(t)$ schrittweise. Dazu wählen wir zunächst den Zeitschritt $\Delta t = 0{,}005$ s. Sollte uns das Ergebnis nicht genau genug sein, verkleinern wir einfach den Zeitschritt. Die Zeitkonstante ist immer noch $\tau = 0{,}1$ s.

Wir berechnen die Ladungsdifferenz für den ersten Zeitschritt mit $Q = Q_0 = 8$ mC:

$\Delta Q_1 = -8\,\text{mC} \cdot \frac{0{,}005\,\text{s}}{0{,}1\,\text{s}} = -0{,}4\,\text{mC}$.

Zum Zeitpunkt 0,005 s beträgt die Ladung somit:

$Q_1 = Q(0{,}005\,\text{s}) = 8\,\text{mC} - 0{,}4\,\text{mC} = 7{,}6\,\text{mC}$.

Mit dieser Ladung ermitteln wir die Ladungsdifferenz für den zweiten Zeitschritt:

$\Delta Q_2 = -7{,}6\,\text{mC} \cdot \frac{0{,}005\,\text{s}}{0{,}1\,\text{s}} = -0{,}38\,\text{mC}$.

Zum Zeitpunkt 0,01 s beträgt die Ladung dann:

$Q_2 = Q(0{,}01\,\text{s}) = 7{,}6\,\text{mC} - 0{,}38\,\text{mC} = 7{,}22\,\text{mC}$.

Wir setzten diese Berechnungen mithilfe einer Tabellenkalkulation automatisch fort. Diese Methode nennt man **Differenzenverfahren**. Das Ergebnis zeigt ▸Abb. 4. Wir fassen zusammen:

Den Zeitverlauf der Ladung $Q(t)$ ermitteln wir schrittweise mithilfe der Differenzengleichung. Dabei wird ΔQ immer kleiner, da die restliche Ladung Q immer kleiner wird.

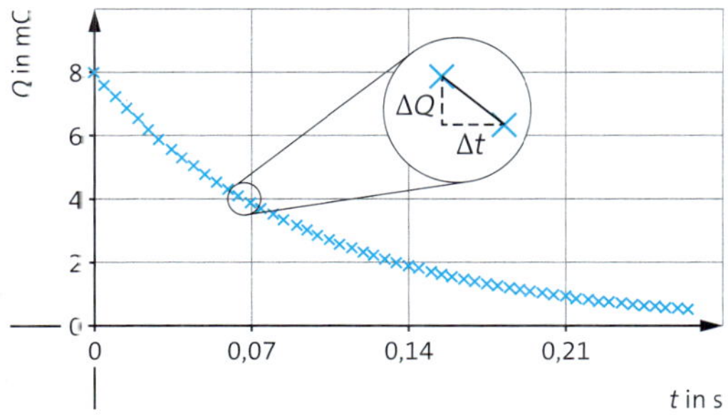

4 Iteration der Differenzengleichung beim Entladen

Stromstärke beim Entladen • Um den Zeitverlauf der Stromstärke I herzuleiten, beginnen wir mit der Spannung $U(t)$:

$U(t) = U_0 \cdot e^{-\frac{t}{\tau}}$.

Wir dividieren auf beiden Seiten durch R:

$\frac{U(t)}{R} = \frac{U_0}{R} \cdot e^{-\frac{t}{\tau}}$.

Hier identifizieren wir $\frac{U(t)}{R}$ mit $I(t)$ und $\frac{U_0}{R}$ mit der anfänglichen Stromstärke:

$I(t) = I_0 \cdot e^{-\frac{t}{\tau}}$.

Beim Entladen des Kondensators nimmt die Stromstärke $I(t)$ am Kondensator exponentiell mit der Zeit ab:

$$I(t) = I_0 \cdot e^{-\frac{t}{\tau}}.$$

1 Ein Kondensator mit der Kapazität 1 F wird über einen Widerstand von 50 Ω entladen.
a) Berechnen Sie die Zeitkonstante τ.
b) Geben Sie einen Term für die Zeitverläufe der Spannung $U(t)$, der Ladung $Q(t)$ und der Stromstärke $I(t)$ an.
c) Erstellen Sie einen Graphen für $I(t)$.

2 Eine Blitzlampe erhält den elektrischen Strom aus einem Kondensator mit der Kapazität 0,1 mF. Er soll in 0,5 ms zur Hälfte entladen werden.
a) Bestimmen Sie den Widerstand, den die Blitzlampe dafür haben muss.
b) Der Kondensator wird mit einer Spannung von 360 V aufgeladen. Bestimmen Sie die der Lampe zugeführte Energie, die maximale Stromstärke und die maximale Leistung.

METHODE

Die Eulersche Zahl

Exponentialfunktion • Beim Entladen des Kondensators haben wir die Ladung abhängig von der Zeit als eine Exponentialfunktion dargestellt. Exponentialfunktionen sind auch beim radioaktiven Zerfall, bei Wachstumsprozessen und bei vielen weiteren Vorgängen in Natur, Technik oder Wirtschaft wichtig. Eine Exponentialfunktion $y(t)$ zeichnet sich durch eine konstante Basis b und die Variable, bspw. t, im Exponenten aus:

$$y(t) = b^t.$$

Änderungsrate • In der Physik untersuchen wir häufig, wie sich eine physikalische Größe mit der Zeit verändert. Die Geschwindigkeit $v = \frac{\Delta s}{\Delta t}$ gibt z.B. an, wie sich die zurückgelegte Strecke mit der Zeit ändert. Wir untersuchen daher die Änderungsrate $\frac{\Delta y}{\Delta t}$ unserer allgemeinen Exponentialfunktion $y(t)$ über den Differenzenquotienten:

$$\frac{\Delta y}{\Delta t} = \frac{b^{t+\Delta t} - b^t}{\Delta t}.$$

Jetzt wenden wir das Potenzgesetz $b^{t+\Delta t} = b^t \cdot b^{\Delta t}$ an und klammern b^t aus. Dadurch erhalten wir:

$$\frac{\Delta y}{\Delta t} = \frac{b^t \cdot b^{\Delta t} - b^t}{\Delta t} = b^t \cdot \frac{b^{\Delta t} - 1}{\Delta t}.$$

Der Faktor b^t entspricht der ursprünglichen Funktion $y(t)$:

$$\frac{\Delta y}{\Delta t} = y(t) \cdot \frac{b^{\Delta t} - 1}{\Delta t}.$$

Wir erkennen, dass die Änderungsrate $\frac{\Delta y}{\Delta t}$ gleich der Funktion $y(t)$ multipliziert mit dem Faktor $\frac{b^{\Delta t}-1}{\Delta t}$ ist. Dieser Zusammenhang gilt grundsätzlich für alle Exponentialfunktionen. Es muss aber eine Funktion $y(t) = b^t$ mit einer bestimmten Basis b geben, für die der Faktor $\frac{b^{\Delta t}-1}{\Delta t} = 1$ ist. In dem Fall wäre die Änderungsrate $\frac{\Delta y}{\Delta t}$ gleich der Funktion $y(t)$. Wir setzen diesen Faktor gleich 1 und untersuchen, unter welchen Bedingungen dies der Fall ist:

$$\frac{b^{\Delta t} - 1}{\Delta t} = 1.$$

Für welche Basis b gilt nun diese Gleichung? Um das herauszufinden, lösen wir nach b auf. Dazu multiplizieren wir mit Δt, addieren dann 1 und wenden anschließend den Exponenten $\frac{1}{\Delta t}$ an:

$$b^{\Delta t} = \Delta t + 1 \qquad | \; (\;)^{\frac{1}{\Delta t}}$$

$$b = (\Delta t + 1)^{\frac{1}{\Delta t}}.$$

Die gesuchte Basis b hängt jetzt nur noch vom Zeitschritt Δt ab. Um die Änderung möglichst genau zu bestimmen, machen wir Δt immer kleiner. Dazu ersetzen wir Δt durch $\frac{1}{n}$, wobei n eine natürliche Zahl ist, die gegen Unendlich geht:

$$b = \lim_{n\to\infty} \left(1 + \frac{1}{n}\right)^n.$$

Eulersche Zahl • Diese Gleichung schlug Euler 1748 als Definition für eine besondere Zahl vor. Für $n = 1$ ist $b_1 = 2$, für $n = 10$ ist $b_{10} = 2{,}59...$, für $n = 1000$ ist $b_{1000} = 2{,}7169...$ (▸Tabelle 1). Im Grenzfall n gegen unendlich ist die Basis b die **Eulersche Zahl** $\mathrm{e} = 2{,}7182818...$ und der Zeitschritt Δt unendlich klein. Die Änderungsrate $\frac{\Delta y}{\Delta t}$ ist für einen solchen unendlich kleinen Zeitschritt gleich der Ableitung $\frac{\mathrm{d}y}{\mathrm{d}t}$ oder $y'(t)$. Für die Exponentialfunktion $y(t) = \mathrm{e}^t$ gilt also:

$$(\mathrm{e}^t)' = \mathrm{e}^t, \text{ oft geschrieben: } (\dot{\mathrm{e}^t}) = \mathrm{e}^t.$$

Die Exponentialfunktion e^t zur Basis e ist die Funktion, deren Ableitung wieder sie selbst ist.

n	1	2	...	10	1000
$b_n = \left(1 + \frac{1}{n}\right)^n$	2	2,25	...	2,59...	2,7169...

1 Annäherung an die Eulersche Zahl

1 Euler entdeckte die Eulersche Zahl bei der Untersuchung von Flugbahnen mit Luftreibung. Wir betrachten analog den weitgehend waagerechten Torschuss eines Fußballspielers in einer Höhe von ca. 1 m und mit einer Anfangsgeschwindigkeit von $v_0 = 30\,\frac{\mathrm{m}}{\mathrm{s}}$. Die Geschwindigkeit des Balles nimmt aufgrund des Luftwiderstands im Laufe des Flugs exponentiell ab. Für die Geschwindigkeit gilt: $v(x) = v_0 \cdot e^{-\frac{0{,}025}{\mathrm{m}} \cdot x}$.

a) Zeichnen Sie ein $v(x)$-Diagramm.

b) Bestimmen Sie die Ableitung $v'(x)$ und zeichnen Sie das $v'(x)$-Diagramm.

c) Überprüfen Sie, dass für einen Torschuss der folgende Zusammenhang zwischen der Geschwindigkeit und ihrer Ableitung gilt: $v'(x) = -\frac{0{,}025}{\mathrm{m}} \cdot v(x)$.

d) Beurteilen Sie Distanzschüsse auf das Tor aus physikalischer Sicht.

METHODE

Mit Differenzialgleichungen rechnen

Differenzengleichung • Um das Entladen eines Kondensators zu modellieren, haben wir folgende Differenzengleichung für die Änderung der Ladung aufgestellt:

$\Delta Q = -Q \cdot \frac{\Delta t}{\tau}$.

Die Gleichung haben wir iterativ untersucht und eine exponentielle Abnahme der Ladung erhalten. Wir können vermuten, dass sich für $\Delta t \to 0$ schließlich $Q(t) = Q_0 \cdot e^{-\frac{t}{\tau}}$ ergibt. Das hatten wir durch eine Regression erhalten.

Das Differenzenverfahren hat jedoch Nachteile: Wir müssen die Zeitkonstante τ kennen. Zudem ist die Genauigkeit des Verfahrens von der Größe des gewählten Zeitschritts Δt abhängig. Je kleiner wir Δt wählen, desto genauer ist das Ergebnis für ΔQ. Durch den Zeitschritt Δt bleibt also immer eine gewisse Ungenauigkeit im Verfahren, da wir Δt nicht unendlich klein wählen können. Zuletzt bleibt die Frage, ob wir bei der Regression wirklich den richtigen Funktionstyp gewählt haben. Daher wollen wir nun eine Methode ohne diese Nachteile entwickeln.

Differenzialgleichung • Zunächst stellen wir aus der Differenzengleichung eine Gleichung für die Änderungsrate $\frac{\Delta Q}{\Delta t}$ auf, indem wir auf beiden Seiten der Differenzengleichung durch den Zeitschritt Δt teilen:

$\frac{\Delta Q}{\Delta t} = -\frac{Q \cdot 1}{\tau}$.

Diese Änderungsrate entspricht der Steigung der Sekante am Graph in ▸Abb. 2. Die Sekante z. B. durch die Punkte A (0,07 s|4 mC) und B (0,21 s|1 mC) hat die Steigung:

$\frac{\Delta Q}{\Delta t} = \frac{3\,\text{mC}}{0{,}14\,\text{s}} = 21{,}4\,\frac{\text{mC}}{\text{s}}$.

Um die genaue Änderungsrate im Punkt A zu ermitteln, nähern wir den Punkt B an A an. Dabei wird die Sekante zur Tangente in A. Die Änderungsrate wird dabei zur **Tangentensteigung,** die gleich der **Ableitung** $Q'(0{,}07\,\text{s})$ ist. In ▸Abb. 2 erkennen wir $Q'(0{,}07\,\text{s}) \approx \frac{6{,}5\,\text{mC}}{0{,}17\,\text{s}} = 38{,}2\,\frac{\text{mC}}{\text{s}}$. Mithilfe dieser Annäherung setzen wir für die Änderungsrate $\frac{\Delta Q}{\Delta t}$ die Ableitung $Q'(t)$ (auch: $\dot{Q}(t)$) ein:

$\dot{Q}(t) = -Q(t) \cdot \frac{1}{\tau}$.

Hier ist also die Ableitung $\dot{Q}(t)$ eine Funktion von $Q(t)$. Eine solche Gleichung nennt man **Differenzialgleichung.** Die Lösung dieser Gleichung ist die Funktion $Q(t)$ selbst.

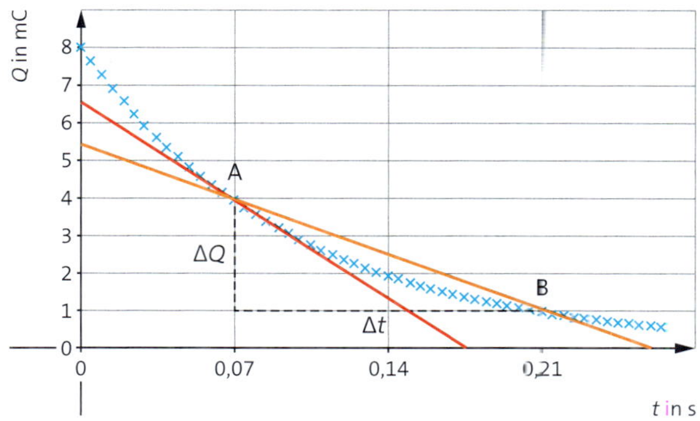

2 Sekante und Tangente

Lösung der Differenzialgleichung • Wir suchen also eine Funktion $Q(t)$, deren Ableitung $\dot{Q}(t)$ wieder die Funktion selbst ergibt. Ein solcher Funktionstyp ist die Exponentialfunktion zur Basis e:

$Q(t) = Q_0 \cdot e^{a \cdot t}$.

Dabei ist der Parameter a zunächst unbestimmt und muss im Rahmen der Überprüfung konkretisiert werden.

Überprüfung • Um zu prüfen, ob diese Funktion eine Lösung unserer Differenzialgleichung ist, leiten wir $Q(t)$ zunächst nach der Kettenregel ab. Dabei erhalten wir die Funktion selbst, multipliziert mit der Ableitung des Exponenten. Der Exponent $a \cdot t$ hat die Ableitung a. Somit ist die Ableitung der vermuteten Funktion:

$\dot{Q}(t) = Q_0 \cdot (e^{a \cdot t})' = Q_0 \cdot a \cdot e^{a \cdot t}$.

Die vermutete Funktion $Q(t)$ und deren Ableitung $\dot{Q}(t)$ setzen wir als nächstes in die Differenzialgleichung ein:

$Q_0 \cdot a \cdot e^{a \cdot t} = -Q_0 \cdot e^{a \cdot t} \cdot \frac{1}{\tau}$.

Wenn wir nun auf beiden Seiten durch $Q_0 \cdot e^{a \cdot t}$ dividieren, dann erhalten wir $a = -\frac{1}{\tau}$. Damit haben wir folgende Lösung der Differenzialgleichung:

$Q(t) = Q_0 \cdot e^{-\frac{t}{\tau}}$.

2 Ein Geldbetrag $K_0 = 1000$ € wird jährlich mit 5 % verzinst. Für die zeitliche Entwicklung gilt die Differenzialgleichung $K'(t) = 1{,}05 \cdot K(t)$.

a) Begründen Sie die Differenzialgleichung.

b) Ermitteln Sie die Lösung $K(t)$.

Versuch A • Kondensatoren haben Zeitkonstanten und filtern Frequenzen

V1 Parallelschaltung, Reihenschaltung

Material:
Zwei Kondensatoren, Netzgerät, Widerstand, Voltmeter, Stoppuhr

Arbeitsauftrag:
a) Bauen Sie eine Schaltung zum Laden und Entladen eines Kondensators über einen Widerstand R. Laden Sie den Kondensator. Entladen Sie ihn dann und messen Sie dabei den Spannungsverlauf $U(t)$.
b) Ermitteln Sie die Zeitkonstante τ.
c) Berechnen Sie aus der Zeitkonstanten die Kapazität und vergleichen Sie mit dem am Kondensator angegebenen Wert. Beurteilen Sie das Messverfahren.
d) Bauen Sie eine Parallelschaltung von zwei Kondensatoren und messen Sie die Kapazität der Schaltung (▸Abb. 1A).
e) Vermuten Sie einen Term für die Kapazität C_{ges} der Schaltung abhängig von den beiden einzelnen Kapazitäten C_1 und C_2.
f) Überprüfen Sie die Vermutung mit zwei anderen Kondensatoren.
g) Bauen und untersuchen Sie analog eine Reihenschaltung von zwei Kondensatoren (▸Abb. 1B).
h) Überprüfen Sie die Regel für die Reihenschaltung: $\frac{1}{C_{ges}} = \frac{1}{C_1} + \frac{1}{C_2}$.
Begründen Sie mit der Maschenregel.

V2 Computerexperiment zum Filter

Material:
Tabellenkalkulation, Computer

Arbeitsauftrag:
In Musikanlagen (▸Abb. 2) kann man den Klang mit Filtern beeinflussen. Diese untersuchen wir mit einem Computerexperiment. Wir analysieren den Filter in ▸Abb. 3 und zeigen, dass der Wechselstromwiderstand am Kondensator $R(\omega) = \frac{U_C}{I_C} = \frac{1}{\omega} \cdot C$ ist. Dabei tritt ein Phasenunterschied $\Delta\varphi$ zwischen U_C am Kondensator und U_R am Widerstand auf.
a) Modellieren Sie die Schaltung in ▸Abb. 3 mit der Amplitude $U_0 = 10\,\text{V}$ und $\omega = 100\,\text{Hz}$. Beginnen sie mit $Q_0 = 0$. Begründen Sie die Gleichung $I = C \cdot \dot{U}(t)$.
b) Begründen Sie folgende Differenzengleichung: $\Delta Q = C \cdot U_0 \cdot \sin(\omega \cdot t) \cdot \Delta t$.
c) Ermitteln Sie im Computerexperiment den Verlauf $Q(t)$ der Ladung. Ermitteln Sie dazu ein geeignetes Zeitintervall Δt, sodass die Ergebnisse allenfalls unwesentlich von Δt abhängen. Erstellen Sie ein $Q(t)$-Diagramm.
d) Bestätigen Sie, dass $Q(t)$ anfangs einschwingt, wogegen später ein stabiler sinusförmiger Zeitverlauf auftritt.
e) Ermitteln Sie $\Delta\varphi$ und bestätigen Sie $R(\omega) = \frac{1}{\omega \cdot C}$.

V3 Experiment zum Filter

Material:
Kondensator, Widerstand, Funktionsgenerator, Voltmeter, Amperemeter

Arbeitsauftrag:
a) Bauen Sie den Versuch wie in ▸Abb. 3 gezeigt auf. Führen Sie ihn durch und bestätigen Sie die im Versuch V2 anfangs genannten Eigenschaften.
b) Bestätigen Sie, dass die Summe aus der Amplitude der Kondensatorspannung U_C und der Amplitude der Spannung U_R am Widerstand nicht gleich null ist.
c) Stellen Sie die beiden Spannungsverläufe $U_R(t)$ und $U_C(t)$ unter Berücksichtigung des Phasenunterschieds von 90° durch einen Term dar. Vergleichen Sie mit der Netzspannung $U_N(t)$ und formulieren Sie das Ergebnis.
Hinweis: Bilden Sie die Summe mithilfe eines passenden Additionstheorems.
d) Bestätigen Sie, dass $\frac{U_a}{U_0}$ mit zunehmendem ω kleiner wird. Daher liegt ein Tiefpass vor.
e) Vergleichen Sie die Ergebnisse aus V3 mit denen aus V2. Beurteilen Sie die Aussagekraft. Erörtern Sie Vor- und Nachteile von Experimenten gegenüber Computerexperimenten. Erörtern Sie Verbesserungsmöglichkeiten.

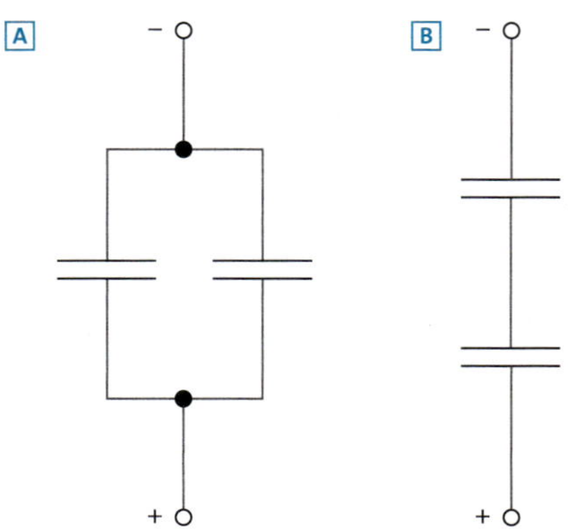

1 **A** Parallel- und **B** Reihenschaltung

2 Lautsprecherboxen

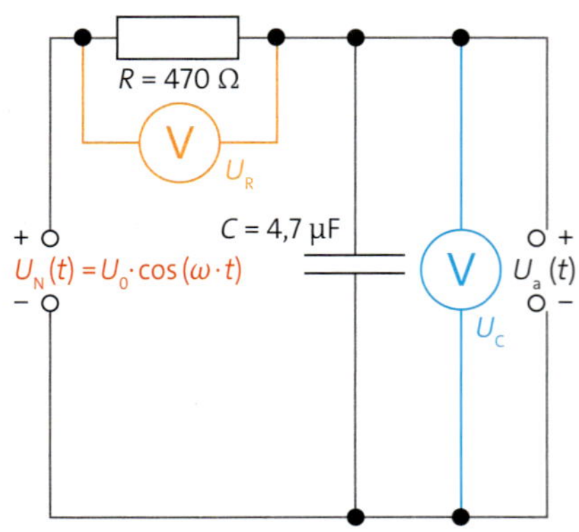

3 Versuchsskizze zum Filter

Material A • Abgeflossene Ladung als Fläche unter dem Graphen von $I(t)$

A1 a) Ein Strom $I(t)$ fließt konstant mit der Stromstärke 2,5 A. Ermitteln Sie, wie viel Ladung durch I innerhalb von 12 s transportiert wird.

b) Zeichnen Sie den Graphen von $I(t)$.

c) Der unter a) berechnete Wert für die geflossene Ladung kann im $I(t)$-Diagramm als Fläche gedeutet werden. Erklären Sie.

A2 Beim Entladen eines Kondensators ergab sich nach einer Regression folgendes $I(t)$-Diagramm (▸Abb. 4). Die zugehörige Funktionsgleichung lautet:

$$I(t) = 0{,}712\,\text{A} \cdot 0{,}763^{\frac{t}{s}}$$

Die in den ersten 8 s geflossene Ladung Q entspricht wie in A1 der Fläche zwischen t-Achse und Graph.

a) Bestimmen Sie Q näherungsweise, indem Sie die Rechteckflächen in ▸Abb. 4 berechnen und die Flächeninhalte anschließend addieren.

b) Stellen Sie die Funktion I im Graphik-Menü Ihres Taschenrechners dar. Flächen zwischen Rechtsachse und Graph können mit der Integralfunktion ermittelt werden. Diese finden Sie dort, wo auch Befehle zur Nullstellenbestimmung hinterlegt sind. Ermitteln Sie auf diese Weise die in den ersten 8 s geflossene Ladung Q. Vergleichen Sie mit dem Wert aus a).

c) Ermitteln Sie den Funktionsterm für $Q(t)$ aus der Kenntnis, dass die Ableitung $Q'(t)$ gleich $I(t)$ ist, indem Sie rückwärts denken. Hinweise: Nutzen Sie $(a^x)' = \ln(a) \cdot a^x$, also muss $Q(t)$ eine noch unbekannte Konstante k mal $0{,}763^{\frac{t}{s}}$ sein.

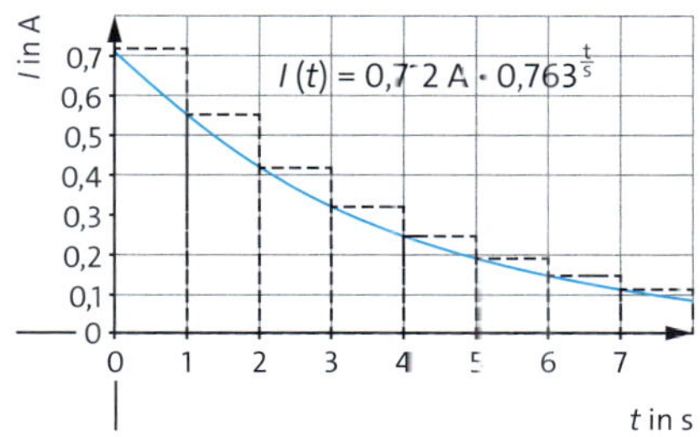

4 Entladung eines Kondensators: $I(t)$

Material B • Blinkerschaltung

Bei einem Blinker wird das Licht ein- und ausgeschaltet. Dies erreicht man bspw. mithilfe eines Kondensators und eines Operationsverstärkers (OV; Dreieck in ▸Abb. 5). Bei B liegt die Spannung $U_B = 0\,\text{V}$ an. Bei + und – liegen die Eingänge des OV, an der Spitze der Ausgang mit der Spannung U_A. Der OV funktioniert in dieser Schaltung wie ein Relais: Die Ausgangsspannung beträgt $U_A = 9\,\text{V}$, wenn die am Pluszeichen anliegende Spannung $U+$ größer ist als die am Minuszeichen anliegende ($U-$). Anderenfalls ist $U_A = -9\,\text{V}$.

Zu Beginn ist der Kondensator entladen (Kondensatorspannung $U_C = 0\,\text{V}$), beide Eingänge des OV liegen auf Massepotenzial: $U- = U+ = 0\,\text{V}$. Nun wird der Blinker eingeschaltet und der OV nimmt zufällig einen der beiden Zustände an, z. B. $U_A = +9\,\text{V}$. Die gleich großen Widerstände R_2 und R_3 wirken als Spannungsteiler und halbieren die Spannung. Somit ist $U+ = \frac{U_A}{2} = 4{,}5\,\text{V}$. Daher ist $U+ > U-$, da zunächst noch $U- = U_C = 0\,\text{V}$ gilt.

Nun fließt wegen $U_A = 9\,\text{V}$ ein Strom, der über R_1 den Kondensator auflädt.

B1 a) Berechnen Sie für $C = 1\,\mu\text{F}$, $R_1 = 1\,\text{M}\Omega$ und $U_A = 9\,\text{V}$ zunächst die Zeitkonstante für den Aufladevorgang und erstellen Sie dann mithilfe eines Tabellenkalkulationsprogramms ein Diagramm zum Verlauf der Kondensatorspannung $U_C(t)$.

b) $U_C(t)$ liegt ebenfalls am –-Eingang des OV an, $U-$ ist also gleich U_C. Ermitteln Sie aus dem $U_C(t)$-Diagramm aus Aufgabe a) den Zeitpunkt, zu dem der OV auf $U_A = -9\,\text{V}$ umschaltet.

c) Begründen Sie, dass nun am +-Eingang des OV $U+ = -4{,}5\,\text{V}$ anliegt.

d) Erläutern Sie, was der Vorzeichenwechsel von U_A beim Kondensator bewirkt und wie sich $U-$ demzufolge ändert.

e) Begründen Sie, dass sich diese Schaltung zum Betreiben eines Blinkers eignet.

5 Blinker

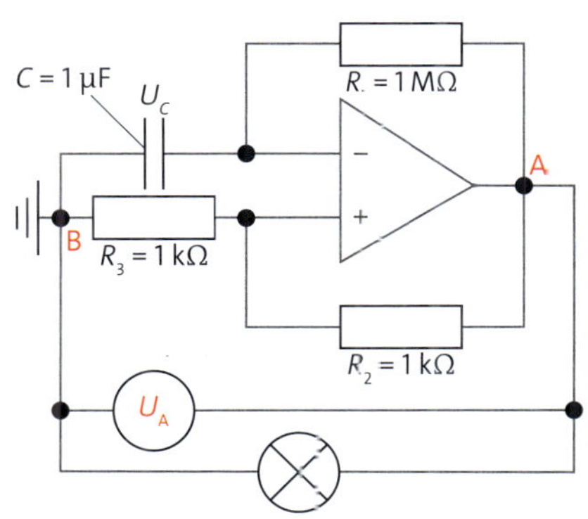

6 Einfache Blinkerschaltung

1 Elektrischer Antrieb von Satelliten

Teilchen im Feld beschleunigen

Dieses Ionentriebwerk für die Weltraumfahrt sendet einen bläulichen Strahl aus elektrisch geladenen Teilchen aus, der den nötigen Rückstoß erzeugt. Mit diesem Antrieb erreichte der Kommunikationssatellit ARTEMIS seine endgültige Umlaufbahn. Wie kann man elektrisch geladene Teilchen beschleunigen und bündeln?

Teilchenstrahlen • In einem Modellversuch untersuchen wir, wie man elektrisch geladene Teilchen beschleunigen und zu einem Strahl bündeln kann. Beim Triebwerk in ▸Abb. 1 sind die Teilchen einfach positiv geladene Xenon-Ionen, im Modellversuch verwenden wir Elektronen.

Erzeugung freier Elektronen • Normalerweise sind die negativen Elektronen an die positiven Atomkerne gebunden. Zunächst müssen sie also aus einem Atom herausgelöst werden.
Bei einem Vorversuch (▸Abb. 2) laden wir ein Elektroskop negativ auf. Wenn wir eine Kerzenflamme in die Nähe der Kugel schieben, dann wird das Elektroskop entladen. Wir vermuten daher, dass Hitze Elektronen von Atomen oder Molekülen der Luft ablösen kann.

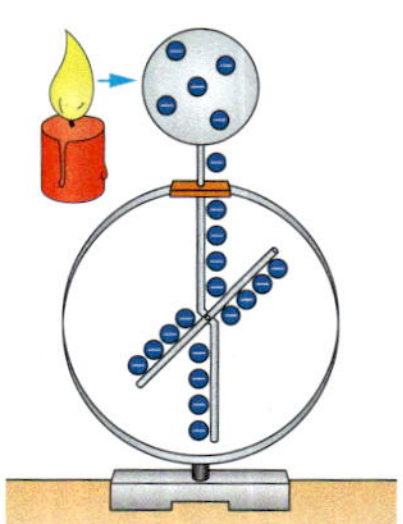

2 Herauslösen von Elektronen aus Metall

Hitze zum Ablösen von Elektronen können wir auch mit der Glühwendel in dem Glaskolben in ▸Abb. 3 erzeugen. In diesem befindet sich bereits ein Vakuum, damit die Elektronen in ihrer Bewegung nicht durch Gas gestört werden können. Um zu überprüfen, ob sich die Elektronen abgelöst haben, befindet sich am rechten Ende eine positiv geladene Metallplatte, verbunden mit dem Elektroskop. Anfangs ist die Heizspannung U_H gleich null und die Platte bleibt positiv geladen. Dann wird die Heizspannung erhöht, bis die Glühwendel glüht. Daraufhin zeigt das Elektroskop keine Ladung mehr an. Wir deuten dies so: Die Glühwendel emittiert Elektronen, diese werden durch das elektrische Feld der positiv geladenen Platte beschleunigt, treffen auf die Platte und entladen diese.

Ein glühender Draht emittiert Elektronen. Das Phänomen heißt **glühelektrischer Effekt** oder **Glühemission.**
Im Vakuum kann man solche emittierten Elektronen durch ein elektrisches Feld ungestört von Luft beschleunigen.

Elektronenstrahl • Für das Modell eines Triebwerks benötigen wir einen Elektronenstrahl, während sich beim Versuch in ▸Abb. 3 bei der Glühwendel eine Elektronenwolke bildet. Einen Elektronenstrahl erzeugen wir, indem wir die Elektronen auf eine Platte hin beschleunigen, die in der Mitte ein Loch hat (▸Abb. 4). Die Lochplatte ist positiv geladen, sodass zwischen ihr und der Glühwendel eine Beschleunigungsspannung U_B herrscht. Man nennt diese Platte Lochelektrode oder Lochanode. Wenn die Elektronen durch das Loch fliegen, dann entsteht ein Strahl. Zur Überprüfung und Beobachtung befindet sich in der Röhre ein Schirm, der an den Stellen leuchtet, an denen Elektronen auftreffen. Der Versuch bestätigt, dass wir so bereits einen Elektronenstrahl erzeugen können (▸Abb. 5).

Bündelung • Um den Elektronenstrahl zu bündeln, verwendet man einen negativ geladenen Zylinder, dessen Achse die Strahlmitte bildet. Sein negatives Potential lenkt die Elektronen zur Achse hin. Dieser Zylinder heißt Wehnelt-Zylinder. Er ist in ▸Abb. 5 zusammen mit der Lochanode erkennbar.

Geschwindigkeit • Wie schnell werden die Elektronen? Die erzielte Geschwindigkeit ermitteln wir mit dem Prinzip der Energieerhaltung. Durch die Beschleunigungsspannung U_B erhält ein Elektron die Energie $E = e \cdot U_B$. Diese Energie ist gleich der kinetischen Energie, denn wegen des Vakuums in der Röhre können wir annehmen, dass die elektrische Energie vollständig umgewandelt wird:

$$e \cdot U_B = \frac{1}{2} \cdot m \cdot v^2.$$

Auflösen ergibt beispielsweise für $U_B = 4000\,V$:

$$v = \sqrt{\frac{2 \cdot e \cdot U_B}{m}} = \sqrt{\frac{2 \cdot 1{,}602 \cdot 10^{-19}\,C \cdot 4000\,V}{9{,}109 \cdot 10^{-31}\,kg}} = 3{,}75 \cdot 10^7\,\frac{m}{s}.$$

Zum Vergleich: Mit dieser Geschwindigkeit würde eine Weltumrundung nur etwa 1 s dauern.

Man verwendet in diesem Zusammenhang häufig die Energieeinheit ein **Elektronenvolt,** 1 eV:

$$1\,eV = e \cdot 1\,V = 1{,}602 \cdot 10^{-19}\,J.$$

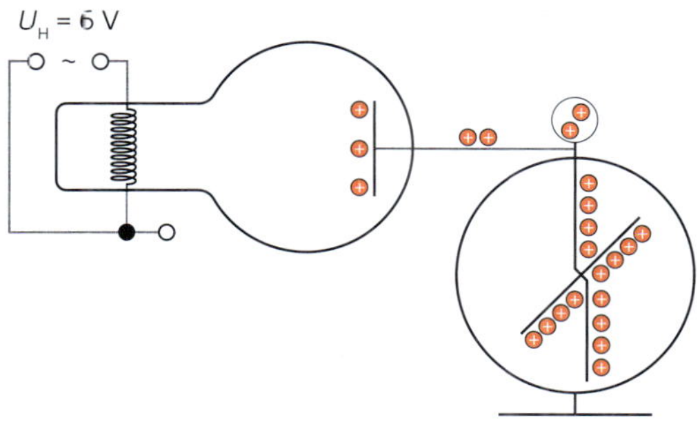

3 Glühelektrischer Effekt mit Heizspannung U_H

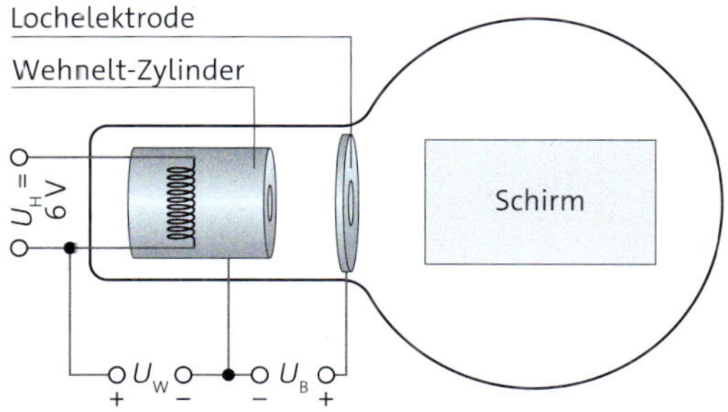

4 Röhre zur Erzeugung eines Elektronenstrahls

1 Anhand des Videos eines Massenauswurfes der Sonne kann man abschätzen, dass der entstehende Sonnenwind etwa mit der Geschwindigkeit $v = 200\,\frac{km}{s}$ weht.

a) Beim koronalen Massenauswurf sind die Verhältnisse komplizierter. Berechnen Sie dennoch, wie groß eine Spannung U_B sein müsste, die ein Elektron auf $v = 200\,\frac{km}{s}$ bringen kann.

b) Berechnen Sie die entsprechende Energie in J, eV und kWh.

2 Beim Triebwerk von ARTEMIS treten Xenon-Ionen mit $q = e$, $m = 2{,}18 \cdot 10^{-25}\,kg$ und $v = 40\,\frac{km}{s}$ aus. Ermitteln Sie die Beschleunigungsspannung.

Ein Elektronenvolt ist die Energie, die ein Teilchen, das eine Elementarladung trägt, aufnimmt, wenn es mit der Beschleunigungsspannung 1 V beschleunigt wird. Für $U_3 = 4000\,V$ ergibt sich für das Elektron eine Energie von 4000 eV.

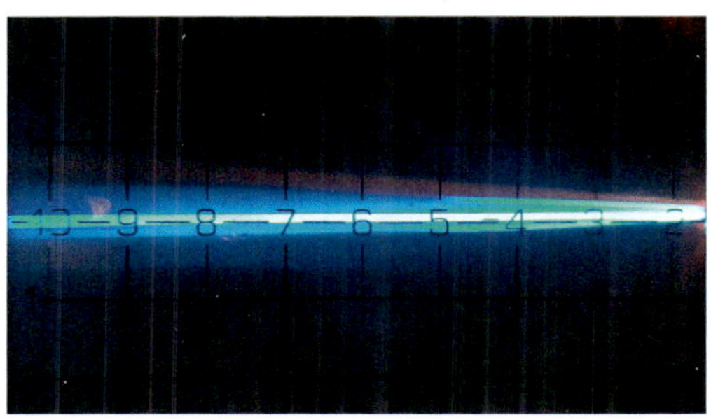

5 Elektronenstrahl

TEILCHEN IM ELEKTRISCHEN FELD

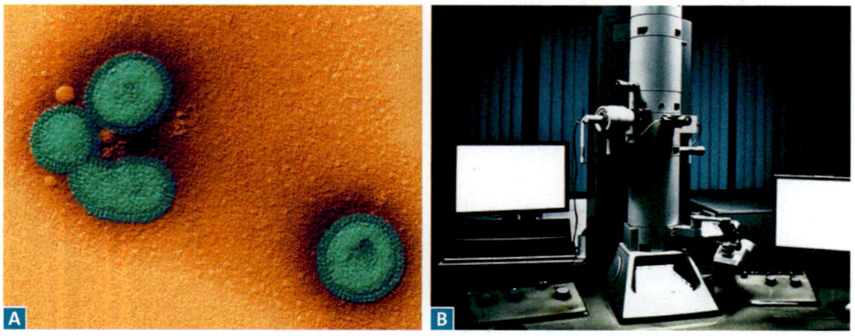

1 **A** Visualisierte Viren, **B** Elektronenmikroskop

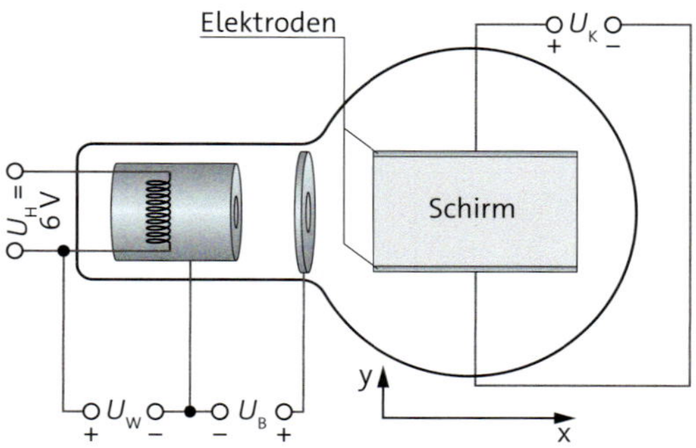

2 Elektronenablenkröhre

Die Schwerkraft spielt für eine Ablenkung des Strahls nach unten keine Rolle.

3 Abgelenkter Elektronenstrahl

Bilder aus Teilchenstrahlen • Für die Aufnahme in ▸Abb. 1A wurde ein Elektronenstrahl auf die Zelle mit den Viren und Antikörpern gerichtet. Dabei durchquerten beschleunigte Elektronen diese Objekte, ähnlich wie Licht eine Folie durchleuchtet. Anschließend wurden die Elektronen gebündelt, ähnlich wie Licht durch die Linse einer Kamera gebündelt wird. So entstand das Bild der Viren. Dabei kann man mit den Elektronen viel kleinere Dinge aufnehmen als mit Licht. Selbst mit einem sehr guten Lichtmikroskop könnte man die Viren und Antikörper nicht so sichtbar machen. Das Gerät, das die Aufnahme in ▸Abb. 1A gemacht hat, nennt man daher **Elektronenmikroskop** (▸Abb. 1B). In ihm werden die Elektronen nicht nur nach vorne, also auf den Gegenstand hin, beschleunigt. Um den Gegenstand auszuleuchten, werden die Elektronen auch zur Seite hin beschleunigt, der Strahl wird also zunächst geweitet. Hinter dem Gegenstand werden die Elektronen seitlich so beschleunigt, dass der geweitete Strahl wieder gebündelt wird. Auf diese Weise entsteht insgesamt die Aufnahme in ▸Abb. 1A.

Neben dem Elektronenmikroskop gibt es viele weitere Geräte, in denen Elektronen bewusst seitlich abgelenkt werden. Daher untersuchen wir in einem Versuch genauer, wie dies erreicht werden kann.

Elektronenablenkröhre • Zum Ablenken von Elektronen gehen wir von der Röhre zur Beschleunigung von Elektronen aus und nutzen zwei am Schirm angebrachte Metallplatten als Elektroden (▸Abb. 2). Diese wirken als Plattenkondensator. Hier legen wir eine Spannung U_K an, während wir die Elektronen mit einer Spannung U_B in Richtung Schirm, also in x-Richtung, beschleunigen.

Wenn wir die Spannungen U_K und U_B variieren, stellen wir fest: Je größer U_K, desto größer ist die Ablenkung in y-Richtung; je größer U_B, desto kleiner die Ablenkung in y-Richtung. Außerdem ist die Flugkurve immer parabelförmig.

Diese Zusammenhänge untersuchen wir genauer.

Die beim Beschleunigen in x-Richtung erreichte Geschwindigkeit v_x können wir schon angeben:

$$v_x = \sqrt{\frac{2 \cdot e \cdot U_B}{m_e}}.$$

Sie ist für festes U_B konstant, sodass eine gleichförmige Bewegung vorliegt. Für die Flugdauer über eine Strecke Δx gilt: $t = \frac{\Delta x}{v_x}$.

Die Ablenkung in y-Richtung wird durch den Plattenkondensator verursacht (Plattenabstand d). Die Feldstärke beträgt $|\vec{E}| = \frac{U_K}{d}$ und die elektrische Kraft auf jedes Elektron $F_{el} = e \cdot |\vec{E}| = e \cdot \frac{U_K}{d}$. Mithilfe der newtonschen Grundgleichung $F = m \cdot a$ können wir die Beschleunigung in y-Richtung ermitteln:

$$a_y = \frac{F_{el}}{m_e} = \frac{e \cdot U_K}{d \cdot m_e}.$$

Diese Beschleunigung ist für festes U_K konstant und wir können die Flugstrecke in y-Richtung mithilfe von $y = \frac{1}{2} \cdot a_y \cdot t^2$ berechnen:

$$y = \frac{1}{2} \cdot a_y \cdot t^2 = \frac{1}{2} \cdot \frac{e \cdot U_K}{d \cdot m_e} \cdot t^2.$$

Nun setzen wir die oben notierten Formeln für die Bewegung in x-Richtung ein. Es ergibt sich:

$$y = \frac{1}{2} \cdot \frac{e \cdot U_K}{d \cdot m_e} \cdot \left(\frac{\Delta x}{v_x}\right)^2 = \frac{1}{2} \cdot \frac{e \cdot U_K}{d \cdot m_e} \cdot \Delta x^2 \cdot \frac{m}{2 \cdot e \cdot U_B}.$$

Wir kürzen die Masse m und die Elementarladung e und erhalten:

$$y = \frac{1}{4} \cdot \frac{U_K}{U_B} \cdot \frac{\Delta x^2}{d}.$$

Das Ergebnis bestätigt die Je-desto-Beziehungen. Außerdem ist die Flugbahn tatsächlich parabelförmig, weil eine Funktionsgleichung der Form $y = c \cdot x^2$ vorliegt (mit c als Konstante).

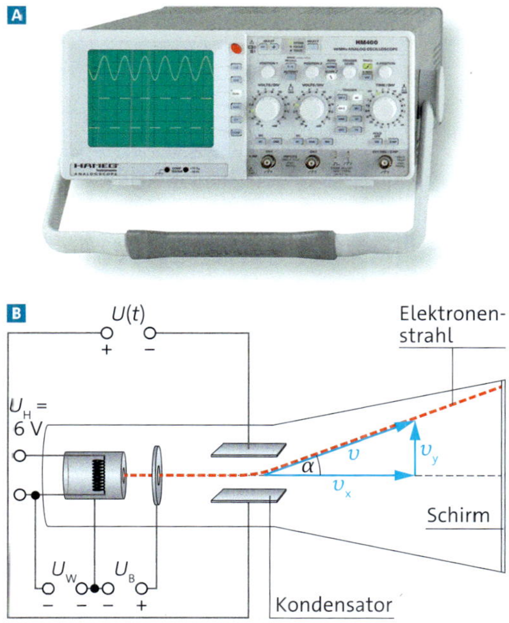

4 Oszilloskop: **A** das Gerät, **B** der Aufbau

In ▸Abb. 3 lesen wir $\Delta x = 8{,}5\,\text{cm}$ und $y = 2\,\text{cm}$ ab. Mit den Werten $U_K = 2\ \text{V}$, $U_B = 3\,\text{V}$, $d = 6\,\text{cm}$ berechnen wir y für das gemessene $\Delta x = 8{,}5\,\text{cm}$:

$$y = \frac{1}{4} \cdot \frac{2\,\text{V}}{3\,\text{V}} \cdot \frac{(8{,}5\,\text{cm})^2}{6\,\text{cm}} \approx 2{,}007\,\text{cm}.$$

Der Elektronenstrahl wird also um rund 2 cm in y-Richtung abgelenkt. Das passt gut zum abgelesenen Wert für y.

Oszilloskop • Ein Oszilloskop (▸Abb. 4 A) zeigt den Verlauf $U(t)$ von zeitlich schnell veränderlichen Spannungen an. Das abgebildete Oszilloskop gibt einen sinusförmigen Spannungsverlauf wieder. Dieser Graph stellt den Zeitverlauf für einen Eingangskanal dar. Dazu wird über Stecker eine Spannung an das Oszilloskop angelegt.
Wie erzeugt das Oszilloskop aus einer anliegenden Spannung $U(t)$ den Graphen? Zunächst wird ein Elektronenstrahl wie bei der Elektronenablenkröhre erzeugt (▸Abb. 4 B links).
Während beim Elektronenmikroskop Elektronenstrahlen abgelenkt werden, um sie zu bündeln oder aufzuweiten, so wird der Strahl hier um einen **Ablenkwinkel** α umgelenkt, um den zur anliegenden Spannung passenden Leuchtpunkt am Schirm zu erzeugen (▸Abb. 4 B).

Auf dem Schirm des Oszilloskops in ▸Abb. 4 stellt die waagerechte Achse die Zeit dar. Der Elektronenstrahl wird mithilfe eines Plattenpaares so abgelenkt, dass sich der Leuchtpunkt auf dem Schirm mit konstanter Geschwindigkeit von links nach rechts bewegt. (Dieses Plattenpaar ist in ▸Abb. 4 nicht dargestellt.) Nachdem der Leuchtpunkt rechts angekommen ist, wird er erneut links gestartet. Dabei können die Geschwindigkeit und der Startzeitpunkt passend zum darzustellenden Spannungsverlauf $U(t)$ eingestellt werden.
Während der Leuchtpunkt sich auf dem Schirm von links nach rechts bewegt, wird der Elektronenstrahl von der anzuzeigenden Spannung $U(t)$ in y-Richtung, senkrecht zur Zeitachse, abgelenkt. Dazu wird $U(t)$ an den Plattenkondensator (▸Abb. 4 B) angelegt. So wird insgesamt die Spannung $U(t)$ als Graph auf dem Schirm in ▸Abb. 4 A angezeigt.

Das hier beschriebene analoge Oszilloskop wurde inzwischen weitgehend durch das digitale verdrängt.

1 Berechnen Sie für die ermittelten Spannungen $U_K = 2\,\text{kV}$ und $U_B = 3\,\text{kV}$ folgende Größen:
a) die Geschwindigkeit v_x,
b) die Flugdauer im Kondensator,
c) die Feldstärke $|\vec{E}|$ und
d) die Beschleunigung a_y.

BLICKPUNKT

Der Millikan-Versuch

Elementarladung • Das Elektron ist ein elementarer Baustein der Materie und seine Ladung e ist ebenso elementar. Diese wollen wir jetzt bestimmen.

Versuchsdurchführung • Wir sprühen Öltröpfchen in einen Plattenkondensator, wobei sich aufgrund der Reibung zwischen Tröpfchen und Luft einige Tröpfchen elektrisch aufladen. Dabei entstehen viele unterschiedlich geladene Tröpfchen. Wenn es jedoch eine Elementarladung gibt, dann wird diese die kleinste vorkommende Ladungsmenge sein und alle anderen Ladungen Vielfache davon. Wir beobachten nun ein Tröpfchen der Masse m mit der Ladung q durch ein Mikroskop und stellen die Spannung U so ein, dass das Tröpfchen schwebt. Somit stellen wir ein Kräftegleichgewicht her: Die Gewichtskraft ist gleich der elektrischen Kraft: $F_G = F_{el}$.
Das Experiment nennt man den **Millikan-Versuch** (▸Abb. 1).
Wir setzen für die beiden Kräfte die bekannten Terme $F_G = m \cdot g$ und $F_{el} = q \cdot |\vec{E}| = q \cdot \frac{U}{d}$ ein und lösen die Gleichung nach der Ladung auf:

$$q = m \cdot g \cdot \frac{U}{d}.$$

Wir führen den Versuch für mehrere Klassen von Tröpfchen mit gleicher Ladung durch und untersuchen, ob es eine kleinste Ladung q gibt. Dabei bestimmen wir q, indem wir den Plattenabstand d sowie die Spannung U messen und die Masse m wie folgt ermitteln:

Tröpfchenmasse • Nun schalten wir die Spannung ab und bestimmen die sich einstellende konstante Sinkgeschwindigkeit v der gerade beobachteten Tröpfchenklasse. Dabei sind die Gewichtskraft F_G und die Reibungskraft F_R zwischen sinkendem Tröpfchen und Luft im Kräftegleichgewicht (▸Abb. 1): $F_G = F_R$.

Die Reibungskraft ergibt sich aus dem Tröpfchenradius r, der Sinkgeschwindigkeit v und der Viskosität der Luft ($\eta = 17{,}1\,\mu\text{Pa} \cdot \text{s}$): $F_R = 6 \cdot \pi \cdot \eta \cdot r \cdot v$. Wir setzen zudem für die Gewichtskraft $F_G = m \cdot g$ ein.
Die Masse der Öltröpfchen stellen wir mithilfe der Dichte $\rho = 0{,}875 \frac{\text{g}}{\text{cm}^3}$ als $m = \rho \cdot 4\pi \cdot \frac{r^3}{3}$ dar. Somit ist:

$$g \cdot \rho \cdot 4\pi \cdot \frac{r^3}{3} = 6 \cdot \pi \cdot \eta \cdot r \cdot v.$$

Hieraus ermitteln wir den Radius:

$$r = \sqrt{\frac{9 \cdot \eta \cdot v}{2 \cdot \rho \cdot g}},$$

und mit diesem die Tröpfchenmasse aus: $m = \rho \cdot 4\pi \cdot \frac{r^3}{3}$.

Tröpfchenladung • Damit kennen wir alle benötigten Größen, um die Ladung $q = m \cdot g \cdot \frac{U}{d}$ der Tröpfchen zu bestimmen. Wir sortieren die ermittelten Ladungen der Größe nach (▸Abb. 2). Der Graph zeigt deutliche Stufen: auf der ersten Stufe Tröpfchen mit je etwa $1{,}6 \cdot 10^{-19}$ C, auf der zweiten Stufe Tröpfchen mit je etwa $3{,}2 \cdot 10^{-19}$ C, auf den weiteren Stufen Tröpfchen mit $4{,}8 \cdot 10^{-19}$ C, $6{,}4 \cdot 10^{-19}$ C, $8 \cdot 10^{-19}$ C und $9{,}6 \cdot 10^{-19}$ C – offenbar sämtlich ganzzahlige Vielfache von $1{,}6 \cdot 10^{-19}$ C. Diese Ladungsmenge ist demnach die kleinste vorkommende und wird als Elementarladung e bezeichnet.
Seit 2019 gilt die **Elementarladung** als definitionsgemäß exakte physikalische Konstante mit dem Wert $e = 1{,}602\,176\,634 \cdot 10^{-19}$ C.

1 Berechnen Sie die Basiseinheit 1 Ampere in Elementarladungen pro Sekunde.

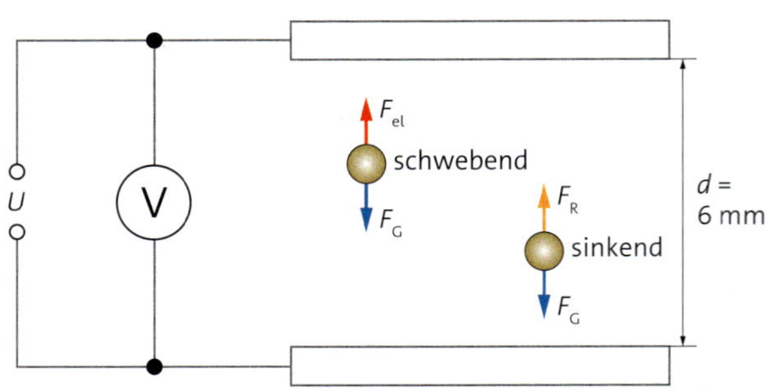

1 Millikan-Versuch

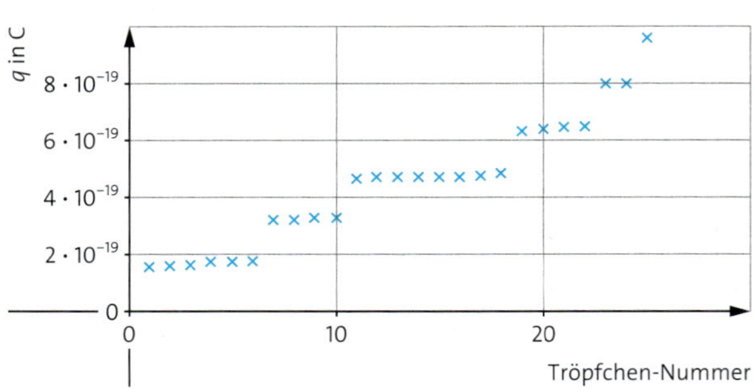

2 Gemessene Ladungen, der Größe nach sortiert

Relativistische Masse

Geschwindigkeit beim Beschleuniger • 1901 erkannte WALTER KAUFMANN, dass das Beschleunigen schneller Elektronen nicht der Newtonschen Mechanik folgt. Das analysieren wir mit einem Linearbeschleuniger, der Elektronen stufenweise beschleunigt mit jeweils $U = 42\,\text{kV}$. Die Energiezunahme je Stufe beträgt dann $\Delta E = 42\,\text{keV}$, nach n Stufen ist $E_{\text{kin}} = n \cdot \Delta E$.
Das Versuchsergebnis zeigt das $v(E)$-Diagramm in ▸Abb. 3 (rot). Dabei ist v in Anteilen $\frac{v}{c}$ der Lichtgeschwindigkeit $c = 3 \cdot 10^8\,\frac{\text{m}}{\text{s}}$ aufgetragen. Die Messwerte (blau) unterscheiden sich deutlich von den Vorhersagen der Newtonschen Mechanik (rot). Auffällig ist, dass immer $\frac{v}{c} < 1$, also v stets kleiner ist als c. Die Abweichung zwischen gemessenen und vorhergesagten Werten wird mit zunehmendem v immer größer. Um diese Abweichung zu korrigieren, benutzen wir den von HENDRIK ANTOON LORENTZ um 1895 eingeführten Lorentz-Faktor γ:

$$\gamma = \frac{1}{\sqrt{1 - \frac{v^2}{c^2}}}.$$

Wir berechnen γ für die Werte von v und tragen E_{kin} in Abhängigkeit von γ auf. Zu der erhaltenen Geraden ermitteln wir mittels linearer Regression eine Gleichung (▸Abb. 4). In dieser fällt der Energiebetrag $0{,}5112\,\text{MeV} = 8{,}19 \cdot 10^{-14}\,\text{J}$ auf. Er ist gleich dem Produkt aus der Masse des Elektrons $m_e = 9{,}1 \cdot 10^{-31}\,\text{kg}$ und dem Quadrat der Lichtgeschwindigkeit c. Damit ergeben die Messwerte folgende lineare von γ abhängende Gleichung:

$$E_{\text{kin}} = m_e \cdot c^2 \cdot \gamma - m_e \cdot c^2 = m_e \cdot c^2 \cdot (\gamma - 1).$$

Insgesamt ist die im Beschleuniger dem Elektron zugeführte Energie E_{kin} also eine lineare Funktion des Lorentz-Faktors. Am auffälligsten ist, dass E_{kin} unbegrenzt wächst, obwohl v dies nicht tut, also stets kleiner als c ist.

Gesamte Energie • Die beiden Terme auf der rechten Seite der Gleichung für E_{kin} sind offenbar Energien. Im Kontext gedeutet ist $m_e \cdot c^2$ eine Energie des ruhenden Elektrons. Man nennt sie die **Ruheenergie** $E_0 = m_e \cdot c^2$ Die entsprechende Masse m_e des ruhenden Elektrons nennt man die **Ruhemasse** m_0. Allgemein ist die Ruheenergie eines Körpers gleich dem Produkt aus der Ruhemasse und dem Quadrat der Lichtgeschwindigkeit:
$E_0 = m_0 \cdot c^2$.

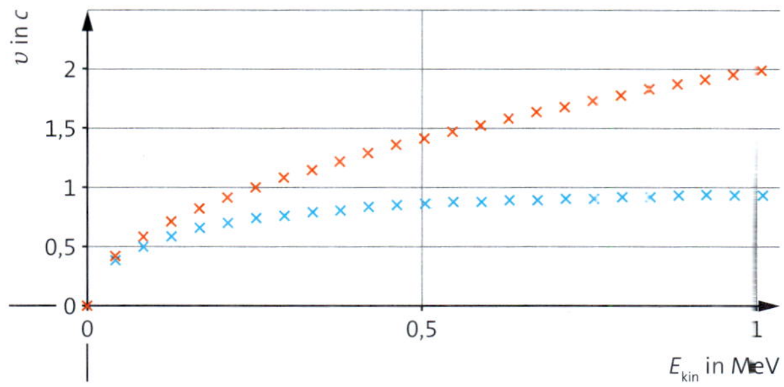

3 Geschwindigkeit: Versuch (blau), Newtonsche Mechanik (rot)

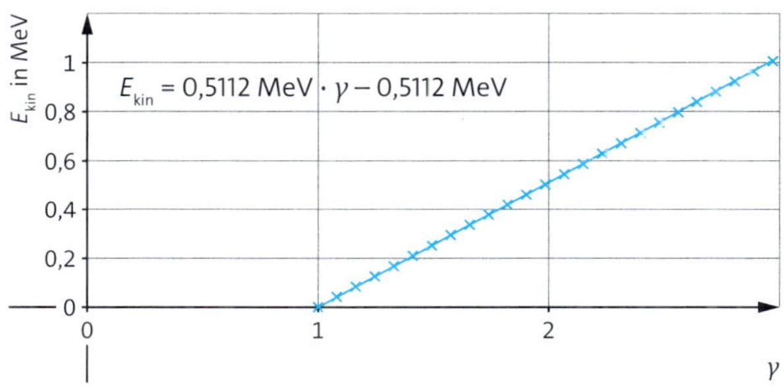

4 Kinetische Energie abhängig vom Lorentz-Faktor γ

Analog nennt man die Masse eines bewegten Körpers **relativistische Masse** m_{rel}. Die Energie eines bewegten Körpers ist analog: $E = m_{\text{rel}} \cdot c^2$.
Die gesamte Energie E des beschleunigten Elektrons ist entsprechend dem Prinzip der Energieerhaltung die Summe aus Ruheenergie E_0 und zugeführter Energie E_{kin}.

Relativistische Masse • Wir leiten nun her, wie die relativistische Masse von der Geschwindigkeit abhängt. Dazu setzen wir in die genannte Beziehung für E, E_0 und E_{kin} die obigen Terme ein und nutzen $m_0 = m_e$:

$$m_{\text{rel}} \cdot c^2 = m_0 \cdot c^2 + m_0 \cdot c^2 \cdot (\gamma - 1) = m_0 \cdot c^2 \cdot \gamma.$$

Wir kürzen c^2 und erkennen, dass die relativistische Masse das Produkt aus der Ruhemasse und dem Lorentz-Faktor ist. Unsere Ergebnisse entsprechen der speziellen Relativitätstheorie, die ALBERT EINSTEIN 1905 aufstellte:

$$m_{\text{rel}} = m_0 \cdot \gamma.$$

1 Berechnen Sie die Ruheenergie E_0 des Elektrons.
2 Berechnen Sie die Geschwindigkeit für ein Elektron mit der Energie $E = 1{,}5\,\text{MeV}$.

Versuch A • Computerexperimente mit im Feld beschleunigten Teilchen

V1 Beschleunigung von Punktladung

Material:
Computer, Tabellenkalkulation

Arbeitsauftrag:
In diesem Versuch ermitteln wir, wie sich eine Ladung im radialen Feld bewegt.

a) In der Vakuumdiode in ▸Abb. 1 befindet sich auf der Anode die praktisch punktförmige Ladung $Q = 0{,}1\,\text{pC}$. Skizzieren Sie die Feldlinien.

b) Stellen Sie entlang der Symmetrieachse die Feldstärke abhängig von x grafisch dar.

c) Stellen Sie ebenso die Beschleunigung a eines Elektrons abhängig von x grafisch dar.

d) Anschließend wird die von der Anode 20 cm entfernte Glühwendel beheizt. Der Ort $x(t)$ des Elektrons soll abhängig von der Zeit ermittelt werden. Begründen Sie mithilfe der Inhomogenität des Feldes, dass das Differenzenverfahren eine passende Methode ist.

e) Erstellen Sie eine passende Tabellenkalkulation. Hinweise: Sinnvoll sind Spalten für die Zeit t, den Ort x, die Coulomb-Kraft $F_C(x)$, die Beschleunigung a, die Geschwindigkeit v sowie die Änderungen Δt, Δv und Δx. Die Anfangswerte sind $x = 0$ und $v = 0$. Δt sollte so gewählt werden, dass $x = 0{,}2\,\text{m}$ nach einigen Dutzend Schritten erreicht wird.

V2 Geladene Kugel

Material:
Computer, Tabellenkalkulation

Arbeitsauftrag:
Im Versuch erkennen wir, dass eine ausgedehnte und eine punktförmige Ladung oft das gleiche Feld erzeugen.

a) Eine Metallkugel mit Radius $R = 0{,}1\,\text{m}$ hat die Ladung $Q = 10\,\text{pC}$. Skizzieren Sie die Verteilung der Ladung auf der Kugel.

b) Begründen Sie, dass das Feld innerhalb der Kugel null ist.

c) Skizzieren Sie die Feldlinien innerhalb und außerhalb der Kugel. Hinweis: Verwenden Sie das Konzept der Symmetrie.

d) Ermitteln Sie die Feldstärke abhängig von der Entfernung r vom Kugelmittelpunkt mit einer Tabellenkalkulation. Hinweise: Modellieren Sie Q begründet durch einige Ladungen Q_k, die gleichmäßig auf der Oberfläche der Kugel verteilt sind (▸Abb. 2). Wählen Sie einen Abstand r vom Zentrum der Kugel, berechnen Sie für jede Ladung Q_k die Feldstärke bei r und addieren Sie diese Feldstärken zu $|\vec{E}|$. Ermitteln Sie so die Feldstärke $|\vec{E}|(r)$ für verschiedene Abstände r.

e) Stellen Sie die Feldstärke abhängig von r grafisch dar.

f) Begründen Sie mit Ihren Ergebnissen, dass außerhalb der Kugel die gleiche Feldstärke auftritt wie bei einer Punktladung vom gleichen Betrag Q, die sich im Zentrum befindet.

V3 Probeladung bei geladener Kugel

Material:
Computer, Tabellenkalkulation

Arbeitsauftrag:
Im Mikrokosmos prallen oft Ladungen aufeinander – das untersuchen wir hier.

a) Eine Metallkugel mit Radius $R = 0{,}1\,\text{m}$ hat die Ladung $Q = 10\,\text{pC}$. Eine Probeladung $q = -0{,}01\,\text{pC}$ mit der Masse $m = 0{,}01\,\text{g}$ fällt aus einer Entfernung von $r = 10\,\text{m}$ auf die Kugel (▸Abb. 3). Skizzieren Sie den Verlauf der Geschwindigkeit.

b) Ermitteln Sie mit einer Tabellenkalkulation die Geschwindigkeit der Probeladung abhängig von r und stellen Sie diese im $v(r)$-Diagramm dar. Hinweis: Modellieren Sie mit dem Differenzenverfahren.

c) Die Probeladung hat nun die Ladung $q = +0{,}01\,\text{pC}$ und wird aus gleicher Entfernung mit einer Anfangsgeschwindigkeit v_0 so auf die Kugel geschossen, dass sie die Kugel gerade erreicht. Ermitteln Sie diese Anfangsgeschwindigkeit.

d) Ermitteln Sie dazu die anfängliche Bewegungsenergie der Probeladung.

e) Berechnen Sie aus dieser Energie die Kapazität der Kugel. Hinweis: Berechnen Sie erst die Spannung U der Kugel als Quotienten aus dieser Energie und der Probeladung: $\frac{E}{q}$. Begründen Sie dies. Ermitteln Sie dann die Kapazität der Kugel als den Quotienten $C = \frac{Q}{U}$.

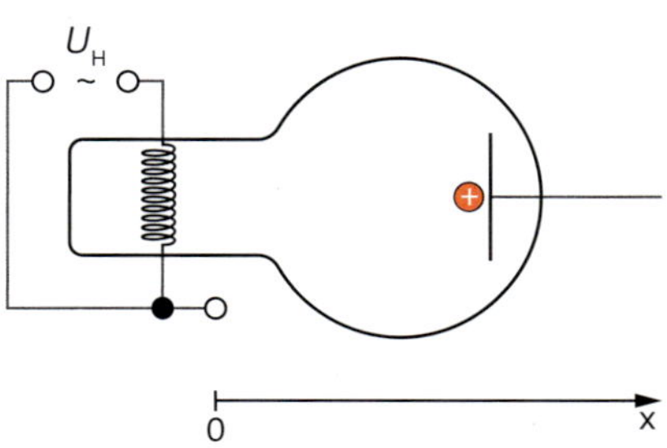

1 Vakuumdiode

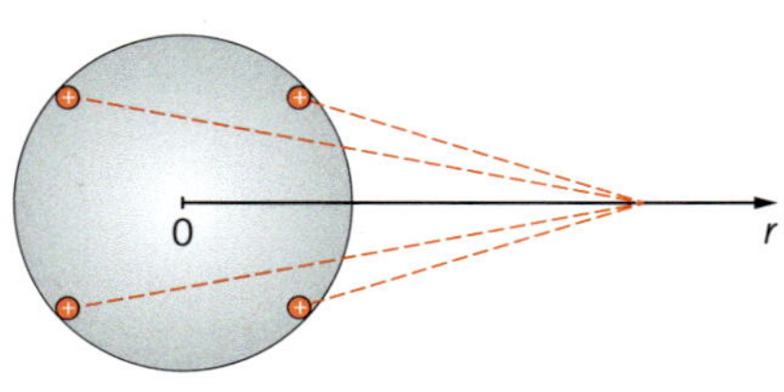

2 Feld bei geladener Kugel

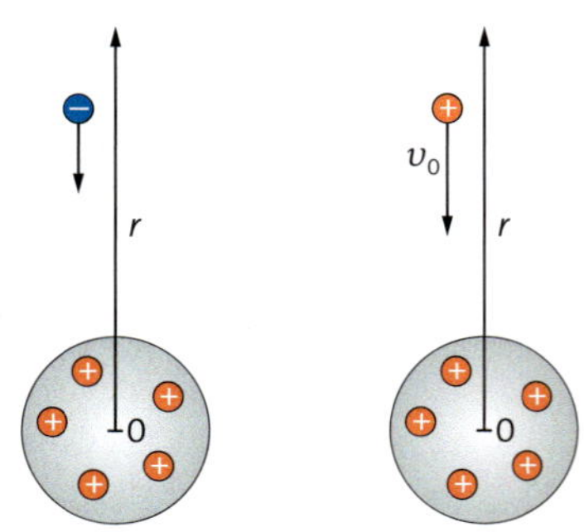

3 Probeladung stürzt auf Kugel

Material A • Kennlinie der Vakuumdiode

Zwischen die Glühwendel und die Anode einer Vakuumdiode (▸Abb. 1) wird eine Beschleunigungsspannung U angelegt, an die Glühwendel eine Heizspannung $U_H \neq 0$. Eine auftretende Stromstärke wird gemessen und im $I(U)$-Diagramm dargestellt, für drei verschiedene Heizstromstärken (▸Abb. 4 A).

A1 **a)** Beschreiben Sie den Verlauf der Stromstärke $I(U)$.
b) Erläutern Sie anhand von ▸Abb. 4 A die Sättigungsstromstärke.
c) Erläutern Sie anhand von ▸Abb. 4 A die Bedeutung der Heizspannung und der Beschleunigungsspannung für die Stromstärke.

A2 **a)** Beschreiben Sie anhand von ▸Abb. 4 B, inwieweit trotz negativer Beschleunigungsspannung ein messbarer Strom fließt.
b) Erklären Sie diesen Strom im Teilchenmodell.

A3 **a)** Für $U_H = 0$ ist die Stromstärke praktisch null. Erklären Sie dies im Teilchenmodell. Verwenden Sie den Begriff Austrittsarbeit W_A für die beim Austreten eines Elektrons aus dem Metall erforderliche Energie.
b) Werten Sie ▸Abb. 4 B in Bezug auf die Frage aus, wie die gesamte verrichtete Austrittsarbeit von der Temperatur und von der anliegenden Spannung abhängt.

A4 Berechnen Sie die Geschwindigkeit, die die Elektronen bei einer Beschleunigungsspannung von $U = 10\,V$ beim Passieren der Anode erreichen. Ermitteln Sie dann die Spannung, bei der die Geschwindigkeit doppelt so groß bzw. halb so groß ist.

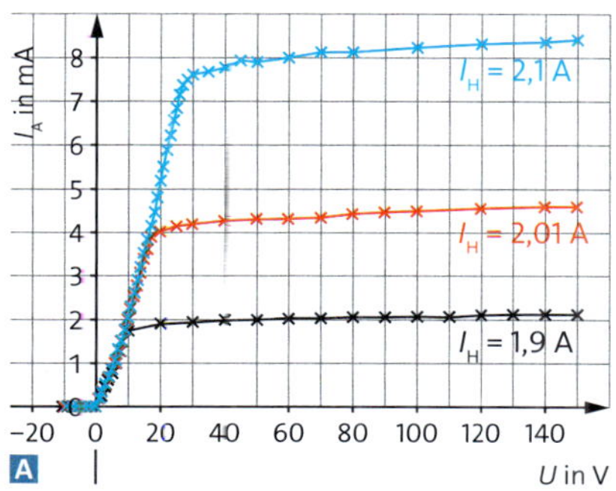

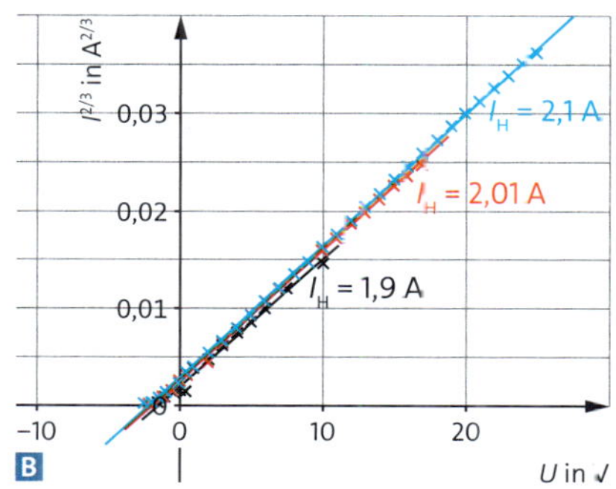

4 **A** $I(U)$-Diagramm, **B** $I^{2/3}(U)$-Diagramm

Material B • Linearbeschleuniger mit Hohlraumresonator

In der Strahlentherapie werden Linearbeschleuniger eingesetzt, in denen Elektronen nach einer ersten Beschleunigungsstufe eine Reihe von Hohlräumen durchfliegen (▸Abb. 5). In jedem Hohlraum werden sie durch das jeweils gleiche elektrische Feld beschleunigt. Durch rasches Abbremsen der Elektronen in einem Metallkörper wird die meist eigentlich benötigte Röntgenstrahlung erzeugt.

B1 **a)** Zunächst werden die Elektronen durch eine erste Beschleunigungsspannung von typischerweise 400 kV beschleunigt. Ermitteln Sie die zugeführte Energie ΔE und die Gesamtenergie E eines Elektrons. Hinweis: Entsprechend der Relativitätstheorie ist die Gesamtenergie $E = m_e \cdot c^2 + \Delta E$. Dabei ist $m_e = 9{,}1 \cdot 10^{-31}\,kg$ die Ruhemasse des Elektrons.
b) Ermitteln Sie die Geschwindigkeit des Elektrons mit Hilfe der relativistischen Formel:
$$\frac{E}{m_E \cdot c^2} = \frac{1}{\sqrt{1 - \frac{v^2}{c^2}}}.$$

B2 **a)** Ein Elektron kann in diesem Beschleuniger eine Gesamtenergie von $E = 25\,MeV$ erreichen. Ermitteln Sie die Spannung, die dazu in jedem Hohlraum effektiv realisiert sein muss.
b) Die Beschleunigungsstrecke aller Hohlräume zusammen (▸Abb 5) hat hier eine typische Länge von 1,25 m. Ermitteln Sie die mittlere Feldstärke in einem Hohlraum.
c) Vergleichen Sie diese Feldstärke mit der Feldstärke $200\,000\,\frac{V}{m}$, bei der sich in Luft Blitze bilden.

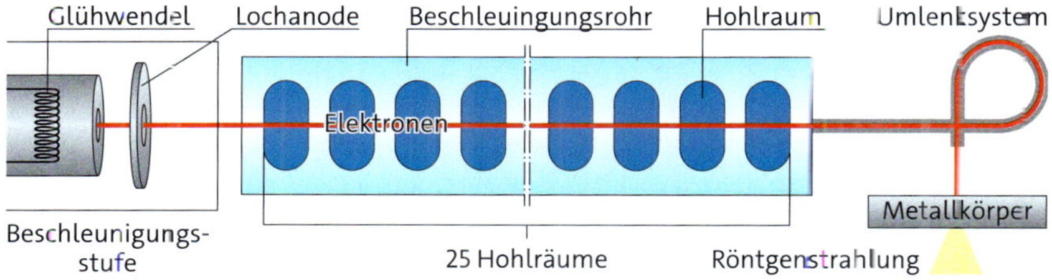

5 Linearbeschleuniger mit Hohlräumen

Aufgabe mit Lösung • Elektrische Felder

A1 – Feldstärke und Kraft auf Probekörper

Die elektrische Feldstärke $\vec{E}$ ist eine wichtige Größe zur Beschreibung von elektrischen Feldern. Sie hat eine Richtung und einen Betrag.

a) Erklären Sie die Bedeutung der Richtung und des Betrags der Feldstärke.

b) Erläutern Sie die Definition der elektrischen Feldstärke.

Mit einem Kraftsensor und einer kleinen Metallkugel wird die Feldstärke eines Plattenkondensators bestimmt (▸Abb. 1).

Dazu wird die Kugel elektrisch geladen und die Kraft auf die Kugel gemessen. Ein positiver Wert der Kraft bedeutet, passend zur Koordinatenachse, dass die Kraft nach rechts zeigt.

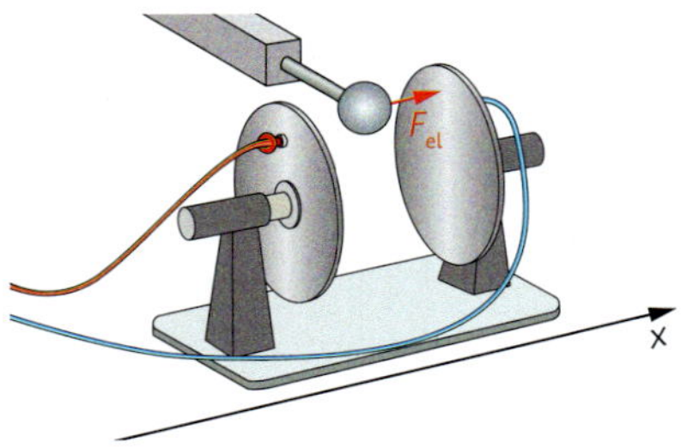

1 Elektrische Kraft im Plattenkondensator

Die Messung wird für unterschiedliche Ladungen der Kugel durchgeführt. Es ergeben sich die Messwerte in ▸Tabelle 2.

c) Deuten Sie die Messwerte.

d) Ermitteln Sie Betrag und Richtung der elektrischen Feldstärke.

q in nC	6,5	4,1	12,3	−7,6
F_{el} in mN	−2,2	−1,5	−4,5	2,7

2 Ladung und Kraft

Lösung

a) Die Richtung der Kraft auf einen Probekörper bestimmt die Richtung von $\vec{E}$. Diese wiederum ist identisch mit der Feldlinienrichtung. Die Kraft zeigt bei einem positiv geladenen Probekörper in Richtung von $\vec{E}$, bei einem negativ geladenen Probekörper entgegengesetzt zur Richtung von $\vec{E}$.
Der Betrag von $\vec{E}$ bestimmt zusammen mit der Ladung des Probekörpers den Betrag der Kraft.

b) Die elektrische Feldstärke ist gleich dem Quotienten aus der Kraft auf einen Probekörper und der Ladung des Probekörpers, also:

$$\vec{E} = \frac{\vec{F}_{el}}{q}.$$

Die Definition ist sinnvoll, da die Kraft F_{el} auf einen Probekörper proportional zu seiner Ladung q ist. Folglich ist der Quotient $\frac{F_{el}}{q}$ konstant. Die Kraft selbst wäre kein gutes Maß für die Stärke des elektrischen Feldes, da sie von der Ladung des Probekörpers abhängt. Der Quotient $\frac{F_{el}}{q}$ ist dagegen von der willkürlichen Wahl der Probeladung q unabhängig. Für ein starkes Feld ist der Quotient $\frac{F_{el}}{q}$ groß, für ein schwaches Feld klein. Somit stellt er eine sinnvolle Beschreibung der Stärke des elektrischen Feldes dar.

c) Es fällt auf, dass die Probeladung und die zugehörige Kraft unterschiedliche Vorzeichen haben. Das bedeutet: Für positive Probeladungen zeigt die Kraft nach links, für negative nach rechts. Folglich verlaufen die Feldlinien von der rechten zur linken Kondensatorplatte. Daher ist die rechte Platte positiv, die linke negativ geladen. Zur Prüfung, ob Kraft und Ladung proportional zueinander sind, berechnet man die Quotienten aus der Kraft und der zugehörigen Ladung. Man sieht, dass im Rahmen der Messgenauigkeit der Quotient $\frac{F_{el}}{q}$ konstant ist. Folglich ist $F_{el} \sim q$.

d) Unter Berücksichtigung aller Messwerte erhält man als Mittelwert für den Quotienten $\frac{F_{el}}{q}$ und damit für den Betrag der Feldstärke den Wert:

$$|\vec{E}| = \frac{F_{el}}{q} = 0{,}356\,\frac{\text{mN}}{\text{nC}} = 0{,}356 \cdot \frac{10^{-3}\,\text{N}}{10^{-9}\,\text{C}} = 356\,\frac{\text{kN}}{\text{C}}.$$

Alternative: Mit linearer Regression kann der Proportionalitätsfaktor unter Verwendung einer geeigneten Dokumentation ermittelt werden:

$$|\vec{E}| = 356\,\frac{\text{kN}}{\text{C}}.$$

Die Richtung der Feldstärke zeigt in Feldlinienrichtung, also horizontal nach links in ▸Abb. 1.

q in nC	6,5	4,1	12,3	−7,6
F_{el} in mN	−2,2	−1,5	−4,5	2,7
$\frac{F_{el}}{q}$ in $\frac{\text{mN}}{\text{nC}}$	−0,34	−0,37	−0,37	−0,36

3 Ladung, Kraft und Feldstärke

Aufgaben mit Hinweisen und Ergebnissen • Elektrische Felder

A2 – Feldstärke und Spannung

Ein Kondensator aus zwei kreisförmigen Platten im Abstand von 16,0 cm ist an eine Spannungsquelle mit 12,0 kV angeschlossen (▸Abb. 4). In der Mitte des Kondensators hängt an einem Kraftsensor eine kleine Metallkugel. Der Kraftsensor misst die in horizontaler Richtung ausgeübte Kraft. Nachdem die Kugel elektrisch geladen wurde, zeigt er 1,5 mN an.

a) Berechnen Sie die elektrische Feldstärke zwischen den Platten.

b) Berechnen Sie die Ladung der Kugel.

Die Platten werden bei angeschlossener Quelle von beiden Seiten langsam aufeinander zugeschoben. Die Kugel bleibt dabei stets in der Mitte des Kondensators.

c) Erklären Sie, wie sich die auf die Kugel ausgeübte Kraft beim Zusammenschieben der Platten verändert. Ermitteln Sie die Kraft bei einem Plattenabstand von 8,0 cm.

d) Erstellen Sie ein Diagramm für die Kraft in Abhängigkeit vom Kehrwert des Plattenabstands d für $4\,\text{cm} \leq d \leq 16\,\text{cm}$. Erklären Sie das Diagramm.

A3 – Ladung im Feld

Durch eine kleine Öffnung A gelangen Elektronen mit vernachlässigbarer Anfangsgeschwindigkeit in einen Plattenkondensator (▸Abb. 5). Im homogenen Feld werden sie zur gegenüberliegenden Öffnung B beschleunigt. Zwischen den Platten liegt eine Spannung von 5,0 kV, der Plattenabstand beträgt 10,0 cm.

a) Berechnen Sie die Geschwindigkeit v_B, mit der die Elektronen durch Öffnung B treten.

b) Berechnen Sie die Flugzeit t_{AB} der Elektronen von A nach B.

c) Erklären Sie, wie sich die Geschwindigkeit v_B und die Flugzeit t_{AB} ändern, wenn man die Spannung vervierfacht.

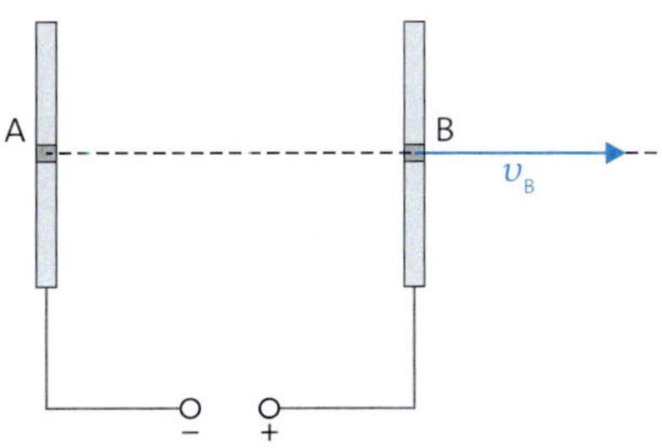

5 Ladung im Plattenkondensator

A4 – Kapazität

An einem Kondensator mit einer Kapazität C wird eine Wechselspannung $U = U_0 \cdot \sin(\omega \cdot t)$ angelegt und es wird die Amplitude I_0 der Stromstärke gemessen (▸Abb. 6). Der Quotient der Amplituden heißt Wechselstromwiderstand $R(\omega) = \frac{U_0}{I_0}$.

a) Für ω = 10 kHz und U_C = 3 V wurden gemessen: I_0 = 30 mA bei C = 1 µF und I_0 = 300 mA bei C = 10 µF. Überprüfen Sie anhand dieser Messwerte den folgenden Term für den Wechselstromwiderstand abhängig von der Kreisfrequenz ω: $R(\omega) = \frac{1}{\omega \cdot C}$.

b) Zwei quadratische Kondensatorplatten mit einer Kantenlänge von 7 cm werden in verschiedenen Abständen d platziert (▸Abb. 6). Die jeweiligen Wechselstromwiderstände werden mit dem Verfahren aus Teil a) gemessen. Daraus wird jeweils die Kapazität ermittelt (▸Tabelle 7). Erstellen Sie ein $C\left(\frac{1}{d}\right)$-Diagramm, führen Sie eine passende Regression durch und ermitteln Sie einen Term für $C\left(\frac{1}{d}\right)$.

c) Ermitteln Sie aus den Versuchsdaten die elektrische Feldkonstante.

d) Begründen Sie: Wenn am Kondensator eine Wechselspannung $U(t) = U_0 \cdot \sin(\omega \cdot t)$ anliegt, dann enthält er die Ladung: $Q(t) = C \cdot U_0 \cdot \sin(\omega \cdot t)$ und diese Ladung $Q(t)$ wird durch folgenden elektrischen Wechselstrom zugeführt: $I(t) = \dot{Q}(t) = C \cdot U_0 \cdot \omega \cdot \cos(\omega \cdot t)$.

e) Begründen Sie: Wenn am Kondensator eine Wechselspannung $U(t) = U_0 \cdot \sin(\omega \cdot t)$ anliegt, dann wird ihm ein Wechselstrom mit der Amplitude $I_0 = C \cdot U_0 \cdot \omega$ zugeführt, und dann gilt $R(\omega) = \frac{1}{\omega \cdot C}$.

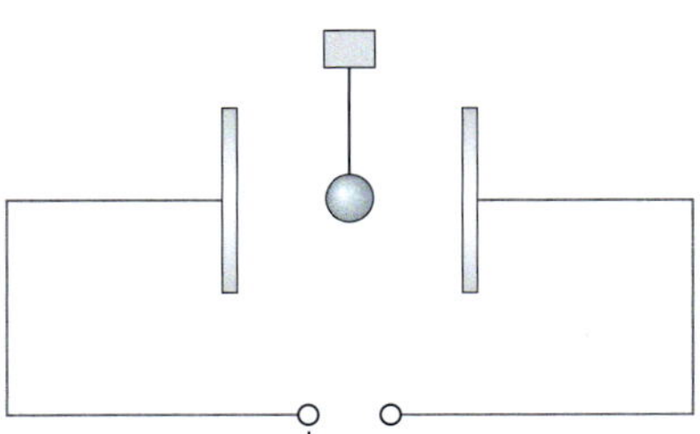

4 Elektrische Kraft im Plattenkondensator

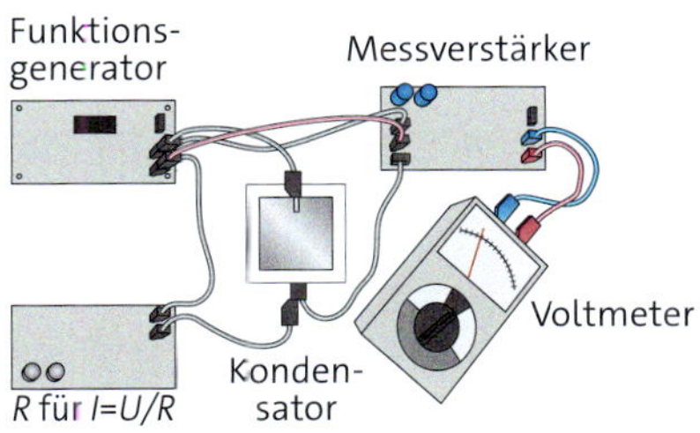

6 Kapazität des Plattenkondensators

d in mm	0,2	0,3	0,4	0,5	0,6	0,7	0,8	0,9	1,0
C in pF	210	140	110	83	71	60	54	49	45

7 Kapazität des Plattenkondensators

Aufgaben mit Hinweisen und Ergebnissen • Elektrische Felder

A5 – Entladevorgang

Ein Kondensator mit einer Kapazität C wird mit einer Spannung von $U_0 = 3\,\text{V}$ aufgeladen und anschließend über einen Widerstand $R = 33\,\text{k}\Omega$ entladen (▸Abb. 1). Dabei wird die Kondensatorspannung $U_C(t)$ abhängig von der Zeit t mit einem Messverstärker gemessen.

a) Beschreiben Sie das Versuchsergebnis in ▸Tabelle 2 und ermitteln Sie mit einer exponentiellen Regression die Zeitkonstante τ und die Halbwertszeit T_H.

b) Berechnen Sie aus der Zeitkonstante die Kapazität.

c) Berechnen Sie die Energie des geladenen Kondensators.

d) Erläutern Sie die Umwandlung und den Transport dieser Energie beim Entladen.

e) Begründen Sie anhand der Schaltskizze in ▸Abb. 1: Beim Entladen ist die Summe der Spannungen am Widerstand und am Kondensator gleich null.

f) Leiten Sie anhand der Schaltskizze in ▸Abb. 1 je einen Term für die Stromstärke $I(t)$ und die Ladung $Q(t)$ abhängig von der Zeit her.

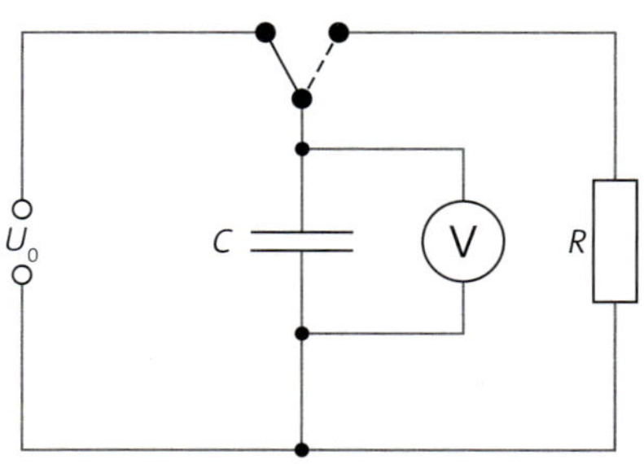

1 Versuch zum Entladen des Kondensators

t in s	0	5	10	15	20	25	30	35	40
U in V	3	2,6	2,2	1,9	1,6	1,4	1,2	1	0,9

2 Spannung $U_C(t)$ beim Entladen

A6 – Coulomb-Kraft

In einer Glimmlampe wird von vielen Neonatomen je ein Elektron abgelöst.

a) Berechnen Sie die Anziehungskraft $F(r)$ abhängig vom Abstand r, mit der ein Elektron von einem Neon-Ion angezogen wird und stellen Sie diese für Abstände von 0,1 nm bis 10 nm grafisch dar.

b) Berechnen Sie die Energie $E(r)$ des Elektrons abhängig vom Abstand r zu einem Neon-Ion und stellen Sie diese für Abstände von 0,1 nm bis 10 nm grafisch dar.

c) Zum Ablösen des Elektrons benötigt man die sogenannte Ionisierungsenergie E_I. Ermitteln Sie diese für einen Radius des Neon-Ions von 0,065 nm. Drücken Sie E_I in der Einheit 1 eV aus.

d) Die beiden Elektroden einer Glimmlampe sind $d = 2\,\text{mm}$ voneinander entfernt. An den Elektroden liegt eine Spannung von 100 V an. Ermitteln Sie die maximale Geschwindigkeit, die ein Elektron erreichen kann.

e) Ermitteln Sie die maximale von den Elektroden erzeugte Feldstärke im Rahmen der Näherung, dass die beiden Elektroden wie ein Plattenkondensator wirken.

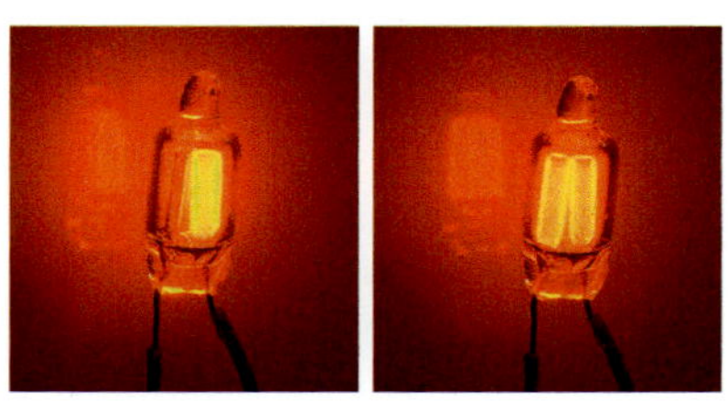

3 Glimmlampen

A7 – Feld in Materie

Im Experiment wird die relative Dielektrizitätszahl ε_r von Acrylglas bestimmt. Dazu werden Acrylglasplatten mit unterschiedlicher Dicke d zwischen zwei Aluminiumplatten gelegt (▸Abb. 4). Die kreisförmigen Aluminiumplatten haben einen Durchmesser von 24,4 cm, die quadratischen Acrylglasplatten eine Kantenlänge von 30,0 cm. Die Aluminiumplatten werden mit einer Quelle verbunden. Die Spannung der Quelle beträgt 350 V. Anschließend werden die Platten von der Quelle getrennt und mit einem Ladungsmessgerät verbunden. Für die Ladung in Abhängigkeit von d erhält man die Werte:

d in mm	1,5	2,0	3,5	4,5
Q in nC	365	275	157	123

a) Zeigen Sie, dass die Ladung umgekehrt proportional zu d ist.

b) Erklären Sie die Antiproportionalität.

c) Ermitteln Sie unter Verwendung aller Messwerte die relative Dielektrizitätskonstante von Acrylglas.

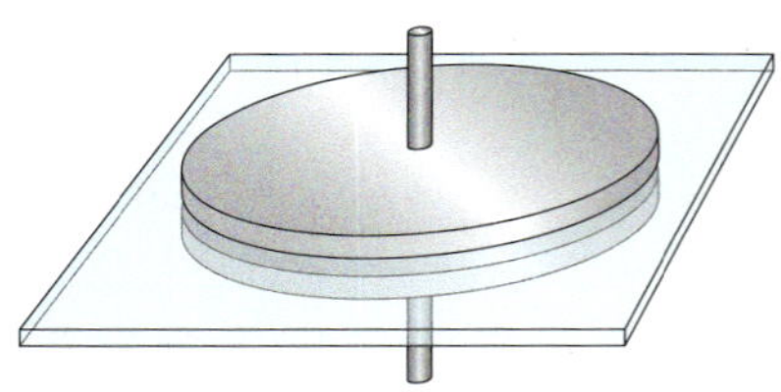

4 Plattenkondensator mit Materie

Aufgabe ohne Hinweise • Elektrische Felder

A8 – Elektronenablenkröhre

In ▸Abb. 5 sehen Sie eine Elektronenstrahlablenkröhre.

a) Benennen Sie die mit Nummern versehenen Teile der Röhre und erläutern Sie die jeweilige Funktion.

b) Erklären Sie, wie man mit der Röhre einen Elektronenstrahl auf einer Parabelbahn nach oben ablenken kann.

c) Übertragen Sie ▸Abb. 5 ins Heft und ergänzen Sie eine entsprechende „Beschaltung". Dabei soll U_a die Ablenkspannung, U_b die Beschleunigungsspannung und U_{Heiz} die Heizspannung sein.

d) Elektronen werden durch die Spannung $U_b = 4\,kV$ beschleunigt, treten mittig in den Kondensator der Breite $d = 6\,cm$ ein und treffen $x = 7\,cm$ weiter links auf die obere Kondensatorplatte. Bestimmen Sie die elektrische Feldstärke im Kondensator und skizzieren Sie die Feldlinien.

e) Bestimmen Sie die Geschwindigkeit der Elektronen an der Lochanode und beim Auftreffen auf die obere Kondensatorplatte.

f) Ermitteln Sie den Neigungswinkel der Flugbahn an der oberen Kondensatorplatte.

g) In einer größeren Röhre werden die Elektronen mit einer Beschleunigungsspannung von 400 kV beschleunigt. Ermitteln Sie die relativistische Masse $m = \frac{E}{c^2} = \frac{m_0}{\sqrt{1-\frac{v^2}{c^2}}}$ und die Geschwindigkeit v der Elektronen.

h) Leiten Sie einen Term für die Geschwindigkeit abhängig von U_B her. Stellen Sie das $v(U)$-Diagramm für Spannungen von 0 V bis 2 Millionen Volt dar.

i) Begründen Sie, dass man das Elektron nicht auf Lichtgeschwindigkeit beschleunigen kann.

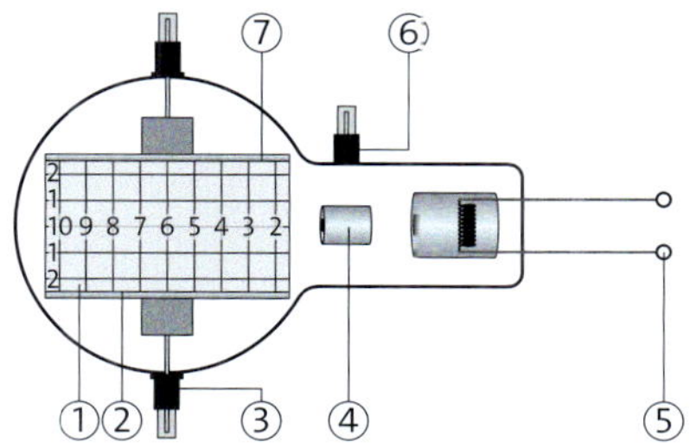

5 Elektronenablenkröhre

Hinweise und Lösungen zu Aufgaben A2–A7

A2

a) Nutzen Sie den Zusammenhang zwischen Feldstärke und Spannung beim Plattenkondensator.

b) Wenden Sie die Definitionsgleichung der Feldstärke an.

c) Kombinieren Sie die Gleichungen von a) und b).

d) Erstellen Sie eine Tabelle für die Kraft F_{el} in Abhängigkeit vom Plattenabstand für $0{,}04\,m \le d \le 0{,}16\,m$. Ergänzen Sie eine Zeile mit dem Kehrwert $\frac{1}{d}$ in $\frac{1}{m}$. Tragen Sie auf der Rechtsachse $\frac{1}{d}$ in $\frac{1}{m}$ auf und auf der Hochachse F_{el}.

A3

a) Die Geschwindigkeit berechnen Sie mit dem Energieerhaltungssatz.

b) Zur Berechnung der Flugzeit benötigen Sie die Beschleunigung der Elektronen sowie die Gesetze für die Bewegung mit konstanter Geschwindigkeit.

c) Nutzen Sie die Terme aus a), b).

A4

b) Die Regression ergibt $C = \frac{1}{d}\,0{,}04\,pF \cdot m$. Das Ergebnis wird mit dem Term der Kapazität verglichen, $C = \frac{1}{d} \cdot A \cdot \varepsilon_0$, also gilt $A \cdot \varepsilon_0 = 0{,}04\,pF \cdot m$. Auflösen ergibt $\varepsilon_0 = 0{,}04\,pF \cdot \frac{m}{A}$. Einsetzen führt zu $\varepsilon_0 = 8{,}16\,\frac{pF}{m} = 8{,}16 \cdot 10^{-12}\,\frac{C}{V \cdot m}$. Der Literaturwert ist $\varepsilon_0 = 8{,}854 \cdot 10^{-12}\,\frac{C}{V \cdot m}$. Die Abweichung entspricht 7,8 %.

A5

a) Die exponentielle Regression ergibt Die Zeitkonstante $\tau = \frac{1}{0{,}03\,s}$.

b) Wenn ein Kondensator mit einer Kapazität C über einen Widerstand R entladen wird, dann beträgt die Zeitkonstante $\tau = R \cdot C$. Auflösen ergibt $C = \frac{\tau}{R} = 1{,}01\,mF$.

c) Ein Kondensator der Kapazität C an einer Spannung U hat die Energie: $E = \frac{1}{2} \cdot C \cdot U^2$. Einsetzen ergibt $E = 4{,}5\,mJ$.

A6

d) Die potenzielle Energie einer Ladung e im Abstand r einer zweiten Ladung e beträgt $E = \frac{e^2}{4\pi\varepsilon_0\, r}$. Einsetzen ergibt $E = 22{,}2\,eV$.

e) Wenden Sie das Prinzip der Energieerhaltung an: Die elektrische Energie $E_{el} = e \cdot U$ wird in kinetische Energie $E_{kin} = \frac{1}{2} \cdot m \cdot v^2$ umgewandelt. Gleichsetzen und Auflösen ergibt $v = \sqrt{2 \cdot U \cdot \frac{e}{m}} = 5931\,\frac{km}{s}$.

f) Feldstärke: $|\vec{E}| = \frac{U}{d} = 50\,000\,\frac{V}{m}$.

A7

c) Die Kapazität ist $C = \frac{Q}{U}$ und auch $C = \frac{A}{d \cdot \varepsilon_0 \cdot \varepsilon_r}$. Gleichsetzen und Auflösen ergibt $\varepsilon_r = \frac{Q \cdot d}{U \cdot A \cdot \varepsilon_0}$. Der Mittelwert ist $\varepsilon_r = 3{,}3$.

Eigenschaften des elektrischen Feldes

Elektrisches Feld und Feldlinien: Konventionsgemäß beginnen die Feldlinien des elektrischen Feldes auf positiven Ladungen und enden auf negativen. Ein elektrisches Feld erzeugt bei einer positiven Ladung eine parallel zum Feld und bei einer negativen Ladung eine entgegengesetzt zum Feld gerichtete **elektrische Kraft.**

Influenz: Trifft ein elektrisches Feld auf einen Metallkörper, so werden in diesem elektrische Ladungen verschoben. Das nennt man Influenz.

Abschirmung: Durch Influenz ist das elektrische Feld in einem Metallkörper und in einem Hohlraum darin gleich null. Das elektrische Feld wird abgeschirmt. Man spricht von einem **Faradayschen Käfig.**

Homogenes Feld: Ein Feld mit parallelen Feldlinien konstanter Dichte nennt man homogenes Feld. Im geladenen **Plattenkondensator** entsteht ein homogenes elektrisches Feld, dessen Feldlinien senkrecht zu den Platten verlaufen.

Elektrische Feldstärke und Kraft: Jeder Punkt im elektrischen Feld wird durch eine elektrische Feldstärke $|E|$ charakterisiert.
Auf eine Probeladung q wirkt dort die elektrische Kraft: $F_{el} = q \cdot |E|$.
Eine Einheit dieser Feldstärke ist $1\frac{N}{C}$.
Ein homogenes elektrisches Feld hat in jedem Punkt den gleichen Feldstärkevektor.

Coulomb-Gesetz: Eine Ladung Q_1 übt auf eine in der Entfernung r befindliche Ladung Q_2 eine Kraft vom Betrag F_C aus:

$$F_C = \frac{1}{4 \cdot \pi \cdot \varepsilon_0} \cdot \frac{Q_1 \cdot Q_2}{r^2}.$$

Diese Regel heißt **coulombsches Gesetz** und ε_0 heißt **elektrische Feldkonstante.**
Eine Ladung Q_1 erzeugt ein radialsymmetrisches Feld, das in der Entfernung r den Betrag hat:

$$|E| = \frac{1}{4 \cdot \pi \cdot \varepsilon_0} \cdot \frac{Q_1}{r^2}.$$

Elektrische Spannung: Verschieben wir eine positive Probeladung q im homogenen elektrischen Feld der Feldstärke $|E|$ entgegengesetzt zu den Feldlinien um eine Strecke Δx, dann wird der Ladung folgender Energiebetrag zugeführt:
$\Delta E = q \cdot |E| \cdot \Delta x$.
Die Spannung U als Energie pro Ladung ist:
$U = |E| \cdot \Delta x$.
Potenzielle Energie: Eine Probeladung q hat im radialen Feld einer Ladung Q in einem Abstand r die potenzielle Energie:

$$E_{pot} = \frac{q \cdot Q}{4 \cdot \pi \cdot \varepsilon_0} \cdot \frac{1}{r}.$$

Feld im Plattenkondensator: Im Plattenkondensator mit Plattenabstand d und anliegender Spannung U ist der Betrag der elektrischen Feldstärke im Inneren $|E| = \frac{U}{d}$. Die elektrische Feldstärke hat somit die Einheiten $1\frac{V}{m} = 1\frac{N}{C}$.

Elektrische Ladung im Stromkreis

Stromstärke und Ladung: Durch einen elektrischen Leiter fließt bei einer konstanten Stromstärke I in einer Zeitspanne t die elektrische Ladung $Q = I \cdot t$.
Die Einheit der elektrischen Ladung ist ein Coulomb C oder eine Amperesekunde As, kurz $1\,A \cdot s = 1\,C$.

Spannung am Kondensator: Die Spannung U_C am Kondensator ist proportional zur Ladung Q auf dem Kondensator. Die Proportionalitätskonstante $\frac{Q}{U_C}$ heißt Kapazität C. Ihre Einheit ist ein Farad gleich ein Coulomb pro Volt, $1\,F = 1\frac{C}{V}$. Es gilt: $Q = C \cdot U$.

Energie im Kondensator: Wenn an einem Kondensator mit einer Kapazität C eine Spannung U_C anliegt, dann hat der Kondensator die elektrische Energie $E = \frac{1}{2} \cdot C \cdot U_C^2$ gespeichert.

Kapazität: Die Kapazität des Plattenkondensators in Luft ist proportional zu dessen Fläche A und zum Kehrwert $\frac{1}{d}$ des Plattenabstands d. Die Proportionalitätskonstante ist die elektrische Feldkonstante. Somit ist diese Kapazität:
$C = \varepsilon_0 \cdot \frac{A}{d}$.

Dielektrikum: Wenn in einen Kondensator mit einer Ladung Q ein Dielektrikum mit einer relativen Dielektrizitätszahl ε_r gefüllt wird, dann verringert sich die Feldstärke um den Faktor ε_r.

Halbwertszeit: Beim Entladen des Kondensators halbiert sich die Spannung $U(t)$ am Kondensator für jeden Zeitpunkt t immer nach der Halbwertszeit $T_{\frac{1}{2}}$, also zum Zeitpunkt $t + T_{\frac{1}{2}}$. Kurz gesagt:

$U(t + T_{\frac{1}{2}}) = \frac{1}{2} \cdot U(t)$.

Zeitkonstante: Beim Entladen des Kondensators nimmt die Spannung $U(t)$ am Kondensator exponentiell mit der Zeit ab:

$U(t) = U_0 \cdot e^{-\frac{t}{\tau}}$.

Nach Ablauf der Zeitkonstanten τ verringert sich die Spannung jeweils um den Faktor e. Je kleiner die Zeitkonstante τ ist, desto schneller entlädt sich der Kondensator.
Beim Entladen des Kondensators ist die Zeitkonstante gleich dem Produkt aus Kapazität und Widerstand: $\tau = R \cdot C$

Zeitverlauf der Ladung im Kondensator: Den Zeitverlauf der Ladung $Q(t)$ ermitteln wir schrittweise mithilfe der Differenzengleichung. Dabei wird ΔQ immer kleiner, da die restliche Ladung Q immer kleiner wird.

Zeitverlauf der Stromstärke: Beim Entladen des Kondensators nimmt die Stromstärke $I(t)$ am Kondensator exponentiell mit der Zeit ab:

$I(t) = I_0 \cdot e^{-\frac{t}{\tau}}$.

Teilchen im elektrischen Feld

Beschleunigungsspannung: Durch die Beschleunigungsspannung U_B erhält ein Elektron die Energie $E = e \cdot U_B$. Diese Energie ist gleich seiner kinetischen Energie.

Elektronenablenkröhre: Zum Ablenken eines Elektronenstrahls nutzt man zwei Elektroden, an die eine Spannung U_K senkrecht zur Beschleunigungsspannung U_B angelegt wird.

Überprüfen Sie sich selbst:

Kann ich ...

- die Feldlinien einer einzelnen elektrischen Ladung skizzieren? (▸S. 11)
- den Begriff „elektrische Polarisation" erläutern? (▸S. 11)
- das elektrische Feld in einem Plattenkondensator skizzieren? (▸S. 13)
- die Feldstärke in einem Plattenkondensator bei gegebener Spannung und gegebenem Plattenabstand berechnen? (▸S. 24)
- die potenzielle Energie einer Probeladung q im radialen Feld einer Ladung Q ermitteln? (▸S. 24)
- die Wirkung eines Dielektrikums im Plattenkondensator erläutern? (▸S. 25)
- die in zwei parallel geschalteten Kondensatoren gespeicherte Ladung berechnen? (▸S. 31)
- die Kapazität eines Kondensators mit Dielektrikum berechnen? (▸S. 33)
- die Halbwertszeit für einen Entladevorgang eines Kondensators berechnen? (▸S. 37)
- einen Term für den zeitlichen Verlauf der Stromstärke beim Entladen eines Kondensators angeben? (▸S. 39)
- die abgeflossene Ladung als Fläche unter dem Graphen von $I(t)$ ermitteln? (▸S. 43)
- den glühelektrischen Effekt erläutern? (▸S. 44)
- bei gegebener Beschleunigungsspannung die kinetische Energie des beschleunigten Elektrons ermitteln? (▸S. 45)
- erklären, wie eine Elektronenablenkröhre funktioniert? (▸S. 45)

Magnetische Felder

In diesem Kapitel beschäftigen Sie sich mit:

- den Kräften auf stromdurchflossene elektrische Leiter im Magnetfeld. Sie erfahren, wie stromdurchflossene Leiter von Magnetfeldern umgeben sind, und lernen, wie Sie Richtung und Stärke dieser B-Felder ermitteln können. Sie übertragen die Erkenntnisse zu Kräften auf stromdurchflossene Leiter auf elektrisch geladene Elementarteilchen.
- der Spannung, die bewegte elektrische Ladungen in einem Magnetfeld erzeugen können. Sie lernen, wie man diesen Effekt einsetzen kann, um die Stärke von B-Feldern zu messen.
- dem Magnetfeld einer stromdurchflossenen Spule. Sie erfahren, von welchen Größen das B-Feld einer Spule abhängt und welchen Effekt es hat, wenn man die Spule mit einem Material füllt. Zudem beschäftigen Sie sich mit verschiedenen Formen des Magnetismus.

- der Bewegung von elektrisch geladenen Teilchen in B-Feldern. Sie lernen, welche Bahnen elektrisch geladene Teilchen in B-Feldern einnehmen und wie diese Teilchen in einem B-Feld eingefangen werden können.
- der Möglichkeit, bewegte elektrisch geladene Teilchen mithilfe von B-Feldern nach ihren Massen zu trennen.

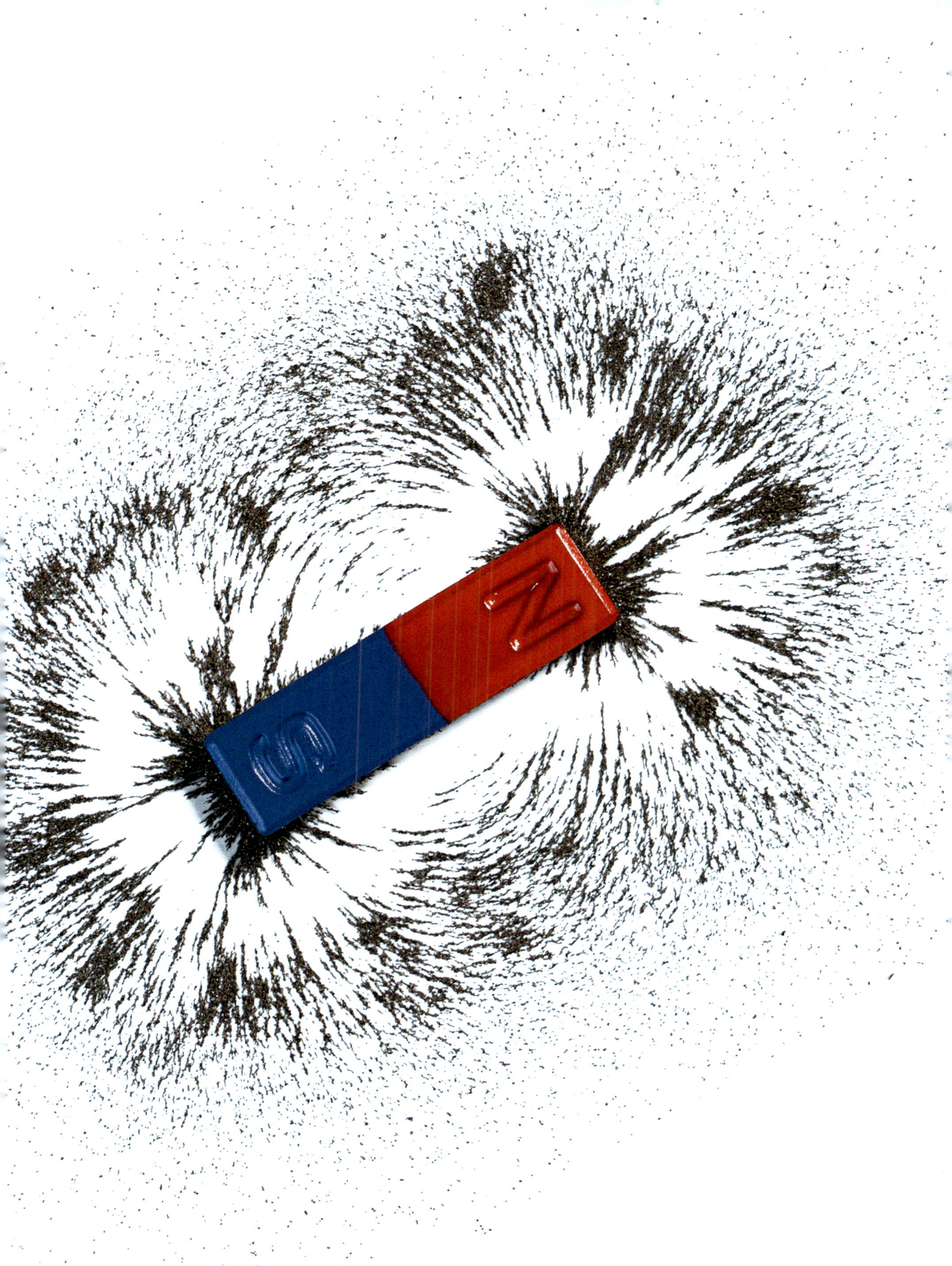
S
N

Eigenschaften von Permanentmagneten

Magnetische Pole: Jeder Magnet hat zwei verschiedene Pole, den magnetischen Nordpol und den magnetischen Südpol.
Die Pole sind die Stellen, an denen der Magnet die größte magnetische Wirkung hat. Ungleiche Pole ziehen sich gegenseitig an, gleiche Pole stoßen sich ab.
Es gibt keine Magnete mit nur einem Magnetpol.

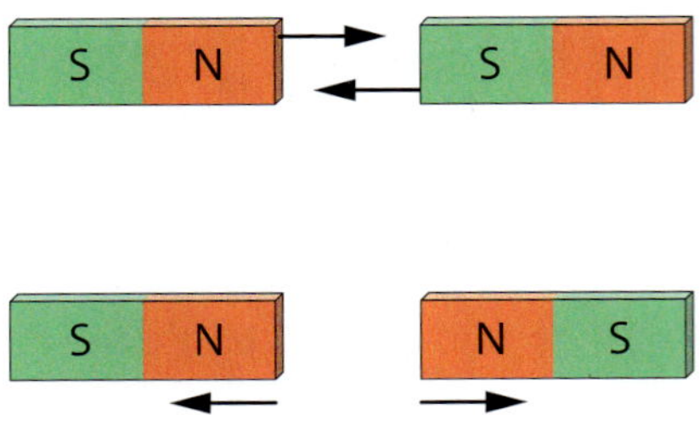

Magnetfeld: Ein Magnet wirkt auch über große Entfernungen hinweg auf andere Magnete oder ferromagnetische Gegenstände. Dabei nimmt die Wirkung mit der Entfernung ab. Die magnetische Wirkung über Entfernungen hinweg beschreibt man mit dem Magnetfeld.

Magnetnadeln ordnen sich in einem Magnetfeld in bestimmten Mustern an. Diese Muster kann man mithilfe von **Feldlinien** beschreiben. Hierbei handelt es sich um gedachte Linien, die vom magnetischen Nordpol zum magnetischen Südpol verlaufen. Die Richtung einer Feldlinie entspricht der Richtung, in die der Nordpol einer Magnetnadel auf dieser Feldlinie zeigt.
Magnetische Feldlinien schneiden sich nicht.

Elementarmagnetemodell: In der Modellvorstellung sind im Inneren von ferromagnetischen Gegenständen Elementarmagnete enthalten. Dabei handelt es sich um kleine, nicht mehr teilbare magnetische Bereiche mit zwei Polen.

In einem unmagnetisierten ferromagnetischen Gegenstand liegen die Elementarmagnete völlig ungeordnet vor. In einem Magneten sind die Elementarmagnete regelmäßig angeordnet. Sie zeigen mit ihrem Nordpol überwiegend in dieselbe Richtung.

Magnetisieren: Mit einem Magneten kann man die Elementarmagnete im Inneren von ferromagnetischen Gegenständen gleichmäßig ausrichten. Dies nennt man Magnetisieren. Dadurch wird der Gegenstand selbst zum Magneten.
Gegenstände können auch wieder entmagnetisiert werden, bspw. durch Erschütterungen oder Hitze.

Magnetfeld der Erde: Die Erde ist von einem Magnetfeld umgeben. Der magnetische Südpol liegt in der Arktis, der magnetische Nordpol in der Antarktis.
Außerhalb der Polarregionen zeigen die magnetischen Feldlinien ungefähr in nördliche Richtung. Eine Kompassnadel zeigt außerhalb der Polarregionen nach Norden.

Elektrizität und Magnetismus

Stromdurchflossene Leiter sind von einem ringförmigen Magnetfeld umgeben.

Linke-Faust-Regel: Zeigt der Daumen in die Bewegungsrichtung der Elektronen, geben die gekrümmten Finger die Richtung des Magnetfeldes an.

Elektromagnet: Eine stromdurchflossene Spule erzeugt ein schwaches Magnetfeld und wird somit zum Elektromagnet. Mit Eisenkern erzeugt sie ein starkes Magnetfeld.

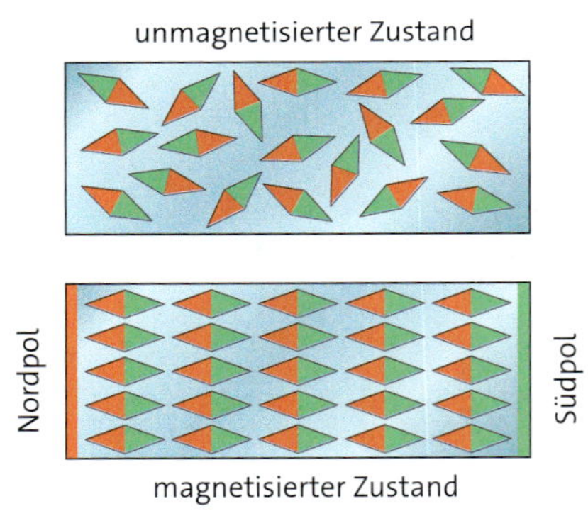

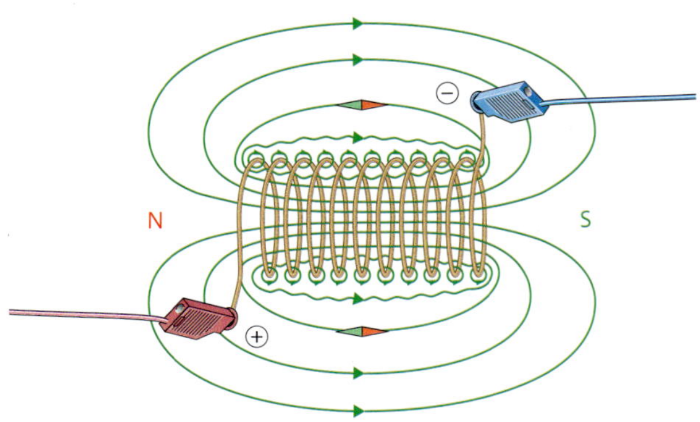

Eigenschaften von Permanentmagneten

1 **a)** Vor Ihnen liegen zwei in Papier eingewickelte quaderförmige Metallstücke. Eins davon ist ein Magnet, das andere ist ein Eisenstück. Beschreiben Sie, wie Sie ohne weitere Hilfsmittel herausfinden können, welches von beiden Stücken der Magnet ist.
b) Jetzt liegen drei in Papier eingewickelte Metallstücke vor Ihnen. Eins ist aus Kupfer, eins aus magnetisiertem Eisen, eins aus unmagnetisiertem Eisen. Beschreiben Sie, wie Sie ohne weitere Hilfsmittel die drei Metallstücke identifizieren können.

2 Erklären Sie, wie man mit einer Magnetnadel die Pole eines Stabmagneten bestimmen kann. Funktioniert das auch mit einer Büroklammer?

3 Nennen Sie Eigenschaften, die Sie beim Zeichnen eines Feldlinienbildes beachten müssen.

4 Erklären Sie, weshalb sich Feldlinien nicht schneiden können.

5 Über einem Ringmagnet befindet sich ein Magnetkreisel.
Beschreiben Sie, wie die Pole der Magnete angeordnet sein müssen, damit der Kreisel schweben kann.

6 Zeichnen Sie das Feldlinienbild eines Hufeisenmagneten

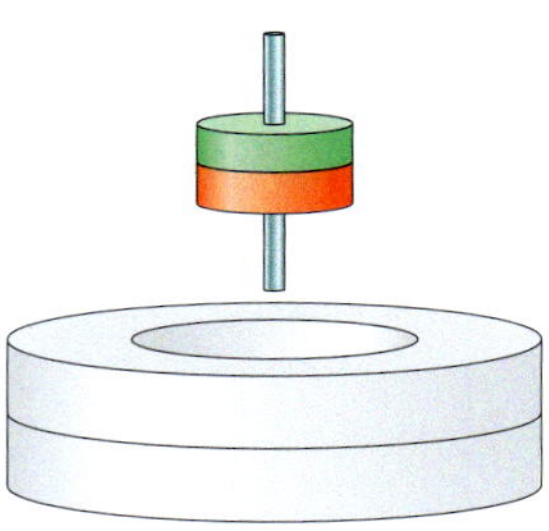

7 Wenn man einen magnetisierten Nagel mehrmals fallen lässt, dann wird er dabei entmagnetisiert. Erklären Sie dies mit dem Modell der Elementarmagnete.

8 Das Gehäuse von Computern mit empfindlichen Bauteilen ist meist aus Eisenblech, das Gehäuse von Kompassen meist aus Messing oder Kunststoff. Erklären Sie dies.

9 Ein rot-grün gefärbter Stabmagnet fällt herunter und zerbricht in der Mitte. Jemand sagt: „Das grüne Stück ist ein magnetischer Südpol, das rote Stück ein magnetischer Nordpol.‘
Nehmen Sie Stellung zu dieser Aussage.

10 Jemand streicht mit dem Südpol eines Stabmagneten über einen Eisennagel, und zwar immer hin und her.
a) Erklären Sie, weshalb der Nagel nicht magnetisiert wird.
b) Geben Sie an, wie man den Nagel mithilfe des Stabmagneten magnetisieren kann.

11 Entwickeln Sie einen Versuch, durch den Sie den Nordpol einer magnetisierten Nähnadel mithilfe des Erdmagnetfeldes bestimmen können.

12 Eine Kompassnadel zeigt nicht überall genau nach Norden. Die Fehlanzeige des Kompasses nennt man Missweisung. Man hat sie auf der ganzen Erde bestimmt.
a) Recherchieren Sie die typische Missweisung für Deutschland.
b) Recherchieren Sie Ursachen für die Missweisung.

Elektrizität und Magnetismus

13 Erklären Sie mithilfe des Modells der Elementarmagnete, wie der Eisenkern im Elektromagneten funktioniert.

14 Magnetschwebebahnen haben weder Räder noch Achsen, sondern sie werden über magnetische Kräfte in Schwebe und in der Fahrbahn gehalten und beschleunigt oder gebremst. Dies erreicht man mit Elektromagneten.
a) Erläutern Sie, worin der Vorteil von Elektromagneten gegenüber Permanentmagneten liegt.
b) Geben Sie Gründe dafür an, dass man bei einer Magnetschwebebahn Elektromagnete ein- und ausschaltet.
c) Erläutern Sie, warum eine Magnetschwebebahn leiser und ruhiger fährt als ein gewöhnlicher gleich schneller Zug.

15 Zeichnen Sie eine stromdurchflossene Spule. Skizzieren Sie die Richtung des Elektronenflusses.
a) Ermitteln Sie mithilfe der Linke-Faust-Regel die Richtung des Magnetfeldes im Inneren der Spule.
b) Stecken Sie nun gedanklich einen Eisenkern in die Spule. Beschreiben Sie, wie sich die Elementarmagnete des Eisenkerns ausrichten. Geben Sie an, wo sich der magnetische Nordpol und der Südpol der Spule befinden.

1 Kraft auf stromdurchflossenen Leiter im Magnetfeld

Kraft auf Leiter im Magnetfeld

Ein Aluminiumzylinder liegt auf zwei Schienen. Wenn an diese ein Plus- und ein Minuspol angeschlossen werden, rollt der Zylinder nach vorne. Wie entsteht die antreibende Kraft und wie groß ist diese?

Der Nordpol der Kompassnadel wird Richtung Arktis gezogen. Also befindet sich beim geografischen Nordpol der geomagnetische Südpol.

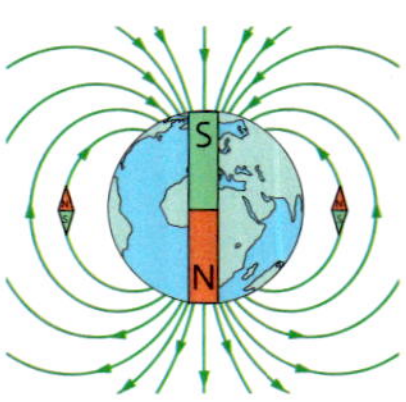

2 Magnetfeld der Erde

Magnetfelder • Nach dem Anschließen der beiden elektrischen Pole fließen Ladungen durch den Zylinder und durch die Schienen. Dabei entstehen **Magnetfelder.** Deren Richtung zeigen uns **Magnetnadeln,** also drehbar gelagerte kleine Stabmagnete (▸Abb. 3). Bei einer Magnetnadel ist dasjenige Ende definitionsgemäß das vordere, das auf der Erde zum geografischen Nordpol zeigt (▸Abb. 2). Im Feld eines Permanentmagneten orientiert sich eine Magnetnadel parallel zu den örtlichen Feldlinien, d. h. vom Nordpol des Magneten zu seinem Südpol (▸Abb. 3).

Wenn Elektronen durch einen Leiter fließen, dann entsteht um den Leiter ein ringförmiges Magnetfeld. Die Richtung des Feldes ermitteln wir mit der Faust-Regel der linken Hand (▸Abb. 4): Zeigt der Daumen die Bewegungsrichtung der Elektronen an, dann markieren die Finger die Richtung des Magnetfeldes.

Magnetfeld beim Aluminiumzylinder • Die Elektronen strömen durch die linke Schiene nach vorne und durch die rechte Schiene nach hinten (▸Abb. 5). Dadurch sind die Feldlinien des Magnetfeldes zwischen den Schienen hinter dem Aluminiumzylinder nach unten gerichtet (▸Abb. 5).

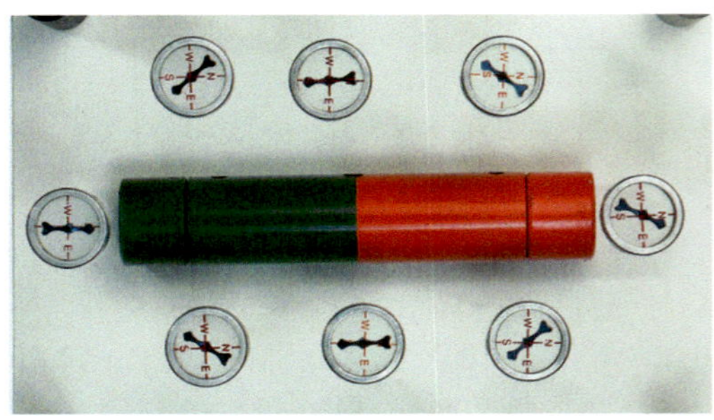

3 Richtung des Magnetfeldes

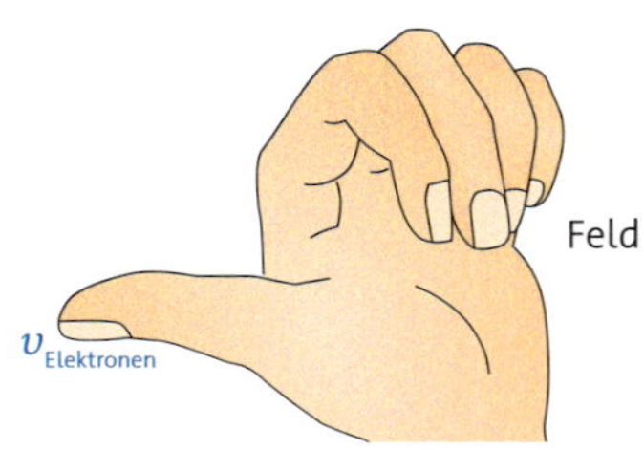

4 Richtung des Magnetfeldes – Faust-Regel

Im Aluminiumzylinder fließen die Elektronen nach rechts und das dadurch entstehende Magnetfeld ist hinter ihm ebenfalls nach unten gerichtet (gelb in ▸Abb. 5). Dieses Feld wird hinter dem Zylinder zum Feld der Schienen addiert.
Eine ähnliche Addition der Felder tritt ein, wenn wir zwei gleiche Pole zweier Stabmagneten aufeinander zu bewegen (▸Abb. 6). Wir wissen, dass dabei eine abstoßende Kraft entsteht. Wir stellen also fest:

Wenn ein Körper sein Magnetfeld zu einem Magnetfeld addiert, dann wirkt auf den Körper eine magnetische Kraft, die vom Bereich des addierten Feldes weg gerichtet ist.

Magnetische Kraft beim Zylinder • Die Richtung der magnetischen Kraft F können wir für einen stromdurchflossenen Leiter, wie ihn der Aluminiumzylinder darstellt, besonders einfach durch die **Drei-Finger-Regel** der linken Hand ermitteln (▸Abb. 7):

Wir halten Daumen, Zeigefinger und Mittelfinger der linken Hand orthogonal zueinander. Wenn nun der Daumen in Richtung der Geschwindigkeit v der Elektronen zeigt und der Zeigefinger in Richtung des Magnetfeldes, dann markiert der Mittelfinger die Kraftrichtung (▸Abb. 7).

Große Stromstärke • Damit der gewünschte Effekt sichtbar erzielt werden kann, muss im Versuch in ▸Abb. 1 über kurze Zeit ein Strom mit einer relativ großen Stromstärke fließen. Um das zu ermöglichen, werden Kondensatoren vorab aufgeladen und zur Bewegung des Aluminiumzylinders sehr schnell entladen. Konkret werden 10 Kondensatoren verwendet, die jeweils eine Kapazität von 1 F haben.
Dabei wird der Stromkreis sicher über einen gut isolierten Schalter geschlossen.

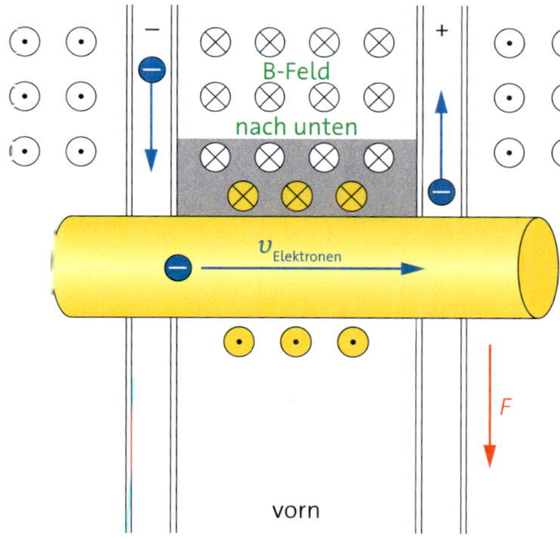

5 Addition (grauer Bereich) der Felder

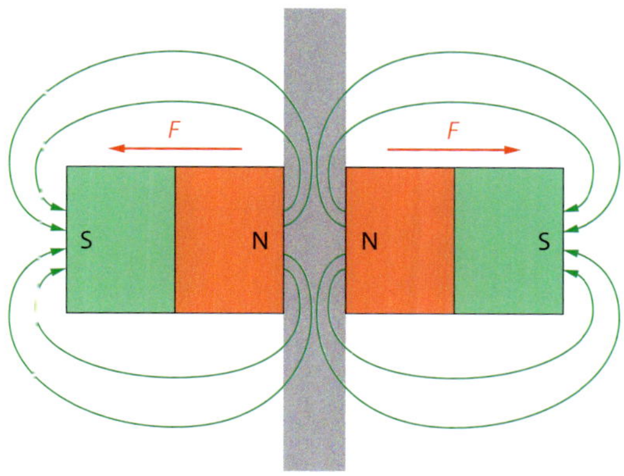

6 Addition (grau) der Feldlinien

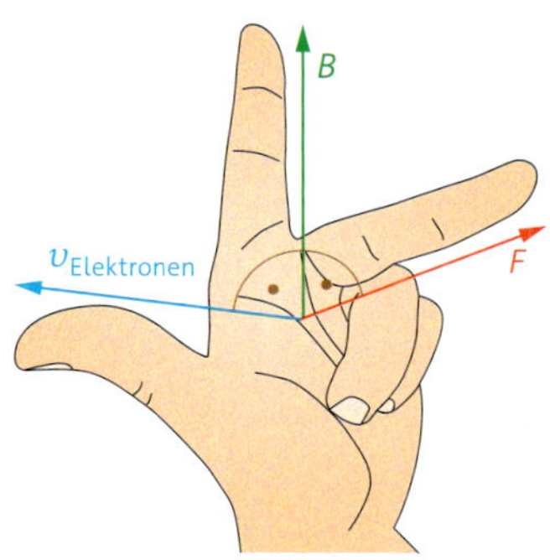

7 Drei-Finger-Regel der linken Hand

1 Skizieren Sie zwei positive elektrische Ladungen mit Feldlinien, markieren Sie den Bereich, in dem sich Feldlinien addieren und erklären Sie damit die Kraftwirkung.

EIGENSCHAFTEN DES MAGNETISCHEN FELDES

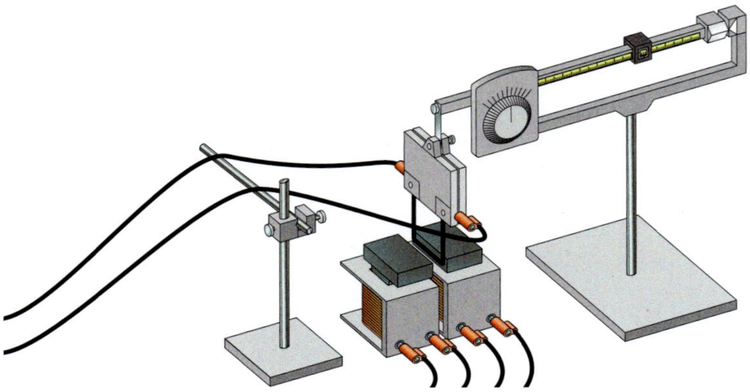

1 Stromwaage: Versuchsaufbau

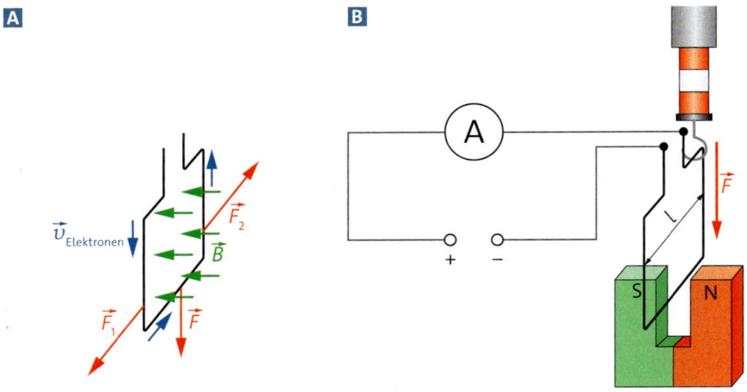

2 Stromwaage: **A** Kraftskizze, **B** Versuchsskizze

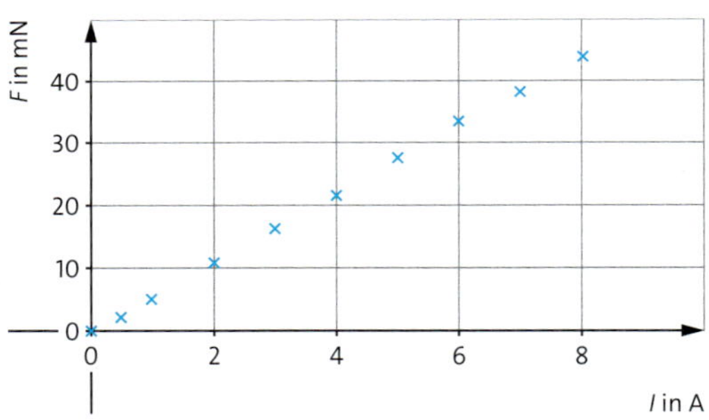

3 $F(I)$-Diagramm für $l = 0{,}05\,\text{m}$

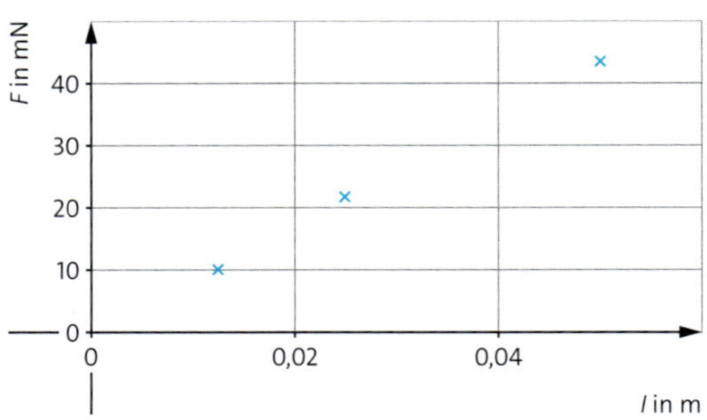

4 $F(l)$-Diagramm für $I = 8\,\text{A}$

Modellversuch Stromwaage • Um den Betrag der magnetischen Kraft zu ermitteln, führen wir einen Modellversuch durch. Wir erzeugen mit zwei Elektromagneten in einem Spalt zwischen diesen ein starkes Magnetfeld, das von rechts nach links gerichtet ist (▸Abb. 1 und 2). In das Feld hängen wir einen Leiter, der sich mit einer Länge l im Magnetfeld befindet und durch den die Elektronen von vorne nach hinten fließen (▸Abb. 2), was wir als Stromstärke I messen. Dabei ist der Leiter an einer Waage (▸Abb. 1) oder an einem Federkraftmesser (▸Abb. 2 B) aufgehängt, sodass wir die magnetische Kraft F, die auf den stromdurchflossenen Leiter wirkt, ermitteln können. Man nennt diesen Versuchsaufbau Stromwaage. Wir untersuchen nun die magnetische Kraft F abhängig von der Stromstärke I und der im B-Feld befindlichen Länge des Leiters l, um die Bedeutung des magnetischen Feldes zu ermitteln. Dazu führen wir zwei Versuchsreihen durch, bei denen wir immer nur eine der beiden Größen verändern. In der ersten Versuchsreihe bleibt die Länge fest mit $l = 0{,}05\,\text{m}$, wir variieren I und messen F abhängig von I. Die Messwerte tragen wir im $F(I)$-Diagramm auf (▸Abb. 3). In der zweiten Versuchsreihe stellen wir jeweils die gleiche Stromstärke von $I = 8\,\text{A}$ ein und variieren die Länge l des Leiterstücks im B-Feld. Die Messwerte tragen wir in ein $F(l)$-Diagramm ein (▸Abb. 4).

Auswertung • Das $F(I)$-Diagramm in ▸Abb. 3 zeigt sehr deutlich, dass die Messwerte innerhalb der Messgenauigkeit auf einer Ursprungsgeraden liegen. Daher ist die magnetische Kraft proportional zur Stromstärke:

$F \sim I$ bei konstantem l.

Auch das $F(l)$-Diagramm in ▸Abb. 4 zeigt Messwerte, die sehr deutlich auf einer Ursprungsgeraden liegen. Daher ist die magnetische Kraft proportional zur Länge:

$F \sim l$ bei konstantem I.

Die beiden erhaltenen Proportionalitäten fassen wir zu einer zusammen:

$F \sim I \cdot l$.

Insgesamt ist also die magnetische Kraft proportional zum Produkt aus Länge und Stromstärke.

Das B-Feld • In der Physik hat der Proportionalitätsfaktor oft eine wichtige Bedeutung. Um diese herauszufinden, ermitteln wir den Faktor zur Proportonalität $F \sim I \cdot l$. Entsprechend dem internationalen Einheitensystem nennen wir ihn B:

$$B = \frac{F}{I \cdot l}.$$

Wir deuten diesen Faktor in Analogie zur elektrischen Kraft: Diese ist proportional zur Probeladung q und der Proportionalitätsfaktor ist die elektrische Feldstärke:

$$|\vec{E}| = \frac{F}{q}.$$

Nun ist die magnetische Kraft proportional zum Produkt aus Stromstärke und Leiterlänge. Damit sollte der Quotient $\frac{F}{I \cdot l}$ analog zu $\frac{F}{q}$ eine entsprechende Feldstärke darstellen. Wir nennen das Feld kurz das **B-Feld.** Es ist analog zum elektrischen Feld und stellt das magnetische Feld dar. Die Einheit des B-Feldes ist $1\frac{\text{N}}{\text{A} \cdot \text{m}}$ und wird auch ein Tesla, T, genannt: $\text{T} = 1\frac{\text{N}}{\text{A} \cdot \text{m}}$

Wir lösen die obige Gleichung nach der magnetischen Kraft F auf und erhalten so:

$$F = B \cdot I \cdot l.$$

Bei der Stromwaage sind das Magnetfeld und der Leiter zueinander orthogonal (▸Abb. 2). Jede erzeugte magnetische Kraft ist dann orthogonal sowohl zum Leiter als auch zum Magnetfeld. Die Richtung der Kraft entspricht dabei der Drei-Finger-Regel der linken Hand. Somit wirkt in ▸Abb. 2 auf das waagerechte Leiterstück eine nach unten gerichtete Kraft, während die beiden auf das vordere und das hintere Leiterstück wirkenden Kräfte einander aufheben. Daher wirkt auf die gesamte Leiterschleife eine resultierende nach unten gerichtete Kraft. Wir fassen zusammen:

Wenn sich in einem magnetischen B-Feld mit einer Stärke B orthogonal zu diesem Feld ein Leiter mit einer Länge l befindet, durch den ein Strom mit einer Stromstärke I fließt, dann wirkt auf den Leiter eine magnetische Kraft mit dem Betrag:

$$F = B \cdot I \cdot l.$$

Anwendung auf den Aluminiumzylinder • Bei dem Versuch mit dem rollenden Aluminiumzylinder betrug die mittlere Stromstärke $I = 100\,\text{A}$. Dabei wurde mit dem B-Feld-Sensor eines Smartphones zwischen den Schienen eine B-Feldstärke von $B = 0{,}002\,\text{T}$ gemessen. Der Abstand zwischen den Schienen betrug $l = 10\,\text{cm}$. Daher wirkte auf den Zylinder die folgende mittlere Kraft:
$F = 0{,}002\,\text{T} \cdot 100\,\text{A} \cdot 0{,}1\,\text{m} = 0{,}02\,\text{N}$.

Bezeichnung • Leider wurde im internationalen Einheitensystem eine sogenannte „magnetische Feldstärke" eingeführt, die nicht analog zur elektrischen Feldstärke ist. Die zur elektrischen Feldstärke analoge B-Feldstärke wird dagegen im internationalen Einheitensystem **„magnetische Flussdichte"** genannt. Um mit dieser ungünstigen historischen Begriffsbildung eindeutig und zuverlässig umgehen zu können, verwenden wir hier den eindeutigen Begriff der B-Feldstärke, die völlig in Analogie zur elektrischen Feldstärke entwickelt ist.

1 Durch einen Kupferdraht mit einer Länge von 0,1 m fließt ein Strom mit einer Stromstärke von $I = 50\,\text{A}$. Ein Magnetfeld mit $B = 1\,\text{T}$ steht senkrecht zu diesem Leiter.
a) Berechnen Sie die magnetische Kraft.
b) Um die Kraft zu steigern, werden 10 solcher Kabelstücke zu einem Kreis geformt. Dieser befindet sich in einem Magnetfeld, das vom Nordpol eines Magneten ausgehend radial nach außen gerichtet ist (▸Abb. 5). Ermitteln Sie die auf den Kreis wirkende magnetische Kraft.
c) Um die Kraft weiter zu steigern, werden mehrere solcher Kreise übereinandergelegt. Berechnen Sie, wie viele solche Kreise eine magnetische Kraft bereitstellen, mit der man einen Menschen mit der Masse 80 kg heben könnte.
d) Ermitteln Sie die Richtung der Kraft, die auf die Leiterschleife in ▸Abb. 5 wirkt.
e) Ermitteln Sie die Richtung des B-Feldes des stromdurchflossenen Leiters in ▸Abb. 5. Analysieren Sie, ob dieses durch den Ring erzeugte B-Feld überwiegend zum B-Feld des Permanentmagneten addiert wird oder ob es das B-Feld des Magneten schwächt.

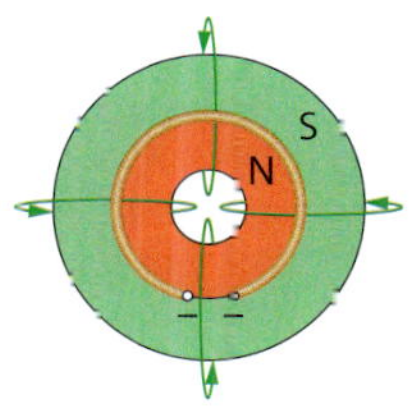

5 Kreis aus Kupferdraht vor radialem B-Feld

EIGENSCHAFTEN DES MAGNETISCHEN FELDES

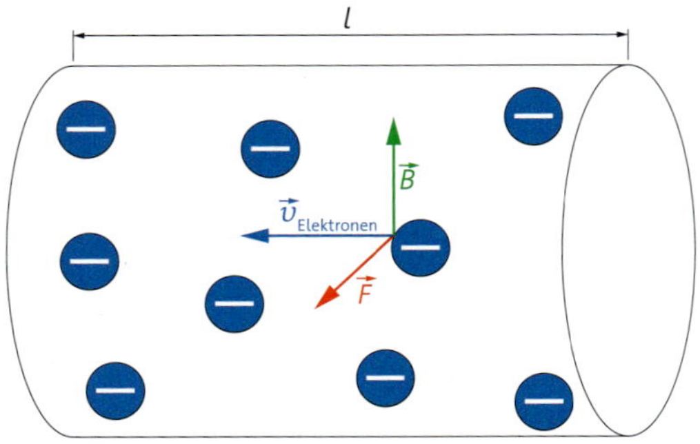

1 Kraft auf ein Elektron

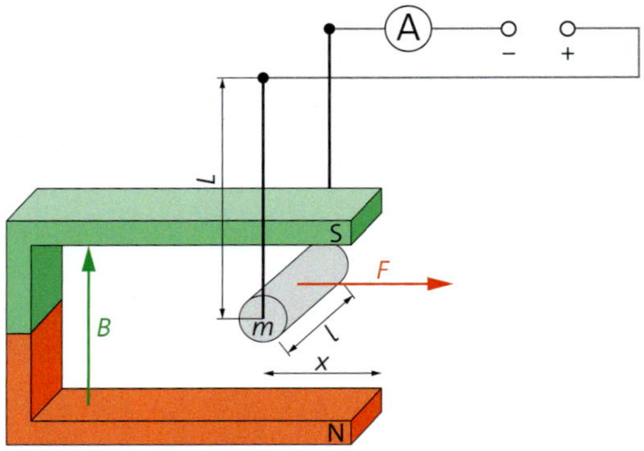

2 Leiterschaukel

HENDRIK ANTOON LORENTZ folgerte 1895 aus der magnetischen Kraft auf einen stromdurchflossenen Leiter, dass eine entsprechende Kraft auf die bewegten Ladungen im Leiter wirkt. Diese nennt man Lorentzkraft. Manche bezeichnen die magnetische Kraft auf einen Leiter ebenso.

Kraft auf ein Elektron • Das Gesetz zur magnetischen Kraft auf einen stromdurchflossenen Leiter können wir auf Elementarteilchen übertragen. Denn der elektrische Strom im Leiter wird durch die Elektronen getragen. Daher sollte die Kraft auf den Leiter die Summe der Kräfte F sein, welche auf die Elektronen im Leiter wirken. Um diese Kraft F zu ermitteln, analysieren wir die Bewegung der Elektronen im Leiter mit dem Strom I (▸Abb. 1). Dazu bezeichnen wir die Anzahl der beweglichen Ladungen im Leiter mit N und deren mittlere Geschwindigkeit mit v. Somit benötigt ein Elektron im Mittel folgende Zeit, um die Strecke l zu durchfließen:

$$t = \frac{l}{v}.$$

In dieser Zeit passieren also N Elektronen den Leiterquerschnitt und transportieren somit folgende Ladung:

$$Q = N \cdot e.$$

Die entsprechende Stromstärke beträgt also:

$$I = \frac{Q}{t} = \frac{N \cdot e \cdot v}{l}.$$

Die magnetische Kraft ist somit:

$$F = I \cdot B \cdot l = N \cdot e \cdot v \cdot B.$$

Tatsächlich ist die magnetische Kraft F_m das N-Fache einer Kraft $F = e \cdot v \cdot B$, die auf ein Elektron wirkt. Da wir bei der Herleitung nie den Betrag e der Elementarladung konkret verwendet haben, gilt die Herleitung für eine beliebige Ladung q, die sich mit einer Geschwindigkeit v orthogonal durch ein B-Feld mit einer Feldstärke B bewegt. Diese Kraft nennt man **Lorentzkraft** F_L:

$$F_L = q \cdot v \cdot B.$$

Wir fassen zusammen:

Wenn sich in einem magnetischen B-Feld mit einer Stärke B eine Ladung q mit einer Geschwindigkeit v orthogonal zum Feld bewegt, dann wirkt auf die Ladung die Lorentzkraft:

$$F_L = q \cdot v \cdot B.$$

Auslenkung einer Leiterschaukel • Wir lassen durch die Leiterschaukel in ▸Abb. 2 einen Strom mit einer Stromstärke von $I = 5\,\text{A}$ fließen. Dabei besteht die Leiterschaukel aus Aluminium, hat eine Masse von $m = 50\,\text{g}$, eine Breite von $l = 0{,}1\,\text{m}$ und eine Fadenlänge von $L = 0{,}4\,\text{m}$. Wir beobachten, dass sich die Leiterschaukel nach rechts bewegt und sich auf eine Verschiebung von 0,02 m einpendelt. Daraus ermitteln wir den Betrag des B-Feldes:

Der Winkel der Auslenkung beträgt:

$$\alpha = \arcsin\left(\frac{x}{L}\right) = 2{,}9°.$$

Die Gewichtskraft $F_G = m \cdot g$ hat folgende, rückstellend wirkende Komponente:

$$F = F_G \cdot \sin 2{,}9° = 0{,}025\,\text{N}.$$

Diese Kraft ist praktisch im Kräftegleichgewicht mit der magnetischen Kraft:

$$F = I \cdot B \cdot l = 0{,}025\,\text{N}.$$

Wir lösen nach B auf:

$$B = \frac{0{,}025\,\text{N}}{I \cdot l} = 0{,}05\,\text{T}.$$

Driftgeschwindigkeit • Im stromdurchflossenen Leiter können die Elektronen nicht ungehindert vom Minuspol zum Pluspol der Spannungsquelle fließen, sondern der Widerstand R führt zum Driften der Elektronen mit einer mittleren **Driftgeschwindigkeit** v. Diese bewirkt im B-Feld die Lorentzkraft und ist daher mithilfe dieser Kraft messbar: In Aluminium hat jedes Atom eine Masse von $\mu = 4{,}5 \cdot 10^{-26}\,\text{kg}$ sowie ein frei bewegliches Leitungselektron. Mit diesen Vorgaben ermitteln wir die auf ein Elektron wirkende Lorentzkraft. Dazu berechnen wir zunächst die Anzahl N der Atome und dann die Kraft F pro Elektron.

Der Stab der Leiterschaukel beinhaltet $N = \frac{m}{\mu} = 1{,}1 \cdot 10^{24}$ Atome und ebenso viele Leitungselektronen. Auf jedes dieser Elektronen wirkt also eine Lorentzkraft, deren Betrag gleich der magnetischen Kraft 0,025 N geteilt durch N ist:

$$F_L = \frac{0{,}025\,\text{N}}{1{,}1 \cdot 10^{24}}.$$

Aus der Lorentzkraft können wir die Geschwindigkeit eines Elektrons ermitteln, indem wir das Kraftgesetz für die Lorentzkraft: $F_L = e \cdot v \cdot B$ nach der Geschwindigkeit v auflösen:

$$v = \frac{F_L}{e \cdot B} = 0{,}003\,\frac{\text{mm}}{\text{s}}.$$

Wir erkennen, dass sich die Elektronen sehr langsam bewegen, obwohl ein Strom mit einer sehr großen Stromstärke von 5 A durch den Stab fließt. Diese große Stromstärke ist möglich, weil die Zahl N der Leitungselektronen im Aluminium so groß ist.

Obwohl die Elektronen im Aluminium so langsam sind, kann ein Aluminiumkabel sehr schnell Signale und Nachrichten übertragen. Das funktioniert so: Wenn ein elektrisches Signal in ein Ende eines Leiters eintritt, dann treten dabei einige Ladungen ein. Damit der Leiter elektrisch neutral bleibt, treten sehr schnell am anderen Ende entsprechende Ladungen aus. Somit hat das Signal sehr schnell das andere Ende des Leiters erreicht.

Kraft bei beliebigen Winkeln • Bei den Versuchen in ▸Abb. 1 und ▸Abb. 2 bewegen sich die Ladungen orthogonal zum Magnetfeld.

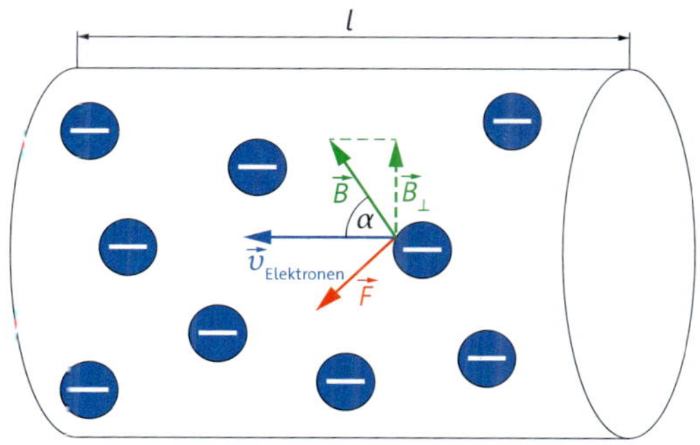

3 Lorentzkraft auf ein Elektron bei einem Winkel α

Im Allgemeinen schließen die Geschwindigkeit $\vec{v}$ und das Feld $\vec{B}$ einen beliebigen Winkel α ein (▸Abb. 3).

Dann können wir den Kraftvektor wie folgt ermitteln: Zuerst gewinnen wir zeichnerisch oder rechnerisch die **orthogonale Komponente** $B_\perp$ des $\vec{B}$-Feldes, die orthogonal auf der Geschwindigkeit steht (▸Abb. 3). Zweitens ermitteln wir den Betrag F der Kraft, indem wir das Kraftgesetz auf diese Komponente $B_\perp$ anwenden, denn bei der Lorentzkraft ist die orthogonale auch die **wirksame Komponente:**

$$F_L = q \cdot v \cdot B_\perp.$$

Hierbei und als allgemeine **Vereinbarung** bezeichnen die Variablen Beträge, sofern keine Vektorpfeile markiert sind. Drittens ermitteln wir die Richtung der Lorentzkraft mit der Drei-Finger-Regel. Als allgemeine **Vereinbarung** wird bei negativen Ladungen die Drei-Finger-Regel der linken Hand verwendet, während bei positiven Ladungen die entsprechende Drei-Finger-Regel der rechten Hand angewendet wird.

1 Ein Elektron fliegt mit der Geschwindigkeit $v = 10^7\,\frac{\text{m}}{\text{s}}$ durch ein Magnetfeld mit $B = 1\,\text{T}$. Dabei schließen v und B den Winkel 60° ein. Berechnen Sie die Lorentzkraft.

2 Zwei Leiterschaukeln hängen parallel nebeneinander und werden jeweils von einem Strom I durchflossen.
a) Begründen Sie, dass die Leiterschaukeln einander anziehen, wenn die Stromrichtungen in beiden gleich sind.
b) Begründen Sie, dass zwei parallel fliegende Elektronen einander umso weniger abstoßen, je schneller sie fliegen.

Versuch A • Magnetische Kräfte

V1 Stromwaage für Spule

Material:
Spulen, Hufeisenmagnete, Netzgerät, Amperemeter, Stativmaterial, Waage, Smartphone

Arbeitsauftrag:

a) Bauen Sie den in ▸Abb. 1 skizzierten Versuch auf. Beschreiben Sie die Durchführung. Erklären Sie, warum auf jedes der N Leiterstücke der Länge l eine magnetische Kraft F wirkt. Erklären Sie, wie diese Kraft gemessen wird.

b) Führen Sie eine Messreihe durch, bei der Sie die Stromstärke I variieren. Bestätigen Sie, dass F proportional zu I ist.

c) Führen Sie eine Messreihe durch, bei der Sie die Windungszahl N variieren. Bestätigen Sie hiermit, dass die Kraft je Leiterstück F unabhängig von N ist.

d) Führen Sie eine Messreihe durch, bei der Sie die Länge der Leiterstücke l variieren. Verwenden Sie dabei zusätzliche Hufeisenmagnete. Bestätigen Sie somit, dass F proportional zu l ist.

e) Bestätigen Sie die Proportionalität $F \sim \frac{I}{l}$. Ermitteln Sie daraus den Betrag von B. Überprüfen Sie das Ergebnis mit dem B-Sensor des Smartphones.

V2 MHD-Pumpe

Material:
9-V-Blockbatterie, flache Permanentmagnete, Wanne mit Salzwasser, Alufolie, Kabel mit Krokodilklemme, Tinte, Glasplatte, zwei Leisten

Arbeitsauftrag:

a) Bauen Sie den Versuch in ▸Abb. 2 auf. Machen Sie Bewegungen des Wassers mit einem Tropfen Tinte sichtbar. Beschreiben Sie die Durchführung.

b) Beschreiben Sie die Beobachtung und deuten sie den Aufbau als Pumpe.

c) Übertragen Sie ▸Abb. 2 ins Heft und zeichnen Sie elektrische Feldlinien ein. Recherchieren Sie, welche geladenen Teilchen in Salzwasser auftreten. Erklären Sie die in ▸Abb. 2 skizzierten Geschwindigkeiten der Teilchen.

d) Tragen Sie in Ihre Skizze die Lorentzkräfte ein. Begründen Sie deren Richtung mit der Drei-Finger-Regel. Erklären Sie die Pumpe. Führen Sie Kontrollversuche mit umgekehrter Polung der Batterie bzw. der Magnete durch.

e) Ein Kanal wie in ▸Abb. 2 ist 10 mm tief, 100 mm lang und 0,02 m breit. Die spezifische Leitfähigkeit dieses Salzwassers beträgt $\rho = 10^5\,\Omega \cdot \frac{mm^2}{m}$. Bestätigen Sie den Widerstand $R = 2\,\Omega$ dieses Kanals. Das Magnetfeld beträgt $B = 0{,}1\,T$. Ermitteln Sie die magnetische Kraft, welche auf das Wasser im Kanal wirkt.

f) Erläutern Sie den Bau eines Schiffsantriebs aus dieser Pumpe.

V3 Linearer Antrieb

Material:
9V-Blockbatterie, flache Permanentmagnete, zwei Metallschienen, Rundstab aus Aluminium, Kabel mit Krokodilklemme

Arbeitsauftrag:

a) Bauen Sie den Versuch auf wie in ▸Abb. 3 A gezeigt. Beschreiben Sie die Durchführung.

b) Beschreiben Sie Ihre Beobachtung.

c) Übertragen Sie ▸Abb. 3 A ins Heft und tragen Sie elektrische Ströme ein.

d) Zeichnen Sie in die Skizze die Lorentzkräfte ein. Begründen Sie deren Richtung mit der Drei-Finger-Regel. Erklären Sie den Antrieb des Rundstabes. Führen Sie Kontrollversuche mit umgekehrter Polung von Batterie und Magneten durch.

e) Durch den Rundstab mit der Masse $m = 100\,g$ fließt ein Strom von $I = 5\,A$ auf einer Länge von $l = 0{,}1\,m$ und das Magnetfeld beträgt $B = 0{,}5\,T$. Ermitteln Sie die magnetische Kraft F_m und die Beschleunigung a des Rundstabes.

f) Der Motor in ▸Abb. 3 B hat 10 Windungen, ein B-Feld von 0,5 T sowie die Abmessungen und die Stromstärke des Rundstabs in e). Erklären Sie die Funktionsweise und ermitteln Sie Kraft und Beschleunigung.

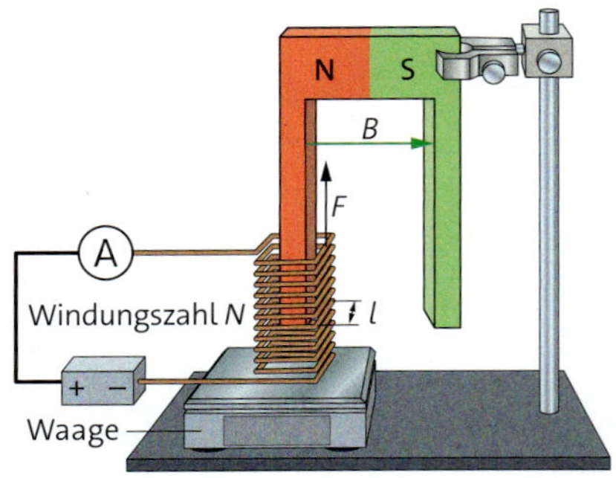

1 Stromwaage für eine Spule

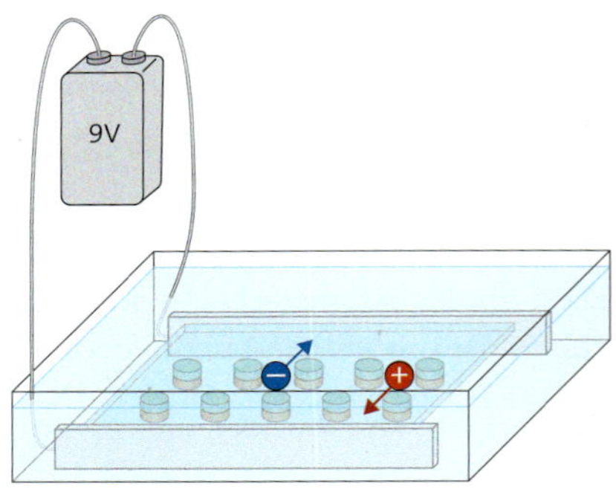

2 MHD-Pumpe

A

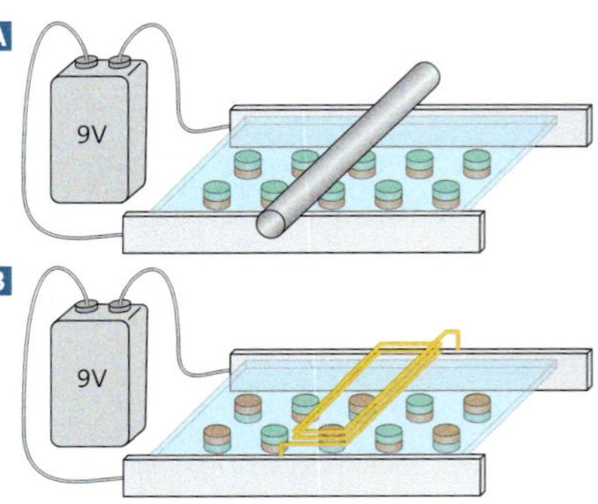

3 **A** Rundstab, **B** Linearmotor

Material A • Kraft zwischen geraden Leitern

A1 In dieser Aufgabe analysieren wir die Kraft zwischen parallelen Leitern (▸Abb. 4).

a) Beschreiben Sie die Durchführung des in ▸Abb. 4 skizzierten Versuchs.

b) Skizzieren Sie die Feldlinien mit passender Richtung und Form für das B-Feld, das sich um einen stromdurchflossenen Leiter bildet.

c) Wenn ein langer Leiter von einem Strom I durchflossen wird, dann beträgt in einer Entfernung r das B-Feld $B = \mu_0 \cdot \frac{I}{2\pi \cdot r}$. Ermitteln Sie das B-Feld für $I = 1\,\text{A}$ und $r = 1\,\text{m}$.

d) Ermitteln Sie Richtung und Betrag der Kraft F, die auf einen Meter des rechten Leiters in ▸Abb. 4 wirkt.

e) Im Jahr 1948 wurde die Einheit der Stromstärke, das Ampere, so festgelegt: Wenn die Stromstärke 1 A durch je zwei parallele Leiter fließt, die einen Meter voneinander entfernt sind, dann üben die Leiter je Meter Strecke eine Kraft von $F = 2 \cdot 10^{-7}\,\text{N}$ aufeinander aus. Daraus folgt für die magnetische Feldkonstante $\mu_0 = 4\pi \cdot 10^{-7}\,\frac{\text{N}}{\text{A}^2}$. Leiten Sie diesen Term her.

f) Zwei parallele Stromkabel sind 100 m lang, 2 m voneinander entfernt und durch jedes Kabel fließt ein Strom von 5 kA in die gleiche Richtung. Ermitteln Sie die Kraft, welche diese Kabel aufeinander ausüben.

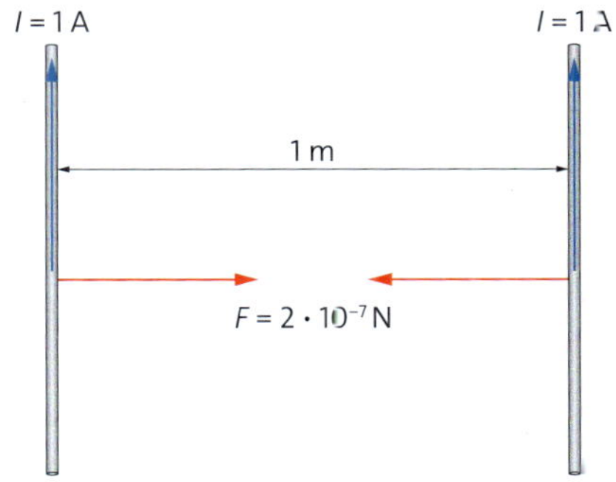

4 Kraft bei zwei Leitern

Material B • Drehspulinstrument

B1 Ein analoges Amperemeter misst die Stromstärke mithilfe der Lorentzkraft. In dieser Aufgabe analysieren wir, warum das Gerät sehr genau arbeitet.

a) Beschreiben Sie den Aufbau des Gerätes in ▸Abb. 5. Übertragen Sie ▸Abb. 5 ins Heft. Skizzieren Sie die magnetischen Feldlinien. Erklären Sie, warum das B-Feld radial verläuft.

b) Wenn die Spule von einem Strom I durchflossen wird, dann wirkt auf jedes senkrecht zur Papierebene stehende Leiterstück in ▸Abb. 5 eine Kraft $F = I \cdot B \cdot l$. Erklären Sie, zu welchem Zweck das B-Feld radial ausgeführt ist. Begründen Sie, dass die Kraft tangential wirkt.

c) Wenn an einem drehbaren Gegenstand eine Kraft F in einer Entfernung r von der Drehachse angreift und in tangentiale Richtung wirkt, dann entsteht ein Drehmoment $M = r \cdot F$. Ermitteln Sie das Drehmoment M, das durch eine Stromstärke von $I = 100\,\text{mA}$ hervorgerufen wird.

d) Bei der Spiralfeder gilt das Hookesche Gesetz. Die Feder in ▸Abb. 5 hat die Federkonstante $D = 0{,}01\,\frac{\text{Nm}}{\text{Grad}}$. Ermitteln Sie den Drehwinkel, der durch eine Stromstärke von $I = 200\,\text{mA}$ hervorgerufen wird.

e) Mit dem Drehspulinstrument kann man auch eine Spannung U messen. Dazu wird eine Schaltung wie in ▸Abb. 6 verwendet. Erklären Sie.

f) Ein bestimmtes Drehspulinstrument erreicht bei einer Stromstärke von $I = 10\,\text{mA}$ seinen Vollausschlag. Zur Spannungsmessung erhält es einen Widerstand $R = 1\,\text{k}\Omega$ (▸Abb. 6). Ermitteln Sie die Spannung, die beim Vollausschlag des Zeigers anliegt. Begründen Sie, dass der Zeigerausschlag proportional zu U ist.

g) Mit dem Drehspulinstrument kann man auch einen Widerstand R messen. Erstellen Sie eine passende Versuchsskizze und erklären Sie. Planen Sie die Schaltung so, dass Widerstände über 100 Ω gemessen werden können, und zeichnen Sie die Skala.

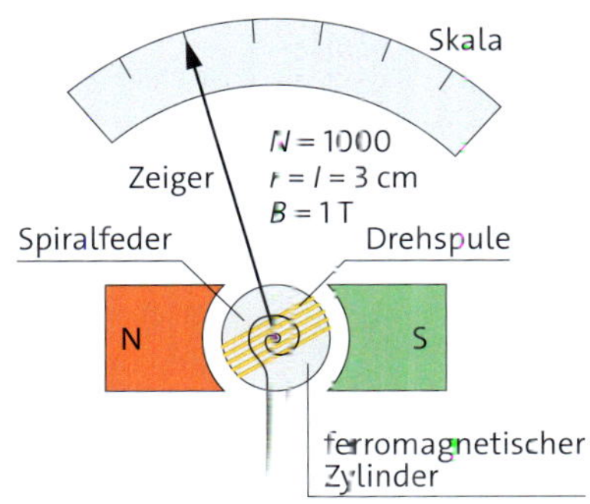

5 Drehspulinstrument

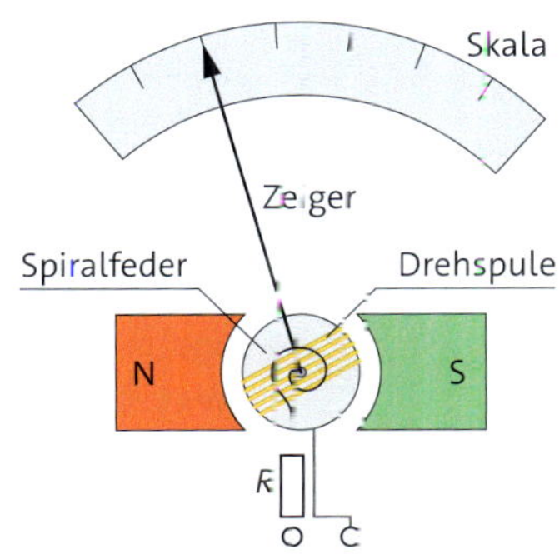

6 Schaltung zur Messung von Spannungen

1 Fahrradcomputer

Hall-Effekt

Ein Fahrradcomputer kann mithilfe eines elektronischen Kompasses die Geschwindigkeit messen und die Karte einnorden. Wie funktioniert das?

EDWIN HERBERT HALL wurde nach seinem Physikstudium Lehrer an der Brunswick High School. Danach startete er ein Promotionsprojekt und entdeckte dabei 1879 den Hall-Effekt.

Magnetfeldsensor • Drei mikroelektronische Magnetsensoren im Kompass messen das Magnetfeld in je eine Raumrichtung. Der Bordcomputer ermittelt aus den Ergebnissen die Nordrichtung und nordet die Karte ein (▸Abb. 1). Am Magnetfeldsensor können wir beispielhaft erkennen, wie der Sensor eine zu erfassende physikalische Größe in ein zur Informationsverarbeitung kompatibles elektrisches Signal transformiert. Dazu ist der Sensor hochgradig an die Naturgesetze angepasst, indem er einen **physikalischen Effekt** gezielt nutzt, nämlich den Hall-Effekt.

Hall-Effekt • Zur Messung des B-Feldes nutzt der Sensor die Lorentzkraft F_L. Diese wirkt auf eine mit einer Geschwindigkeit v im B-Feld bewegte Ladung q wie folgt:

$$F_L = q \cdot v \cdot B.$$

Man könnte die Lorentzkraft nutzen, die auf eine in einer Vakuumröhre frei fliegende Ladung wirkt. Das wäre aber sehr aufwendig. Einfacher ist es, Ladungen zu verwenden, die sich mit einem elektrischen Strom I bewegen. Den Aufbau des Versuchs zeigt ▸Abb. 2: Ein Elektron, das mit I nach links wandert, erfährt durch das in die Papierebene hinein gerichtete B-Feld eine nach oben gerichtete Lorentzkraft F_L. Die Elektronen bewegen sich daher nach oben, während die positiv geladenen Atomrümpfe unten zurückbleiben. So entstehen oben negative und unten positive Ladungsüberschüsse. Die getrennten Ladungen erzeugen ein elektrisches Feld und somit eine elektrische Kraft F_{el} (▸Abb. 2), die der Lorentzkraft entgegenwirkt. Die negativen Ladungen wandern so lange nach oben, wie die Lorentzkraft größer ist als die elektrische Kraft. Dann bildet sich ein Kräftegleichgewicht: $F_{el} = F_L$. Dabei entspricht der elektrischen Kraft F_{el} die Spannung U (mit b = Höhe des Leiters; ▸Abb. 2):

$$F_{el} = e \cdot \frac{U}{b}.$$

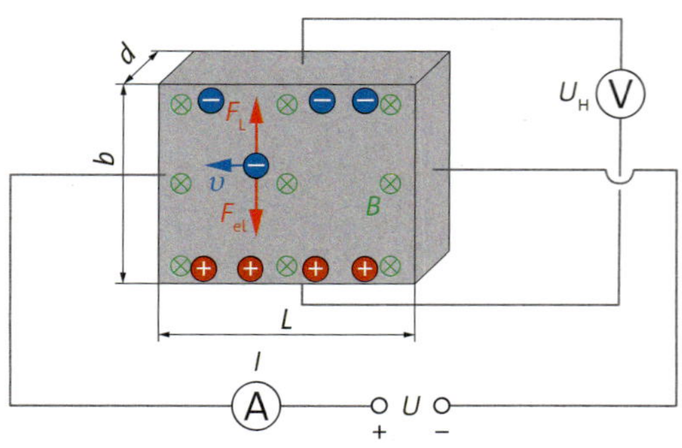

2 Skizze zum Versuch

Im Kräftegleichgewicht kommt die vertikale Bewegung der Ladungen zum Stillstand. Dann liegt ein Gleichgewicht vor, bei dem sich die Ladungen nur noch mit der horizontalen Geschwindigkeit v bewegen. Wir setzen die Terme für F_{el} und F_L gleich und lösen nach U auf:

$$e \cdot v \cdot B = e \cdot \frac{U}{b} \Rightarrow U = b \cdot v \cdot B = U_H.$$

Man nennt diese Spannung **Hall-Spannung** U_H (▸Abb. 2) und das Auftreten dieser Spannung den **Hall-Effekt.** Diese Spannung zusammen mit der Stromstärke I ist die grundlegende Messgröße in dem sogenannten **Hall-Sensor** (▸Abb. 2).
Damit wir die obige Gleichung anwenden können, müssen wir noch die Geschwindigkeit der Elektronen durch die Stromstärke I ausdrücken.

Hall-Konstante • Jedes Elektron bewegt sich im Mittel in der Zeit $t = \frac{L}{v}$ durch einen Sensor der Länge L, der Dicke d und der Höhe b. In dieser Zeit werden somit alle frei beweglichen Elektronen im gesamten Sensorvolumen $V = L \cdot b \cdot d$ genau durch dieses Volumen hindurchbewegt. Die gesamte bewegte Ladung q ist das Produkt der Elementarladung mit der Anzahl N dieser beweglichen Elektronen. Wir schreiben n für die Teilchendichte $\frac{N}{V}$, dann ist $N = n \cdot V$ und es gilt:

$$q = n \cdot V \cdot e = n \cdot L \cdot b \cdot d \cdot e.$$

Zugleich ist aber auch $q = I \cdot t = I \cdot \frac{L}{v}$.
Gleichsetzen und Auflösen nach b ergibt:

$$n \cdot L \cdot b \cdot d \cdot e = I \cdot \frac{L}{v} \Rightarrow b = \frac{I}{e \cdot v \cdot n \cdot d}.$$

Dies setzen wir in den Term für U_H ein:

$$U_H = B \cdot \frac{I}{d} \cdot \frac{1}{n \cdot e}.$$

Der zweite Bruch $\frac{1}{n \cdot e}$ ist eine Materialkonstante. Man ergänzt das negative Vorzeichen für Elektronen und führt die Bezeichnung **Hall-Konstante** A_H ein. Die Einheit ist $1\,\frac{m^3}{C}$:

$$A_H = \frac{1}{n \cdot e} \quad \text{für Elektronen.}$$

Das Vorzeichen der Hall-Konstante ist negativ für negativ geladene Ladungsträger, positiv für positiv geladene.

Versuch • Wir realisieren den Hall-Sensor durch ein Silberband mit einer Dicke von $d = 0{,}05\,\text{mm}$. Mit einem Spulenpaar mit Eisenkern und Polschuhen erzeugen wir ein variables Magnetfeld jeweils bekannter Feldstärke B und messen die auftretende Hall-Spannung U_H. Die Ergebnisse zeigt ▸Abb. 3. Die Messwerte passen wie erwartet zu einer linearen Regression, der Proportionalitätsfaktor zwischen U_H und B beträgt für $I = 20\,\text{A}$:

$$33{,}24\,\frac{\mu V}{T} = \frac{I}{d} \cdot A_H.$$

Die daraus berechnete Hall-Konstante beträgt:

$$A_H = -8{,}3 \cdot 10^{-11}\,\frac{m^3}{C}.$$

Die beiden anderen Stromstärken ergeben dazu passende Werte. Wir fassen zusammen:

In einem stromdurchflossenen Plättchen der Dicke d und der Hall-Konstanten A_H in einem Magnetfeld der Stärke B entsteht bei einer Stromstärke I die Hall-Spannung:

$$U_H = B \cdot \frac{I}{d} \cdot A_H$$

Kennt man also für ein solches Plättchen A_H, d und I, kann man es nutzen, um durch die Bestimmung von U_H Magnetfelder auszumessen.

1 Zeigen Sie anhand von ▸Abb. 3, dass bei konstantem B-Feld die Hall-Spannung U_H proportional zur Stromstärke I ist.

2 Begründen Sie mit ▸Abb. 3, dass der untersuchte Hall-Sensor aus Silber besteht.

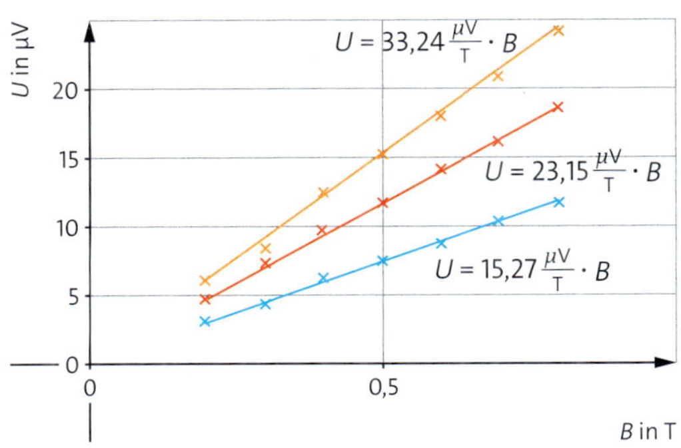

3 Messwerte: $I = 20\,\text{A}$ (orange); $I = 15\,\text{A}$ (rot); $I = 10\,\text{A}$ (blau)

Stoff	A_H in $\frac{m^3}{C}$
Silber	$-8{,}9 \cdot 10^{-11}$
Kupfer	$-5{,}3 \cdot 10^{-11}$
Gold	$-7 \cdot 10^{-11}$
Zink	$-6{,}4 \cdot 10^{-11}$
Iridiumantimonid	$-2{,}4 \cdot 10^{-4}$
Germanium	$\approx 2{,}7 \cdot 10^{-3}$

4 Hall-Konstanten A_H einiger Stoffe. Das positive Vorzeichen kommt durch Löcherleitung zustande.

Der Quotient $\frac{U_H}{I}$ wird manchmal auch **Hall-Widerstand** R_H genannt: $R_H = \frac{U_H}{I}$. Die Einheit ist ein Ohm (1 Ω). Allerdings beschreibt ein richtiger Widerstand die Begrenzung einer Stromstärke, wogegen R_H die erzeugte Hall-Spannung charakterisiert.

Die Ladung pro Volumen $\frac{q}{V}$ nennt man Ladungsdichte. Sie ist gleich $\frac{1}{A_H}$, denn $\frac{1}{A_H} = \frac{e \cdot N}{V} = \frac{q}{V}$.

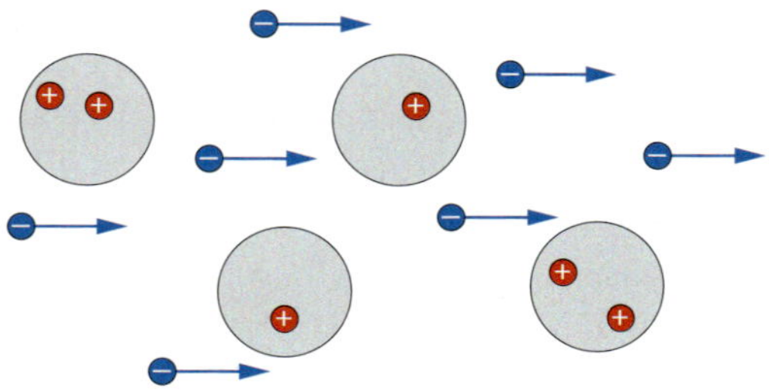

1 Mittlere bewegliche Ladung eines Atoms

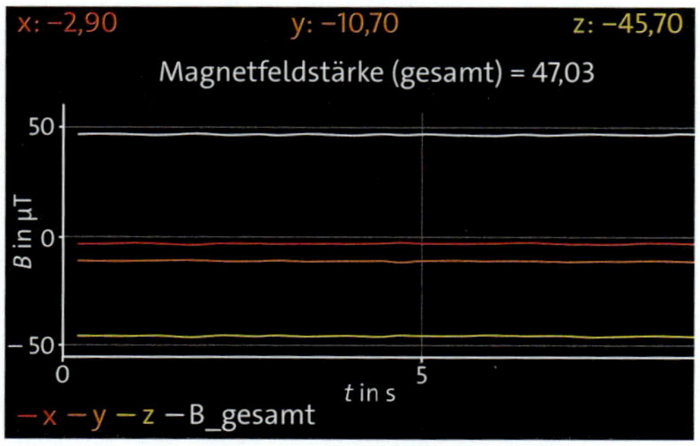

2 Erdmagnetfeld, mit Smartphone gemessen

Bewegliche Ladung • Der Hall-Effekt bietet uns auch ein Fenster in den Mikrokosmos. So können wir die Dichte n der beweglichen Elektronen ermitteln, indem wir den Kehrwert der Hall-Konstanten A_H durch die (für Elektronen negative) Elementarladung e teilen. Wir führen dies für das Silberband mit der ermittelten Hall-Konstante durch und erhalten:

$$n = \frac{1}{A_H \cdot e} = 7{,}5 \cdot 10^{28} \, \frac{1}{m^3}.$$

Der Literaturwert beträgt:

$$n = \frac{1}{A_H \cdot e} = 6{,}6 \cdot 10^{28} \, \frac{1}{m^3}.$$

Wir ermitteln nun die Anzahl der beweglichen Elektronen je Atom, indem wir diese Dichte n mit dem Volumen eines Atoms V_A multiplizieren (▸Abb. 1). Das Volumen V_A ist gleich der Masse eines Silberatoms, $m = 1{,}79 \cdot 10^{-25}$ kg, geteilt durch die Dichte $\rho = 10\,490 \, \frac{kg}{m^3}$ von Silber:

$$V_A = 1{,}71 \cdot 10^{-29} \, m^3.$$

Somit beträgt die Anzahl der beweglichen Elektronen pro Silberatom im Mittel:

$$n_{Atom} = n \cdot V_A = 1{,}13.$$

Geschwindigkeit der Elektronen • Wie schnell bewegen sich die Ladungen im Versuch mit der Hall-Sonde? Um das herauszufinden, gehen wir von der Definition der mittleren Geschwindigkeit $v = \frac{L}{t}$ aus und wenden die Definition der Stromstärke $I = \frac{q}{t}$ an:

$$v = L \cdot \frac{I}{q}.$$

Hier nutzen wir, dass die bewegliche Ladungsmenge aus $N = n \cdot V$ Elektronen besteht:

$$v = L \cdot \frac{I}{n \cdot e \cdot V}.$$

Wir setzen $\frac{1}{n \cdot e} = A_H = -7{,}6 \cdot 10^{-11} \, \frac{m^3}{C}$, $I = 20$ A, $L = \frac{V}{b \cdot d}$, $b = 20$ mm und $d = 0{,}05$ mm ein:

$$v = |A_H| \cdot \frac{I}{b \cdot d} = 0{,}152 \, \frac{mm}{s}.$$

Die Elektronen erfahren durch die anliegende Spannung, bspw. die Netzspannung U_N, eine Kraft. Diese wirkt prinzipiell beschleunigend. Aber wenn sich ein Elektron dadurch an den vielen benachbarten Atomrümpfen vorbeibewegt, dann üben diese auf das Elektron ständig Kräfte aus. So wirkt zwischen den Atomrümpfen und den Elektronen im Mittel eine Reibungskraft, die umso größer ist, je größer die Geschwindigkeit v ist.
Daher sind die Elektronen einem ständigen Wechsel aus Beschleunigung und Abbremsen ausgesetzt. Deshalb mittelt man diese Geschwindigkeiten und nennt die resultierende Geschwindigkeit v **Driftgeschwindigkeit.**

Hall-Sensoren • Der Hall-Sensor aus Silber in unserem Versuch erzeugt trotz der großen Stromstärke von 20 A und der großen B-Feldstärke von 0,8 T nur eine Hall-Spannung von unter 25 µV. So ist kaum ein leichter und empfindlicher Sensor zu bauen.
Dazu benötigen wir ein Material mit einer größeren Hall-Konstanten (▸Tabelle 1). Halbleiter haben Hall-Konstanten A_H, die über 10 Millionen Mal größer sind als die von Silber. Entsprechend werden empfindliche Hall-Sensoren aus Halbleitern gebaut. Dabei kann eine Messungenauigkeit von nur $\Delta B = \pm 0{,}6$ µT erreicht werden.

Apps im Smartphone • Mit dem Smartphone messen wir das Erdmagnetfeld mithilfe einer Physik-Sensor-App (▸Abb. 2). Wir lesen am Display den Betrag 47,03 µT ab, sowie die Komponenten $B_x = -2{,}9\,\mu T$; $B_y = -10{,}7\,\mu T$ und $B_z = -45{,}7\,\mu T$. Aus diesen drei Komponenten ermittelt das Smartphone die Himmelsrichtung und nordet damit die Karte ein.
Auch die Kompass-Sensoren in Smartphones oder in Fahrradcomputern werden auf diese Weise mit Hall-Sensoren aus Halbleitermaterialien realisiert. Denn Hall-Sensoren sind sehr kostengünstig und relativ genau.

Hochgenaue Magnetfeldsensoren • Beispielsweise in der Medizintechnik werden sehr genaue Magnetfeldsensoren eingesetzt. Damit werden z. B. elektrische Ströme im Gehirn anhand der erzeugen B-Felder erfasst, wobei eine Messgenauigkeit von $\Delta B = \pm 10^{-14}\,T$ erreicht wird. Solche Sensoren werden auch eingesetzt, um Bodenschätze zu finden, die kleine Störungen im Erdmagnetfeld in Bodennähe erzeugen.

Stromzangen • Um eine Stromstärke zu messen, kann man den Stromkreis unterbrechen und über ein Amperemeter wieder schließen. Aber das ist aufwendig und eventuell muss dazu ein Kabel aufgeschnitten werden. Viel einfacher ist es, die Stromstärke mit einer Stromzange wie in ▸Abb. 3 zu messen. Welche physikalische Größe erfasst eine Stromzange unmittelbar?
Anscheinend ist diese Größe das magnetische Feld, das den stromdurchflossenen Leiter umgibt (▸Abb. 4). Das überprüfen wir, indem wir mit der Stromzange einen Stabmagneten greifen (▸Abb. 5). Eine angezeigte große Stromstärke bestätigt unsere Vermutung, dass das Magnetfeld die von der Stromzange erfasste Größe ist.

Funktionsweise der Stromzange • Das Kabel wird von einem aufklappbaren Eisenring umschlossen (▸Abb. 6). Das B-Feld im Eisenring ist dabei proportional zur Stromstärke I, die den Ring durchfließt.
Dieses B-Feld wird von einem Hall-Sensor gemessen, der in den Eisenring eingebaut ist (▸Abb. 6) und aus der Spannung des Hall-Sensors wird in der Zange die Stromstärke im Kabel errechnet.

1 Ermitteln Sie für Germanium die Dichte n der beweglichen Elektronen und die Ladungsdichte $\frac{q}{V}$ dieser Elektronen.

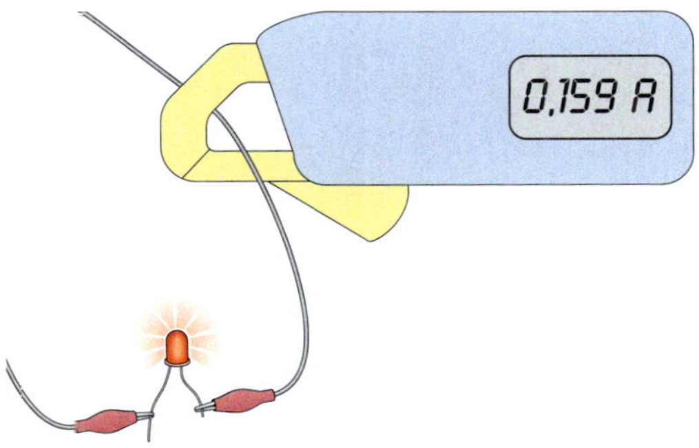

3 Stromzange

Achtung: Bei dem in Abb. 3 erzeugten Kurzschluss wird die Batterie sehr heiß – dieser Versuch ist daher zur Nachahmung nicht geeignet!

4 Stromdurchflossener Leiter mit Eisenfeilspänen

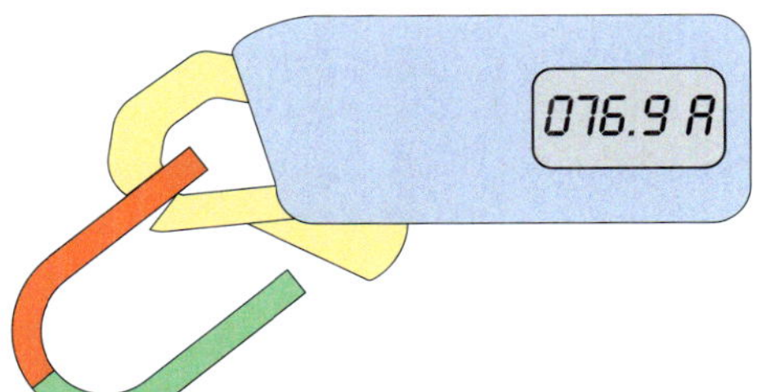

5 Stromzange am Stabmagneten

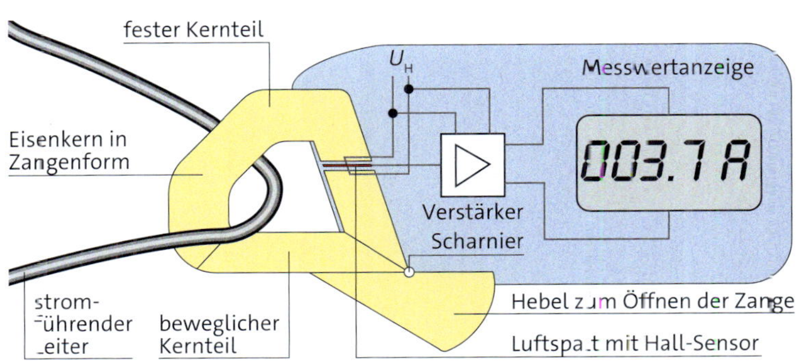

6 Aufbau der Stromzange

Versuch A • B-Feld und Stromstärke

V1 Messung des Erdmagnetfeldes

Material:
Smartphone, Lot, Geodreieck, Kompass

Arbeitsauftrag:
a) Implementieren Sie auf Ihrem Smartphone eine App zur Aufzeichnung des B-Feldes als Funktion der Zeit (▸Abb. 1). Orientieren Sie mithilfe des Kompasses das Smartphone mit der y-Achse (lange Seite) nach Norden und mit der x-Achse nach Osten (kurze Seite).
b) Messen Sie die drei Komponenten des B-Feldes der Erde. Ermitteln Sie den Betrag B des Feldes aus den Komponenten B_x, B_y und B_z: $|\vec{B}| = B_x^2 + B_y^2 + B_z^2$. Lesen Sie B im Smartphone ab und vergleichen Sie. Überprüfen Sie, ob B_y bei waagerechtem Smartphone maximal ist.
c) Messen Sie den Betrag des B-Feldes in einem Aluminiumkoffer oder in einer Box aus Alufolie, in einer Holzkiste oder Holztruhe, in einem Kochtopf aus Edelstahl sowie in einem Topf aus Eisen. Deuten Sie Ihre Messungen.
d) Richten Sie in einem Auto das Smartphone nach Norden aus und messen Sie die Komponenten des B-Feldes. Ermitteln Sie daraus die Richtung nach Norden. Deuten Sie Ihr Ergebnis.
e) Untersuchen Sie den Einfluss von eisernen Tischbeinen oder von Brücken auf das B-Feld und die Messung der Nordrichtung.

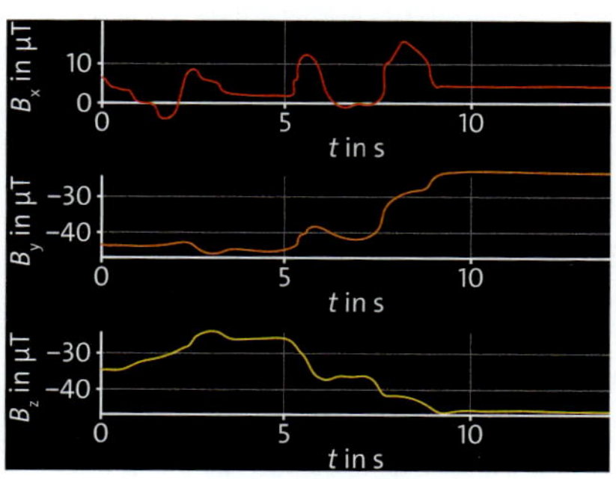

1 Messung des B-Feldes

V2 Stromzange

Material:
Stromzange für Gleichstrom, Netzgerät bis 15 V, Amperemeter, Widerstände von 10 Ω, 100 Ω, 1 kΩ und 10 kΩ

Arbeitsauftrag:
a) Bauen Sie einen Stromkreis auf (▸Abb. 2; Widerstand von 100 Ω).
b) Messen Sie die Stromstärke mit dem Amperemeter und mit der Stromzange. Vergleichen Sie Ihre Messergebnisse.
c) Verändern Sie die Stromstärke in geeigneten Schritten. Messen Sie die Stromstärke jeweils mit Amperemeter und Stromzange. Erstellen Sie ein passendes Diagramm. Beurteilen Sie systematische und stochastische Messungenauigkeiten.
d) Ein FI-Schutzschalter ist im Wesentlichen eine Stromzange, die das hin- und das rückführende Kabel umschließt. Wir untersuchen das im Modellversuch mit einem 10 Ω-Widerstand als Verbraucher: Entwerfen Sie eine Versuchsskizze und bauen Sie den Versuch auf. Deuten Sie den Messwert.
e) Lassen Sie ein wenig Strom über den 10-kΩ-Widerstand an der Stromzange vorbei zurücklaufen. Lesen Sie den Messwert ab und deuten Sie.
f) Recherchieren Sie die lebensrettende Bedeutung des FI-Schutzschalters sowie die Vorschriften zum Einbau.
g) Stellen Sie fest, ob bei Ihnen zuhause FI-Schutzschalter eingebaut sind.

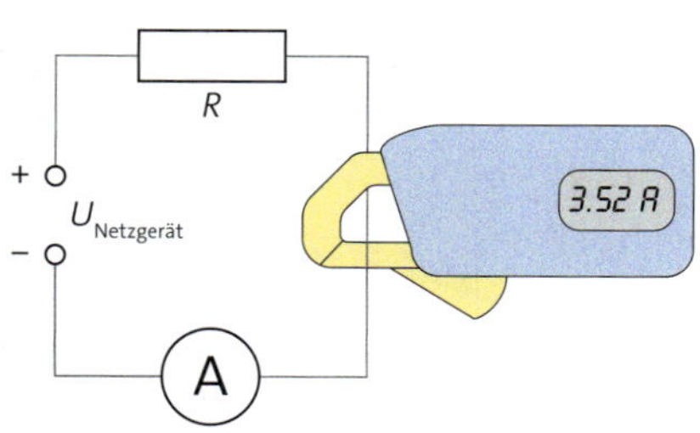

2 Schaltskizze mit Versuchsaufbau

V3 B-Feld beim Leiter

Material:
Netzgerät bis 15 V und bis 10 A, Kabel, Smartphone, Lineal, Widerstand von 5 Ω

Arbeitsauftrag:
a) Bauen Sie einen Stromkreis auf wie in ▸Abb. 3. Legen Sie eine Gleichspannung an. Messen Sie die Stromstärke.
b) Messen Sie in verschiedenen Abständen r vom Leiter bei fester Stromstärke I den Betrag des B-Feldes. Berechnen Sie den Umfang eines Kreises um den Leiter mit Radius r: $U_{Kreis} = 2 \cdot \pi \cdot r$.
c) Erstellen Sie ein $B(U)$-Diagramm. Führen Sie eine passende Regression durch. Testen Sie Produktgleichheit.
d) Führen Sie den Versuch für verschiedene Stromstärken I bei festem r durch.
e) Erstellen Sie ein $B(I)$-Diagramm. Führen Sie eine passende Regression durch. Testen Sie Quotientengleichheit.
f) Fassen Sie die Ergebnisse aus c) und e) in einer gemeinsamen Proportionalität zusammen, ermitteln Sie den Proportionalitätsfaktor. Vergleichen Sie ihn mit der magnetischen Feldkonstanten.
g) Messen Sie die Richtung des B-Feldes. Überprüfen Sie diese mit der Faust-Regel für einen stromdurchflossenen Leiter: Daumen ≙ v_{EL}, Finger ≙ B.
h) Formulieren Sie Ihr Ergebnis, recherchieren Sie das Biot-Savart-Gesetz und vergleichen Sie Ihr Ergebnis mit diesem.

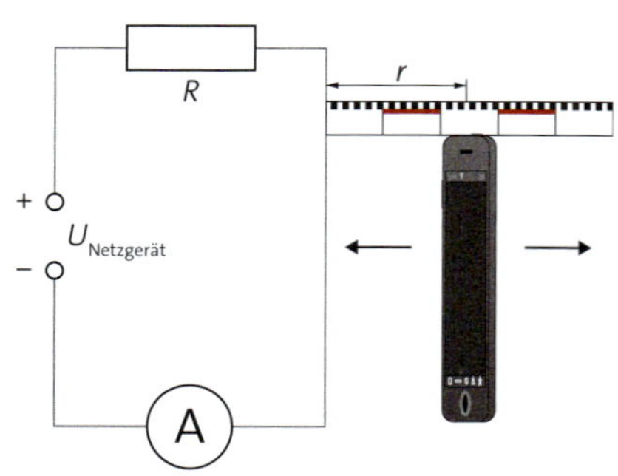

3 Schaltskizze mit Versuchsaufbau

Material A • Ladungsträger in Germanium

In dieser Aufgabe analysieren wir die Ladungsträgerdichte in dem typischen Halbleiter Germanium anhand von Messwerten zum Hall-Effekt (▸Abb. 4).

A1 Beschreiben Sie die Messwerte in ▸Abb. 4.

A2 **a)** Erklären Sie das Zustandekommen der Spannung in ▸Abb. 4.
b) Ermitteln Sie mithilfe der Dicke $d = 1\,\text{mm}$ des Hall-Sensors für jedes der drei B-Felder die Hall-Konstante A_H. Hinweis: Hier wurde positiv dotiertes Germanium verwendet, sodass die positiven Ladungsträger überwiegen.

A3 **a)** Erklären Sie anhand eines Modells und einer passenden Skizze, was die Dichte n und die Driftgeschwindigkeit v der beweglichen Ladungsträger sind.
b) Ermitteln Sie die Dichte der beweglichen Ladungsträger in Germanium.
c) Ermitteln Sie die Anzahl der beweglichen Ladungsträger in Germanium pro Atom.
d) Ermitteln Sie mithilfe der Breite $b = 10\,\text{mm}$ des Hall-Sensors für die Stromstärke $I = 30\,\text{mA}$ die Driftgeschwindigkeit v der Ladungsträger.
e) Vergleichen Sie die ermittelten Ergebnisse mit den entsprechenden Werten für Silber. Deuten Sie.
f) Erklären Sie die verschiedenen Vorzeichen dieser Ladungsträger für Silber und Germanium.

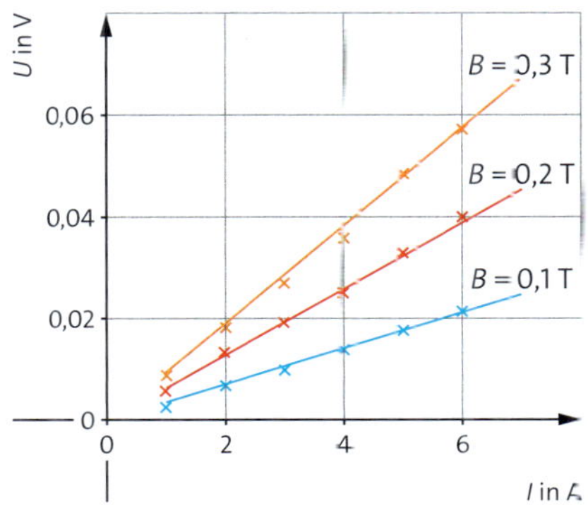

4 Hall-Effekt bei Germanium

Material B • Hall-Sensor in der Messtechnik

Auf dem Smartphone wurde eine Physik-Sensor-App installiert, welche die Funktion „Magnet-Lineal" beinhaltet. Dann wurden mit dieser App und dem im Smartphone enthaltenen Hall-Sensor über Magnetfeldmessungen Geschwindigkeiten aufgezeichnet.

B1 **a)** Mit einem Versuch wie in ▸Abb. 5 wurde die Bewegung eines Wagens untersucht, der auf einer schiefen Ebene hinabrollt. An der Schiene waren in regelmäßigen Abständen Magnete befestigt. Das auf dem Wagen befestigte Smartphone passierte die Magneten und registrierte deren B-Felder. Aus dem Auftreten dieser Signale wurde in der App der Ort abhängig von der Zeit $s(t)$ aufgezeichnet und zudem $v(t)$ dargestellt (▸Abb. 6).
b) Ermitteln Sie aus $v(t)$ die Beschleunigung $a(t)$ und untersuchen Sie, inwieweit diese konstant ist (▸Abb. 6).
c) Der Neigungswinkel beträgt 9°. Ermitteln Sie die Hangabtriebskraft abhängig von der Masse.
d) Berechnen Sie daraus mit einem Newtonschen Axiom die erwartete Beschleunigung.

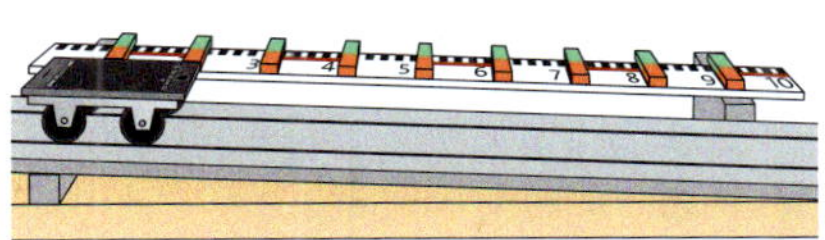

5 Geschwindigkeitsmessung mit Hall-Sensor

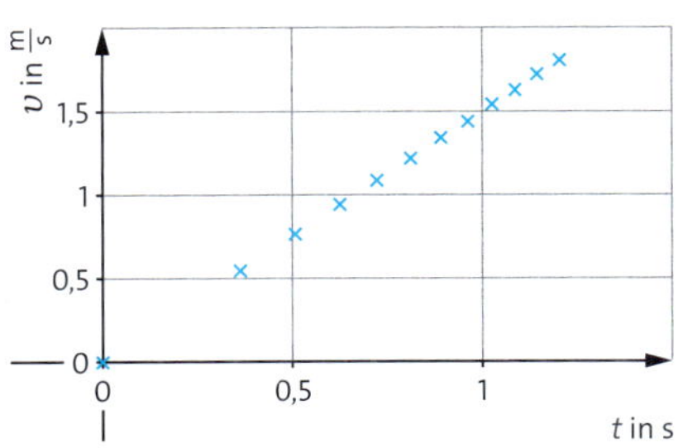

6 $v(t)$-Diagramm

B2 **a)** Ein Magnet wird an eine Speiche eines Fahrrads gebunden, wobei der Radius des Rades 0,3 m beträgt.
b) Das Rad wurde in Schwung gebracht. Beim Rotieren passierte der Magnet das Smartphone und mit der Funktion des Magnet-Lineals wurde aus den regelmäßig gemessenen B-Feld-Stärken die Geschwindigkeit des Rades aufgezeichnet (▸Abb. 7). Deuten Sie die Messung.
c) Überprüfen Sie, ob das Rad durch eine konstante Reibungskraft zum Stillstand kommt. Recherchieren Sie zur Rollreibung, vergleichen Sie mit Ihren Ergebnissen.

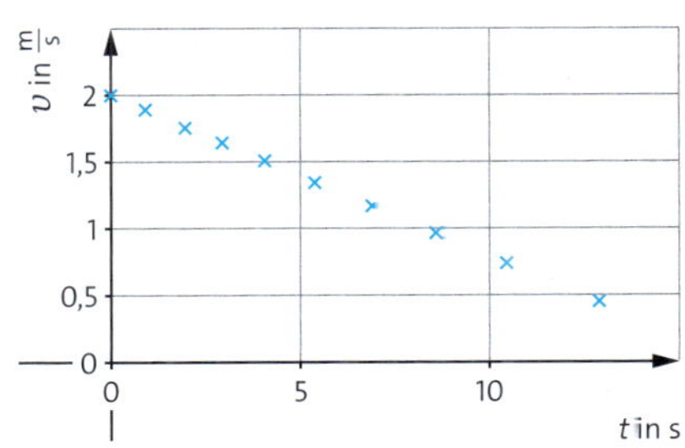

7 $v(t)$-Diagramm

1 ICE der Deutschen Bahn

Feld einer Spule

Ein ICE kann mit einer Kraft von 225 kN beschleunigen. Diese Kraft ist im Wesentlichen magnetisch verursacht und wird durch große Spulen erzeugt. Wie stark ist das B-Feld einer solchen Spule?

Aufbau • Der ICE 4 hat 16 Elektromotoren. In jedem rotiert ein Zylinder in einem Gehäuse (▸Abb. 2). Am Zylinder sitzen viele streifenförmige Magnete, die von Elektromagneten im Gehäuse, also Spulen, bewegt werden.

Magnetfeld einer Spule • Zunächst veranschaulichen wir die magnetischen Feldlinien einer von Strom durchflossenen Spule grob mit Eisenspänen (▸Abb. 3). Außerhalb der Spule verlaufen die Feldlinien wie bei einem Stabmagneten.

In ihrem Inneren scheint das B-Feld homogen und besonders stark zu sein. Wie hängt das B-Feld einer Spule von der Stromstärke I, der Windungszahl N, der Länge l und dem Durchmesser d ab? Dazu führen wir eine Versuchsreihe durch.

Messung des B-Feldes einer Spule • Wir messen das B-Feld innerhalb einer zylinderförmigen Spule mit dem Hall-Sensor eines Smartphones (▸Abb. 4). In einer ersten Versuchsreihe verändern wir den Durchmesser d bei konstanter Stromstärke $I = 5\,\text{A}$, Länge $l = 40\,\text{cm}$ und Windungszahl $N = 30$. Bei $d = 8\,\text{cm}$ messen wir $B = 0{,}46\,\text{mT}$, während wir bei $d = 16\,\text{cm}$ ein Feld von $B = 0{,}44\,\text{mT}$ beobachten.
Entsprechend stellen wir fest, dass das B-Feld fast unabhängig vom Durchmesser ist.

2 Elektromotor mit Stator (rechts) und Rotor (links)

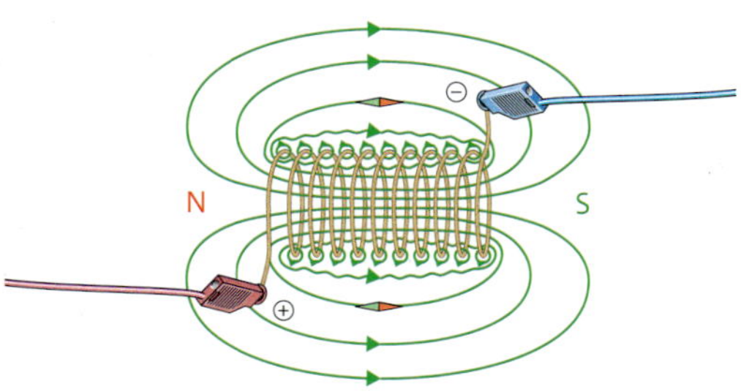

3 Magnetfeld einer Spule

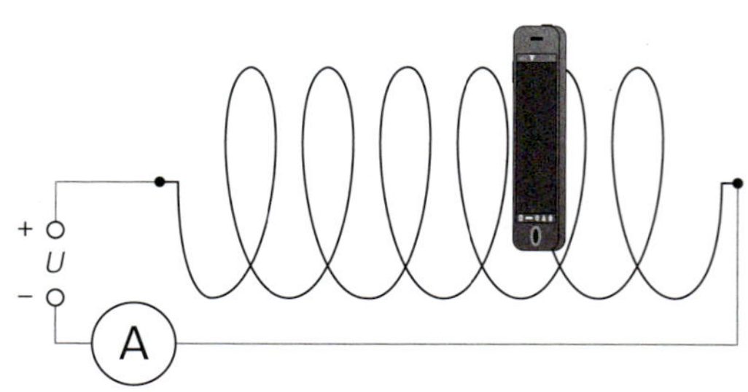

4 Versuchsskizze zur Messung des B-Feldes

In weiteren Versuchsserien verändern wir je eine der obigen Größen und halten die übrigen konstant. Zuerst verändern wir die Stromstärke I bei $N = 30$, $d = 8\,\text{cm}$ sowie $l = 40\,\text{cm}$. An den Messwerten (▸Abb. 5) erkennen wir, dass B proportional zur Stromstärke I ist.

Dann variieren wir die Windungszahl N bei $I = 1\,\text{A}$ und $l = 40\,\text{cm}$. Wir erkennen an den Messwerten (▸Abb. 6), dass B proportional zu N ist.

Drittens verändern wir die Länge l bei $I = 5\,\text{A}$, $N = 30$ und dem Durchmesser $d = 8\,\text{cm}$. Die Regression zu den Messwerten (▸Abb. 7) zeigt, dass B proportional zu $l^{-0,9}$ ist. Das analysieren wir genauer: Wenn wir bei einer relativ zum Durchmesser sehr langen Spule das B-Feld an einer Stelle messen, dann sollte es kaum von den Verhältnissen an sehr entfernten Stellen oder von der Gesamtlänge l oder der Windungszahl N abhängen. Stattdessen sollte B von den lokalen Gegebenheiten wie der Windungszahldichte $\frac{N}{l}$ abhängen. Dann wäre der Exponent nicht $-0{,}9$, sondern -1. Zur Überprüfung führen wir deshalb den ansonsten gleichen Versuch noch einmal mit einer Spule durch, die zwar dieselbe Länge, aber nur den halben Durchmesser $d = 4\,\text{cm}$ hat. Damit erhalten wir den Exponenten $-0{,}97$. Im Idealfall sehr schlanker Spulen ist B proportional zu $\frac{1}{l}$.

Wir fassen die Proportionalitäten zusammen:

$$B \sim \frac{I \cdot N}{l}.$$

Wir ermitteln den Proportionalitätsfaktor anhand der gegebenen Werte:

$$\frac{B}{I} \cdot \frac{l}{N} = 0{,}0925\,\frac{\text{mT}}{\text{A}} \cdot \frac{0{,}4\,\text{m}}{30} \approx 1{,}2 \cdot 10^{-6}\,\frac{\text{N}}{\text{A}^2}.$$

Dieser Proportionalitätsfaktor ist die grundlegende Naturkonstante des magnetischen Feldes und heißt **magnetische Feldkonstante** μ_0.

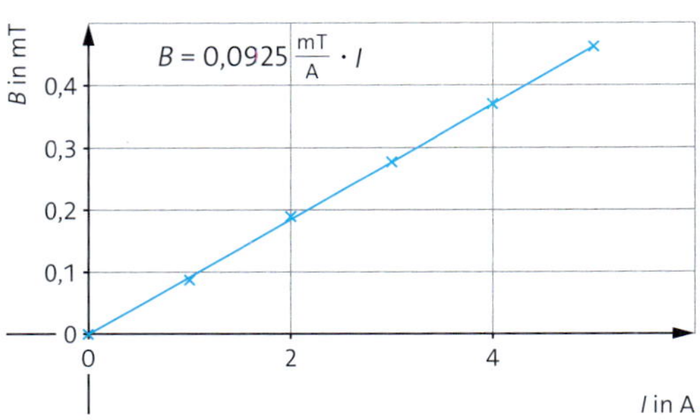

5 $B(I)$-Diagramm

Wird eine Spule der Länge l und der Windungszahl N von einem Strom der Stromstärke I durchflossen, dann wird in der Spule ein B-Feld in folgender Stärke erzeugt:

$$B = \mu_0 \cdot \frac{I \cdot N}{l}.$$

Dabei ist μ_0 die magnetische Feldkonstante:

$$\mu_0 = 1{,}257 \cdot 10^{-6}\,\frac{\text{N}}{\text{A}^2}$$

Das B-Feld der Spule wird durch drei Faktoren beschrieben: Feldkonstante μ_0, elektrischer Strom I und geometrischer Faktor $\frac{N}{l}$.
Ebenso wird das $|\vec{E}|$-Feld des Kondensators durch entsprechende Faktoren beschrieben: $|\vec{E}| = \frac{1}{\varepsilon_0} \cdot \frac{Q}{A}$.

Materialgefüllte Spule • Eine typische Spule in einem Elektromotor wie im ICE 4 führt eine Stromstärke von $I = 240\,\text{A}$ und hat eine Windungszahl von $N = 50$ und eine Länge von $l = 0{,}2\,\text{m}$. Entsprechend der hergeleiteten Gesetzmäßigkeit hätte das B-Feld den Betrag:

$$B = \mu_0 \cdot \frac{I \cdot N}{l} = 0{,}075\,\text{T}.$$

Dagegen hat ein typischer Neodymmagnet ein B-Feld von 1 T bis 1,5 T. Somit erscheint das ermittelte B-Feld von 0,075 T als viel zu gering. Tatsächlich hat die Spule einen Eisenkern und erzeugt so ein größeres B-Feld (▸Abb. 9). Das untersuchen wir im Versuch genauer.

8 Schaltzeichen einer Spule

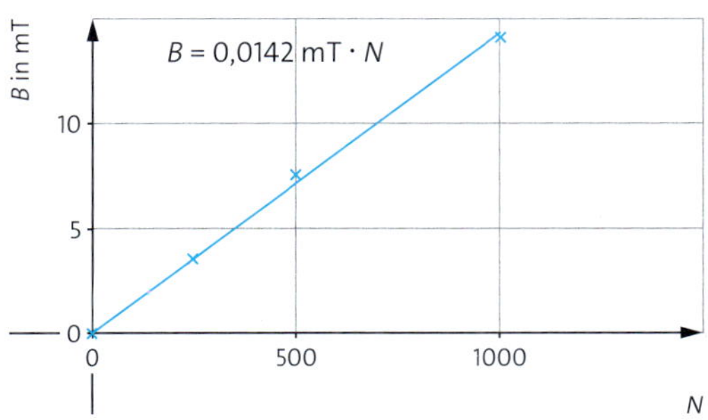

6 $B(N)$-Diagramm

9 Rotierender Zylinder im Elektromotor mit streifenförmigen Eisenkernen

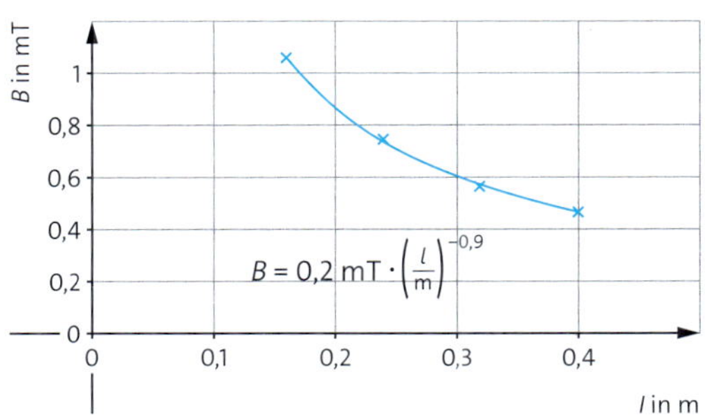

7 $B(l)$-Diagramm

EIGENSCHAFTEN DES MAGNETISCHEN FELDES

Spule mit Eisenkern • Wir lassen einen Strom der Stromstärke I durch eine luftgefüllte Spule fließen und erzeugen so ein B-Feld. Dieses Feld B_{Luft} messen wir am Rand der Spule an der Spulenachse mit einem Smartphone (▸Abb. 2). Anschließend bringen wir einen Eisenkern in die Spule und messen bei gleicher Stromstärke I das B-Feld B_{Eisen}. In einer Versuchsreihe variieren wir die Stromstärke I und messen jeweils B_{Luft} und B_{Eisen}. In einem Diagramm tragen wir das B-Feld in der eisengefüllten Spule B_{Eisen} abhängig vom B-Feld in der luftgefüllten Spule B_{Luft} auf (▸Abb. 3).

Offensichtlich ist das B-Feld B_{Eisen} deutlich größer als das zur selben Stromstärke gehörende B-Feld B_{Luft} (▸Abb. 3). Das erklären wir dadurch, dass die Elementarmagnete im Eisenkern teils ausgerichtet werden. Somit wird der Eisenkern **magnetisiert.** Er erzeugt also selbst ein B-Feld, das sich dem der Spule überlagert und dieses verstärkt.

Dabei nimmt für relativ kleine B-Felder B_{Luft} das B-Feld B_{Eisen} ungefähr proportional mit B_{Luft} zu, denn das Diagramm entspricht für kleine B_{Luft} einer Ursprungsgeraden (▸Abb. 3). Den Proportionalitätsfaktor $\frac{B_{Eisen}}{B_{Luft}}$ nennt man **Permeabilitätszahl** μ_r. Diese Zahl ist eine Materialkonstante, Beispiele zeigt die ▸Tabelle 1.

Allerdings ist die Zahl der Elementarmagnete im Eisenkern begrenzt. Wenn die Elementarmagnete maximal ausgerichtet sind, dann ist B_{Eisen} in der **Sättigung.** Daher können die Elementarmagnete nur ein B-Feld bis zu einem bestimmten Maximalwert erzeugen. Er beträgt $B_{Eisen} \approx 2\,T$ bei $B_{Luft} \approx 0{,}01\,T$ (▸Abb. 3).

Stoff	μ_r
Luft	≈ 1
Wasser	0,999...
Kobalt	80–200
Eisen	$300–10^4$
Nickel	280–2500
Sonderlegierungen	bis 10^6

1 Permeabilitätszahlen einiger Stoffe.

Wird eine Spule der Länge l und mit N Windungen von einem Strom der Stromstärke I durchflossen und ist die Spule mit einem Material der Permeabilitätszahl μ_r gefüllt, dann wird in der Spule ein B-Feld in folgender Stärke erzeugt:

$$B = \mu_0 \cdot \mu_r \cdot \frac{I \cdot N}{l}.$$

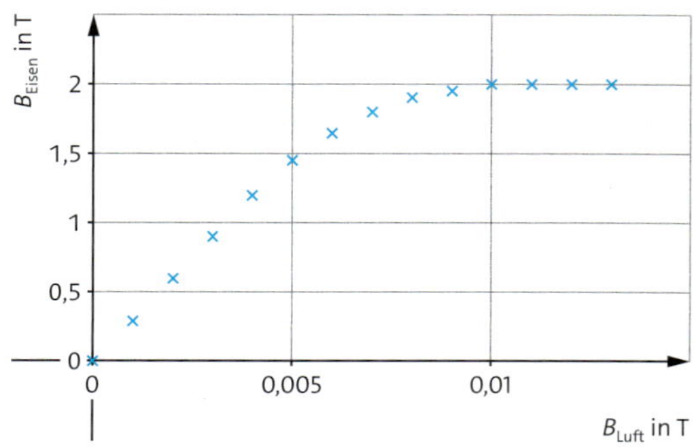

3 B_{Eisen} abhängig von B_{Luft}

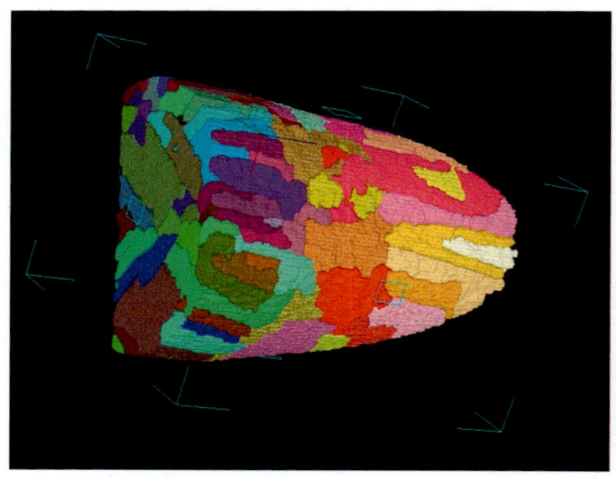

4 Magnetische Domänen in Eisen-Einkristall

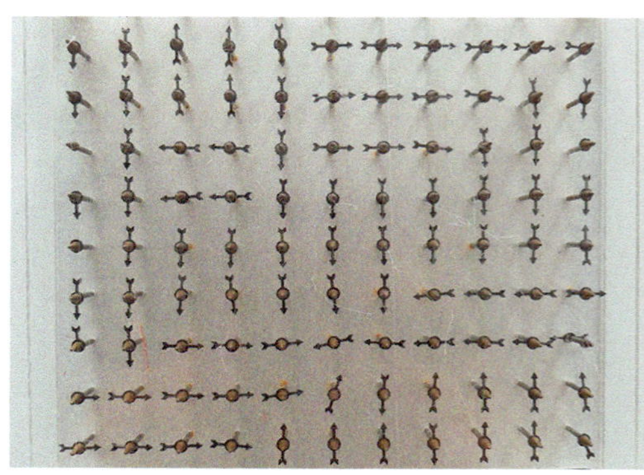

5 Modellversuch zu magnetischen Domänen

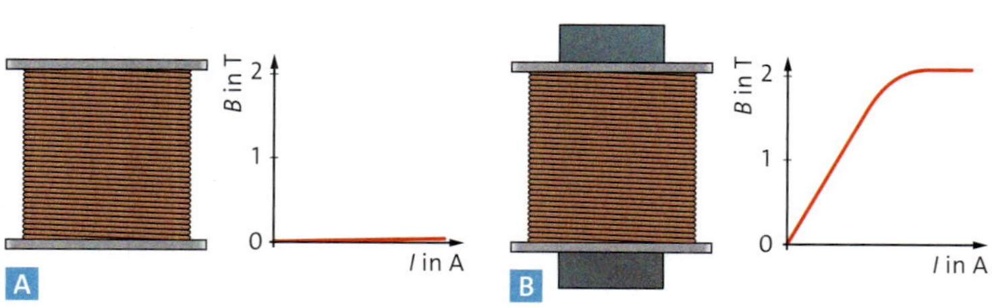

2 Versuch: Spule mit Eisenkern

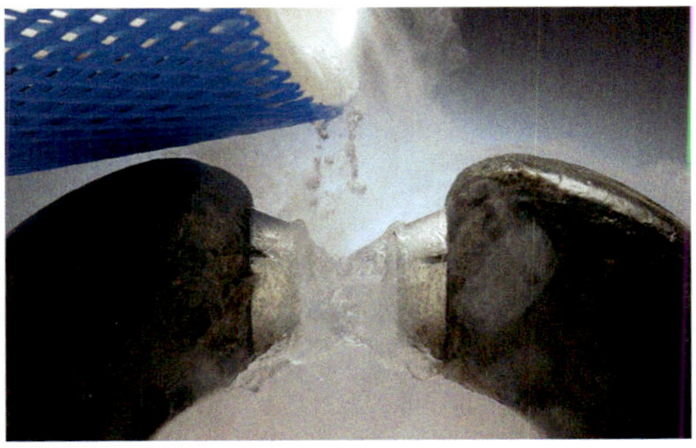

Magnetismus in Materie • Bei manchen Stoffen ist die Permeabilitätszahl μ_r deutlich größer als 1. Solche Stoffe nennt man **ferromagnetisch.** Beispiele sind Eisen, Kobalt, Nickel oder Neodym-Legierungen. Was passiert mikroskopisch in solchen Materialien? Das zeigt ▸Abb.4: In einer Eisen-Silizium-Legierung wurden die Magnetfeldrichtungen mithilfe von Neutronen abgetastet und als Bild dargestellt. Dabei entsprechen gleichen Farben in ▸Abb.4 gleiche Magnetfeldrichtungen. Demnach gibt es in Ferromagneten Bereiche mit gleichen Magnetfeldrichtungen, sogenannte **magnetische Domänen.** Jede Domäne ist für sich magnetisiert, durch die vielen unterschiedlichen Orientierungen ist das gesamte Objekt jedoch unmagnetisch.

Diese magnetischen Domänen modellieren wir mit dem Gitter aus Magnetnadeln in ▸Abb.5. Eine Magnetnadel im Modellversuch entspricht dem magnetischen Moment eines Elektrons im Atom eines Ferromagneten. Dabei richten sich viele benachbarte Magnetnadeln parallel zueinander aus, indem sich jede Magnetnadel möglichst am **lokalen B-Feld** benachbarter Magnetnadeln orientiert. Bringt man nun den Modellversuch in ein äußeres Magnetfeld, orientieren sich die Magnetnadeln möglichst parallel zum äußeren Feld, womit eine Magnetisierung über das gesamte Gitter entsteht.

Im realen Ferromagneten wachsen diejenigen magnetischen Domänen mit der Magnetisierungsrichtung, die zum äußeren Feld passt, wodurch eine Magnetfeldrichtung dominiert und das ferromagnetische Objekt als Ganzes magnetisiert ist. Die Magnetisierung bleibt auch nach Entfernen des äußeren B-Feldes erhalten.

Das Besondere an Ferromagneten ist somit die dauerhafte Ausrichtung der magnetischen Momente der Elektronen am lokalen B-Feld benachbarter Teilchen.

Aluminium ist zwar nicht ferromagnetisch, aber es wird von einem Polschuh angezogen, der ein Magnetfeld generiert (▸Abb.6). Also erzeugt Aluminium ein Magnetfeld, das zum äußeren Feld parallel und relativ schwach ist. Material, das sich so verhält, heißt **paramagnetisch** und hat eine Permeabilitätszahl μ_r, die etwas größer als 1 ist. Auch flüssiger Sauerstoff ist paramagnetisch und wird von Magnetpolen angezogen. Mikroskopisch haben die Elektronen zwar magnetische Momente, aber sie orientieren sich nicht am lokalen B-Feld benachbarter Teilchen, sondern nur an einem äußeren Magnetfeld.

6 Flüssiger Sauerstoff wird zwischen zwei Magnetpolen festgehalten.

Graphit wird von einem Magneten sogar abgestoßen (▸Abb.7). Also erzeugt Graphit ein Magnetfeld, das zum äußeren Feld entgegengesetzt gerichtet ist. Ein Material, das sich so verhält, heißt **diamagnetisch** und hat eine Permeabilitätszahl, die etwas kleiner als 1 ist. Mikroskopisch entstehen in diamagnetischen Materialien Magnetfelder, die antiparallel zu einem äußeren B-Feld sind.

7 Graphitplättchen im B-Feld: Diamagnetismus

1 Eine Spule hat eine Länge von $l = 0{,}2\,\text{m}$ und eine Windungszahl von $N = 1000$, der Kupferdraht eine Querschnittsfläche von $3\,\text{mm}^2$.
a) Die Stromstärke pro Querschnittsfläche darf aus Sicherheitsgründen maximal $5\,\frac{\text{A}}{\text{mm}^2}$ betragen. Berechnen Sie die Stärke des damit maximal zulässigen B-Feldes bei Luftfüllung.
b) Die Spule hat nun bei gleichem Volumen des gesamtem Kupferdrahtes und gleicher Länge von $l = 0{,}2\,\text{m}$ 4000 Windungen, um das maximale B-Feld zu steigern. Beurteilen Sie.

2 Eine Spule hat eine Länge von $l = 0{,}4\,\text{m}$, eine Windungszahl von N = 300 und wird von einem Strom mit $I = 5\,\text{A}$ durchflossen. In der Mitte der Spule wird $B = 4{,}8\,\text{mT}$ gemessen.
a) Berechnen Sie daraus μ_0.
b) Die Messungenauigkeiten sind $\Delta l = 1\,\text{mm}$, $\Delta B = 0{,}04\,\text{mT}$ und $\Delta I = 50\,\text{mA}$. Ermitteln Sie die zu erwartende Messungenauigkeit $\Delta\mu_0$.

Versuch A • Felder bei Spulen

Achtung: Berühren Sie nie blanke Leiter, die mit einer stromdurchflossenen Spule verbunden sind. Begrenzen Sie die≈Stromstärke in einer Spule so, dass diese nicht heiß wird. Begrenzen Sie das B-Feld so, dass beim Messgerät das maximale B-Feld nicht überschritten wird.

V1 Eigene Spule

Material:
Lackierter Kupferdraht, Eisenstift (Schlossschraube oder Nagel), Netzgerät, Amperemeter, Smartphone, Schalter

Arbeitsauftrag:
a) Wickeln Sie den Kupferdraht um den Eisenstift zu einer länglichen Spule. Kratzen Sie an den Enden den Lack ab, sodass diese elektrisch leitfähig werden. Ziehen Sie den Eisenkern aus der Spule.
b) Bauen Sie den Schaltkreis wie in ▸Abb. 1 auf. Aktivieren Sie eine App zur Messung des B-Feldes auf Ihrem Smartphone. Schließen Sie den Schalter und verschieben Sie das Smartphone, bis seine Anzeige maximal ist. Variieren Sie die Stromstärke I und lesen Sie das Feld $B(I)$ ab. Messen Sie das B-Feld abhängig von der Stromstärke. Überprüfen Sie damit die Beziehung $B \sim I \cdot \frac{N}{l}$.
c) Ermitteln Sie daraus $\mu_0 = B \cdot \frac{l}{N \cdot I}$.
d) Stecken Sie den Eisenstift in die Spule. Messen Sie das B-Feld. Variieren Sie die Stromstärke und erstellen Sie das $B(I)$-Diagramm. Ermitteln Sie aus dem linearen Bereich des Diagramms die relative Permeabilität $\mu_r = B \cdot \frac{l}{\mu_0 \cdot N \cdot I}$.

V2 Zylinderspulen

Material:
Zylinderspulen mit verschiedenen Windungszahlen N, Längen l und Radien R, Netzgerät, Amperemeter, axialer Hallsensor, Schalter

Arbeitsauftrag:
a) Bauen Sie den Versuch auf wie in ▸Abb. 2 gezeigt. Messen Sie die Länge l und den Radius R der Spule. Variieren Sie die Stromstärke I und messen Sie im Zentrum der Spule die axiale Komponente $B_z(I)$ des Feldes abhängig von I. Bestätigen Sie die Formel $B_z = \mu_0 \cdot I \cdot \frac{N}{\sqrt{4 \cdot R^2 + l^2}}$.
b) Variieren Sie mithilfe weiterer Zylinderspulen den Radius R, die Windungszahl N sowie die Länge l und messen Sie im Zentrum der Spule das Feld B. Bestätigen Sie wiederum die Formel $B_z = \mu_0 \cdot I \cdot \frac{N}{\sqrt{4 \cdot R^2 + l^2}}$.
c) Variieren Sie in einer kurzen Zylinderspule, bei der also die Länge l deutlich kleiner ist als der Radius R, die Entfernung x vom Zentrum der Spule auf der Spulenachse wie in ▸Abb. 2 und messen Sie das Feld $B_z(z)$. Bestätigen Sie die Formel: $B_z(z) = \mu_0 \cdot I \cdot \frac{N}{2} \frac{R^2}{(R^2 + x^2)^{\frac{3}{2}}}$.

Variieren Sie mithilfe weiterer kurzer Zylinderspulen den Radius R und bestätigen Sie wiederum obige Formel.

V3 Hysterese

Material:
Spule mit $N \approx 500$ und geschlossenem Eisenkern, Netzgerät, Amperemeter, tangentialer Hallsensor

Arbeitsauftrag:
a) Bauen Sie den Versuch auf wie in ▸Abb. 3. Legen Sie eine regelbare Gleichspannung von $U \approx 4$ V an. Messen Sie I und B am Eisenkern.
b) Messen Sie B abhängig von I erst bei sinkender und dann bei steigender Stromstärke wie folgt: Stellen Sie die maximale Stromstärke I_{max} Ihres Netzgerätes oder Ihrer Spule ein. Dann senken Sie die Stromstärke schrittweise bis Sie $I = -I_{max}$ erreicht haben, polen Sie dazu bei $I = 0$ um. Steigern Sie die Stromstärke ebenso von $-I_{max}$ bis I_{max}. Tragen Sie je einen Graphen für sinkende und steigende Stromstärke in einem $B(I)$-Diagramm auf (▸Abb. 4). Recherchieren Sie den Begriff Hysterese. Formulieren Sie das Ergebnis mit den Begriffen Magnetisierung, Hysterese und Vorgeschichte.
c) Deuten Sie Ihr Resultat mit den Begriffen Elementarmagnet, lokale Wechselwirkung, globale Ordnung.

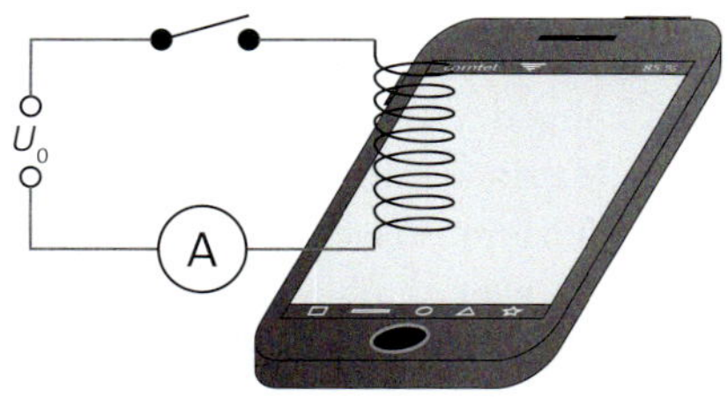

1 Versuch zum B-Feld einer Spule

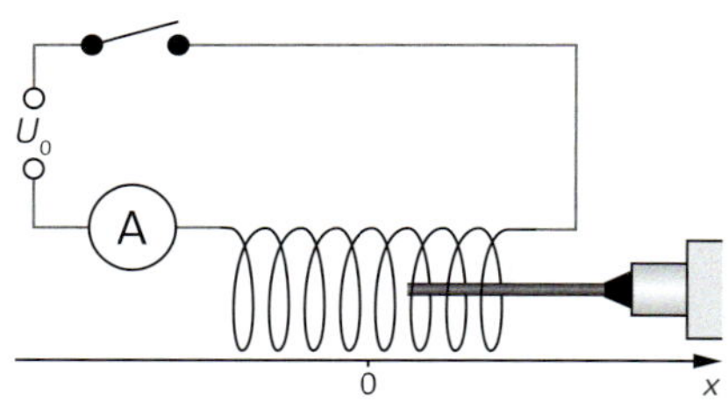

2 Schaltskizze mit Versuchsaufbau

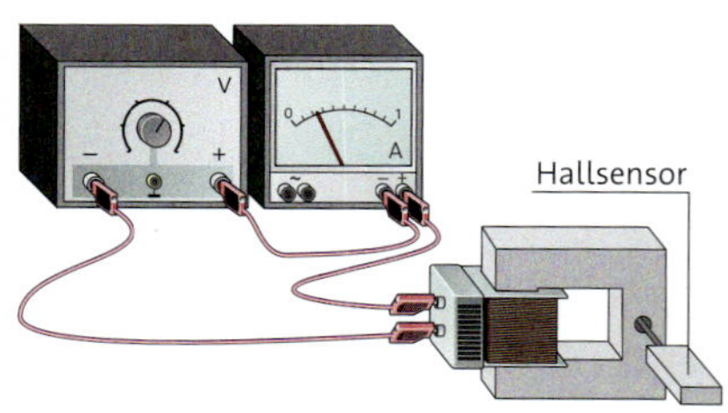

3 Versuch zur Hysterese

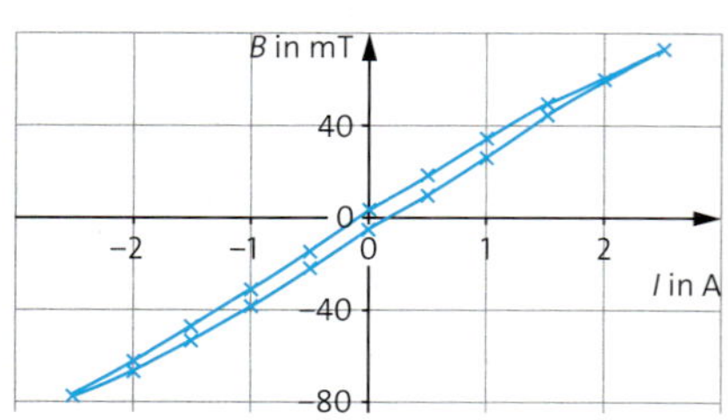

4 Hysteresekurve

Material A • Analogie zum Coulomb-Gesetz

A1 Analog zur Abnahme der elektrischen Feldstärke $|\vec{E}|(r)$ einer Ladung Q mit der Entfernung r proportional zu $\frac{1}{r^2}$ gibt es eine Abnahme des Feldes $B(r)$ eines Leiterstücks Δx mit der Entfernung r proportional zu $\frac{1}{r^2}$.
Dazu überprüfen wir die Hypothese: Ein Leiterstück Δx erzeugt bei einem Beobachter in einer Entfernung r ein Feld (▸Abb. 5):
$\Delta B = \mu_0 \cdot I \cdot \Delta x \cdot \frac{\sin\beta}{4\pi} \cdot \frac{1}{r^2}$.
Dabei ist ΔB senkrecht zu Δx und zur Verbindungsstrecke r und ein Winkel β wird von r und Δx eingeschlossen.
Als Beispiel betrachten wir einen Strom $I = 3$ A, der durch einen entlang der x-Achse verlaufenden Leiter fließt. Der Beobachter ist bei den Koordinaten $x = 0$ m und $y = R$.

a) Begründen Sie: $\sin\beta = \frac{R}{r}$.

b) Begründen Sie: $r^2 = R^2 + x^2$.
Begründen Sie, dass ein Leiterstück mit einer Länge $\Delta x = 1$ mm, das sich an Stellen x_j befindet, bei einem Beobachter bei $R = 1$ m die Felder $\Delta B(x_j)$ erzeugt (▸Tabelle 6).

c) Alle Leiterstücke Δx auf der x-Achse zusammen erzeugen das vom Beobachter messbare B-Feld. Begründen Sie dies. Dieses B-Feld ist also folgende Summe:
$B = \sum_j \mu_0 \cdot \frac{I}{4\pi} \cdot \frac{R}{(R^2 + x_j^2)^{\frac{3}{2}}} \cdot \Delta x$.

Dabei stellt das große Sigma Σ das sogenannte **Summenzeichen** dar, wobei der Index j angibt, dass über alle Stücke Δx zu summieren ist. Konstante Faktoren können aus der Summe ausgeklammert werden:
$B = \mu_0 \cdot \frac{I}{4\pi} \cdot R \cdot \sum_j \frac{1}{(R^2 + x_j^2)^{\frac{3}{2}}} \cdot \Delta x$

Begründen Sie, dass die Summe gleich $\frac{2}{R^2}$ ist. Zur Überprüfung berechnen Sie die Summe mit einer Tabellenkalkulation bis zu einem Wert x_{max} (▸Tabelle 7). Beurteilen Sie das Ergebnis.

d) Insgesamt haben wir $B = \mu_0 \cdot \frac{I}{2\pi \cdot R}$ ermittelt. Begründen Sie dies. Das wird auch gemessen. Die Beobachtung bestätigt somit die Hypothese. Erläutern Sie die Analogie zum Coulomb-Gesetz mithilfe einer Tabelle.

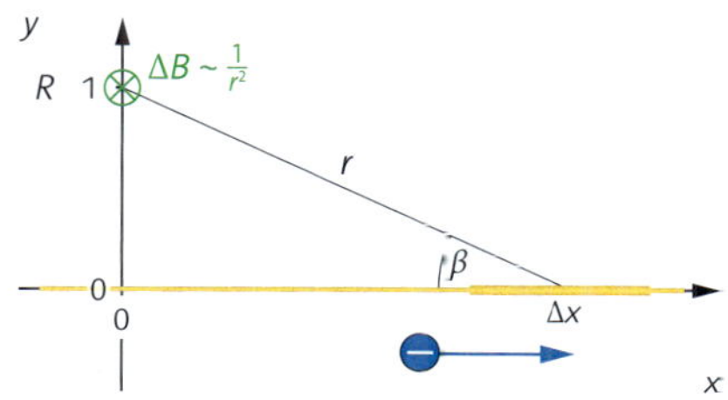

5 Leiterstück Δx erzeugt $\Delta B \sim \frac{1}{r^2}$

x_j in m	0	1	5
ΔB in pT	300	106	2,26

6 Leiterstücke bei x_j erzeugen Felder ΔB

x_{min}	−0,001	−0,1	−0,5	−5	−25
x_{max}	0,001	0,1	0,5	5	25
$\sum_j \frac{\Delta x}{(1 + x^2)^{\frac{3}{2}}}$	0,002	0,199	0,8947	1,962	1,999

7 Analyse der Summe

Material B • Kurze Spule und Helmholtz-Spule

B1 Eine kurze Zylinderspule ist praktisch ein Ring mit Radius R wie in ▸Abb. 8.

a) Begründen Sie mit dem Prinzip der linearen Superposition von Feldern, dass das B-Feld bei dem Beobachter in ▸Abb. 8 als Summe der Felder ΔB aufgefasst werden kann, die von Leiterstücken Δx ausgehen.

b) Bei den Feldern ΔB der beiden gegenüberliegenden Leiterstücke bei R und bei $-R$ in ▸Abb. 8 heben die Komponenten senkrecht zur z-Achse einander auf. Daher erzeugt ein Leiterstück Δx das Feld
$\Delta B_z = \mu_0 \cdot I \cdot \Delta x \cdot \frac{\sin\alpha}{4\pi} \cdot \frac{1}{r^2}$.
Dabei ist $\sin\alpha = \frac{R}{r}$. Begründen Sie, dass die wirksame Komponente ist:
$\Delta B_z = \mu_0 \cdot I \cdot R \cdot \frac{\Delta x}{4\pi} \cdot \frac{1}{r^3}$.
Tipp: Nutzen Sie Material A.

c) Die Summe aller Δx ist gleich $2\pi \cdot R$. Erklären Sie.
Begründen Sie: $\Delta B_z = \mu_0 \cdot \frac{I}{2} \cdot \frac{R^2}{(R^2 + x^2)^{\frac{3}{2}}}$

d) Eine kurze Spule hat einen Radius von $R = 20$ cm, $N = 154$ Windungen und wird von einem Strom $I = 5$ A durchströmt. Ermitteln Sie das B-Feld bei $z = \frac{R}{2}$ (▸Abb. 8).

e) Ein Helmholtz-Spulenpaar besteht aus zwei kurzen Spulen wie in d), im Abstand R. Man legt die z-Koordinatenachse auf die Spulenachse mit $z = 0$ im Zentrum des Spulenpaares. Ermitteln Sie das B-Feld bei $z = 0$. Erstellen Sie ein $B(z)$-Diagramm und erörtern Sie Vorteile des sehr homogenen Feldes.

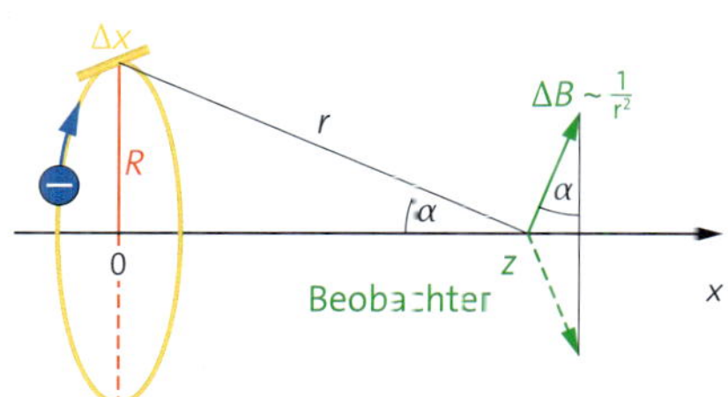

8 Kurze Spule als Ring

BLICKPUNKT

Elektromotor

Modellversuch zum Grundprinzip • Wir bilden einen einfachen Elektromotor aus einer Magnetnadel, einer Spule und einer Batterie wie in ▸Abb. 1. Wir lassen die Magnetnadel gegen den Uhrzeigersinn rotieren, indem wir die Spule immer so an die Batterie anschließen, dass die Magnetpole der Spule die Bewegung der Magnetnadel unterstützen. So ist im linken Teil der ▸Abb. 1 entsprechend der Faust-Regel der Nordpol der Spule unten und der Südpol oben, sodass die Spule den Nordpol der Magnetnadel anzieht. Wir können so erreichen, dass die Magnetnadel dauerhaft rotiert. Man nennt sie entsprechend Rotor und die stehende Spule Stator des Elektromotors.

Automatischer Motor • Bei dem Motor in ▸Abb. 1 müssen wir die elektrischen Pole der Spule manuell synchron zur Orientierung der Magnetnadel wechseln. Bei einem vollautomatischen Elektromotor wird der Stromfluss automatisch synchron gesteuert. Wir bauen einen automatischen Motor, bei dem der Strom während einer Halbdrehung durch die Spule fließt und diese antreibt, während sie die andere Halbdrehung durch ihren Schwung ausführt. Als Material nutzen wir lackiertes Kupferkabel, einen Permanentmagneten und eine 1,5-V-Batterie. Wir wickeln aus dem Kabel eine Spule und lassen die beiden Enden als Achse überstehen (▸Abb. 2). Wir formen aus Draht zwei Lager für die Achse und befestigen diese an der Batterie. Der Permanentmagnet haftet an der Batterie. Wir kratzen den Lack an den beiden Lagern ab. Zudem entfernen wir den Lack längs der Achsen von der Hälfte der Achsen, die zu einem Magnetpol gerichtet ist. Wir geben dem Rotor zum Start etwas Schwung. Wenn die unlackierte Seite die Lagerdrähte berührt, fließt ein Strom von der Batterie über die Lager durch die Spule. Der Strom verwandelt die Spule in einen Elektromagneten und der Permanentmagnet versetzt sie in Drehung. Nach einer halben Drehung gelangt die lackierte Achsenseite an die Lager, der Stromfluss stoppt, die Spule dreht sich jedoch aufgrund ihrer Trägheit weiter, bis wieder die unlackierte Seite die Lager berührt. Die Spule rotiert so dauerhaft sehr schnell wie in ▸Abb. 2.

Synchronmotor • Beim Motor in ▸Abb. 2 wird der Strom durch einen Schleifkontakt gesteuert. Das führt zu Verschleiß und zu Energieverlust. Daher baut man den Rotor meist so, dass er keine Stromzufuhr benötigt. Beim Motor in ▸Abb. 3 B wird das durch einen Permanentmagneten als Rotor erreicht. Am Stator dagegen fließen durch drei Spulen Wechselströme und verwandeln diese in Elektromagneten mit wechselnder Polarität. Die drei Wechselspannungen sind um jeweils $\frac{1}{3}$ der Periode gegeneinander verschoben (▸Abb. 3 A). Dadurch entsteht ein rotierendes B-Feld, das in ▸Abb. 3 B durch einen gestrichelten Pfeil symbolisiert ist. Diesem B-Feld folgt der Rotor synchron. Ein solcher Motor heißt **Synchronmotor.**
Beim Motor in ▸Abb. 2 rotiert die Spule, während bei den beiden anderen Motoren der Permanentmagnet rotiert.

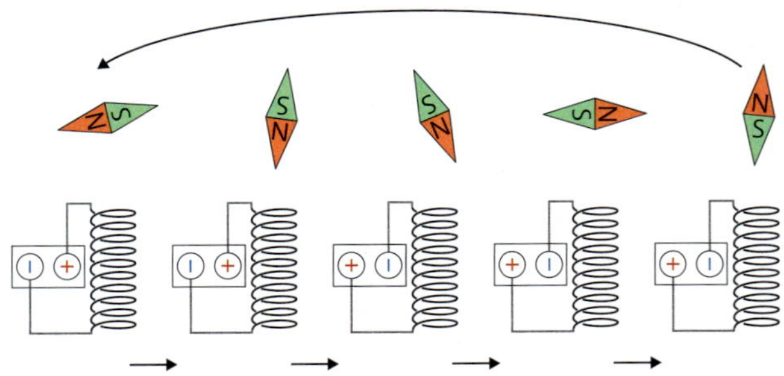

1 Elektromotor: Grundprinzip

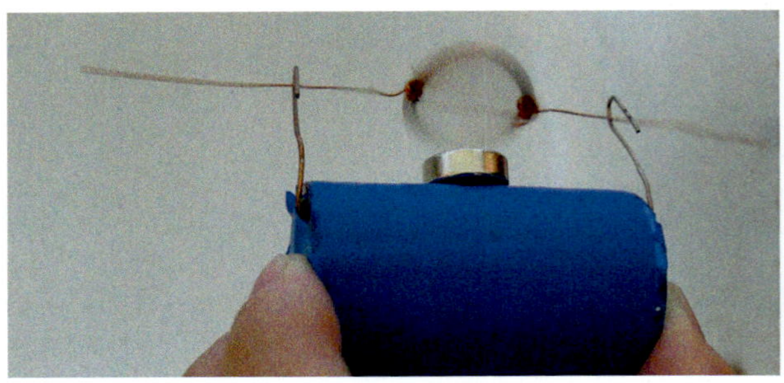

2 Vollautomatischer Elektromotor

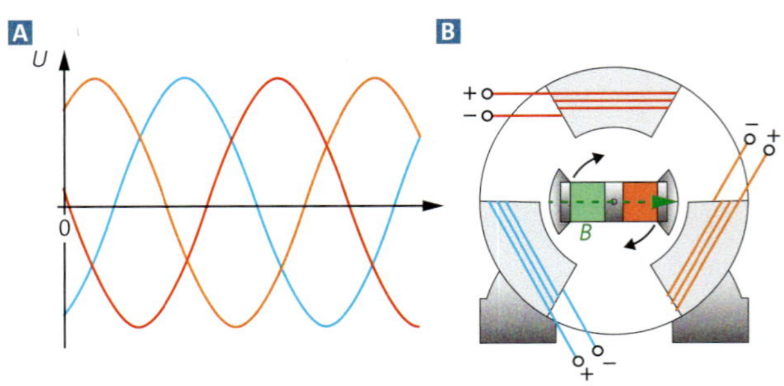

3 Synchronmotor: **A** die drei Wechselspannungen, **B** Aufbau

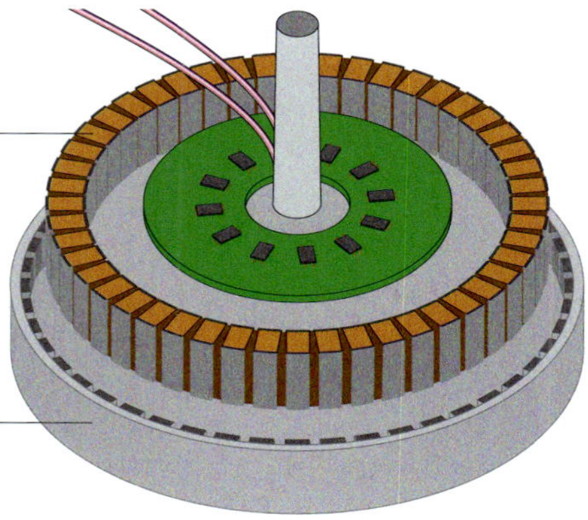

4 Synchronmotor mit vielen Permanentmagneten

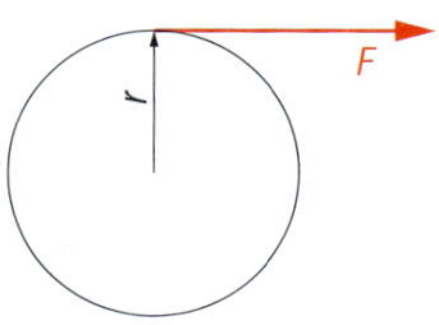

5 Kraft und Drehmoment beim Elektromotor

Synchronmotor mit vielen Magneten • Beim Motor in ▸Abb. 3 läuft der Permanentmagnet nur kurzzeitig direkt an einem Elektromagneten vorbei. Daher befindet sich die meiste Zeit kein Permanentmagnet direkt neben den Elektromagneten, wodurch die zugeführte elektrische Energie zum Teil ungenutzt bleibt. Dieser Nachteil kann durch eine große Zahl von Permanentmagneten und Elektromagneten beseitigt werden.

Der in ▸Abb. 4 dargestellte Motor gehört zu einem Pedelec. Der Stator befindet sich an der Achse des Rades und beinhaltet die Stromversorgung sowie die Elektronik zur Steuerung und 42 Spulen. Der Rotor ist innen mit 42 Permanentmagneten bestückt und hat außen die Befestigungspunkte für die Speichen. Bei jedem zweiten Permanentmagneten zeigt der Südpol nach innen, bei den übrigen nach außen. Die Elektronik steuert die Spulen so, dass ihre 21 Nordpole und 21 Südpole (dabei bleiben die Spulen selbst jedoch fest) am Umfang des Stators entlang kreisen. Damit folgt jeder Permanentmagnet des Rotors dem passenden rotierenden Magnetpol des Stators synchron.
Dieser Pedelecmotor ist daher ein Synchronmotor. Er hat einen Wirkungsgrad von $\eta = 95\,\%$.

Analyse des Synchronmotors • Auf die Permanentmagnete in ▸Abb. 4 wirken tangentiale Kräfte, die wir in einer Kraft F zusammenfassen (▸Abb. 5). Während einer Umdrehungsdauer T legt ein Punkt auf dem Umfang des Rotors die Strecke $s = 2 \cdot \pi \cdot r$ zurück, wobei r der Radius des Rotors ist. Dabei wird die mechanische Energie $E_m = F \cdot s = 2 \cdot \pi \cdot r \cdot F$ abgegeben und damit die mechanische Leistung $\frac{E_m}{T}$:

$$P_m = \frac{2\pi}{T} \cdot r \cdot F.$$

Wir identifizieren $\frac{2\pi}{T}$ mit der Kreisfrequenz ω und erhalten die Leistung als Funktion der Kreisfrequenz: $P_m = \omega \cdot r \cdot F$

Wie bei der Wippe und beim Hebel ist das Produkt aus Kraft F und Hebelarm r gleich dem Drehmoment: $M = r \cdot F$.

Wir identifizieren dieses Produkt im Term für die Leistung und erkennen somit, dass die abgegebene Leistung gleich dem Produkt aus Drehmoment und Kreisfrequenz ist:

$$P_m = \omega \cdot M$$

Beispielsweise läuft der Motor in ▸Abb. 4 bei einer mechanischen Leistung von 250 W und einem Drehmoment von 12,6 Nm mit einer Kreisfrequenz von $\omega = \frac{250\,\text{W}}{12{,}6\,\text{Nm}} = 19{,}8\,\text{Hz}$. Bei einem Raddurchmesser von 28 Zoll oder 0,7 m entspricht dem eine Geschwindigkeit von:

$$v = \omega \cdot r = 19{,}8\,\text{Hz} \cdot 0{,}35\,\text{m} = 6{,}93\,\frac{\text{m}}{\text{s}} = 24{,}9\,\frac{\text{km}}{\text{h}}.$$

Hierbei beträgt die elektrische Leistung:

$$P_{el} = \frac{P_m}{\eta} = \frac{250\,\text{W}}{0{,}95} = 263{,}2\,\text{W}.$$

Dieser Pedelecmotor verdeutlicht, wie ein moderner Elektromotor durch eine hohe Dichte von Magneten im Rotor sowie im Stator das Magnetfeld wirksam nutzt, große Kräfte und Drehmomente erzielt und dabei einen hervorragenden Wirkungsgrad erreicht.

1 Der Pedelecmotor in ▸Abb. 4 kann ein maximales Drehmoment von bis zu 40 Nm bereitstellen.
a) Erläutern Sie, für welche Fahrten das wichtig ist.
b) Ermitteln Sie für ein Fahrrad mit einer Masse von 80 kg und einem Raddurchmesser von 28 Zoll die Maximalgeschwindigkeit, die antreibende Kraft F und die Hangabtriebskraft bei 10 % Steigung.

1 Polarlichter bei Tromsø

Teilchen im B-Feld

Polarlichter bieten ein grandioses Schauspiel am Himmel. Wie entstehen sie und warum treten sie hauptsächlich in den Polarregionen auf?

2 Leuchtendes Gas in Gasentladungslampen

Kosmischer Ursprung • Das Foto zeigt eine Lücke zwischen den **Polarlichtern** und dem Erdboden (▸Abb. 1). Die Lichter kommen also nicht direkt aus dem Boden. Außerdem formen sich feine vorhangartige leuchtende Flächen mit dunklen Zwischenräumen. Solche Formen kann die Dynamik der Luft nicht erzeugen. Daher gibt es einen kosmischen Ursprung, der in der Atmosphäre zu den Leuchterscheinungen der Polarlichter führt.

Entstehung der Polarlichter • Die Lichtquelle der Polarlichter in ▸Abb. 1 ist offensichtlich in der Luft. Somit leuchtet Gas in der Atmosphäre. Also entsteht das Licht der Polarlichter ähnlich wie das von Gasentladungslampen (▸Abb. 2). Durch Ionisation von Stickstoff und Sauerstoff entsteht das grüne Leuchten. Das bestätigt auch das Spektrum von Funken in Luft (▸Abb. 3).
Aber gibt es in der Luft überhaupt Ionen? Tatsächlich entdeckte VIKTOR FRANZ HESS 1912 mit Freiballonfahrten, dass sich besonders in hohen Luftschichten viele **Ionen** befinden (▸Abb. 4).

3 Spektrum von Luft

Die Moleküle der Luft können hier nur durch **ionisierende Strahlung** ionisiert werden. Diese wird besonders in den Polarregionen beobachtet und vor allem in großen Breitengraden (▸Abb. 5). Da viele unterschiedliche ionisierende Strahlen in der oberen Atmosphäre gefunden wurden, blieb lange unklar, was genau die Polarlichter verursacht.

Einen klaren Hinweis gibt der Kometenschweif in ▸Abb. 6. Er weist von der Sonne weg und ist etwas gekrümmt. Das erklärte LUDWIG BIERMANN 1951 dadurch, dass die Sonne einen Wind aus Teilchen abgibt, der Materie des Kometen mitreißt. Erst durch die Raumfahrt wurde es ab 1959 möglich, diesen Sonnenwind nachzuweisen. Er besteht hauptsächlich aus Elektronen und Protonen. Diese können die Luft ionisieren und zum Leuchten bringen. Warum geschieht das gerade in den Polarregionen?

Eingefangener Sonnenwind • Das Magnetfeld der Erde bildet die **Magnetosphäre**, es reicht über 60 000 km weit in den **interplanetaren Raum** und hat ein Feld von $B = 20\,\mu T - 60\,\mu T$.
Wenn der Sonnenwind in die Magnetosphäre gerät, dann sammeln sich viele der Sonnenwindteilchen (Elektronen und Protonen) in zwei gürtelförmigen Regionen an, in den sogenannten Strahlungsgürteln oder **van-Allen-Gürteln** in ▸Abb. 7. Diese Teilchen können sich zu den Polen bewegen, wo die Strahlungsgürtel in tiefere und somit dichtere Luftschichten ragen. Dort können die eingefangenen und energiereichen Teilchen Moleküle der Luft ionisieren. Außerhalb der Polarregionen bleibt der Strahlungsgürtel in großer Höhe, sammelt dort Teilchen an, sodass sie nicht den Boden erreichen und wir effektiv vor diesen gefährlichen Partikeln abgeschirmt sind.

Der Sonnenwind besteht aus Elektronen und Protonen. Er wird teilweise in Strahlungsgürteln der Erde eingefangen. In den Polarregionen wird er gebündelt und ionisiert dort Luftmoleküle. Diese senden Licht aus, ebenso wie eine Gasentladungslampe. So entstehen Polarlichter.

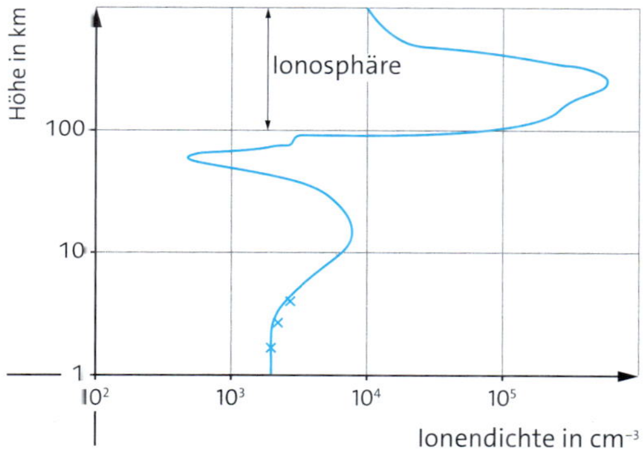

4 Ionen in der Luft, aus Ballonfahrten (x)

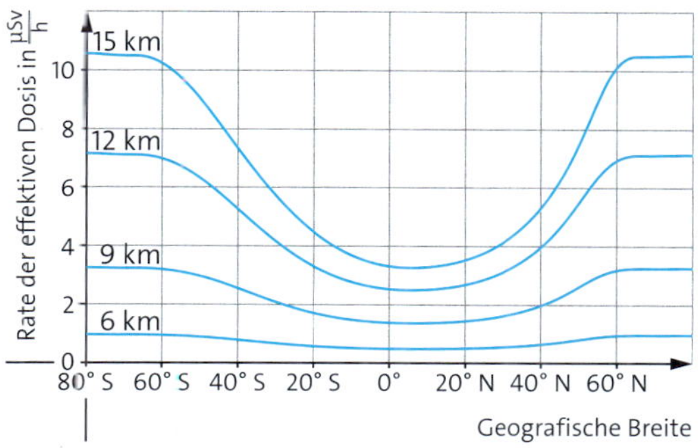

5 Ionisierende Strahlung

6 Komet Neowise über Niedersachsen

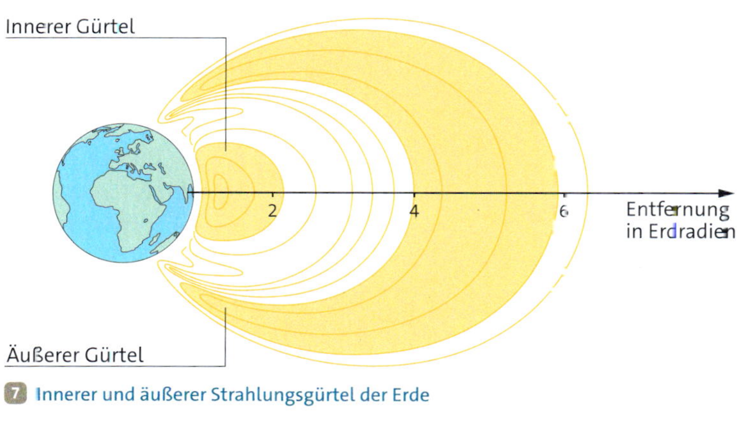

7 Innerer und äußerer Strahlungsgürtel der Erde

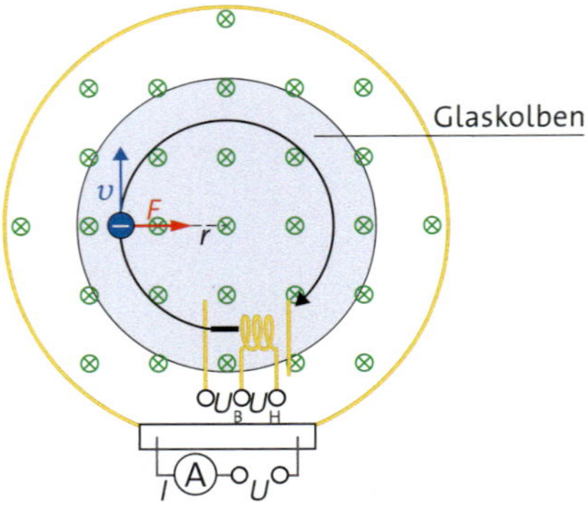

1 Kreisbahn eines Teilchens im Magnetfeld

JOSEPH THOMSON ermittelte 1895 mit einem ähnlichen Versuch die spezifische Ladung $\frac{e}{m}$ des Elektrons. Nachdem 1909 ROBERT MILLIKAN die Ladung e ermittelt hatte, waren e und m einzeln bekannt. Zuvor ermittelte 1902 WALTER KAUFMANN die Geschwindigkeitsabhängigkeit von $\frac{e}{m}$ und ALBERT EINSTEIN erklärte dies 1905 mit der speziellen Relativitätstheorie.

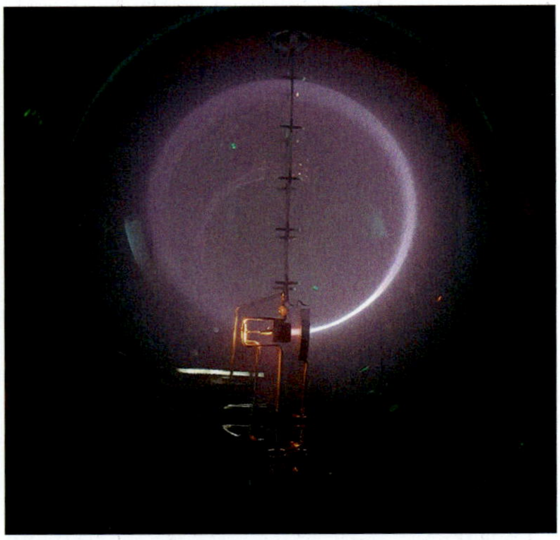

2 Fadenstrahlrohr

U_B in V	72	102	151	202	255
r in cm	2	2,5	3	3,5	4

3 Radien im Fadenstrahlrohr bei $B = 1{,}35\,\text{mT}$

Kreisbahn im Magnetfeld • Das Einfangen geladener Teilchen des Sonnenwindes durch das Erdmagnetfeld bilden wir im Modellversuch nach (▸Abb. 1). Dazu setzen wir mithilfe einer Heizspannung U_H Elektronen aus einer Glühwendel frei. Wir beschleunigen sie mit einer Spannung U_B und lassen sie durch eine Lochanode passieren. Dieser Aufbau steht im homogenen B-Feld einer Helmholtz-Spule, durch die wir einen Strom I leiten. Dabei fliegen die Elektronen in einer gasgefüllten Röhre und regen die Gasteilchen zum Leuchten an. So beobachten wir die Flugbahn, nämlich den Ring in ▸Abb. 2. Wie entsteht dieser Ring? Im Versuch bewegen sich die Elektronen mit einer Masse m, der Ladung e und einer Geschwindigkeit v orthogonal zu einem B-Feld. Somit erfährt ein Elektron die Lorentzkraft:

$$F_L = e \cdot v \cdot B.$$

Da diese Kraft orthogonal zu v gerichtet ist, beschreibt das Teilchen eine kreisförmige Flugbahn mit einem Radius r (▸Abb. 1, 2). Dabei ist die Lorentzkraft gleich der Zentripetalkraft F_z:

$$F_L = e \cdot v \cdot B = m \cdot \frac{v^2}{r} = F_z.$$

Wir lösen nach dem Radius auf:

$$r = m \cdot \frac{v}{B \cdot e}.$$

Diese Elektronen und allgemeiner geladene Teilchen bewegen sich also im B-Feld auf Kreisen:

> Wenn ein geladenes Teilchen mit Masse m und Ladung q senkrecht zu einem homogenen Magnetfeld B fliegt, dann ist die Flugbahn kreisförmig mit dem Radius $r = m \cdot \frac{v}{B \cdot q}$.

Messung der spezifischen Ladung • Unser Versuch zeigt nicht nur, wie das Erdmagnetfeld die Teilchen des Sonnenwindes ablenken kann. Wir können mit dem Experiment auch den Quotienten aus der Elementarladung e und der Masse m des Elektrons ermitteln, die sogenannte **spezifische Ladung** $\frac{e}{m}$. Dazu stellen wir mit einer passenden Stromstärke das Feld $B = 1{,}35\,\text{mT}$ ein. In einer Versuchsreihe variieren wir U_B und erhalten ▸Tabelle 3. Zur Auswertung nutzen wir, dass die elektrische Energie in Bewegungsenergie umgewandelt wird:

$$U_B \cdot e = \frac{1}{2} \cdot m \cdot v^2.$$

Um v zu eliminieren, lösen wir die obige Gleichung für r nach v auf, $v = r \cdot B \cdot \frac{e}{m}$, setzen ein und kürzen:

$$U_B = \frac{1}{2} \cdot r^2 \cdot B^2 \cdot \frac{e}{m}.$$

Wir multiplizieren mit $\frac{2}{r^2 \cdot B^2}$:

$$\frac{e}{m} = 2 \cdot \frac{U_B}{r^2 \cdot B^2}.$$

Somit erhalten wir fünf Ergebnisse (▸Tabelle 3) und den Mittelwert $\frac{e}{m} = 1{,}83 \cdot 10^{11}\,\frac{\mathrm{C}}{\mathrm{kg}}$. Der Literaturwert beträgt $\frac{e}{m} = 1{,}76 \cdot 10^{11}\,\frac{\mathrm{C}}{\mathrm{kg}}$.

Entstehung des Strahlungsgürtels • Im Modellversuch fliegen die Elektronen senkrecht zum Magnetfeld. Aber wenn die geladenen Teilchen des Sonnenwindes auf das Erdmagnetfeld treffen, dann hat ihre Geschwindigkeit eine Komponente $v_\perp$ senkrecht zu B und eine Komponente $v_\parallel$ parallel zu B. Wir bilden das im Modellversuch nach, indem wir die Röhre um ihre vertikale mittlere Achse drehen. Dadurch entsteht als Flugbahn die Schraubenlinie in ▸Abb. 5. Wie können wir das verstehen?

Entsprechend dem Prinzip der linearen Superposition zweier Bewegungen überlagert sich die Kreisbewegung durch $v_\perp$ mit der gleichförmigen Bewegung $v_\parallel$ zur Bewegung auf der Schraubenlinie in ▸Abb. 5, 6. Das Teilchen kann sich somit schraubenförmig entlang der Feldlinien bewegen. Allerdings laufen die Feldlinien an den Polen zusammen. Dadurch wird das B-Feld stärker. Daher wird die Geschwindigkeit $v_\perp$ größer. Somit hat das Teilchen weniger Energie übrig für die Komponente $v_\parallel$ (▸Abb. 4). Bei vielen Teilchen wird $v_\parallel$ sogar null und wechselt das Vorzeichen, sodass solche Teilchen an den Polregionen umkehren und insgesamt zwischen den Polregionen hin- und herpendeln. Die Teilchen sind also eingeschlossen, man spricht von einer **magnetischen Flasche.** In den Polarregionen ragt diese Flasche in tiefere und dichtere Luftschichten, sodass die hochenergetischen Teilchen des Sonnenwindes hier Luftmoleküle ionisieren können, wodurch Polarlichter entstehen können. Auch die Strahlungsgürtel sind solche magnetischen Flaschen. Zur Überprüfung analysieren wir die Bahnradien.

Radien im Erdmagnetfeld • Wir ermitteln typische Radien von kreisförmigen oder schraubenförmigen Bahnen von Teilchen im Erdmagnetfeld, indem wir $v_\perp$ in obige Gleichung einsetzen:

$$r = m \cdot \frac{v_\perp}{B \cdot q}.$$

Für ein Elektron des Sonnenwindes, das mit einer typischen Geschwindigkeitskomponente von $v_\perp = 400\,\frac{\mathrm{km}}{\mathrm{s}}$ in ein B-Feld von 40 µT eintritt, hat die Bahn folgenden Radius:

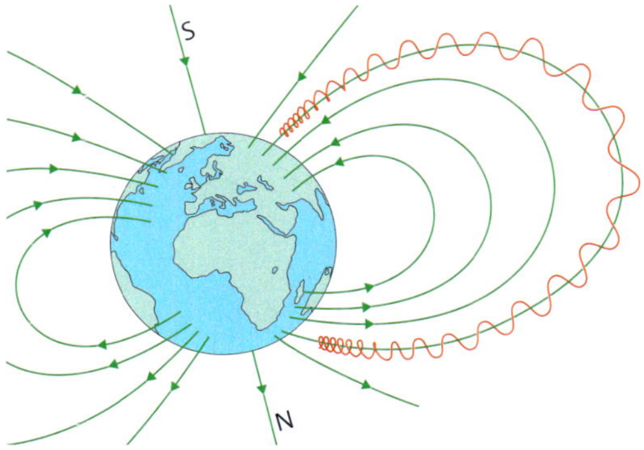

4 Flugbahn im inneren Strahlungsgürtel

5 Schraubenlinie im Modellversuch

$$r = 9{,}1 \cdot 10^{-31}\,\mathrm{kg} \cdot \frac{4 \cdot 10^5\,\frac{\mathrm{m}}{\mathrm{s}}}{40 \cdot 10^{-6}\,\mathrm{T} \cdot 1{,}6 \cdot 10^{-9}\,\mathrm{C}}.$$

Daher ist: $r = 5{,}7\,\mathrm{cm}$. Ein solches Elektron ist also wirklich erst einmal im B-Feld gefangen, da der Radius klein ist.

1 Ein Elektron fliegt mit $v_\perp = 300\,\frac{\mathrm{km}}{\mathrm{s}}$ und $v_\parallel = 100\,\frac{\mathrm{km}}{\mathrm{s}}$ durch ein Magnetfeld mit $B = 40\,\mu\mathrm{T}$. Ermitteln Sie den Radius und die Steigung der schraubenförmigen Flugbahn (▸Abb. 6).

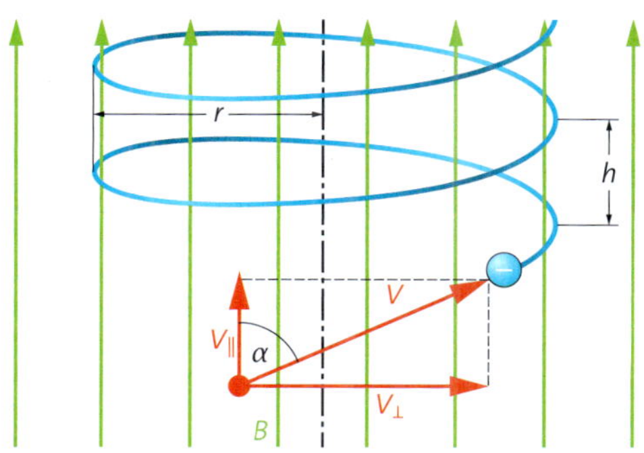

6 Schraubenlinie

BLICKPUNKT

Teilchenbeschleuniger in Medizin und Wissenschaft

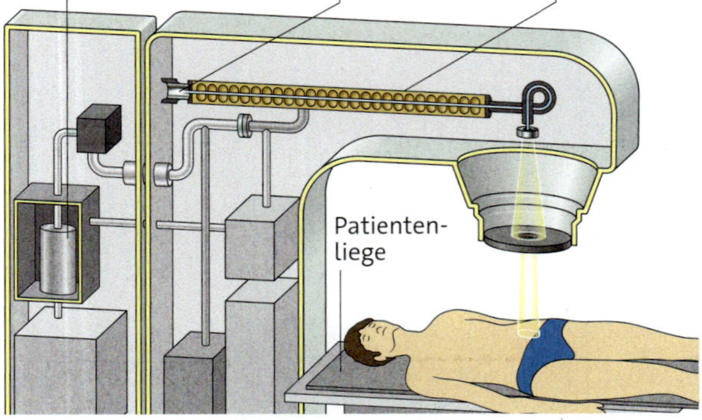

1 Linearbeschleuniger für Elektronen zur Strahlentherapie

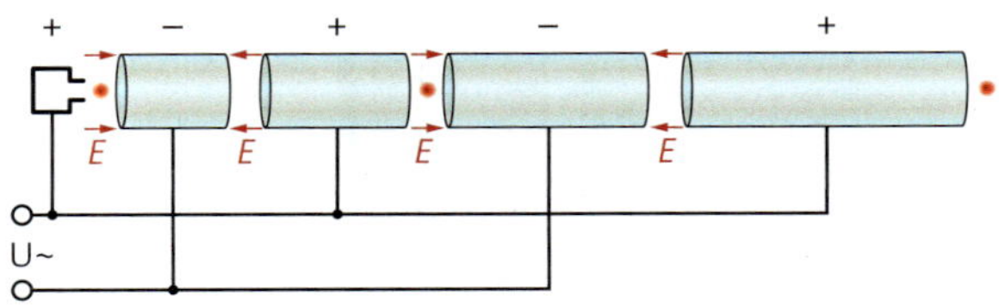

2 Linearbeschleuniger für Protonen

Teilchenenergie für Reaktionen • Wenn ein Teilchen viel Energie hat, dann kann es damit zahlreiche Reaktionen auslösen. Es kann z.B. in einem Verfahren der **Strahlentherapie** gezielt Moleküle in Krebszellen ionisieren, damit diese die Krebszellen zerstören. Ein energiereiches Teilchen kann auch für Medikamente benötigte Atome aus anderen Atomen erzeugen. Ein hochenergetisches Teilchen kann sogar völlig neue Teilchen erzeugen, Beispiele sind: das **Antiteilchen** des Elektrons, das **Positron,** oder die zweite und dritte **Teilchengeneration** des Elektrons, das **Myon** und das **Tau,** oder massereiche Teilchen wie Quarks oder Partikel eines neuartigen Typs wie das Higgs-Teilchen. Man gewinnt die hochenergetischen Teilchen durch Beschleunigen in sogenannten **Teilchenbeschleunigern.**

Linearbeschleuniger • In der Medizin werden häufig Linearbeschleuniger eingesetzt, die Elektronen auf eine Energie von bis zu $E_1 = 25\,\text{MeV}$ beschleunigen. Wir kennen schon einen sehr einfachen Beschleuniger, die **Elektronenkanone.** Darin werden Teilchen aus einer **Glühkathode** freigesetzt. Diese werden dann mit einer Spannung von etwa $U_B = 5\,\text{kV}$ beschleunigt und erreichen so eine Energie von 5 keV.

Diese Energie ist um den Faktor 5000 zu klein. Grundsätzlich erreicht man größere Teilchenenergien durch zwei Maßnahmen: eine größere **Beschleunigungsspannung** U_B oder eine größere Anzahl N von **Beschleunigungsstufen.** Die Beschleunigungsspannung kann bis etwa $U_B = 1\,\text{MV}$ gesteigert werden, denn bei größerer Spannung springen leicht Funken über. Um die Energie E_1 zu erreichen, wendet man $N = 25$ Beschleunigungsstrecken linear hintereinander an wie in ▸Abb. 1. Dazu wird in den Beschleunigungsstrecken ein wechselndes elektrisches Feld $|\vec{E}|$ erzeugt wie in ▸Abb. 2. Bei einem mit einer Spannung $U_B = 1\,\text{MeV}$ beschleunigten Elektron ist die Energie E die Summe aus seiner Ruheenergie $E_0 = m_e \cdot c^2 = 512\,\text{keV}$ und $E_{kin} = U_B \cdot e = 1\,\text{MeV}$, also $E = 1{,}512\,\text{MeV}$. Somit hat es die relativistische Masse

$$\frac{E}{c^2} = m_r = \frac{m_e}{\sqrt{1 - \frac{v^2}{c^2}}}$$

und daher folgende Geschwindigkeit:

$$v(E) = c \cdot \sqrt{1 - \frac{E_0^2}{E^2}} = 0{,}94 \cdot c = 282\,000\,\frac{\text{km}}{\text{s}}.$$

Das Elektron hat also schon nach der ersten Stufe fast Lichtgeschwindigkeit und nähert sich danach $v \approx c$ an, es wird also kaum noch schneller, aber wesentlich energiereicher. Im Beschleuniger in ▸Abb. 1 wechselt das Feld $|\vec{E}|$ mit einer Frequenz von $f = 3\,\text{GHz}$. Dazu wird das elektrische Feld von Mikrowellen bei gleicher Frequenz verwendet. Während der Periodendauer von $T = \frac{1}{f} = 0{,}33\,\text{ns}$ legt das Elektron die Strecke $s = c \cdot T = 10\,\text{cm}$ zurück. Dementsprechend wiederholt sich im Beschleuniger alle 10 cm der gleiche Hohlraum in ▸Abb. 1. Um den Elektronen weniger Energie zuzuführen, nimmt man Hohlräume heraus.

Bei der Strahlentherapie mit Protonen wird eine kinetische Energie von $E_{kin} = 250\,\text{MeV}$ verwendet. Diese ist wesentlich kleiner als die Ruheenergie:

$$E_0 = m_p \cdot c^2 = 1{,}67 \cdot 10^{-27}\,\text{kg} \cdot \left(3 \cdot 10^8\,\frac{\text{m}}{\text{s}}\right)^2 = 938\,\text{MeV}.$$

Daher bleibt die Geschwindigkeit der Protonen deutlich kleiner als c und die Beschleunigungsabschnitte werden allmählich länger (▸Abb. 2).

Einer der längsten Linearbeschleuniger befindet sich an der Stanford University. Auf einer Länge von 3 km beschleunigt er Elektronen für wissenschaftliche Versuche auf $E = 91\,\text{GeV}$.

Zyklotron • Wenn man die N Beschleunigungsstufen im Kreis anordnet, dann benötigt man zur Ablenkung ein Magnetfeld B und spart Platz. Ein Beispiel ist das Zyklotron in ▸Abb. 3. Am Spalt liegt eine Spannung U_B an, die das Teilchen beschleunigt und seine kinetische Energie nach N Passagen auf folgenden Betrag erhöht:

$$E_{kin} = N \cdot q \cdot U_B .$$

Außerhalb dieser Passagen durchfliegt das Teilchen ein homogenes B-Feld, das senkrecht zur Geschwindigkeit v steht. Also wirkt eine Lorentzkraft senkrecht zu v:

$$F_L = q \cdot v \cdot B .$$

Somit entsteht eine kreisförmige Flugbahn mit einem Radius r. Nimmt r noch weiter zu, wenn das Teilchen schon ungefähr Lichtgeschwindigkeit erreicht hat? Das analysieren wir mit dem relativistischen Impuls und mit Beträgen:

$$p = m_r \cdot v \text{ mit } m_r(v) = \frac{m_0}{\sqrt{1 - \frac{v^2}{c^2}}}.$$

Gemäß Newtons zweitem Axiom erzeugt die Kraft F_L die Änderungsrate $\frac{dp}{dt}$ (Ableitung) des Impulses: $F_L = \frac{dp}{dt}$.

Auf der Kreisbahn ist v^2 konstant. Es gilt $v_x = v \cdot \cos(\omega \cdot t)$ und $v_y = v \cdot \sin(\omega \cdot t)$. Also sind $\frac{dv_x}{dt} = -v \cdot \omega \cdot \sin(\omega \cdot t)$ sowie $\frac{dv_y}{dt} = v \cdot \omega \cdot \cos(\omega \cdot t)$. Daher ist $\left|\frac{dv}{dt}\right| = v \cdot \omega$ und:

$$\left|\frac{dp}{dt}\right| = m_r \cdot v \cdot \omega = F_L = q \cdot v \cdot B .$$

Wir folgern: Wenn sich ein Teilchen mit einer Ladung q und einer Masse m_0 mit einer Energie E (auch für $v \approx c$) senkrecht zu einem homogenen Feld B bewegt, dann fliegt es auf einer Kreisbahn mit folgender Kreisfrequenz, der sogenannten **Zyklotronfrequenz:**

$$\omega\,(E, B) = q \cdot \frac{B}{m_r} = q \cdot B \cdot \frac{c^2}{E}.$$

Für die Protonen-Therapie werden Protonen in einem Feld von $B = 1\,\mathrm{T}$ auf $E_{kin} = 250\,\mathrm{MeV}$ gebracht. Somit beträgt die Zyklotronfrequenz:

$$\omega(E) = 1\,\mathrm{T} \cdot \frac{c^2}{1188\,\mathrm{MV}} = 75{,}8\,\mathrm{MHz}.$$

Wir ermitteln v mithilfe der Gleichung $m_r(v) = \frac{E}{c^2}$:

$$v(E) = c \cdot \sqrt{1 - \frac{E_0^2}{E^2}} = c \cdot \sqrt{1 - \frac{938^2}{1188^2}} = 0{,}61 \cdot c .$$

Die Flugbahn hat somit den Radius $r = \frac{v}{\omega}$:

$$r(E, B) = \frac{v}{\omega} = \frac{184\,101\,\frac{\mathrm{km}}{\mathrm{s}}}{75{,}8\,\frac{1}{\mathrm{s}}} = 2{,}43\,\mathrm{m}.$$

Ein Linearbeschleuniger mit 250 Beschleunigungsabschnitten von je 10 cm Länge wäre dagegen 25 m lang.

Synchrotron • Der größte Beschleuniger weltweit, der Large Hadron Collider, LHC, am CERN in Genf bringt Protonen auf eine Energie von $E = 4\,\mathrm{TeV}$ oder $4 \cdot 10^6\,\mathrm{MeV}$. Ein Linearbeschleuniger wie in ▸Abb. 1 müsste dazu eine Länge von 400 km haben. Ein Zyklotron wie in ▸Abb. 4 bräuchte dazu einen Radius von 13,3 km oder einen Umfang von 84 km. Der LHC befindet sich in einem 26,7 km langen Ringtunnel und ist damit sehr effizient gebaut.

Ein Zyklotron ist im Vergleich zum Linearbeschleuniger schon deutlich kürzer. Es benötigt aber immer noch unnötig viel Fläche, da es die gesamte Kreisfläche mit Magneten und Teilchen belegt. Der LHC dagegen benötigt nur den äußeren Ring. Wie beim Zyklotron werden die Teilchen durch ein B-Feld auf eine Kreisbahn gebracht. Beim Zyklotron nimmt der Radius $r(E, B)$ bei konstantem B mit der Energie E zu. Beim LHC gilt ebenso die obige Formel für $r(E, B)$, allerdings hält man r konstant, indem man B synchron zu E steigert. Ein Beschleuniger, der nach diesem Prinzip arbeitet, heißt Synchrotron. Am LHC wurde 2012 das Higgs-Teilchen erzeugt und somit entdeckt. Es hat eine Energie von 125,1 GeV, zu viel für einen Linearbeschleuniger wie den der Stanford University, aber passend für den LHC.

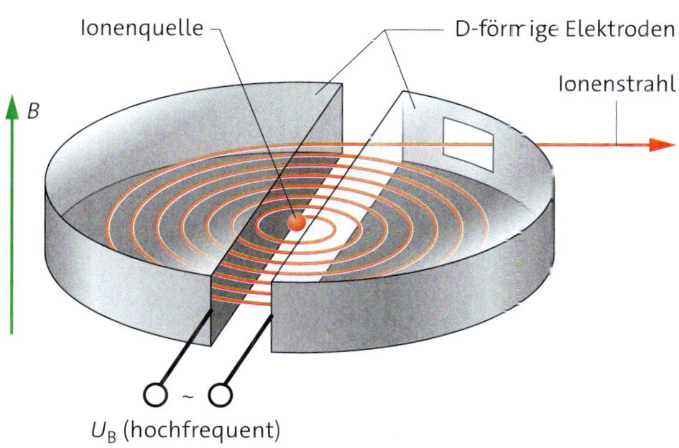

3 Zyklotron

Versuch A • Geladene Teilchen im B-Feld eingefangen

V1 Magnetische Flasche

Material:
Computer, Tabellenkalkulationsprogramm oder GTR

Arbeitsauftrag:

a) Magnetische Flaschen werden zur Aufbewahrung geladener Teilchen verwendet. Ein natürliches Beispiel ist das Erdmagnetfeld in ▸Abb. 1. Beschreiben Sie die Bewegung der Teilchen in dieser magnetischen Flasche.

b) Diese Flasche kann z. B. Protonen des Sonnenwindes, die mit einer Geschwindigkeit von $v = 400\,\frac{\text{km}}{\text{s}}$ ins Erdmagnetfeld gelangen, auf eine Kreisbahn bringen. Ermitteln Sie den Bahnradius r für den Fall, dass das Proton bei äquatorialer Breite orthogonal auf ein Feld von $B(60\,000\,\text{km}) = 20\,\text{nT}$ trifft.

c) Das Feld nimmt zum Pol hin zu und variiert von 20 nT bis 62 µT. Stellen Sie den Bahnradius solcher Teilchen als Funktion von B im $r(B)$-Diagramm dar. Erklären Sie anhand des Diagramms die Variation der Bahnradien in ▸Abb. 1 und insbesondere den Flaschenhals.

d) Die Geschwindigkeit v des Protons hat generell eine Komponente $v_\parallel = v \cdot \cos\beta$ parallel zu B und eine Komponente $v_\perp$ orthogonal zu B. Erstellen Sie ein entsprechendes $r(B)$-Diagramm für den Winkel $\beta = 60°$. Erläutern Sie anhand der beiden Diagramme die Konsequenzen des Eintrittswinkels β für die Bewegung.

V2 Magnetischer Dipol

Material:
Computer, Tabellenkalkulationsprogramm oder GTR

Arbeitsauftrag:

a) Zwei Erhaltungsgrößen charakterisieren die Bewegung der Protonen in der magnetischen Flasche in ▸Abb. 1: die Energie E und das für uns neuartige magnetische Dipolmoment $\mu_{\text{mag}} = \frac{1}{2} \cdot m \cdot \frac{v_\perp^2}{B}$. Die parallele Komponente $v_\parallel$ der Geschwindigkeit abhängig von B zeigt ▸Abb. 2 für ein Proton, das mit einer Geschwindigkeit von $v = 400\,\frac{\text{km}}{\text{s}}$ unter dem Winkel $\beta = 1°$ zum B-Feld eintritt, mit $B = 20\,\text{nT}$. Bestätigen Sie, dass das magnetische Dipolmoment eine Erhaltungsgröße ist. Begründen Sie mit ▸Abb. 2, dass ein solches Proton der Flasche entweichen kann.

b) Das Proton kann unter verschiedenen Winkeln β ins B-Feld eintreten. Stellen Sie das Dipolmoment μ_{mag} abhängig von β im $\mu_{\text{mag}}(\beta)$-Diagramm dar. Erläutern Sie, wie die Komponente $v_\parallel$ vom Dipolmoment abhängt und von β.

c) Wir setzen in dem Energieterm $E = \frac{1}{2} \cdot m \cdot v_\parallel^2 + \frac{1}{2} \cdot m \cdot v_\perp^2$ für $\frac{1}{2} \cdot m \cdot v_\perp^2$ den Term $\mu_{\text{mag}} \cdot B$ ein. Bestätigen Sie, dass somit gilt: $E = \frac{1}{2} \cdot m \cdot v_\parallel^2 + \mu_{\text{mag}} \cdot B$.

d) Stellen Sie für $\beta = 5°$ die Komponente $v_\parallel$ abhängig von B dar, wobei B von 20 nT bis 62 µT variiert.

V3 Magnetischer Spiegel

Material:
Computer, Tabellenkalkulationsprogramm oder GTR

Arbeitsauftrag:

a) Ein Proton des Sonnenwindes schließt einen Eintrittswinkel β mit dem B-Feld ein, wenn es in die magnetische Flasche in ▸Abb. 1 gelangt. Bei seiner Bewegung gibt es zwei Erhaltungsgrößen, die bekannte Energie E und das für uns neuartige magnetische Dipolmoment $\mu_{\text{mag}} = \frac{1}{2} \cdot m \cdot v_\perp \cdot \frac{2}{B}$, mit $v_\perp = v \cdot \sin\beta$. Daher gilt für die Energie $E = \frac{1}{2} \cdot m \cdot v_\parallel^2 + \mu_{\text{mag}} \cdot B$. Begründen Sie, dass nur noch $v_\parallel$ und B bei der Bewegung variieren.

b) Die parallele Komponente $v_\parallel$ nimmt mit wachsendem B ab. Begründen Sie. Erläutern Sie, wo B groß wird. Erklären Sie, dass das Proton bei $v_\parallel = 0$ umkehrt. (Man spricht vom magnetischen Spiegel.)

c) Um das B-Feld am magnetischen Spiegel zu ermitteln, lösen wir den obigen Energieterm nach $v_\parallel^2$ auf: $v_\parallel^2 = 2 \cdot \frac{E - B}{\mu_{\text{mag}}}$. Begründen Sie.

d) Stellen Sie $v_\parallel$ abhängig von β im $v_\parallel(\beta)$-Diagramm dar. Setzen Sie dazu in der Tabellenkalkulation die Beträge für μ_{mag} und $v_\perp$ abhängig von β ein. Ermitteln Sie die Eintrittswinkel β, bei denen Protonen reflektiert werden (▸Abb. 3).

e) Analysieren Sie, wie sich der Bereich der Winkel β vergrößert, für den die Teilchen gefangen sind.

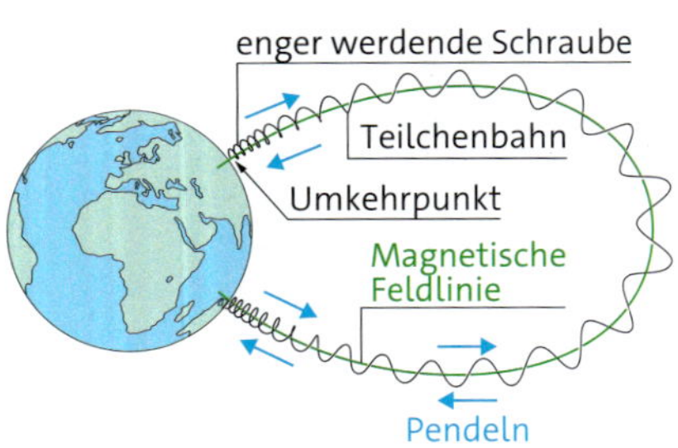

1 Magnetische Flasche im Erdmagnetfeld

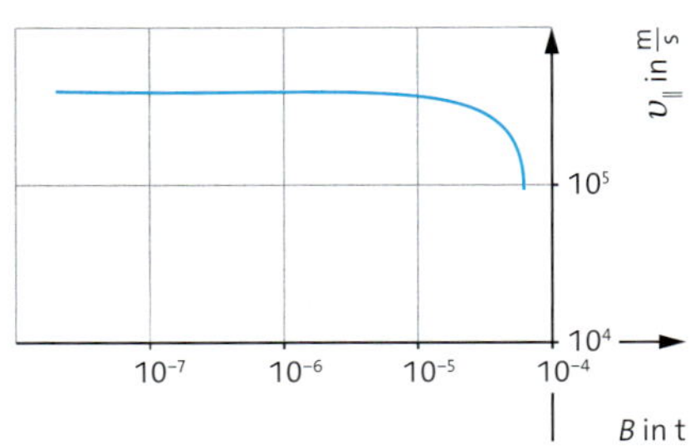

2 Parallelkomponente der Geschwindigkeit

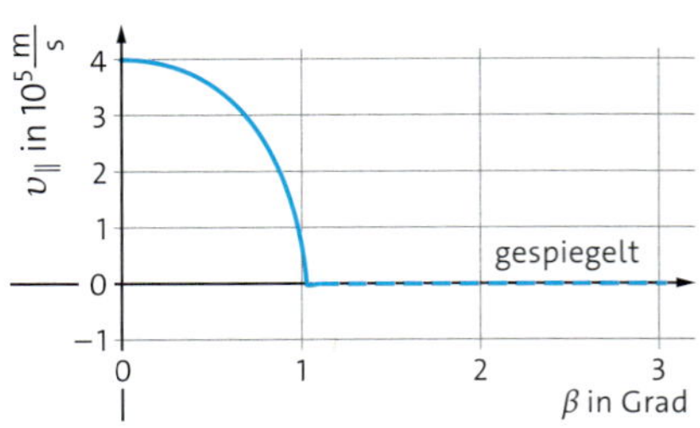

3 Magnetischer Spiegel

Material A • Ionenimplantation

A1 Computer, Solarzellen und viele Elektronikbauteile enthalten dotierte Halbleiter. Das Dotieren erfolgt oft durch Ionenimplantation.

a) Recherchieren Sie dazu und fassen Sie das Verfahren zusammen.

b) Eine Anlage zur Ionenimplantation zeigt ▸Abb. 4. Erläutern Sie die Komponenten.

c) Im Vorbeschleuniger werden einfach geladene Bor-Ionen mit $U = 30\,\text{kV}$ beschleunigt. Ermitteln Sie die Geschwindigkeit.

d) Im Massenseparator werden diese Ionen um 90° mit einem Feld von $B = 0{,}5\,\text{T}$ umgelenkt. Ermitteln Sie den Kreisradius.

e) In der Beschleunigungsstrecke werden die Ionen auf eine Geschwindigkeit von $2000\,\frac{\text{km}}{\text{s}}$ gebracht. Ermitteln Sie die benötigte Spannung. Erläutern Sie, weshalb mehrere Beschleunigungsstrecken verwendet werden.

A2 a) Bei der Ablenkungsstrecke soll ein Bor-Ion um einen Winkel von 5° umgelenkt werden. Entwerfen Sie einen passenden Kondensator mit einer geeigneten Länge L, Breite b und Spannung U_K.

b) Recherchieren Sie, wie klein bei einem Computerbauteil die p-n-Übergänge in Dioden oder Transistoren sein können und mit welcher Genauigkeit der Strahl abzulenken ist.

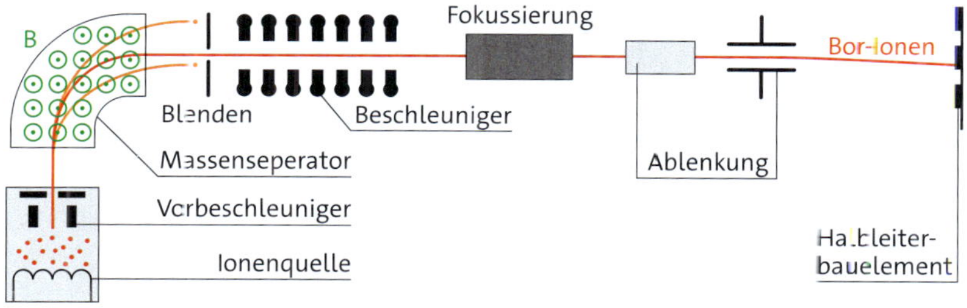

4 Ionenimplantation bei Halbleitern

Material B • Sonnenflecken

B1 An der Sonnenoberfläche werden dunkle Flecken beobachtet (▸Abb. 5 A), bei denen magnetische Feldlinien orthogonal zur Oberfläche verlaufen.

a) Bestätigen Sie dies anhand von ▸Abb. 5 B. Skizzieren Sie den Verlauf entsprechender Feldlinien auch unterhalb der Oberfläche.

b) In der Sonne strömt elektrisch leitfähiges Plasma und erzeugt dabei die Magnetfelder. Wenn sich das Plasma bewegt, so bewegen sich die Feldlinien mit. Allgemeiner wird beobachtet, dass das strömende Plasma und das magnetische Feld aneinandergebunden sind. Erklären Sie, dass dadurch die Felder bei einem Sonnenfleck den Transport von Materie und thermischer Energie behindern. Erklären Sie damit die Verdunklung an den Sonnenflecken.

B2 a) Die Sonne rotiert am Äquator schneller als in der Nähe der Pole. Dadurch wickeln sich die in der Sonne vom Süd- zum Nordpol verlaufenden Feldlinien allmählich wie ein Faden auf einer Spindel auf. Skizzieren Sie diesen Vorgang mit einer Bildfolge. Begründen Sie, dass dadurch die Energiedichte des Magnetfeldes in der Sonne stetig zunimmt. Begründen Sie weiter, dass das zum Ausbrechen magnetischer Felder führt, wie in ▸Abb. 5 gezeigt. Dadurch erreicht die Energiedichte ein Minimum, daher bilden sich alle 11 Jahre Maxima der Sonnenfleckenzahl (▸Abb. 5 C).

b) Recherchieren Sie zum Einfluss von Sonnenflecken auf das Weltraumwetter und das Klima. Fassen Sie stichpunktartig zusammen, wie Sonnenflecken entstehen und das Weltraumwetter prägen.

c) Ein Sonnenfleck kann ein Feld von $B = 0{,}4\,\text{T}$ haben. Ermitteln Sie die entsprechende Energiedichte:

$$\frac{E}{V} = \frac{1}{2 \cdot \mu_0} \cdot B^2.$$

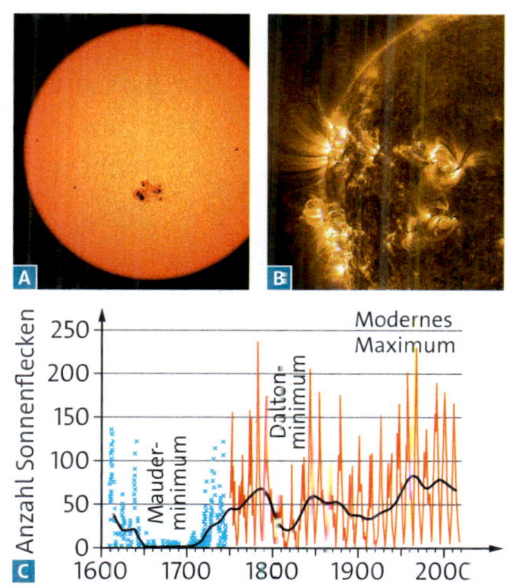

5 **A** Sonnenflecken, **B** austretende Magnetfelder am Sonnenfleck, **C** Anzahl der Flecken

1 Virus in Gurgelwasser erkannt

Wien-Filter

Das Virus SARS-CoV-2 ist schon im Gurgelwasser nachweisbar. Dazu erzeugt man in diesem Wasser Fragmente von Proteinen des Virus und filtert sie mit einer Kombination aus elektrischen und magnetischen Feldern heraus. Wie geht das?

Ein Massenspektrum • Bruchstücke von Proteinen des Virus werden anhand des Massenspektrums in ▸Abb. 2 erkannt.

Darin ist auf der Rechtsachse die Masse in **atomaren Masseneinheiten** ($u = 1{,}661 \cdot 10^{-27}\,\mathrm{kg}$) dargestellt, auf der Hochachse die relative Häufigkeit in Prozent. Somit entspricht jedes Maximum Molekülen mit der entsprechenden Masse. Wie kommt das Diagramm zustande? Zu dieser Frage analysieren wir exemplarisch die beiden Massen $m_1 = 673{,}9\,\mathrm{u}$ sowie $m_2 = 683{,}4\,\mathrm{u}$ in ▸Abb. 2.

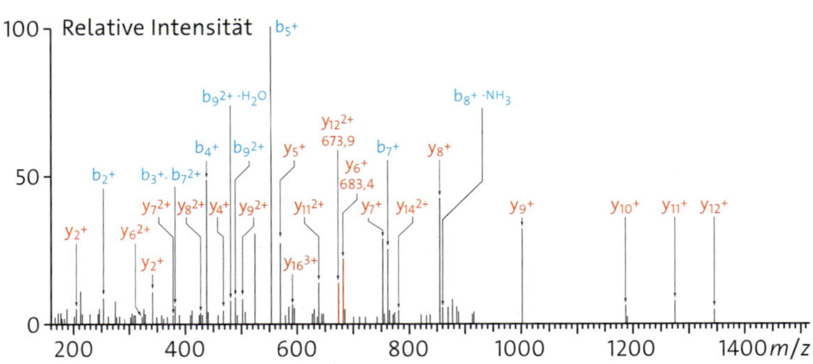

2 Ein Massenspektrum zur Erkennung des Virus

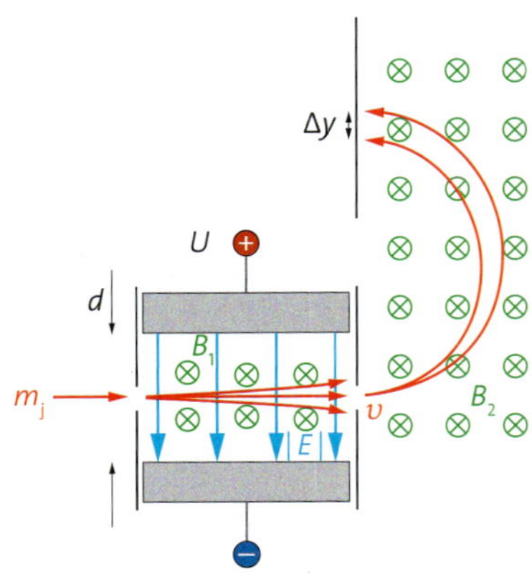

3 Massenspektrometer

Trennung im B-Feld • Die beiden Moleküle mit den Massen m_1 und m_2 treten einfach geladen mit einer Geschwindigkeit von $v = 37\frac{\text{km}}{\text{s}}$ ins homogene Magnetfeld B_2 in ▸Abb. 3 ein. Daher wirkt auf ein solches Ion die Lorentzkraft:

$$F_L = e \cdot v \cdot B_2.$$

Diese Kraft ist orthogonal zur Geschwindigkeit v gerichtet. Daher hat die Kraft keine Komponente in Richtung von v. Somit wird v weder größer noch kleiner, sondern der Betrag von v bleibt konstant. Also liegen die Geschwindigkeitsvektoren auf einem Kreis (▸Abb. 4). Entsprechend bewegt sich das Ion auf einer kreisförmigen Flugbahn mit einem Radius r. Dabei ist die Lorentzkraft gleich der Zentripetalkraft F_z:

$$F_L = e \cdot v \cdot B_2 = \frac{m \cdot v^2}{r} = F_z.$$

Auflösen ergibt den Radius:

$$r = \frac{m \cdot v}{e \cdot B_2}.$$

Für das Beispiel der beiden Molekülmassen $m_1 = 673{,}9\,\text{u}$ sowie $m_2 = 683{,}4\,\text{u}$ betragen die Radien bei der Geschwindigkeit $v = 37\frac{\text{km}}{\text{s}}$ und $B_2 = 1\,\text{T}$:

$$r_1 = \frac{673{,}9\,\text{u} \cdot 37\,000\frac{\text{m}}{\text{s}}}{1{,}602 \cdot 10^{-19}\,\text{C} \cdot 1\,\text{T}} = 25{,}85\,\text{cm},$$

$$r_2 = \frac{683{,}4\,\text{u} \cdot 37\,000\frac{\text{m}}{\text{s}}}{1{,}602 \cdot 10^{-19}\,\text{C} \cdot 1\,\text{T}} = 26{,}22\,\text{cm}.$$

Der Unterschied von $\Delta y = 2 \cdot \Delta r = 7{,}4\,\text{mm}$ in ▸Abb. 3 kann präzise beobachtet werden. Für die nötige Genauigkeit ist es essenziell, dass alle Moleküle mit der gleichen Geschwindigkeit v ins Feld B_2 eintreten. Dazu werden Moleküle mit anderen Geschwindigkeiten vorher herausgefiltert.

Wien-Filter • Im Wien-Filter wird an den beiden Kondensatorplatten (▸Abb. 3) eine Spannung U angeschlossen. So wird zwischen den Platten ein elektrisches Feld $|\vec{E}|$ erzeugt. Dort wird zusätzlich das Magnetfeld B_1 erzeugt. Dadurch wirkt auf die positiv geladenen Ionen die elektrische Kraft $F_{el} = e \cdot v \cdot |\vec{E}|$ nach unten, während die Lorentzkraft $F_L = e \cdot v \cdot B_1$ nach oben wirkt (▸Abb. 3). Am Ende des Kondensators befindet sich eine zweite Öffnung, die nur solche Ionen passieren können, die nicht abgelenkt werden, bei denen die beiden Kräfte also ein Kräftegleichgewicht bilden:

$$e \cdot |\vec{E}| = e \cdot v \cdot B_1.$$

Auflösen ergibt die herausgefilterte Geschwindigkeit:

$$v = \frac{|\vec{E}|}{B_1}.$$

Ein Wien-Filter besteht aus zueinander senkrechten homogenen Feldern $\vec{E}$ und $\vec{B}$. Er lässt nur Ionen durch, die senkrecht zu beiden Feldern mit einer Geschwindigkeit $v = \frac{|\vec{E}|}{|\vec{B}|}$ eintreten.

Massenspektrometer • Im Wesentlichen erhält man das Massenspektrum (▸Abb. 2) durch drei Grundkomponenten des **Massenspektrometers:** Die **Ionenquelle** präpariert und ionisiert die Massen. Der **Analysator** (▸Abb. 3) als Hauptkomponente filtert die Geschwindigkeit im Wien-Filter und trennt dann die Massen im Magnetfeld B_2. Der **Detektor** erfasst Ort und Häufigkeit der Teilchen.

Ein Massenspektrometer kann Teilchen entsprechend ihrer Masse präzise voneinander trennen. Diese Analyse basiert darauf, dass die Teilchen durch elektrische und magnetische Felder stufenweise auf unterscheidbare Flugbahnen gebracht werden.

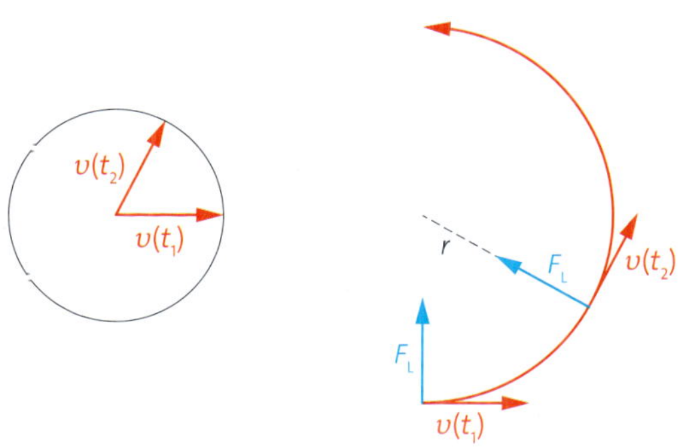

4 Kreisbewegung im B-Feld

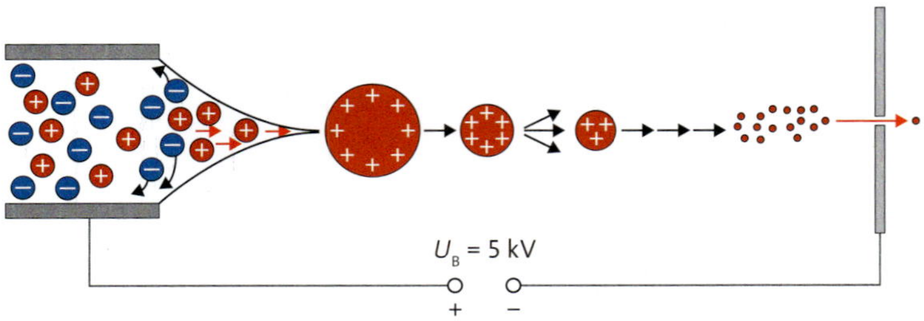

1 Ionenquelle und Beschleunigung

2 Doping beim Fußball-Team mit Moschusrindern?

Ionenquelle • Um das Virus SARS-CoV-2 nachzuweisen, werden Bruchstücke von Proteinen, die Peptide, in einer Lösung vorbereitet. Diese werden in der Kapillare (▸Abb. 1) elektrisch positiv geladen und durch eine negative Lochelektrode angezogen. Daher bilden sich positiv geladene Tröpfchen, die in Richtung der Lochanode beschleunigt werden. Dabei spalten sie durch ihre elektrostatische Abstoßung in sehr kleine Tröpfchen auf, bei denen das Lösungsmittel aufgrund der relativ großen Oberfläche und des sehr kleinen Volumens schnell verdampft. So entstehen ionisierte Peptide mit einer hohen Geschwindigkeit. Diese passieren die Öffnung der Lochanode und treten in den Wien-Filter ein.
Beim Beschleunigen wird die elektrische Energie $E_{el} = e \cdot U_B$ in Bewegungsenergie umgewandelt:

$$\frac{1}{2} \cdot m \cdot v^2 = e \cdot U_B.$$

Auflösen ergibt:

$$v = \sqrt{\frac{2e \cdot U_B}{m}}.$$

Wir setzen die Masse m_1 ein:

$$v_1 = \sqrt{\frac{2 \cdot 1{,}602 \cdot 10^{-19}\,\text{C} \cdot 5\,\text{kV}}{673{,}9\,\text{u}}} = 37{,}83\,\frac{\text{km}}{\text{s}}.$$

Die Peptide haben aufgrund der Beschleunigung diese Grundgeschwindigkeit. Aber als Folge von thermischen Effekten und variablen Massen streuen die Geschwindigkeiten der Moleküle beim Eintritt in den Wien-Filter noch stark.

Vorbereitung der Probe • Um das Virus SARS-CoV-2 nachzuweisen, müssen zuerst einmal aussagekräftige Bruchstücke von Proteinen hergestellt werden. Wie geht das? Zunächst werden aus dem Gurgelwasser mithilfe von Aceton die interessierenden Proteine ausgefällt, also als fester Niederschlag abgetrennt. Die Proteine werden dann wie bei der Verdauung durch Enzyme in kleine Stücke zerlegt. Hierbei sondiert man die trennbaren Stellen der Proteine und vervielfacht die Anzahl analysierbarer Massen. Um die Methode noch spezifischer zu machen, lässt man vor dieser Zerlegung bestimmte Atome im Protein paarweise reagieren. Das nennt man Cross-Linking. Auch hierbei sondiert man reaktive Stellen im Protein. Insgesamt erhält das Massenspektrum somit umfangreiche Information, anhand derer das Virus SARS-CoV-2 eindeutig erkennbar ist.

Trennung von Isotopen • Bei der Fußball-Weltmeisterschaft 2011 wurden bei Spielerinnen einer Mannschaft in Urinproben leistungssteigernde Hormone festgestellt, die jedoch auch der Körper produzieren kann. In solchen Fällen muss ermittelt werden, ob diese Hormone vom Körper gebildet sind oder von den Sportlern als Dopingmittel eingesetzt wurden. In ersterem Fall weisen die Moleküle des Hormons in der Urinprobe ein Isotopengemisch auf, das demjenigen in der Herkunftsregion des Teams entspricht. Wie findet man das heraus?
Jedes chemische Element kommt in verschiedenen **Isotopen** vor. Dabei haben die Atome von Isotopen gleicher Elemente gleich viele Protonen und sind daher chemisch gleichwertig. Die Atome verschiedener Isotope eines chemischen Elements unterscheiden sich jedoch in der Anzahl der Neutronen und somit in ihren Massen. Beispielsweise kommt ein Kohlenstoffatom in der Natur in drei Isotopen der Massen 12 u, 13 u oder 14 u vor. Die natürlich vorkommenden Kohlenstoffatome bilden also ein **Isotopengemisch.**

Dabei sind die Anteile dieser drei Isotope nicht auf der ganzen Erde gleich, sondern in jeder Region gibt es ein spezifisches Isotopengemisch. Bei den Sportlerinnen konnte festgestellt werden, dass die fraglichen Hormone aus dem Himalaja stammten, und zwar von dort lebenden Moschusrindern (▸Abb. 2). Die Fußballerinnen stammten jedoch nicht aus dem Himalaja. Die Hormone wurden also von außen aufgenommen. Somit wurde gedopt.

Wir analysieren die Genauigkeit der Auftrennung am Beispiel des obigen Massenspektrometers. Ein C-Atom der Masse $m_{12} = 12\,\text{u}$ hat den Bahnradius:

$$r_{12} = \frac{m_{12} \cdot 37\,000\,\frac{\text{m}}{\text{s}}}{e \cdot 1\,\text{T}} = 4{,}60\,\text{mm}.$$

Für ein Kohlenstoffatom mit der Masse $m_{13} = 13\,\text{u}$ beträgt der Radius aber:

$$r_{132} = \frac{m_{13} \cdot 37\,000\,\frac{\text{m}}{\text{s}}}{e \cdot 1\,\text{T}} = 4{,}98\,\text{mm}.$$

Der Unterschied von $\Delta y = 2 \cdot \Delta r = 0{,}76\,\text{mm}$ ist einfach und zuverlässig erkennbar. Somit kann ein Massenspektrometer ein Isotopengemisch präzise und quantitativ analysieren.

Drogen in Mumien • In 3000 Jahre alten ägyptischen Mumien (▸Abb. 3) konnten in Organen, in den Haaren, in den Knochen, in den Muskeln und in der Haut Drogen wie Nikotin, Kokain sowie Cannaboide mithilfe von Massenspektrometern nachgewiesen werden. Aktuell ist der Nachweis von Drogen im Blutserum wichtig, denn Autofahrer dürfen maximal $1\,\frac{\text{ng}}{\text{mL}}$ THC (Tetrahydrocannabinol) im Serum haben. Wie weist man solche Mengen quantitativ nach?

Isotopenverdünnung • Bei einem Autofahrer besteht der Verdacht, dass er Cannaboide im Blut hat. Es wird eine Blutprobe genommen und falls diese $N > 2000$ Molekülfragmente mit der in ▸Abb. 4 dargestellten Strukturformel enthält, so ist der zulässige Grenzwert überschritten. Das Problem ist, dass nur ein Anteil q dieser Fragmente nachgewiesen wird. Wie kann man q ermitteln? Das gelingt mit einer passenden Indikatorlösung als Referenz, in der sich I_3 Moleküle der Masse m_3 und I_4 Moleküle der Masse m_4 befinden. Im Blut treten diese Moleküle im natürlichen Isotopenverhältnis auf, beispielsweise $x \cdot N$ mit der Masse $m_3 = 303\,\text{u}$ und $(1-x) \cdot N$ mit der Masse $m_4 = 304\,\text{u}$. Man mischt diese Probe mit der Indikatorlösung und erstellt dazu das Massenspektrum. Hierin findet man N_3 Moleküle der Masse m_3 und N_4 Teilchen der Masse m_4. Daraus ermittelt man q und N wie folgt: In der Mischung befinden sich $I_3 + N \cdot x$ Moleküle der Masse m_3, von denen der Anteil q nachgewiesen wird:

$$q = \frac{N_3}{I_3 + N \cdot x}.$$

Ebenso gilt für die Masse m_4:

$$q = \frac{N_4}{I_4 + N \cdot (1-x)}.$$

Um N zu berechnen, setzen wir die Terme gleich und lösen nach N auf:

$$N = \frac{I_4 \cdot N_3 - I_3 \cdot N_4}{N_4 \cdot x - N_3 \cdot (1-x)}.$$

Das natürliche Isotopenverhältnis beträgt $x = \frac{1}{2}$. Die Indikatorlösung enthält $I_3 = 900$ sowie $I_4 = 100$. Die Messwerte betragen $N_3 = 30$ und $N_4 = 20$ und wir ermitteln die Anzahl $N = 3000$. Der Messwert liegt also über dem Grenzwert.

1 In einem Wien-Filter werden Felder mit $|\vec{E}| = 40\,\frac{\text{kV}}{\text{m}}$ und $B = 0{,}8\,\text{T}$ erzeugt.
a) Berechnen Sie die Geschwindigkeit, welche die durchgelassenen Teilchen haben.
b) Der Filter soll nun Teilchen mit $v = 100\,\frac{\text{km}}{\text{s}}$ durchlassen. Dazu soll nur ein Feld geändert werden. Analysieren Sie alle Möglichkeiten.
c) Ein Teilchen aus b) wird im Feld $B_2 = 1\,\text{T}$ auf eine Kreisbahn mit $r = 0{,}4\,\text{m}$ gebracht. Ermitteln Sie das Verhältnis $\frac{q}{m}$.

2 Erläutern Sie zwei Anwendungen von Isotopengemischen in der Kriminalistik.

3 Drogen in Mumie nachgewiesen

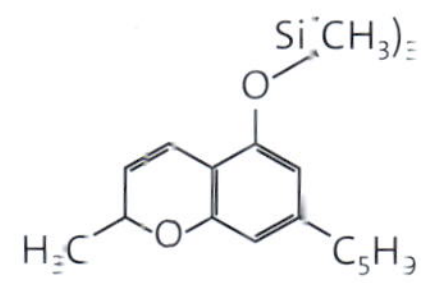

4 Molekülfragment

Versuch A • Ionenspeicher

V1 Ionenfalle

Material:
Computer, Tabellenkalkulationsprogramm

Arbeitsauftrag:
In manchen Massenspektrographen und vielen anderen Anwendungen werden Ionen in elektrischen Feldern aufbewahrt. Eine entsprechende Anordnung besteht aus Elektroden und Feldern und heißt Ionenfalle. In dem Modellversuch in ▸Abb. 1A werden positiv geladene Bärlappsporen aufbewahrt und beleuchtet.

a) Eine Anordnung aus vier zylindrischen Elektroden wie in ▸Abb. 1A heißt Quadrupol. Recherchieren Sie den Zusammenhang von Monopol, Dipol und Quadrupol.

b) Begründen Sie: Nicht alle vier Elektroden sind negativ geladen.

c) Stellen Sie die Energie $E(x, y)$ einer Bärlappspore mit Ladung $Q = 10\,\mu C$ bei vier kurzen positiv geladene Elektroden mit je $Q = 10\,\mu C$ bei $(x; y)$ wie in ▸Abb. 1B dar. Notieren Sie dazu die y-Koordinaten in Spalte 1, die x-Koordinaten in Zeile 15 und die Werte für E in Spalten 2–15 und Zeilen 1–14. Markieren Sie die Werte von E und wählen Sie eine 3D-Grafik. Begründen Sie, dass diese Ladungsanordnung prinzipiell geeignet ist, aber Ionen kaum stabil speichert.

V2 Feld in einer Ionenfalle

Material:
Computer, Tabellenkalkulationsprogramm

Arbeitsauftrag:
In einer Ionenfalle wie in ▸Abb. 1A kann man Ionen aufbewahren. Wenn aber die vier stabförmigen Elektroden positiv geladen sind wie in ▸Abb. 1B, wird das Ion kaum stabil gespeichert.

a) Zum Speichern des Ions lädt man zwei gegenüberliegende Elektroden positiv, zwei negativ. Stellen Sie die Energie $E(x, y)$ eines positiven Ions abhängig von x und y für vier kurze positiv bzw. negativ geladene Elektroden dar (▸Abb. 2A). Beschreiben Sie, wie sich das positive Ion bewegt. Erläutern Sie, dass es so nicht gespeichert wird.

b) Erläutern Sie, wie man das Ion durch periodisches Wechseln der Polung speichert (▸Abb. 2A, B).

c) Erstellen Sie das Diagramm mit der Methode aus V1c) und bestätigen Sie die Energiefunktionen in ▸Abb. 2A, B.

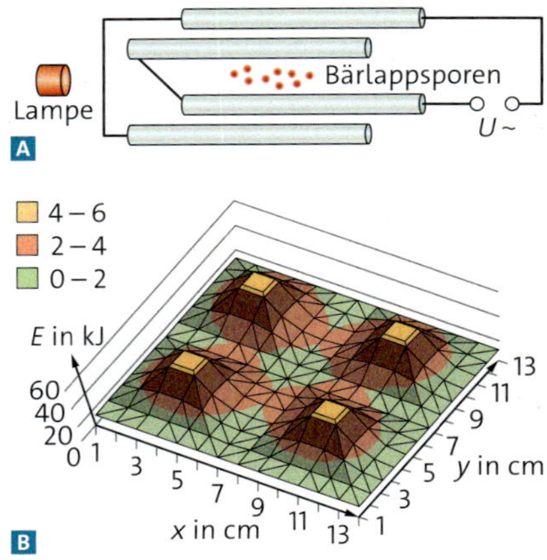

1 **A** Ionenfalle, **B** Energie $E(x, y)$

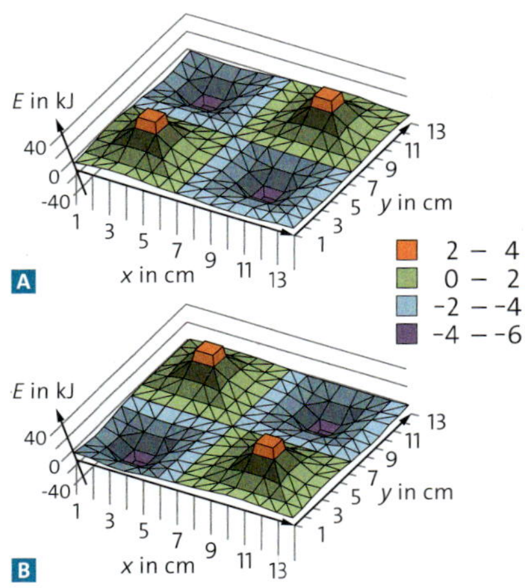

2 **A–B** Energie $E(x, y)$ in der Ionenfalle

Material A • Bewegung in Ionenfalle

A1 In einer Ionenfalle (▸Abb. 1A) kann man Ionen aufbewahren. Dazu werden von den vier stabförmigen Elektroden zwei gegenüberliegende positiv und die anderen negativ geladen. Dadurch hat ein positives Ion die Energie $E(x, y)$ wie in ▸Abb. 2A, B. Die Polung wechselt periodisch.

a) ▸Abb. 3B zeigt die simulierte Flugbahn eines Ions in der Falle. Anhand von Regelmäßigkeiten der Bahn kann man Massen herausfiltern, man spricht vom Quadrupol-Massenspektrometer. Beschreiben Sie anhand von ▸Abb. 3 diese Regelmäßigkeiten sowie den Einfang eines Ions.

b) Im Ionenfallen-Massenspektrometer kann man die Flugbahn manipulieren, beobachten und so die Masse besonders präzise ermitteln. Erläutern Sie das Prinzip anhand von ▸Abb. 2 und ▸Abb. 3.

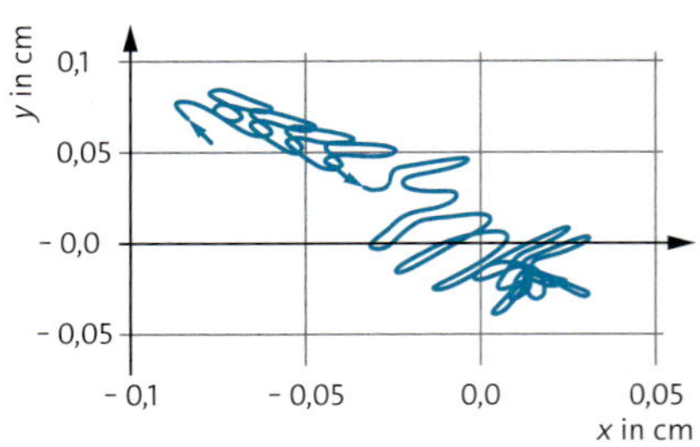

3 Bewegung in einer Ionenfalle

Material B • Flugzeit-Massenspektrometer

B1 Bei einem Flugzeit-Massenspektrometer (▸Abb. 4) werden Teilchen verschiedener Masse m_j mit der gleichen Spannung U_B beschleunigt. Anschließend wird die Flugzeit t_{of} (time of flight) gemessen, in der ein Teilchen mit konstanter Geschwindigkeit v_j eine Distanz D durchfliegt.

a) Erläutern Sie die Umsetzung dieses Prinzips in ▸Abb. 4.

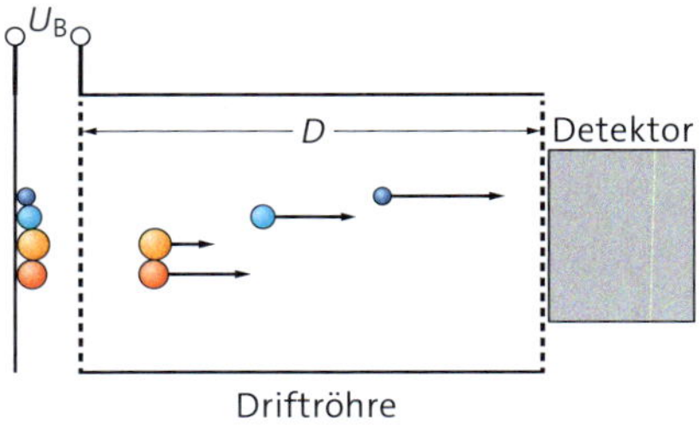

4 Flugzeit-Massenspektrometer

b) Erklären Sie, wie die Geschwindigkeit konstant gehalten wird.

c) Im Flugzeit-Massenspektrometer (▸Abb. 4) wird ein einfach geladenes Insulin-Ion mit einer Spannung von U_B = 506 kV beschleunigt und bewegt sich gleichförmig auf einer Flugstrecke von D = 0,6 m. Für D wird eine Flugzeit von 14,75 µs gemessen. Bestätigen Sie, dass das Ion die Geschwindigkeit $v_1 = 40\,644\,\frac{m}{s}$ hat.

d) Werten Sie das Zwischenergebnis aus, um einen Wert für die Masse m_1 des Ions zu gewinnen. Identifizieren Sie das Ion in ▸Abb. 5.

e) Ein gleiches Ion wird in einem herkömmlichen Massenspektrometer auf die gleiche Geschwindigkeit v_1 beschleunigt und anschließend in einem Feld mit B = 1 T auf eine Kreisbahn gebracht. Ermitteln Sie den Radius. Beurteilen Sie, ob bei diesem Ion ein herkömmliches Massenspektrometer günstig ist.

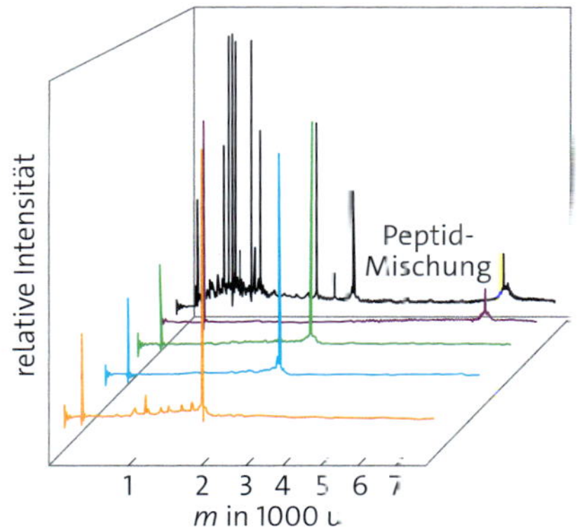

5 Massenspektrogramme

Material C • Ionenspiegel

C1 Wenn Ionen aus einer Ionenquelle beschleunigt werden (▸Abb. 6 A), dann variieren deren Geschwindigkeiten selbst bei Ionen gleicher Masse. Die entsprechenden unterschiedlichen Laufzeiten kann der Ionenspiegel in ▸Abb. 6 B ausgleichen.

a) Ionen können durch einen Ionenspiegel (▸Abb. 6 B) reflektiert werden. Erklären Sie die Funktionsweise.

b) Ein Insulin-Ion tritt mit der Geschwindigkeit v_1 in die Strecke D, wird dahinter durch den Ionenspiegel in ▸Abb. 6 B mit einer konstanten Beschleunigung a reflektiert und durchläuft die Strecke D nochmals.
Begründen Sie, dass die gesamte Flugdauer $t = 2\cdot\frac{D}{v_1} + 2\cdot\frac{v_1}{a}$ beträgt.

c) Ein zweites Insulin-Ion hat eine Geschwindigkeit v_2 und fliegt ebenso. Begründen Sie, dass der Unterschied der Flugzeiten $\Delta t = \left(2\cdot\frac{D}{v_1\cdot v_2} - \frac{2}{a}\right)\cdot(v_2 - v_1)$ beträgt.

d) Begründen Sie, dass der Unterschied Δt null wird, wenn für die Beschleunigung a gilt: $a = \frac{v_1\cdot v_2}{D}$.

e) Berechnen Sie a für $v_1 = 40\,644\,\frac{m}{s}$, $v_2 = 41\,869\,\frac{m}{s}$ und eine Strecke von D = 0,6 m. Bestätigen Sie, dass die Flugzeiten gleich sind.

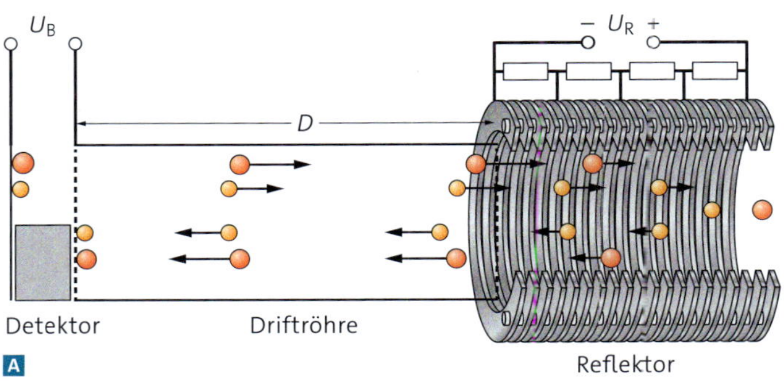

A

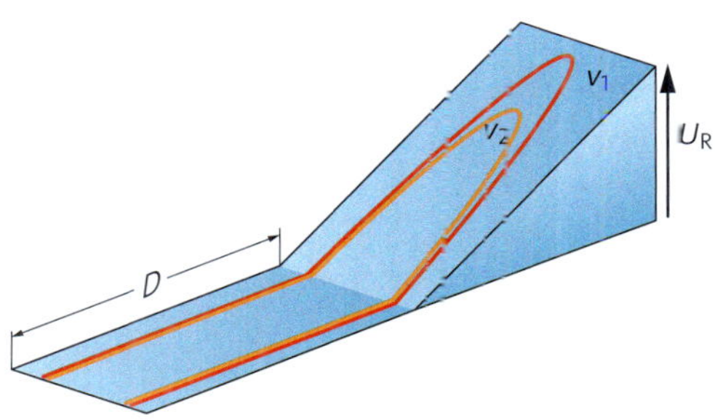

B

6 Ionenspiegel: **A** Aufbau, **B** Funktion

Aufgabe mit Lösung • Magnetische Felder

A1 – Kraft auf Leiter

Mit dem Versuch in ▸Abb. 1 soll das B-Feld zwischen den beiden Magnetpolen ermittelt werden. Dazu hängt man ein Massestück m an das Leiterstück (▸Abb. 2) und hält letzteres auf der ursprünglichen Höhe (▸Abb. 3), indem man einen Strom mit einer Stromstärke I durch das Leiterstück fließen lässt. Die Messung wird für unterschiedliche Massen m durchgeführt, die mit einer Feinwaage genau gewogen werden. Mit dem Leiterstück der Länge $l = 2\,\text{cm}$ ergeben sich die Messwerte in ▸Tabelle 5.

a) Ermitteln Sie die Richtung der Kraft mithilfe der Drei-Finger-Regel der linken Hand.

b) Erläutern Sie die Analogie des Betrags des B-Feldes zum Betrag der elektrischen Feldstärke.

c) Erläutern Sie die Definition des B-Feldes am Versuch in ▸Abb. 1.

d) Ermitteln Sie den Betrag des B-Feldes. Entwickeln Sie einen Term der magnetischen Kraft F abhängig von Stromstärke I, B-Feld und Länge l.

e) Deuten Sie die magnetische Kraft F auf das Leiterstück als Summe von Kräften F_L, die auf einzelne Elektronen im Leiter wirken. Somit ist die Lorentzkraft F_L die Kraft auf ein Elektron, das sich mit einer Geschwindigkeit v_{El} durch den Leiter bewegt. Entwickeln Sie einen Term für F_L abhängig von der Geschwindigkeit v_{El}, vom B-Feld und der Ladung q des Elektrons.

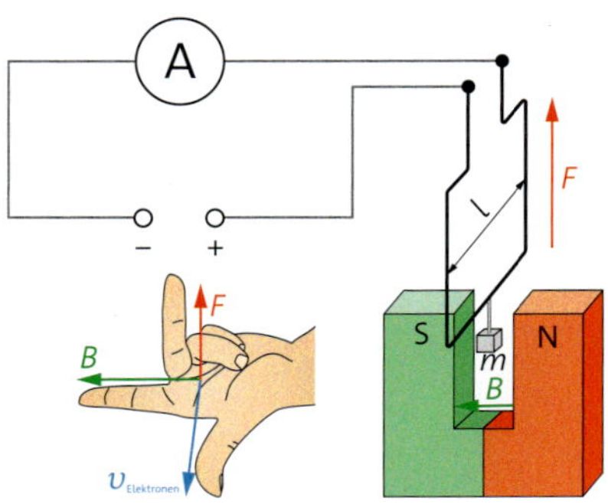

1 Versuchsskizze zum Begriff des B-Feldes

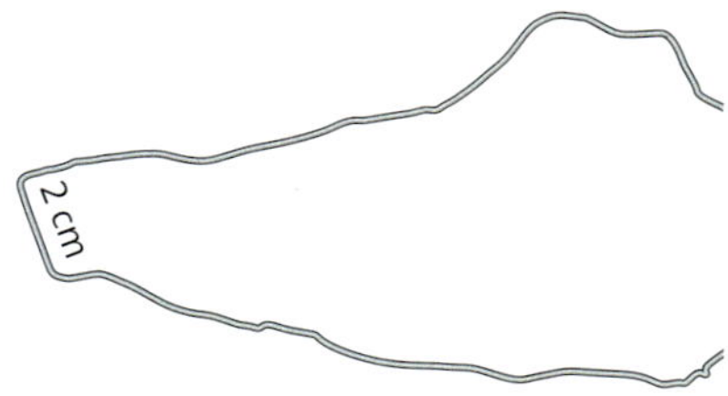

2 Leiterstück

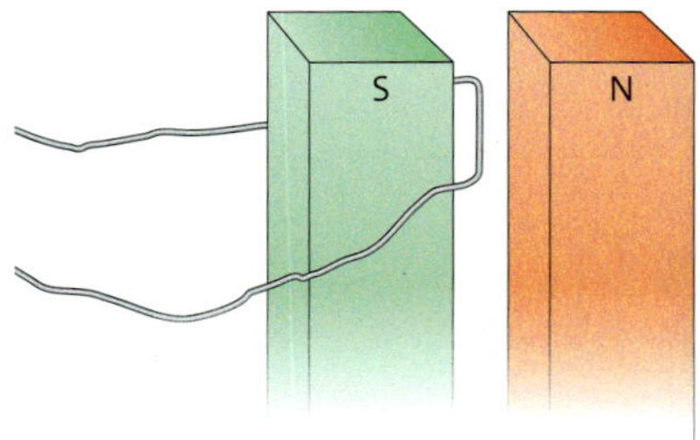

3 Leiterstück im B-Feld

m in mg	5	10	15	20	25
I in A	0,05	0,09	0,14	0,19	0,24

4 Stromstärke und Kraft

Lösung

a) In ▸Abb. 1 zeigt der Daumen die Geschwindigkeit $v_{El.}$ der Elektronen im Leiterstück an, der Zeigefinger die Richtung des B-Feldes, der Mittelfinger die der magnetischen Kraft F.

b) Der Betrag $|\vec{E}|$ des elektrischen Feldes beschreibt die Kraft F_{el}, die auf eine Probeladung q wirkt, pro Probeladung q. Die elektrische Kraft ist analog zur magnetischen Kraft F in ▸Abb. 3 und die Probeladung entspricht dem vom Strom I durchflossenen Leiterstück der Länge l. Demnach entspricht das B-Feld der magnetischen Kraft F pro Länge l und Stromstärke I.

c) Das B-Feld ergibt sich als $B = \frac{F}{I \cdot l}$.

d) In ▸Tabelle 5 ist für jeden Messwert der Kraft F der entsprechende Betrag des B-Feldes berechnet.

m in mg	5	10	15	20	25
I in A	0,048	0,094	0,141	0,189	0,236
F in mN	0,049	0,098	0,147	0,196	0,245
$\frac{F}{I \cdot l}$ in $\frac{\text{N}}{\text{Am}}$	51,09	52,18	52,18	51,90	51,96

5 Stromstärke, Kraft und B-Feld

Der Mittelwert beträgt $B = 51{,}9\,\text{T}$. Um einen Term für die Kraft zu erhalten, löst man die Gleichung für B nach F auf: $F = B \cdot I \cdot l$.

e) Die Stromstärke I ist der Quotient $\frac{Q}{\Delta t}$ der Ladung Q, die sich während der entsprechenden Zeit Δt durch das Leiterstück der Länge l bewegt. Daher beträgt die mittlere Geschwindigkeit $v_{el} = \frac{l}{\Delta t}$. Auflösen ergibt $l = v_{El.} \cdot \Delta t$. Einsetzen in die Gleichung der magnetischen Kraft ergibt $F = v_{El.} \cdot B \cdot Q$.
Wenn Q aus N Elementarladungen q besteht, dann ist die Kraft F_L auf eine Elementarladung der N-te Teil von F, also $F_L = v_{El} \cdot B \cdot q$.

A2 – MHD-Generator

Der magnetohydrodynamische (MHD) Generator kommt völlig ohne bewegliche Teile aus, ebenso seine Umkehrung, der MHD-Antrieb. Beim Kraftwerk U-25 nahe Moskau wurde im Prinzip zwischen die Platten eines Kondensators mit dem Abstand $d = 0{,}4\ \text{m}$ ein Strahl aus Elektronen und einfach positiv geladenen Ionen mit den Geschwindigkeiten $v_e = v_I = 1000\ \frac{\text{m}}{\text{s}}$ eingeleitet. Senkrecht zur Strahlrichtung und parallel zu den Plattenoberflächen befindet sich ein Magnetfeld mit $B = 5\ \text{T}$ (▸Abb. 6).

a) Ermitteln Sie die Lorentzkraft, die auf die Elektronen und Ionen wirkt.

b) Ermitteln Sie mithilfe des Kräftegleichgewichts aus Lorentzkraft und elektrischer Kraft die elektrische Feldstärke $|\vec{E}|$.

c) Ermitteln Sie aus $|\vec{E}|$ die generierte Spannung U. Im Betrieb ist der Schalter zum Lastwiderstand R_{Last} geschlossen und die Spannung am MHD-Generator beträgt nur 1200 V. Deuten Sie.

d) Das Kraftwerk überträgt zum Verbraucher die Leistung $P = 20{,}4\ \text{MW}$. Ermitteln Sie die Stromstärke I.

e) Beim MHD-Antrieb ruhen die Ladungen in ▸Abb. 6 anfangs. Dann wird zwischen den Platten eine Spannung U angelegt. Erklären Sie, wie dadurch ein Rückstoß entsteht.

A3 – Hall-Effekt

Ein Hall-Sensor besteht aus einem Indiumantimonid-Quader und hat die Hall-Konstante $A_H = -2{,}4 \cdot 10^{-4}\ \frac{\text{C}}{\text{m}^3}$.

a) Erklären Sie die Funktionsweise des Sensors. Skizzieren Sie dazu den Quader mit den bewegten Ladungen, den Kräften und mit der zugehörigen elektrischen Schaltung.

b) Begründen Sie anhand der Skizze, dass die Hall-Spannung U_H proportional zur Stromstärke I und zum B-Feld ist.

c) Leiten Sie anhand der Skizze die folgende Gleichung für die Hall-Spannung abhängig von der Dicke d des Sensors und der Dichte n beweglicher Ladungsträger her: $U_H = B \cdot \frac{I}{d} \cdot \frac{1}{n \cdot e}$.

d) Erläutern Sie die Definition und das Vorzeichen von A_H.

e) Der Sensor hat eine Dicke von 0,1 mm. Bei $I = 0{,}1\ \text{A}$ wird die Hall-Spannung $U_H = 0{,}1\ \text{V}$ gemessen. Ermitteln Sie das B-Feld.

f) Der Sensor hat eine Breite von $b = 20\ \text{mm}$. Berechnen Sie die effektive Geschwindigkeit der bewegten Ladungsträger und deuten Sie diese.

g) In einer Stromzange wird ein Hall-Sensor verwendet, um die Stromstärke in einem stromdurchflossenen Leiter zu messen (▸Abb. 7). Erklären Sie das Messverfahren.

A4 – Massenspektrograph

Die Kohlenstoffisotope ^{12}C und ^{14}C haben die Massen $m_{C12} = 1{,}992 \cdot 10^{-26}\ \text{kg}$ und $m_{C14} = 2{,}324 \cdot 10^{-26}\ \text{kg}$. Sie sollen mit dem Massenspektrographen in ▸Abb. 8 voneinander getrennt werden. Dazu werden sie zuerst einfach positiv geladen und beschleunigt.

a) Übertragen Sie ▸Abb. 8 ins Heft, tragen Sie die elektrischen Feldlinien ein und erklären Sie den Wien-Filter.

b) Im Wien-Filter fliegen diejenigen Teilchen geradlinig, welche die Geschwindigkeit $v = \frac{|\vec{E}|}{B_1}$ haben. Leiten Sie diesen Term her.

c) Der Kondensator hat den Plattenabstand 5 cm und es liegt die Spannung 800 V an. Ermitteln Sie B_1 so, dass Teilchen mit $v = 3 \cdot 10^5\ \frac{\text{m}}{\text{s}}$ nicht abgelenkt werden.

d) Begründen Sie: Die Teilchenbahnen sind im rechten B-Feld Kreise.

e) Dabei beträgt der Kreisradius für Teilchen mit einer Masse m: $r = \frac{m \cdot v}{e \cdot B_2}$. Leiten Sie diesen Term her.

f) Im rechten Magnetfeld beträgt $B_2 = 0{,}15\ \text{T}$. Der Unterschied Δy ist $\Delta y = (m_{C14} - m_{C12}) \cdot \frac{2v}{e \cdot B_2}$. Berechnen Sie Δy.

g) Leiten Sie den Term für Δy her.

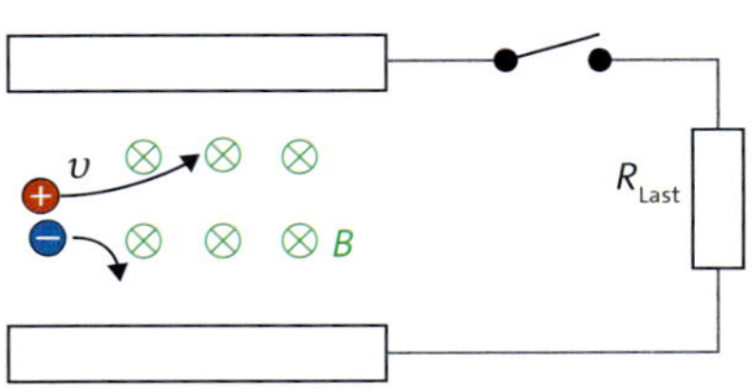

6 MHD-Generator

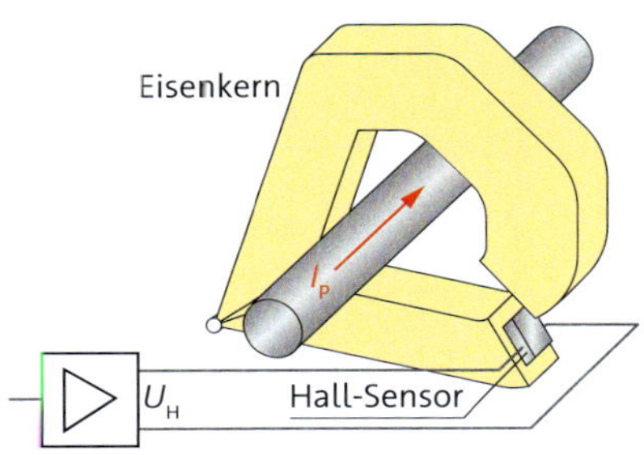

7 Stromzange

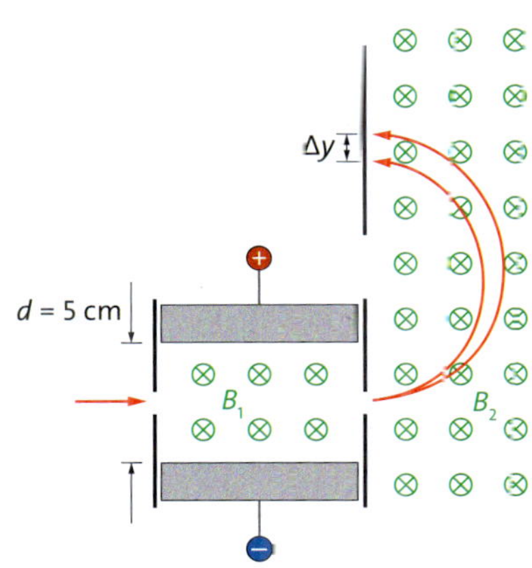

8 Massenspektrograph

Aufgabe mit Hinweisen und Ergebnissen • Magnetische Felder

A5 – B-Feld der kurzen Spule

Eine zylindrische Spule mit der Windungszahl N, dem Radius r und der Länge l wird von einem Strom I durchströmt. Auf der Spulenachse wird das B-Feld mit einem Hall-Sensor gemessen (▸Abb. 1).

a) In der Spule in ▸Abb. 1 bewegen sich die Elektronen auf der uns zugewandten Seite nach unten. Skizzieren Sie den Versuch und die Feldlinien.

b) Das B-Feld ist abhängig von der Entfernung s zur Spulenmitte in ▸Abb. 2 aufgetragen. Beschreiben Sie die Messwerte und deuten Sie diese anhand der Feldlinien.

c) Bestätigen Sie anhand der Messwerte, dass für eine kreisförmige Spule gilt: $B(s) \sim (r^2 + s^2)^{-1,5}$.

d) Im Zentrum der Spulen gilt: $B = \mu_0 \cdot N \cdot \frac{I}{(4r^2 + l^2)^{0,5}}$. Ermitteln Sie anhand der Messwerte in ▸Abb. 2 die magnetische Feldkonstante μ_0.

e) Vergleichen Sie mit dem Literaturwert $\mu_0 = \frac{1}{\varepsilon_0 \cdot c^2}$. Dabei ist c die Lichtgeschwindigkeit im Vakuum.

A6 – Fadenstrahlrohr

Elektronen werden in einem Fadenstrahlrohr durch ein B-Feld abgelenkt.

a) Skizzieren Sie den Versuch mit allen wesentlichen Komponenten.

b) Überprüfen Sie mit ▸Abb. 3 die Hypothese, dass die Elektronen auf einer Kreisbahn fliegen.

c) Erläutern Sie anhand der Skizze, wie die Kreisbahn entsteht. Berücksichtigen Sie die Aspekte Entstehung des Elektronenstrahls, Leuchterscheinung, Ablenkung.

d) Mit dem Versuch kann der Quotient $\frac{e}{m}$ ermittelt werden. Dazu wird der Term $\frac{e}{m} = \frac{2U}{r^2 \cdot B^2}$ genutzt. Ermitteln Sie $\frac{e}{m}$ aus den Messwerten in ▸Tabelle 4 möglichst genau. Vergleichen Sie mit dem Literaturwert.

e) Leiten Sie den Term für $\frac{e}{m}$ her.

f) Planen Sie eine Änderung der Anordnung der Komponenten des Versuchs, die die Elektronen auf eine Schraubenlinie bringt statt auf einer Kreisbahn.

g) Erläutern Sie Zweck und Funktionsweise des Wehnelt-Zylinders.

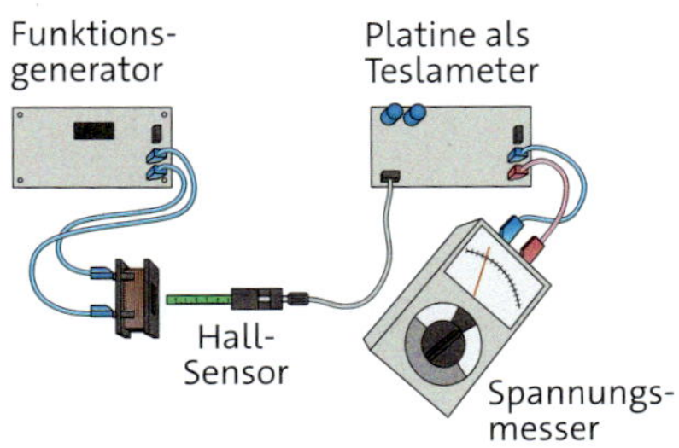

1 B-Feld bei einer Spule

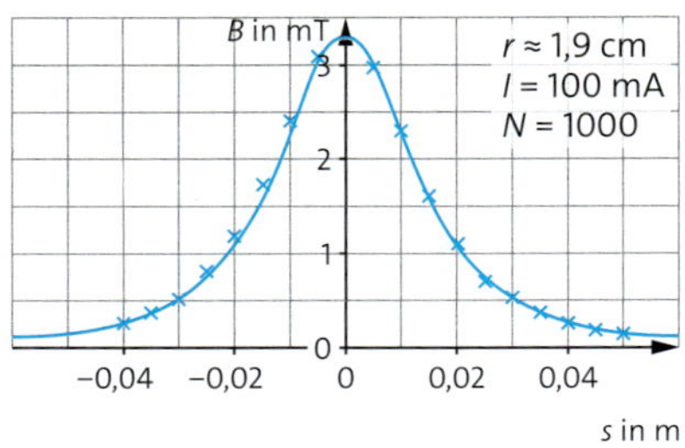

2 $B(s)$-Diagramm einer kreisförmigen Spule

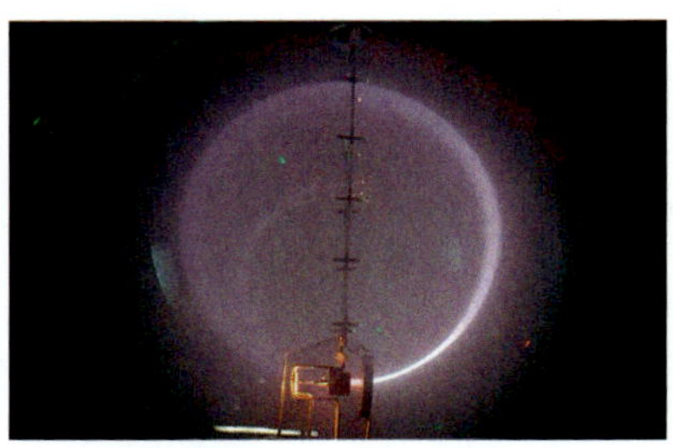

3 Bahn der Elektronen im Fadenstrahlrohr

U in V	250	255	245
B in mT	0,86	0,81	0,89
r in cm	6,2	6,6	5,9

4 Radien beim Fadenstrahlrohr

A7 – Ist $\frac{e}{m}$ konstant?

WALTER KAUFMANN erkannte schon 1902 experimentell, dass der Quotient $\frac{e}{m}$ nicht konstant ist. ALFRED BUCHERER nutzte mit einem verbesserten Versuch (▸Abb. 5) besonders schnelle Elektronen, die bei einem radioaktiven Zerfall freigesetzt wurden.

a) Erläutern Sie den Versuch.

b) Begründen Sie: Elektronen, welche die Öffnung hinter dem elektrischen Feld $|\vec{E}|$ in ▸Abb. 5 passieren, haben die Geschwindigkeit $v = \frac{|\vec{E}|}{B}$.

c) Beschreiben Sie das Diagramm in ▸Abb. 6.

d) Überprüfen Sie, ob die Beobachtungen in ▸Abb. 6 mit der relativistischen Masse $m = \frac{m_0}{\sqrt{1 - \frac{v^2}{c^2}}}$ übereinstimmen.

e) Der Quotient $\frac{e}{m}$ kann mit dem Term $\frac{e}{m} = 2|\vec{E}| \cdot \frac{d}{(B^2 \cdot (a^2 + d^2))}$ ermittelt werden. Leiten Sie diesen her.

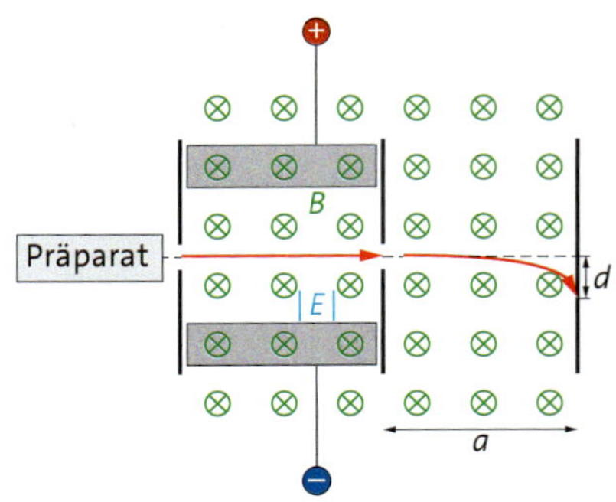

5 BUCHERERs Versuch

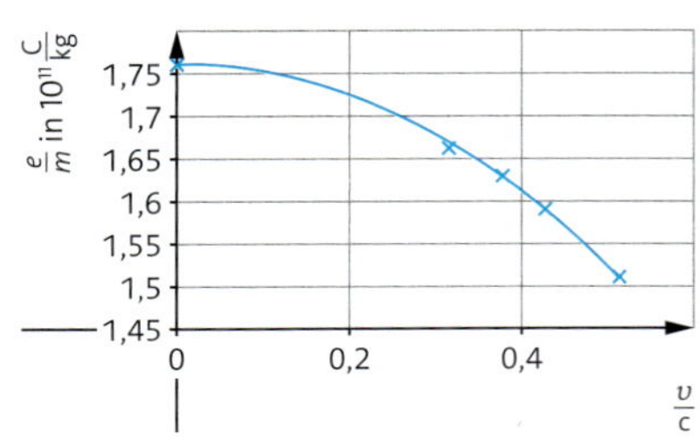

6 BUCHERERs Messwerte

Aufgabe ohne Hinweise • Magnetische Felder

A8 – Zyklotron

Für die medizinische Diagnostik wird das Fluorisotop ^{18}F benötigt, das eine Halbwertszeit von 110 Minuten hat. Es kann also nicht gelagert werden. Stattdessen beschleunigt man mit einem Zyklotron Protonen auf sehr hohe Energie und lässt sie auf andere Teilchen prallen, wobei das gewünschte ^{18}F entsteht. In ▸Abb. 7 sehen Sie ein solches Zyklotron.

a) Ein Zyklotron mit einem Radius R und einem Feld B kann Ionen mit einer Masse m und einer Ladung q auf die Geschwindigkeit $v_{max} = R \cdot q \cdot \frac{B}{m}$ beschleunigen. Ermitteln Sie v_{max} für Protonen, die in einem Zyklotron mit $R = 2\,m$ und $B = 2\,T$ beschleunigt werden. Ermitteln Sie auch die erreichbare Bewegungsenergie in eV.

b) Leiten Sie den Term für v_{max} her.

c) Zwei Magnete erzeugen ein homogenes B-Feld. Beschreiben und erklären Sie die Flugbahn der Ionen. Ionen der Masse m haben die Umlaufdauer $T = \frac{2\pi \cdot m}{q \cdot B}$. Begründen Sie, dass die Umlaufdauer nicht vom Radius abhängt.

d) Leiten Sie den Term für T her.

An den Halbzylindern liegt eine Wechselspannung $U(t) = U_0 \cdot \cos(\omega \cdot t)$ an, welche im Spalt ein $|\vec{E}|$-Feld erzeugt und die Ionen dort beschleunigt.

e) Immer wenn ein Ion mit einer Ladung q den Spalt passiert, dann steigt seine Energie um $\Delta E = q \cdot U_0$. Begründen Sie.

f) Erklären Sie die Funktionsweise des Zyklotrons. Erklären Sie, welche Frequenz die Wechselspannung haben sollte, um Ionen mit einer Masse m sowie einer Ladung q bei einem Feld B zu beschleunigen.

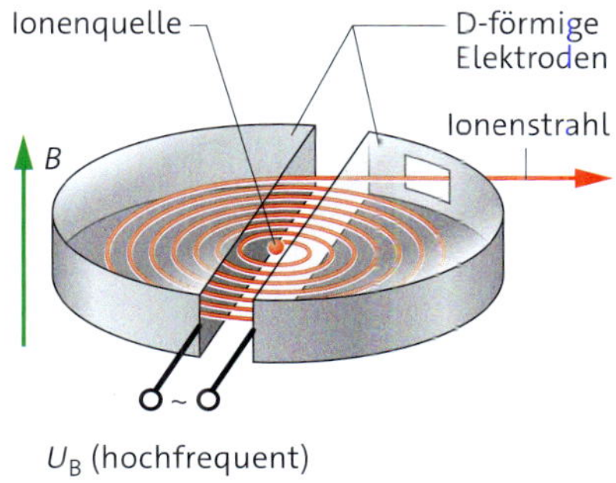

7 Zyklotron

Hinweise und Lösungen zu Aufgaben A2–A7

A2

a) Kräftegleichgewicht am MHD-Generator: $F_L = F_{el}$ mit $F_{el} = |\vec{E}| \cdot e \Rightarrow$ $|\vec{E}| \cdot e = e \cdot v \cdot B \cdot |\vec{E}| = v \cdot B = 5000\,\frac{V}{m}$.

b) Die generierte Spannung ist das Produkt aus Strecke d und Feldstärke, $U = 5000\,\frac{V}{m} \cdot 0{,}4\,m = 2000\,V$. Wenn der Lastwiderstand angeschlossen ist, dann sinkt die Spannung am Generator auf 1200 V. Da der Generator mit dem Lastwiderstand in Reihe geschaltet ist, liegen die übrigen 800 V am Lastwiderstand an und erreichen den Verbraucher.

c) Zum Verbraucher wird die Leistung $P_{Last} = 20{,}4\,MW$ und die Spannung $U_{Last} = 800\,V$ übertragen. Daher beträgt die Stromstärke $I = \frac{P_{Last}}{U_{Last}} = 25{,}5\,kA$.

d) Die negativen Ladungen bewegen sich zur Platte mit dem Pluspol der Spannung. Dadurch wirkt auf diese Ladungen eine Lorentzkraft parallel zur Platte. So entsteht ein Rückstoß. Entsprechendes passiert mit den positiven Ladungen.

A3

e) Für die Hall-Spannung gilt: $U_H = B \cdot I \cdot \frac{A_H}{d}$. Auflösen ergibt $B = U_H \cdot \frac{d}{I \cdot A_H}$. Einsetzen liefert $B = 0{,}417\,T$.

f) Für die Driftgeschwindigkeit gilt: $v = A_H \cdot \frac{I}{b} \cdot d = 12\,\frac{m}{s}$.

A4

c) Der Term $v = \frac{|\vec{E}|}{B_1}$ wird nach B_1 aufgelöst: $B_1 = \frac{|\vec{E}|}{v}$. Die Feldstärke ist $|\vec{E}| = \frac{U}{d}$. Der Term wird eingesetzt, also gilt $B_1 = \frac{U}{v \cdot d}$. Einsetzen ergibt $B_1 = 53\,mT$.

f) Einsetzen ergibt $\Delta y = 0{,}083\,m$.

A5

d) Bei diesem Versuch ist die Länge gleich null. Also gilt: $B = \mu_0 \cdot N \frac{I}{(4r^2 + 0^2)^{0,5}} = \mu_0 \cdot N \cdot \frac{I}{2r}$. Auflösen ergibt $\mu_0 = 2 \cdot B \cdot \frac{r}{N \cdot I}$. In ▸Abb. 2 wird $B = 0{,}033\,T$ abgelesen. Einsetzen führt zu $\mu_0 = 1{,}254 \cdot 10^{-6}\,\frac{N}{A^2}$.

e) Der Literaturwert ist $\mu_0 = \frac{1}{\varepsilon_0 \cdot c^2} = 1{,}257 \cdot 10^{-6}\,\frac{N}{A^2}$. Der im Versuch ermittelte Wert stimmt gut mit dem Literaturwert überein.

A6

d) Auswertung in ▸Tabelle 8, der Mittelwert $\frac{e}{m} = 1{,}77 \cdot 10^{11}\,\frac{N}{kg}$ liegt nahe beim Literaturwert $1{,}76 \cdot 10^{11}\,\frac{N}{kg}$.

A7

e) Die Auswertung zeigt ▸Tabelle 9. Die prozentualen Abweichungen sind kleiner als 1 %.

U in V	B in 10^{-4} T	r in m	$\frac{e}{m}$ in $10^{11}\,\frac{C}{kg}$
250	8,60	0,062	1,76
255	8,10	0,066	1,78
245	8,90	0,059	1,78

8 $\frac{e}{m_0}$

$\frac{v}{c}$	$\frac{e}{m}$ in $10^{11}\,\frac{C}{kg}$	$\frac{e}{m_{rel}}$ in $10^{11}\,\frac{C}{kg}$	p %
0	1,760	1,760	0,00
0,3173	1,661	1,669	0,45
0,3787	1,630	1,629	−0,06
0,4281	1,591	1,590	−0,01

9 $\frac{e}{m_{rel}}$

Eigenschaften des magnetischen Feldes

Addition von Magnetfeldern: Wenn ein Körper sein Magnetfeld zu einem anderen Magnetfeld addiert, dann wirkt auf den Körper eine magnetische Kraft, die vom Bereich des addierten Feldes weg gerichtet ist.

Regel der linken Hand: Wir halten Daumen, Zeigefinger und Mittelfinger der linken Hand orthogonal zueinander. Wenn nun der Daumen in Richtung der Geschwindigkeit v der Elektronen zeigt und der Zeigefinger in Richtung des Magnetfeldes, dann markiert der Mittelfinger die Kraftrichtung (▸ Abb. 7).

Magnetische Kraft auf einen Leiter im B-Feld: Wenn sich in einem magnetischen B-Feld mit einer Stärke B orthogonal zu diesem Feld ein Leiter mit einer Länge l befindet, durch den ein Strom mit einer Stromstärke I fließt, dann wirkt auf den Leiter eine magnetische Kraft mit dem Betrag:
$F = B \cdot I \cdot l$.

Lorentzkraft: Wenn sich in einem magnetischen B-Feld mit einer Stärke B eine Ladung q mit einer Geschwindigkeit v orthogonal zum Feld bewegt, dann wirkt auf die Ladung die Lorentzkraft:
$F_L = q \cdot v \cdot B$.

Hall-Spannung: In einem stromdurchflossenen Plättchen der Dicke d und der Hall-Konstanten A_H in einem Magnetfeld der Stärke B entsteht bei einer Stromstärke I die Hall-Spannung:

$$U_H = B \cdot \frac{I}{d} \cdot A_H$$

Kennt man also für ein solches Plättchen A_H, d und I, kann man es nutzen, um durch die Bestimmung von U_H Magnetfelder auszumessen.

Hall-Konstante: Die Einheit der Hall-Konstante ist $1\frac{m^3}{C}$. Für Elektronen ergibt sie sich aus Teilchendichte n und Elementarladung e zu:

$$A_H = \frac{1}{n \cdot e} \quad \text{für Elektronen.}$$

Das Vorzeichen der Hall-Konstante ist negativ für negativ geladene Ladungsträger, positiv für positiv geladene.

Anzahl beweglicher Ladungsträger: Die Dichte n der beweglichen Elektronen kann man ermitteln, indem man den Kehrwert der Hall-Konstanten A_H durch die (für Elektronen negative) Elementarladung e teilt.

Magnetfeld einer stromdurchflossenen Spule: Wird eine längliche Spule der Länge l und der Windungszahl N von einem Strom der Stromstärke I durchflossen, dann wird in der Spule ein B-Feld in folgender Stärke erzeugt:

$$B = \mu_0 \cdot \frac{I \cdot N}{l}.$$

Dabei ist μ_0 die magnetische Feldkonstante:

$$\mu_0 = 1{,}257 \cdot 10^{-6} \frac{N}{A^2}.$$

Materiegefüllte Spule: Wenn eine längliche Spule der Länge l und mit N Windungen von einem Strom der Stromstärke I durchflossen wird und wenn die Spule mit einem Material mit einer **Permeabilitätszahl** μ_r gefüllt ist, dann wird in der Spule ein B-Feld in folgender Stärke erzeugt:

$$B = \mu_0 \cdot \mu_r \cdot \frac{I \cdot N}{l}.$$

Magnetismus in Materie · Bei **ferromagnetischen** Stoffen ist die Permeabilitätszahl μ_r deutlich größer als 1. Das Besondere an Ferromagneten ist die dauerhafte Ausrichtung der magnetischen Momente der Elektronen am lokalen B-Feld benachbarter Teilchen. Eine Magnetisierung bleibt daher auch nach Entfernen des äußeren B-Feldes erhalten. **Paramagnetisches** Material erzeugt ein Magnetfeld, das zum äußeren Feld parallel und relativ schwach ist. Es hat eine Permeabilitätszahl μ_r, die etwas größer als 1 ist. **Diamagnetische** Stoffe erzeugen ein Magnetfeld, das zum äußeren Feld entgegengesetzt gerichtet ist. Ihre Permeabilitätszahlen sind etwas kleiner als 1.

Teilchen in Feldern

Kreisbahn geladener Teilchen: Wenn ein geladenes Teilchen mit Masse m und Ladung q senkrecht zu einem homogenen Magnetfeld B fliegt, dann ist die Flugbahn kreisförmig mit dem Radius $r = m \cdot \frac{v}{B \cdot q}$.

Der Sonnenwind besteht aus Elektronen und Protonen. Er wird teilweise in Strahlungsgürteln der Erde eingefangen. In den Polarregionen wird er gebündelt und ionisiert dort Luftmoleküle. Diese senden Licht aus, ebenso wie eine Gasentladungslampe. So entstehen Polarlichter.

Schraubenförmige Bahnen im Magnetfeld: Tritt ein Teilchen unter einem Winkel in ein Magnetfeld ein, hat seine Bewegung eine Komponente parallel und eine senkrecht zum B-Feld. Während erstere unverändert bleibt, führt letztere zu einer Kreisbahn des Teilchens um die B-Feld-Richtung. Entsprechend dem Prinzip der linearen Superposition zweier Bewegungen überlagern sich beide zu einer Bewegung auf einer Schraubenlinie entlang der Feldlinien.

Magnetische Flasche: Im Erdmagnetfeld laufen die Feldlinien an den Polen zusammen. Dadurch wird das B-Feld stärker, $v_\perp$ größer und $v_\parallel$ entsprechend kleiner, kann sogar null werden und das Vorzeichen wechseln.
Solche Teilchen können an den Polregionen umkehren und insgesamt zwischen den Polregionen hin- und herpendeln. Die Teilchen sind also eingeschlossen, man spricht von einer **magnetischen Flasche.**

Wien-Filter: Ein Wien-Filter besteht aus zueinander senkrechten homogenen Feldern $\vec{E}$ und $\vec{B}$. Er lässt nur Ionen durch, die senkrecht zu beiden Feldern mit einer Geschwindigkeit

$$v = \frac{|\vec{E}|}{|\vec{B}|}$$

eintreten.

Massenspektrometer: Ein Massenspektrometer kann Teilchen entsprechend ihrer Masse präzise voneinander trennen. Diese Analyse basiert darauf, dass die Teilchen durch elektrische und magnetische Felder stufenweise auf unterscheidbare Flugbahnen gebracht werden.

Massenspektrum: Trägt man die Masse der Moleküle, die ein Massenspektrometer durchlaufen, über der Häufigkeit auf, erhält man das Massenspektrum.

Überprüfen Sie sich selbst:

Kann ich ...

- die Funktion einer Stromwaage erklären? (▸S. 64)
- die magnetische Kraft auf einen stromdurchflossenen Leiter bei gegebener Leiterlänge, Stromstärke und B-Feldstärke berechnen? (▸S. 65)
- erläutern, was die Driftgeschwindigkeit ist? (▸S. 67)
- den Unterschied zwischen der Rechte-Hand- und der Linke-Hand-Regel erläutern? (▸S. 67)
- mithilfe des Hall-Effekts die Driftgeschwindigkeit von Elektronen berechnen? (▸S. 72)
- erläutern, wie ein Hall-Sensor funktioniert? (▸S. 72)
- den Vorteil eines Eisenkerns in einer Spule erläutern? (▸S. 78)
- die magnetische Feldkonstante anhand der Daten einer stromdurchflossenen Spule ermitteln? (▸S. 79)
- die Unterschiede zwischen Ferro-, Para- und Diamagnetismus erläutern? (▸S. 79)
- erläutern, warum geladene Teilchen in einem B-Feld eine Kreisbahn durchlaufen? (▸S. 86)
- ein Verfahren zur Messung der spezifischen Ladung angeben? (▸S. 86)
- die Funktion eines Wien-Filters erläutern? (▸S. 93)
- ein Verfahren angeben, mit dem Teilchen unterschiedlicher Massen getrennt werden können? (▸S. 93)
- die Geschwindigkeit eines Teilchens berechnen, das einen Wien-Filter gegebener E- und B-Feldstärken ungehindert passieren kann? (▸S. 93)

Elektro-dynamik

In diesem Kapitel beschäftigen Sie sich mit:

- der Erzeugung einer elektrischen Spannung mithilfe eines B-Feldes. Sie erfahren, wie eine Flächenänderung einer Leiterschleife in einem B-Feld zu einer elektrischen Spannung führen kann. Sie lernen, wie umgekehrt auch die Änderung des B-Feldes, welches die Leiterschleife durchdringt, eine elektrische Spannung erzeugen kann.
- der Erzeugung einer elektrischen Spannung in einer Spule, die sich im zeitlich veränderlichen B-Feld einer anderen Spule befindet.

- der Funktionsweise von Generatoren und Transformatoren. Sie lernen, wie Generatoren Drehbewegungen und B-Felder nutzen, um elektrische Spannungen zu erzeugen.
- der Rolle der Energieerhaltung bei der Induktion elektrischer Spannungen. Sie erfahren, wie man Wirbelströme zum Bremsen nutzen kann.
- dem Phänomen der Selbstinduktion. Sie lernen, dass eine Spule auch als Energiespeicher genutzt werden kann.

1 Schütteltaschenlampe

Elektromagnetische Induktion

Wenn diese Taschenlampe geschüttelt wird, dann wandelt sie Bewegungsenergie in elektrische Energie um. Wie funktioniert das und welche Spannung wird dabei erzeugt?

Modellversuch mit Spule • Mit ersten Versuchen bilden wir die Spannungserzeugung nach. Zuerst stellen wir eine Spule mit 23 000 Windungen auf den Tisch, schließen ein Voltmeter an und bewegen einen Permanentmagneten in die Spule (▸Abb. 2 A). Das Voltmeter zeigt während der Bewegung 2 V an. Wenn der Magnet ruhig in der Spule steht, wird keine Spannung mehr erzeugt. In einem zweiten Versuch bewegen wir die Spule zum Permanentmagneten (▸Abb. 2 B). Auch bei dieser Bewegung zeigt das Voltmeter 2 V an.

Wesentlich ist also, dass sich der Kupferdraht der Spule relativ zum Magneten bewegt. Das überprüfen wir mit weiteren Modellversuchen.

Modellversuch mit Leiter • Wir versuchen, eine Spannung zu erzeugen, indem wir einen Aluminiumzylinder als elektrischen Leiter auf zwei leitenden Schienen durch ein Magnetfeld rollen lassen (▸Abb. 3). Zum Nachweis der Spannung schließen wir an die Schienen ein empfindliches Voltmeter an. Wir messen während der Bewegung eine Spannung von ungefähr 1 mV.

Analyse der Spannung • Wie entsteht die Spannung bei dem rollenden Aluminiumzylinder in ▸Abb. 3?

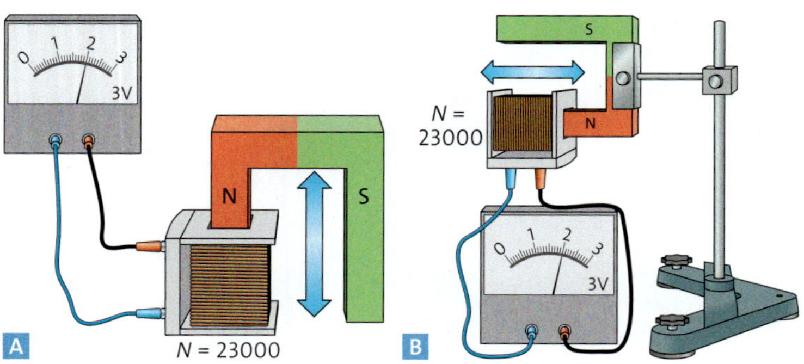

2 **A** beweglicher Magnet, **B** bewegliche Spule

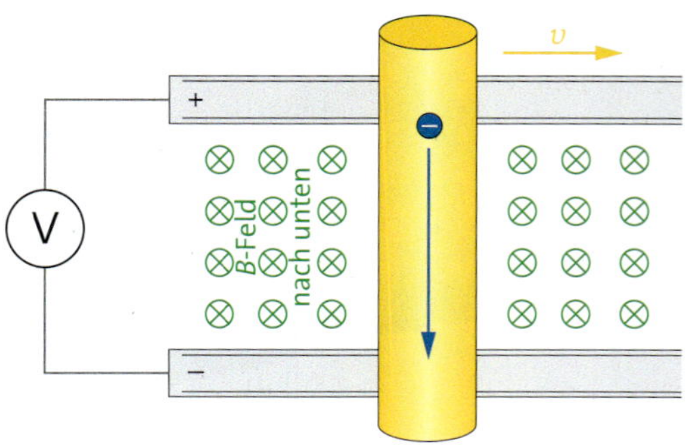

3 Aluminiumzylinder rollt auf Schienen

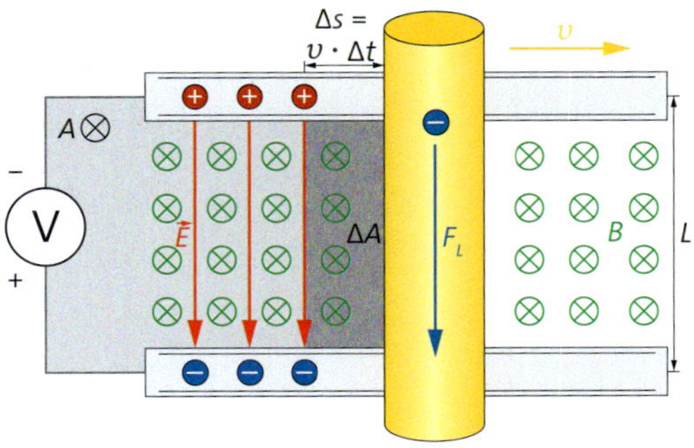

4 Lorentzkraft im Aluminiumzylinder

Da die Bewegung im Magnetfeld erfolgt, wirkt auf die Elektronen im Zylinder eine zum unteren Bildrand gerichtete Lorentzkraft (▸Abb. 4):

$F_L = e \cdot v \cdot B.$

Durch die Lorentzkraft werden Elektronen verschoben, die sich dann an den Enden des Zylinders und auf den Schienen sammeln (▸Abb. 4). Diese Ladungen erzeugen ein elektrisches Feld mit einer Feldstärke $|\vec{E}|$. Das Feld ist relativ homogen, daher ist diese Feldstärke gleich dem Quotienten aus der gemessenen Spannung und der Distanz L zwischen positiver und negativer Ladung:

$|\vec{E}| = \frac{U}{L}.$

Deshalb wirkt auf ein Elektron eine nach oben gerichtete elektrische Kraft F_{el}, wobei deren Betrag das Produkt aus der Ladung e und der Feldstärke $|\vec{E}|$ ist:

$F_{el} = e \cdot |\vec{E}| = \frac{e \cdot U}{L}.$

Nach sehr kurzer Zeit stellt sich mithilfe der beweglichen Elektronen im Aluminiumzylinder ein Kräftegleichgewicht ein. Somit gilt:

$F_L = F_{el}$ oder $e \cdot v \cdot B = \frac{e \cdot U}{L}.$

Wir lösen diese Gleichung nach dem Betrag der Spannung auf:

$U = L \cdot v \cdot B.$

Man nennt eine solche Spannung eine induzierte Spannung U_i.
Wir fassen zusammen:

Wenn sich ein Leiter der Länge L mit einer Geschwindigkeit v durch ein B-Feld mit der Stärke B bewegt, dann wird zwischen den Enden des Leiters eine Spannung mit folgendem Betrag **induziert:**

$U_i = L \cdot v \cdot B.$

Dabei sind B, L sowie v zueinander orthogonal.

Analyse der Fläche • Aluminiumzylinder, Schienen und Voltmeter umranden als Leiterschleife die in ▸Abb. 4 grau markierte Fläche A. Auch Flächen kann eine Richtung zugeschrieben werden, diese ist stets orthogonal zur Fläche. Entscheidend ist die parallel zu B gerichtete Komponente. Man nennt sie die wirksame Fläche.
Im Versuch sind sowohl A als auch ihre wirksame Komponente A_W parallel zu B (▸Abb. 5 und 6).

Im Zeitintervall Δt ändert sich bei konstanter Geschwindigkeit die Fläche A um $\Delta A = L \cdot v \cdot \Delta t$. Zum Pluspol des Voltmeters (▸Abb. 4) wandern negativ geladene Elektronen, also ist $U_i < 0$:

$U_i = -L \cdot v \cdot B.$

Wir multiplizieren mit $1 = \frac{\Delta t}{\Delta t}$:

$U_i = -L \cdot v \cdot \Delta t \cdot \frac{1}{\Delta t} \cdot B = -\frac{\Delta A}{\Delta t} \cdot B.$

und fassen das Ergebnis zusammen:

Wenn eine Leiterschleife mit einer Fläche A orthogonal von einem B-Feld mit einer Stärke B durchdrungen wird, dann führt eine Flächenänderung pro Zeit $\frac{\Delta A}{\Delta t}$ zu folgender **Induktionsspannung:**

$U_i = -\frac{\Delta A}{\Delta t} \cdot B.$

1 Begründen Sie, dass das Voltmeter in ▸Abb. 4 eine negative Spannung anzeigt.

2 Begründen Sie, dass die Fläche in ▸Abb. 4 nach unten orientiert ist.

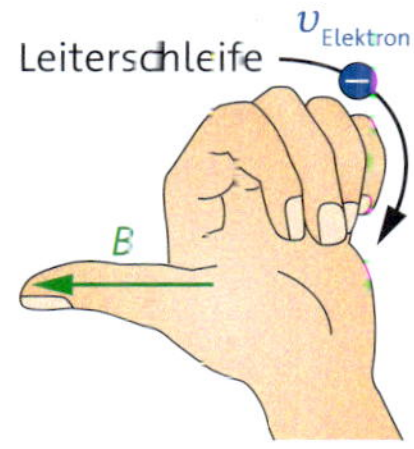

5 Linke-Faust-Regel zur Orientierung der Fläche

Nach der Linke-Faust-Regel zeigt der Daumen der linken Hand die Flächenrichtung an, wenn die Finger entlang der Leiterschleife vom Plus- zum Minuspol des Voltmeters zeigen.

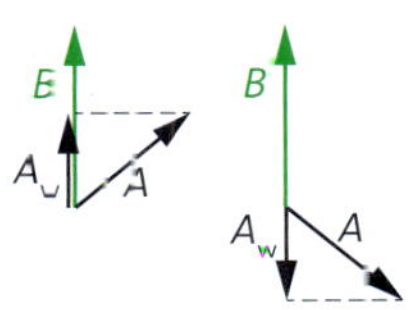

6 Die wirksame Flächenkomponente A_W ist parallel oder antiparallel zu B.

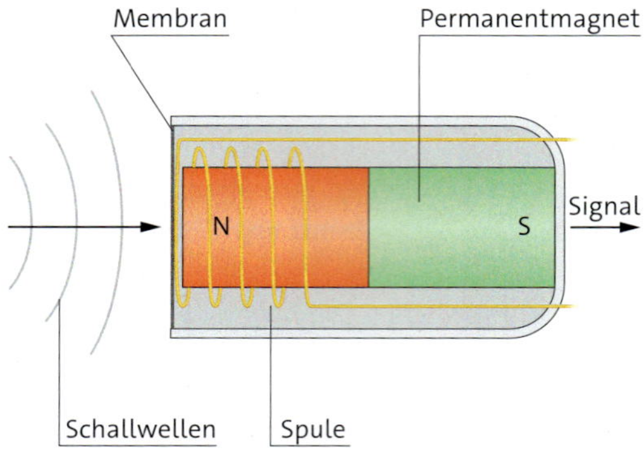

1 Induktives Mikrofon

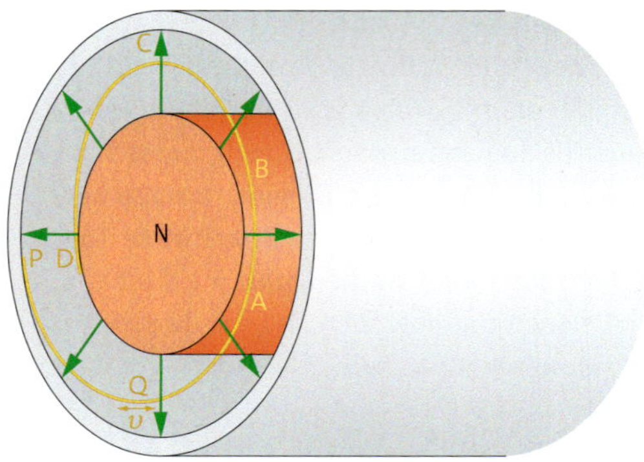

2 Spannung am bewegten Leiterstück

Induktives Mikrofon • Ein bewegtes Leiterstück kann eine kleine Spannung induzieren, wogegen viele Leiterstücke, zu einer bewegten Spule kombiniert, eine vielfache Spannung erzeugen können. Dieses Prinzip nutzt man beim **induktiven Mikrofon** oder **dynamischen Mikrofon.** Im Wesentlichen besteht dieses aus einer Membran, an der eine feine Spule befestigt ist, welche einen Permanentmagneten umschließt (▸Abb. 1). Dieses Mikrofon funktioniert wie folgt: Schallwellen treffen auf die Membran und bringen diese zum Schwingen. Somit bewegt sich der Kupferdraht der Spule relativ zum Magneten, wie in ▸Abb. 2 vergrößert dargestellt.

Wir analysieren das Stück des Drahtes, das zwischen den Punkten A und B liegt. Wie im Modellversuch mit dem Aluminiumzylinder entsteht zwischen den Enden des Leiterstücks eine Induktionsspannung U_i:

$$U_i = L \cdot v \cdot B.$$

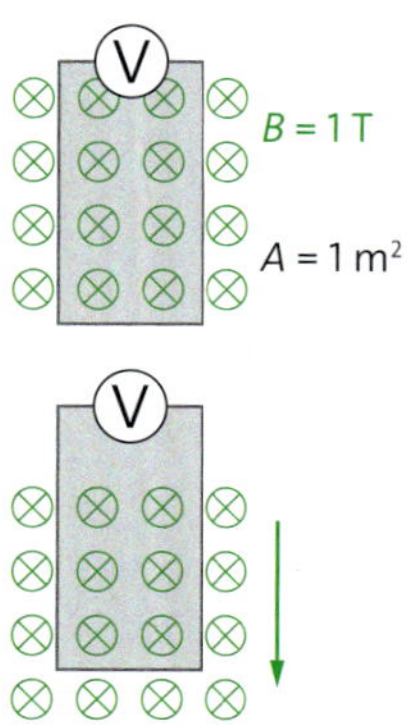

3 Bewegung des Feldes nach unten am Beispiel einer rechteckigen Leiterschleife

Die Windung des Kupferdrahtes der Spule in ▸Abb. 2 besteht aus den Leiterstücken DC, CB, BA, AQ und QP. An jedem dieser Leiterstücke wird eine solche Spannung induziert. Diese Leiterstücke sind in der Windung in Reihe geschaltet, sodass sich die Spannungen addieren:

$$U_{PD} = U_{PQ} + U_{QA} + U_{AB} + U_{BC} + U_{CD}.$$

Für eine Spule mit einem Radius r ist die Länge einer Windung gleich dem Umfang $2 \cdot \pi \cdot r$. Daher wird an einer Windung folgende Spannung induziert:

$$U_{PD} = 2 \cdot \pi \cdot r \cdot v \cdot B.$$

Die N Windungen der Spule sind innerhalb der Spule wiederum in Reihe geschaltet. Daher wird in der Spule das N-Fache der Spannung einer einzelnen Windung induziert:

$$U_{Spule} = 2 \cdot \pi \cdot r \cdot v \cdot B \cdot N.$$

Da die Geschwindigkeit beim Schwingen der Membran als Funktion der Zeit ungefähr sinusförmig verläuft, entsteht eine Wechselspannung mit einer bestimmten Amplitude. Beispielsweise wird in einer Spule mit $r = 0{,}01$ m und $N = 100$ bei $B = 0{,}2\,\mathrm{T}$ und $v = 0{,}001\,\frac{\mathrm{m}}{\mathrm{s}}$ eine Spannung mit folgender Amplitude induziert:

$$U_{Spule} = 2 \cdot \pi \cdot 0{,}01\,\mathrm{m} \cdot 0{,}001\,\frac{\mathrm{m}}{\mathrm{s}} \cdot 0{,}2\,\mathrm{T} \cdot 100$$
$$= 1{,}3\,\mathrm{mV}$$

Feldänderung • Bei unseren bisherigen Beispielen hat sich eine Leiterschleife in einem B-Feld bewegt. Gleichwertig ist die Bewegung eines B-Feldes relativ zu einer Leiterschleife. In ▸Abb. 3 bewegt sich z. B. das Feld in $\Delta t = 1\,\mathrm{s}$ um $\frac{1}{4}$ nach unten. Daher ändert sich die vom B-Feld durchdrungene Fläche um $\Delta A = -\frac{1}{4} \cdot A = -\frac{1}{4}\,\mathrm{m}^2$. Somit beträgt die Induktionsspannung:

$$U_i = -\frac{\Delta A}{\Delta t} \cdot B = \frac{1}{4}\,\frac{\mathrm{m}^2}{\mathrm{s}} \cdot 1\,\mathrm{T} = \frac{1}{4}\,\mathrm{V}.$$

Aus Sicht der Schleife ändert sich in der Schleife im Mittel das Feld um $\Delta B = -\frac{1}{4} \cdot B = -\frac{1}{4}\,\mathrm{T}$. Wir können die induzierte Spannung also auch aus der Feldänderung pro Zeit berechnen:

$U_i = -\frac{\Delta B}{\Delta t} \cdot A = \frac{1}{4}\frac{\mathrm{T}}{\mathrm{s}} \cdot 1\,\mathrm{m}^2 = \frac{1}{4}\,\mathrm{V}.$

Dieses Beispiel illustriert:

Wenn eine Leiterschleife mit einer Fläche A orthogonal von einem mittleren B-Feld durchdrungen wird, das durch Bewegung eine Änderungsrate $\frac{\Delta B}{\Delta t}$ erfährt, dann entsteht folgende Induktionsspannung:

$$U_i = -\frac{\Delta B}{\Delta t} \cdot A.$$

Schütteltaschenlampe • Wir ermitteln die Induktionsspannung bei der Schütteltaschenlampe: Beim induktiven Mikrofon bewegt sich die Spule und der Magnet ruht (▸Abb. 1). Bei der Schütteltaschenlampe bewegt sich der Permanentmagnet relativ zur Spule, wobei sich relativ zum Benutzer meist beide bewegen. Da die Spannung lediglich von der Relativbewegung abhängt, können wir unser Ergebnis zum induktiven Mikrofon auf die Schütteltaschenlampe übertragen. Bei einer typischen Schütteltaschenlampe ist $r = 0{,}01\,\mathrm{m}$, $N = 1000$, $B = 0{,}5\,\mathrm{T}$ und $v = 0{,}1\,\frac{\mathrm{m}}{\mathrm{s}}$. Dabei wird die Spannung induziert:

$$U_{\text{Spule}} = 2 \cdot \pi \cdot 0{,}01\,\mathrm{m} \cdot 0{,}1\,\frac{\mathrm{m}}{\mathrm{s}} \cdot 0{,}5\,\mathrm{T} \cdot 1000 \approx 3{,}14\,\mathrm{mV}$$

Diese Spannung ist groß genug, um die Leuchtdioden in der Lampe zum Leuchten zu bringen.

1 Ein Flugzeug mit einer Spannweite von 65 m fliegt waagerecht mit einer Geschwindigkeit von $900\,\frac{\mathrm{km}}{\mathrm{h}}$. Dabei beträgt die senkrecht nach oben gerichtete Komponente des B-Feldes der Erde 30 Mikrotesla.

a) Berechnen Sie die auf ein Elektron in der Tragfläche wirkende Lorentzkraft.

b) Geben Sie begründet an, in welche Richtung die Lorentzkraft wirkt und ob sich das Flugzeug auf der Nordhalbkugel der Erde befindet.

c) Erläutern Sie, wie Sie diese Spannung im Prinzip mit einem Kondensator messen können.

2 Erklären Sie, warum in der hin- und herbewegten Spule eine größere Spannung entsteht als in der pendelnden Leiterschaukel.

a) Nutzen Sie die Ähnlichkeit zum Versuch in ▸Abb. 1.

b) Analysieren Sie Leiterstücke (▸Abb. 2).

METHODE

Umkehrung der Energieumwandlung

Wir haben mit der Leiterschaukel elektrische Energie in mechanische Energie umgewandelt. Können wir diesen Vorgang umkehren?

Bisher haben wir die Leiterschaukel im B-Feld mit einem elektrischen Strom bewegt. Wir **kehren den Prozess nun um:** Wir bewegen die Leiterschaukel mechanisch und weisen eine Spannung nach oder auch einen elektrischen Strom (▸Abb. 4). Wenn wir die Schaukel nach rechts bewegen, dann bewegen sich die Elektronen im Leiterstab auch nach rechts. Entsprechend der Drei-Finger-Regel wirkt auf diese Elektronen die Lorentzkraft nach hinten. Dadurch bewegen sich diese Elektronen zum negativen Anschluss des Messgeräts. Daher zeigt das Gerät eine positive Spannung an von wenigen 0,1 mV. In einem zweiten Versuch bewegen wir den Leiterstab nach links. Dann sind die Bewegungen, die Lorentzkraft und die Spannung jeweils umgekehrt gerichtet.

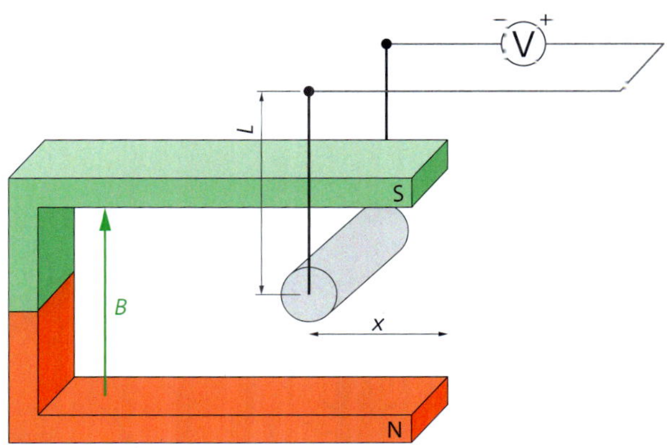

4 Leiterschaukel

Versuch A • Erkunden mit Induktion

V1 Das Innere des Stabmagneten

Material:
Kunststoffröhre, langer zylindrischer Stabmagnet, kurze Spule mit zur Röhre passendem Durchmesser, Messwerterfassungssystem, Stativmaterial, weiche Unterlage

Arbeitsauftrag:
a) Prinzipiell könnte im Inneren eines Stabmagneten ein B-Feld vorliegen wie in ▸Abb. 1A oder das Innere könnte feldfrei sein wie in ▸Abb. 1B. Stellen Sie eine begründete Hypothese auf, welche der beiden Möglichkeiten vorliegt.
b) Bauen Sie ein Überprüfungsexperiment wie folgt auf: Befestigen Sie eine Kunststoffröhre senkrecht am Stativ. Legen Sie die weiche Unterlage darunter. Befestigen Sie die kurze Spule so, dass sie die Röhre umfasst. Schließen Sie das Messwerterfassungssystem an, um die Induktionsspannung U_i zu messen.
c) Stellen Sie je eine Hypothese über den Zeitverlauf $U_i(t)$ für die beiden Möglichkeiten in ▸Abb. 1 auf.
d) Führen Sie den Versuch durch: Lassen Sie den Stabmagneten durch die Röhre fallen und zeichnen Sie $U_i(t)$ mit dem Messwerterfassungssystem auf.
e) Entscheiden Sie anhand des Zeitverlaufs $U_i(t)$, ob im Inneren des Stabmagneten Feldlinien verlaufen (▸Abb. 1A) oder nicht (▸Abb. 1B).

V2 Das Erdmagnetfeld

Material:
Drehbare Spule mit Schleifkontakten, Motor, Treibriemen, Messwerterfassungssystem, Smartphone mit B-Sensor

Arbeitsauftrag:
a) Das Erdmagnetfeld soll mithilfe einer Induktionsspannung gemessen werden. Bauen Sie dazu den Versuch wie in ▸Abb. 2 auf. Da die Spule sich im Erdmagnetfeld dreht, wird eine Spannung induziert. Schließen Sie das Messwerterfassungssystem an, um den Zeitverlauf der Induktionsspannung $U_i(t)$ zu messen.
b) Schalten Sie den Motor an. Zeichnen Sie $U_i(t)$ auf. Erklären Sie den Zeitverlauf. Ermitteln Sie die Kreisfrequenz ω.
c) Wenn sich die Spule der Windungszahl N und der Querschnittsfläche A im Feld $B_\perp$ senkrecht zur Drehachse mit einer Kreisfrequenz ω dreht, dann beträgt das Maximum der Induktionsspannung während einer Periode $U_{max} = N \cdot A \cdot B_\perp \cdot \omega$. Begründen Sie. Berechnen Sie U_{max} z. B. für $N = 4000$, $A = 41{,}7\,\text{cm}^2$, $B_\perp = 50\,\mu\text{T}$ und $\omega = 50\,\frac{1}{\text{s}}$. Ermitteln Sie aus Ihren Messwerten $B_\perp$.
d) Stellen Sie eine Hypothese dazu auf, in welche Richtung die Achse zu drehen ist, damit die Spannung maximal wird.
e) Überprüfen Sie die Hypothese. Ermitteln Sie das B-Feld im Raum. Überprüfen Sie das Ergebnis mit dem Smartphone.

V3 Feld des Hufeisenmagneten

Material:
Leiterschaukel, Hufeisenmagnet, Messverstärker, Messwerterfassungssystem, Smartphone

Arbeitsauftrag:
a) Bauen Sie die Leiterschaukel wie in ▸Abb. 3 auf. Lenken Sie die Schaukel um eine Strecke x_{max} aus, lassen Sie die Schaukel los und zeichnen Sie $U(t)$ auf.
b) Beschreiben und erklären Sie $U(t)$. Gehen Sie davon aus, dass $x(t)$ sinusförmig verläuft mit $x(t) = x_{max} \cdot \sin(\omega \cdot t)$. Ermitteln Sie aus $U(t)$ die Kreisfrequenz ω.
c) Für die Geschwindigkeit gilt dann $v(t) = x_{max} \cdot \omega \cdot \cos(\omega \cdot t)$. Begründen Sie. Ermitteln Sie daraus die maximale Geschwindigkeit v_{max}.
d) Wenn die Leiterschaukel mit einer Breite b im Feld B mit dieser Geschwindigkeit $v(t)$ schwingt, dann gilt für die Spannung $U(t) = b \cdot B \cdot v(t)$. Begründen Sie. Berechnen Sie für das Fallbeispiel mit $B = 0{,}5\,\text{T}$, $b = 0{,}1\,\text{m}$ und $v_{max} = 0{,}1\,\frac{\text{m}}{\text{s}}$ den Maximalwert U_{max} der Spannung.
e) Ermitteln Sie aus dem gemessenen Zeitverlauf die maximale Spannung U_{max}. Ermitteln Sie daraus das B-Feld. Überprüfen Sie mit dem B-Sensor des Smartphones.

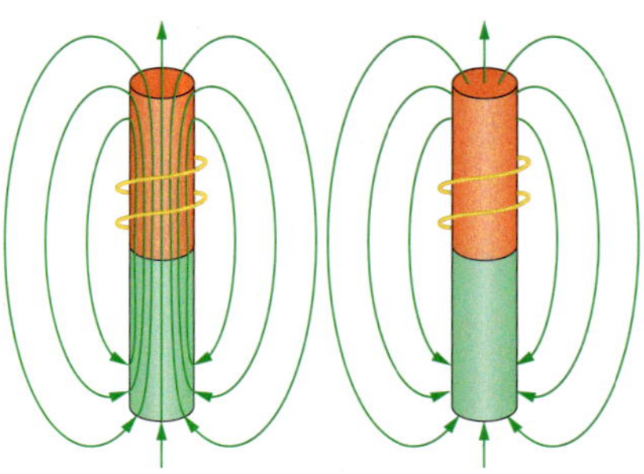

1 B-Feld im Stabmagneten?

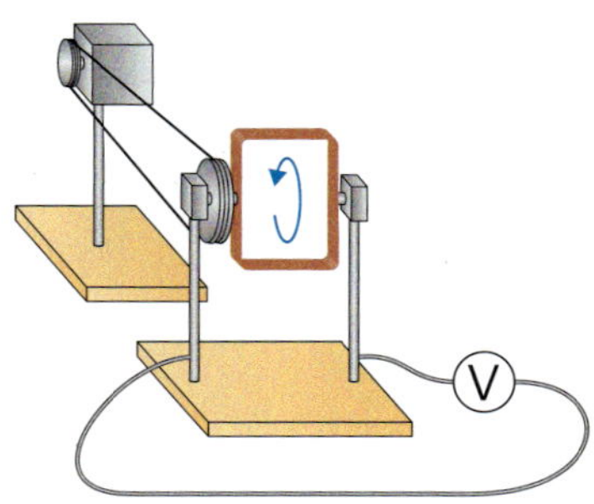

2 Messung des Erdmagnetfeldes

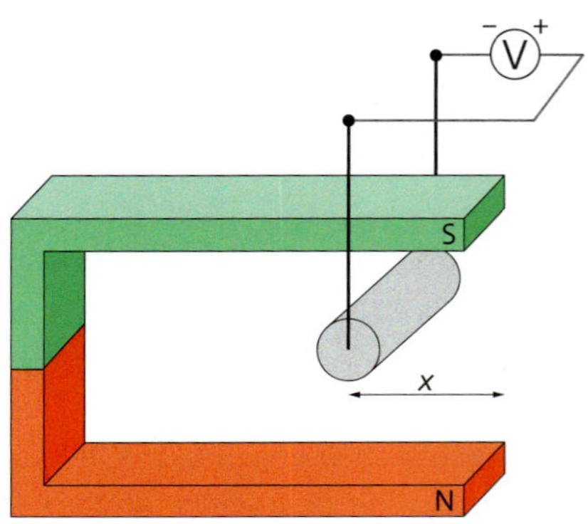

3 Leiterschaukel

Material A • Gleichförmig bewegte Spule

A1 Eine rechteckige, flache Spule mit 2400 Windungen wird nach rechts über ein Feld von gleich starken Magneten gezogen (▸Abb. 4). Die dabei gemessene Spannung ist in dem $U_i(t)$-Diagramm in ▸Abb. 5. dargestellt. $U_i(t)$ wird dabei positiv dargestellt, wenn die Spannung zwischen P und Q positiv ist.

a) Erklären Sie, warum die Spannung in den Abschnitten ① und ③ etwa konstant und vom Betrag her gleich ist.

b) Bestimmen Sie das Vorzeichen der Spannung in den Abschnitten ① und ③ (i) mit der Linken-Hand-Regel, (ii) mit einer Kräftebetrachtung.

c) Erklären Sie den Verlauf der Spannung im Abschnitt ②.

d) Zeigen Sie, dass das mittlere B-Feld über den Magneten 11 mT beträgt. Nutzen Sie hierfür das $U_i(t)$-Diagramm.

e) Skizzieren Sie das zur Messung passende $A(t)$-Diagramm für die Spule.

f) Folgende Veränderungen werden am Experiment vorgenommen. Erklären Sie jeweils, welchen Einfluss dies auf das zu erwartende $U_i(t)$-Diagramm hat.

(1) Die Spule wird mit gleicher Geschwindigkeit von rechts nach links über das Magnetfeld gezogen.

(2) Die Spule wird um 90° im Uhrzeigersinn gedreht.

(3) Die Spule wird mit $2{,}0\,\frac{\text{cm}}{\text{s}}$ gezogen.

(4) Die Spule hat nur 1600 Windungen.

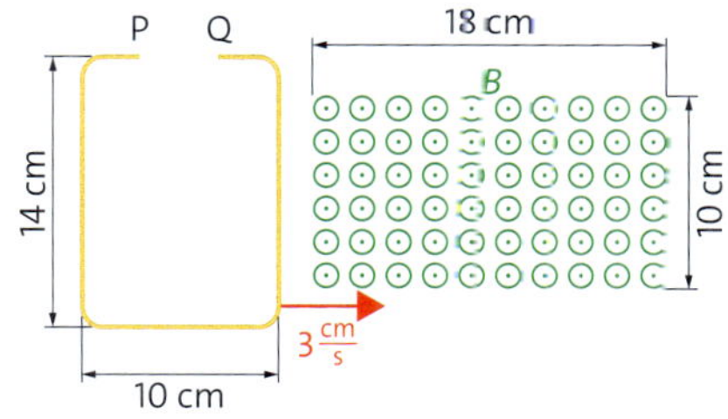

4 Gleichförmig bewegte Spule

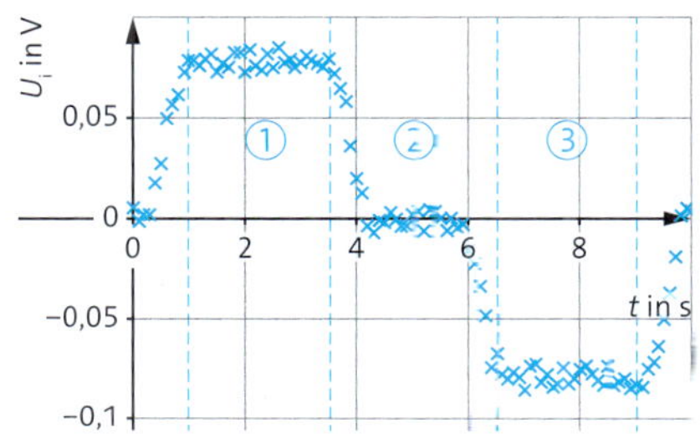

5 Spannungsverlauf bei der Spule

Material B • Leiterschleife in verschiedenen Feldern bewegt

B1 Eine Leiterschleife wie in ▸Abb. 6 wird mit konstanter Geschwindigkeit in Richtung ①, ② bzw. ③ gezogen. Die Spannung wird gemessen (▸Abb. 7). Die Flussdichten der beiden Magnetfelder sind entgegengesetzt gerichtet, bei gleichem Betrag. Drei der $U_i(t)$-Diagramme A–D sind bei ①, ② und ③ entstanden.

a) Ordnen Sie jedem Weg ein $U_i(t)$-Diagramm zu. Begründen Sie.

b) Finden Sie für das bei a) nicht verwendete $U_i(t)$-Diagramm einen passenden Weg für die Leiterschleife.

c) Erstellen Sie für die gleiche Anordnung selbst eine Aufgabe mit Lösung, bei der Sie einen weiteren Weg oder ein $U_i(t)$-Diagramm vorgeben.

d) In einem weiteren Versuch werden die drei Leiterschleifen durch eine Masse beschleunigt wie in ▸Abb. 8. Skizzieren Sie die entsprechenden $U_i(t)$-Diagramme.

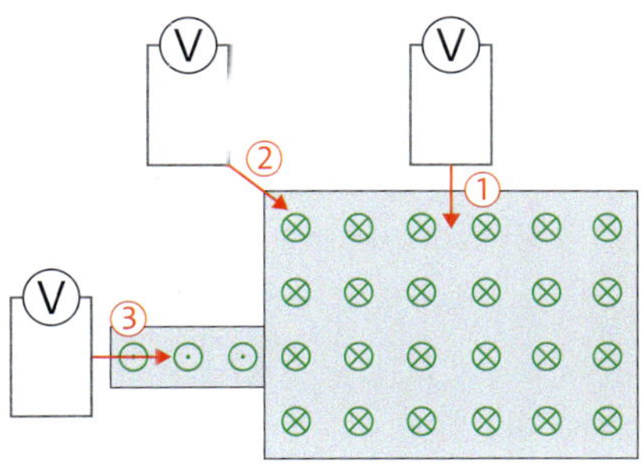

6 Leiterschleife in Feldern bewegt

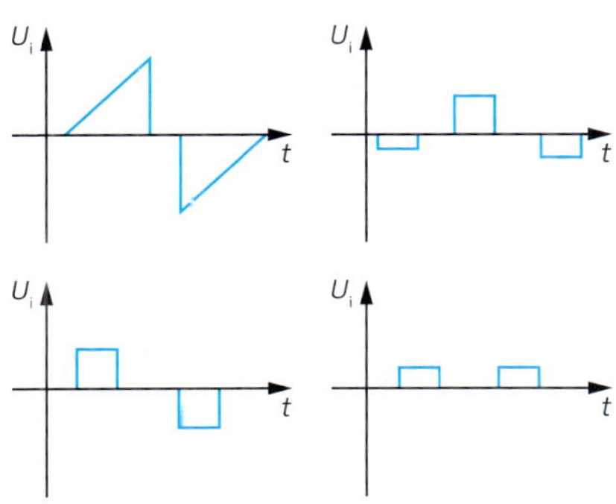

7 Spannungsverlauf bei Leiterschleife

e) Im nächsten Versuch soll das $U_i(t)$-Diagramm in ▸Abb. 9 entstehen. Planen Sie das Experiment.

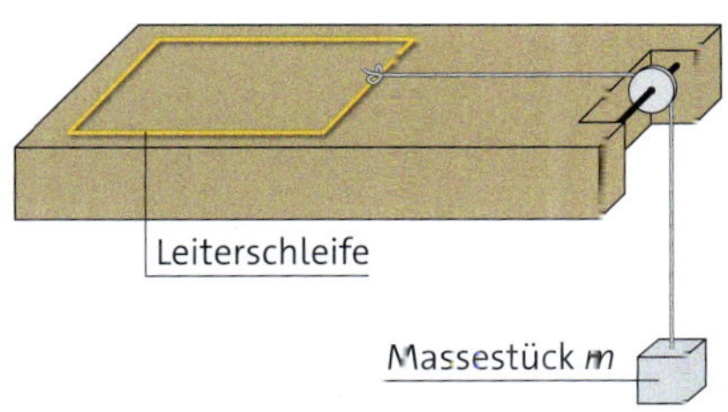

8 Beschleunigte Leiterschleife

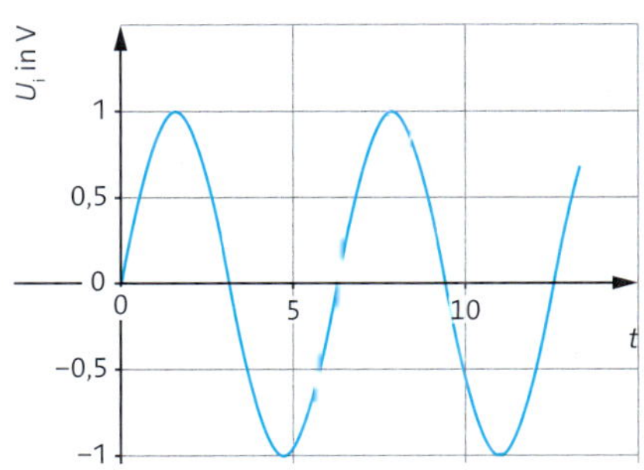

9 Gewünschter Spannungsverlauf

METHODE

Ableitungsregeln

Induktion durch Feldänderung • Beim Generator in ▸Abb. 1 rotiert der Magnet. Dadurch entsteht in jeder Spule ein zeitlich veränderliches B-Feld:

$$B(t) = B_0 \cdot \sin(\omega \cdot t). \qquad (1)$$

Die Induktionsspannung ist proportional zur **Änderungsrate** des B-Feldes:

$$U_\mathrm{i} = -N \cdot A \cdot \frac{\Delta B}{\Delta t}.$$

Momentane Änderungsrate • Diese Änderungsrate $\frac{\Delta B}{\Delta t}$ ist nur ein Zeitmittelwert für das Intervall Δt. Genauer wäre die **momentane Änderungsrate,** also die Änderungsrate im Grenzfall „Zeitintervall gegen null". Dieser Grenzwert der Änderungsrate ist die **Ableitung:**

$$B'(t) = \lim_{\Delta t \to 0} \frac{\Delta B}{\Delta t} = \dot{B}(t) = \frac{\mathrm{d}B}{\mathrm{d}t}.$$

Hier haben wir mit $\dot{B}(t)$ eine Ableitung bezüglich der Zeit mit einem Punkt abgekürzt, wie in der Physik üblich. Zudem haben wir mit $\frac{\mathrm{d}B}{\mathrm{d}t}$ die **Leibniz-Schreibweise** verwendet: Diese Schreibweise stellt den Grenzwert des Bruches $\frac{\Delta B}{\Delta t}$ als Bruch $\frac{\mathrm{d}B}{\mathrm{d}t}$ dar, wobei der Limes nur analysiert wird, falls nötig – andernfalls werden einfach die Regeln der Bruchrechnung angewendet.
Wir können die induzierte Spannung genauer aus der momentanen Änderungsrate bestimmen:

$$U_\mathrm{i}(t) = -N \cdot A \cdot \dot{B}(t).$$

B-Feld in zwei Schritten • Wir erkennen, dass der Term in Gleichung (1) in zwei Schritten aus t ermittelt wird: Erst wird der **Phasenwinkel** $\varphi(t) = \omega \cdot t$ ermittelt, dann $B(\varphi)$:

$$B(\varphi) = B_0 \cdot \sin\varphi \quad \text{mit} \quad \varphi(t) = \omega \cdot t.$$

Man sagt, dass hier die Funktion $B(t)$ eine **Verkettung** aus $B(\varphi)$ und $\varphi(t)$ ist. Das notiert man mit einem **Kreissymbol:**

$$B(t) = B(\varphi) \circ \varphi(t)$$

Entsprechend ermitteln wir die Ableitung in zwei Schritten. Wir wenden die Leibniz-Schreibweise an:

$$\dot{B}(t) = \frac{\mathrm{d}B}{\mathrm{d}t}.$$

Hier erweitern wir mit $\mathrm{d}\varphi$:

$$\dot{B}(t) = \frac{\mathrm{d}B}{\mathrm{d}\varphi} \cdot \frac{\mathrm{d}\varphi}{\mathrm{d}t}.$$

Wir erkennen, dass der Bruch $\frac{\mathrm{d}B}{\mathrm{d}\varphi}$ die Ableitung von $B(\varphi) = B_0 \cdot \sin\varphi$ darstellt. Entsprechend ist $\frac{\mathrm{d}\varphi}{\mathrm{d}t} = \dot{\varphi}(t)$:

$$\dot{B}(t) = B'(\varphi) \cdot \dot{\varphi}(t).$$

Unser Ergebnis nennt man **Kettenregel:**

Die Ableitung $[B(\varphi) \circ \varphi(t)]'$ ist das Produkt der Ableitungen $B'(\varphi) \cdot \dot{\varphi}(t)$.

B-Feld des Generators • Wir entwickeln die Ableitung für das Feld $B(t)$ des Generators in ▸Abb. 1. Die Ableitung des Phasenwinkels abhängig von der Zeit beträgt:

$$\dot{\varphi}(t) = \frac{d(\omega \cdot t)}{\mathrm{d}t} = \omega. \qquad (2)$$

Die Ableitung des B-Feldes abhängig vom Phasenwinkel $B(\varphi)$ beträgt:

$$B'(\varphi) = \frac{d(B_0 \cdot \sin\varphi)}{\mathrm{d}\varphi} = B_0 \cdot \frac{\mathrm{d}(\sin\varphi)}{\mathrm{d}\varphi} = B_0 \cdot \cos\varphi. \qquad (3)$$

Die Ableitung des B-Feldes abhängig von der Zeit ist das Produkt der Ableitungen in den Gleichungen (2) und (3):

$$\dot{B}(t) = B'(\varphi) \cdot \dot{\varphi}(t) = B_0 \cdot \cos\varphi \cdot \omega.$$

Wir setzen den Phasenwinkel abhängig von t ein:

$$\dot{B}(t) = B_0 \cdot \cos(\omega \cdot t) \cdot \omega = B_0 \cdot \omega \cdot \cos(\omega \cdot t).$$

Die Kettenregel ist hier besonders einfach: Die zeitliche Ableitung $\dot{B}(t)$ des Feldes ist gleich der Ableitung des B-Feldes abhängig vom Phasenwinkel $B(\varphi)$ multipliziert mit der **Kreisfrequenz** ω.
Damit gilt für den Generator:

$$U_\mathrm{i}(t) = -N \cdot A \cdot B_0 \cdot \omega \cdot \cos(\omega \cdot t).$$

Beispielsweise ergibt sich die Induktionsspannung für den Generator in ▸Abb. 1 bei der Fläche $A = 0{,}01\,\mathrm{m}^2$, der gesamten Windungszahl $N = 100$, dem maximalen Feld $B_0 = 0{,}2\,\mathrm{T}$ und der Kreisfrequenz $\omega = 100\,\frac{1}{\mathrm{s}}$ zu:

$$U_\mathrm{i}(t) = -N \cdot A \cdot B_0 \cdot \cos(\omega \cdot t) \cdot \omega = -20\,\mathrm{V} \cdot \cos(\omega \cdot t).$$

Induktion durch Flächenänderung • Bei manchen Generatoren rotiert die Spule in einem Magnetfeld (▸Abb. 2). Dadurch beträgt der vom B-Feld orthogonal durchdrungene Anteil der Fläche, also die **wirksame Fläche:**

$$A(t) = A_0 \cdot \sin(\omega \cdot t).$$

Die Induktionsspannung ist proportional zur Änderungsrate $\frac{\Delta A}{\Delta t}$ und allgemeiner zur Ableitung:

$U_i(t) = -N \cdot B \cdot \dot{A}(t) = -N \cdot B \cdot A_0 \cdot \omega \cdot \cos(\omega \cdot t)$.

Allgemeine Induktionsspannung • Bisher können wir nur eine spezielle Induktionsspannung ermitteln, die entweder durch Flächenänderung oder durch Feldänderung zustande kommt. Bei einem realistischen Generator ist das Feld inhomogen, sodass während eines Umlaufs Bereiche mit unterschiedlichen B-Feldern durch die ebenfalls veränderliche wirksame Fläche dringen. Daher fassen wir die beiden speziellen Induktionsspannungen zusammen:

$$U_i(t) = -N \cdot \left(B \cdot \dot{A}(t) + A \cdot \dot{B}(t)\right). \qquad (4)$$

Um den Ausdruck in der Klammer zu vereinfachen, nutzen wir die Leibniz-Schreibweise:

$$B \cdot \dot{A}(t) + A \cdot \dot{B}(t) = B \cdot \frac{dA}{dt} + A \cdot \frac{dB}{dt} = \frac{[B \cdot dA + A \cdot dB]}{dt}. \qquad (5)$$

Im Zähler sind A und B Konstanten, dB und dA sehr kleine zeitliche Änderungen dieser Konstanten. ▸Abb. 3 veranschaulicht den Fall, dass A und B beide größer werden. Im Zeitintervall dt ändert sich $A \cdot B$ insgesamt um:

$$d(A \cdot B) = A \cdot dB + dA \cdot dB + B \cdot dA.$$

Da dt sehr klein ist, sind dA sowie dB ebenfalls sehr klein. Das Produkt d$A \cdot$ dB können wir daher im Grenzfall, dass dt gegen null geht, vernachlässigen und erhalten:

$$d(A \cdot B) = A \cdot dB + B \cdot dA.$$

Aus Gleichung (5) wird damit:

$$B \cdot \frac{dA}{dt} + A \cdot \frac{dB}{dt} = \frac{d(A \cdot B)}{dt}$$

oder:

$$B \cdot \dot{A}(t) + A \cdot \dot{B}(t) = (A \dot{\cdot} B)(t).$$

Diese Gleichung stellt die sogenannte **Produktregel** dar: Die Ableitung eines Produktes zweier Funktionen ist gleich der Summe der beiden Produkte einer Funktion mit der Ableitung der jeweils anderen Funktion.

Aus Gleichung (4) wird:

$$U_i = -N \cdot (A \dot{\cdot} B)(t).$$

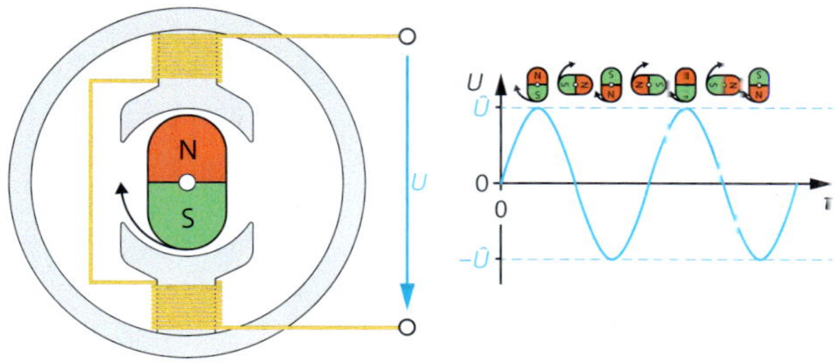

1 Generator mit B-Feld-Änderung in den Spulen

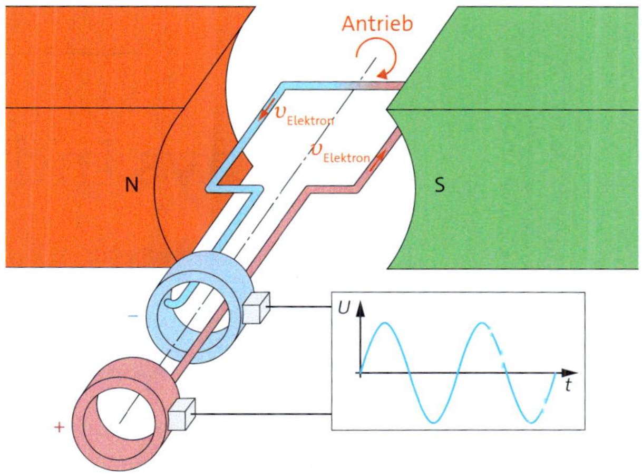

2 Generator mit Änderung der wirksamen Fläche

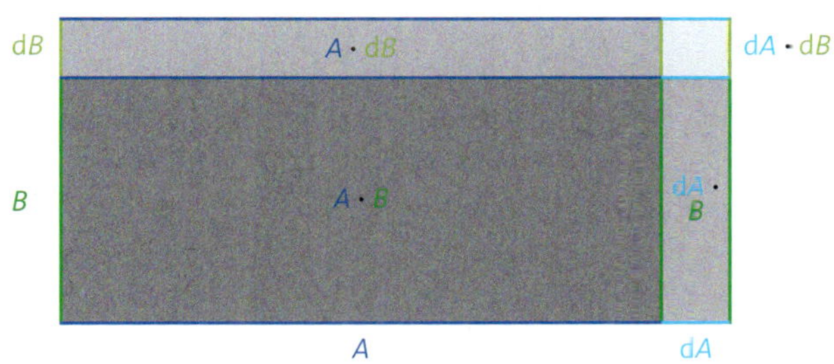

3 Produkt $A \cdot B$ und Änderung des Produktes $(A + dA) \cdot (B + dB)$

1 Eine Leiterschleife dreht sich mit ω_A in einem B-Feld, sodass die von B durchsetzte Fläche sich sinusförmig ändert: $A = A_0 \cdot \sin(\omega_A \cdot t)$. Gleichzeitig ändert sich auch das B-Feld sinusförmig mit $\omega_B : B = B_0 \cdot \sin(\omega_B \cdot t)$ Es gilt: $\omega_A = 2 \cdot \omega_B$. Geben Sie eine Formel für U_i an.

1 Kabelloses Ladegerät

Faradays Induktionsgesetz

Das Smartphone wird kabellos aufgeladen. Wie funktioniert das? Und wie hängt der Vorgang von den wesentlichen physikalischen Größen ab?

Grundprinzip • Beim kabellosen Aufladen muss von außen im Smartphone eine Spannung erzeugt werden, also durch ein elektrisches oder magnetisches Feld. Ein elektrisches Feld würde durch die Anziehung kleiner Partikel auffallen. Beim Smartphone in ▸Abb. 1 wird die Spannung also durch ein magnetisches Feld erzeugt. Bisher kennen wir zur Erzeugung einer Spannung das Phänomen der Induktion, bei der ein Permanentmagnet relativ zu einer Spule bewegt wird.

Aber beim Ladevorgang geht es auch ohne Bewegung. Wir können uns schon denken, wie das funktioniert: Denn wenn wir einen Magneten relativ zu einer Spule bewegen, dann können wir das B-Feld in der Spule ändern. Eine solche B-Feld-Änderung können wir auch ohne Bewegung erzeugen, indem wir einen zeitlich veränderlichen Strom $I(t)$ durch eine Spule fließen lassen. Dieser erzeugt dann ein zeitlich veränderliches B-Feld. Eine solche Spule nennt man **felderzeugende Spule.** In einer zweiten Spule, die sich neben der felderzeugenden befindet, ändert sich dann ebenfalls das B-Feld mit der Zeit, $B(t)$, und es sollte eine Induktionsspannung U_i entstehen. Diese zweite Spule nennt man **Induktionsspule.**

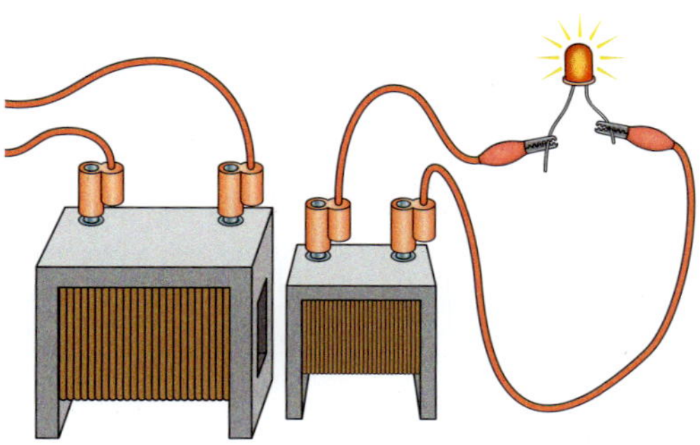

2 Induktion ohne Bewegung

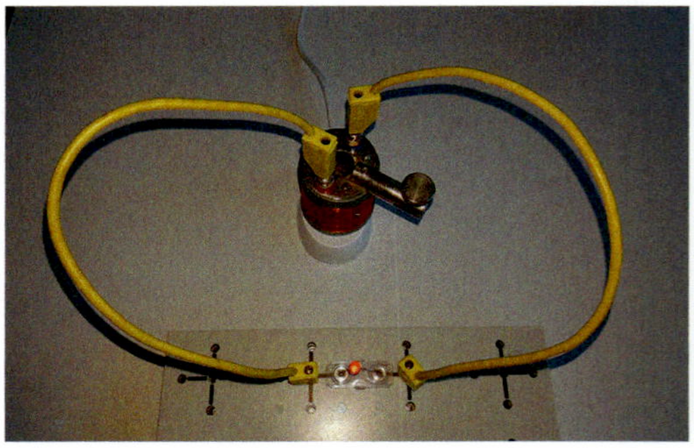

3 Ladegerät als felderzeugende Spule

Überprüfungsversuche • In einem ersten Versuch überprüfen wir, ob sich mit einer felderzeugenden Spule in einer Induktionsspule eine Spannung induzieren lässt (▸Abb. 2). Dazu schließen wir ein Netzgerät für Wechselspannung an die felderzeugende Spule an und an die Induktionsspule eine LED als Indikator (▸Abb. 2). Wenn wir die Spannungsquelle einschalten, dann leuchtet die LED und zeigt somit eine Spannung in der Induktionsspule an. Wir können also auch ohne Bewegung eine Spannung induzieren.

In einem zweiten Versuch überprüfen wir, ob das beim kabellosen Aufladen ebenso funktioniert. Dazu untersuchen wir das Ladegerät einer elektrischen Zahnbürste und legen die Induktionsspule hinein (▸Abb. 3). Schließen wir das Ladegerät an die Steckdose an, dann leuchtet die LED. Ein Ladegerät für kabelloses Aufladen kann also eine Spannung in einer Induktionsspule induzieren.

Es ist denkbar, dass die Spannung durch Radiowellen erzeugt wird. Das schließen wir mit einem Versuch aus. Radiowellen enthalten elektrische Felder und lassen sich daher durch Metall abschirmen. Wir wickeln also die Induktionsspule in eine Aluminiumfolie und wiederholen das so erweiterte Experiment. Schließen wir das Ladegerät ans Stromnetz an, dann leuchtet die LED wieder auf. Ein kabelloses Ladegerät funktioniert also nicht mit Radiowellen, sondern induktiv.

Wenn eine felderzeugende Spule ein zeitlich veränderliches B-Feld in einer Induktionsspule erzeugt, dann entsteht in der Induktionsspule eine Induktionsspannung U_i.

Zeitlicher Verlauf • Um die Induktionsspannung abhängig vom B-Feld zu untersuchen, führen wir einen Versuch durch, bei dem das B-Feld einen besonders einfachen, linearen Zeitverlauf hat. Dazu erzeugt ein Funktionsgenerator in einer felderzeugenden Spule (▸Abb. 4) einen abschnittsweise linearen Stromverlauf und dadurch einen ebensolchen linearen Verlauf des B-Feldes (▸Abb. 5 A).

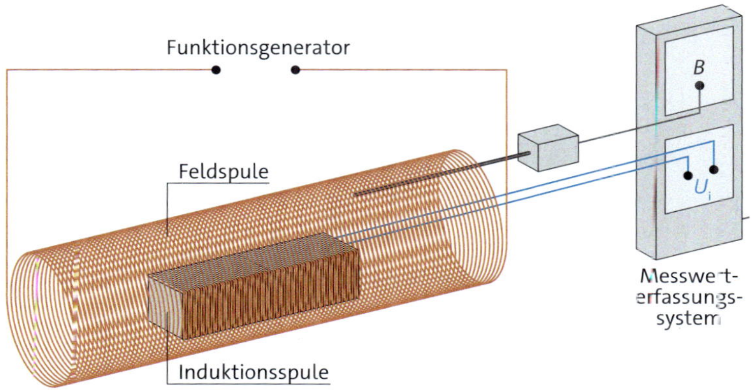

4 Modellversuch: Induktionsspule innen, Feldspule außen

Dieses B-Feld erzeugt in der Induktionsspule eine Spannung U_i. Das Feld $B(t)$ und diese Spannung $U_i(t)$ werden permanent gemessen und abhängig von der Zeit aufgezeichnet (▸Abb. 5 A und 5 B). An den Messwerten in ▸Abb. 5 erkennen wir grundlegende Eigenschaften der Induktion: Bei konstanter Änderungsrate des B-Feldes $\frac{\Delta B}{\Delta t}$, also bei konstantem Betrag der Steigung in ▸Abb. 5 A, ist die Induktionsspannung U_i konstant. Je größer der Betrag der Änderungsrate $\frac{\Delta B}{\Delta t}$ ist, umso größer ist der Betrag der Induktionsspannung U_i. Die Änderungsrate des B-Feldes $\frac{\Delta B}{\Delta t}$ und die Induktionsspannung U_i haben verschiedene Vorzeichen.

1 **a)** Ermitteln Sie die Quotienten der Steigungen in ▸Abb. 5 A, $\left(\frac{\Delta B_1}{\Delta t}\right) : \left(\frac{\Delta B_2}{\Delta t}\right)$ sowie den Quotienten der Induktionsspannungen $\frac{U_{i1}}{U_{i2}}$ in ▸Abb. 5 B.
b) Vergleichen Sie diese Quotienten.

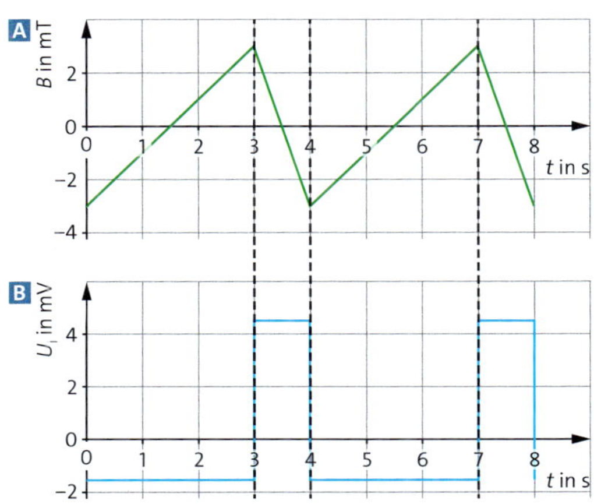

5 Modellversuch mit zwei Spulen: $B(t)$ und $U_i(t)$

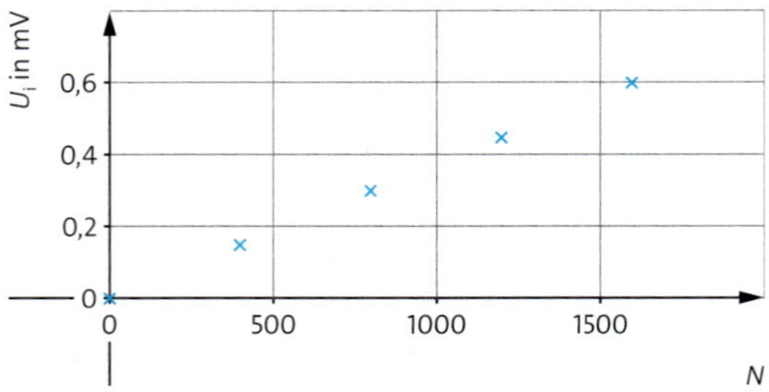

1 $U_i(N)$-Diagramm

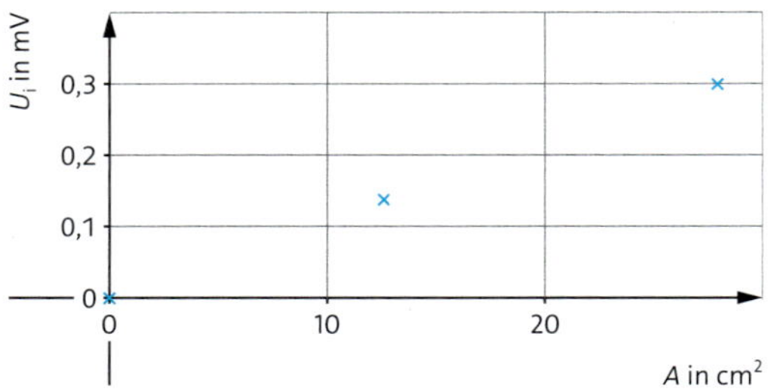

2 $U_i(A)$-Diagramm

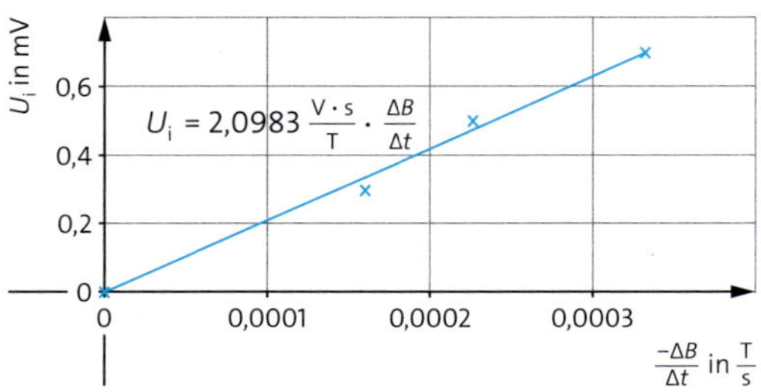

3 $U_i\left(\frac{\Delta B}{\Delta t}\right)$-Diagramm

Funktionale Untersuchung von U_i • Damit das Smartphone kabellos richtig aufgeladen wird, muss eine passende Spannung induziert werden. Um das planen zu können, untersuchen wir nacheinander, wie die Induktionsspannung von der Windungszahl N, der Fläche A und der Änderungsrate $\frac{\Delta B}{\Delta t}$ abhängt. In einer ersten Versuchsreihe verändern wir die Windungszahl N der Induktionsspule, wobei wir die Änderungsrate $\frac{\Delta B}{\Delta t} = -0{,}16\,\frac{\text{mT}}{\text{s}}$ und die Querschnittsfläche der Induktionsspule $A = 28\,\text{cm}^2$ unverändert lassen. Das $U_i(N)$-Diagramm stellt eine Ursprungsgerade dar (▸Abb. 1). Die Induktionsspannung ist also proportional zur Windungszahl: $U_i \sim N$.

Nun untersuchen wir in einer zweiten Versuchsreihe die Induktionsspannung $U_i(A)$ abhängig von der Fläche A und lassen dabei $\frac{\Delta B}{\Delta t} = -0{,}16\,\frac{\text{mT}}{\text{s}}$ und die Windungszahl $N = 800$ konstant. Wir stellen die Messwerte im $U_i(A)$-Diagramm dar und erkennen die Proportionalität (▸Abb. 2): $U_i \sim A$.

In der dritten Versuchsreihe variieren wir die Änderungsrate $\frac{\Delta B}{\Delta t}$, während die Windungszahl $N = 800$ und die Fläche $A = 28\,\text{cm}^2$ betragen. Die Messwerte im $U_i\left(\frac{\Delta B}{\Delta t}\right)$-Diagramm zeigen eine weitere Proportionalität (▸Abb. 3):

$$U_i \sim \frac{\Delta B}{\Delta t}.$$

Wir fassen die drei erkannten Proportionalitäten zusammen und schreiben zunächst k für die Proportionalitätskonstante:

$$U_i \sim N \cdot A \cdot \frac{\Delta B}{\Delta t} \text{ oder:}$$

$$U_i = k \cdot N \cdot A \cdot \frac{\Delta B}{\Delta t}$$

Der Betrag der Induktionsspannung ist proportional zum Produkt $N \cdot A \cdot \frac{\Delta B}{\Delta t}$. Wir ermitteln k mit der Regression in ▸Abb. 3:

$$k \cdot N \cdot A \cdot \frac{\Delta B}{\Delta t} = -2{,}0983\,\frac{\text{Vs}}{\text{T}} \cdot \frac{\Delta B}{\Delta t}.$$

Wir lösen auf nach k, die Einheiten kürzen sich weg:

$$k = -2{,}0983\,\frac{\text{Vs}}{\text{T}} \cdot \frac{1}{N \cdot A}$$

$$= -2{,}0983\,\frac{\text{Vs}}{\text{T}} \cdot \frac{1}{800 \cdot 0{,}0028\,\text{m}^2} = -0{,}94.$$

Die Konstante k ist ungefähr −1, zudem ist bei der aus einer Bewegung des B-Feldes hergeleiteten Induktion die entsprechende Konstante gleich −1. Daher verwenden wir −1. Wir fassen zusammen:

Wenn eine felderzeugende Spule ein zeitlich linear veränderliches B-Feld $\frac{\Delta B}{\Delta t}$ in einer Induktionsspule mit einer wirksamen Querschnittsfläche A und einer Windungszahl N erzeugt, dann entsteht in der Induktionsspule folgende konstante Induktionsspannung:

$$U_i = -N \cdot A \cdot \frac{\Delta B}{\Delta t}.$$

Allgemeiner Verlauf von $B(t)$ • Beim kabellosen Aufladen und bei vielen anderen Anwendungen ist die Änderungsrate $\frac{\Delta B}{\Delta t}$ nicht konstant. Entsprechend analysieren wir nun die Induktionsspannung U_i, die durch einen beliebigen Zeitverlauf des B-Feldes $B(t)$ induziert wird. Diese Spannung können wir direkt aus unserem bisherigen Ergebnis erschließen, auch ohne neue Versuche durchzuführen: Dieses Ergebnis besagt, dass wir aus der Änderungsrate $\frac{\Delta B}{\Delta t}$ die Induktionsspannung U_i ermitteln können. Dabei gibt es keine Einschränkung zur Dauer Δt. Wenn wir diese Dauer Δt gegen null gehen lassen, dann erhalten wir die momentane Änderungsrate:

$$\lim_{\Delta t \to 0} \frac{\Delta B}{\Delta t} = \dot{B}(t).$$

Diesen Grenzwert können wir direkt in unser experimentell erzieltes Ergebnis einsetzen. So erhalten wir die Regel zur Induktionsspannung für einen allgemeinen Zeitverlauf des B-Feldes:

Wenn eine felderzeugende Spule ein zeitlich veränderliches B-Feld $\dot{B}(t)$ in einer Induktionsspule mit einer Querschnittsfläche A und einer Windungszahl N erzeugt, dann entsteht in der Induktionsspule folgende Induktionsspannung:

$$U_i(t) = -N \cdot A \cdot \dot{B}(t).$$

Im Modellversuch zum kabellosen Aufladen erzeugen wir ein B-Feld mit sinusförmigem Zeitverlauf:

$$B(t) = 0{,}5\,\text{mT} \cdot \sin(\omega \cdot t) \text{ mit } \omega = 2 \cdot \pi \cdot 50\,\tfrac{1}{\text{s}}.$$

Wir zeichnen $B(t)$ zusammen mit der Induktionsspannung $U_i(t)$ einer Induktionsspule mit Querschnittsfläche $A = 0{,}0028\,\text{m}^2$ und $N = 800$ Windungen abhängig von der Zeit mit einem Messwerterfassungssystem auf (▸Abb. 4). Wir vergleichen diese Messwerte mit dem berechneten Zeitverlauf der Induktionsspannung:

$$U_i(t) = -0{,}35\,\text{V} \cdot \cos(\omega \cdot t) \text{ mit } \omega = 100 \cdot \pi\,\tfrac{1}{\text{s}}.$$

Die Messung und das Ergebnis der Berechnung stimmen gut überein (▸Abb. 4).

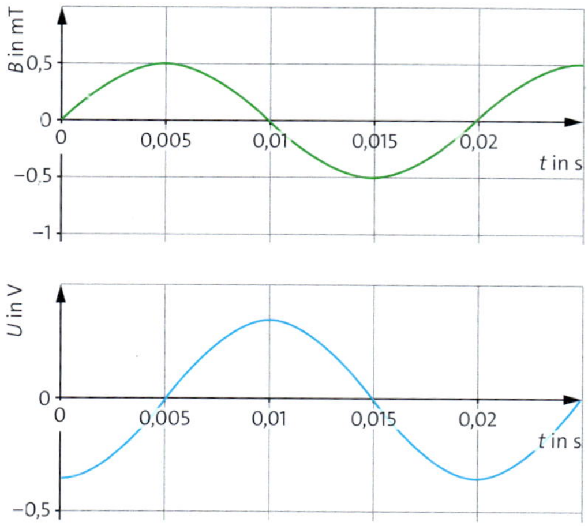

4 Induktion bei sinusförmigem Zeitverlauf

Induktionsgesetz • Bisher haben wir zwei Formen der Induktion kennengelernt: Induktion durch Änderung des B-Feldes bei konstanter Fläche A und Induktion durch Änderung der Fläche A bei konstantem B-Feld:

$$U_i = -N \cdot \frac{\Delta A}{\Delta t} \cdot B.$$

Auch hier wenden wir den Grenzfall „Δt gegen null" an:

$$U_i = -N \cdot \dot{A}(t) \cdot B.$$

Diese Regel und $U_i = -N \cdot A \cdot \dot{B}(t)$ fassen wir mit der Produktregel für Ableitungsfunktionen zusammen:

$$U_i = -N \cdot (A \dot{\cdot} B)(t).$$

Das Produkt aus der wirksamen Fläche A und dem B-Feld heißt **magnetischer Fluss** $\Phi = A \cdot B$. Φ hat die Einheit 1 Weber (Wb = 1 T · m²). Also gilt:

$$U_i(t) = -N \cdot \dot{\Phi}(t).$$

Wir fassen zusammen:

Wenn in einer Induktionsspule mit einer Windungszahl N eine Änderung $\dot{\Phi}$ des magnetischen Flusses Φ auftritt, dann entsteht in der Induktionsspule folgende Induktionsspannung:

$$U_i(t) = -N \cdot \dot{\Phi}(t).$$

Versuch A • Induktion ohne Bewegung

V1 Stromzange

Material:
Spule mit 12 000 Windungen, geschlossener Eisenkern, Voltmeter, Amperemeter, Netzgerät für Wechselspannung, Widerstand mit 100 Ω

Arbeitsauftrag:
a) Ein Wechselstrom soll berührungslos gemessen werden. Bauen Sie dazu den Versuch in ▸Abb. 1 auf.
b) Variieren Sie die Wechselspannung U_N und messen Sie die Stromstärke I sowie die Induktionsspannung U_i. Erstellen Sie ein $U_i(I)$-Diagramm. Führen Sie eine lineare Regression durch. Formulieren und erklären Sie das Ergebnis.
c) Recherchieren Sie zu Stromzangen. Kalibrieren Sie den Versuch so, dass Sie ihn als Stromzange verwenden können. Überprüfen Sie die ordnungsgemäße Funktion Ihrer Stromzange.
d) Recherchieren Sie zum Fehlerstrom-Schutzschalter. Bauen Sie Ihren Versuch so aus, dass er einen Fehlerstrom anzeigt. Ermitteln Sie die kleinsten Fehlerströme, die Sie mit Ihrem Fehlerstrom-Anzeigegerät erkennen können.
e) Planen Sie mit einem zusätzlichen Bauteil einen genaueren Versuch. Bauen Sie diesen auf und überprüfen Sie die erreichte Empfindlichkeit, mit der Sie Fehlerströme erkennen können.

V2 Transformator

Material:
Spulen, geschlossener Eisenkern, Funktionsgenerator, Spannungsquelle, Messwerterfassungssysteme, Widerstand, Amperemeter, Voltmeter

Arbeitsauftrag:
a) Bauen Sie den Versuch auf wie in ▸Abb. 2. **Achtung:** Achten Sie darauf, dass $U_1 \cdot \frac{N_2}{N_1}$ stets kleiner als 25 V ist.
b) Bestätigen Sie $\frac{U_2}{U_1} = \frac{N_2}{N_1}$ – erstens durch Variieren von N_1 mithilfe verschiedener Feldspulen und zweitens durch Variieren der Spannung U_1 am Netzgerät.
c) Variieren Sie die Kreisfrequenz ω, wobei Sie zuvor eine Spannung U ermitteln, die Ihr Funktionsgenerator bei jedem ω bereitstellen kann. Erstellen Sie ein $U_i(\omega)$-Diagramm. Führen Sie eine geeignete Regression durch. Begründen Sie das Ergebnis. Erörtern Sie Vorteile großer ω beim Laden elektrischer Zahnbürsten.
d) Zeichnen Sie die Zeitverläufe der Spannung am Funktionsgenerator $U_F(t)$ und der Induktionsspannung $U_i(t)$ auf. Vergleichen Sie beide. Formulieren und begründen Sie ein Ergebnis.
e) Ergänzen Sie in einem weiteren Versuch einen Lastwiderstand im Sekundärkreis. Messen Sie an diesem und im Primärkreis I und U. Ermitteln Sie die Leistungen und den Wirkungsgrad.

V3 Induktion im Haushalt

Material:
Lackierter Kupferdraht mit unlackierten Enden, Oszilloskop oder Messwerterfassungssystem mit Abtastrate über 100 kHz, Krokodilklemmen, elektrische Zahnbürste mit Ladestation

Arbeitsauftrag:
a) Untersuchen Sie das B-Feld an der elektrischen Zahnbürste. Wickeln Sie dazu eine Spule, die zur Form der Ladestation passt (▸Abb. 3). Zeichnen Sie den Zeitverlauf $U_i(t)$ der Induktionsspannung auf. Ermitteln Sie die Kreisfrequenz ω und begründen Sie, warum hier nicht die übliche Netzfrequenz von 50 Hz angewendet wird.
b) Ermitteln Sie aus $U_i(t)$ das maximale Feld B_{max}. Messen Sie dazu zuerst die Windungszahl N und die Querschnittsfläche A Ihrer Spule. Für das maximale Feld gilt: $B_{max} = \frac{U_i}{N \cdot A \cdot \omega}$. Skizzieren Sie $B(\omega)$.
c) Überprüfen Sie, ob das Feld mit dem B-Sensor des Smartphones oder mit dem Kompass nachweisbar ist. Formulieren und erklären Sie Ihr Ergebnis.
d) Messen Sie ω beim Induktionsherd sowie beim kabellosen Laden des Smartphones und nennen Sie Vorteile standardisierter Ladegeräte.

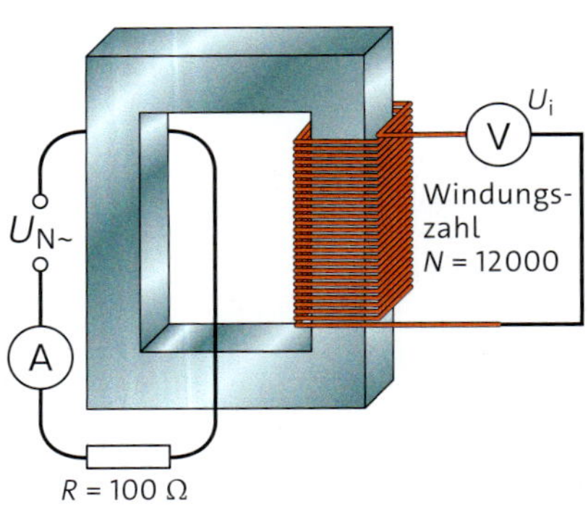

1 Stromzange und Fehlerstromanzeige

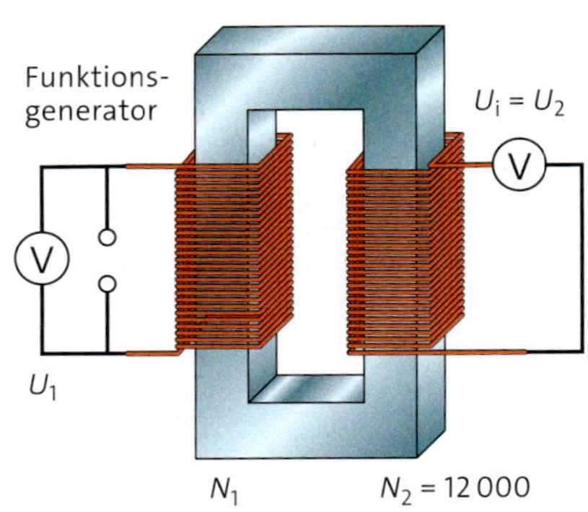

2 Transformator

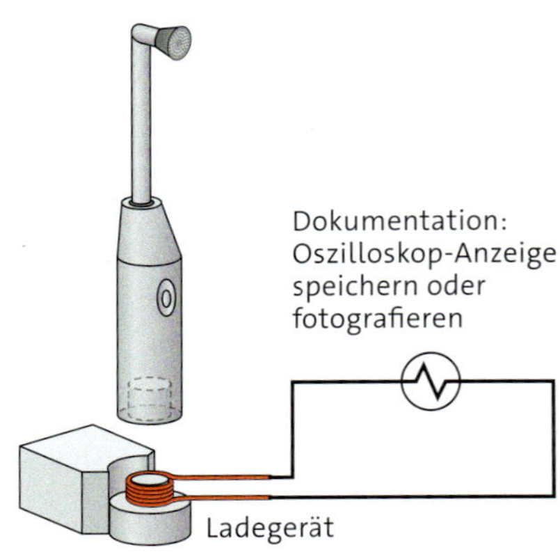

3 Kabelloses Laden der Zahnbürste

Material A • Von Feldlinien zum Feld und zum Fluss

A1 MICHAEL FARADAY entdeckte 1831 die elektromagnetische Induktion und entwickelte dabei die Vorstellung von Feldlinien. JAMES MAXWELL gelang es bis 1864, eine mathematische Beschreibung der Elektrodynamik zu entwickeln, die das Induktionsgesetz umfasst. Über den magnetischen Fluss schrieb MAXWELL sinngemäß, dass Faradays Theorie zufolge die Phänomene der Induktion in einer Leiterschleife von der Änderung der Anzahl der magnetischen Feldlinien, die durch diese Leiterschleife gehen, abhängen. Die Anzahl dieser Linien wird mathematisch durch das Feld-Flächen-Produkt aus der von der Leiterschleife begrenzten Fläche und dem A durchsetzenden Feld B beschrieben.

a) Beschreiben Sie, wie man die „Änderung der Anzahl der magnetischen Feldlinien" in einem Versuch umsetzen kann. Erstellen Sie dabei auch eine passende Zeichnung, die diese Variation zeigt.

b) Ein Physiklehrer sagt: „Es ist problematisch, von ‚der Anzahl der magnetischen Feldlinien' zu sprechen, aber die Vorstellung ist trotzdem hilfreich." Erläutern Sie diese Aussage.

c) Drücken Sie MAXWELLs Aussage zum Feld-Flächen-Produkt in eigenen Worten aus.

d) Das Feld-Flächen-Produkt drückt mathematisch auch eine Eigenschaft der Feldlinien-Vorstellung aus. Erläutern Sie diesen Zusammenhang.

Material B • Induktionsherd

B1 **a)** Bei dem Induktionsherd in ▸Abb. 4 entsteht die hohe Temperatur nicht auf der Herdplatte. Begründen Sie dies anhand der Abbildung. Erörtern Sie Vor- und Nachteile dieses Herdes.

b) Ein Elektriker testet das B-Feld, welches den Maximalwert $B_{max} = 100\,\mu T$ und eine sinusförmige Änderung mit der Kreisfrequenz $\omega = 200\,000\,\frac{1}{s}$ haben sollte. Dazu schließt er an die Spule (▸Abb. 5) eine LED an und legt beides auf die Herdplatte. Ermitteln Sie, welche Induktionsspannung entstehen sollte und ob die LED dabei dunkel bleibt, leuchtet oder überhitzt.

c) Herr Ringe kocht am liebsten in seiner Springform in ▸Abb. 6. Die Form hat einen Radius von 20 cm und ein Kreisstrom hat einen Widerstand von $R = 0{,}002\,\Omega$. Ermitteln Sie anhand des Maximalwertes $B_{max} = 100\,\mu T$ und der Kreisfrequenz $\omega = 200\,000\,\frac{1}{s}$ die Induktionsspannung $U_i(t)$, die Stromstärke $I(t)$, die Leistung $P(t)$ sowie die effektive Leistung, also den zeitlichen Mittelwert der Leistung. Berechnen Sie auch die effektive Spannung und die effektive Stromstärke.

d) Herr Ringe misst beim Kochen die aufgenommene elektrische Leistung seines Induktionsherdes mit einem Energiemessgerät und stellt 1,7 kW fest. Ermitteln Sie den Wirkungsgrad.

e) Herr Ringe fragt sich, in welcher Form die Energie vom Herd in seine Springform gelangt. Er kennt die thermische Energie, die Bewegungsenergie, die Lageenergie, die elektrische Energie $E = U \cdot I \cdot t$, die Lichtenergie und die innere Energie. Nennen Sie die Energieform und begründen Sie Ihre Entscheidung.

f) Nennen Sie ein weiteres Gerät, das die Energie zum Kochen zumindest zu einem wesentlichen Teil in dieser Form in die Nahrung transportiert. Erklären und begründen Sie.

g) Messen Sie mit dem Smartphone das Erdmagnetfeld und vergleichen Sie mit dem B-Feld des Induktionsherdes. Das B-Feld ist gesetzlich begrenzt: An Daueraufenthaltsorten von Menschen und für Frequenzen über 3 kHz darf B maximal 27 µT betragen. Vergleichen Sie und berücksichtigen Sie, dass $B(r)$ mit der Entfernung proportional zu $\frac{1}{r^3}$ abnimmt.

4 Induktionsherd

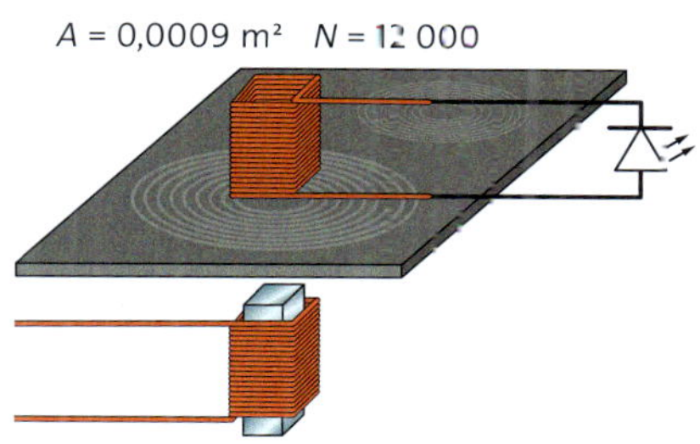

5 Induktionsherd als Lampe?

6 Ringstrom in einer Springform

1 Windenergieanlage

Anwendungen der Induktion

Die Rotorblätter des Windrades wandeln die Bewegungsenergie des Windes in Bewegungsenergie des Rotors um. In der Nabe wird diese Energie in elektrische Energie umgewandelt. Wie funktioniert das und welche Spannung wird erzeugt?

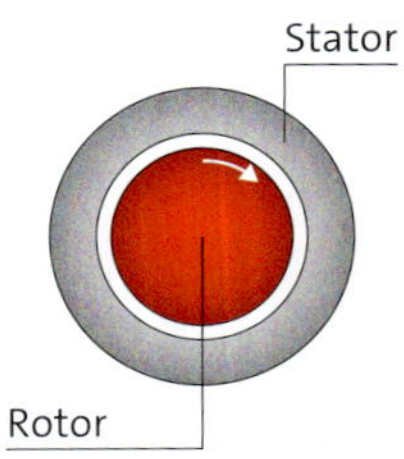

2 Rotor dreht sich im Stator

Aufbau • Viele Windräder arbeiten mit einem Ringgenerator. Der Aufbau ähnelt dem eines Synchronmotors, der durch eine hohe Packungsdichte von Magneten einen großen Wirkungsgrad erzielt: Zwei konzentrische Ringe bilden den Stator und den Rotor (▸Abb. 2).

Die meisten Generatoren nutzen eine **Drehbewegung.** Sie bestehen aus einem drehenden Teil, dem **Rotor,** und einem ruhenden Teil, dem **Stator.** In ▸Abb. 3 sieht man links den Rotor, rechts den Stator. Der Rotor hat viele streifenförmige Magnete, sie sind in ▸Abb. 3 zu erkennen. Passend zu diesen Magneten befinden sich im Stator streifenförmige Spulen.

Modellversuch • Wir modellieren eine der Spulen im Ringgenerator mit einer Spule, die in einem Magnetfeld rotiert (▸Abb. 4). Dieses B-Feld wird von einem Spulenpaar erzeugt – ein solches Spulenpaar heißt Helmholtz-Spule.

3 Ringgenerator

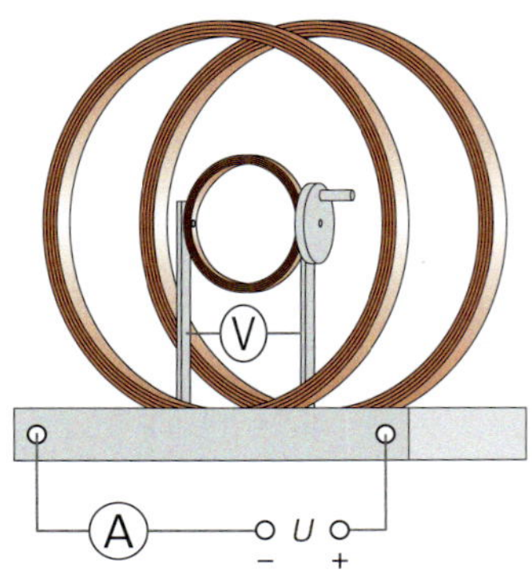

4 Modellversuch mit rotierender Spule

Bei der Durchführung lassen wir durch beide Spulen des Spulenpaares einen Strom mit einer Stromstärke von $I = 1{,}5\,\text{A}$ fließen. Daraufhin messen wir mit dem Smartphone in der Mitte des Spulenpaares ein B-Feld von $B = 1\,\text{mT}$.
Um zunächst den Messwert für das B-Feld zu überprüfen, berechnen wir das Ergebnis: Der Abstand der Spulen voneinander ist gleich ihrem Radius $r = 0{,}15\,\text{m}$. Hierfür kann man das B-Feld aus der Windungszahl $N = 154$, der Stromstärke I, und dem Radius r wie folgt berechnen:

$$B = \frac{8}{\sqrt{125}} \cdot \mu_0 \cdot \frac{N \cdot I}{r} = 1{,}04\,\text{mT}.$$

Analyse der Spannung • Nun treiben wir den Rotor mit der Umlaufdauer $T = 0{,}2\,\text{s}$ bzw. der Kreisfrequenz $\omega = 31{,}4\,\frac{1}{\text{s}}$ an. Die induzierte Spannung tasten wir über Schleifkontakte ab und tragen sie am Oszilloskop abhängig von der Zeit auf (▸Abb. 5). Das Oszilloskop zeigt einen sinusförmigen Zeitverlauf, die abgelesene Periodendauer von 0,2 s passt gut zur Umlaufdauer des Rotors. Wir messen eine Amplitude von $\hat{U}_\text{i} = 0{,}6\,\text{V}$.

Wir können diese gemessene Amplitude und den sinusförmigen Verlauf rechnerisch bestätigen. Dazu ermitteln wir die erwartete Amplitude $\hat{U}_\text{i}$ mit dem Faradayschen Induktionsgesetz. Beim Versuch in ▸Abb. 4 ist das B-Feld konstant, während die Fläche A rotiert, sodass die wirksame Fläche sich sinusförmig mit der Zeit ändert:

$$A(t) = \hat{A}(t) \cdot \sin(\omega \cdot t).$$

Daher gilt gemäß dem Induktionsgesetz:

$$U(t) = -N \cdot B \cdot \dot{A}(t) = -N \cdot B \cdot \hat{A} \cdot \omega \cdot \cos(\omega \cdot t).$$

Die Windungszahl des Rotors beträgt $N = 4000$. Die Querschnittsfläche ist $\hat{A} = 7{,}5\,\text{cm} \cdot 6\,\text{cm} = 0{,}0045\,\text{m}^2$ (▸Abb. 6). Daher beträgt die Amplitude:

$$\hat{U} = 4000 \cdot 1\,\text{mT} \cdot 0{,}0045\,\text{m}^2 \cdot 31{,}4\,\tfrac{1}{\text{s}} = 0{,}565\,\text{V}.$$

Die erwartete Spannung stimmt gut mit dem Messwert überein. Damit wird der Verlauf der Spannung $U(t)$ wie folgt dargestellt:

$$U(t) = \hat{U} \cdot \cos(\omega \cdot t) = -0{,}565\,\text{V} \cdot \cos(\omega \cdot t).$$

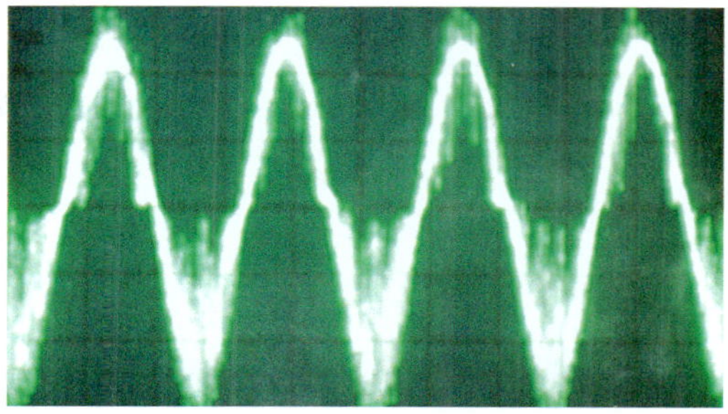

5 Induktionsspannung am Oszilloskop

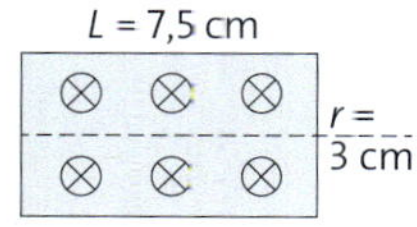

6 Rotor

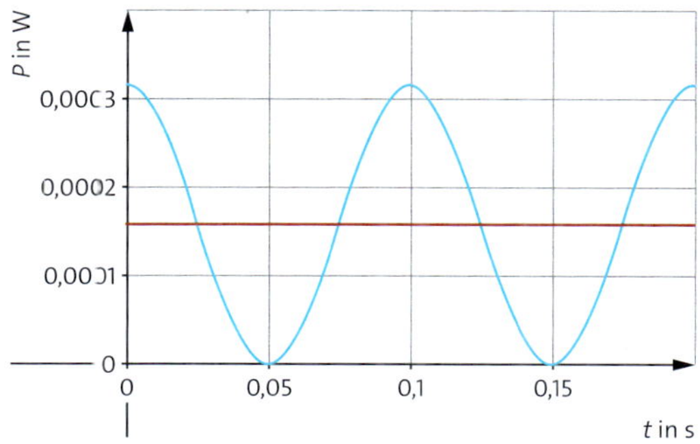

7 Leistung (blau) mit Mittelwert (rot)

Effektivwerte • Stromkunden benötigen Energie und Leistung. Entsprechend ermitteln wir die Leistung, die zu einem Kunden übertragen wird, der ein Gerät mit einem Widerstand R betreibt. Die Stromstärke beträgt dabei $I(t) = \frac{U(t)}{R(t)}$:

$$I(t) = \frac{\hat{U}}{R} \cdot \cos(\omega \cdot t).$$

Die Leistung beträgt $P(t) = U(t) \cdot I(t)$:

$$P(t) = \frac{\hat{U}^2}{R} \cdot \cos^2(\omega \cdot t).$$

Der Zeitverlauf der Leistung ist beispielhaft für $\hat{U} = 0{,}565\,\text{V}$ und $R = 1\,\text{k}\Omega$ in ▸Abb. 7 dargestellt. Der Kunde erhält also eine kosinusförmige Leistung mit einer Amplitude $\hat{P}$. Dabei ist die mittlere Leistung halb so groß wie die Amplitude $\hat{P}$ (▸Abb. 7). Diese mittlere Leistung heißt **Effektivwert der Leistung**, P_eff. Man führt für die Spannung und die Stromstärke **Effektivwerte** $U_\text{eff} = \frac{\hat{U}}{\sqrt{2}}$ und $I_\text{eff} = \frac{\hat{I}}{\sqrt{2}}$ ein, sodass gilt:

$$P_\text{eff} = U_\text{eff} \cdot I_\text{eff} \quad \text{und} \quad U_\text{eff} = R \cdot I_\text{eff}.$$

Diese Leistung gibt die pro Zeit im Mittel übertragene Energie an und ist daher wesentlich.

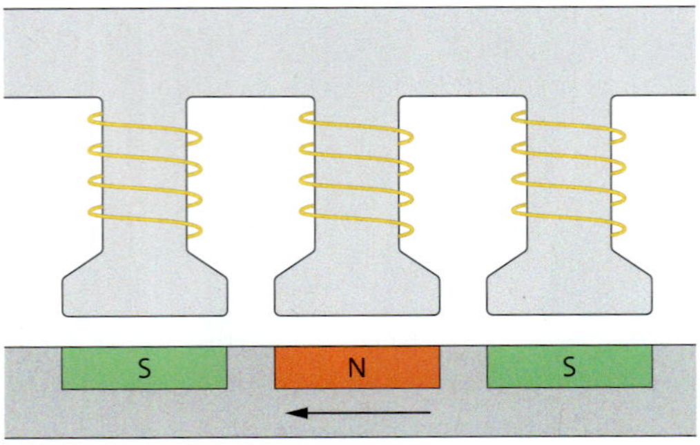

1 Magnete bewegen sich an Spulen vorbei

Der Querschnitt eines Leiters ermöglicht eine entsprechende Stromstärke I. Querschnitt und Länge führen zu einem Widerstand R. Damit liegt fest, dass an der ausgelasteten Leitung die Spannung $\Delta U = R \cdot I$ abfällt und die Leistung $P = \Delta U \cdot I$ verloren geht. Die durchgeleitete Leistung kann man durch Steigerung der Spannung beliebig erhöhen, solange keine Blitze überschlagen.

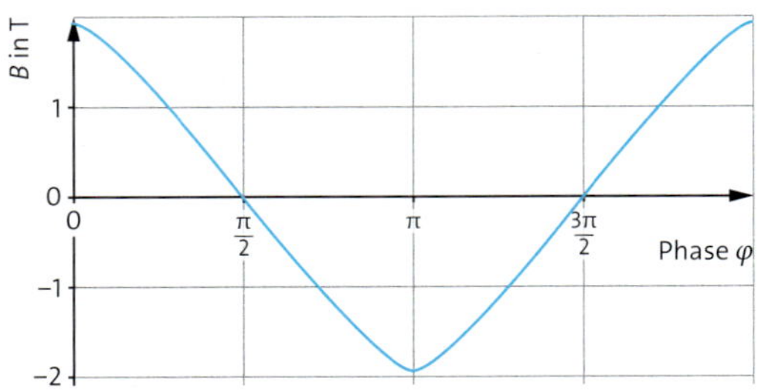

2 $B(t)$ in einer Spule: stückweise linear

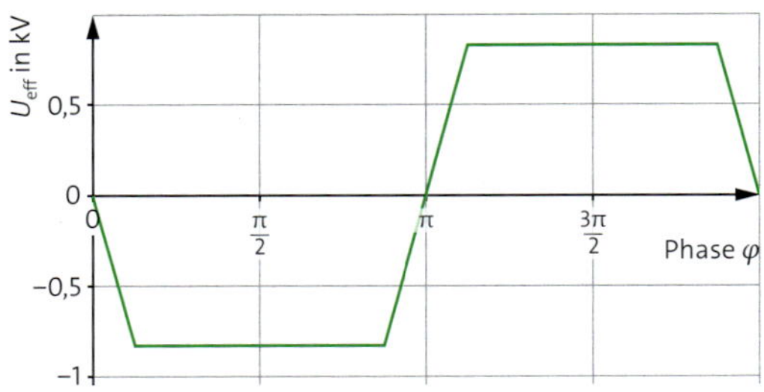

3 $U_{eff}(t)$ in einer Spule: stückweise konstant

Spannung im Ringgenerator • Wir analysieren einen großen Ringgenerator mit einer Leistung von 10 MW, wobei wir typische Werte verwenden: In dem Generator bewegen sich die Magnete an 702 Spulen vorbei (▸Abb. 1). Bei mittlerem Wind bewegen sich diese Magnete mit einer konstanten Geschwindigkeit von $19\,\frac{\text{m}}{\text{s}}$. Das verursacht eine stückweise lineare Änderung des B-Feldes mit einer Periodendauer von $T = 0{,}01\,\text{s}$ und einer Steigung von $\frac{\Delta B}{\Delta t} = 600\,\frac{\text{T}}{\text{s}}$ (▸Abb. 2). Jede Spule hat $N = 310$ Windungen und eine Fläche von $A = 0{,}0075\,\text{m}^2$. Daher wird entsprechend dem Induktionsgesetz folgende stückweise konstante Spannung induziert (▸Abb. 3):

$$U_i = -N \cdot A \cdot \frac{\Delta B}{\Delta t} = 1395\,\text{V}$$

oder $U_{eff} = \frac{U_i}{\sqrt{2}} = 986\,\text{V}$.

Man schaltet Spulen als Gruppen in Reihe, um eine gewünschte Spannung zu erzielen. Typisch für eine mittlere Spannung sind Gruppen aus 5 Spulen:

$$U_{eff} = 986\,\text{V} \cdot 5 = 4{,}93\,\text{kV} \approx 5\,\text{kV}.$$

Die vom Ringgenerator erzeugte stückweise lineare Wechselspannung in ▸Abb. 3 wird durch einen elektronischen Umrichter in eine glatte sinusförmige Wechselspannung mit passender Frequenz und Phase umgewandelt.
Der Generator kann eine elektrische Leistung von 10,08 MW abgeben. Als Folge der hohen Packungsdichte der Spulen wird ein hervorragender Wirkungsgrad von 96 % erreicht. Somit beträgt die zugeführte mechanische Leistung 10,5 MW.

Spannung im Netz • Die von einer Windenergieanlage gelieferte elektrische Energie wird oft weit transportiert. Eine typische **Fernleitung** hat bei 100 km Länge einen Widerstand von $R = 4\,\Omega$ und ermöglicht eine Stromstärke von $I_{eff} = 1\,\text{kA}$. Somit fällt an diesem Widerstand die Spannung um folgenden Betrag ab:

$$\Delta U_{eff} = R \cdot I_{eff} = 4\,\Omega \cdot 1\,\text{kA} = 4\,\text{kV}.$$

Die Leitung wandelt also folgende elektrische Leistung in thermische Energie um:

$$P_{eff} = \Delta U_{eff} \cdot I_{eff} = 4\,\text{kV} \cdot 1\,\text{kA} = 4\,\text{MW}.$$

Wenn beim Windrad die generierte Spannung 5 kV eingespeist wird, dann kommen am Ende der Leitung davon nur noch die Spannung $5\,\text{kV} - 4\,\text{kV} = 1\,\text{kV}$ und die Leistung $1\,\text{kV} \cdot 1\,\text{kA} = 1\,\text{MW}$ an. Also verliert die Leitung 80 % der zugeführten Energie. Das ist sehr ungünstig.
Um den Energieverlust gering zu halten, **transformiert** man auf eine hohe Spannung von $U_{eff} = 380\,\text{kV}$. Die Leitung ermöglicht wieder eine Stromstärke von $I_{eff} = 1\,\text{kA}$. Also fällt an der Leitung wieder die Spannung $\Delta U_{eff} = 4\,\text{kV}$ ab. Am Leitungsende kommen nun aber die Spannung $380\,\text{kV} - 4\,\text{kV} = 376\,\text{kV}$ sowie die Leistung 376 MW an. Der Energieverlust beträgt zwar wieder 4 MW, dem entspricht nun aber ein Prozentsatz von 1,05 %, ein guter Wert.

Transformator • Die nötige Hochspannung wird mit einem **Transformator** erzeugt. Dieser besteht aus einer felderzeugenden Spule (oder kurz: **Feldspule**), die ein sinusförmig verlaufendes B-Feld erzeugt, und einer Induktionsspule (▸Abb. 4). Wir untersuchen in einer Versuchsreihe, wie die Spannung U_2 der Induktionsspule von deren Windungszahl N_2 und den entsprechenden Größen U_1 und N_1 der Feldspule abhängt (▸Abb. 5). Dabei belasten wir die Induktionsspule zunächst nicht durch einen Stromfluss, man spricht vom **unbelasteten** Transformator. Anhand der beiden rechten Spalten in ▸Tabelle 5 erkennt man sofort:

An einem unbelasteten Transformator ist der Quotient der Spannungen an der Feldspule und der Induktionsspule $\frac{U_1}{U_2}$ gleich dem entsprechenden Verhältnis der Windungszahlen $\frac{N_1}{N_2}$, kurz:

$$\frac{U_1}{U_2} = \frac{N_1}{N_2}.$$

Wie können wir diese Beobachtung aus dem Induktionsgesetz herleiten? Eine Spule verbindet die beiden Pole der Spannungsquelle und hat daher typischerweise einen vernachlässigbaren Ohmschen Widerstand. Offenbar wird aber dennoch die Stromstärke begrenzt. Um herauszufinden, wie dies geschieht, analysieren wir den magnetischen Fluss $\Phi(t)$, den die Feldspule erzeugt. Er führt in der Induktionsspule gemäß dem Induktionsgesetz zu folgender Spannung:

$$U_2(t) = -N_2 \cdot \dot{\Phi}(t).$$

Beide Spulen umschließen denselben Eisenkern (▸Abb. 4), d. h., der magnetische Fluss $\Phi(t)$ befindet sich im ganzen Eisenkern, also auch in der Feldspule. Nach dem Induktionsgesetz wird also auch in der Feldspule eine Spannung induziert:

$$U_1(t) = -N_1 \cdot \dot{\Phi}(t).$$

Diese Spannung begrenzt die Stromstärke und hat den gleichen Betrag wie die Netzspannung in ▸Abb. 4. Um das Gleichungssystem zu lösen, lösen wir die erste Gleichung nach $\dot{\Phi}$ auf $\left(\dot{\Phi} = -\frac{U_2}{N_2}\right)$ und setzen dies in die zweite Gleichung ein:

$$U_1(t) = \frac{N_1}{N_2} \cdot U_2(t).$$

Diese aus dem Induktionsgesetz hergeleitete Relation ist gleichwertig zu der experimentell gewonnen Gleichung. Wir können die Induktionsspannung am unbelasteten Transformator also durch das Induktionsgesetz erklären.

Wenn die Induktionsspule durch einen Strom I_2 belastet wird (**belasteter** Transformator) wie in ▸Abb. 6, dann haben im Idealfall die zugeführte Leistung $U_1 \cdot I_1$ und die übertragene Leistung $U_2 \cdot I_2$ den gleichen Betrag. Wir wenden die Relation für U_1 an und erhalten:

$$N_1 \cdot I_1 = N_2 \cdot I_2.$$

Wir messen B im Eisenkern ohne Luftspalt sehr genau, indem wir in der Feldspule I herunterregeln, $U_i(t)$ aufzeichnen und mit dem Induktionsgesetz schrittweise ΔB ermitteln sowie addieren.

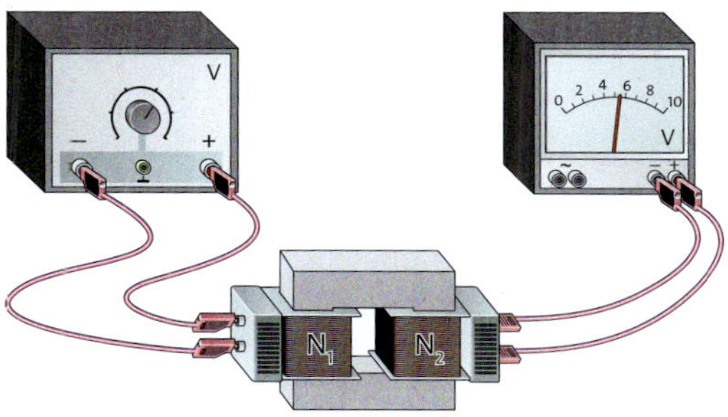

4 Unbelasteter Transformator

Das Begrenzen der Stromstärke durch eine Spule heißt Drosselung. Eine entsprechend verwendete Spule heißt Drossel.

N_1	N_2	U_1 in V	U_2 in V	$\frac{U_1}{U_2}$	$\frac{N_1}{N_2}$
400	400	6,0	5,6	1,07	1,00
400	800	6,0	11,5	0,52	0,50
400	1600	6,0	23,1	0,26	0,25
1600	400	6,0	1,4	4,29	4,00
800	800	6,0	5,6	1,07	1,00

5 Unbelasteter Transformator: Messwerte

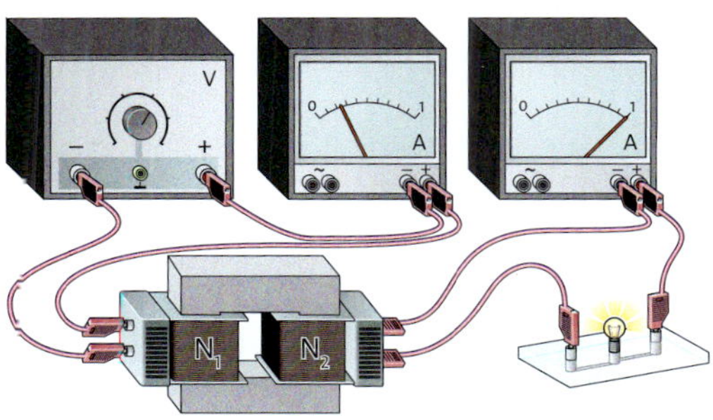

6 Belasteter Transformator

Wenn wir an den Transformator eine Gleichspannung anschließen, dann ist der magnetische Fluss Φ konstant. Somit ist $\dot{\Phi} = 0$. Dann ist gemäß dem Induktionsgesetz die induzierte Spannung ebenfalls gleich null.

Versuch A • Bauprinzipien bei Elektromotoren

V1 Minimalistischer Motor

Material:
Batterie vom Typ AA, Schraube, kleiner starker Magnet (Neodym), Kabel, Amperemeter

Arbeitsauftrag:

a) Bauen Sie den Motor wie in ▸Abb. 1 gezeigt. Beschreiben Sie elektrische und magnetische Pole und die resultierende Bewegung.

b) Übertragen Sie ▸Abb. 1 vergrößert in Ihr Heft, skizzieren Sie das B-Feld, ein typisches Elektron, dessen Bewegung im Stromkreis, die wirkende Lorentzkraft und das resultierende Drehmoment. Erklären Sie damit den Motor.

c) Führen Sie Kontrollversuche durch:
(1) Polen Sie das B-Feld um.
(2) Wechseln Sie die elektrischen Pole.
(3) Leiten Sie den Strom oberhalb des Magneten in die Schraube.
(4) Lassen Sie den Strom auf der Zylinderachse in den Magneten fließen.

d) Messen Sie die Stromstärke I und ermitteln Sie die zugeführte elektrische Leistung P.

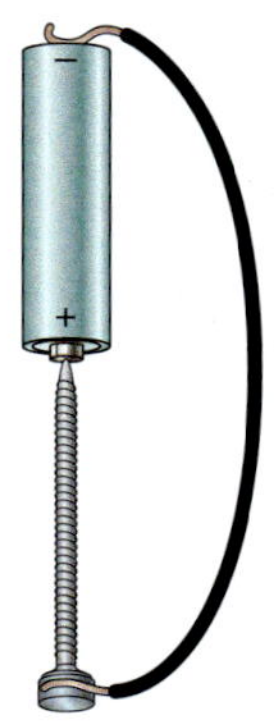

1 Minimalistischer Elektromotor

V2 Motor durch schrittweises Drehfeld

Material:
Netzgerät, Spulen mit Eisenkern, Magnetnadel, Taster, Kabel

Arbeitsauftrag:

a) Bauen Sie den Motor wie in ▸Abb. 2. Drücken Sie jeden Taster je eine Sekunde lang zyklisch in der Reihenfolge T_1, T_2, T_3, T_1, T_2, T_3 und so weiter. Beschreiben und erklären Sie die Bewegung der Magnetnadel. Ermitteln Sie die Periodendauer T.

b) Übertragen Sie ▸Abb. 2 in Ihr Heft. Zeichnen Sie von der Drehachse ausgehend den Vektor des B-Feldes zu den Zeitpunkten $t = \frac{T}{6}$, $t = \frac{3T}{6}$ und $t = \frac{5T}{6}$. Beschreiben Sie das Feld näherungsweise als drehendes Feld. Man spricht vom Drehfeld.

c) Erläutern Sie, inwiefern diese Versuchsanordnung einen Elektromotor darstellt.

d) Stellen Sie den Winkel α des B-Feldes abhängig von der Zeit im $\alpha(t)$-Diagramm dar. Einen Motor mit schrittweisem Zeitverlauf des Winkels des B-Feldes nennt man Schrittmotor. Erörtern Sie Vor- und Nachteile von Schrittmotoren.

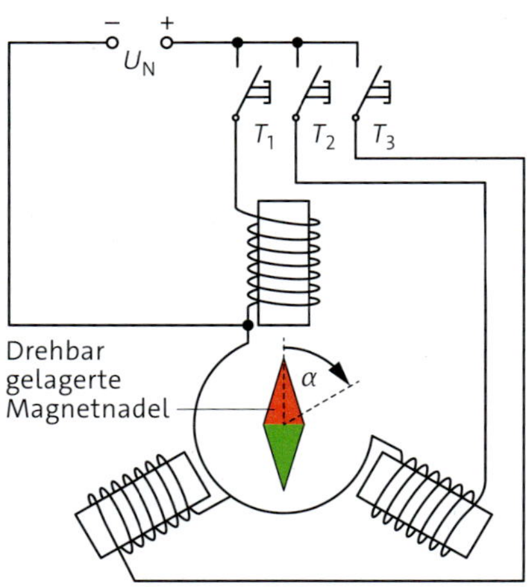

2 Drehfeld mit Rotor

V3 Motor durch gleichmäßiges Drehfeld

Material:
Spulen mit Eisenkern, Magnetnadel, Kabel, Smartphone, für Teilaufgabe d) Drehstromnetzgerät

Arbeitsauftrag:

a) Bauen Sie den Motor wie in ▸Abb. 3 A auf. Übertragen Sie die Abbildung in Ihr Heft.

b) An den drei Spulen liegen Spannungen $U(t)$, $V(t)$ und $W(t)$ an, die sich sinusförmig mit einer Periodendauer T ändern und jeweils einen Phasenunterschied von $\frac{2\pi}{3}$ (120°) haben. Wenn T so groß ist, dass die Magnetnadel stets stabil das Feld anzeigt, dann entstehen zu den Zeiten $\frac{T}{3}$ und $\frac{2T}{3}$ die Anordnungen wie in ▸Abb. 3 B, C. Skizzieren und erläutern Sie, wie $\vec{B}(t)$ verläuft.

c) Erläutern Sie, inwiefern diese Versuchsanordnung einen Elektromotor darstellt.

d) Schließen Sie ein Drehstromnetzgerät mit 50 Hz an, filmen Sie mit wenigstens 200 Bildern pro Sekunde und beschreiben und erklären Sie die Beobachtung.

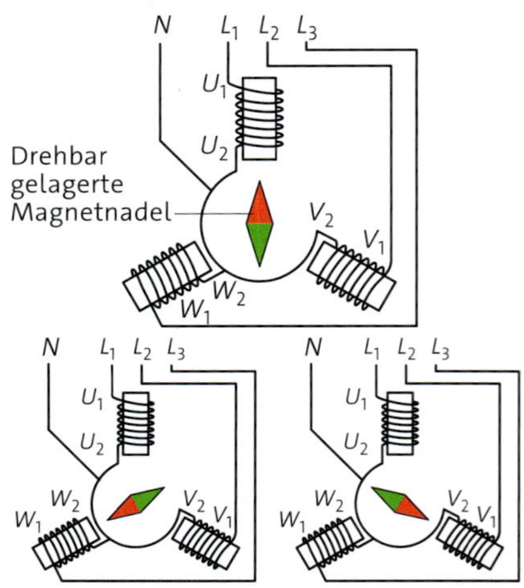

3 A–C Drehfeld mit Rotor

Material A • Dynamoprinzip

A1 Eine induzierte Spannung U_i kann das zur Induktion nötige B-Feld prinzipiell selbst erzeugen. Diese Tatsache heißt **Dynamoprinzip.** Ein Gerät, das nach diesem Prinzip Bewegungsenergie in elektrische Energie wandelt, heißt **Dynamo.**

a) Erklären Sie die Funktionsweise des Dynamos in ▸Abb. 4.

b) Die rotierende Spule in ▸Abb. 4 induziert zu einem Zeitpunkt t eine effektive Spannung $U(t)$. Für die effektive Stromstärke gilt dann $I(t) = \frac{U(t)}{R}$. Begründen Sie. Berechnen Sie die Stromstärke für $U = 2\,\text{V}$ und $R = 10\,\Omega$.

c) Wir analysieren das B-Feld, das der Strom $I(t)$ in b) zu einer wenig späteren Zeit $t + \Delta t$ erzeugt. Für dieses gilt $B(t + \Delta t) = \mu \cdot N \cdot \frac{U(t)}{R \cdot l}$. Begründen Sie. Berechnen Sie B für $\mu_r = 10$, $l = 0{,}1\,\text{m}$, $N = 1000$, $\mu = \mu_0 \cdot \mu_r$.

d) Begründen Sie, dass die wirksame Fläche $A(t) = A_0 \cdot \cos(\omega \cdot t)$ beträgt.

e) Zur Zeit $t + \Delta t$ wird folgende Spannung induziert $U(t + \Delta t) = N \cdot B(t + \Delta t) \cdot A_0 \cdot \omega \cdot \sin(\omega \cdot t)$. Begründen Sie diese Formel sowie $U(t) = U_{max} \cdot \sin(\omega \cdot t)$.

f) Das Produkt $\sin(\omega \cdot t) \cdot \sin(\omega \cdot (t + \Delta t))$ hat nahezu das Maximum 1 und den Mittelwert $\frac{1}{2}$. Daher gilt $U_{max}(t + \Delta t) = k \cdot U_{max}(t)$. Dabei ist die Konstante $k = N^2 \cdot \mu \cdot A_0 \cdot \frac{\omega}{R \cdot l}$. Begründen Sie.

g) Begründen Sie, dass eine Spannung $U_i = 0$ induziert wird, wenn k kleiner als 1 ist. Erörtern Sie, ob für $k > 1$ die Induktionsspannung unendlich groß wird. Ermitteln Sie für $A_0 = 0{,}001\,\text{m}^2$ die Kreisfrequenz, bei der die Konstante $k = 1$ ist.

h) Erörtern Sie Vor- und Nachteile des Dynamos gegenüber dem Generator. Recherchieren Sie dafür zum Bergbau zur Förderung von Neodym für Permanentmagnete.

i) Bewerten Sie die Verkehrssicherheit des üblichen Fahrradgenerators und eines denkbaren Dynamos.

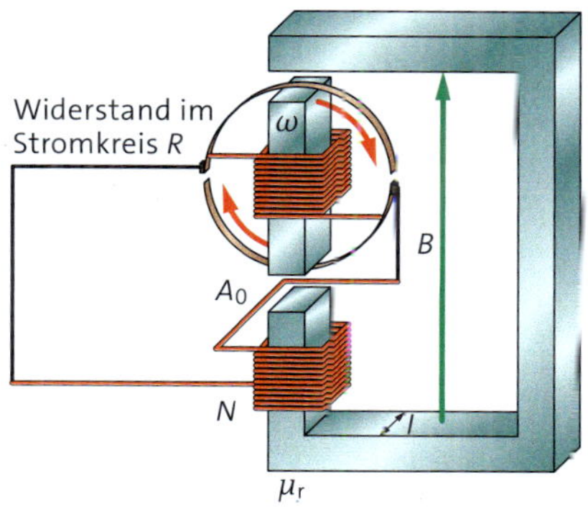

4 Dynamo

Material B • Scheibengenerator

B1 **a)** Die rotierende Scheibe in ▸Abb. 5 erzeugt eine Induktionsspannung U_i. Übertragen Sie ▸Abb. 5 ins Heft, tragen Sie die auf Elektronen in der Scheibe wirkende Lorentzkraft ein. Erklären Sie die Funktionsweise.

b) Wir verwenden den mittleren Radius $\frac{r}{2}$. Begründen Sie, dass damit gilt: $F_L = e \cdot \omega \cdot \frac{r}{2} \cdot B$. Berechnen Sie F_L für $\omega = 1000\,\frac{1}{s}$, $B = 1\,\text{T}$, $r = 2\,\text{m}$.

c) Für U_i gilt demnach $U_i = \omega \cdot \frac{r^2}{2} \cdot B$. Begründen und berechnen Sie.

d) Dieser Generator ist in ▸Abb. 6 zu einem Dynamo umgebaut. Erklären Sie dessen Funktionsweise.

e) Bei der induzierten Spannung $U(t)$ wird die Stromstärke $I(t) = \frac{U(t)}{R}$ induziert. Begründen und berechnen Sie für $U(t) = 2\,\text{V}$ und $R = 10\,\Omega$.

f) Ein Zeitintervall Δt später erzeugt $I(t)$ das Feld $B(t + \Delta t) = \mu \cdot N \cdot \frac{U(t)}{R \cdot l}$.

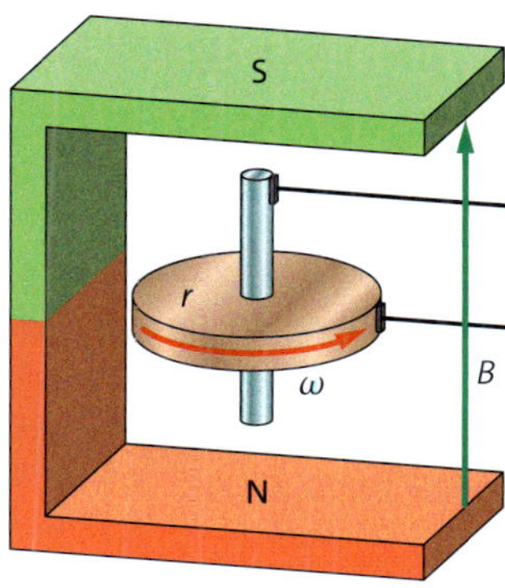

5 Scheibengenerator

Begründen und berechnen Sie für $N = 100$, $l = 0{,}1$, $\mu_r = 5$.

g) Zur Zeit $t + \Delta t$ wird $U(t + \Delta t) = k \cdot U(t)$ induziert, mit $k = \omega \cdot \frac{r^2}{2} \cdot \mu \cdot \frac{N}{R \cdot l}$. Begründen Sie diese Formel sowie die Tatsache, dass eine stabile Spannung nur induziert wird, falls k mindestens 1 ist. Ermitteln Sie ω, für $k = 1$.

h) Der Scheibendynamo funktioniert besonders gut für große Radien. Dadurch eignet er sich gut zur Modellierung der Entstehung des Erdmagnetfeldes. Erläutern Sie.

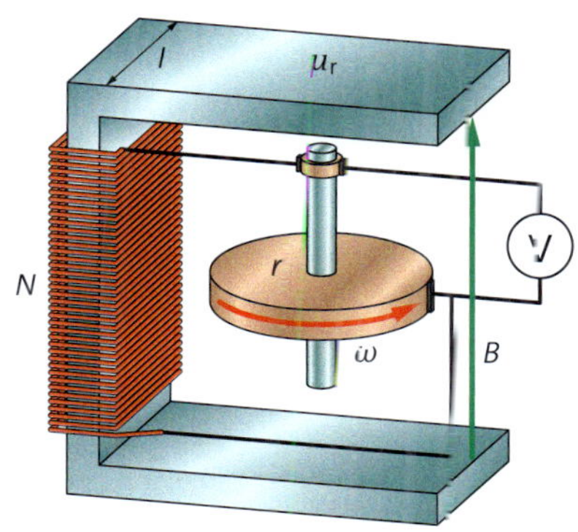

6 Scheibendynamo

1 Achterbahn mit induktiver Bremse

Lenzsche Regel

Manche Achterbahnen erreichen Geschwindigkeiten von 100 $\frac{km}{h}$. Am Ende der Strecke werden sie mit Kupferplatten gebremst, die zwischen den Gleisen montiert sind (▸Abb. 2). Warum sehen wir gar keine Bremsspuren?

2 Kupferplatten bremsen die Achterbahn.

Grundprinzip • Da keine Bremsspuren zu sehen sind, muss die Bremskraft kontaktlos durch ein physikalisches Feld übertragen werden. Ein Gravitationsfeld oder ein elektrisches Feld wären kaum praktikabel, also bremst ein Magnetfeld. Tatsächlich findet man beim Blick unter die Achterbahn Permanentmagnete.

An Kupferplatten haftet aber kein Magnet. Können die Kupferplatten ein Magnetfeld erzeugen? Das probieren wir in einem Modellversuch aus.

Modellversuch • Wir bilden die Kupferplatten durch eine Aluminiumplatte nach und befestigen die Aluminiumplatte auf einem Wagen (▸Abb. 3). Wir lassen den Wagen an einem Magneten vorbeirollen.
Nach dem Losrollen des Wagens beobachten wir, dass er auf der Höhe der Magnete deutlich abgebremst wird.

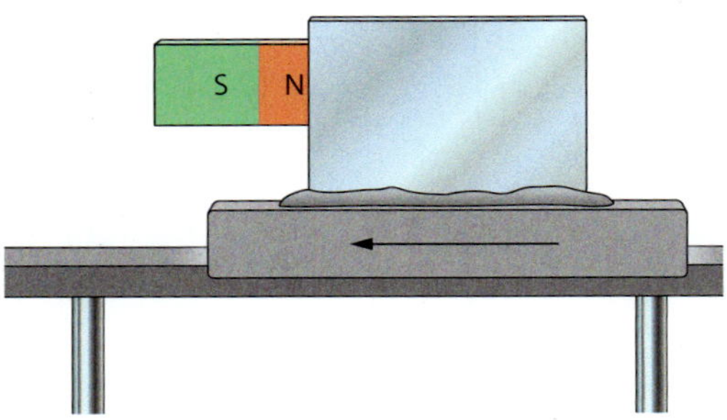

3 Modellversuch

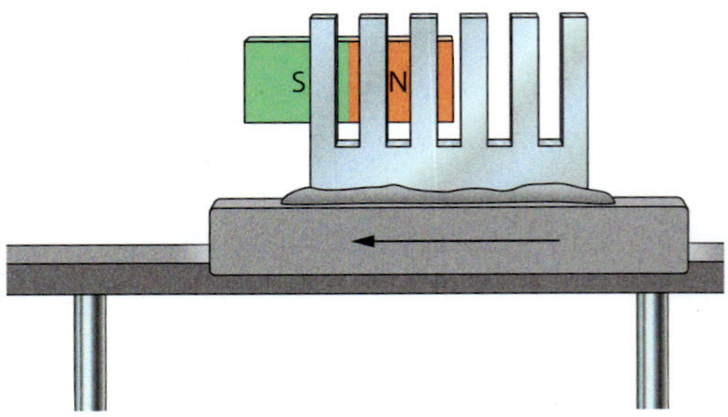

4 Kontrollversuch

Wirbelströme • Wie wird der Wagen in ▸Abb. 3 gebremst? Bewegt sich die Platte relativ zu einem Permanentmagneten mit einer Geschwindigkeit *v*, z. B. nach rechts, und tritt in dessen B-Feld ein, dann bewegen sich auch die Elektronen der Platte relativ zum B-Feld nach rechts (▸Abb. 5). Gemäß der Drei-Finger-Regel wirkt dabei auf das in ▸Abb. 5 dargestellte Elektron eine Lorentzkraft F_L nach unten. So sammeln sich rechts unten Elektronen. Weil sich nicht beliebig viele Elektronen dort sammeln können, weichen sie nach links unten aus. Sobald sie den Rand des Bleches erreichen, müssen sie nach links oben ausweichen – was möglich ist, weil dort noch kein B-Feld ist. Von dort werden sie nach rechts oben gezogen, denn dort fehlen durch die Lorentzkraft Elektronen. Somit bildet sich ein zirkulierender Strom (▸Abb. 5, gestrichelt). Ein solcher Strom heißt **Wirbelstrom.** Dieser erzeugt ein B-Feld, das in diesem Fall zum Betrachter gerichtet ist (▸Abb. 5). Damit ist es entgegengesetzt zu dem B-Feld des Permanentmagneten, sodass eine abstoßende Wirkung entsteht (▸Abb. 7). Daher wird der Wagen beim Eintritt ins Feld gebremst.

Was passiert, wenn der Wagen das B-Feld verlässt? Auch beim Austreten aus dem Feld wirkt auf die Elektronen die Lorentzkraft nach unten, allerdings nur auf die hinteren Elektronen der Platte in ▸Abb. 6. Dadurch kehrt der Wirbelstrom seine Richtung um. Somit erzeugt dieser Strom ein B-Feld, das parallel zum B-Feld des Permanentmagneten ist. Also wirkt die Kraft anziehend (▸Abb. 7). Daher wird der Wagen beim Austreten aus dem B-Feld nochmals abgebremst.

In der Platte wird also ein Strom erzeugt, der erst ein B-Feld entgegengesetzt (▸Abb. 5) sowie später eines parallel zum äußeren B-Feld (▸Abb. 6) generiert. Insgesamt wirken die Wirbelströme also stets abbremsend. Das erklärt die Bremswirkung auf den Wagen in ▸Abb. 3.

Wenn sich eine Metallplatte in ein B-Feld hinein- oder aus dem Feld herausbewegt, dann werden in der Platte Wirbelströme induziert. Diese erzeugen ein B-Feld, das die Platte abbremst.

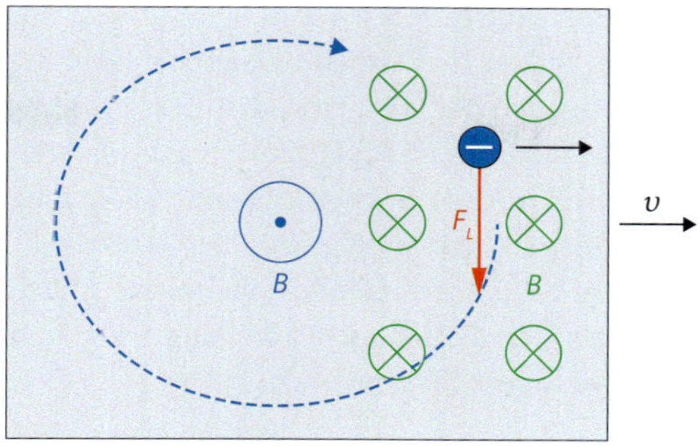

5 Wirbelstrom beim Eintritt ins B-Feld

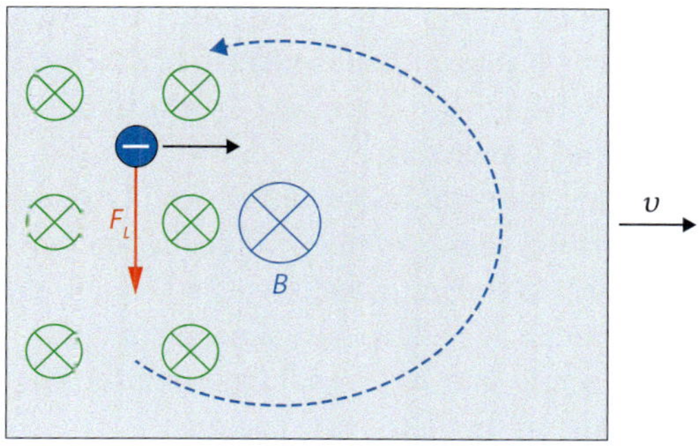

6 Wirbelstrom beim Austritt aus dem Feld

8 Wirbelstrombremse bei einer Achterbahn

Kontrollversuch • Um zu überprüfen, ob die Aluminiumplatte wie ein Elektromagnet wirkt, ersetzen wir sie durch eine mit Schlitzen versehene Aluminiumplatte, um so die Wirbelströme zu verringern (▸Abb. 4). Wir lassen den Wagen losrollen und beobachten, dass er mit der geschlitzten Aluminiumplatte kaum abgebremst wird.

Das bestätigt, dass ein Wirbelstrom den Wagen bremst. Eine solche Bremse heißt Wirbelstrombremse (▸Abb. 8).

Wenn Körper mit entgegengesetzten B-Feldern aufeinander treffen, dann stoßen sie einander ab (links). Bei gleichgerichteten B-Feldern entsteht Anziehung (rechts).

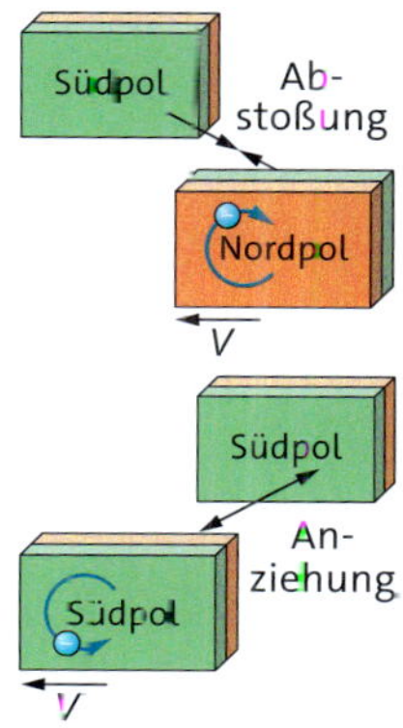

7 Abstoßung, Anziehung

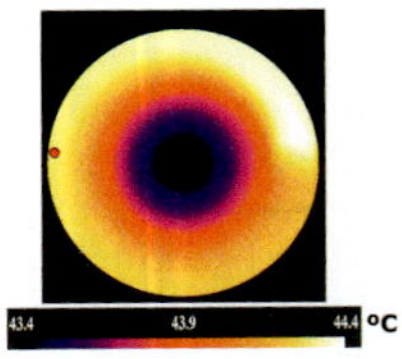

1 Thermografie der Scheibe

Wirbelstrombremsen • Bei der Wirbelstrombremse in der Achterbahn befinden sich die Magnete unter dem Wagen und umfassen an der Fahrbahn montierte Kupferplatten. Eine Wirbelstrombremse, die bei jedem rollenden Fahrzeug funktioniert (unabhängig von der Unterlage), zeigt ▸Abb. 2: Eine rotierende Scheibe bewegt sich zwischen den Polschuhen von Magneten und wird dadurch abgebremst.

Wirbelstrom und Energie • Die Scheibe in ▸Abb. 2 rotiert durch ein B-Feld. Somit werden dort, wo das B-Feld die Scheibe durchsetzt, Wirbelströme erzeugt. Die dabei entstehende Hitze in der Scheibe wird durch die Thermografie in ▸Abb. 1 nachgewiesen.
Aufgrund der Rotation ist der komplette Außenbereich heiß. Somit können wir bei diesem Vorgang zwei Energieumwandlungen erkennen: die Umwandlung von Bewegungsenergie in elektrische Energie und die Wandlung dieser elektrischen Energie in thermische Energie.

Letztlich wandelt eine Wirbelstrombremse also Bewegungsenergie in thermische Energie um, ebenso wie eine übliche Bremse durch Reibung Bewegungsenergie in thermische Energie umwandelt. Allerdings hat die Wirbelstrombremse den Vorteil, dass sie nicht verschleißt und keinen Feinstaub erzeugt.

Wirbelströme sind Beispiele für Ströme, die durch Induktion in einem Leiter entstehen. In unseren bisherigen Beispielen wirken die induzierten Ströme immer ihrer Ursache, also der Bewegung, entgegen. Könnten induzierte Ströme auch ihre Ursache verstärken?

Würden induzierte Ströme ihre Ursache, also eine Bewegung oder eine B-Feld-Änderung, verstärken, dann würde eine vorhandene Ursache noch verstärkt. Dadurch würde der induzierte Strom noch vergrößert. Dies würde dazu führen, dass immer mehr thermische Energie abgegeben würde (▸Abb. 1). Dadurch würde das Prinzip der Energieerhaltung verletzt. Aus der Gültigkeit des Prinzips der Energieerhaltung folgt also die Erkenntnis: Induzierte Ströme wirken immer ihrer Ursache entgegen. Wir fassen zusammen:

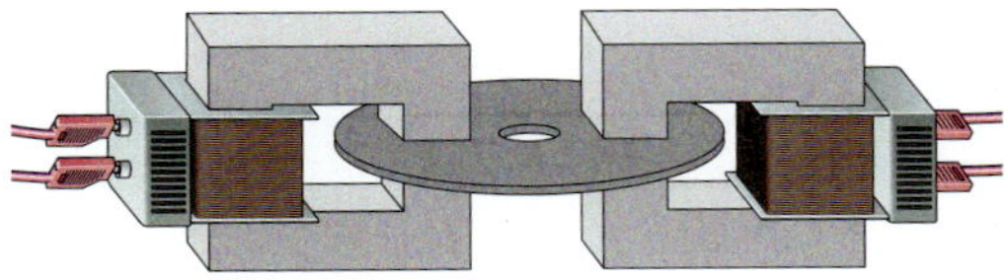

2 Wirbelstrombremse bei einer Scheibe

3 Magnet schwebt über Supraleiter

Wenn in einem leitenden Körper Ströme induziert werden, dann wirken diese stets ihrer Ursache entgegen. Diese Erkenntnis heißt Lenzsche Regel.

Magnetisches Schweben • Der Magnet in ▸Abb. 3 schwebt über einem Ring, der mit flüssigem Stickstoff auf −197 °C gekühlt ist. Der Ring hat durch diese Kühlung einen Widerstand von $R = 0\,\Omega$. Man sagt, der Ring ist **supraleitend.** Wenn der Magnet auf den Ring zufällt, dann ändert sich das B-Feld im Ring und es wird eine Spannung U induziert. Diese Spannung erzeugt einen elektrischen Strom I. Würde das B-Feld in den ganzen Ring eindringen, dann wäre die Stromstärke unbegrenzt $\left(I = \frac{U}{R}\right)$, daher bleibt das B-Feld an der Oberfläche des Rings und induziert dort einen Strom. Dieser wirkt nach der Lenzschen Regel seiner Ursache entgegen und stoppt das Fallen des Magneten. Daher schwebt der Magnet.
Allgemeiner gibt es Materialien, bei denen ein äußeres B-Feld ebenso nicht ins Material eindringen kann. Denn an der Materialoberfläche induziert das äußere B-Feld ein entgegengesetztes inneres

B-Feld, welches das äußere kompensiert. Ein solches Material nennt man **diamagnetisch.**
Ein Beispiel ist das Plättchen aus pyrolytischem Graphit in ▸Abb. 4. Es schwebt über einem Magneten. Wie beim Magneten in ▸Abb. 3 werden auch hier dauerhafte elektrische Ströme induziert. Sie sind dauerhaft, weil sie auf einer mikroskopischen Bewegung von Elektronen beruhen, ähnlich wie sich Elektronen in Atomen bewegen, ohne dass sie beispielsweise durch einen elektrischen Widerstand irgendwann zum Stillstand kämen. Diese dauerhaften Ströme wirken gemäß der Lenzschen Regel ihrer Ursache, dem Fallen, entgegen. Daher schweben die Plättchen.

Kräfte bei der Wirbelstrombremse • Um die Achterbahn zu bremsen, ist eine große Kraft nötig. Wie groß ist die Kraft einer Wirbelstrombremse? Das analysieren wir am Beispiel der Kupferplatte in ▸Abb. 5, die durch ein B-Feld der Stärke $B = 1\,\text{T}$ und der Breite $d = 0{,}1\,\text{m}$ abgebremst wird. Beim Eintritt des Wagens in das Feld beträgt die Geschwindigkeit $v = 30\,\frac{\text{m}}{\text{s}}$. Dabei beträgt die auf ein Elektron wirkende Lorentzkraft:

$$F_L = v \cdot B \cdot e.$$

Es entsteht ein Kräftegleichgewicht mit einer elektrischen Kraft, die eine Spannung hervorruft:

$$F_{el} = q \cdot |\vec{E}| = e \cdot \frac{U}{d} = U \cdot \frac{e}{d}.$$

Somit gilt:

$$v \cdot B \cdot e = U \cdot \frac{e}{d}.$$

Daher beträgt die hervorgerufene Spannung:

$$U = v \cdot B \cdot d.$$

Es entsteht ein Wirbelstrom, der durch einen Widerstand von $R = 10^{-4}\,\Omega$ innerhalb der Metallplatte begrenzt ist:

$$I = \frac{U}{R}.$$

Nach dem Prinzip der Energieerhaltung wird die zugeführte mechanische Leistung P_{mech} in die elektrische Leistung $P = U \cdot I$ umgewandelt. Dabei ist die mechanische Leistung das Produkt aus Bremskraft F_B der Wirbelstrombremse und Geschwindigkeit. Somit gilt:

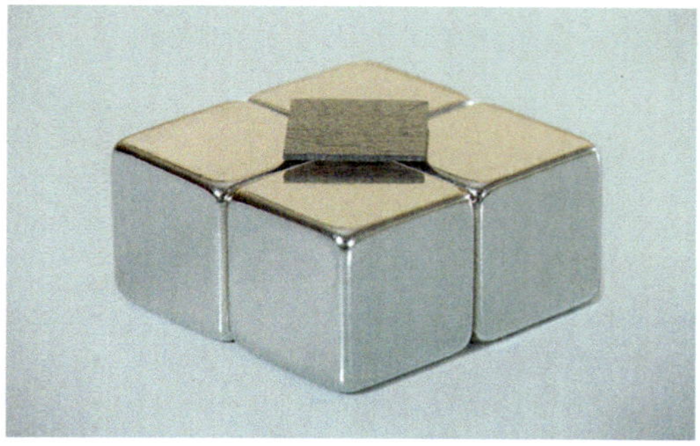

4 Diamagnet schwebt über Magneten

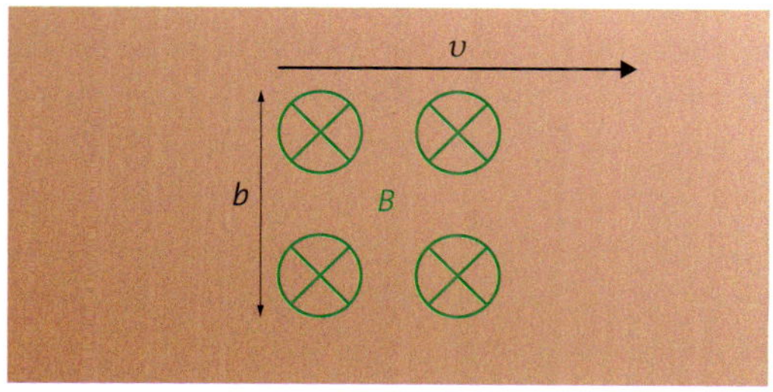

5 Kupferplatte einer Wirbelstrombremse

$$U \cdot I = F_B \cdot v$$

Wir setzen die obigen Terme für U und I ein und lösen nach F_B auf:

$$F_B = B^2 \cdot d^2 \cdot \frac{v}{R} = (1\,\text{T})^2 \cdot (0{,}1\,\text{m})^2 \cdot \frac{30\,\frac{\text{m}}{\text{s}}}{10^{-4}\,\Omega} = 3000\,\text{N}.$$

Wenn ein Wagen der Achterbahn zwei solche Platten nutzt und eine Masse von 1000 kg hat, dann erfährt das Fahrzeug folgende Bremsbeschleunigung:

$$a_B = \frac{F_B}{m} = \frac{6000\,\text{N}}{1000\,\text{kg}} = 6\,\frac{\text{m}}{\text{s}^2}.$$

Das entspricht der mit einem Smartphone aufgezeichneten Bremsbeschleunigung der Achterbahn von ca. $6\,\frac{\text{m}}{\text{s}^2}$ (▸Abb. 6).

1 In einer Wirbelstrombremse wird eine Kupferplatte verwendet mit einem Querschnitt von $100\,\text{mm}^2$ und einer Länge des Stromflusses von 0,6 m. Ermitteln Sie den Widerstand R. Der spezifische Widerstand beträgt $\frac{0{,}017\,\Omega \cdot \text{mm}^2}{\text{m}}$.

Pyrolytischer Graphit ist eine besonders reine Form von kristallinem Kohlenstoff. Er wird synthetisch durch Erhitzen kohlenstoffhaltiger Stoffe hergestellt.

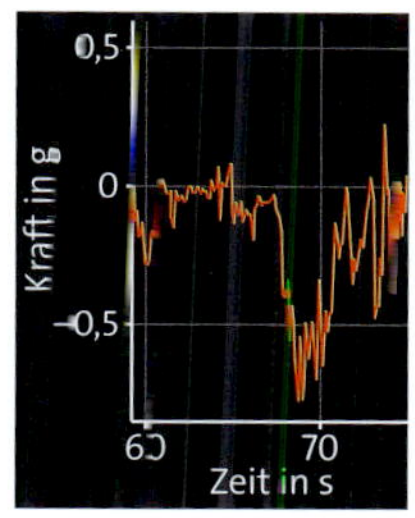

6 Bremsbeschleunigung in der Achterbahn

Versuch A • Kräfte durch Wirbelströme

V1 Wirbelströme

Material:
Spule, Netzgerät, Taster (im Idealfall Morsetaste), Kabel, Aluminiumring, Aluminiumplatte, Aluminiumkamm, Stativmaterial, Wagen, Fahrbahn

Arbeitsauftrag:
a) Bauen Sie den Versuch auf wie in ▸Abb. 1A. Drücken Sie den Taster und beschreiben Sie die Beobachtung.
b) Bremsen Sie die Platte ab, indem Sie den Taster in ▸Abb. 1A. gedrückt halten und dabei die Platte auf den Elektromagneten zu pendeln lassen.
c) Überprüfen Sie, dass Wirbelströme wesentlich sind: Ersetzen Sie die Platte in ▸Abb. 1A durch den Kamm in Abb. 1B und führen Sie damit Kontrollversuche zu den Experimenten in a) und b) durch.
d) Führen Sie die Versuche aus a) und b) mit den anderen Aluminiumplatten durch (▸Abb. 1C).
e) Erklären Sie die Versuche a) bis d) mit Wirbelströmen und der Lenzschen Regel.
f) Entwerfen Sie mit der Platte auf einem auf Schienen rollenden Wagen und mehreren rechtzeitig einzuschaltenden Spulen einen Linearmotor. Führen Sie ein Machbarkeitsexperiment durch.

V2 Bewegung parallel zum Feld

Material:
Magnet, Spule, Netzgerät, Taster, Kabel, Aluminimumring, Stativmaterial

Arbeitsauftrag:
a) Bauen Sie den Versuch auf wie in ▸Abb. 2. Drücken Sie den Taster und beschreiben Sie Ihre Beobachtung.
b) Überprüfen Sie, dass die Änderung des B-Feldes wesentlich ist, indem Sie einen Stabmagneten ruckartig in den ruhig hängenden Ring schieben.
c) Bremsen Sie den Ring ab, in dem Sie den Taster gedrückt halten und dabei den Ring auf den Elektromagneten zu pendeln lassen.
d) Führen Sie den Versuch aus c) mit einem Stabmagneten anstelle des Elektromagneten durch.
e) Drehen Sie den Elektromagneten, sodass der Eisenkern nach oben zeigt, und legen Sie den Ring auf die Spule, sodass er den Eisenkern umfasst. Drücken Sie den Taster. Planen Sie einen Versuch, bei dem der Ring beim Drücken des Tasters einige Meter nach oben fliegt.
f) Erklären Sie die Versuche a) bis e) mit Wirbelströmen und der Lenzschen Regel.

V3 Motor durch Wirbelströme

Material:
Aluminiumdose eines Teelichts, Stabmagnet, Stativmaterial, Faden, Magnetnadelfuß, Spulen, Smartphone, für d): Drehstromnetzgerät

Arbeitsauftrag:
a) Bauen Sie den Versuch auf wie in ▸Abb. 3. Lagern Sie dazu ein Teelichtgehäuse auf einem Magnetnadelfuß und schließen Sie einen Luftzug durch eine Pappscheibe zwischen Magneten und Dose aus. Drehen Sie den aufgehängten Magneten, sodass ein rotierendes B-Feld entsteht, ein sogenanntes Drehfeld. Beschreiben Sie Ihre Beobachtung.
b) Erklären Sie die Bewegung mit Wirbelströmen und der Lenzschen Regel.
c) Wenn man das Drehfeld statt durch den Stabmagneten durch Elektromagnete erzeugt, dann entsteht ein Elektromotor. Erklären Sie.
d) Erzeugen Sie das Drehfeld elektrisch, indem Sie drei Spulen wie in ▸Abb. 4 aufstellen und an die drei Phasen eines Drehstromnetzgerät anschließen. Filmen Sie die Bewegung mit wenigstens 200 Bildern pro Sekunde und beschreiben sowie erklären Sie die Beobachtung.

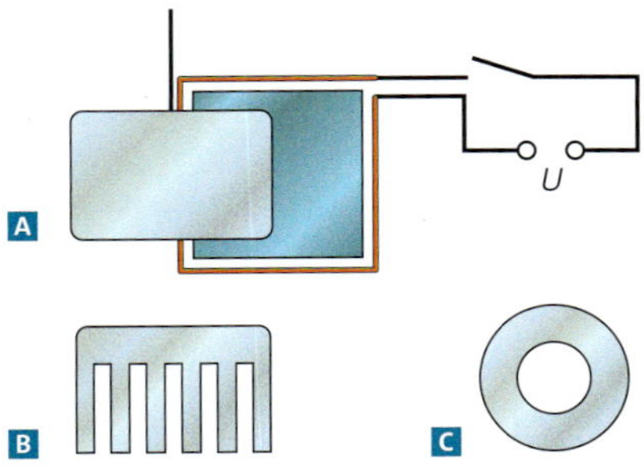

1 A–C Pendelversuche zu Wirbelströmen

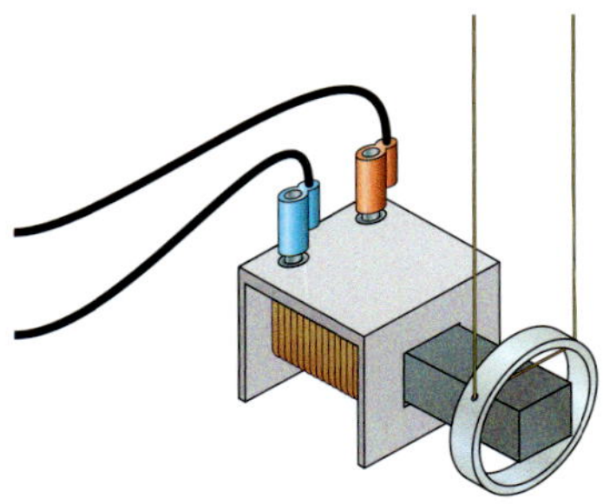
2 Ringversuch

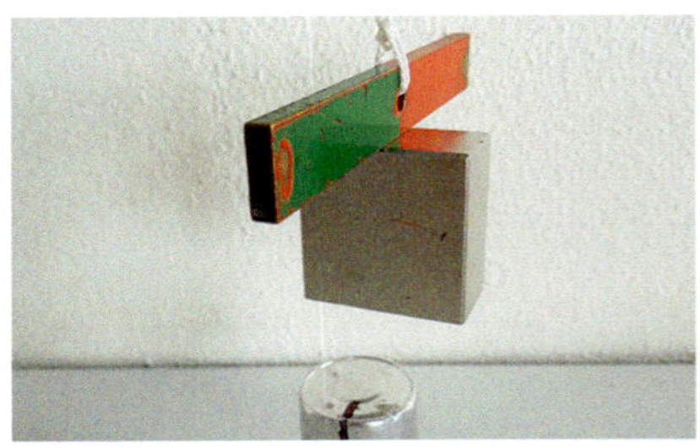
3 Kontrollversuch zum Wirbelstrommotor

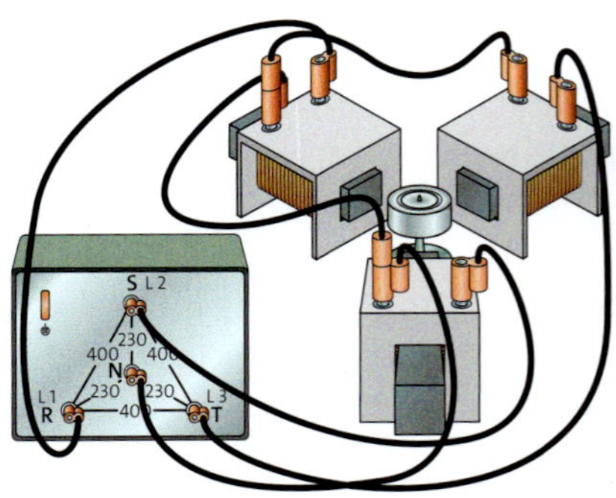

4 Wirbelstrommotor

Material A • Phasenverschiebung beim Wirbelstrom

A1 Für einen Transformator mit den Windungszahlen $N_1 = 2 \cdot N_2$ sind die Zeitverläufe der Spannungen $U_1(t)$ der Feldspule und $U_2(t)$ der Induktionsspule in ▸Abb. 5 gezeigt.

a) Ermitteln Sie die Phasenverschiebung.

b) Um die beobachtete Phasenverschiebung zu erklären, gehen wir vom Spannungsverlauf der Feldspule aus, $U_1(t) = 5\,\text{V} \cdot \sin(\omega \cdot t)$. Entsprechend dem Induktionsgesetz ist der Spannungsverlauf der Induktionsspule $U_i(t) = -N \cdot A \cdot \dot{B}_1(t)$. Begründen Sie damit, dass die Induktionsspannung der Spannung $U_1(t)$ um $\frac{\pi}{2} = 90°$ bzw. $\frac{T}{4}$ hinterherläuft.

c) Die Induktionsspule wird kurzgeschlossen. Somit entsteht ein Strom $I_2(t)$. Erläutern Sie, warum dieser als Wirbelstrom gedeutet werden kann. Begründen Sie, dass dieser Strom $I_2(t)$ sowohl der Spannung $U_1(t)$ als auch dem Strom $I_1(t)$ in der Feldspule um 90° hinterherläuft.

d) Begründen Sie, dass Wirbelströme ihrer Ursache in der Regel um 90° hinterherlaufen.

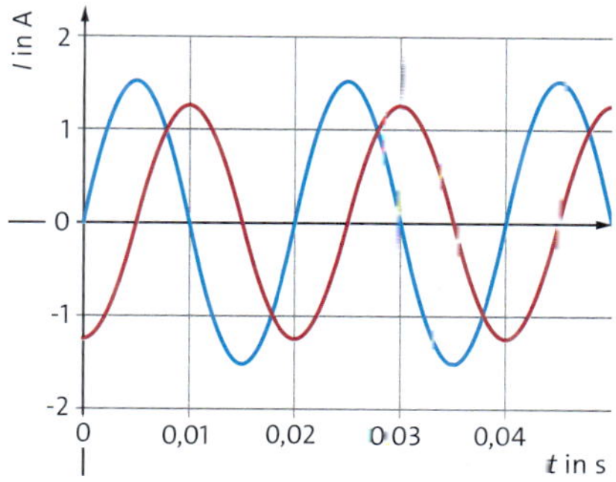

5 Phasenverschiebung bei Wirbelströmen

Material B • Wirbelstrommotor

B1 In vielen Geräten wird der auf Wirbelströmen basierende Spaltmotor eingesetzt.

a) Recherchieren Sie dazu und nennen Sie drei Einsatzgebiete.

b) Beim Spaltmotor erzeugt eine Hauptspule ein sinusförmiges B-Feld $B_1(t) = B_{max} \cdot \sin(\omega \cdot t)$ sowie einen Wirbelstrom in einer kleinen kurzgeschlossenen Spule (▸Abb. 7). Diese zwei Spulen bilden wir im Modellversuch in ▸Abb. 6 auf einem gemeinsamen Eisenkern nach. Die Stromstärke und das Feld $B_2(t)$ der kurzgeschlossenen Spule laufen dem ersten Feld um ca. 90° hinterher, $B_2(t) = -B_2 \cdot \cos(\omega \cdot t)$ (▸Abb. 6). Begründen Sie diesen Zusammenhang mit dem Induktionsgesetz.

c) In dem Modellversuch in ▸Abb. 5 ist der Spaltmotor durch drei Spulen nachgebildet, von denen eine kurzgeschlossen ist. Der Rotor ist eine drehbar gelagerte Aluminiumdose eines Teelichts. Erklären Sie die Analogie mithilfe einer Tabelle. Erklären Sie, warum sich die Aluminiumdose dreht, obwohl Aluminium nicht ferromagnetisch ist.

d) Diese beiden B-Felder schließen einen Winkel von ca. 90° ein (▸Abb. 6). Zeichnen Sie den Summenvektor $\vec{B}(t)$, für das Beispiel der Amplituden $B_{max} = 0{,}1\,\text{T}$ und $B_2 = 0{,}04\,\text{T}$ und für eine Periode. Begründen Sie anhand der Zeichnung, dass sich das B-Feld in der Ebene dreht, wobei der Endpunkt des Vektors auf einem ellipsenartigen Graphen verläuft.

e) Erklären Sie, wie sich in dem Rotor in ▸Abb. 6 Wirbelströme bilden. Begründen Sie mit der Lenzschen Regel, dass diese Wirbelströme dazu führen, dass sich der Rotor mit dem drehenden B-Feld dreht.

f) Erklären Sie, warum die Elektromotoren in ▸Abb. 6 und ▸Abb. 7 ohne Permanentmagnet auskommen.

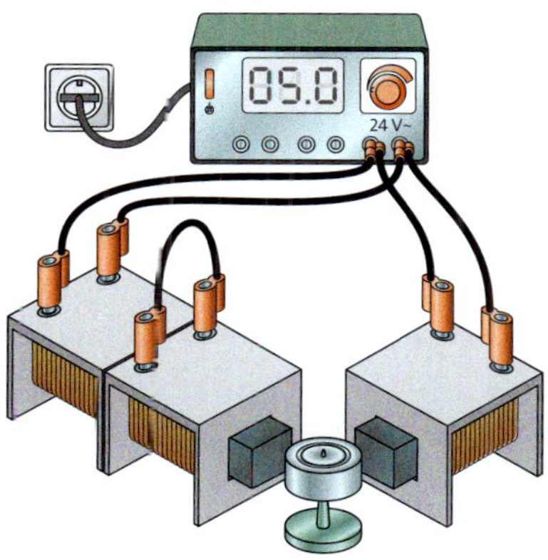

6 Modellversuch

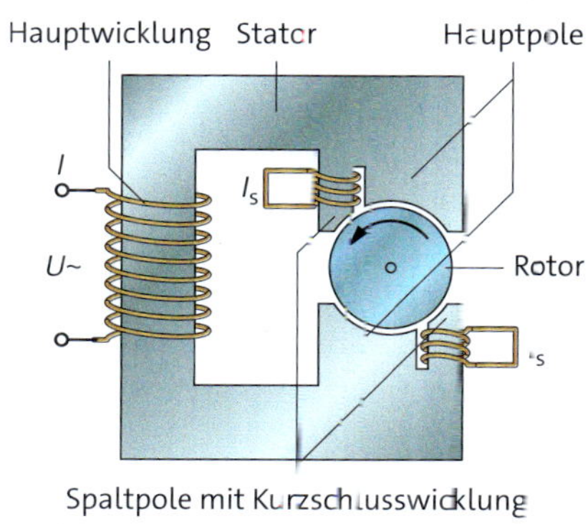

7 Spaltmotor

BLICKPUNKT

Erdmagnetfeld

Erdmagnetfeld am Boden • Menschen nutzen die Richtung des Erdmagnetfeldes an der Erdoberfläche seit über 2500 Jahren zur Navigation. Der Betrag des Feldes ist wesentlich für den Schutz der Lebewesen vor dem Sonnenwind und einigen kosmischen Strahlen. Das Erdmagnetfeld ist ein Dipolfeld, daher ist $|B|$ heterogen. Es variiert örtlich von 20 µT bis 64 µT (▸Abb. 1).

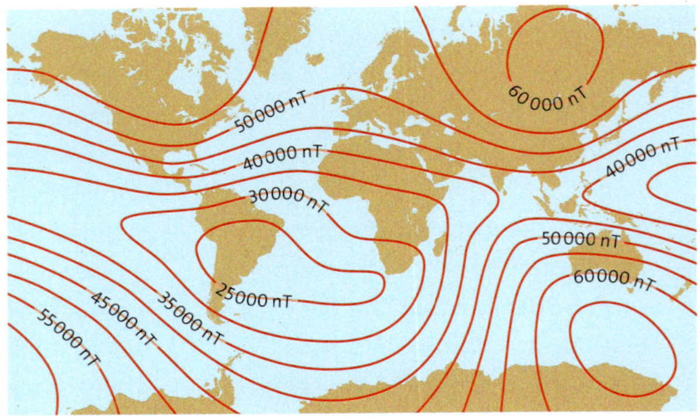

1 Magnetfeld am Boden

Magnetosphäre • Wäre der Weltraum leer, würde sich das Magnetfeld der Erde, die Magnetosphäre, unbegrenzt ausbreiten. Seit die USA 1958 ihren ersten Satelliten Explorer 1 ins All schickten, wissen wir, dass es ganz anders ist: Auf der Tagseite trifft der Sonnenwind in etwa 60 000 km Höhe auf das Erdmagnetfeld. Dieses B-Feld lenkt die geladenen Teilchen des Sonnenwindes durch die Lorentzkraft ab. So entstehen Ströme, die gemäß der Lenzschen Regel ihrer Ursache, dem B-Feld, entgegenwirken. Dort endet die Magnetosphäre, ihre Grenze heißt Magnetopause. Der überschallschnelle Sonnenwind wird hier auf Unterschallgeschwindigkeit abgebremst und es bildet sich eine Bugstoßwelle (▸Abb. 2). Der Sonnenwind teilt sich auf: Ein Teil strömt außerhalb der Magnetosphäre weiter, dadurch entsteht auf der Nachtseite der langgezogene Magnetosphärenschweif (▸Abb. 2). Einige Teilchen dringen durch eine Lücke der Magnetosphäre bei den Polregionen (Cusp) in die Atmosphäre ein. Sie können dort zusammen mit Teilchen aus der Plasmaschicht Polarlichter hervorrufen. Einige Teilchen werden in magnetischen Flaschen im Strahlungsgürtel gefangen.

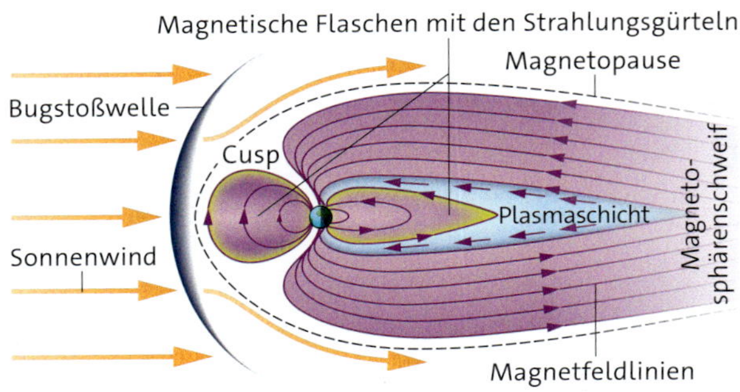

2 Magnetfeld im Weltall

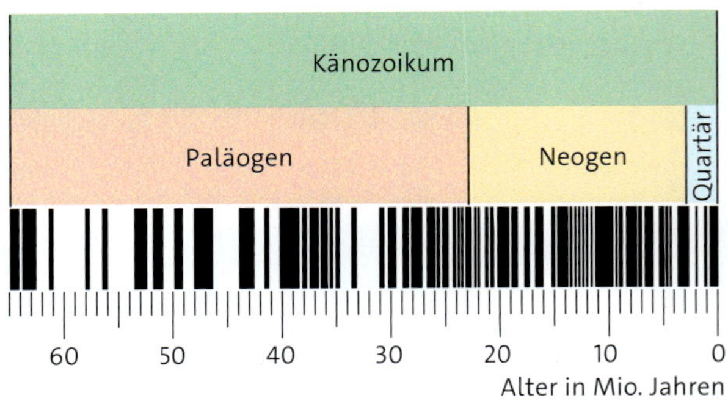

3 Umpolung: Schwarz entspricht heutiger Polung

Zeitliche Entwicklung des Erdmagnetfeldes • Die Sonne wirft gelegentlich für Minuten oder Stunden einen besonders starken Sonnenwind aus. Dieser kann die Magnetosphäre stark verformen, in der Atmosphäre Ströme von über 1 Mio. Ampere auslösen und so am Erdboden starke Schwankungen des Magnetfeldes hervorrufen. Man spricht dann von einem magnetischen Sturm.

1905 entdeckte BERNARD BRUNHES, dass sich das Erdmagnetfeld komplett umpolen kann: Er fand in einem Lavafluss Eisenminerale, die entgegengesetzt zum heutigen Erdmagnetfeld polarisiert sind. Inzwischen weiß man, dass es in den letzten 150 Mio. Jahren Dutzende von Umpolungen des Erdmagnetfeldes gab (▸Abb. 3). Auch heute ist das Erdmagnetfeld nicht unveränderlich: Der Nordpol des Feldes verschiebt sich pro Jahr um ca. 50 km und das axiale B-Feld sank seit 1700 von 34,5 µT auf 29,5 µT, was nicht ungewöhnlich sein muss.

Wie entsteht das Erdmagnetfeld? • Der **äußere Erdkern** ist flüssig, besteht im Wesentlichen aus Eisen und liegt in 2900 bis 5100 km Tiefe. Darunter befindet sich der innere Kern mit Temperaturen über 5000 °C. Der innere Kern heizt daher den äußeren von unten und dort steigt heißes Eisen auf, kühlt oben ab, sinkt wieder nach unten und bildet so Konvektionsbewegungen aus. Aufgrund der Erdrotation wirkt die **Corioliskraft,** eine Trägheitskraft ähnlich der Zentrifugalkraft:

$F_{Cor} = 2 \cdot m \cdot v_{\perp} \cdot \omega.$

Dabei ist $v_{\perp}$ die Geschwindigkeitskomponente orthogonal zu ω. Dadurch werden die Konvektionsbewegungen zu Konvektionssäulen verformt (▸Abb. 4), in denen sich das Eisen auf schraubenförmigen Bahnen bewegt.

Aufgrund der Hitze sind die Atome ionisiert, in der Schmelze liegen also Ladungsträger vor. Die bewegten Ladungen erfahren beim Aufsteigen im B-Feld die Lorentzkraft F_L und bilden somit Ströme, die wiederum ein B-Feld erzeugen. Unter günstigen Bedingungen – die im Fall des Erdmagnetfeldes durch die schraubenförmigen Strömungen gegeben sind – kann es so zu einer Verstärkung des B-Feldes kommen, bis ein Gleichgewichtsfeld B_G erreicht ist. Man spricht von **Selbsterregung**. Dieser **Geodynamo** erzeugt das Erdmagnetfeld.

Die wesentlichen Mittelwerte können wir herleiten und B_G ermitteln. Wir analysieren exemplarisch den Querschnitt einer Konvektionssäule in ▸Abb. 4. Im B-Feld wirkt auf eine Ladung q die Lorentzkraft mit dem Betrag:

$F_L = q \cdot v_{\perp} \cdot B.$

Diese verschiebt Ladungen wie eine elektrische Kraft $F_{el} = |\vec{E}| \cdot q = F_L$ mit einer effektiven elektrischen Feldstärke $|\vec{E}| = v_{\perp} \cdot B$. Daher entsteht ein Strom I pro Fläche A, eine sogenannte **Stromdichte** J. Diese ist proportional zum Kehrwert des spezifischen Widerstands, zur sogenannten **Leitfähigkeit** von $\sigma = 10^7 \cdot \frac{1}{\Omega \cdot m}$. Generell entsteht im Feld $|\vec{E}|$ bei einer Leitfähigkeit σ stets die **Stromdichte** $J = |\vec{E}| \cdot \sigma$:

$J = |\vec{E}| \cdot \sigma = v_{\perp} \cdot B \cdot \sigma.$

Fließt diese Stromdichte J durch den Würfel in ▸Abb. 4, dann fließt der Strom $I = J \cdot a^2$, mit a Kantenlänge des Würfels. Auf den Würfel wirkt somit die magnetische Kraft:

$F_m = I \cdot a \cdot B = J \cdot B \cdot a^3.$

Diese Kraft wirkt stets entgegengesetzt zu v und ist somit eine elektromagnetische Bremskraft (▸Abb. 4), passend zur Lenzschen Regel. Die entsprechende Bremsleistung $F_m \cdot v_{\perp}$ muss im Gleichgewicht B_G wieder zugeführt werden, sonst käme v zum Erliegen. Das geschieht teils durch die Leistung $F_{Cor} \cdot v_{\parallel}$ der Corioliskraft, teils durch die Konvektion. Computersimulationen zeigen, dass im Mittel gilt: $F_m = \Lambda \cdot F_{Cor}$. Dabei heißt Λ Elsasser-Zahl und es gilt $\Lambda \approx 1$. Daher gilt:

$J \cdot B \cdot a^3 = F_m = \Lambda \cdot 2 \cdot m \cdot v_{\perp} \cdot \omega.$

Wir drücken m durch die Dichte $\rho \cdot a^3$ aus, teilen durch a^3, setzen $J = v_{\perp} \cdot B \cdot \sigma$ ein und lösen nach B^2 auf:

$B^2 = 2 \cdot \Lambda \cdot \rho \cdot \frac{\omega}{\sigma} = B_G^2.$

Wir erkennen hier am Quadrat, dass das B-Feld immer **positiv rückgekoppelt** wird. Daher stellt $B = 0$ einen **labilen Zustand** dar. Dieser kippt durch eine kleinste Störung in einen der beiden **stabilen Zustände:** zu $B = B_G$ oder zu $B = -B_G$. Somit kann B in allen Konvektionssäulen die gleiche Richtung haben. Da B-Felder aus einer Säule in ▸Abb. 4 in Nachbarsäulen hineinragen und dort auf positive Rückkopplung stoßen, setzt sich eine Richtung durch und die B-Felder der Säulen sind gleichgerichtet. Das erklärt das beobachtete Magnetfeld in ▸Abb. 1 und in ▸Abb. 2. Global kann sich das B-Feld aber jederzeit umpolen. Das erklärt die Beobachtungen in ▸Abb. 3. Wir ermitteln B_G in 2900 km Tiefe, indem wir in obiger Gleichung die Wurzel ziehen und die Dichte $\rho = 10^4 \frac{kg}{m^3}$ sowie $\omega = 7{,}3 \cdot 10^{-5} \frac{1}{s}$ einsetzen:

$B_G = \sqrt{2 \cdot \Lambda \cdot \rho \cdot \frac{\omega}{\sigma}} = 382\,\mu T.$

Das B-Feld nimmt, wie jedes Dipolfeld, mit zunehmendem Abstand r vom Erdmittelpunkt proportional zu $\frac{1}{r^3}$ ab. Also ist an der Erdoberfläche bei $r = 6371$ km:

$B_G = \sqrt{2 \cdot \Lambda \cdot \rho \cdot \frac{\omega}{\sigma}} \cdot \left(\frac{6371 - 2900}{6371}\right)^3 = 62\,\mu T.$

Das passt grob zu den Messwerten in ▸Abb. 1.

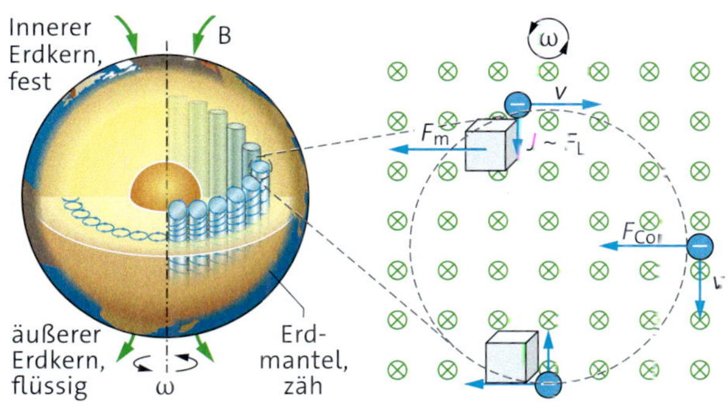

4 Ideale Konvektionssäulen stehen parallel zur Erdachse.

1 Elektroschocker

Selbstinduktion

Polizistinnen und Polizisten können sich mit Elektroschockern verteidigen, um den Schusswaffengebrauch zu vermeiden. Wie funktioniert ein solches Gerät?

Grundprinzip • Der Angreifer wird durch eine elektrische Spannung von $U = 50\,000\,\text{V}$ handlungsunfähig, wobei die geringe Stromstärke bei einem gesunden Menschen ungefährlich bleibt. Das Gerät wird mit einem Akku mit $U = 3\,\text{V}$ betrieben. Wie erzeugt es damit 50 000 V?

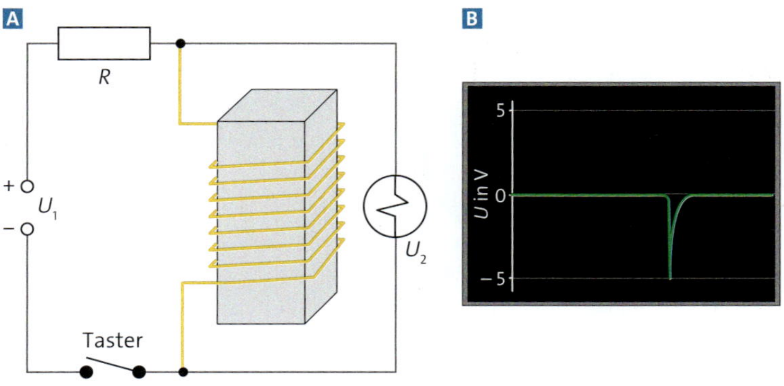

2 **A, B** Modellversuch mit Oszilloskop

Modellversuch • Wir bilden die Verstärkung der Gleichspannung in dem Modellversuch in ▸Abb. 2 A mit berührungsungefährlichen Spannungen nach.

Dazu schließen wir eine Spannung $U_1 = 0{,}1\,\text{V}$ über einen Taster und einen Widerstand $R = 1\ \Omega$ an eine Spule an und messen die Spannung U_2 an der Spule mit einem Oszilloskop.

Wir lesen am Oszilloskop Spannungsspitzen von $U_2 = -5\,\text{V}$ ab (▸Abb. 2 B). Dem entspricht eine Verstärkung um den Faktor 50. Wie funktioniert das? Wenn der Taster gedrückt ist, dann ist der Stromkreis geschlossen und nach kurzer Zeit fließt der maximale Strom $I_{max} = 0{,}1\,\text{A}$. Lässt man anschließend der Taster los, dann öffnet dieser in einem sehr kurzen Zeitintervall Δt den Stromkreis. Dadurch wird der Strom in dieser Zeit Δt von $I_{max} = 0{,}1\,\text{A}$ auf $I = 0\,\text{A}$ verändert. Daher wird das B-Feld auch in dieser Zeit von dem maximalen Feld B_{max} auf $B = 0\,\text{T}$ verringert. Gemäß dem Induktionsgesetz führt die B-Feld-Änderung in einer Spule stets zu einer Induktionsspannung U_i. Dies ist offenbar auch der Fall, wenn die Feldspule zugleich die Induktionsspule ist. In diesem Fall spricht man von **Selbstinduktion.**

Wenn sich in einem System eine Stromstärke $I(t)$ zeitlich ändert, dann wird in diesem System selbst eine Spannung induziert. Das ist das Prinzip der Selbstinduktion.

Wir haben im Modellversuch eine Verstärkung um den Faktor 50 erzielt. Kann man mit diesem Prinzip die Spannung auch um den erforderlichen Faktor 17 000 steigern? Dazu analysieren wir, wie die Induktionsspannung beim Versuch in ▸Abb. 2 von den Parametern der Spule, des Tasters sowie von R und U_1 abhängt.

Induktionsspannung • Die maximale Stromstärke beträgt:

$$I_{max} = \frac{U_1}{R}.$$

Der Stromkreis kann von einem Taster in $\Delta t = 10\,\text{ms}$ unterbrochen werden. Wir gehen vereinfachend davon aus, dass die Stromstärke während dieser Zeit linear von I_{max} auf $I = 0\,\text{A}$ sinkt. Dann beträgt die Änderungsrate der Stromstärke:

$$\frac{\Delta I}{\Delta t} = \frac{I_{max}}{\Delta t}.$$

Wir ermitteln das maximale Feld B_{max} vereinfachend für eine lange Zylinderspule mit der Windungszahl N, der Länge l, der Querschnittsfläche A und der relativen Permeabilitätszahl μ_r:

$$B_{max} = \mu_0 \cdot \mu_r \cdot I_{max} \cdot \frac{N}{l}.$$

Daher beträgt die Änderungsrate des B-Feldes:

$$\frac{B_{max}}{\Delta t} = \mu_0 \cdot \mu_r \cdot \frac{N}{l} \cdot \frac{I_{max}}{\Delta t}.$$

Entsprechend dem Induktionsgesetz beträgt die Induktionsspannung U_i:

$$U_i = -\mu_0 \cdot \mu_r \cdot A \cdot N \cdot \frac{B_{max}}{\Delta t}.$$

Das Minuszeichen zeigt an, dass die Spannung ihrer Ursache entgegenwirkt, gemäß der Lenzschen Regel. Wir setzen den Term der Änderungsrate ein und erhalten für die lange Spule:

$$U_i = -\mu_0 \cdot \mu_r \cdot A \cdot \frac{N^2}{l} \cdot \frac{I_{max}}{\Delta t}.$$

Wir erkennen, dass die Induktionsspannung proportional zur Änderungsrate der Stromstärke ist:

$$U_i = -L \cdot \frac{I_{max}}{\Delta t}.$$

Der Proportionalitätsfaktor nennt man **Induktivität** L. An dieser Gleichung erkennen wir, dass die Induktivität folgende Einheit hat:

$$[L] = 1\,\frac{\text{V} \cdot \text{s}}{\text{A}} = 1\,\text{H}.$$

Diese Einheit nennt man **Henry** (H). Anhand der letzten drei Gleichungen erhalten wir für die Induktivität einer langen Spule folgenden Term:

$$L = \mu_0 \cdot \mu_r \cdot A \cdot \frac{N^2}{l}.$$

Im Versuch in ▸Abb. 2 haben wir eine Spule mit $N = 300$, $l = 6\,\text{cm}$, $\mu_r = 300$ und $A = 9 \cdot 10^{-4}\,\text{m}^2$ verwendet. Die Spule hat also die Induktivität $L = 0{,}51\,\text{H}$. Mit der Zeit $\Delta t = 0{,}01\,\text{s}$ erhalten wir die Änderungsrate:

$$\frac{\Delta I}{\Delta t} = 10\,\frac{\text{A}}{\text{s}}.$$

Somit beträgt die Induktionsspannung:

$$U_i = -0{,}51\,\frac{\text{V} \cdot \text{s}}{\text{A}} \cdot 10\,\frac{\text{A}}{\text{s}} = -5{,}1\,\text{V}.$$

Das passt gut zur Beobachtung. Wenn wir beispielsweise (unter der Annahme, dass sich insbesondere R nicht ändert) N von 300 auf 12 000 erhöhen, dann erhalten wir die Induktivität $L = 816\,\text{H}$ und bei gleicher Änderungsrate der Stromstärke eine Induktionsspannung von 8160 V. Dem entspricht eine Verstärkung um den Faktor 81 600.

Elektroschocker arbeiten also nach dem Prinzip der Selbstinduktion und werden auch entsprechend gebaut. Wir fassen zusammen:

Die Erzeugung einer Induktionsspannung U_i in einer Feldspule heißt Selbstinduktion. Dabei ist U_i proportional zur Induktivität L der Spule und es gilt:

$$U_i = -L \cdot \frac{\Delta I}{\Delta t}.$$

Im Grenzfall Δt gegen null gilt entsprechend:

$$U_i = -L \cdot \lim_{\Delta t \to 0} \frac{\Delta I}{\Delta t} = -L \cdot \frac{dI}{dt} = L \cdot \dot{I}.$$

Der Widerstand R beinhaltet auch den Widerstand der Spule.

Bei einem Elektroschocker wird der Stromkreis periodisch in permanenter Wiederholung durch eine Elektronik unterbrochen und wieder eingeschaltet. Das ersetzt die Funktion des Tasters im Modellversuch.

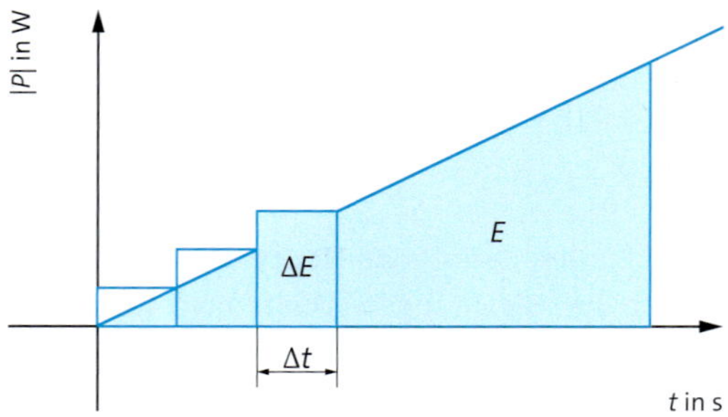

1 Leistung beim Einschalten der Spule

Energie der Spule • Der Elektroschocker erzeugt die Funken erst, wenn die Spannungsquelle bereits abgetrennt ist. Woher kommt die Energie für die Funken? Im Stromkreis befinden sich dann nur noch der Widerstand und die Spule. Der Widerstand speichert keine elektrische oder magnetische Energie. Nach dem Ausschlussprinzip kommt die Energie also aus der Spule. Um zu analysieren, wie diese Energie von der Stromstärke I abhängt, untersuchen wir die Leistung P, die der Spule zugeführt wird, wenn die Stromstärke mit einer konstanten Rate $\frac{\Delta I}{\Delta t}$ steigt. Dann beträgt die Induktionsspannung:

$$U_\mathrm{i} = -L \cdot \frac{\Delta I}{\Delta t}.$$

Daher gilt für den Betrag der Leistung $P = I \cdot U_\mathrm{i}$:

$$|P| = \left|-L \cdot I \cdot \frac{\Delta I}{\Delta t}\right|.$$

Wir setzen für die Stromstärke $I = t \cdot \frac{\Delta I}{\Delta t}$ ein:

$$|P| = L \cdot \left(\frac{\Delta I}{\Delta t}\right)^2 \cdot t.$$

Beim Einschalten der Spule mit einer konstanten Änderungsrate des Stroms $\frac{\Delta I}{\Delta t}$ wird der Spule eine Leistung $|P|$ zugeführt, die linear mit der Zeit zunimmt (▸Abb. 1). Im Zeitintervall Δt nimmt die Energie der Spule also um folgenden Betrag zu:

$$\Delta E = |P| \cdot \Delta t.$$

Der Betrag ΔE ist gleich der markierten Rechteckfläche in ▸Abb. 1. Die Summe aller solcher Rechteckflächen ist gleich der beim Einschalten zugeführten Energie E, wenn wir die Breite der Zeitintervalle Δt gegen null gehen lassen. In diesem Grenzfall ist die Summe der Rechteckflächen gleich der Dreiecksfläche in ▸Abb. 1. Deren Betrag ist das halbe Produkt aus Grundseite t und Höhe $|P|(t)$:

$$E(t) = \frac{1}{2} \cdot |P| \cdot t.$$

Wir setzen den Ausdruck für $|P|$ ein:

$$E(t) = \frac{1}{2} \cdot L \cdot \left(\frac{\Delta I}{\Delta t}\right)^2 \cdot t^2.$$

Wir setzen für $\frac{\Delta I}{\Delta t} \cdot t$ die Stromstärke $I(t)$ ein:

$$E(t) = \frac{1}{2} \cdot L \cdot I(t)^2.$$

Nach dem Prinzip der Energieerhaltung ist diese bis zur Zeit t zugeführte Energie $E(t)$ gleich der Energie E der Spule bei der Stromstärke I, unabhängig von t. So haben wir durch Analyse des Prozesses der Energieaufnahme einen Term für die Energie $E(I)$ der Spule abhängig von I erhalten.

Wenn durch eine Spule mit einer Induktivität L ein Strom I fließt, dann speichert die Spule folgende Energie:
$$E(I) = \frac{1}{2} \cdot L \cdot I^2.$$

Energie des Feldes • Eine stromdurchflossene Spule speichert also eine bestimmte Energie. Wo speichert sie diese Energie? Die Spule besteht im einfachsten Fall nur aus einem Kabel. Am Term der Energie $E = \frac{1}{2} \cdot L \cdot I^2$ erkennen wir aber, dass diese unabhängig von der Beschaffenheit des Kabels ist, also kann die Energie nicht im Kabel stecken. Aus dem gleichen Grund kann die Energie nicht in den Ladungsträgern stecken. Mit dem Ausschlussprinzip stellen wir fest, dass die Energie dem B-Feld zuzuordnen ist. Wie viel Energie speichert das B-Feld? Das finden wir am Beispiel der langen Spule heraus, indem wir im Term für $E(I)$ die Stromstärke durch das B-Feld ausdrücken:

$$I = B \cdot \frac{l}{\mu_0 \cdot \mu_\mathrm{r} \cdot N}.$$

Wir setzen diesen Ausdruck und denjenigen für die Induktivität L in die Formel für $E(I)$ ein:

$$E = \frac{1}{2} \cdot \mu_0 \cdot \mu_\mathrm{r} \cdot A \cdot \frac{N^2}{l} \cdot \frac{(B \cdot l)^2}{(\mu_0 \cdot \mu_\mathrm{r} \cdot N)^2}.$$

Wir vereinfachen und nutzen die Tatsache, dass das Produkt aus der Länge l und der Querschnittsfläche A der Spule gleich deren Volumen V ist. Auch teilen wir durch das Volumen:

$$\frac{E}{V} = \frac{1}{2} \cdot \frac{B^2}{\mu_0 \cdot \mu_r}.$$

Wir erkennen, dass die Energiedichte $\frac{E}{V}$ des B-Feldes proportional zu B^2 ist.

Die Energiedichte des B-Feldes beträgt: $\frac{E}{V} = \frac{1}{2} \cdot \frac{B^2}{\mu_0 \cdot \mu_r}$.

Magnetischer Energiespeicher • Bei zahlreichen Maschinen wird kurzzeitig viel Energie benötigt. Beispielsweise führen einige Achterbahnen einen Katapultstart durch und speichern die dazu nötige Energie in einem Schwungrad. Kann man solche Energien nicht einfacher in Feldern speichern? Das wird z. B. in einem Sägewerk realisiert. Dort speichert eine supraleitende Spule Energie (▸Abb. 2). Damit wird der schwankende Energiebedarf der Maschinen gedeckt, der beispielsweise beim Sägen unregelmäßig gewachsener Baumstämme entsteht. Die Spule hat eine Induktivität von $L = 4{,}37\,\text{H}$ und wird von einem Strom $I = 300\,\text{A}$ durchflossen. Dabei wird folgende Energie gespeichert:

$$E = \frac{1}{2} \cdot L \cdot I^2 = 196\,\text{kJ}.$$

Die Energiedichte beträgt $\frac{E}{V} = 150\,\frac{\text{kJ}}{\text{m}^3}$. Somit wird in der Spule folgendes B-Feld erzeugt:

$$B = \sqrt{2 \cdot \mu_0 \cdot \frac{E}{V}} = 0{,}61\,\text{T}.$$

Aufgrund der Supraleitung treten kaum Energieverluste auf, sodass der Wirkungsgrad weit über 90 % liegt. Auch wird die Energie, ähnlich wie beim Elektroschocker, bei Bedarf sehr schnell abgerufen. Das untersuchen wir mit dem Versuch in ▸Abb. 3. Anfangs fließt der Strom $I = 300\,\text{A}$, dann wird der Schalter umgelegt (dem entspricht im Sägewerk eine passende Regelung). Die Spannung an der Spule beträgt dann:

$$U_i = -L \cdot \dot{I}.$$

$U_i(t)$ ist aufgrund der Maschenregel gleich der Spannung $U_R(t) = R \cdot I(t)$ am Widerstand:

$$-L \cdot \dot{I}(t) = R \cdot I(t).$$

Wie bei der Entladung des Kondensators machen wir den Ansatz einer Exponentialfunktion

$$I(t) = I_{max} \cdot e^{-\frac{t}{\tau}}$$

und überprüfen diesen mithilfe der Ableitung

$$\dot{I}(t) = I_{max} \cdot \left(-\frac{1}{\tau}\right) \cdot e^{-\frac{t}{\tau}}:$$

$$\frac{L}{\tau} \cdot I_{max} \cdot e^{-\frac{t}{\tau}} = R \cdot I_{max} \cdot e^{-\frac{t}{\tau}}.$$

Wir lösen nach der Zeitkonstanten τ auf:

$$\tau = \frac{L}{R}.$$

Wenn beispielsweise die Energie der Spule an eine Anlage mit einem Widerstand von $R = 10\,\Omega$ übertragen wird, denn beträgt die Zeitkonstante:

$$\tau = \frac{4{,}37\,\Omega \cdot \text{s}}{10\,\Omega} = 0{,}437\,\text{s}.$$

Das Beispiel zeigt, dass die Energie des B-Feldes durch die Spule sehr schnell genutzt werden kann, ähnlich wie bei dem Elektroschocker.

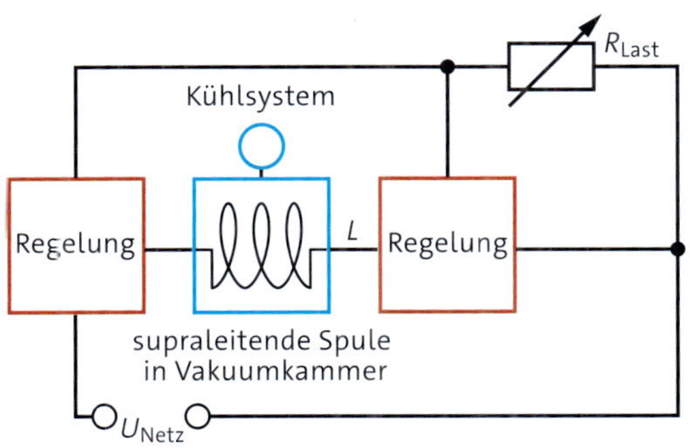

2 Spule als Energiespeicher

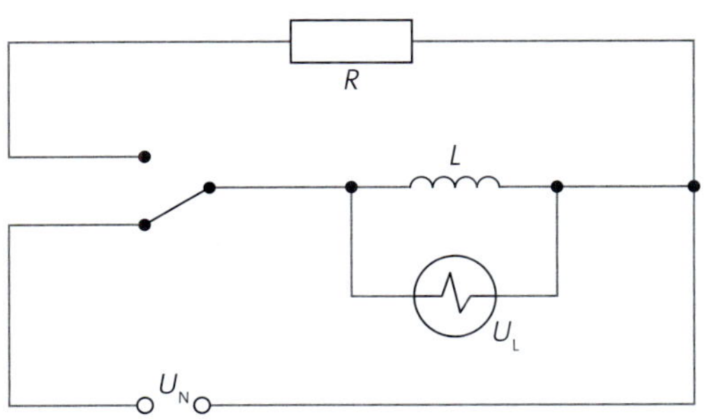

3 Energieentnahme

Versuch A • Energiespeicher Spule

V1 Energie für LED

Material:
Spule mit Eisenkern und ca. 500 H, Netzgerät, Widerstände mit 220 Ω und 1 kΩ, LED, Kabel, Umschalter

Arbeitsauftrag:
a) Bauen Sie den Versuch auf wie in ▸Abb. 1. Stellen Sie das Netzgerät auf 15 V und bringen Sie den Umschalter in Position 2 (▸Abb. 1 A).
b) Erklären Sie die Leuchterscheinungen.
c) Bringen Sie den Umschalter nun wieder in Position 1 (▸Abb. 1 A) und beschreiben Sie Ihre Beobachtungen. Erklären Sie, woher die LED die Energie erhält.
d) Überprüfen Sie Ihre Erklärungen, indem Sie den Widerstand von 220 Ω durch einen Widerstand von 1 kΩ ersetzen. Stellen Sie Hypothesen zu den Leuchterscheinungen auf.
e) Führen Sie die Versuche aus a) bis d) entsprechend durch. Beurteilen Sie damit Ihre Hypothesen.

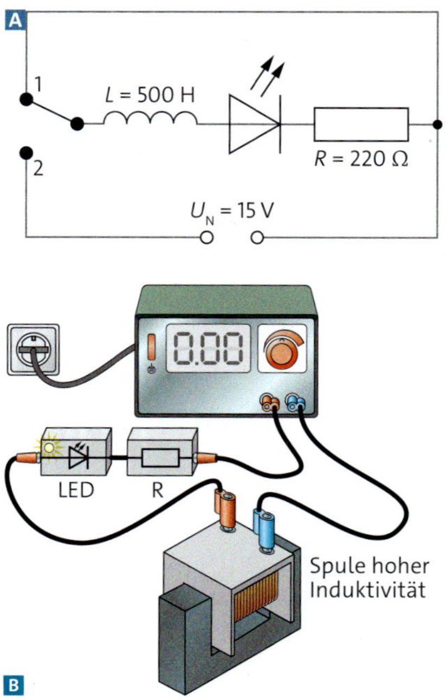

1 LED im Stromkreis mit Spule

V2 Zeitverlauf $I(t)$ des Stroms

Material:
Spule mit Eisenkern und ca. 500 H, Netzgerät, Widerstand 2,2 kΩ, Messwerterfassungssystem, Kabel, Umschalter

Arbeitsauftrag:
a) Bauen Sie den Versuch auf wie in ▸Abb. 2 A. Stellen Sie das Netzgerät auf 15 V, starten Sie die Aufzeichnung des Messwerterfassungssystems und bringen Sie den Umschalter in Position 2 (▸Abb. 2 A). Ermitteln Sie aus dem gemessenen Spannungsverlauf $U(t)$ den Zeitverlauf der Stromstärke $I(t) = \frac{U(t)}{R}$ und stellen Sie diesen im $I(t)$-Diagramm dar.
b) Beschreiben und erklären Sie Ihren Graphen sowie den in ▸Abb. 2 B. Ermitteln Sie aus dieser Abbildung den Wert des Widerstandes im Stromkreis.
c) Starten Sie erneut die Aufzeichnung des Messwerterfassungssystems und bringen Sie den Umschalter zurück in Position 1 (▸Abb. 2 A).
d) Ermitteln Sie aus den Messwerten $U(t)$ den Zeitverlauf der Stromstärke $I(t) = \frac{U(t)}{R}$ und stellen Sie diesen im $I(t)$-Diagramm dar. Führen Sie eine exponentielle Regression durch und ermitteln Sie die Zeitkonstante τ. Überprüfen Sie die Relation $\tau = \frac{R}{L}$.

V3 Zeitverlauf $E(t)$ der Energie

Material:
Computer, Tabellenkalkulationsprogramm

Arbeitsauftrag:
a) Wenden Sie in dieser Aufgabe iterativ das sogenannte Differenzenverfahren in einer Tabellenkalkulation an. Ermitteln Sie für die Schaltung in ▸Abb. 2 A mit $R = 630\,\Omega$ den Spannungsverlauf $U(t)$, der nach dem Umschalten von Position 1 in Position 2 auftritt. Notieren Sie in Spalte 1 die Zeit t und in Spalte 2 die maximale Stromstärke $I_{max} = \frac{U_N}{R}$.
b) Ein Zwischenergebnis sind die Differenzen $J(t) = I_{max} - I(t)$. Begründen Sie dazu die Relation $\Delta J(t) = -\Delta I(t) = \frac{R}{L} \cdot I(t) \cdot \Delta t$ aus $-\frac{\Delta I}{\Delta t} \approx -\dot{I}(t) = \frac{R}{L} \cdot I(t)$. Berechnen Sie $\Delta J(t)$ in Spalte 3.
c) Berechnen Sie $J(t) = J(t - \Delta t) + \Delta J(t - \Delta t)$ in Spalte 4 sowie $I(t)$ und die Energie $E(t)$ in Spalten 5 und 6. Vergleichen Sie $I(t)$ und $E(t)$ miteinander und deuten Sie die Unterschiede (▸Abb. 3).
d) Ermitteln Sie für $\mu_r = 50$ und das Volumen $V = 0{,}5$ Liter der Spule das Feld $B(t)$ und stellen Sie es im $B(t)$-Diagramm dar. Vergleichen Sie mit dem maximalen B-Feld eines Ferromagneten.

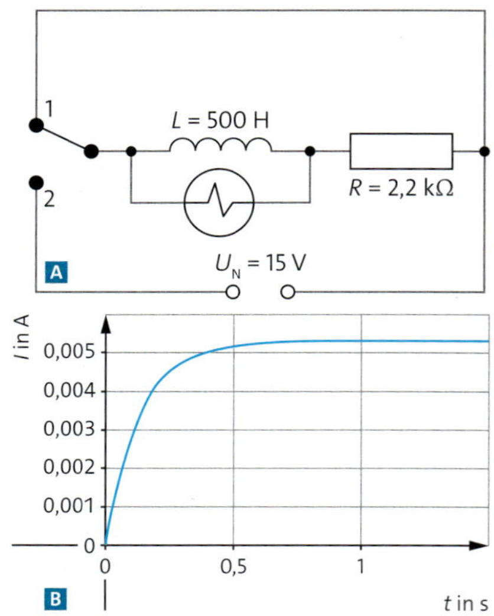

2 A–B Einschalten des Stroms bei der Spule

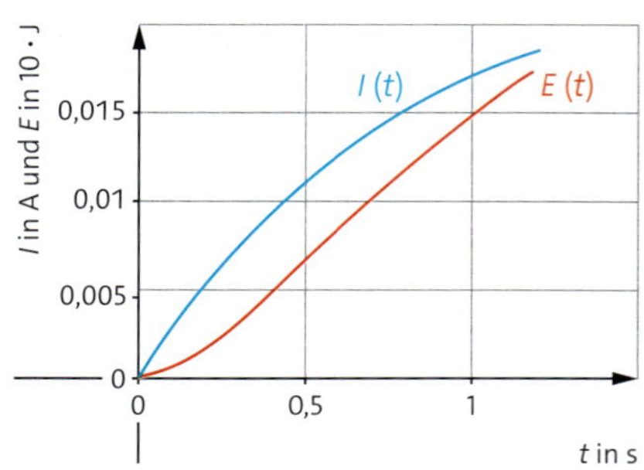

3 Energie und Strom in der Spule

Material A • Magnetischer Druck

A1 Das Erdmagnetfeld würde im leeren Raum mit der Entfernung r zur Erde abnehmen, aber sich unbegrenzt ausbreiten. Tatsächlich ist es auf der Tagseite eng begrenzt, wie in ▸Abb. 4 gezeigt. In dieser Aufgabe erklären wir diese Grenze anhand von Energie und Druck.

a) Ermitteln Sie dazu aus ▸Abb. 4. die Ausdehnung r_M der Magnetosphäre in Richtung Sonne.

b) Das Magnetfeld der Erde hat beim Erdradius von $r_E = 6371\,\text{km}$ einen mittleren Betrag von $B = 42\,\mu\text{T}$. Dieser Betrag nimmt proportional zu $\frac{1}{r^3}$ mit der Entfernung vom Erdmittelpunkt ab, $B(r) \sim r^{-3}$. Das Erdmagnetfeld hat an seinem sonnennächsten Punkt bei r_M den Betrag $B(r_M) = 60\,\text{nT}$. Bestätigen Sie.

c) An diesem Punkt kann das Erdmagnetfeld gerade noch dem Sonnenwind und seinen Auswirkungen widerstehen. Berechnen Sie die Energiedichte $\frac{E}{V}$ für diesen Betrag $B(r_M) = 60\,\text{nT}$.

d) Generell entspricht die Energiedichte einem Druck. Entsprechend beträgt bei $B(r_M) = 60\,\text{nT}$ der magnetische Druck $p = 1{,}4\,\text{nPa}$. Überprüfen Sie dies.

e) Der Druck der Atmosphäre halbiert sich mit der Entfernung r alle 5,5 km. Dadurch ist der Atmosphärendruck bei r_M mehr als 10^{30}-mal kleiner als der magnetische Druck des Erdmagnetfeldes. Bestätigen Sie dies. Beurteilen Sie, ob die Atmosphäre bei r_M noch wesentlich sein kann.

f) Um den Druck p_S des Sonnenwindes bei r_M zu analysieren, gehen wir von der gemessenen Dichte des Sonnenwindes $\rho = 1{,}4 \cdot 10^{-24}\,\frac{\text{kg}}{\text{m}^3}$ aus. Für die Dichte und den Druck p_S sind die Protonen mit ihrer Masse m_p wesentlich. Begründen Sie, dass deren Anzahl N pro Volumen V sich ergibt zu $\frac{N}{V} = \frac{\rho}{m_p}$. Die Energiedichte beruht auf seiner Geschwindigkeit $v = 400\,\frac{\text{km}}{\text{s}}$. Begründen Sie, dass sie daher $\frac{E}{V} = \frac{1}{2} \cdot m_p \cdot v^2 \cdot \frac{N}{V}$ beträgt und dass somit gilt $\frac{E}{V} = \frac{1}{2} \cdot v^2 \cdot \rho$. Bestätigen Sie, dass der Druck des Sonnenwindes bei r_M den Betrag $p_S = 1{,}1\,\text{nPa}$ hat.

g) Beurteilen Sie, inwieweit die Drucke des Erdmagnetfeldes und des Sonnenwindes die sonnenseitige Grenze des Erdmagnetfeldes charakterisieren.

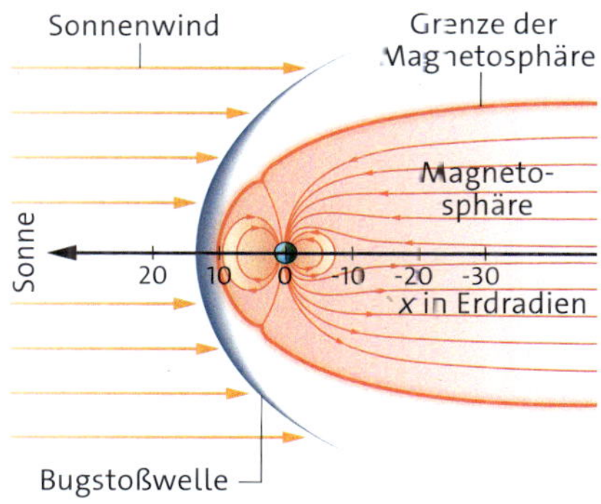

4 Grenze des Erdmagnetfeldes

Material B • Induktionsschleife

B1 **a)** Im Bahnverkehr werden Lokomotiven mit Induktionsschleifen erfasst (▸Abb. 5). Recherchieren Sie Anwendungsbeispiele.

b) Erklären Sie, wie eine Lokomotive die Induktivität L einer Induktionsschleife (▸Abb. 5) ändern kann.

c) Die Induktivität L einer Spule lässt sich einfach mit einem Wechselstrom $I(t) = I_{max} \cdot \sin(\omega \cdot t)$ messen. Dieser induziert an der Leiterschleife die Spannung $U_i = -L \cdot \omega \cdot I_{max} \cdot \cos(\omega \cdot t)$. Begründen Sie. Bestätigen Sie den Term $U_{max} = L \cdot \omega \cdot I_{max}$. Überprüfen Sie den Term für den Wechselstromwiderstand $R(\omega) = \frac{U_{max}}{I_{max}} = L \cdot \omega$.

B2 **a)** Entwerfen Sie einen Modellversuch zur Messung der Induktivität einer Leiterschleife. Planen Sie einen weiteren Modellversuch zum Nachweis einer Spielzeuglokomotive mit dieser Leiterschleife.

b) Eine kreisförmige Induktionsschleife mit Radius R hat abhängig von der Stromstärke I im Zentrum das Feld $B = \mu_0 \cdot \frac{I}{2R}$. Eine sinnvolle Näherung besteht darin, das B-Feld in der Spulenfläche als konstant anzunehmen. Eine Änderungsrate $\frac{\Delta I}{\Delta t}$ induziert die Spannung $U_i = -\frac{\Delta I}{\Delta t} \cdot \mu_0 \cdot \frac{I}{2R} \cdot \pi \cdot R^2$. Daher beträgt bei einer Windungszahl N die Induktivität $L = N^2 \cdot \mu_0 \cdot \frac{\pi \cdot R}{2}$. Begründen Sie. Die Induktionsschleife in ▸Abb. 5 analysieren wir näherungsweise als Kreis mit $R = 0{,}7\,\text{m}$ und $N = 6$. Berechnen Sie L.

c) Wenn eine Lokomotive über der Schleife steht, dann entspricht das einer relativen Permeabilität von $\mu_r = 20$. Ermitteln Sie die entsprechende Induktivität. Ermitteln Sie die dadurch hervorgerufene Änderung des Widerstands $R(\omega)$ für $\omega = 100\,\text{kHz}$.

5 Induktionsschleife an Bahngleisen

Aufgabe mit Lösung • Elektrodynamik

A1 – Induktion

a) Bei dem Versuch in ▸Abb. 1 wird durch zwei Schienen, einen Metallstab und ein Voltmeter eine Leiterschleife gebildet, wobei der Stab bewegt wird. Erklären Sie die Induktionsspannung mit der Lorentzkraft.

b) Beim Versuch in ▸Abb. 1 beträgt das B-Feld 1 T, die Schienen sind $b = 0{,}1\ \text{m}$ voneinander entfernt und der Stab bewegt sich mit der Geschwindigkeit $v = 10\,\frac{\text{m}}{\text{s}}$. Ermitteln Sie die Induktionsspannung U_i.

c) Erklären und ermitteln Sie die Induktionsspannung mit der Änderung der Fläche der Leiterschleife.

d) Bei dem Versuch in ▸Abb. 2 erzeugt eine Spule in Zeitintervallen Δt konstante Änderungsraten $\frac{\Delta B}{\Delta t}$ in einem Eisenkern und in einer zweiten Spule mit demselben Eisenkern und N Leiterschleifen. Erläutern Sie die Begriffe Feldspule sowie Induktionsspule und erklären Sie die Induktionsspannung mit dem Induktionsgesetz.

e) Beim Versuch in ▸Abb. 2 nimmt das B-Feld in 0,05 s linear um 0,05 T abwechselnd ab und zu. Die Induktionsspule hat eine Fläche von $0{,}0015\ \text{m}^2$ und 250 Windungen. Ermitteln Sie die Induktionsspannung U_i.

f) Vergleichen Sie mit der Anzeige des Oszilloskops in ▸Abb. 2 B. Begründen Sie auch das Vorzeichen und ermitteln Sie die prozentuale Abweichung von berechneter und gemessener Spannung.

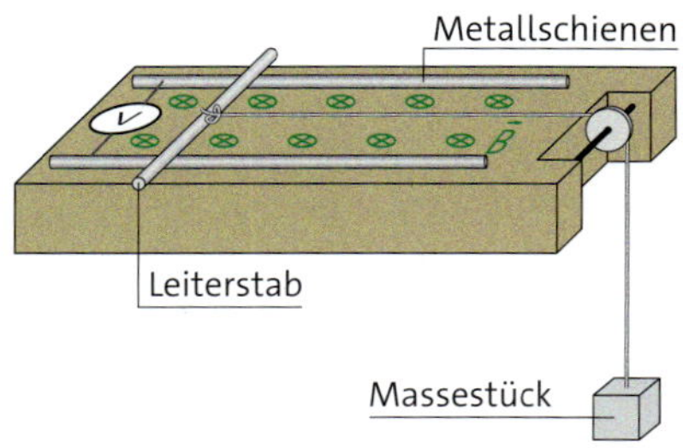

1 Induktion durch $\frac{\Delta A}{\Delta t}$

Lösung

a) Der Stab in ▸Abb. 1 bewegt sich nach rechts und mit ihm die Elektronen im Stab, die sich somit durch das B-Feld bewegen. Also wirkt auf jedes Elektron eine Lorentzkraft zur vorderen Schiene hin. Dadurch entsteht in der vorderen Schiene ein Elektronenüberschuss und in der hinteren ein Elektronenmangel. Daher ist am Voltmeter eine Spannung messbar: eine Induktionsspannung.

b) Die Lorentzkraft beträgt: $F_\text{L} = e \cdot v \cdot B$.
Die Ladungen an den Enden des Stabes erzeugen ein homogenes elektrisches Feld: $F_\text{el} = e \cdot \frac{U}{b}$
Die beiden Kräfte bilden ein Kräftegleichgewicht: $F_\text{el} = F_\text{L}$: $e \cdot \frac{U}{b} = e \cdot v \cdot B$.
Auflösen nach U ergibt die Induktionsspannung $U_\text{i} = U$: $U_\text{i} = b \cdot v \cdot B$
$\Rightarrow U_\text{i} = 0{,}1\,\text{m} \cdot 10\,\frac{\text{m}}{\text{s}} \cdot 1\,\text{T} = 1\,\text{V}$.

c) Die Fläche A nimmt mit der Zeit zu, daher entsteht gemäß dem Induktionsgesetz eine Induktionsspannung. Die Änderungsrate der Fläche beträgt:
$\frac{\Delta A}{\Delta t} = b \cdot v = 0{,}1\,\text{m} \cdot 10\,\frac{\text{m}}{\text{s}} = \frac{1\,\text{m}^2}{\text{s}}$
Die Induktionsspannung beträgt nach dem Induktionsgesetz:
$U_\text{i} = -\frac{\Delta A}{\Delta t} \cdot B = -\frac{1\,\text{m}^2}{\text{s}} \cdot 1\,\text{T} = -1\,\text{V}$.

d) Die linke Spule in ▸Abb. 2 wird von einem Strom durchflossen, erzeugt daher ein B-Feld und heißt Feldspule. Dabei verändern sich Stromstärke und B-Feld mit der Zeit. Nach dem Induktionsgesetz wird somit in der rechten Spule in ▸Abb. 2 eine Spannung induziert. Diese Spule nennt man daher Induktionsspule.

e) Die Änderungsrate des B-Feldes ist: $\frac{\Delta B}{\Delta t} = \frac{0{,}05\,\text{T}}{0{,}05\,\text{s}} = 1\,\frac{\text{T}}{\text{s}}$.
Gemäß dem Induktionsgesetz beträgt die Induktionsspannung:
$U_\text{i} = -N \cdot A \cdot \frac{\Delta B}{\Delta t}$.
$\Rightarrow U_\text{i} = -250 \cdot 0{,}0015\,\text{m}^2 \cdot 1\,\frac{\text{T}}{\text{s}}$
$= -0{,}375\,\text{V}$.

f) Steigt das B-Feld an, ist die Änderungsrate $\frac{\Delta B}{\Delta t}$ positiv und gemäß dem Induktionsgesetz ist U_i negativ. Am Oszilloskop ist eine Spannung von ungefähr $U_\text{i} = -0{,}35$ T ablesbar. Nimmt das B-Feld ab, ist es umgekehrt. Die prozentuale Abweichung beträgt: $\frac{\Delta U_\text{i}}{U_\text{i}} = \frac{0{,}025}{0{,}375} \approx 6{,}67\,\%$.

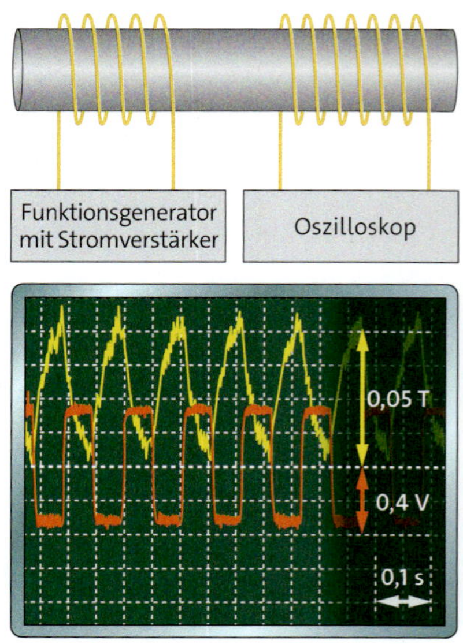

2 **A** Induktion, **B** $B(t)$ (gelb), $U_\text{i}(t)$ (rot)

Aufgaben mit Hinweisen und Ergebnissen • Elektrodynamik

A2 – Modellgenerator

Ein Magnet dreht sich mit der Kreisfrequenz ω vor einer Spule (▸Abb. 4), an der man die Wechselspannung U_i misst.

a) Erklären Sie die Induktionsspannung mit dem Induktionsgesetz.

b) Begründen Sie mit einer Skizze, dass das B-Feld mit der Spulenachse einen Winkel einschließt, mit: $\varphi(t) = \omega \cdot t$.

c) Begründen Sie mit einer Skizze: Für die senkrecht zur Fläche A stehende Komponente des B-Feldes gilt: $B_\perp = \hat{B} \cdot \sin(\omega \cdot t)$.

d) Für die Induktionsspannung gilt $U_i(t) = -N \cdot A \cdot \hat{B} \cdot \omega \cdot \cos(\omega \cdot t)$. Leiten Sie diese Beziehung her.

e) In einer Versuchsreihe wird ω variiert und $\hat{U}_{eff} = \frac{\hat{U}}{\sqrt{2}}$ gemessen. Überprüfen Sie, ob die Messwerte in ▸Abb. 5 der Formel in Teil d) entsprechen.

A3 – Wechselstromwiderstand

Wenn sich in einer Spule das B-Feld ändert, dann wird in dieser entsprechend dem Induktionsgesetz eine Spannung U_i induziert. Falls dabei eine Spule sowohl die Feld- als auch die Insduktionsspule ist, spricht man von Selbstinduktion, wie in ▸Abb. 6.

a) Erklären Sie die Begrenzung der Stromstärke durch die Selbstinduktion mit der Lenzschen Regel.

b) Die Induktionsspannung ist proportional zur Änderungsrate der Stromstärke $\frac{dI}{dt} = \dot{I}$. Dabei gilt $U_i = -L \cdot \dot{I}$. Hierbei bezeichnet L die Induktivität einer länglichen Spule mit Fläche A, Windungszahl N und Länge l und es gilt $L = N^2 \cdot A \cdot \frac{\mu_0}{l} l$. Bestätigen Sie die Einheit für L: $1\frac{\text{Vs}}{\text{A}} = 1\,\text{H}$ (Henry).

c) Leiten Sie den Term für L her.

d) Bei einem Wechselstrom $I(t) = \hat{I} \cdot \sin(\omega \cdot t)$ liegt eine Wechselspannung $U(t) = \hat{U} \cdot \cos(\omega \cdot t)$ vor. Erläutern Sie den Wechselstromwiderstand $R(\omega) = \frac{\hat{U}}{\hat{I}}$.

e) Stellen Sie die Messergebnisse in ▸Tab. 7 als Diagramm dar, führen Sie eine Regression durch und bestätigen Sie: $R(\omega) = L \cdot \omega$.

f) Leiten Sie $R(\omega) = L \cdot \omega$ her.

A4 – Energie des B-Feldes

Eine Spule wird durch die Induktivität L charakterisiert: Wenn ein Strom mit einer konstanten Änderungsrate $\frac{\Delta I}{\Delta t}$ steigt, dann wird die Spannung $U_i = -L \cdot \frac{\Delta I}{\Delta t}$ induziert.

a) Wenn in einer Spule der Strom $I(t) = \frac{\Delta I}{\Delta t} \cdot t$ mit einer konstanten Änderungsrate $\frac{\Delta I}{\Delta t}$ fließt, dann wird folgende Leistung übertragen: $P(t) = \left(\frac{\Delta I}{\Delta t}\right)^2 \cdot t \cdot L$. Begründen Sie diesen Term sowie die Tatsache, dass die Spule diese Leistung aufnimmt.

b) Erläutern Sie, in welcher Form die Spule die aufgenommene Energie E speichert und erklären Sie, wie diese Energie in ▸Abb. 8 dargestellt ist.

c) Bei einer Stromstärke I speichert das B-Feld der Spule die Energie $E = \frac{1}{2} \cdot L \cdot I^2$. Leiten Sie dies her.

d) Berechnen Sie die Induktivität einer langen Spule mit einer Länge $l = 0{,}2\,\text{m}$, einer Windungszahl $N = 1000$ und einer Querschnittsfläche $A = 0\,001\,\text{m}^2$. Dabei gilt $L = N^2 \cdot A \cdot \frac{\mu_0}{l}$ (Einheit der Induktivität: $1\,\text{H} = 1\frac{\text{Vs}}{\text{A}}$).

e) Durch diese Spule fließt ein Strom von 2 A. Berechnen Sie das Volumen V der Spule, das B-Feld in der Spule sowie die durch dieses Feld gespeicherte Energie E. Bestätigen Sie, dass ein B-Feld in einem Volumen V folgende Energie speichert $E = \frac{1}{2} \cdot B^2 \cdot \frac{V}{\mu_0}$.

f) Leiten Sie diese Formel her.

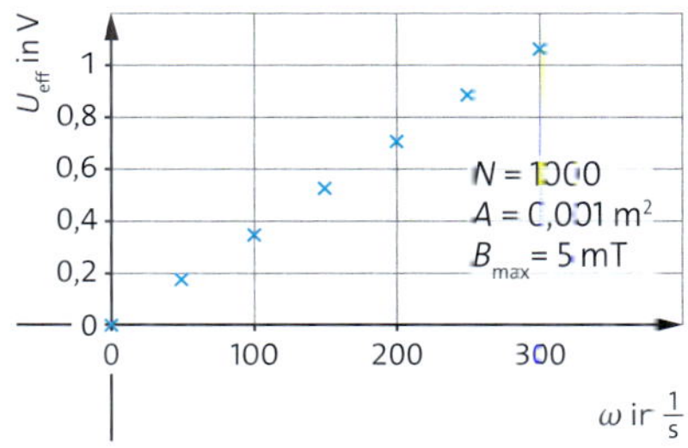

5 $U_{eff}(t)$

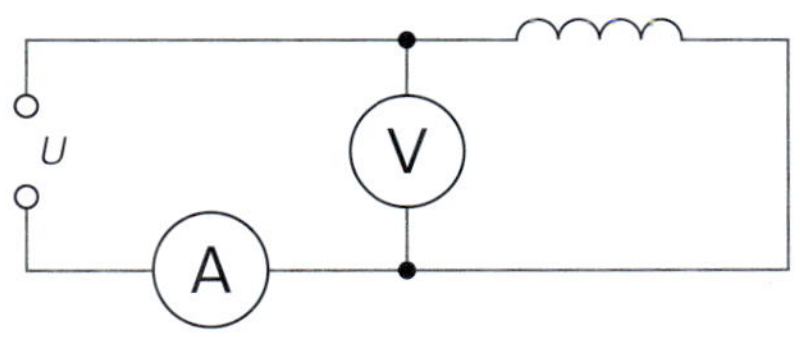

6 Wechselstromwiderstand einer Spule

ω in $\frac{1}{s}$	4,7 mH R in Ω	15 mH R in Ω	22 mH R in Ω
10	0,047	0,15	0,22
100	0,47	1,5	2,2
500	2,35	7,5	11
1000	4,7	15	22
5000	23,5	75	110

7 Gemessene Wechselstromwiderstände

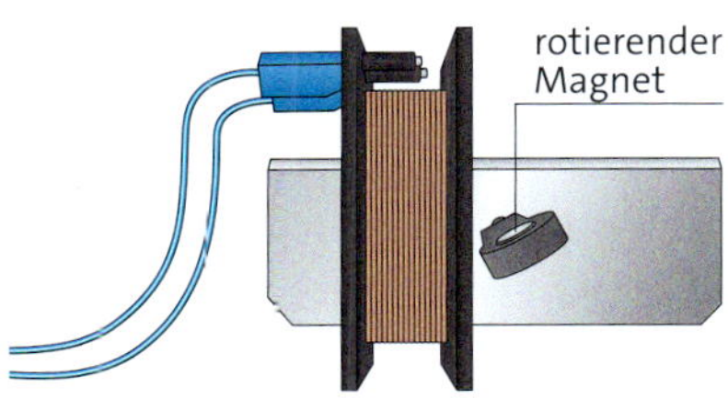

4 Modellgenerator

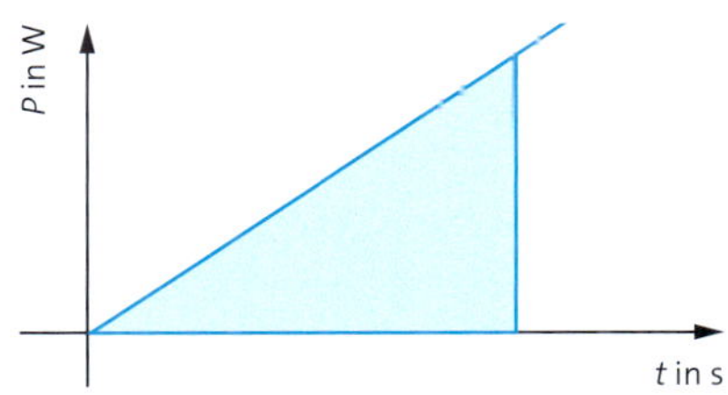

8 Leistung und Energie des B-Feldes

Aufgaben mit Ergebnissen • Elektrodynamik

A5 – Ausschaltvorgang

Eine Spule wird durch die Induktivität L charakterisiert: Wenn ein Strom mit einer konstanten Änderungsrate $\frac{\Delta I}{\Delta t}$ fließt, dann wird die Spannung $U_i = -L \cdot \frac{\Delta I}{\Delta t}$ induziert.
Eine Spule mit einer Induktivität von $L = 0{,}05\,\text{H}$ und einem Widerstand von $R = 2\,\Omega$ liegt an einer Spannung von 12 V. Parallel zur Spule ist eine Glimmlampe mit einer Zündspannung von 80 V geschaltet (▸Abb. 1).

a) Der Schalter wird geschlossen. Beurteilen Sie, ob es gefährlich sein kann, die Schaltung zu berühren.

b) Erläutern Sie, in welchen Formen in der Schaltung Energie gespeichert ist.

c) Beim Schließen des Schalters geht die Stromstärke innerhalb von $\Delta t = 3\,\text{ms}$ ungefähr linear auf null zurück. Ermitteln Sie die Induktionsspannung.

d) Bewerten Sie, ob Spulen mit einer größeren Induktivität in Experimentierkästen für Kinder vorkommen dürfen.

e) Mit einer 12-V-Batterie soll in einer Spule mit einem Widerstand von $R = 1\,\Omega$ bei einer Zeit $\Delta t = 1\,\text{ms}$ zum Ausschalten des Stroms eine Zündspannung von 2000 V erzielt werden. Ermitteln Sie die benötigte Induktivität.

A6 – Tonabnehmer

Bei einem E-Bass oder bei einer E-Gitarre erzeugt die Schwingung der Saite (▸Abb. 2) in einem elektromagnetischen Tonabnehmer eine Wechselspannung (▸Abb. 3).

a) Eine aus Nickel bestehende Saite schwingt über dem Tonabnehmer. Erklären Sie, warum sich dabei das B-Feld in der Spule periodisch ändert und weshalb hierbei eine Induktionsspannung auftritt.

b) Ein Tonabnehmer hat eine Windungszahl von $N = 10\,000$, einen Radius des Magnetkerns von 2 mm und liefert bei einem Ton mit der Frequenz $f = 250\,\text{Hz}$ die maximale Spannung $U_{max} = 0{,}1\,\text{V}$ bei der Änderungsrate $\frac{\Delta B}{\Delta t}$ mit $\Delta t = 1\,\text{ms}$. Ermitteln Sie ΔB.

c) Im Modellversuch in ▸Abb. 3 schwingt eine eiserne Blattfeder über einer Spule mit $N = 12\,000$, die einen Magnetkern mit $A = 10\,\text{cm}^2$ besitzt. Bei $f = 100\,\text{Hz}$ wird $U_{max} = 0{,}05\,\text{V}$ gemessen. Schätzen Sie ΔB ab.

A7 – Induktive Bremse

Ein Wagen mit einer Leiterschleife fährt über das B-Feld in ▸Abb. 4.

a) Übertragen Sie ▸Abb. 4 ins Heft und skizzieren Sie darin Elektronen mit Lorentzkräften.

b) Erklären Sie das Auftreten der Spannung U am Voltmeter mit der Lorentzkraft. Skizzieren Sie den Verlauf der Spannung abhängig von der Zeit.

c) Bei Eintreten des Wagens mit einer Breite $b = 0{,}1\,\text{m}$ mit einer Geschwindigkeit $v = 2\,\frac{\text{m}}{\text{s}}$ ins Feld mit $B = 1\,\text{T}$ beträgt die Spannung $U_i = b \cdot v \cdot B$. Berechnen Sie die Spannung.

d) Leiten Sie den Term für U_i in Teil c) her.

e) Wenn man den Schalter schließt, dann wird der Wagen abgebremst. Erklären Sie dies. Es handelt sich dabei um ein Beispiel für eine Wirbelstrombremse. Der Feinstaub im Verkehr wird hauptsächlich beim Bremsen und durch den Abrieb bei Reifen und Straßenbelag erzeugt. Bewerten Sie in diesem Zusammenhang die Wirbelstrombremse und das Bremsen eines Elektroautos, bei dem der Motor als Generator arbeitet.

f) Die Leiterschleife hat einen Widerstand von $R = 0{,}01\,\Omega$. Ermitteln Sie die induzierte elektrische Leistung P.

g) Die Bremskraft beträgt $F = B^2 \cdot b^2 \cdot \frac{v}{R}$. Leiten Sie den Term her.

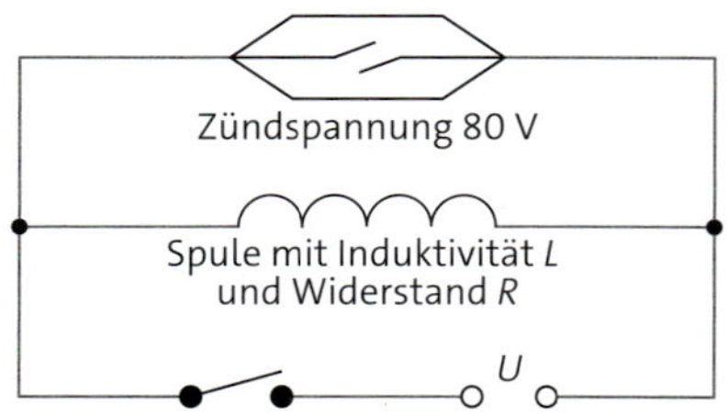

1 Ausschaltvorgang bei einer Spule mit Induktivität L und Widerstand R

2 E-Bass mit Tonabnehmer

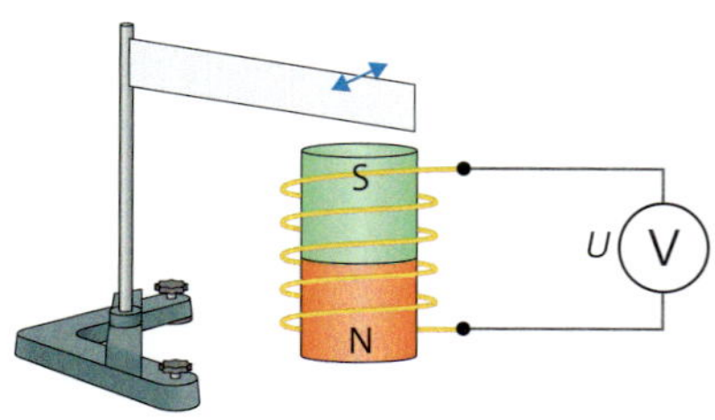

3 Elektromagnetischer Tonabnehmer

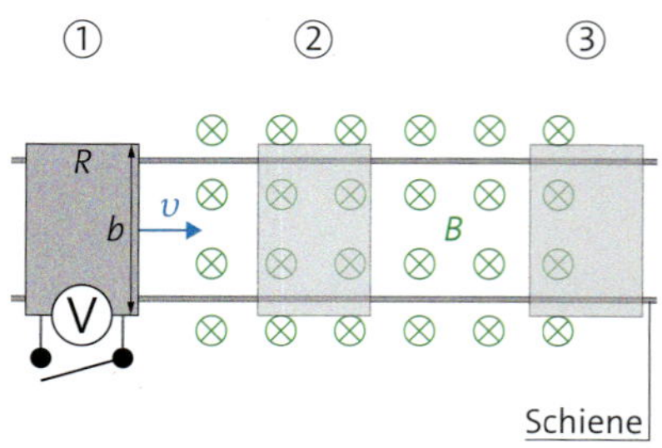

4 Wagen mit elektrodynamischer Bremse

Aufgabe ohne Hinweise • Elektrodynamik

A8 – Transformator

Der Transformator wandelt die Spannung U_1 in eine Spannung U_2 (▸Abb. 5) um.

a) Ordnen Sie den Zahlen in ▸Abb. 5 die Begriffe Feldspule, Induktionsspule, Energiezufuhr, Verbraucher, Lastwiderstand zu und erklären Sie die dargestellte Energieübertragung.

b) Bei offenem Schalter gilt für die Spannungen $\frac{U_1}{U_2} = \frac{N_1}{N_2}$. Ermitteln Sie U_2 für $N_1 = N_2 = 1000$ und $U_1 = 5\,\text{V}$.

c) Leiten Sie den Term in b) her.

d) Im Idealfall ist $R_i = 0\,\Omega$ und der Transformator überträgt die zugeführte Energie vollständig zum Verbraucher. Dann beträgt die Stromstärke $I_1 = I_2 \cdot \frac{U_2}{U_1}$. Berechnen Sie $I_2 = I_L$ mit dem Term $\frac{U_2}{R_L}$ und I_1 unter der Annahme $R_i = 0\,\Omega$. Daher beträgt der Term für die Leistung $P_L = I_L^2 \cdot R_L$. Bestätigen Sie das Ohmsche Gesetz für I_L und U_L sowie die quadratische Abhängigkeit der Leistung P_L von der Stromstärke I_L durch die Messwerte in ▸Abb. 6 und ermitteln Sie dazu R_L.

e) Leiten Sie die Formel für I_1 in Teil d) her.

f) Der Innenwiderstand der Induktionsspule ist $R_i = 47\,\Omega$. Der Transformator wird durch einen variablen Lastwiderstand R_L belastet. Dabei werden Strom, Spannung und Leistung bei R_L gemessen. Beschreiben Sie die Messwerte in ▸Abb. 7. Bestätigen Sie die Regel: Der Transformator überträgt die maximale Leistung, wenn Innenwiderstand und Lastwiderstand übereinstimmen.

g) Berechnen Sie die Spannung $U_L = R_L \cdot \frac{U_2}{R_L + R_i}$ für Lastwiderstände R_L von 20 Ω, 33 Ω, 47 Ω und 30 Ω (Innenwiderstand der Induktionsspule $R_i = 47\,\Omega$). Berechnen Sie die entsprechenden Stromstärken I_L und die zum Verbraucher übertragenen Leistungen P_L und vergleichen Sie mit den Messwerten in ▸Abb. 7.

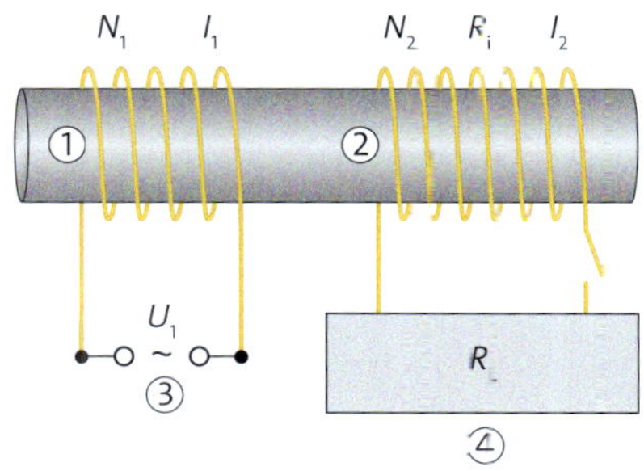

5 Transformator

Hinweise und Lösungen zu Aufgaben A2–A7

A2

a) Führen Sie die Ableitung in $U_i(t) = -N \cdot A \cdot \dot{B}$ aus.

A3

a) In der Spule ändert sich das B-Feld, daher wird eine Spannung induziert. Überlegen Sie, ob diese die Stromstärke weiter steigert oder verringert.

e) Ein Zahlenbeispiel aus der Tabelle ist: $L \cdot \omega = 4{,}7\,\text{mH} \cdot 1000 \cdot \frac{1}{s} = 4{,}7\,\Omega$.

A4

a) Stellen Sie die Leistung als Produkt der Terme für $I(t)$ und U_i dar.

b) Ermitteln Sie die Energieform nach dem Ausschlussprinzip. Nutzen Sie, dass die Leistung $P(t)$ gleich der Energiezunahme $\Delta E(t)$ pro Zeit Δt ist.

c) Verwenden Sie den Flächeninhalt des Dreiecks.

d) Die Induktivität ist $L = 6{,}283\,\text{mH}$.

e) Die Ergebnisse sind $V = 0{,}0002\,\text{m}^3$, $B = 0{,}0126\,\text{T}$ und $E = 0{,}0126\,\text{J}$.

f) Gehen Sie vom Term der Energie aus: $E = \frac{1}{2} \cdot L \cdot I_2$. Rückwärts denkend können Sie erkennen, dass Sie L und I durch die physikalischen Größen der Spule ausdrücken wollen. Lösen Sie den Term $B = N \cdot I \cdot \frac{\mu_0}{l}$ nach I auf.

A5

a) Bei geschlossenem Schalter fließt der Strom $I = \frac{U}{R} = 6\,\text{A}$. Beim Öffnen des Schalters wird die Spannung $U_i = -100\,\text{V}$ induziert.

e) Die Induktivität $\frac{1}{6}\,\text{H}$ ist nötig.

A6

b) Die Änderung ist $\Delta B = 0{,}796\,\text{mT}$.

c) Bei $f = 100\,\text{Hz}$ wird das Zeitintervall Δt, in dem sich das Feld um ΔB ändert, mit $\frac{T}{4} = \frac{1}{4f} = 2{,}5\,\text{ms}$ abgeschätzt.

$$\Delta B = \frac{U_{max} \cdot \Delta t}{A \cdot N} = 0{,}01\,\text{mT}.$$

A7

c) Induktionsspannung: $U_i = 2\,\text{V}$.

f) Stromstärke: $I = \frac{U_i}{R} = 2\,\text{A}$; Leistung $P = U_i \cdot I = 4\,\text{W}$; Kraft: $F = 2\,\text{N}$.

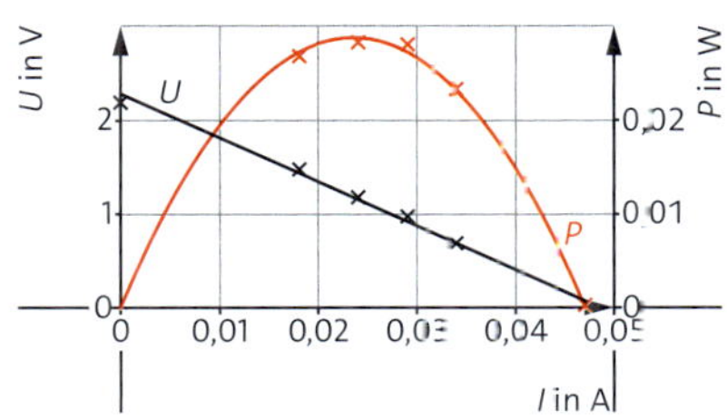

6 Zur Induktionsspule übertragene Leistung

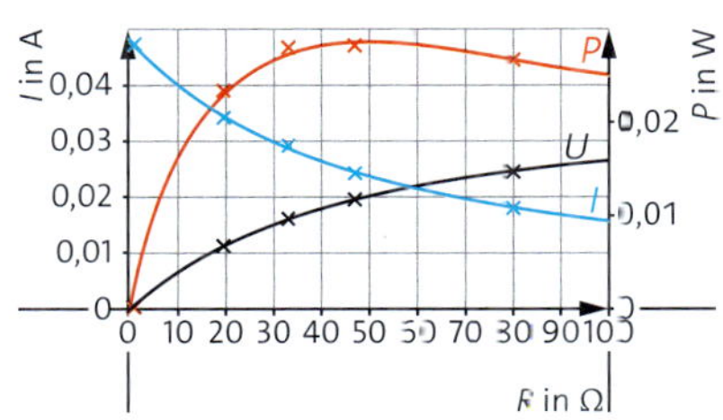

7 Zum Verbraucher übertragene Leistung

Induktion

Bewegung eines Leiters im B-Feld: Wenn sich ein Leiter der Länge L mit einer Geschwindigkeit v durch ein B-Feld mit der Stärke B bewegt, dann wird zwischen den Enden des Leiters eine Spannung mit folgendem Betrag induziert:

$$U_i = L \cdot v \cdot B\,.$$

Dabei sind B, L sowie v zueinander orthogonal.

Bewegung einer Leiterschleife im B-Feld: Wenn eine Leiterschleife mit einer Fläche A orthogonal von einem mittleren B-Feld durchdrungen wird, das durch Bewegung eine Änderungsrate $\frac{\Delta B}{\Delta t}$ erfährt, dann entsteht folgende Induktionsspannung:

$$U_i = -\frac{\Delta B}{\Delta t} \cdot A\,.$$

Im Grenzfall „Δt gegen null" gilt:

$$U_i = -N \cdot A \cdot \dot{B}(t)\,.$$

Induktionsspannung durch Flächenänderung: Wenn eine Leiterschleife mit einer Fläche A orthogonal von einem B-Feld mit einer Stärke B durchdrungen wird, dann führt eine Flächenänderung pro Zeit $\frac{\Delta A}{\Delta t}$ zu folgender Induktionsspannung:

$$U_i = -\frac{\Delta A}{\Delta t} \cdot B\,.$$

Im Grenzfall „Δt gegen null" gilt:

$$U_i = -N \cdot \dot{A}(t) \cdot B\,.$$

Kettenregel: Die Ableitung $[B(\varphi) \circ \varphi(t)]'$ der verketteten Funktion ist das Produkt der Ableitungen der einzelnen Funktionen $B'(\varphi) \cdot \dot{\varphi}(t)$.

$$\dot{B}(t) = B'(\varphi) \cdot \dot{\varphi}(t)\,.$$

Produktregel: Die Ableitung eines Produktes zweier Funktionen ist gleich der Summe der beiden Produkte einer Funktion mit der Ableitung der jeweils anderen Funktion.

$$B \cdot \dot{A}(t) + A \cdot \dot{B}(t) = (A \dot{\cdot} B)(t)\,.$$

Linear zeitlich veränderliches B-Feld: Wenn eine **felderzeugende Spule** (auch: Feldspule) ein linear zeitlich veränderliches B-Feld $\frac{\Delta B}{\Delta t}$ in einer **Induktionsspule** mit einer wirksamen Querschnittsfläche A und einer Windungszahl N erzeugt, dann entsteht in der Induktionsspule folgende konstante Induktionsspannung:

$$U_i = -N \cdot A \cdot \frac{\Delta B}{\Delta t}\,.$$

Allgemein zeitlich veränderliches B-Feld: Wenn eine felderzeugende Spule ein zeitlich veränderliches B-Feld $\dot{B}(t)$ in einer Induktionsspule mit einer Querschnittsfläche A und einer Windungszahl N erzeugt, dann entsteht in der Induktionsspule folgende Induktionsspannung:

$$U_i(t) = -N \cdot A \cdot \dot{B}(t)\,.$$

Magnetischer Fluss: Das Produkt aus der wirksamen Fläche A und dem B-Feld heißt magnetischer Fluss

$$\Phi = A \cdot B\,.$$

Φ hat die Einheit 1 Weber ($1\,\text{Wb} = 1\,\text{T} \cdot \text{m}^2$).

Änderung des magnetischen Flusses: Wenn in einer Induktionsspule mit einer Windungszahl N eine Änderung $\dot{\Phi}$ des magnetischen Flusses Φ auftritt, dann entsteht in der Induktionsspule folgende Induktionsspannung:

$$U_i(t) = -N \cdot \dot{\Phi}(t)\,.$$

Anwendungen des Induktionsgesetzes

Unbelasteter Transformator: An einem unbelasteten Transformator ist der Quotient der Spannungen an der Feldspule und der Induktionsspule $\frac{U_1}{U_2}$ gleich dem entsprechenden Verhältnis der Windungszahlen $\frac{N_1}{N_2}$, kurz:

$$\frac{U_1}{U_2} = \frac{N_1}{N_2}\,.$$

Belasteter Transformator: Wenn die Induktionsspule durch einen Strom I_2 belastet wird (belasteter Transformator), dann haben im Idealfall die zugeführte Leistung $U_1 \cdot I_1$ und die übertragene Leistung $U_2 \cdot I_2$ den gleichen Betrag. Damit gilt:

$$N_1 \cdot I_1 = N_2 \cdot I_2\,.$$

Generator: Die meisten Generatoren nutzen eine **Drehbewegung.** Sie bestehen aus einem drehenden Teil, dem Rotor, und einem ruhenden Teil, dem Stator. Häufig besteht der Rotor aus Permanentmagneten, der Stator aus Spulen. Dreht sich der Stator, wird daher in den Spulen des Rotors eine Spannung induziert.

Wirbelstrom: Wenn sich eine Metallplatte in ein B-Feld hinein- oder aus dem B-Feld herausbewegt, dann werden in der Platte Wirbelströme induziert. Diese erzeugen ihrerseits ein B-Feld, das die Platte abbremst.

Lenzsche Regel: Wenn in einem leitenden Körper Ströme induziert werden, dann wirken diese stets ihrer Ursache entgegen. Diese Erkenntnis heißt Lenzsche Regel.

Magnetisches Schweben · Fällt ein diamagnetischer Körper einem Magneten entgegen, werden in ihm dauerhafte elektrische Ströme induziert. Diese dauerhaften Ströme wirken gemäß der **Lenzschen Regel** ihrer Ursache, dem Fallen, entgegen. Daher kann der Körper über dem Magneten schweben.

Selbstinduktion: Wenn sich in einem System eine Stromstärke $I(t)$ zeitlich ändert, dann wird in diesem System selbst eine Spannung induziert. Das ist das Prinzip der Selbstinduktion.
Damit wird die felderzeugende Spule gleichzeitig auch zur Induktionsspule. Die in ihr erzeugte Induktionsspannung U_i ist proportional zur Induktivität L der Spule und es gilt:

$$U_\mathrm{i} = -L \cdot \frac{\Delta I}{\Delta t}.$$

Im Grenzfall Δt gegen null gilt entsprechend:

$$U_\mathrm{i} = -L \cdot \lim_{\Delta t \to 0} \frac{\Delta I}{\Delta t} = -L \cdot \frac{\mathrm{d}I}{\mathrm{d}t} = -L \cdot \dot{I}.$$

Energie im B-Feld: Wenn durch eine Spule mit einer Induktivität L ein Strom I fließt, dann speichert die Spule folgende Energie:

$$E(I) = \frac{1}{2} \cdot L \cdot I^2.$$

Die Energiedichte des B-Feldes beträgt:

$$\frac{E}{V} = \frac{1}{2} \cdot \frac{B^2}{\mu_0 \cdot \mu_\mathrm{r}}.$$

Überprüfen Sie sich selbst:

Kann ich ...

- das Entstehen einer Induktionsspannung in einem bewegten Leiter über die Lorentzkraft erklären? (▸S.107)
- die Orientierung einer Fläche einer stromdurchflossenen Leiterschleife ermitteln? (▸S.107)
- beschreiben, wie mit einer Leiterschaukel mechanische Energie in elektrische und umgekehrt umgewandelt werden kann? (▸S.109)
- den Unterschied zwischen Feldspule und Induktionsspule erläutern? (▸S.114)
- die beiden Formen der Induktion in einem gemeinsamen Induktionsgesetz zusammenfassen? (▸S.117)
- erläutern, warum ein gemeinsames Induktionsgesetz für beide Induktionsformen sinnvoll ist? (▸S.117)
- beschreiben, wie das Aufladen ohne Kabel funktioniert? (▸S.117)
- zwei Formen der Induktion nennen? (▸S.119)
- eine Anwendung der Induktion beschreiben? (▸S.122)
- einen Zusammenhang für die Spannungen am unbelasteten Transformator angeben? (▸S.125)
- das Zustandekommen von Wirbelströmen in einem bewegten Leiter über die Lorentzkraft erklären? (▸S.127)
- eine Möglichkeit nennen, Bremsen ohne Verschleiß durch mechanische Reibung zu konstruieren? (▸S.129)
- die Lenzsche Regel durch den Erhaltungssatz für Energie begründen? (▸S.129)
- erläutern, wie Feldspule und Induktionsspule identisch sein können? (▸S.135)

Schwingungen

In diesem Kapitel beschäftigen Sie sich mit:

- Phänomenen der Schwingung. Sie lernen, durch welche Größen eine Schwingung charakterisiert wird und wie eine Schwingung mathematisch beschrieben werden kann.
- dem Untersuchen von Schwingungen. Sie lernen, wann ein Oszillator eine harmonische Schwingung ausführt. Sie beschäftigen sich mit den Energieumwandlungen während einer Schwingung.
- Schwingungen im Alltag. Sie lernen gedämpfte und erzwungene Schwingungen kennen. Sie erfahren, wie man Resonanzschwingungen nutzen kann und warum man sie in anderen Fällen vermeiden muss.

- dem Schwingkreis. Sie lernen, wie ein Stromkreis mit einer Spule und einem Kondensator zu einem schwingungsfähigen System wird und wie man dieses nutzen kann.

40 44 48 52 56 60 66 72 80 88 96 104 112 120 132 144 160 176 192 208
42 46 50 54 58 63 69 76 84 92 100 108 116 126 138 152 168 184 200
Presto 168-208 Allegro 120-168 Moderato 100-120 Andante 76-108 Adagio 66-76 Larghetto 60-66 Largo 40-60

1 Hüpfende Tropfen

Phänomene der Schwingung

Die Tropfen in ▸Abb. 1 hüpfen über der Membran eines Lautsprechers auf und ab – und zwar umso höher, je lauter die Töne sind, die der Lautsprecher abgibt. Auch die Tonhöhe ändert das Verhalten der Tropfen. Wie kommt das?

Schwingungen in Zeitlupe • Um genauer zu untersuchen, was an der Lautsprechermembran passiert, verbinden wir den Lautsprecher mit einem Frequenzgenerator und stellen diesen so ein, dass ein tiefer Brummton zu hören ist. Wenn man jetzt vorsichtig auf die Membran fasst, kann man fühlen, wie sie vibriert. Geben wir einige Reiskörner auf die Membran, so werden diese infolge der Schwingung ebenfalls in Bewegung versetzt und beginnen wie die Wassertropfen in ▸Abb. 1 zu hüpfen. Die schnelle Schwingung der Membran selbst wird sichtbar, wenn Sie sie mit einem Smartphone filmen und den Film dann in Zeitlupe anschauen.

Auch bei anderen Körpern sind mechanische Schwingungen zu beobachten. Werden sie aus ihrer in Ruhe eingenommenen Lage ausgelenkt, führen sie zeitlich periodische Bewegungen aus, die immer wieder durch ihre anfängliche **Ruhelage** führen (▸Abb. 2).

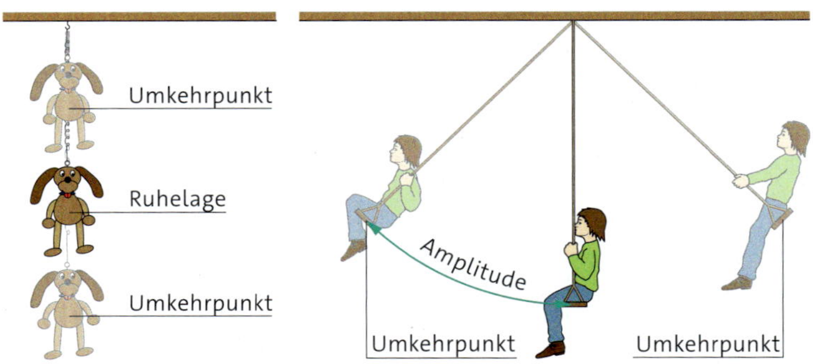

2 Verschiedene Schwingungen

Mechanische Schwingungen sind periodische Bewegungen eines Körpers um seine Ruhelage.

Aufzeichnung von Schwingungen • Eine einfache Möglichkeit, Schwingungen aufzuzeichnen, bietet eine Schreibstimmgabel (▸Abb. 3). Um sie zum Klingen zu bringen, schlägt man gegen

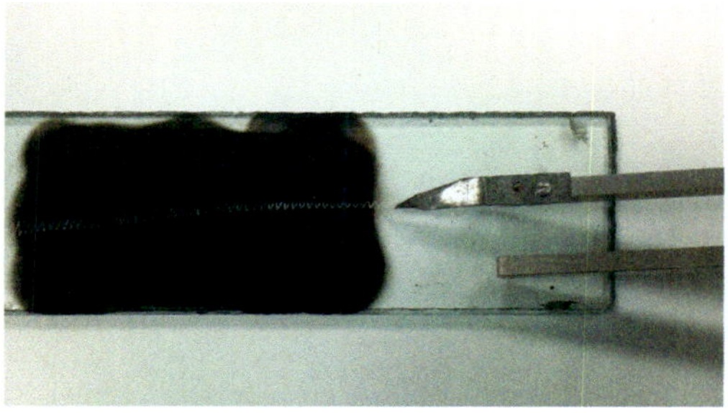

3 Schreibstimmgabel

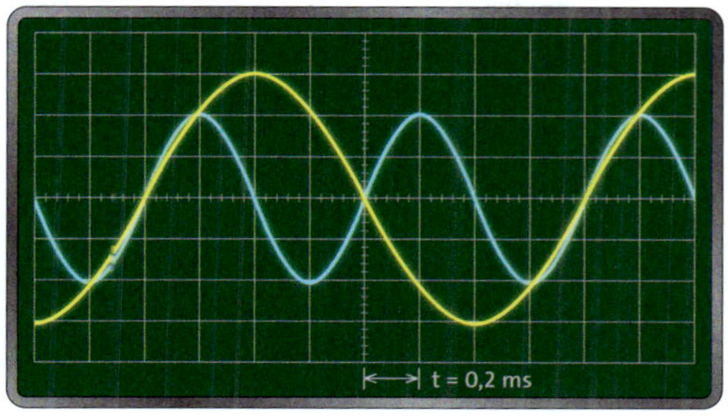

4 Aufgenommene Schwingungen am Oszilloskop

einen ihrer Schenkel. Der Verlauf der dadurch entstehenden Schwingung wird sichtbar, wenn man die Feder der Stimmgabel zügig und möglichst gleichmäßig über eine Glasplatte zieht, die zuvor über einer Kerzenflamme geschwärzt wurde.

Möglicherweise erinnert Sie der Verlauf der aufgezeichneten Schwingung an die Sinusfunktion aus der Mathematik. Noch deutlicher wird dies, wenn wir die Töne mithilfe eines Oszilloskops aufzeichnen, das an ein Mikrofon angeschlossen ist (▸Abb. 4). Schwingungen mit einem sinusförmigen Verlauf bezeichnet man als **harmonische Schwingungen.**

Töne sind harmonische Schwingungen • Die meisten Schallquellen enthalten Bauteile, die hin- und herschwingen und die Luft so in Schwingungen versetzen. Durch Stöße zwischen den Luftmolekülen setzen sich die Schwingungen weiter fort und der Schall breitet sich aus. Handelt es sich dabei um harmonische Schwingungen im Hörbereich unserer Ohren, nehmen wir sie als Töne wahr. Weist das aufgezeichnete akustische Signal dagegen keinerlei Regelmäßigkeit auf, dann sprechen wir von einem Geräusch. Zusammenfassend wird der Begriff „Schall" genutzt.

Beschreibung von Schwingungen • Verfolgen wir einen einzelnen Punkt eines schwingenden Körpers im Laufe der Zeit, so bewegt sich dieser periodisch hin und her. Dabei ändert sich nur die Entfernung des Punktes von seiner Ruhelage. Auf dem Oszilloskop ist der entsprechende zeitliche Verlauf dargestellt (▸Abb. 4).

Den momentanen Abstand zur Ruhelage bezeichnen wir dabei als **Auslenkung** oder als **Elongation *s*.** Die maximale Auslenkung der Schwingung wird **Amplitude s_{max}** genannt (▸Abb. 5).

Für eine genauere Beschreibung ist die Zeit wichtig, die der Punkt für eine vollständige Schwingung benötigt, bis er also wieder am Ausgangspunkt seiner Bewegung ankommt und diese sich wiederholt. Dies ist die **Periodendauer *T*.** Sie hat die Einheit 1 s. Der bekanntere Begriff der **Frequenz *f*** mit der Einheit 1 Hertz gibt die zugehörige Anzahl der Schwingungen pro Sekunde an:

Häufig bezeichnet man die Periodendauer auch als **Schwingungsdauer**.

$$f = \frac{1}{T} \text{ mit } [T] = 1\,\text{s} \text{ und } [f] = 1\,\frac{1}{\text{s}} = 1\,\text{Hz}.$$

1 **a)** Skizzieren Sie das *s*(*t*)-Diagramm für einen beliebigen Ton.
b) Tragen Sie die Graphen zweier weiterer Töne ein. Dabei soll der eine im Vergleich zu a) die doppelte Amplitude besitzen und der andere die doppelte Frequenz.
c) Skizzieren Sie das *s*(*t*)-Diagramm für ein Geräusch.

2 Erläutern Sie, worin sich die Spuren zweier Schreibstimmgabeln unterscheiden, wenn sie unterschiedlich
a) stark angeschlagen werden,
b) schnell gezogen werden.

3 Ermitteln Sie die Frequenzen der in ▸Abb. 4 dargestellten Schwingungen. Ein Kästchen steht dabei für eine Zeitspanne von 0,2 ms.

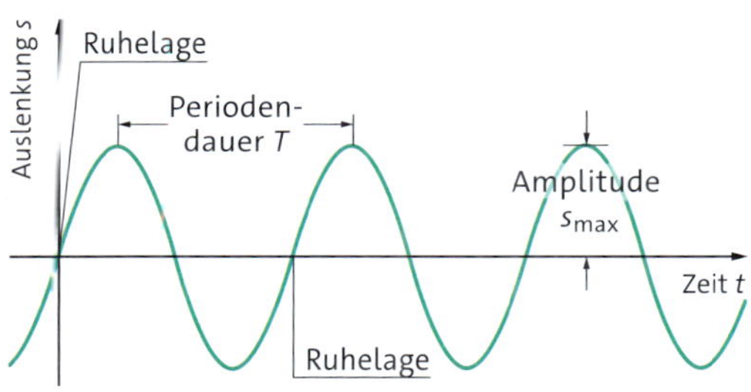

5 *s*(*t*)-Diagramm eines schwingenden Körpers

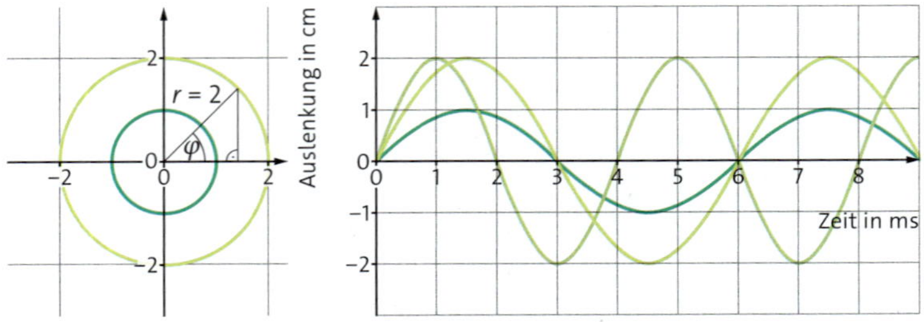

1 **A** Bogenmaß, **B** unterschiedliche Schwingungen

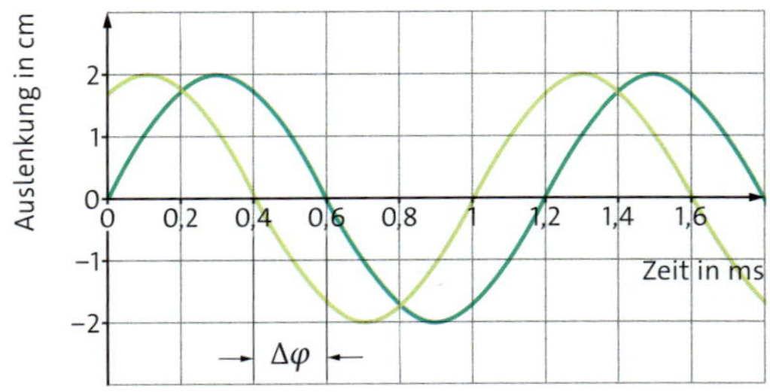

2 Schwingungen mit Phasenverschiebung

Tonhöhe und Lautstärke • Verändern wir die Lautstärke oder die Tonhöhe eines Tons, so können wir folgende Beobachtungen machen:

1. Je lauter der Ton ist, desto größer ist die Amplitude s_{max}.
2. Je höher der Ton ist, desto mehr Schwingungen gibt es pro Sekunde und desto höher ist also seine Frequenz f.

Dies erklärt sich, wenn wir uns noch einmal überlegen, was jeweils am Lautsprecher passiert. Seine Membran bewegt sich bei einem lauten Ton stärker als bei einem leisen. Damit werden die Moleküle der Luft in stärkere Schwingungen versetzt und verursachen so eine Schwingung mit größerer Amplitude an unseren Trommelfellen. Dies hören wir als lauteren Ton. Die Lautsprechermembran und auch unser Trommelfell bewegen sich bei einem höheren Ton schneller hin und her als bei einem tieferen. Wir nehmen dies als höheren Ton wahr.

Mathematische Beschreibung • Unsere Beobachtungen lassen sich nutzen, um die harmonische Schwingung mithilfe einer Sinusfunktion zu beschreiben:

$$s(t) = s_{max} \cdot \sin(2\pi f \cdot t) = s_{max} \cdot \sin\left(\frac{2\pi}{T} \cdot t\right).$$

Eine Vergrößerung der Amplitude s_{max} bewirkt eine Streckung des Graphen in Richtung der Auslenkung (▸Abb. 1B). Eine Vergrößerung der Frequenz f bewirkt dagegen eine Stauchung des Graphen in Richtung der Zeitachse.
Der Winkel in der Sinusfunktion wird im Bogenmaß angegeben. Dies hat verschiedene Vorteile, u.a. entspricht ein Vollwinkel dann 2π und die Sinusfunktion hat für alle Vielfachen von 2π den gleichen Wert (▸Abb. 1). Durch den Faktor 2π wird somit eine korrekte Periodenlänge erreicht, denn es gilt $s(T) = s(0)$. Dabei ist der Faktor $\frac{2\pi}{T}$ gleich der aus der Kreisbewegung bekannten Kreisfrequenz ω.

Nicht immer beginnt die Beobachtung einer Schwingung mit der Auslenkung aus der Ruhelage. Dies führt aber nur zu einer Verschiebung der Schwingung entlang der Zeitachse. Man spricht von einer **Phasenverschiebung** $\boldsymbol{\Delta\varphi}$ gegenüber der ersten Schwingung (▸Abb. 2). Bezieht man dies ein, ergibt sich insgesamt für die Schwingung

$$s(t) = s_{max} \cdot \sin(\omega \cdot t + \Delta\varphi).$$

Harmonische Schwingungen sind sinusförmige, periodische Schwingungen.
Sie lassen sich durch
$s(t) = s_{max} \cdot \sin(\omega \cdot t + \Delta\varphi)$
beschreiben. Dabei ist s_{max} die Amplitude, ω die Kreisfrequenz mit $\omega = \frac{2\pi}{T} = 2\pi f$ und $\Delta\varphi$ die Phasenverschiebung.

Exemplarisch stellen wir die Funktionen für die beiden Schwingungen aus ▸Abb. 2 auf. Dazu ermitteln wir die Kenngrößen der Schwingungen:

$$s_{max} = 2\,\text{cm},\ T = 1{,}2\,\text{ms},\ \Delta\varphi = \frac{2\pi}{6} = \frac{\pi}{3}.$$

Gibt man die Zeit t in der Einheit ms an, so ergeben sich folgende Funktionsgleichungen:

$$s_1(t) = 2\,\text{cm} \cdot \sin\left(\frac{2\pi}{1{,}2\,\text{ms}} \cdot t\right) = 2\,\text{cm} \cdot \sin\left(\frac{5\pi}{3}\frac{1}{\text{ms}} \cdot t\right),$$

$$s_2(t) = 2\,\text{cm} \cdot \sin\left(\frac{5\pi}{3}\frac{1}{\text{ms}} \cdot t + \frac{\pi}{3}\right).$$

1 Ermitteln Sie die Schwingungsgleichungen für die Schwingungen aus ▸Abb. 1B.

2 Zeichnen Sie das $s(t)$-Diagramm einer Schwingung mit $s_{max} = 3\,\text{cm}$, $f = 500\,\text{Hz}$, $\Delta\varphi = \frac{\pi}{4}$.

Versuch A • Untersuchen von Schwingungen

3 Das Lineal schwingt.

V1 Schwingendes Lineal

Material:
Langes, flexibles Lineal (30 cm)

Arbeitsauftrag:

a) Legen Sie das Lineal etwa zur Hälfte auf den Tisch und halten Sie es mit einer Hand gut fest. Lenken Sie das freie Ende des Lineals mit der anderen Hand aus seiner Ruhelage aus.

b) Beobachten und beschreiben Sie die entstehende Schwingung. Achten Sie dabei auf die korrekte Verwendung der Fachbegriffe.

c) Verändern Sie die Lautstärke und die Tonhöhe der Linealschwingung. Beschreiben Sie, wie Sie dies jeweils erreichen.

d) Begründen Sie, warum die besonders hohen Töne am Lineal nur relativ leise sein können.

Material A • Weckalarm

A1 Ein Uhrenhersteller möchte einen neuen Wecker auf den Markt bringen. Für das Wecksignal stehen vier Möglichkeiten zur Verfügung.

a) Erläutern Sie, wie sich die abgebildeten Signale anhören.

b) Zeichnen Sie eine Folge von Wecksignalen mit voller und halber Lautstärke.

c) Zeichnen Sie ein Wecksignal, das nicht in der Lautstärke, sondern in der Tonhöhe variiert.

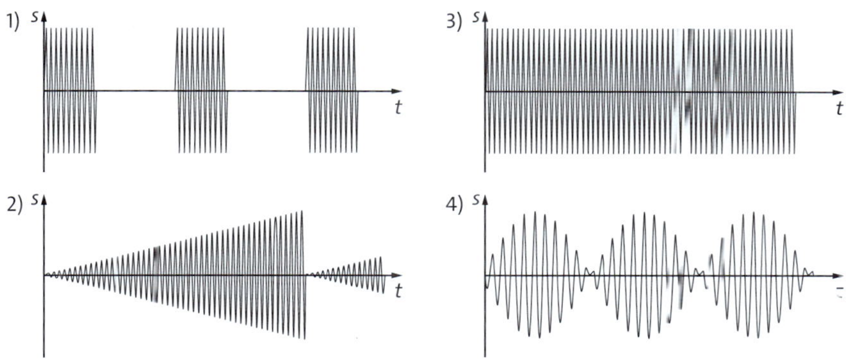

4 Mögliche Wecksignale

Material B • Den Schall wahrnehmen

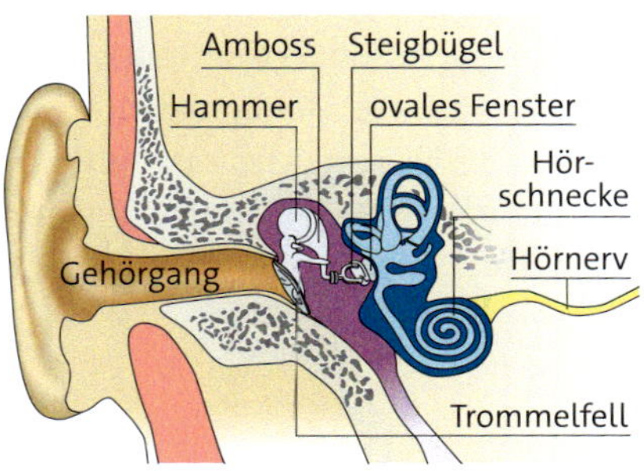

5 Aufbau des Ohres

Der Schall bringt unser Trommelfell zum Schwingen. Je stärker es schwingt, desto lauter hören wir diesen Schall. Die Schwingungen werden vom Trommelfell über die Gehörknöchelchen im Mittelohr auf das Innenohr übertragen und dabei bis zu 20-fach verstärkt. In der flüssigkeitsgefüllten Schnecke befinden sich ca. 16 000 Sinneszellen. Während der Schall die gesamte Schnecke durchläuft, werden die feinen Härchen der Sinneszellen hin und her gebogen. Je nach Frequenz leiten nur die Sinneszellen in einem bestimmten Bereich der Schnecke die Informationen über den Hörnerv an das Gehirn weiter. So können die Tonhöhen analysiert werden. Im äußeren Bereich der Schnecke werden die hohen Töne mit einer Frequenz bis 20 kHz wahrgenommen, die Sinneszellen innen registrieren die tiefen Töne ab 16 Hz.

B1 Wenn Sie sich Ihre Nase zuhalten und Luft in die Nase hineindrücken, erhöht sich der Druck im Mittelohr. Geben Sie begründet an, wie sich Ihr Hören dadurch verändert.

B2 **a)** Informieren Sie sich über die Auswirkungen von Lärm und lauter Musik auf das Gehör.

b) Bei einer Schädigung des Gehörs durch Lärm verschlechtert sich die Wahrnehmung hoher Töne. Begründen Sie dies.

1 Schwingendes Lineal

Schwingungen untersuchen

Lenkt man ein schwingungsfähiges System wie z. B. ein aufgehängtes Lineal ein klein wenig aus seiner Ruhelage aus, so fängt es mit immer gleicher Periodendauer an zu schwingen. Wie lässt sich das erklären?

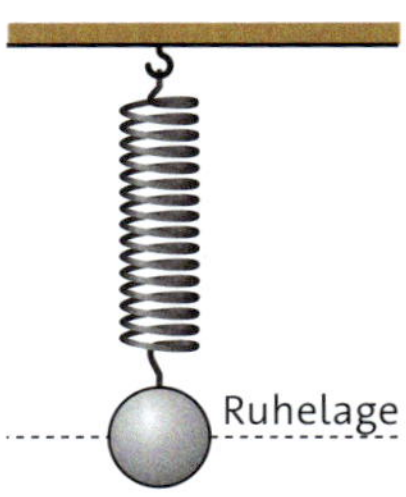

2 Federpendel

Analyse von Schwingungen • Um die aufgeworfene Frage zu klären, nutzen wir ein ein Federpendel (▸ Abb. 2).

Zunächst einmal untersuchen wir, wie sich die Auslenkung des Pendelkörpers, seine Geschwindigkeit und die Beschleunigung während einer Schwingung ändern. Dazu zeichnen wir die Bewegung eines Pendels mithilfe eines Bewegungs- und eines Beschleunigungssensors auf (▸ Abb. 3 A–C).

Vergleicht man die Diagramme in ▸ Abb. 3 A und C, so zeigt sich, dass bei Erreichen der maximalen Auslenkung nach oben (schwarze Markierungen) auch die Beschleunigung maximal wird. Letztere wirkt aber entgegengesetzt nach unten. Die Bewegung wurde so weit abgebremst, dass die Geschwindigkeit in diesem Punkt gleich null ist. Entsprechend kehrt sich die Bewegungsrichtung um, der Pendelkörper bewegt sich daraufhin nach unten. Dagegen ist die Beschleunigung beim Durchgang durch die Ruhelage gleich null (graue

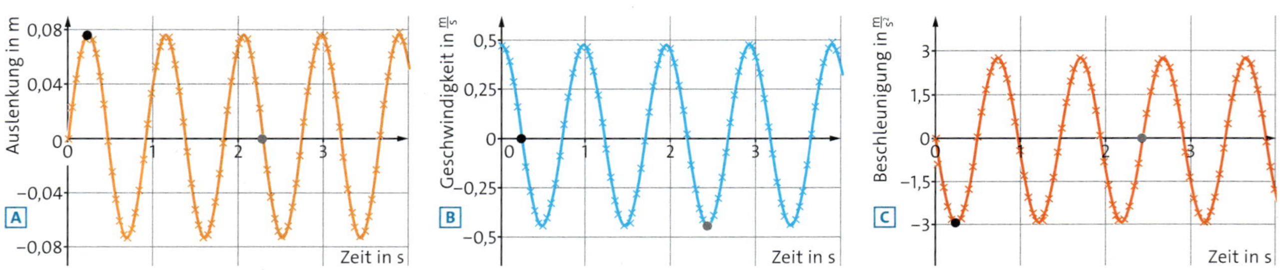

3 Zeitlicher Verlauf der Schwingung eines Federpendels ($D = 10{,}5\,\frac{N}{m}$, $m = 260\,g$): **A** Auslenkung, **B** Geschwindigkeit, **C** Beschleunigung

Markierungen) während die Geschwindigkeit maximal ist. Danach nimmt die Beschleunigung in entgegengesetzter Richtung wieder zu. Die Bewegung wird langsamer, bis der Körper im anderen Umkehrpunkt schließlich wieder die Richtung ändert und der gesamte Vorgang sich wiederholt.

Als nächstes untersuchen wir, von welchen Größen die Periodendauer abhängt. Die Vermutung liegt nahe, dass die Masse m des anhängenden Pendelkörpers und die anfängliche Auslenkung s_0 von Bedeutung sind. Es spielt aber auch eine Rolle, ob sich die Feder leicht oder nur schwer ausdehnen lässt. Die **Federkonstante D** kennzeichnet diese Eigenschaft und wird daher auch Federhärte genannt.

Um die Einflüsse von Masse, Auslenkung und Federkonstante auf die Periodendauer zu untersuchen, zeichnen wir die Bewegung von Pendeln mit unterschiedlichen Federn und unterschiedlichen Pendelkörpern auf. ▸Tabelle 4 zeigt beispielhaft die Periodendauern für 3 Pendelmassen und 3 Federkonstanten.

Es zeigt sich, dass die Periodendauer unabhängig von der anfänglichen Auslenkung ist. Dies erscheint plausibel, wenn wir uns den Zusammenhang am Beispiel eines Tons veranschaulichen. Ändert man die Lautstärke eines Tons, also die Amplitude der zugehörigen Schwingung, so ändert sich seine Tonhöhe – die Frequenz – dadurch nicht. Die entsprechende Periodendauer ist also unabhängig von der Amplitude.

In ▸Tabelle 4 sind die Periodendauern in Abhängigkeit von drei verschiedenen Massen der Pendelkörper für drei Federn mit unterschiedlichen Federkonstanten dargestellt. Zur Auswertung stellen wir die Daten grafisch dar und suchen nach Proportionalitäten. Diese finden wir mit

- $T \sim \sqrt{m}$ für verschiedene Federn (▸Abb. 5),
- $T \sim \sqrt{\frac{1}{D}}$ für verschiedene Massen (▸Abb. 6).

Zusammengefasst ergibt sich

$$T \sim \sqrt{\frac{m}{D}}.$$

Im Diagramm liegen alle Punkte zu den obigen Messwerten auf einer Geraden (▸Abb. 7) mit der Steigung 2π. Insgesamt gilt also:

$$T = 2\pi \cdot \sqrt{\frac{m}{D}}.$$

	$D_1 = 10{,}5\,\frac{N}{m}$	$D_2 = 25\,\frac{N}{m}$	$D_3 = 45\,\frac{N}{m}$
***m* in kg**	**T_1 in s**	**T_2 in s**	**T_3 in s**
0,16	0,78	0,50	0,38
0,21	0,89	0,57	0,43
0,26	0,99	0,64	0,48

4 Einige Werte für Masse und Periodendauer am Federpendel

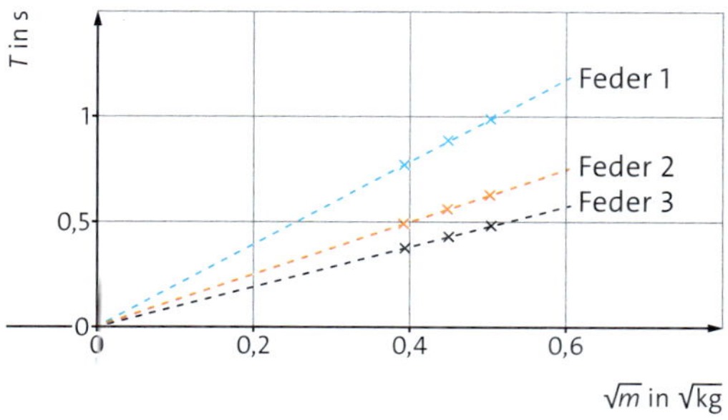

5 T ist proportional zu $\sqrt{m}$.

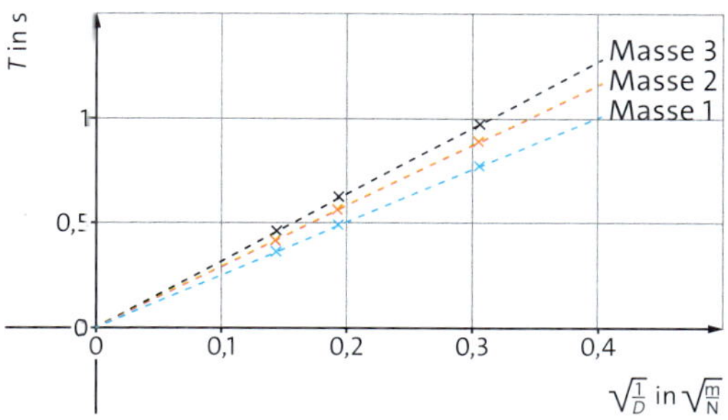

6 T ist proportional zu $\sqrt{\frac{1}{D}}$.

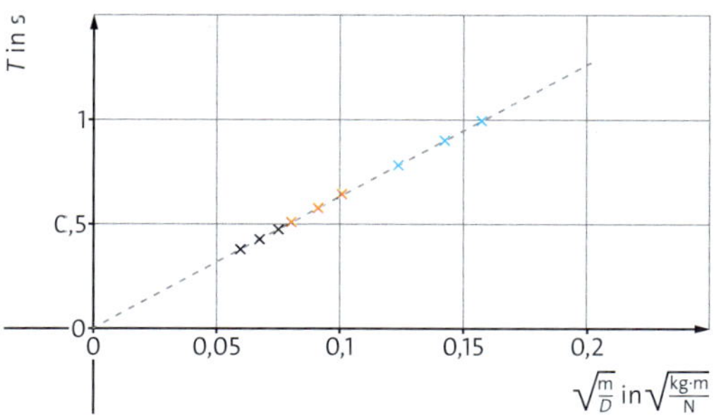

7 T ist proportional zu $\sqrt{\frac{m}{D}}$ mit der Proportionalitätskonstante 2π.

Dies ist plausibel, denn eine größere Pendelmasse m führt aufgrund der größeren Trägheit des Pendelkörpers zu einer kleineren Geschwindigkeit und damit zu einer größeren Periodendauer.

Eine härtere Feder lässt sich schwerer ausdehnen und hat eine kleinere Auslenkung zur Folge. Wieso dies aber zu einer kleineren Periodendauer führt und warum die Schwingung überhaupt so gleichmäßig ist, lässt sich erst klären, wenn wir uns nachfolgend mit der Entstehung der Schwingung beschäftigt haben.

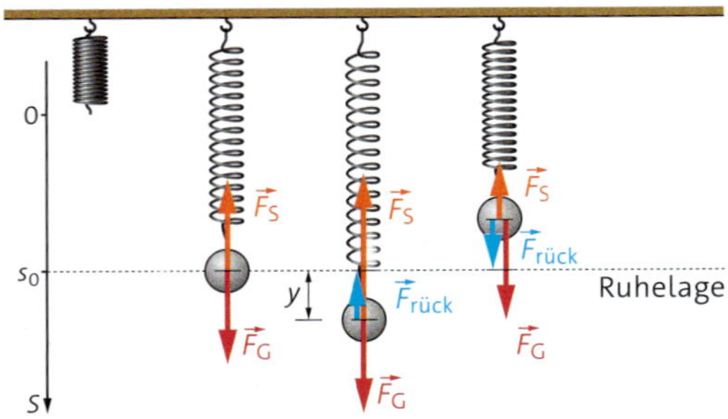

1 Kräfte auf den Pendelkörper eines Federpendels

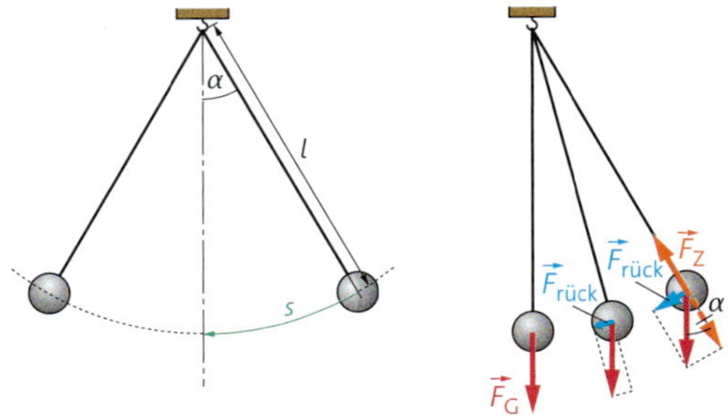

2 Kräfte auf den Pendelkörper eines Fadenpendels

Ursachen von Schwingungen • In der Ruhelage einer Schwingung befinden sich alle auf den schwingenden Körper wirkenden Kräfte im Gleichgewicht. Wird er aus seiner Ruhelage ausgelenkt, dann wirkt immer eine Rückstellkraft $F_{rück}$, die zur Entstehung der Schwingung führt. Allgemein spricht man von einem **Oszillator,** wenn ein System eine Schwingung um eine Ruhelage ausführt.

Beim Federpendel ergibt sich die Rückstellkraft aus der Gewichtskraft auf den Pendelkörper und der von der Feder ausgeübten Kraft (▸Abb. 1). Die stets nach unten gerichtete Gewichtskraft $F_G = m \cdot g$ auf einen bestimmten Pendelkörper ist dabei konstant. Die nach oben gerichtete Kraft F_S der Feder folgt aus dem Hookeschen Gesetz. Sie wirkt ihrer Ausdehnung s entgegen und ist proportional zu ihr. Es gilt: $F_S = -D \cdot s$.

In der Ruhelage dehnt der Pendelkörper die Feder um die Länge s_0 aus. Die Gewichtskraft und die Spannkraft heben sich hier gerade gegenseitig auf. Für die Rückstellkraft gilt daher:

$$F_{rück} = F_G + F_S = m \cdot g - D \cdot s_0 = 0.$$

Ist die Auslenkung $y = s - s_0$ des Federpendels aus seiner Ruhelage mit $y < s_0$ hinreichend klein, so bleibt die Feder immer gespannt. Sie übt dann stets eine nach oben gerichtete Kraft auf den Pendelkörper aus (▸Abb. 1). Damit ergibt sich für die Rückstellkraft

$$F_{rück} = m \cdot g - D \cdot s = D \cdot s_0 - D \cdot s$$
$$= D \cdot (s_0 - s) = -D \cdot y.$$

Somit ist die Rückstellkraft stets der Auslenkung entgegengerichtet und hat eine Beschleunigung in Richtung der Ruhelage zur Folge. Aufgrund seiner Trägheit bewegt sich der schwingende Körper aber über die Ruhelage hinaus. Dadurch kommt es zu einer Auslenkung in die entgegengesetzte Richtung und damit wieder zu einer beschleunigenden Rückstellkraft. Insgesamt ergibt sich eine Schwingung. Eine härtere Feder führt dabei zu einer größeren Rückstellkraft und somit zu einer kleineren Periodendauer. Dies deckt sich mit unseren vorangegangenen Messungen.

Die Proportionalität von Auslenkung und Rückstellkraft nennt man **lineares Kraftgesetz.** Alle schwingungsfähigen Systeme, bei denen ein lineares Kraftgesetz vorliegt, führen harmonische Schwingungen aus.

> **Ein Oszillator führt eine harmonische Schwingung aus, wenn auf ihn eine Rückstellkraft wirkt, die dem linearen Kraftgesetz folgt: $F_{rück} = -D \cdot y$.**

Betrachtung am Fadenpendel • Wenn jemand von einem Pendel spricht, dann haben wir eher ein Fadenpendel als ein Federpendel vor Augen. Jeder kennt solche Pendel, z. B. von der Schaukel oder auch von einer Pendeluhr. Wir untersuchen nun, ob auch bei einem Fadenpendel eine harmonische Schwingung vorliegt.

Betrachten wir ▸Abb. 2. Beim Fadenpendel wird ein Teil der Gewichtskraft F_G auf den Pendelkörper durch die Zugkraft F_Z des Fadens kompensiert. Die Komponente senkrecht dazu wirkt als Rückstellkraft $F_{rück}$. Sie ist nicht genau auf die Ruhelage gerichtet, sondern wirkt stets tangential und entgegengesetzt zur Auslenkung s. Es gilt:

$$F_{rück} = -m \cdot g \cdot \sin \alpha$$

Sind die Auslenkungen hinreichend klein, gilt näherungsweise $\sin\alpha = \alpha$. Für Winkel im Bogenmaß, also $\alpha = \frac{s}{l}$ (▸Abb. 2), folgt:

$$F_{\text{rück}} \approx -m \cdot g \cdot \frac{s}{l} = -\frac{m \cdot g}{l} \cdot s.$$

Für kleine Auslenkungen gilt das lineare Kraftgesetz also auch für Fadenpendel. Dies führt zu einer harmonischen Schwingung.

Die Periodendauer erhalten wir, wenn wir analog zum linearen Kraftgesetz am Federpendel die Federkonstante in der Periodendauer durch $\frac{m \cdot g}{l}$ ersetzen. Damit ergibt sich:

$$T = 2\pi\sqrt{\frac{m}{D}} = 2\pi \cdot \sqrt{\frac{m}{\frac{m \cdot g}{l}}} = 2\pi \cdot \sqrt{\frac{l}{g}}$$

Der Einfluss der Fadenlänge auf die Periodendauer erscheint logisch: Ist der Faden länger, verlängert sich auch die Strecke, die der Pendelköper bei gleichem Auslenkungswinkel α zurücklegen muss (▸Abb. 2). Damit wird mehr Zeit für die Schwingung benötigt.
Auch die Auswirkung des Ortsfaktors ist anschaulich klar: Je stärker die Gravitation wirkt, desto größer ist auch die Rückstellkraft und die Periodendauer wird kleiner. Tatsächlich lassen sich Pendel nutzen, um den Ortsfaktor an einer Stelle zu bestimmen.
Doch warum hängt die Periodendauer nicht von der Pendelmasse ab? Dies zeigt sich bei einer energetischen Betrachtung.

Energieumwandlungen • Die Auslenkung eines Pendels aus seiner Ruhelage erhöht dessen Lageenergie $E_{\text{Lage}} = m \cdot g \cdot h$. Sollte das Pendel reibungsfrei schwingen, dann gibt es keine Energie nach außen ab. Stattdessen wird Lageenergie ständig in kinetische Energie $\frac{1}{2}m \cdot v^2$ umgewandelt und umgekehrt (▸Abb. 3). Entsprechend ist die kinetische Energie beim Durchgang durch die Ruhelage maximal. Setzt man beide Energien gleich, $m \cdot g \cdot h = \frac{1}{2}m \cdot v^2$, zeigt sich, dass die Pendelmasse m beide Energieformen gleichermaßen beeinflusst. Die beim Durchgang durch die Ruhelage erreichte maximale Geschwindigkeit ist somit unabhängig von der Masse. Folglich hat die Masse auch keinen Einfluss auf die Periodendauer. Im Gegensatz dazu erhöht der Ortsfaktor g nur die Lageenergie und wirkt sich somit auf die Periodendauerdauer des Fadenpendels aus.

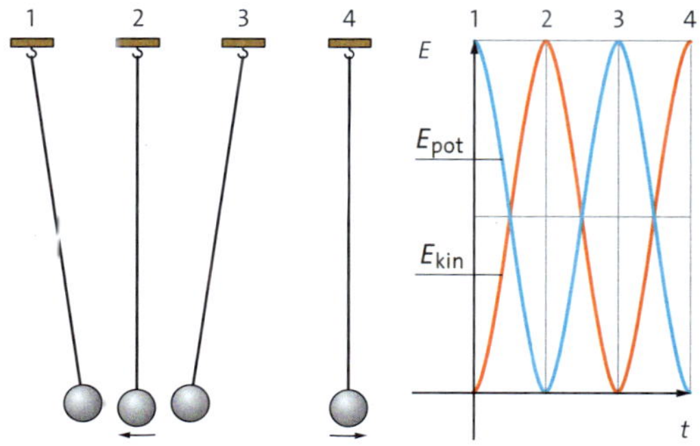

3 Energieumwandlungen beim Fadenpendel

Eigenfrequenzen • Ebenso wie die bisher betrachteten Pendel besitzt jeder harmonische Oszillator eine charakteristische Periodendauer, die durch seinen Aufbau bestimmt wird. Die entsprechende Frequenz $f = \frac{1}{T}$ wird daher als **Eigenfrequenz f_0** bezeichnet. Sie bildet sich immer dann aus, wenn der Oszillator nur einmal aus seiner Ruhelage ausgelenkt wird und dann ohne weitere Störung von außen schwingen kann.

Fadenpendel bei kleinen Auslenkungen und Federpendel führen in guter Näherung harmonische Schwingungen aus, die charakteristische Eigenfrequenzen f_0 zeigen.

Fadenpendel: $f_0 = \frac{1}{2\pi} \cdot \sqrt{\frac{g}{l}}$

Federpendel: $f_0 = \frac{1}{2\pi} \cdot \sqrt{\frac{D}{m}}$

1 Ein Federpendel besteht aus einer Feder mit der Federkonstanten $5\,\frac{\text{N}}{\text{cm}}$ und einem Körper der Masse 500 g.
a) Berechnen Sie die Periodendauer.
b) Begründen Sie mathematisch und physikalisch, ob sich die Periodendauer auf dem Mond ändern würde.

2 Die Periodendauer eines Fadenpendels der Länge $l = 1{,}1\,\text{m}$ beträgt $T = 2{,}1\,\text{s}$. Ermitteln Sie den zugehörigen Ortsfaktor g.

3 Jannis möchte ein Federpendel wie ein Fadenpendel schwingen lassen. Er probiert, bei welcher Pendelmasse die beiden Periodendauern gleich sind. Nehmen Sie Stellung.

4 Überprüfen Sie, in welchem Winkelmaß die Kleinwinkelnäherung gilt (Abweichung < 1 %).

Versuch A • Schwingungen im Experiment

V1 Schwingende Wassersäule

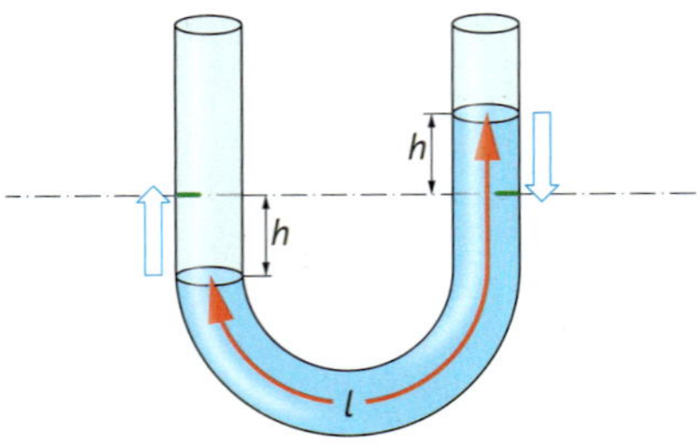

1 Wassersäule im U-Rohr

Material:
Durchsichtiger Schlauch (ca. 60 cm), Stativ-Material, Lineal, Stoppuhr, Wasser, Tinte, Folienstift, 10-ml-Spritze

Arbeitsauftrag:

a) Spannen Sie den Schlauch so ein, dass er wie ein U-Rohr gebogen ist und füllen Sie ihn zur Hälfte mit Wasser und Tinte.

b) Markieren Sie die Ruhelage auf beiden Armen des Schlauches.

c) Ermitteln Sie experimentell die Periodendauer für Ihre Wassersäule.

d) Ermitteln Sie die Abhängigkeit der Periodendauer von der Länge l der Wassersäule. Variieren Sie dazu l, erstellen Sie ein Diagramm, aus dem sich ein linearer Zusammenhang ableiten lässt. Bestimmen Sie die Steigung der Geraden als Proportionalitätskonstante. *Hinweis:* Tragen Sie T gegen $\sqrt{l}$ auf.

e) Weisen Sie nach, dass eine harmonische Schwingung vorliegt.

V2 Horizontales Federpendel

Material:
Zwei gleiche Metallfedern, Stativ-Material, leichtlaufender Wagen, Messlatte, Stoppuhr, Folienstift, Massestücke, Waage

Arbeitsauftrag:

a) Bestimmen Sie experimentell die Federkonstante der beiden Federn.

b) Spannen Sie den Wagen mithilfe des Stativmaterials zwischen den Federn ein und markieren Sie die Ruhelage (▸Abb. 2).

c) Ermitteln Sie experimentell die Periodendauer für Ihren Oszillator. Nutzen Sie dafür z. B. ein Smartphone, das Sie auf dem Wagen befestigen.

d) Ermitteln Sie die Masse des Oszillators und berechnen Sie die entsprechende Periodendauer des einfachen Federpendels. Vergleichen Sie mit c).

e) Weisen Sie nach, dass eine harmonische Schwingung vorliegt.

f) Nehmen Sie an, Ihr Versuchsaufbau würde auf der linken Seite an der Federaufhängung angehoben. Begründen Sie, wie sich die Position der Ruhelage und die Periodendauer ändern würden.

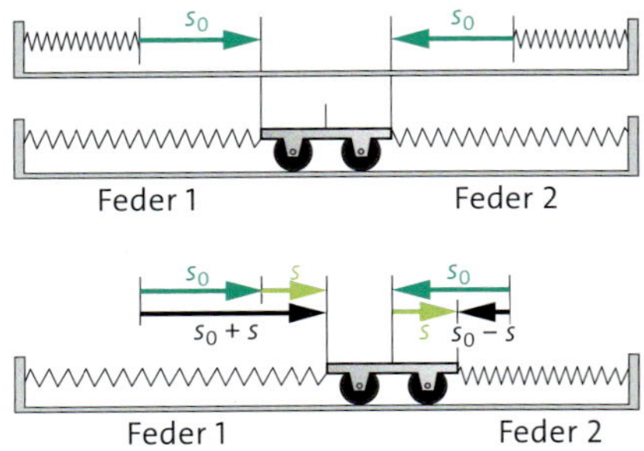

2 Wagen zwischen horizontalen Federn

Material A • Das Foucaultsche Pendel

Allein durch Beobachtungen lässt sich nicht entscheiden, ob sich die Erde dreht – verschiedene Beobachterperspektiven liefern unterschiedliche Ergebnisse. L. FOUCAULT gelang es 1851 dennoch, die Erdrotation mit einem sehr langen Fadenpendel nachzuweisen. Dazu befestigte er eine Spitze am schweren Pendelkörper, die eine Spur in einem Sandbett hinterließ. Heute ist das Pendel im Pantheon in Paris aufgehängt (▸Abb. 3).

3 Foucaultsches Pendel im Pantheon

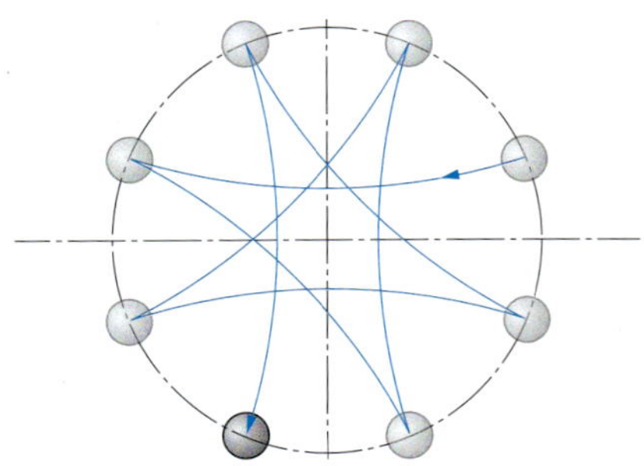

4 Spuren unter einem Foucaultschen Pendel

A1 Vergleichen Sie die Beobachtungen einer ruhenden Person auf der Erde mit der eines Astronauten. Begründen Sie damit den Eingangssatz.

A2 Das Pendel ist 67 m lang. Berechnen Sie seine Periodendauer.

A3 Erläutern Sie, wie die Figur in ▸Abb. 4 infolge der Erdrotation entsteht.

A4 Die Bahn in ▸Abb. 4 wurde entweder nahe des Äquators oder nahe des Nordpols aufgenommen. Begründen Sie, welcher Fall vorliegt und zeichnen Sie die Spur für den anderen Fall.

Material B • Pendeluhren mit Tücken

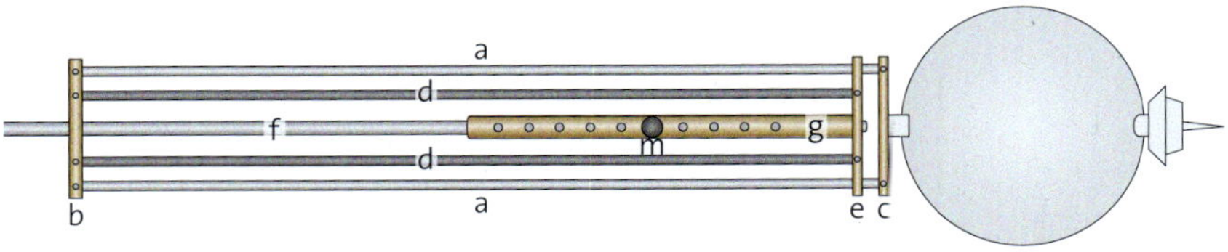

5 Pendel einer präzisen Uhr

B1 Eine Pendeluhr läuft im Winter etwas schneller als im Sommer. Erläutern Sie dies mathematisch und physikalisch.

B2 Eine Pendeluhr zeigt auf Meeresniveau die korrekte Zeit an, aber auf einem Berg von 3600 m Höhe nicht.

a) Geben Sie begründet an, ob die Uhr auf dem Berg vor- oder nachgeht.

b) Ermitteln Sie die tägliche Abweichung in Sekunden.

Hinweis: Berechnen Sie die Größe des Ortsfaktors auf dem Berg.

c) Geben Sie begründet an, wie die Pendeluhr geändert werden könnte, um auch in der Höhe die richtige Zeitangabe zu erhalten.

B3 In einem Handbuch zur Uhrmacherkunst aus der Mitte des 19. Jh wird ein sogenanntes Rost-Pendel beschrieben (▸Abb. 5) – es hat seinen Namen von seiner an Roste oder Gitter erinnernden Bauweise.
Zwei Eisenstangen (a) sind an ihren Enden an zwei Messingstücken (b und c) durch Stifte befestigt, die durch die Stangen gehen. Zwei Zinkstangen (d) sind ebenfalls am Messingstück b und zusätzlich am Messingstück e befestigt. Das Messingstück e hat Löcher, durch die die Eisenstangen a laufen. Sie können sich darin frei bewegen.
Die Mittelstange f besteht ebenfalls aus Eisen. An ihrem oberen Ende ist der Haken zum Aufhängen des Pendels befestigt. Die Mittelstange f geht frei, jedoch ohne zu wackeln, durch ein Loch im Messingstück b. Das untere Ende der Mittelstange f steckt in einem Messingrohr (g), welches seinerseits am unteren Ende mit einer Schraube am Messingstück e befestigt ist.
Die Mittelstange f reicht im Messingrohr g fast bis an das Messingstück e heran, bis auf etwa einen halben Zoll Abstand. Befestigt ist sie mit einem Stift (m) mit einem platten Kopf, der durch das Rohr und die Eisenstange geht. Zu diesem Zweck sind Löcher durch Rohr und Stange gebohrt.

a) Erklären Sie die Wirkung der Einrichtung.

b) Begründen Sie, wie das Pendel im Hochsommer oder bei Umzug auf einen Berg verstellt werden muss.

Material C • Schwingung in der Halfpipe

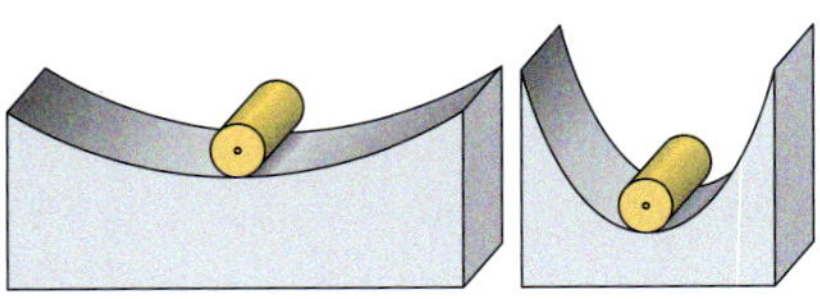

6 Rollkörper in verschiedenen Bahnen

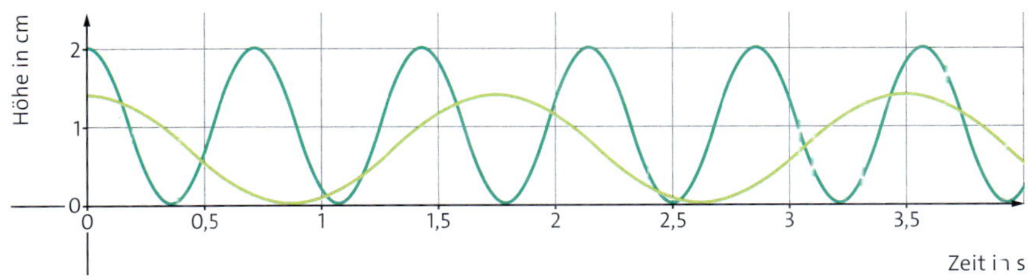

7 $h(t)$-Diagramm der Schwingungen; h: Höhe über dem tiefsten Punkt der Bahn

Ein Rollkörper wird in zwei verschieden gekrümmten Bahnen in Schwingungen versetzt (▸Abb. 6). Als Kennzeichen der Schwingung zeigt ▸Abb. 7 jeweils das $h(t)$-Diagramm.

C1 **a)** Ermitteln Sie anhand von ▸Abb. 7 die beiden Schwingungsgleichungen.

b) Ordnen Sie die Graphen den Bahnen begründet zu.

c) Erläutern Sie, wie sich die Rückstellkraft auf die Periodendauer auswirkt.

d) Bislang ist die Reibung zwischen den Rollkörpern und den Bahnen vernachlässigt worden. Geben Sie eine begründete Vermutung an, wie sich das Diagramm unter Berücksichtigung von Reibung ändern würde.

C2 **a)** Übertragen Sie ▸Abb. 7 in Ihre Unterlagen und ergänzen Sie einen dritten Graphen für die flache Bahn und einen schwereren Rollkörper.

b) Begründen Sie Ihr Ergebnis.

1 Defekte Stoßdämpfer sind gefährlich.

Schwingungen im Alltag

Der TÜV verweigert die Prüfplakette für Autos mit defekten Stoßdämpfern. Schwingungen eines Autos, die durch das Fahren über Unebenheiten entstehen, würden dann zu langsam beendet. Doch warum ist das ein Problem – das Auto schwingt doch nur, oder?

Gedämpfte Schwingungen • Die Radaufhängung besteht aus zwei Komponenten: große Schraubenfedern und Stoßdämpfer (▸Abb. 1). Dadurch werden Fahrbahnstöße abgefedert und die entstehenden Federschwingungen möglichst schnell beendet. Dies untersuchen wir genauer.
Metallfedern schwingen nicht reibungsfrei. Ihre Amplitude nimmt mit der Zeit ab. Dies ist deutlich zu erkennen, wenn wir ein schwingendes Federpendel über einige Minuten beobachten. Man sagt, die Schwingungen sind gedämpft. Die bisher betrachteten ungedämpften Schwingungen – mit zeitlich konstanter Amplitude – sind also Idealisierungen. Die Ursache der Dämpfung liegt darin, dass der für die Schwingung zur Verfügung stehende Energiebetrag infolge der Reibung immer kleiner wird.

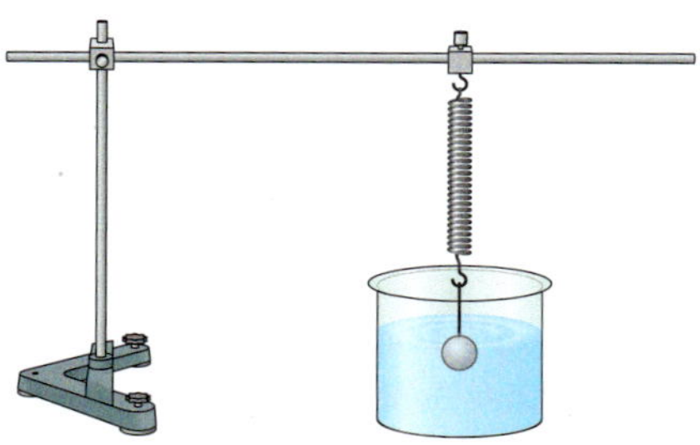

2 Federpendel mit Dämpfung in Wasser

Die Dämpfung, die auch in Stoßdämpfern vorkommt, lässt sich mit einem Federpendel untersuchen, dessen Masse in Wasser schwingt (▸Abb. 2). Während die Periodendauer sich vom ungedämpften Federschwinger kaum unterscheidet, wird die Amplitude schnell kleiner. Dabei zeigt z. B. die Einhüllende der Maxima keinen linearen Verlauf (▸Abb. 3). Auch einen quadratischen Verlauf können wir ausschließen, weil die Maxima nicht wieder größer werden. Eine Regression bestätigt, dass die Einhüllende durch eine Exponentialfunktion beschrieben wird:

$$\hat{s}(t) = s_{\max} \cdot e^{-\delta \cdot t}.$$

Um zu verdeutlichen, dass es um die exponentielle Abnahme der Amplituden geht, schreiben wir $\hat{s}$. Die **Dämpfungskonstante δ** gibt Auskunft über die Stärke der Dämpfung. Sie hat die Einheit $\frac{1}{s}$, sodass das Argument der Exponential-

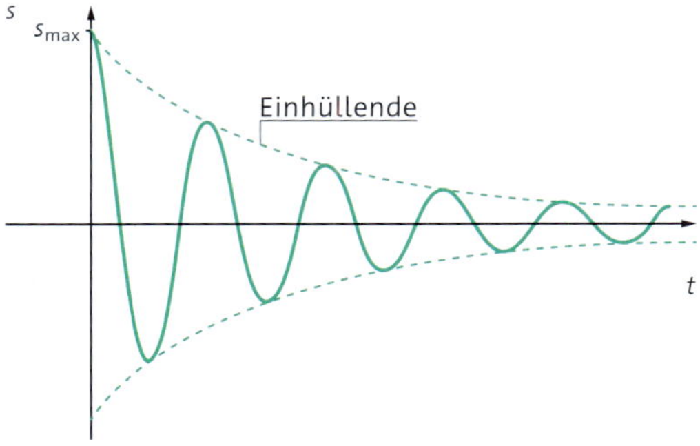

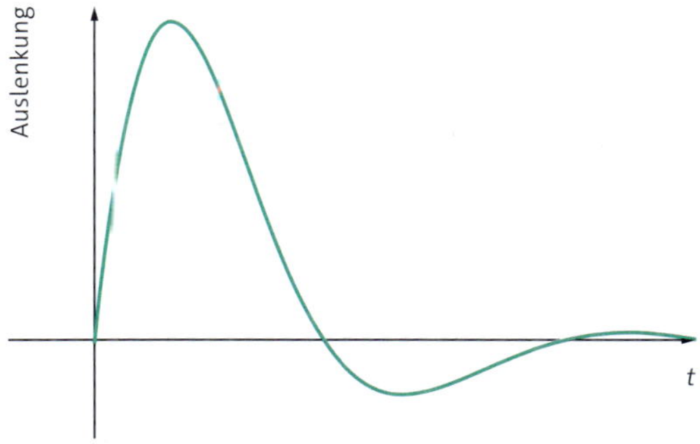

3 Abnahme der Amplitude bei Dämpfung in Wasser

4 Stark gedämpfte Schwingung

funktion dimensionslos ist, d.h., das Argument besitzt keine Einheit. Je größer δ ist, desto schneller nimmt die Amplitude ab. Liegen konkrete Messwerte vor, so ergibt sich der Verlauf der Einhüllenden durch Regression. Die Einhüllende lässt sich dabei als zeitabhängige Amplitude deuten. Beginnt die Schwingung wie in ▸Abb. 3 im Maximum, so ergibt sich für den Schwingungsverlauf:

$$s(t) = s_{max} \cdot e^{-\delta \cdot t} \cdot \sin(\omega^* \cdot t + \tfrac{\pi}{2})$$
$$= s_{max} \cdot e^{-\delta \cdot t} \cdot \cos(\omega^* \cdot t).$$

Bei allen Schwingungen kommt es infolge von Reibung zu Dämpfung. Diese kann zu einer exponentiellen Abnahme der Amplitude führen mit $\hat{s}(t) = s_{max} \cdot e^{-\delta \cdot t}$.

Für eine komfortable und sichere Fahrt im Auto reicht diese Dämpfung nicht aus. In der Zeitspanne bis zum vollständigen Abklingen der Schwingung hätte das Auto weitere Unebenheiten überfahren. Damit würden sich die Schwingungen des Autos immer weiter aufschaukeln.

Eine viel stärkere Dämpfung, die die Schwingungen schnell beendet, können wir im Experiment erreichen, indem wir den Pendelkörper in Öl anstelle des Wassers eintauchen lassen. In einem Stoßdämpfer befindet sich ebenfalls Öl. Hier ist die Dämpfung sogar so stark, dass die Amplitude innerhalb einer Periodendauer auf wenige Prozent zurückgeht (▸Abb. 4). Ein Stoß durch eine Bodenwelle wird so sehr schnell abgefangen.

Die mit der Dämpfung verbundene Energieabgabe führt dazu, dass $\omega^* < \omega$ gilt.

Überlagerung harmonischer Schwingungen • Folgen mehrere Unebenheiten kurz aufeinander, so führt jede für sich zu einer Auslenkung aus der Ruhelage. Entsprechend addieren sich die Amplituden der einzelnen Schwingungen (▸Abb. 5). Meistens ergibt diese Überlagerung keine harmonische Schwingung. In ▸Abb. 6 ist gut zu erkennen, dass auch die Überlagerung von zwei ungedämpften Schwingungen mit unterschiedlicher Frequenz nicht sinusförmig ist.

1 Mit defekten Stoßdämpfern gehen verschiedene Gefahren einher. Recherchieren Sie weitere Aspekte und fassen Sie diese zusammen.

2 Eine Schwingung mit der Amplitude $s_{max} = 8\,\text{cm}$ und $T = 0{,}5\,\text{s}$ wird mit $\delta = 0{,}1\,\frac{1}{\text{s}}$ gedämpft. Ermitteln Sie die Amplitude für $t = 5\,T$.

3 Untersuchen Sie verschiedene Fälle, die bei der Addition von zwei ungedämpften Schwingungen gleicher Frequenz auftreten können (Phasenverschiebung 0, π oder beliebig).
a) Skizzieren Sie die Schwingungen für drei Periodendauern und addieren Sie graphisch.
b) Vergleichen Sie die Periodendauern und Amplituden der Resultierenden.

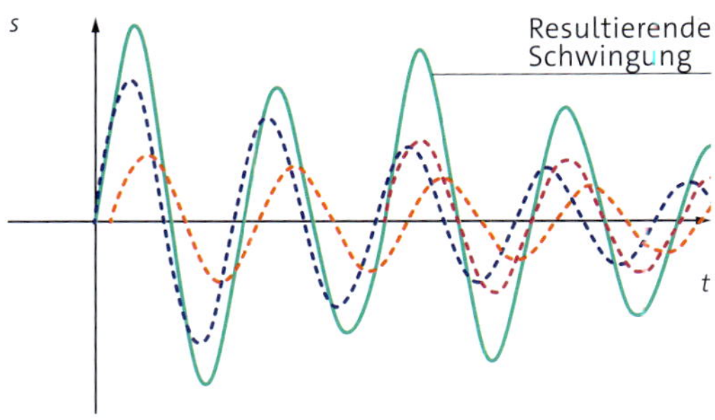

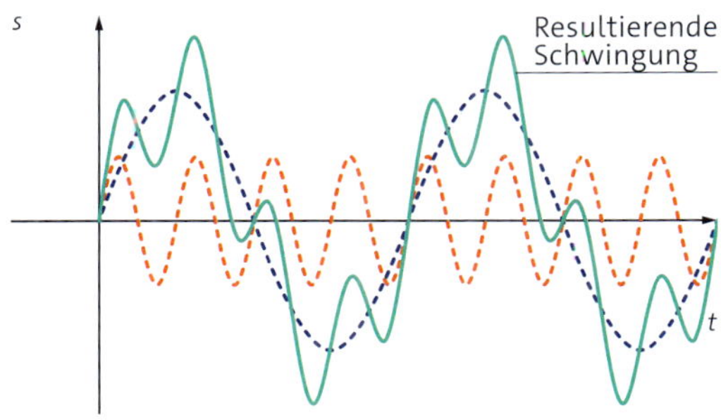

5 Überlagerung mehrerer Schwingungen

6 Überlagerung ungedämpfter Schwingungen

1 Nur ein Pendel schwingt.

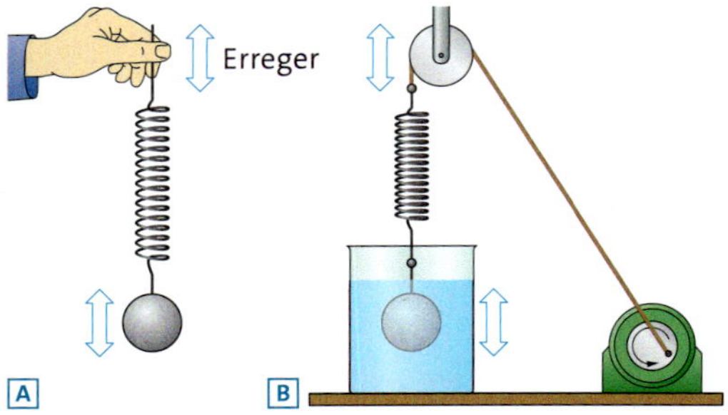

4 Anregung einer Federschwingung mit **A** Hand, **B** Motor

Erzwungene Schwingungen • Befestigt man mehrere Pendel unterschiedlicher Länge wie in ▸Abb. 1 an einer waagerechten Stange, so kann man diese durch Drehen der Stange mit einer **Erregerfrequenz f_E** in Schwingung versetzen. Wird einem Pendel durch die Anregung mehr Energie zugeführt als durch Reibung entzogen, schwingt es zunehmend höher – ebenfalls mit der Erregerfrequenz. Dabei schwingt immer dasjenige Pendel besonders stark, dessen Eigenfrequenz der Erregerfrequenz f_E am nächsten liegt.

Um die Bedeutung der Eigenfrequenz bei der Anregung von Schwingungen genauer zu untersuchen, variieren wir die Erregerfrequenzen bei einem bestimmten Pendel. Dies gelingt in Ansätzen bereits, wenn wir durch Bewegungen der Hand versuchen, ein Federpendel zu möglichst starken Schwingungen anzuregen (▸Abb. 4 A). Erreichen wir dabei in etwa die Eigenfrequenz, dann wird die Amplitude besonders groß, meist springt sogar das Massestück von der Feder.

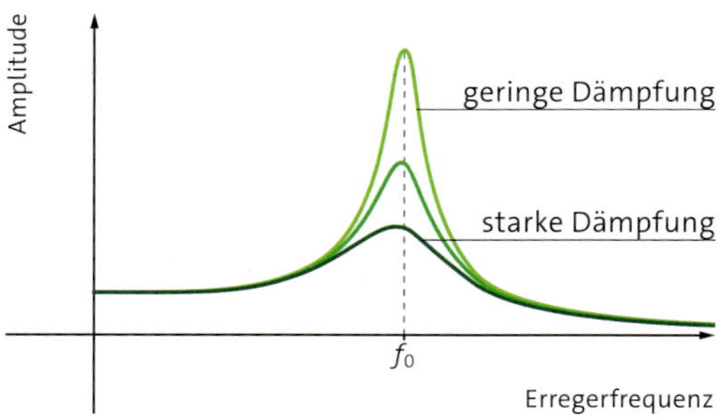

2 Amplitude in Abhängigkeit von der Erregerfrequenz f_E

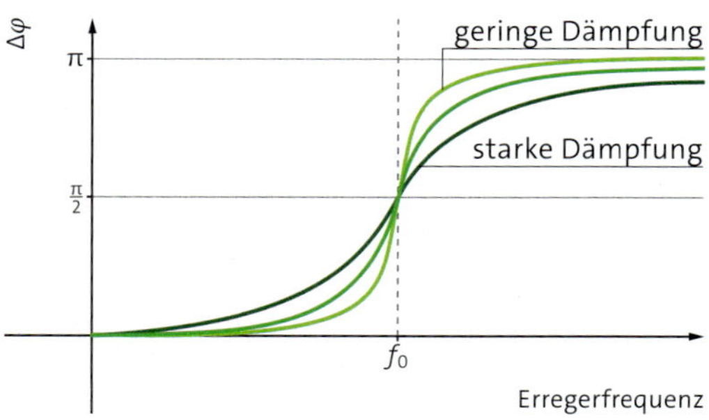

3 Phasenverschiebung in Abhängigkeit von f_E

Um die Abhängigkeit von der Erregerfrequenz genauer zu untersuchen, regen wir das Pendel über einen Motor mit variabler Drehzahl an. Wir verwenden nacheinander Wasser, Traubensaft und Olivenöl zur Dämpfung. Die Ergebnisse finden sich in ▸Abb. 2 wieder: Besonders große Amplituden entstehen immer dann, wenn die Erregerfrequenz gleich der Eigenfrequenz ist, also $f_E = f_0$ gilt. Dann liegt **Resonanz** vor. Dabei ist der Effekt umso größer, je schwächer die Dämpfung ist.

Ist die Erregerfrequenz dagegen deutlich kleiner als die Eigenfrequenz, so bewegt sich das Massestück nur mit der Erregung mit. Bei sehr großen Erregerfrequenzen wird die Feder im Wechsel gedehnt und gestaucht. In beiden Fällen findet aber keine dauerhafte Energieübertragung auf die Feder statt.

Im Resonanzfall tritt die Besonderheit auf, dass das Massestück sich gerade um $\frac{T}{4}$ hinter der erregenden Schwingung her bewegt. Dies entspricht einer Phasenverschiebung von $\frac{\pi}{2}$ (▸Abb. 3).

Wird ein schwingungsfähiges System von außen mit seiner Eigenfrequenz angeregt, so ergeben sich besonders große Amplituden. Es liegt Resonanz vor.

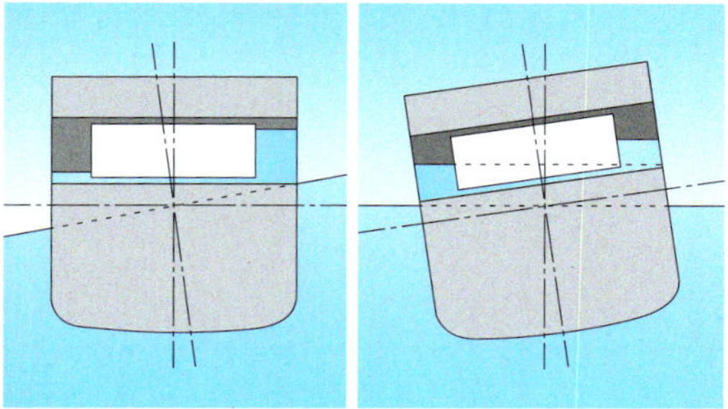

5 Wasser schwingt im Schlingertank.

7 Resonanzkörper sorgen für schöne Klänge.

Nutzung von Resonanzen • Die gute Energieübertragung im Resonanzfall wird beim Schlingertank eines Passagierschiffes genutzt. Der Tank liegt im Rumpf und besteht aus seitlichen Kammern, die über Rohre U-förmig verbunden sind (▸Abb. 5). Beginnt das Schiff bei starkem Wind und Seegang um seine Längsachse zu rollen, so strömt Wasser im Tank hin und her. Die erforderliche Energie wird der Schiffsbewegung entzogen. Das Schiff liegt deutlich ruhiger im Wasser.

Bei einem Klangfrosch entsteht der Ton, indem man mit dem Stab über den Rückenkamm des Frosches fährt (▸Abb. 7). Erreicht man dabei die richtige Geschwindigkeit und damit die passende Erregerfrequenz, gibt der Frosch ein lautes Quaken von sich. Auch bei Musikinstrumenten oder Kirchenglocken ist Resonanz erwünscht. Man baut den Klangkörper so, dass schöne, aber auch laute Töne entstehen.

Unerwünschte Resonanzen • In anderen Fällen sollten Resonanzschwingungen unbedingt vermieden werden, da es sonst zu einer Resonanzkatastrophe kommen kann. Besonders gefährdet sind hier Hängebrücken, die durch Marschieren im Gleichschritt oder durch ungünstig stehende Winde in starke Schwingungen versetzt werden können. So geschah es im November 1940 im amerikanischen Bundesstaat Washington. Die besonders schlank gebaute Tacoma Narrows Bridge war nur gut vier Monate in Betrieb und wurde wegen ihrer im Wind entstehenden Schwingungen bereits als „Galloping Gertie" bezeichnet. Quer zur Brücke stehende Winde sorgten bei Windstärke 8 dafür, dass sich die Schwingungen innerhalb einer Dreiviertelstunde so weit hochschaukelten, dass die Brücke einstürzte (▸Abb. 6). Dank rechtzeitiger Sperrung kamen dabei keine Menschen zu Schaden.

Moderne Brücken sind infolge solcher Erfahrungen massiver gebaut. Sie besitzen zudem Dämpfer, die Schwingungen aufgrund von Winden usw. abfangen (▸Abb. 8).

1 Beschreiben Sie möglichst genau die Energieumwandlungen, die beim Schaukeln mit und ohne Schwungholen auftreten.
2 Erläutern Sie, welche Möglichkeiten es gibt, die Amplitude einer erzwungenen Schwingung gering zu halten.
3 Erläutern Sie, warum bei der Konstruktion einer neuen Motorhaube auf die Vermeidung von Resonanzen geachtet wird und wie sie sich beheben lassen könnten.

6 Die Tacoma Narrows Bridge schaukelt sich auf und stürzt ein.

8 Brücke mit Dämpfern in der Aufhängung

METHODE

Zeigerformalismus

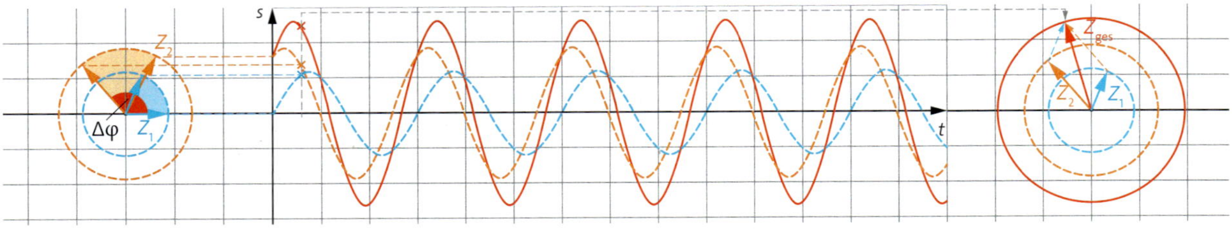

1 **A** Darstellung von Schwingungen mit Zeigern, **B** Überlagerung von Schwingungen in der Zeigerdarstellung

Bei einem Synthesizer werden Klänge durch die Überlagerung mehrerer Schwingungen erzeugt. Addieren wir diese Schwingungen graphisch in einem $s(t)$-Diagramm, indem wir jeweils die Auslenkungen zu einem bestimmten Zeitpunkt addieren, wird dies schnell sehr mühselig. Einfacher ist es, die Darstellung der Sinus-Schwingungen am Kreis zu nutzen. Diese haben wir bereits verwendet, als wir die Schwingungsgleichung aufgestellt haben.

Betrachten wir dazu ▸Abb. 1 A: Ein Zeiger, dessen Länge dem Kreisradius und damit der Schwingungsamplitude entspricht, rotiert gegen den Uhrzeigersinn mit der Winkelgeschwindigkeit $\omega = \frac{2\pi}{T}$. Die Auslenkung zu einem bestimmten Zeitpunkt wird dabei durch den Abstand der Zeigerspitze von der Zeit-Achse angezeigt. Zeiger Z_1 steht für eine Schwingung mit $s(0) = 0$ und zeigt anfangs nach rechts. Nach Ablauf der Zeit t_1 hat er den Winkel $\varphi_1 = \omega \cdot t_1$ überstrichen. Zeiger Z_2 beginnt seine Rotation dagegen mit $\Delta\varphi \neq 0$. Entsprechend gilt $\varphi_2 = \omega \cdot t_1 + \Delta\varphi$. Dabei ist $\Delta\varphi$ die Phasenverschiebung zwischen den beiden Schwingungen. Eine Vektoraddition der beiden Zeiger führt zum Zeiger der resultierenden Schwingung (▸Abb. 1 B). Auch bei der Addition von mehreren Schwingungen ist dies ein schnell durchführbares Verfahren.

Zwei Fälle lassen sich hier gut unterscheiden: Haben die Schwingungen so wie in ▸Abb. 1 die **gleiche Frequenz,** so ist $\Delta\varphi$ konstant und der resultierende Zeiger ist immer gleich lang. Es ergibt sich eine harmonische Schwingung. Liegen dagegen **unterschiedliche Frequenzen** vor, ändert sich $\Delta\varphi$ ständig. Die Länge des resultierenden Zeigers ist dann nicht konstant und es entsteht keine harmonische Schwingung. Ein besonderes Phänomen zeigt sich in ▸Abb. 2 bei nur leicht unterschiedlichen Frequenzen und gleichen Amplituden. Die Überlagerung besitzt eine Amplitude, die sich periodisch ändert! Es kommt zu einem wabernden Höreindruck, der als **Schwebung** bezeichnet wird. Viele Streicher nutzen den Effekt, um ihre Instrumente zu stimmen. Dazu spielen sie den gleichen Ton auf zwei benachbarten Saiten. Ist keine Schwebung zu hören, sind die Saiten sauber aufeinander abgestimmt.

1 Zwei Schwingungen (T gleich, $\Delta\varphi = 20°$) mit den Amplituden 3 cm und 5 cm werden überlagert.
a) Bestimmen Sie die Auslenkung der Resultierenden im Zeigerdiagramm (Zeitpunkte 0, $\frac{T}{4}$ und $\frac{T}{2}$).
b) Geben Sie die Amplitude der resultierenden Schwingung an und wann diese jeweils erreicht wird.

2 **a)** Bestimmen Sie die Schwebungsfrequenz in ▸Abb. 2.
b) Zeigen Sie anhand der Daten, dass für die Schwebungsfrequenz der Zusammenhang $f_s = |f_1 - f_2|$ gilt.

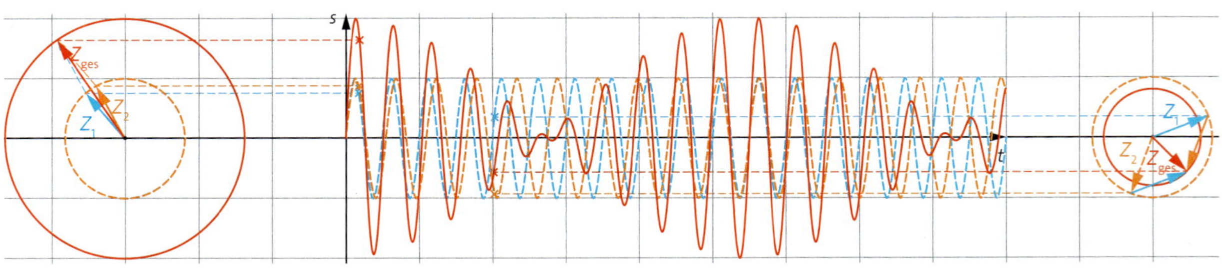

2 Durch Überlagerung von Schwingungen mit leicht unterschiedlicher Frequenz kommt es zur Schwebung.

METHODE

Differenzialgleichungen bei Schwingungen

Die momentane Geschwindigkeit, mit der sich ein Oszillator bewegt, ergibt sich wie üblich aus der Steigung der Tangenten, die den $s(t)$-Graphen zu dem Zeitpunkt berührt. Aus der Mathematik wissen Sie, dass die Geschwindigkeit somit gleich der Ableitung des Ortes nach der Zeit ist. (Ableitungen nach der Zeit werden in der Physik häufig mit einem Punkt gekennzeichnet.) Damit folgt aus der Funktion für die Auslenkung bzw. den Ort

$$s(t) = s_{max} \cdot \sin(\omega \cdot t)$$

für die Geschwindigkeit:

$$v(t) = \dot{s}(t) = s_{max} \cdot \omega \cdot \cos(\omega \cdot t).$$

Entsprechend ergibt sich für die Beschleunigung

$$a(t) = \dot{v}(t) = \ddot{s}(t) = -s_{max} \cdot \omega^2 \cdot \sin(\omega \cdot t).$$

In ▸Abb. 3 ist die Phasenverschiebung zwischen den einzelnen Größen deutlich zu erkennen. Die Auslenkung $s(t)$ ist stets um π gegen die Beschleunigung $a(t)$ verschoben und daher gegenläufig zur wirkenden Rückstellkraft. Somit gilt $F_{rück}(t) \sim a(t) \sim -s(t)$. Dies entspricht den Erwartungen, da bei einer harmonischen Schwingung eine lineare Rückstellkraft vorliegt.

Ein Vergleich von Auslenkung und Beschleunigung zeigt folgenden Zusammenhang:

$$\ddot{s}(t) = -\omega^2 \cdot s(t).$$

Im Gegensatz zur Differenzialgleichung, die wir am Kondensator aufgestellt hatten, steht hier nicht die erste Ableitung, sondern die zweite Ableitung in Zusammenhang mit der Funktion selbst. Die Lösung wird aber auch hier gefunden, indem man eine begründete Vermutung aufstellt. Dabei haben die unterschiedlichen Differenzialgleichungen bestimmte Lösungstypen. So lassen sich Differenzialgleichungen der Form $g'(t) = k \cdot g(t)$ mithilfe einer e-Funktion lösen. Liegt dagegen die Form $g''(t) = -k \cdot g(t)$ vor, ist die Lösung eine sin- oder cos-Funktion.

So ermöglicht es z.B. die Differenzialgleichung der Schwingung eines Federpendels, dessen Periodendauer T zu berechnen. Dabei nutzen wir, dass die lineare Rückstellkraft eines Federpendels durch seine Federkonstante D bestimmt wird. Nach dem Hookeschen Gesetz gilt:

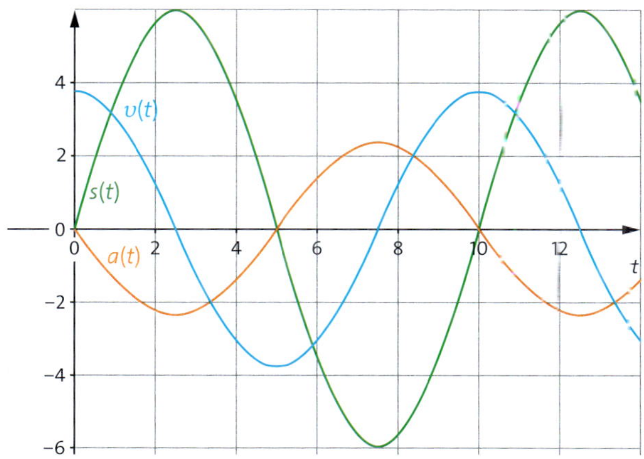

3 Auslenkung, Geschwindigkeit und Beschleunigung

$$F_{rück}(t) = -D \cdot s(t).$$

Nach der Grundgleichung der Mechanik gilt zudem

$$F_{rück}(t) = m \cdot a(t) = m \cdot \ddot{s}(t).$$

Gleichsetzen führt zu folgender Differenzialgleichung:

$$m \cdot \ddot{s}(t) = -D \cdot s(t) \text{ oder}$$

$$\ddot{s}(t) = -\frac{D}{m} \cdot s(t).$$

Diese Gleichung wird erfüllt durch die Funktion

$$s(t) = s_{max} \cdot \cos(\omega \cdot t).$$

Ihre zweite Ableitung ist wie gewünscht bis auf einen negativen Faktor gleich der ursprünglichen Funktion.

$$\ddot{s}(t) = -s_{max} \cdot \omega^2 \cdot \cos(\omega \cdot t) = -\omega^2 \cdot s(t)$$

Außerdem ist die maximale Auslenkung der Schwingung zu Beginn gegeben, da $s(0) = s_{max}$ gilt. Aus dem Vergleich mit der obigen Differenzialgleichung folgt

$$-\frac{D}{m} = -\omega^2\text{, also } \omega = \sqrt{\frac{D}{m}}.$$

Da zugleich $\omega = \frac{2\pi}{T}$ gilt, lässt sich jetzt die Periodendauer T ermitteln und wir erhalten den Zusammenhang, den wir zuvor aus Messwerten hergeleitet hatten:

$$T = 2\pi\sqrt{\frac{m}{D}}.$$

1 Beim Fadenpendel gilt für kleine Auslenkungen das lineare Kraftgesetz $F(t) = -\frac{m \cdot g}{l} \cdot s(t)$. Leiten Sie die entsprechende Formel für die Schwingungsdauer her.

Versuch A • Gedämpfte Schwingungen und Resonanz

V1 Gedämpftes Federpendel

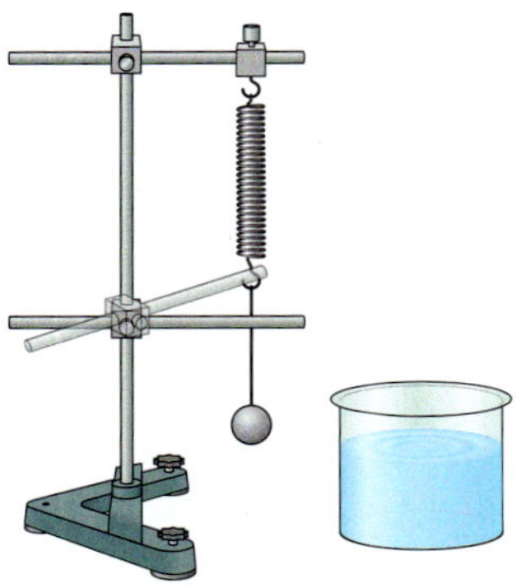

1 Federpendel hemmen durch Reibung.

Material:
Metallfeder, Bindfaden, Massestücke, Stativmaterial, Standzylinder mit Wasser, digitale Messwerterfassung (z. B. Ultraschall- oder Kraftsensor)

Arbeitsauftrag:
a) Bauen Sie das Federpendel auf (▸Abb. 1). Bestimmen Sie für eine feste Anfangsauslenkung die Periodendauer und messen Sie die Amplituden für die nächsten 40 Schwingungen.
b) Untersuchen Sie, wie sich Periodendauer und Amplitude ändern, wenn Sie den Bindfaden an der Querstange entlangstreichen lassen (▸Abb. 1). Stellen Sie dazu die Einhüllende der Schwingung grafisch dar.
c) Führen Sie die Untersuchungen noch einmal durch. Lassen Sie diesmal das Massestück in Wasser schwingen. Achten Sie darauf, dass die Feder nicht eintaucht.
d) Vergleichen Sie die Ergebnisse aus b) und c).

V2 Schwebungen

Material:
Zwei gleiche Stimmgabeln auf Resonanzköpern, zugehörige Schraube, Anschlaghammer, alternativ Geige oder anderes Saiteninstrument, Smartphone

Arbeitsauftrag:
a) Bringen Sie die Schraube am Ende eines Schenkels einer Stimmgabel an. Schlagen Sie beide Stimmgabeln an. Spielen Sie alternativ zwei fast identische Töne auf dem Instrument. Zeichnen Sie die entstehende Schwingung mithilfe einer App auf (▸Abb. 2).
b) Beschreiben Sie den Höreindruck und den aufgezeichneten Schwingungsverlauf. Er wird als Schwebung bezeichnet.
c) Bestimmen Sie die Frequenz der Einhüllenden der Schwebung sowie die Frequenzen der beiden einzelnen Töne.
d) Erklären Sie, wie die Frequenz der verstimmten Stimmgabel aus der der anderen Stimmgabel und der Schwebungsfrequenz ermittelt werden kann.

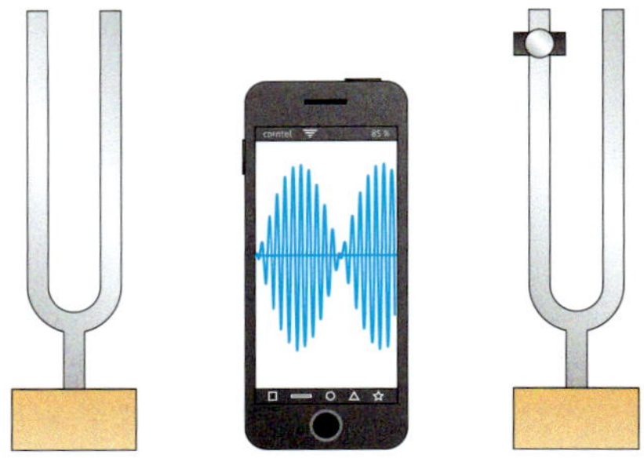

2 Schwebungen mit dem Smartphone aufzeichnen

V3 Singendes Glas

Material:
Verschiedene Weingläser, Wasser

Arbeitsauftrag:
a) Füllen Sie ein Weinglas mit Wasser und streichen Sie dann mit einem nassen Finger über den Glasrand, um es zum Singen zu bringen.
b) Untersuchen Sie, wie Sie die Tonhöhe beeinflussen können und erklären Sie Ihre Beobachtung.
c) Möglicherweise gelingt es Ihnen, so starke Schwingungen zu erzeugen, dass das Wasser spritzt. Erklären Sie, wie es dazu kommen kann.

Material A • Gefedertes Fahrrad

Jan ist mit seinem gefederten Mountainbike unzufrieden. Ausgerechnet bei der Geschwindigkeit, mit der er am häufigsten fährt, schwingt das Fahrrad heftig auf und ab.
Jans Mitschüler geben ihm unterschiedliche Ratschläge: Er soll ...
1. ... eine kräftigere Feder einbauen,
2. ... den Stoßdämpfer wechseln oder
3. ... eine andere Übersetzung der Gangschaltung wählen.

Jan kann zwar die ersten beiden Vorschläge nachvollziehen, den dritten aber nicht.

A1 Erklären Sie, wie es zur Schwingung des Fahrrads kommt.

A2 Beschreiben Sie jeweils, welche Auswirkungen die drei vorgeschlagenen Maßnahmen haben würden.

A3 Begründen Sie, ob Jan recht damit hat, dass die ersten beiden Vorschläge ihm helfen, der dritte aber nicht.

A4 Entscheiden Sie sich begründet für einen der drei Vorschläge.

Material B • Viskose Reibung in Wasser

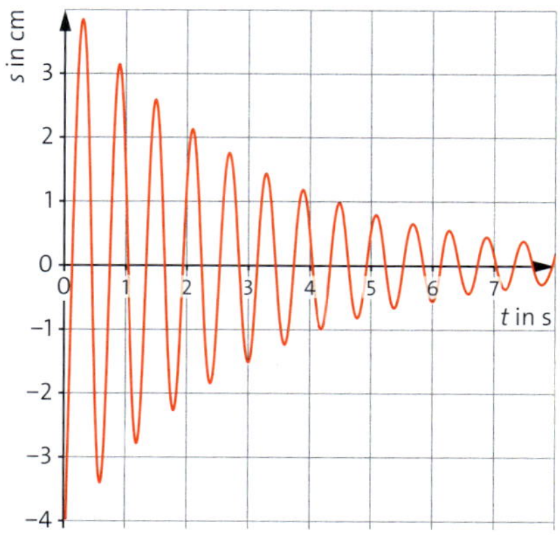

3 Gedämpfte Schwingung

Das kugelförmige Massestück mit Radius r eines Federpendels schwingt im Wasser (▸Abb. 3). Die viskose Reibung ist nach dem Gesetz von Stokes proportional zu v: $F_R(t) = b \cdot v = b \cdot \dot{s}(t)$

Daher muss die bereits bekannte Differenzialgleichung für die Schwingung des Federpendels um diesen Dämpfungsterm erweitert werden:

$m \cdot \ddot{s}(t) = -b \cdot \dot{s}(t) - D \cdot s(t)$.

B1 **a)** Zeigen Sie, dass die Funktion $s(t) = -s_{max} \cdot e^{-\delta t} \cdot \cos(\omega t)$ diese Differenzialgleichung erfüllt.

b) Erläutern Sie die Bedeutung der Faktoren anhand von ▸Abb. 3.

B2 Die Amplitude $\hat{s}(t) = s_{max} \cdot e^{-\delta t}$ verläuft exponentiell. Zeigen Sie:

a) Der Quotient von $\hat{s}_1(t_1) = s_{max} \cdot e^{-\delta t_1}$ und $\hat{s}_2\,(t_1 + T)$ ist konstant.

b) Es gilt: $\ln(\hat{s}) = \ln(s_{max}) - \delta \cdot t$.

c) Tragen Sie $\ln(\hat{s})$ gegen die Zeit auf und lesen Sie daraus δ ab.

B3 Bestimmen Sie anhand des $s(t)$-Diagramms die Parameter ω und s_{max}.

Material C • Sturm- und erdbebensichere Bauwerke

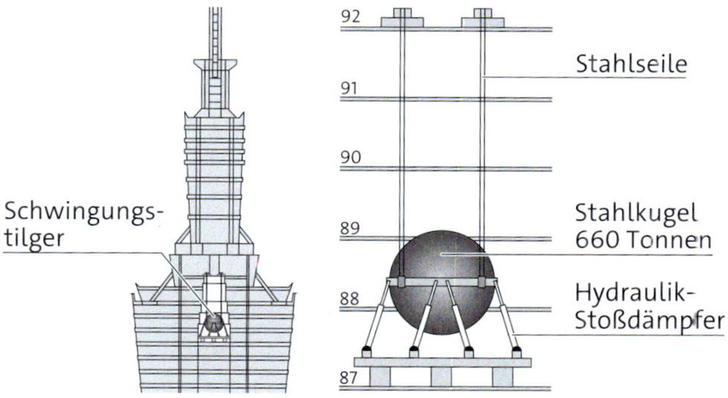

4 Schwingungstilger im Taipei 101

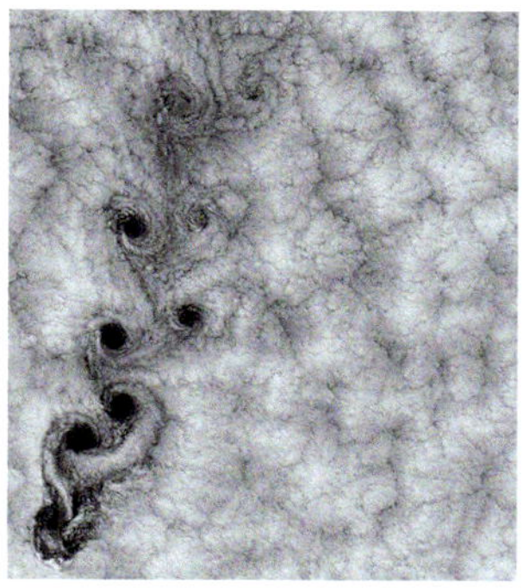

5 Wirbelstraße hinter einer Insel

6 Wirbelbrecher am Schornstein

Schwingungstilgung: Hochhäuser gibt es auch in Gebieten mit häufigen Erdbeben und Stürmen, wie Taipeh. Dort steht der 508 m hohe Taipei 101, von 2004 bis 2007 das höchste Haus der Welt. Um das Gebäude vor gefährlichen Eigenschwingungen zu schützen, ist zwischen dem 87. und dem 92. Stock ein Schwingungstilger eingebaut (▸Abb. 4). Dieses Pendel ist an 16 Stahlseilen aufgehängt. Die Kugel besteht aus 41 Scheiben, hat einen Durchmesser von 5,5 m und eine Masse von 660 t. Dank dieses Pendels schert die Gebäudespitze auch in einem kräftigen Taifun „nur noch“ um 1,30 m aus der Ruhelage aus.

Ursache der Schwingung: Strömt Luft oder Wasser schnell um einen zylindrischen Körper, so bilden sich hinter diesem Wirbel mit abwechselnder Strömungsrichtung, die sich periodisch ablösen und eine Kármánsche Wirbelstraße bilden. Auch Winde über einer Insel können diesen Effekt haben (▸Abb. 5). Hohe Gebäude oder Fabrikschlote versetzt die periodische Ablösung der Wirbel in Schwingungen. Geschieht dies mit der Eigenfrequenz der Gebäude oder Schlote, können sie einstürzen. Bei einem Fabrikschlot lässt sich die Ausbildung der Resonanz durch spiralig umlaufende Wirbelbrecher verhindern (▸Abb. 6). Durch diese lösen sich die Wirbel an verschiedenen Stellen des Schlots ab.

C1 Erklären Sie, warum das Gebäude Taipei 101 in einem Taifun zu Schwingungen angeregt wird.

C2 **a)** Der Schwingungstilger muss phasenverschoben zum Gebäude schwingen. Begründen Sie.

b) Erklären Sie die Funktionsweise des Schwingungstilgers. Gehen Sie dabei auch auf die Bedeutung der Hydraulik-Stoßdämpfer ein.

C3 Auch bei manchen Erdbeben schützt das Pendel das Gebäude. Begründen Sie.

BLICKPUNKT

Musikinstrumente

1 Verschiedene Instrumente haben unterschiedliche Klänge.

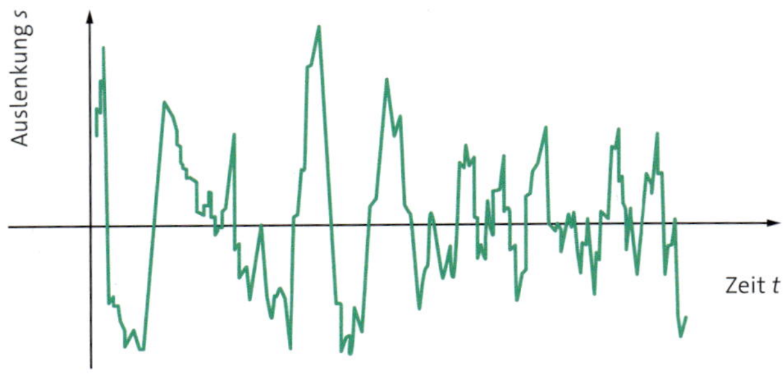

3 Eine Trommel erzeugt ein Geräusch.

Klänge, Töne und Geräusche • Verschiedene Musikinstrumente haben ganz unterschiedliche Klänge, auch wenn alle den gleichen Ton spielen. Das liegt daran, dass Sie auf einem Instrument im physikalischen Sinne gar keinen Ton spielen können, sondern dass Sie immer einen Zusammenklang mehrerer Töne spielen. Wenn Sie den Klang eines Instruments mit einem Mikrofon und einem Oszilloskop aufnehmen, können Sie das gut erkennen (▸Abb. 2). Der **Klang** stellt zwar eine periodische Schwingung der Luft dar, aber keine Sinusschwingung wie ein Ton.

Mittels einer **Fourieranalyse** kann man die Zusammensetzung eines Klangs aus verschiedenen Tönen ermitteln (▸Abb. 4). Dabei zerlegt man den Klang mithilfe eines mathematischen Verfahrens in die zugrunde liegenden Töne. Es zeigt sich, dass es neben dem Grundton mehrere Obertöne gibt, deren Frequenzen ganzzahlige Vielfache der Frequenz des Grundtons sind. Der Grundton bestimmt mit seiner Frequenz die Periodendauer des Klangs und damit die wahrgenommene Tonhöhe. Dagegen führt die unterschiedliche Zusammensetzung und Intensität der einzelnen Obertöne zu den verschiedenen Klangfarben der einzelnen Instrumente.

Jeder Klang, den Sie mit einem Musikinstrument erzeugen, besteht also aus einer charakteristischen Überlagerung mehrerer sinusförmiger Schwingungen. Er stellt selbst eine periodische Schwingung dar.

Dagegen gibt es bei Schlagzeugtrommeln kaum Klänge, die sich aus klar definierten Tönen einer Obertonreihe zusammensetzen. Hier sind sehr viele unterschiedliche Frequenzen enthalten, die zusammen keine periodischen Schwingungen mehr ergeben. Aus physikalischer Sicht erzeugt man mit einem Schlagzeug vor allem Geräusche (▸Abb. 3).

Obertonreihe und Intervalle • In ▸Tabelle 5 ist der Beginn einer Obertonreihe angegeben. Wie wichtig die Obertöne für uns sind, erkennt man daran, dass unser Gehirn einen fehlenden Grundton zu einer Folge von Obertönen ergänzen kann. Wir hören den Klang dann trotzdem so, als wäre der Grundton vorhanden. Dies ist möglich, da die Periodendauer des Klangs der Periodendauer des Grundtons entspricht (▸Abb. 6).

Zwischen den einzelnen Tönen der Obertonreihe ergeben sich ganz bestimmte ganzzahlige Frequenzverhältnisse (▸Tabelle 5), die eine wichtige Rolle in unserer Musik spielen. Diese Verhältnisse finden sich in den Intervallen wieder,

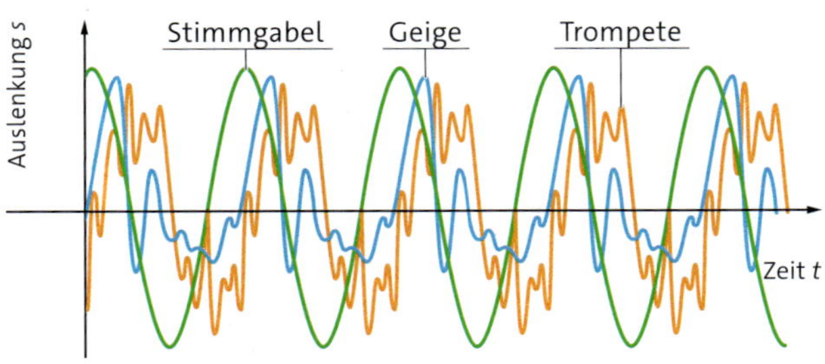

2 Der gleiche „Ton" auf Geige, Trompete und Stimmgabel

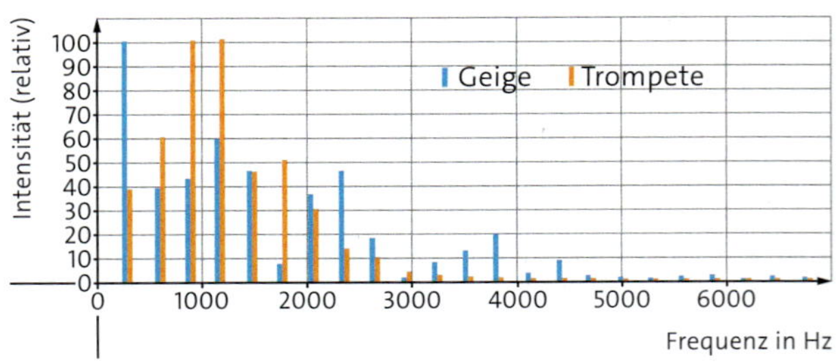

4 Fourieranalyse von Geigen- und Trompetenklang

	Grundton	Obertöne							
Frequenz	f	$2f$	$3f$	$4f$	$5f$	$6f$	$7f$	$8f$	$9f$
Verhältnis zur vorherigen Frequenz		2:1	3:2	4:3	5:4	6:5	7:6	8:7	9:8
Intervall zum Ton darunter		Oktave	Quinte	Quarte	Große Terz	Kleine Terz			Ganz-ton
Beispielfrequenz in Hz	65,4	130,8	196,2	261,6	327,0	392,4	457,8	523,2	588,6
Beispielton	C	c	g	c^1	e^1	g^1	$\approx b^1$	c^2	d^2

5 Beginn der Obertonreihe in reiner Stimmung

die von je zwei Tönen gebildet werden. Da Intervalle mit einfachen Frequenzverhältnissen als besonders wohlklingend empfunden werden, sind die Tonabstände innerhalb einer Oktave entsprechend ausgerichtet. So liegt zwischen g^1 und c^1 eine Quinte, es besteht also ein Frequenzverhältnis von 3:2. Allerdings gelten die Töne einer Obertonreihe nur für einen bestimmten Grundton. Früher musste daher häufig die Stimmung gewechselt werden. Erst zu Zeiten von BACH kam das „wohltemperierte Klavier" auf. Bei ihm sind einige Intervalle leicht geändert, sodass alle Tonarten gleichwertig gespielt werden können. Heute wird meist die gleichstufige Stimmung genutzt, bei der das Frequenzverhältnis benachbarter Halbtöne stets $\sqrt[12]{2}$ beträgt.

Musikinstrumente • Bei Saiteninstrumenten wie dem Klavier, dem Kontrabass oder der Gitarre wird eine Saite bzw. ein Teil von ihr durch Anschlagen, Streichen oder Zupfen zum Schwingen gebracht. Dagegen wird bei Blasinstrumenten wie der Flöte oder dem Saxophon eine Luftsäule, die in einem Rohr eingeschlossen ist, in Schwingungen versetzt. In beiden Fällen entstehen Obertöne, da die Saite oder die Luftsäule nicht nur als Ganzes schwingen. Es gibt auch Schwingungen kleinerer Anteile (▸Abb. 8).

Die Überlagerung führt zu komplexen Schwingungen, die man an einer Kontrabass-Saite beobachten kann (▸Abb. 7). Somit kann eine Saite auch durch Schwingungen der zugehörigen Obertöne selbst zur Schwingung angeregt werden.

1 Die Fourieranalyse des „Tons" einer Klarinette mit der Grundfrequenz 440 Hz zeigt, dass der zweite, vierte und sechste Oberton viel lauter sind als die anderen.
a) Begründen Sie die Anführungszeichen.
b) Geben Sie eine Formel für die Frequenz des n-ten Obertons zum Grundton der Frequenz f_0 an.
c) Berechnen Sie die Frequenzen der benannten Obertöne.

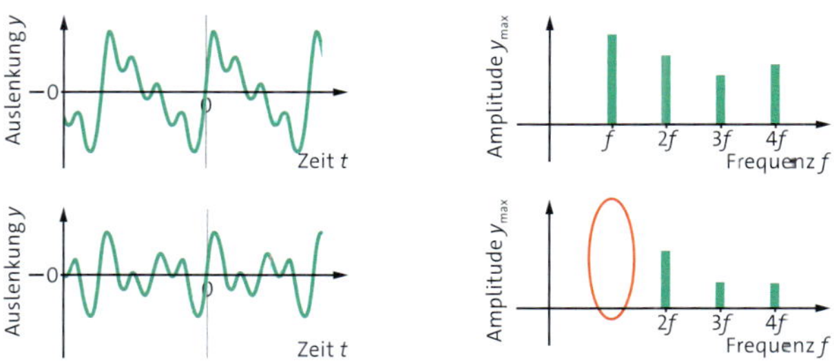

6 Mit und ohne Grundton ergibt sich die gleiche Periodendauer.

7 Momentaufnahme der Schwingung einer Kontrabass-Saite

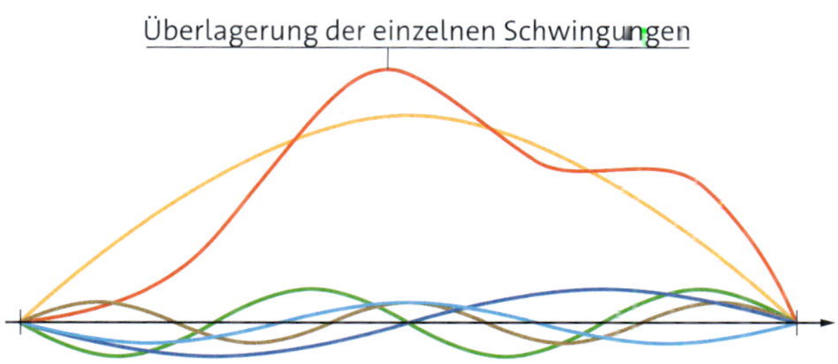

8 Schwingungen einer Saite – schematische Darstellung

1 Schreiben mit einem Tabletstift

Der Schwingkreis

Mit einem geeigneten Stift können Sie auf einem Tablet schreiben und gleichzeitig die Hand auflegen, ohne dass es zu unbeabsichtigten Eingaben kommt. Druckempfindlichkeit erzeugt zudem ein natürliches Schreibgefühl. Wie wird das erreicht?

Schwingkreis im Tabletstift • Der Tabletstift arbeitet mithilfe von elektromagnetischen Schwingungen. Dafür enthält er einen kleinen Stromkreis, der als **Schwingkreis** bezeichnet wird und der vor allem aus einem Kondensator und einer Spule besteht (▸Abb. 2). Um die Eigenschaften eines solchen Schwingkreises zu untersuchen, nutzen wir die Schaltung in ▸Abb. 3. Der Kondensator ist hier durch den Umschalter entweder mit der Spannungsquelle oder mit der Spule verbunden. Über einer zweiten Spule, die mithilfe eines Eisenkerns induktiv an die erste gekoppelt ist, messen wir die Spannung, ohne den Schwingkreis wesentlich zu beeinflussen.
Wir laden den Kondensator, während der Umschalter in Position 1 steht, legen den Schalter dann um und erfassen den zeitlichen Verlauf der Spannung an der gekoppelten Spule (▸Abb. 4). Es ergibt sich eine gedämpfte Schwingung.

Bevor wir diese genauer betrachten, klären wir zunächst für den ungedämpften Fall, was genau hier schwingt.

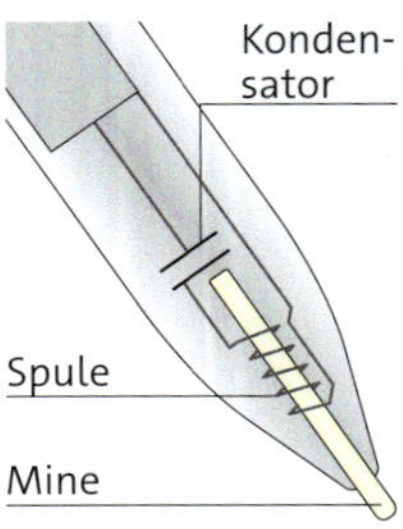

2 Spitze des Tabletstifts

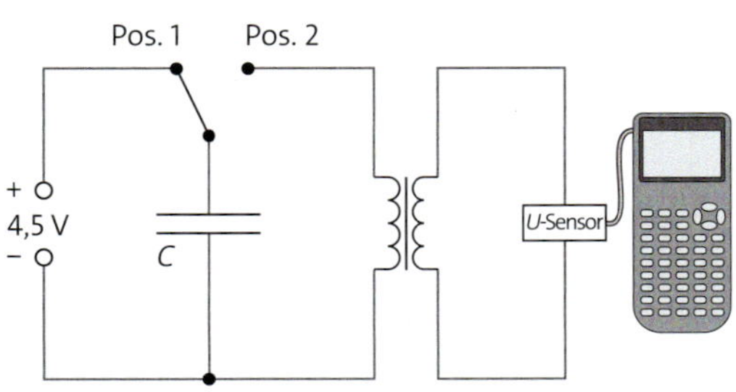

3 Schwingkreis im Experiment ($C = 47\,\mu F$, $n = 400$)

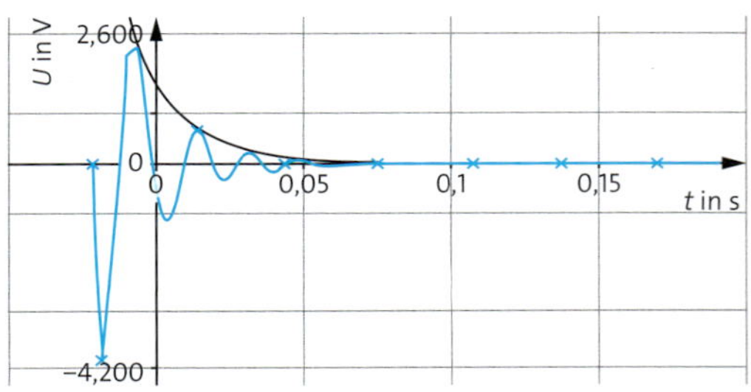

4 Messung am Schwingkreis

Ungedämpfter Schwingkreis • Durch das Laden des Kondensators bauen sich ein elektrisches Feld und die Spannung $U_C = U_0$ auf (▸Abb. 5 A), es fließt kein Strom. Liegt keine äußere Spannung mehr an, entlädt sich der Kondensator wieder und es kommt zu einem Stromfluss durch die Spule. Dieser nimmt wegen der Selbstinduktion aber nur langsam zu.
Ebenso wie das Magnetfeld der Spule erreicht die Stromstärke ihr Maximum, wenn der Kondensator vollständig entladen ist (▸Abb. 5 B, $t = \frac{1}{4}T$). Anschließend nehmen Stromstärke und Magnetfeld wieder ab. Die daraus folgende Induktionsspannung treibt die Elektronen weiter an und es kommt zum erneuten Laden des Kondensators – allerdings mit entgegengesetzter Polung. Die Vorgänge wiederholen sich mit umgekehrten Vorzeichen.

Infolge der Elektronenbewegung entstehen sinusförmige Schwingungen von Spannung und Stromstärke (▸Abb. 5 B). Das System aus Spule und Kondensator stellt einen harmonischer Oszillator dar.

Mathematische Beschreibung • Die Beträge der Spannungen am Kondensator und an der Spule sind stets gleich. Aus der Lenzschen Regel folgt dann

$$-L \cdot \dot{I}(t) = \frac{1}{C} \cdot Q(t).$$

Mit $I(t) = \dot{Q}(t)$ ergibt sich daraus

$$-L \cdot \ddot{Q}(t) = \frac{1}{C} \cdot Q(t),$$

also $\ddot{Q}(t) = -\frac{1}{L \cdot C} \cdot Q(t)$.

Wir wissen bereits, dass diese Differenzialgleichung eines harmonischen Oszillators durch eine Kosinusfunktion gelöst wird. Mit der Bedingung, dass der Kondensator zum Zeitpunkt $t = 0$ maximal geladen ist, ergibt sich die Lösung

$$Q(t) = Q_0 \cdot \cos(\omega_0 \cdot t)$$

mit der Eigenfrequenz $\omega_0 = \sqrt{\frac{1}{L \cdot C}}$ bzw.

$$f_0 = \frac{\omega_0}{2\pi} = \frac{1}{2\pi\sqrt{L \cdot C}}.$$

Die Eigenfrequenz f_0 eines Schwingkreises ist also nur durch die Kapazität C und die Induktivität L bestimmt. Diese Beziehung ist die **Thomsonsche Schwingungsgleichung.**

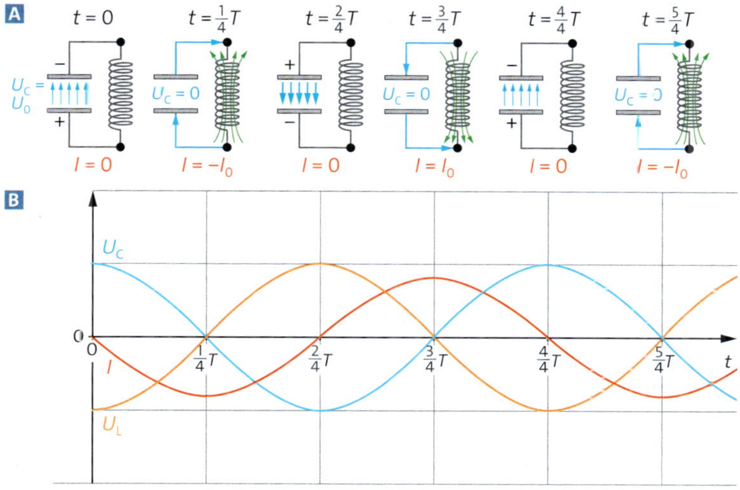

5 Abläufe im Schwingkreis

Ein Schwingkreis aus Kondensator und Spule ist ein harmonischer Oszillator mit folgender Eigenfrequenz:
$$f_0 = \frac{\omega_0}{2\pi} = \frac{1}{2\pi\sqrt{L \cdot C}}$$

Aus $Q(t)$ lassen sich auch die Funktionen der anderen Schwingungen ableiten:

$$I(t) = \dot{Q}(t) = -Q_0\,\omega_0 \sin(\omega_0 t) = -I_0 \sin(\omega_0 t)$$

$$U_C(t) = U_0 \cos(\omega_0 t)$$

$$U_L(t) = -U_0 \cos(\omega_0 t)$$

Funktion des Tabletstiftes • Der Stift empfängt vom Tablet ein elektromagnetisches Signal, welches seinen Schwingkreis zu Schwingungen anregt. Diese Schwingung erzeugt ihrerseits ein Signal, das im Tablet von einem Gitter von Spulen empfangen wird (▸Abb. 6). Damit wird die Position des Stiftes bestimmt.
Die Resonanzfrequenz des Schwingkreises hängt vom Druck ab, mit dem die Mine auf dem Tablet geführt wird. Je nach Technik erhöht sich mit dem Druck entweder die Kapazität des Kondensators (▸Abb. 2) oder die Induktivität der Spule. Daraus folgt eine reduzierte Resonanzfrequenz. Das Tablet empfängt ein entsprechend verändertes Signal und erhöht die Strichstärke.

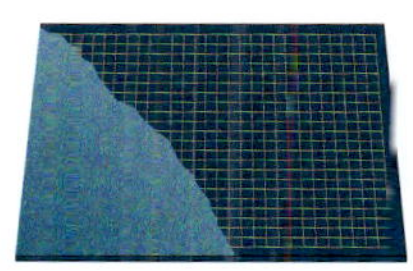

6 Spulen in der Tabletoberfläche

1 Leiten Sie $U_C(t)$ und $U_L(t)$ aus $Q(t)$ ab.

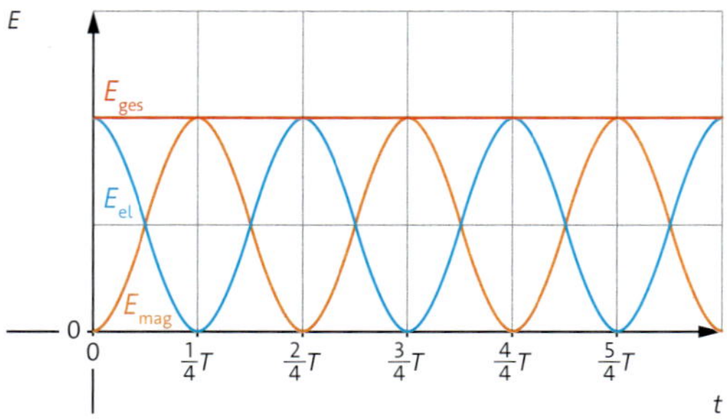

1 Zeitlicher Verlauf der Energien

Energetische Betrachtung • Die im Schwingkreis gespeicherte Energie wechselt beständig zwischen der Energie im elektrischen Feld des Kondensators und der Energie im Magnetfeld der Spule (▸Abb. 1). So ist im elektrischen Feld des maximal geladenen Kondensators die Energie $E_{el} = \frac{1}{2}CU_0^2$ gespeichert. Bis der Kondensator komplett entladen und die Stromstärke maximal ist, wird dieser Energiebetrag vollständig in die Energie des Magnetfeldes der Spule $E_{mag} = \frac{1}{2}LI_0^2$ umgewandelt.

Diese Energieumwandlungen erfolgen in jeder Periodendauer zweimal, daher ist die Frequenz hier doppelt so hoch wie bei Ladung, Stromstärke und Spannung. Die Gesamtenergie als Summe aus der elektrischen und der magnetischen Energie bleibt während der Energieumwandlungen konstant (▸Abb. 1). Betrachtet man diese Summe rechnerisch, so gilt mit $U_0 = \frac{Q_0}{C}$ und $I(t) = \dot{Q}(t)$

Trigonometrischer Pythagoras: $\sin^2\alpha + \cos^2\alpha = 1$

$$E_{el}(t) + E_{mag}(t) = \frac{1}{2}CU_C^2(t) + \frac{1}{2}LI^2(t)$$
$$= \frac{1}{2C}(Q_0 \cos(\omega_0 t))^2 + \frac{1}{2}L(Q_0\omega_0 \sin(\omega_0 t))^2$$
$$= \frac{1}{2C}Q_0^2\left[(\cos(\omega_0 t))^2 + (\sin(\omega_0 t))^2\right]$$
$$= \frac{1}{2C}Q_0^2.$$

Realer Schwingkreis • Wenn wir allerdings unsere Messergebnisse betrachten, dann liegt eine gedämpfte Schwingung vor, denn die Amplituden besitzen eine exponentiell abfallende Einhüllende. Dies ist vor allem im Ohmschen Widerstand der realen Spule begründet, durch den ein Teil der elektrischen Energie in Wärme umgewandelt, also entwertet wird.

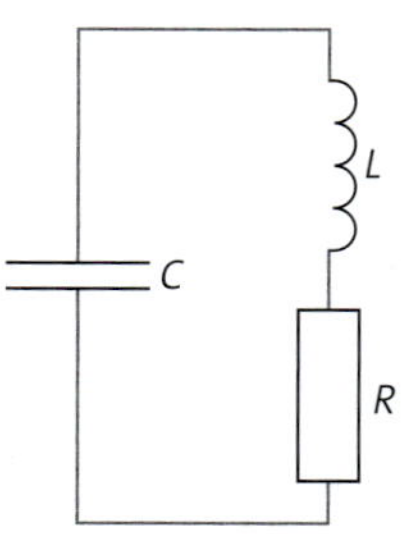

2 RCL-Schwingkreis als Ersatzschaltbild

Um die Dämpfung zu berücksichtigen, erweitern wir den zuvor betrachteten Schwingkreis um einen Widerstand (▸Abb. 2). Damit muss der Spannungsabfall am Widerstand $U_R(t) = R \cdot I(t)$ in der Differentialgleichung des Schwingkreises ergänzt werden:

$$-L \cdot \dot{I}(t) = R \cdot I(t) + \frac{1}{C} \cdot Q(t).$$

Daraus ergibt sich mit $I(t) = \dot{Q}(t)$ wiederum

$$L \cdot \ddot{Q}(t) + R \cdot \dot{Q}(t) + \frac{1}{C} \cdot Q(t) = 0.$$

Analog zur gedämpften Schwingung des Federpendels folgt daraus für die Ladung am Kondensator

$$Q(t) = Q_0 \cdot \cos(\omega \cdot t) \cdot e^{-\delta \cdot t}.$$

Die Dämpfungskonstante wird dabei allein durch die Spule und ihren Widerstand bestimmt:

$$\delta = \frac{R}{2L}.$$

Soll der Energieverlust des Schwingkreises ausgeglichen werden, so ist eine periodische Energiezufuhr nötig. Dies gelingt relativ einfach, indem man den Schwingkreis induktiv mit einem Frequenzgenerator koppelt (▸Abb. 3). Ist die anregende Frequenz $U_{err}(t) = U_0 \cdot \cos(\omega_{err} \cdot t)$ auf die Eigenfrequenz des Schwingkreises abgestimmt, tritt Resonanz auf. So lassen sich sogar Spannungsamplituden größer als U_0 erreichen und am Oszilloskop nachweisen.

In einem Schwingkreis finden periodische Energieumwandlungen zwischen elektrischer und magnetischer Energie statt.
Im idealen Fall ist die Gesamtenergie stets konstant mit
$$E_{ges} = \frac{1}{2C}Q_0^2$$

1 Erstellen Sie einen tabellarischen Vergleich der Schwingungen von Schwingkreis und Federpendel.

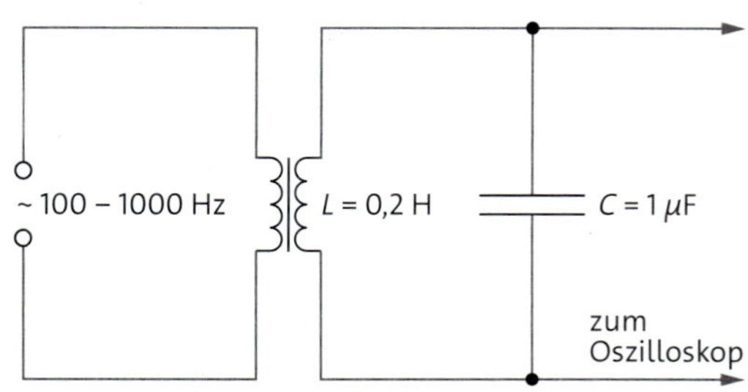

3 Angeregter Schwingkreis

Versuch A • Elektrischer Schwingkreis in Resonanz

V1 Gedämpfte Schwingung

Material:
Gleichspannungsquelle, Kondensatoren (470 µF, 47 µF), 2 Spulen mit Eisenkern (400 Windungen), Umschalter, Kabel, Messwerterfassungssystem mit Spannungssensor (z. B. GTR mit Sensor)

Arbeitsauftrag:
a) Bauen Sie den Versuch wie in ▸Abb. 4 auf und nehmen Sie den Spannungsverlauf während des Entladevorgangs auf.
b) Ermitteln Sie die Schwingungsdauer und die Eigenfrequenz aus Ihrem Diagramm.
c) Schätzen Sie die Induktivität der Spule mit Eisenkern ab und vergleichen Sie sie mit den Herstellerangaben der Spule.
d) Wiederholen Sie die vorangegangenen Aufgaben mit dem anderen Kondensator.
e) Weisen Sie anhand Ihrer Messdaten nach, dass die Einhüllenden der Amplituden Exponentialfunktionen sind.

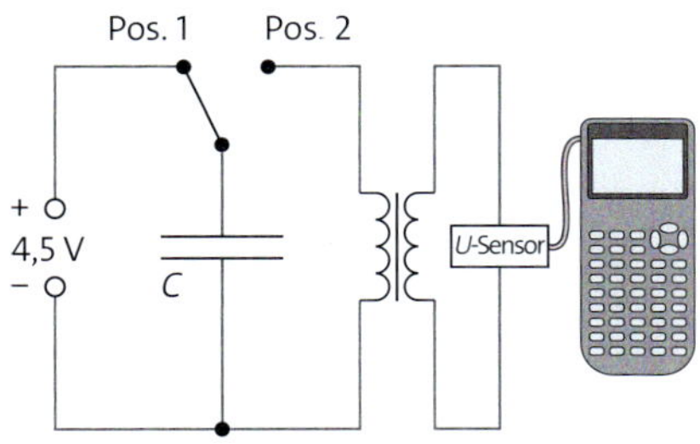

4 Schwingkreis im Experiment

V2 Resonanzkurve

Material:
Frequenzgenerator (U_{max} = 3 V), Kondensatoren (1 µF, 2,3 µF, 3,2 µF und 4,4 µF), Spule (1000 Windungen, 35 mH), Glühlampe (4 V, 40 mA), Kabel, Multimeter

Arbeitsauftrag:
a) Schalten Sie Spule, Lampe und Kondensator (2,2 µF) in Reihe und schließen Sie den Frequenzgenerator an. Messen Sie die Spannung über der Glühlampe.
b) Berechnen Sie den Wert der Eigenfrequenz des ungedämpften Schwingkreises (C = 2,2 µF). Stellen Sie den Frequenzgenerator auf einen Wert deutlich unterhalb dieser Eigenfrequenz ein und erstellen Sie ein $U(f)$-Diagramm, während Sie die Frequenz allmählich bis über den berechneten Wert erhöhen.
c) Beschreiben und begründen Sie den Verlauf des aufgenommenen $U(f)$-Diagramms.
d) Wechseln Sie den Kondensator und wiederholen Sie das Vorgehen aus den Teilaufgaben b) und c)
e) Ermitteln Sie die Eigenfrequenzen aus den Resonanzkurven und vergleichen Sie diese mit den berechneten Werten.

Material A • Ampelsteuerung per Induktionsschleife

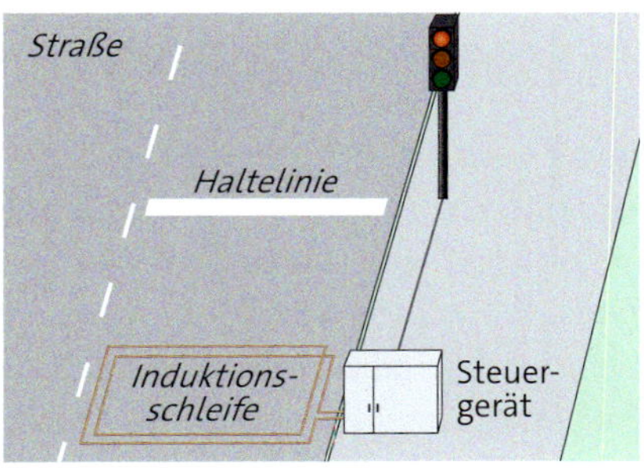

5 Steuerung einer Ampel

Induktionsschleifen sind Spulen aus Kupferdraht mit wenigen Windungen, die einige Zentimeter tief in die Straßendecke eingelassen sind. Sie werden u. a. zur Steuerung von Ampeln genutzt. Überquert ein Fahrzeug die Induktionsschleife, entstehen Wirbelströme in seinen metallischen Bauteilen. Die damit einhergehenden Magnetfelder wirken der Induktivität entgegen und verringern sie so, während ferromagnetische Blechteile sie erhöhen. Der Quotient aus der Änderung der Induktivität ΔL und ihrem ursprünglichen Wert L wird als Verstimmung der Induktionsschleife bezeichnet. Meist ist die Induktionsschleife Teil eines elektrischen Schwingkreises. Der zugehörige Kondensator ist in einem Steuergerät, das die vom Fahrzeug verursachte Induktivitätsänderung registriert und die Ampel schaltet.

Fahrzeugtyp	Verstimmung
Pkw	−6,0%
Lkw	−1,7%
Motorrad	−0,1%
Fahrrad	−0,02%

6 Typische Werte einer Induktionsschleife

A1 Eigenfrequenz des Steuerkreises
a) Erläutern Sie die Bedeutung der Eigenfrequenz des Steuerkreises für die Ampelsteuerung.
b) Berechnen Sie die Eigenfrequenz f_0 des Steuerkreises, wenn die ursprüngliche Induktivität der Schleife 300 µH beträgt und der Kondensator eine Kapazität von 55 nF hat.
c) Berechnen Sie die veränderte Eigenfrequenz f_1 für den Fall, dass ein Pkw die Schleife überquert.

A2 Erklären Sie die unterschiedliche Verstimmung einer Induktionsschleife durch die verschiedenen Fahrzeugtypen (▸Tabelle 6).

A3 Beurteilen Sie, ob diese Technik für die Schaltung von Ampeln durch Fahrräder geeignet ist.

BLICKPUNKT

RFID-Chips als technische Anwendung von Schwingkreisen

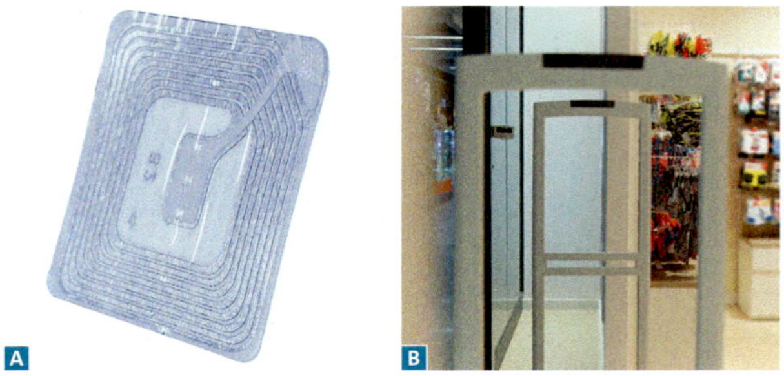

1 RFID zur Warensicherung **A** am Etikett **B** am Ausgang

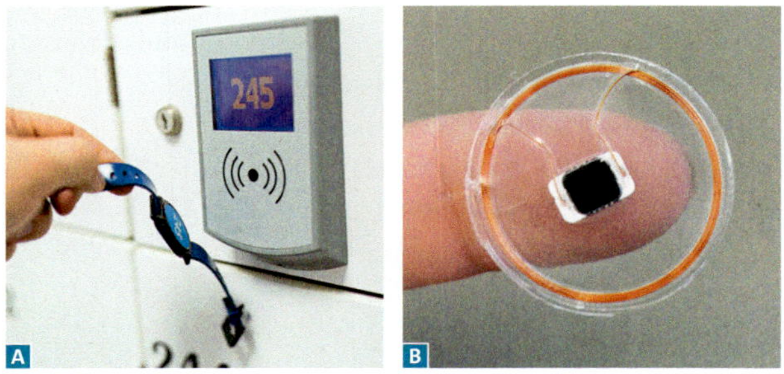

2 RFID-Chip als Schlüssel **A** am Schließfach, **B** Hauptbestandteil

RFID-Chips sind allgegenwärtig • Im Alltag sind wir vielfach von ihnen umgeben: RFID-Chips, auch Transponder genannt, finden sich in Etiketten von Kaufhäusern oder Bibliotheken, im Monatsticket, im Personalausweis oder auch in der Kreditkarte; sie kontrollieren den Zutritt zu Wohnungen und zum Festivalgelände, speichern Zugangsdaten für die Mensa oder auch die Liste der konsumierten Getränke in einer Disko. Manch einer hat den Chip bereits seinem Haustier implantieren lassen – oder auch sich selbst. Doch wie funktionieren sie eigentlich?

Funktionsprinzip • RFID steht für **R**adio-**F**requency **Id**entification. Die Transponder bestehen meist aus einem programmierbaren Mikrochip und einem Schwingkreis, dessen Spule einen kontaktlosen Datenaustausch ermöglicht (▸Abb. 2). Häufig werden passive Systeme verwendet, die keine eigene Stromversorgung besitzen, sondern stets von außen angesprochen werden. Dies erfolgt per Funksignal über Entfernungen von einigen Metern.
Das Lesegerät (▸Abb. 3) erzeugt ein elektromagnetisches Feld, dessen Frequenz auf die Eigenfrequenz des Schwingkreises im Transponder abgestimmt ist. Dieses Feld wird über eine RFID-Antenne abgestrahlt. Befindet sich der Transponder in der Nähe der Antenne, dann wird eine Spannung in der Spule des Transponders erzeugt und dem Schwingkreis somit Energie zugeführt.
An Geschäftsausgängen wird diese Energie genutzt, um im Warensicherungsetikett eine resonante Schwingung anzuregen (▸Abb. 1). Die damit verbundene Energieabnahme wird detektiert und löst einen Alarm aus. An der Kasse wird das Etikett über einen starken Magneten gezogen, was den Schwingkreis zerstört und die Warensicherung aufhebt.
Mithilfe des hochfrequenten Signals können aber auch Daten und Befehle übertragen werden, um einen Mikrochip zu betreiben. Bleibt der Transponder hinreichend lange im Feld des Lesegeräts, dann wird genug Energie übertragen, um die Sendeelektronik des Mikrochips zu aktivieren, die dann die geforderten Daten an das Lesegerät sendet.

Frequenzabstimmung • Ist die Resonanzfrequenz des Transponders auf das Feld des Lesegeräts abgestimmt, kann ein Maximum an Energie übertragen werden. Auch bei relativ großem Abstand ist so ein Datenaustausch zwischen beiden möglich. Weicht die Resonanzfrequenz des Transponders dagegen deutlich von der Frequenz des Lesegeräts ab, ist kein Datenaustausch möglich.

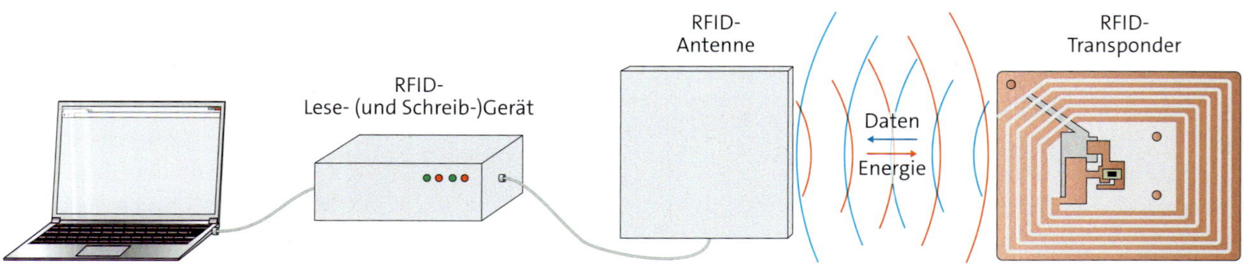

3 Prinzipieller Aufbau eines RFID-Systems

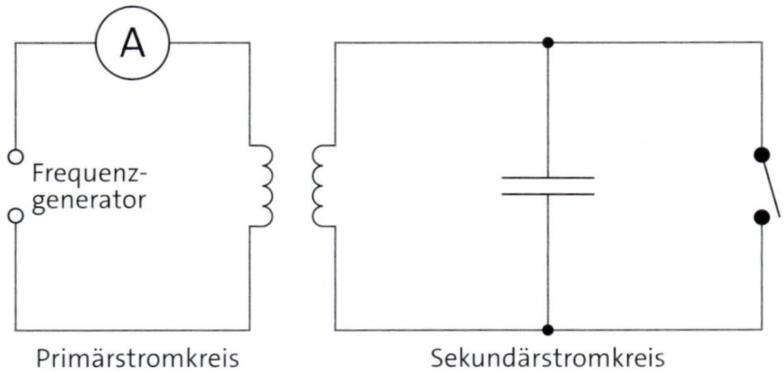

4 Schaltskizze des Modellexperiments zum Datentransport

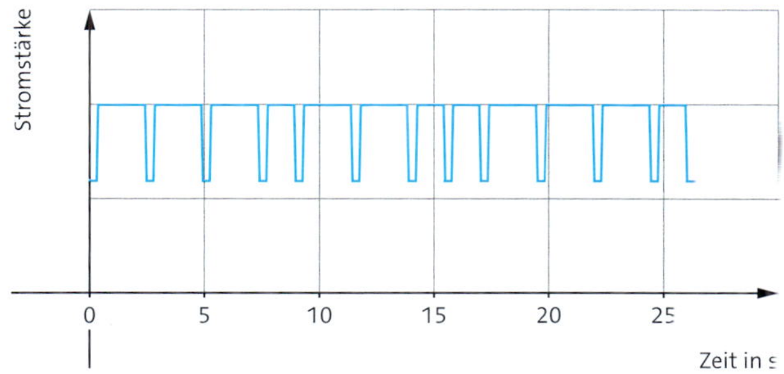

5 Möglicher Verlauf der Stromstärke bei Übertragung der ID 305

Auslesen des Transponders • Der Transponder selbst enthält meist keine Daten, die auf seinen Besitzer bezogen sind. Auf seinem Chip ist häufig nur eine Identifikationsnummer (ID) gespeichert. Die erforderlichen personenbezogenen Daten sind dann unter dieser ID in einer Datenbank hinterlegt, mit der das Lesegerät verbunden ist.

Die individuelle ID wird in binärer Form auf das Lesegerät übertragen, also als eine Folge von Nullen und Einsen. Im einfachsten Fall entsprechen diese zwei unterschiedlich großen Stromstärken. Um die reduzierte Stromstärke zu erreichen, wird durch die Sendeelektronik des RFID-Chips ein zusätzlicher Widerstand in den Schwingkreis des Transponders geschaltet.
Damit erhöht sich die Dämpfung im Schwingkreis, die Stromstärke im RFID-Transponder sinkt und er nimmt weniger Energie auf. Entsprechend sinkt auch die Stromstärke im Lesegerät. Dieses Verfahren wird als Lastmodulation bezeichnet.

Allerdings sind die so erhaltenen relativen Änderungen der Stromstärken sehr klein. Die Datenübertragung ist somit sehr störanfällig. Diese Störanfälligkeit lässt sich verringern, indem die gesamte Stromstärke reduziert wird. Damit ergeben sich bei gleichen Änderungen der Ströme in der Lastmodulation größere relative Änderungen.
Dabei wird die Reduktion der Gesamtstromstärke mithilfe eines zusätzlichen Widerstands erreicht, der mit einer sehr hohen Taktfrequenz ein- und ausgeschaltet wird. Der Widerstand unterdrückt das Sendesignal, sobald er eingeschaltet ist. In dieser als Hilfsträger bezeichneten Schaltfrequenz kann die Stromstärke im Takt der Daten verändert und zuverlässig übertragen werden.

Datenübertragung • Das Prinzip der Datenübertragung verdeutlichen wir uns in einem Modellexperiment (▸Abb. 4), in dem der Primärstromkreis dem Lesegerät und der Sekundärstromkreis dem Transponder entspricht. Der Einfachheit halber übertragen wir unsere Daten hier induktiv, tatsächlich geschieht dies aber über Funk. Um die induktive Übertragung zu erreichen, stehen die Spulen mit wenigen Zentimetern Abstand parallel zueinander (▸Abb. 4). Statt einen zusätzlichen Widerstand zu verwenden, schließen wir den Kondensator des Sekundärkreises kurz. Dadurch sinkt der Widerstand des Sekundärkreises, mehr Energie kann übertragen werden und die Stromstärke im Primärstromkreis steigt.
Damit wir die Datenübertragung verfolgen können, nutzen wir einen ganz langsam übertragenen Code: Ein Kurzschluss über eine Dauer von 1 s entspricht einer 1, eine Dauer von 2 s entspricht einer 0. Dabei wird jede Zahl durch eine zwölfstellige Binärzahl dargestellt.
Übertragen wir so beispielsweise die ID 305, dann könnte sich der in ▸Abb. 5 gezeigte Verlauf der Stromstärke im Primärstromkreis ergeben.

1 **a)** Übersetzen Sie die ID 3471 in Binärcode.
b) Stellen Sie den entsprechenden zeitlichen Verlauf der Stromstärke am Lesegerät in einem Diagramm dar.

2 **a)** Begründen Sie, dass sich ein schlechter Empfang simulieren lässt, indem Sie die Frequenz des Primärstromkreises leicht verstellen.
b) Vergleichen Sie die Übertragung bei gutem und schlechtem Empfang.
c) Beurteilen Sie, inwiefern ein leicht fehlerhaft produzierter Kondensator im Transponder die Datenübertragung stören kann.

Musteraufgabe mit Lösung • Schwingungen

A1 – Gedämpftes Federpendel

Ein Massestück ($m = 260\,\text{g}$) hängt über einen Faden an einer Metallfeder. Dieses Federpendel wird in Schwingung versetzt und schwingt zunächst ungehindert. Dabei wird die Schwingung mit einem Bewegungssensor aufgezeichnet (▸Abb. 1).

a) Bestimmen Sie die Schwingungsdauer und die Frequenz der ungedämpften Schwingung möglichst genau anhand der Messdaten in ▸Abb. 1.

b) Berechnen Sie die Federkonstante der Feder.

c) Stellen Sie die Schwingungsgleichung für das ungedämpfte Federpendel auf.

d) Berechnen Sie mit Ihrer Schwingungsgleichung die Auslenkung nach 3,0 s und vergleichen Sie mit ▸Abb. 1.

Eine Stativstange wird so am Aufbau befestigt, dass der Faden mit dem Massestück an ihr entlang schleift. Die so verursachte Gleitreibung führt zu einer gedämpften Schwingung (▸Abb. 2).

e) Weisen Sie nach, dass die Amplitude hier durch Gleitreibung linear abnimmt. Legen Sie dazu ein Stück durchsichtiger Folie über ▸Abb. 2, übernehmen Sie die Koordinatenachsen und zeichnen Sie die beiden Einhüllenden ein.

f) Bestimmen Sie die Gleichung der oberen Einhüllenden.

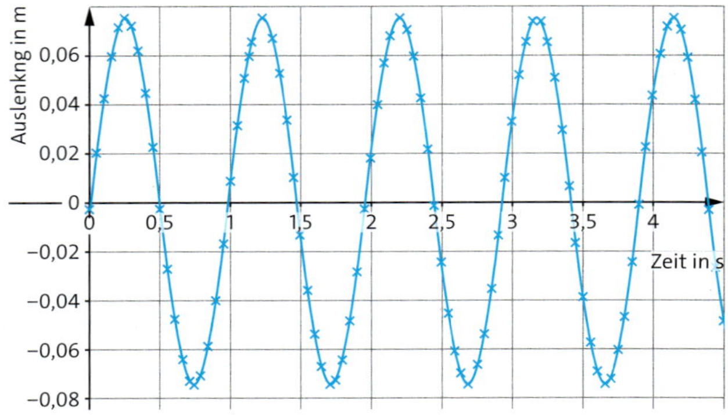

1 Schwingung des ungedämpften Federpendels

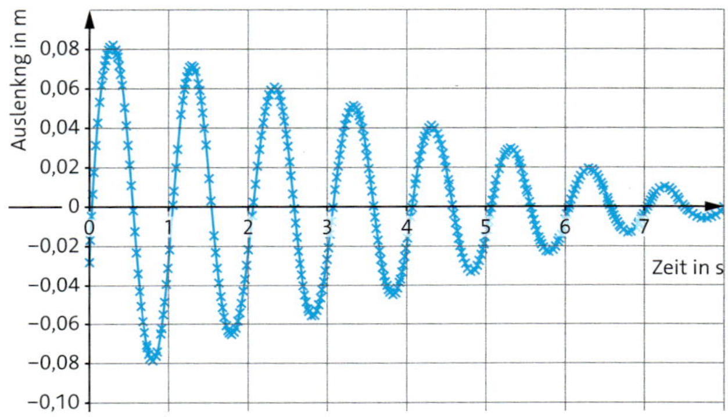

2 Schwingung des gedämpften Federpendels

Lösung

a) Aus ▸Abb. 1 lässt sich ablesen, dass für 4,5 vollständige Schwingungen eine Zeit von 4,4 s benötigt wird. Für die Schwingungsdauer ergibt sich daher:

$T = \frac{4.4\,\text{s}}{4{,}5} \approx 0{,}98\,\text{s}$

Damit ergibt sich die Frequenz zu $f = T^{-1} \approx 1{,}02\,\text{Hz}$.

b) Für die Schwingungsdauer des Federpendels gilt:

$T = 2\pi\sqrt{\frac{\text{m}}{\text{D}}}$,

Also folgt für die Federkonstante:

$D = \frac{4\pi^2\,\text{m}}{T^2} \approx \frac{4\pi^2 \cdot 0{,}260\,\text{kg}}{(0{,}98\,\text{s})^2} \approx 10{,}7\,\frac{\text{N}}{\text{m}}$

c) Für die Schwingung des ungedämpften Federpendels lässt sich über folgende Funktion die Auslenkung beschreiben:

$s(t) = s_{\text{max}} \cdot \sin\left(\frac{2\pi}{T \cdot t}\right) = 7{,}6\,\text{cm} \cdot \sin\left(\frac{2\pi}{0{,}98\,\text{s}} \cdot t\right)$

d) Nach 3,0 s ergibt sich die Auslenkung $s(3{,}0\,\text{s}) \approx 2{,}9\,\text{cm}$. Dies passt zu den Werten in ▸Abb. 1.

e) Es ergeben sich die Einhüllenden in ▸Abb. 3.

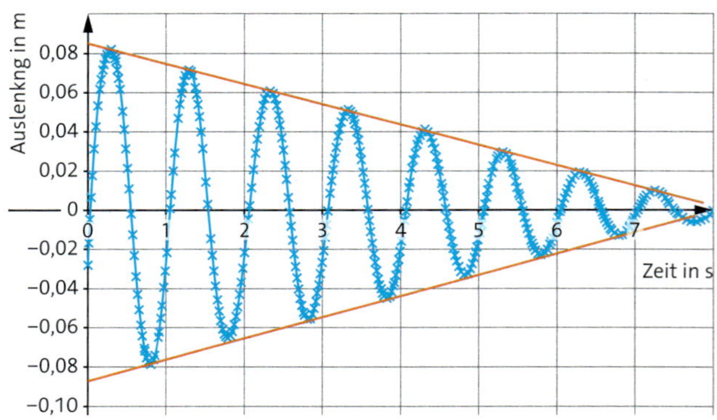

3 Gedämpfte Schwingung mit Einhüllenden

f) Für die Steigung m der oberen Einhüllenden gilt:

$m = \frac{s(4{,}2\,\text{s}) - s(0\,\text{s})}{4{,}2\,\text{s}} = \frac{4{,}0\,\text{cm} - 8{,}5\,\text{cm}}{4{,}2\,\text{s}} \approx -1{,}07\,\frac{\text{cm}}{\text{s}}$

Für die obere Einhüllende folgt daraus:

$\hat{s}(t) = -1{,}07\,\frac{\text{cm}}{\text{s}} \cdot t + 8{,}5\,\text{cm}$.

A2 – Pendeluhr mal anders

Wird eine mechanische Armbanduhr an einem Faden passender Länge aufgehängt, so entsteht ein von innen angeregtes Fadenpendel, das wahrnehmbar zu schwingen beginnt.

a) Geben Sie begründet an, mit welcher Frequenz die Schwingung im Uhrwerk der Armbanduhr erfolgt.

b) Erläutern Sie, warum das Pendel schwingt und welche Bedeutung die Fadenlänge dabei hat.

c) Betrachten Sie zunächst den Fall ohne Reibung und berechnen Sie die erforderliche Fadenlänge l.

d) Tatsächlich tritt Reibung auf, weshalb die Fadenlänge leicht angepasst werden muss. Geben Sie begründet an, ob der Faden verkürzt oder verlängert werden muss.

A3 – Füllstandsmessung

Füllstände in flüssigkeitsgefüllten Tanks lassen sich mithilfe eines Schwingkreises messen. Dabei bilden Tankwand und ein stabförmiger Sensor einen Kondensator.
Für ein Modell nutzen wir einen Plattenkondensator (Kantenlängen 25,0 cm, Plattenabstand 1,0 cm) und eine Spule mit $L = 850\,\text{mH}$.

a) Berechnen Sie die Eigenfrequenz f_0 des Schwingkreises im leeren Tank.

b) Erklären Sie, wie sich f_0 ändert, während sich der Tank mit einer nichtleitenden Flüssigkeit füllt.

Der Schwingkreis des gefüllten Tanks wird mit einem Frequenzgenerator verbunden und die Stromstärke im Schwingkreis in Abhängigkeit von der Frequenz gemessen.

c) Skizzieren und begründen Sie den zu erwartenden Verlauf.

d) Erklären Sie, wie sich aus dem $I(f)$-Diagramm die Dielektrizitätskonstante ε_r der Flüssigkeit näherungsweise bestimmen lässt.

A4 – Schwungtrapez

Ein 1,80 m großer Zirkusartist probt für seinen nächsten Auftritt. Er schaukelt in einem Schwungtrapez, dessen Halteseile 3,8 m lang sind (▸Abb. 4), bis er eine Höhe von 80 cm erreicht hat. Anschließend schaukelt er weiter, ohne Schwung zu holen. Vernachlässigen Sie zunächst die Reibung.

a) Erklären Sie möglichst genau, wie der Artist das Trapez in Schwingung versetzt.

b) Wir gehen nachfolgend von einer harmonischen Schwingung aus. Zeigen Sie, dass dies bei der erreichten Schaukelhöhe nur eine grobe Näherung ist.

c) Berechnen Sie die Schwingungsdauer, die maximale seitliche Auslenkung x und die Amplitude des Trapezes.

d) Berechnen Sie die maximale Geschwindigkeit der Trapezstange aus der Amplitude sowie auch über die Energieerhaltung.

e) Vergleichen Sie die beiden Ergebnisse aus d) und begründen Sie Ihre Beobachtung.

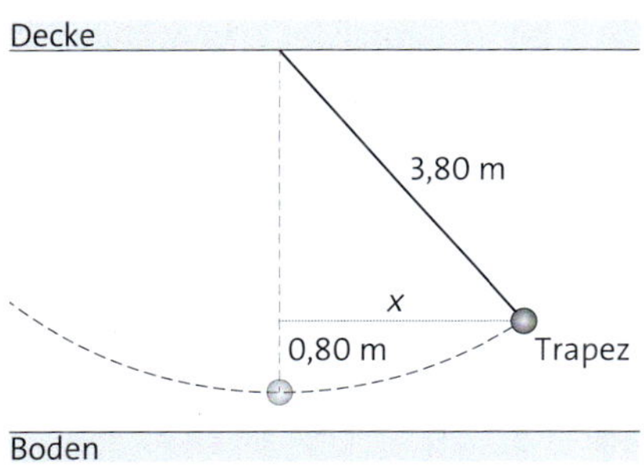

4 Schwingung des Trapezes

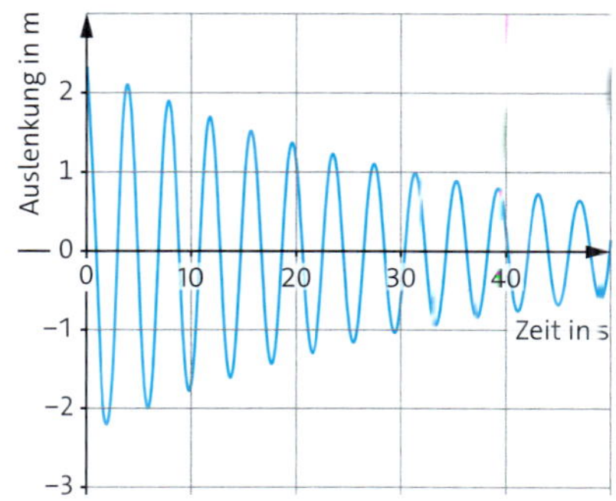

5 Zeitlicher Verlauf der Schwingung

Tatsächlich ist die Schwingung des Trapezes gedämpft. Sie soll den in ▸Abb. 5 dargestellten Verlauf haben.

f) Weisen Sie anhand von ▸Abb. 5 nach, dass die Schwingung des Trapezes exponentiell gedämpft wird.

g) Stellen Sie die zugehörige Schwingungsgleichung auf.

Der Artist möchte bei seinem Auftritt Blütenblätter verstreuen. Um dies zu proben, nutzt er deutlich kostengünstigeren Sand. Diesen lässt er gleichmäßig durch ein Loch aus einer Tüte nach unten rieseln. Die Tüte ist nach 15 Schwingungen leer. Dabei möchte der Artist genauer austesten, wie sich der Sand auf dem Boden verteilt.

h) Geben Sie begründet an, ob die Sandspur überall gleich dick ist oder wo sie am dicksten ist. Gehen Sie dabei zunächst davon aus, dass sich die Amplitude während des Entleerens der Tüte nicht wesentlich ändert.

i) Begründen Sie, was anders sein muss, wenn sich die Amplitude deutlich verringert.

j) Leider hat der Artist aber einen Denkfehler gemacht. Die Blütenblätter werden in der Vorführung anders fallen als der Sand. Begründen Sie.

Aufgaben ohne Hinweise • Schwingungen

A5 – Federschwingungen

Der Pendelkörper eines Federpendels ($m = 120\,\text{g}$) wird um 4 cm nach unten gezogen und dann losgelassen. Ein Sensor misst beim ersten Durchgang des Pendelkörpers durch die Ruhelage eine Geschwindigkeit von $0{,}26\,\frac{\text{m}}{\text{s}}$.

Gehen Sie zunächst von einer ungedämpften Schwingung aus.

a) Berechnen Sie folgende Grundgrößen der Schwingung: Gesamtenergie, Federkonstante und Schwingungsdauer.

b) Bestimmen Sie die Auslenkung des Pendels, bei der die Spannenergie und die kinetische Energie erstmals gleich groß sind. Berechnen Sie auch den zugehörigen Zeitpunkt. ■

c) Berechnen Sie die Rückstellkraft und die Beschleunigung der Pendelschwingung am Umkehrpunkt.

d) Begründen Sie, wie sich die maximale Beschleunigung ändert, wenn man die Masse des Pendelkörpers verdoppelt.

Der Pendelkörper ist ein Magnet und taucht jetzt zur Hälfte in eine Induktionsspule mit aufgesetztem Aluminiumring ein (▸Abb. 1). Seine Auslenkung wird indirekt über den Kraftsensor in der Spulenaufhängung gemessen und ebenso wie die an der Spule induzierte Spannung am Oszilloskop ausgegeben.

e) In ▸Tabelle 3 ist der zeitliche Verlauf der Schwingungsamplitude dargestellt. Gegenüber der Auslenkung hat die induzierte Spannung eine Phasenverschiebung von $\frac{\pi}{2}$. Erklären Sie. ■

f) Zeigen Sie anhand der Messdaten, dass sich die Einhüllende durch $\hat{s}(t) = 3{,}64 \cdot e^{-0{,}061\,\frac{1}{\text{s}} \cdot t}$ beschreiben lässt.

g) Ermitteln Sie die Zeitpunkte, an denen einerseits die Amplitude und andererseits die Energie auf die Hälfte abgesunken sind. ■

h) Stellen Sie eine begründete Hypothese auf, warum die Schwingung hier deutlich gedämpft wird. ■

A6 – Schwingendes Wasser

Ein beiderseits offenes U-Rohr aus Glas ist mit Wasser gefüllt. Es hat eine kreisförmige Querschnittsfläche A, die Länge l der Wassersäule beträgt 2,0 m. Für die Dichte des Wassers gilt $\varrho = \frac{m}{V}$.

Durch Pusten in den linken Schenkel des U-Rohrs wird die Wassersäule kurzzeitig um $s_{\text{max}} = 10\,\text{cm}$ ausgelenkt und in Schwingungen um ihre Gleichgewichtslage versetzt.

a) Erstellen Sie eine aussagekräftige Zeichnung der Anfangssituation.

b) Zeigen Sie, dass folgende Aussage gilt: Wenn die Wassersäule um die Strecke s aus der Ruhelage ausgelenkt ist, dann übt die überstehende Wassersäule betragsmäßig eine Gewichtskraft von $F_G = 2s \cdot A \cdot \varrho \cdot g$ auf die Wassersäule aus.

c) Geben Sie eine Formel zu Berechnung der Masse der gesamten Wassersäule an.

Die Schwingung der Wassersäule lässt sich mit folgender Differentialgleichung beschreiben:
$l \cdot A \cdot \varrho \cdot \ddot{s}(t) = -2 \cdot A \cdot \varrho \cdot g \cdot s(t)$. ■

d) Begründen Sie den Ansatz.

e) Vereinfachen Sie die Differentialgleichung und begründen Sie durch eine Analogiebetrachtung, dass gilt: $T = 2\pi \cdot \sqrt{\frac{l}{2g}}$ ■

f) Berechnen Sie mit der Formel aus f) die Schwingungsdauer und vergleichen Sie diese mit dem Wert, der sich aus ▸Abb. 2 ablesen lässt.

g) Entscheiden Sie anhand ▸Abb. 2 rechnerisch, ob lineare oder exponentielle Dämpfung vorliegt. Nutzen Sie die ersten fünf Extremalwerte der Auslenkung. ■

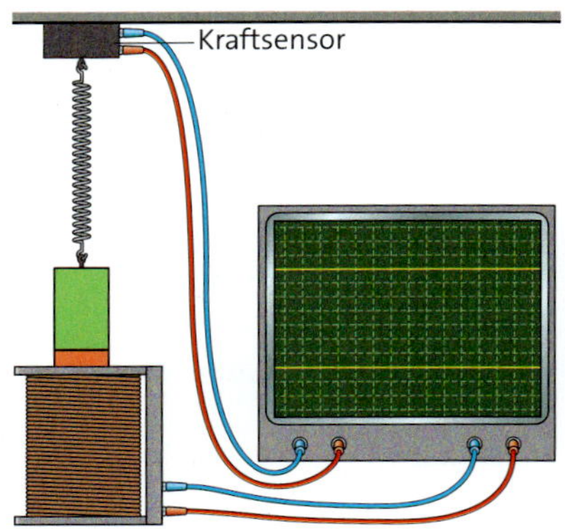

1 Schwingender Magnet

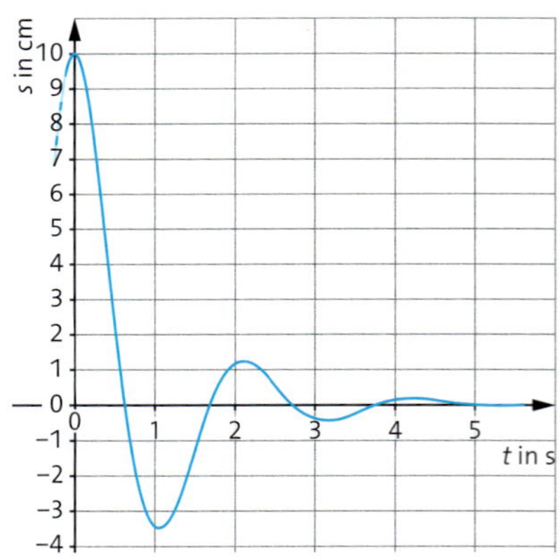

2 Zeitlicher Verlauf der Schwingung

Zeit	0	1T	2T	3T	4T	5T	6T	7T
Amplitude	3,7	3,4	3,2	3,0	2,8	2,6	2,5	2,4

3 Zeitlicher Verlauf der Amplitude der Federschwingung (Angabe in Skalenteilen)

Lösungen zu A2–A4

A2

a) Anregung der Schwingung durch die Bewegung im Uhrwerk der Armbanduhr, damit ist die Frequenz 1 Hz

b) Anregung mit der Eigenfrequenz des Fadenpendels (diese ist abhängig von der Fadenlänge) führt zur Resonanz und damit zu maximaler Energieübertragung vom Uhrwerk auf das Pendel, dieses beginnt zu schwingen.

c) Es ergibt sich $l \approx 24{,}8\,\text{cm}$, da $T = 2\pi \cdot \sqrt{\frac{l}{g}} \leftrightarrow l = \frac{T^2}{4\pi^2} \cdot g$.

d) Reibungführt zu Energieverlust, Schwingung wird langsamer: Pendel muss verlängert werden

A3

a) $f_0 = \frac{1}{2\pi\sqrt{LC_0}} \approx 23{,}2\,\text{kHz}$
mit $C_0 = \varepsilon_0 \cdot \frac{A}{d} \approx 55{,}3\,\text{pF}$

b) Flüssigkeit mit Dielektrizitätskonstante ε_r: Kapazität des Kondensators nimmt immer mehr zu (vereinfachend Parallelschaltung aus luftgefülltem und flüssigkeitsgefülltem Kondensator), das bedeutet, beim komplett gefüllten Tank ist die Eigenfrequenz um den Faktor $\sqrt{\varepsilon_r}$ abgesunken

c) Mögliche Lösung in ▸Abb. 4. Erreichen der Eigenfrequenz ist gleichbedeutend mit dem Resonanzfall

d) Ablesen der Resonanzfrequenz f_r aus dem $I(f)$-Diagramm; diese ist etwa gleich der Eigenfrequenz des Schwingkreises am gefüllten Tank:

$$f_r = \frac{1}{2\pi\sqrt{LC_r}} = \frac{1}{2\pi\sqrt{L\varepsilon_r C_0}}$$

$$\Rightarrow \varepsilon_r = \frac{1}{4\pi^2 \cdot LC_0 \cdot f_r^2}.$$

Hinweis: Aufgrund von Dämpfung ist die Resonanzfrequenz eigentlich etwas niedriger als die Eigenfrequenz, der errechnete Wert wäre somit etwas zu hoch.

A4

a) Energiezufuhr durch aktive Verlagerung des Schwerpunktes nach außen bewirkt erhöhte Beschleunigung am hinteren Umkehrpunkt (in Resonanzfrequenz)

b) Harmonische Schwingung am Fadenpendel: Kleinwinkelnäherung $\sin\alpha \approx \alpha$ gilt hier sicher nicht, da gilt:
$\cos\alpha = \frac{3{,}00\,\text{m}}{3{,}80\,\text{m}} \Rightarrow \alpha \approx 38°$.

c) Schwingungsdauer:

$$T = 2\pi \cdot \sqrt{\frac{l}{g}} = 2\pi \cdot \sqrt{\frac{3{,}80\,\text{m}}{9{,}81\,\frac{\text{m}}{\text{s}^2}}} \approx 3{,}91\,\text{s},$$

seitliche Auslenkung:
$x = \sqrt{(3{,}80\,\text{m})^2 - (3{,}00\,\text{m})^2} \approx 2{,}33\,\text{m}$,
Amplitude (Bogenstück, α im Bogenmaß!):
$\alpha = \frac{s_{max}}{l} \Rightarrow s_{max} = l \cdot \alpha \approx 2{,}51\,\text{m}$.

d) Berechnung von v_{max} anhand der Amplitude:
$s(t) = s_{max} \cdot \sin(\omega t)$
$\Rightarrow v(t) = s_{max} \cdot \omega \cdot \cos(\omega t)$
$\Rightarrow v_{max} = s_{max} \cdot \omega = s_{max} \cdot \frac{2\pi}{T}$
$\approx 4{,}04\,\frac{\text{m}}{\text{s}}$
Berechnung von v_{max} über die Energieerhaltung:
$mgh_{max} = \frac{1}{2}m(v_{max})^2$
$\Rightarrow v_{max} \approx 3{,}96\,\frac{\text{m}}{\text{s}}$

e) Wert bei Berechnung über die Amplitude zu groß;
Ursache: Annahme der harmonischen Schwingung und die Gültigkeit der Kleinwinkelnäherung. Eigentlich gilt $\sin\alpha < \alpha = \frac{s}{l}$, das bedeutet, die berechnete Schwingungsdauer ist zu klein und v_{max} wird zu groß.

f) Ablesen der Hochpunkte ergibt, dass der Quotient aufeinander folgender Amplituden etwa konstant ist:

$$\frac{\hat{s}(t)}{\hat{s}(t+T)} = \frac{s_{max} \cdot e^{-\delta t}}{s_{max} \cdot e^{-\delta(t+T)}} = e^{\delta T}$$

$\approx$ konstant.

g) $T \approx 3{,}91\,\text{s}$;
exponentielle Regression liefert
$y = 2{,}3514 \cdot e^{-0{,}029x}$ mit $R^2 = 0{,}9971$
$\Rightarrow s(t)$
$= 2{,}35\,\text{m} \cdot e^{-0{,}029\,\frac{1}{\text{s}} \cdot t} \cdot \cos\left(\frac{2\pi}{3{,}91\,\text{s}} \cdot t\right)$

h) Trapez bewegt sich nahe dem Umkehrpunkt am langsamsten (und Auswirkung des Unterschieds zwischen x und s), damit ist die Sandspur außen dicker.

i) Abnehmende Amplitude, damit werden nur innere Bereiche immer überstrichen und die Sandspur ist innen dicker.

j) Blütenblätter sind sehr leicht und haben eine große Fläche, daher sind Luftströmungen wichtig, Blütenblätter fallen nicht direkt nach unten

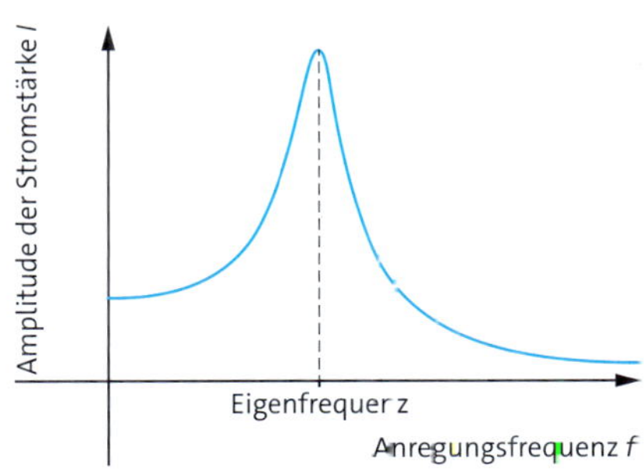

4 $I(f)$-Diagramm für den Tank

Mechanische Schwingung

Schwingungen sind periodische Bewegungen eines Körpers um seine Ruhelage.

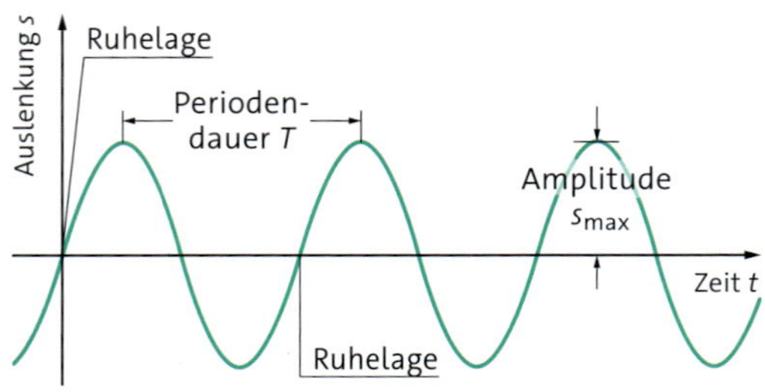

1 $s(t)$-Diagramm einer harmonischen Schwingung

Harmonische Schwingungen sind sinusförmige, periodische Schwingungen (▸Abb.1). Eine harmonische Schwingung lässt sich durch die Gleichung

$s(t) = s_{max} \cdot \sin(\omega t + \Delta\varphi)$

beschreiben. Dabei ist:

$s(t)$: Auslenkung aus der Ruhelage zum Zeitpunkt t in m

s_{max}: Amplitude in m, maximale Auslenkung

ω: Kreisfrequenz mit $\omega = \frac{2\pi}{T} = 2\pi f$ in $\frac{1}{s}$

f: Frequenz mit $f = \frac{1}{T}$ in Hz

T: Periodendauer in s

$\Delta\varphi$: Phasenverschiebung im Bogenmaß

Frequenz: Die Anzahl Schwingungen pro Sekunde nennt man Frequenz. Sie hat die Einheit:
$\frac{1}{s} = 1$ Hertz $= 1$ Hz.

Eigenfrequenz: Fadenpendel und Federpendel führen bei kleinen Auslenkungen in guter Näherung harmonische Schwingungen aus, die charakteristische Eigenfrequenzen f_0 zeigen.

Fadenpendel: $f_0 = \frac{1}{2\pi} \cdot \sqrt{\frac{g}{l}}$

Federpendel: $f_0 = \frac{1}{2\pi} \cdot \sqrt{\frac{D}{m}}$

Periodendauer: Die Periodendauer T ist die Zeitspanne, in der ein Pendel eine ganze Schwingung ausführt. Bei kleinen Auslenkungen gilt beim:

Fadenpendel: $T = 2\pi \cdot \sqrt{\frac{l}{g}}$

Federpendel: $T = 2\pi \cdot \sqrt{\frac{m}{D}}$

Federkonstante: Die Federkonstante D beschreibt, ob sich eine Metallfeder leicht oder schwer auslenken lässt und wird auch Federhärte genannt. Sie hat Einfluss auf die Periodendauer und wird meist in $\frac{N}{cm}$ angegeben.

Lineares Kraftgesetz: Ein Oszillator führt eine harmonische Schwingung aus, wenn auf ihn eine Rückstellkraft wirkt, die dem linearen Kraftgesetz folgt: $F_{rück} = -D \cdot s$.
Dabei ist s die Auslenkung. Für die Schwingung eines Federpendels ist D gerade die Federkonstante, bei einem Federpendel ergibt sich:

$D = \frac{m \cdot g}{l}$.

Ton, Klang, Geräusch, Schall: Ein Ton im physikalischen Sinn ist eine akustische harmonische Schwingung. Sind mehrere akustische harmonische Schwingungen überlagert, spricht man von einem Klang. Ein akustisches Signal ohne jede Regelmäßigkeit ist ein Geräusch. Schall ist der Oberbegriff für akustische Wahrnehmungen.

Lautstärke und Tonhöhe: Je lauter der Ton ist, desto größer ist die Amplitude. Je höher der Ton ist, desto größer ist seine Frequenz f.

Überlagerung von Schwingungen: Kommt es zur Überlagerung von Schwingungen, so addieren sich die einzelnen Amplituden. Die Resultierende ist meist keine harmonische Schwingung.

Energieumwandlungen: Bei der Schwingung eines Pendels wird permanent Lageenergie in kinetische Energie umgewandelt und wieder zurück. Am Umkehrpunkt ist die Lageenergie maximal und die kinetische Energie null, beim Durchgang durch die Ruhelage ist es umgekehrt. Die Summe aus beiden Energien ist – bei Vernachlässigung von Reibungsverlusten – konstant.

Gedämpfte Schwingungen: Bei allen Schwingungen kommt es infolge von Reibung zu Dämpfung. Diese kann zu einer exponentiellen Abnahme der Amplitude führen mit

$\hat{s}(t) = s_{max} \cdot e^{-\delta \cdot t}$.

δ: Dämpfungskonstante in $\frac{1}{s}$.

Erzwungene Schwingungen: Ein schwingungsfähiges System kann von außen mit einer Erregerfrequenz f_E in Schwingung versetzt werden.

Resonanz: Wird ein schwingungsfähiges System von außen mit seiner Eigenfrequenz angeregt, so ergeben sich besonders große Amplituden. Es liegt Resonanz vor.

Zeigerformalismus: Schwingungen lassen sich als Zeiger darstellen. Ein Zeiger, dessen Länge der Schwingungsamplitude entspricht, rotiert gegen den Uhrzeigersinn mit der Kreisfrequenz der Schwingung. Die Auslenkung zu einem bestimmten Zeitpunkt ergibt sich durch den Abstand der Zeigerspitze von der waagerechten Zeit-Achse. Stellt man mehrere überlagerte Schwingungen über ihre rotierenden Zeiger dar, führt eine Vektoraddition zum Zeiger der resultierenden Schwingung (▸Abb. 2).

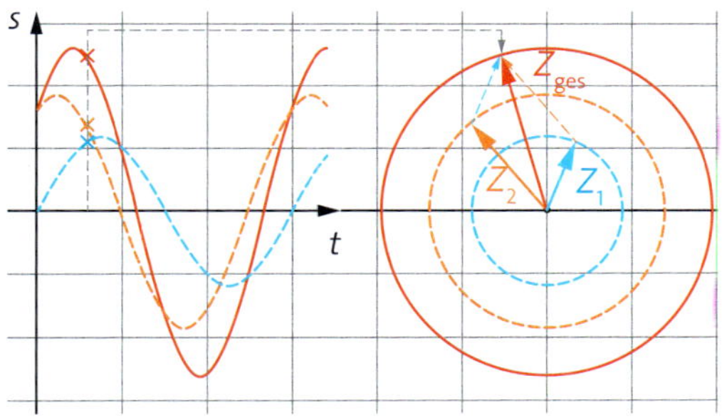

2 Überlagerung von Schwingungen

Elektromagnetische Schwingungen

Schwingkreis: Ein Schwingkreis aus Kondensator und Spule ist ein harmonischer Oszillator mit folgender Eigenfrequenz:

$$f_0 = \frac{\omega_0}{2\pi} = \frac{1}{2\pi\sqrt{L \cdot C}}.$$

Energieumwandlungen: In einem Schwingkreis finden periodische Energieumwandlungen zwischen elektrischer Energie $E_{el} = \frac{1}{2} \cdot C \cdot U_C^2$ und magnetischer Energie $E_{mag} = \frac{1}{2} \cdot L \cdot I^2$ statt. Im idealen Fall ist die Gesamtenergie konstant mit

$$E_{ges} = \frac{1}{2} C \cdot Q_0^2.$$

Überprüfen Sie sich selbst:

Kann ich ...

- anhand von Beispielen harmonische und nicht harmonische Schwingungen unterscheiden? (▸S. 149)
- Schwingungen mit ihren wichtigsten Kenngrößen beschreiben? (▸S. 149)
- die Schwingungsgleichung angeben und aus gegebenen $s(t)$-Diagrammen die zugehörigen Schwingungsgleichungen ermitteln? (▸S. 150)
- das $s(t)$-Diagramm einer Schwingung zeichnen? (▸S. 150)
- die Periodendauer eines Faden- und eines Federpendels bestimmen? (▸S. 153 f.)
- den Zusammenhang zwischen harmonischer Schwingung und Rückstellkraft bei Feder- und Fadenpendel erläutern? (▸S. 154 f.)
- die Energieumwandlung zwischen Lageenergie und kinetischer Energie bei der Schwingung eines Fadenpendels erläutern? (▸S. 155)
- die Amplitude einer gedämpften Schwingung zu einem gegebenen Zeitpunkt ermitteln, wenn diese exponentiell abnimmt? (▸S. 159)
- beschreiben, welche resultierenden Schwingungen sich bei der Überlagerung zweier ungedämpfter Schwingungen ergeben können? (▸S. 159)
- Fälle nennen, in denen das Auftreten von Resonanzen genutzt wird? (▸S. 161)
- erläutern, wie sich die Amplitude bei einer Schwebung verhält? (▸S. 162)
- nachweisen, dass die Periodendauer eines Federpendels die Lösung der zugehörigen Differenzialgleichung darstellt? (▸S. 163)
- die Abläufe in einem Schwingkreis beschreiben und begründen? (▸S. 169)
- die Dämpfungskonstante für einen Schwingkreis ermitteln? (▸S. 170)

Wellen

In diesem Kapitel beschäftigen Sie sich mit:

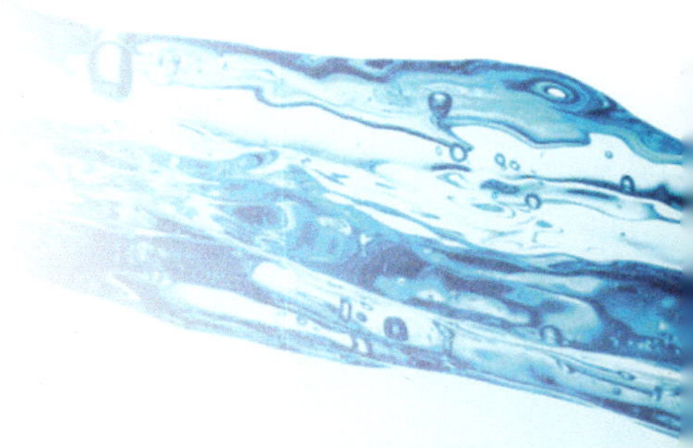

1 Ein Regentropfen fällt in einen See.

Von der Schwingung zur Welle

Wellen können ganz harmlos sein, z. B. kleine Wellen auf einem See oder Schallwellen in der Luft. Doch sie können auch gefährlich und zerstörerisch sein, wie bei einem Tsunami oder einem Erdbeben. Doch wie entstehen Wellen eigentlich?

Entstehung von Wellen • Fällt ein Regentropfen ins Wasser, trifft er auf Wassermoleküle. Diese weichen nach unten aus und schwingen dann eine Zeit lang auf und ab. Doch warum breitet sich diese Schwingung kreisförmig aus? Das Wasser besteht aus vielen Molekülen, zwischen denen Kräfte wirken. Eine Wirkung dieser Kräfte lässt sich in ▸Abb. 2 erkennen: Der Wasserläufer wird durch die Oberflächenspannung getragen.

Zwei gekoppelte Pendel • Die Bedeutung der Kräfte für die Entstehung der Wellen untersuchen wir in einem Modellversuch. Dazu nutzen wir zwei Pendel statt der Wassermoleküle. Eine kleine Feder erzeugt die Kopplungskräfte zwischen diesen (▸Abb. 3). Wir lenken zunächst nur ein Pendel aus. Während es schaukelt, fängt auch das andere Pendel langsam an zu schwingen. Seine Amplitude wird dabei immer größer, die des ersten Pendels geht allmählich zurück, bis es kurz stehen bleibt. Danach wiederholt sich alles in anderer Richtung, bis die Schwingungen aufgrund der unvermeidlichen Dämpfung zum Erliegen kommen (▸Abb. 4). Also wird durch die Kopplung periodisch Energie von einem Pendel auf das andere übertragen.

2 Wasserläufer

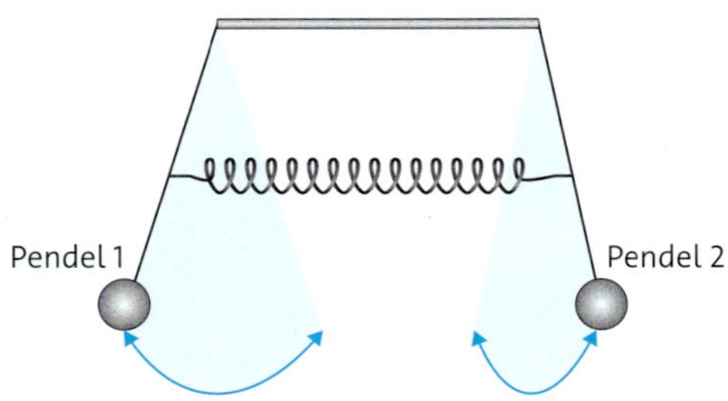

3 Gekoppelte Pendel im Experiment

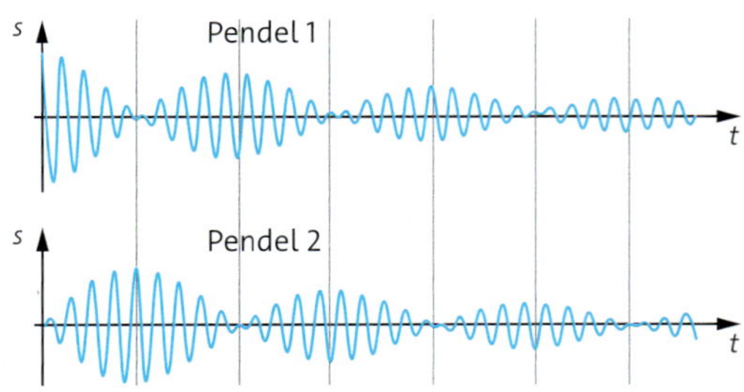

4 Schwingungen der gekoppelten Pendel

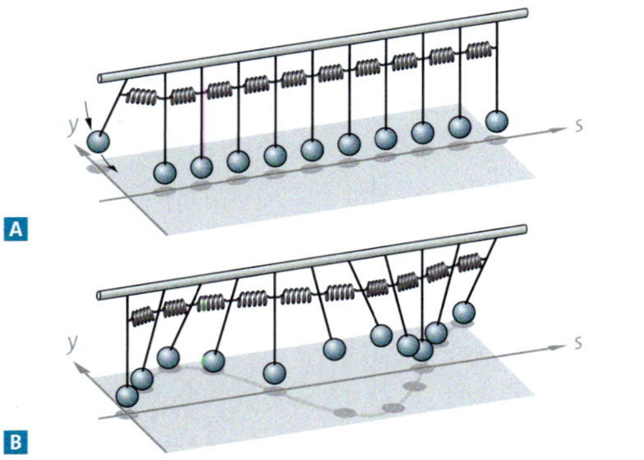

5 Entstehung von Transversalwellen

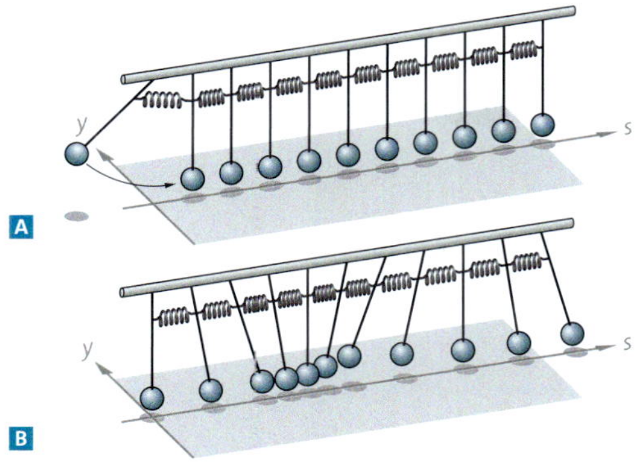

6 Entstehung von Longitudinalwellen

Zur genaueren Untersuchung führen wir verschiedene Variationen des Versuchs durch. Wir nutzen

- Schwingungen parallel und senkrecht zur Kopplungsrichtung,
- gleich und unterschiedlich lange Pendel,
- unterschiedliche Federn zur Kopplung.

Es zeigt sich, dass beide gekoppelten Pendel stets mit gleicher Frequenz schwingen. Bei gleicher Pendellänge besteht Resonanz mit der maximalen Energieübertragung. Die Stärke der Kopplung zwischen den Pendeln bestimmt dabei die Periodendauer, mit der die Energie zwischen den Pendeln hin- und herwandert.
Wie bei allen Fällen von Resonanz besteht auch hier eine Phasenverschiebung von $\frac{\pi}{2}$ zwischen der erregenden und der angeregten Schwingung – unabhängig davon, ob parallel oder senkrecht zur Kopplungsrichtung angeregt wird.

Viele Oszillatoren • Lenken wir das erste Pendel einer Kette aus vielen gekoppelten Pendel aus, wird die Energie bis zum Ende der Kette nur in eine Richtung auf das jeweils nächste Pendel übertragen. Nach und nach geraten alle Pendel in Bewegung und es entsteht eine Welle.

Eine Welle entsteht durch die Schwingung gekoppelter gleichartiger Oszillatoren.

Zwei Arten von Wellen • Schwingen die Oszillatoren senkrecht zur Ausbreitungsrichtung der Welle wie in ▸Abb. 5, wird diese als **Transversalwelle** bezeichnet. Lenken wir dagegen wie in ▸Abb. 6 A das erste Pendel nicht nach hinten, sondern seitwärts aus, bildet sich eine Welle, bei der die Oszillatoren nicht senkrecht zur Ausbreitungsrichtung, sondern parallel zu dieser schwingen. Es entsteht eine **Longitudinalwelle.**

Ein Beispiel für Longitudinalwellen sind Schallwellen. Hier werden Luftmoleküle z. B. durch einen Schlag auf eine Trommel zum Schwingen angeregt (▸Abb. 7). Da die Moleküle vor allem über Stöße wechselwirken, kommt es nur zu Schwingungen entlang der Ausbreitungsrichtung. Es entstehen Bereiche mit höherer Teilchendichte (höherem Druck) und mit geringerer Teilchendichte (geringerem Druck).

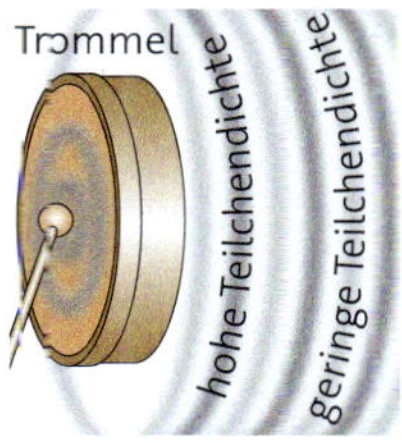

7 Bildung einer Schallwelle

Schwingen die Oszillatoren senkrecht zur Ausbreitungsrichtung der Welle, spricht man von einer Transversalwelle.
Schwingen die Oszillatoren parallel zur Ausbreitungsrichtung, spricht man von einer Longitudinalwelle.

1 Zwei Pendel sind durch eine Feder gekoppelt. Erklären Sie, wie sich die Periodendauer der Energieübertragung verändert, wenn man die Kopplung verstärkt.
2 Demonstrieren Sie die wesentlichen Eigenschaften von Transversal- und Longitudinalwellen mithilfe eines Treppenläufers (▸Abb. 8).
3 Recherchieren Sie die Entstehung von Wasserwellen. Erklären Sie diese besondere Form der Wellenausbreitung anhand einer Skizze.

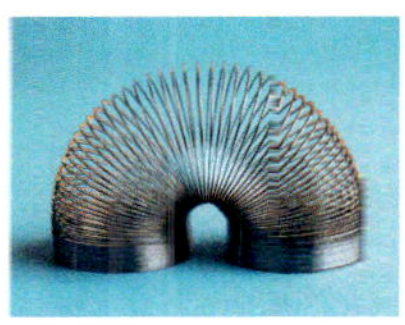

8 Treppenläufer

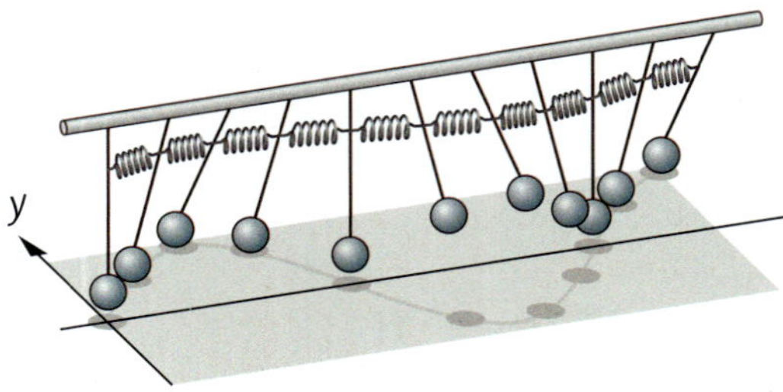

1 Eine Welle breitet sich aus.

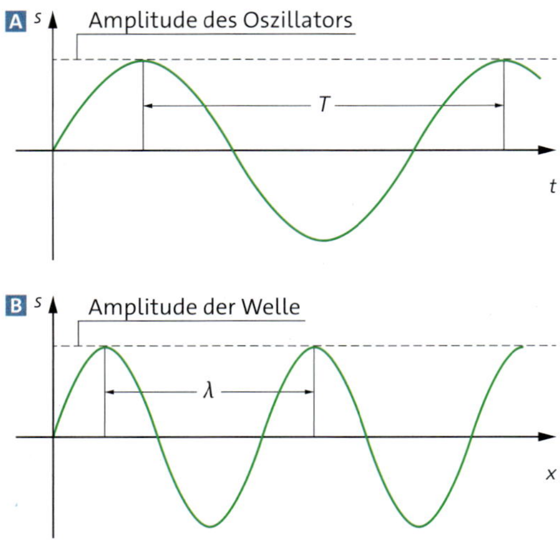

2 Schwingungen der gekoppelten Pendel

Beschreibung von Wellen • Wellen werden durch Oszillatoren gebildet, die zeitversetzt die gleichen Schwingungen ausführen. Ihre Schwingung lässt sich wie gewohnt mit der Periodendauer T beschreiben. Somit gilt für die Schwingung eines bestimmten Oszillators

$$s(t) = s_{max} \cdot \sin\left(\frac{2\pi}{T} \cdot t\right).$$

In ▸Abb. 1 ist eine Momentaufnahme einer Welle zu sehen. Hier sind viele kleine Pendel (Oszillatoren) durch Federn miteinander gekoppelt. Wir erkennen Wellenberge und Wellentäler, die immer gleiche Abstände haben. Die Welle ist also nicht nur zeitlich, sondern auch räumlich periodisch.

Der räumliche Abstand zweier benachbarter Wellenberge bzw. -täler zu einem bestimmten Zeitpunkt wird als **Wellenlänge** λ ($[\lambda] = 1\,\text{m}$) bezeichnet (▸Abb. 2 B). Analog zur obigen Darstellung gilt für die räumliche Periodizität:

$$s(x) = s_{max} \cdot \sin\left(\frac{2\pi}{\lambda} \cdot x\right).$$

Während der vollständigen Schwingung eines Oszillators (Periodendauer T) läuft die Welle um eine Wellenlänge λ weiter. Dabei ist die gleichförmige Bewegung der Wellenberge deutlich zu erkennen. Die Welle breitet sich also mit der **Ausbreitungsgeschwindigkeit**

$$c = \frac{\lambda}{T} = \lambda \cdot f$$

aus, während die Oszillatoren an ihren Plätzen bleiben. Die Welle transportiert somit Energie, aber keine Materie.

Um sowohl den zeitlichen als auch den räumlichen Aspekt zu erfassen, betrachten wir einen Oszillator in der Entfernung x vom Beobachtungsstartpunkt. Er wird nach der Zeitspanne t_x von der Welle erfasst. Für seine Auslenkung gilt

$$s(t) = s_{max} \cdot \sin\left(\frac{2\pi}{T} \cdot (t - t_x)\right).$$

Dabei lässt sich t_x unter Berücksichtigung der Ausbreitungsgeschwindigkeit ersetzen durch

$$t_x = \frac{x}{c} = \frac{x \cdot T}{\lambda}.$$

Dies führt zur **Wellenfunktion,** die von den zwei Größen Ort und Zeit abhängt:

$$\begin{aligned} s(t,x) &= s_{max} \cdot \sin\left(\frac{2\pi}{T} \cdot \left(t - \frac{x \cdot T}{\lambda}\right)\right) \\ &= s_{max} \cdot \sin\left(2\pi \cdot \left(\frac{t}{T} - \frac{x}{\lambda}\right)\right) \end{aligned}$$

Wellen sind zeitlich und räumlich periodische Bewegungen, die sich mit $c = \lambda \cdot f$ ausbreiten und für deren Auslenkung gilt

$$s(t,x) = s_{max} \cdot \sin\left(2\pi \cdot \left(\frac{t}{T} - \frac{x}{\lambda}\right)\right).$$

Dabei gibt die Wellenlänge λ den Abstand zweier benachbarter Wellenberge bzw. -täler an ($[\lambda] = 1\,\text{m}$) an.

Ausbreitung von Wellen • Der Zusammenhang zwischen Wellenlänge und Ausbreitungsgeschwindigkeit lässt sich mithilfe einer Wellenwanne genauer untersuchen (▸Abb. 3). Hier taucht ein kleiner Tupfer mit einer Frequenz von 50 Hz in eine ca. 0,7 cm tiefe Wasserschicht ein.

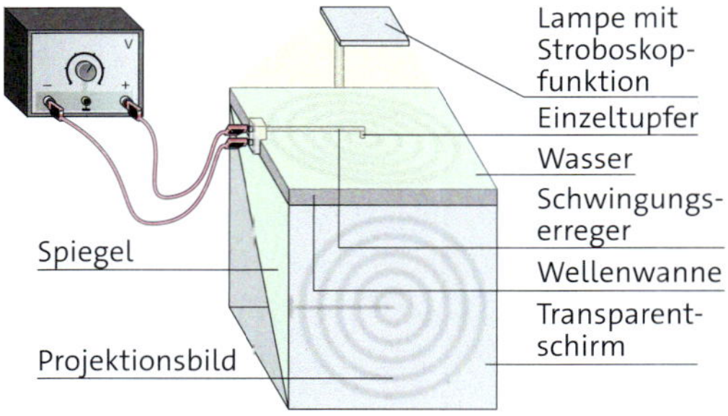

3 Aufbau einer Wellenwanne

Es entstehen Wellenberge und -täler, die als helle und dunkle Ringe auf dem Schirm zu sehen sind. Da unsere Augen die schnellen Veränderungen der voranschreitenden Welle nicht wahrnehmen können, nutzen wir eine Hochfrequenzkamera mit einer Bildrate von 300 Bildern in der Sekunde. In ▸Abb. 4 sind sieben aufeinanderfolgende Fotos zu sehen. So lässt sich die Ausbreitung der Welle innerhalb einer Periodendauer gut beobachten.

Der zeitliche Abstand von Bild zu Bild beträgt $\frac{1}{300}$ s. Bei der eingestellten Frequenz von 50 Hz entspricht dieser Wert genau $\frac{1}{6}$ der Zeit, die für das Absenken und Anheben des Erregers benötigt wird. Markieren wir in ▸Abb. 4 einen beliebigen Schwingungszustand, hier der blaue Punkt, und beobachten, wie sich dieser von Bild zu Bild fortbewegt, erkennen wir tatsächlich die gleichförmige Bewegung. Der markierte Wellenberg hat sich vom ersten zum letzten Bild, in der Zeit T, um die Strecke λ weiterbewegt.

Dabei wird die Ausbreitungsgeschwindigkeit c durch die Kopplungskräfte zwischen den Oszillatoren bestimmt und ist daher stoff- und temperaturabhängig. Je größer die Kopplungskräfte sind, desto größer ist die Ausbreitungsgeschwindigkeit. Diese Abhängigkeit können Sie nachweisen, wenn Sie im Experiment mit den gekoppelten Pendeln Federn mit einer größeren Federkonstante verwenden. Bei gleichen Auslenkungen zieht jedes Pendel seinen Nachbarn mit größerer Kraft nach, sodass sich die Welle schneller ausbreitet.

Wellen breiten sich gleichförmig aus. Ihre Ausbreitungsgeschwindigkeit ist umso größer, je stärker die Kopplungskräfte sind. Sie ist daher material- und temperaturabhängig.

1 Eine Welle mit $s_{max} = 4\,\text{cm}$ breitet sich mit 3 Schwingungen in einer Sekunde über 24 cm aus.
a) Berechnen Sie die Ausbreitungsgeschwindigkeit. Stellen Sie die Wellenfunktion auf.
b) Stellen Sie die Situation graphisch dar. Die Oszillatoren haben einen Abstand von 1 cm.

2 Zeigen Sie anhand der Wellenfunktion:
a) $s(t + T, x) = s(t, x)$
b) Es besteht auch eine räumliche Periodizität.

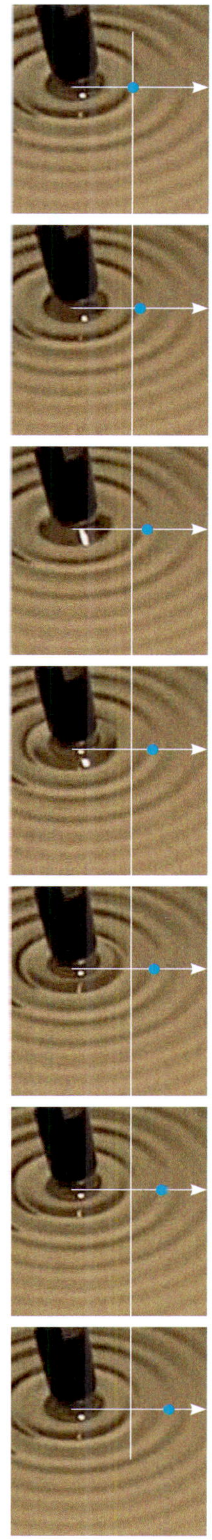

4 Zeitrafferbild einer Wasserwelle

BEISPIEL

Für eine Welle gilt folgende Wellenfunktion:

$$s(t, x) = 0{,}32\,\text{m} \cdot \sin\left(\pi \cdot \left(\frac{t}{2\,\text{s}} + 2{,}5\,\frac{1}{\text{m}} \cdot x\right)\right)$$

a) Erläutern Sie, in welche Richtung sich die Welle ausbreitet.
b) Ermitteln Sie T und λ.
c) Berechnen Sie die Auslenkung des Oszillators an der Stelle 1,5 m zum Zeitpunkt 8,0 s.

Mögliche Lösung:

a) Die Welle breitet sich entgegen der x-Richtung aus, da in der Sinusfunktion ein „+" vor der Variablen x steht.

b) Umformung der Wellenfunktion führt zu

$$s(t, x) = 0{,}32\,\text{m} \cdot \sin\left(2\pi \cdot \left(\frac{t}{4\,\text{s}} + \frac{x}{0{,}8\,\text{m}}\right)\right)$$

Damit ergibt sich $T = 4\,\text{s}$ und $\lambda = 0{,}8\,\text{m}$.

c) Hier ist zu beachten, dass mit dem Winkel im Bogenmaß gerechnet werden muss (rad). Einsetzen der Werte ergibt

$$s = 0{,}32\,\text{m} \cdot \sin\left(\pi \cdot \left(\frac{8\,\text{s}}{2\,\text{s}} + 2{,}5\,\frac{1}{\text{m}} \cdot 1{,}5\,\text{m}\right)\right)$$

$$= 0{,}32\,\text{m} \cdot \sin\left(\pi \cdot (4 + 3{,}75)\right) \approx -0{,}23\,\text{m}.$$

Der Oszillator ist um knapp 0,23 m nach unten ausgelenkt.

BLICKPUNKT

Erdbebenwellen

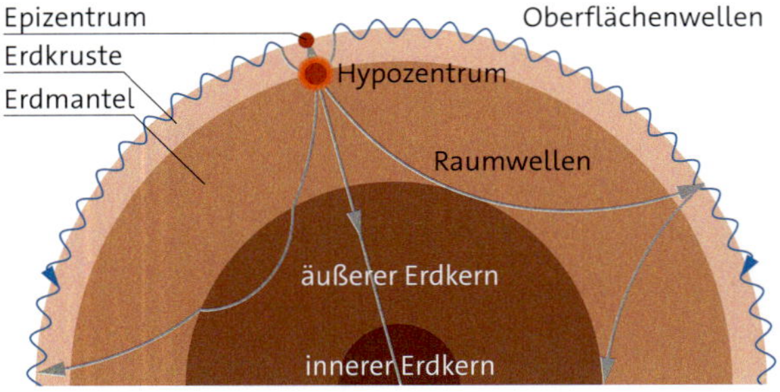

1 Erdbebenwellen im Inneren und an der Oberfläche

3 Straßenschäden durch Erdbeben

Zu einem Erdbeben kommt es, wenn Kontinentalplatten sich gegeneinander bewegen. Sie verkanten sich und lösen sich plötzlich wieder. Als Folge entstehen Transversal- und Longitudinalwellen, die sich in allen Richtungen durch die Erde ausbreiten (▸Abb. 1) und schwere Schäden verursachen können (▸Abb. 3).

Erdbebenwellen breiten sich mit unterschiedlichen Geschwindigkeiten aus. Dies wird nicht nur durch die verschiedenen Gesteinsarten verursacht, die sie durchlaufen. Generell breiten sich Longitudinalwellen im Erdinneren schneller aus als Transversalwellen. Sie erreichen die Erdoberfläche früher und werden daher als Primär- oder **P-Wellen** bezeichnet, im Gegensatz zu den Sekundär- oder **S-Wellen** genannten Transversalwellen. (▸Abb. 2).

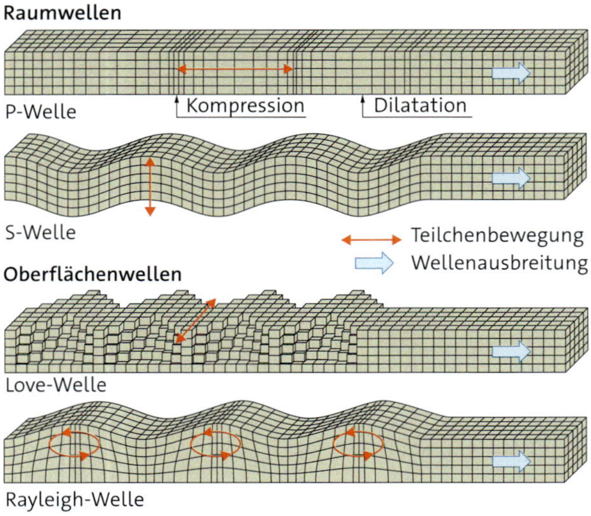

2 Verschiedene Erdbebenwellen

Nach den S- und P-Wellen treten **Oberflächenwellen** auf. Da sie die größten Amplituden erreichen, verursachen sie den Großteil der Erschütterungen bei einem Erdbeben und somit auch die größten Schäden an Gebäuden.
Das zeitlich versetzte Eintreffen der Wellen ermöglicht es, auf Stärke und das **Hypozentrum** (der Ursprungsort) des Erdbebens zu schließen. Genau über dem Hypozentrum liegt dann an der Erdoberfläche das **Epizentrum** (▸Abb. 1).
Zur Angabe der Stärke eines Erdbebens führte CHARLES FRANCIS RICHTER 1935 eine logarithmische Skala ein, die die Amplituden der verschiedenen Wellenarten berücksichtigt. Allerdings ist auch die Aussagekraft der Richter-Skala begrenzt. Ob zwei Beben gleicher Stärke ähnliche Schäden verursachen, hängt v. a. von der lokalen Bauweise und dem Anteil der Oberflächenwellen ab.
Erdbeben im Meeresgrund können sehr gefährlich werden. Tritt eine plötzliche Absenkung oder Anhebung des Ozeanbodens auf, bewegt sich die gesamte Wassersäule darüber mit und gerät in Schwingungen. Die Welle, die so entsteht, transportiert viel Energie und breitet sich auf dem offenen Meer schnell aus. Wird das Meer an der Küste flacher, sinkt die Ausbreitungsgeschwindigkeit der Welle rasch ab. Das Wasser kann sich dadurch zu einem zerstörerischen **Tsunami** auftürmen (▸Abb. 4).

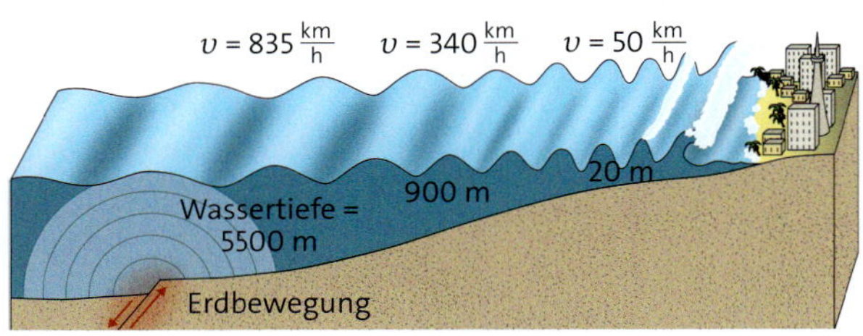

4 Entstehung eines Tsunamis

Versuch A • Ausbreitung von Wellen

V1 λ und c von Schallwellen

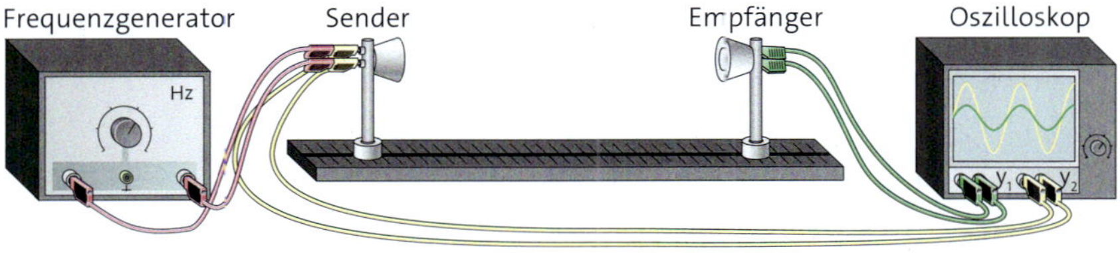

5 Versuchsaufbau

Material:
Frequenzgenerator, Zweikanaloszilloskop, Ultraschall-Sender und -Empfänger, Kabel, Stativmaterial, Gleitschiene mit Maßeinteilung

Arbeitsauftrag:

a) Bauen Sie den Versuch nach ▸Abb. 5 auf. Bei den Einstellungen am Oszilloskop hilft Ihr Lehrer oder Ihre Lehrerin. Triggern Sie das Oszilloskop auf den Eingang y_2.

b) Verschieben Sie den Empfänger in Richtung Sender und beschreiben Sie Ihre Beobachtungen. Erklären Sie die Veränderung der Oszilloskopbilder während der Bewegung.

c) Suchen Sie mithilfe des Empfängers einen Ort in der unmittelbaren Umgebung des Senders, an dem die Luft phasengleich mit dem Sender schwingt. Markieren Sie diesen Ort auf der Gleitschiene.

d) Durch langsames Verschieben des Empfängers weg vom Sender lassen sich weitere Orte mit gleichen Schwingungszuständen finden. Ermitteln Sie damit die Wellenlänge λ möglichst genau. Nehmen Sie dazu mehrere Messungen auf.

e) Berechnen Sie den Mittelwert der Wellenlängen und ermitteln Sie daraus die Schallgeschwindigkeit.

f) Vergleichen Sie Ihren Wert mit dem des Tafelwerks und geben Sie Ursachen für Abweichungen an.

V2 Materietransport in Wellen?

Material:
Rechteckiges Gefäß, bspw. Spülbecken oder eine große Auflaufform, Lineal (30 cm), Alufolie

Arbeitsauftrag:

a) Füllen Sie Wasser in ihr Gefäß und legen Sie ein kleines Stück Alufolie auf die Wasseroberfläche. Warten Sie, bis es zur Ruhe gekommen ist.

b) Erzeugen Sie mithilfe des Lineals Wellen auf der Wasseroberfläche. Beschreiben und deuten Sie die Bewegung, die das Stück Alufolie vollführt.

c) Geben Sie begründet an, wie sich die Bewegung der Alufolie ändern würde, wenn Sie die Energiezufuhr erhöhen. Überprüfen Sie Ihre Aussage experimentell.

Material A • Ausbreitung von Wellen

6 Blick auf eine Wellenwanne

A1 Der Tupfer einer Wellenwanne taucht mit einer Frequenz von 50 Hz in das Wasser ein. Ermitteln Sie mithilfe von ▸Abb. 6 die Ausbreitungsgeschwindigkeit der Welle. Vergleichen Sie untereinander Ihre Ergebnisse.

A2 In ▸Abb. 7 ist die Ausbreitung einer Transversalwelle dargestellt.
a) Erklären Sie die Abbildung.
b) Erläutern Sie, wie sich ▸Abb. 7 ändert, wenn der Oszillator bei $x = 0$ zu Beginn nach unten schwingt.
c) Zeichnen Sie für diesen Fall die Welle für $t = 0$, $t = \frac{T}{4}$ und $t = \frac{T}{2}$.

A3 Verdeutlichen Sie am Beispiel den Unterschied zwischen der Ausbreitungsgeschwindigkeit der Welle und der Geschwindigkeit der Oszillatoren.

A4 Zeichnen Sie eine Abbildung analog zu ▸Abb. 7 in der die Ausbreitung einer Longitudinalwelle dargestellt ist.

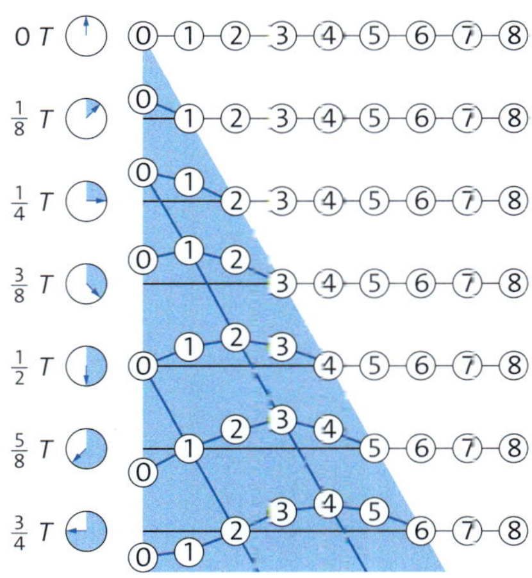

7 Räumlich-zeitliche Periodizität einer Welle

1 Wellen vieler Regentropfen überlagern sich.

Überlagerung von Wellen

Fallen viele Regentropfen auf eine Wasseroberfläche, so überlagern sich die entstehenden Kreiswellen. Dennoch sind die einzelnen Kreise weiterhin gut zu erkennen. Wie ist das möglich?

Überlagerung von Wellen • Allem Anschein nach überlagern sich die Wellen in ▸Abb. 1 ungehindert, denn die unterschiedlichen Kreise sind weiterhin gut zu erkennen. Sie laufen ungestört übereinander hinweg. Messungen zeigen, dass sich die verschiedenen Auslenkungen an einem Ort einfach addieren. Dieses Verhalten wird als **Superpositionsprinzip** bezeichnet.

Zeichnerische Darstellung von Wellen • Um die Überlagerung von Wellen genauer betrachten zu können, ist eine vereinfachte Darstellung zweckmäßig. Dazu verbinden wir in einer Zeichnung benachbarte Orte miteinander, an denen die Oszillatoren den gleichen Schwingungszustand haben, z. B. alle Wellenberge oder alle

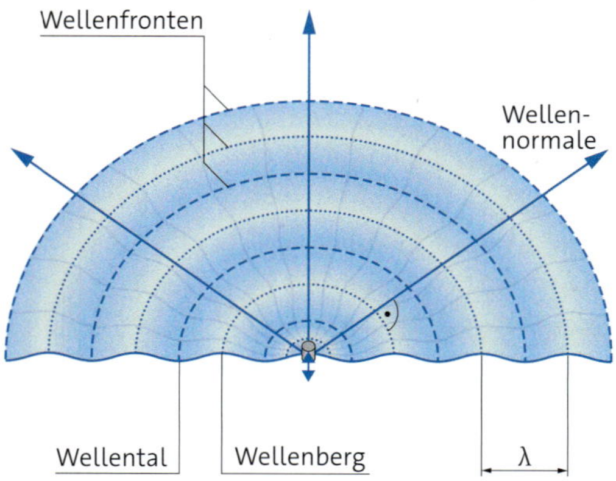

2 Ausbreitung einer kreisförmigen Welle

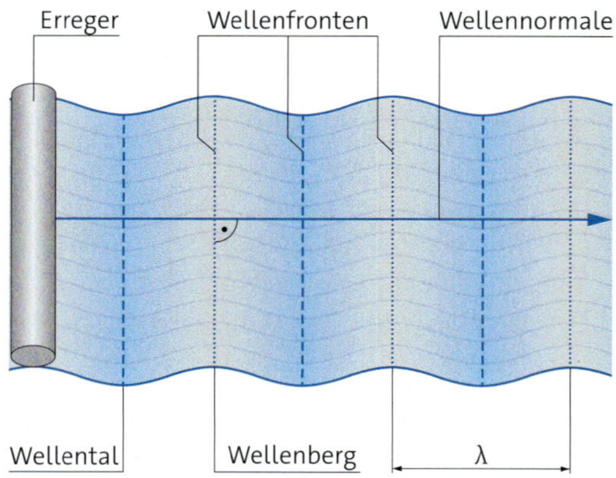

3 Ausbreitung einer geradlinigen Welle

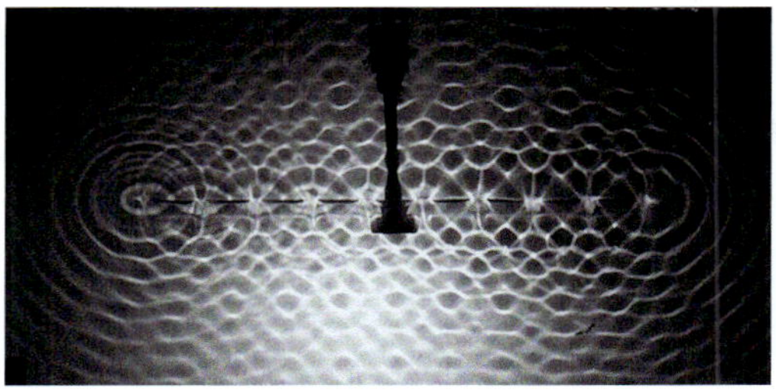

4 Viele benachbarte Tupfer erzeugen eine Wellenfront.

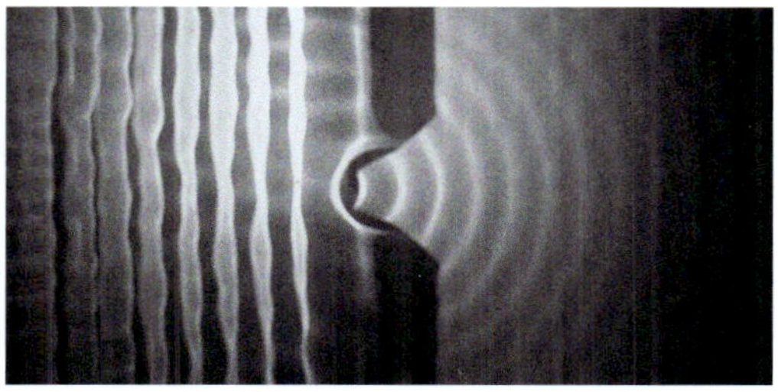

5 Eine Wellenfront trifft auf einen schmalen Spalt.

Wellentäler. Die so erhaltene **Wellenfront** verläuft stets senkrecht zur Ausbreitungsrichtung der Welle. Entsprechend geben die **Wellennormalen** die Ausbreitungsrichtung der Welle an.

Für eine kreisförmige Welle lassen sich die Wellenfronten durch konzentrische Kreise darstellen (▸Abb. 2). Breitet sich die Welle in allen drei Dimensionen aus, wie es zum Beispiel bei Schallwellen der Fall ist, dann sind die Wellenfronten Kugelschalen. Bei einer ebenen Welle ergeben sich parallele Ebenen bzw. im zweidimensionalen Fall Geraden (▸Abb. 3).

Darstellung von HUYGENS • Eine Welle breitet sich aus, weil benachbarte Oszillatoren in der Umgebung eines Erregers nach und nach zum Schwingen angeregt werden. Wie Sie in ▸Abb. 4 erkennen können, entstehen Wellenfronten auch dann, wenn viele nebeneinander liegende Oszillatoren gleichzeitig durch verschiedene Erreger in Schwingung versetzt werden und so viele benachbarte Kreiswellen erzeugen.

Der Physiker und Mathematiker CHRISTIAAN HUYGENS beobachtete außerdem, dass kreisförmige Wellen entstehen, wenn eine Wellenfront auf einen schmalen Spalt trifft (▸Abb. 5). Er entwickelte daraus ein anschauliches Modell, das nach ihm als **Huygenssches Prinzip** bezeichnet wird: Er betrachtete alle Punkte einer Wellenfront als Ausgangspunkte für neue Kreiswellen, die **Elementarwellen** (▸Abb. 6 und 7). Mehrere Elementarwellen überlagern sich dann zu einer neuen Wellenfront. Die Elementarwellen breiten sich dabei mit der gleichen Geschwindigkeit und Wellenlänge wie die ursprüngliche Welle aus, solange sich das Medium nicht verändert.

Eine Normale ist ein Vektor, der senkrecht auf einer Geraden oder einer Ebene steht. Statt von Wellennormalen spricht man auch von Wellenstrahlen, da ihre Pfeilspitze die Ausbreitungsrichtung der Welle angibt.

Jeder Punkt einer Wellenfront wird als Ausgangspunkt einer Elementarwelle gesehen.
Durch die Superposition (Überlagerung) der Elementarwellen entsteht eine neue Wellenfront. Sie ist die Einhüllende aller Elementarwellen, die sich bis dahin ausgebreitet haben.

1 Stellen Sie die Ausbreitung einer geradlinigen Welle ($\lambda = 2\,\text{cm}$ und $f = 10\,\text{Hz}$) innerhalb von 0,3 s zeichnerisch nach HUYGENS dar. Nutzen Sie für die Konstruktion mindestens fünf selbstgewählte Punkte im Abstand von 1 cm als Zentren der Elementarwellen.

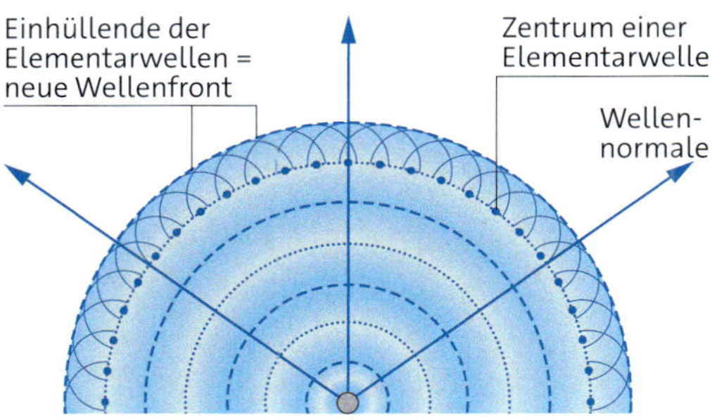

6 Konstruktion einer kreisförmigen Welle nach HUYGENS

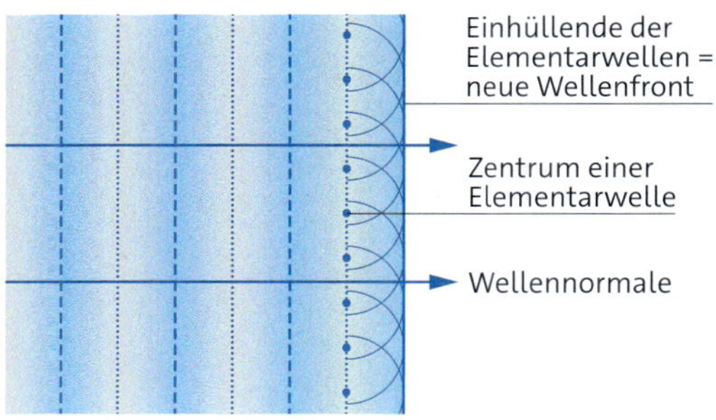

7 Konstruktion einer geradlinigen Welle nach HUYGENS

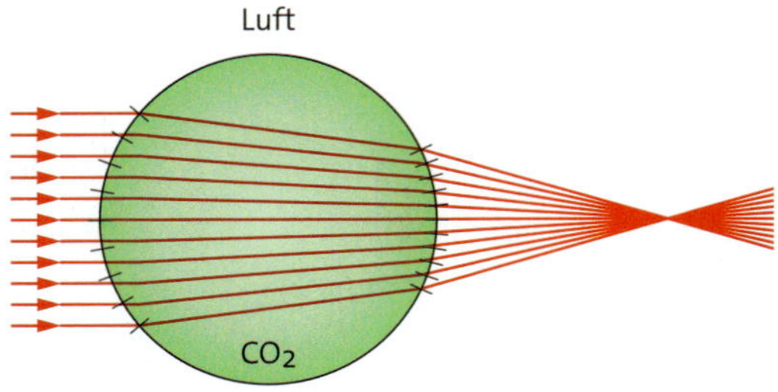

1 Mit abnehmender Wassertiefe ändern die Wellen ihre Richtung.

2 Brechung von Schallwellen an einem Luftballon

Brechung mechanischer Wellen • In Luftaufnahmen von Küsten lässt sich gelegentlich das Phänomen der **Brechung** beobachten: Die Wellen laufen in den flacheren Bereichen in eine andere Richtung als in den tieferen (▸Abb. 1).

In einem Modellexperiment mit einer Wellenwanne erhalten wir den flachen Bereich mithilfe einer dünnen Glasplatte, die im Wasser liegt. Dann lassen wir ebene Wellen schräg auf diese Glasplatte auflaufen. In ▸Abb. 3 ist zu sehen, dass sich die Ausbreitungsrichtung der Welle an der Kante ändert – die Welle wird gebrochen.

Eine genaue Beobachtung zeigt, dass die Welle im flachen Wasser eine kleinere Wellenlänge besitzt, was wir am geringeren Streifenabstand erkennen können. Die Anzahl der durchlaufenden Wellenberge pro Zeit hingegen ist an jeder Stelle gleich. Also ändert sich die Frequenz der Welle nicht. Da aber $c = \lambda \cdot f$ gilt, muss die Ausbreitungsgeschwindigkeit der Welle im flachen Wasser kleiner geworden sein. Die neue Ausbreitungsrichtung der gebrochenen Welle lässt sich mithilfe des Huygensschen Prinzips ermitteln. Wir gehen wie in ▸Abb. 3 davon aus, dass die Wellenfronten schräg auf die Grenzfläche zwischen den beiden Medien auflaufen.

Die Stellen, an denen die Wellenfronten auf die Grenzfläche auftreffen, betrachten wir als Ausgangspunkte neuer Elementarwellen. Diese breiten sich mit derselben, verringerten Geschwindigkeit aus. Da sie aber zeitlich versetzt entstehen, breiten sich die Elementarwellen anschließend unterschiedlich weit aus (▸Abb. 4). Als Folge drehen sich die Wellenfront und auch die Wellennormale gegenüber den ursprünglichen Richtungen.

Akustische Linse • Brechung lässt sich auch bei anderen Wellenarten (z. B. Schallwellen) beobachten. Voraussetzung ist nur, dass sich beim Übergang der Welle von einem Medium in ein anderes die Ausbreitungsgeschwindigkeit ändert. Betrachten wir dazu folgendes Experiment: Während ein Mitschüler durch einen mit Kohlenstoffdioxid gefüllten Luftballon spricht, stellen Sie sich zuerst direkt hinter den Ballon und gehen dann langsam zurück. Achten Sie dabei darauf, wie deutlich Sie ihn hören. Hinter dem Ballon können Sie dann einen kleinen Bereich finden, in dem sich die Schallwellen bündeln, sodass die gesprochenen Worte besonders gut zu hören sind (▸Abb. 2).

1 Erläutern Sie ▸Abb. 2 und geben Sie an, ob sich die Schallwellen in Luft oder in Kohlendioxid schneller ausbreiten.

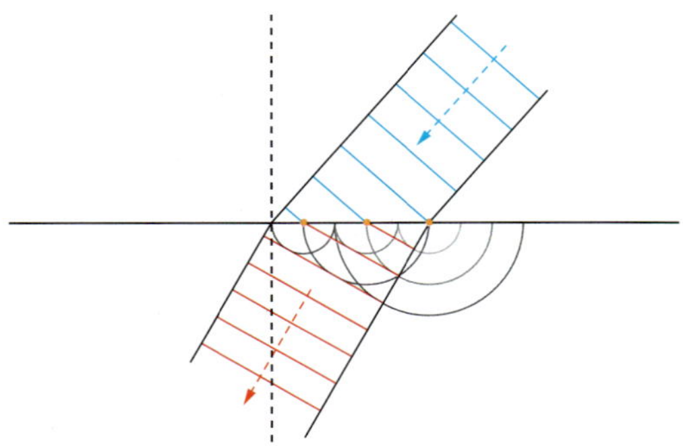

3 Brechung einer Wasserwelle

4 Brechung nach dem HUYGENSschen Prinzip

Versuch A • Ausbreitung von Wellen

V1 Heliumgefüllter Luftballon

Material:
Luftballon mit Heliumfüllung, Maßband

Arbeitsauftrag:
a) Untersuchen Sie, was geschieht, wenn man durch einen mit Helium gefüllten Luftballon hindurch spricht.
b) Fertigen Sie eine Skizze an, aus der hervorgeht, wie sich die Ausbreitung des Schalls am Ballon verändert.

V2 Überlagerung sichtbar machen

Material:
Lange Feder, Smartphone

Arbeitsauftrag:
a) Legen sie die Feder lang auf einen Tisch und lenken Sie sie zu zweit an beiden Enden gleichzeitig so aus, dass sich Transversalwellen bilden. Filmen Sie die entstehende Bewegung in der Mitte der Feder mit dem Smartphone.
b) Betrachten Sie den Film mit einem Wiedergabeprogramm in Einzelbildern. Weisen Sie mithilfe der Bilder die Addition der Auslenkungen in der Mitte der Feder nach.
c) Lenken Sie die beiden Enden der Feder einmal in die gleiche Richtung aus und einmal gegenläufig. Untersuchen Sie die Unterschiede und Gemeinsamkeiten.

Material A • Brechung von Wellen nach HUYGENS

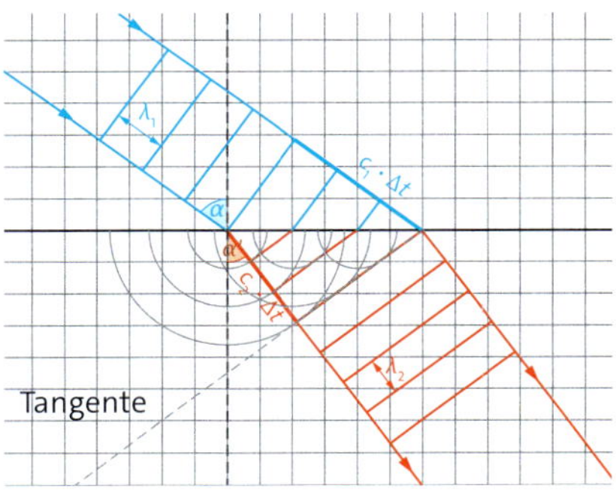

5 Konstruktion zur Brechung

A1 **a)** Erklären Sie ▸Abb. 5 möglichst genau.
b) Gehen Sie von $c_1 = 30\,\frac{\text{cm}}{\text{s}}$ aus und ermitteln Sie die Ausbreitungsgeschwindigkeit c_2 nach der Brechung.

A2 Eine Welle läuft unter einem Winkel von 65° auf eine Kante zu und wird dort gebrochen. Ermitteln Sie zeichnerisch den Brechungswinkel, wenn die Geschwindigkeiten $c_1 = 35\,\frac{\text{cm}}{\text{s}}$ und $c_2 = 25\,\frac{\text{cm}}{\text{s}}$ betragen.

A3 Setzen wir die Ausbreitungsgeschwindigkeiten zueinander ins Verhältnis, so ergibt sich das Brechungsgesetz von SNELLIUS:
$\frac{c_1}{c_2} = \frac{\sin \alpha}{\sin \beta}$
a) Beweisen Sie das Gesetz.
b) Berechnen Sie die in A1 b) und A2 gesuchten Werte mithilfe des Brechungsgesetzes und vergleichen Sie.

Material B • Brechung von Wasserwellen

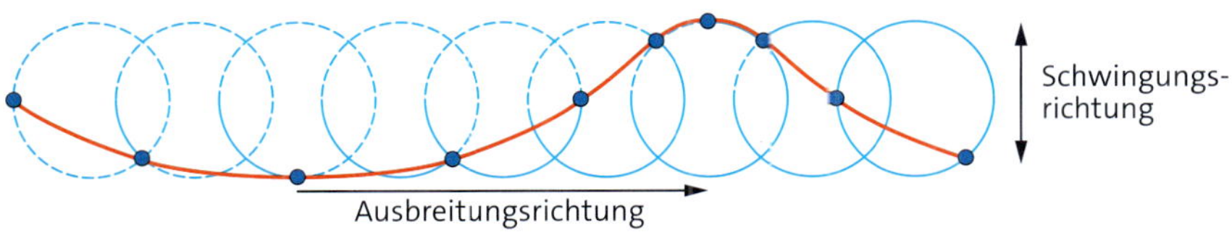

6 Kreisförmige Bewegung der Moleküle an der Wasseroberfläche

Wasserwellen sind Oberflächenwellen. Die Kräfte zwischen den einzelnen Molekülen führen dazu, dass diese sich an der Oberfläche auf kreisförmigen Bahnen bewegen (▸Abb. 6). Für die Ausbreitungsgeschwindigkeit von Wasserwellen gilt neben der Bedingung $c = \lambda \cdot f$ eine komplexe Dispersionsrelation in die Wellenlänge, Ortsfaktor g und Wassertiefe h eingehen. Ist das Wasser tiefer als $\frac{\lambda}{2}$, bilden sich Tiefwasserwellen, die den Boden nicht erreichen. Dann gilt $c \approx \sqrt{\frac{g}{2\pi} \cdot \lambda}$. Flachwasserwellen mit einer Wassertiefe h kleiner als $\frac{\lambda}{20}$ reichen bis zum Grund. Ihre Geschwindigkeit hängt nur von h ab. Es gilt $c \approx \sqrt{gh}$.

B1 Beschreiben Sie die Entstehung der Wellenbewegung mit ▸Abb. 6.

B2 Eine Tiefwasserwelle mit $f = 0{,}4\,\text{Hz}$ und $c_1 = 14\,\frac{\text{km}}{\text{h}}$ trifft unter 5° auf eine Stufe im Untergrund und hat dann die Geschwindigkeit $c_2 = 0{,}45\,\frac{\text{m}}{\text{s}}$.
a) Berechnen Sie die Wellenlängen in beiden Fällen sowie die Tiefe des Flachwassers.
b) Ermitteln Sie den Brechungswinkel.
c) Erklären Sie, warum die Wellen bei jeder Windrichtung auf den Strand zulaufen.

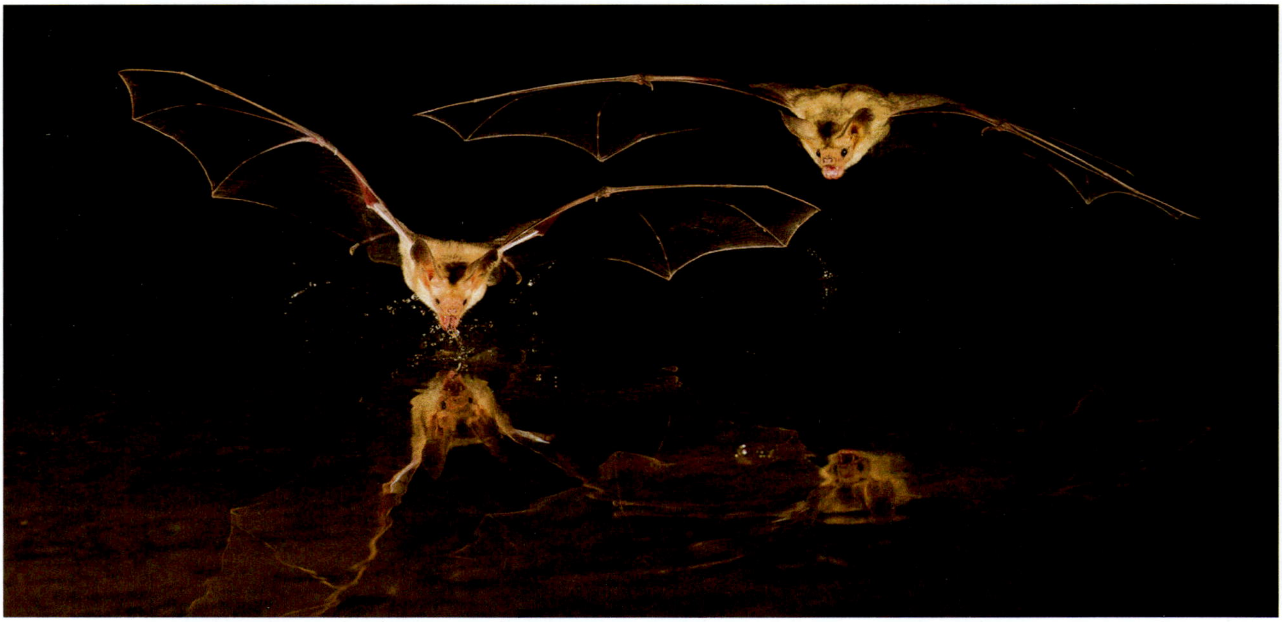

1 Fledermäuse jagen mittels Ultraschall.

Reflexion von Wellen

Fledermäuse senden Ultraschallwellen aus. Aus der Zeit, die verstreicht, bis die Schallwellen wieder zu ihnen zurückkommen, können sie Entfernungen abschätzen. Wie kommt es zur Richtungsänderung der Schallwellen?

Reflexion von Schall • Mit einem Experiment können Sie untersuchen, wie sich eine Schallwelle verhält, wenn diese auf eine glatte Oberfläche (z.B. eine Kunststoff- oder Metallplatte) trifft. Legen Sie dazu eine tickende Uhr auf einen kleinen Schwamm in einen hohen Glaszylinder. Die Uhr darf die Glaswand dabei wie in ▸Abb. 2 nicht berühren. Direkt über dem Glas können Sie das leise Ticken der Uhr gut hören, aber nicht, wenn Sie neben dem Glas stehen. Hält ein Mitschüler jedoch eine glatte Platte über das Glas und neigt sie langsam, dann hören Sie das Ticken bei einer bestimmten Neigung und Position der Platte wieder deutlich. Die Schallwelle wird an der Platte reflektiert, sodass der Schall direkt Ihr Ohr erreicht. Genauere Untersuchungen zeigen, dass sich die Ausbreitungsrichtung der Schallwellen an der Platte genauso ändert wie die eines Lichtstrahls, der reflektiert wird. Einfalls- und Reflexionswinkel sind gleich groß und liegen zusammen mit dem Lot in einer Ebene senkrecht zur Platte. Auch wenn sich Schallwellen als Kugelwellen im Raum ausbreiten, so erfolgt die **Reflexion** doch geradlinig – wie beim Licht auch.

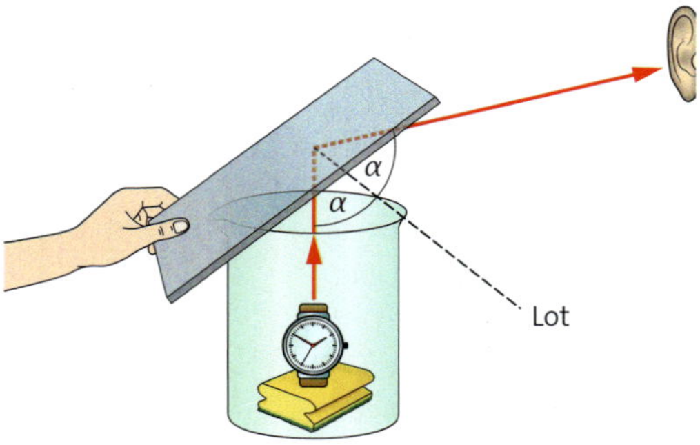

2 Schall wird reflektiert.

Reflexion nach HUYGENS • Wie es zur Reflexion kommt, untersuchen wir in einem Modellexperiment. Dazu lassen wir ebene Wellen in einer Wellenwanne schräg auf ein Hindernis treffen. Die Beobachtungen deuten wir wie bei der Brechung mithilfe des Huygensschen Prinzips (▸Abb. 3): Wenn die Wellenfront auf das Hindernis trifft, entstehen neue Elementarwellen, die sich mit derselben Geschwindigkeit ausbreiten wie die einlaufende Welle. Die zeitliche Verzögerung, mit der die Elementarwellen entstehen, führt zur Drehung der Wellenfront. Da die Ausbreitungsgeschwindigkeiten der einlaufenden und der reflektierten Wellen aber gleich sind, sind Einfalls- und Reflexionswinkel gleich groß.

Trifft eine Welle auf eine Grenzfläche, dann ist der Reflexionswinkel β genauso groß wie der Einfallswinkel α.

Betrachtung der Oszillatoren • Treffen Wellen auf ein Hindernis, dann kann der letzte Oszillator die Energie nicht in Ausbreitungsrichtung weitergeben. Es gibt ja keinen weiteren Oszillator mehr. Stattdessen gibt er die Energie erneut an seinen Vorgänger ab und die Welle läuft wieder zurück. Dabei sind zwei Fälle zu unterscheiden: Kann sich der letzte Oszillator frei bewegen (loses Ende) wie z. B. im Wasser, dann erfolgt die Auslenkung der Oszillatoren in der gleichen Richtung wie zuvor, die reflektierte Welle ist wie ein Spiegelbild der einlaufenden Welle (▸Abb. 4 A). – Ist der letzte Oszillator dagegen fixiert (▸Abb. 4 B), dann werden die Oszillatoren entgegengesetzt zur ihrer letzten Schwingung ausgelenkt und aus dem ursprünglichen Maximum wird ein Minimum. Die reflektierte Welle ist dann um die halbe Wellenlänge gegenüber der einlaufenden Welle verschoben. Ein solcher **Phasensprung** entspricht einer Phasenverschiebung von $\Delta\varphi = \frac{\lambda}{2} = \pi$.

Stehende Wellen • Liegt nicht nur eine singuläre Störung vor wie in ▸Abb. 4, dann überlagern sich einlaufende und reflektierte Welle. In ▸Abb. 5 ist dies für aufeinanderfolgende Zeitpunkte t_1 bis t_6 bei einer Reflexion am losen Ende dargestellt. Um den Verlauf der reflektierten Welle im betrachteten Zeitraum leichter erkennen zu können, wurde die einlaufende Welle entsprechend verlängert (gepunktete Linie). An der Summe beider Graphen ist zu sehen, dass sich die beiden Wellen je nach Zeitpunkt verstärken oder auslöschen.

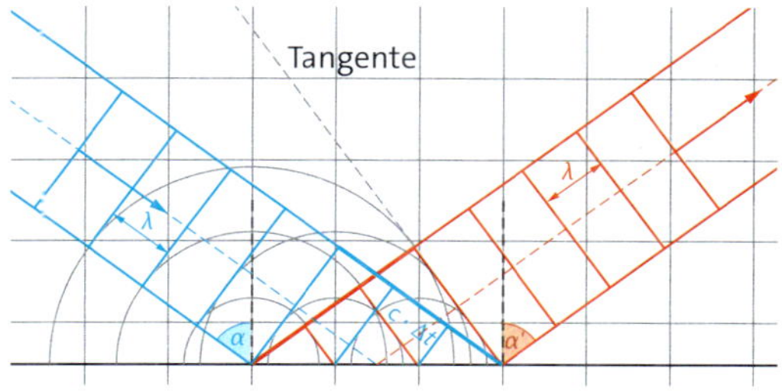

3 Erklärung der Reflexion nach HUYGENS

Dabei sind die Oszillatoren an bestimmten Positionen immer in Ruhe. Zwischen diesen unbewegten Oszillatoren, den Knoten, schwingen die als Bäuche bezeichneten Bereiche auf und ab. Sowohl die Knoten als auch die Bäuche sind dabei ortsfest und haben jeweils einen Abstand von $\frac{\lambda}{2}$ zueinander. Somit ist keine fortschreitende Bewegung der Welle zu erkennen, weshalb sie als stehende Welle bezeichnet wird.

Eine stehende Welle hat ortsfeste Schwingungsknoten und -bäuche. Der Abstand zweier Schwingungsknoten bzw. -bäuche beträgt $\frac{\lambda}{2}$.

1 Untersuchen Sie anhand von ▸Abb. 5, welche Folge die Reflexion am festen Ende hat. Erstellen Sie dazu eine eigene Abbildung.

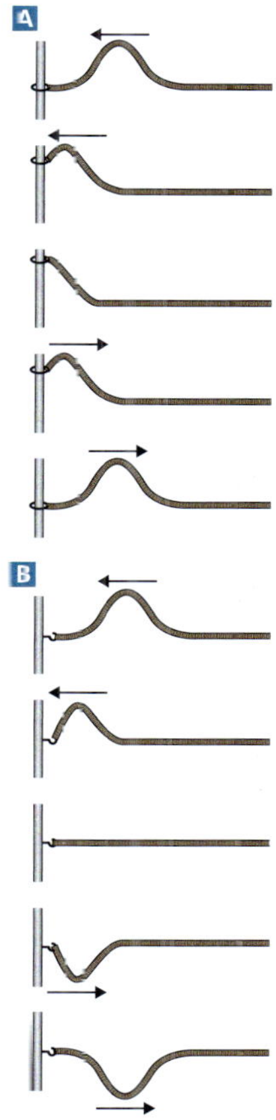

4 Reflexion einer Welle A am losen, B am festen Ende

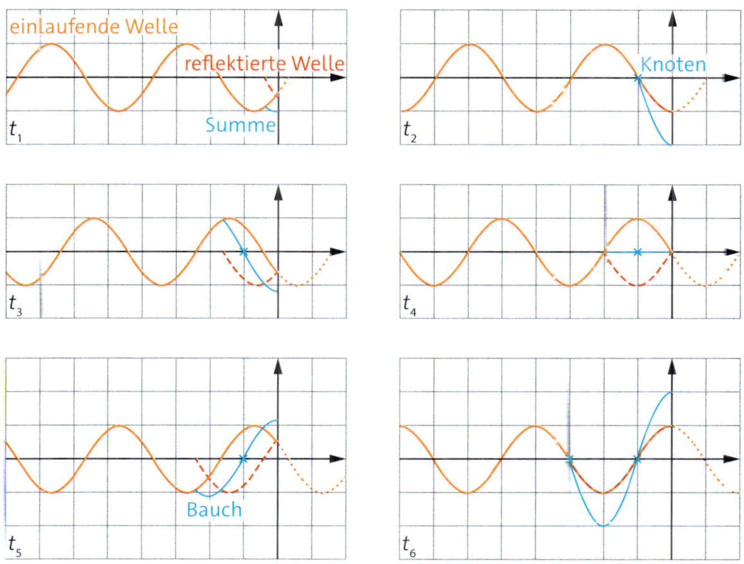

5 Zeitliche Entwicklung der Reflexion einer Welle am losen Ende

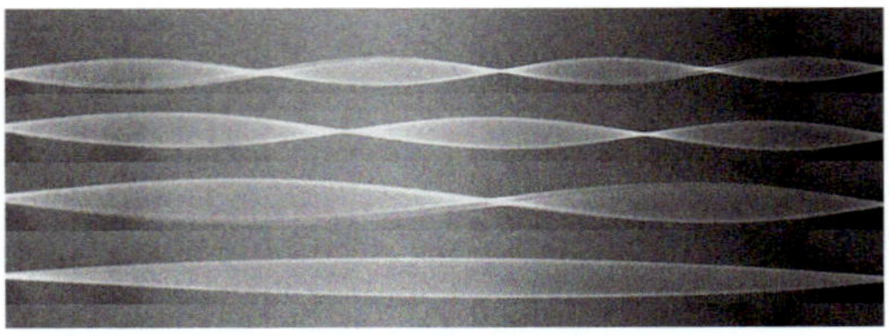

1 Stehende Wellen auf einer Saite

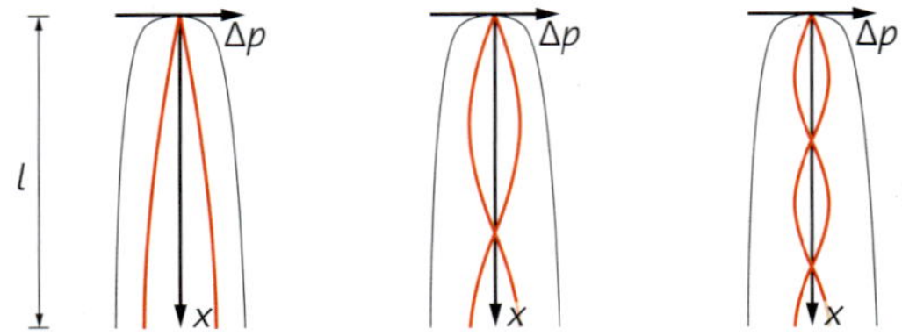

3 Stehende Wellen in einer Klarinette

Stehende Wellen auf Saiten • Musikinstrumente nutzen stehende Wellen zur Erzeugung der Klänge. Beispielsweise sind die Saiten eines Klaviers oder einer Geige an beiden Enden eingespannt, besitzen also zwei feste Enden. Um diese Situation genauer zu untersuchen, wird eine Saite mit einem Motor zum Schwingen gebracht (▸Abb.1). Bei bestimmten Anregungsfrequenzen bilden sich auch hier stehende Wellen aus, die jeweils einen Knoten an den Enden der Saite besitzen. Doch warum ist das so?

Wie wir bereits wissen, kommt es bei einer Reflexion am festen Ende zu einem Phasensprung von $\frac{\lambda}{2}$. Außerdem beträgt der Abstand benachbarter Knoten einer stehenden Welle ebenfalls $\frac{\lambda}{2}$. Auf der Saite können sich somit nur dann stehende Wellen bilden, wenn sich die Knoten gleichmäßig und im Abstand von $\frac{\lambda}{2}$ auf ihr verteilen lassen, wenn ihre Länge also ein Vielfaches der halben Wellenlänge beträgt (▸Abb.1 und 2 A).
Hätte die Saite eine andere Länge, so würde sich die zweimal reflektierte Welle nicht mit der ursprünglichen decken, da die Phasenverschiebung zwischen ihnen ungleich $\frac{\lambda}{2}$ wäre (▸Abb.2B). Es könnte sich keine stehende Welle ausbilden.

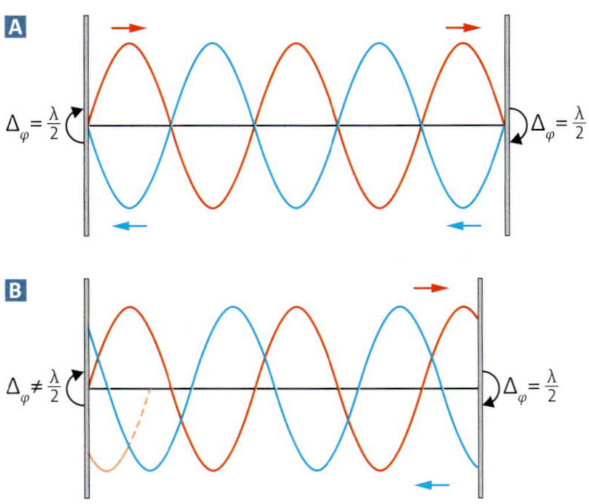

2 Schall wird reflektiert.

Dies gilt natürlich nicht nur für Saiten, sondern für alle Träger, auf denen sich Wellen ausbreiten. Alle möglichen Eigenschwingungen auf einem Wellenträger mit festen Enden und Länge l lassen sich somit durch folgende Beziehung beschreiben:

$$l = n \cdot \frac{\lambda_n}{2}, n = 1, 2, 3 \ldots$$

Die stehende Welle mit größtmöglicher Wellenlänge ($n = 1$) nennt man Grundschwingung. Die dann folgenden werden als erste ($n = 2$), zweite ($n = 3$) Oberschwingung usw. bezeichnet. Die Grundschwingung mit der Wellenlänge $\lambda_1 = 2l$ bestimmt dabei die Frequenz des erzeugten Klangs.

Stehende Wellen in Luftsäulen • In manchen Instrumenten gibt es eine Reflexion an einem offenen Ende. Das ist z.B. bei einer Klarinette der Fall, die nur am Mundstück ein festes Ende hat. Am offenen Ende können sich die Luftmoleküle frei bewegen.

Im Gegensatz zur Saitenschwingung werden die Schallwellen durch Longitudinalwellen übertragen, denn die Luftmoleküle schwingen in der Luftsäule vor und zurück. Aber auch hier gibt es Orte, an denen die Teilchen nicht ausgelenkt werden (Schwingungsknoten). Die Teilchenbewegung verursachen Druckschwankungen Δp gegenüber dem normalen Luftdruck. Dabei erfahren Teilchen an Schwingungsknoten die größte Druckschwankung. Andererseits ist an Schwingungsbäuchen die Abweichung vom mittleren Druck am geringsten – da die Teilchen der Wellenbewegung hier leicht folgen können.
Die Elongation hat also einen Bauch, wenn die Druckschwankung einen Knoten hat, und umgekehrt. Trägt man die Druckschwankungen gegen die Ausbreitungsrichtung auf, erhält man den sinusförmigen Verlauf (▸Abb.3).

Bilden sich in einer Klarinette also stehende Wellen aus, so besitzen die Druckschwankungen am geschlossenen Ende des Mundstücks einen Bauch, am offenen Ende einen Knoten; bei der Auslenkung ist es umgekehrt. (▸Abb. 3). Bezogen auf allgemeine Wellenträger der Länge l ergeben sich somit Eigenschwingungen, wenn folgende Bedingung erfüllt ist:

$l = (2n - 1) \cdot \frac{\lambda_n}{4}, n = 1, 2, 3 \ldots$

Stehende Wellen können sich nur dann auf einem Wellenträger der Länge l ausbilden, wenn für ihre Wellenlängen λ_n ($n = 1, 2, 3 \ldots$) folgende Bedingung erfüllt ist:

- **bei gleichen Enden $\lambda_n = \frac{2l}{n}$**
- **bei verschiedenen Enden $\lambda_n = \frac{4l}{2n - 1}$**

Energetische Betrachtung • Innerhalb einer fortschreitenden Welle wird die Energie in Ausbreitungsrichtung von einem Oszillator zum nächsten weitergegeben. Überlagen sich mehrere Wellen zu einer stehenden Welle, so ist diese Weitergabe wegen der an den Schwingungsknoten ruhenden Oszillatoren nicht möglich. Stattdessen bleibt die Energie in den Schwingungsbäuchen gespeichert und wechselt zwischen Spannenergie und kinetischer Energie hin und her. Beim Nulldurchgang der Oszillatoren ist ihre Spannenergie gleich null und ihre Geschwindigkeit maximal, also auch ihre kinetische Energie. Bei maximaler Auslenkung der Oszillatoren ist die Spannenergie maximal.

Stehende Wellen transportieren keine Energie, sondern speichern sie in den Bäuchen.

1 Bei einer Querflöte sind beide Enden der Luftsäule offen. Konstruieren Sie die stehenden Wellen für $n \leq 3$ und geben Sie eine Formel für den Zusammenhang zwischen l und λ_n an.

2 Stehende Wellen in der Luftsäule eines Kundtschen Rohres werden mit Korkmehl sichtbar gemacht. Erläutern Sie das entstehende Staubbild möglichst genau (▸Abb. 4).

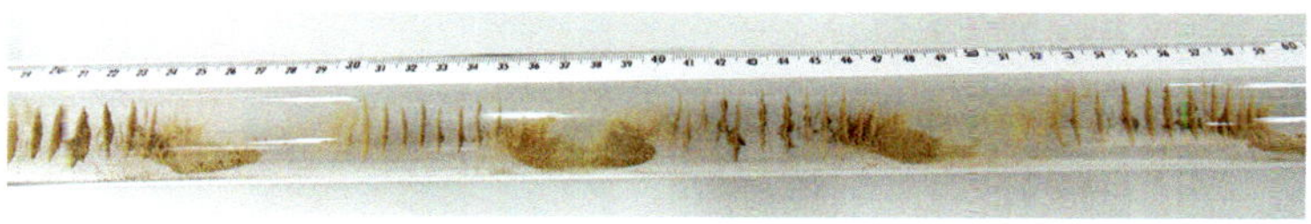

4 Staubfiguren in einem Kundtschen Rohr

METHODE

Stehende Wellen mit Zeigern darstellen

Die Entstehung von stehenden Wellen lässt sich gut mithilfe von Zeigern untersuchen. Dazu betrachten wir zwei Wellen gleicher Frequenz, die aufeinander zu laufen (▸Abb. 5).
Die Zeiger geben jeweils die Schwingungsphasen einzelner Oszillatoren einer Welle wieder. Die blau dargestellten Zeiger gehören zu der nach rechts laufenden Welle, die schwarzen zur gegenläufigen Welle und die roten zu ihrer Überlagerung.
Überlagern sich die Wellen mit gleicher Phase (▸Abb. 5 A), so ergibt die Addition der Zeiger jeweils die maximale Auslenkung der Oszillatoren. Knoten und Bäuche der stehenden Welle sind direkt zu erkennen.
Da beide Wellen weiter fortlaufen, überlagern sie sich kurze Zeit später mit unterschiedlichen Phasen an den gleichen Oszillatoren (▸Abb. 5 B). Aus der Addition der Zeiger ist die stehende Welle weiterhin zu erkennen: Die resultierenden Zeiger weisen alle in die gleiche Richtung. Ihre Ausrichtung zeigt dabei, dass die Auslenkungen der einzelnen Oszillatoren nicht maximal sind.

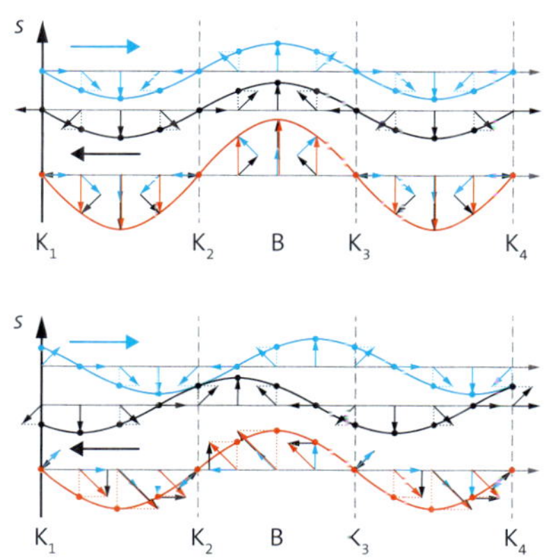

5 Überlagerung gegenläufiger Wellen: **A** phasengleich, **B** mit unterschiedlichen Phasen

Versuch A • Wellenlänge von Schallwellen

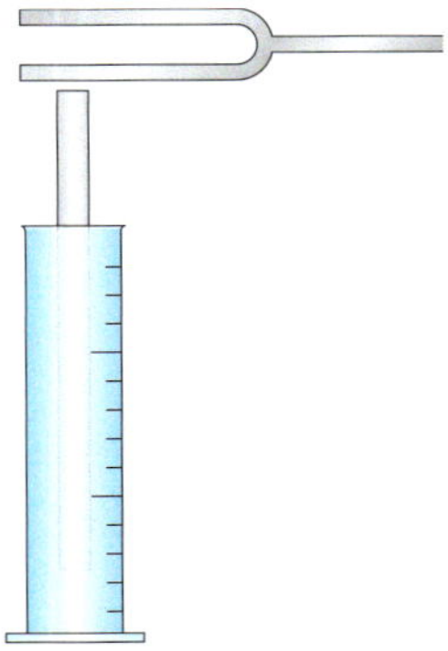

1 Durchführung des Versuchs

Material:
Hoher Standzylinder, PVC-Rohr, Messlatte, Stimmgabel mit bekannter Frequenz

Arbeitsauftrag:
a) Füllen Sie den Standzylinder bis kurz unter den Rand mit Wasser und tauchen Sie das Rohr möglichst weit ein. Schlagen Sie die Stimmgabel an (ggf. häufiger) und halten Sie diese dicht über das Rohr. Ziehen Sie beide langsam nach oben, sodass die Luftsäule im Rohr länger wird. Markieren Sie auf dem Rohr die Positionen, bei denen der Ton besonders laut zu hören ist.
b) Aus dem Abstand Ihrer Markierungen lässt sich die Wellenlänge der Schallwellen bestimmen. Erläutern Sie anhand einer Skizze, warum dies so ist.
c) Bestimmen Sie die Wellenlänge der Schallwellen anhand Ihrer Messwerte und vergleichen Sie diese mit dem berechneten Wert, der aus der Frequenz der Stimmgabel folgt. Gehen Sie dabei von einer Schallgeschwindigkeit von $340\,\frac{m}{s}$ aus.

Versuch B • Stehende Wellen beim Gummiband

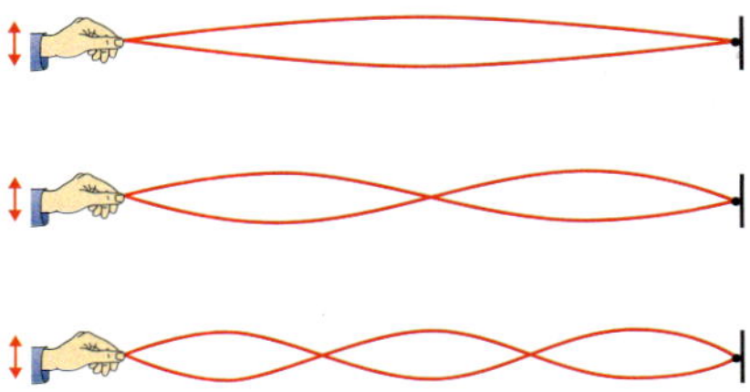

2 Erzeugung stehender Wellen

Material:
2 m Gummilitze, Tisch, Tischklemmen oder anderes Befestigungsmaterial

Arbeitsauftrag:
a) Befestigen Sie ein Ende der Gummilitze an einem schmalen Ende des Tisches und legen Sie die Gummilitze über den Tisch. Halten Sie die Litze leicht gespannt und bewegen Sie das freie Ende gleichmäßig hin und her (▸Abb. 2). Bei bestimmten Frequenzen bilden sich stehende Wellen aus. Charakterisieren Sie diese genauer.
b) Je nachdem, wie Sie die Litze festhalten, entstehen bei unterschiedlichen Frequenzen stehende Wellen. Untersuchen Sie, welche Größen dabei einen Einfluss haben und wie diese sich auf die erforderlichen Frequenzen auswirken.
c) Begründen Sie die von Ihnen festgestellten Abhängigkeiten.

Versuch C • Reflexion von Ultraschallwellen

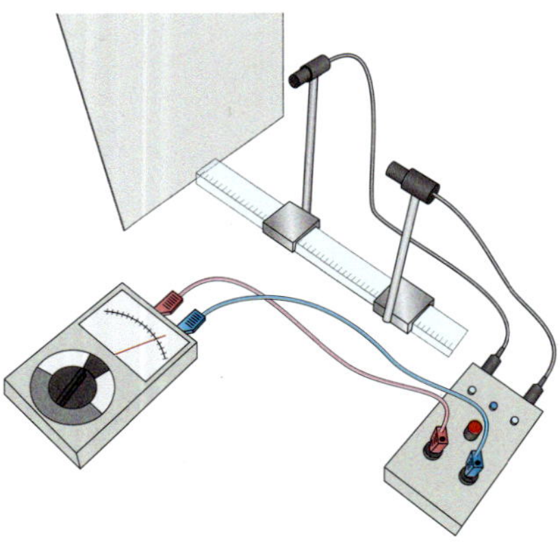

3 Versuchsaufbau

Material:
Ultraschall-Sender und -Empfänger, Stativmaterial, Gleitschiene mit Maßeinteilung, Schirm, geeignetes Multimeter

Arbeitsauftrag:
a) Befestigen Sie den Sender an der Gleitschiene und stellen Sie den Schirm senkrecht zur Schiene auf (▸Abb. 3). Schließen Sie den Empfänger an das Multimeter an. Stellen Sie ihn so auf, dass Sie die Amplituden der Wellen zwischen Sender und Schirm messen können.
b) Bestätigen Sie, dass sich in diesem Versuch immer stehende Wellen ausbilden – unabhängig vom Abstand zwischen Sender und Schirm.
c) Bestimmen Sie den Abstand mehrerer Knoten und ermitteln Sie daraus Wellenlänge und Frequenz der Ultraschallwellen. Vergleichen Sie mit dem am Sender eingestellten Wert λ.
d) Weisen Sie das Reflexionsgesetz für die Ultraschallwellen nach. Hierbei zeigt sich ein Unterschied zur Reflexion von Licht. Beschreiben Sie diesen.

Material A • Untersuchung mit Schallwellen

Zur Materialprüfung wird häufig Ultraschall genutzt. Die Ultraschallwellen durchdringen viele Stoffe gut, während sie an Grenzflächen zur Luft fast vollständig reflektiert werden. Ein Schallkopf sendet hier Schallwellen aus und detektiert die Echos.
Treffen die Schallwellen im Werkstück auf Lufteinschlüsse wie Risse oder fehlerhafte Schweißnähte, werden sie daran reflektiert (▸Abb. 4). Ein Vergleich der verschiedenen Laufzeiten liefert die Lage der Fehlstellen.

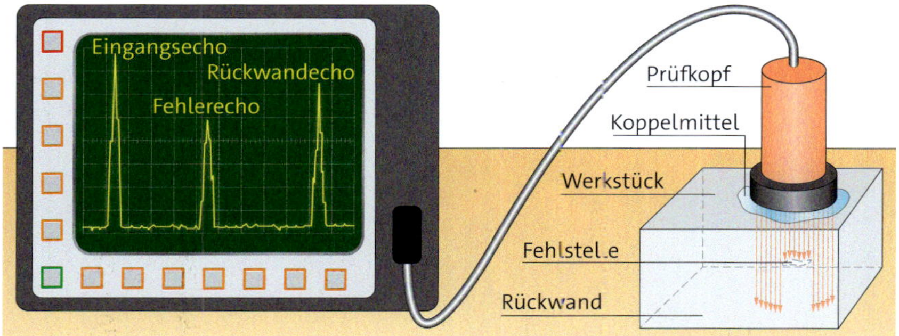

4 Versuchsaufbau

A1 In einem Werkstück aus Edelstahl beträgt die Schallgeschwindigkeit $5{,}66 \cdot 10^3\,\frac{m}{s}$.
a) Das Oszilloskop in ▸Abb. 4 ist so eingestellt, dass die Breite eines Kästchens für 0,1 µs steht. Ermitteln Sie die Dicke des Blechs und die Entfernung des Risses vom Schallkopf.
b) Wird eine andere zeitliche Auflösung gewählt, erhält man ein weiteres Echo mit einer Laufzeit von 1,8 µs. Erklären Sie.

Material B • Stehende Wellen

B1 Der Gehörgang des menschlichen Ohres ist ca. 35 mm lang. Vereinfacht kann er als einseitig offenes Rohr betrachtet werden, an dessen Ende sich das Trommelfell befindet.
a) Berechnen Sie die Frequenzen der Grundschwingung und der ersten Oberschwingung stehender Wellen im Gehörgang.
b) Vergleichen Sie die Ergebnisse aus Aufgabe a) mit dem Frequenzbereich, in dem vorwiegend Sprache und Musik anzutreffen sind. Ziehen Sie Schlussfolgerungen bezüglich der Wahrnehmung von Schall.

B2 Ändert man die Spannung einer Saite, dann ändert sich auch die Frequenz ihrer Grundschwingung.
a) Begründen Sie qualitativ, warum der durch Anzupfen erzeugte Ton einer Saite höher wird, wenn man sie stärker spannt. Gehen Sie dabei auch auf die Ausbreitungsgeschwindigkeit c der Wellen ein.
b) In einem Experiment wird der Zusammenhang zwischen der Kraft F, mit der eine Stahlsaite gespannt wird, und der Ausbreitungsgeschwindigkeit c_{Saite} untersucht. Da c_{Saite} sich nicht direkt messen lässt, spannt man die Saite und korrigiert ihre Länge jeweils durch Verschieben eines Stegs, bis die Frequenz ihrer Grundschwingung 440 Hz beträgt (▸Abb. 5). Die Tabelle zeigt die gemessenen Werte.
Berechnen Sie die Ausbreitungsgeschwindigkeiten c_{Saite} aus den Saitenlängen L. Erstellen Sie das $c(F)$-Diagramm. Interpretieren Sie.
c) Zeigen Sie, dass $F \sim L^2$ gilt. Ermitteln Sie mithilfe des Proportionalitätsfaktors eine Funktion $c_{Saite}(F)$.
d) Genauere Untersuchungen führen zu folgendem Zusammenhang:

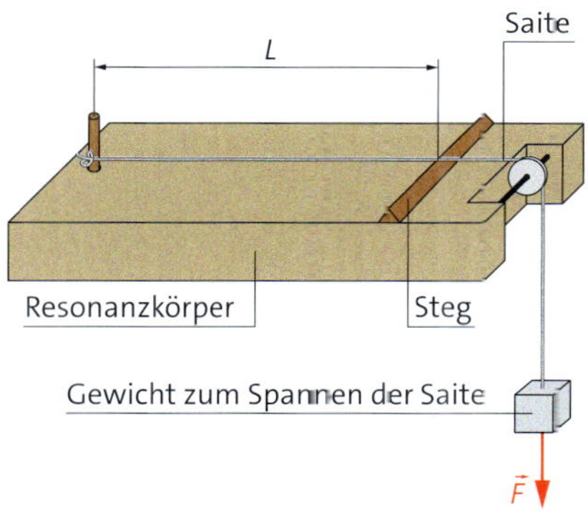

5 Versuchsaufbau zur Bestimmung von c

$$c_{Saite} = \frac{2}{d}\sqrt{\frac{F}{\pi\rho}},$$

wobei d der Durchmesser der Saite und ρ die Dichte des Saitenmaterials ist. Begründen Sie anhand der Formel verschiedene Möglichkeiten, bei einem Saiteninstrument einen höheren Ton zu erzielen.

Spannkraft F in N	5,0	10,0	20,0	30,0	40,0	50,0
Saitenlänge L in m	0,130	0,184	0,260	0,318	0,370	0,411

6 Ermittelte Messwerte

1 Biene auf dem Wasser

Interferenz und Beugung

Eine Biene schlägt auf einer Wasseroberfläche mit ihren Flügeln. Dadurch breiten sich seitlich von ihr Kreiswellen aus. Vor und hinter der Biene entsteht durch Überlagerung der Wellen ein streifenförmiges Muster. Aber warum verteilt es sich nicht gleichmäßig um die Biene?

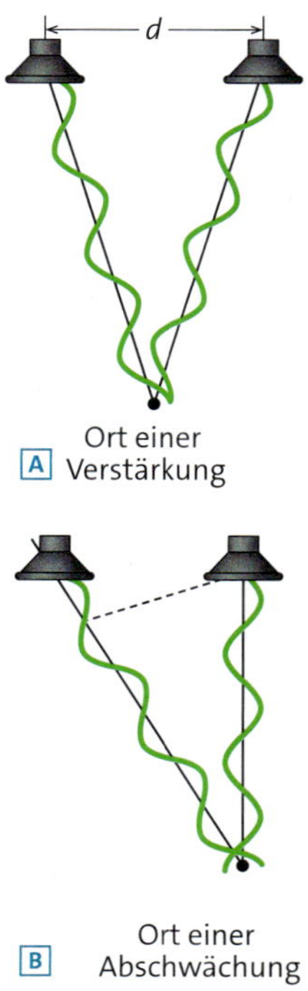

2 Interferenz von Schallwellen

Überlagerung von Wellen • Das Phänomen aus ▸Abb. 1 lässt sich auch beobachten, wenn wir die Überlagerung von zwei Schallwellen betrachten, die mit gleicher Frequenz und Intensität aufeinander treffen. Dazu befestigen wir zwei Lautsprecher auf einer Stativstange im Abstand von 50 cm und schließen sie parallel an einen Frequenzgenerator an (▸Abb. 3). Der Ton (ca. 3 kHz) soll im ganzen Raum gut hörbar sein. Halten Sie sich nun ein Ohr zu und drehen Sie sich mit dem offenen in Richtung der Lautsprecher. Wenn Sie so an den Schallquellen vorbeilaufen (parallel zu deren Verbindungslinie), dann werden Sie bemerken, dass sich ein festes Muster aus abwechselnd lautem und leisem Ton ergibt. Das Muster hängt dabei von Ihrem Abstand zum Lautsprecher ab. Wie kommt das?

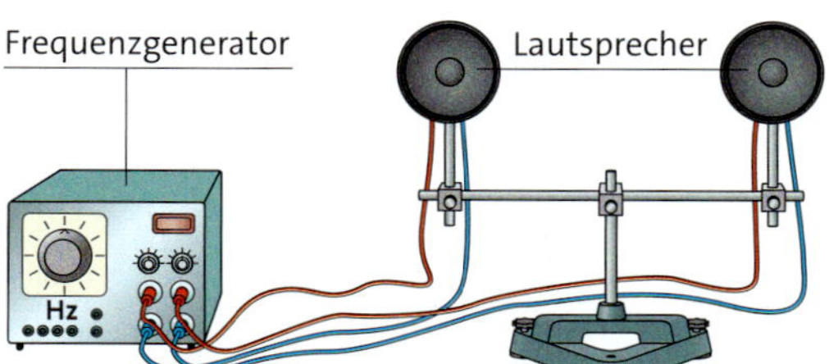

3 Überlagerung von Schallwellen im Experiment

Die Lautsprecher werden durch dieselbe Schwingung angeregt. Daher sind die von ihnen ausgesandten Schallwellen phasengleich. Die Sinuskurven in ▸Abb. 2 beschreiben modellhaft die sich ausbreitenden Druckschwankungen zu einer bestimmten Zeit und Richtung. Treffen gleichgerichtete Veränderungen des Luftdrucks aufeinander, so verstärken sie sich gegenseitig und der Ton wird lauter. Entgegengesetzt gerichtete Veränderungen schwächen sich ab, es ergibt sich ein leiserer Ton. Die ungestörte Überlagerung von Wellen nennt man **Interferenz.** Kommt es zu Verstärkung, spricht man von konstruktiver, bei Abschwächung von destruktiver Interferenz.

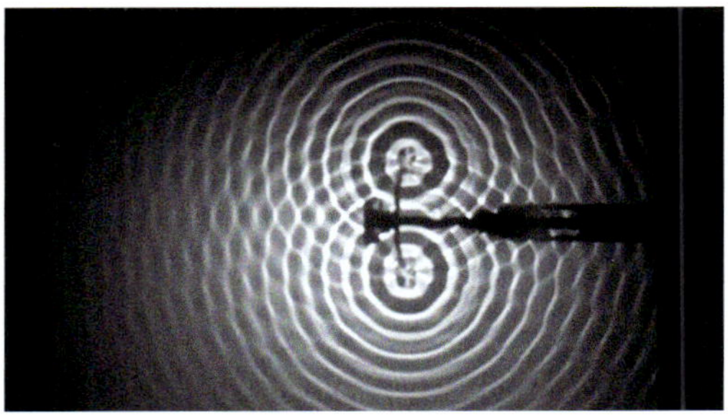

4 Interferenzbild von zwei Kreiswellen

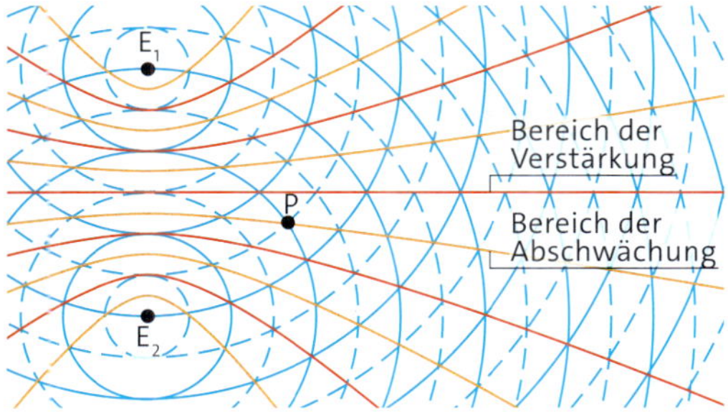

5 Grafische Deutung des Interferenzbildes

Interferenz im Detail • Erzeugen wir in einer Wellenwanne zwei Kreiswellen gleicher Frequenz, lässt sich das Interferenzmuster genauer beobachten (▸Abb. 4). Auf der Wasseroberfläche zeigen sich helle hyperbelförmige Streifen. Hier ist das Wasser in Ruhe, denn Wellenberge treffen auf Wellentäler – die Wellen sind an dieser Stelle gegenphasig und es kommt zur Auslöschung der Auslenkungen. Dies bezeichnet man als **destruktive Interferenz.** In der Zeigerdarstellung wird besonders deutlich, dass dies unabhängig vom betrachteten Zeitpunkt gilt, da die Zeiger Z_1 und Z_2 immer gegengleich sind (▸Abb. 6).

Zwischen den Streifen gibt es Stellen, an denen sich das Wasser besonders stark bewegt, weil die Wellen hier stets gleichphasig sind. Dies bezeichnet man als **konstruktive Interferenz.**

Die sich abwechselnden Bereiche von konstruktiver und destruktiver Interferenz bilden ein Interferenzmuster, ähnlich dem bei der Biene.

Konstruktion des Interferenzbildes • Anhand einer Zeichnung zweier Kreiswellen um die Erregerzentren E_1 und E_2 (▸Abb. 5) untersuchen wir das Interferenzmuster genauer. Verbinden wir benachbarte Punkte mit konstruktiver Interferenz, ergeben sich die roten Hyperbeln. Entsprechend gehen wir mit den Punkten mit destruktiver Interferenz vor und erhalten die orangefarbenen Hyperbeln. Ob an einem bestimmten Punkt Verstärkung oder Abschwächung vorliegt, hängt dabei von den Abständen von den Erregerzentren ab.

Mathematische Beschreibung • Es ist relativ aufwendig, die Situation in einem bestimmten Punkt P mithilfe eines Interferenzbildes zu analysieren. Schneller geht es, wenn wir die Strecken $s_1 = \overline{E_1P}$ und $s_2 = \overline{E_2P}$ der beiden Kreiswellen von ihren Erregerzentren bis zum Punkt P vergleichen. An ihrem **Gangunterschied,** also der Differenz $\Delta s = s_2 - s_1$, lässt sich ablesen, ob in P konstruktive oder destruktive Interferenz vorliegt.

Konstruktive Interferenz liegt vor, wenn die Wellen in P gleichphasig schwingen, der Gangunterschied also ein Vielfaches von λ beträgt:

$$\Delta s = n \cdot \lambda \text{ mit } n \in \mathbb{Z}.$$

Dagegen kommt es zu destruktiver Interferenz, wenn die Wellen in P gegenphasig schwingen. Der Gangunterschied ist dann ein ungeradzahliges Vielfaches von $\frac{\lambda}{2}$:

$$\Delta s = (2n + 1) \cdot \frac{\lambda}{2} \text{ mit } n \in \mathbb{Z}.$$

Treffen Wellen mit gleicher Frequenz aufeinander, kommt es zur Interferenz. Die einzelnen Auslenkungen addieren sich. Schwingen die Wellen am Ort der Beobachtung gleichphasig, ist also der Gangunterschied $\Delta s = n \cdot \lambda$, $n \in \mathbb{Z}$, ergibt sich konstruktive Interferenz. Destruktive Interferenz folgt für gegenphasige Wellen mit $\Delta s = (2n + 1) \cdot \frac{\lambda}{2}$.

1 Weisen Sie rechnerisch nach, dass in Punkt P in ▸Abb. 5 destruktive Interferenz vorliegt.

2 Untersuchen Sie, wie sich das Interferenzmuster aus ▸Abb. 5 verändert, wenn
- beide Erreger weiter auseinanderrücken,
- beide Erreger schneller schwingen,
- beide Erreger gegenphasig schwingen.

Zeichnen Sie dazu die Kreiswellen um die Erregerzentren auf getrennte Folien.

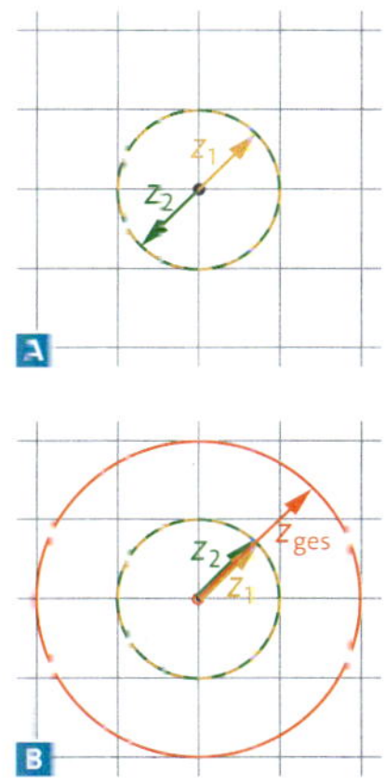

6 Interferenz im Zeigermodell A destruktiv, B konstruktiv

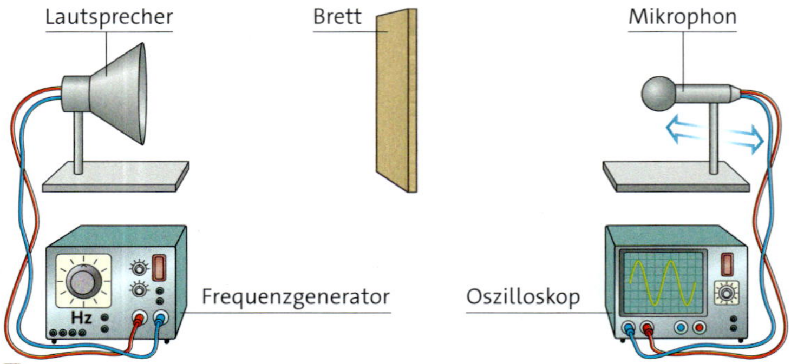

1 Beugung von Schallwellen am Hindernis

Beugung am Hindernis • Interferenzen führen auch zu Erscheinungen, die Sie aus Ihrem Alltag kennen. Mit ihnen lässt sich erklären, warum Sie Geräusche auch um eine Hausecke herum hören können. Auch Wasserwellen breiten sich um Hindernisse herum aus (▸Abb. 2). Dies untersuchen wir in Modellexperimenten.
Dazu schließen wir einen Lautsprecher an einen Frequenzgenerator an und stellen ein Brett mittig zwischen den Lautsprecher und ein Mikrofon (▸Abb. 1). Die Schallintensität hinter dem Brett stellen wir auf einem Oszilloskop dar. Verschieben wir jetzt das Mikrofon seitlich, so zeigt sich, dass die Schallwelle auch in den Schattenraum hinter dem Brett eingedrungen ist. Dieser Effekt wird als **Beugung** bezeichnet.
Variieren wir die Frequenz zwischen 1 kHz und 10 kHz, dann dringt der Schall bei niedrigeren Frequenzen weiter in den Schattenraum ein als bei höheren Frequenzen. Je größer also die Wellenlänge ist, desto stärker werden Wellen gebeugt.
Weniger alltäglich, aber einfacher zu verstehen ist die Beugung von Wellen an einem Spalt. Diese lässt sich gut an der Wellenwanne beobachten.

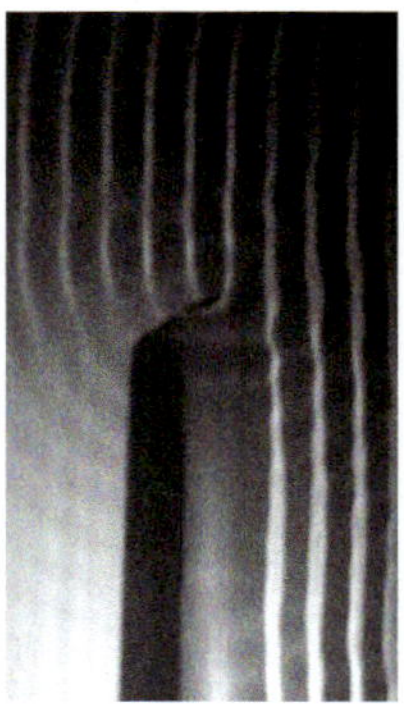

2 Wasserwellen am Hindernis

Beugung am Spalt • Auch hinter einem Spalt sind in der Wellenwanne Wellenfronten erkennbar (▸Abb. 3), die zur Ausbreitung der Welle in den Schattenraum führen. Unter Berücksichtigung des Huygenschen Prinzips wird deutlich, wieso es zur Beugung kommt (▸Abb. 4): Die Elementarwellen, die vom Spalt ausgehen, überlagen sich zu einer gemeinsamen Wellenfront parallel zum Spalt. Dagegen nimmt die Anzahl der sich überlagernden Wellen seitlich vom Spalt rasch ab. Die parallel zum Spalt gelegene Wellenfront geht an dessen Rändern daher in die der äußeren Elementarwellen über. Im Randbereich breitet sich die Welle kreisförmig aus.
Die Frequenzabhängigkeit der Beugung ergibt sich aus der Interferenz der Elementarwellen.

Treffen Wellen auf ein Hindernis oder einen Spalt, so werden sie gebeugt und dringen in den Schattenraum dahinter ein. Je größer die Wellenlänge ist, desto stärker ist die Beugung.

1 Begründen Sie, warum Sie einen Subwoofer getrost hinter eine Kommode stellen können, die Hochtoner der Musikanlage jedoch nicht hinter Möbeln platziert werden sollten.

2 **a)** Erläutern Sie anhand einer Zeichnung, wie eine Welle hinter einem Hindernis in den Schattenraum gebeugt wird.
b) Begründen Sie die Frequenzabhängigkeit der Beugung. Wandeln Sie dazu ▸Abb. 4 ab, indem Sie Wellentäler und -berge einzeichnen. Betrachten Sie zwei Fälle mit deutlich unterschiedlichen Wellenlängen.

3 Beugung von Wasserwellen am Spalt

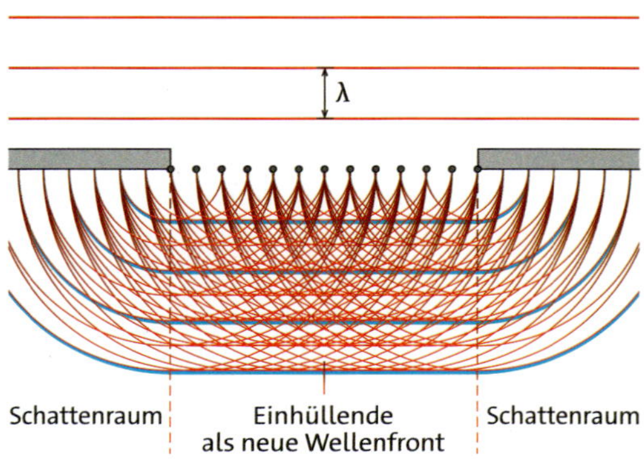

4 Beugung am Spalt nach HUYGENS

Doppler-Effekt

5 Kielwasser zweier Enten

7 Ein Flugzeug durchbricht die Schallmauer.

Nicht immer ruhen der Sender der Wellen und ihr Beobachter bzw. Empfänger. Bewegen sie sich relativ zueinander, dann müssen auch ihre Geschwindigkeiten berücksichtigt werden. Dadurch verändern sich die wahrgenommenen Frequenzen. Das bekannteste Beispiel hierfür ist die Änderung der Tonhöhe während des Vorbeifahrens eines Krankenwagens mit Martinshorn.

Solange der Krankenwagen steht, breiten sich die Schallwellen des Martinshorns in alle Richtungen gleich schnell aus. Rund herum ist der gleiche Ton zu hören. Wenn der Krankenwagen aber fährt, dann bewegt sich die Schallquelle und der Abstand zwischen zwei Wellenfronten verkürzt sich in Fahrtrichtung, während er sich entgegen der Fahrtrichtung entsprechend verlängert (▸Abb. 6).

Um die vom Beobachter wahrgenommene Frequenz f_B zu bestimmen, betrachten wir den Fall, dass sich der Krankenwagen auf den Beobachter zubewegt. Die wahrgenommene Wellenlänge λ_B verkürzt sich um die Strecke

$$\Delta x = v \cdot T_0 = \frac{v}{f_0},$$

die die Quelle in der Periodendauer T_0 zurücklegt. Es gilt

$$\lambda_B = \lambda_0 - \Delta x = \frac{c}{f_0} - \frac{v}{f_0} = \frac{c-v}{f_0}.$$

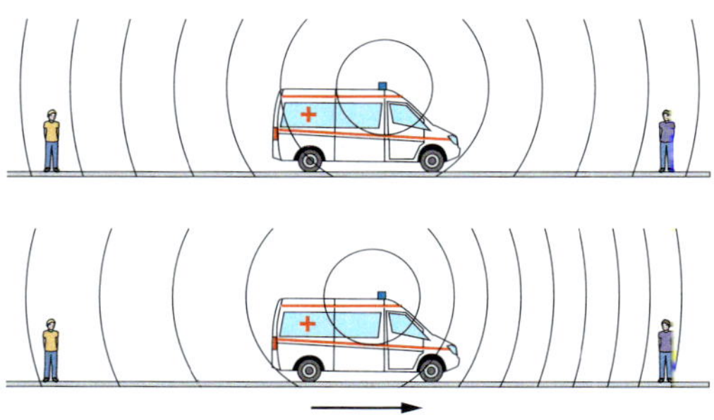

6 Änderung der Tonhöhe beim fahrenden Krankenwagen.

Daraus ergibt sich für die wahrgenommene Frequenz

$$f_B = \frac{c}{\lambda_B} = \frac{f_0 \cdot c}{c-v} = \frac{f_0}{1-\frac{v}{c}}, \text{ also } f_B > f_0.$$

Entgegen der Bewegungsrichtung der Quelle folgt analog

$$f_B = \frac{f_0}{1+\frac{v}{c}}, \text{ also } f_b < f_0.$$

Damit hört jemand, auf den ein Krankenwagen zufährt, einen Ton mit erhöhter Frequenz, während der Ton im Bereich hinter dem Fahrzeug tiefer erscheint.

Liegt die Geschwindigkeit der Quelle oberhalb der Ausbreitungsgeschwindigkeit der Wellen ($v > c$), dann „überholt" die Quelle sogar ihre eigenen Wellen. Hinter ihr bildet sich ein Machscher Kegel (▸Abb. 8 A), so ähnlich wie hinter den Enten im Teich (▸Abb. 5). Sind beide Geschwindigkeiten gleich, laufen die Wellen vor der Quelle zu einer Stoßfront zusammen (▸Abb. 8 B). Am Flugzeug ist diese Stoßfront bei günstigen Wetterbedingungen durch Wolkenbildung an der Schallmauer zu erkennen (▸Abb. 7).

1 Eine Pfeife ($f_0 = 2000\,\text{Hz}$) wird an einem 1 m langen Seil viermal pro Sekunde im Kreis geschleudert. Berechnen Sie die Werte, zwischen denen die wahrgenommene Frequenz schwankt.

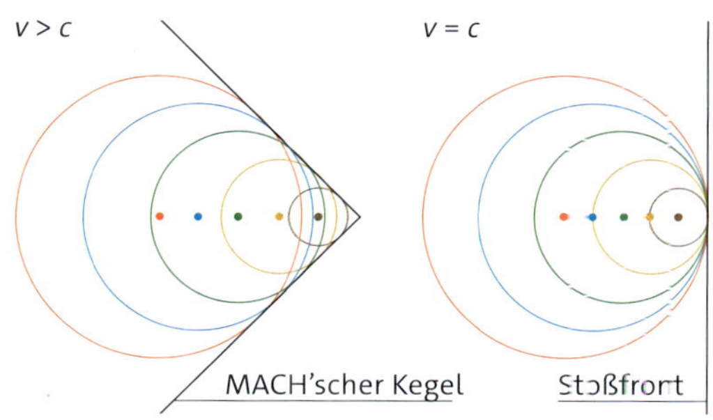

8 Sich ausbildende Wellenfronten **A** $v > c$, **B** $v = c$

Versuch A • Schallschutz

V1 Untersuchung im Verkehr

Material:
Smartphone mit App zur Messung von Schallpegeln und Frequenzen

Arbeitsauftrag:

a) Ermitteln Sie an einer Hauptverkehrsstraße oder an einer Autobahn das Spektrum an Frequenzen, die den Hauptteil des Verkehrslärms ausmachen. Achten Sie dabei auf unterschiedliche Fahrzeugtypen und Geschwindigkeiten.

b) Untersuchen Sie das Ausmaß der Beugung in der Umgebung der Straße in Abhängigkeit von diesen Frequenzen. Achten Sie darauf, welche Fahrzeuge Sie an einer bestimmten Stelle hören können und messen Sie dort die entsprechenden Schallpegel.

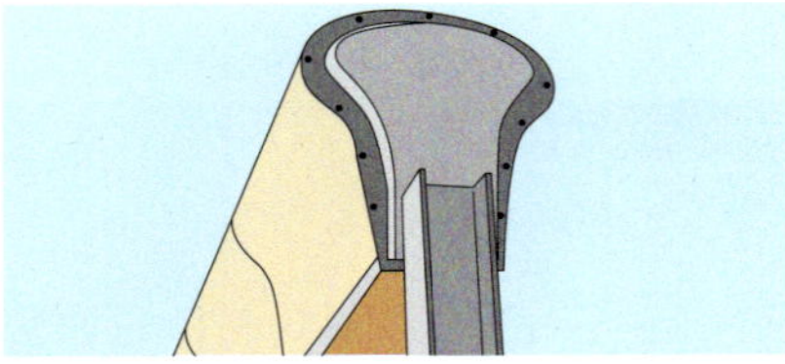

1 Optimierung von Schallschutzwänden

c) Begründen Sie anhand Ihrer Messergebnisse die verschiedenen Varianten von Tempolimits in der Nähe von Ortschaften.

d) Leiten Sie aus Ihren Messergebnissen Empfehlungen für die Aufstellung von Lärmschutzwänden ab.

e) Erläutern Sie die Wirkung der in ▸Abb. 1 dargestellten Abschirmeinrichtung, die auf eine Schallschutzwand aufgesetzt wird.

V2 Beugung frequenzabhängig

Material:
Smartphone, Frequenzgenerator (oder zweites Smartphone mit entsprechender App), Lautsprecher

Arbeitsauftrag:

a) Installieren Sie eine App zur Messung von Schallpegeln und Frequenzen. Stellen Sie den Lautsprecher in einigen Metern Entfernung von einer Mauer bzw. Hausecke auf. Achten Sie auf eine verträgliche Lautstärke.

b) Untersuchen Sie die Abhängigkeit des Schallpegels an verschiedenen Stellen hinter der Mauer bzw. Hausecke in Abhängigkeit von der Frequenz.

c) Erstellen Sie eine Skizze, in der Sie Ihre Messungen darstellen. Erläutern Sie Ihr Ergebnis.

Material A • Interferenz von Schallwellen

A1 Zwei Lautsprecher sind 1,0 m voneinander entfernt und geben gleichphasig Schallwellen der Frequenz 686 Hz ab. Sie selbst befinden sich 3,0 m von Lautsprecher 1 entfernt nahe einem Ort konstruktiver Interferenz (▸Abb. 2).

a) Ermitteln Sie zeichnerisch alle Orte längs der gestrichelten Linie in ▸Abb. 2, die diese Bedingungen erfüllen.

b) Beschreiben Sie, was zu hören ist, wenn der zweite Lautsprecher langsam vom ersten Lautsprecher entfernt wird.

c) Sie stehen senkrecht vor Lautsprecher 1 (▸Abb. 2). Berechnen Sie den Abstand, um den Lautsprecher 2 zu verschieben ist, damit Sie erst ein Minimum und dann ein Maximum wahrnehmen.

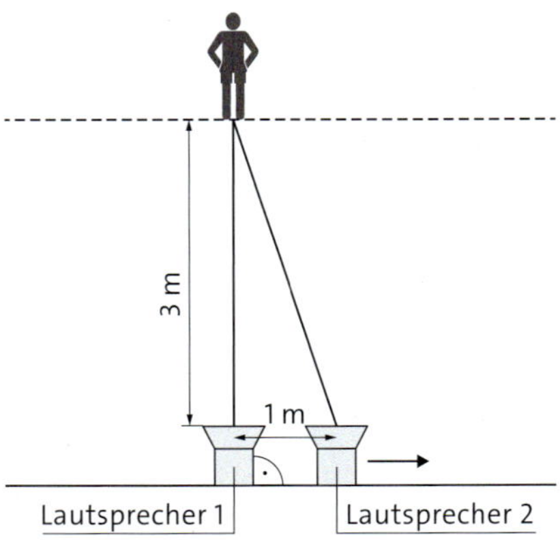

2 Versuchsaufbau zu A1

3 Sender und Mikrofon vor dem Brett

A2 Der Sender in ▸Abb. 3 sendet Ultraschallwellen mit einer Frequenz von 60 kHz aus. Das mit einem Oszilloskop verbundene Mikrofon steht anfangs an einem Ort mit destruktiver Interferenz.

a) Bewegt man das Mikrofon zwischen Sender und Brett, so zeigt sich ein Interferenzmuster. Begründen Sie dies anhand einer Skizze.

b) Das Brett soll so weit auf das Mikrofon zu bewegt werden, bis es sich zum zehnten Mal in einem Punkt maximaler Lautstärke befindet. Ermitteln Sie die dafür erforderliche Verschiebung.

c) Berechnen Sie die Geschwindigkeit, mit der das Mikrofon bewegt wurde, wenn die Lautstärke in Versuch a) mit einer Frequenz von 80 Hz schwankte.

Material B • Schallschutz-Kopfhörer

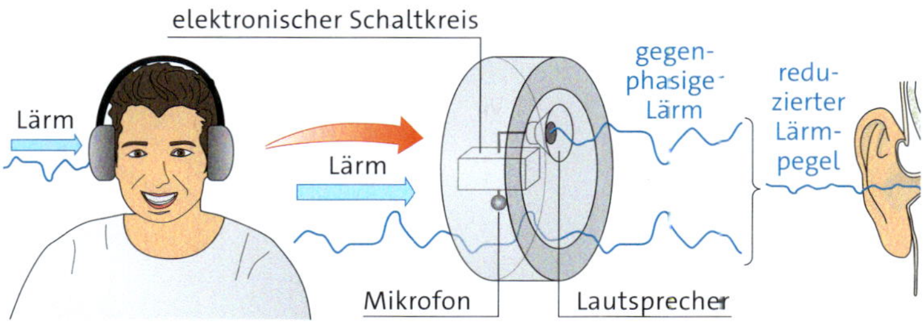

4 Kopfhörer mit aktivem Schallschutz

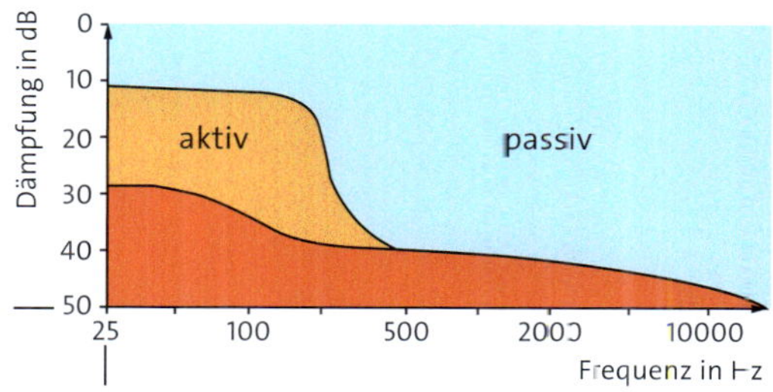

5 Reduktion des Schallpegels

Eine dauerhafte Überlastung des Gehörs durch zu hohe Schallintensitäten ist nicht nur störend, sondern macht auch krank. Insbesondere Menschen, die beruflich viel Lärm ausgesetzt sind, sollten daher Schallschutz-Kopfhörer tragen. Diese dämpfen den Schall mithilfe von Schaumstoffen, die den einfallenden Schall streuen und zum Teil absorbieren. Dies gelingt aber nur, wenn die Größenverhältnisse der Wellenlängen und der im Schaumstoff eingeschlossenen Luftbläschen zueinander passen. Bei Frequenzen unter 200 Hz setzt man deshalb einen aktiven Schallschutz ein (▸Abb. 4), der Interferenzen zur Reduktion von störenden Geräuschen nutzt. Man spricht dabei von Antischall. Dieses Prinzip kommt auch bei Autoschalldämpfern zum Einsatz.

B1 Erläutern Sie die Funktionsweise eines Kopfhörers mit aktivem Schallschutz anhand von ▸Abb. 4.

B2 **a)** Trotz des Gehörschutzes muss eine Kommunikation möglich sein. Begründen Sie, dass dies bei geeigneter Kombination von passiver Dämpfung und aktivem Schallschutz möglich ist. Berücksichtigen Sie bei ▸Abb. 5, dass eine Reduktion des Schallpegels um 10 dB eine Halbierung der Lautstärke bedeutet.
b) Kopfhörer mit aktivem Schallschutz werden auch genutzt, um Musik zu hören. Begründen Sie.

Material C • Doppler-Sonografie

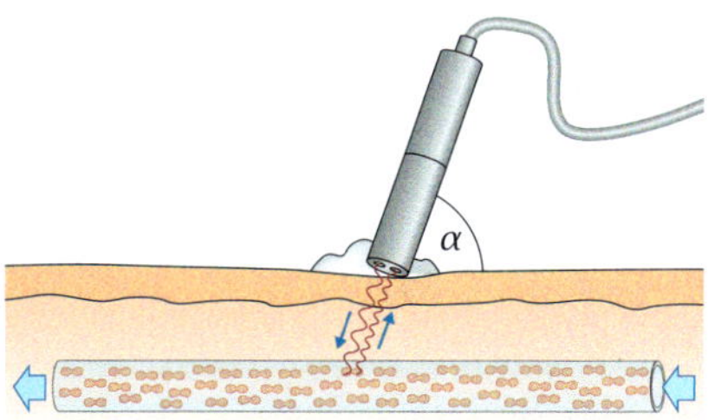

6 Funktionsprinzip der Doppler-Sonographie

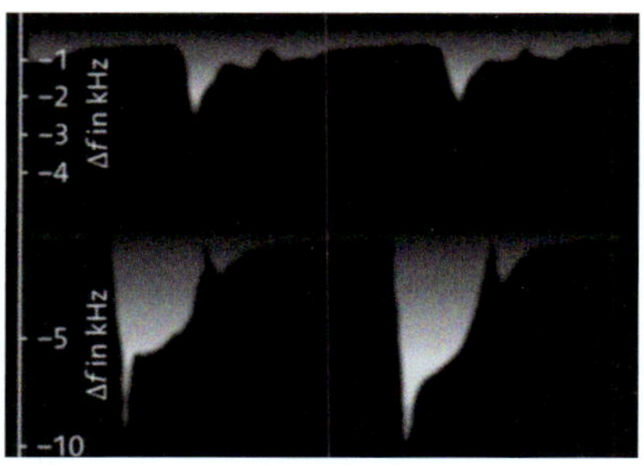

7 Sonogramme der Halsschlagader

Mit einer Doppler-Sonographie lassen sich Kalkablagerungen in Blutgefäßen auffinden. Diese führen im verengten Gefäß zu einer erhöhten Fließgeschwindigkeit des Bluts während des Herzschlags. Außerdem bilden sich an den Kanten der Ablagerungen Wirbel, wodurch hier viele unterschiedliche Fließgeschwindigkeiten gleichzeitig gemessen werden.
Bei der Untersuchung sendet ein Schallkopf Ultraschallwellen der Frequenz f_0 aus, die von den fließenden roten Blutkörperchen reflektiert werden. Infolge des Doppler-Effekts kommt es zu einer Frequenzverschiebung Δf, die proportional zur Fließgeschwindigkeit v des Bluts ist:

$$\Delta f \approx 2 f_0 \cdot \frac{v}{c} \cdot \cos \alpha$$

Dabei ist c die Schallgeschwindigkeit im Blut (ca. 1500 $\frac{m}{s}$) und α der Messwinkel.

C1 Die Frequenz der ausgesandten Schallwelle beträgt 5 MHz. Unter einem Winkel von 45° wird $\Delta f = 900$ Hz gemessen.
a) Berechnen Sie die mittlere Fließgeschwindigkeit im Blutgefäß.
b) Normalerweise beträgt die Fließgeschwindigkeit etwa 0,1 $\frac{m}{s}$. Deuten Sie das Ergebnis aus a).

C2 ▸Abb. 7 zeigt Doppler-Sonogramme der Halsschlagader einer gesunden Person und der verengten Halsschlagader einer anderen Person. Dabei ist der zeitliche Verlauf der gemessenen Frequenzverschiebungen in kHz dargestellt.
a) Beschreiben Sie Gemeinsamkeiten und Unterschiede der Sonogramme.
b) Begründen Sie die Unterschiede.

1 Regenbogen in Spritzwasser

Licht als Welle

Regenbogen sind immer wieder schön anzusehen und faszinierend, auch wenn jeder sie schon mehrfach gesehen hat. Doch wie entstehen die farbigen Streifen eigentlich?

2 Brechung von Licht in Wasser

3 Brechung am Prisma

Licht wird gebrochen • Damit wir einen Regenbogen sehen können, muss die Sonne in unserem Rücken stehen und ihr Licht auf Wassertropfen vor uns fallen. Also sind die Farben des Regenbogens bereits im Sonnenlicht enthalten. Dies lässt sich auch erkennen, wenn Sonnenlicht auf ein wassergefülltes Glasgefäß fällt (▸Abb. 2). Bevor wir aber genauer untersuchen können, warum die Spektralfarben an den Wassertropfen sichtbar werden, müssen wir erst einmal klären, worin sich das Licht der verschiedenen Farben unterscheidet und was mit dem Licht an einer Grenzfläche geschieht.

Lassen wir das Licht eines grünen Lasers schräg auf ein Prisma fallen, dann wird es sowohl beim Eintritt als auch beim Austritt abgelenkt (▸Abb. 3). Ähnliche Beobachtungen haben wir bereits bei mechanischen Wellen gemacht, z.B. bei Wasserwellen an einem Übergang von tieferem zu flacherem Wasser. Hier ging die Änderung der Ausbreitungsrichtung mit einer veränderten Ausbreitungsgeschwindigkeit der Wellen einher.

Beschreibung von Licht als Welle • Wenn wir davon ausgehen, dass sich verwandte Phänomene auch in gleicher Weise erklären lassen, dann muss die Ausbreitungsgeschwindigkeit des Lichts in Glas oder Wasser anders sein als in der Luft. Daher kommt es an den Grenzflächen zur Brechung, also dort, wo sich die Ausbreitungsgeschwindigkeit ändert – so, wie wir es beobachtet haben. Mit dieser Erklärung unterstellen wir dem Licht allerdings Welleneigenschaften.

Im Gegensatz zur Situation in der Wellenwanne haben wir (▸Abb. 2) jedoch Licht unterschiedlicher Farben, das unterschiedlich stark gebrochen wird. Lassen wir Licht eines grünen und eines roten Lasers in gleichem Winkel auf das wassergefüllte Glasgefäß fallen (▸Abb. 4) wird das grüne stärker gebrochen. Auch blaues Licht wird somit stärker gebrochen als rotes Licht.

4 Brechung von rotem und grünem Licht

Blaues Licht wird stärker gebrochen als rotes Licht.

Bleiben wir dabei, das Licht als Welle zu betrachten, dann kann sich Licht unterschiedlicher Farben nur durch seine Wellenlängen unterscheiden. Aus unseren Beobachtungen folgt dann, dass die Ausbreitungsgeschwindigkeit von Licht in einem Medium von seiner Wellenlänge abhängen muss. Diese Abhängigkeit der Ausbreitungsgeschwindigkeit des Lichts von seiner Farbe bzw. Wellenlänge wird als **Dispersion** bezeichnet und gilt für alle Medien, in denen sich Licht ausbreitet. Nur im Vakuum breitet sich Licht aller Farben genau gleich schnell aus.

Insgesamt ergibt sich, dass sich die im weißen Licht enthaltenen Farben durch Brechung wie beobachtet zu einem farbigen Spektrum auffächern (▸Abb. 2). Die Beschreibung des Lichts als eine Welle erscheint also sinnvoll.

Licht lässt sich als Welle beschreiben, wobei die unterschiedlichen Farben unterschiedlichen Wellenlängen entsprechen.

Lichtgeschwindigkeit • Wenn Licht eine Welle ist, muss sich auch seine Ausbreitungsgeschwindigkeit messen lassen. Eine moderne Methode beruht auf den Laufzeitunterschieden des Lichts in dem Versuch, der in ▸Abb. 6 dargestellt ist.

Das von der Leuchtdiode abgegebene Licht trifft auf den Strahlteiler T und wird dort entweder nach oben reflektiert oder direkt hindurchgelassen. Aufgrund der unterschiedlich langen Wege vom Strahlteiler zu den Spiegeln S_1 bzw. S_2 benötigt das Licht auf diesen beiden Wegen unterschiedlich lange, bis es die Empfangsdiode D erreicht. Somit zeigt das angeschlossene Oszilloskop zwei Signale mit einer Phasenverschiebung. Zusammen mit dem bekannten Wegunterschied lässt sich daraus die Lichtgeschwindigkeit ermitteln. Sie beträgt in Luft etwa $2{,}997 \cdot 10^8 \frac{\text{m}}{\text{s}}$ und im Vakuum ca. $2{,}998 \cdot 10^8 \frac{\text{m}}{\text{s}}$.

Die Ausbreitungsgeschwindigkeit des Lichts hängt von seiner Wellenlänge und vom Medium ab. Im Vakuum beträgt sie etwa $2{,}998 \cdot 10^8 \frac{\text{m}}{\text{s}}$.

Wie bei allen Wellen gilt für die Ausbreitungsgeschwindigkeit $c = \lambda \cdot f$.

Auch die angenommene Abhängigkeit der Lichtgeschwindigkeit vom durchleuchteten Medium lässt sich mit diesem Versuch nachweisen, wenn man z. B. ein langes Wasserbecken in den Strahlengang zwischen Linse und Reflektor stellt.

Brechung beim Regenbogen • Wie im Prisma oder im Wassergefäß kommt es auch an Wassertropfen zur Lichtbrechung, verbunden mit der beschriebenen Aufspaltung in Farben. Beim Übergang ins optisch dichtere Medium, also von Luft ins Wasser, wird das Licht zunächst gebrochen (▸Abb. 5, Punkt A), dann auf der anderen Seite des Tropfens reflektiert (Punkt B) und beim Austritt in Punkt C erneut gebrochen.

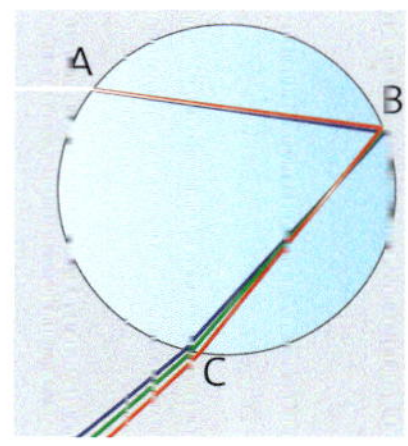

5 Brechung am Wassertropfen

Infolge der zweimaligen Brechung werden die im Sonnenlicht enthaltenen Farben als Regenbogen sichtbar – solange das Licht auch in unsere Augen trifft. Diese letzte Bedingung führt schließlich zur Form des Regenbogens.

1 Untersuchen Sie die Lichtbrechung am Prisma genauer. Nutzen Sie dazu ▸Abb. 3.
a) Entscheiden Sie begründet, ob die Ausbreitungsgeschwindigkeit des Lichts im Glas größer oder geringer ist als die in Luft.
b) Erklären Sie die Brechung am Prisma mit einer Skizze nach dem Huygensschen Prinzip.

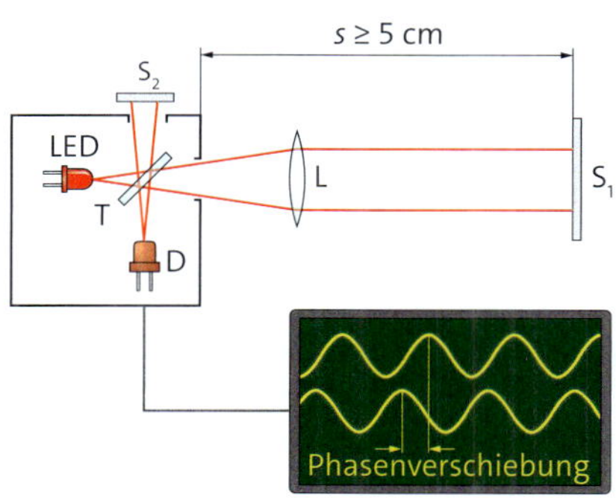

6 Messung der Lichtgeschwindigkeit

Welle im Detail • Inzwischen wissen wir zwar, dass Licht durch eine Welle beschrieben werden kann, aber die Natur dieser Welle ist noch zu klären. Im Gegensatz zu mechanischen Wellen braucht Licht keinen Träger, denn es durchdringt auch ein Vakuum. Trotzdem kann Licht Energie transportieren. Beispielsweise gelangt Strahlung der Sonne durch das Vakuum des Weltalls zu uns und wir spüren ihre Energie auf der Haut. Damit dieser Energietransport möglich ist, müssen Felder an der Übertragung der Wellen beteiligt sein.

Um mehr über die Felder zu erfahren, versuchen wir, diese mit dünnen Schichten aus unterschiedlichen Materialien abzuschirmen. Dabei zeigt sich, dass Licht die meisten Materialien durchscheint, wenn sie dünn genug sind, so z.B. Glas, Papier oder Kunststoff. Metall dagegen schirmt Licht effizient ab.
Diese Beobachtungen decken sich mit denen zur Abschirmung von elektrischen Feldern: Während selbst eine dickere Schicht eines Dielektrikums kaum zur Abschirmung führt, wird diese durch einen Faradayschen Käfig erreicht. Daher liegt es nahe, eine Beteiligung elektrischer Felder an den Lichtwellen zu vermuten.

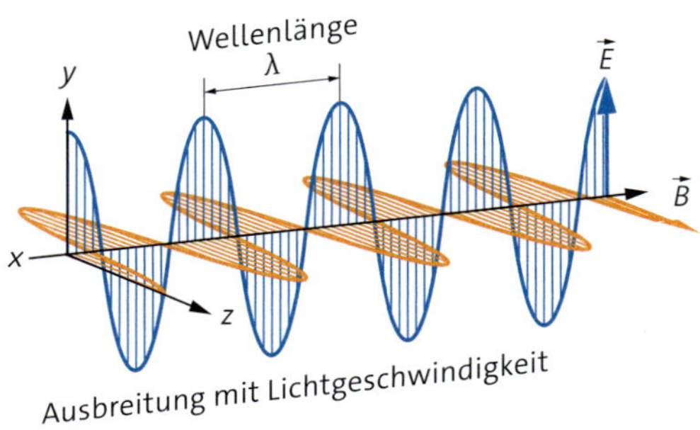

1 E- und B-Feld schwingen orthogonal zur Ausbreitungsrichtung

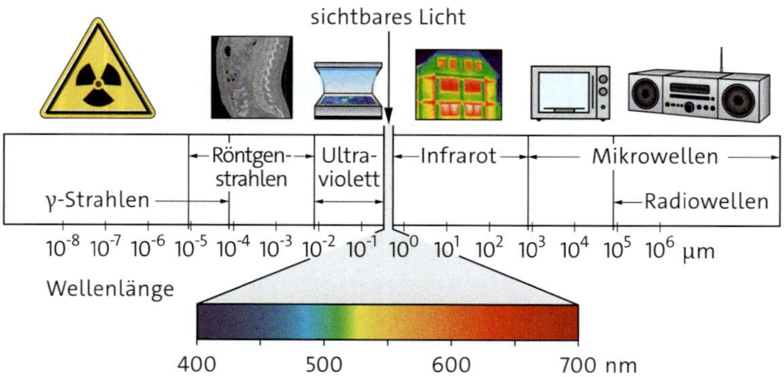

2 Elektromagnetisches Spektrum

Elektromagnetische Welle • Auch andere Wellen breiten sich unter Beteiligung elektrischer Felder aus, z.B. zur Funkübertragung. Die entsprechenden Antennen enthalten häufig Spulen, die ein Magnetfeld erzeugen. Damit enthält das von der Antenne abgestrahlte Feld eine elektrische und eine magnetische Komponente, die nicht unabhängig sind, sondern eine Einheit bilden.
Auch Lichtwellen sind elektromagnetische Wellen. Sie enthalten wie alle elektromagnetischen Wellen eine elektrische und eine magnetische Komponente, deren Amplituden und Phasen von Natur aus eine Einheit bilden. Beide Schwingungen sind orthogonal zueinander und bilden eine Transversalwelle (▸Abb. 1).
Die Wellenlängen des sichtbaren Bereichs elektromagnetischer Wellen liegen etwa zwischen 400 nm (blau) und 800 nm (rot). Damit macht das sichtbare Licht nur einen relativ kleinen Teil des elektromagnetischen Spektrums aus. Im Bereich der deutlich kleineren Wellenlängen finden sich z.B. γ- oder Röntgenstrahlung, im Bereich der deutlich größeren Wellenlängen liegen Mikro- und Radiowellen (▸Abb. 2).

Elektromagnetische Wellen entstehen durch zueinander orthogonale Schwingungen des elektrischen und des magnetischen Feldes. Sie breiten sich als Transversalwellen aus und benötigen keinen Träger. Der sichtbare Bereich mit Wellenlängen zwischen ca. 400 nm und 800 nm wird als Licht bezeichnet.

1 Zu elektromagnetischen Spektren werden vielfach keine Wellenlängen sondern Frequenzen angegeben. Dabei gilt $c = \lambda \cdot f$.
a) Berechnen Sie die Frequenzen an den Rändern des sichtbaren Bereichs.
b) Recherchieren Sie Vorteile der Angabe von Frequenzen.

Daten senden und empfangen

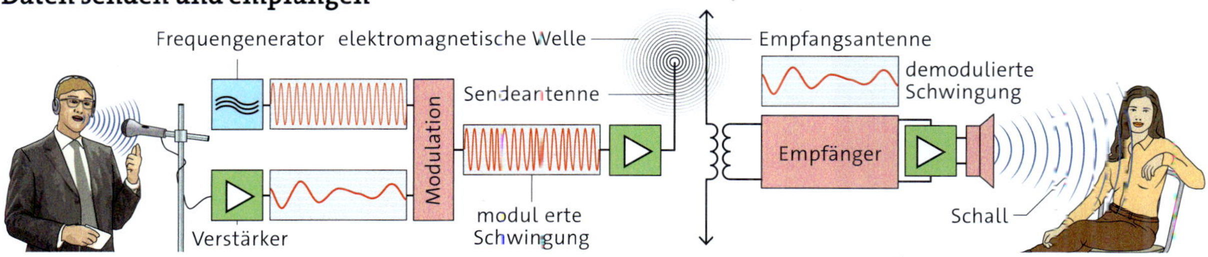

3 Schematische Darstellung der Abläufe bei der Datenübertragung per Frequenzmodulation

Eine besondere Bedeutung haben elektromagnetische Wellen für unseren Austausch von Informationen per Funk. Dabei unterscheiden sich die Techniken zur Übertragung von Radio-, Fernseh- und Handyfunk zwar im Detail, das Grundprinzip bleibt aber gleich.

Generell werden Datensignale mit hochfrequenten Trägersignalen gekoppelt und dann über eine Sendeantenne ausgestrahlt. Die hochfrequenten elektromagnetischen Wellen bewegen sich auch über große Strecken relativ störungsarm. Mit einer Empfangsantenne können sie dann aufgefangen werden. Der Empfänger entkoppelt die Signale wieder und strahlt die Daten aus (▸Abb. 3).

Unter einer Sendefrequenz versteht man dabei ein schmales Frequenzintervall um die z. B. am Radio eingestellte Frequenz, das vom Empfänger ausgewertet wird.

Zur Kopplung der Daten mit dem Trägersignal werden grundsätzlich zwei verschiedene Techniken genutzt:

- Bei der Amplitudenmodulation werden die Amplituden des Trägersignals so geändert, dass seine Einhüllenden dem Datensignal entsprechen (▸Abb. 4 A). Diese Technik wurde von den mittlerweile abgeschalteten Mittelwellensendern (MW) genutzt.
- Bei der Frequenzmodulation wird dagegen die Frequenz des Trägersignals in Abhängigkeit von der Amplitude und der Frequenz des Datensignals erhöht bzw. erniedrigt (▸Abb. 4 B). Dieses Verfahren wird für die Ultrakurzwellensender (UKW) genutzt.

Beide Techniken haben den Nachteil, dass unterschiedliche Informationen im selben Raum nur auf unterschiedlichen Sendefrequenzen übertragen werden können. Außerdem besteht die Gefahr von Interferenzen durch überlappende Sendegebiete mit sehr ähnlichen Frequenzen. Damit ist die Zahl der Sender stark begrenzt. Außerdem ist der mobile UKW-Empfang relativ störanfällig. Diese Probleme sollen durch die digitale Funktechnik DAB+ (Digital Audio Broadcasting +) behoben werden, die seit den 1980er Jahren in Europa entwickelt wird.

Hierzu werden die zu übertragenden Daten erst auf mehrere hundert Teildatenströme aufgeteilt und dann einzeln per Amplitudenmodulation an hochfrequente Trägersignale unterschiedlicher Frequenzen gekoppelt. Diese modulierten Schwingungen werden anschließend aufaddiert. Die einzelnen Trägerfrequenzen sind dabei so gewählt, dass die mit der Addition verbundenen Datenverluste möglichst gering sind. Auf diese Weise können Interferenzen immer nur einzelne Träger stören, das Gesamtsignal aber nur geringfügig beeinflussen. Dies ermöglicht eine Datenübertragung mit gleichbleibend hoher Audioqualität.

Durch eine zusätzliche Kanalkodierung ist der Betrieb einer deutlich erhöhten Anzahl räumlich benachbarter Sender mit der gleichen Sendefrequenz möglich. Außerdem lassen sich Zusatzinformationen integrieren, wie z. B. Programmübersichten oder farbige Albumcover.

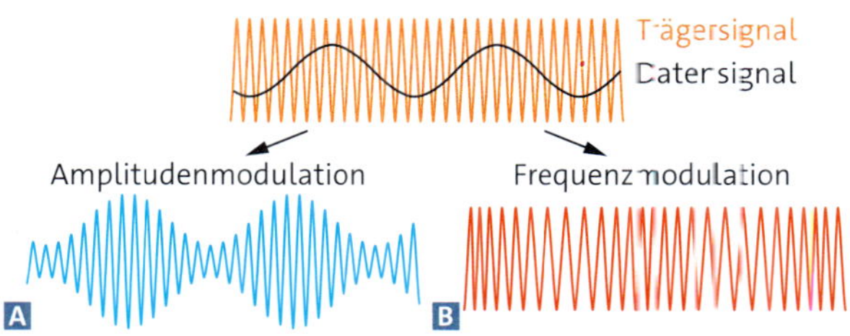

4 Trägersignale: **A** Amplitudenmodulation, **B** Frequenzmodulation

	Frequenzbereich	Reichweite etwa
MW	526,5–1606,5 kHz	100–300 km
UKW	87,5–108 MHz	10–80 km
DAB+	174–230 MHz	0–50 km

5 Frequenzen und Reichweiten der betrachteten Sendebereiche

Versuch A • Elektromagnetische Wellen in Medien

V1 Himmelsblau und Abendrot

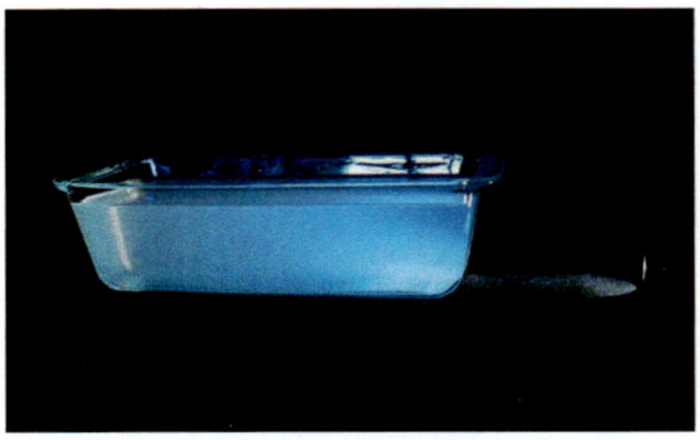

1 Färbungen des Himmels simulieren

Material:
Durchsichtiges Wasserbecken, etwas Milch, Taschenlampe

Arbeitsauftrag:
a) Recherchieren Sie die Auswirkung der Dispersion auf die Streuung von Licht und stellen Sie diese dar.
b) Füllen Sie das Becken mit Wasser und geben Sie etwa 1 TL Milch hinzu, so dass sich das Wasser gerade eintrübt. Legen Sie die Taschenlampe so an das Becken, dass ihr Licht auf einer möglichst langen Strecke durch das getrübte Wasser fällt.
c) Blicken sie einmal seitlich auf den durch das getrübte Wasser laufenden Lichtstrahl und einmal dem Licht entgegen. Beschreiben und erklären Sie Ihre Beobachtungen. Gehen Sie dabei auch auf die Rolle der Milch ein.
d) Stellen Sie einen Bezug zu den Beobachtungen am Himmel her und gehen Sie dabei auch auf die Tageszeiten ein, zu denen diese zu beobachten sind.
e) Auf dem Mond erscheint der Himmel schwarz. Begründen Sie.

V2 Verstimmter Empfänger

Material:
Dezimeterwellen-Generator, Wasserbecken, zwei Empfangsdipole (6 cm und 31,5 cm), destilliertes Wasser, Holzklötze

Arbeitsauftrag:
a) Befestigen Sie beide Empfangsdipole waagerecht und übereinander im Wassertank. Stellen Sie den Sendedipol parallel dazu und in gut 20 cm Entfernung auf. Gleichen Sie den Höhenunterschied zwischen Sende- und Empfangsantennen mithilfe der Holzklötze aus.
b) Schalten Sie den Sender ein und beschreiben Sie Ihre Beobachtungen.
c) Füllen Sie das Wasserbecken, bis beide Antennen bedeckt sind. Beschreiben und erklären Sie die Veränderung.

Material A • Mikrowellen

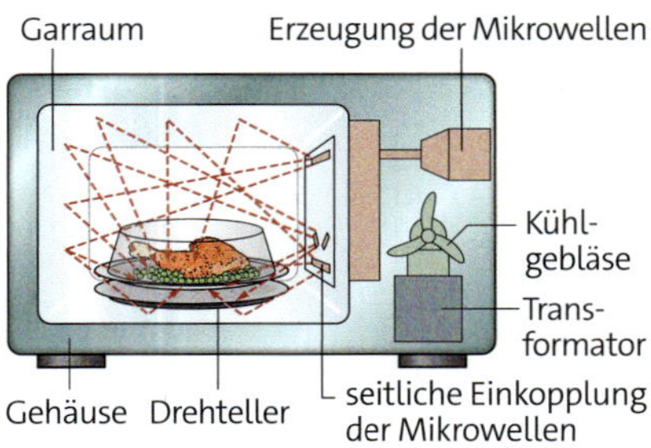

2 Mikrowellenherd

Erhitzt man eine Speise in einem Mikrowellenherd, so wirken die elektromagnetischen Wellen zunächst einmal auf die in den Speisen enthaltenen Wassermoleküle. Diese werden aufgrund ihres Dipolcharakters durch das schwingende elektrische Feld in Rotationen versetzt. Benachbarte Moleküle geraten dann ebenfalls in Bewegung, sodass sich die kinetische Energie der Moleküle insgesamt deutlich erhöht – die Temperatur steigt.

Beim Auftauen von Gefriergut in der Mikrowelle besteht die Gefahr, dass bereits angetaute Bereiche sehr viel schneller heiß werden und damit länger garen als anfangs noch gefrorene Bereiche. Zum Auftauen von Gefriergut in der Mikrowelle gibt es daher zwei Tipps:
– Gefriergut vorher kurz abspülen,
– langsam mit geringer Leistung auftauen.

A1 In Europa werden Mikrowellenherde meist mit einer Frequenz von 2,455 GHz betrieben. Berechnen Sie die zugehörige Wellenlänge und ordnen Sie diese ins elektromagnetische Spektrum ein.

A2 **a)** Im Garraum der Mikrowelle könnten sich stehende Wellen ausbilden. Berechnen Sie den entsprechenden Abstand benachbarter Knoten.
b) Erläutern Sie, weshalb die Ausbildung stehender Wellen ungünstig wäre. Begründen Sie, bei welchen Speisen dies problematisch wäre.
c) Begründen Sie anhand von ▸Abb. 2, warum die Ausbildung gut ausgeprägter stehender Wellen unwahrscheinlich ist.

A3 **a)** Erklären Sie, warum sich die eingangs dargestellten Probleme beim Auftauen ergeben.
b) Begründen Sie die Tipps zum Auftauen.

A4 Aus einer alten Mikrowelle wird der Drehteller entfernt, durch eine Tafel Schokolade ersetzt und kurz erhitzt. An Stellen im Abstand von ca. 6 cm schmilzt die Schokolade.
a) Erklären Sie die Beobachtung.
b) Bestimmen Sie anhand der Daten einen Näherungswert für die Lichtgeschwindigkeit.

Material B • Regenbogen

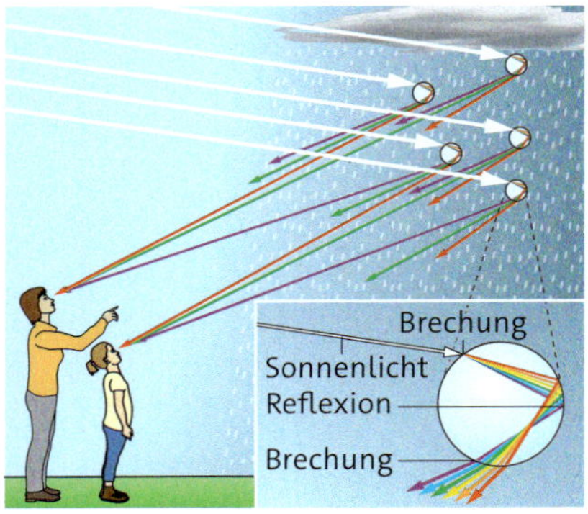

3 Aspekte zur Entstehung von Regenbogen

B1 Erklären Sie anhand von ▸Abb. 3 und eigenen Skizzen ausführlich, wie Regenbogen entstehen. Recherchieren Sie nach Bedarf und gehen Sie auf folgende Punkte ein:
- Bedingungen für die Beobachtung eines Regenbogens,
- Dispersion,
- Entstehung von Haupt- und Nebenregenbogen inklusive der Winkel, unter denen die Beobachtung möglich ist,
- Helligkeitsunterschiede (Aufhellung innerhalb des Hauptregenbogens, dunklerer Bereich zwischen den Regenbogen, genannt „Alexanders dunkles Band").

Material C • Lichtbrechung in der Atmosphäre

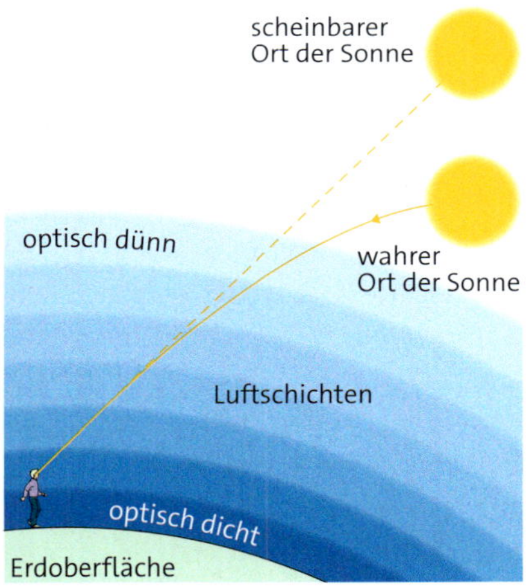

4 Hebung der Sonne

Steht die Sonne kurz über dem Horizont, erscheint sie häufig in Längsrichtung gestaucht. Auch ihre wahrgenommene Position ist eine Täuschung (▸Abb. 4). Die Atmosphäre ist vereinfacht durch viele Schichten konstanter Dichte dargestellt.

C1 **a)** Erklären Sie anhand von ▸Abb. 4 die Hebung der Sonne.
b) Erklären Sie, wie sich die Hebung auf die Tagesdauer auswirkt.

C2 In ▸Abb. 5 wird stark vereinfachend nur noch eine einzelne Grenzschicht in der Atmosphäre betrachtet. Nutzen Sie in einer eigenen Skizze die angedeuteten Strahlen, um den Weg des Lichts zum Menschen zu bestimmen. Ermitteln Sie dann das gesehene Bild der Sonne.

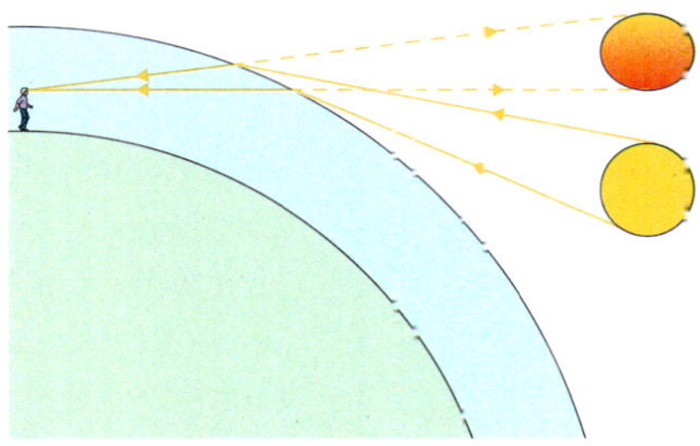

5 Zur Abplattung der Sonne

Material D • Licht an dünnen Schichten

Weißes Licht lässt Seifenblasen farbig schimmern. Dabei wird das Licht an den Grenzflächen zwischen Seife und Luft zum Teil gebrochen und zum Teil reflektiert. Dies führt zu Interferenzen zwischen den an Vorder- und Rückseite der Seifenschicht reflektierten Strahlen.

6 Schillernde Seifenblase

D1 Ermitteln Sie den Gangunterschied zwischen den Strahlen in ▸Abb. 7.

D2 Erläutern Sie, warum die Seifenhaut farbig erscheint.

D3 Begründen Sie, warum in ▸Abb. 6 auch Mischfarben zu sehen sind.

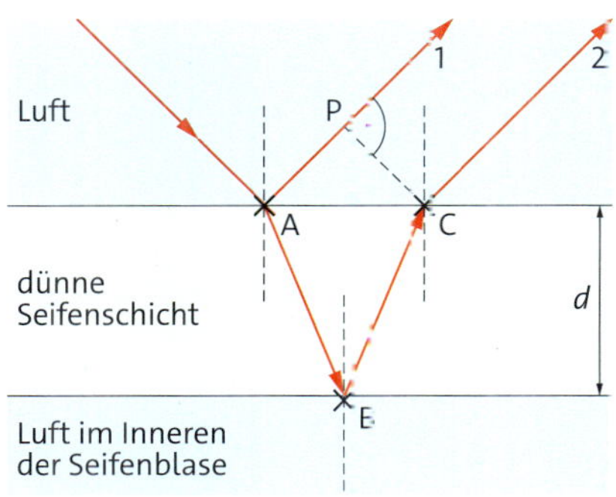

7 Entstehung des Gangunterschieds

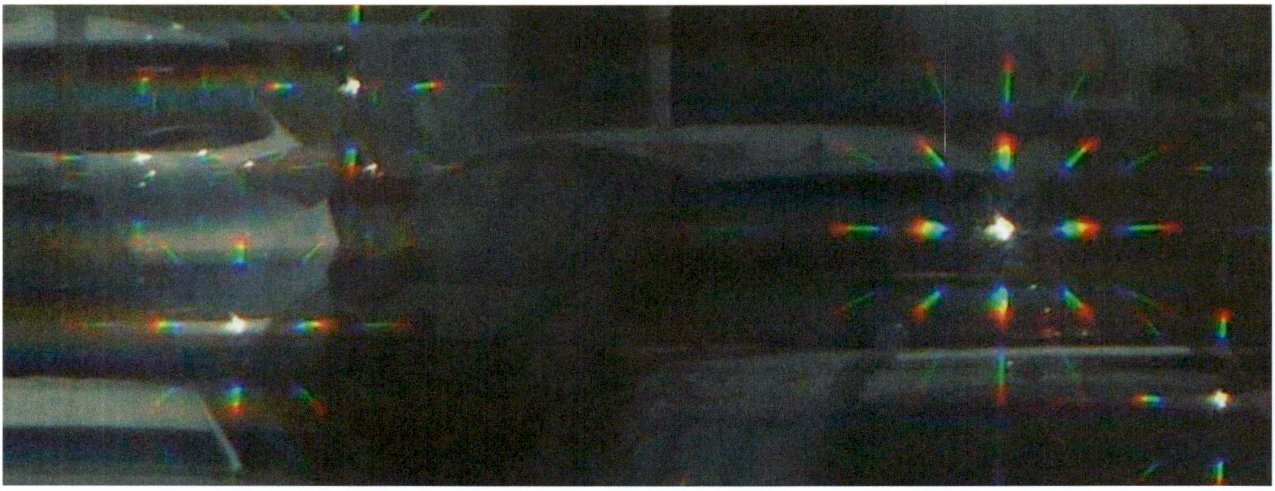

1 Lichtreflexe betrachtet durch eine Gardine

Beugung von Licht

Das kreuzförmige Muster aus regelmäßig angeordneten Lichtreflexen ist beim Blick durch eine sehr dünne Gardine entstanden. Je weiter außen die Lichtreflexe liegen, umso deutlicher fächern sie zudem zu Farbspektren auf. Doch wie kommt das?

Licht wird gebeugt • In ▸Abb. 1 ist ein Interferenzmuster zu sehen. Es entsteht, da weißes Licht durch das Kreuzgitter des gewebten Gardinenstoffs fällt. Um dies besser nachvollziehen zu können, vereinfachen wir die Situation zunächst einmal. Zum einen nutzen wir im Modellexperiment einfarbiges Licht, zum anderen verwenden wir ein Strichgitter statt eines Kreuzgitters (▸Abb. 2).

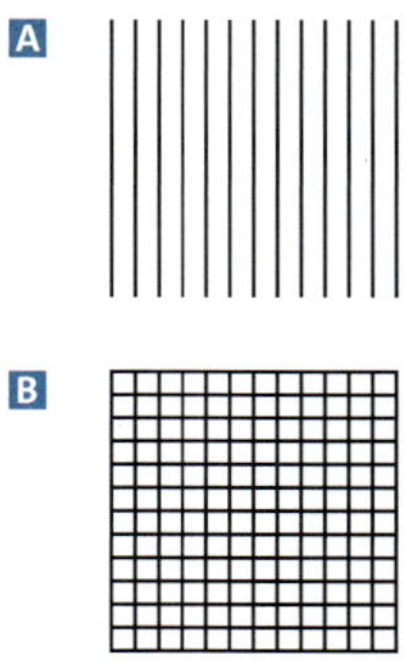

2 **A** Strichgitter, **B** Kreuzgitter

Beugung am Strichgitter • Fällt Licht eines Lasers auf ein Strichgitter, dann ist auf einem Schirm hinter dem Gitter eine symmetrische Reihe von Punkten zu sehen, deren Abstand nach außen hin immer größer wird (▸Abb. 3). Der Punkt P_0 in der Mitte liegt an der gleichen Stelle auf dem Schirm, an der der Laserstrahl auch ohne das Gitter auftreffen würde – er liegt auf der optischen Achse. Die übrigen Punkte sind offensichtlich Orte konstruktiver Interferenz.

Um dies zu verstehen, betrachten wir das Licht, das auf das Gitter fällt. Wie wir inzwischen wissen, hat es Wellencharakter. Entsprechend können wir nach dem Huygensschen Prinzip jede Gitteröffnung als Ausgangspunkt neuer Elementarwellen betrachten, die sich hinter dem Gitter ausbreiten und dort interferieren (▸Abb. 4).

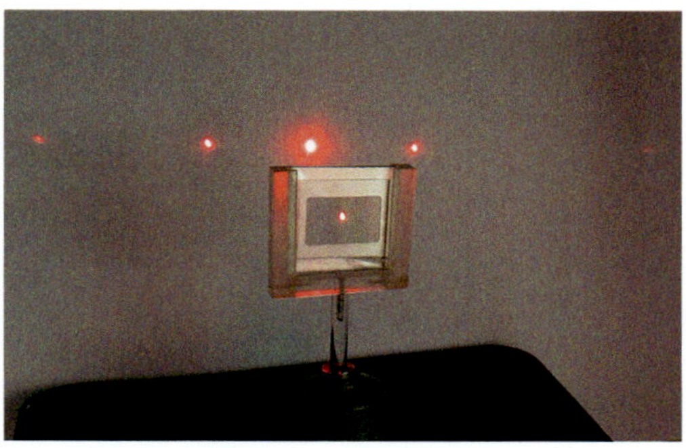

3 Beugung von einfarbigem Licht am Gitter

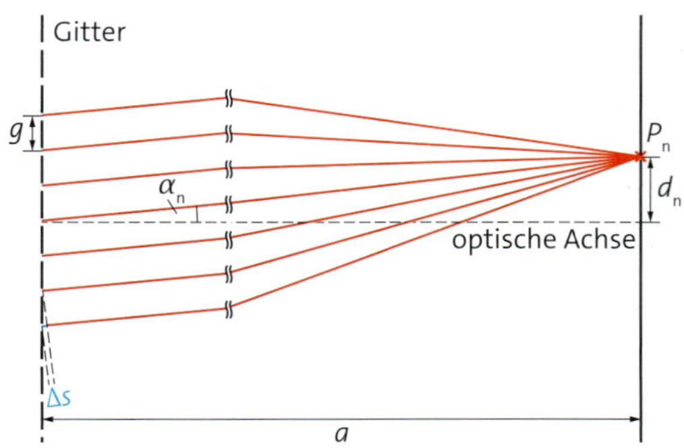

4 Entstehung der Beugung im Detail

Dabei interessiert uns insbesondere die konstruktive Interferenz in den hellen Punkten. Wir bezeichnen die Punkte vom mittleren Punkt P_0 aus nach außen hin als P_1, P_2, P_3 ... und zusammenfassend als P_n. Die Schlängellinie in ▸Abb. 4 deutet an, dass die Lichtstrahlen deutlich verkürzt gezeichnet wurden. Dies ist nötig, um zwei wesentliche Aspekte ihres Verlaufs darstellen zu können: Zum einen ist der Abstand a zwischen Gitter und Schirm viel größer als der Abstand d_n zwischen den hellen Punkten und der optischen Achse. Somit ist der Winkel α_n zwischen dem mittleren Strahl und der optischen Achse sehr klein. Wir können daher näherungsweise annehmen, dass benachbarte Strahlen parallel zueinander verlaufen (▸Abb. 4, links der Schlängellinie).
Zum anderen treffen sich die betrachteten Strahlen im Punkt P_n, verlaufen also nicht wirklich parallel (▸Abb. 4, rechts der Schlängellinie).

Interferenzbedingung • Wir erhalten im Punkt P_n konstruktive Interferenz, wenn der Gangunterschied Δs zwischen den verschiedenen Strahlen, die in P_n auftreffen, ein Vielfaches der Wellenlänge beträgt. Dies trifft zu, wenn für den Gangunterschied zwischen direkt benachbarten Gitteröffnungen gilt:

$\Delta s = n \cdot \lambda$, mit $n = 1, 2, 3$ ...

Der tatsächliche Gangunterschied ist abhängig vom Aufbau. Neben dem bereits betrachteten Abstand a und dem Winkel α_n ist dabei der Abstand g zwischen den Gitteröffnungen wesentlich. Dieser wird auch als **Gitterkonstante** bezeichnet.
Der Winkel α_n findet sich in dem Dreieck zwischen Gitter und Schirm, das durch die optische Achse gebildet wird (▸Abb. 4). Hier gilt:

$\tan \alpha_n = \frac{d_n}{a}$ oder $\alpha_n = \arctan\left(\frac{d_n}{a}\right)$.

Mit Blick auf den Gangunterschied findet sich α_n auch in dem in ▸Abb. 6 hervorgehobenen Dreieck zwischen benachbarten Strahlen und es gilt:

$\sin \alpha_n = \frac{\Delta s}{g} = \frac{n \cdot \lambda}{g}$.

Für jedes Vielfache der Wellenlänge ergibt sich also ein eigenes Interferenzmaximum mit:

$n \cdot \lambda = g \cdot \sin\left(\arctan\left(\frac{d_n}{a}\right)\right)$ und

$d_n = a \cdot \tan\left(\arcsin\left(\frac{n \cdot \lambda}{g}\right)\right)$.

Vielfach ist der Winkel α_n sehr klein. Dann lässt sich noch eine weitere Näherung verwenden, die Kleinwinkelnäherung:

$\sin \alpha_n \approx \tan \alpha_n$

Damit ergibt sich dann aus den beiden vorangegangenen Formeln

$\frac{n \cdot \lambda}{g} \approx \frac{d_n}{a}$

und schließlich

$d_n \approx \frac{n \cdot \lambda \cdot a}{g}$ mit $n = 1, 2, 3$ ...

Man bezeichnet n auch als Ordnung. Je größer n ist, desto weiter wird das Licht in den Schattenraum hinein gebeugt

An einem Gitter mit der Gitterkonstanten g treten Interferenzmaxima im Abstand d_n von der optischen Achse auf. Dabei gilt

$d_n = a \cdot \tan\left(\arcsin\left(\frac{n \cdot \lambda}{g}\right)\right)$

mit dem Abstand a zwischen Gitter und Schirm.

Die Ausbreitungsrichtung der Wellen wird durch Strahlen dargestellt, um die geometrischen Verhältnisse übersichtlich darstellen zu können.

Farben am Gitter • Der Beugungswinkel hängt von der Wellenlänge ab. Daher nimmt der Abstand der Maxima zur optischen Achse mit der Wellenlänge zu. Lassen wir jetzt weißes Licht auf ein Gitter fallen, dann entstehen im gebeugten Licht folglich keine weißen Interferenzmaxima, sondern kontinuierliche Spektren, die nach außen hin immer breiter werden (▸Abb. 5).

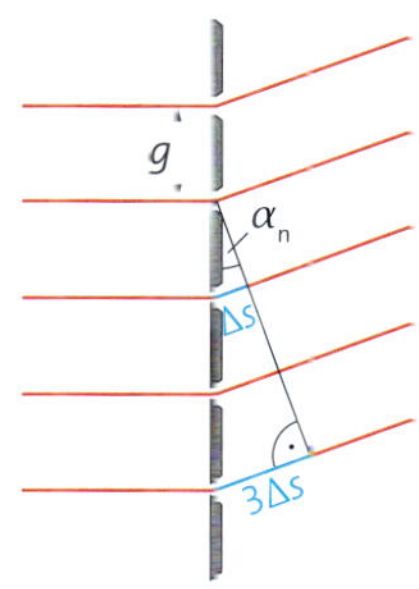

6 Winkelabhängigkeit des Gangunterschieds

1 Erstellen Sie eine Skizze des Interferenzbildes bis $n = 3$ für $g = 10\,\mu m$, $a = 2\,m$ und $\lambda = 550\,nm$. Berechnen Sie den Abstand d_3.
2 Ermitteln Sie, wann der Fehler durch die Kleinwinkelnäherung unter 1 % liegt.
3 Erklären Sie die Entstehung des Interferenzmusters in ▸Abb. 1.

5 Fotografie einer Kerze durch ein Strichgitter

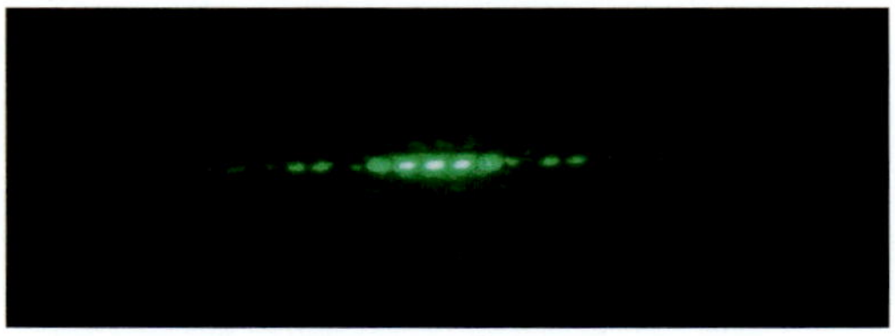

1 Beugung am Doppelspalt

Maxima beim Doppelspalt • An einem Doppelspalt entsteht ein Interferenzbild, das dem am Gitter ähnelt (▸Abb. 1). Der gleichmäßige Abstand der meisten Maxima lässt sich wie beim Gitter durch den Abstand zwischen benachbarten Spalten erklären. Auch beim Doppelspalt gilt

$$d_n \approx \frac{n \cdot \lambda \cdot a}{g}$$

als Bedingung für das Auftreten der Maxima. Allerdings fehlen beim Doppelspalt einige Maxima bzw. es existieren zusätzliche Minima (▸Abb. 1). Dies wird verständlich, wenn wir auch die Spaltbreite b berücksichtigen. Über diese Breite entstehen nach Huygens mehrere Elementarwellen. Ergibt sich zwischen den äußeren Wellenzügen des Spaltes gerade der Gangunterschied

$$\Delta s = k \cdot \lambda,$$

dann löschen sich diejenigen Wellenzüge gegenseitig aus, die eine halbe Spaltbreite voneinander entfernt sind (▸Abb. 3). Ihr Gangunterschied beträgt $\frac{\Delta s}{2}$. Folglich ergeben sich die zusätzlichen Minima (▸Abb. 4 A) unter der Bedingung:

$$\sin \alpha_k = \frac{\Delta s}{b} = \frac{k \cdot \lambda}{b}.$$

Unter Einbeziehung der Kleinwinkelnäherung ergibt sich daraus:

$$d_k \approx \frac{k \cdot \lambda \cdot a}{b}.$$

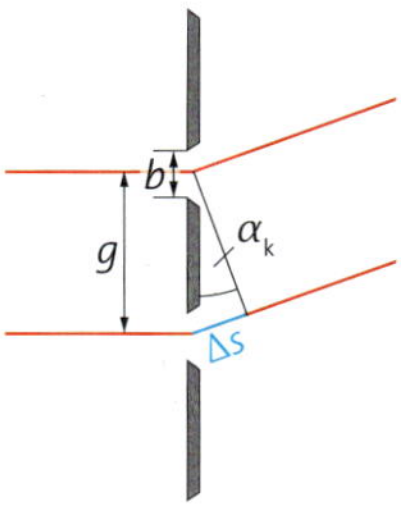

2 Längen am Doppelspalt

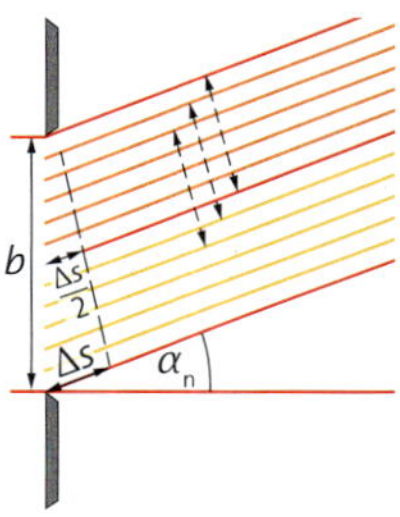

3 Destruktive Interferenz an einem Spalt

Je nach dem Verhältnis zwischen Gitterkonstante g und Spaltbreite b kann der Einfluss von b beim realen Doppelspalt zum Verschwinden einiger der Maxima führen, die bei einem idealen Doppelspalt zu sehen wären (▸Abb. 4).

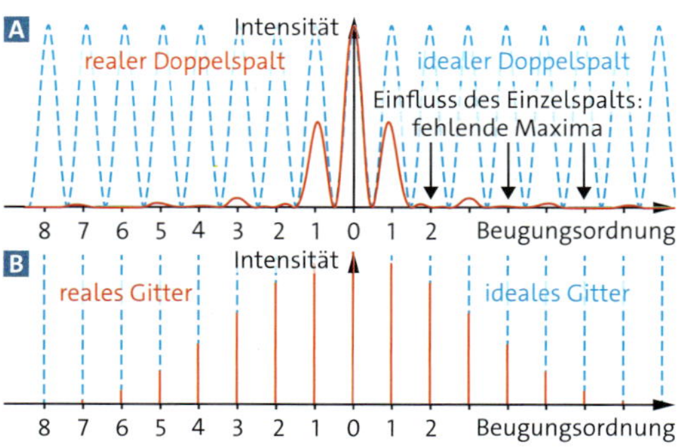

4 Intensitätsverteilung **A** am Doppelspalt, **B** am Gitter

Am Doppelspalt mit dem Spaltabstand g führt Interferenz zu Maxima im Abstand

$$d_n \approx \frac{n \cdot \lambda \cdot a}{g} \text{ und } n = 1, 2, 3 \ldots$$

von der optischen Achse. a ist der Abstand zwischen Gitter und Schirm.
Die Beugung an den einzelnen Spalten der Spaltbreite b führt zu Minima mit

$$d_k \approx \frac{k \cdot \lambda \cdot a}{b} \text{ und } k = 1, 2, 3 \ldots .$$

Vom Doppelspalt zum Gitter • An ▸Abb. 1 fällt auf, dass die Maxima hinter dem Doppelspalt deutlich breiter sind als beim Gitter. Da für die Minima am Gitter die Bedingung der destruktiven Interferenz $\Delta s = (2n + 1) \cdot \frac{\lambda}{2}$ erfüllt sein muss, ergibt sich ihre Position beim Doppelspalt aus

$$d_n \approx (2n + 1) \cdot \frac{\lambda \cdot a}{2g}.$$

Mit wachsender Anzahl der Gitterspalten ergeben sich mehr Kombinationsmöglichkeiten, z. B. kommt es auch dann zur destruktiven Interferenz, wenn der Gangunterschied zum übernächsten oder einem noch weiter entfernten Wellenzug $\frac{\lambda}{2}$ beträgt. Folglich nimmt die Anzahl der Minima zu. Sie rücken näher an die Maxima heran und lassen diese schärfer erscheinen (▸Abb. 5). Außerdem sind die Spalte eines Gitters in der Regel sehr schmal, so dass im Beobachtungsbereich meist keine Maxima entfallen (▸Abb. 4 B).

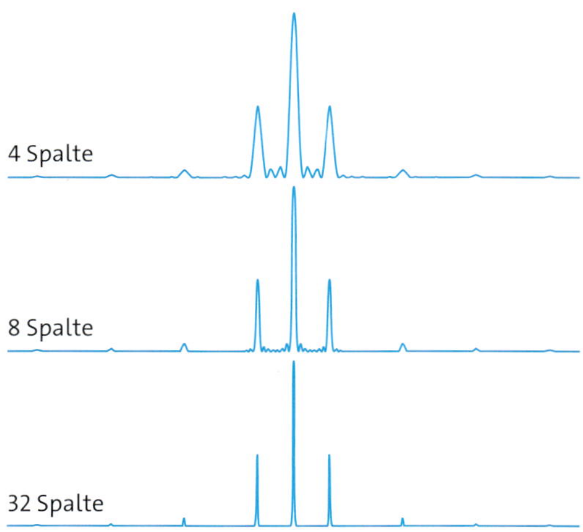

5 Ausschärfung der Maxima mit zunehmender Spaltzahl

Strukturfarben

6 Blauer Morphofalter

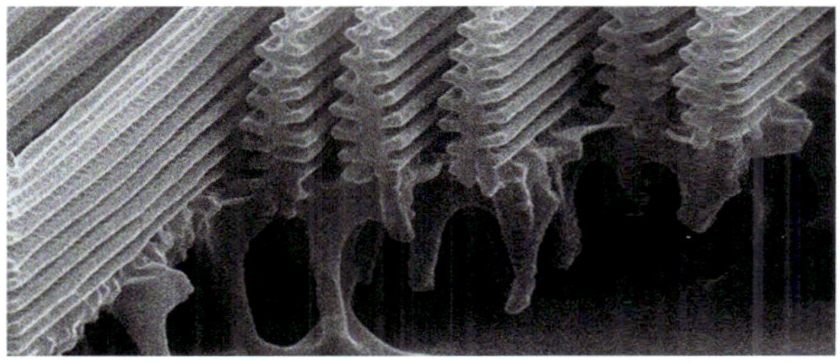

7 Schuppen des Morphofalters im Elektronenmikroskop

Farbenpracht • Schmetterlinge, Vögel und auch Fische warten mit vielen Farben auf, die sie nicht nur in den Augen ihrer Artgenossen attraktiv machen. Dabei werden nur Farben wie Gelb, Orange, Rot, Braun und Schwarz direkt durch absorbierende Pigmente verursacht. Blau, Grün und Violett sind dagegen fast ausschließlich Strukturfarben. Diese entstehen letztlich durch Interferenzen an besonderen Strukturen in Schuppen oder Federn.

Nicht-schillernde Strukturfarben • Diese Farben werden vielfach durch die Streuung von Licht an kleinen Körnchen aus dem braunen Pigment Melanin verursacht. Wie bei der Streuung des Sonnenlichts an Molekülen in der Atmosphäre wird kurzwelliges Licht stärker gestreut als langwelligeres Licht. Dadurch erscheinen die Schuppen oder Federn im gestreuten Licht blau, während das transmittierte Licht ein durchscheinendes Rot ergibt. Viele weitere Farben entstehen durch die Kombination von Pigment- und Strukturfarben, wobei der Farbeindruck stets von der Blickrichtung des Beobachters abhängt.
Anders ist dies beim Blauen Morphofalter (▸Abb. 6). Seine Flügel sind mit Schuppen bedeckt, deren Längsrippen aus baumartigen Strukturen von Chitinlamellen bestehen, die nur etwa 1,8 µm voneinander entfernt sind (▸Abb. 7). An der verschachtelten Rippenstruktur wird das Licht wie an einem Gitter gebeugt. Zusammen mit der Reflexion zwischen benachbarten Strukturen kommt es nur für Licht aus einem sehr schmalen Wellenlängenbereich zu konstruktiver Interferenz. Das entstehende Blau ist aus jedem Blickwinkel gleich intensiv zu sehen.

Schillernde Strukturfarben • Auch Reflexionen an der Ober- und Unterseite sehr dünner Schichten lassen Interferenzfarben entstehen, wie bei einer Seifenhaut. Dabei führt die Dispersion dazu, dass es für manche Wellenlängen zu konstruktiver Interferenz kommt, während andere durch destruktive Interferenzen ausgeblendet werden. Welche Wellenlängen genau gelöscht werden, hängt sowohl von der Schichtdicke als auch vom Blickwinkel des Beobachters ab.
Im Gefieder des Pfaus (▸Abb. 8) wirken verschiedene Effekte. Das Licht wird an Vorder- und Rückseite von Stäbchen aus Melanin reflektiert. Diese sind durch Keratin zu einem Reflexionsgitter verbunden und befinden sich in den Federstrahlen, den von den Federästen abgehenden Härchen (▸Abb. 9). Anzahl und Abstand der Melaninstäbchen sowie unterschiedliche Blickrichtungen führen zu Interferenzfarben von Blau über Grün bis Gelb.

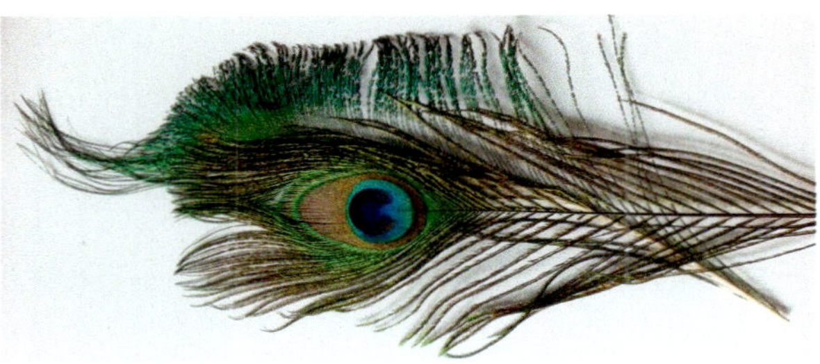

8 Schillernde Farben zweier Pfauenfedern

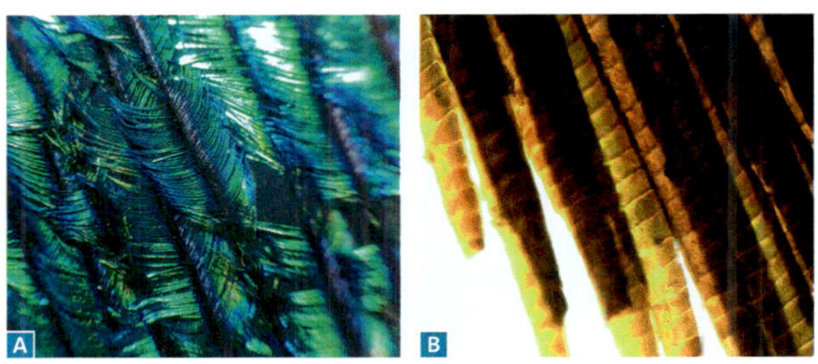

9 Federstrahlen unter dem Mikroskop: **A** Auflicht, **B** Durchlicht

Versuch A • Wellenlängenbestimmung an Gitter und Doppelspalt

Achtung: Blicken Sie nicht in den Laserstrahl oder das Licht der LED, auch nicht in reflektiertes Licht. Richten Sie den Strahl nicht auf andere Personen!

V1 Objektive Methode

Material:
Laser mit grünem und rotem Licht (λ bekannt), Strichgitter, Schirm, Stativmaterial

Arbeitsauftrag:
a) Befestigen Sie den Laser so vor dem Gitter, dass dieses gut ausgeleuchtet wird und stellen Sie den Schirm so dahinter auf, dass Sie das Interferenzbild gut vermessen können (mindestens bis P_3).
b) Messen Sie den Abstand zwischen Schirm und Gitter sowie die Abstände d_n für die Interferenzbilder des roten und des grünen Lasers. Ermitteln Sie die Gitterkonstante.
c) Beschreiben Sie Gemeinsamkeiten und Unterschiede der Interferenzbilder.
d) Berechnen Sie die beiden Wellenlängen, schätzen Sie die Fehler ab. Vergleichen Sie mit den Herstellerangaben.

V2 Subjektive Methode

Material:
Leuchtdioden mit unterschiedlichen Farben und passende Stromversorgung, Millimeterpapier, Nadel, Gitter mit etwa 100 Spalten pro mm, Stativmaterial

Arbeitsauftrag:
a) Stechen Sie mit der Nadel ein Loch in das Millimeterpapier und lassen Sie das Licht einer LED von hinten durch das Loch fallen. Betrachten Sie das Licht der LED von vorne durch das Gitter.
b) Begründen Sie, dass die zuvor hergeleiteten Formeln auch hier gelten.
c) Überprüfen Sie, ob Sie die Kleinwinkelnäherung hier nutzen können. Berücksichtigen Sie Ihr Ergebnis bei der Auswertung.
d) Messen Sie die Abstände zwischen den Maxima gleicher Ordnung. Wiederholen Sie dies mit den anderen LEDs.
e) Bestimmen Sie aus Ihren Messwerten die Wellenlängen für die verschiedenen LEDs und vergleichen Sie Ihre Ergebnisse mit den Herstellerangaben.

V3 Gitter und Doppelspalt im Vergleich

Material:
Laser mit rotem und grünem Licht, Doppelspalt und verschiedene Gitter (möglichst gleiche Spaltbreiten), Schirm, Stativmaterial

Arbeitsauftrag:
a) Erzeugen Sie unterschiedliche Interferenzbilder, indem Sie bei ansonsten gleichem Aufbau die verschiedenen Gitter bzw. den Doppelspalt sowie die unterschiedlichen Lichtfarben nutzen. Erstellen Sie jeweils ein Foto Ihrer Interferenzbilder.
b) Erstellen Sie eine Bildfolge vom Doppelspalt zum Gitter mit der höchsten Strichzahl. Beschreiben Sie die ersichtlichen Veränderungen.
c) Begründen Sie, warum die Wellenlänge des Lasers mit einem Gitter genauer als mit einem Doppelspalt bestimmt werden kann.

Material A • Interferenzbild einer Quecksilber-Dampflampe

Verwenden wir statt des weißen Lichts einer Lampe das Licht einer Gasentladungsröhre, so sehen wir ein Spektrum, das nur aus einzelnen Linien besteht. In ▸Abb. 1 ist das Gitterspektrum einer Quecksilber-Dampflampe dargestellt. Das Gitter besitzt 100 Spalte pro mm und hat eine Entfernung von 1,80 m zum Schirm.

1 Spektrum einer Quecksilber-Dampflampe

A1 Erläutern Sie das Zustandekommen des in ▸Abb. 1 dargestellten Spektrums.

A2 Die beiden dargestellten Maxima der grünen Hg-Linie haben auf dem Schirm einen Abstand von 19,7 cm. Berechnen Sie die Wellenlänge.

A3 Auf dem Schirm treten Spektrallinien 2. Ordnung mit den Wellenlängen $\lambda = 578\,\text{nm}$ (gelb) und $\lambda = 436\,\text{nm}$ (blau) auf. Berechnen Sie den Abstand zwischen diesen beiden Linien (auf der gleichen Seite des zentralen Maximums).

A4 Ermitteln Sie, welche Ordnung des Interferenzmusters höchstens sichtbar sein kann.

A5 Je höher die Beugungsordnung ist, desto breiter werden die einzelnen Linienspektren.
a) Zeigen Sie, dass sich benachbarte Spektren ab einer bestimmten Ordnung überlagern und geben Sie diese an.
b) Erläutern Sie, was passiert, wenn sich die kontinuierlichen Spektren des weißen Lichts bei höheren Ordnungen überlagern.

Material B • Spurabstände bei einer CD-ROM und einer Blu-Ray-Disc

Auf CD-ROM und Blu-Ray-Disc werden Daten mithilfe von Vertiefungen (Pits) gespeichert (▸Abb. 2). Diese werden dann mithilfe eines Lasers ausgelesen. Zur Bestimmung des Spurabstands (entspricht der Gitterkonstante) einer CD-ROM wird diese mit einem Laser (λ = 532 nm) beleuchtet, dessen Licht senkrecht auftrifft, und das Interferenzbild wird vermessen. Der Abstand zwischen CD-ROM und Schirm beträgt 42 cm.

B1 Berechnen Sie anhand des Interferenzbildes in ▸Abb. 3 die Gitterkonstante der CD-ROM.

B2 Der Laser in einem Blu-Ray-Laufwerk hat eine Wellenlänge von 405 nm. Begründen Sie, wie sich das Interferenzbild ändert, wenn jetzt dieser Laser genutzt wird.

B3 Bei Abspielgeräten sollten die Beugungseffekte möglichst gering sein. Bewerten Sie die Eignung der beiden Laser für das Abspielen von CD-ROM und Blu-Ray-Disc.

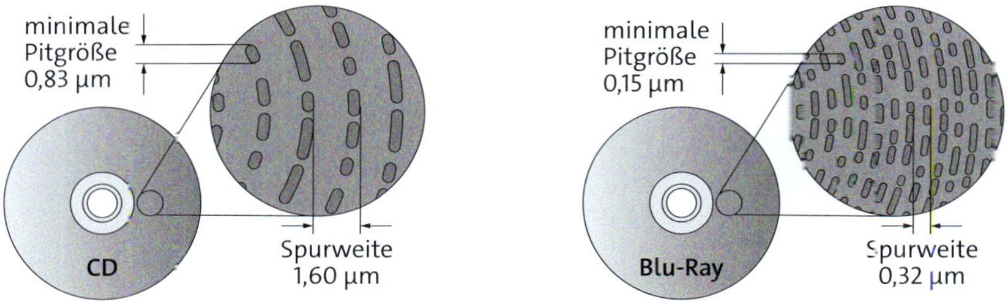

2 Struktur der Datenspeicherung auf CD-ROM und Blu-Ray-Disc

3 Ausschnitt des Interferenzbildes, Maxima: 0. Ordnung 22,4 cm; 1. Ordnung 37,3 cm

Material C • Von Aureole und Korona

4 Aureole und Korona des Mondes

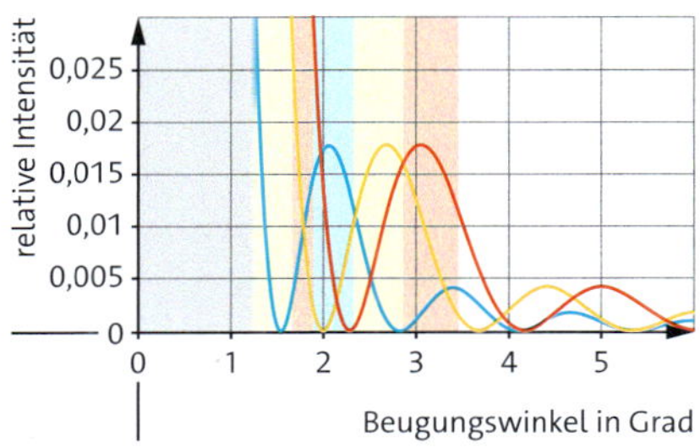

5 Beugung von farbigem Licht

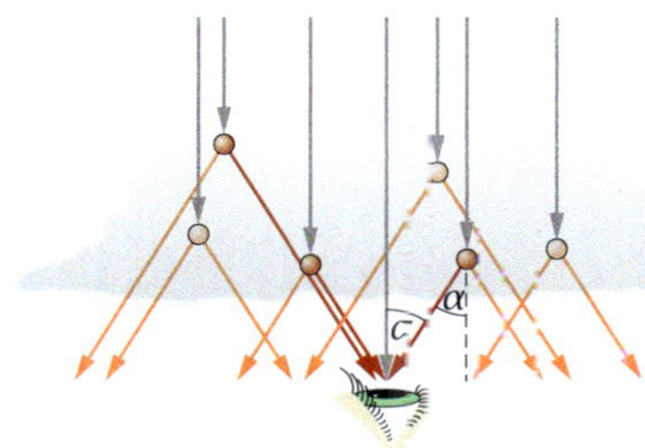

6 Zusammenspiel der Tropfen

Wenn sich der Mond hinter einer dünnen Wolkenschicht befindet, durch die sein Licht nicht vollständig absorbiert wird, lässt sich häufig ein heller Hof beobachten, die Aureole. Diese ist größer als der Mond und meist so hell, dass der Mond selbst nicht zu erkennen ist. Manchmal kann man auch eine Korona aus farbigen Ringen beobachten, die sich an die Aureole anschließt (▸Abb. 4). Aureole und Korona entstehen durch Beugung des Mondlichts an den Wassertropfen der Wolken.

C1 **a)** Recherchieren Sie zum Prinzip von Babinet und stellen Sie es kurz dar.
b) Erklären Sie mithilfe dieses Prinzips die grundsätzliche Entstehung der Aureole und der Ringe der Korona.
c) Begründen Sie mit dem Prinzip von Babinet, wie sich die Größen von Aureole und Korona ändern, wenn sich die Größe der Tröpfchen verkleinert.

C2 Erklären Sie die Reihenfolge der Farben von Aureole und Korona anhand des Diagramms in ▸Abb. 5. Geben Sie dabei auch an, mit welcher Farbe die Korona beginnt.

C3 Ähnlich wie beim Regenbogen entstehen Aureole und Korona durch die Beugung des Mondlichts an sehr vielen Wassertropfen. Erklären Sie anhand von ▸Abb. 6, warum das Licht, das in der Korona zu sehen ist, aus einem kreisförmigen Gebiet um den Mond kommt – so als würde es am Mond selbst gebeugt. Gehen Sie von gleich großen Wassertropfen aus.

1 Wirkung eines Polarisationsfilters

Polarisation

In der Fotografie werden Polarisationsfilter genutzt, um störende Lichtreflexe zu entfernen. Dann wird beispielweise eine stark spiegelnde Wasseroberfläche wieder als solche erkennbar. Dabei bestehen die Filter nur aus einer unscheinbaren Folie. Wie bewirken sie diese Effekte?

Licht am Polarisationsfilter • Wenn wir durch eine einzelne Polarisationsfolie oder z.B. durch eine Sonnenbrille mit Polarisationsfilter auf einen hellen Gegenstand schauen, erscheint dieser je nach Filter nur ein wenig dunkler, unabhängig von der genauen Orientierung des Filters. Legen wir aber zwei Filter übereinander, so ist die Wirkung je nach Winkel zwischen beiden Filtern sehr unterschiedlich. Bei gleicher Ausrichtung nimmt die Lichtintensität nur leicht ab, steht der zweite Filter aber orthogonal zum ersten, lässt er gar kein Licht mehr hindurch (▸Abb. 2). Dazwischen gibt es einen fließenden Übergang.

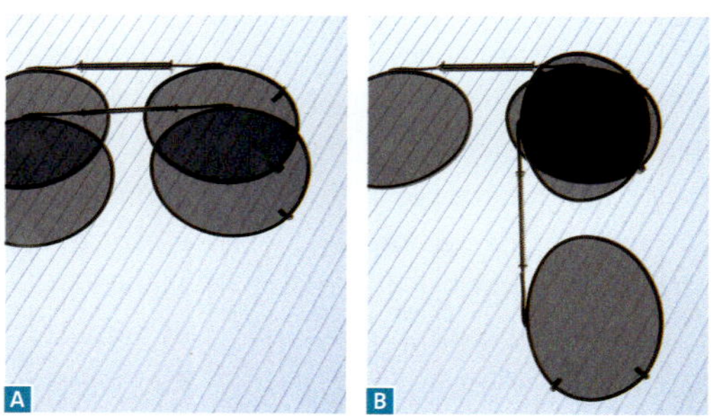

2 Sonnenbrillen mit Polarisationsfilter übereinander:
A parallel
B orthogonal

Betrachtung im Detail • Die Beobachtungen lassen sich erklären, wenn wir Licht als elektromagnetische Welle betrachten. Diese breitet sich ja als Transversalwelle aus, wobei die elektrischen und magnetischen Felder senkrecht zur Ausbreitungsrichtung schwingen. Dabei wurde die Schwingungsrichtung des elektrischen Feldes als Polarisationsrichtung festgelegt.
Licht einer Glühlampe oder der Sonne ist zunächst einmal unpolarisiert: Es besitzt Anteile mit allen möglichen Polarisationsrichtungen. Jeder Wellenzug für sich genommen ist polarisiert, aber die Überlagerung aller Wellenzüge hat keine ausgezeichnete Ausrichtung.

Linear polarisierende Filter sorgen dafür, dass transmittiertes Licht nur noch eine bestimmte Polarisationsrichtung besitzt. Unter dem Namen Polaroid bereits um 1935 entwickelte Filter werden aus Folien hergestellt, die in einer Richtung stark gedehnt werden. Dadurch richten sich die enthaltenen Molekülketten parallel zueinander aus. Eine anschließende Dotierung mit Jod stellt Elektronen zur Verfügung, die sich entlang dieser Ketten relativ frei bewegen können. Licht, dessen Polarisationsrichtung entlang der Molekülketten verläuft, regt eine Schwingung der freien Elektronen an und wird dabei absorbiert. Licht, das senkrecht zu den Ketten polarisiert ist, kann keine Schwingung anregen und passiert den Filter ungehindert. Die Polarisationsrichtung des Lichts entspricht danach der Transmissionsrichtung des Filters. In allen anderen Fällen wird ein Teil des Lichts entsprechend einer vektoriellen Zerlegung des elektrischen Feldes absorbiert.

Filter kombinieren • Licht, das durch einen Polarisationsfilter gelangt ist, ist stets polarisiert, weshalb man den Filter auch Polarisator nennt. Stellt man nun einen zweiten Polarisator hinter dem ersten auf und dreht ihn langsam einmal um seine Achse (▸Abb. 3), so wirkt er als Analysator. Steht dieser senkrecht zum Polarisator, gelangt kein Licht durch die Filterkombination. Stehen beide Polarisatoren parallel, gelangt am meisten Licht hindurch. Bei Licht unbekannter Polarisationsrichtung lässt sich diese so bestimmen.

Gesetz von Malus • Die durch Polarisation verursachte Abschwächung der Lichtintensität fällt uns häufig nicht auf, da unsere Augen Intensitätsunterschiede bei hellem Licht nur schlecht wahrnehmen können. Zur genaueren Untersuchung nutzen wir einen Versuchsaufbau wie in ▸Abb. 3. Dabei messen wir die Lichtintensität I_A hinter dem Analysator abhängig vom Winkel α zwischen den Transmissionsrichtungen der beiden Polarisatoren. ▸Abb. 5 zeigt die entsprechenden Messwerte. Ihr Verlauf erinnert an eine Kosinusfunktion. Die Vektorzerlegung in ▸Abb. 3 zeigt, dass die Amplitude des elektrischen Feldes beim Durchtritt durch den Analysator um den Faktor $\cos\alpha$ sinkt. Da die Intensität einer Welle proportional zum Quadrat der Amplitude ist, sinkt diese somit um den Faktor $\cos^2\alpha$. Mit der Intensität I_P des einfallenden, bereits polarisierten Lichts ergibt sich:

$$I_A(\alpha) = I_P \cdot \cos^2\alpha\,.$$

Dieses nach ÉTIENNE LOUIS MALUS benannte Gesetz gilt so nur für ideale lineare Polarisatoren,

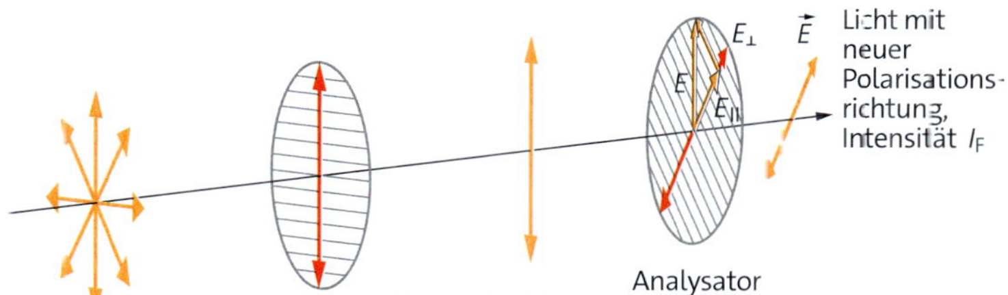

3 Licht durchquert Polarisator und Analysator

passt aber zu den Messwerten (▸Abb. 5). Mit dem Gesetz lieferte MALUS 1809 ein wichtiges Argument für die Beschreibung von Licht als Welle.

Tritt polarisiertes Licht durch einen Polarisator, dessen Transmissionsrichtung um den Winkel α gegenüber der Polarisationsrichtung verdreht ist, dann sinkt seine Intensität von I_P auf $I_A(\alpha) = I_P \cdot \cos^2\alpha$.

1 Elektromagnetische Wellen lassen sich mit dem Modell in ▸Abb. 4 veranschaulichen.
a) Erläutern Sie damit die Wirkung von Polarisator und Analysator. Zeigen Sie auch Grenzen des Modells auf.
b) Begründen Sie, warum der Begriff Polarisator besser geeignet ist als die Begriffe Polarisationsfilter oder auch nur Filter.

2 Hinter einem Polarisator werden zwei weitere Polarisatoren aufgestellt, die jeweils um den Winkel α_1 bzw. α_2 gegenüber dem vorherigen verdreht sind.
a) Ermitteln Sie die prozentuale Abnahme der Lichtintensität für $\alpha_1 = \alpha_2 = 30°$.
b) Geben Sie an, wie die Filter positioniert werden können, damit kein Licht durchtritt.

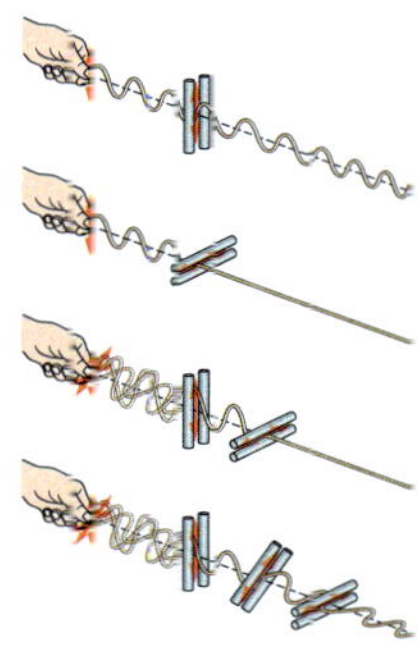

4 Seilwellen als Modell

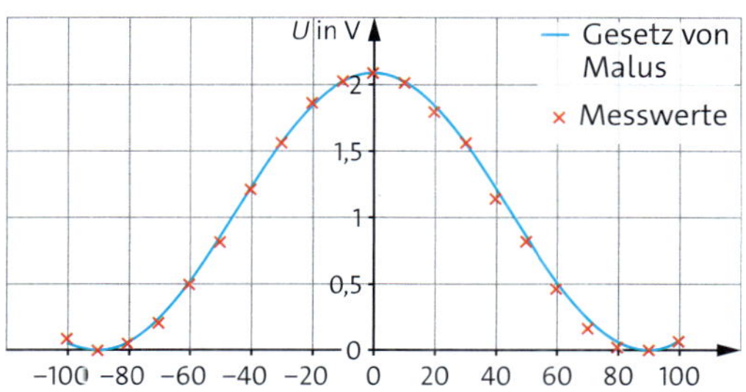

5 Messwerte und Gesetz von Malus im Vergleich

Polarisatoren für Fotoapparate werden auch als Polfilter bezeichnet.

Polarisatoren beim Fotografieren • Wir haben bereits festgestellt, dass Polarisatoren in der Fotografie genutzt werden, um störende Lichtreflexe zu absorbieren. Diese entstehen, wenn Licht am Boden, an Wasseroberflächen, Blättern etc. reflektiert wird, bevor es auf die Kamera trifft. Da der unpolarisierte Hintergrund nicht mehr vom polarisierten Licht überstrahlt wird, verbessern sich durch die Verwendung eines Polarisators auch die Farbintensität und die Kontraste.
Bei Digitalkameras kann linear polarisiertes Licht allerdings zu Fehlfunktionen von Belichtungsmesser und Autofokus führen. Hier werden wie im 3D-Kino zirkulare Polarisatoren genutzt.

Natürliche Ursachen von Polarisation • Wenn störende Lichtreflexe durch einen Polarisator entfernt werden können, dann muss ihr Licht linear polarisiert sein. Dies können Sie auch beobachten, wenn Sie einen Polarisator vor einer spiegelnden Fläche drehen. Unter bestimmten Winkeln sind die Spiegelungen nicht zu sehen – dann steht die Transmissionsrichtung des Polarisators senkrecht zur Polarisationsrichtung des gespiegelten Lichts.
Um dies genauer zu verstehen, müssen wir uns zunächst erinnern, dass sowohl Reflexion als auch Brechung auftreten, wenn Licht auf die Grenzfläche zweier Nichtleiter trifft. Dabei liegen der einfallende und der reflektierte Strahl zusammen mit dem gebrochenen Strahl in der Einfallsebene.
Es kommt zur Polarisation, weil sich Licht als Transversalwelle ausbreitet. Dabei lassen sich alle möglichen Polarisationsrichtungen des einfallenden Lichts in zwei Komponenten zerlegen, die parallel bzw. senkrecht zur Einfallsebene stehen (▸Abb. 2). Diese Schwingungsrichtungen können im gebrochenen Strahl auch immer auftreten.

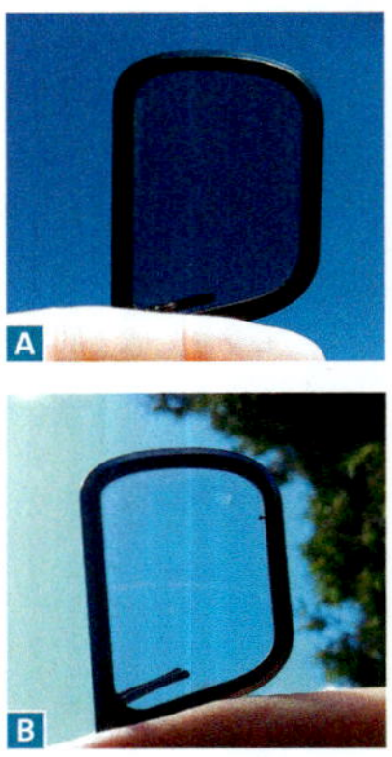

1 Blick durch den Polarisator Blickrichtung: **A** orthogonal zu Sonnenstrahlen, **B** unter kleinerem Winkel

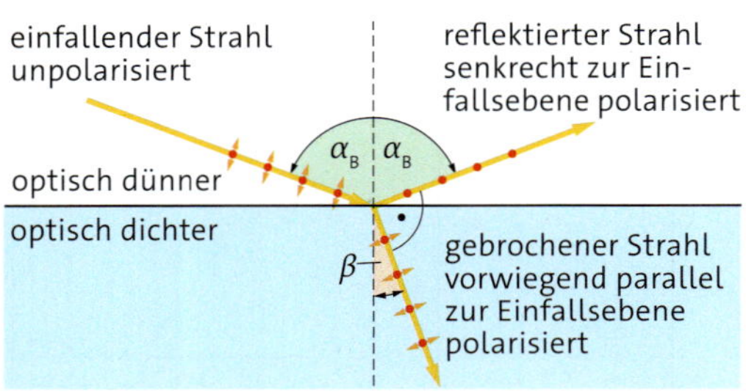

2 Reflexion und Brechung von Licht an Grenzflächen

Steht der reflektierte Strahl aber senkrecht zum gebrochenen Strahl, dann liegt die Komponente parallel zur Einfallsebene gerade in der Ausbreitungsrichtung des reflektierten Lichts (▸Abb. 2). Da dies bei einer Transversalwelle nicht möglich ist, ist das reflektierte Licht vollständig linear polarisiert, senkrecht zur Einfallsebene.
Der zugehörige Einfallswinkel hängt von den Materialien der Grenzfläche ab und wird nach seinem Entdecker DAVID BREWSTER (1781–1868) als Brewster-Winkel α_B bezeichnet.

Trifft Licht unter dem materialabhängigen Brewster-Winkel auf eine Grenzfläche, dann ist das reflektierte Licht senkrecht zur Einfallsebene polarisiert.

Polarisation von Sonnenlicht • Generell ist Sonnenlicht erst einmal unpolarisiert. Beim Durchtritt durch die Atmosphäre wird das Licht aber an kleinen Molekülen gestreut und dabei ebenfalls polarisiert. Dieses Licht trifft dann aus einer anderen Richtung in unser Auge als die näherungsweise parallel verlaufenden Sonnenstrahlen.
Die Polarisation des gestreuten Lichts können Sie feststellen, wenn Sie durch einen Polarisator so in den blauen Himmel schauen, dass Ihre Blickrichtung im rechten Winkel zu den einfallenden Sonnenstrahlen verläuft (▸Abb. 3) – dann trifft nur Streulicht in Ihre Augen. Da blaues Licht stärker gestreut wird als rotes Licht, besitzt dieser Himmelsbereich einen relativ dunklen Blauton. Der Polarisator zeigt, dass das von dort kommende Licht weitgehend polarisiert ist (▸Abb. 1). Infolge von Mehrfachstreuungen wird allerdings keine vollständige lineare Polarisation erreicht.

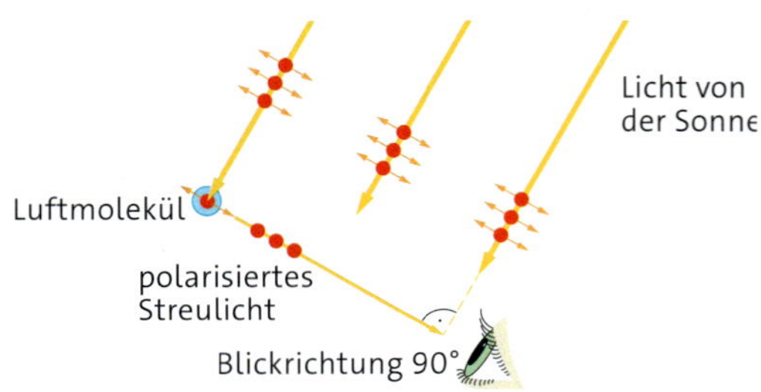

3 Fast vollständig polarisiertes Sonnenlicht im Blick

3D-Kino mit Polarisationsbrillen

4 Brillen ermöglichen die plastischen Eindrücke im 3D-Kino

Die Augen sehen Unterschiedliches • Im 3D-Kino wird dafür gesorgt, dass die Augen gleichzeitig zwei leicht unterschiedliche Bilder sehen – so wie das normalerweise aufgrund der leicht unterschiedlichen Blickwinkel beider Augen der Fall ist. Unser Gehirn verrechnet die Informationen der Bilder zu einer dreidimensionalen Ansicht. Diese unterschiedlichen Bilder werden im 3D-Kino zeitgleich ausgestrahlt. Um sie auf die Augen aufzuteilen, werden meist Filter für polarisiertes Licht verwendet, was eine realistische Farbgestaltung ermöglicht. Da die Haltung des Kopfes keine Auswirkungen haben soll, reicht eine lineare Polarisation nicht aus.

Zirkular polarisiertes Licht • Bei dieser Form der Polarisation schwingt nicht die Stärke des elektrischen Feldes, sondern seine Richtung rotiert um die Ausbreitungsrichtung herum (▸Abb. 6 A). Dies lässt sich erreichen, indem man zwei senkrecht zueinander stehende und um $\frac{\lambda}{4}$ phasenverschobene Wellen addiert. Je nachdem, welche der beiden linearen Wellen vorweg läuft, ergibt sich eine im oder gegen den Uhrzeigersinn zirkular polarisierte Welle. Die Kinobilder werden in beiden Varianten ausgestrahlt. Die 3D-Brille filtert das Licht für das jeweilige Auge heraus. Dabei enthalten die Einsätze der Brillen zirkulare Polarisatoren, welche aus zwei Komponenten bestehen: Vor dem linearen Polarisator sitzt noch ein sogenanntes $\frac{\lambda}{4}$-Plättchen (▸Abb. 5). Dieses verlangsamt eine der beiden Teilwellen des zirkular polarisierten Lichts stärker als die andere und führt je nach Drehsinn des Lichts über die Dicke der Schicht zu einem Gangunterschied von $\pm\frac{\lambda}{4}$. Hinter diesem Plättchen besitzen die Teilwellen dann eine Phasenverschiebung von 0 bzw. $\frac{\lambda}{2}$. In beiden Fällen addieren sich die Teilwellen nun zu einer linear polarisierten Welle (▸Abb. 6 B), allerdings mit zueinander orthogonalen Polarisationsrichtungen. Somit wird das Licht eines Drehsinns vom folgenden linearen Polarisator absorbiert und das Licht des anderen Drehsinns hindurchgelassen.

Während die linearen Polarisatoren vor beiden Augen gleich ausgerichtet sind, sind die $\frac{\lambda}{4}$-Plättchen um 90° verdreht, was den Effekt umkehrt. Somit gelangt nur entweder das linkszirkuläre Licht oder nur das rechtszirkuläre Licht bis ins Auge. Tritt Licht in entgegengesetzter Richtung durch die 3D-Brille, so wird es zirkular polarisiert.

Reflexion von zirkular polarisiertem Licht • Wenn Sie sich mit 3D-Brille vor einen Spiegel stellen und dabei ein Auge zukneifen, sehen Sie ihr geschlossenes Auge durch ein transparentes Brillenglas, während das andere Brillenglas undurchsichtig erscheint.

Dies passiert, weil das vom Auge ausgehende Licht beim Durchgang durch die Brille zirkular polarisiert wird, je nach Brillenseite mit anderem Drehsinn. Durch die Reflexion an der Spiegeloberfläche wird die Richtung des Lichtstrahls geändert und somit auch sein Drehsinn Daher kann dieses Licht nur noch den Polarisator auf der anderen Brillenseite passieren. Sie sehen gerade jenes Licht, das den Polarisator am geschlossenen Auge passiert hat.

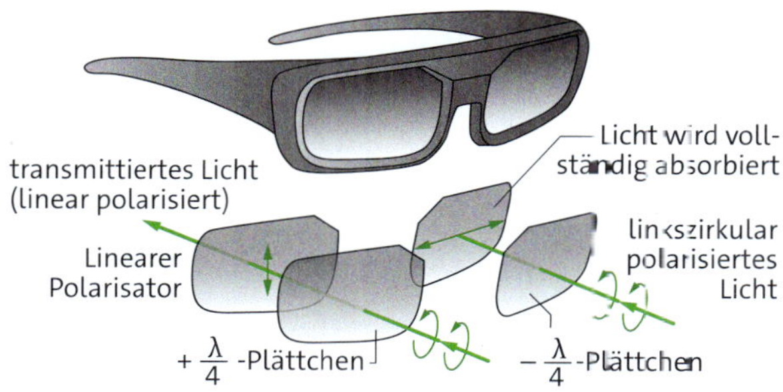

5 Funktionsprinzip der 3D-Brille

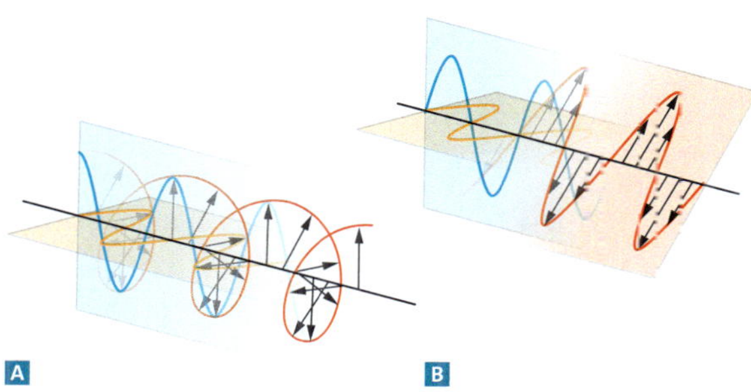

6 A Zirkular oder B linear polarisiert, je nach Phasenverschiebung

Versuch A • Polarisiertes Licht im Experiment

V1 Gesetz von Malus

Material:
LEDs mit Spannungsversorgung (weiß, grün, UV, IR), zwei Polarisatoren, Lichtsensor, Stativmaterial

Arbeitsauftrag:
a) Bauen Sie mit der weißen LED einen Versuch auf zur Messung der Lichtintensität in Abhängigkeit vom Winkel zwischen den beiden Polarisatoren. Führen Sie die Messung durch.
b) Bereinigen Sie die Messwerte um die Werte der Umgebungsstrahlung und erstellen Sie damit ein $I(\alpha)$-Diagramm.
c) Vergleichen Sie Ihre Messergebnisse mit dem Funktionsgraphen nach dem Gesetz von Malus.
d) Drehen Sie den ersten Polarisator um 90°. Geben Sie begründet an, wie sich die Ergebnisse bei einer erneuten Messung ändern würden. Überprüfen Sie Ihre Vorhersage experimentell.
e) Nehmen Sie mit den weiteren LEDs auch jeweils ein $I(\alpha)$-Diagramm auf. Vergleichen Sie die Diagramme und deuten Sie die Unterschiede.

V2 Polarisator am LC-Display

Material:
zwei Polarisatoren oder Sonnenbrillen mit Polfilter, OHP-Folie, durchsichtiger Deckel einer CD-Hülle, LC-Display (am besten Computer-Monitor)

Arbeitsauftrag:
a) Schalten Sie das Display ein und lassen Sie eine helle Fläche anzeigen. Drehen Sie einen Polarisator vor dem Display. Beschreiben und deuten Sie Ihre Beobachtungen.
b) Halten Sie den Polarisator so vor das Display, dass kein Licht hindurchdringt. Geben Sie begründet an, was zu beobachten ist, wenn Sie den zweiten Polarisator vor bzw. hinter dem ersten drehen. Überprüfen Sie Ihre Hypothese im Experiment.
c) Halten Sie die OHP-Folie vor das Display und betrachten Sie sie dabei durch einen Polarisator. Drehen Sie einmal den Polarisator und einmal die Folie. Beschreiben Sie Ihre Beobachtungen.
d) Die OHP-Folie wirkt doppelbrechend: Licht verschiedener Polarisationsrich-

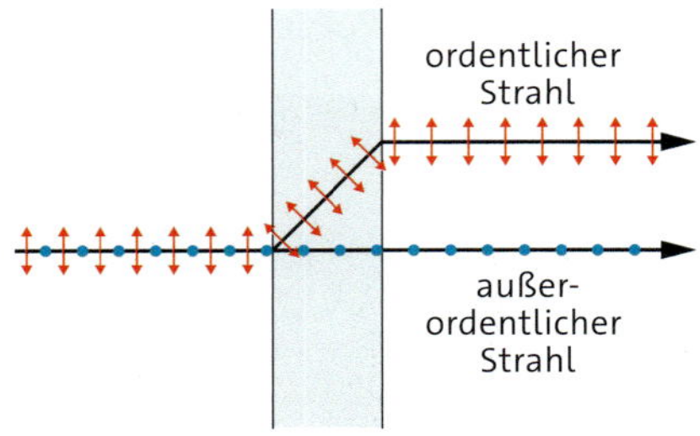

1 Doppelbrechung an einer Kunststofffolie

tungen breitet sich in ihr unterschiedlich schnell aus und wird damit unterschiedlich stark gebrochen (▸Abb. 1). Auch bei dieser besonderen Form der Brechung tritt Dispersion auf.
Erklären Sie Ihre Beobachtung vor diesem Hintergrund. Unterscheiden Sie dabei zwei Fälle:
- Das Licht hat nach der Doppelbrechung eine Polarisationsrichtung wie vor dem Eintritt.
- Dies ist nicht der Fall.

e) Halten Sie den Deckel der CD-Hülle vor das hell leuchtende Display und betrachten Sie den Deckel durch einen Polarisator. Beschreiben Sie ihre Beobachtungen und stellen Sie eine Vermutung zur Deutung auf.

Material A • Polarisation durch Streuung

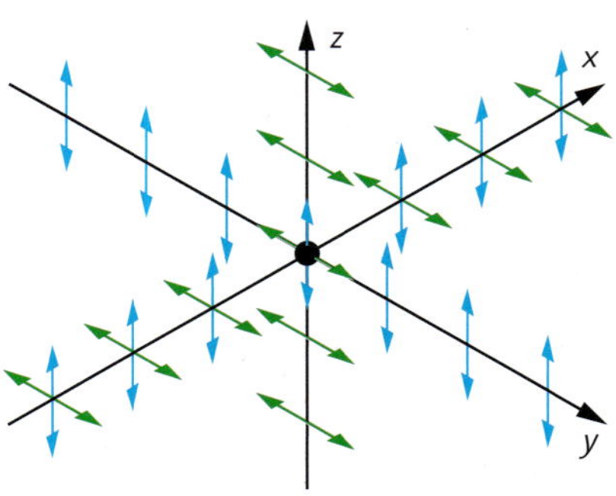

2 Polarisiertes Licht nach Streuung

Sonnenlicht wird in der Atmosphäre durch Streuung teilweise polarisiert.

Trifft das Licht auf ein Luftmolekül, regt es dessen Elektronen zum Schwingen an. Das Molekül sendet daraufhin in der Ebene senkrecht zur Schwingungsrichtung Licht aus, dessen elektrisches Feld weiter in der ursprünglichen Richtung schwingt. Parallel zur Schwingungsrichtung sendet das Molekül kein Licht aus. Es ergibt sich linear polarisiertes Licht senkrecht zur ursprünglichen Ausbreitungsrichtung (▸Abb. 2).

A1 Übertragen Sie ▸Abb. 2 in Ihr Heft, beschriften sie diese. Erklären Sie die Entstehung von polarisiertem Licht durch Streuung.

A2 Beschreiben Sie ein Modellexperiment zum Nachweis der Polarisation durch Streuung, mithilfe von Wasserbecken, etwas Milch, Taschenlampe und Polarisator.

A3 Mehrfachstreuungen führen zu einer Reduktion der Polarisation.
a) Begründen Sie dies.
b) Erklären Sie, welchen Effekt es hat, wenn ein Fotograf einen blauen Himmel mit einzelnen Wolken durch einen Polfilter fotografiert.

Material B • LC-Display

Die Bildfläche eines LC-Displays besteht aus vielen kleinen Bildpunkten, auch Pixel genannt. Jedes Pixel setzt sich dabei aus drei benachbarten Subpixeln der Farben Rot, Grün und Blau zusammen (▸Abb. 3). Die Steuerung dieser Subpixel erfolgt in der Scheibe des LC-Displays. Sie enthält zwei orthogonal ausgerichtete Polarisatoren, zwischen denen sich der namensgebende Flüssigkristall (**l**iquid **c**rystal **d**isplay) befindet. Dieser kann für jedes Subpixel separat die Polarisationsrichtung der Hintergrundbeleuchtung drehen, so dass es trotz der Ausrichtung der beiden Polarisatoren durch die Scheibe hindurchtreten kann (▸Abb. 4). Durch Anlegen einer Spannung lässt sich variieren, wie weit die Polarisationsrichtung des Lichts gedreht wird. Eine Weiterentwicklung der Verwendung der Flüssigkristalle ist in ▸Abb. 5 dargestellt.

B1 Erklären Sie, wie die unterschiedlichen Farbeindrücke am Display erreicht werden.

B2 Meist ist ein großer Betrachtungswinkel gewünscht. Die Blickrichtung soll sich möglichst wenig auf das gesehene Bild auswirken. Vergleichen Sie die Bauformen in ▸Abb. 4 und ▸Abb. 5 hinsichtlich ihrer Wirkung auf den Betrachtungswinkel.

B3 Manche Smartphones nutzen organische LEDs (OLEDs). Recherchieren Sie Vor- und Nachteile.

3 LC-Display unter der Lupe

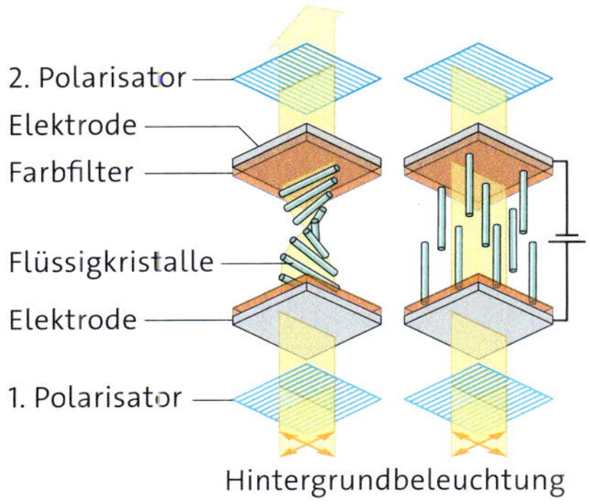

4 Zelle eines Subpixels (Twisted Nematics)

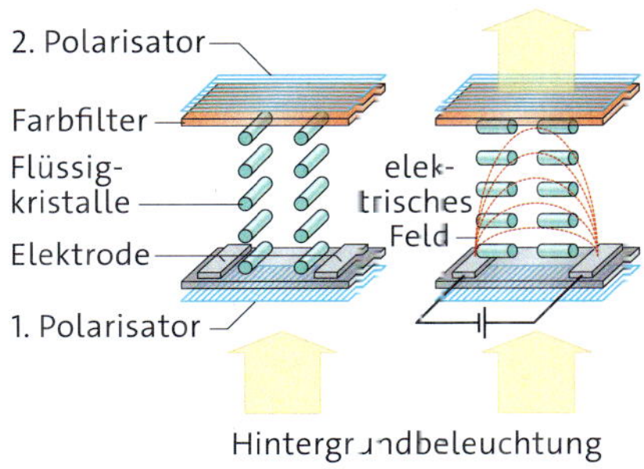

5 Zelle eines Subpixels (In Plane Switching)

Material C • Analyse von Materialspannungen mit polarisiertem Licht

BREWSTER stellte 1816 fest, dass auch durchsichtige Materialien, die normalerweise nicht doppelbrechend wirken, diese Eigenschaft aufweisen, wenn sie mechanisch belastet werden. Er nannte dies Photoelastizität, während man heute meist von Spannungsdoppelbrechung spricht.
Die mechanischen Belastungen können bewusst hervorgerufen werden, sie können aber auch unbeabsichtigt im Herstellungsverfahren eines Werkstücks entstehen.
Licht, das in Richtung von Zugspannungen polarisiert ist, breitet sich dabei schneller aus als Licht in Richtung von Druckspannungen. Für unbelastete Bereiche ergibt sich eine mittlere Ausbreitungsgeschwindigkeit.

In ▸Abb. 6 ist eine Aufnahme eines Werkstücks aus Plexiglas zu sehen. Sie wurde mit einer Dunkelfeldanordnung im weißen Licht erstellt, d. h., man legt das Werkstück zwischen zwei orthogonal ausgerichtete Polarisatoren.

C1 Begründen Sie, warum bei der Untersuchung von Materialproben folgende Vorgaben zu beachten sind:
- Verwendung von Platten konstanter Dicke,
- Lichteinfall im rechten Winkel,
- Nutzung von polarisiertem Licht.

C2 **a)** Begründen Sie die Entstehung der farbigen Muster in ▸Abb. 6. Nutzen Sie dazu auch die Informationen aus Aufgabe V2d).

b) Geben Sie eine begründete Vermutung an, an welchen Stellen des Werkstücks die mechanische Belastung besonders hoch ist.

C3 Die optische Spannungsanalyse hat eine wichtige Bedeutung in der Material- und Werkstoffprüfung. Geben Sie Schlussfolgerungen an, die sich aus entsprechenden Aufnahmen ziehen lassen.

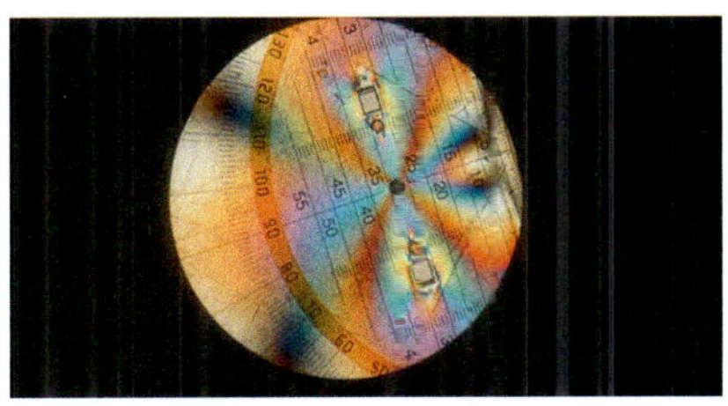

6 Mechanische Spannung wird sichtbar.

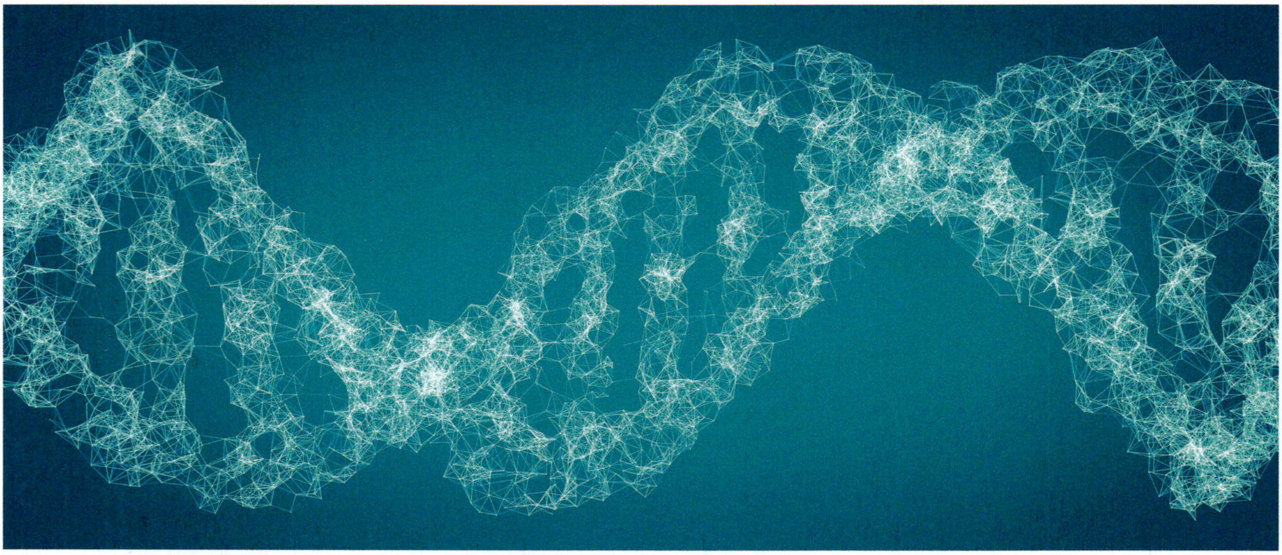

1 Struktur der DNA

Röntgenbeugung

Der Aufbau hochkomplexer Moleküle wie der DNA oder des Chitins lässt sich nicht mit einfachen Mitteln wie Mikroskopen untersuchen. Wie lässt er sich dennoch ermitteln?

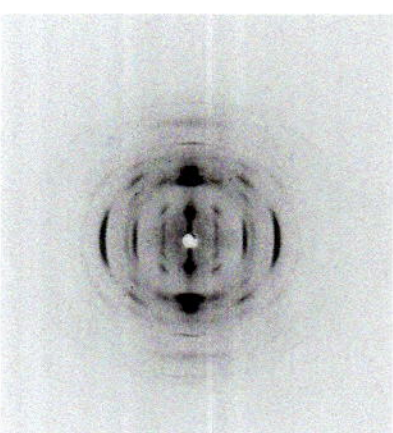

2 Röntgenbeugung an kristallinem Chitin

Treffen Röntgenstrahlen auf einen Röntgenfilm, so schwärzen sie ihn (▸Abb. 2).

Röntgenstrukturanalyse • Die räumliche Struktur von Molekülen können wir nicht mit sichtbarem Licht untersuchen, weil dessen Wellenlänge im Verhältnis deutlich zu groß ist. Die Untersuchung gelingt aber vielfach, wenn man Röntgenstrahlung verwendet. So auch bei der DNA, deren Struktur JAMES WATSON und FRANCIS CRICK 1953 aufgrund einer Aufnahme wie in ▸Abb. 2 bestimmen konnten.
Im Gegensatz zu sichtbarem Licht durchdringt Röntgenstrahlung viele Körper nahezu ungehindert. Unter bestimmten Winkeln lassen sich aber Reflexe messen, ähnlich der Spiegelung von Licht an Oberflächen. Im Gegensatz zu reflektiertem Licht treten die Röntgenreflexe aber nur bei ganz bestimmten Wellenlängen auf. Die entsprechenden Einfallswinkel, auch Glanzwinkel genannt, hängen nicht von der Oberfläche, sondern von der räumlichen Struktur des Körpers ab. Aus der Anordnung der Reflexe lassen sich dann Rückschlüsse auf die Struktur ziehen.

Kristallstruktur • Um verstehen zu können, wie es zu den Röntgenreflexen kommt, betrachten wir die Situation am einfachen Kristall von Kochsalz (NaCl, ▸Abb. 3). Dieser besitzt eine periodische Struktur, die durch die Anordnung der enthaltenen Atome und ihrer Bindungen entsteht. Dabei sieht man innerhalb des Kristalls unterschiedliche Netzebenen. Benachbarte Netzebenen besitzen einen festen Abstand zueinander, der mit der Gitterkonstanten d bezeichnet wird.

Röntgenbeugung • Zur Untersuchung lässt man Röntgenstrahlung unter einem Winkel ϑ auf den NaCl-Kristall fallen und misst dann die Intensität der reflektierten Strahlung in Abhängigkeit von ϑ (▸Abb. 4). Dabei werden der Kristall

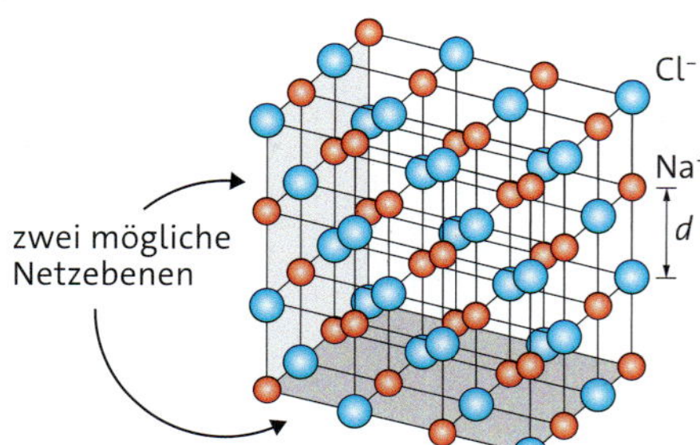

3 Kristallstruktur von Kochsalz (NaCl)

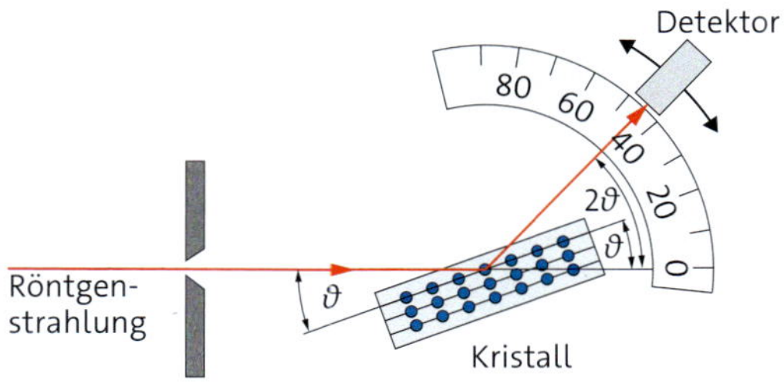

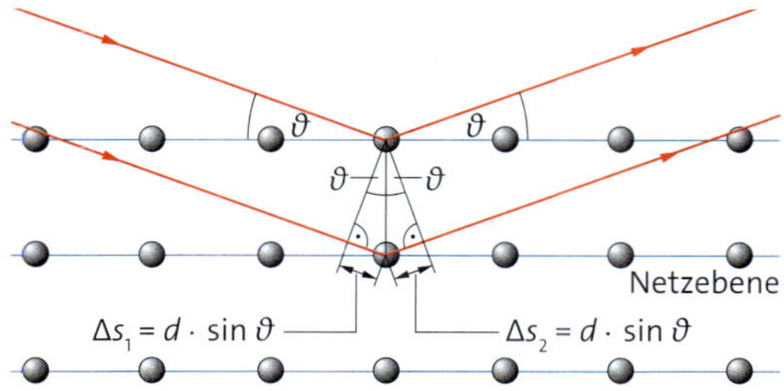

4 Röntgenbeugung an einem Kristall

5 Reflexion an den Netzebenen eines Kristalls

und der Detektor so geführt, wie es dem Reflexionsgesetz entspricht. Dies besagt, dass der Reflexionswinkel stets gleich dem Einfallswinkel ist. Damit beträgt der Winkel zwischen der Ausbreitungsrichtung von einfallendem und reflektiertem Strahl 2ϑ.

Für die Messung in ▸Abb. 6 wurde monochromatische Röntgenstrahlung mit $\lambda = 70\,\text{pm}$ genutzt. Dabei werden nur unter bestimmten Winkeln hohe Intensitäten der reflektierten Strahlung erreicht, nämlich bei 7,4°, 15,0° und 22,9°. Außerdem werden die Intensitäten mit zunehmendem Winkel insgesamt kleiner. Der Verlauf der Messkurve erinnert ein wenig an den Intensitätsverlauf hinter einem Doppelspalt. Tatsächlich kommt es am Kristallgitter zur Beugung der Röntgenstrahlung, die nur dann auftritt, wenn die Wellenlänge der verwendeten Strahlung in der Größenordnung der Gitterkonstanten liegt.

Bragg-Reflexion • Die Ursachen der Röntgenbeugung haben WILLIAM LAWRENCE BRAGG und sein Vater WILLIAM HENRY BRAGG 1912 genauer untersucht und in der regelmäßigen Struktur der Kristalle gefunden. Dafür erhielten sie 1915 den Nobelpreis.

Trifft die elektromagnetische Welle der Röntgenstrahlung auf ein Atom, so regt sie die Elektronen zur Aussendung von Strahlung gleicher Frequenz an. Von dem Atom gehen entsprechend dem Huygensschen Prinzip neue Elementarwellen aus. Wie beim Auftreffen einer Wasserwelle auf eine Grenzfläche kommt es in derjenigen Richtung zu konstruktiver Interferenz, für die der Reflexionswinkel gleich dem Einfallswinkel ist.

Im Kristall kommt es außerdem zur Reflexion an mehreren Gitterebenen, was zu weiteren Interferenzen führt. Wellen, die an benachbarten Netzebenen reflektiert werden (▸Abb. 5), haben dabei einen Gangunterschied von

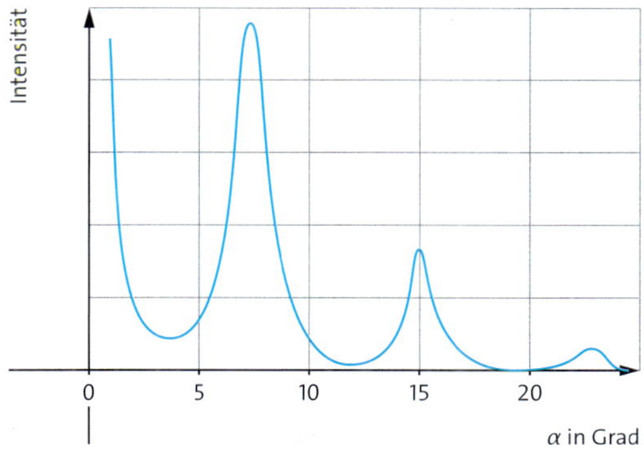

6 Winkelabhängigkeit der Reflexion am NaCl-Kristall

$$\Delta s = \Delta s_1 + \Delta s_2 = 2d \cdot \sin\vartheta.$$

Konstruktive Interferenz ergibt sich also für

$$n \cdot \lambda = 2d \cdot \sin\vartheta \text{ mit } n = 1,2,3\ \dots$$

Diese Interferenzbedingung wird als Bragg-Bedingung bezeichnet. Die Glanzwinkel ϑ, unter denen die Maxima n-ter Ordnung gemessen werden, ergeben sich aus

$$\sin\vartheta = n \cdot \frac{\lambda}{2d}.$$

Trifft Röntgenstrahlung einer Wellenlänge λ unter einem Winkel ϑ auf parallele Netzebenen im Abstand d, dann kommt es zu konstruktiver Interferenz, wenn die Bragg-Bedingung
$n \cdot \lambda = 2d \cdot \sin\vartheta$ mit $n = 1,2,3\ \dots$
erfüllt ist.

1 Bragg-Reflexion ($\lambda = 70\,\text{pm}$) an einem LiF-Kristall liefert den Glanzwinkel 10°.
a) Berechnen Sie den Netzebenenabstand d.
b) Berechnen Sie die Winkel zweiter und dritter Ordnung.

Monochromatische Strahlung umfasst nur eine Wellenlänge.

Die Möglichkeit zur Beugung von Röntgenstrahlung an Kristallen wurde 1912 durch MAX VON LAUE postuliert, da er von einer Wellennatur der Strahlung ausging. Nach dem gelungenen Nachweis durch zwei seiner Assistenten erhielt VON LAUE 1914 den Nobelpreis für Physik.

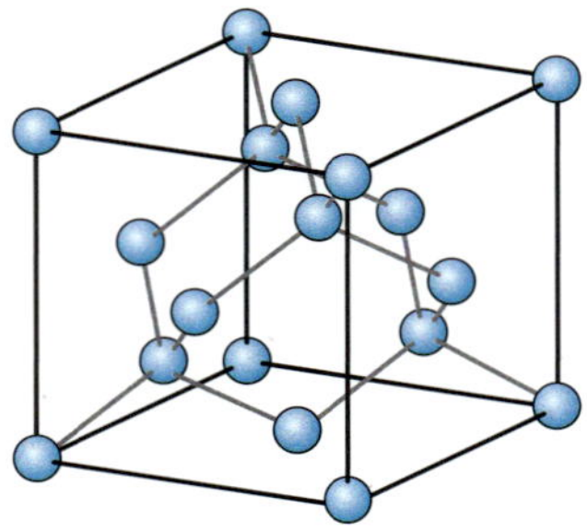

1 Kristallstruktur von Silizium

Komplexere Strukturen • Die zuvor beschriebene Methode eignet sich gut, um mit einem bekannten Kristall die Glanzwinkel aufzufinden und so z.B. die Wellenlänge der genutzten Röntgenstrahlung zu bestimmen. Zur Strukturuntersuchung komplexerer Kristalle wie in ▸Abb.1 ist sie aber ungeeignet.

Laue-Verfahren • Bei diesem 1912 von WALTER FRIEDRICH und PAUL KNIPPING durchgeführten Verfahren wird Röntgenstrahlung mit einem breiten Spektrum an einem drehbar gelagerten Einkristall der zu untersuchenden Probe gebeugt. Hierbei gibt es zu jeder möglichen Netzebene Strahlung mit passender Wellenlänge, die die Bragg-Bedingung erfüllt. Somit erzeugt jede Ebene des Kristalls einen punktförmigen Reflex im Beugungsbild (▸Abb.3 A).
Aus der Winkelverteilung der Reflexe kann mithilfe mathematischer Verfahren auf die Kristallstruktur geschlossen werden. Da man nicht weiß, welcher Reflex zu welcher Wellenlänge gehört, ist dies allerdings sehr aufwändig.

Ein Einkristall besteht aus einem durchgehenden, gleichmäßigen Kristallgitter. Dagegen besteht ein Polykristall aus vielen Einzelkristallen, in denen die Kristallgitter unterschiedlich ausgerichtet sind.

Debye-Scherrer-Verfahren • Einfacher ist das von PETER DEBYE und PAUL SCHERRER 1917 entwickelte Verfahren, bei dem monochromatische Röntgenstrahlung eine polykristalline Probe durchstrahlt. Die darin enthaltenen kleinen Kristalle liegen in allen möglichen Richtungen vor, sodass der einfallende Röntgenstrahl unter vielen verschiedenen Winkeln auftrifft. Daher gibt es immer Kristalle, an denen die Bragg-Bedingung erfüllt ist. Da außerdem zu jedem Glanzwinkel Kristalle in allen Raumrichtungen vorliegen, entsteht senkrecht zum einfallenden Röntgenstrahl ein Beugungsbild aus konzentrischen Ringen (▸Abb.2 und 3 B).
Aus den Radien der Debye-Scherrer-Ringe lassen sich die zugehörigen Glanzwinkel berechnen. Außerdem liefern die relativen Intensitäten Auskunft darüber, zu welcher Beugungsordnung ein Ring gehört. Damit können auch die Abstände der Netzebenen im Kristall bestimmt werden.

Insgesamt lassen sich Daten von polykristallinen Proben leichter interpretieren als Daten von Einkristallen. Allerdings kommt es beim Debye-Scherrer-Verfahren durch die Überlagerung von Beugungsmaxima zu Informationsverlusten, so dass die Ergebnisse letztlich weniger genau sind als beim Laue-Verfahren.

Analyse komplexer Moleküle • Zur Analyse komplexer biologische Makromoleküle wie der eingangs betrachteten DNA sind die betrachteten Verfahren beide nicht geeignet. Stattdessen kombiniert man ihre Eigenschaften. Meist wird ein Einkristall mit monochromatischer Röntgenstrahlung bestrahlt. Um die Bragg-Bedingung trotzdem für alle Netzebenen erfüllen zu können, wird dieser Einkristall dann schrittweise gedreht und eine Vielzahl von Aufnahmen erstellt.

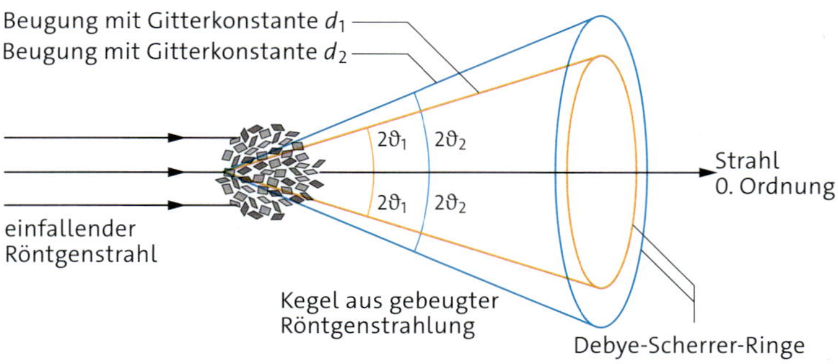

2 Entstehung der Beugungsringe

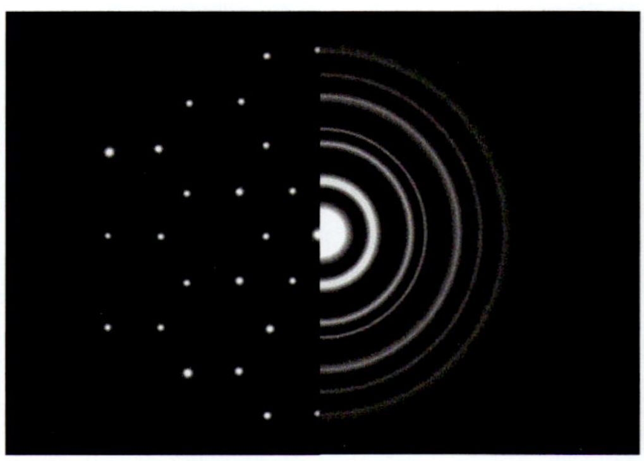

3 Beugungsbild: Einkristall und Polykristall, schematisch

4 In unseren Ozeanen sammelt sich immer mehr Plastikmüll.

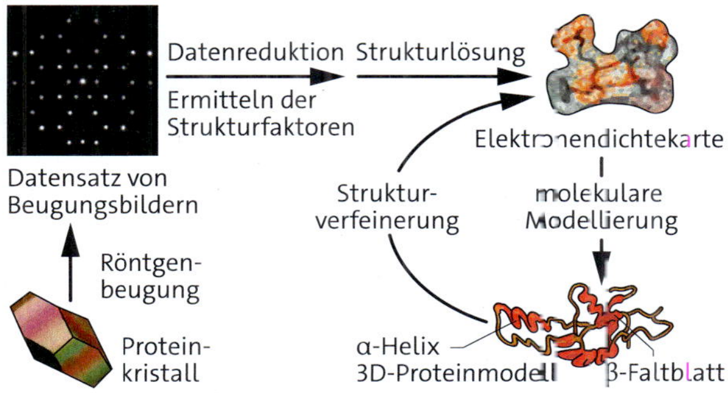

5 Prozessschema zur Röntgenstrukturanalyse

Strukturen untersuchen

Immer wieder finden Biologen neue Proteine. So auch die Enzyme PETase und MHETase, mit deren Hilfe das marine Bakterium *Ideonella sakaiensis* PET zersetzen kann. Dabei ist das Wissen um die räumliche Struktur dieser Enzyme essenziell, um die Funktionsweise zu klären.

Eines der Hauptinstrumente für solche Analysen ist die **Röntgenstrukturanalyse,** bei der monochromatische Röntgenstrahlung an einem hochreinen Proteinkristall gebeugt wird. Ziel ist das Erstellen eines 3D-Strukturmodells des Moleküls, aus dem sich Einzelheiten seines Aufbaus wie z. B. Bindungslängen oder intermolekulare Abstände bestimmen lassen. Es gibt aber kein mathematisches Verfahren, um diese Struktur aus der Lage und der Intensität der Beugungsmaxima direkt abzuleiten. Die Verteilung der Elektronendichte und die passenden Atompositionen im Kristall werden vielmehr in einem iterativen Verfahren ermittelt (▸Abb. 5).

Die **Aufnahme** der Beugungsmuster erfolgt mithilfe eines Diffraktometers, in dem beliebige Winkel zwischen Röntgenstrahl und Kristall eingestellt und die erzeugten Beugungsbilder mit einer Art Digitalkamera aufgenommen werden können. Dabei werden Aufnahmen in mehreren parallelen Ebenen erzeugt, die später zu dreidimensionalen Bildern der einzelnen Reflexe verrechnet werden. Datensätze aus mehreren hundert bis tausend Aufnahmen sind dabei nicht ungewöhnlich.
Bei der anschließenden **Datenreduktion** werden die Bildinformationen der einzelnen Aufnahmen miteinander in Beziehung gesetzt. So werden z. B. die einzelnen Bilder hinsichtlich ihrer Intensitäten skaliert.

Für die Ermittlung der benötigten Elektronendichteverteilung werden verschiedene Strukturfaktoren berechnet. Dabei handelt es sich um Wellenfunktionen, deren Amplituden sich aus den Intensitäten ergeben. Ihre Phasen lassen sich aber nicht direkt experimentell bestimmen, sondern müssen aus doppelten Datensätzen errechnet werden. Ist die Struktur eines eng verwandten Proteins bekannt, so kann man die Phaseninformation der bereits modellierten Struktur mit den neu gemessenen Amplituden verknüpfen.

Auf der Suche nach einer **Strukturlösung** wird aus den ermittelten Strukturfaktoren eine erste Elektronendichtekarte errechnet. In diese zunächst leere Elektronendichtekarte werden typische Strukturelemente von Proteinen wie α-Helices oder β-Faltblätter eingepasst. Standard-Parameter für Bindungswinkel und -längen zwischen Komponenten liefern weitere Informationen zur Verbesserung der Elektronendichtekarte.
Ein Maß für die Qualität eines Datensatzes ist der sogenannte R-Faktor. Er ist umso kleiner, je geringer die Abweichung der aufgrund des vorhandenen Modells errechneten Werte von den tatsächlichen Messdaten ist.

Im Rahmen der **Strukturverfeinerung** werden nach und nach immer mehr Informationen aus dem Proteinmodell in die Elektronendichtekarte übernommen und dadurch wieder Verbesserungen des Proteinmodells ermöglicht, bis schließlich das gesamte Protein mitsamt Seitenketten modelliert ist und der R-Faktor hinreichend klein ist. Schließlich wird die Lage der einzelnen Atome an die Orte maximaler Elektronendichte angepasst. Dabei müssen auftretende Coulomb-Kräfte ebenso berücksichtigt werden wie die thermischen Bewegungen der Atome.

Versuch A • Beugung von Ultraschall

V1 Bragg-Reflexion mit Ultraschall

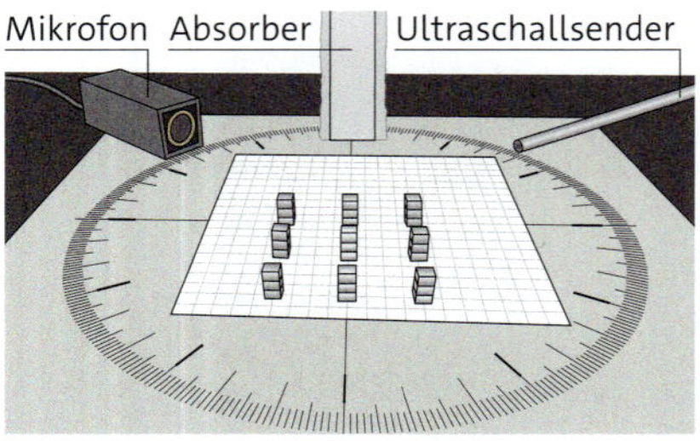

1 Versuchsaufbau

Material:
Ultraschallsender mit Netzgerät (40 kHz), Mikrofon mit Messgerät, Absorber aus Kunstpelz, neun Streuzentren (z. B. Magnete mit Metallplatte), optische Scheibe, kariertes Papier

Arbeitsauftrag:

a) Bauen Sie den Versuch wie in ▸Abb. 1 mit einem Abstand von 2 cm zwischen den Magneten auf der Metallplatte auf. Nutzen Sie den Hochpassfilter am Ultraschallsender.

b) Geben Sie an, worauf Sie bei der Positionierung von Sender, Empfänger und Absorber achten müssen.

c) Berechnen Sie die nach der Bragg-Bedingung zu erwartenden Winkel für die Maxima erster bis vierter Ordnung. Stellen Sie den Absorber auf und positionieren Sie Sender und Mikrofon jeweils entsprechend des Maximums vierter Ordnung. Überprüfen Sie, ob Sie ein Maximum detektieren und optimieren Sie bei Bedarf die Position des Absorbers.

d) Messen Sie die Intensität der reflektierten Ultraschallwelle in Abhängigkeit vom Winkel. Dabei sind Winkel kleiner 30° leider nicht realisierbar, da Sie die direkte Beschallung des Mikrofons dann nicht vermeiden können.

e) Stellen Sie Ihre Messungen in einem $I(\vartheta)$-Diagramm dar. Vergleichen Sie die Positionen der Maxima mit Ihren Berechnungen.

f) Nutzen Sie statt der drei Reihen mit Magneten auch zwei bzw. eine. Stellen Sie ihre Ergebnisse wieder grafisch dar und vergleichen Sie. Versuchen Sie, die Unterschiede zu erklären.

Material A • Modellexperimente mit Mikrowellen

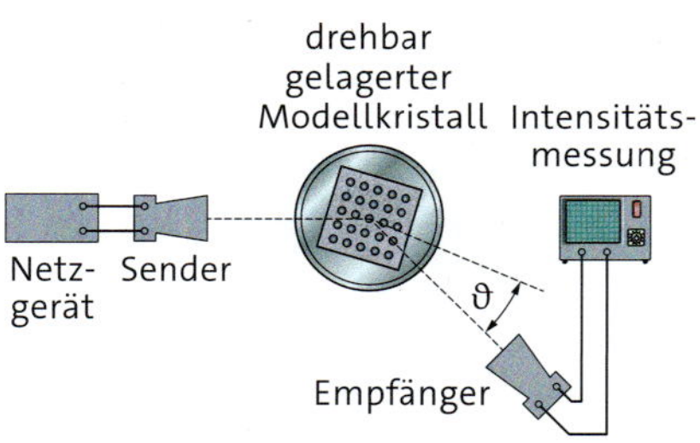

2 Bragg-Reflexion mit Mikrowellen

In einem Modellversuch wird die Struktur eines Modellkristalls mithilfe von Mikrowellen untersucht (▸Abb. 2). Der Modellkristall besteht aus Metallkugeln, die in regelmäßigen Abständen in einen Styroporblock eingesetzt wurden, so dass sie wie in einem NaCl-Gitter angeordnet sind. Die Gitterkonstante beträgt 4,0 cm und der Modellkristall ist drehbar gelagert. Der Sender strahlt Mikrowellen aus, die auf den Modellkristall treffen und die Metallkugeln zum Aussenden neuer Mikrowellen anregen, so dass es zur Reflexion kommt.

Der Empfänger detektiert Mikrowellen nur in der Richtung, die dem Reflexionsgesetz entspricht, sonst nicht. Die Intensität I der Mikrowellen wird in Abhängigkeit vom Winkel ϑ gemessen. Dazu wird der Modellkristall so mit dem Empfänger mitgeführt, dass das Reflexionsgesetz stets beachtet ist. Das zugehörige $I(\vartheta)$-Diagramm zeigt ▸Abb. 3.

A1 Erklären Sie mithilfe des Prinzips von Huygens und der Bragg-Bedingung die Reflexion der Strahlung.

A2 **a)** Erklären Sie das $I(\vartheta)$-Diagramm.
b) Ermitteln Sie möglichst genau die Wellenlänge der verwendeten Mikrowellen.

A3 In einem zweiten Experiment soll die Reflexion an anderen Netzebenen untersucht werden (▸Abb. 4).
a) Erstellen Sie für eine der beiden zusätzlichen Netzebenen eine Skizze mit den einfallenden und reflektierten Strahlen.
b) Skizzieren Sie für diese Ebene den erwarteten Intensitätsverlauf und begründen Sie ihn.

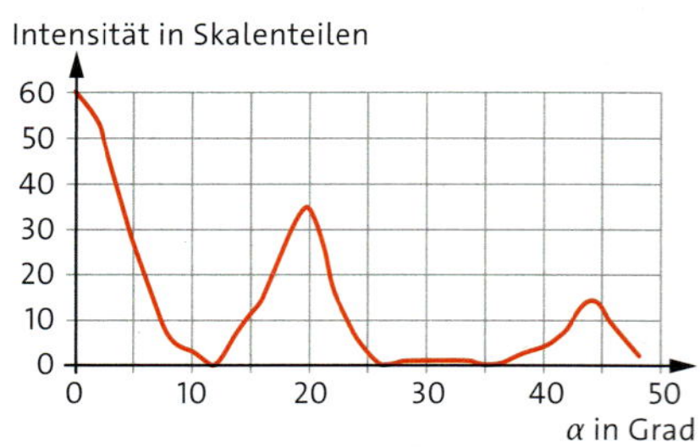

3 Intensitätsverteilung der Reflexionen

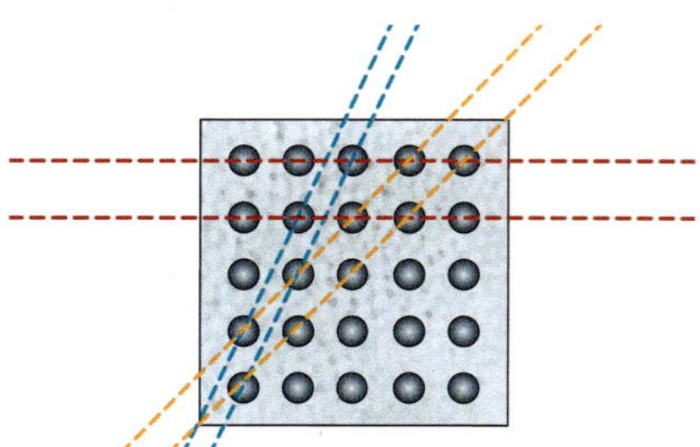

4 Netzebenen im Modellkristall

Material B • Bragg-Reflexion mit weißem Licht

5 Schillernde Farben eines Opals

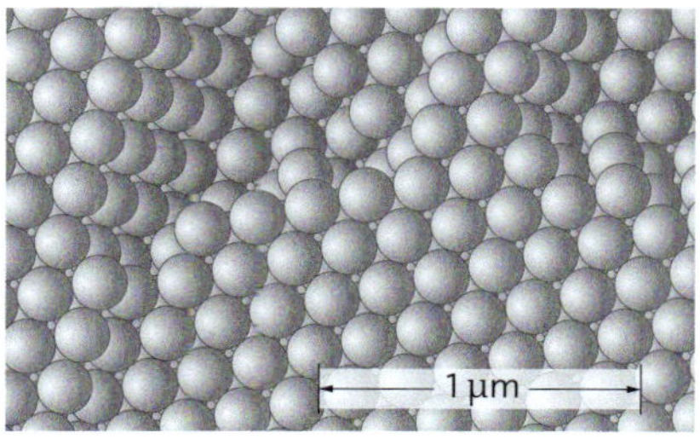

6 Opal unter dem Elektronenmikroskop

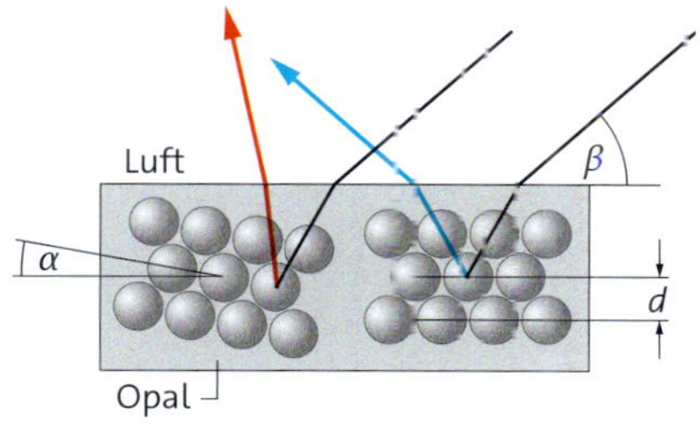

7 Reflexion von weißem Licht am Opal

Opale schillern abhängig vom Blickwinkel in leuchtenden Farben (▸Abb. 5), ohne Farbstoffe zu enthalten. Sie bestehen aus gleichförmigen Kieselsäure-Kügelchen mit Durchmessern von 150 nm bis 350 nm, die dicht gepackt liegen und so ein Raumgitter bilden (▸Abb. 6). Die Zwischenräume sind mit Kieselgel und Wasser gefüllt. Dabei sind die Kügelchen nicht gleichartig über den gesamten Opal verteilt. In Edelopalen finden sich gleichmäßig angeordnete Cluster aus Kügelchen einheitlicher Größe. Die verschiedenen Cluster unterscheiden sich aber in ihrer Ausrichtung und der Größe der enthaltenen Kügelchen.

Trifft Licht auf die Kügelchen, wird es dort reflektiert bzw. gebrochen. Allerdings ist die Brechung an den Kügelchen in ▸Abb. 7 ebenso vernachlässigt worden wie die Einzelheiten der Entstehung der farbigen Reflexionen.

B1 **a)** Begründen Sie mit ▸Abb. 7, warum die Brechung an den Kügelchen hier vernachlässigt werden kann.
b) Begründen Sie, warum Opale bei sichtbarem Licht wirken.

B2 **a)** Erklären Sie die Entstehung der farbigen Reflexionen.
b) Die Entstehung unterschiedlicher Farben im reflektierten Licht hat v. a. drei Ursachen. Benennen Sie diese.
c) Erklären Sie, wie sich diese drei Aspekte jeweils auswirken.

Material C • Untersuchung der Zusammensetzung von Muschelschalen

Muschelschalen bestehen aus Kalk, also aus Calciumcarbonat ($CaCO_3$). Es liegt dort in zwei Varianten mit unterschiedlicher Kristallstruktur vor: Aragonit ist der Hauptbestandteil von Perlmutt, während Calcit in der äußeren Muschelschicht überwiegt. Zwischen beiden Bereichen liegt eine organische Trennschicht. Die genaue Struktur und Zusammensetzung der Schale ist ebenso abhängig von der Muschelart wie von ihren Lebensbedingungen. Daher können sich die Anteile von Aragonit und Calcit auch im Laufe des Lebens einer Muschel ändern. Aus den Schalen einer langlebigen Muschel kann man so Informationen über die Entwicklung klimatischer Verhältnisse erhalten. Dies ist besonders bei fossilen Schalen interessant.

C1 In ▸Abb. 8 ist die Kristallstruktur von Calcit dargestellt. Die Netzebenen, an denen die Bragg-Reflexion erfolgte, sind eingezeichnet.
a) Berechnen Sie die Gitterkonstante d_1. Für die andere Konstante gilt $d_2 = 0{,}324$ nm.
b) Die beiden Gitterkonstanten führen zu Röntgenreflexen, die sehr dicht beieinander liegen. Berechnen Sie daher eine mittlere Gitterkonstante d.
c) Ermitteln Sie anhand von ▸Abb. 9 die Wellenlänge der verwendeten Röntgenstrahlung.

C2 Schlagen Sie ein Vorgehen vor, wie aus einer solchen Messung die Anteile von Aragonit und Calcit bestimmt werden können.

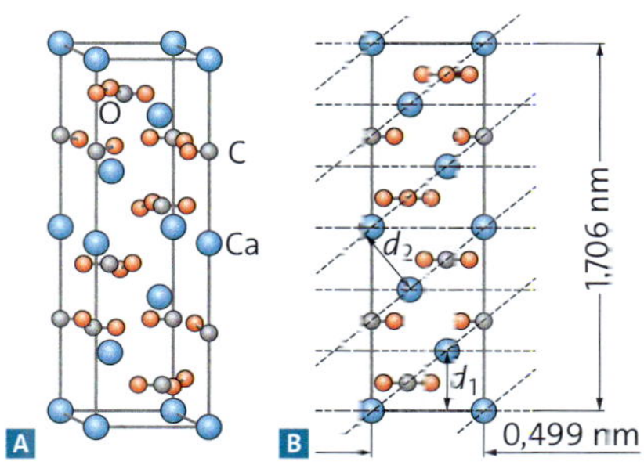

8 Kristallstruktur von Calcit: **A** 3D, **B** von vorn

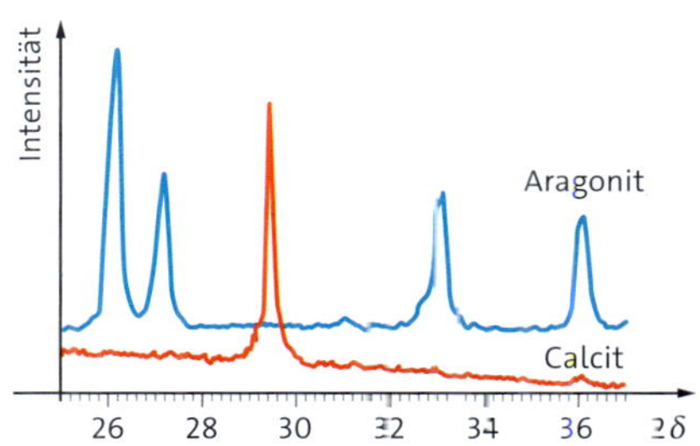

9 Analyse der Schale der Riesenmuschel

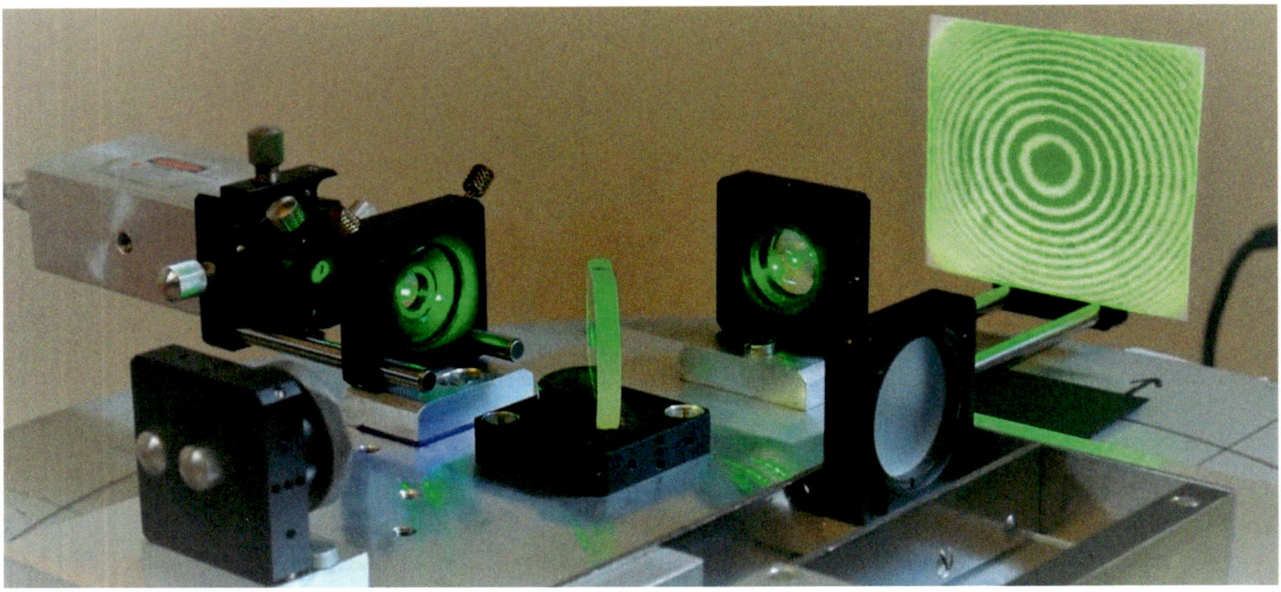

1 Michelson-Interferometer

Interferenzen nutzen

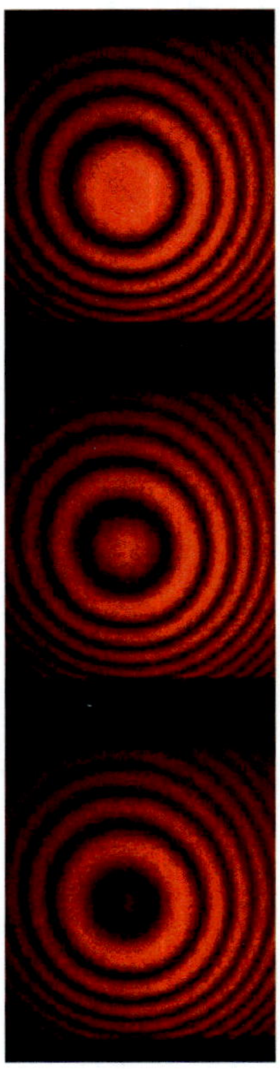

2 Wechsel des Interferenzmusters durch Längenänderung

Interferenzen können sehr vielfältig genutzt werden, um z. B. Längenänderungen, Materialdicken oder Wellenlängen zu messen. Dabei ermöglicht das Michelson-Interferometer besonders genaue Messungen. Wie wird dies erreicht?

Michelson-Interferometer • In dem von ALBERT MICHELSON (1852–1931) entwickelten Aufbau (▸Abb. 3) wird ein Lichtbündel an einem halbdurchlässigen Spiegel aufgeteilt und anschließend wieder zusammengeführt, sodass die Teilbündel interferieren. Sind die Weglängen l_1 und l_2 der beiden Arme des Interferometers gleich lang, ergibt sich im Zentrum des kreisförmigen Interferenzmusters ein Maximum (▸Abb. 1).

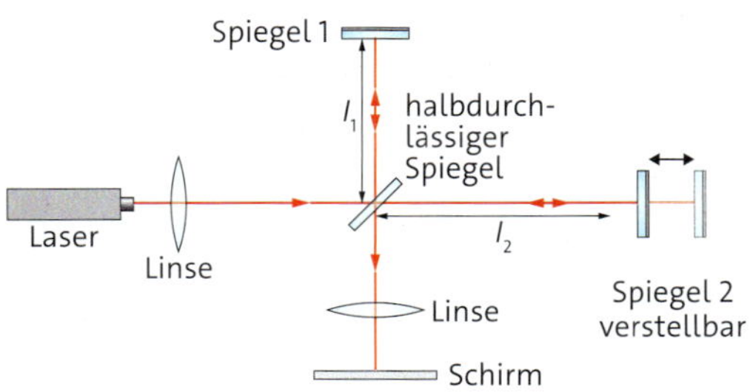

3 Prinzipieller Aufbau des Michelson-Interferometers

Ändert man die Weglänge eines Arms durch Verstellen des äußeren Spiegels um Δl, dann ergibt sich ein Gangunterschied d zwischen beiden Strahlen, der zur Änderung des Interferenzmusters führt. Dabei gilt

$$d = 2 \cdot \Delta l\,.$$

Wird die Position des Spiegels langsam verändert, dann scheinen die Interferenzringe langsam nach außen zu wandern (▸Abb. 2). Aus der Anzahl k der durchlaufenden Maxima lässt sich bei bekannter Wellenlänge des Lasers die Änderung der Armlänge berechnen:

$$d = 2\,\Delta l = k \cdot \lambda, \text{ also } \Delta l = k \cdot \frac{\lambda}{2} \text{ mit } k = 1, 2, 3 \ldots$$

Verändert man die Weglänge eines Arms des Michelson-Interferometers um die Länge Δl, dann bewegen sich k Interferenzringe nach außen und es gilt $\Delta l = k \cdot \frac{\lambda}{2}$.

Dieser Zusammenhang wird u. a. zur Messung kleiner Längen genutzt, wenn die wie beim Echolot genutzte Laufzeitmethode zu ungenau wird. Dies gilt z. B. für die sehr genaue Ausrichtung von

Körpern im Windkanal oder auch zur Vermessung der thermischen Ausdehnung von Metallen.
Bei reflektierenden Oberflächen und der Verwendung von weißem Licht ist sogar die Vermessung von Oberflächenstrukturen im Bereich von Nanometern möglich. Hier führen die wechselnden Gangunterschiede zu farbigen Mustern (▸Abb. 6).

Wellenlänge von Mikrowellen • Anders als bisher betrachtet kann auch die Wellenlänge der genutzten Strahlung aus einer bekannten Längenänderung gefolgert werden. Dies lässt sich z.B. zur Vermessung von Mikrowellen nutzen. Sender und Detektor müssen dabei entsprechend ausgetauscht werden, außerdem werden der halbdurchlässige Spiegel durch eine Glasscheibe oder Hartfaserplatte und die äußeren Spiegel durch Metallplatten ersetzt.
Das Verschieben einer Metallplatte führt dann zu wechselnden Minima und Maxima im Mikrowellendetektor. Die Wellenlänge der Strahlung lässt sich dann anhand der bereits hergeleiteten Beziehung zur Verschiebungsstrecke ermitteln. Aus den in ▸Tabelle 4 angeführten Messdaten aufeinanderfolgender Maxima und Minima ergibt sich eine Wellenlänge von etwa 3,2 cm.

Die Suche nach einem Lichtäther • Das Michelson-Interferometer hat aber auch einen wichtigen Beitrag bei der Erforschung der Natur des Lichts geleistet. Als sich die Erkenntnisse über die Wellennatur des Lichts durchsetzten, vermutete man einen Träger dieser Wellen, ähnlich wie bei Schallwellen. Dieser wurde als Äther bezeichnet und in ihm sollte sich das Licht mit c bewegen. Da sich die Erde gemäß dieser Theorie relativ zum Äther bewegt, ergeben sich je nach Blickrichtung unterschiedliche Relativgeschwindigkeiten zwischen Erde und Licht.
Dies soll eine Analogie verdeutlichen (▸Abb. 5): Zwei gleich starke Schwimmer starten ein Wettschwimmen von Punkt A auf einer Insel. Sie schwimmen dabei die gleiche Strecke bis zu ihrem Endpunkt B und wieder zurück. Dabei schwimmt einer parallel zur recht schwachen Strömung v des Flusses, der andere senkrecht dazu. Doch trotz gleicher Weglänge $2\overline{AB}$ und gleicher Schwimmgeschwindigkeit c werden die beiden nicht gleichzeitig ankommen.

Δl in cm	0	0,8	1,6	2,4	3,2	3,9
U in mV	210	25	210	30	215	32

4 Messwerte zur Intensität der Mikrowellenstrahlung

Während hier das Wasser das Medium ist, in dem sich der Schwimmer bewegt, ist der Äther das hypothetische Medium, in dem sich das Licht bewegt. Der Beobachter befindet sich auf der Insel bzw. auf der Erde.
MICHELSON wollte den Äther mithilfe seines Interferometers nachweisen und führte zusammen mit EDWARD MORLEY 1887 das Michelson-Morley-Experiment durch. Dazu bauten sie ein Interferometer, das erschütterungsfrei gedreht werden konnte und durch mehrfache Spiegelungen eine Armlänge von 11 m erreichte. Sie richteten es so aus, dass der eine Arm parallel zur Erdbewegung verlief und der andere senkrecht dazu. Dann drehten sie die Anordnung um 90° und erwarteten aufgrund der in ▸Abb. 5 dargestellten Unterschiede in den Relativgeschwindigkeiten eine Änderung des Gangunterschieds und damit auch des Interferenzmusters. – Zur ihrer großen Enttäuschung war dies aber nicht der Fall. Sie konnten keine Bewegung der Erde relativ zum Äther nachweisen.

6 Wasserläufer im Weißlichtinterferometer

Licht und andere elektromagnetische Wellen besitzen keinen Träger wie Schallwellen.

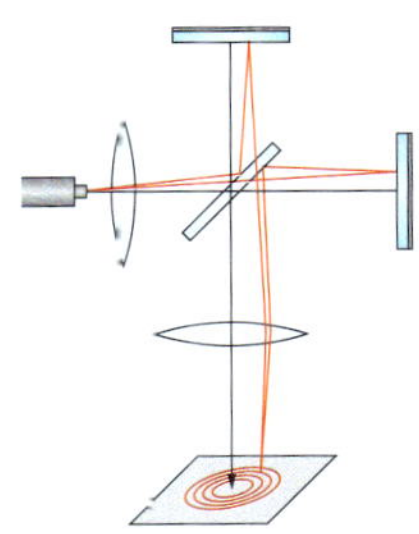
7 Strahlenverlauf am Interferometer

1 Erklären Sie, warum das Interferenzmuster in ▸Abb. 7 aus konzentrischen Kreisen besteht und nicht nur aus einem zentralen Lichtfleck.
2 Bestätigen Sie anhand von ▸Tabelle 4 die im Text angegebene Wellenlänge der Mikrowellenstrahlung.

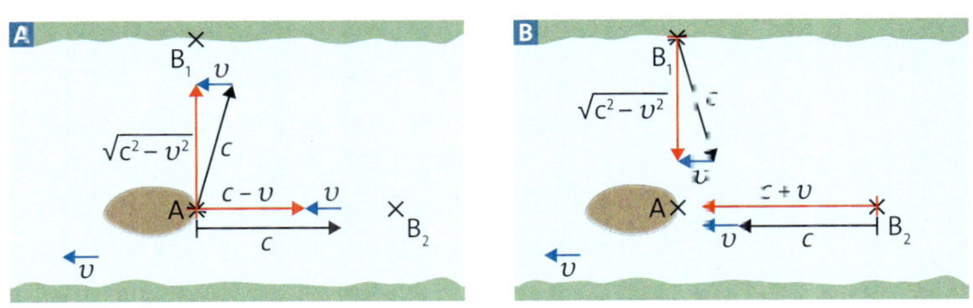

5 Geschwindigkeiten in der Analogie: **A** Hinweg, **B** Rückweg

MIT WELLEN MESSEN

1 Luftaufnahme des LIGO-Interferometer in Livingston

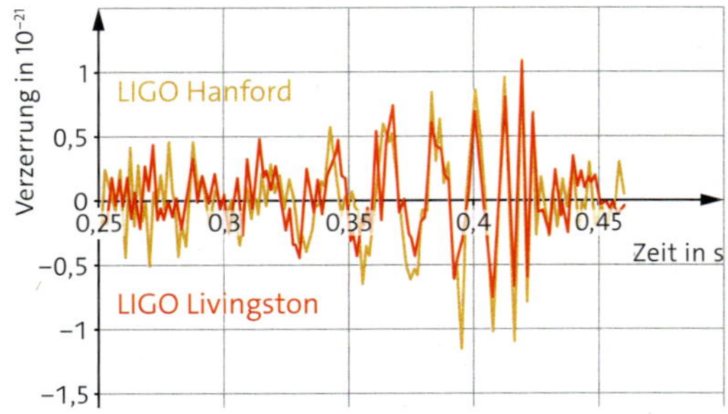

2 LIGOs Messdaten der Gravitationswelle von 2015

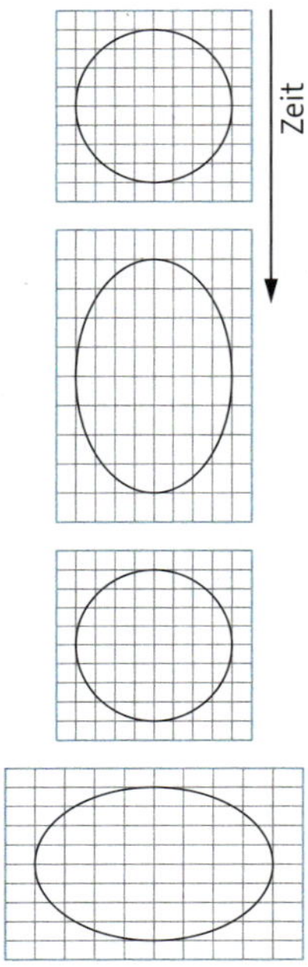

3 Wirkung einer Gravitationswelle auf einen Kreis

Gravitationswellen • Das größte Interferometer der Welt (▸Abb. 1) steht in Livingston, USA, und gehört zum LIGO-Observatorium. Es besitzt eine Armlänge von 4 km. Vielfache Spiegelungen des Laserlichts sorgen sogar für eine effektive Armlänge von über 1100 km.

Am LIGO konnten 2015 erstmals die bereits hundert Jahre zuvor von Einstein postulierten Gravitationswellen experimentell erfasst werden, wofür 2017 der Nobelpreis vergeben wurde.

Gravitationswellen werden von kompakten, unsymmetrischen, stark beschleunigten Körpern abgestrahlt. Dies ist z. B. der Fall, wenn sich zwei schwarze Löcher umkreisen, bevor sie verschmelzen. Die Gravitationswellen bewirken Verzerrungen des Raumes (▸Abb. 3) und breiten sich mit Lichtgeschwindigkeit aus. Ihre Amplituden sind extrem klein und somit sehr schwer zu messen.

Im Falle der Messung von 2015 geht man davon aus, dass die Gravitationswelle durch die Fusion zweier schwarzer Löcher in einer Entfernung von 1,3 Mrd. Lichtjahren zur Erde verursacht wurde. Mit einer Wellenlänge von etwa 1000 km verursachte die Gravitationswelle in Livingston eine Änderung der Armlänge von nur ca. 10^{-19} m. Dies reichte aber aus, um die sonst am Detektor auftretende destruktive Interferenz aufzuheben.

Der Durchmesser eines Protons beträgt $1{,}7 \cdot 10^{-15}$ m.

Die Messung wurde vom zweiten Interferometer des LIGO bestätigt, das 3000 km nordwestlich in Hanford (USA) liegt. An den Daten in ▸Abb. 2 lässt sich ablesen, wie die Periodendauer der Rotation der beiden schwarzen Löcher sinkt. Dadurch steigt die Beschleunigung und damit auch die Amplitude der Gravitationswelle. Sobald die Verschmelzung zu einem symmetrischen schwarzen Loch erfolgt ist, wird keine Gravitationswelle mehr ausgesandt.

Gase im Interferometer • Ein Michelson-Interferometer ermöglicht auch die Untersuchung der Brechungseigenschaften von Gasen. Dazu stellt man zwei gleichartige geschlossene und durchsichtige Gefäße, Küvetten genannt, in die Strahlengänge der beiden Arme. Die eine Küvette ist evakuiert, während die andere langsam mit dem zu untersuchenden Gas gefüllt wird. Da die Ausbreitungsgeschwindigkeit des Lichts im Gas kleiner ist als im Vakuum, verlängert sich die Laufzeit in diesem Arm. Folglich nimmt der Gangunterschied der Strahlen am Detektor zu und das Interferenzmuster verschiebt sich.

Zur Auswertung der Laufzeitunterschiede nutzt man die Brechzahl n_1 der Probe. Diese gibt an, wie stark die Ausbreitungsgeschwindigkeit von Licht in diesem Medium von der Geschwindigkeit c_0 im Vakuum abweicht:

$$n_1 = \frac{c_0}{c_1} = \frac{\lambda_0}{\lambda_1}.$$

Wird eine Küvette der Länge s mit Gas gefüllt, dann verschiebt sich das Interferenzmuster während des Einfüllens der Probe um k Maxima. Somit ergibt sich aus der optischen Verlängerung des Weges durch das Gas der Gangunterschied

$$d = \left(2 \cdot s \cdot \frac{c_0}{c_1} - s\right) = 2s \cdot (n_1 - 1) = k \cdot \lambda.$$

Daraus folgt dann für die Brechzahl des Gases

$$n_1 = \frac{k \cdot \lambda}{2 \cdot s} + 1.$$

und damit dann die Lichtgeschwindigkeit im Gas. Wird beispielsweise eine 1,20 cm lange Küvette bis zum Normaldruck mit CO_2 gefüllt, dann laufen etwa 14 Maxima über das Interferenzmuster eines roten Lasers der Wellenlänge 633 nm. Daraus ergibt sich für CO_2 bei dieser Wellenlänge eine Brechzahl von 1,00037, was in etwa dem Literaturwert von 1,00041 entspricht.

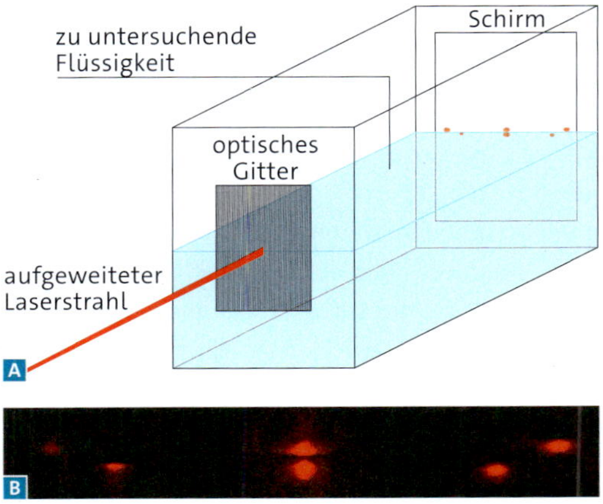

4 Versuch zur Bestimmung der Lichtgeschwindigkeit in Flüssigkeiten: **A** Aufbau, **B** Interferenzbild

Das Interferometer ermöglicht die Detektion von sehr kleinen Änderungen der Brechzahlen, die z. B. Auskünfte über die Änderungen von Druck und Temperatur in Gasen geben können.

Lichtgeschwindigkeit in Flüssigkeiten • Eine einfache Methode zur Bestimmung der Lichtgeschwindigkeit ist in ▸Abb. 4 A dargestellt. Das Lichtbündel verläuft hinter dem Gitter teilweise durch die zu untersuchende Flüssigkeit und teilweise durch Luft. Aus dem Vergleich der Beugungsmuster lässt sich dann die Lichtgeschwindigkeit in der Flüssigkeit ermitteln.
Hierzu vergleichen wir zunächst einmal die Abstände der Maxima gleicher Ordnung (▸Abb. 4 B) miteinander. In ▸Abb. 4 gilt

$$d_{\text{Luft}} = \frac{4}{3} \cdot d_{\text{Flüssigkeit}}.$$

Da hier die Kleinwinkelnäherung genutzt werden kann, folgt daraus

$$\frac{n \cdot \lambda_{\text{Luft}} \cdot a}{g} = \frac{4}{3} \cdot \frac{n \cdot \lambda_{\text{Flüssigkeit}} \cdot a}{g}.$$

und mit $c = \lambda \cdot f$ und f = konstant ergibt sich

$$c_{\text{Flüssigkeit}} = \frac{\lambda_{\text{Flüssigkeit}}}{\lambda_{\text{Luft}}} \cdot c_{\text{Luft}} = \frac{3}{4} \cdot c_{\text{Luft}}.$$

Da schließlich $c_{\text{Luft}} \approx 2{,}997 \cdot 10^8 \frac{\text{m}}{\text{s}}$ gilt, folgt somit in der Flüssigkeit eine Lichtgeschwindigkeit von $2{,}248 \cdot 10^8 \frac{\text{m}}{\text{s}}$.

Debye-Sears-Effekt • Auch Schallgeschwindigkeiten in Flüssigkeiten lassen sich mithilfe von Interferenzen recht einfach bestimmen. 1932 zeigten PETER DEBYE und FRANCIS SEARS, dass sich die periodischen Dichteänderungen, die Ultraschallwellen in einer Flüssigkeit verursachen, als Beugungsgitter nutzen lassen. Dabei sinkt bzw. steigt die Brechzahl der Flüssigkeit mit dem Druck. Der Abstand zwischen benachbarten Bereichen gleichen Drucks kann als Gitterkonstante aufgefasst werden. Diese entspricht also der Wellenlänge der Ultraschallwellen. Fällt Licht auf dieses Gitter, lassen sich aus dem Interferenzbild die Wellenlänge der Schallwellen und die Schallgeschwindigkeit in der Flüssigkeit ermitteln.

In dem in ▸Abb. 5 dargestellten Aufbau ist x_n der Abstand zwischen den beiden Maxima n-ter Ordnung. Damit gilt für den Beugungswinkel α_n wie bei der Beugung an einem Strichgitter

$$\sin\alpha_n = \frac{n \cdot \lambda_L}{g} = \frac{n \cdot \lambda_L}{\lambda_{US}} \text{ und } \tan\alpha_n = \frac{x_n}{2a}$$

mit der Wellenlänge des Lasers λ_L und der Wellenlänge des Ultraschalls λ_{US}. Da α_n sehr klein ist, gilt die Kleinwinkelnäherung und damit

$$\frac{n \cdot \lambda_L}{\lambda_{US}} = \frac{x_n}{2a}.$$

Damit folgt für die Wellenlänge des Ultraschalls

$$\lambda_{US} = \frac{2n \cdot a}{x_n} \cdot \lambda_L.$$

und für die gesuchte Schallgeschwindigkeit

$$c = \lambda_{US} \cdot f_{US} = \frac{2n \cdot a}{x_n} \cdot \lambda_L \cdot f_{US}.$$

1 Bestimmen Sie anhand der Rechnung zu ▸Abb. 4 die Brechzahl der Flüssigkeit und leiten Sie daraus ab, um welche Flüssigkeit es sich handelt. Nutzen Sie $n_{\text{Luft}} \approx 1{,}0003$.

2 In Wasser steigt die Schallgeschwindigkeit mit zunehmender Temperatur. Erläutern Sie, wie sich das Interferenzbild dadurch ändert.

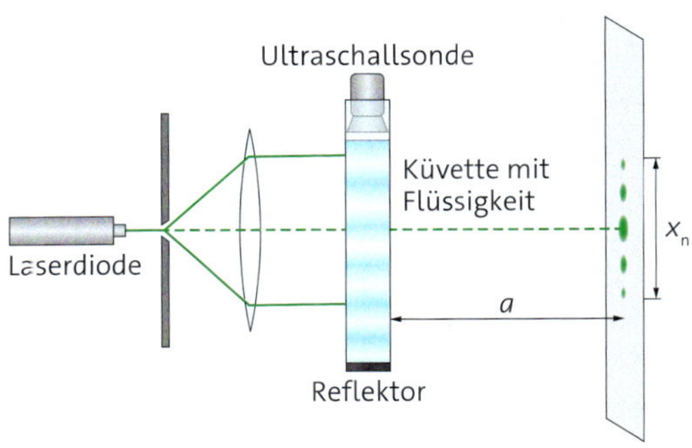

5 Aufbau zum Debye-Sears-Effekt

Durchquert Licht ein Medium, bleibt die Frequenz unverändert, Wellenlänge und Geschwindigkeit ändern sich jedoch. Auch der Farbeindruck ändert sich nicht, sodass bspw. rotes Licht mit einer bestimmten Wellenlänge in Luft in einem anderen Medium eine andere Wellenlänge hat.

Versuch A • Wellenlängen experimentell ermitteln

V1 Ultraschall-Interferometer

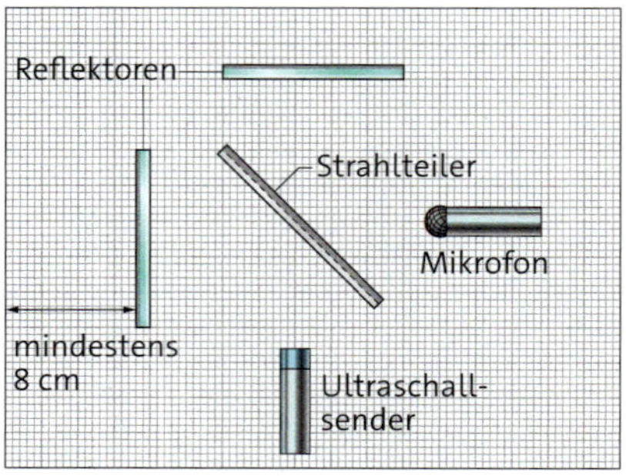

1 Michelson-Interferometer für Ultraschall

Material:
Ultraschallsender (40 kHz) mit Netzgerät, Mikrofon mit Messgerät (z. B. Multimeter), Strahlteiler, zwei Reflektoren, Millimeterpapier

Arbeitsauftrag:
a) Bauen Sie den Versuch wie in ▸Abb. 1 auf. Achten Sie dabei auf die Positionierung der Komponenten. Insbesondere die Reflektoren und der Strahlteiler müssen sehr sorgfältig am Millimeterpapier ausgerichtet werden. Begründen Sie dies.
b) Verschieben Sie einen Reflektor langsam parallel, bis Sie mit dem Mikrofon ein Maximum detektieren. Markieren Sie diese Position des Reflektors und notieren Sie die gemessene Spannung.
c) Verschieben Sie den Reflektor weiter und markieren Sie die Positionen möglichst vieler Maxima.
d) Ermitteln Sie aus Ihren Daten möglichst genau die Wellenlänge des Ultraschalls. Vergleichen Sie mit dem Wert gemäß den Herstellerangaben. Beachten Sie dabei die Raumtemperatur.
e) Schätzen Sie die Ungenauigkeit ihrer Messung ab.

V2 Schall von zwei Sendern

Material:
Zwei Ultraschallsender mit gemeinsamem Betriebsgerät (40 kHz), Mikrofon mit Messgerät (z. B. Multimeter), Millimeterpapier

Arbeitsauftrag:
a) Richten Sie die beiden Sender einander gegenüber im Abstand von ca. 18 cm auf dem Millimeterpapier aus. Schieben Sie das Mikrofon senkrecht dazu an die Mitte der Verbindungslinie heran.
b) Bewegen Sie das Mikrofon seitlich zwischen den Sendern und markieren Sie die Positionen der Maxima.
c) Begründen Sie die Entstehung des beobachteten Musters.
d) Ermitteln Sie aus Ihren Daten möglichst genau die Wellenlänge des Ultraschalls. Vergleichen Sie mit dem Wert gemäß den Herstellerangaben. Beachten Sie dabei die Raumtemperatur.
e) Schätzen Sie die Ungenauigkeit ihrer Messung ab.
f) Erklären Sie, was sich ändern wird, wenn Sie den Abstand der Sender leicht ändern. Überprüfen Sie dies.
g) Erklären Sie, was sich ändern wird, wenn Sie eine niedrigere Frequenz nutzen (z. B. 25 kHz).

Material A • Schallgeschwindigkeit in Wasser

Misst man die Schallgeschwindigkeit in Wasser mithilfe des Debye-Sears-Effekts, lassen sich auch Parameter wie Wassertemperatur oder Salzgehalt ändern (▸Tabelle 2). Für die Messungen wird Licht der Wellenlänge 546 nm genutzt. Der Abstand zum Schirm beträgt 50,0 cm. Der Abstand zwischen Maxima gleicher Ordnung wird mithilfe einer Lupe an einer sehr genauen Skala abgelesen.

Temperatur in °C	20	20	20	20	10
Salzgehalt in $\frac{g}{L}$	0	0	40	100	0
f_{US} in MHz	6,6	6,1	6,1	6,1	6,1
x_1 in mm	2,45	2,25	2,20	2,09	2,30
x_2 in mm	4,83	4,49	4,42	4,16	4,58
x_3 in mm	7,30	6,77	6,62	6,28	6,91
x_4 in mm	9,79	8,96	8,81	8,40	9,21

2 Abstände x_n von Maxima der gleichen Ordnung n unter verschiedenen Bedingungen

A1 Werten Sie die Daten aus ▸Tabelle 2 aus. Gehen Sie folgendermaßen vor:
a) Vergewissern Sie sich, dass die Kleinwinkelnäherung hier angewendet werden darf, damit Sie die hergeleitete Formel nutzen können.
b) Ermitteln Sie die Schallgeschwindigkeiten für die verschiedenen Versuchsbedingungen. Erläutern Sie Ihr Vorgehen.
c) Vergleichen Sie die erhaltenen Schallgeschwindigkeiten und deuten Sie die Auswirkungen der Faktoren Ultraschallfrequenz f_{US}, Salzgehalt und Temperatur physikalisch. Betrachten Sie dazu u. a. die Kopplungskräfte zwischen den Molekülen.

Material B • Thermische Ausdehnung von Metallstäben

Die thermische Ausdehnung von Metallen ist über einen weiten Temperaturbereich proportional zur Temperaturänderung ΔT. Für die Längenänderung eines Stabes der anfänglichen Länge l_0 gilt

$$\Delta l = \alpha \cdot l_0 \cdot \Delta T,$$

wobei α der thermische Ausdehnungskoeffizient des untersuchten Stoffs ist. Die Längenänderung kann mit einem Michelson-Interferometer besonders genau gemessen werden. Dazu wird der verstellbare Spiegel durch einen Spiegel ersetzt, der an der Spitze des zu untersuchenden Metallstabs befestigt ist. Dieser wird mit einem aufgewickelten Heizdraht allmählich erwärmt. Die Temperatur des Stabes wird über einen Fühler gemessen, der am anderen Ende des Stabs eingesteckt wird.

Das Interferenzmuster wird während der Temperaturerhöhung beobachtet und die Temperatur jeweils nach Erscheinen von 30 neuen Maxima gemessen (▸Tabelle 3).

B1 In ▸Tabelle 3 sind die Messwerte für zwei unterschiedliche Metallstäbe angegeben.

a) Ermitteln Sie die thermischen Ausdehnungskoeffizienten für beide Metallstäbe rechnerisch sowie aus einem $\vartheta(k)$-Diagramm.

b) Entscheiden Sie anhand von ▸Tabelle 4, woraus die Metallstäbe bestehen.

c) Berechnen Sie jeweils die Längenänderung der beiden Metallstäbe.

B2 Ein Zinnstab mit $l_0 = 16{,}0\,\text{cm}$ wird um 25 K erwärmt. Berechnen Sie die Länge des erhitzten Stabes sowie die Anzahl der neu erscheinenden Maxima.

k	ϑ_1 in °C	ϑ_2 in °C
0	21,7	22,1
30	26,7	25,9
60	32,1	29,5
90	37,4	33,2
120	42,7	36,8
150	47,7	40,7

3 Temperaturen der Stäbe nach Erscheinen von k Maxima ($l_0 = 10{,}0\,\text{cm}$, $\lambda = 589\,\text{nm}$)

Stoff	Ag	Al	Cu	Sn
α in $10^{-6}\,\frac{1}{\text{K}}$	18,9	23,1	16,5	22,0

4 Thermische Ausdehnungskoeffizienten

Material C • Schwebung im Michelson-Interferometer

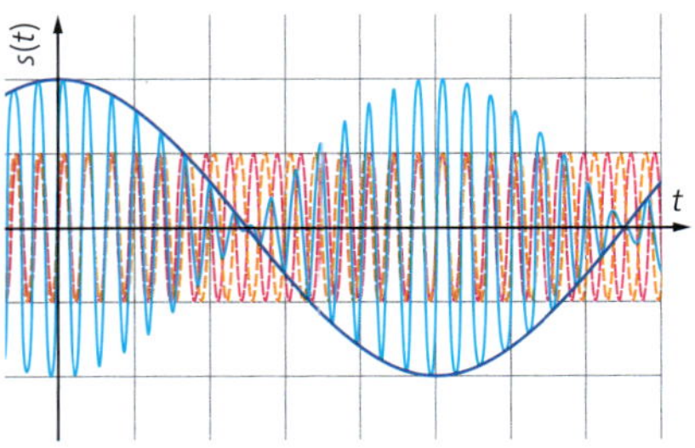

5 Überlagerung mit ähnlicher Frequenz

Interferieren Wellen gleicher Amplitude, aber leicht unterschiedlicher Frequenzen, dann kommt es zur Schwebung. Die Überlagerung besitzt eine Amplitude, die sich periodisch ändert (▸Abb. 5). Die Schwingung eines einzelnen Oszillators kann mit der in ▸Abb. 6 angegebenen Formel beschrieben werden.

Natriumdampflampen senden interferenzfähiges, gelbes Licht mit zwei dicht beieinander liegenden Wellenlängen aus. Es gilt $\lambda_1 = 589{,}6\,\text{nm}$ mit $\lambda_1 > \lambda_2$. Mit einer solchen Lampe wird ein Michelson-Interferometer aufgebaut. Dabei überlagern sich die Interferenzmuster der beiden Wellenlängen und es kommt zur Schwebung des Interferenzkontrastes. Bei konstruktiver Überlagerung verstärkt sich der Kontrast zwischen den Streifen des Interferenzbildes, während der Kontrast bei destruktiver Interferenz abnimmt (▸Abb. 7). Für den Wechsel von einem Kontrastminimum zum nächsten muss der Spiegel des Interferometers um 291 µm verschoben werden.

$$s(t) = 2s_{max} \cdot \cos\left(2\pi \cdot \frac{|f_1 - f_2|}{2} \cdot t\right) \cdot \sin\left(2\pi \cdot \frac{f_1 + f_2}{2} \cdot t\right)$$

6 Schwingungsgleichung einer Schwebung

C1 Die Schwingungsgleichung in ▸Abb. 6 enthält die Frequenz der resultierenden Schwingung und die Frequenz der Schwebung, also der Einhüllenden in ▸Abb. 5. Geben Sie beide begründet an.

C2 Im Interferometer kommt es durch die beiden dicht benachbarten Wellenlängen zur Schwebung.

a) Berechnen Sie die Wellenlänge der zweiten Spektrallinie mit $\lambda_2 < \lambda_1$.

b) Vergleichen Sie ihn mit dem Literaturwert.

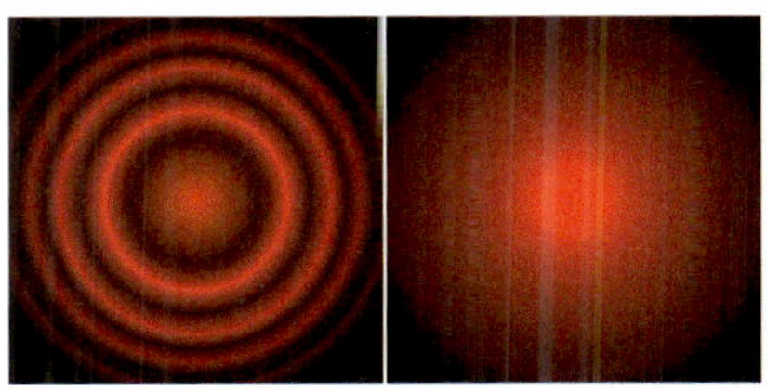
7 Kontrastmaximum und -minimum, schematisch

Aufgabe mit Lösung • Wellen

A1 – Reflexion elektromagnetischer Wellen

Im LTE-Handynetz in Deutschland werden elektromagnetische Wellen mit einer Frequenz von 1800 MHz zur Übermittlung von Daten genutzt. Die Welle eines weit entfernten Senders trifft auf die ebene Fläche der metallenen Wand einer Fabrikhalle und wird dort reflektiert. Dabei kommt es zum Phasensprung. Wir gehen zunächst vereinfachend davon aus, dass die Welle im rechten Winkel auf die Metallfläche trifft.

a) Ermitteln Sie, in welchen Abständen von der Wand mit gutem bzw. gar keinem Empfang zu rechnen ist. Erklären Sie ihr Vorgehen.

b) Geben Sie an, wie gut der Empfang 0,5 m vor der Wand ist.

Tatsächlich trifft die Welle unter einem Winkel von 40° auf die Wand. Dies ist in ▸Abb. 1 mit einigen Wellenstrahlen und -fronten angedeutet. In Position P wird zur Koordination verschiedener Abläufe vor der Fabrikhalle dringend guter Empfang benötigt.

c) Weisen Sie die Gültigkeit des Reflexionsgesetzes nach. *Tipp:* Nutzen Sie ein Foto von ▸Abb. 1, falls Sie eine Konstruktion gemäß dem Huygensschen Prinzip erstellen.

d) Ermitteln Sie mithilfe Ihrer Skizze und gemäß den Angaben in ▸Abb. 1 den Gangunterschied von einfallender und reflektierter Welle in Punkt P. Beurteilen Sie, wie gut der Empfang in Punkt P ist.

e) Geben Sie Vorschläge zur Verbesserung des Empfangs an.

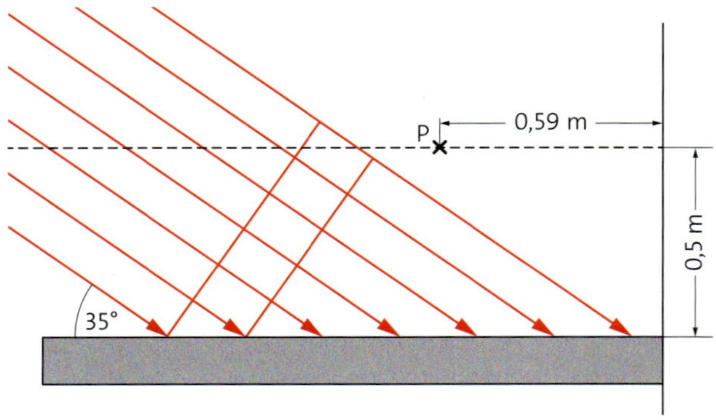

1 Die Wellen treffen auf die Wand.

Lösung

a) Wenn die Wellen senkrecht auf die Wand treffen, bildet sich durch die Überlagerung von einfallender und reflektierter Welle eine stehende Welle aus. Aufgrund des Phasensprungs besitzt diese an der Wand einen Knoten. Die Knoten, also die Punkte ohne Empfang, befinden sich im Abstand einer halben Wellenlänge voneinander, also im Abstand von

$$n \cdot \frac{\lambda}{2} = n \cdot \frac{c}{2f} = n \cdot \frac{3 \cdot 10^8 \frac{\text{m}}{\text{s}}}{2 \cdot 1{,}8 \cdot 10^9\,\text{Hz}} \approx n \cdot 0{,}083\,\text{m}$$

von der Wand ($n = 0, 1, 2, \ldots$). Der Empfang ist in der Mitte der Bäuche am besten, also jeweils um $\frac{\lambda}{4}$ dazu versetzt. Somit beträgt der Abstand von der Wand

$$n \cdot \frac{\lambda}{2} + \frac{\lambda}{4} = \left(n + \frac{1}{2}\right) \cdot \frac{c}{2f} \approx n \cdot 0{,}083\,\text{m} + 0{,}042\,\text{m}.$$

b) Es gilt $0{,}5\,\text{m} = 6 \cdot 0{,}083\,\text{m} = 6 \cdot \frac{\lambda}{2}$.
In diesem Abstand hat man demnach keinen Empfang.

c) Lösung anhand des Huygensschen Prinzips: Betrachtet man die Punkte in ▸Abb. 1, in denen Strahlen auf die Wand treffen, als Ausgangspunkte von Elementarwellen, lässt sich die reflektierte Welle wie in ▸Abb. 2 konstruieren. Einfalls- und Reflexionswinkel sind gleich groß.

d) Die einfallende Welle legt von der ersten eingezeichneten Wellenfront zu Punkt P eine Strecke von $1{,}8\,\lambda$ zurück, die reflektierte Welle jedoch $5{,}2\,\lambda$: $d = 5{,}2\,\lambda - 1{,}8\,\lambda = 3{,}4\,\lambda$. Die Bedingung für destruktive Interferenz ist fast erfüllt, der Empfang in Punkt P ist sehr schlecht.

e) Zur Verbesserung des Empfangs sollte in Punkt P ein Interferenzmaximum vorliegen. Dazu könnte man Punkt P etwas höher setzen oder eine Metallplatte schräg vor die Wand stellen, um den Reflexionswinkel zu verbessern.

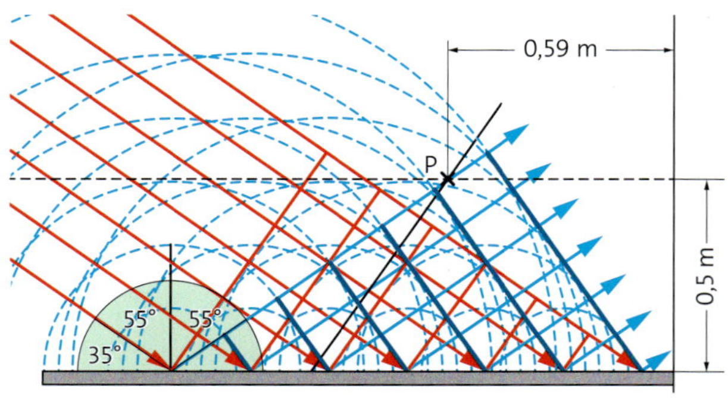

2 Reflexion der Wellen an der Wand

A2 – Doppelspalt

An einem Doppelspalt mit der Spaltbreite b und dem Spaltabstand d gilt für die Maxima n-ter Ordnung bei hinreichend großem Abstand a zum Schirm $\sin\alpha_n = \frac{n \cdot \lambda}{g}$ und $d_n \approx \frac{n \cdot \lambda \cdot a}{g}$.
Für die Minima gilt entsprechend $\sin\alpha_n = \frac{n \cdot \lambda}{b}$ und $d_n \approx \frac{n \cdot \lambda \cdot a}{b}$.
Laserlicht der Wellenlänge 680 nm fällt durch einen Doppelspalt auf einen 3 m entfernten Schirm.

a) Ermitteln Sie den größten Spaltabstand g, bei dem Sie die Maxima 1. Ordnung und 0. Ordnung getrennt voneinander wahrnehmen können. Gehen Sie davon aus, dass das Auflösungsvermögen des Auges bei 1 mm liegt.

b) Berechnen Sie den Abstand zweier Minima 1. Ordnung für einen Doppelspalt mit $b = 1{,}2$ mm.

c) Beschreiben Sie, was zu beobachten ist, wenn die Spaltbreite nach und nach verkleinert wird.

d) Als Faustregel gilt: Licht wird gebeugt, wenn die Dimension des Hindernisses in der Größenordnung der Wellenlänge liegt. Begründen Sie dies allgemeingültig anhand der oben angegebenen Beziehungen.

A3 – Polarimeter

Verschiedene Arten von Zucker gehören zu den optisch aktiven Substanzen. Diese drehen die Schwingungsebene von polarisiertem Licht (▸Abb. 3).
Verursacht die Substanz eine Drehung der Polarisationsrichtung im Uhrzeigersinn, bezeichnet man sie als rechtsdrehend und gibt den Drehwinkel als positiven Wert an. Entsprechend gibt man die Drehwinkel bei linksdrehenden Substanzen mit negativen Werten an. Dabei ist der Drehwinkel α sowohl proportional zur Länge l des Lichtwegs im Medium als auch zur Konzentration k der gelösten optisch aktiven Substanz. Es gilt $\alpha = \alpha_{spez} \cdot k \cdot l$.
α_{spez} ist die spezifische Drehung, eine Kenngröße der Substanz, die u. a. von der Temperatur der Probe und der Wellenlänge des Lichts abhängt. Näherungsweise gilt der in ▸Abb. 6 dargestellte Zusammenhang.
▸Tabelle 4 gibt die spezifischen Drehungen einiger typischer Zucker an.

Für verschiedene Zuckerlösungen der Konzentration k wird der Drehwinkel bestimmt (▸Tabelle 7).

a) Beschreiben Sie die Messung des Drehwinkels einer Probe im Polarimeter anhand von ▸Abb. 3.

b) Bestimmen Sie anhand der Daten in ▸Tabelle 4 und 7 den Wert der spezifischen Drehung α_{spez} und damit die verwendete Zuckerart.

c) Für eine weitere Lösung ergibt die Messung $\alpha = -22{,}5°$. Ermitteln Sie die Zuckerkonzentration.

Je kurzwelliger Licht ist, umso mehr Licht wird reflektiert, je langwelliger es ist, umso mehr wird transmittiert.

d) Erklären Sie mithilfe der gegebenen Informationen (▸Abb. 5), warum ein Polarimeter nicht mit Licht beliebiger Wellenlänge genutzt werden kann.

e) Verdeutlichen Sie dies am Beispiel einer Wellenlänge von 760 nm und einer Rohrzuckerlösung.

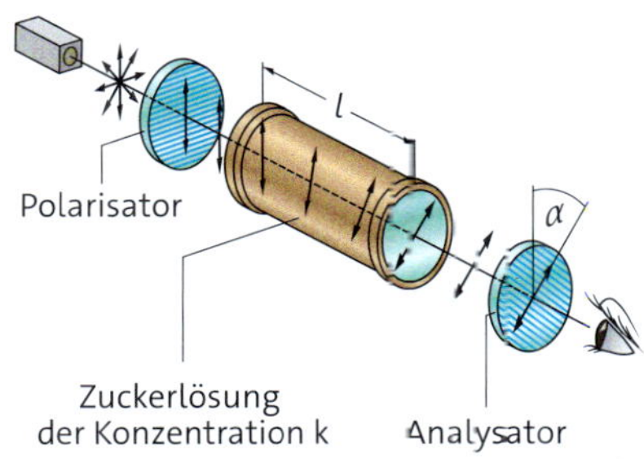

3 Aufbau eines Polarimeters

Zucker	α_{spez} in $\frac{°}{m} \cdot \frac{100\,ml}{g}$
Fruchtzucker	–9,24
Rohrzucker	6,65
Traubenzucker	5,27

4 Spezifische Drehung der optisch aktiven Substanz (λ = 589 nm , T = 20 °C)

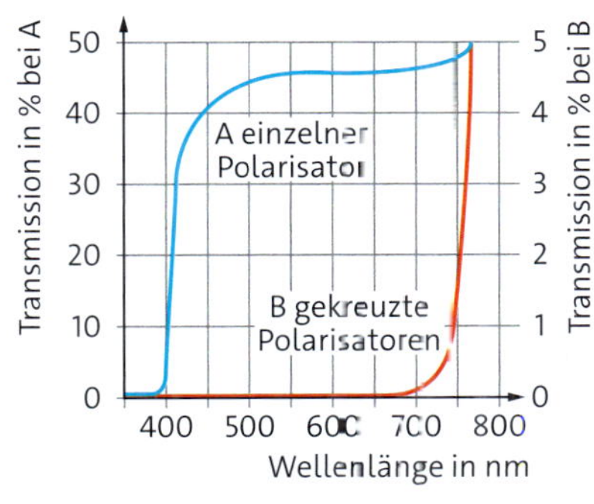

5 Durchlässigkeit von Polarisatoren

$$\alpha_{spez}(\lambda, T) = \alpha_{spez}(589\,\text{nm}, 20\,°\text{C}) \cdot \left(\frac{589\,\text{nm}}{\lambda}\right)^2 \cdot [1 - 0{,}00037 \cdot (T - 20\,°\text{C})]$$

6 Drehung bei verschiedenen Konzentrationen (l = 20,0 cm, λ = 589 nm)

k in $\frac{g}{100\,ml}$	3,67	5,52	8,14	13,7	16,6
α	–6,8°	–10,2°	–15,0°	–25,3°	–30,8°

7 Drehung bei verschiedenen Konzentrationen (l = 20,0 cm, λ = 589 nm)

Aufgaben ohne Hinweise • Wellen

A4 – Mikrowellen

Ein Mikrowellensender strahlt gegen eine 30 cm entfernte Metallplatte. Auf der Verbindungslinie zwischen Sender und Metallplatte wird mit einem Empfänger und einem Voltmeter die Mikrowellenintensität ausgemessen. Man findet an bestimmten Orten maximale und minimale Intensitäten. Diese werden mit einem Maßstab vermessen.

In ▸Tabelle 1 sind die Orte der Intensitätsminima aufgeführt, bezogen auf einen willkürlich positionierten Maßstab.

Die Frequenz der ausgestrahlten Mikrowellen beträgt $9{,}375 \cdot 10^9$ Hz.

a) Erstellen Sie eine beschriftete Skizze des Versuchs.

b) Erklären Sie das Zustandekommen der maximalen und minimalen Intensitäten. Begründen Sie, warum die Intensität in den Minima nicht auf null zurückgeht.

c) Bestimmen Sie die Ausbreitungsgeschwindigkeit der Mikrowellen mit ▸Tabelle 1 möglichst genau.

Der Empfänger wird an einen Ort maximaler Intensität gestellt. Dann wird der Sender langsam von der Metallplatte weggeschoben, bis er 60 cm davon entfernt ist.

d) Beschreiben und erklären Sie die Beobachtungen, die Sie am Voltmeter machen werden.

e) Statt des Mikrowellensenders wird jetzt unter den anfänglichen Versuchsbedingungen ein Ultrakurzwellensender mit 300 MHz verwendet. Erläutern Sie die Konsequenzen für die Versuchsbeobachtungen.

Abgelesener Wert in cm	10,2	11,7	13,3	14,9	16,6	18,1	19,8

1 Positionen minimaler Intensität

A5 – IR-Fernbedienung

Eine Fernbedienung sendet auf Knopfdruck infrarotes Licht aus. Um dessen Wellenlänge zu bestimmen, wird der in ▸Abb. 2 dargestellte Versuch genutzt. Das Gitter hat dabei 800 Striche pro Millimeter.

Das Smartphone wird zur Bestimmung der Intensität des gebeugten Lichts im Kreisbogen $r = 30$ cm hinter dem Gitter entlanggeführt. Die Messung ergibt einen Winkel von 98° zwischen den Maxima erster Ordnung.

a) Begründen Sie, warum das Smartphone auf einem Kreisbogen geführt wird und nicht entlang einer Parallelen zum Gitter.

b) Leiten Sie die Formeln zur Beschreibung der Interferenzmaxima für diese Situation her. ■
Hinweis: Falls dies nicht erfolgt, nutzen Sie nachfolgend die Formeln für den ebenen Schirm.

c) Berechnen Sie die Wellenlänge des Infrarotlichts.

d) Bestimmen Sie den Abstand zwischen dem Maximum erster Ordnung und der optischen Achse. Falls Sie die Formeln in b) hergeleitet haben, vergleichen Sie die Ergebnisse für den Kreisbogen und den ebenen Schirm.

e) Das Gitter wird durch ein anderes mit doppelter Gitterkonstante ausgetauscht. Begründen Sie, wie sich das Beugungsbild dadurch ändert.

f) Ermitteln Sie, wie groß die Gitterkonstante mindestens sein muss, damit Maxima erster Ordnung detektiert werden können.

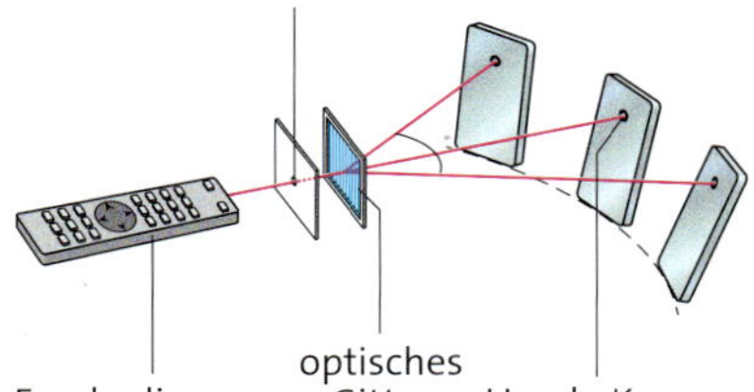

2 Bestimmung der Wellenlänge

Statt der Fernbedienung wird im ursprünglichen Versuch eine weiße Halogenlampe genutzt.

g) Begründen Sie die Entstehung breiter Farbspektren anstelle der schmalen Maxima.

h) Entscheiden Sie begründet, ob sich die Spektren der Maxima erster und zweiter Ordnung überlappen.

i) Erklären Sie, welche Auswirkung eine solche Überlappung auf das Beugungsbild hat.

A6 – Michelson-Interferometer

Ein Interferometer wird mit einem Laser mit $\lambda = 543{,}5$ nm betrieben und zeigt anfangs ein Maximum in der Mitte des Interferenzbildes.

a) Berechnen Sie, welche minimale Differenz der Armlängen nötig ist, damit das Interferenzbild in der Mitte dunkel wird.

b) Entscheiden Sie begründet, ob eine Differenz der Armlängen für die Messungen problematisch ist.

c) In den Strahlengang eines Arms des Interferometers wird eine 3 cm lange Küvette mit einem Gas gebracht. Dadurch erscheinen 33 neue Maxima im Interferenzbild. Ermitteln Sie Brechzahl und Identität des Gases (Werte im Anhang).

Aufgabe ohne Hinweise • Wellen

A7 – Beugung von weißem Licht ▢

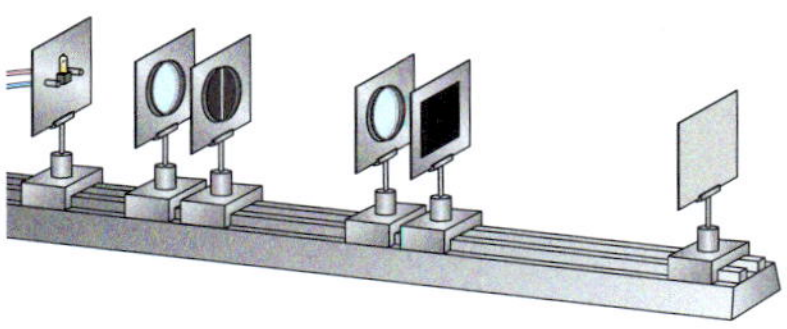

3 Versuchsaufbau mit Halogenlampe

Material:
siehe ▸Abb. 3, Smartphone, Maßstab
Untersuchen Sie die Beugung von weißem Licht an einem Gitter experimentell.

a) Benennen Sie die einzelnen Bauteile in ▸Abb. 3 und erläutern Sie ihre Funktion.
b) Bauen Sie den Versuch so auf, dass das Maximum erster Ordnung vollständig zu sehen ist.
c) Beschreiben und erklären Sie Ihre Beobachtungen.
d) Ermitteln Sie die Wellenlängen, die zu den Rändern des Maximums gehören.
e) Berechnen Sie den Abstand des innen liegenden Randes des Maximums zweiter Ordnung von der optischen Achse.
f) Überprüfen Sie Ihr Ergebnis mithilfe eines Fotos. Beschreiben und begründen Sie die dazu gewählte Position des Smartphones.

Die Spektren zweiter und dritter Ordnung überlagern sich.

g) Weisen Sie dies rechnerisch nach.
h) Ermitteln Sie einen Abstand von der optischen Achse, in dem Sie eine sichtbare Überlagerung erwarten.
i) Überprüfen Sie dies anhand eines Fotos. Deuten Sie die erhaltene Aufnahme.

Hinweise und Lösungen zu A1–A2

A2

a) Auflösungsvermögen: $d_1 \approx \frac{1 \cdot \lambda \cdot a}{g} > 1\,\text{mm}$
$\Rightarrow g < \frac{\lambda \cdot a}{1\,\text{mm}} \approx 2{,}04\,\text{mm}$
b) $2d_1 \approx 2\,\frac{1 \cdot \lambda \cdot a}{g} = 3{,}4\,\text{mm}$
c) Wird b kleiner, wird der Abstand der Minima infolge der Interferenz größer und mehr Maxima infolge der Beugung bleiben sichtbar, ihre Intensität wird weniger geschwächt. Damit sieht man im Idealfall ein regelmäßiges Muster der Maxima mit gleicher Intensität.
d) Beugungsmuster sichtbar für $\alpha < 90°$, damit ist $\sin\alpha < 1$.
$\Rightarrow g > n\lambda$ und $b > n\lambda$, die Wellenlänge muss also kleiner sein als das beugende Objekt; außerdem muss $\alpha < 90°$, und damit $\sin\alpha < 1$ gelten. g und b dürfen also nicht viel größer sein als λ; g und b müssen in der Größenordnung von λ liegen.

A3

a) Polarisator und Analysator sind zunächst so ausgerichtet, dass kein Licht hindurchtritt (orthogonal zueinander).
Die optisch aktive Substanz in der Probenlösung dreht die Polarisationsrichtung, in der Folge tritt Licht durch den Analysator.
Der Analysator wird gedreht, bis kein Licht mehr hindurchtritt, und der Drehwinkel α wird abgelesen

b) $\alpha = \alpha_{spez} \cdot k \cdot l \Rightarrow \alpha_{spez} = \frac{\alpha}{k \cdot l}$
Mittelwertbildung für die fünf berechneten Werte ergibt
$\alpha_{spez} \approx -9{,}246\,\frac{°}{\text{m}} \cdot \frac{100\,\text{ml}}{\text{g}}$
Der Ablesefehler des Winkels liefert den größten Beitrag zum Gesamtfehler; der maximale relative Fehler ist damit:
$\frac{\Delta\alpha}{\alpha} = \frac{0{,}05°}{6{,}8°} \approx 0{,}74\,\%$.
$\alpha_{spez} = -9{,}23\,\frac{°}{\text{m}} \cdot \frac{100\,\text{ml}}{\text{g}} \pm 0{,}74\,\% = -9{,}246 \pm 0{,}068\,\frac{°}{\text{m}} \cdot \frac{100\,\text{ml}}{\text{g}}$
Die Lösung enthält also Fruchtzucker.
c) Rechnung mit dem theoretischen Wert für α_{spez}:
$k = \frac{\alpha}{\alpha_{spez} \cdot l} \approx \frac{12{,}18\,\text{g}}{100\,\text{ml}}$
d) Auswertung von ▸Abb. 5:
Licht mit sehr kleiner Wellenlänge (UV-Licht) wird am Filter reflektiert, d.h., unabhängig von der Probenlösung gelangt so gut wie kein Licht durch das Polarimeter.
Von Licht mit sehr großer Wellenlänge (Tiefrot, IR) gelangt ein Teil auch durch die gekreuzten Filter, d.h., unabhängig von der Probenlösung gelangt immer etwas Licht durch das Polarimeter und ein genaues Einstellen des Analysators ist schwierig bis nicht möglich.
α_{spez} ist abhängig von der Wellenlänge des Lichts und muss zumindest neu bestimmt werden.
e) Bei 760 nm ergeben sich 3 % Transmission (▸Abb. 5).
Für Rohrzucker gilt
$\alpha_{spez}(760\,\text{nm}, 20\,°\text{C}) = 6{,}65\,\frac{°}{\text{m}}\,\frac{100\,\text{ml}}{\text{g}} \cdot \left(\frac{589\,\text{nm}}{760\,\text{nm}}\right)^2 \approx 3{,}99\,\frac{°}{\text{m}} \cdot \frac{100\,\text{ml}}{\text{g}}$
Der Wert sinkt also um 40 %.

Mechanische Wellen

Welle: Eine Welle entsteht durch die Schwingung gekoppelter gleichartiger Oszillatoren.
Schwingen die Oszillatoren senkrecht zur Ausbreitungsrichtung der Welle, spricht man von einer **Transversalwelle.** Schwingen die Oszillatoren parallel zur Ausbreitungsrichtung, spricht man von einer **Longitudinalwelle.**

Wellenfunktion: Wellen sind zeitlich und räumlich periodische Bewegungen. Für ihre Ausbreitung gilt

$$s(x, t) = s_{max} \cdot \sin\left(2\pi \cdot \left(\frac{t}{T} - \frac{x}{\lambda}\right)\right).$$

Dabei ist:
$s(x, t)$: Auslenkung am Ort x zum Zeitpunkt t in m
s_{max}: Amplitude in m
T: Periodendauer in s
λ: Wellenlänge in m

Wellenlänge: Die meist mit λ bezeichnete Wellenlänge gibt den Abstand zweier benachbarter Wellenberge bzw. -täler an. Ihre Einheit ist 1 m.

Ausbreitungsgeschwindigkeit: Für die Ausbreitungsgeschwindigkeit der Welle gilt $c = \lambda \cdot f$.
Die Ausbreitungsgeschwindigkeit ist umso größer, je stärker die Kopplungskräfte sind. Sie ist daher material- und temperaturabhängig. Dies führt u. a. zur Brechung.

Huygenssches Prinzip: Jeder Punkt einer Wellenfront kann als Ausgangspunkt einer Elementarwelle betrachtet werden.
Durch die Überlagerung der Elementarwellen entsteht eine neue Wellenfront. Sie ist die Einhüllende aller Elementarwellen, die sich bis dahin ausgebreitet haben.

Reflexionsgesetz: Trifft eine Welle auf eine Grenzfläche, dann ist der Reflexionswinkel α' genauso groß wie der Einfallswinkel α.

Stehende Welle: Eine stehende Welle hat ortsfeste Schwingungsknoten und -bäuche. Der Abstand zweier Schwingungsknoten bzw. -bäuche beträgt $\frac{\lambda}{2}$. Stehende Wellen transportieren keine Energie, sondern speichern sie in ihren Bäuchen.

Stehende Wellen können sich nur dann auf einem Wellenträger der Länge l ausbilden, wenn für ihre Wellenlängen λ_n ($n = 1, 2, 3 \ldots$) folgende Bedingung erfüllt ist:

bei gleichen Enden $\lambda_n = \frac{2l}{n}$

bei verschiedenen Enden $\lambda_n = \frac{4l}{2n - 1}$

Interferenz: Treffen Wellen mit gleicher Frequenz aufeinander, kommt es zur Interferenz. Die einzelnen Auslenkungen addieren sich.
Schwingen die Wellen am Ort der Beobachtung gleichphasig, ist also der Gangunterschied $\Delta s = n \cdot \lambda$, $n \in \mathbb{N}$, ergibt sich konstruktive Interferenz. Destruktive Interferenz folgt für gegenphasige Wellen, also für $\Delta s = (2n + 1) \cdot \frac{\lambda}{2}$.

Beugung: Treffen Wellen auf ein Hindernis oder einen Spalt, so werden sie gebeugt und dringen in den Schattenraum dahinter ein. Je größer die Wellenlänge ist, desto stärker ist die Beugung.

Elektromagnetische Wellen

Elektromagnetische Wellen entstehen durch zueinander orthogonale Schwingungen des elektrischen und des magnetischen Feldes. Sie breiten sich als Transversalwellen aus und benötigen keinen Träger.
Der sichtbare Bereich mit Wellenlängen von ca. 400 nm – 800 nm wird als Licht bezeichnet.

Farbe: Die unterschiedlichen Farben des Lichts entsprechen unterschiedlichen Wellenlängen.

Lichtgeschwindigkeit: Die Ausbreitungsgeschwindigkeit des Lichts hängt von seiner Wellenlänge und vom Medium ab. Im Vakuum beträgt sie etwa $2{,}998 \cdot 10^8 \frac{m}{s}$.

Brechung: Ändert sich an Grenzflächen zwischen zwei Medien die Ausbreitungsgeschwindigkeit des Lichts, kommt es zur Brechung.
Blaues Licht wird stärker gebrochen als rotes.

Beugung am Gitter: An einem Gitter mit der Gitterkonstanten g treten Interferenzmaxima im Abstand d_n von der optischen Achse auf:

$d_n = a \cdot \tan\left(\arcsin\left(\frac{n \cdot \lambda}{g}\right)\right)$

mit dem Abstand a zwischen Gitter und Schirm. Gilt die Kleinwinkelnäherung $\sin\alpha \approx \tan\alpha$, vereinfacht sich dies zu

$d_n \approx \frac{n \cdot \lambda \cdot a}{g}$.

Beugung am Doppelspalt: Am Doppelspalt mit dem Spaltabstand g führt Interferenz wie beim Gitter zu Maxima im Abstand

$d_n \approx \frac{n \cdot \lambda \cdot a}{g}$

von der optischen Achse. Aus der Beugung an den einzelnen Spalten der Breite b ergeben sich zusätzliche Minima mit

$d_k \approx \frac{k \cdot \lambda \cdot a}{b}$.

Polarisation: Polarisiertes Licht hat nur eine Polarisationsrichtung, d.h., die elektrische Feldstärke schwingt nur in diese Richtung.

Gesetz von Malus: Tritt polarisiertes Licht durch einen Polarisator, dessen Transmissionsrichtung um den Winkel α gegenüber der Polarisationsrichtung verdreht ist, dann sinkt seine Intensität von I_P auf $I_A(\alpha) = I_P \cdot \cos^2\alpha$.

Brewster-Winkel: Trifft Licht unter dem materialabhängigen Brewster-Winkel auf eine Grenzfläche, dann ist das reflektierte Licht senkrecht zur Einfallsebene polarisiert.

Mit Wellen messen

Bragg-Reflexion: Trifft Röntgenstrahlung einer Wellenlänge λ unter einem Winkel ϑ auf parallele Netzebenen im Abstand d, kommt es zu konstruktiver Interferenz, wenn die Bragg-Bedingung $n \cdot \lambda = 2d \cdot \sin\vartheta$ mit $n = 1, 2, 3$ ... erfüllt ist.

Michelson-Interferometer: Ein Lichtbündel wird aufgeteilt und anschließend zur Interferenz gebracht. Verändert man die Weglänge eines Arms des Michelson-Interferometers um die Länge Δl, dann bewegen sich k Interferenzringe nach außen und es gilt $\Delta l = k \cdot \frac{\lambda}{2}$.

Überprüfen Sie sich selbst:

Kann ich ...

- erklären, wie sich die Periodendauer einer Welle verändert, wenn man die Kopplung zwischen den Oszillatoren verstärkt? (▸S. 183)
- eine Wellenfunktion aufstellen? (▸S. 185)
- das Superpositionsprinzip erläutern? (▸S. 188)
- eine ebene Welle nach dem Huygensschen Prinzip zeichnerisch darstellen? (▸S. 188)
- die Reflexion von Wellen nach dem Huygensschen Prinzip beschreiben? (▸S. 193 f.)
- eine stehende Welle mit Zeigern darstellen? (▸S. 195)
- anhand des Gangunterschiedes zwischen zwei Wellen ermitteln, ob an einem Punkt konstruktive oder destruktive Interferenz vorliegt? (▸S. 199)
- die Frequenzabhängigkeit der Beugung anhand einer Skizze begründen? (▸S. 200)
- eine Methode erklären, die Lichtgeschwindigkeit zu messen? (▸S. 205)
- die Interferenzbedingung für die Beugung am Gitter angeben? (▸S. 211)
- die Entstehung farbiger Spektren an einem Gitter erklären? (▸S. 211)
- die Auswirkungen von Gitterkonstante und Spaltbreite bei der Beugung am Doppelspalt erläutern? (▸S. 212)
- ermitteln, um wie viel Prozent die Lichtintensität an einem Polarisator bei gegebenem Winkel abnimmt? (▸S. 217)
- erläutern, wie Polarisatoren beim Fotografieren Reflexionen unterdrücken? (▸S. 218)
- aus dem Glanzwinkel den Netzebenenabstand eines Kristalls berechnen? (▸S. 223)
- den Unterschied zwischen dem Laue- und dem Debye-Scherrer-Verfahren erläutern? (▸S. 224)
- das Michelson-Interferometer und mögliche Anwendungen beschreiben? (▸S. 228)

Quanten-objekte

In diesem Kapitel beschäftigen Sie sich mit:

- Materiewellen. Sie lernen, dass auch Elektronen sich wie Wellen verhalten können und dass ganze Moleküle gebeugt werden können.
- der Emission von Licht bei LEDs. Sie lernen, dass Licht in bestimmten Energieportionen vorliegt, deren Energie von der Frequenz abhängt.
- dem Fotoeffekt. Sie erfahren, dass Elektronen Lichtquanten absorbieren können.
- dem Verhalten von Quantenobjekten am Doppelspalt. Sie lernen die ganz eigenen Eigenschaften von Quantenobjekten kennen.

- der Antreffwahrscheinlichkeit. Sie lernen den Zusammenhang zwischen den Intensitätsverteilungen von Interferenzmustern und Wahrscheinlichkeiten kennen.
- der Unbestimmtheit. Sie erfahren, dass bestimmte Paare von Eigenschaften bei Quantenobjekten nicht gleichzeitig beliebig genau bestimmt werden können.
- der Information über den Weg eines Quantenobjektes und deren Konsequenzen.

- dem Röntgenbremsspektrum. Sie lernen eine Möglichkeit kennen, Röntgenstrahlung zu erzeugen.
- der Rolle von Quanten beim Urknall. Sie beschäftigen sich mit der Entwicklung des Universums.

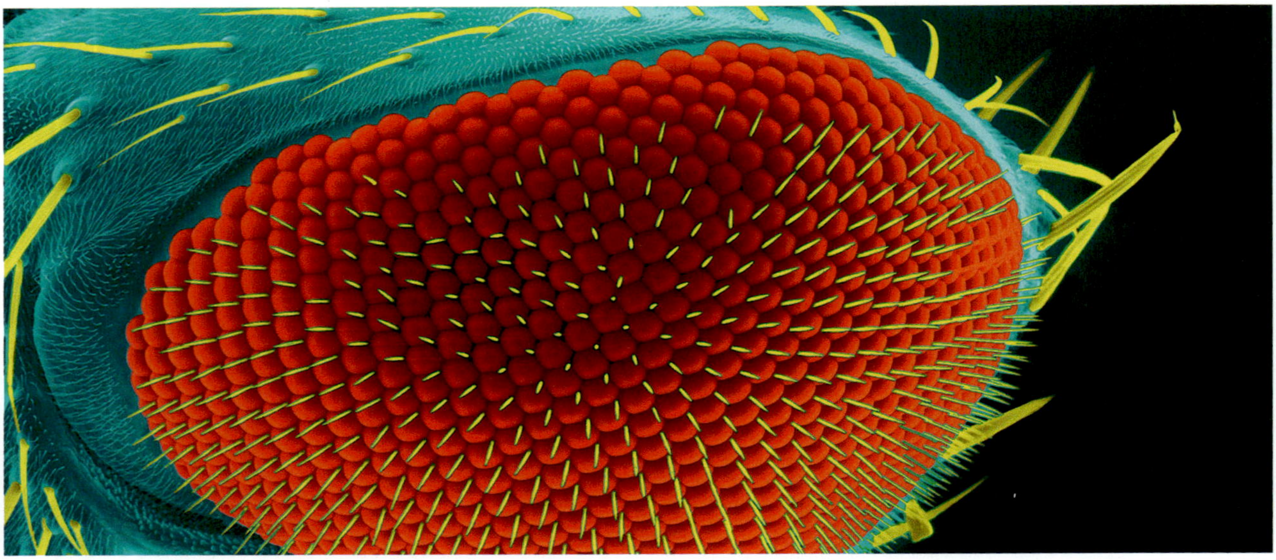

1 Das Auge einer Fruchtfliege

Elektronen als Wellen

Erstreckt sich eine Kristallstruktur homogen über den ganzen Kristall, spricht man von einem Einkristall. Polykristallines Material – wie der polykristalline Graphit in ▸Abb. 2 – dagegen besteht aus vielen kleinen Einzelkristallen. Von einem Einzelkristall zum nächsten kann sich die Orientierung der Kristallebenen ändern.

Die Abbildung zeigt das Auge einer Fruchtfliege, aufgenommen mit einem Elektronenmikroskop. Wir kennen Mikroskope, die mit gewöhnlichem Licht arbeiten. Licht gehört zu den elektromagnetischen Wellen. Wie kommt es aber, dass man offenbar auch mit Elektronen Gegenstände abbilden kann? Welche Wellen liegen hier vor?

Wellenlänge von Elektronen • Das Bild des Fliegenauges in ▸Abb.1 wurde nicht mit Licht, sondern mit Materie in Form von Elektronen aufgenommen.
Wir vermuten daher, dass auch Materie Welleneigenschaften hat.

Das überprüfen wir mit Elektronen. Dazu schießen wir einen Elektronenstrahl durch eine Folie aus polykristallinem Graphit (▸Abb. 2) und beobachten auf einem Leuchtschirm das entstehende Muster (▸Abb. 3).

Teilchenmodell • Bisher haben wir uns ein Elektron als ein Teilchen mit der Masse $m_e = 9{,}1 \cdot 10^{-31}\,\text{kg}$ und mit der Ladung $q = -e = -1{,}6 \cdot 10^{-19}\,\text{C}$ vorgestellt. Dann müssten die Elektronen die sehr dünne Folie durchfliegen und am Schirm einen Leuchtpunkt erzeugen. Allenfalls könnte dieser durch Streuung geweitet sein. Stattdessen erhalten wir ein Muster aus Ringen (▸Abb. 3).

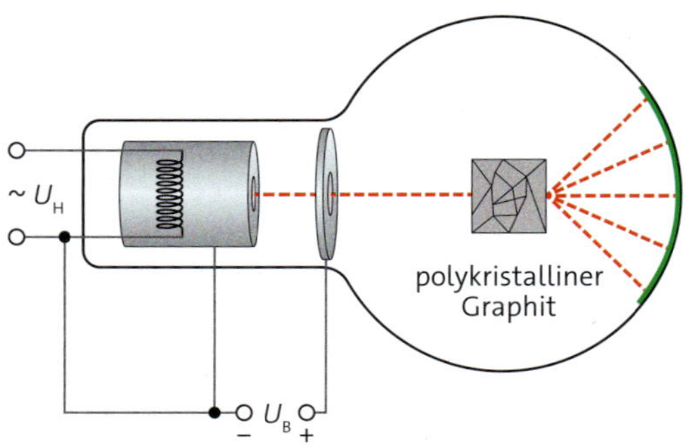

2 Elektronenbeugungsröhre

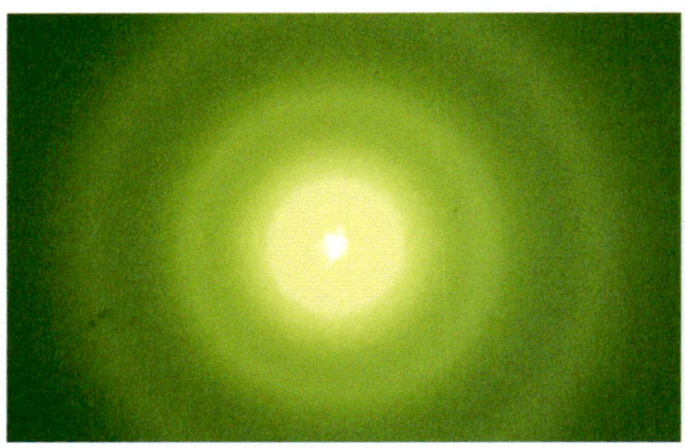

3 Interferenzmuster

Regelmäßige Muster, die sich symmetrisch um ein helles Zentrum gruppieren, kennen wir von Beugungsversuchen mit Licht. Wir führen daher einen Modellversuch mit Laserlicht durch.

Analogieversuch mit Licht • Einen einzelnen Kristall im polykristallinen Graphit modellieren wir in unserem Modellversuch mit einer Kreuzgitterbrille, wie man sie zum Spektroskopieren benutzen kann. Durchstrahlt man die Gitterbrille mit dem Licht eines Laserpointers, erzeugt sie das gitterförmige Interferenzmuster in ▸Abb. 4. Die vielen Kristalle im polykristallinen Graphit realisieren wir mit einer Kombination von vier gegeneinander gedrehten Gitterbrillen und erhalten so im Interferenzmuster den Ring aus Leuchtpunkten in ▸Abb. 5.

Entsprechend deuten wir das ringförmige Muster in ▸Abb. 3 ebenfalls als Interferenzmuster, welches jedoch durch die Beugung von Elektronenwellen an polykristallinem Graphit hervorgerufen wird. ▸Tabelle 7 stellt die Komponenten des Analogieversuchs zusammen.

Wir kennen ein weiteres Phänomen, bei dem durch Beugung von elektromagnetischen Wellen Beugungsringe entstehen – nämlich bei der Strukturanalyse mittels Bragg-Reflexion von Röntgenstrahlung. Ein auf die Weise entstandenes ringförmiges Interferenzmuster zeigt ▸Abb. 6.

Überlagerung im Analogieversuch • Wir können das ringförmige Interferenzmuster in ▸Abb. 5 ebenfalls gut erklären:
Bei der Beugung an jedem der vier Gitter entsteht die nullte Beugungsordnung. Diese vier nullten Ordnungen überlagern sich zu dem hellen zentralen Punkt im Interferenzmuster in ▸Abb. 5. Jedes der vier Gitter erzeugt natürlich auch eine erste Beugungsordnung mit einem Beugungswinkel α. Weil die Gitter gegeneinander gedreht sind, liegen die entsprechenden Punkte auf einem Kreis um die nullte Ordnung. Diesen Kreis sehen wir in ▸Abb. 5. Er besteht aus 16 Punkten, denn jedes Gitter erzeugt in der ersten Beugungsordnung vier Punkte (▸Abb. 4).

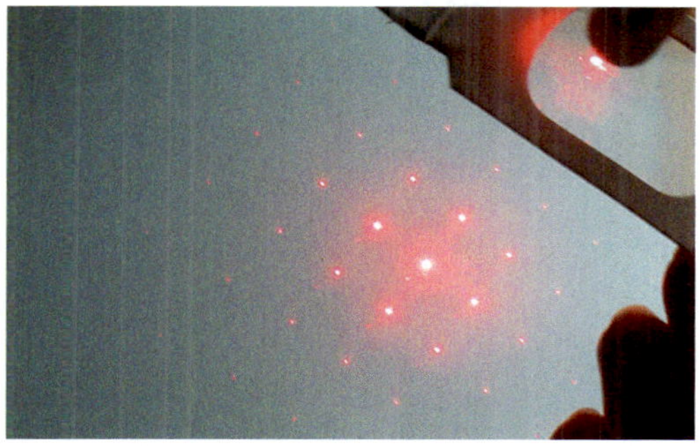

4 Interferenzmuster bei einer Gitterbrille

Damit man bequem die Spektralzerlegung des Lichts in seiner Umgebung beobachten kann, gibt es Gitterbrillen oder Spektralbrillen. Dabei besteht die Brille meist aus einem Kreuzgitter. So wird z. B. das Licht eines Laserpointers in zwei Richtungen gebeugt (▸Abb. 4).

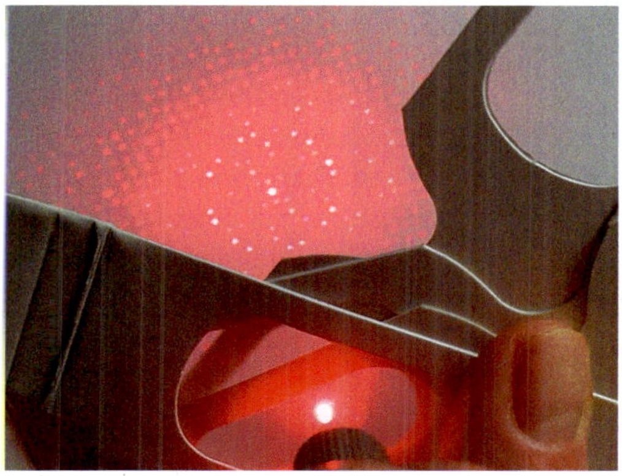

5 Interferenzmuster bei vierfacher Gitterbrille

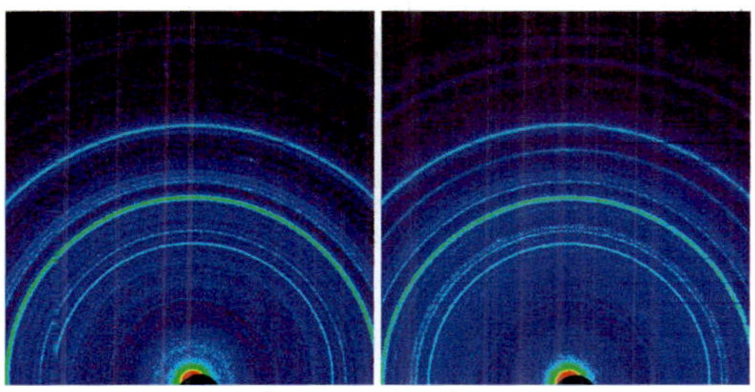

6 Beugung von Röntgenstrahlen bei zwei Marsgesteinen

Vierfache Gitterbrille	Polykristalliner Graphit
Lichtwelle	Elektronenwelle
Eine Gitterbrille	Ein Kristall
Ring in ▸Abb. 6	Ring in ▸Abb. 3

7 Analogieversuch

1 Begründen Sie, dass die Lichtstrahlen, die den Kreis in ▸Abb. 5 bilden, auf einem Kegel verlaufen.

2 Erklären Sie, wie man Kreise mit unterschiedlichen Radien erhält (▸Abb. 3).

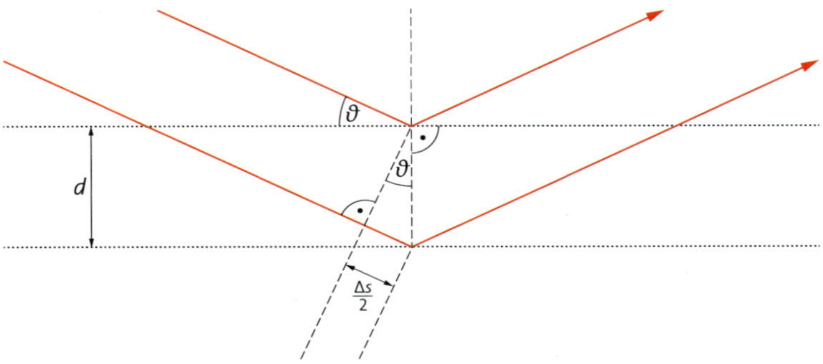

1 Bragg-Reflexion

Elektronenwellen • Nachdem der Elektronenstrahl die Folie aus polykristallinem Graphit passiert hat, erkennen wir auf dem Schirm also ein ringförmiges Interferenzmuster. Das Teilchenmodell des Elektrons kann das jedoch nicht erklären. Offenbar weisen Elektronen, die wir bisher als **elementares Teilchen** mit einer bestimmten Masse und der **Elementarladung** kennengelernt haben, auch Welleneigenschaften auf.
Die Tatsache, dass Elektronen trotz ihrer Teilcheneigenschaften auch Welleneigenschaften haben, ist völlig erstaunlich und wurde erstmals von LOUIS DE BROGLIE in seiner Doktorarbeit 1924 hergeleitet. Die entsprechende Wellenlänge wird **de-Broglie-Wellenlänge** genannt.

> Das Elektron hat Welleneigenschaften. Die Wellenlänge von Teilchen mit Masse heißt de-Broglie-Wellenlänge.

Ermitteln der Wellenlänge • Die Wellenlänge λ der Elektronenwelle ermitteln wir mithilfe der **Bragg-Reflexion.** Sie beschreibt, wie Wellenstrahlen an parallelen Gitterebenen eines Einkristalls (▸Abb. 1) reflektiert werden. Anschließend interferieren die Wellenstrahlen und bei bestimmten Winkeln, den Glanzwinkeln ϑ, kommt es zu konstruktiver Interferenz. Der Wegunterschied zwischen dem oberen und dem unteren reflektierten Strahl in ▸Abb. 1 beträgt $2 \cdot \Delta s$. Für konstruktive Interferenz muss dieser ein ganzzahliges Vielfaches der Wellenlänge sein:

$$2 \cdot \Delta s = n \cdot \lambda, \text{ mit } n = 1, 2, 3 \ldots$$

Für einen Reflexionswinkel ϑ und einen Abstand d benachbarter Gitterebenen (▸Abb. 1) lautet die Bedingung für konstruktive Interferenz (Bragg-Bedingung) dann wegen $\frac{\Delta s}{d} = \sin\vartheta$:

$$n \cdot \lambda = 2 \cdot d \cdot \sin\vartheta .$$

▸Abb. 2 zeigt für einen Glanzwinkel ϑ den Radius r der Beugungsringe und die Entfernung $a = 139\,\text{mm}$ vom Gitter zum Schirm. Es gilt:

$$2\vartheta = \arctan\left(\frac{r}{a}\right).$$

Für die Beschleunigungsspannung $U_B = 2900\,\text{V}$ hat der äußere Ring Beugungsordnung $n = 1$ und Radius $r_1 = 29\,\text{mm}$. Somit ist der Glanzwinkel:

$$\vartheta_1 = \frac{1}{2} \cdot \arctan\left(\frac{r_1}{a}\right) = 5{,}9° .$$

Dieser Ring entsteht durch parallele Gitterebenen im Graphit, für benachbarte Ebenen kennt man den Abstand $d_1 = 0{,}123\,\text{nm}$ aus der Beugung von Röntgenstrahlen an Graphit. Also beträgt die Wellenlänge: $\lambda_1 = 2 \cdot d_1 \cdot \sin\vartheta_1 = 25{,}3\,\text{pm}$.

Der innere Ring hat den Radius $r_2 = 17\,\text{mm}$, aber ebenfalls die Beugungsordnung $n = 1$. Er entsteht durch andere parallele Gitterebenen mit dem Gitterebenenabstand $d_2 = 0{,}213\,\text{nm}$. Daher beträgt die Wellenlänge für $n = 1$ für diesen Ring:

$$\lambda_2 = 2 \cdot d_2 \cdot \sin\left(\arctan\left(\frac{r_2}{a}\right)\right) = 25{,}9\,\text{pm}.$$

Es entstehen also zwei Interferenzringe erster Ordnung, indem zwei verschiedene Gitterebenenabstände bei der gleichen Wellenlänge zu zwei unterschiedlichen Glanzwinkeln führen. Somit ist für die Spannung $U_B = 2900\,\text{V}$ der gemittelte Messwert der Wellenlänge $\lambda = 25{,}6\,\text{pm}$.

1 Ermitteln Sie die Glanzwinkel, die für die Gitterebenen mit den Abständen d_1 und d_2 in zweiter Ordnung auftreten, $n = 2$.

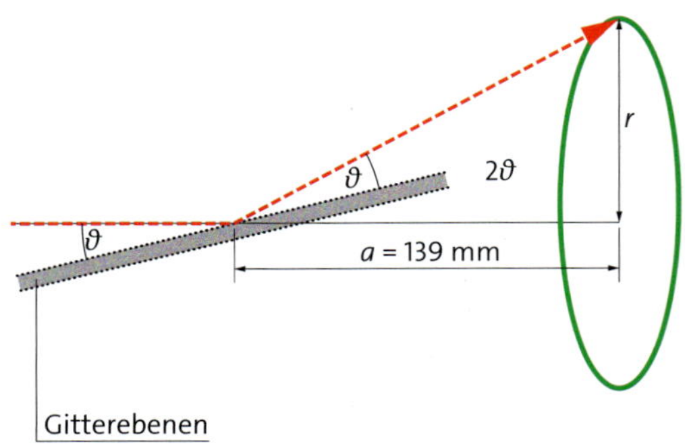

2 Glanzwinkel mit Ring und Kegel

METHODE

Bragg-Reflexion

Wir haben die Bragg-Bedingung für den Glanzwinkel hergeleitet, indem wir die Bedingung für konstruktive Interferenz von Wellen ermittelt haben, die an parallelen Gitterebenen reflektiert werden und sich überlagern. Diese Bedingung hat WILLIAM LAWRENCE BRAGG 1912 entwickelt, daher heißt sie **Bragg-Gleichung:**

$n \cdot \lambda = 2 \cdot d \cdot \sin \vartheta.$

Wir können diese Gleichung auch auf atomarer Ebene herleiten: Dazu fassen wir die einzelnen Atome einer Gitterebene als Ausgangspunkte von Huygensschen Elementarwellen auf. Dabei stellen wir fest, dass für die Huygensschen Elementarwellen einer Gitterebene das Reflexionsgesetz gilt. Daraus haben wir bereits die Bragg-Gleichung hergeleitet. Es ist nicht verwunderlich, dass wir dieselbe Gleichung erhalten, egal ob wir von mikroskopischen Atomen oder makroskopischen Gitterebenen ausgehen, denn beide beschreiben die gleiche Natur. BRAGG und sein Vater WILLIAM HENRY BRAGG erhielten 1915 den Nobelpreis für Physik für die Analyse der Kristallstruktur mithilfe von Röntgenstrahlen. Die Bragg-Gleichung hat in den Folgejahren eine große Rolle bei der Entwicklung der Quantenphysik gespielt. So konnten CLINTON DAVISSON und LESTER GERMER sowie GEORGE THOMSON 1927 mit der Elektronenbeugungsröhre mithilfe der Bragg-Gleichung erstmals die Welleneigenschaften von Elektronen experimentell nachweisen. Auf diesem Wege können wir sogar die grundlegende Naturkonstante der Quantenphysik ermitteln.
Dazu untersuchen wir die beobachtete Abhängigkeit der de-Broglie-Wellenlänge der Elektronen λ von der Beschleunigungsspannung U_B (▸Tabelle 3). Aber hängt die Wellenlänge λ wirklich grundlegend von der Spannung U_B ab, mit der die Elektronen vorher in Bewegung gebracht wurden? Oder hängt sie direkt von dieser Bewegung ab? Entsprechend führen wir eine Regression durch und finden heraus, dass die Wellenlänge umgekehrt proportional zur Geschwindigkeit ist: $\lambda \sim \frac{1}{v}$.

Grundlegend für den Bewegungszustand eines Objekts ist eine Erhaltungsgröße: der Impuls $p = m \cdot v$. Die Geschwindigkeit dagegen beschreibt den Bewegungszustand nur unvollständig. Daher ist es physikalisch besonders sinnvoll, die Abhängigkeit der Wellenlänge vom Impuls p zu analysieren. Wir leiten einen Term für die Geschwindigkeit aus dem Prinzip der Energieerhaltung her, multiplizieren mit m und erhalten:

$v = \sqrt{\frac{2 \cdot e \cdot U_B}{m}} \Rightarrow p = m \cdot v = \sqrt{2 \cdot e \cdot U_B \cdot m}.$

Mit diesem Term werten wir die Messwerte aus (▸Tabelle 3). Das Produkt $p \cdot \lambda$ ist relativ konstant – es ist das **Plancksche Wirkungsquantum** h, eine grundlegende und definitionsgemäß exakte Naturkonstante:

$h = 6{,}626\,070\,15 \cdot 10^{-34}\,\text{Js}.$

Für die de-Broglie-Wellenlänge der Elektronen gilt also:

$\lambda = \frac{h}{p}.$

Diese Gleichung entwickelte im Jahr 1924 LOUIS-VICTOR DE BROGLIE, wofür er 1929 den Nobelpreis für Physik erhielt, während CLINTON DAVISSON und GEORGE THOMSON 1937 für den experimentellen Nachweis mit dem Nobelpreis für Physik ausgezeichnet wurden. MAX PLANCK leitete bereits 1899 die Naturkonstante h her und begründete dabei innovativ sowie grundlegend die **Quantenphysik.** Hierfür erhielt er 1919 den Nobelpreis für Physik.

Die Gleichung für die de-Broglie-Wellenlänge gilt für alle Quantenobjekte. Die Quantenphysik hat völlig erstaunliche Konsequenzen. Die Gleichung $\lambda = \frac{h}{p}$ zeigt z.B., dass ein Quantenobjekt niemals ruht. Denn mit der Geschwindigkeit null wäre auch sein Impuls $p = m \cdot v$ gleich null und die Wellenlänge unendlich. Das Objekt müsste also unendlich ausgedehnt sein – das geht natürlich nicht.

1 Ermitteln Sie für Protonen, die sich mit $v = 1000\,\frac{\text{m}}{\text{s}}$ bewegen, Impuls und de-Broglie-Wellenlänge. Vergleichen Sie mit Elektronen derselben Geschwindigkeit.

U_B in V	λ in pm	v in $10^7\,\frac{\text{m}}{\text{s}}$	p in 10^{-23} in kg $\cdot \frac{\text{m}}{\text{s}}$	$p \cdot \lambda$ in 10^{-34} J $\cdot$ s
1300	34,2	2,14	1,95	6,67
2900	25,6	3,20	2,91	7,45
5200	16,4	4,27	3,89	6,38

3 Wellenlängen abhängig vom Impuls

Versuch A • Photonen und Elektronen unterwegs

V1 Bragg-Reflexion bei Mikrowellen

Material:
Sender und Empfänger für Mikrowellen, Voltmeter, Winkelmesser, Raumgitter bestehend aus neun Metallstäben

Arbeitsauftrag:
Wir beugen Mikrowellen am Raumgitter.

a) Skizzieren Sie den Versuch (▸Abb. 1 A) und beschreiben Sie die Durchführung. Begründen Sie, dass die Spannung U proportional zur Energie und somit proportional zur Intensität ist.

b) Beschreiben Sie das Versuchsergebnis in ▸Abb. 1 B und erklären Sie die Entstehung der beiden lokalen Maxima.

c) Der Sender hat die Wellenlänge 3,2 cm, benachbarte Stäbe den Abstand 4 cm. Ermitteln Sie die theoretisch erwarteten Winkel maximaler Intensität. Vergleichen Sie diese mit den Messwerten.

d) Leiten Sie die Bragg-Gleichung mithilfe einer Skizze her. Erörtern Sie, inwieweit neun Stäbe ein Kristallgitter nachbilden.

V2 Beugung am Atomkern

Material:
Tabellenkalkulationsprogramm, Computer

Arbeitsauftrag:
Wir modellieren Elektronen mit einer Wellenlänge von 0,4 fm, die an einem Atomkern mit einem Durchmesser von $\Delta b = 2\,\text{fm}$ gebeugt werden. Wir ermitteln das Quadrat der Zeigerlänge Z_2 für einen Detektor, der sich bei verschiedenen Beugungswinkeln δ befindet (▸Abb. 2 A).

a) Bereiten Sie eine Tabellenkalkulation vor, indem Sie in der ersten Spalte $N = 41$ äquidistante Ausgangspunkte von Elementarwellen gleicher Phase eintragen, die auf der b-Achse in ▸Abb. 2 A zwischen −4 fm und 4 fm liegen.

b) Ermitteln Sie für einen Beugungswinkel δ den Wegunterschied, die Phase, die Zeigerkomponenten Z_x und Z_y sowie $|Z|^2 = I$ in den Spalten 2 bis 6. Variieren Sie δ und ermitteln Sie den Winkel δ_1 des ersten Beugungsminimums (▸Abb. 2 B).

c) Bestätigen Sie: Bei Beugung an einem Spalt gleicher Breite $\Delta b = 2\,\text{fm}$ erhalten Sie den gleichen Winkel δ_1. Recherchieren Sie zum Babinetschen Theorem und vergleichen Sie.

V3 Elektronengas

Material:
Tabellenkalkulationsprogramm oder Funktionsplotter, GTR oder Computer

Arbeitsauftrag:
Wir modellieren N Elektronen in einem Würfel der Kantenlänge L im niedrigsten Energiezustand. In alle drei Raumrichtungen bilden sich stehende Wellen mit Knoten an den Rändern des Würfels.

a) Begründen Sie: Der k-te Energiezustand in x-Richtung hat die Wellenlänge $\lambda = 2 \cdot \frac{L}{k}$, den Impuls $p = \frac{h}{\lambda}$ und die Energie $\frac{p^2}{2m} = E_x = \frac{h^2}{8mL^2} \cdot k^2$.

b) Man hat beobachtet, dass einer Wellenfunktion maximal zwei Elektronen zugeordnet sind. Begründen Sie: Zwei Elektronen sind im niedrigsten Zustand mit $E = \frac{h^2}{8mL^2} \cdot (1^2 + 1^2 + 1^2)$ und sechs Elektronen sind im zweitniedrigsten Zustand mit $E = \frac{h^2}{8mL^2} \cdot (1^2 + 1^2 + 2^2)$.

c) Berechnen Sie für $L = 1\,\text{nm}$ und für die $N = 34$ energieärmsten Elektronen die mittlere Energie E_{34} und die Teilchendichte $n = \frac{N}{L^3}$ (▸Abb. 3).

d) Bestätigen Sie mit diesem und ähnlichen Beispielen, dass für die mittlere Energie gilt: $E = \frac{h^2}{8m\pi^2} \cdot (3\pi^2 \cdot n)^{\frac{2}{3}}$.
Diese Energie heißt Fermi-Energie. Sie ist der Erwartungswert der Energie im Elektronengas. Dieses tritt z. B. in Leitungsbändern oder weißen Zwergsternen auf.

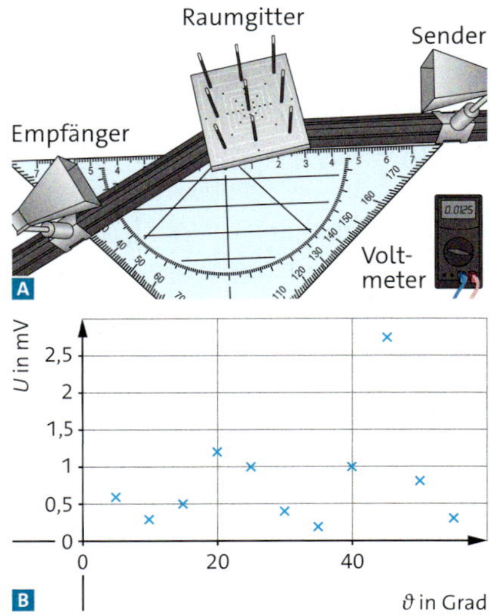

1 A Beugung am Raumgitter, B Spannungen

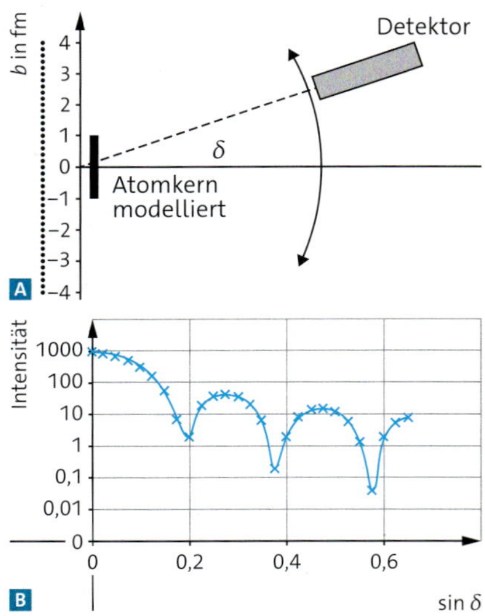

2 A Beugung am Atomkern, B Intensität

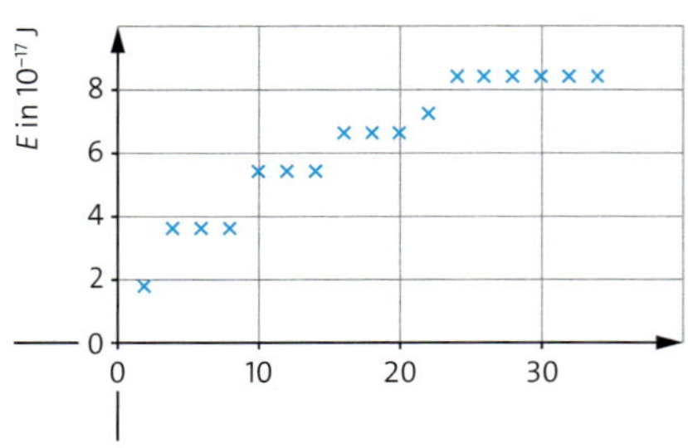

3 Energie der Elektronen im Elektronengas

Material A • Beugung am Atomkern

Sehr schnelle Elektronen haben eine sehr kurze Wellenlänge und werden daher zur Untersuchung von Atomkernen durch Beugung verwendet.

A1 **a)** Zur Untersuchung von Kernen des Kohlenstoffs wurden Elektronen auf eine Energie von 420 MeV beschleunigt und an den Kernen gebeugt (▸Abb. 2 B). Ermitteln Sie den Impuls p, indem Sie die Relation $E = m \cdot c^2$ sowie die Näherung $v = c$ und somit $p = m \cdot c$ nutzen.

b) Berechnen Sie aus dem Impuls p die Wellenlänge der Elektronen.

c) Identifizieren Sie den Winkel δ_1 des ersten Beugungsminimum aus den Messwerten in ▸Abb. 4.

d) Das erste Minimum der Beugung an einem Atomkern mit dem Durchmesser d entspricht im Wesentlichen dem ersten Minimum der Beugung am Spalt mit der Breite d. Ermitteln Sie auf dieser Grundlage den Durchmesser der in ▸Abb. 4 untersuchten Kohlenstoffatome.

e) Eine ähnliche Faustregel zur Auswertung schlug ROBERT HOFSTADTER 1953 vor: $r \cdot \sin \delta_1 = 0{,}61 \cdot \lambda$; wobei r der Radius ist und λ die Wellenlänge. Wenden Sie diesen Vorschlag zum Ermitteln des Durchmessers des Kerns an.

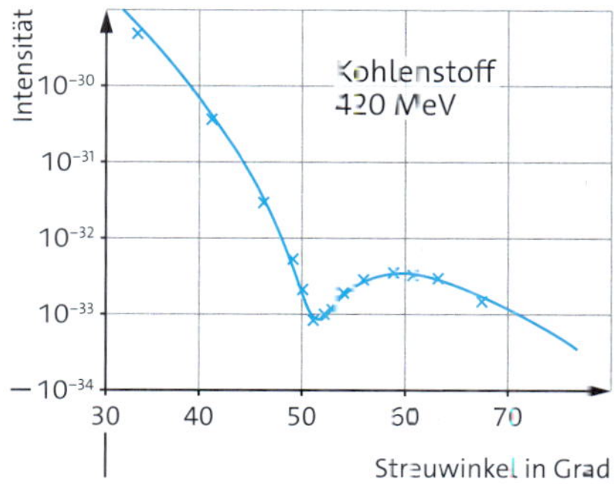

4 Beugung von Elektronen am Atomkern

Material B • Weißer Zwergstern

Wenn ein Stern nicht mehr genug Energie hat, dann kann er zu einem weißen Zwergstern werden. In einem solchen Stern ist der Schweredruck so groß, dass die Atome darunter zusammenbrechen. Dadurch liegt zusätzlich zu den Atomkernen ein Elektronengas vor, welches durch seine Elektronenwellen das Volumen des Sterns aufrechterhält. Ein Beispiel ist der zentrale Stern des Ringnebels in ▸Abb. 5. Der Stern hat seine Hülle schon abgestoßen, sie bildet den Ringnebel und dominiert ▸Abb. 5 als farbige Wolke. Der Stern wird gerade zu einem weißen Zwergstern und hat die Masse $m = 1{,}22 \cdot 10^{30}$ kg, die Oberflächentemperatur $T = 125\,000$ K und gibt die Strahlungsleistung $P = 7{,}7 \cdot 10^{28}$ W ab.

B1 **a)** Ermitteln Sie den Radius R. Gehen Sie dazu rückwärts denkend vor: Ermitteln Sie R aus der Fläche $A = 4\pi \cdot R^2$, bestimmen Sie A aus der Leistungsdichte $S = \frac{P}{A}$ und berechnen Sie S mithilfe des Stefan-Boltzmann-Gesetzes $S = \sigma \cdot T^4$.

b) Berechnen Sie die Massendichte ρ. Recherchieren Sie diese für Erde, Sonne, Atom, Atomkern sowie Neutron und vergleichen Sie.

c) Ermitteln Sie die Anzahl N der Elektronen des Sterns. Verwenden Sie dazu die Näherung, dass je atomarer Masseneinheit $u = 1{,}66 \cdot 10^{-27}$ kg ein Elektron im Elektronengas ist.

d) Bestimmen Sie den Erwartungswert der Energie der Elektronen mithilfe der Fermi-Energie: $E = \frac{h^2}{8 m \pi^2} \cdot (3\pi^2 \cdot n)^{\frac{2}{3}}$. Dabei ist n die Teilchendichte. Ermitteln Sie die entsprechende Geschwindigkeit der Elektronen und vergleichen Sie mit der Lichtgeschwindigkeit.

e) Bei noch höherem Schweredruck kann ein Stern sein Volumen weiter verringern, indem jedes Elektron mit einem Proton zu einem Neutron reagiert. Dabei entsteht eine gewaltige Explosion, eine Supernova. Sie hinterlässt eine Staub- und Gaswolke, ein Beispiel ist der Krebsnebel in ▸Abb. 6. Im Zentrum ist ein Neutronenstern mit einem Radius von $R = 15$ km und einer Masse von $m = 3{,}4 \cdot 10^{30}$ kg. Ermitteln Sie die Massendichte ρ und vergleichen Sie mit den Dichten aus Teil b).

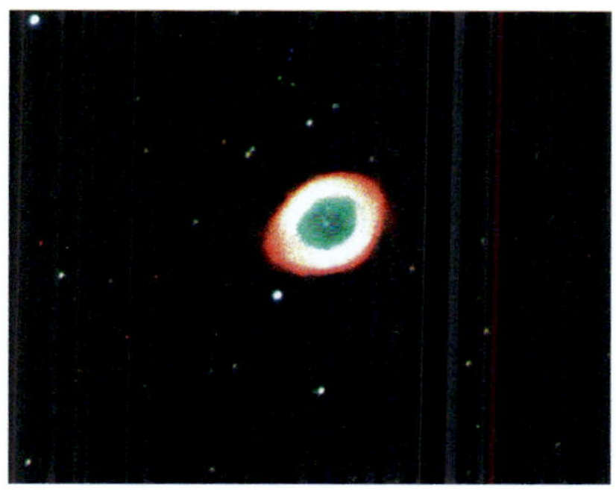

5 Ringnebel mit Zentralstern

6 Krebsnebel

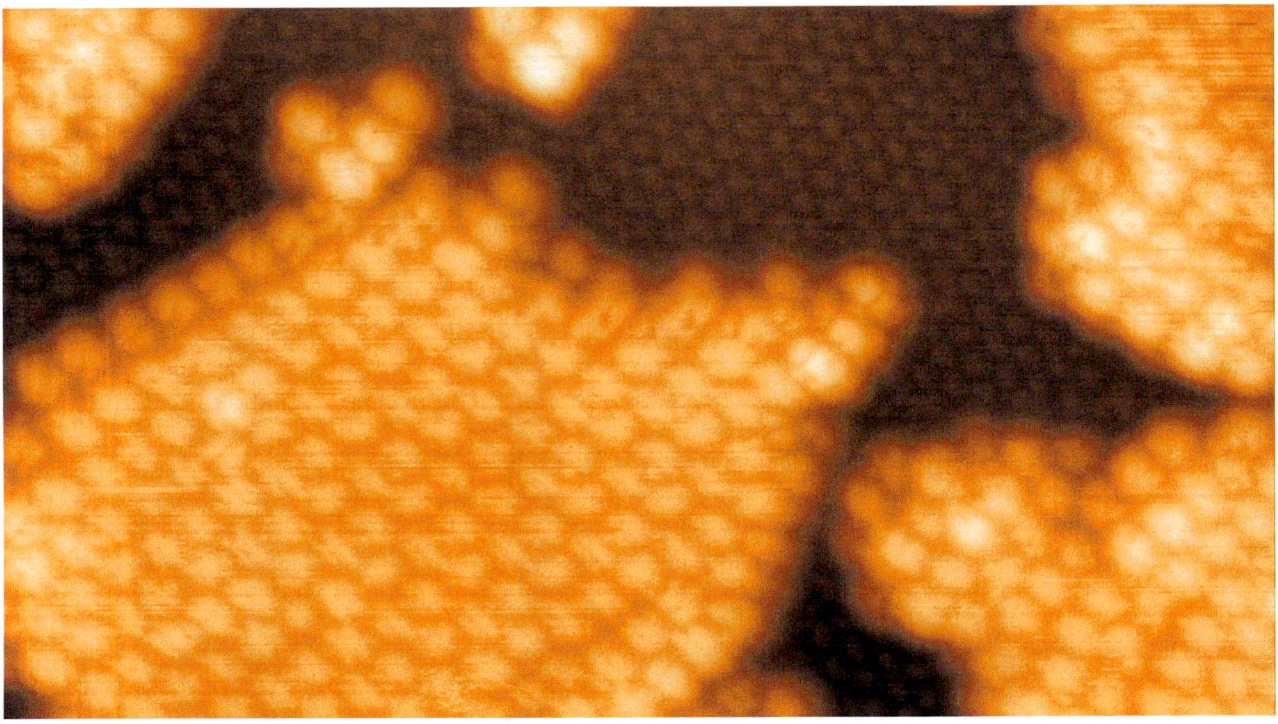

1 Fullerene C_{60} auf Borkristall

Materiewellen

▸Abb. 1 zeigt im Vordergrund Fullerene, das sind große Moleküle aus je 60 Kohlenstoffatomen. Kann man solche großen Objekte auch beugen?

Beugungsexperiment • Die Kohlenstoffmoleküle werden in einem Ofen erhitzt und erhalten so eine thermisch bedingte Geschwindigkeit (▸Abb. 2). Damit nur Moleküle mit einer bestimmten Geschwindigkeit weiterfliegen, müssen die Teilchen rotierende Zahnräder passieren (▸Abb. 3).

Die vorgesehene Flugrichtung wird relativ genau erreicht, indem die Moleküle nacheinander zwei Schlitze mit einer Breite von je 10 µm passieren. Der so vorbereitete Molekülstrahl trifft auf ein Liniengitter, das aus einer Silizium-Stickstoff-Verbindung (SiN_x) besteht und eine Spaltbreite von 50 nm sowie einen Spaltmittenabstand von $d = 100$ nm hat. Schließlich werden die gebeugten Moleküle durch einen Detektor nachgewiesen. Im Versuch werden während einer Zeitspanne von 100 s Moleküle detektiert.

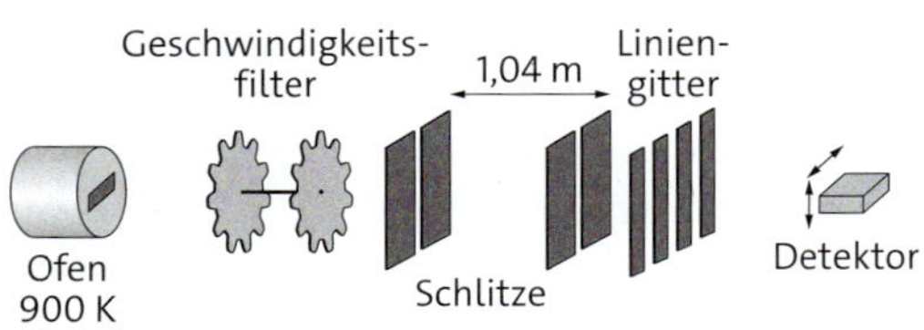

2 Versuch zur Beugung von Molekülen

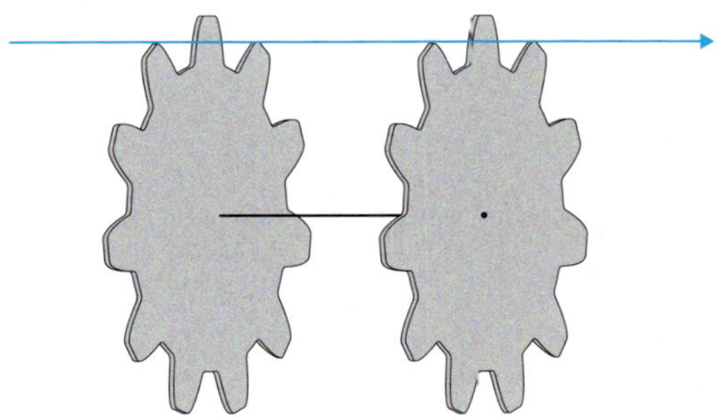

3 Geschwindigkeitsfilter

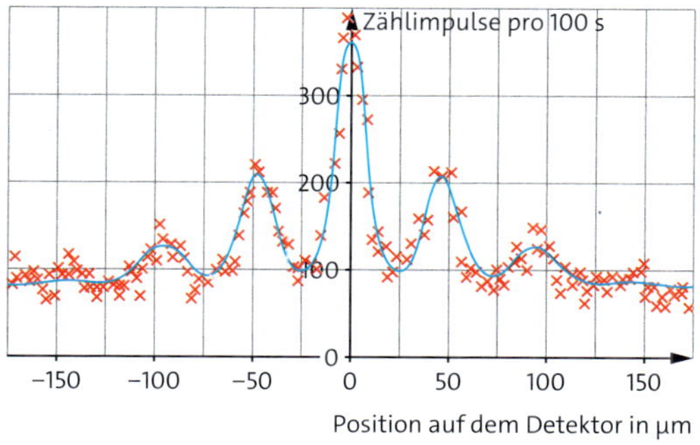

4 Beugungsmuster bei Fullerenen

Dabei wird ein deutliches Beugungsmuster nachgewiesen (▸Abb. 4). Der Beugungswinkel der ersten Ordnung beträgt $\alpha = 0{,}0016°$. Wie können wir diesen Messwert theoretisch ermitteln?

Beugung ganzer Kohlenstoffmoleküle • Wir gehen davon aus, dass die Kohlenstoffmoleküle in ▸Abb. 1 als Ganzes am Liniengitter gebeugt wurden. Um den entsprechenden Beugungswinkel zu ermitteln, berechnen wir zuerst die Masse eines solchen Moleküls. Ein Kohlenstoffatom hat die Masse 12,01 u. Dabei ist $\mathrm{u} = 1{,}661 \cdot 10^{-27}\,\mathrm{kg}$ die atomare Masseneinheit. Ein Molekül aus 60 Kohlenstoffatomen hat also folgende Masse:

$$m = 60 \cdot 12{,}01 \cdot 1{,}661 \cdot 10^{-27}\,\mathrm{kg}$$
$$= 1{,}197 \cdot 10^{-24}\,\mathrm{kg}.$$

Die Kohlenstoffmoleküle haben eine Geschwindigkeit von $190\,\frac{\mathrm{m}}{\mathrm{s}}$. Also beträgt der Impuls eines solchen Moleküls:

$$p = m \cdot v = 1{,}197 \cdot 10^{-24}\,\mathrm{kg} \cdot 190\,\frac{\mathrm{m}}{\mathrm{s}}$$
$$= 2{,}274 \cdot 10^{-22}\,\mathrm{kg} \cdot \frac{\mathrm{m}}{\mathrm{s}}.$$

Entsprechend ist die de-Broglie-Wellenlänge:

$$\lambda = \frac{h}{p} = 2{,}913\,\mathrm{pm}.$$

Wir ermitteln damit für die erste Ordnung den Beugungswinkel:

$$\alpha = \arcsin\left(\frac{\lambda}{d}\right) = \arcsin\left(\frac{2{,}913\,\mathrm{pm}}{100\,\mathrm{nm}}\right) = 0{,}0017°.$$

Dieser Winkel stimmt gut mit der Beobachtung überein. Die Annahme der Beugung ganzer Moleküle erklärt also gut den Messwert. In den Molekülen in ▸Abb. 1 befinden sich jedoch viele Elektronen. Werden diese auch am Liniengitter gebeugt?

Elektronen im Molekül • Wir untersuchen, wie die Elektronen in den Kohlenstoffmolekülen einzeln am Liniengitter in ▸Abb. 2 gebeugt würden. Um den Beugungswinkel für ein solches Elektron zu ermitteln, berechnen wir den Impuls:

$$p = m \cdot v = 9{,}109 \cdot 10^{-31}\,\mathrm{kg} \cdot 190\,\frac{\mathrm{m}}{\mathrm{s}}$$
$$= 1{,}731 \cdot 10^{-28}\,\mathrm{kg} \cdot \frac{\mathrm{m}}{\mathrm{s}}.$$

Somit beträgt die de-Broglie-Wellenlänge:

$$\lambda = \frac{h}{p} = 3829\,\mathrm{nm}.$$

Der Linienabstand beträgt $d = 100\,\mathrm{nm}$. Die Elektronen können also aufgrund ihrer deutlich größeren Wellenlänge gar nicht einzeln an diesem Gitter gebeugt werden. Stattdessen gelangen sie zusammen mit den entsprechenden Atomkernen als Ganzes durch das Liniengitter und zum Detektor. Das gesamte Molekül bildet ein gemeinsames, einzelnes Quantenobjekt. Wir fassen zusammen:

Wenn mehrere Quantenobjekte ein zusammengesetztes Quantenobjekt bilden, dann werden sie nicht mehr einzeln gebeugt. Stattdessen hat das zusammengesetzte Quantenobjekt als Ganzes eine eigene de-Broglie-Wellenlänge und wird entsprechend als neues Quantenobjekt gebeugt.

1 Der Weltrekordsprinter Usain Bolt hat eine Masse von 95 kg und lief 100 m in 9,69 s.

a) Berechnen Sie seine de-Broglie-Wellenlänge.

b) Ermitteln Sie die Spaltbreite eines Doppelspalts, an dem ein Objekt dieser Wellenlänge ein Beugungsmaximum 1. Ordnung bei einem Winkel von 0,001° hätte.
Beurteilen Sie.

c) Ermitteln Sie für einen Spalt mit einer Breite von 0,5 m den Winkel des 1. Maximums.

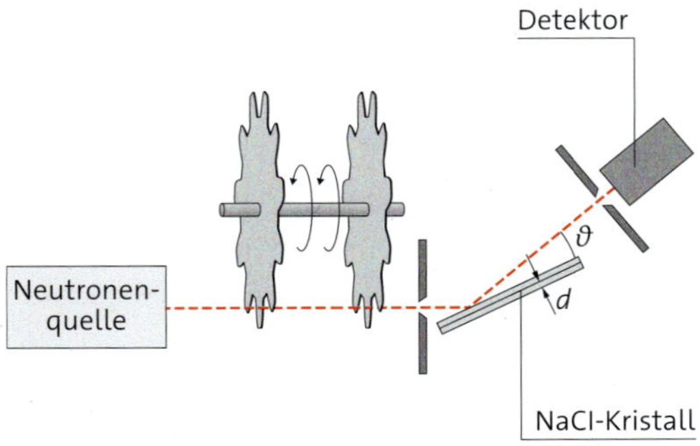

1 Versuchsskizze: Beugung von Neutronen

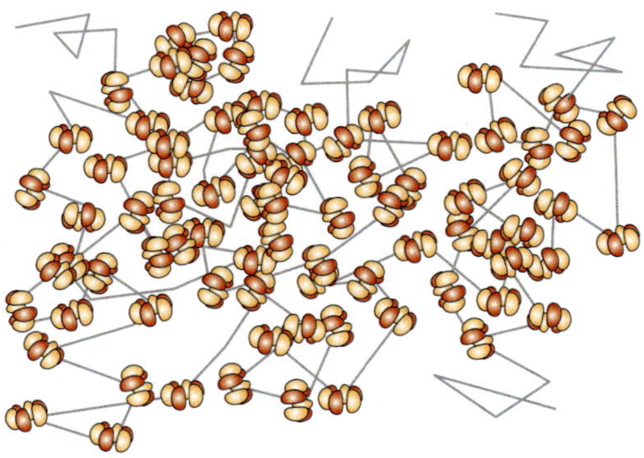

2 Wasserstoff in Myoglobin, farbig: neue Information

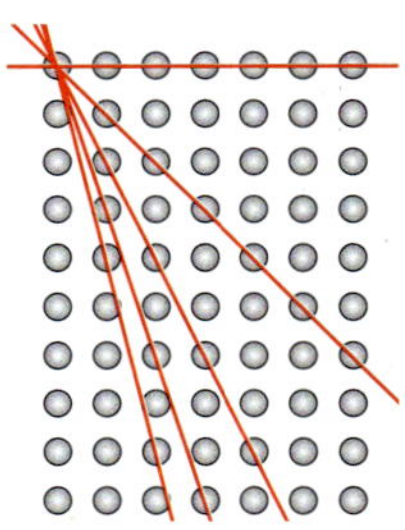

3 Gitterebenen

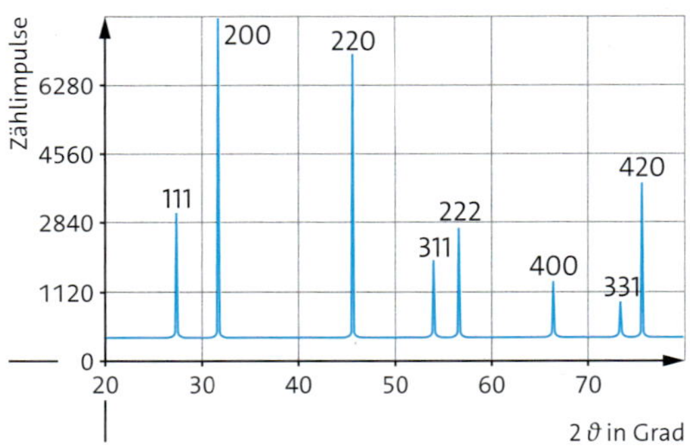

4 Ablenkwinkel bei der Beugung von Neutronen

Neue Medikamente • Zur gezielten Entwicklung neuer Medikamente werden die Positionen des Wasserstoffs in Proteinen sehr genau ermittelt, denn Wasserstoff ist für die molekulare Funktion oft entscheidend.
Solche Orte lassen sich durch Beugung von Neutronen sehr genau ermitteln (▸Abb. 1). Denn Neutronen sind relativ massereich, haben einen entsprechend großen Impuls sowie eine relativ kurze Wellenlänge und können räumliche Strukturen sehr genau sondieren. Zudem sind Neutronen elektrisch neutral, so dass es keine störenden elektrischen Wechselwirkungen gibt, die gerade bei empfindlichen Proteinen ungünstig wären.

Beispielsweise wurde ein Kristall, bestehend aus dem Protein Myoglobin, durch die Beugung von Neutronen räumlich sehr genau charakterisiert: Die farbigen Bereiche in ▸Abb. 2 stellen Wasserstoff im Protein dar, für den mit dieser Methode neue Information gewonnen wurde.

Beugungsversuch mit Neutronen • Besonders einfach illustrieren wir die Gewinnung einer solchen reichhaltigen Strukturinformation am Beispiel der Neutronenbeugung am NaCl-Kristall, also an Kochsalz. Als Geschwindigkeitsfilter dienen wieder rotierende Zahnräder (▸Abb. 1).
Die Neutronen werden an Gitterebenen reflektiert und bei Glanzwinkeln entstehen die Maxima.

Wenn Neutronen mit einer Geschwindigkeit von $v = 2580\,\frac{\text{m}}{\text{s}}$ verwendet werden, dann weist die in ▸Abb. 4 mit 111 bezeichnete Gitterebene den Ablenkwinkel 27,4° und daher den Glanzwinkel 13,7° auf. Demnach beträgt der Impuls:

$$p = m \cdot v = 1{,}67 \cdot 10^{-27}\,\text{kg} \cdot 2580\,\frac{\text{m}}{\text{s}}$$
$$= 4{,}31 \cdot 10^{-24}\,\text{kg} \cdot \frac{\text{m}}{\text{s}}.$$

Somit beträgt die Wellenlänge:

$$\lambda = \frac{h}{p} = 154\,\text{pm}.$$

Entsprechend der Bragg-Bedingung gilt für den Abstand d dieser Gitterebenen (▸Abb. 3):

$$2 \cdot d \cdot \sin\vartheta = \lambda.$$

Aufgelöst nach d gilt:

$$d = \frac{1}{2} \cdot \frac{\lambda}{\sin\vartheta} = 325\,\text{pm}.$$

Das Beugungsmuster liefert viele Glanzwinkel (▸Abb. 4) und somit viel Strukturinformation.

Denn jede Ebene, in der periodisch Punkte eines Gitters liegen, ist eine Gitter- oder Netzebene. Jede Gitterebene liefert einen Glanzwinkel und somit Strukturinformation. Da es sehr viele Netzebenen gibt, kann man durch Beugung entsprechend viel Information erfassen.

Beugungsversuch mit Helium • Bereits 1930 beugten OTTO STERN und IMMANUEL ESTERMANN Heliumatome an einem Kristall aus Lithiumfluorid (▸Abb. 5). Dafür und für die Untersuchung magnetischer Eigenschaften des Protons erhielt STERN 1943 den Nobelpreis für Physik.

Im Jahr 1991 gelang OLIVER CARNAL und JÜRGEN MLYNEK die Beugung von Helium an einem sehr feinen Liniengitter mit einem Spaltabstand von 8 Mikrometern.

Heliumatome sind besonders interessant, weil sie ebenso wie Neutronen elektrisch neutral sind, eine relativ kurze Wellenlänge haben und in der Materialforschung eingesetzt werden.

In einem späteren Versuch wurde Helium in einer Atomquelle unter einen Druck von 140 bar oder $1{,}4 \cdot 10^7$ Pa gebracht (▸Abb. 5). Durch eine Düse wurde ein Heliumstrahl erzeugt, in dem ein Atom eine Geschwindigkeit von $v = 1780\,\frac{\mathrm{m}}{\mathrm{s}}$ hat. Die Atome traten dann durch zwei Schlitze und erhielten so eine einheitliche Richtung. Anschließend trafen sie auf das Liniengitter mit einem Linienabstand von 100 nm und wurden gebeugt. In einer Sekunde konnten auf die Weise Millionen Atome gebeugt und mit einem Detektor abhängig vom Beugungswinkel α nachgewiesen werden (▸Abb. 6).

Heliumatome haben eine Masse von vier atomaren Masseneinheiten ($\mathrm{u} = 1{,}66 \cdot 10^{-27}\,\mathrm{kg}$) oder $m = 6{,}64 \cdot 10^{-27}\,\mathrm{kg}$.
Bei der Geschwindigkeit von $v = 1780\,\frac{\mathrm{m}}{\mathrm{s}}$ beträgt der Impuls:

$$p = m \cdot v = 1{,}18 \cdot 10^{-23}\,\mathrm{kg} \cdot \frac{\mathrm{m}}{\mathrm{s}}.$$

Somit beträgt die Wellenlänge:

$$\lambda = \frac{h}{p} = 56{,}2\,\mathrm{pm}.$$

Für das Beugungsmaximum n-ter Ordnung am Liniengitter gilt:

$$\sin\alpha = \frac{n \cdot \lambda}{d}.$$

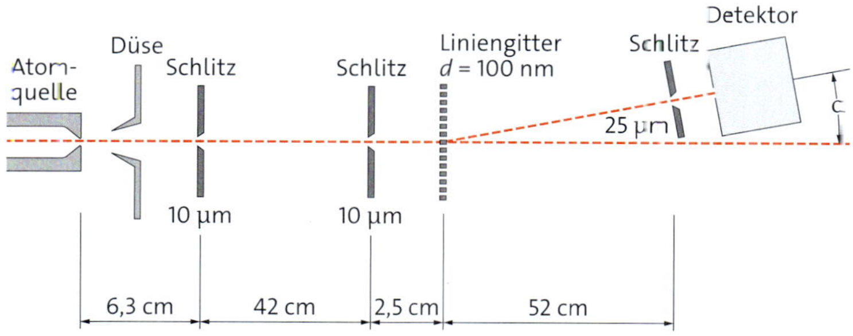

5 Versuchsskizze zur Beugung von Heliumatomen

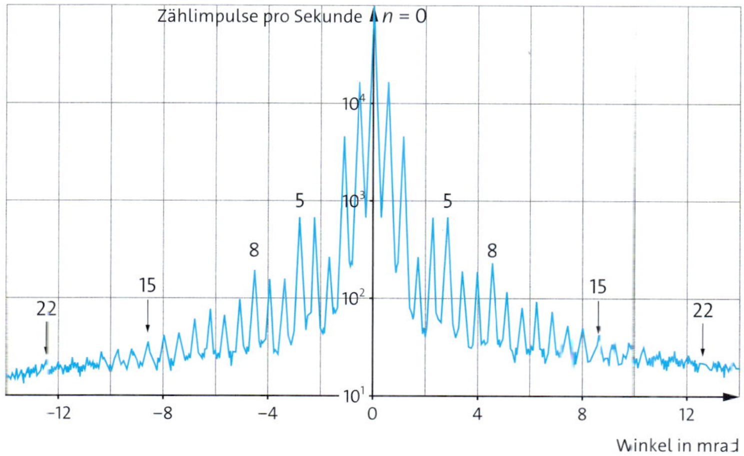

6 Beugung von Heliumatomen am Liniengitter

Beispielsweise gilt demnach für die 14. Ordnung für den Beugungswinkel:

$$\alpha = \arcsin\left(\frac{14 \cdot \lambda}{d}\right) = 0{,}45° = 7{,}9\,\mathrm{mrad}.$$

Das Ergebnis stimmt recht gut mit der Messung in ▸Abb. 6 überein.

1 Heliumatome werden an einem Lithiumfluoridkristall, LiF, gebeugt. Dabei beträgt der Glanzwinkel $\vartheta = 6°$ (▸Abb. 6). Der Abstand der Gitterebenen in LiF beträgt 201 pm.
a) Ermitteln Sie die de-Broglie-Wellenlänge der Atome.
b) Berechnen Sie die Geschwindigkeit der Atome.

Versuch A • Quantenobjekte unterwegs

V1 Bragg-Reflexion bei Mikrowellen

Material:
Tabellenkalkulationsprogramm

Arbeitsauftrag:
Wir ermitteln die Intensität $I(\vartheta)$ zur Beugung von Mikrowellen am Raumgitter, bestehend aus neun im Quadratgitter angeordneten Metallstäben, mit einer Computersimulation (▸Abb. 1).

a) Schreiben Sie in übergeordnete Felder des Tabellenkalkulationsprogramms den Abstand a zwischen dem mittleren Stab und dem Detektor, die Wellenlänge λ und den betrachteten Winkel ϑ (▸Abb. 1) und halten Sie diese Größen variabel. Tragen Sie in die Spalten 1 und 2 die x- und y-Koordinaten der neun Stäbe ein. Berechnen Sie in den Spalten 3 und 4 die Koordinaten a_x und a_y der neun Verbindungsvektoren $\vec{a}$ vom Stab zum Detektor.
Ermitteln Sie aus x, y, a_x und a_y die Entfernung d und daraus den Phasenunterschied $\Delta\varphi$ in den Spalten 5 und 6. Berechnen Sie in den Spalten 7 und 8 für jeden Stab aus $\Delta\varphi$ die Koordinaten Z_x und Z_y des Zeigers mit der Länge 1. Summieren Sie die neun Koordinaten Z_x zur Summe S_x und ebenso die Z_y zu S_y. Berechnen Sie $I(\vartheta) = S_x^2 + S_y^2$.

b) Variieren Sie ϑ und notieren Sie dies sowie $I(\vartheta)$ in einer zweiten Tabelle. Erstellen Sie das $I(\vartheta)$-Diagramm (▸Abb. 1).

c) Analysieren Sie die Glanzwinkel für die üblichen Gitterebenen und die diagonal im Würfel stehenden mit der Bragg-Bedingung. Vergleichen Sie mit ▸Abb. 1.

d) Modellieren und analysieren Sie entsprechend ein Gitter mit 16 Stäben.

V2 Protonen am Atomkern beugen

Material:
Tabellenkalkulationsprogramm

Arbeitsauftrag:
Protonen mit einer kinetischen Energie von $E_{kin} = 500\,\text{MeV}$ werden am Kern des Blei-Atoms mit einem gesuchten Durchmesser b_{Pb} gebeugt (▸Abb. 2 A).

a) Da E_{kin} klein gegen $m_p \cdot c^2$ ist, beträgt der Impuls $p = 5{,}2 \cdot 10^{-19}\,\text{kg} \cdot \frac{\text{m}}{\text{s}}$ und $\lambda = \frac{h}{p} = 1{,}3\,\text{fm}$. Tragen Sie λ, das betrachtete δ und einen vermuteten Radius r_{Pb} in übergeordnete Felder (wie in V1) ein.

b) Tragen Sie $N = 81$ äquidistante Ausgangspunkte gleichphasiger Elementarwellen bei Koordinaten $-20\,\text{fm} \leq b_j \leq 20\,\text{fm}$ in Spalte 1 ein. Ermitteln Sie in den Spalten 2 bis 5 die Wegunterschiede Δs, die Phasenunterschiede $\Delta\varphi$ sowie die Zeigerkoordinaten Z_x und Z_y. Summieren Sie für $|b_j| \geq r_{Pb}$ die Z_x zu S_x und ebenso die Z_y zu S_y. Berechnen Sie $I(\delta) = S_x^2 + S_y^2$.

c) Variieren Sie δ. Stellen Sie $I(\delta)$ grafisch dar.

d) Passen Sie r_{Pb} so an, dass die gemessenen und ermittelten Minima im $I(\delta)$-Diagramm übereinstimmen (▸Abb. 2 A, B).

V3 Gas relativistischer Neutronen

Material:
Tabellenkalkulationsprogramm

Arbeitsauftrag:
Wir modellieren N relativistische Neutronen im Würfel der Kantenlänge L im niedrigsten Energiezustand. In allen drei Raumrichtungen bilden sich stehende Wellen mit Knoten an den Rändern.

a) Der k-te Energiezustand in x-Richtung hat die Wellenlänge $\lambda = \frac{2L}{k_x}$, den Impuls $p = \frac{h}{\lambda}$ und das Quadrat der Energie $m^2 \cdot c^4 = p^2 \cdot c^2 = h^2 \cdot \frac{c^2}{4 \cdot L^2} \cdot (k_x^2 + k_y^2 + k_z^2)$. Begründen Sie.

b) Man hat beobachtet, dass einer Wellenfunktion maximal zwei Neutronen zugeordnet sind. Daher sind zwei Neutronen im niedrigsten Zustand mit $E^2 = h^2 \cdot \frac{c^2}{4 \cdot L^2} \cdot (1^2 + 1^2 + 1^2)$ und sechs Neutronen im zweitniedrigsten Zustand mit $E^2 = h^2 \cdot \frac{c^2}{4 \cdot L^2} \cdot 6$. Begründen Sie.

c) Berechnen Sie mit einer Tabellenkalkulation für $L = 1\,\text{nm}$ für die $N = 34$ energieärmsten Neutronen mittlere Energie E_{34} und Teilchendichte $n = \frac{N}{L^3}$ (▸Abb. 3).

d) Bestätigen Sie mit diesem und ähnlichen Beispielen, dass für die mittlere Energie gilt: $E = \frac{h \cdot c}{2\pi} \cdot \left(\frac{3\pi^2 \cdot N}{L^3}\right)^{\frac{1}{3}}$.
Diese Energie ist der Erwartungswert der Energie im Neutronengas. Dieses ist ein Beispiel für Gase aus Quantenobjekten, wie sie beispielsweise in Neutronensternen, Leitern oder Halbleitern auftreten.

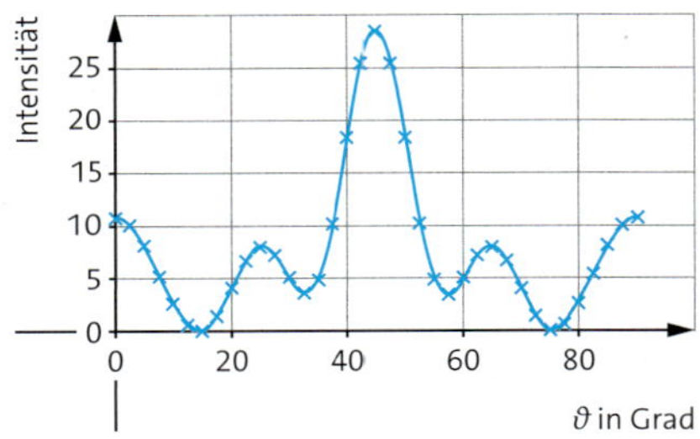

1 Beugung am Raumgitter

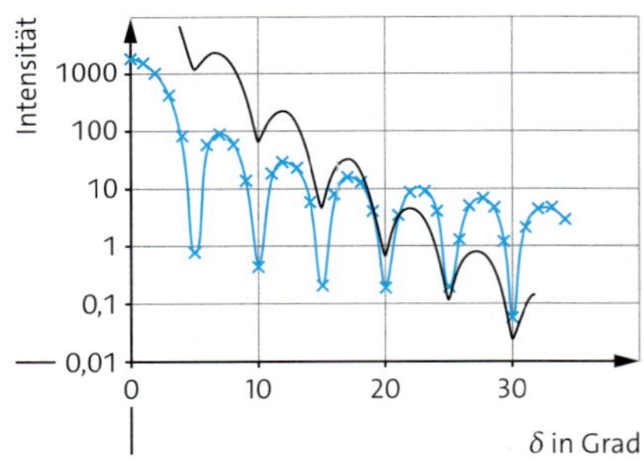

2 $I(\delta)$: gemessen (schwarz), berechnet (blau)

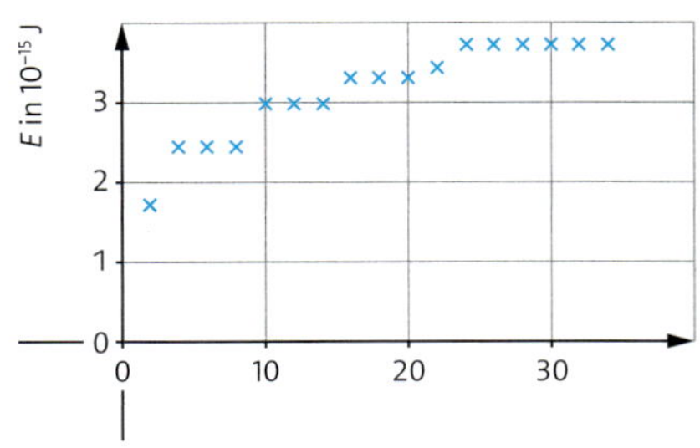

3 Energie der Neutronen im Neutronengas

Material A • Beugung von Protonen an Atomkernen

A1 Schnelle Protonen werden zur Untersuchung von Atomkernen durch Beugung verwendet. Protonen mit einer kinetischen Energie von $E_{kin} = 800\,\text{MeV}$ wurden an verschiedenen Atomkernen gebeugt (▸Abb. 4).

a) Ermitteln Sie aus der relativistischen Masse $m_r = \frac{m_0}{\sqrt{1-\frac{v^2}{c^2}}}$ die Geschwindigkeit, wobei m_r durch die Energie bestimmt ist, $E = m_r \cdot c_2 = m_0 \cdot c_2 + E_{kin}$. Berechnen Sie daraus den Impuls $p = m_r \cdot v$.

b) Berechnen Sie hiermit die Wellenlänge der Protonen.

c) Identifizieren Sie den Winkel δ_1 des ersten Beugungsminimums aus den Messwerten in ▸Abb. 4.

d) Das erste Beugungsminimum der Beugung an einem Atomkern mit einem Durchmesser d entspricht im Wesentlichen dem ersten Beugungsminimum der Beugung am Spalt mit der Breite d. Ermitteln Sie auf dieser Grundlage die Durchmesser der in ▸Abb. 4 untersuchten Atomkerne.

e) Werten Sie das erste Minimum in ▸Abb. 4 mit der Faustregel $r \cdot \sin\delta_1 = 0{,}61 \cdot \lambda$ aus. Recherchieren Sie Literaturwerte und vergleichen Sie.

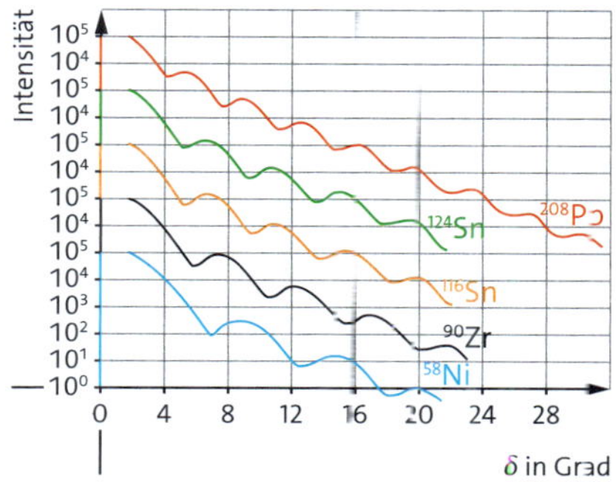

4 Beugung von Elektronen am Atomkern

Material B • Neutronenstern

B1 Wenn in einen Zwergstern Masse stürzt, dann nimmt die Schwerkraft im Stern zu. Erreicht der weiße Zwerg dabei die sogenannte Chandrasekhar-Masse von $2{,}8 \cdot 10^{30}\,\text{kg}$, dann verringert er sein Volumen weiter, indem jedes Elektron mit einem Proton zu einem Neutron reagiert. So entsteht ein Neutronenstern. Ein Beispiel ist der Zentralstern im Krebsnebel (▸Abb. 5). Er hat einen Radius von $R = 15\,\text{km}$ und eine Masse von $3{,}4 \cdot 10^{30}\,\text{kg}$.

a) Ermitteln Sie die Anzahl N der Neutronen, das Volumen, die Teilchendichte n und die Massendichte ρ des Sterns. Recherchieren Sie diese Größen für Erde, Sonne, Atom, Atomkern sowie Neutron und vergleichen Sie.

b) Die Neutronen sind aufgrund der hohen Energiedichte in dem Stern relativistisch. Bestimmen Sie den Erwartungswert der Energie der Neutronen mithilfe der relativistischen Fermi-Energie $E = \frac{h \cdot c}{2\pi} \cdot \left(\frac{3\pi^2 \cdot N}{L^3}\right)^{\frac{1}{3}}$. Die Gesamtenergie des Neutrons ergibt sich aus seiner Masse m_N und E_F zu $E = m_N \cdot c^2 + E_F = m_N \cdot \frac{c^2}{\sqrt{1-\frac{v^2}{c^2}}}$.
Begründen Sie. Ermitteln Sie daraus die Geschwindigkeit der Neutronen, vergleichen Sie mit der Lichtgeschwindigkeit c und beurteilen Sie.

c) Recherchieren Sie zur Fluchtgeschwindigkeit v_F, ermitteln Sie diese auf der Oberfläche des Sterns und vergleichen Sie mit c. Ermitteln Sie den Radius R_S, auf den dieser Stern weiter schrumpfen müsste, damit seine Fluchtgeschwindigkeit gleich der Lichtgeschwindigkeit und der Stern somit zu einem schwarzen Loch würde.

d) Auf der Erde beobachtet man vom Stern ein Radiosignal, das sich mit der Periode $T = 33\,\text{ms}$ wiederholt (▸Abb. 6), denn der Stern emittiert die Radiowellen an seinen Polachsen. Diese Achsen rotieren kreiselartig mit $T = 33\,\text{ms}$, sodass der Radiostrahl alle 33 ms zur Erde schwenkt. Überprüfen Sie, ob die zugehörige Zentripetalbeschleunigung a_Z auf der Sternoberfläche kleiner ist als die Gravitationsfeldstärke G^* (Ortsfaktor) an gleicher Stelle.

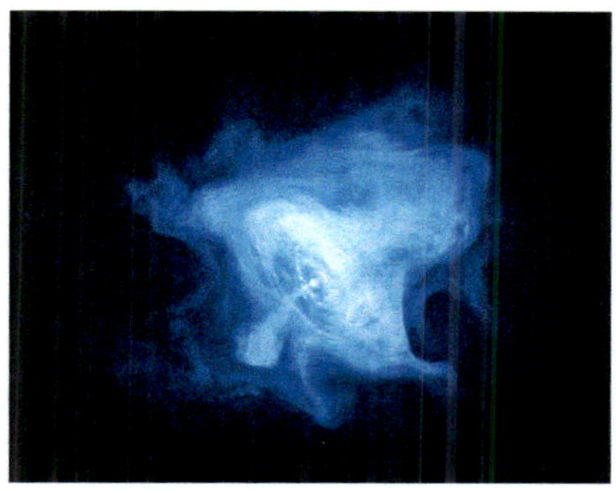

5 Zentralstern im Krebsnebel

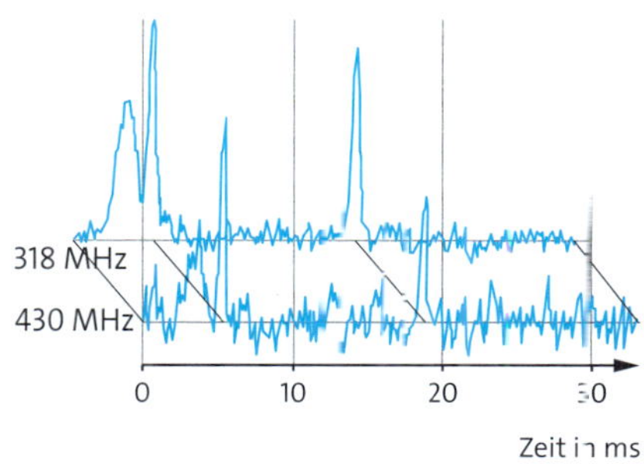

6 Pulsar im Krebsnebel

1 LED-Dance

Emission von Licht bei LEDs

Beim LED-Dance leuchten die Tänzer durch farbige LEDs vor schwarzem Hintergrund. Sind die verwendeten Spannungen ungefährlich?

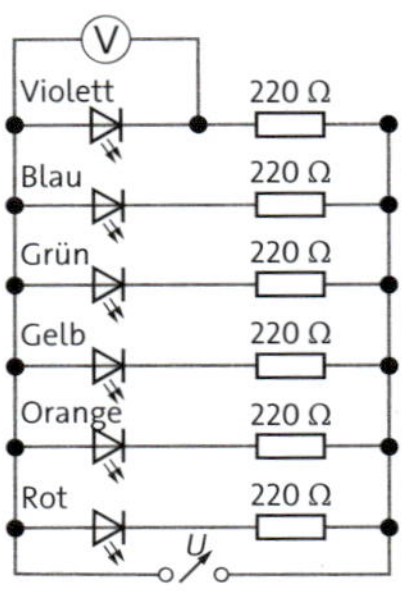

2 Schaltskizze

Spannung beim Aufleuchten • Welche Spannung benötigt eine LED zum Leuchten? Das untersuchen wir mit der Schaltung in ▸Abb. 2, wobei wir das Voltmeter an die jeweilige LED anschließen. Wir erhöhen die Spannung langsam. Jede LED leuchtet bei einer farbspezifischen Spannung auf (▸Abb. 3). Wir beobachten das Aufleuchten mit dem Auge subjektiv und objektivieren die Beobachtung durch Fotos (▸Abb. 3).

Messung der Wellenlängen • Das farbspezifische Aufleuchten der LED untersuchen wir genauer, indem wir die Farben durch die Wellenlänge λ charakterisieren.
Dazu beobachten wir die Reihe der leuchtenden LEDs bei 2,74 V in ▸Abb. 3 subjektiv durch die Spektralbrille (▸Abb. 4 A). Durch das Brillenmaterial wird das Licht gebeugt. Entsprechend erkennen wir in ▸Abb. 4 B zu jeder LED links das nullte Interferenzmaximum und rechts das erste Interferenzmaximum. Wir sehen, dass das erste Maximum umso weiter rechts liegt, je größer die Wellenlänge λ ist.

3 Spannung beim Aufleuchten: 1,61 V, 1,69 V, 1,85 V, 2,04 V, 2,49 V, 2,74 V

Auch bei diesem Versuch objektivieren wir wieder unsere subjektive Beobachtung durch ein Foto. Zum Ermitteln der Wellenlänge messen wir den Abstand zwischen der nullten und der ersten Beugungsordnung mit einem Lineal. Das Foto in ▸Abb. 4 A zeigt, was wir durch die Spektralbrille mit unserem Auge sehen. Die entsprechenden Strahlengänge veranschaulicht ▸Abb. 5: Die Lichtwellen gehen von der LED aus, werden am Gitter gebeugt und interferieren. Hinter dem Gitter entstehen die nullte und die erste Beugungsordnung und erzeugen entsprechende Lichtpunkte auf der Netzhaut. Wir nehmen somit die LED (nullte Ordnung) und ihr virtuelles Bild (erste Ordnung) wahr. Am Lineal lesen wir den Abstand $d = 0{,}2\,\text{m}$ zwischen diesen Ordnungen ab. Mit der Entfernung $a = 2\,\text{m}$ ermitteln wir den Beugungswinkel:

$$\alpha = \arctan\left(\frac{0{,}2\,\text{m}}{2\,\text{m}}\right) = 5{,}71.$$

Bei der Spektralbrille beträgt der Abstand zwischen benachbarten Gitterlinien $g = 0{,}0055\,\text{mm}$. Damit berechnen wir die Wellenlänge:

$$\lambda = g \cdot \sin\alpha = 550\,\text{nm}.$$

Ebenso ermitteln wir für jede LED aus ▸Abb. 3 die Wellenlänge (▸Tabelle 6).

LED als Energiewandler • Die LED wandelt elektrische Energie in Lichtenergie um. Die entsprechende Energie E pro Ladung q gibt die gemessene Spannung U an, $U = \frac{E}{q}$. Bei dieser Spannung transportiert ein Elektron mit seiner Elementarladung $q = e$ somit folgende Energie:

$$E = U \cdot e.$$

Damit können wir für jede LED die zum Aufleuchten nötige Energie pro Elektron abhängig von der Frequenz des emittierten Lichts ermitteln (▸Tabelle 7). Wir erkennen: Ein Elektron der LED wandelt bei der Emission von Licht umso mehr Energie um, je höher die Frequenz des Lichts ist. Wir erkennen in ▸Tabelle 7, dass die LEDs beim LED-Dance schon bei ungefährlichen Spannungen zwischen 1,67 V und 2,78 V leuchten. Man könnte sogar mehrere LEDs in Reihe mit einer ungefährlichen Spannung betreiben.

Dabei können umso mehr LEDs in Reihe geschaltet werden, je niedriger die Frequenz des Lichts ist.

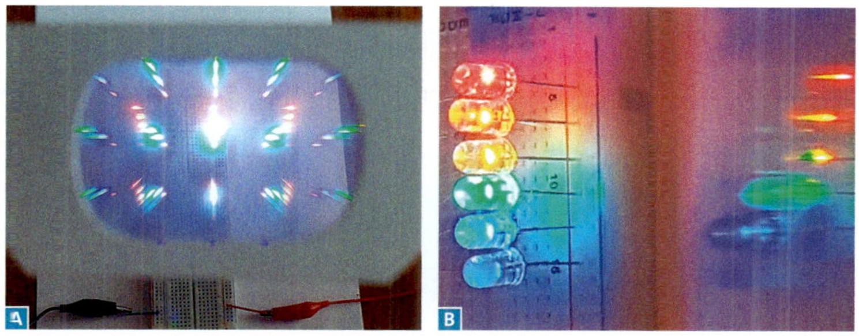

4 **A** Subjektiver Beugungsversuch, **B** Blick durch die Brille

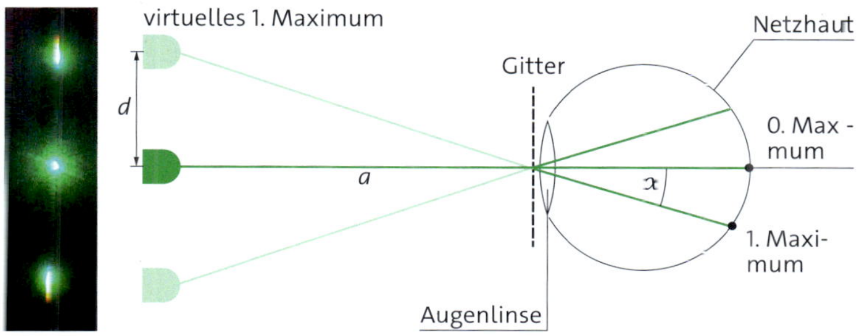

5 Wellenstrahlen (grün) beim Beugungsversuch

Farbe	d in m	α in °	λ in nm
Rot	0,235	6,70	650
Orange	0,225	6,42	620
Gelb	0,215	6,14	590
Grün	0,200	5,71	550
Blau	0,165	4,72	460
Violett	0,150	4,23	420

6 Auswertung zum Beugungsversuch

Eine LED emittiert Licht in einem bestimmten Wellenlängenintervall. So emittiert die grüne LED auch Gelb und Orange (▸Abb. 5).

Farbe	λ in nm	f in 10^{14} Hz	U in V	E in 10^{-19} J
Rot	650	4,62	1,67	2,67
Orange	620	4,84	1,77	2,83
Gelb	590	5,08	1,80	2,88
Grün	550	5,45	2,06	3,30
Blau	460	6,52	2,48	3,97
Violett	420	7,14	2,78	4,45

7 Auswertung zum Beugungsversuch

1 Beschreiben Sie, woran in ▸Abb. 4 B und ▸Abb. 5 erkennbar ist, dass eine LED Licht aus einem Intervall von Wellenlängen emittiert.

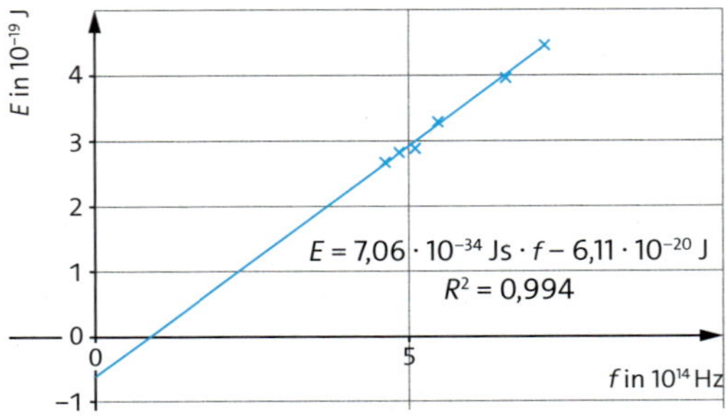

1 Energie pro Elektron $E(f)$ beim Aufleuchten

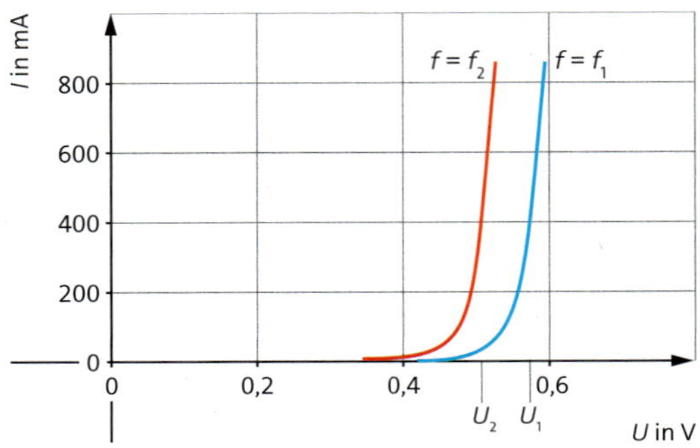

2 $I(U)$-Kennlinien zweier LEDs

Energie und Farbe • Wir analysieren die Lichtemission von LEDs mithilfe der Energie pro Elektron beim Aufleuchten (▸Abb.1). Das $E(f)$-Diagramm und die Regression stellen sehr deutlich eine lineare Funktion dar.

Der Abschnitt der Hochachse ist relativ klein und kann dadurch erklärt werden, dass jede LED immer ein Intervall von Wellenlängen emittiert. So emittiert die grüne LED auch Orange, das erklärt einen Energieunterschied von $0{,}47 \cdot 10^{-19}$ J. Entsprechend vernachlässigen wir im Folgenden den Abschnitt der Hochachse und erhalten eine proportionale Zuordnung:

$$E = 7{,}06 \cdot 10^{-34}\,\text{Js} \cdot f.$$

Der Proportionalitätsfaktor stimmt bis auf 6,5 % mit Plancks Wirkungsquantum überein:

$$h = 6{,}626 \cdot 10^{-34}\,\text{J} \cdot \text{s}.$$

Entsprechend formulieren wir unser Versuchsergebnis: Eine für eine Lichtfrequenz f hergestellte LED beginnt zu leuchten, wenn jedes Elektron an der LED folgende Energie abgibt:

$$E = h \cdot f.$$

Lichtquanten • Unser Versuchsergebnis ist eine Aussage über den Prozess der Emission von Licht durch eine LED: Jedes Elektron gibt die Energieportion $E = h \cdot f$ ab.
Aber wo bleibt diese Energieportion? Und warum ist durch diese die Lichtfrequenz f charakterisiert? Die einfachste Deutung ist natürlich, dass diese Portion elektrischer Energie umgewandelt wird in eine Portion Lichtenergie und somit in eine Lichtportion. Diese Lichtportion heißt **Lichtquant.**
Wir fassen zusammen:

> Licht der Frequenz f liegt in Form von Portionen der Energie $E = h \cdot f$ vor. Eine solche Lichtportion heißt Lichtquant oder Photon. In einer LED erhält ein Elektron die Energie $h \cdot f$ und emittiert sie als Photon.

1 Eine LED emittiert Infrarot mit $\lambda = 1000$ nm. Berechnen Sie die Spannung, bei der die LED im Infrarot-Bereich aufleuchtet.

2 Im Prinzip könnte man vermuten, dass der Abschnitt der Hochachse in ▸Abb.1 der thermischen Energie der LED entspricht. Beurteilen Sie diese Hypothese. Hinweis: Die mittlere thermische Energie eines Quantenobjekts ist proportional zur absoluten Temperatur T und der Proportionalitätsfaktor ist im Wesentlichen gleich $1{,}38 \cdot 10^{-23}\,\frac{\text{J}}{\text{K}}$.

3 LEDs leuchten bei einer Stromstärke von ungefähr $I = 300$ mA auf. Entsprechend kann man die Spannung des Aufleuchtens mithilfe einer $I(U)$-Kennlinie wie in ▸Abb.2 ermitteln.
a) Erläutern Sie das Vorgehen.
b) Ermitteln Sie die elektrische Leistung beim Aufleuchten für die beiden LEDs aus ▸Abb.2.
c) Vergleichen Sie mit der typischen Stromstärke von 30 mA einer Signal-LED, wie sie im Physikunterricht verwendet wird.
d) Ein Schüler beobachtet die Spannung beim Aufleuchten einer LED subjektiv. Ihm fällt das Leuchten erst bei einer Stromstärke von 600 mA auf. Ermitteln Sie den prozentualen Fehler.

Versuch A • LEDs emittieren Licht

V1 Wellenlänge

Material:
Maßband, Spektralbrille, LEDs unterschiedlicher Farben, Widerstände von 220 Ω und 2,2 kΩ, 9-V-Batterie, Kabel, Laserpointer der Schutzklasse 1. **Achtung: Nicht direkt in die Lichquelle blicken.**

Arbeitsauftrag:

a) Legen Sie das Maßband auf den Tisch, beleuchten Sie die 1-m-Marke mit dem Laserpointer und beobachten Sie durch die Spektralbrille die nullte und die erste Beugungsordnung wie in ▸Abb. 3. Lesen Sie am Laserpointer die Wellenlänge ab und ermitteln Sie die Gitterkonstante *g* der Spektralbrille, also den Abstand benachbarter Linien.

b) Schalten Sie eine LED, den Widerstand von 220 Ω und die Batterie in Reihe. Legen Sie die LED an die 1-m-Marke des Maßbands und beobachten Sie durch die Spektralbrille die Beugungsordnungen. Ermitteln sie die Wellenlänge. Führen Sie den Versuch mit verschiedenfarbigen LEDs durch.

c) Vergleichen Sie die Spektren der LEDs.

d) Führen Sie den Versuch mit dem Widerstand 2,2 kΩ durch. Vergleichen Sie mit b) und c). Deuten Sie anhand von Anzahl und Energie der Photonen und Elektronen.

V2 Kennlinie

Material:
LEDs, Widerstand (220 Ω), Kabel, regelbares Netzgerät, Voltmeter, Amperemeter

Arbeitsauftrag:

a) Schließen Sie die Bauteile wie in ▸Abb. 4 dargestellt an. Regeln Sie die Spannung in kleinen Schritten hoch. Notieren Sie jeweils Spannung und Stromstärke. Zeichnen Sie ein $I(U)$-Diagramm. Führen Sie den Versuch mit LEDs verschiedener Farben durch.

b) Ermitteln Sie jeweils die Spannung U, bei welcher die Stromstärke 2 mA beträgt. Berechnen Sie die entsprechende Energie $E = U \cdot e$, die ein Elektron bei dieser Spannungsdifferenz transportiert.

c) Ermitteln Sie für jede LED die Wellenlänge, entweder aus der Herstellerangabe oder durch den Versuch 1. Berechnen Sie für jede Farbe die Frequenz f.

d) Erstellen Sie ein $E(f)$-Diagramm, beschreiben Sie es und deuten Sie es mit den Begriffen Photon, Elektron, Energie, Frequenz. Ermitteln Sie einen Wert für das Plancksche Wirkungsquantum.

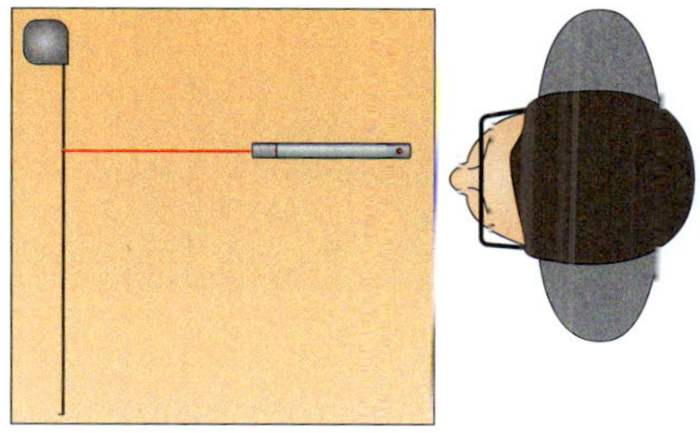

3 Ermitteln der Gitterkonstante *g*

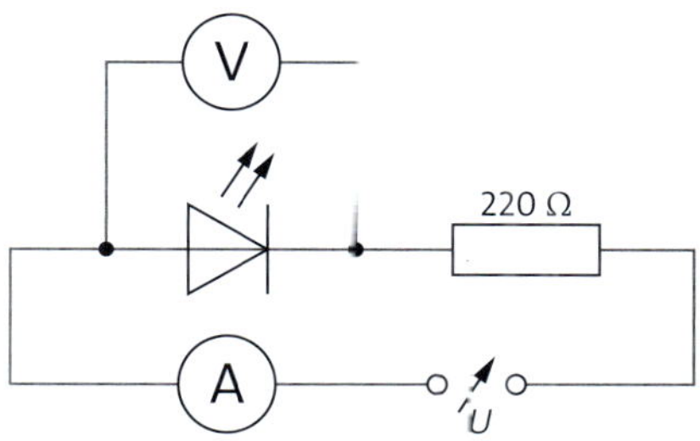

4 Ermitteln der Kennlinie einer LED

Material A • Lichtstrom

A1 In ▸Tabelle 5 ist der von Glühlampen, Energiesparlampen und LED abgestrahlte Lichtstrom Φ_V dargestellt.

a) Recherchieren Sie, wie die Begriffe Lichtstrom Φ_V und Lichtleistung P_L zusammenhängen und was das photometrische Strahlungsäquivalent von 683 Lumen (lm) je Watt (W) bedeutet.

b) Untersuchen Sie, ob der Lichtstrom proportional mit der elektrisch zugeführten Leistung P_{el} zunimmt. Erstellen Sie dazu ein $\Phi_V(P_{el})$-Diagramm.

c) Berechnen Sie für jede Lampe den größten Lichtstrom, den man je Watt zugeführter elektrischer Leistung erzeugen kann. Deuten Sie mit dem Begriff Wirkungsgrad.

d) Ermitteln Sie mit dem photometrischen Strahlungsäquivalent die optimalen Wirkungsgrade der Lampen.

e) Ermitteln Sie, in welchem Abstand von den Lampen die Beleuchtungsstärke $E_V = \frac{\Phi_V}{A}$, also der Lichtstrom pro Fläche A, gleich der Solarkonstante von $1367\,\frac{\mathrm{W}}{\mathrm{m}^2}$ ist. Gehen Sie dabei davon aus, dass sich das Licht gleichmäßig in alle Raumrichtungen verteilt. Beurteilen Sie, welchen Abstand man von den Lampen wenigstens einhalten sollte, damit man nicht geblendet wird.

Glühl.		Energiesparl.		LED	
P_{el} in W	Φ_V in lm	P_{el} in W	Φ_V in lm	P_{el} in W	Φ_V in lm
25	230	18	210	4	300
40	420	28	375	6	600
60	720	42	680	9	900
75	1000	53	850	11	1100
100	1300	70	1100	14	1400

5 Lichtstrom und Leistung

1 Solarmodule auf Häuserdächern

Fotoeffekt

Ein Plusenergiehaus gewinnt mehr Energie als es benötigt, u. a. mithilfe von Solarmodulen auf dem Dach, die Energie von Lichtquanten in elektrische Energie umwandeln. Wie funktioniert das?

Energieumwandlung an der LED • Eine LED wandelt elektrische Energie in Photonenenergie, also Energie von Lichtquanten, um (▸Abb. 2 A). Nun möchten wir Photonen einfangen, untersuchen und energetisch nutzen. Die LED kann die elektrische Energieportion eines Elektrons in eine Lichtenergieportion umwandeln.

Wir legen beispielsweise an eine blaue LED über einen Schutzwiderstand von 220 Ω eine regelbare Spannung U an und steigern diese langsam. Dann leuchtet die LED bei $U = 2{,}342\,\text{V}$ gerade auf (▸Abb. 2 A). Bei dieser Spannung leuchten natürlich auch die rote, die gelbe und die grüne LED. Wir probieren nun am Beispiel der blauen LED aus, ob sie diesen Vorgang umkehren kann. Dazu beleuchten wir diese blaue LED mit einer Taschenlampe und messen an den Kontakten der LED die Spannung mit einem Voltmeter (▸Abb. 2 B). Tatsächlich messen wir so eine Spannung von 2,372 V. Zur Kontrolle dunkeln wir die LED ab und messen $U = 0\,\text{V}$. In der Sonne zeigt das Voltmeter sogar $U = 2{,}404\,\text{V}$ an. Die LED kann also auch Lichtenergie in elektrische Energie umwandeln.

Achtung:
Durch Signal-LEDs kann man direkt beobachten. Aber leistungsstärkere LEDs könnten blenden. Sie werden im Versuch daher nur durch eine Kamera beobachtet.

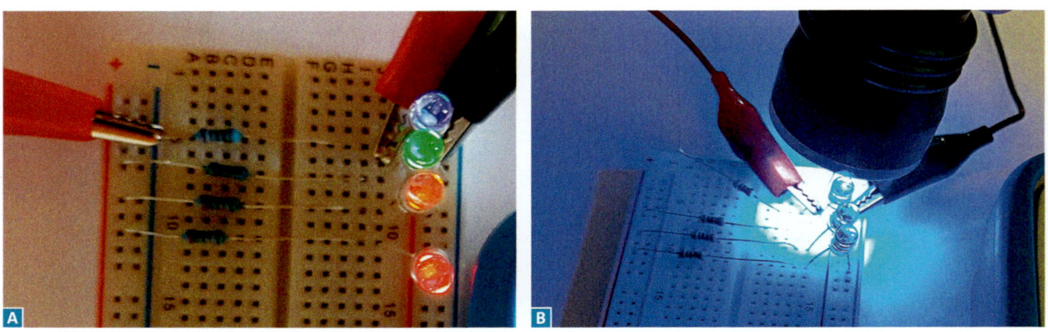

2 **A** LED wandelt elektrische Energie in Lichtenergie, **B** Versuch zur Umkehrung der Emission

Bändermodell zur LED • Um die Emission von Photonen wie in ▸Abb. 2 A zu erreichen, nutzt man dotierte Halbleiter. In dieser Art Festkörper können sich die Elektronen in zwei Energieintervallen aufhalten, sogenannten **Bändern:** dem niederenergetischen **Valenzband** und dem hochenergetischen **Leitungsband** (▸Abb. 3 A–C). Das Intervall zwischen den Bändern heißt Bandlücke und beträgt bei der blauen LED ungefähr 2,35 eV. Wenn wir an die LED eine Spannung von 2,375 V anlegen, dann nehmen Elektronen jeweils die elektrische Energieportion $E = U \cdot e$ auf, was sie in die Lage versetzt, vom Valenzband ins Leitungsband zu wechseln (▸Abb. 3 A, gestrichelter Pfeil). Ein solches Elektron kann wieder ins Valenzband übergehen, wobei diese Energieportion in ein Photon umgewandelt wird (▸Abb. 3 A). Daher leuchtet diese LED erst ab einer anliegenden Spannung von 2,35 V (▸Abb. 2 A).

Wenn ein Photon mit einer Lichtenergie von wenigstens 2,35 eV auf diese LED trifft, dann kann umgekehrt ein Elektron im Valenzband dieses Photon absorbieren und mit der so aufgenommenen Energie ins Leitungsband aufsteigen (▸Abb. 3 B). Wir messen anschließend die entsprechende Spannung von 2,386 V. Diese Energieumwandlung ist höchst effizient, denn in den beiden entgegengesetzten Prozessen sind die Spannungen praktisch gleich.
Anschließend können solche Elektronen aus dem Leitungsband durch einen elektrischen Widerstand $R = 150\,\text{k}\Omega$ als Verbraucher ins Valenzband fließen (▸Abb. 3 C, gestrichelter Pfeil). Im Versuch messen wir am Widerstand die Spannung $U = 2{,}368\,\text{V}$ (▸Abb. 5). Somit fließt durch den Widerstand folgende Stromstärke:

$$I = \frac{U}{R} = \frac{2{,}368\,\text{V}}{150\,\text{k}\Omega} = 15{,}8\,\mu\text{A}.$$

Die LED überträgt also zum Verbraucher folgende elektrische Leistung:

$$P = U \cdot I = 2{,}368\,\text{V} \cdot 15{,}8\,\mu\text{A} = 37{,}4\,\mu\text{W}.$$

Wie betreibt man mit dieser winzigen Leistung ein Plusenergiehaus? Dazu wendet man das gleiche Prinzip bei großflächigen Halbleitern an, wie bei den Solarmodulen in ▸Abb. 1.

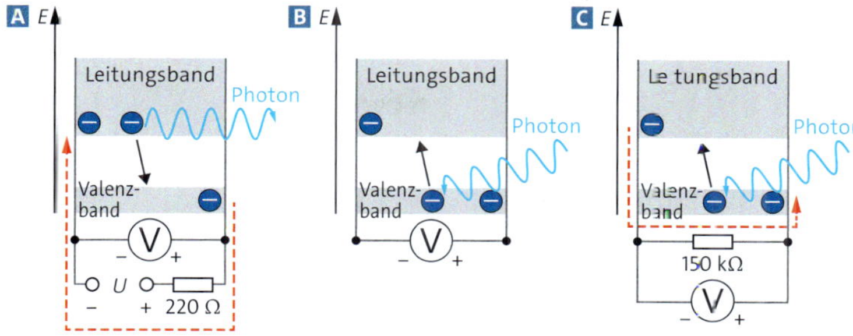

3 Bändermodell bei LED: **A** Emission, **B** Absorption, **C** mit Verbraucher

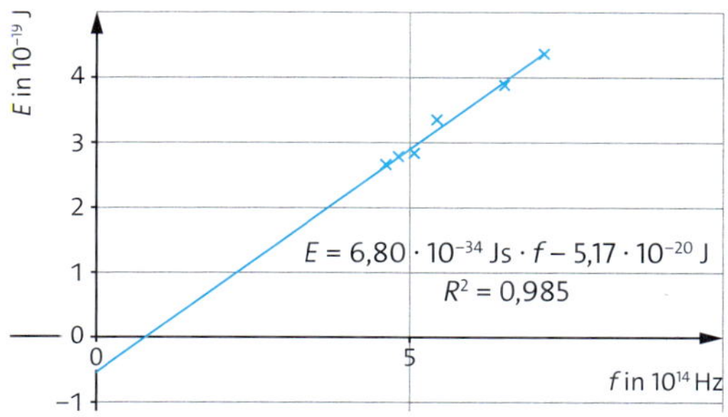

4 $E(f)$-Diagramm zur Absorption von Photonen

Umkehrung der Emission • Zur Absorption von Licht verschiedener Frequenzen f beleuchten wir verschiedene LEDs. Bei jeder LED messen wir die erzeugte Spannung U und berechnen die Energie $E = U \cdot e$ eines ins Leitungsband angehobenen Elektrons (▸Abb. 3 B). Wir tragen die Messwerte im $E(f)$-Diagramm auf und führen eine Regression durch. Der Abschnitt der Hochachse ist klein und wird vernachlässigt. So erhalten wir (▸Abb. 4):

$$E(f) = 6{,}8 \cdot 10^{-34}\,\text{Js} \cdot f.$$

Die Energie ist also proportional zur Frequenz und der gemessene Proportionalitätsfaktor stimmt bis auf 3 % mit **Plancks Wirkungsquantum** h überein: $E = h \cdot f$.
Die Energie des Elektrons entspricht also der Energie $h \cdot f$ des absorbierten Photons.

Bei der LED ist ein Bereich n-dotiert und stellt Elektronen beim Leitungsband bereit, der andere Bereich ist p-dotiert und stellt Löcher beim Valenzband bereit. Wechselt ein solches Elektron in ein Loch, so wird die Energiedifferenz als Photon emittiert.

Ein Elektron kann ein Photon absorbieren und dabei die Energie $h \cdot f$ des Photons aufnehmen. Dieser Vorgang heißt **Fotoeffekt.** Ein Elektron in einem Festkörper kann mittels der so aufgenommenen Energie das Leitungsband erreichen. Dieser Vorgang heißt **innerer Fotoeffekt.**

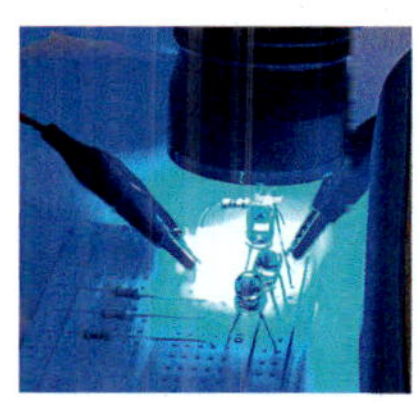

5 LED mit Verbraucher

ALBERT EINSTEIN erklärte den äußeren Fotoeffekt und erhielt dafür im Jahr 1921 den Nobelpreis für Physik.

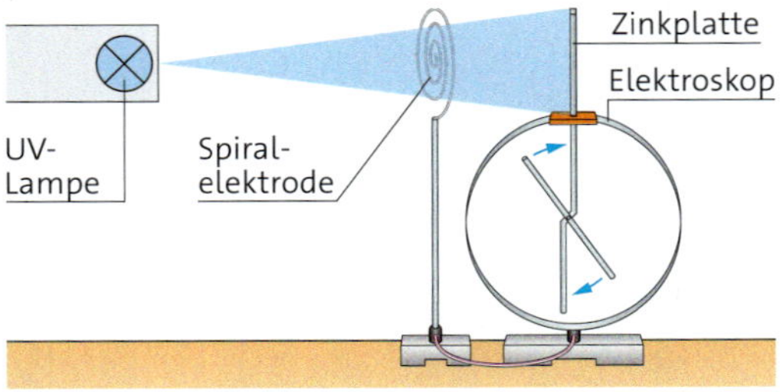

1 Äußerer Fotoeffekt

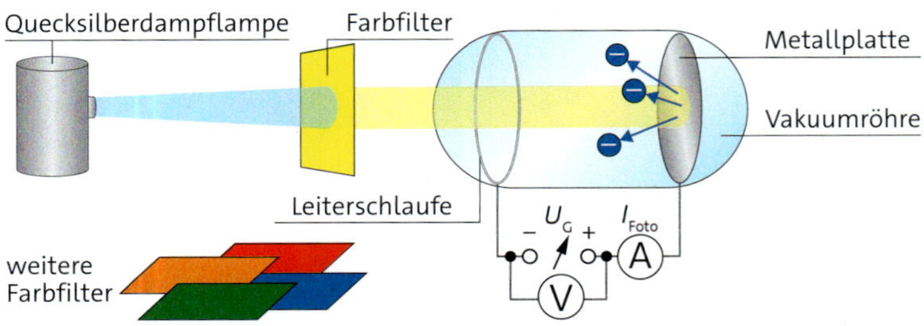

2 Versuch zur Messung der Energie des Elektrons

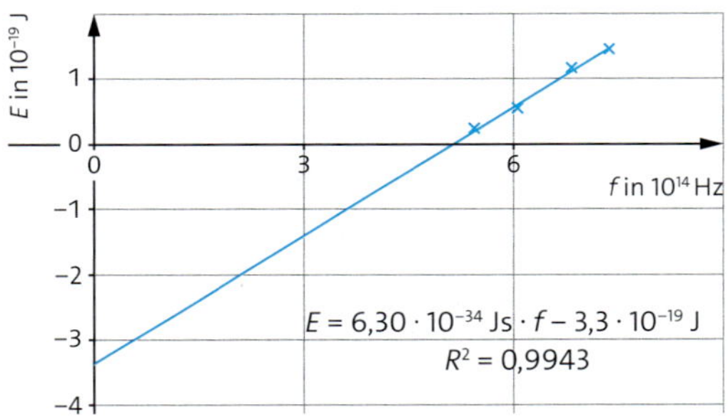

3 Bewegungsenergie abhängig von der Lichtfrequenz

Entdeckung des Fotoeffekts • Erstmals konnten HEINRICH HERTZ und WILHELM HALLWACHS in den Jahren 1887 bis 1889 den Fotoeffekt experimentell nachweisen, indem sie mit ultravioletter Strahlung Elektronen aus einer Metallplatte herauslösten (▸Abb. 1). Dazu befestigt man eine Zinkplatte leitend auf einem Elektroskop, lädt sie negativ und bestrahlt sie mit UV-Strahlung. Dabei entlädt sich das Elektroskop. Solches Herauslösen von Elektronen aus einer Metall- oder Halbleiteroberfläche durch Bestrahlung heißt **äußerer Fotoeffekt.** In zwei Kontrollversuchen verhindern wir die Entladung, indem wir die Zinkplatte anfangs positiv laden oder indem wir eine Glasplatte, die UV-Strahlung absorbiert, vor die Zinkplatte halten. Um den Einfluss von Gasen auszuschließen, verwenden wir eine Vakuumröhre.

Gegenfeldmethode • Die Energien beim äußeren Fotoeffekt werden durch einen raffinierten Versuch ermittelt (▸Abb. 2): Photonen einer herausgefilterten Frequenz f treffen in einer Vakuumröhre auf eine Metallschicht und lösen Elektronen aus dieser heraus. Einige dieser Elektronen treffen auf die Leiterschlaufe. Sie werden als Strom I_{Foto} nachgewiesen. Ihre kinetische Energie E_{kin} ermittelt man, indem man eine Gegenspannung U_G zwischen Metallschicht und Leiterschlaufe anlegt. Ein Elektron benötigt zum Erreichen der Schlaufe somit die Energie $E = U_G \cdot e$. Man steigert U_G, bis I_{Foto} gerade null wird. Dann ist $E_{kin} = E = U_G \cdot e$. Wir tragen E_{kin} abhängig von f in ▸Abb. 3 auf, führen eine Regression durch und erhalten:

$$E_{kin}(f) = 6{,}3 \cdot 10^{-34}\,\text{J} \cdot \text{s} \cdot f - 3{,}3 \cdot 10^{-19}\,\text{J}.$$

In dieser Gleichung sind zwei Parameter zu deuten: Erstens stimmt die Steigung $6{,}3 \cdot 10^{-34}$ J · s bis auf 5 % mit Plancks Wirkungsquantum h überein. Zweitens erfordert das Herauslösen des Elektrons bei jeder Lichtfrequenz f die gleiche **Austrittsenergie** E_A. Um diesen Betrag wird E_{kin} verringert. Daher stellt der Subtrahend E_A dar. Somit lautet die Geradengleichung:

$$E_{kin} = h \cdot f - E_A \quad \text{oder} \quad E_{kin} + E_A = h \cdot f$$

$E_{kin} + E_A$ ist offensichtlich die dem Elektron zugeführte Energie. Diese Energie wird vom Photon zugeführt, also ist $h \cdot f$ die Photonenenergie.
Auch bei Versuchen mit LEDs findet man die Photonenenergie $h \cdot f$, aber dort könnte sie künstlich durch die Bandlücke erzeugt sein. Dagegen zeigt dieser Versuch klar, dass die Energie $E = h \cdot f$ eine Eigenschaft des Photons ist, völlig unabhängig von der Art der Lichtquelle.

Ein Photon mit einer Frequenz f hat die Energie: $E = h \cdot f$.
Wenn ein Photon von einem Metallelektron mit einer Austrittsenergie $E_A < h \cdot f$ absorbiert wird, dann kann das Photon das Elektron aus dem Metall herauslösen.
Die kinetische Energie des Elektrons beträgt danach:
$E_{kin} = h \cdot f - E_A$.

Versuch A • Fotoeffekt

V1 Kennlinie einer Solarzelle

Material:
Solarzelle, regelbarer Widerstand, Voltmeter, Amperemeter, helle Lampe

Arbeitsauftrag:
a) Schalten Sie die Solarzelle, das Amperemeter und den Lastwiderstand R_L in Reihe. Messen Sie die Spannung U_L am Lastwiderstand (▸Abb. 4). Beleuchten Sie die Solarzelle und ermitteln Sie die Stromstärke I_L durch R_L sowie die zum Lastwiderstand übertragene Leistung P_L.
b) Variieren Sie R_L und erstellen Sie so eine $I_L(U_L)$-Kennlinie. Deuten Sie P_L als Fläche im $I_L(U_L)$-Diagramm. Beurteilen Sie, welche Lastwiderstände R_L hier energetisch günstig sind.
c) Ermitteln Sie anhand der Messwerte den Maximalwert der Leistung P_L.
d) Erklären Sie mit dem Bändermodell, wie die Solarzelle eine Spannung U_{Band} erzeugt. Erklären Sie mit dem Innenwiderstand R_i der Solarzelle, warum die Spannung U_L kleiner ist als U_{Band}.
e) Erklären Sie, warum P_L bei einem bestimmten Widerstand R_L maximal wird.

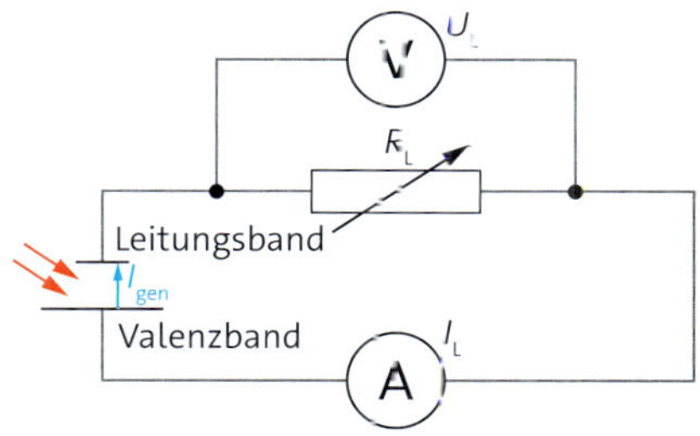

4 Solarzelle mit Lastwiderstand

Material A • Beleuchten verschiedener LEDs

A1 Eine blaue LED ist mit je einer grünen, orangefarbenen und roten LED parallelgeschaltet. Die blaue LED wird mit einer Lampe beleuchtet (▸Abb. 5).
a) Beschreiben Sie, welche LEDs hell, dunkel oder gar nicht leuchten. Erklären Sie die Leuchterscheinungen.
b) An der beleuchteten blauen LED alleine wird die Spannung 2,37 V gemessen, in der Parallelschaltung jedoch nur 1,606 V. Erklären Sie mit den unterschiedlichen Energien der Bandlücken der vier LEDs.
c) Wenn nur die grüne und die blaue LED parallelgeschaltet sind (▸Abb. 5 B), dann leuchtet die grüne LED. Erklären Sie.

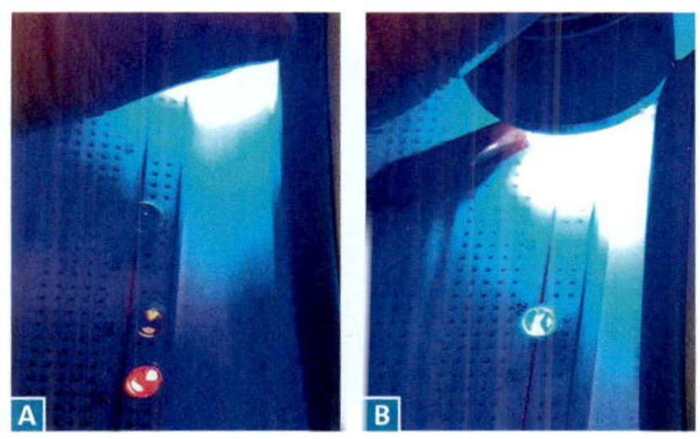

5 Vier LEDs in Parallelschaltung

Material B • Fotoeffekt und Austrittsenergie

B1 In einer Versuchsreihe wird der Fotoeffekt bei drei Fotozellen mit jeweils verschiedenen Beschichtungen der Rückwand durch Anwendung der Gegenfeldmethode untersucht.
Bei jeder Fotozelle wird Licht mit verschiedenen Wellenlängen eingestrahlt.
a) Skizzieren Sie den Versuch und erläutern Sie diesen mit den Begriffen äußerer Fotoeffekt, Photon, Wellenlänge λ der Photonen, Gegenspannung U_G (bei dieser wird die Stromstärke null) und kinetische Energie E_{kin} der ausgetretenen Elektronen.
b) ▸Tabelle 6 zeigt die Messwerte für die Fotozellen. Berechnen Sie jeweils die Frequenz f des Lichts und die kinetische Energie E_{kin}. Zeichnen Sie ein $E_{kin}(f)$-Diagramm und für jede Fotozelle eine Ausgleichsgerade.
c) Ermitteln Sie die Steigungen der Ausgleichsgeraden. Begründen Sie, dass die Steigungen gleich sein müssen.
d) Ermitteln Sie die drei Schnittpunkte mit der Hochachse und deuten Sie diese unter Verwendung der Austrittsenergien aus ▸Tabelle 7.

Fotozelle	1	2	3
λ in nm	U_G in V	U_G in V	U_G in V
420	0,97	0,65	0,44
450	0,78	0,46	0,25
480	0,62	0,31	0,10
510	0,45	0,13	
540	0,32	0,01	
570	0,21		
600	0,08		

6 Fotoeffekt mit Gegenfeldmethode

	Cs	Rb	K	Li	Si
E_A in eV	1,94	2,13	2,25	2,46	3,59

7 Austrittsenergien

BLICKPUNKT

Solarzellen

Potenzial • In Deutschland werden ungefähr $E_g = 550 \cdot 10^9\,\text{kWh}$ elektrische Energie pro Jahr gebraucht. Können wir diese Energie mit Solarzellen gewinnen?
Die Sonne strahlt auf eine Fläche von $A = 1\,\text{m}^2$ eine Leistung von ca. 1 kW über $t = 1000\,\text{h}$ (jährliche Sonnenstunden) ein. Die zugeführte solare Energie je m^2 ist also:

$$\frac{P}{A} = 1\,\text{kW} \cdot 1000\,\frac{\text{h}}{\text{m}^2} = 1000\,\frac{\text{kWh}}{\text{m}^2}.$$

Unser Land hat die Fläche $A = 3{,}6 \cdot 10^{11}\,\text{m}^2$. Also stellt uns die Sonne im Jahr an Lichtenergie zur Verfügung:

$$E_{\text{Licht}} = 3{,}6 \cdot 10^{11}\,\text{m}^2 \cdot 1000\,\frac{\text{kWh}}{\text{m}^2} = 3{,}6 \cdot 10^{14}\,\text{kWh}.$$

Die heute üblichen Solarzellen haben einen Wirkungsgrad von $\eta = 0{,}2$ oder 20 %. So können wir also folgende elektrische Energie im Jahr gewinnen:

$$E_{\text{el}} = 3{,}6 \cdot 10^{14}\,\text{kWh} \cdot 0{,}2 = 7{,}2 \cdot 10^{13}\,\text{kWh}.$$

Wir müssten also 1% unserer Landfläche mit Solarzellen versehen, um den Energiebedarf zu decken. Es wäre besser, wenn wir den Wirkungsgrad erhöhen könnten.
Ein weiteres Problem ist die Speicherung der gewonnenen Energie. Dazu kann man z.B. aus Wasser durch Elektrolyse Wasserstoff erzeugen mit einem Wirkungsgrad von 70 % bis über 80 %. Wasserstoff kann man in Kavernen lagern, wieder zu elektrischer Energie wandeln oder vielfältig nutzen, beispielsweise zum Antrieb von Fahrzeugen oder zur Gewinnung von Stahl. Die Solarenergie könnte so prinzipiell die gesamte in Deutschland jährlich gebrauchte Energie von $3600 \cdot 10^9\,\text{kWh}$ bereitstellen.

Funktionsweise • Eine Solarzelle besteht aus einem Halbleiter. Im **Valenzband** (VB) hat ein Elektron wenig Energie und wird daher durch die elektrische Anziehungskraft bei seinem Atomrumpf gehalten (▸Abb. 1A). Im Halbleiter in ▸Abb. 1 wurden in die sonst homogene Umgebung links einige Atome mit einer Zusatzladung im Atomrumpf sowie einem Zusatzelektron eingearbeitet (Dotierung). Der rechte Bereich wurde mit Atomen mit einer fehlenden Ladung im Atomrumpf und einem fehlenden Elektron, relativ zur Umgebung, dotiert. Somit ist die Solarzelle elektrisch neutral. Aufgrund ihrer Wellenfunktion neigen die Zusatzelektronen links dazu, den freien Raum rechts einzunehmen (▸Abb. 1B). Das geschieht am Übergang zwischen den beiden Bereichen. So sammelt sich links etwas positive Ladung und rechts negative. Dadurch entsteht im Übergangsbereich das elektrische Feld $|\vec{E}|$ in ▸Abb. 1B. Wenn ein Photon in diesen Übergangsbereich trifft und von einem Elektron absorbiert wird, dann löst sich das Elektron von seinem Atom, gelangt ins **Leitungsband** (LB) und ist dort frei beweglich. Dadurch wird es von dem elektrischen Feld $|\vec{E}|$ nach links bewegt (▸Abb. 1C). Schließen wir an die Solarzelle einen Verbraucher mit einem Lastwiderstand R_L an, kann das Elektron durch diesen fließen und eine elektrische Leistung $P = U \cdot I$ zu R_L übertragen (▸Abb. 1D).

Wirkungsgrad • Die meisten Solarzellen werden aus dem Halbleiter Silizium hergestellt. Bei diesem beträgt die Energiedifferenz zwischen Valenzband und Leitungsband, die **Bandlücke**, $\Delta E = 1{,}1\,\text{eV}$. Beim Fotoeffekt gibt das Photon seine gesamte Energie an das Elektron ab: bei rotem Licht $E_{\text{rot}} = 1{,}6\,\text{eV}$, bei grünem Licht $E_{\text{grün}} = 2{,}3\,\text{eV}$ und bei violettem Licht $E_{\text{violett}} = 3{,}1\,\text{eV}$. Diese Energie nimmt das Elektron bei der Absorption auf und gibt den Überschuss zu 1,1 eV thermisch ab. Elektrisch genutzt wird also stets $\Delta E = 1{,}1\,\text{eV}$.
Im Sonnenspektrum gibt es viele Wellenlängen. Die größte Leistung tragen die Photonen im Intervall $650\,\text{nm} < \lambda < 750\,\text{nm}$ bei. Dem entspricht die Photonenenergie $E_{\text{Photon}} \approx 1{,}77\,\text{eV}$. So wird von der eingestrahlten Sonnenenergie folgender Anteil nicht in thermische Energie umgewandelt, sondern genutzt:

$$k_{\text{Bandlücke}} = \frac{1{,}1}{1{,}77} = 0{,}61.$$

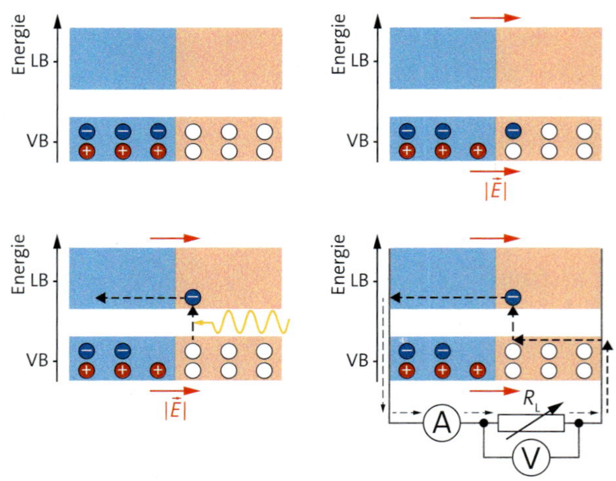

1 A–D Funktionsweise der Solarzelle

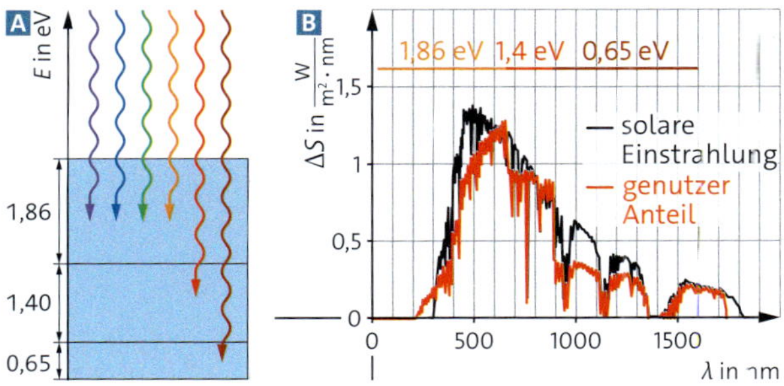

2 A Tandemsolarzelle, B Nutzung des solaren Spektrums

Wir ermitteln die genutzte Leistung $P_L = U_L \cdot I_L$ am Lastwiderstand, indem wir am Amperemeter und Voltmeter ablesen und dabei R_L so anpassen, dass P_L maximal wird. Das Ergebnis ist eine optimale Spannung von $U_L = 0{,}58\,V$. Jedes Elektron im Stromkreis transportiert also nur die Energie 0,58 eV zu R_L, obwohl es eine elektrische Energie von 1,1 eV hat. Die übrige Energie gibt es am Innenwiderstand der Solarzelle ab. Von der elektrischen Energie des Elektrons wird nur folgender Anteil zu R_L transportiert:

$$k_{\text{transportiert}} = \frac{0{,}58}{1{,}1} = 0{,}53\,.$$

Manche Photonenenergien gehen komplett verloren: Entweder wird ein Photon schon am Gehäuse absorbiert oder nicht im Halbleiter oder das absorbierende Elektron geht ins Valenzband über, bevor es die Solarzelle verlässt. Durch diese Effekte kann nur der folgende, empirisch ermittelte, Anteil genutzt werden: $k_{\text{Photon}} = 0{,}74$. Der insgesamt genutzte Anteil ist das Produkt der genutzten Anteile:

$$\eta = k_{\text{Photon}} \cdot k_{\text{Bandlücke}} \cdot k_{\text{transportiert}} = 0{,}239 = 23{,}9\,\%\,.$$

Herkömmliche Siliziumsolarzellen erreichen einen Wirkungsgrad von 24 %. Das passt ungefähr zur Analyse.

Maximaler Wirkungsgrad • Welcher Wirkungsgrad ist physikalisch möglich? Der maximale Wirkungsgrad einer Anlage ist physikalisch dadurch begrenzt, dass die Energie in der Natur stets teilweise ungeordnet vorliegt und durch die Anlage geordnet gewonnen und übertragen werden muss. Die Unordnung ist durch zwei Temperaturen bestimmt, welche die Anlage nutzt: eine hohe Temperatur T_{hoch} und eine tiefe Temperatur T_{tief}. Wir wissen aus der Thermodynamik, dass der physikalisch maximal mögliche Wirkungsgrad stets folgender Quotient ist:

$$\eta_{\max} = \frac{T_{\text{hoch}} - T_{\text{tief}}}{T_{\text{hoch}}}\,.$$

Bei der Sonne steht die hohe Temperatur der Oberfläche zur Verfügung, $T_{\text{hoch}} = 5778\,K$. Die tiefe Temperatur ist die der umgebenden Luft von ca. $T_{\text{tief}} = 300\,K$. Somit ist folgender Wirkungsgrad physikalisch möglich:

$$\eta_{\max} = \frac{5778 - 300}{5778} = 94{,}8\,\%\,.$$

Maximaler Wirkungsgrad • Zwei Maßnahmen erhöhen den Wirkungsgrad von Solarzellen deutlich: Erstens bündelt man das Sonnenlicht durch Sammellinsen oder Spiegel, um optisch den günstigen Bedingungen der Sonnenoberfläche näher zu kommen. So kann man die Leistungsdichte $S = \frac{P}{A}$ z. B. um einen Faktor 300 auf $S = 300\,\frac{kW}{m^2}$ steigern. Eine so bestrahlte Fläche gibt im Gleichgewicht diese Leistungsdichte wieder ab und hat entsprechend dem Stefan-Boltzmann-Gesetz folgende Temperatur:

$$T = \left(\frac{S}{\sigma}\right)^{0,25} = \left(\frac{3 \cdot 10^5\,\frac{W}{m^2}}{5{,}67 \cdot 10^{-8}\,\frac{W}{m^2 \cdot K^4}}\right)^{0,25} = 1517\,K\,.$$

Dabei erreicht man folgenden maximalen Wirkungsgrad:

$$\eta_{\max} = \frac{T_{\text{hoch}} - T_{\text{tief}}}{T_{\text{hoch}}} = \frac{1517\,K - 300\,K}{1517\,K} = \frac{1217}{1517} = 80\,\%\,.$$

Zweitens fertigt man eine dreifache Solarzelle (Tandemzelle), mit drei übereinander liegenden Halbleitern wie in ▸Abb. 2. Die oberste Schicht hat eine Bandlücke von $\Delta E_1 = 1{,}86\,eV$ (▸Abb. 2 A). Sie absorbiert Photonen höherer Energie und lässt solche geringerer Energie durch. Diese werden dann in den unteren Schichten absorbiert. So wird der Faktor $k_{\text{Bandlücke}}$ gesteigert auf 0,73 (▸Abb. 2 B). Bei einer solchen Zelle wurde die Spannung $U_L = 2{,}8\,V$ beim optimalen Widerstand gemessen. Dabei hat ein Elektron die Energie 2,8 eV zu R_L transportiert, während ein Elektron durch die drei Schichten die Energie $\Delta E = 0{,}65\,eV + 1{,}4\,eV + 1{,}86\,eV = 3{,}91\,eV$ erhält. Von dieser elektrischen Energie transportiert das Elektron also folgenden Anteil zu R_L:

$$k_{\text{transportiert}} = \frac{2{,}8}{3{,}91} = 0{,}72\,.$$

Bei gleichem Faktor $k_{\text{Photon}} = 0{,}74$ ist der Wirkungsgrad:

$$\eta = k_{\text{Photon}} \cdot k_{\text{Bandlücke}} \cdot k_{\text{transportiert}} = 0{,}39 = 39\,\%$$

Für eine solche Zelle wurde der Wirkungsgrad $\eta = 41\,\%$ gemessen. Zellen aus vier Schichten erreichen $\eta = 46\,\%$.

1 Beugungsmuster eines Doppelspalts

Quantenobjekte am Doppelspalt

Ein Doppelspalt wurde beleuchtet und als Schirm wurde ein Kamerasensor verwendet. Dabei war die Beleuchtung so lichtschwach, dass sich im Mittel nur 0,0016 Photonen zwischen dem Doppelspalt und dem Schirm befanden. Erstaunlich ist, dass sogar einzelne Photonen dieses Bild erzeugen können!

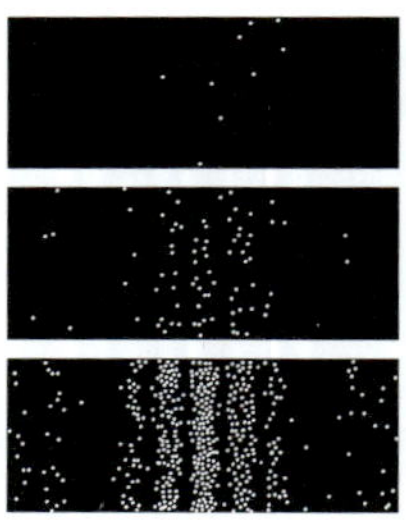

2 Beugungsmuster nach 1 µs, 10 µs und 100 µs

Hypothesen • Wie kommen die Photonen, die das am Schirm in ▸Abb. 1 erkennbare Beugungsmuster erzeugen, durch die beiden Spalte? Dazu analysieren wir vier Hypothesen zum langfristig entstehenden Muster (▸Abb. 2):

(1) Kommt das Licht strahlenförmig zum Schirm, so entstehen dort zwei Streifen von Lichtpunkten.
(2) Falls das Licht wellenförmig den Schirm erreicht, dann erzeugt es dort nicht einzelne Lichtpunkte wie in ▸Abb. 1 und ▸Abb. 2, sondern ein stetiges Beugungsmuster.
(3) Wenn jedes einzelne Photon jeweils einen der beiden Spalte zufällig durchtritt und sich dahinter wellenförmig ausgebreitet, dann entsteht langfristig das in ▸Abb. 3 rot markierte Beugungsmuster, bestehend aus Lichtpunkten.
(4) Tritt jedes einzelne Photon durch den ganzen Doppelspalt, so bildet sich das blau markierte Beugungsmuster von Lichtpunkten (▸Abb. 2, 3).

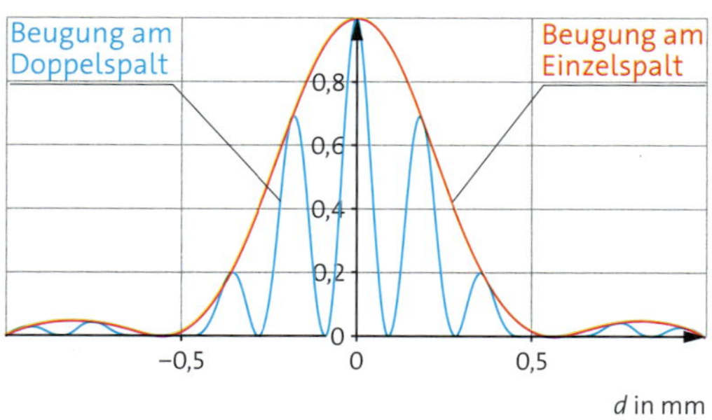

3 Stetiger Graph zur Helligkeit

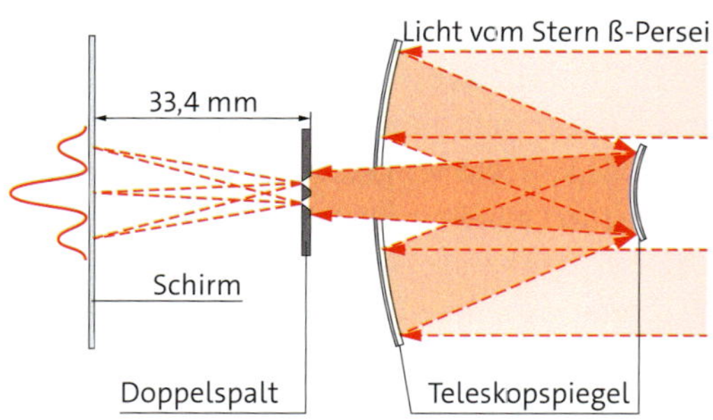

4 Versuchsaufbau

Versuchsaufbau • Wir untersuchen die Hypothesen (1) bis (4) genauer. Vermutung (1) ist widerlegt, da ▸Abb. 1 mehr als zwei Streifen von Lichtpunkten zeigt. Diese Lichtpunkte in ▸Abb. 1 widerlegen wiederum Hypothese (2).
Um die Folgerungen aus Hypothese (3) und (4) zu überprüfen, sehen wir uns den Versuchsaufbau genau an: Kunstlichteffekte schließt der Stern als Lichtquelle aus: β-Persei (auch Algol), im Sternbild Perseus, wurde mit einem kleinen Teleskop beobachtet. Dabei wurde Licht auf den Doppelspalt umgelenkt und 33,4 mm dahinter mit einem Kamerasensor als Schirm erfasst (▸Abb. 4). Der Doppelspalt wurde so aufgebaut, dass der Spaltmittenabstand g dreimal größer ist als die Spaltbreite b (▸Abb. 6). Dadurch unterscheidet sich das Beugungsmuster des Doppelspalts deutlich von dem des Einzelspalts (▸Abb. 3). Um dies zu untersuchen, überprüfen wir die Positionen der ersten Minima. Dabei verwenden wir die typische Wellenlänge $\lambda = 500\,\text{nm}$. Beim Doppelspalt gilt für den Beugungswinkel α des ersten Minimums:

$$\sin\alpha = \frac{0{,}5\lambda}{g} = \frac{250\,\text{nm}}{90\,\mu\text{m}} = 0{,}00278\,.$$

Am Schirm ist das Minimum daher bei:

$$d = 33{,}4\,\text{mm} \cdot \tan\alpha = 0{,}092\,\text{mm}.$$

Das stimmt mit der blauen Kurve in ▸Abb. 3 überein. Für den Einzelspalt ist der Beugungswinkel α des ersten Minimums bei:

$$\sin\alpha = \frac{\lambda}{b} = \frac{500\,\text{nm}}{30\,\mu\text{m}} = 0{,}0167\,.$$

Am Schirm ist das Minimum somit bei:

$$d = 33{,}4\,\text{mm} \cdot \tan\alpha = 0{,}55\,\text{mm}\,.$$

Diese Position stimmt mit dem Minimum des roten Graphen in ▸Abb. 3 überein. Damit sind die Folgerungen aus den Hypothesen (3) und (4) überprüft. Wir vergleichen nun diese Folgerungen mit unseren Beobachtungen.

Auswertung • Man kann die Messwerte schon mit einer einfachen Kamera erzielen, die nur das langfristig entstehende Interferenzmuster in ▸Abb. 3 erfasst. Im entsprechenden Foto erkennen wir Pixel und einen recht gleichmäßigen Helligkeitsverlauf (▸Abb. 5).

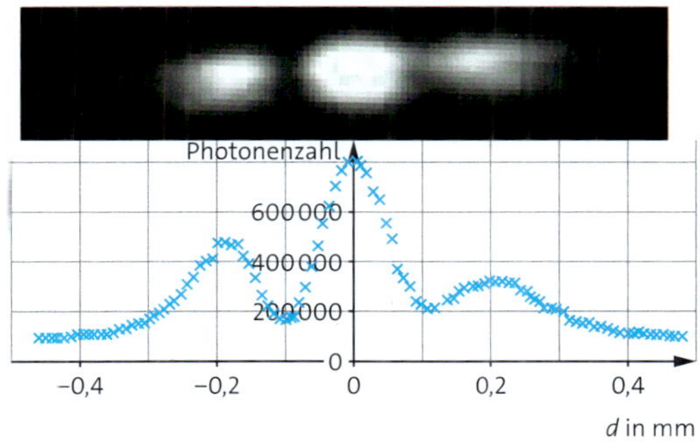

5 Photonenzahl N abhängig von Position d

Zur Auswertung lesen wir zu jedem Pixel die abgespeicherte Zahl der Treffer aus, addieren für jede Spalte alle Zeilen und rechnen auf die Anzahl der Photonen um. Die Spaltennummer multiplizieren wir mit der Pixelbreite von 0,009 mm und erhalten so die Koordinate d in mm. Wir addieren alle erfassten Photonen und erhalten $N = 29$ Millionen, bei einer Belichtungszeit von 2 s. Die Aufenthaltsdauer t eines Photons im Beugungsbereich zwischen Doppelspalt und Schirm beträgt dann:

$$t = \frac{33{,}4\,\text{mm}}{3 \cdot 10^8\,\frac{\text{m}}{\text{s}}} = 11\,\text{ps}\,.$$

Die mittlere Anzahl der Photonen im Beugungsbereich ist gleich der Aufenthaltsdauer aller Photonen $N \cdot t$ geteilt durch die Belichtungszeit:

$$n = \frac{N \cdot t}{2\,\text{s}} = 0{,}0016\,.$$

Also ist jedes Photon praktisch einzeln im Bereich zwischen Doppelspalt und Schirm. Das $N(d)$-Diagramm (▸Abb. 5) passt gut zur Beugung am Doppelspalt (▸Abb. 3, blaue Kurve). Das widerlegt Hypothese (3) und bestätigt Vermutung (4).

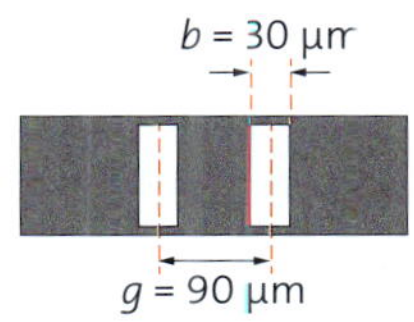

6 Spaltaufbau

Ein einzelnes Photon, das auf einen Doppelspalt trifft, wird am gesamten Doppelspalt gebeugt, sodass viele Photonen langfristig das Beugungsmuster des Doppelspalts erzeugen.

1 Erläutern Sie gleiche und verschiedene Merkmale von ▸Abb. 2 und ▸Abb. 3.

2 Ordnen Sie den beobachteten Interferenzmaxima in ▸Abb. 5 entsprechende Maxima in ▸Abb. 3 zu.

PHÄNOMENE VON QUANTENOBJEKTEN

Das Neutron hat eine Masse von $1{,}67 \cdot 10^{-27}$ kg. Das konnten WALTHER BOTHE und sein Student HERBERT BECKER 1930 erstmals messen.

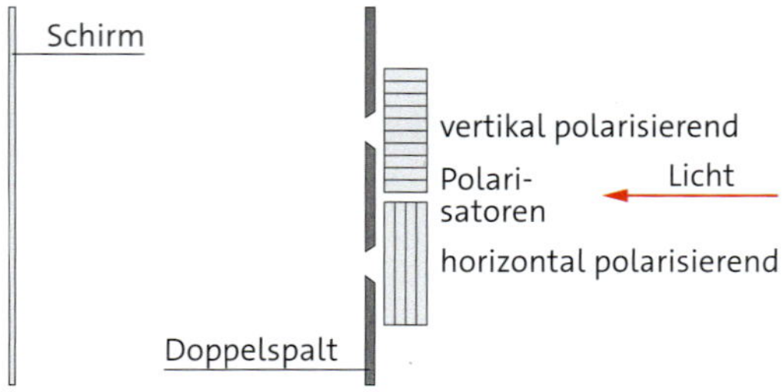

1 Versuch mit Polarisatoren

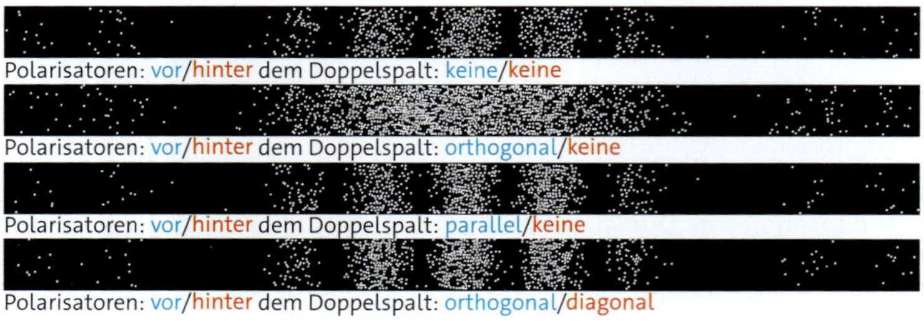

2 Beugungsmuster nach 100 µs mit Polarisatoren

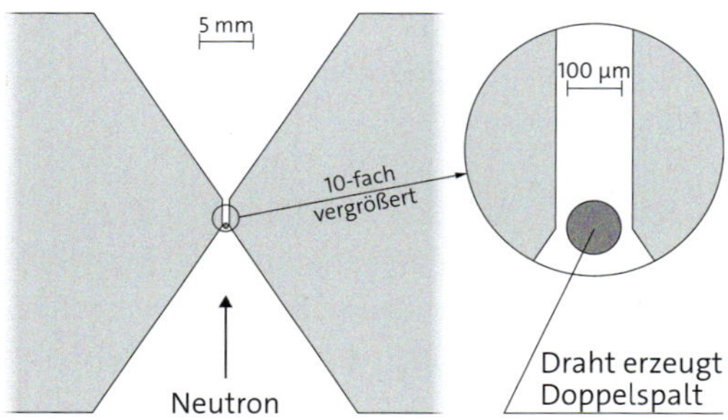

3 Doppelspalt zur Beugung von Neutronen

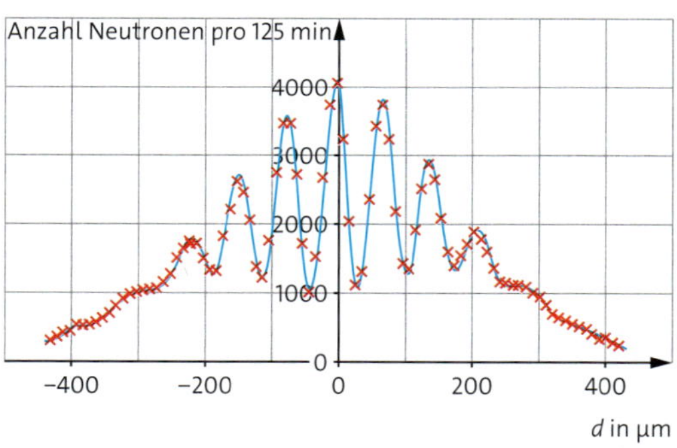

4 Doppelspalt-Beugungsmuster: einzelne Neutronen

Welchen Spalt durchtritt das Photon? • Wir ermitteln, welchen Spalt das Photon durchtritt, indem wir vor jedem Spalt einen Polarisator anbringen. Dabei ist einer waagerecht polarisierend und der andere senkrecht. So können wir hinter dem Spalt durch Analyse der Polarisation immer feststellen, welchen Spalt das jeweilige Photon durchquerte (▸Abb. 1). Erstaunlicherweise entspricht dann das Bild auf dem Schirm dem des Einzelspalts (▸Abb. 2). Wenn dagegen keine Polarisatoren oder parallel orientierende Polarisatoren (▸Abb. 2) verwendet werden – wenn also nicht entschieden werden kann, welchen Weg das Photon nahm – dann entsteht das Muster des Doppelspalts. Anscheinend kommt das Einzelspaltmuster zustande, wenn wir feststellen können, welchen Spalt das Photon durchquerte. Man sagt, dann liegt **Welcher-Weg-Information** vor. Zur Überprüfung bringen wir direkt hinter dem Doppelspalt einen Polarisator an, der diagonal polarisiert, also im 45°-Winkel zur Senkrechten. Dadurch wird die Welcher-Weg-Information gelöscht und das Beugungsmuster des Doppelspalts erscheint wieder (▸Abb. 2).

Wenn ein einzelnes Photon auf einen Doppelspalt trifft, dann wird es am gesamten Doppelspalt gebeugt, sofern keine Welcher-Weg-Information vorliegt. Wenn dagegen Welcher-Weg-Information vorliegt, dann kann es nur einen Spalt passiert haben und es entsteht das Beugungsmuster des Einzelspalts.

Neutron am Doppelspalt • Dieses erstaunliche Phänomen können wir sogar bei massebehafteten Objekten beobachten: Neutronen mit der Wellenlänge $\lambda = 1{,}845\,\text{nm}$ wurden einzeln nacheinander am Doppelspalt mit Spaltmittenabstand $g = 126\,\mu\text{m}$ gebeugt (▸Abb. 3). Von einem Detektor wurden sie 5 m dahinter erfasst. So entstand in 210 Stunden das Beugungsmuster in ▸Abb. 4. Der Beugungswinkel α des dritten Maximums beträgt:

$$\alpha = \arcsin \frac{3 \cdot \lambda}{g} = 0{,}00251°\,.$$

Das Maximum hat am Schirm die Position:

$$d = 5\,\text{m} \cdot \tan \alpha = 0{,}00219\,\mu\text{m}\,.$$

Dieser Wert passt zu dem in ▸Abb. 4 ablesbaren. Das bestätigt, dass auch einzelne Neutronen am Doppelspalt gebeugt werden.

Welle oder Teilchen? • Am Doppelspalt gibt es zwei Wege – ein Teilchen kann links an der mittleren Barriere vorbei oder rechts. Die Situation ist analog zu einem Skifahrer, der auf einen Baum zufährt: Er kann links vorbei oder rechts (▸Abb. 5). Die Experimente zeigen aber, dass sich ein Photon oder ein Neutron am Doppelspalt wie eine **Welle** verhalten, womit das typische Interferenzmuster entsteht.

Das Photon kann sich aber auch wie ein Teilchen verhalten (▸Abb. 2). Bei einer Frequenz f hat es die Energieportion $E = h \cdot f$.

Das Photon hat sogar einen Impuls $p = m \cdot v$, obwohl es keine Masse hat. Wir ermitteln diesen, indem wir die relativistische Beziehung $E = m \cdot c^2$ anwenden. Beim Photon ist m nur eine Rechengröße, die sogenannte dynamische Masse, $m_{\text{dyn}} = \frac{E}{c^2}$. Der Impuls ist dann $p = m_{\text{dyn}} \cdot c = \frac{E}{c}$. Wir setzen $E = h \cdot f$ ein und erhalten $p_{\text{Photon}} = \frac{h \cdot f}{c}$ und somit:

$$p_{\text{Photon}} = \frac{h}{\lambda}.$$

Diese Relation gilt auch für massebehaftete Quantenobjekte. Das Photon hat also auch für **Teilchen** typische Eigenschaften, ebenso wie das Neutron. Wir fassen zusammen:

Ein Photon und ein Neutron können sich wie eine Welle verhalten. Aber sie können sich auch wie ein Teilchen verhalten.

Welle und Teilchen zugleich? • Man könnte nun meinen, ein Photon sei zugleich Welle und Teilchen. Das ist aber durch die Definitionen der Begriffe Welle und Teilchen unmöglich. Denn ein Teilchen kann nicht zwei Wege zugleich nehmen (▸Abb. 5). Daher kann ein Photon kein Teilchen sein, da am Doppelspalt sein Verhalten nicht auf einen der beiden Wege reduziert werden kann.

Kann das Photon eine Welle sein? Um das zu entscheiden, betrachten wir ein Photon mit einer Frequenz von $f = 0{,}15 \cdot 10^{15}\,\text{Hz}$ und der zugehörigen Energieportion von $E = 10^{-19}\,\text{J}$, das von einer punktförmigen Lichtquelle ausgesendet wird.

5 Ein Skifahrer als Quantenobjekt

Wäre das Photon eine Welle, so würde sich seine Energieportion E bei konstanter Frequenz f gleichmäßig in alle Richtungen des Raums verteilen. In einer Entfernung von 10 m würde sich diese Energieportion auf eine Kugeloberfläche von $4 \cdot \pi \cdot 100\,\text{m}^2$ verteilen. Wenn nun ein 10 m entferntes Solarmodul von $1\,\text{m}^2$ Fläche dieses Photon absorbieren würde, dann würde die Welle eine Energie von $\frac{10^{-19}\,\text{J}}{4 \cdot \pi \cdot 100} = 7{,}96 \cdot 10^{-23}\,\text{J}$ auf das Modul übertragen. Das geht aber nicht, da bei der Lichtfrequenz f stets Lichtenergieportionen von $10^{-19}\,\text{J}$ absorbiert werden. Somit ist ein Photon keine Welle. Entsprechendes gilt für ein Neutron. Wir fassen zusammen:

Photonen und Neutronen sind weder Wellen noch Teilchen.

Quantenobjekte verhalten sich erstaunlich anders als Teilchen und Wellen. Das muss uns nicht wundern. Denn die Vorstellung von Teilchen wurde ursprünglich für makroskopische Objekte entwickelt. Und das Konzept der Welle wurde zunächst für kontinuierliche Medien erarbeitet.

Völlig neuartige Objekte • Daher sind Photon und Neutron grundsätzlich neuartige Objekte, sogenannte **Quantenobjekte.** Charakteristisch ist, dass sie sowohl Wellen- als auch Teilcheneigenschaften aufweisen können.

Ein Objekt, das sowohl Welleneigenschaften aufweisen als auch Teilcheneigenschaften zeigen kann, ist ein Quantenobjekt.

Im Augenblick der lokalen Absorption eines in der Ferne emittierten Photons sinkt dessen für Interferenz nötige Wellenfunktion instantan überall auf null. Man spricht vom **Kollaps der Wellenfunktion.** Dies ist ein Beispiel für **Nichtlokalität.**

1 Analysieren Sie anhand der drei Merksätze das Verhalten des Skifahrers in ▸Abb. 5.

Versuch A • Photonen hinter dem Doppelspalt

V1 Laserlicht am Doppelspalt

Material:
Doppelspalt, Befestigungsmaterial, Maßstab, Laserpointer der Schutzklasse 1 in Stativklemme **(Achtung:** Nicht direkt in die Lichtquelle blicken!), Schirm, Smartphone

Arbeitsauftrag:
a) Fixieren Sie den Laser in der Stativklemme und den Doppelspalt und den Schirm auf einem Tisch wie in ▸Abb. 1 gezeigt. Befestigen Sie den Maßstab am Schirm. Schalten Sie den Laser ein und fotografieren Sie das Bild am Schirm mit dem Smartphone (▸Abb. 3 A). Achten Sie darauf, dass Leuchterscheinung und Maßstab auf dem Foto erscheinen.

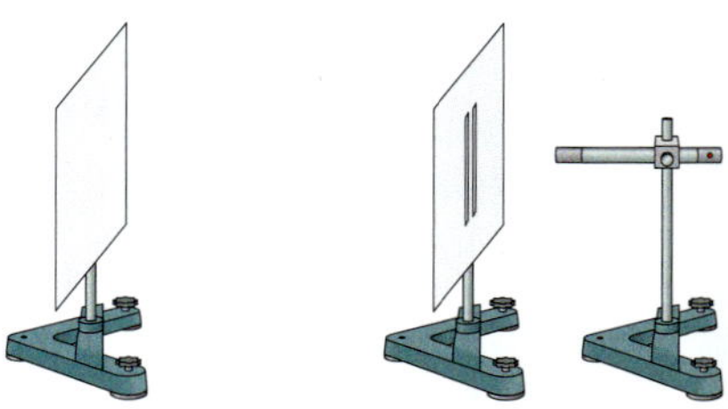

1 Versuchsskizze

b) Beschreiben Sie das Foto mithilfe der Begriffe Beugungsmaxima, Einhüllende, erste Ordnung der Einhüllenden.
c) Erklären Sie die verschiedenen Maxima im Foto mithilfe von Photonen.
d) Überprüfen Sie Ihre Erklärung: Messen Sie die Orte der Maxima. Ermitteln Sie diese auch theoretisch. Vergleichen Sie.

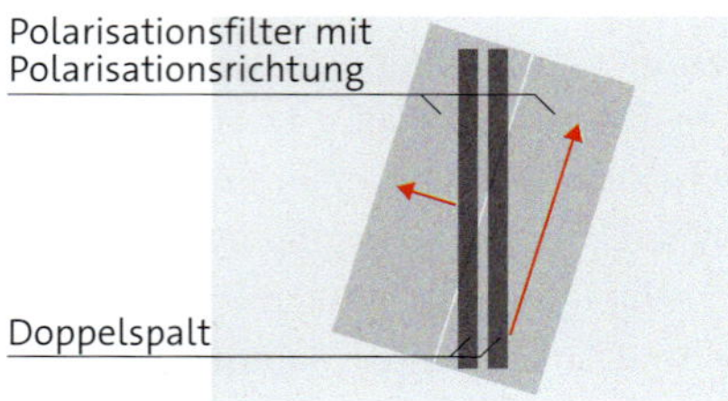

2 Doppelspalt mit Polarisatoren

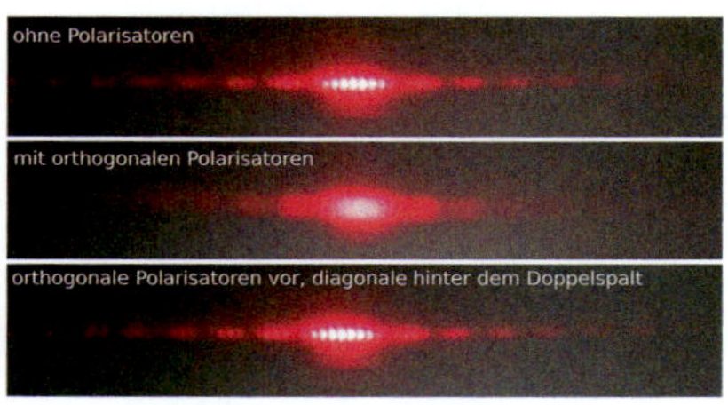

3 A–C Beugungsbilder am Schirm

V2 Welcher Weg?

Material:
Doppelspalt mit Polarisationsfolie, Befestigungsmaterial, Laserpointer der Schutzklasse 1 in Stativklemme **(Achtung:** Nicht direkt in die Lichtquelle blicken!), Schirm, Smartphone

Arbeitsauftrag:
a) Kleben Sie vor die beiden Spalte je eine Polarisationsfolie, sodass die Polarisationsrichtungen orthogonal zueinander ausgerichtet sind (▸Abb. 2). Bauen Sie den Versuch wie in ▸Abb. 1 gezeigt auf. Schalten Sie den Laser ein und fotografieren Sie das Bild am Schirm mit dem Smartphone (▸Abb. 3 B).
b) Erklären Sie die Maxima im Foto. Verwenden Sie die Begriffe Einzelspalt, Photon, Welcher-Weg-Information.
c) Bringen Sie hinter dem Doppelspalt eine dritte Polarisationsfolie an, deren Polarisationsrichtung mit denen der beiden anderen Folien einen Winkel von 45° einschließt. Fotografieren Sie das Bild am Schirm mit dem Smartphone (▸Abb. 3 C).
d) Erklären Sie die Maxima auf dem Foto.

Material A • Radiointerferometer

A1 Zwei Radioteleskope können wie die Öffnungen eines Doppelspalts genutzt werden, um zwei Punkte unter sehr kleinen Sehwinkeln noch aufzulösen.
a) Ermitteln Sie den Abstand der beiden Radioteleskope in ▸Abb. 4.
b) Die Teleskope beobachten ein Objekt, das Radiowellen mit $\lambda = 1{,}3\,\text{mm}$ aussendet. Das nullte Maximum erscheint unter einem Winkel von $\vartheta = 30°$, relativ zur Senkrechten. Ermitteln Sie den Winkel ϑ_1 des ersten Maximums der Beugung (▸Abb. 4).
c) Ermitteln Sie den kleinsten erreichbaren Sehwinkel. Gehen Sie dabei davon aus, dass ein benachbartes Objekt vom ersten Objekt unterscheidbar ist, wenn die nullten Ordnungen um den Sehwinkel des ersten Maximums auseinander liegen.

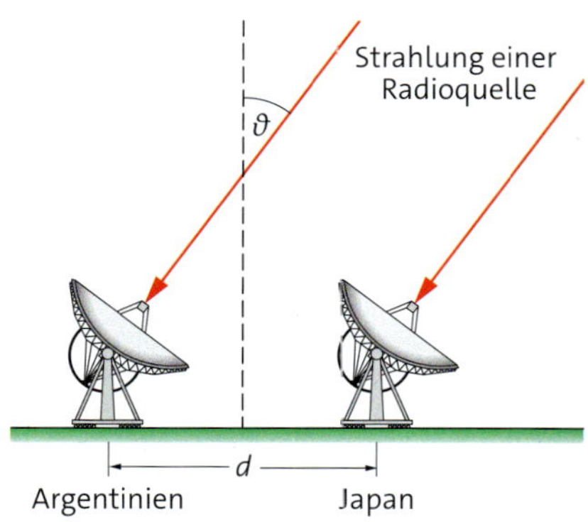

4 Globales Radiointerferometer

Material B • Schrödingers Katze

B1 In ▸Abb. 6 ist eine Bildergeschichte zu einem Gedankenexperiment gezeigt, bekannt als „Schrödingers Katze“: In einer Box befinden sich eine Katze, ein radioaktives Präparat und ein Giftgasbehälter, der zerschlagen wird, sobald ein Geiger-Müller-Zählrohr ein Teilchen erfasst.

a) Erläutern Sie, welche Quantenobjekte im Versuch wichtig sind.

b) Erläutern Sie, welche zwei Möglichkeiten für diese Quantenobjekte bestehen und welche zwei Möglichkeiten für ein Quantenobjekt bei einem Doppelspalt auftreten. Beschreiben Sie die Darstellung der quantenphysikalischen Überlagerung der beiden Möglichkeiten in ▸Abb. 6.

c) Erläutern Sie, welche Messungen beim Doppelspalt und bei der Katze diese Überlagerung der zwei Möglichkeiten beenden können. Beschreiben Sie die Darstellung der beiden möglichen Messwerte in ▸Abb. 6.

d) Die Messung des Zustands der Katze kann durch einen Experimentator erfolgen oder durch ein eingeatmetes Luftmolekül. Erläutern Sie, was dies für die Dauer des Zustands der Überlagerung bedeutet.

e) Erörtern Sie Grenzen der Analogie. Erklären Sie insbesondere, wie diese Überlagerung beim Doppelspaltversuch durch Polarisatoren aufgehoben werden kann und was dies für das Bild am Schirm bedeutet. Verwenden Sie die Begriffe Welcher-Weg-Information und einzelne Photonen.

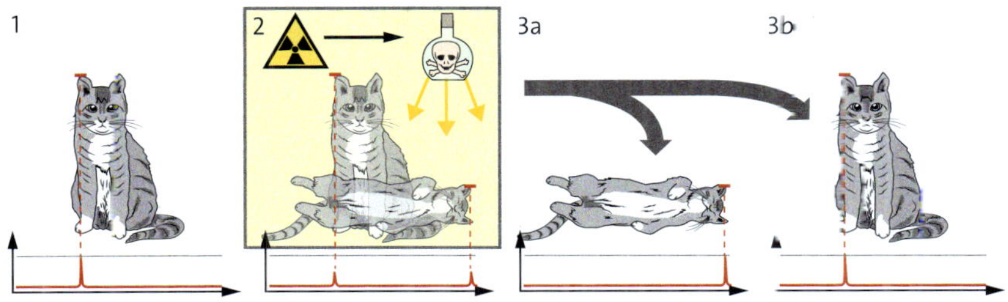

6 Schrödingers Katze

Material C • Beugung einzelner Elektronen

C1 1988 haben AKIRA TONOMURA, JUNIJI ENDO, TSUYOSHI MATSUDA, HIROSHI EZAWA UND TAKESHI KAWASAKI einzelne Elektronen mit der Wellenlänge $\lambda = 5{,}4\,\text{pm}$ an einem Doppelspalt gebeugt.

a) Ermitteln Sie die Beschleunigungsspannung. Berechnen Sie Impuls und Geschwindigkeit der Elektronen.

b) Der Spaltmittenabstand betrug $g = 700\,\text{nm}$. Ermitteln Sie den Winkel α der ersten Beugungsordnung.

c) Die Kamera befand sich in einem Abstand von 20 cm hinter dem Doppelspalt. Elektromagnetische Linsen vergrößerten wie bei einem Elektronenmikroskop um den Faktor 2000. Berechnen Sie den Abstand d zwischen nulltem und erstem Maximum am Kamerasensor. Vergleichen Sie mit der Beobachtung in ▸Abb. 7 A–C.

d) Im Versuch treffen 1000 Elektronen pro Sekunde auf den Kamerasensor. Ermitteln Sie, wie viele Elektronen sich im Mittel zwischen Doppelspalt und Kamera befinden. Begründen Sie, dass das fotografierte Muster durch viele einzelne Elektronen entstand.

e) Begründen Sie, dass ▸Abb. 7 A–C weder durch Wellen, noch durch Teilchen, sondern durch Quantenobjekte erklärbar sind. Erläutern Sie anhand von ▸Abb. 7 A–C die stochastische Deutung.

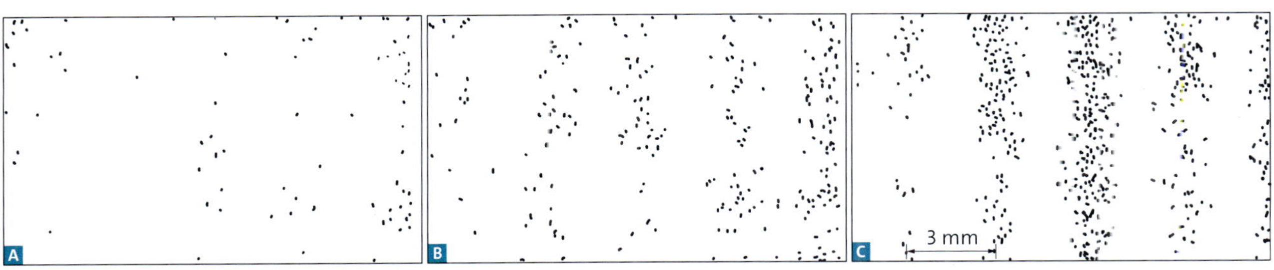

7 Beugung einzelner Elektronen am Doppelspalt mit **A** 3000, **B** 20 000 und **C** 70 000 Elektronen

1 Beugung am Spalt

Antreffwahrscheinlichkeit

Das Bild zeigt drei Beugungsmuster, erzeugt von Licht hinter einem Spalt. Die verschiedenen Beugungsmaxima sind unterschiedlich hell. Das heißt, die Photonen sind bei verschiedenen Beugungsmaxima mit unterschiedlichen Wahrscheinlichkeiten anzutreffen. Wie können wir diese Wahrscheinlichkeiten berechnen?

Versuch • Wir leuchten mit einem Laserpointer der Schutzklasse 1 durch einen Spalt mit einer Breite von 1 mm. Das Beugungsbild in ▸Abb. 1 erscheint auf einem Schirm 4 m hinter dem Spalt und wird mit der Kamera eines Smartphones fotografiert (▸Abb. 2). Wir analysieren das Beugungsmuster genauer für das rote Licht:
Zuerst schneiden wir den Streifen mit dem roten Beugungsmuster digital aus.

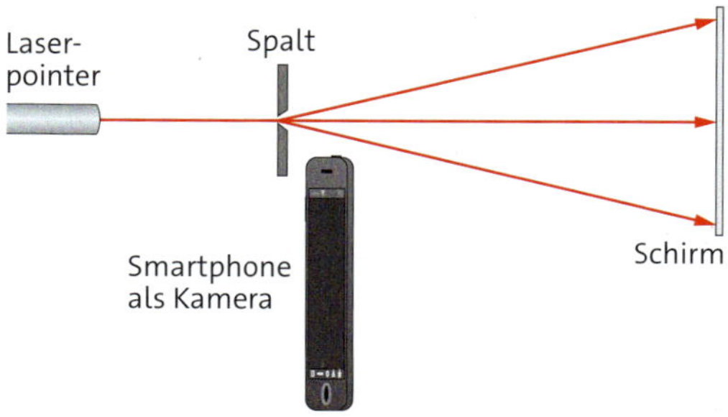

2 Versuchsskizze

Dann lesen wir die **Intensitäten** I für die Farbe Rot mit einer Software aus, die die Intensitäten für alle Zeilen einer Pixel-Spalte addiert. Die summierten Intensitäten stellen wir abhängig von der Spaltennummer dar (▸Abb. 4).

Messung der Intensität • Wenn der Auslöser gedrückt wird, dann wird der Kamerasensor belichtet. Dieser Sensor besteht aus Bildelementen, **Pixeln,** die in Zeilen und Spalten angeordnet sind (▸Abb. 3 A). In jedem Pixel ist für die Farbe Rot eine winzige Solarzelle vorhanden. Während der Belichtungszeit absorbieren einige Elektronen im Pixel je ein Photon. Diese Elektronen werden anschließend ausgelesen. Ihre Anzahl ist proportional zur **Intensität** I der Farbe Rot beim entsprechenden Pixel. Jedes Pixel erfasst analog die Intensitäten für Grün und Blau.
Wir mitteln anschließend die Intensitäten jeder Spalte und stellen sie abhängig von der Pixel-Spalte in ▸Abb. 4 dar.

Antreffwahrscheinlichkeit • Die Anzahl der im Pixel erfassten Elektronen ist proportional zur Wahrscheinlichkeit P, ein Photon im Pixel anzutreffen. Diese heißt **Antreffwahrscheinlichkeit** P. Da diese Anzahl auch proportional zur Intensität ist, ist die Antreffwahrscheinlichkeit ebenso proportional zur Intensität, $I \sim P$.

Wellenfunktion • Ein Quantenobjekt wird durch eine **Wellenfunktion** Ψ mathematisiert. Diese ist eine Funktion von Ort und Zeit. Für den Fall des monochromatischen Lichts kennen wir Ψ aus der Wellenlehre als Sinusfunktion. Wie hängt die Antreffwahrscheinlichkeit P von der Wellenfunktion Ψ ab? Das analysieren wir am Beispiel der Beugungsmaxima.

Messwerte • Wir ermitteln die Intensitäten I der Beugungsmaxima in ▸Abb. 4. Beim nullten Maximum beträgt die Intensität: $I_0 = 60$.
Das Maximum erster Ordnung hat die Intensität: $I_1 = 2{,}6$.
Das Verhältnis der Intensitäten ist $\frac{I_1}{I_0} = 4{,}33\,\%$.
Wegen der Proportionalität $I \sim P$ ist $\frac{I_1}{I_0} = \frac{P_1}{P_0}$:
$\frac{P_1}{P_0} = \frac{I_1}{I_0} = 4{,}33\,\%$.

Wellenfunktion und Beugungswinkel • Wir berechnen Werte von Ψ, die die Wellenfunktion auf dem Schirm annimmt – und zwar für wesentliche Beugungswinkel α, indem wir die Wellenstrahlen mit diesem Beugungswinkel addieren. Beim Winkel α_{min} eines Minimums ist diese Summe gleich null. Beim ersten Minimum können wir die Wellenstrahlen in zwei Bündel gruppieren, die sich um den Phasenunterschied $\Delta\varphi = \pi$ unterscheiden, wobei wir jedes Lichtbündel durch den mittleren Wellenstrahl darstellen (▸Abb. 5):

$$\Psi_{min,1} = \hat{\Psi} \cdot (\cos\varphi - \cos\varphi) = 0.$$

Beim zweiten Minimum können wir die Strahlen in vier Bündel gruppieren, sodass benachbarte sich um $\Delta\varphi = \pi$ unterscheiden:

$$\Psi_{min,2} = \hat{\Psi} \cdot (\cos\varphi - \cos\varphi + \cos\varphi - \cos\varphi) = 0.$$

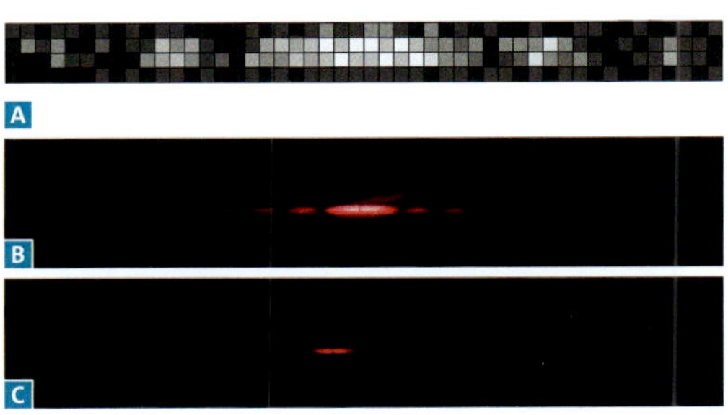

3 Intensitäten: **A** Pixel, **B** kleine, **C** große Entfernung

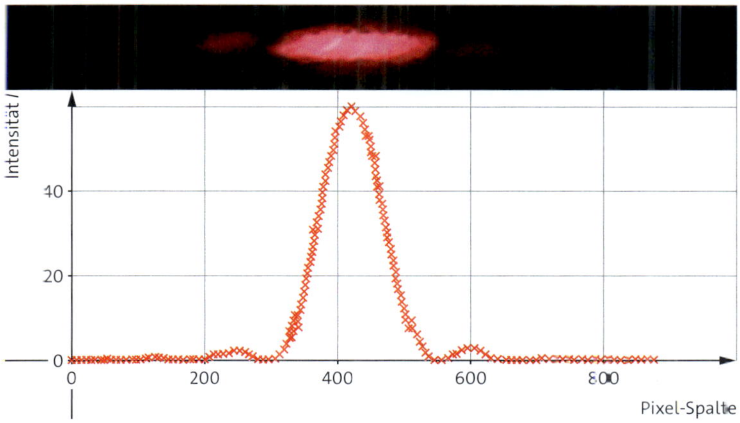

4 Beugungsmuster im Diagramm: $I(d)$

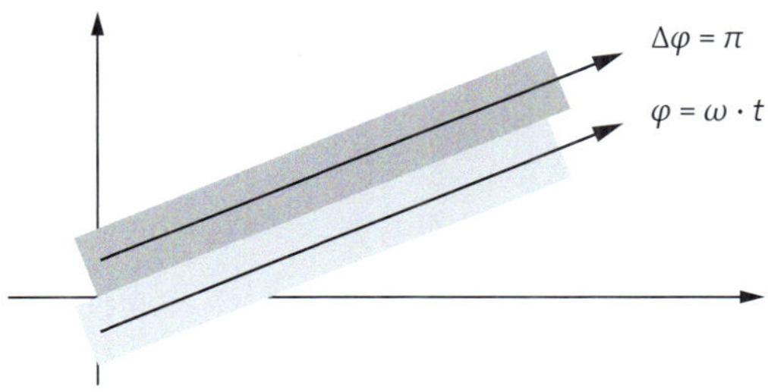

5 Zwei Wellenstrahlen beim ersten Minimum

Falls die Intensitäten erkennbar eine Sättigung erreichen, dann ist das Foto überbelichtet (▸Abb. 3 B). Damit keine Überbelichtung mehr auftritt, fotografieren wir das Beugungsmuster aus größerer Entfernung nochmals (▸Abb. 3 C).

Entsprechend entsteht das erste Maximum, wenn wir die Strahlen in drei Bündel mit den Phasenunterschieden 0, π und 2π gruppieren können (▸Abb. 6). Hierbei haben die Randstrahlen den Phasenunterschied $3\pi = 540°$. Also gilt:

$$\Psi_{min,1} = \hat{\Psi} \cdot (\cos\varphi - \cos\varphi + \cos\varphi) = \hat{\Psi} \cdot \cos\varphi.$$

Dabei ist beim nullten Maximum die Wellenfunktion:

$$\Psi_0 = 3 \cdot \hat{\Psi} \cdot \cos\varphi = 3 \cdot \Psi_1.$$

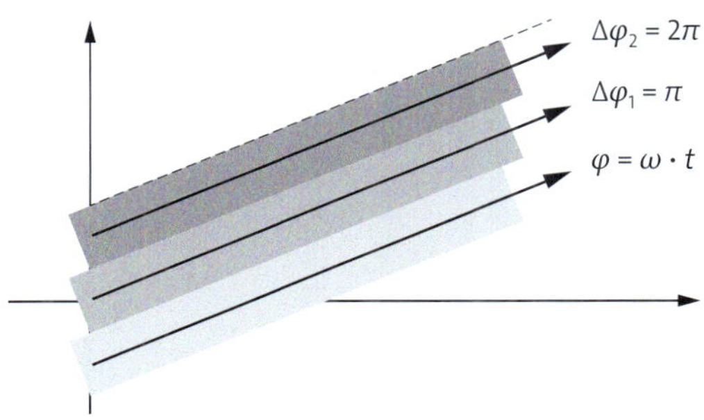

6 Drei Wellenstrahlen beim ersten Maximum

Eine Welle wird beschrieben durch eine Wellenfunktion der Form:
$\Psi(t) = \hat{\Psi} \cdot \cos(\omega \cdot t + \Delta\varphi)$

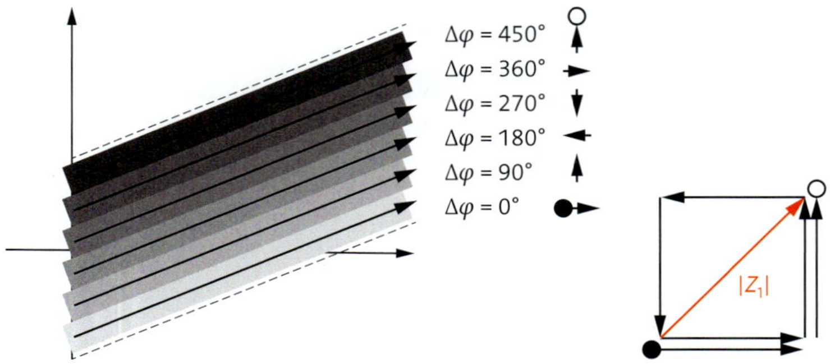

1 Sechs Wellenstrahlen beim ersten Maximum

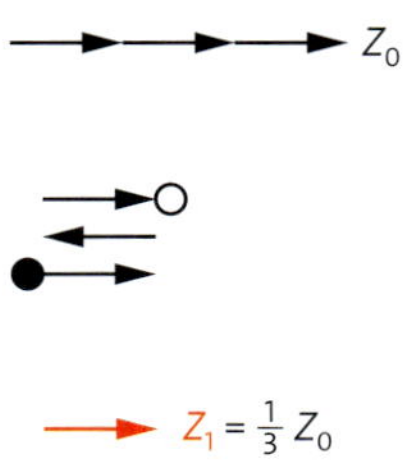

2 Zeigermodell

Zeigermodell • Das erste Maximum haben wir durch drei Wellenstrahlen beschrieben. Jeder Wellenstrahl hat am Schirm eine Amplitude und eine Phase. Beides wird gemeinsam durch einen Zeiger dargestellt (▸Abb. 2). Die Phasenunterschiede sind bei den drei Wellenstrahlen 0, π und 2π. Der Betrag der Summe der Zeiger $|Z|$ ist proportional zur Amplitude am Schirm:

$$|Z| \sim |\hat{\Psi}|.$$

Steigerung der Genauigkeit • Wir analysieren das erste Maximum nun genauer. Dazu teilen wir das Lichtbündel, das durch den Spalt tritt, in mehr als drei Teile. Zuerst wählen wir sechs gleich große Teilbündel. Da zwischen den Randstrahlen der Phasenunterschied 3π besteht, haben benachbarte Teilbündel $\Delta\varphi = \frac{\pi}{2} = 90°$ (▸Abb. 2). Wir ermitteln die Summe der Wellenstrahlen dieser Bündel mit dem Zeigermodell. Dabei verwenden wir stets repräsentative Einzelzeiger mit der Länge 1, wobei der erste Zeiger die Phase $\varphi = 0$ hat. Beim ersten Maximum hat die Summe der Zeiger Z_1 in ▸Abb. 2 somit den Betrag:

$$|Z_1| = \sqrt{2}.$$

Beim nullten Maximum sind alle sechs Zeiger parallel und deren Summe hat daher folgenden Betrag:

$$|Z_0| = 6.$$

Das Verhältnis der Beträge dieser Zeiger ist gleich dem Verhältnis der Beträge der Amplituden der Wellenfunktionen:

$$\frac{|Z_1|}{|Z_0|} = \frac{|\Psi_1|}{|\Psi_0|} = \frac{\sqrt{2}}{6} = 23{,}6\,\%.$$

Das passt nicht zur Beobachtung $\frac{I_1}{I_0} = 4{,}33\,\%$.

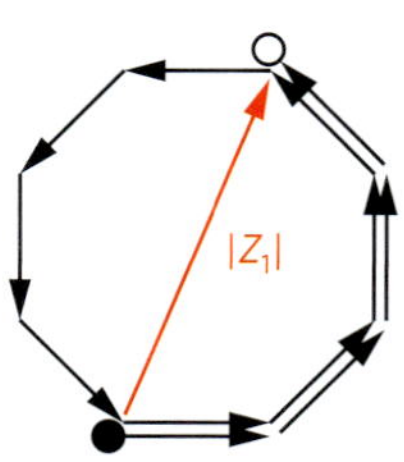

3 Zeiger bei zwölf Wellenstrahlen

Weitere Hypothesen • Wir untersuchen zwei weitere Hypothesen: Erstens könnte das Verhältnis der Intensitäten gleich dem Verhältnis der Quadrate der Zeigerbeträge bzw. der Beträge der Amplituden sein:

$$\frac{|\Psi_1|^2}{|\Psi_0|^2} = \frac{2}{36} = 5{,}6\,\%.$$

Das passt schon recht genau zu dem beobachteten Verhältnis der Intensitäten von 4,33 %. Zweitens könnte das Verhältnis $\frac{I_1}{I_0}$ gleich dem Verhältnis der Kuben der Zeiger sein:

$$\frac{|\Psi_1|^3}{|\Psi_0|^3} = \frac{\sqrt{8}}{216} = 1{,}3\,\%.$$

Das passt nicht. Daher analysieren wir nun nur noch die Hypothese zum Quadrat der Zeiger: Um das exakte Ergebnis zu erzielen, suchen wir mit dem Beispiel von zwölf Zeigern nach einer Regel für die Figur, welche die Zeiger bilden.

Zwölf Strahlen • Zunächst teilen wir das Lichtbündel in zwölf gleich große Teile und stellen diese als Zeiger dar (▸Abb. 3). Wir bilden die vektorielle Summe:

$$\vec{Z} = \begin{pmatrix} 1 \\ 0 \end{pmatrix} + \begin{pmatrix} \frac{1}{\sqrt{2}} \\ -\frac{1}{\sqrt{2}} \end{pmatrix} + \begin{pmatrix} 0 \\ -1 \end{pmatrix} + \begin{pmatrix} -\frac{1}{\sqrt{2}} \\ -\frac{1}{\sqrt{2}} \end{pmatrix} = \begin{pmatrix} 1 \\ -1-\sqrt{2} \end{pmatrix}$$

Der Betrag des Summenzeigers des ersten Maximums ist also:

$$|Z_1| = 1^2 + \sqrt{[(-1-\sqrt{2})^2]} = 2{,}61.$$

Beim nullten Maximum sind alle Zeiger parallel und deren Summe hat daher den Betrag 12. Das Verhältnis der Quadrate der Zeigerbeträge ist somit:

$$\frac{|Z_1|^2}{|Z_0|^2} = 4{,}7\,\%.$$

Das passt recht gut zum beobachteten Verhältnis $\frac{I_1}{I_0} = 4{,}33\,\%$.

Außerdem erkennen wir die Regel: Die Figur aus den Zeigern nähert sich dem eineinhalbfachen Kreisumfang an (▸Abb. 3 und 4).

Grenzfall unendlich vieler Strahlen • Wenn wir die Zahl der Zeiger immer weiter erhöhen, dann bildet die Summe der Zeiger des ersten Maximums im Grenzfall den 1,5-fachen Kreisumfang (▸Abb. 4).
Denn die äußeren Wellenstrahlen unterscheiden sich um die Phase 3π und dem entspricht der 1,5-fache Umlauf. Der entsprechende Zeiger verbindet den Anfangspunkt und den Endpunkt der 1,5-fachen Kreislinie und hat somit die Länge des Durchmessers d oder des doppelten Radius $2r$ (▸Abb. 4):

$$|Z_1| = d.$$

Der Summenzeiger des nullten Maximums hat die Länge des 1,5-fachen Umfangs U (▸Abb. 4):

$$|Z_0| = 1{,}5 \cdot U = 3 \cdot \pi \cdot r = \Delta\varphi_{\text{Randstrahlen}} \cdot r$$

Das Verhältnis der Quadrate der Zeigerbeträge ist somit:

$$\frac{|Z_1|^2}{|Z_0|^2} = \frac{1}{(1{,}5 \cdot \pi)^2} = 4{,}5\ \%.$$

Offenbar passt das Verhältnis der Quadrate der Zeigerbeträge gut zur Beobachtung $\frac{I_1}{I_0} = 4{,}33\,\%$. Aufgrund dieser guten Übereinstimmung des berechneten Quotienten $\frac{|Z_1|^2}{|Z_0|^2} = 4{,}5\,\%$ mit dem Verhältnis $\frac{I_1}{I_0} = 4{,}33\,\%$ der beobachteten Intensitäten entscheiden wir uns für unsere entsprechende Hypothese:

$$\frac{|Z_1|^2}{|Z_0|^2} = \frac{I_1}{I_0}.$$

Antreffwahrscheinlichkeit berechnen • Aufgrund der Proportionalität $I \sim P$ gilt die Quotientengleichheit $\frac{P_1}{P_0} = \frac{I_1}{I_0}$.
Wir setzen dies in die letztgenannte Gleichung ein, womit das Verhältnis der Quadrate der Zeigerbeträge gleich dem Verhältnis der Antreffwahrscheinlichkeiten ist:

$$\frac{|Z_1|^2}{|Z_0|^2} = \frac{P_1}{P_0}.$$

Die Zeigerlängen sind proportional zu den Amplituden am Schirm, $|Z| \sim |\hat{\Psi}|$. Daher gilt die Quotientengleichheit

$$\frac{|Z_1|^2}{|Z_0|^2} = \frac{|\hat{\Psi}_1|^2}{|\hat{\Psi}_0|^2}.$$

Wir setzen dies in die obige Gleichung ein:

$$\frac{|\hat{\Psi}_1|^2}{|\hat{\Psi}_0|^2} = \frac{P_1}{P_0}.$$

Diese Quotientengleichheit ist wiederum gleichbedeutend mit der Proportionalität:

$$|\hat{\Psi}|^2 \sim P.$$

Dieses Ergebnis passt gut zu unseren beobachteten Intensitäten und gilt generell. Wir fassen zusammen:

Die Antreffwahrscheinlichkeit P eines Quantenobjekts ist proportional zum Betragsquadrat der Amplitude der Wellenfunktion:

$$|\hat{\Psi}|^2 \sim P.$$

Bisher haben wir die Zeigerlängen $|Z_0|$ und $|Z_1|$ nur für das erste Maximum wie in ▸Abb. 4 berechnet. Das Verfahren übertragen wir auf beliebige Stellen d am Schirm: Für eine Stelle d berechnen wir die Phasendifferenz $\Delta\varphi_{\text{Randstrahlen}}$ und identifizieren sie mit der Zeigerlänge $|Z_0|$. Die Zeigerlänge $|Z_1|$ ist die Länge des Vektors zwischen den Endpunkten (▸Abb. 4). So ermitteln wir die Antreffwahrscheinlichkeiten für alle Punkte am Schirm und vergleichen sie mit den Messwerten (▸Abb. 5). Die Berechnung stimmt gut mit den Messwerten überein.

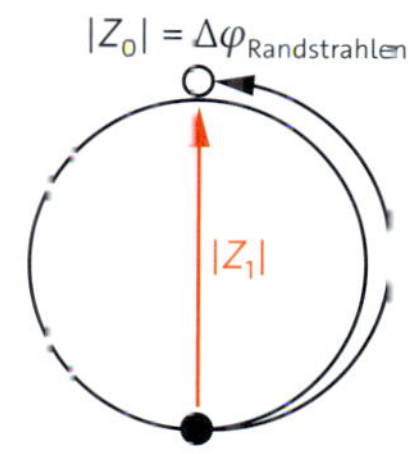

4 Zeiger im Grenzfall vieler Wellenstrahlen

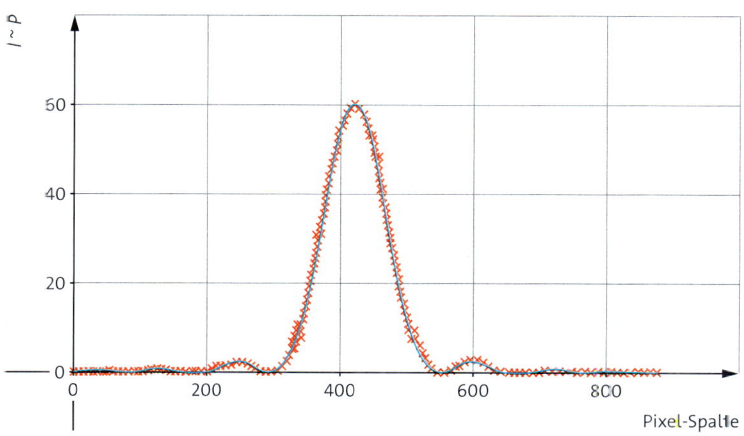

5 Vergleich: Theorie $I \sim P$ (blau) und Messwerte (rot)

Versuch A • Photonen am Schirm und unterwegs

V1 Doppelspalt

Material:
Tabellenkalkulationsprogramm oder Funktionsplotter, GTR oder Computer

Arbeitsauftrag:
Wir modellieren Photonen mit einer Wellenlänge von 500 nm, die senkrecht auf einen Doppelspalt mit Spaltmittenabstand $g = 0{,}5\,\text{mm}$ treffen. Wir ermitteln das Quadrat der Zeigerlänge Z^2 für Orte d an einem Schirm, der sich $a = 1\,\text{m}$ hinter dem Doppelspalt befindet.

a) Ermitteln Sie den Ort d_1 des 1. Maximums der Antreffwahrscheinlichkeit.

b) Erstellen Sie eine Tabellenkalkulation oder einen entsprechenden Funktionsplot. Stellen Sie in der ersten Spalte d im Intervall [−2 mm; 2 mm] dar. Berechnen Sie zu d den Beugungswinkel α und dazu den Wegunterschied Δs in den Spalten 2 und 3.

c) Ermitteln Sie in den folgenden Spalten den entsprechenden Phasenunterschied $\Delta\varphi$ sowie die zugehörigen Komponenten $Z_x = 1 + \cos\varphi$ und $Z_y = \sin\varphi$ des Zeigers .

d) Stellen Sie $Z^2(d)$ in der letzten Spalte sowie als Graph (▸Abb. 1) dar und begründen Sie, dass Z^2 proportional zur Antreffwahrscheinlichkeit $|\Psi|^2$ eines Photons ist.

V2 Vierfachspalt

Material:
Tabellenkalkulationsprogramm oder Funktionsplotter, GTR oder Computer

Arbeitsauftrag:
Wir modellieren Photonen mit einer Wellenlänge von 500 nm, die senkrecht auf einen Vierfachspalt mit Spaltmittenabstand $g = 2\,\mu\text{m}$ treffen. Wir ermitteln das Quadrat der Zeigerlänge Z^2 für Orte d an einem Schirm, der sich $a = 1\,\text{m}$ hinter dem Vierfachspalt befindet.

a) Ermitteln Sie den Ort d_1 des 1. Maximums der Antreffwahrscheinlichkeit.

b) Erstellen Sie eine Tabellenkalkulation oder einen Funktionsplot. Stellen Sie in der ersten Spalte d im Intervall [−1,5 m; 1,5 m] dar. Berechnen Sie in weiteren Spalten zu d den Beugungswinkel α und für benachbarte Spalte Δs und $\Delta\varphi$.

c) Ermitteln Sie für den Zeiger die Komponenten $Z_x = 1 + \cos\varphi + \cos(2\varphi) + \cos(3\varphi)$ und $Z_y = \sin\varphi + \sin(2\varphi) + \sin(3\varphi)$.

d) Stellen Sie $Z^2(d)$ im Graphen dar (▸Abb. 2). Deuten Sie den Graphen mit den Begriffen Nebenmaxima, Hauptmaxima, Antreffwahrscheinlichkeit.

e) Erläutern Sie, warum der Vierfachspalt im Vergleich zum Doppelspalt (▸Abb. 1) Vorteile beim Spektroskopieren bietet.

f) Analysieren Sie Gitter mit vielen Spalten.

V3 Photon

Material:
Tabellenkalkulationsprogramm oder Funktionsplotter, GTR oder Computer

Arbeitsauftrag:
Wir modellieren für ein Photon das Betragsquadrat einer Wellenfunktion $|\Psi_P|^2(x)$ abhängig vom Ort x.
Das Photon hat eine Wellenzahl von $k = \frac{2\pi}{\lambda} = \frac{2\pi \cdot \Delta p}{h} = \frac{10^7}{\text{m}}$ und eine Wellenfunktion $\Psi_P(x, k) = \cos(k \cdot x)$. Das Photon hat auch eine Unbestimmtheit von $\Delta k = 2 \cdot 10^6\,\frac{1}{\text{m}}$ und daher weitere Komponenten $\Psi_P(x, k')$ der Wellenfunktionen.

a) Erstellen Sie eine Tabellenkalkulation oder einen entsprechenden Funktionsplot. Stellen Sie in der ersten Spalte x im Intervall [−3 µm; 3 µm] dar.

b) Berücksichtigen Sie die Unbestimmtheit Δk, indem Sie weitere Komponenten mit $k' = k \cdot \left(1 + \frac{n}{10}\right)$ mit der Gaußfunktion als Amplitude addieren:
$\Psi_P(x, k') = \cos(2\pi \cdot k' \cdot x) \cdot \exp\left(-\frac{1}{2} \cdot \left(\frac{k'^2}{\Delta k^2}\right)\right)$
Wählen Sie erst n von −3 bis 3 und dann n von −5 bis 5 (▸Abb. 3). Stellen Sie die resultierende Wellenfunktion $\Psi_P(x)$ dar.

c) Begründen Sie mit ▸Abb. 3, dass das Photon in einem kleinen Raumbereich anzutreffen ist.

d) Ermitteln Sie $|\Psi_P|^2(x)$ und stellen diese Funktion grafisch dar. Begründen Sie, dass diese Funktion proportional zur Antreffwahrscheinlichkeit ist.

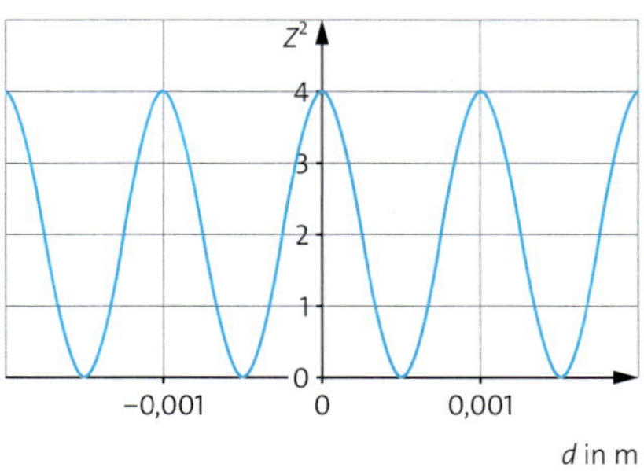

1 Antreffwahrscheinlichkeit: Doppelspalt

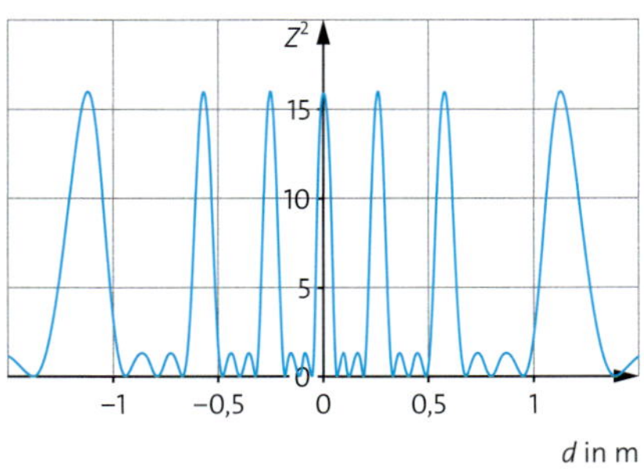

2 Antreffwahrscheinlichkeit: Vierfachspalt

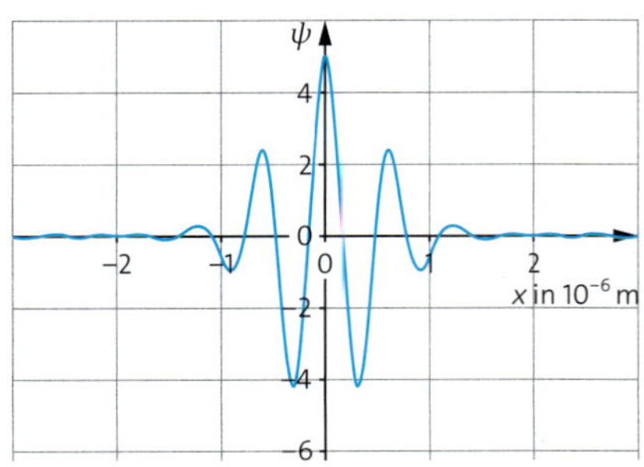

3 Photon mit $\Delta k = 2 \cdot 10^6\,\frac{1}{\text{m}}$, $\Delta k \cdot \Delta x = \frac{1}{2}$

Material A • Elektronen im Nanodraht

A1 Mit Nanodrähten kann man die in Smartphones und Computern wesentlichen Feldeffekttransistoren noch kleiner und energieeffizienter realisieren (▸Abb. 4). Wir untersuchen, wie Elektronen in einem Nanodraht stehende Wellen bilden (▸Abb. 5 A–C).

a) Mit der Energie elektromagnetischer Wellen wird das Elektronengas in einem Nanodraht zu einer stehenden Welle angeregt. Dabei hat der Draht in ▸Abb. 5 A–C eine Länge von 3400 nm. Beschreiben Sie die gemessene Antreffhäufigkeit und ermitteln Sie die gemessene Wellenlänge der stehenden Welle in ▸Abb. 4 A–C.

b) Hier gibt es, zusammen mit den zwei halben Wellenbergen am Rand, 11 Wellenberge. Überprüfen Sie, ob dann in einem Draht der Länge 3400 nm tatsächlich die gemessene Wellenlänge entstehen muss.

c) Berechnen Sie Impuls und Energie der Elektronen. Entwickeln Sie dazu eine Kosinusfunktion Ψ_P dieser Wellenlänge, stellen Sie die Wahrscheinlichkeitsdichte $|\Psi_P|^2$ grafisch dar und vergleichen Sie mit ▸Abb. 4 A–C.

d) Im Prinzip ist es möglich, dass nur ein Wellenbauch auftritt. Entwickeln Sie dazu eine Kosinusfunktion Ψ_P mit dieser Wellenlänge und stellen Sie $|\Psi_P|^2$ grafisch dar. Ermitteln Sie für diesen Fall die Wellenlänge, den Impuls und die Energie.

e) Vermuten Sie einen Zusammenhang zwischen der Form von $|\Psi_P|^2$ und der Energie. Überprüfen Sie Ihre Hypothese anhand einer Wellenfunktion mit zwei Wellenbäuchen.

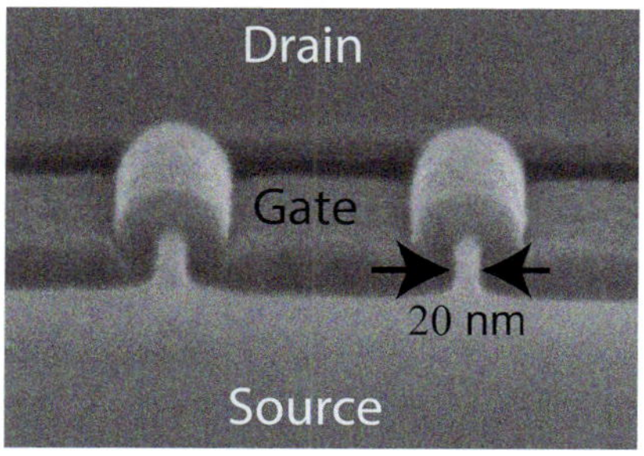

4 Nanodraht im Feldeffekttransistor

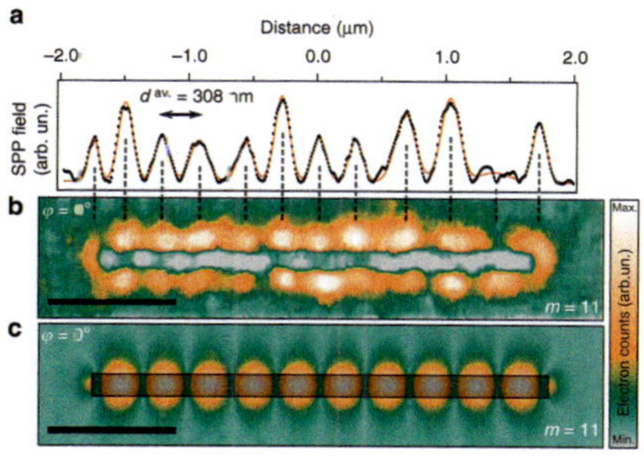

5 **A, B** Antreffhäufigkeit, **C** Antreffwahrscheinlichkeit

Material B • Valenz- und Leitungsband

B1 In dieser Aufgabe modellieren wir das Betragsquadrat $|\Psi|^2(x)$ eines Elektrons in einem Festkörper abhängig vom Ort x. Die Atome sind an den Stellen $x = 0{,}2$, $x = 0{,}4$, $x = 0{,}6$, $x = 0{,}8$.

a) Beschreiben Sie das Betragsquadrat $|\Psi|^2(x)$ in ▸Abb. 6 und ▸Abb. 7.

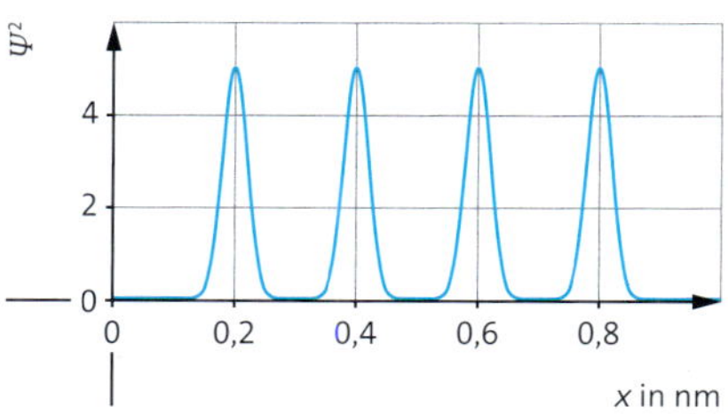

6 Valenzband

b) Erklären Sie, warum das Betragsquadrat in ▸Abb. 6 an vier Stellen besonders groß ist und warum die Elektronen in ▸Abb. 6 den Strom nicht leiten können.

c) Erklären Sie, warum die Elektronen nur mithilfe von thermischer oder anderer Energie vom Valenzband ins Leitungsband gelangen können und warum die Elektronen in ▸Abb. 7 den Strom leiten können.

d) ▸Abb. 8 zeigt das Betragsquadrat für ein Elektron im Leitungsband, an dem eine Spannung anliegt. Erklären Sie, warum sich $|\Psi|^2(x)$ dabei ändert.

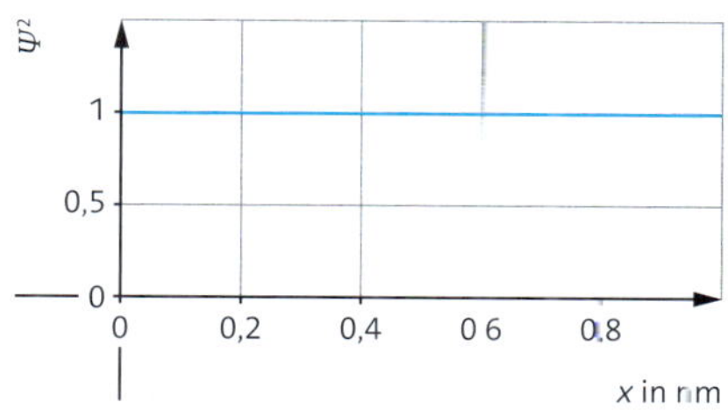

7 Leitungsband

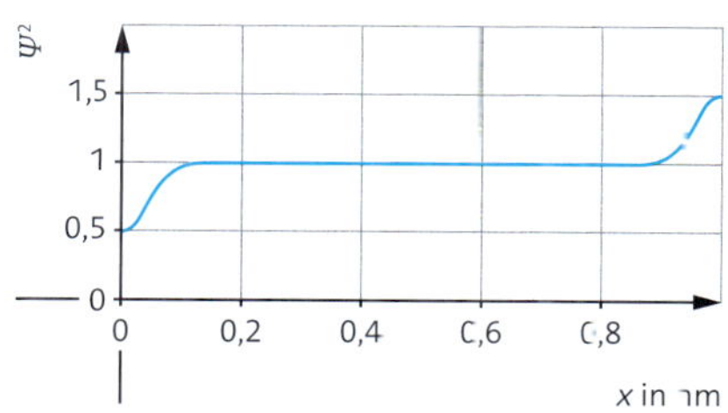

8 Leitungsband bei anliegender Spannung

1 Sehschärfe beim Schießen

Unbestimmtheitsrelation

Die Schützin peilt mit ihrem Auge das 5 mm kleine Zentrum der 50 m entfernten Zielscheibe an. Wie scharf kann das menschliche Auge sehen?

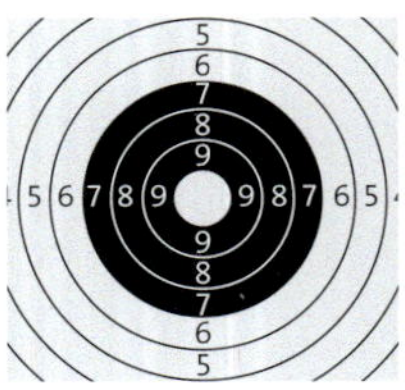

2 Zielscheibe

Sehwinkel • Beobachtet man ein Objekt der Gegenstandsgröße G aus einer Entfernung g, entsteht auf der Netzhaut ein Bild der Bildgröße B (▸Abb. 3). Der Winkel α zur Gegenkathete G ist der halbe Sehwinkel und wesentlich für die Bildgröße B. Mit dem Durchmesser d des Auges gilt:

$$\tan\alpha = \frac{G}{g} = \frac{B}{d}.$$

Bei der Schützin in ▸Abb. 1 beträgt die Gegenstandsweite $g = 50\,\text{m}$. Als Gegenstand wählen wir den Radius von $G = 2{,}5\,\text{mm}$ des inneren Rings der Zielscheibe (▸Abb. 2, ▸Abb. 3).

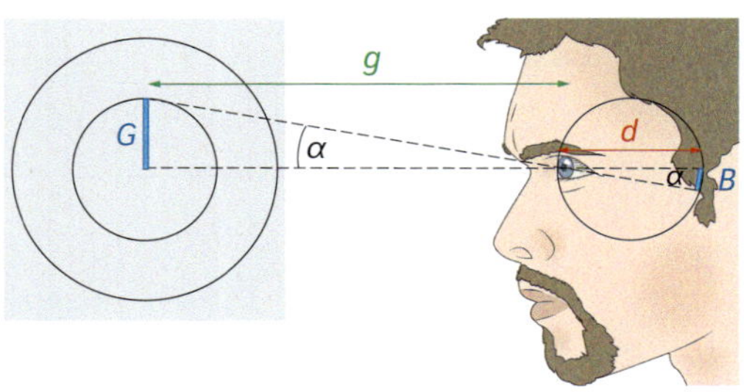

3 Halber Sehwinkel α für einen Radius G

Wir lösen die Gleichung nach α auf, setzen G und g ein und erhalten $\alpha = 0{,}0029°$. Der Sehwinkel des inneren Rings ist dann $2\alpha = 0{,}0058°$. Ein normal sehender Mensch kann einen Sehwinkel von 0,017° gerade noch auflösen. Den inneren Ring können also allenfalls besonders Scharfsichtige sehen. Ist das physikalisch möglich?

Sehwinkel eines Punktes • Ein punktförmiger Gegenstand hat vor dem Auge den Sehwinkel null. Aber das Licht, das vom Gegenstand ins Auge trifft, wird an der Pupille gebeugt. Daher beleuchtet es einen ganzen Bereich der Netzhaut. Dadurch nehmen wir den Punkt als ausgedehnten Gegenstand entsprechend der Größe des beleuchteten Netzhaut-Bereichs wahr. Dem Radius B_{Punkt} dieses Bereichs entspricht die Bildgröße B (▸Abb. 3). Der entsprechende Winkel α_{Punkt} beträgt $\arctan\left(\frac{B_{\text{Punkt}}}{d}\right)$. Der wahrnehmbare Sehwinkel des Punktes entspricht üblicherweise dem Durchmesser und ist doppelt so groß:

$$2\alpha_{\text{Punkt}} = 2 \cdot \arctan\left(\frac{B_{\text{Punkt}}}{d}\right) > 0\,.$$

Modellversuch • Wir ermitteln den wahrnehmbaren Sehwinkel eines Punktes durch einen Modellversuch.

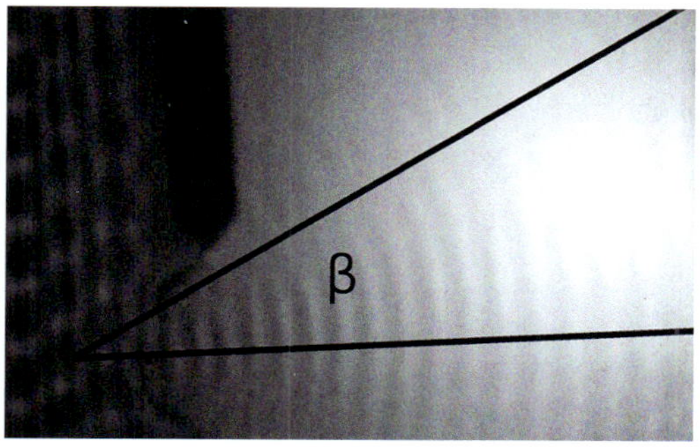

4 Beugungswinkel β des ersten Minimums.

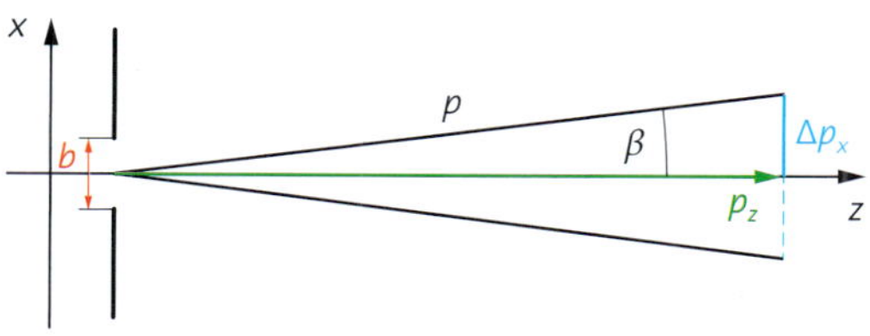

5 Impuls-Unbestimmtheit hinter der Pupille

n	1	2	3
β	0,072°	0,143°	0,215
$\sin\beta$	0,00125	0,0025	0,00375
$\sin\beta = \frac{n \cdot \lambda}{b}$	0,00125	0,00250	0,00375

6 Sinus von β der Minima n-ter Ordnung

Dabei modellieren wir (▸Abb. 4) die Lichtwellen durch Wasserwellen, die Pupille durch einen Spalt und den Pupillendurchmesser durch die Spaltbreite b. Hinter dem Spalt entsteht ein zentrales Beugungsmaximum, daneben das Minimum erster Ordnung ($n = 1$), mit einem Beugungswinkel β. Dabei entspricht β der halbe wahrnehmbare Sehwinkel α_{Punkt}, mit dem ein punktförmiges Objekt aus großer Entfernung maximal scharf auf der Netzhaut abgebildet wird. Wie hängt β beim Spalt von der Wellenlänge λ und der Spaltbreite b ab? Dazu machen wir einen Versuch.

Beugung am Spalt • Wir beugen Licht der Wellenlänge $\lambda = 625\,\text{nm}$ an einem Spalt der Breite $b = 0{,}5\,\text{mm}$. Es entstehen Minima verschiedener Ordnungen n. Die Beugungswinkel β messen wir und berechnen aus diesen $\sin\beta$ und $\frac{n \cdot \lambda}{b}$ (▸Tabelle 6). Aus den Werten folgern wir:

$$\sin\beta = \frac{n \cdot \lambda}{b}.$$

Beugung beim Sehen • Beim Sehen wird das Licht hinter der Pupille gebeugt. Dabei entsteht eine **Unbestimmtheit beim Sehen.** Diese ist durch den Sehwinkel des Punktes $2\alpha_{\text{Punkt}}$ charakterisiert. Dieser Sehwinkel entspricht im Modellversuch in der ersten Beugungsordnung $n = 1$ dem doppelten Beugungswinkel 2β (▸Abb. 4):

$$\alpha_{\text{Punkt}} = \arcsin\left(\frac{\lambda}{b}\right).$$

Mit abnehmender Spaltbreite nimmt der Beugungswinkel zu.

Unbestimmtheit im Teilchenmodell • Die Unbestimmtheit beim Sehen haben wir bisher im Wellenmodell beschrieben. Da Licht ein Quantenobjekt darstellt, können wir die Unbestimmtheit jedoch auch im Teilchenmodell behandeln: Wenn die Schützin ein entferntes Objekt beobachtet, kommen Photonen von diesem durch ihre Pupille – dabei verlaufe die z-Richtung vom Objekt zur Pupille. Hinter der Pupille verlaufen jedoch nicht mehr alle Photonen exakt in z-Richtung, sondern ihre Ausbreitungsrichtungen verteilen sich in einem dem Beugungswinkel β entsprechenden Bereich (▸Abb. 5). Denn Lichtwellen und Photonen beschreiben das gleiche Licht. Also breitet sich ein Teil der Photonen hinter der Pupille auch senkrecht zur ursprünglichen z-Richtung aus – dies sei die x-Richtung. Damit haben sie dort auch einen Querimpuls Δp_x (▸Abb. 5). Dessen Größe ist statistisch über alle Photonen so verteilt, dass ihre Antreffwahrscheinlichkeiten den durch den Beugungswinkel β beschriebenen Bereich ergeben. Diese Variabilität des Impulses nennt man **Impuls-Unbestimmtheit.**

Eine Unbestimmtheit beschreibt die mögliche Abweichung vom Idealwert. Hinter dem Spalt haben die Photonen den idealen Impuls $p = \frac{h}{\lambda}$ und eine **Impuls-Unbestimmtheit** Δp_x. Damit hat der Winkel β folgende Unbestimmtheit (▸Abb. 5):

$$\sin\beta = \frac{\Delta p_x}{p} = \frac{\lambda}{b}.$$

Die Impuls-Unbestimmtheit tritt hinter der Pupille auf und sollte daher mit der **Orts-Unbestimmtheit** bei der Pupille zu tun haben. Ist die Mitte des Spaltes $x = 0$, hat beim Passieren des Spaltes jedes Photon den Idealwert $x = 0$ mit der **Orts-Unbestimmtheit** der halben Spaltbreite, also $\Delta x = \frac{b}{2}$.

Wenn eine Welle aus einer im Vergleich zur Wellenlänge großen Entfernung auf einen Spalt trifft, dann sind die Wellenfronten vor dem Spalt praktisch parallel zueinander.

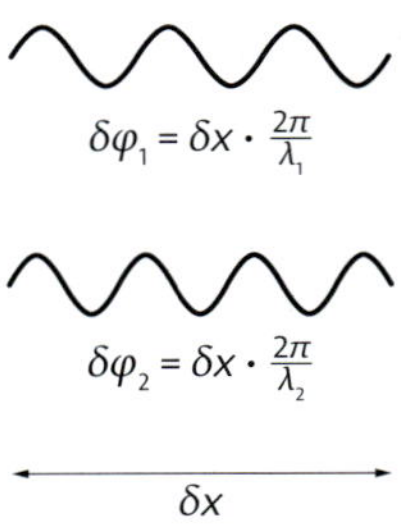

1 Phasenunterschiede $\delta\varphi_1$ und $\delta\varphi_2$

Wellen- und Teilchenmodell • Der zu einem Querimpuls Δp_x gehörende Winkel $\beta = \arcsin\left(\frac{\Delta p_x}{p}\right)$ ist gleich dem Beugungswinkel $\beta = \arcsin\left(\frac{\lambda}{b}\right)$, da Lichtwellen und Photonen die gleiche Ausbreitung von Licht im Auge der Schützin beschreiben. Wir setzen die festgestellten Relationen $p = \frac{h}{\lambda}$ und $b = 2 \cdot \Delta x$ ein und lösen nach dem Produkt der Unbestimmtheiten auf:

$$\sin\beta = \frac{\Delta p_x}{p} = \frac{\lambda}{b} \Rightarrow \lambda \cdot \frac{\Delta p_x}{h} = \frac{\lambda}{2 \cdot \Delta x},$$

$$\Delta x \cdot \Delta p_x = \frac{h}{2}.$$

Diese Relation beschreibt die bei Quantenobjekten vorhandenen Unbestimmtheiten. Durch ungünstige Messverfahren können weitere Abweichungen vom Idealwert vorkommen. Daher ist:

$$\Delta x \cdot \Delta p_x \geq \frac{h}{2}.$$

Unbestimmtheit am Gitter • Mit einem Gitter kann man spektroskopieren, also zwei Lichtwellen mit ähnlichen Wellenlängen λ_1 und λ_2 unterscheiden. Wie groß muss der Wellenlängenunterschied sein, damit sie getrennt erkennbar sind?

Laufen beide Lichtwellen durch ein Paar von Spalten, entsteht hinter dem zweiten Spalt ein Wegunterschied δx im Vergleich zum Weg der hinter dem ersten Spalt. Für beide Lichtwellen ist δx gleich, aber die resultierenden Phasenunterschiede $\delta\varphi_1$ und $\delta\varphi_2$ sind aufgrund der unterschiedlichen Wellenlängen λ_1 und λ_2 verschieden (▸Abb. 1). Denn allgemein ist der Phasenunterschied $\delta\varphi = 2\pi \cdot \frac{\delta x}{\lambda}$. Hier vermeidet man den Bruch, indem man die Wellenzahl $k = \frac{2\pi}{\lambda}$ einführt. Für die beiden Lichtwellen mit λ_1 und λ_2 entstehen somit die Phasenunterschiede (▸Abb. 1):

$$\delta\varphi_1 = \delta x \cdot \frac{2\pi}{\lambda_1} = \delta x \cdot k_1,$$

$$\delta\varphi_2 = \delta x \cdot \frac{2\pi}{\lambda_2} = \delta x \cdot k_2.$$

Verschiedene Phasenunterschiede $\delta\varphi_1$ und $\delta\varphi_2$ ergeben verschiedene Interferenzmuster. Somit unterscheidet man die Wellen anhand ihrer Phasenunterschiede bzw. der Differenz $\delta\varphi_2 - \delta\varphi_1$:

$$\delta\varphi_2 - \delta\varphi_1 = \delta x \cdot (k_2 - k_1) = \delta x \cdot \delta k.$$

Messungenauigkeiten können die Unsicherheiten so vergrößern, dass die Wahl einer Messmethode mit kleinerer Ortsungenauigkeit keine Zunahme der Impulsunbestimmtheit erforderlich macht. Die Heisenbergsche Unbestimmtheitsrelation beschreibt die Unbestimmtheiten, die auch bei genauester Messung nicht zu beseitigen sind.

Üblicherweise legt man fest, dass $\delta\varphi_2 - \delta\varphi_1 \geq 2$ sein muss, damit zwei Interferenzmuster getrennt erkennbar sind. Somit sind zwei Wellen mit λ_1 und λ_2 getrennt erkennbar, wenn gilt:

$$\delta x \cdot \delta k \geq 2.$$

Hier ist der eine Weg um δx länger als der hinter dem Nachbarspalt. Somit ist der ideale Weg gleich dem mittleren Weg zwischen diesen beiden. Dabei ist die Orts-Unbestimmtheit Δx die halbe Differenz der Weglängen: $\Delta x = \frac{\delta x}{2}$.
Ebenso ist die Unbestimmtheit Δk die halbe Differenz der Wellenzahlen, $\Delta k = \frac{\delta k}{2}$. Also gilt:

$$\Delta x \cdot \Delta k \geq \frac{1}{2}.$$

Impuls-Unbestimmtheit am Gitter • Wir drücken die Wellenzahlen mithilfe von $p = \frac{h}{\lambda}$ aus:

$$k = \frac{2\pi}{\lambda} = 2\pi \cdot \frac{p}{h}.$$

Die zugehörige Unbestimmtheit für k ist dann bestimmt durch die Unbestimmtheit des Impulses:

$$\Delta k = \Delta p \cdot \frac{2\pi}{h}.$$

Wir setzen diesen Term in das obige Produkt der Unbestimmtheiten $\Delta x \cdot \Delta k$ ein:

$$\Delta x \cdot \Delta p \cdot \frac{2\pi}{h} \geq \frac{1}{2},$$

und lösen nach $\Delta x \cdot \Delta p$ auf:

$$\Delta x \cdot \Delta p \geq \frac{h}{4\pi}.$$

Diese Ungleichung wird **Heisenbergsche Unbestimmtheitsrelation** genannt. Für den Fall, dass sämtliche Messungenauigkeiten beseitigt sind, gilt: Je genauer der Ort bestimmt ist, desto ungenauer ist der Impuls bestimmt und je genauer der Impuls bestimmt ist, desto ungenauer ist der Ort bestimmt.

Jedes Quantenobjekt hat stets eine Orts-Unbestimmtheit Δx und eine Impuls-Unbestimmtheit Δp. Dabei gilt $\Delta x \cdot \Delta p \geq \frac{h}{4\pi}$. Das bedeutet, bei einem Quantenobjekt sind Ort und Impuls nie zugleich beliebig genau bestimmbar.

Bedeutung der Unbestimmtheitsrelation • Für die Genauigkeit einer Messung gilt: Wenn man den Ort genauer bestimmt, so wird Δx kleiner. Somit wird Δp größer und der Impuls ungenauer bestimmt, damit weiterhin gilt $\Delta x \cdot \Delta p \geq \frac{h}{4\pi}$. Entsprechend gilt umgekehrt: Je genauer eine Impulsmessung ist, desto kleiner ist Δp; desto größer ist jedoch Δx und umso unbestimmter ist der Ort.
Am Beispiel der Unbestimmtheit beim Sehen erkennen wir, dass in der Realität immer eine Unbestimmtheit auftritt, gleichgültig, ob wir das Teilchenmodell oder das Wellenmodell zur Beschreibung anwenden. Konkret können wir sogar die Unbestimmtheit des Winkels im Wellenmodell in die Unbestimmtheit des Querimpulses im Teilchenmodell transformieren.

Unbestimmtheit der Wellenlänge • Anhand der Heisenbergschen Unbestimmtheitsrelation erkennen wir, warum man bei einem Beugungsgitter eine hohe Anzahl n an Spalten verwendet. Hierzu nutzen wir das Wellenmodell. Der Wegunterschied δx zwischen den Wellen durch die beiden äußersten Spalte ist n-mal so groß wie der Wegunterschied δs zwischen Wellen durch benachbarte Spalte. Die Unbestimmtheit Δx ist wieder halb so groß: $\Delta x = \frac{\delta x}{2}$, entsprechend: $\Delta s = \frac{\delta s}{2}$
Wir nutzen dies in der Unbestimmtheitsrelation:

$$\Delta x = \frac{\delta x}{2} = n \cdot \frac{\delta s}{2} \Rightarrow \Delta p \geq \frac{h}{4\pi \cdot \Delta x} \geq \frac{h}{4\pi \cdot n \cdot \Delta s}.$$

Offensichtlich wird die Unbestimmtheit Δp des Impulses durch eine große Anzahl n an Spalten des Gitters deutlich verringert. Diese hohe Genauigkeit zeigt sich im Beugungsbild dadurch, dass die Hauptmaxima mit zunehmender Spaltenanzahl immer schmaler werden und eine sehr genaue Messung der Wellenlänge ermöglichen.

Unbestimmtheitsrelation am Spalt • Bisher haben wir Beugung im **Wellenmodell** behandelt, nun betrachten wir Beugung am Einzelspalt im **Teilchenmodell.** Wir argumentieren analog zu den Unbestimmtheiten beim Sehen. Eine Verkleinerung der Spaltbreite führt zu einer kleineren Unbestimmtheit des Ortes in Richtung der Spaltbreite und somit zu einer größeren Unbestimmtheit des Querimpulses. Diese führt dann dazu, dass sich Breiten und Abstände der Beugungsmaxima am Schirm vergrößern (▸Abb. 2).

Unbestimmt beim Sehen • Beim Sehen entsteht hinter der Pupille ein Querimpuls Δp_x. Der entsprechende Sehwinkel 2α beträgt:

$$2\alpha \geq 2\alpha_{\text{Punkt}} = 2 \cdot \arcsin \frac{\Delta p_x}{p}.$$

Wir nutzen $p = \frac{h}{\lambda}$, typisch ist $\lambda = 500\,\text{nm}$. Auch hier gilt die Unbestimmtheitsrelation:

$$\Delta x \cdot \Delta p_x \geq \frac{h}{4\pi}$$

Dabei bezeichnet Δx den Radius der Pupille, ein typischer Wert beträgt $\Delta x = 2{,}5\,\text{mm}$:

$$2\alpha \geq 2 \cdot \arcsin\left(\frac{\lambda}{4\pi \cdot \Delta x}\right) = 0{,}0018°.$$

Dieser Sehwinkel wird beispielsweise von Adlern erreicht. Also ist es physikalisch gerade eben noch möglich, dass eine besonders scharfsichtige Schützin den inneren Ring mit einem Sehwinkel von 0,0058° erkennt.

WERNER KARL HEISENBERG (1901–1976) formulierte 1927 mit der Heisenbergschen Unbestimmtheitsrelation eine grundlegende Aussage der Quantenmechanik.

Komplementäre physikalische Größen • Die Unbestimmtheitsrelation bedeutet, dass Ort und Impuls eines Quantenobjektes nicht gleichzeitig beliebig genau bestimmt werden können. Solche Paare von Größen nennt man komplementäre Größen. Impuls und Ort ergänzen sich beide in der Beschreibung eines Quantenobjektes, dennoch sind nicht beide gleichzeitig genau messbar.

Eine weitere Unbestimmtheitsrelation gilt für die Größen Energie und Zeit – auch diese beiden Größen können nicht gleichzeitig exakt gemessen werden.

1 Licht mit $\lambda = 400\,\text{nm}$ verläuft von einem Punkt in eine Pupille mit dem Radius 4,5 mm.
a) Ermitteln Sie den Impuls sowie den Querimpuls der Photonen im Auge.
b) Berechnen Sie den Sehwinkel $2\alpha_{\text{Punkt}}$.
c) Vergleichen Sie mit $2\alpha_{\text{Punkt}}$ des Adlers und deuten Sie.

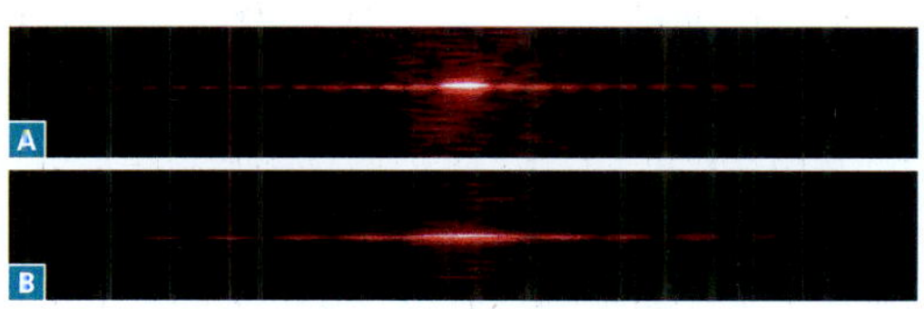

2 Beugung am Einzelspalt: Spaltbreite **A** 1 mm, **B** 0,5 mm.

Versuch A • Sehen und Hören von Unbestimmtheiten

V1 Sehschärfe

Material:
Zollstock, Landolt-Ringe

Arbeitsauftrag:
Hier untersuchen Sie Ihre Sehschärfe.

a) Erstellen Sie ein Blatt mit Landolt-Ringen, bei denen die Öffnung ein Quadrat mit der Kantenlänge 5 mm ist, wie in ▸Abb. 1 gezeigt. Hängen Sie das Blatt in einem langen Flur oder im Garten an eine Wand. Beim Landolt-Sehtest geht es darum, zu erkennen, wo die Öffnung liegt.

b) Stellen Sie fest, bei welcher Entfernung d Sie die Orientierung der Landolt-Ringe gerade eben erkennen können. Beobachten Sie dazu zunächst aus so großer Entfernung, dass Sie die Orientierung nicht erkennen können. Nähern Sie sich dann langsam dem Blatt, bis Sie die Orientierung gerade erkennen. Messen Sie die Entfernung d.

c) Normalsichtige können Landolt-Ringe gerade eben unterscheiden, wenn deren Öffnung einen Sehwinkel von $\alpha = 0{,}017°$ hat, wenn also $d = 16{,}85$ m ist. Vergleichen Sie Ihre eigene Sehkraft mit diesem Wert.

d) Ermitteln Sie die Entfernung, aus der Sie im Dunkeln ein entgegenkommendes Motorrad von einem entgegenkommenden Auto unterscheiden können, wenn die Scheinwerfer des Autos voneinander einen Abstand von 1,5 m haben.

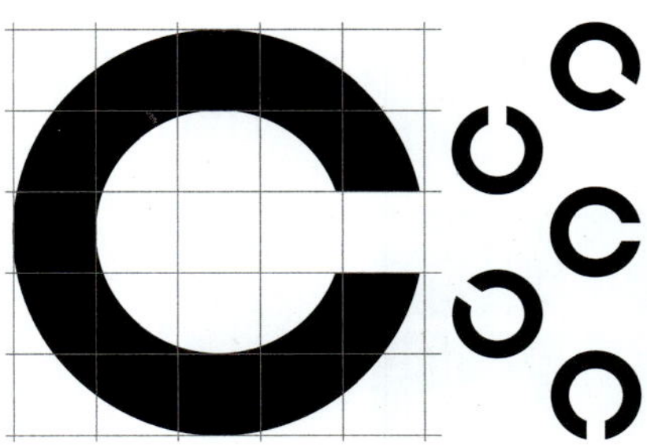

1 Landolt-Ringe

V2 Hören

Material:
Computer oder Notebook

Arbeitsauftrag:

a) Installieren Sie einen Audioeditor.

b) Erzeugen Sie im Audioeditor zwei Klänge, wobei jeder Klang wiederum aus zwei Tönen besteht: Der „Testklang“ hat die Frequenzen $f_1 = 880$ Hz und $f_2 = 880{,}5$ Hz mit $\delta f = 0{,}5$ Hz. Der „Referenzklang“ hat die Frequenzen $f_1 = 880\text{ Hz} = f_2$ mit $\delta f = 0$ Hz. Beide Klänge haben die gleiche Dauer δt. Beginnen Sie mit $\delta t = 3$ s. Exportieren Sie den resultierenden Klang in einem geeigneten Dateiformat. Spielen Sie beide Klänge nacheinander in einem hochwertigen Medienabspieler ab. Entscheiden Sie, ob Sie die beiden Klänge unterscheiden können.

c) Erstellen Sie Klangpaare mit kürzeren Dauern δt, z. B. 1 s; 0,5 s; 0,3 s. Bestimmen Sie die Dauer, bei der Sie die beiden Klänge gerade unterscheiden können.

d) Vergleichen Sie Ihre Beobachtung mit der Zeit-Frequenz-Unbestimmtheitsrelation $\delta t \cdot \delta\omega \geq 2$, wobei $\delta\omega = 2 \cdot \pi \cdot \delta f$.

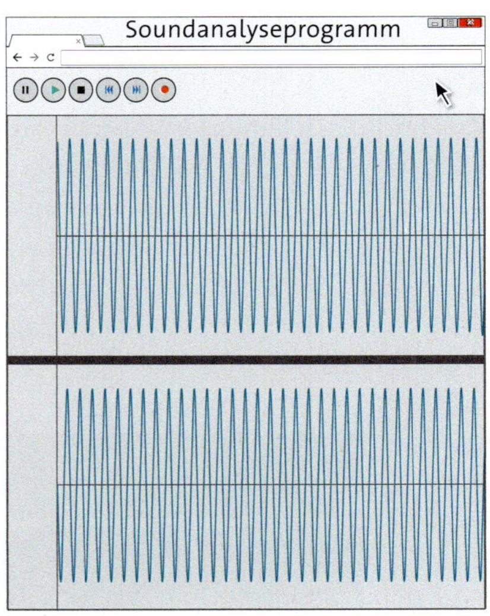

2 Audioeditor

V3 Licht hinter Keilschlitz

Material:
Verschiedenfarbige Laserpointer der Schutzklasse 1 mit bekannter Wellenlänge, Alufolie, Klemmbausteine

Arbeitsauftrag:

a) Erstellen Sie einen Keilschlitz aus einer Alufolie wie in ▸Abb. 3 gezeigt. Bauen Sie einen passenden Rahmen aus den Bausteinen und kleben Sie den Keilschlitz darauf.

b) Bauen Sie aus den Bausteinen für den Laserpointer ein passendes Stativ und einen Blendschutz. Beleuchten Sie den Keilschlitz mit dem Laserpointer und bauen Sie hinter dem Schlitz einen passenden Schirm aus den Bausteinen auf. Beschreiben Sie das Beugungsbild.

c) Verschieben Sie das Stativ mit dem Laserpointer so, dass der Laserstrahl gleichmäßig vom weiten zum engen Teil des Keilschlitzes wandert. Beschreiben Sie, wie sich dabei das Beugungsbild ändert. Deuten Sie mit der Heisenbergschen Unbestimmtheitsrelation im Teilchenmodell. Deuten Sie mit dem Beugungswinkel im Wellenmodell.

d) Messen Sie den Beugungswinkel β für die Minima und überprüfen Sie die Beugungsformel $\sin\beta = n \cdot \frac{\lambda}{b}$. Dabei ist b die variable Spaltbreite am Keilschlitz.

e) Führen Sie das Experiment mit verschiedenen Wellenlängen durch.

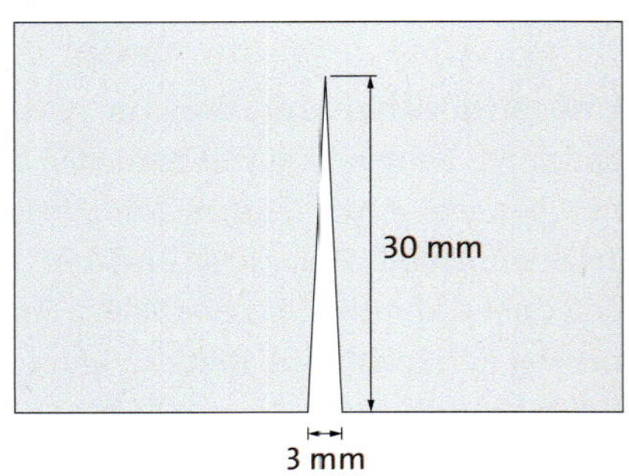

3 Keilschlitz

Material A • Zeit-Frequenz-Unbestimmtheitsrelation

A1 In dieser Aufgabe analysieren wir auch den Klang aus Versuch V2.

a) Ein Zwei-Ton-Klang mit den Frequenzen $f_1 = 880\,\text{Hz}$ und $f_2 = 920\,\text{Hz}$. wurde dreimal nacheinander abgespielt, von einem Smartphone aufgenommen und von einer Spektrumanalysator-App zerlegt. Lautstärke und Frequenz werden abhängig von der Zeit im Wasserfalldiagramm angezeigt (▸Abb. 4). Deuten Sie mit den Begriffen Ton, Frequenz und Zeitablauf.

b) Für einen weiteren Zwei-Ton-Klang mit den Frequenzen $f_1 = 880\,\text{Hz}$ und $f_2 = 880{,}5\,\text{Hz}$ ist die Auslenkung abhängig von der Zeit dargestellt (▸Abb. 5). Deuten Sie mit den Begriffen Schwebung und Einhüllende.

c) Bestätigen Sie mit ▸Abb. 5, dass die Änderung der Amplitude nach $\delta t = \frac{2}{\pi}\,\text{s}$ deutlich erkennbar ist.

d) Der Zwei-Ton-Klang aus Aufgabe b) wurde nacheinander für folgende Zeitdauern δt abgespielt: $\delta t = 2\,\text{s}$; $\delta t = 1{,}2\,\text{s}$; $\delta t = 0{,}8\,\text{s}$; $\delta t = 0{,}6\,\text{s}$ und $\delta t = 0{,}4\,\text{s}$ (▸Abb. 6).

Deuten Sie mit den Begriffen aus b). Bestätigen Sie mit ▸Abb. 5 und 6, dass der Unterschied zu einem einzigen Ton nach $\delta t = \frac{2}{\pi}\,\text{s}$ erkennbar ist.

e) Begründen Sie, dass der Unterschied zu einem einzigen Ton nach einem Phasenunterschied von $\delta\varphi = \delta\omega \cdot \delta t \geq 2$ deutlich erkennbar ist.

A2 Für die Differenz δt ist die Abweichung von deren Mitte $\Delta t = \frac{\delta t}{2}$. Ebenso ist $\Delta\omega = \frac{\delta\omega}{2}$. Begründen Sie die Unbestimmtheitsrelationen $\Delta t \cdot \Delta\omega \geq \frac{1}{2}$ und $\Delta t \cdot \Delta f \geq \frac{1}{4\pi}$

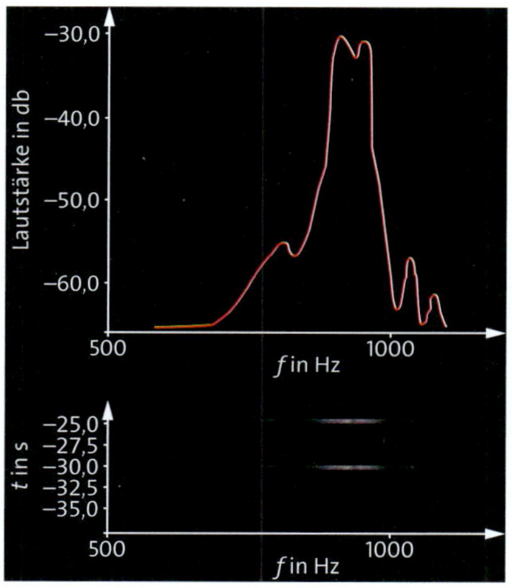

4 Zwei-Ton-Klang

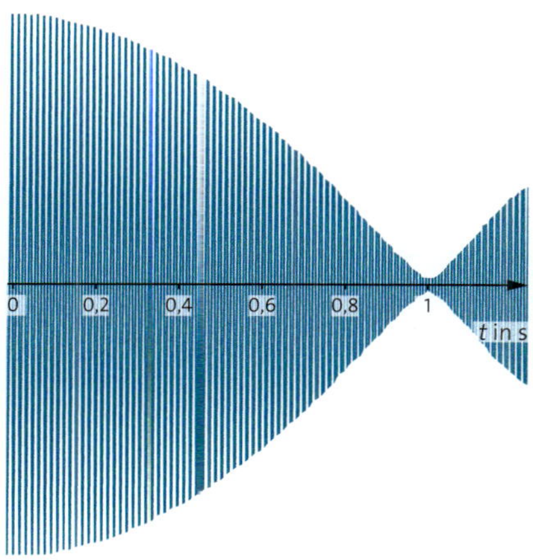

5 Schwebung

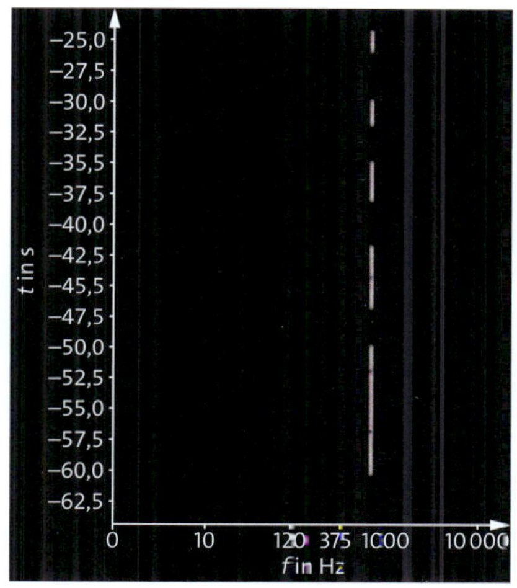

6 Fünf Zwei-Ton-Klänge

Material B • Zeit-Energie-Unbestimmtheitsrelation

B1 HEISENBERG untersuchte die Energieunbestimmtheit ΔE eines Quantenobjektes. Die Messung der Energie E wurde über das Zeitintervall δt durchgeführt.

a) Ein Beispiel für eine solche Messung ist die Messung einer Photonenfrequenz f innerhalb der Beobachtungsdauer δt in der Radiotechnik. Begründen Sie.

b) Die Frequenz f eines Photons haben wir mit einer Unbestimmtheit $\Delta f = \frac{\delta f}{2}$ bestimmt. Nun sollen sich zwei Photonen mit den Frequenzen f_1 und $f_2 = f_1 + \delta f$ überlagern. Begründen Sie, dass wir erkennen können, dass zwei unterschiedliche Photonen überlagert wurden.

c) Umgekehrt gilt auch: Wenn wir bei der Überlagerung von zwei Photonen mit Frequenzen f_1 und $f_2 = f_1 + \delta f$ erkennen, dass zwei unterschiedliche Photonen überlagert wurden, dann ist die Unbestimmtheit der Frequenzmessung höchstens δf. Erläutern Sie.

B2 **a)** Die Überlagerung von zwei Photonen mit Frequenzen f_1 und f_2 hat Wellenzüge wie ein Zwei-Ton-Klang. Erläutern Sie.

b) Beim Zwei-Ton-Klang gilt die Unbestimmtheitsrelation $\Delta t \cdot \Delta f \geq \frac{1}{4\pi}$. Begründen Sie, dass für die Messung der Energie eines Photons in einem Zeitintervall $\delta t = 2\,\Delta t$ die folgende Unbestimmtheitsrelation für Zeit und Energie gilt:

$$\Delta t \cdot \Delta E \geq \frac{h}{4\pi}.$$

BLICKPUNKT

Universelle Datenübertragung und Unbestimmtheit

Datenrate • Viele moderne Kommunikationsgeräte nutzen Funksignale. Die Frequenzen für Funksignale sind aber begrenzt und werden von Telekommunikationsanbietern den Kunden bereitgestellt. Wie viele Daten können eigentlich per Funk übertragen werden?

Die grundlegende Erfindung machte JOSEPH BARKER STEARNS, als er um 1870 erfolgreich zwei Zeichen gegenläufig über nur ein Kabel übertrug. THOMAS ALVA EDISON erkannte das Prinzip der ungestörten Superposition, übermittelte noch mehr Zeichen gleichzeitig und trennte diese wieder durch Frequenzfilter. Seitdem ist eine wichtige Frage der Telekommunikation: Wie viele Zeichen kann ein System pro Zeitintervall Δt übertragen (▸Abb. 1)? Geht das auch in simultanen Botschaften?
Besonders einfach sind **binäre Zeichen,** welche nur einen von zwei möglichen Werten annehmen können: Null oder Eins. Einem binären Zeichen ordnet man eine **Datenmenge** D von 1 Bit (Binary Digit) zu. Allgemein gibt die Datenmenge einer Botschaft die Anzahl N an binären Zeichen an, mit der man die Botschaft darstellen kann. Entsprechend gibt die **Datenrate** C einer übertragenen Botschaft an, welche Datenmenge D pro Zeitintervall Δt übertragen wird:

$$C = \frac{D}{\Delta t}.$$

Die zentrale Frage der Telekommunikation ist somit: Welche Datenrate kann ein System erzielen? Die Antwort finden wir in der Quantenphysik.

Unbestimmtheitsrelation • Welche Zeit Δt ist nötig, um 1 Bit einer Botschaft mit der Datenrate $C = \frac{D}{\Delta t}$ zu übertragen? Dazu setzen wir die Datenmenge $D = 1$ Bit in obige Gleichung ein und lösen nach Δt auf:

$$\Delta t = \frac{1\,\text{Bit}}{C}.$$

Um eine Datenrate C zu erzielen, muss also ein physikalisches Objekt mit einer zeitlichen Genauigkeit von $\Delta t = \frac{1\,\text{Bit}}{C}$ bestimmt werden. Überall in Natur und Technik kann ein Objekt nur dann mit einer zeitlichen Genauigkeit Δt bestimmt werden, wenn es eine Unbestimmtheit der Energie ΔE aufweist, die der Heisenbergschen Unbestimmtheitsrelation für Zeit und Energie entspricht:

$$\Delta E \cdot \Delta t \geq \frac{h}{4\pi}.$$

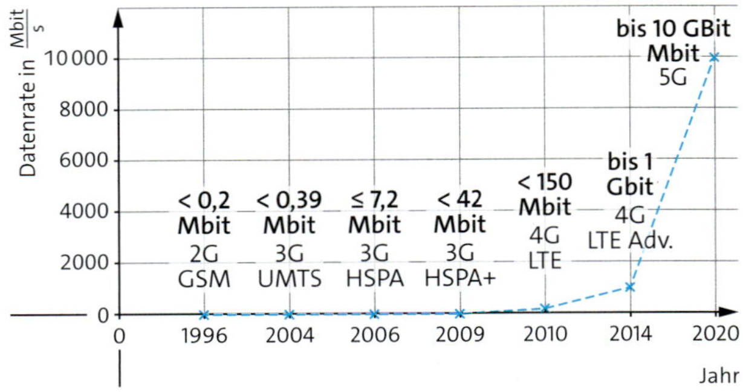

1 Datenraten

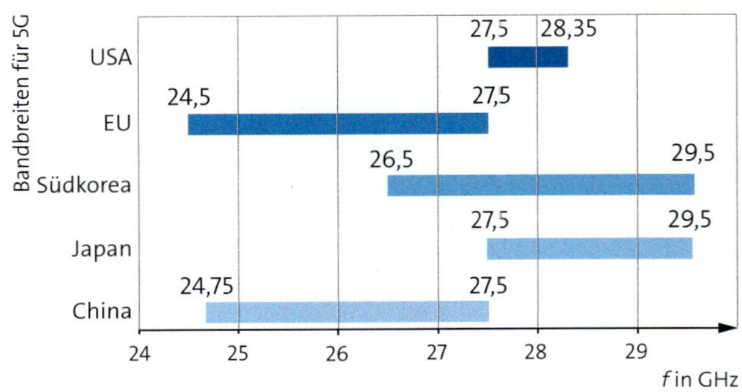

2 Frequenzintervalle

Diese Unbestimmtheitsrelation ist analog zu der für Ort und Impuls und gilt ebenso universell:

$$\Delta p_x \cdot \Delta x \geq \frac{h}{4\pi}.$$

In der Funktechnik wird üblicherweise das für die Datenübertragung genutzte Frequenzintervall Δf als **Bandbreite** bezeichnet und diese dann analysiert (▸Abb. 2). Wie können wir die für eine Datenrate C benötigte Bandbreite Δf aus der Unbestimmtheit der Energie ΔE ermitteln?

Minimale Bandbreite • Wir ermitteln die minimale Bandbreite Δf_{min}, die zur Übertragung einer Botschaft mit einer Datenrate C nötig ist: Ein Funksignal besteht aus Photonen. Für diese gilt die obige Unbestimmtheitsrelation für Zeit und Energie. Diese lösen wir nach ΔE auf:

$$\Delta E \geq \frac{h}{4\pi} \cdot \frac{1}{\Delta t}.$$

Hier setzen wir die Gleichung $\Delta t = \frac{1\,\text{Bit}}{C}$ ein:

$$\Delta E \geq \frac{h}{4\pi \cdot 1\,\text{Bit}} \cdot C.$$

Wir nutzen die Beziehung $\Delta E = h \cdot \Delta f$ und erhalten eine Gleichung für Δf, indem wir durch h teilen:

$$\Delta f \geq \frac{C}{4\pi \cdot 1\,\text{Bit}} \quad \text{oder:} \quad \Delta f_{\text{min}} = \frac{C}{4\pi \cdot 1\,\text{Bit}}.$$

Für alle Übertragungen mit Lichtgeschwindigkeit gilt somit: Um eine Botschaft mit einer Datenrate C zu übertragen, ist eine Bandbreite von mindestens $\Delta f_{\text{min}} = \frac{C}{4\pi \cdot \text{Bit}}$ nötig. Bei der 5G-Technik werden Datenraten von $10\,\frac{\text{GBit}}{\text{s}}$ oder $10^{10}\,\frac{\text{Bit}}{\text{s}}$ erzielt. Dazu ist folgende Bandbreite nötig:

$$\Delta f_{\text{min}} = \frac{C}{4\pi \cdot \text{Bit}} = 0{,}796\,\text{GHz}.$$

Wie erhält man so hohe Bandbreiten für viele Nutzer?

Realisierbare Bandbreiten • In Europa stehen für die 5G-Technik die Frequenzen zwischen 24,5 GHz und 27,5 GHz zur Verfügung. Die verfügbare Bandbreite beträgt also nur 3 GHz (▸Abb. 2). Die Zahl der Kunden, die gleichzeitig die 5G-Technik voll nutzen könnten, wäre demnach:

$$N = \frac{\Delta f}{\Delta f_{\text{min}}} = 3{,}7.$$

Also könnten nicht einmal vier Kunden gleichzeitig die volle Datenübertragungsrate der 5G-Technik nutzen. Wie wird dieser Engpass behoben?

Optische Datenübertragung • Beim sichtbaren Licht liegen die Wellenlängen im Intervall $400\,\text{nm} \leq \lambda \leq 800\,\text{nm}$, womit die Frequenzen im Intervall $375\,000\,\text{GHz} \leq f \leq 750\,000\,\text{GHz}$ liegen. In jeder Glasfaserleitung beträgt die Bandbreite also $\Delta f = 375\,000\,\text{GHz}$. Daher beträgt bei einer Glasfaserleitung die Zahl der Kunden, denen gleichzeitig die 5G-Technik angeboten werden kann:

$$N = \frac{\Delta f}{\Delta f_{\text{min}}} = 471\,328.$$

Die Datenübertragung in Glasfasern bietet also physikalisch eine großzügige Bandbreite. Aber die Zeichen müssen durch elektronische Bauteile in die Glasfaser übertragen werden. Solche Bauteile erreichen aktuell jedoch nur Frequenzen bis ungefähr 500 GHz. Wie kann die volle Bandbreite einer Glasfaser trotzdem genutzt werden?

Farbmultiplexing • Man kann mit Spektralfarben mehrere binäre Zeichen gleichzeitig in die gleiche Glasfaser senden. In der Faser mischen sich die Farben und am Ende kann die Mischfarbe wieder in die Spektralfarben zerlegt werden.

Diese Art der Datenübertragung probieren wir im Modellversuch in ▸Abb. 3 aus: Zwei Paare von Lernenden übertragen gleichzeitig binäre Zeichen über Licht in den Farben Rot und Blau. Die Glasfaser wird durch einen Plexiglasquader nachgebildet, als Sender werden eine rote und eine blaue LED verwendet. Aus den Spektralfarben Rot und Blau entsteht die Mischfarbe Magenta, die von den Empfängern durch zwei Farbfilter wieder in Rot und Blau zerlegt wird. Die Lernenden übertragen so simultan zwei Bilder, wobei sie jedes Pixel als 0 oder 1 darstellen.

In der Realität können so Zeichen durch Licht in 160 Farben gleichzeitig in eine Glasfaser gestrahlt, als Mischfarbe übertragen und später durch Beugungsgitter wieder getrennt werden. Jede Spektralfarbe nutzt dabei eine Bandbreite von 500 GHz, sodass in einer Glasfaser insgesamt eine Bandbreite von $160 \cdot 500\,\text{GHz} = 80\,000\,\text{GHz}$ übertragen wird. Das kommt der physikalisch verfügbaren Bandbreite schon recht nahe und so können 10^5 Nutzer zugleich mit 5G-Technik versorgt werden. Auch mobile Endgeräte nutzen die optische Übertragung: Sie können ihre Daten über die kurze Entfernung bis zum nächsten Funkmast per Funk übertragen, während diese Daten von dort via Glasfaser weitergeleitet werden.

1 Erklären Sie, wie aus dem magentafarbenen Licht im Plexiglasblock (▸Abb. 3) blaues und rotes Licht wird. Erläutern Sie, wie dies zur Übertragung genutzt wird.

2 Das menschliche Ohr kann Schall mit Frequenzen bis 20 kHz hören. Ermitteln Sie die maximal mögliche Datenübertragungsrate von gesprochenem Text.

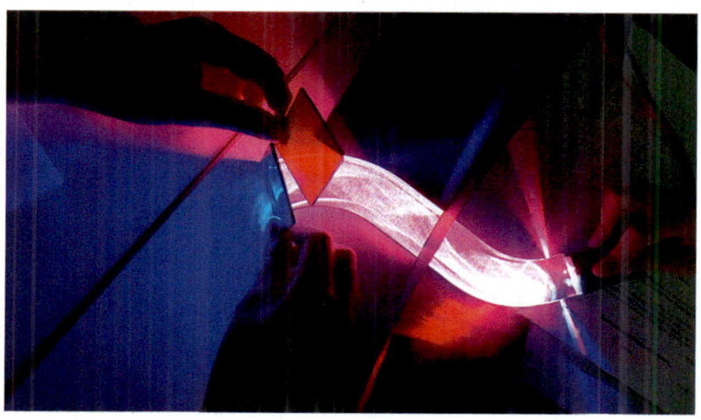

3 Modellversuch zum Farbmultiplexing

1 Quantenkryptografie gegen Cyberkriminalität

Welcher-Weg-Information

Quantenkryptografie soll eine sichere Datenübertragung ermöglichen. Die Leitung soll abhörsicher sein. Doch können wir wirklich sicher sein, dass niemand unbemerkt auf die Daten zugreift?

Das Mach-Zehnder-Interferometer wurde 1891 von LUDWIG ZEHNDER und 1892 von LUDWIG MACH unabhängig voneinander entwickelt.

Quantenkryptografie • Um Daten über größere Entfernungen sicher zu übertragen, wird eine Verschlüsselung genutzt, bei der ein Schlüssel über eine separate Leitung verschickt und mindestens täglich gewechselt wird. Wird der zugehörige Schlüssel von einem Cyberkriminellen abgefangen, kann er die übertragenen Daten leicht lesen. Deshalb ist es so wichtig, festzustellen, ob der Schlüssel von einem Dritten gelesen werden konnte, um den Schlüssel ersetzen zu können.
Quantenobjekte bieten für die Verschlüsselung eine naturgesetzliche Sicherheit, denn eine Messung – und damit auch ein Abhörversuch – beeinflusst ihren Quantenzustand. Der entsprechende Schlüssel wird über eine besondere Leitung für Quantenobjekte geschickt, bei der ein Abhörversuch festgestellt werden kann.
Es gibt verschiedene Möglichkeiten festzustellen, ob der Schlüssel von einer anderen Person abgefangen wurde. Eine Möglichkeit bietet die Verwendung eines Mach-Zehnder-Interferometers.

Mach-Zehnder-Interferometer • Zunächst betrachten wir den Aufbau des Interferometers mit Laserlicht (▸Abb. 2).
Die Lichtwellen fallen auf einen Strahlteiler und werden in zwei Teilwellen aufgespalten. Mithilfe zweier Spiegel werden die beiden Teilwellen dann auf einen zweiten Strahlteiler gelenkt. Wir setzen voraus, dass die vier Wege, Weg 1A und 1B zu Schirm 1 und Weg 2A und 2B zu Schirm 2 gleich lang sind (▸Abb. 2).

Die Wellen, die auf die Schirme fallen, bestehen jeweils aus zwei zusammengeführten Teilwellen. Am Schirm kommt es dann zur Interferenz, wobei sich die Interferenzmuster bei den beiden Schirmen unterscheiden (▸Abb. 3).

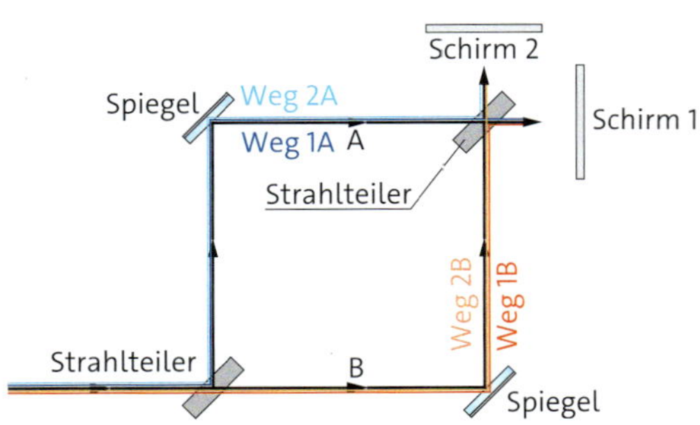

2 Mach-Zehnder-Interferometer

Interferenzen • Wenn wir uns das Zentrum der kreisförmigen Interferenzmuster in ▸Abb. 3 ansehen, fällt auf, dass es bei Schirm 1 hell ist und bei Schirm 2 dunkel. Die Interferenzerscheinungen sind genau komplementär zueinander.

Wir ersetzen die Schirme durch Belichtungsmesser, die nur auf die Mitte ausgerichtet sind und kein Streulicht erfassen, und beobachten nun Folgendes:

Bei Belichtungsmesser 1 ist die Interferenz konstruktiv, so dass dieser immer eine Intensität misst und diese anzeigt. Bei Belichtungsmesser 2 tritt destruktive Interferenz auf, dieser misst also keine Intensität und zeigt somit nichts an.
Die Teilwellen, die in Belichtungsmesser 1 fallen, schwingen in Phase. Die in den Belichtungsmesser 2 fallenden Teilwellen haben hingegen durch den Versuchsaufbau gegeneinander eine Phasendifferenz von einer halben Wellenlänge erfahren, wodurch sich, wie wir ja wissen, Wellentäler und Wellenberge gegenseitig auslöschen. Aus diesem Grund zeigt der Belichtungsmesser 2 immer nichts an. Wenn wir die beiden Teilwellen, die in Belichtungsmesser 2 fallen, genauer betrachten, können wir dies erklären.

Analyse der Interferenzbedingungen • Zur Analyse gehen wir davon aus, dass die in ▸Abb. 2 markierten Weglängen im Interferometer gleich lang sind. Die Teilwelle, die den unteren Weg 2B nimmt, wird nur einmal reflektiert. Die Teilwelle, die den oberen Weg 2A nimmt, wird hingegen insgesamt dreimal reflektiert.

Hierbei bewirkt jede Reflexion an einem der Strahlteiler eine Phasenverschiebung von $\frac{\pi}{2}$ bzw. einen Wegunterschied von $\frac{\lambda}{4}$. Dies ist durch das Bauteil bedingt. Der Wegunterschied, der durch einen Spiegel entsteht, beträgt $\frac{\lambda}{2}$. Die Teilwelle, die Weg 2B genommen hat, hat demnach einen Wegunterschied von $\frac{\lambda}{2}$ erhalten. Die drei Reflexionen auf Weg 2A ergeben einen Wegunterschied von

$$\frac{\lambda}{4} + \frac{\lambda}{2} + \frac{\lambda}{4} = \lambda.$$

Insgesamt ergibt sich zwischen den Wegen 2A und 2B eine Wegdifferenz von $\frac{\lambda}{2}$, also haben die beiden am Belichtungsmesser 2 eintreffenden Teilwellen eine Phasendifferenz von π zueinander, was die gegenseitige Auslöschung der überlagerten Teilwellen bewirkt.

Bei den Teilwellen, die in Belichtungsmesser 1 fallen, verhält sich die Reflexion anders. Die Teilwelle, die Weg 1B genommen hat, wird zuerst am Spiegel reflektiert und dann am Strahlteiler. Die Teilwelle, die Weg 1A nimmt, wird hingegen zuerst am Strahlteiler reflektiert und dann am Spiegel. Beide Teilwellen sind also in Phase und daher erfasst Belichtungsmesser 1 immer Intensitäten und zeigt immer etwas an.

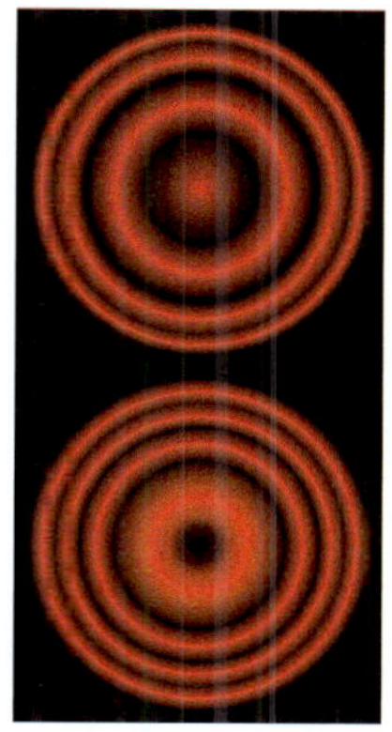

3 Interferenzbilder an Schirm 1 und Schirm 2, schematisch

Das Mach-Zehnder-Interferometer ist so justiert, dass der eine Belichtungsmesser immer eine Intensität misst und etwas anzeigt und der andere aufgrund von Phasenunterschieden immer nichts anzeigt.

Polarisationsfilter • Der Versuch, Informationen über den Weg von Quantenobjekten zu gewinnen, lässt die Interferenz verschwinden. Dies kennen wir schon von den Experimenten mit Quantenobjekten am Doppelspalt. Durch Polarisationsfilter, die an Punkt A und B positioniert werden (▸Abb. 2), können wir potenziell herausfinden, welchen Weg das Licht genommen hat. Wenn die Polarisationsrichtungen senkrecht zueinander eingestellt sind, verschwindet das Interferenzmuster und es sind nur die beleuchteten Schirme zu sehen, da es eine eindeutige Weginformation gibt.
Wenn man vor einem Schirm einen Polarisationsfilter positioniert, der 45° zu den vorherigen verdreht ist, ist allerdings wieder ein Interferenzbild zu sehen, da die Weginformation nicht mehr gegeben ist.

Das Laserlicht wird wie beim Michelson-Interferometer mithilfe einer Linse aufgeweitet. Dadurch und durch Unterschiede der Weglängen erhält man das kreisförmige Interferenzmuster.

Übergänge zwischen eindeutiger Weginformation und keiner sind möglich, z. B. durch graduelles Verdrehen der Polarisationsfilter.

Zwei Ereignisse können sich nur dann beeinflussen, wenn sie nah genug stattfinden, dass zwischen ihnen Signale mit maximal Lichtgeschwindigkeit ausgetauscht werden können. Sie werden als nicht-lokal bezeichnet, wenn sie sich wegen der zu großen Entfernung nicht mehr beeinflussen können. Der Kollaps der Wellenfunktion eines Quantenobjektes erfolgt dagegen instantan und benötigt keine Ausbreitungsgeschwindigkeit, ist also nicht-lokal.

Einzelphotonen • Die Variation der Lichtintensität ändert an dem Ergebnis der Versuchsdurchführung ohne Polarisationsfilter nichts. Das Ergebnis ist also unabhängig von der Anzahl der Photonen, die das Mach-Zehnder-Interferometer durchlaufen.

Auch wenn nur ein Photon den Aufbau durchquert und die Belichtungsmesser durch Detektoren ersetzt würden, die einzelne Photonen nachweisen können, würde Detektor 2 nicht ansprechen. Man erhielte also auch bei einem Photon Interferenzerscheinungen wie bei stärkerer Lichtintensität. Das Erstaunliche ist, dass dies mit Einzelphotonen tatsächlich möglich ist.

Angenommen, das Photon würde sich wie ein (nicht interferierendes) klassisches Teilchen verhalten, dann müssten beide Detektoren in der Hälfte der Fälle ansprechen, da jeder der Strahlteiler klassische Teilchen auf die Wege nach klassischer Wahrscheinlichkeit gleich verteilt. Dies ist aber nicht der Fall. Es spricht immer nur Detektor 1 an. Dieses Ergebnis ist mit der klassischen Teilchenvorstellung nicht erklärbar. Photonen sind jedoch Quantenobjekte. Sie können Welleneigenschaften aufweisen aber auch Teilcheneigenschaften zeigen.

Beispiel für Komplementarität • Interferenz und Unterscheidbarkeit der Wege schließen sich gegenseitig aus, diese Eigenschaften sind zueinander komplementär, wie Ort und Impuls bei der Unbestimmtheitsrelation.

Das Photon wird im Mach-Zehnder-Interferometer nicht mehr durch eine Welle, sondern durch zwei Anteile der Wellenfunktion ψ_1 und ψ_2 für jeden der beiden möglichen Wege zum Detektor beschrieben. Diese hängen mit den Wahrscheinlichkeiten zusammen, mit denen das Photon die Wege nimmt. Beide interferieren dann bei einem Detektor miteinander. Interferenz kann daher nur dann auftreten, wenn mehr als ein Weg möglich ist und die Wege nicht unterscheidbar sind. Sobald durch Polarisatoren entschieden werden kann, welchen Weg das Photon genommen hat, tritt keine Interferenzerscheinung auf. Denn jetzt gibt es für die Wege des Photons keine Wahrscheinlichkeiten mehr, sondern die (potenziellen) Gewissheiten „ja" oder „nein". Man sagt, es kommt zum **Kollaps der Wellenfunktion.** „Weg" bedeutet dabei immer, dass hier klassisch an Teilchen mit Eigenschaften gedacht wird, die diese an ihrem Ort „haben", weshalb lokal gedacht werden darf. Quantenobjekte dagegen haben keine eindeutigen Wege, die Zustände sind nicht lokalisiert.

Für Quantenobjekte gilt die Komplementarität: Interferenz und Weginformation schließen sich gegenseitig aus.
Die Interferenz entsteht durch die Überlagerung der Wellenfunktionen, die die Ausbreitung des Photons beschreiben.
Dem Photon ist kein eindeutiger Weg zuschreibbar. Dies ist ein reiner Quanteneffekt.

Beispiel für Nichtlokalität • Solange wir nicht messen, auf welchem Weg sich das Photon bewegt, können wir für alle möglichen (klassischen) Wege nur eine bestimmte Wahrscheinlichkeit ermitteln. Wir wissen nur, dass es sich auf irgendeinem der möglichen Wege in der Messeinrichtung, wie bspw. dem Mach-Zehnder-Interferometer, befindet. Man sagt, das Photon ist delokalisiert. Erst wenn wir das Photon an einem Ort messen, wenn es also an einem der Detektoren ankommt, erhalten wir eine konkrete Angabe über seinen Ort. Mit dem Eintreffen beim Detektor wird die Wahrscheinlichkeit an diesem Ort gleich 1, für alle anderen Orte gleich 0. Es kommt zum **Kollaps der Wellenfunktion.** Damit ist das Photon nicht mehr delokalisiert, es hat einen konkreten Ort.

Dies geschieht auch dann, wenn die Orte der Detektoren sehr weit voneinander entfernt sind, wenn bspw. die Arme des Interferometers sehr lang sind, und wenn das Photon über einen entsprechend riesigen Raumbereich delokalisiert ist. Auch dann wird, wenn ein Detektor das Photon registriert, seine Antreffwahrscheinlichkeit am anderen Detektor null – und zwar instantan, ohne Zeitverzögerung. Eine Messung an einem „Teil" der Wellenfunktion hat sofort Auswirkungen auf die gesamte Wellenfunktion des Photons. Diese Eigenschaft nennt man Nichtlokalität.

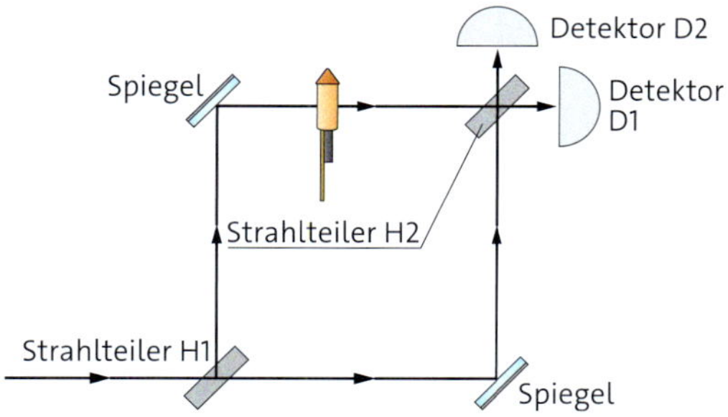

1 Mach-Zehnder-Interferometer mit Hindernis

Knallertest • AVSHALOM ELITZUR und LEV VAIDMAN haben folgendes Gedankenexperiment entwickelt:
Eine Superbombe kann schon durch ein einzelnes Photon zur Explosion gebracht werden. Wenn eine solche Bombe im Aufbau des Mach-Zehnder-Interferometer ist (▸Abb.1), kann keine Interferenz mehr auftreten, denn zwischen Quelle und Strahlteiler existiert nur noch ein möglicher Weg, der andere ist durch die Bombe versperrt. Deshalb können nun beide Detektoren ansprechen.

Die Bombe geht in 50 % der Fälle hoch, wenn der Strahlteiler H1 ein exakt halbdurchlässiger Spiegel ist und 50 % der auftreffenden Photonen an ihm gespiegelt werden. In den anderen 50 % der Fälle treten die Photonen durch H1 hindurch und gelangen in 25 % der Fälle zu D1, in 25 % zu D2. In 50 % der Fälle spricht also einer der Detektoren an.

Wenn das Photon auf D1 trifft, liefert dies keine Information, ob eine Bombe da ist oder nicht, denn D1 spricht auch ohne Bombe aufgrund der Interferenz an. Das Photon kann aber auch auf D2 treffen, sodass dieser Detektor anspricht.

Da D2 sonst nicht hätte ansprechen dürfen, liegt eine Bombe im Interferometer. In diesen 25 % der Fälle wurde eine „wechselwirkungsfreie Messung" durchgeführt, denn das Hindernis wurde nachgewiesen, ohne dass ein Photon mit ihm in Wechselwirkung getreten ist.

In einem Laborversuch konnte 1994 die „wechselwirkungsfreie Messung" von einer Gruppe um ANTON ZEILINGER erstmals gezeigt werden. Bei einem solchen Experiment werden zunächst einzeln abzählbare Photonen erzeugt. Die einzelnen Photonen können z.B. durch Kristalle erzeugt werden.

Wenn wir die Bombe durch einen dritten Detektor ersetzen, den wir D-Knaller nennen, bekommen wir die Möglichkeit, die Welcher-Weg-Information zu gewinnen.
In der Hälfte der Fälle spricht, wie erwartet, D-Knaller an, und in einem Viertel der Fälle gibt es keine Information, da das Photon den Weg zu D1 nimmt.
D2 registriert in einem Viertel aller Fälle ein Photon, wodurch nachgewiesen ist, dass sich D-Knaller im Interferometer befindet, ohne dass D-Knaller selbst anspricht.

Abhören fällt auf • Wir haben gesehen, dass wir eine Bombe im Lichtweg auch dann nachweisen können, wenn sie gar nicht direkt vom Photon getroffen wird. Ein Eingreifen in die Lichtwege ändert also das Ergebnis.
Diese Erkenntnisse können zwei Personen, die wir Alice und Bob nennen, für eine abhörsichere Leitung bei der Quantenkryptografie nutzen.

Alice möchte eine verschlüsselte Botschaft an Bob senden. Sie schickt den Schlüssel über ein Mach-Zehnder-Interferometer an ihn. Die Information selbst übermittelt Alice immer über den Detektor D1.
Wenn in keinem der Detektoren ein Photon ankommt, weiß Bob nicht sicher, ob es abgefangen oder nur absorbiert wurde. Sobald D2 anspricht, ist er jedoch sicher, dass in den Versuchsaufbau eingegriffen wurde. Der Versuch des Lauschangriffs ist entdeckt, obwohl keine Daten abgefangen wurden, und Alice muss Bob einen neuen Schlüssel schicken.

Da eine Botschaft immer mit sehr vielen Photonen übermittelt wird, wird bei einem Abhörversuch D2 irgendwann ansprechen. Spricht er nicht an, wurde mit hoher Wahrscheinlichkeit auch nicht abgehört. Dann kann Bob sicher sein, dass nur er den Schlüssel von Alice empfangen hat und nur die beiden den Inhalt ihrer Nachricht kennen.

Die Namen „Alice und Bob" haben sich im Bereich der Kryptographie eingebürgert, um Sender A und Empfänger B besser unterscheiden zu können. Die Lauscherin wird Eve genannt

Versuch A • Mach-Zehnder-Interferometer

V1 Wege im Interferometer

Material:
Simulationsprogramm für ein Mach-Zehnder-Interferometer

Arbeitsauftrag:
a) Beschreiben Sie, bevor Sie die Simulation nutzen, für alle vier möglichen Wege durch das Interferometer vom Eingang zu einem der Schirme (▸Abb. 1) die Summe der Phasensprünge. Notieren Sie die Phasensprünge in einer Tabelle.
b) Erklären Sie, zu welcher Art von Interferenz es auf den Schirmen kommt, wenn man für alle 4 Wege von identischen Weglängen ausgeht.
c) Überprüfen Sie mithilfe des Simulationsprogramms Ihre Erklärung. Messen Sie dazu die Orte der Maxima. Ermitteln Sie diese Orte auch theoretisch. Vergleichen Sie.

V2 Interferometer mit Phasenschieber

Material:
Simulationsprogramm für ein Mach-Zehnder-Interferometer mit drei unterschiedlichen Phasenschiebern

Arbeitsauftrag:
Ein Phasenschieber kann die Phase elektromagnetischer Wellen ändern.
a) Betrachten Sie die Situation in ▸Abb. 1. Wählen Sie drei unterschiedliche Phasenschieber, die Ihnen das Programm anbietet. Beschreiben Sie für alle vier möglichen Wege durch das Interferometer vom Eingang zu einem der beiden Schirme die Summe der Phasensprünge unter Verwendung der drei Phasenschieber und notieren Sie diese in einer geeigneten Tabelle.
b) Begründen Sie, zu welcher Art von Interferenz es auf den Schirmen kommt, wenn Sie für alle 4 Wege von identischen Weglängen ausgehen.
c) Untersuchen Sie in Simulationen, ob durch die Einstellung der Phasenschieber erreichen ist, dass beide Schirme das gleiche Interferenzbild zeigen.
d) Begründen Sie ihr Ergebnis aus c) mit den Phasensprüngen für alle vier möglichen Wege durch das Interferometer.
e) Untersuchen Sie mithilfe von Simulationen das Verhalten von Photonen im Interferometer und vergleichen Sie Ihre Ergebnisse mit denen aus a) bis d).

V3 Quantenradierer

Material:
Simulationsprogramm für ein Mach-Zehnder-Interferometer mit Polarisationsfiltern

Arbeitsauftrag:
Nach dem Durchgang durch einen Polarisationsfilter besitzt der Photonenzustand dessen Polarisationsrichtung. Trifft dieser polarisierte Photonenzustand auf einen weiteren Polarisationsfilter, dessen Polarisationsrichtung um einen Winkel φ relativ zu der des Photons gedreht ist, so wird das einzelne Photon mit einer Wahrscheinlichkeit von $p = (\cos\varphi)^2$ hindurchgelassen ($\varphi = 0 : p = 1$; $\varphi = 45°: p = \frac{1}{2}$; $\varphi = 90°: p = 0$).
a) Betrachten Sie die Situation in ▸Abb. 2. Überlegen Sie zuerst, wie viele mögliche Wege durch das Interferometer vom Laser zum Schirm das Photon im klassischen Teilchenbild hätte. Führen Sie eine entsprechende Simulation mit vielen Photonen durch. Notieren Sie, ob es zu Interferenz gekommen ist und deuten Sie den Zusammenhang zwischen der Anzahl der Wege und dem Auftreten von Interferenz.
b) Untersuchen Sie für verschiedene Einstellungen der drei Polarisationsfilter die Interferenzbilder. Überlegen Sie zunächst, wie sich das Versuchsergebnis ändern sollte, wenn der Polarisationsfilter vor dem Schirm entfernt wird. Führen Sie zur Überprüfung die Simulation dazu durch. Deuten Sie das Ergebnis.
c) Stellen Sie eine begründete Hypothese auf, wie der Polarisationsfilter vor dem Schirm in Bezug auf die anderen Polarisationsfilter eingestellt werden muss, damit er wie ein Quantenradierer wirkt.

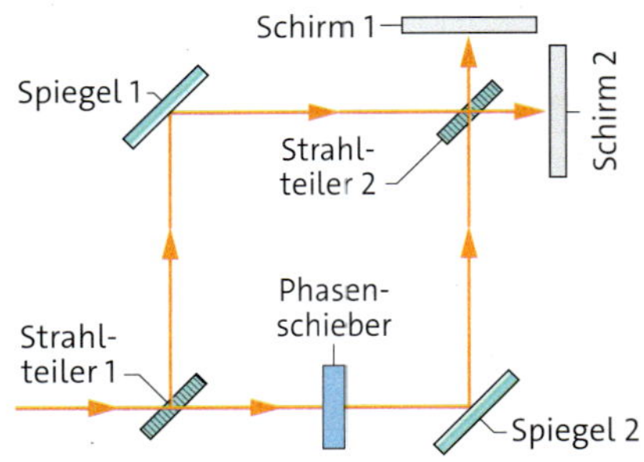

1 Interferometer mit Phasenschieber

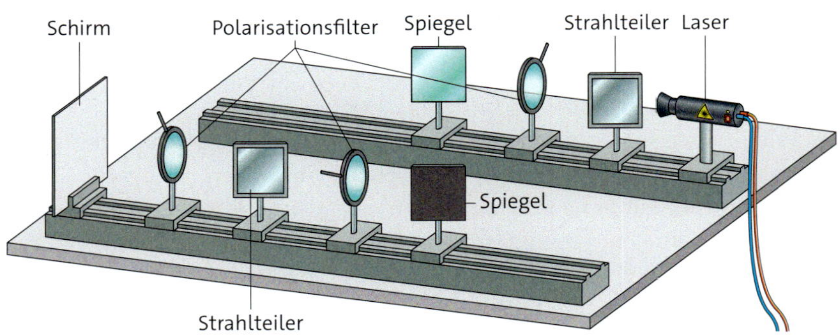

2 Mach-Zehnder-Interferometer mit Polarisationsfiltern

Material A • Doppelspalt und Mach-Zehnder-Interferometer

A1 **a)** Beschreiben Sie das Doppelspaltexperiment mit Photonen.
b) Beschreiben Sie das Mach-Zehnder-Interferometer-Experiment.
c) Nennen Sie Gemeinsamkeiten und Unterschiede beider Experimente.
d) Begründen Sie, dass beide Experimente weder durch die Annahme von Wellen noch von Teilchen, sondern von Quantenobjekten erklärbar sind.

Material B • Michelson- oder Mach-Zehnder-Interferometer

B1 **a)** Erklären Sie das Michelson- und Mach-Zehnder-Interferometer anhand geeigneter Skizzen.
b) Nennen Sie Gemeinsamkeiten und Unterschiede der Interferometer.
c) Stellen Sie eine begründete Hypothese auf, warum beim „Knallertest" das Mach-Zehnder-Interferometer genutzt wird und nicht das Michelson-Interferometer.

B2 Alice und Bob sind sich nicht einig: Alice hat Bob über das Mach-Zehnder-Interferometer einen Schlüssel zukommen lassen, indem sie eine größere Anzahl von Photonen geschickt hat. Diese soll Bob wie Morsezeichen deuten. Hierbei gehen wir davon aus, dass es sich um ein ideales Interferometer handelt und keine Photonen innerhalb des Aufbaus absorbiert werden. Alice erklärt Bob, dass die Photonen nur bei einem Detektor ankommen sollten. Falls ein Abhörversuch unternommen würde, spräche auch der andere Detektor an. Bob entgegnet: „Es kann doch auch ohne Abhörversuch sein, dass der andere Detektor anspricht, da Quanten immer nur mit Wahrscheinlichkeiten auftreten."
a) Beurteilen Sie die Aussagen. Erörtern Sie den Zusammenhang.

Material C • Quantenkryptografie

C1 **a)** Alice sendet Bob Tag (Spalte 1–8) und Monat (Spalte 9–16) ihres Geburtstages als Binärzahl (▸Tab. 3). Bestätigen Sie den 26. als Tag.
a) Alice verknüpft ein Zeichen x des Klartextes mit einem Zeichen y eines Schlüssels zu einem verschlüsselten Zeichen z (▸Tab. 3): Dabei ist $z = 0$, falls $x = y$. Ist $x \neq y$, so ist $z = 1$. Ermitteln Sie alle verschlüsselten Zeichen.
b) Alice sendet mit Einzelphotonen den Schlüssel. Beide verwenden Polarisatoren mit zwei vereinbarten Paaren von Richtungen: (0°; 90°) und (45°; 135°). Benutzen beide verschiedene Paare, wird keine Information übermittelt. Begründen Sie.
c) Polarisiert Alice | oder /, dann ist $y = 1$, bei – oder \ ist $y = 0$. Entscheiden Sie, ob Alice im Mai, September oder Dezember geboren wurde.
d) Beide wählen bei jedem Photon das Paar Polarisationsrichtungen zufällig. Nach der Übertragung des Schlüssels senden sie einander die Paare zu und verwenden nur die Zeitpunkte, bei denen sie das gleiche Paar verwendet haben. Erläutern Sie Zweck und Funktionsweise.
e) Eve hört die Glasfaserleitung ab, d. h., sie lässt jedes Photon durch einen Polarisator laufen und stellt fest, ob es durchkommt. Dann sendet sie entsprechende Photonen weiter, um nicht entdeckt zu werden. Entscheiden Sie begründet, ob sie unentdeckt bleibt, wenn Bob einen Teil des Schlüssels an Alice zurücksendet.
f) Beurteilen Sie die Sicherheit des Schlüssels.
g) Erläutern Sie, warum die Paare komplementär zueinander sind.

Zeitpunkt	1	2	3	4	5	6	7	8	9	10	11	12	13	14	15	16
Klartext	1		1	0			1	0		?	?	?	?			?
Alice' Polarisator	|	\	\	–	/	\	\	|	–	/	|	–	/	|	\	–
Polarisator von Bob	|	|	/	|	|	|	/	|	/	/	|	|	/	/	|	|
verwendbar	1		1	1	0	0	1	1	0	1	1	1	1	0	0	1
Schlüssel	1		0	0			0	1		?	?	?	?			?
Chiffrierter Text	0		1	0			?	?		1	0	0	1			1

3 Geburtstag per Quantenschlüssel

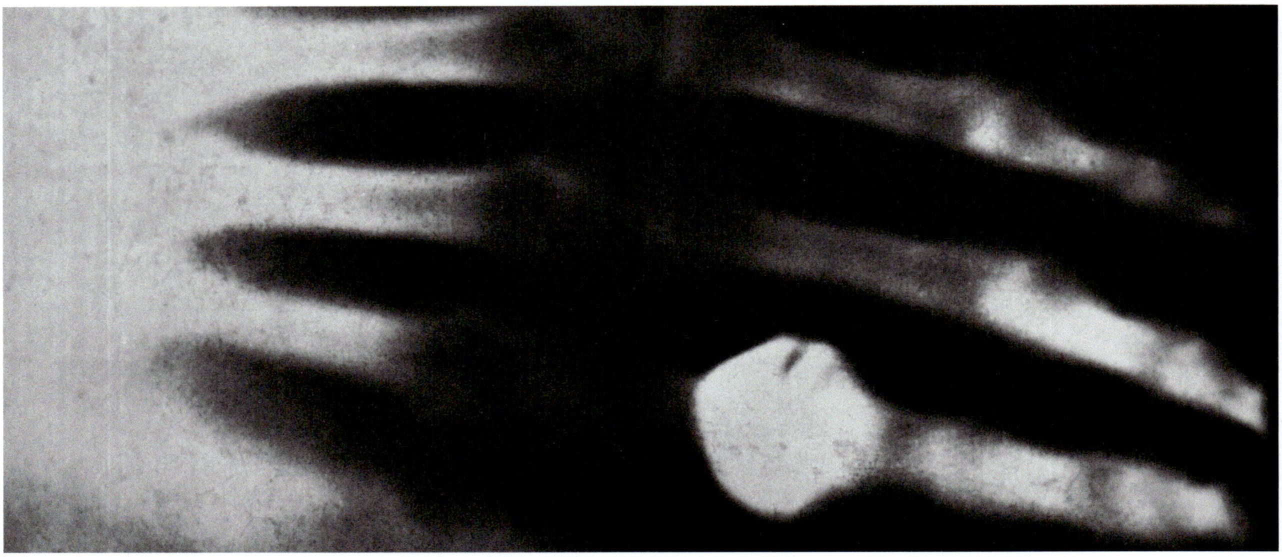

1 Von RÖNTGEN gefertigte Originalaufnahme (1895)

Das Röntgenbremsspektrum

Das Bild in ▸Abb. 1 entstand 1895, indem WILHELM CONRAD RÖNTGEN im Dunkeln seine Frau ihre Hand auf gegen Licht geschütztes Fotopapier legen ließ und diese mit den von ihm gerade entdeckten X-Strahlen bestrahlte. Solche Röntgenaufnahmen, wie sie heute heißen, hat jeder vielleicht schon einmal gesehen. Wie entstehen diese X-Strahlen?

Unsichtbare Strahlen • WILHELM CONRAD RÖNTGEN experimentierte wie viele Physiker Ende des 19. Jh. mit gasgefüllten oder auch luftleeren Glasröhren, in die zwei Elektroden eingeschmolzen waren (▸Abb. 2). Diese wurden an eine Hochspannungsquelle angeschlossen, um die Leuchterscheinungen bei der so genannten Gasentladung zu beobachten bzw. zu untersuchen. Die Leuchterscheinungen in der Röhre sind nur im abgedunkelten Raum gut zu erkennen. Dabei beobachtete RÖNTGEN auch, dass das zum Experimentieren bereitgehaltene Barium-Platin-Cyanid grünlich aufzuleuchten begann, sobald er die Hochspannung einschaltete. Dieses Aufleuchten kannte man von UV-Licht. Da sich RÖNTGEN sicher war, dass das verwendete Glas der Röhren keine UV-Strahlung durchließ, deckte er die Gasentladungsröhre mit einem schwarzen, lichtundurchlässigen Tuch ab. Das Aufleuchten blieb. Zusätzlich bemerkte er später, dass in der Tischschublade aufbewahrtes Fotopapier durch die unbekannte Strahlung unbrauchbar geworden war. Es musste also eine andere unbekannte Strahlung in der Röhre entstehen. Diese neuen unbekannten X-Strahlen, wie er sie nannte, konnten also lichtundurchlässige Materie durchdringen. Wie kann man diese erzeugen?

Die X-Strahlen haben ihren Namen von der mathematischen Bezeichnung für eine unbekannte Variable. In der englischen Literatur werden sie auch heute noch als „x-rays“ bezeichnet

Erzeugung der X-Strahlung • Bei der Gasentladung entstehen Elektronen-Ionen-Paare. Die Elektronen werden im elektrischen Feld der Hochspannung zwischen den Elektroden stark beschleunigt und prallen mit großer Geschwindigkeit auf das Anodenmaterial.

2 RÖNTGENs Versuchsaufbau

Genauere Untersuchungen ergaben, dass nur an der Anode die X-Strahlen oder Röntgenstrahlen entstehen. Besteht die Anode aus Kupfer, Molybdän oder Wolfram, also einem Metall mit hoher Anzahl positiver Ladungen im Kern, so sorgt dies dafür, dass die Elektronen stark abgebremst oder umgelenkt werden (▸Abb. 3). Dabei entsteht Röntgenstrahlung. Man spricht hier auch von **Bremsstrahlung.**
Röntgenröhren enthalten heutzutage ein Vakuum und verwenden eine Heizkathode, um die freien Elektronen zu erzeugen.

Spektrum der Bremsstrahlung • Handelt es sich bei der Röntgenstrahlung um Photonen, denen man eine Wellenlänge bzw. Frequenz zuordnen kann? Um das zu untersuchen, benutzen wir die schon bekannte Drehkristallmethode (▸Abb. 4): Die aus der Röntgenröhre austretende Röntgenstrahlung tritt durch eine Blende und trifft auf einen schräg gestellten Lithiumfluorid-Kristall mit dem Netzebenenabstand d. Dort tritt Bragg-Reflexion auf. Das heißt, zu jeder Wellenlänge λ, die möglicherweise in der Strahlung enthalten ist, gehört ein Winkel ϑ, der Glanzwinkel. Dabei gilt folgender Zusammenhang:

$$2 \cdot d \cdot \sin\vartheta = n \cdot \lambda .$$

Im Versuch wird der Winkel ϑ von 0° aus vergrößert und für den doppelten Winkel die Intensität der Strahlung durch die Zählrate ermittelt. Dadurch erhält man ein $I(\vartheta)$-Diagramm bzw. ein $I(\lambda)$-Diagramm, also ein Spektrum. Es ist zu beobachten, dass die Intensität ab einer bestimmten Wellenlänge zunächst zunimmt, um dann allmählich wieder abzunehmen. Die Röntgenstrahlung enthält also viele Wellenlängen, sie ist nicht monochromatisch. Die Form des Spektrums hängt von der verwendeten Beschleunigungsspannung U_B ab (▸Abb. 5).
Ist das Anodenmaterial dick genug, so ist die Wahrscheinlichkeit hoch, dass das Elektron auf seinem Weg einmal oder mehrere Male mit irgendeinem Atomkern wechselwirkt. Bei dieser Wechselwirkung verliert das Elektron seine kinetische Energie teilweise oder auch ganz und es entstehen ein Röntgenphoton und ein Elektron geringerer kinetischer Energie.

Treffen Elektronen mit hoher Geschwindigkeit auf eine Metallanode, so entsteht beim Abbremsen Röntgenstrahlung. Ihr Spektrum hängt von der Beschleunigungsspannung ab.

So entsteht Röntgenstrahlung unterschiedlicher Wellenlänge. Dabei gibt die Intensitätsverteilung (▸Abb. 5) die Wahrscheinlichkeit für diesen quantenmechanischen Wechselwirkungsprozess wieder. Das Maximum der Kurve, der so genannte Bremsberg, gibt dabei an, bei welcher Wellenlänge die meisten Röntgenphotonen entstehen.

Da man sehr schnell die medizinische Tragweite dieser Entdeckung begriff, erhielt im Jahre 1901 RÖNTGEN als erster den gerade neu geschaffenen Nobelpreis für Physik.

Je größer die Spannung U_B ist, desto mehr rückt das Maximum nach links. Das heißt, je größer die Spannung wird, desto kürzer wird die Wellenlänge der Röntgenphotonen.

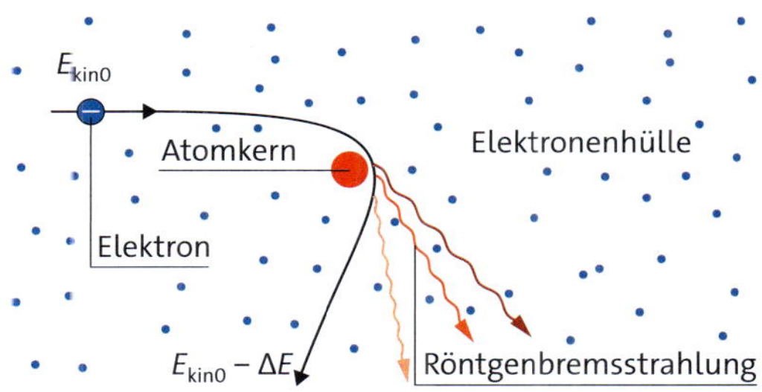

3 Entstehung der Röntgenstrahlung

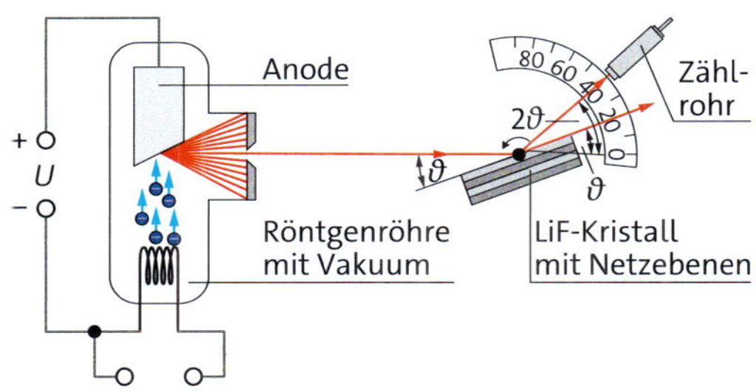

4 Röntgenröhre mit Drehkristall und Zählrohr

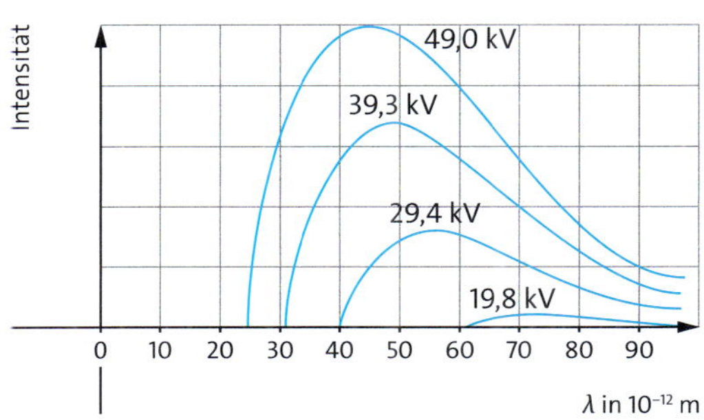

5 Bremsstrahlung im Röntgenspektrum

Wir kennen den Zusammenhang zwischen Intensitäten in Beugungsbildern und Antreffwahrscheinlichkeiten von Quantenobjekten. Welche Wellenlängen die abgegebenen Röntgenphotonen haben, unterliegt ebenfalls einer Wahrscheinlichkeitsverteilung – da diese bei der Wechselwirkung zwischen Quantenobjekten entstehen. Diese Wahrscheinlichkeitsverteilung spiegelt sich in der Intenitätsverteilung (dem Spektrum) der Bremsstrahlung) wider.

Die Grenzwellenlänge • Im Röntgenspektrum der Bremsstrahlung fällt auf, dass die Kurven für die einzelnen Spannungswerte genau bei einer deutlich erkennbaren kleinsten Wellenlänge beginnen. Diese nennt man Grenzwellenlänge λ_{Gr}. Die Wellenlänge der Bremsstrahlung kann also nur größer oder gleich dieser Grenzwellenlänge sein. Um zu verstehen, welches physikalische Prinzip dahintersteckt, soll ein Beispiel betrachtet werden: Bei einer Spannung von $U_b = 49\,\text{kV}$ misst man die kurzwelligste Strahlung bei einem Winkel von $\vartheta = 3{,}6°$. Bei einem Netzebenenabstand des verwendeten LiF-Kristalls von $d = 201\,\text{pm}$ ergibt sich mit der Bragg-Gleichung eine Wellenlänge von $\lambda = 25\,\text{pm}$, wie man im Röntgenspektrum gut erkennen kann.

Energie der Röntgenphotonen • Die Art ihrer Entstehung als elektromagnetische Strahlung sowie ihre Ähnlichkeit mit dem Licht (Schwärzung von Fotopapier) legen nahe, dass Röntgenstrahlung aus Photonen besteht, also aus Quantenobjekten. Benutzt man als Detektor ein Geiger-Müller-Zählrohr, so kann man bei Verwendung des Lautsprechers die Quantelung der eintreffenden Röntgenphotonen gut hören. Wie wir vom Fotoeffekt wissen, können Quantenobjekte untereinander Energie austauschen. Photonen des Lichts können in einer Solarzelle Energie auf Elektronen übertragen. Ebenso können Elektronen in einer LED bei Anlegen einer Spannung Photonen erzeugen. Bei der Entstehung der Röntgenphotonen ist es nicht anders: Nehmen wir an, ein Elektron in einer Röntgenröhre gibt seine kinetische Energie vollständig ab. Dann entstehen Photonen mit der maximalen Energie, die der kleinstmöglichen Wellenlänge λ_{Gr} entspricht.

Berechnen wir die Energie der Elektronen mit $e \cdot U_b$ und die der Photonen mit $E = h \cdot f$ und ersetzen f durch $f_{Gr} = \frac{c}{\lambda_{Gr}}$, so ergibt sich mit den Werten aus dem obigen Beispiel:

$$E_{Photon} = \frac{h \cdot c}{\lambda_{Gr}} = \frac{6{,}626 \cdot 10^{-34}\,\text{Js} \cdot 3 \cdot 10^{8}\,\frac{\text{m}}{\text{s}}}{25 \cdot 10^{-12}\,\text{m}} = 7{,}95 \cdot 10^{-15}\,\text{J}.$$

$$E_{kin} = e \cdot U_b = 1{,}602 \cdot 10^{-19}\,\text{C} \cdot 49\,\text{kV} = 7{,}85 \cdot 10^{-15}\,\text{J}.$$

Wir sehen, die Werte stimmen gut überein. Durch Gleichsetzen der Energien E_{Photon} und E_{kin} lässt sich ferner recht genau das Plancksche Wirkungsquantum ermitteln: Für verschiedene Beschleunigungsspannungen U_b wird im Versuch die Grenzwellenlänge λ_{Gr} ermittelt und anschließend der Quotient aus E_{kin} und f_{Gr} gebildet.

1 Erklären Sie das Zustandekommen der „Bremsberge".

2 Berechnen Sie die Winkel für die anderen drei Spannungen in ▸Abb. 5 auf der vorherigen Seite, bei denen erstmalig Röntgenstrahlung auftritt.

3 Ermitteln Sie für alle angegeben Spannungen in ▸Abb. 1 A die Grenzwellenlängen und berechnen Sie daraus f_{Gr}. Tragen Sie in einem passenden Diagramm die Elektronenenergie E_{kin} gegen die Grenzfrequenz auf und zeichnen Sie eine Ausgleichsgerade. Ermitteln Sie die Steigung der Geraden. Erläutern Sie die Bedeutung der Steigung.

4 Wiederholen Sie die Berechnungen für Kupfer als Anodenmaterial (▸Abb. 1 B).

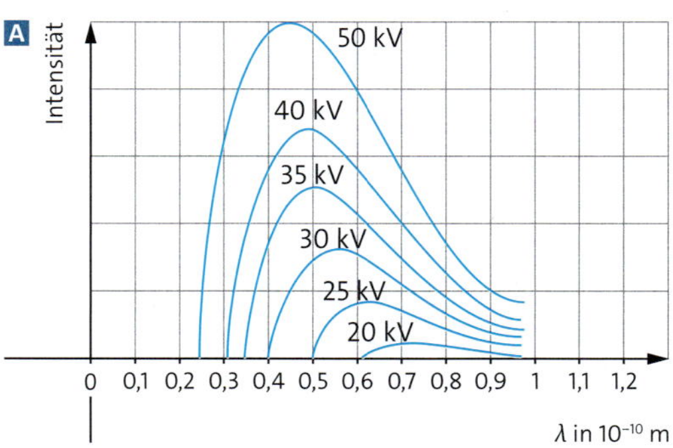

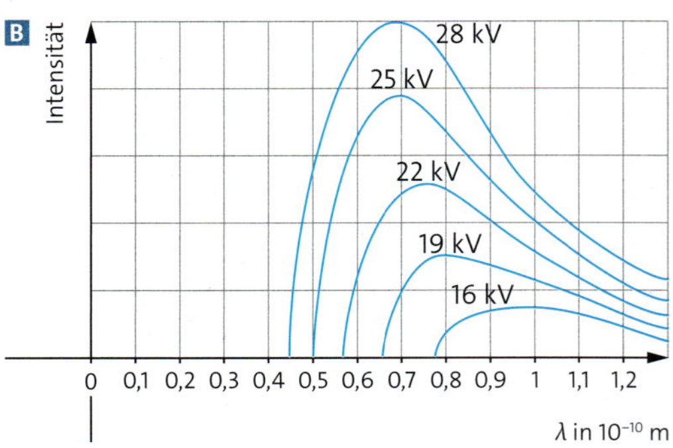

1 Bremsspektren: **A** Wolfram, **B** Kupfer

Material A • Messungen mit Röntgenstrahlen

A1 Die in ▸Tabelle 2 angegebenen Messwerte wurden bei der Bragg-Reflexion von Röntgenstrahlung an einem Kristall mit Netzebenenabstand $d = 201\,\text{pm}$ gewonnen. Dabei sind U_B die Spannung der Röntgenröhre und ϑ der Glanzwinkel.

a) Skizzieren Sie den Versuchsaufbau und beschreiben Sie den Messvorgang.

b) Stellen Sie die Messergebnisse grafisch dar (U_B auf der Rechtsachse).

c) Bestimmen Sie durch Verlängern der Graphen deren Schnittpunkte mit der Rechtsachse und tabellieren Sie die Ergebnisse.

d) Begründen Sie die Aussage, nach der aus diesen Schnittpunkten die Grenzwellenlängen der jeweiligen Beschleunigungsspannungen zu erhalten sind.

e) Erstellen Sie ein $U(f)$-Diagramm mit den Tabellenwerten aus c). Begründen Sie den Verlauf des Graphen. Bestimmen Sie h.

$\vartheta = 15°$ U_B in kV	Intensität in Skalenteilen
23	5,8
22	5,3
20	4,6
18	3,9
16	2,6
14	1,5

$\vartheta = 14°$ U_B in kV	Intensität in Skalenteilen
23	6,6
22	6,2
20	5,0
18	3,9
16	2,8
14	1,2

$\vartheta = 13°$ U_B in kV	Intensität in Skalenteilen
23	7,9
22	6,3
20	5,8
18	4,5
16	2,6

$\vartheta = 12°$ U_B in kV	Intensität in Skalenteilen
23	7,3
22	7,1
20	5,5
18	3,7
16	1,4

$\vartheta = 10°$ U_B in kV	Intensität in Skalenteilen
23	6,8
22	6,0
20	3,8
18	1,0

$\vartheta = 8°$ U_B in kV	Intensität in Skalenteilen
23	3,2
22	2,7
20	0,5

2 Bragg-Reflexion von Röntgenstrahlung

Material B • Moderne Röntgendiagnostik

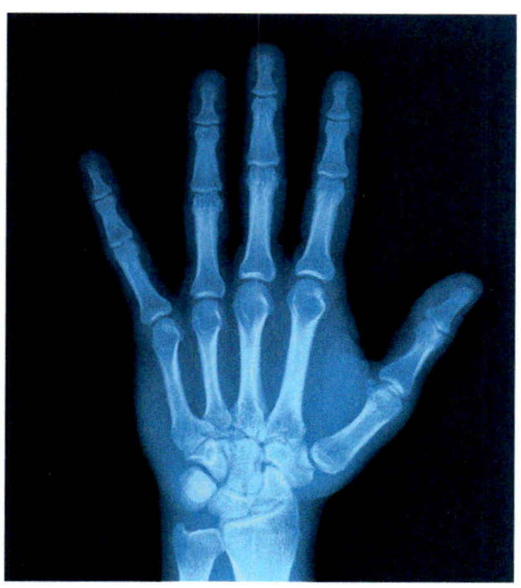

3 Röntgenaufnahme einer Hand

In der Röntgendiagnostik kann man mit modernen Flachbilddetektoren auch mit geringeren Strahlungsdosen Aufnahmen erhalten, die vergleichbar mit konventionell erstellten sind.

B1 Recherchieren Sie die Funktionsweise moderner Flachbilddetektoren in der digitalen Radiografie.

B2 **a)** Recherchieren Sie den Begriff Röhrenstrom-Zeit-Produkt.

b) Das gleiche Handgelenk wurde auf vier verschiedene Weisen geröntgt: konventionell und mit Flachbilddetektoren.

Alle Aufnahmen wurden mit der gleichen Beschleunigungsspannung von 45 kV aufgenommen, aber jede mit einem anderen „mAs“-Wert: konventionell mit 5 mAs sowie mit Flachbilddetektor mit 5 mAs, 2,5 mAs und 1,25 mAs.
Erklären Sie, weshalb dies einer unterschiedlichen Strahlenbelastung entspricht.

BLICKPUNKT

Röntgenstrahlen in der medizinischen Diagnostik

Schon kurz nach der Entdeckung bekam WILHELM CONRAD RÖNTGEN den ersten jemals vergebenen Nobelpreis im Jahr 1901, weil man schnell den unschätzbaren Wert der Röntgenstrahlung in der medizinischen Diagnostik erkannt hatte. Seit RÖNTGEN selbst die historische Aufnahme der Hand seiner Frau anfertigte, hat sich das grundlegende Verfahren bis in die 1990er Jahre kaum geändert: Der zu untersuchende Körperteil wird von einer Röntgenquelle durchstrahlt und auf einem dahinterliegenden Film oder Fluoreszenzschirm abgebildet. ▸Abb.1 zeigt eine historische Röntgenuntersuchung.

Klassische Verfahren • Den Fluoreszenzschirm benutzt man nur, um dynamische Vorgänge zu beobachten, etwa die Wanderung eines mit Kontrastmittel angereicherten Breis durch die Speiseröhre. Dazu muss der Patient die ganze Zeit durchstrahlt werden, was die Strahlenbelastung erhöht.

Bei statischen Aufnahmen hängt die Belichtungszeit von dem zu untersuchenden Körperteil und von der Energie der Röntgenstrahlung ab. Grundlage der Bildgebung ist die Tatsache, dass die Röntgenstrahlung beim Durchgang durch den Körper geschwächt wird und zwar umso mehr, je dichter das Gewebe ist. Knochen haben gegenüber anderem Gewebe eine sehr hohe Dichte, weshalb man sie gut abbilden kann. Andererseits hängt die Schwächung auch von der durchstrahlten Schichtdicke ab, sodass man auf dem Röntgenbild nicht immer unterscheiden kann, ob die Schwächung durch eine größere Dichte oder durch eine größere Schichtdicke hervorgerufen wurde.

Auch spielt die Energie der Röntgenstrahlung eine Rolle bei der Durchdringung. Harte Röntgenstrahlung entsteht bei einer Beschleunigungsspannung der Elektronen von $U_B = 40$ bis 120 kV und durchdringt das Gewebe viel leichter. Dabei werden Kontrastunterschiede stark abgemindert. Sie wird z.B. bei Lungenaufnahmen benutzt (▸Abb.2), bei denen ansonsten im Bereich der Rippen keine Beurteilung der Gewebestruktur möglich wäre, oder immer dann, wenn andere nicht-invasive Verfahren ausgeschlossen sind.

Dagegen benutzt man weiche Röntgenstrahlung ($U_B = 25$ bis 35 kV), um auch feinste Gewebeunterschiede auf dem Röntgenfilm sichtbar zu machen, z.B. bei der Mammografie. Denn je energieärmer die Röntgenstrahlung ist, desto mehr ist die Absorption von der Ordnungszahl des durchstrahlten Gewebes abhängig (und nicht von der Dichte). Dadurch ist jedoch auch die Strahlenbelastung größer, weil länger belichtet und der Körper daher durch mehr Quanten getroffen wird. Durch die Absorption wird Energie ins Gewebe freigesetzt, die zu Sauerstoffradikalen führt. Dies ist der Grund für die Gesundheitsschädlichkeit von Röntgenstrahlen.
Je höher die Ordnungszahl ist, desto stärker ist die Absorption.

Generell ist bei der Auswertung zu beachten, dass das dreidimensionale Gewebe nur zweidimensional auf einem Film abgebildet wird. So kann man Veränderungen, die hinter einem stark absorbierenden Gewebe liegen, nicht erkennen. Man fertigt daher oft zwei Aufnahmen aus zwei unterschiedlichen Richtungen an, was jedoch die Strahlenbelastung verdoppelt.

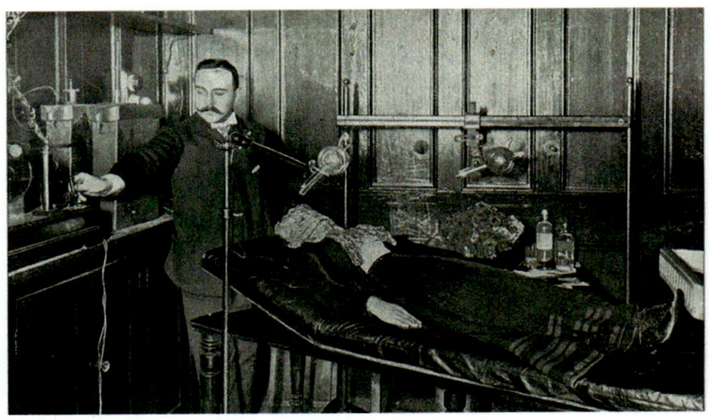

1 Historisches Röntgengerät

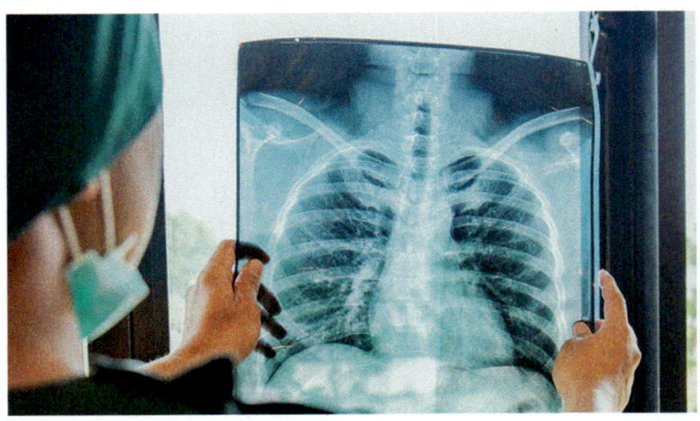

2 Klassische Röntgenaufnahme der Lunge

Moderne Verfahren • Bis zur Jahrtausendwende war das herkömmliche fotografische Verfahren in der Medizin Standard: Belichtung eines Films in einer lichtdichten Kassette, chemische Entwicklung in einer Dunkelkammer und Trocknung. Dieses Verfahren hatte einige gravierende Nachteile: Falsch belichtete Aufnahmen mussten wiederholt werden und die Aufnahmen standen oft erst nach einigen Stunden zur Verfügung.
Das Aufkommen der digitalen Fotografie hatte auch Auswirkungen auf die Aufnahme der Röntgenbilder. Statt des Films wird eine Spezialfolie belichtet, die das Röntgenbild speichert. Dabei werden durch die auftreffenden Photonen die Strukturen in der Folie verändert. Die Unterschiede werden mit einem Laserstrahl abgetastet und digital gespeichert. Bei Verwendung hochempfindlicher Folien kann die Strahlenbelastung entscheidend gesenkt werden. Außerdem steht das Bild sofort zur Verfügung und lässt sich digital nachbearbeiten.
Dreidimensionale Bilder lassen sich damit jedoch auch nicht anfertigen. Diese erzeugt man mithilfe eines Computers bei der so genannten CT (Computer-Tomografie). Die Strahlenbelastung ist aber wegen der Bestrahlungsdauer deutlich höher als bei einer normalen Röntgenaufnahme: 5,8–8 mSv bei einem Thorax-CT gegenüber 0,02–0,1 mSv. Die natürliche jährliche Strahlenbelastung liegt bei 2,1 mSv. In einem CT-Gerät (▸Abb. 3) werden viele Einzelaufnahmen aus verschiedenen Blickwinkeln und in verschiedenen Schichten gemacht, die dann der Computer zu einem einzigen Bild zusammensetzt (▸Abb. 4). Dazu rotieren Röntgenröhre und moderne sehr empfindliche Halbleiterdetektoren um die zu untersuchende Körperregion senkrecht zur Längsachse des Patienten. Dabei entsteht ein zweidimensionales Schnittbild (▸Abb. 5). Um dreidimensionale Bilder zu erhalten, muss der Körper des Patienten längs seiner Körperachse „in die Röhre" geschoben werden. Moderne CT-Geräte können sogar dreidimensionale Bilder des schlagenden Herzens anfertigen. Dabei werden die Röntgenaufnahmen mit der Herzfrequenz synchronisiert und die Aufnahmen immer zum selben Zeitpunkt der Herzperiode ausgelöst. Durch diesen Effekt scheint das Herz bei der Aufnahme still zu stehen. Mithilfe von KI (künstliche Intelligenz) ist es heute auch möglich, die Aufnahmen mit unregelmäßigen Herzschlägen zu synchronisieren oder zeitlich zu versetzen, um einen Film anzufertigen.

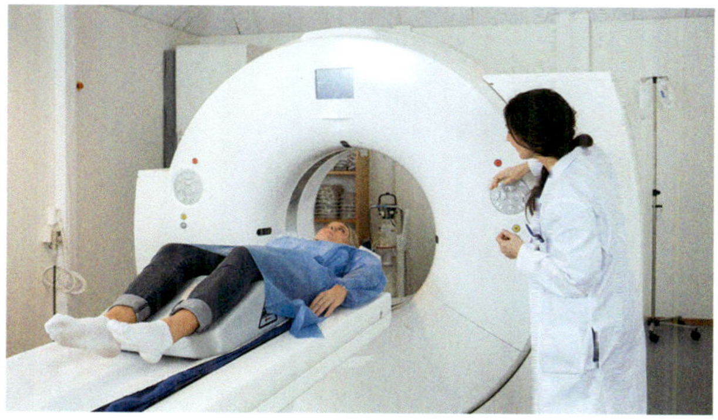

3 Modernes CT-Gerät

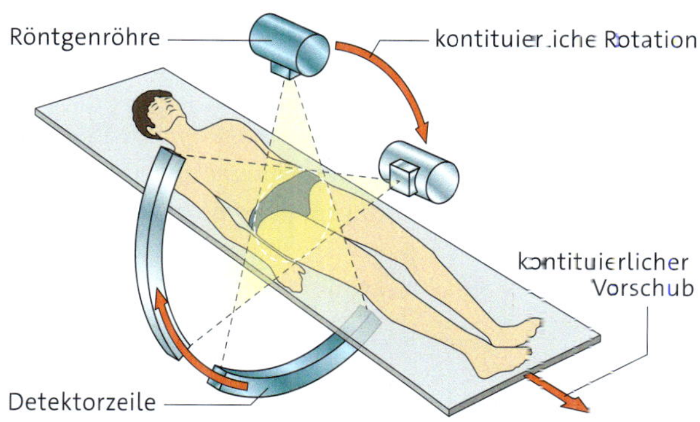

4 Prinzip der Computertomografie

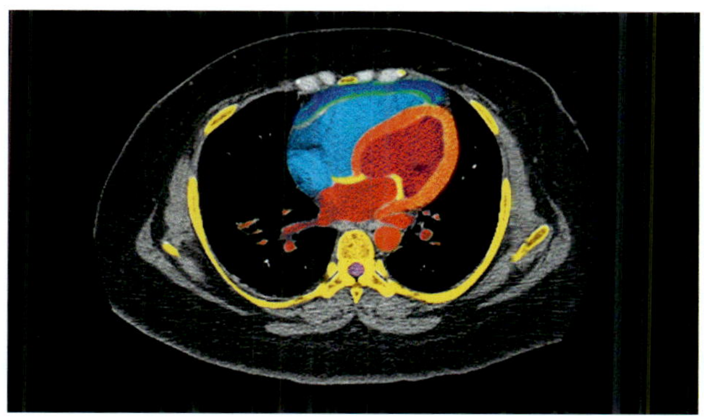

5 CT-Aufnahme von Lunge und Herz (Querschnitt)

1 Fassen Sie zusammen, wodurch bei einer Röntgenaufnahme die Kontraste entstehen.

2 Geben Sie einen Grund dafür an, warum bei einer klassischen Röntgenaufnahme Knochen und Organe stets vergrößert abgebildet werden.

1 Kleines Teleskop vor dem Nachthimmel

Quanten beim Urknall

Bereits kleine Teleskope können Fotos von Galaxien in 12 Mrd. Lichtjahren Laufzeitentfernung aufnehmen. Daher sollte ein großes Teleskop Fotos von Objekten in vielfacher Entfernung liefern. Das ist aber nicht so!

Beginn unseres Universums • Kein Teleskop kann Objekte erfassen, die mehr als 13,8 Mrd. Lichtjahre Laufzeitentfernung (LL) entfernt sind. Das ist wie beim Horizont: Es ist etwas dahinter, aber wir sehen es nicht. Diese Sichtgrenze in 13,8 Mrd. LL heißt **Lichthorizont** R_{Lh}. Licht, das wir sehen, ist also höchstens 13,8 Mrd. Jahre alt. Also gibt es erst seitdem Lichtquellen. Damals begann die Entwicklung des Universums. Dieser Beginn heißt **Urknall.** Wie entwickelte sich R_{Lh} seitdem?

2 Galaxie M77 mit typischen rot leuchtenden Regionen

Rotverschiebung • In vielen Galaxien gibt es rot leuchtende Regionen (▸Abb. 2). Dort wird Licht mit den Wellenlängen $\lambda_{rot} = 656\,\text{nm}$ und $\lambda_{blau} = 486\,\text{nm}$ ausgesendet. Bereits 1915 beobachtete VESTO SLIPHER, dass diese Wellenlängen bei entfernten Galaxien um einen **Streckfaktor** k gestreckt sind: $\lambda' = k \cdot \lambda$ (▸Abb. 3). Die Differenz $k - 1 = z = \frac{\lambda' - \lambda}{\lambda}$ nennt man **Rotverschiebung.**

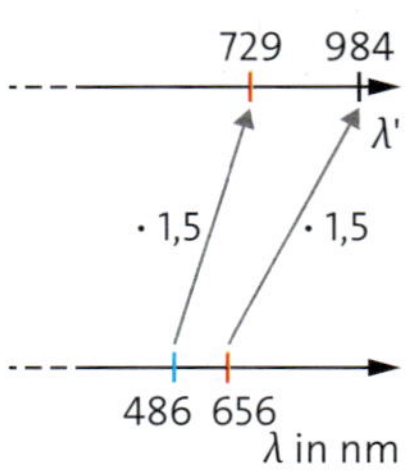

3 Rotverschiebung um den Streckfaktor 1,5

Streckung • Der Faktor k wird als Streckung des Raums gedeutet. Das modelliert ein Luftballon (▸Abb. 4): Die Haut des Ballons stellt den Raum dar. Zum Zeitpunkt t_{em} emittierte die Galaxie Licht mit $\lambda_{rot} = 656\,\text{nm}$. Zur heutigen Zeit t_0 ist λ_{rot} gestreckt zu $\lambda'_{rot} = k \cdot \lambda_{rot}$. Dieser Streckfaktor k ist also eine Funktion der Zeit t_{em}. Jede Länge auf der Ballonhaut, also auch R_{Lh}, ist um den Faktor k vergrößert. Somit beschreibt der messbare Faktor $k(t_{em})$ auch die Zeitentwicklung von $R_{LH}(t_{em}) = \frac{R_{LH}(t_0)}{k(t_{em})}$. Je frühere Zeiten t_{em} man betrachtet, desto kleiner war $R_{Lh}(t_{em})$. Das geht so weit, dass beim Urknall Quantenobjekte wesentlich waren. Aufgrund dieser Zunahme von R_{Lh} ist die Quelle, die vor 13,8 Mrd. Jahren Licht aussendete, heute mehr als 13,8 Lj entfernt. Deshalb benutzen wir den Begriff Laufzeitentfernung, der nur auf der Laufzeit beruht, nicht auf der tatsächlichen Entfernung.

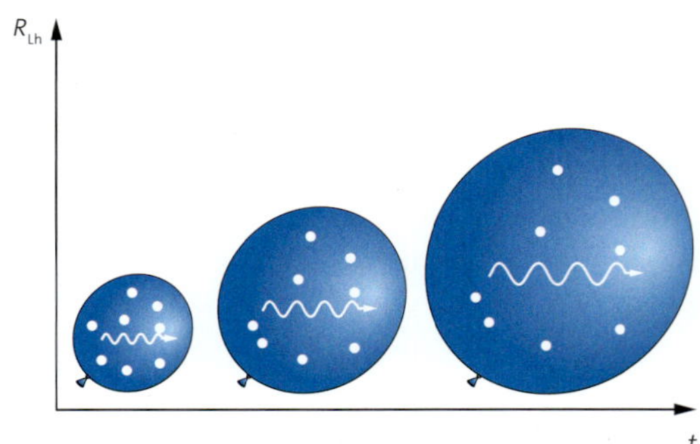

4 Rotverschiebung

Entwicklung der Streckung • Wir modellieren $R_{Lh}(t)$ zu früheren Zeitpunkten $t = t_{em}$, sodass wir die exakte grundlegende Dynamik zur Streckung erhalten. Dazu analysieren wir die Energie einer Probemasse m bei $R_{Lh}(t)$ (▸Abb. 5). Die Kugel mit dem Radius $R_{Lh}(t)$ hat eine Masse M, die die Probemasse m gravitativ anzieht. Dabei nimmt die Gravitationskraft proportional zu $\frac{1}{R_{Lh}^2}$ ab, analog zur Coulombkraft. Entsprechend ist auch die potenzielle Energie der Gravitation analog zur Energie der Coulombkraft (▸Abb. 6):

$$E_{pot,Gravitation}(t) = -G \cdot \frac{M \cdot m}{R_{Lh}(t)}.$$

Zusammen mit der Bewegungsenergie ist die Energie E der Probemasse:

$$E(t) = \frac{1}{2} \cdot m \cdot \dot{R}_{Lh}^2(t) - G \cdot \frac{M \cdot m}{R_{Lh}(t)}.$$

Man weiß aus Beobachtungen entfernter Galaxien, dass diese Energie E im Rahmen der Messgenauigkeit gleich null ist. Daher gilt:

$$\dot{R}_{Lh}(t) = (2 \cdot G \cdot M)^{\frac{1}{2}} \cdot (R_{Lh}(t))^{-\frac{1}{2}}.$$

Dies ist eine Differentialgleichung (DGL), die die zeitliche Entwicklung beschreibt. Zur Lösung machen wir einen Ansatz mit einer Konstanten q:

$$R_{Lh}(t) = q \cdot t^{\frac{2}{3}}$$

Zur Überprüfung des Ansatzes leiten wir ab:

$$\dot{R}_{Lh}(t) = \frac{2}{3} \cdot q \cdot t^{-\frac{1}{3}},$$

setzen in die DGL ein und lösen nach q auf:

$$\frac{2}{3} \cdot q \cdot t^{-\frac{1}{3}} = (2 \cdot G \cdot M)^{\frac{1}{2}} \cdot q^{-\frac{1}{2}} \cdot t^{-\frac{1}{3}}.$$
$$q = \left(\frac{9 \cdot G \cdot M}{2}\right)^{\frac{1}{3}}.$$

Da q konstant ist, erfüllt unser Ansatz die DGL. Daher ist $R_{Lh}(t)$ eine Lösung des Modells, also ein physikalisch stimmiges Ergebnis:

$$R_{Lh}(t) = \left(\frac{9 \cdot G \cdot M}{2}\right)^{\frac{1}{3}} \cdot t^{\frac{2}{3}}.$$

Wir führen **globale Einheiten** ein, mit der Zeiteinheit $t_0 = 13{,}8$ Mrd. Jahre und der Längeneinheit $R_{Lh}(t_0)$. Damit gilt $R_{Lh}(t_0) = 1$, $q = 1$ und:

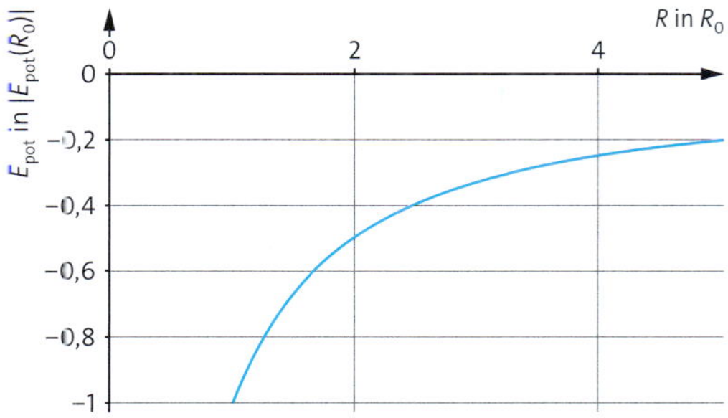

6 Potenzielle Energie einer Masse M mit Radius R

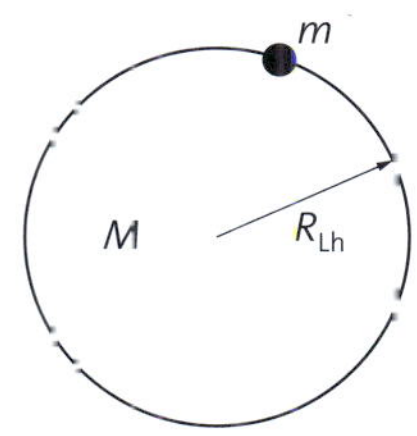

5 Modell

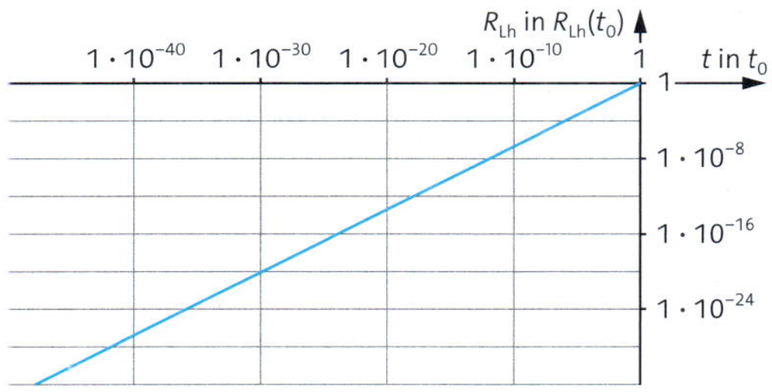

7 $R_{Lh}(t)$-Diagramm

$$R_{Lh}(t) = t^{\frac{2}{3}}.$$

Diese Potenzfunktion ist in ▸Abb. 7 mit zwei logarithmischen Achsen dargestellt. Besonders auffällig ist, dass der heute sichtbare Raum früher sehr klein war. Daher waren einerseits Quantenobjekte wichtig. Andererseits war aber auch die Gravitationfeldstärke G^* sehr groß. Bei welchen Objekten ist das der Fall? Bei einem **schwarzen Loch** ist die Gravitation so wesentlich, dass nicht einmal Licht entfliehen kann. 2019 gelang es erstmals, mit einem System aus Teleskopen für Radiowellen, dem sogenannten Event Horizon Teleskop, ein schwarzes Loch zu fotografieren (▸Abb. 8). Im Bild erkennt man einen Ring aus hell leuchtendem Material, das gerade ins schwarze Loch stürzt. Das schwarze Loch ist der Kern der Galaxie M87 und hat einen Radius von 0,0015 Lichtjahren.

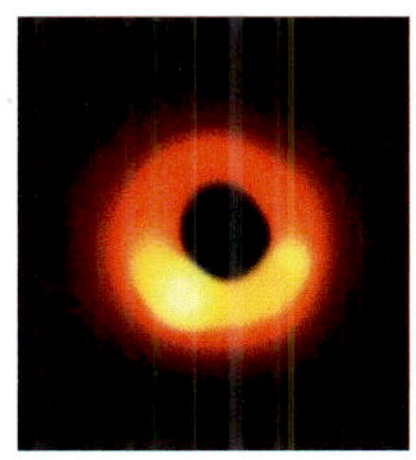
8 Schwarzes Loch

1 Begründen Sie, dass das Licht einer Galaxie in 12 Mrd. Lj Entfernung zur globalen Zeit $t_1 = \frac{1{,}8}{13{,}8}$ emittiert wurde.

2 Ermitteln Sie für den Zeitpunkt t_1 der Emission aus Aufgabe 1 mit diesem Modell sowohl $R_{Lh}(t_1)$ als auch den Streckfaktor k sowie die Rotverschiebung z.

EINSTEIN formulierte 1915 die DGL zur Gravitation im Rahmen der Relativitätstheorie. KARL SCHWARZSCHILD löste 1916 diese DGL für den Fall eines symmetrischen Körpers und leitete dabei auch den Ereignishorizont her, also den Schwarzschild-Radius.

Schwarzes Loch • Wenn eine Probemasse m von einer Masse M aus senkrecht nach oben fliegt, dann fällt sie gerade eben nicht mehr zurück, wenn die kinetische Energie gleich dem Betrag der potenziellen Energie ist:

$$\frac{1}{2} \cdot m \cdot v^2 = G \cdot \frac{M \cdot m}{R}.$$

Wenn die Geschwindigkeit bekannt ist, dann beträgt der entsprechende Radius:

$$R = 2 \cdot G \cdot \frac{M}{v^2}.$$

Schon 1784 analysierte JOHN MICHELL diesen Radius für die Lichtgeschwindigkeit, $v = c$. Er erkannte, dass bei diesem Radius selbst Licht nicht mehr die Masse M verlassen kann. Die Masse M erscheint von außen schwarz, man spricht vom **schwarzen Loch** und nennt den entsprechenden Radius den **Schwarzschild-Radius:**

$$R_S = 2 \cdot G \cdot \frac{M}{c^2}.$$

Wir stellen die Masse des schwarzen Lochs mit der äquivalenten Energie $E = M \cdot c^2$ dar:

$$R_S = 2 \cdot G \cdot \frac{E}{c^4}.$$

Kein Licht verlässt die **Innenstruktur** innerhalb von R_S. Andere Objekte im Bereich $r \le R_S$ sind nicht schneller als Licht und bleiben daher in diesem Bereich. Ereignisse bei $r \le R_S$ sind somit nicht beobachtbar und damit unbestimmt. Daher nennt man R_S **Ereignishorizont** und wir erkennen eine gravitative Unbestimmtheitsrelation GUBR: Der Radius Δr der Unbestimmtheit ist R_S.

Ein schwarzes Loch ist durch den Schwarzschild-Radius R_S begrenzt. Die Innenstruktur innerhalb R_S ist unbestimmt. Also gilt die gravitative Unbestimmtheitsrelation, GUBR, $\Delta r = R_S$ mit:
$R_S = 2 \cdot G \cdot \frac{M}{c^2} = 2 \cdot G \cdot \frac{E}{c^4}$.

Gemäß der Heisenbergschen Unbestimmtheitsrelation, HUBR, gibt es auch beim Quantenobjekt eine unbestimmte Innenstruktur.
Wie kombinieren wir diese beiden UBRs? Dies tun wir in zwei Schritten: Wir stellen zunächst die HUBR abhängig von der Länge x und der Energie E dar, dann beide UBRs im $E(x)$-Diagramm.

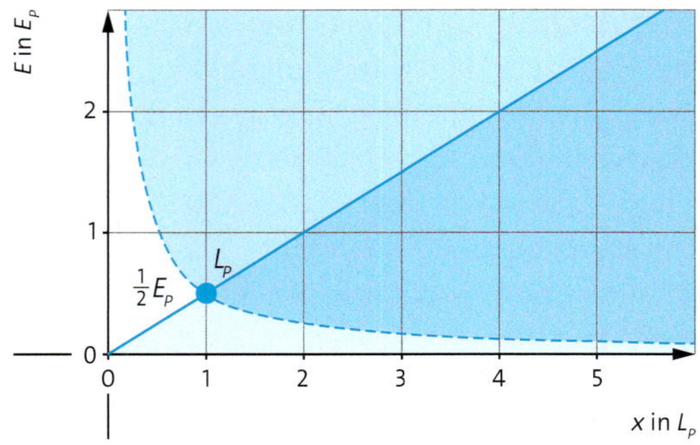

1 $E(x)$-Diagramm. Blauer Punkt: kleinste Länge

Planck-Skala • Wegen der sehr hohen Dichte im frühen Universum konnten sich keine massiven Elementarteilchen bilden. Die Energie im Raum lag in Form von Photonen oder kleinen schwarzen Löchern vor. Entsprechend analysieren wir ein Photon mit Impuls in eine Richtung, z. B. in x-Richtung. Dabei ist $p \ge \Delta p_x$ und es gilt die HUBR:

$$\Delta x \cdot \Delta p_x \ge \frac{h}{4\pi}.$$

Wir setzen $p \ge \Delta p_x$ ein:

$$\Delta x \cdot p \ge \frac{h}{4\pi}.$$

Wir dividieren durch p und nutzen $\lambda = \frac{h}{p}$:

$$\Delta x \ge \frac{\lambda}{4\pi}.$$

Wir wenden $\lambda = \frac{c}{f} = \frac{h \cdot c}{E}$ an:

$$\Delta x \ge \frac{h \cdot c}{4\pi \cdot E}.$$

Die bestimmten oder besser: die bestimmbaren Längen x sind größer gleich Δx:

$$x \ge \frac{h \cdot c}{4\pi \cdot E}.$$

Wir legen den Nullpunkt $x = 0$ in das Objekt und tragen die bestimmbaren Längen x abhängig von der Energie E im $E(x)$-Diagramm in ▸Abb. 1 auf. Die gemäß der HUBR bestimmbaren Paare $(x;E)$ liegen rechts der Hyperbel in ▸Abb. 1 und sind mittelblau eingefärbt.

Entsprechend liegen die gemäß der GUBR bestimmbaren Paare $(x;E)$ rechts der Ursprungsgeraden mit $x = R_S$ in ▸Abb. 1 (hellblau). Die in der Natur überhaupt bestimmbaren Paare $(x;E)$ liegen in der Schnittmenge (dunkelblau). Diese Schnittmenge weist eine kleinste Länge auf (▸Abb. 1).

Diese kleinste Länge nennt man **Planck-Länge** L_P. Sie tritt am Schnittpunkt der beiden Grenzlinien in ▸Abb. 1 auf. Wir ermitteln diesen Punkt, indem wir die entsprechenden Terme gleichsetzen und nach E auflösen:

$$2 \cdot G \cdot \frac{E}{c^4} = \frac{h \cdot c}{4\pi \cdot E}.$$

$$E = \frac{1}{2} \cdot \sqrt{\frac{h \cdot c^5}{2\pi \cdot G}} = 1{,}956\,\text{GJ}.$$

Die obige Wurzel stellt die **Planck-Energie** E_P dar. Die x-Koordinate am Schnittpunkt ist L_P:

$$L_P = \sqrt{\frac{h \cdot G}{2\pi \cdot c^3}} = 1{,}616 \cdot 10^{-35}\,\text{m}.$$

Die zu E_P äquivalente Masse $\frac{E_P}{c^2}$ ist:

$$M_P = \sqrt{\frac{h \cdot c}{2\pi \cdot G}} = 2{,}176 \cdot 10^{-8}\,\text{kg}.$$

Massen in der Größenordnung 10 µg kennen wir zwar aus dem Alltag. Jedoch ist diese Masse hier auf Abmessungen von 10^{-35} m begrenzt. Das führt auf die Frage: Gibt es eine **größte Dichte**? Die Antwort ermitteln wir zuerst für einen festen x-Wert im $E(x)$-Diagramm (▸Abb. 1). Für diesen liegt die größte Energie und somit auch die größte Dichte auf der Ursprungsgeraden mit $x = R_S$. Zweitens verringern wir den x-Wert, z. B. auf die Hälfte. Dabei wird die Energie halbiert, das Volumen verachtfacht und die Dichte vervierfacht. Also liegt die größte Dichte beim kleinsten x-Wert L_P. Diese Dichte heißt **Planck-Dichte** und beträgt:

$$\rho_P = \frac{M_P}{L_P^3} = \frac{2\pi \cdot c^5}{h \cdot G^2} = 5{,}155 \cdot 10^{96}\,\frac{\text{kg}}{\text{m}^3}.$$

Die kleinste messbare Laufzeit ist $t_P = \frac{L_P}{c}$ und heißt **Planck-Zeit:**

$$t_P = \frac{L_P}{c} = 5{,}391 \cdot 10^{-44}\,\text{s}.$$

Die Kombination von HUBR und GUBR ist eine Form der Quantengravitation. Sie zeigt, dass es bei einem Objekt eine kleinste bestimmbare Länge L_P, eine kleinste bestimmbare Laufzeit t_P und eine größte Dichte ρ_P gibt. Diese Größen gehören zur **Planck-Skala.** Diese definiert die Grenzen, hinter denen die heute bekannten physikalischen Gesetze nicht mehr anwendbar sind.

Lichthorizont $R(t)$ • Die Entwicklung $R_{Lh}(t)$ der Streckung des Raums verfolgen wir zurück bis zur Planck-Skala: Konkret stellen wir in ▸Abb. 2 den Graphen zu $R_{Lh}(t)$ bis zu dem Radius R_1 dar, bei dem die größte mögliche Dichte ρ_P erreicht ist. Ausgehend von der heutigen Dichte im Universum ermitteln wir:

$$R_1 = 8{,}2 \cdot 10^{-6}\,\text{m} = 5{,}07 \cdot 10^{29} \cdot L_P.$$

Erstaunlich ist, dass R_1 viel größer ist als die Planck-Länge. Damit kann der heute beobachtbare Raum nicht durch Streckung aus einem Raumbereich von der Größe der Planck-Länge entstanden sein. Es muss also einen weiteren Mechanismus der Distanzvergrößerung gegeben haben.

Das erkannte auch ALAN GUTH 1982 – allerdings anders: Er wunderte sich, dass die kosmische Hintergrundstrahlung (▸Abb. 3) so homogen ist und dass der Raum im Großen so wenig gekrümmt ist. Damit ermittelte er einen zusätzlichen Vergrößerungsfaktor von wenigstens 10^{27}, passend zu unserem Ergebnis $R_1 \approx 10^{30} \cdot L_P$.

Was könnte dieser weitere Mechanismus sein, der gemäß dem Prinzip der Energieerhaltung jedenfalls keine Streckung oder Ausdehnung des Raums ist? Diese Frage wird aktuell in der Forschung diskutiert.

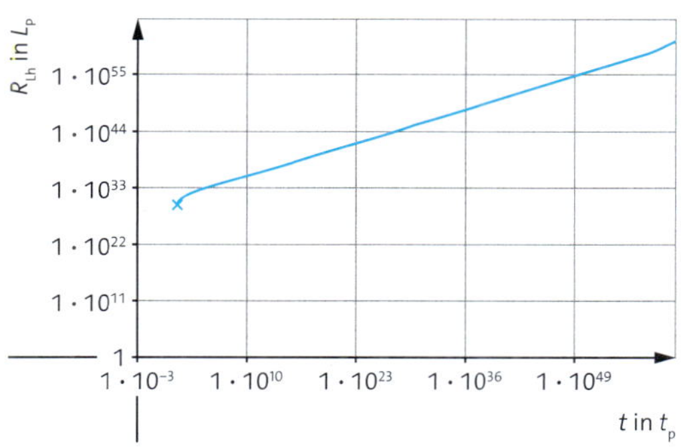

2 $R_{Lh}(t)$-Diagramm: von R_1 (Kreuz) bis $R_{Lh}(t_0)$

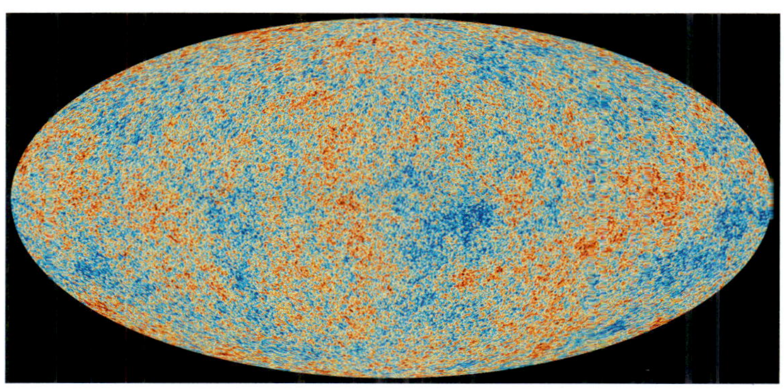

3 Thermografie des Himmels: $T = 2{,}7\,\text{K} \pm 0{,}01\,\%$.

Versuch A • Drei Dichten führen zu drei Zeitaltern des Universums

V1 Drei Dichten des Universums

Material:
Tabellenkalkulationsprogramm oder Funktionsplotter, GTR oder Computer

Arbeitsauftrag:
Im Universum wird heute eine Dichte der Materie $\rho_m(t_0) = 2{,}73 \cdot 10^{-27}\,\frac{kg}{m^3}$, der Strahlung $\rho_r(t_0) = 8{,}02 \cdot 10^{-31}\,\frac{kg}{m^3}$ und des Vakuums $\rho_v(t_0) = 5{,}93 \cdot 10^{-27}\,\frac{kg}{m^3}$ beobachtet.

a) Begründen Sie, dass die Materiedichte abhängig vom Lichthorizont R_{Lh} durch folgende Potenzfunktion darstellbar ist: $\rho_m(R_{Lh}) = \rho_m(R_{Lh}(t_0)) \cdot \left(\frac{R_{LH}(t_0)}{R_{Lh}}\right)^3$.

b) Bei der Strahlungsdichte stellt M eine dynamische Masse dar, die aufgrund der Rotverschiebung proportional zu $\frac{1}{\lambda}$ und somit zu $\frac{1}{R_{Lh}}$ ist. Begründen Sie.

c) Begründen Sie: $\rho_m(R_{Lh}) = \rho_m(R_{Lh}(t_0)) \cdot \left(\frac{R_{LH}(t_0)}{R_{Lh}}\right)^4$.

d) Die Dichte des Vakuums ist im Wesentlichen eine Naturkonstante. Stellen Sie die drei Dichten abhängig von R_{Lh} mit zwei logarithmisch skalierten Achsen dar (▸Abb. 1). Ermitteln Sie die drei Bereiche der Radien, in dem die jeweilige Dichte dominiert.

e) Ermitteln Sie den Radius R_{eq}, bei dem ρ_m und ρ_r gleich sind sowie den Radius R_v, bei dem ρ_m und ρ_v gleich sind.

V2 Zeitentwicklung im späten Universum

Material:
Tabellenkalkulationsprogramm oder Funktionsplotter, GTR oder Computer

Arbeitsauftrag:

a) Die DGL für $R_{Lh}(t)$ kann dargestellt werden mit $\frac{\dot{R}_{Lh}^2}{R_{Lh}^2} = 2G \cdot \frac{M}{R_{Lh}^3}$ oder mit: $\frac{\dot{R}_{Lh}^2}{R_{Lh}^2} = \frac{8\pi \cdot G}{3} \cdot \rho$. Leiten Sie dies her.

b) In der durch Vakuum dominierten Ära können Sie im Idealfall für die Dichte die Konstante ρ_v in die DGL einsetzen. Bestätigen Sie, dass dann der Lichthorizont exponentiell mit der Zeit zunimmt: $R_{Lh}(t) = R_{Lh}(t_0) \cdot e^{(q \cdot (t - t_0))}$. Ermitteln Sie q.

c) Ermitteln Sie mit dieser Exponentialfunktion die Zeit t_v, bei der $R_{Lh}(t) = R_v$ ist.

d) In der von Materie dominierten Ära ist im Idealfall $R_{Lh}(t)$ proportional zu $t^{\frac{2}{3}}$. Begründen Sie.

e) Bestätigen Sie, dass in der Materie-Ära gilt: $R_{Lh}(t) = R_v \cdot \left(\frac{t}{t_v}\right)^{\frac{2}{3}}$. Stellen Sie $R_{Lh}(t)$ für die durch Materie oder durch Strahlung dominierten Zeitalter grafisch dar (▸Abb. 2).

f) Ermitteln Sie mit diesem Diagramm den Zeitpunkt t_{eq}, bei dem $R_{Lh}(t) = R_{eq}$ ist. Dabei ist $R_{Lh}(t_{eq}) = R_{eq}$. Nutzen Sie Ihr Ergebnis aus V1 e).

g) Analysieren Sie mit ▸Abb. 2, wann die Ausdehnung des Universums gebremst und wann beschleunigt verläuft.

V3 Zeitentwicklung im frühen Universum

Material:
Tabellenkalkulationsprogramm oder Funktionsplotter, GTR oder Computer

Arbeitsauftrag:

a) In der durch Strahlung dominierten Ära können Sie im Idealfall für die Dichte $\rho_r(R_{Lh}) = \rho_r(R_{Lh}(t_0)) \cdot \left(\frac{R_{LH}(t_0)}{R_{Lh}}\right)^4$ in die DGL für $R_{Lh}(t)$ einsetzen (V2 a)). Bestätigen Sie, dass dann der Lichthorizont proportional zur Wurzel der Zeit zunimmt: $R_{Lh}(t) = q \cdot \sqrt{t}$. Ermitteln Sie q.

b) Bestätigen Sie mit dem Zeitpunkt $t_{eq} = 2 \cdot 10^{12}\,s$, bei dem $R_{Lh}(t) = R_{eq}$ ist, dass in der Strahlungs-Ära gilt: $R_{Lh}(t) = R_{eq} \cdot \left(\frac{t}{t_{eq}}\right)^{\frac{1}{2}}$.

c) Stellen Sie $R_{Lh}(t)$ für alle drei Zeitalter abhängig von t dar (▸Abb. 3) und verwenden Sie hierbei zwei logarithmisch skalierte Achsen. Nutzen Sie Ihre Ergebnisse aus V2 b) und e).

d) Ermitteln Sie dabei den Radius R_1 und den entsprechenden Zeitpunkt t_1, bei dem die Dichte gleich der halben Planck-Dichte ist. Vergleichen Sie mit der Planck-Zeit und der Planck-Länge. Deuten Sie. Begründen Sie, dass es im sehr frühen Universum eine vierte Zeitentwicklung mit einer sehr schnellen Ausdehnung um einen Faktor von ungefähr 10^{28} bis 10^{30} gegeben haben muss.

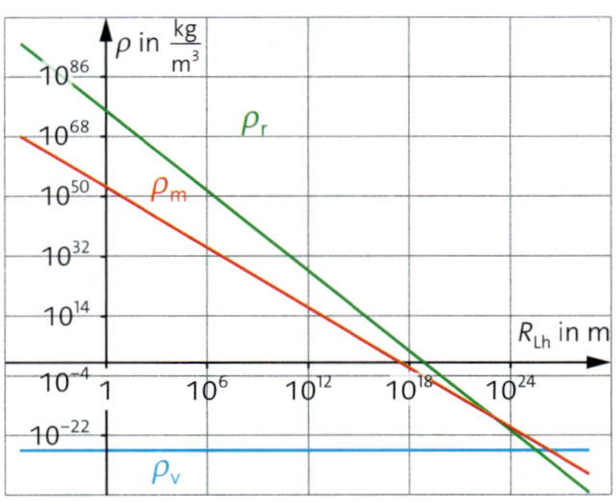

1 Die drei Dichten im Universum

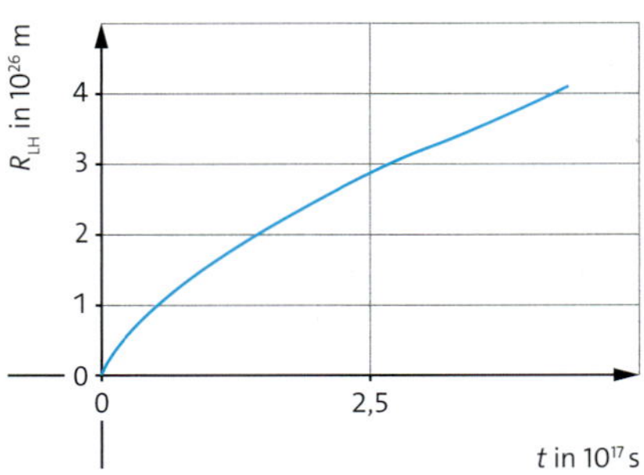

2 $R_{Lh}(t)$ im späten Universum

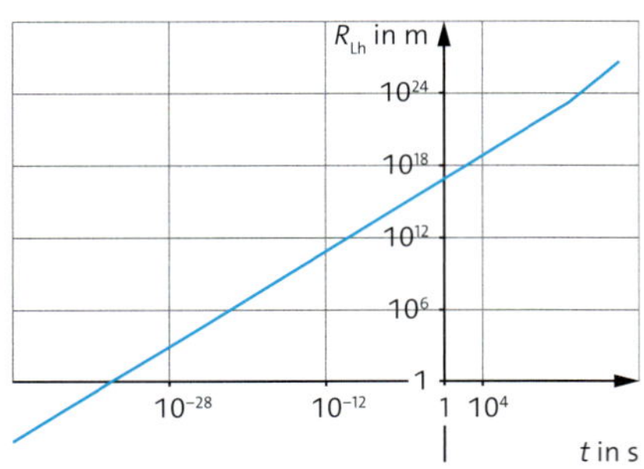

3 $R_{Lh}(t)$ im frühen Universum

Material A • Hintergrundstrahlung

A1 ERICH REGENER hat 1933 die kosmische Hintergrundstrahlung vorhergesagt und für ihre Temperatur einen Wert von 2,8 K berechnet. ARNO PENZIAS und ROBERT WILSON haben diese Strahlung 1964 zufällig entdeckt und ihre Temperatur gemessen: 3,5 K ± 1 K. Der heutige Literaturwert ist 2,725 K.

a) Recherchieren Sie zum Wienschen Verschiebungsgesetz und ermitteln Sie die Wellenlänge λ_a der heute absorbierten Hintergrundstrahlung (▸Abb. 4).

b) Als Protonen und Elektronen Wasserstoff bildeten (380 000 Jahre nach dem Urknall), wurde dabei die Hintergrundstrahlung als Temperaturstrahlung bei einer Temperatur von 3000 K emittiert. Ermitteln Sie die Wellenlänge λ_e der Hintergrundstrahlung bei ihrer Emission. Berechnen Sie die Rotverschiebung z_{CMB} und den Streckfaktor k_{CMB}, bei der die Hintergrundstrahlung emittiert wurde. Berechnen Sie damit die Größe $R_{Lh}(z_{CMB})$, die unser heutiger Lichthorizont damals hatte.

c) Die entsprechende Dichte der Strahlung $\rho_r(k_{CMB})$ kann aus der heutigen Dichte der Strahlung $\rho_r(t_0) = 8{,}02 \cdot 10^{-31} \frac{kg}{m^3}$ gemäß $\rho_r(k_{CMB}) = \rho_r \cdot k^4_{CMB}$ berechnet werden. Begründen Sie.

d) Unter der Hypothese, dass $R_{Lh}(z_{CMB})$ aus der kleinsten Länge L_P durch eine zentrische Streckung entstanden sei, gibt es einen entsprechenden Streckfaktor k_{Hypo}. Ermitteln Sie diesen.

e) Bei der kleinsten Länge L_P war noch keine Materie entstanden, die Energie lag vollständig als Strahlung vor und die Dichte war gleich der halben Planck-Dichte. Zeigen Sie, dass diese Dichte bei der Expansion mit k_{Hypo} zu $\rho_{Hypo} = 9 \cdot 10^{-38} \frac{kg}{m^3}$ würde. Begründen Sie, dass dies nicht mit dem Prinzip der Energieerhaltung vereinbar ist.

f) Begründen Sie zusammenfassend, dass das Prinzip der Energieerhaltung impliziert, dass die Hypothese nicht zutreffen kann.

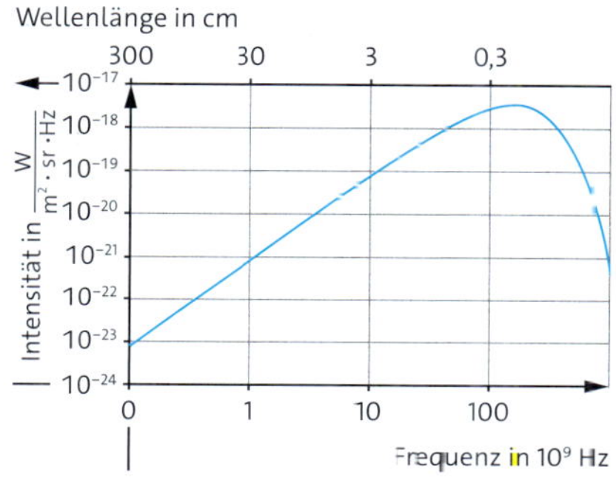

4 Spektrum der Hintergrundstrahlung

Material B • Streckfaktoren *k* und Streckzentren

B1 a) In ▸Abb. 5 wurden die blauen Sterne auf die roten abgebildet. Überprüfen Sie, ob die Sterne durch eine gemeinsame zentrische Streckung abgebildet wurden. Ermitteln Sie das Streckzentrum und den Streckfaktor *k*. In ▸Abb. 6 wurden die gleichen blauen Sterne auf die roten abgebildet. Analysieren Sie diese Abbildung ebenso.

b) Deuten Sie beide Abbildungen als Raumausdehnungen und ermitteln Sie die Rotverschiebung, welche die Wellen dabei erfahren würden.

c) Von der Erde stellt man fest: Bei allen entfernten Galaxien nimmt die Entfernung zur Erde ständig zu. Erörtern Sie die Frage, ob sich somit die Erde im Zentrum des Universums befindet. Erörtern Sie die Frage, ob die Beobachtung eines universellen Streckfaktors *k* auf die Existenz eines Streckzentrums hinweist.

d) Gehen Sie davon aus, dass die blauen Sterne zuerst und dass die roten Sterne 10 s später aufgezeichnet wurden. Ermitteln Sie die jeweiligen Geschwindigkeiten *v* und Entfernungen *d* vom Streckzentrum. Erstellen Sie ein *d*(*v*)-Diagramm. Führen Sie eine Regression durch, formulieren Sie ein Ergebnis und vergleichen Sie mit der Ausdehnung des Universums.

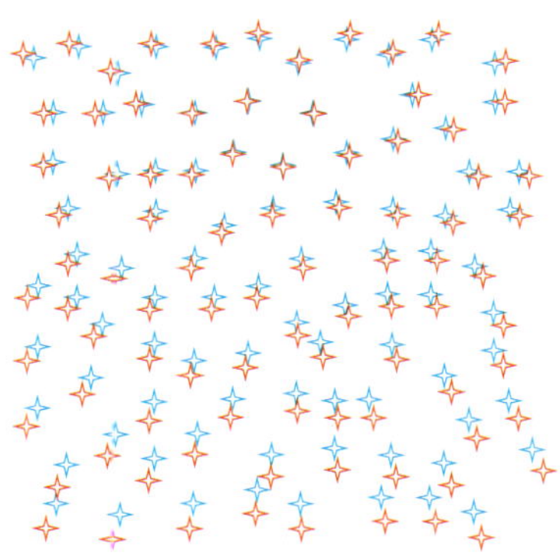

5 Zentrische Streckung

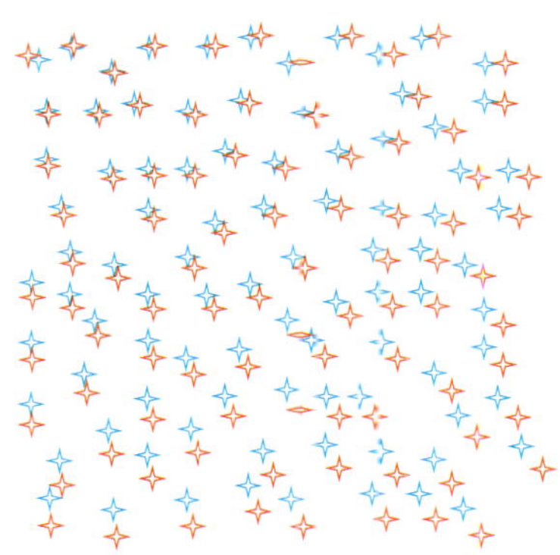

6 Streckzentren

Aufgabe mit Lösung • Quantenobjekte

A1 – Teilchen, Wellen und Felder

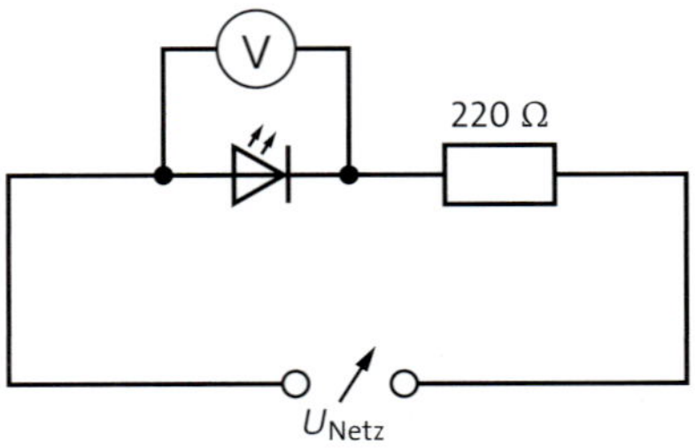

1 Emission von Licht mit LEDs

λ in m	665	635	590	560	480
f in 10^{14} Hz	4,51	4,72	5,08	5,36	6,25
U in V	1,65	1,80	1,90	2,00	2,40

2 Messwerte

Bis 1899 waren die wesentlichen grundlegenden bekannten physikalischen Objekte Teilchen, Wellen und Felder.

a) Erläutern Sie die drei Begriffe an den Beispielen Licht und Elektron.

b) Mit der Schaltung in ▸Abb.1 wird ermittelt, ab welcher Spannung U die jeweilige LED Licht der entsprechenden Frequenz f emittiert. Beschreiben Sie die Durchführung.

c) Erklären Sie den Zweck des Widerstands in ▸Abb.1.

d) Ermitteln Sie aus den Messwerten in ▸Tabelle 2 die Energie E eines Elektrons bei der Spannung U und stellen Sie diese im $E(f)$-Diagramm dar. Ermitteln Sie den funktionalen Zusammenhang $E(f)$ mithilfe einer linearen Regression.

e) Analysieren Sie, ob Licht hier als Welle oder als Teilchen gedeutet werden kann. Deuten Sie das Ergebnis aus Teil d).

f) Nennen Sie wenigstens vier Versuche zum Ermitteln des Planckschen Wirkungsquantums. Beurteilen Sie daran seine Bedeutung.

Lösung

a) Ein Elektron und ein Photon werden immer als Ganzes detektiert, das ist ein grundlegendes Kriterium für ein Teilchen. Elektron wie Photon können am Doppelspalt gebeugt werden, das ist ein wesentliches Kriterium für eine Welle. Licht und Elektronen erfüllen den umliegenden Raum so, dass eine elektrische Ladung bewegt werden kann, das ist ein wichtiges Kriterium für ein elektrisches Feld.

b) In einem abgedunkelten Raum wird permanent beobachtet, ob die LED erkennbar Licht emittiert. Dabei wird U langsam bis zu dem Betrag vergrößert, bei dem die LED gerade beginnt zu leuchten.

c) Eine LED kann schon bei geringer Stromstärke überhitzen und zerstört werden. Der Widerstand begrenzt die Stromstärke, schützt so die LED und beeinflusst dabei nicht die gemessene Spannung.

d) Die Energie des Elektrons ist das Produkt aus Ladung e und Spannung U, beispielsweise beträgt bei 1,65 V die Energie $E = 1{,}602 \cdot 10^{-19}\,\text{C} \cdot 1{,}65\,\text{V}$, also $E = 2{,}643 \cdot 10^{-19}\,\text{J}$. Alle Energien zeigt ▸Tabelle 2. Die lineare Regression kann z.B. mit dem GTR durchgeführt werden. Die Schritte sind dabei zu dokumentieren. Das Endergebnis ist in ▸Abb.4 dargestellt.

e) Licht einer Wellenlänge λ kann nur ab einer minimalen zugeführten Energie emittiert werden, kann daher keine Welle sein. Licht hat eine Wellenlänge, daher kann es kein Teilchen sein. Licht hat Wellen- sowie Teilcheneigenschaften und ist ein Quantenobjekt.

f) Das Plancksche Wirkungsquantum h kann man z.B. mit der Beugung von Elektronen, dem Fotoeffekt, der Grenzwellenlänge von Röntgenstrahlung oder der Beugung von He-Atomen ermitteln. Dabei ermöglicht h die Umrechnung von Größen zur Charakterisierung von Wellen in Größen zur Charakterisierung von Teilchen. Somit verbindet h die Welleneigenschaften von Quantenobjekten mit deren Teilcheneigenschaften und ist die universelle Naturkonstante der Quantenobjekte.

λ in m	665	635	590	560	480
E in 10^{-19} J	2,6433	2,8836	3,0438	3,204	3,8448

3 Energien des Elektrons

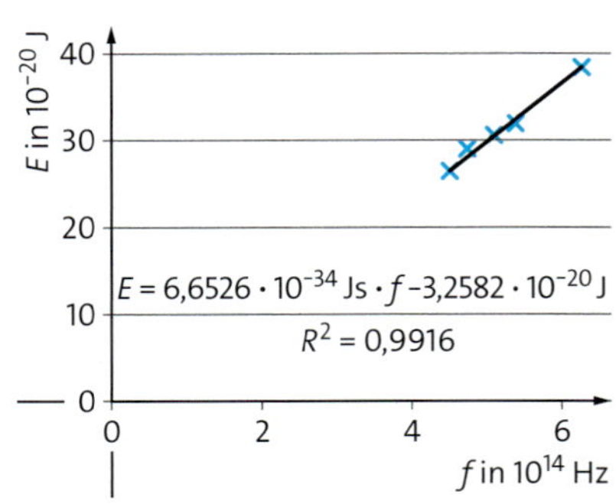

4 $E(f)$-Diagramm mit linearer Regression

A2 – Antreffwahrscheinlichkeit

Licht wird an einem Doppelspalt gebeugt und die Intensität $I(d)$ wird abhängig von einer Koordinate d mit einem Foto erfasst und ausgewertet (▸Abb. 5).

a) Erläutern Sie, wie man die Intensität $I(d)$ mit einem Foto ermittelt. Erklären Sie, warum $I(d)$ proportional zur Wahrscheinlichkeit P ist, ein Photon im Intervall $[d - \delta, d + \delta]$ anzutreffen.

b) Wenn zwei von den Spalten ausgehende Wellen sich bei $[d - \delta, d + \delta]$ treffen, dann haben sie im Rahmen der Kleinwinkelnäherung einen Phasenunterschied $\Delta\varphi(d) = 2\pi \cdot \frac{b \cdot d}{a \cdot \lambda}$. Leiten Sie diesen Term her.

c) Man kann Wellenfunktionen als Zeiger Z darstellen. Zeichnen Sie in der xy-Ebene $Z_x = \cos\varphi$ und $Z_y = \sin\varphi$ sowie den Summenzeiger $Z_x = \cos\varphi + \cos(\varphi + \Delta\varphi)$ und $Z_y = \sin\varphi + \sin(\varphi + \Delta\varphi)$ für $\varphi = \frac{\pi}{12}$ und $\Delta\varphi = \frac{\pi}{6}$.

d) Stellen Sie $|Z(d)|^2 = I(d)$ grafisch dar und vergleichen Sie mit (▸Abb. 6).

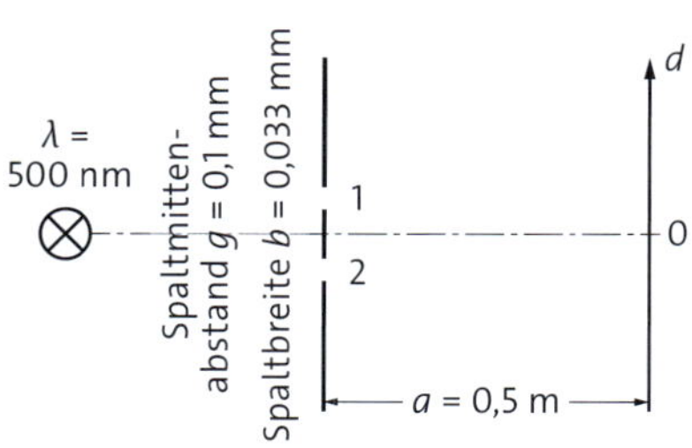

5 Emission von Licht mit LEDs

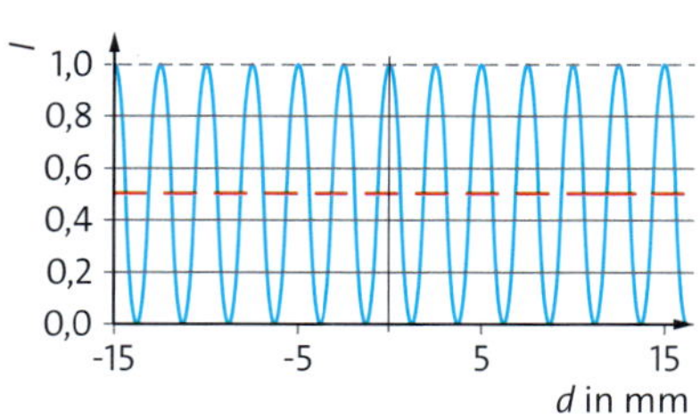

6 Emission von Licht mit LEDs

A3 – Stochastische Deutung

Durch die beiden Spalte des Doppelspalts (▸Abb. 5) wird Licht einer sehr lichtschwachen Lichtquelle gesendet. Ein Kamerasensor zeichnet mit Pixeln, die ein Koordinatenintervall $[d - \delta, d + \delta]$ abtasten, einzelne Photonen auf, sodass es mit der Zeit immer mehr werden (▸Abb. 7).

a) Beschreiben Sie das Eintreffen der Photonen bei Koordinaten $[d - \delta, d + \delta]$ am Schirm im Laufe der Zeit t mit Häufigkeiten $h(d)$, die sich mit t entwickeln.

b) Vergleichen Sie die langfristig entstehenden Häufigkeiten $h(d)$ mit der Intensität $I(d)$ (▸Abb. 6, 8).

c) Deuten Sie die beobachtete Intensität $I(d)$ stochastisch. Verwenden Sie die Begriffe erfasstes Teilchen, Häufigkeit $h(d)$, Wellenfunktion Ψ, Antreffwahrscheinlichkeit P, Zeiger Z, Betragsquadrat.

d) Erörtern Sie, ob das Eintreffen der Photonen am Schirm vorhersagbar, berechenbar oder zufällig ist.

e) Analysieren Sie, ob dieses Phänomen mit Licht als Welle oder als Teilchen erklärt werden kann.

f) Fassen Sie zusammen, was die stochastische Deutung der Quantenobjekte besagt.

A4 – Welcher Weg

In einem Doppelspaltversuch werden bei 1 und 2 (▸Abb. 5) Polarisatoren mit zueinander senkrechten Polarisationsrichtungen angebracht. Das durchgezogen dargestellte Interferenzmuster verschwindet, es erscheint das gestrichelte (▸Abb. 8).

a) Analysieren Sie, ob dieses Phänomen durch Licht als Teilchen oder als Welle erklärt werden kann.

b) Auch die Versuche mit Polarisatoren funktionieren mit einzelnen Photonen (▸Abb. 7). Analysieren Sie, ob man dies so deuten kann: Jeder Weg hat eine Wegwahrscheinlichkeit und das Photon nimmt entsprechend einen der Wege.

c) Analysieren Sie, ob man dieses Phänomen so deuten kann, dass man jedem Intervall $[d - \delta, d + \delta]$ eine Antreffwahrscheinlichkeit zuordnet.

d) Erklären Sie das Phänomen mit den Begriffen Welcher-Weg-Information, Interferenz und Quantenobjekt.

e) In einem zusätzlichen Versuch stellt man hinter die beiden Polarisatoren einen dritten Polarisator, der im 45°-Winkel zu den beiden ersten polarisiert. Dann bildet das Licht am Schirm wieder das Beugungsmuster, das ganz ohne Polarisatoren auftritt (▸Abb. 6). Erklären Sie.

f) Fassen Sie zusammen, wie genau sich diese Doppelspaltversuche stochastisch deuten lassen.

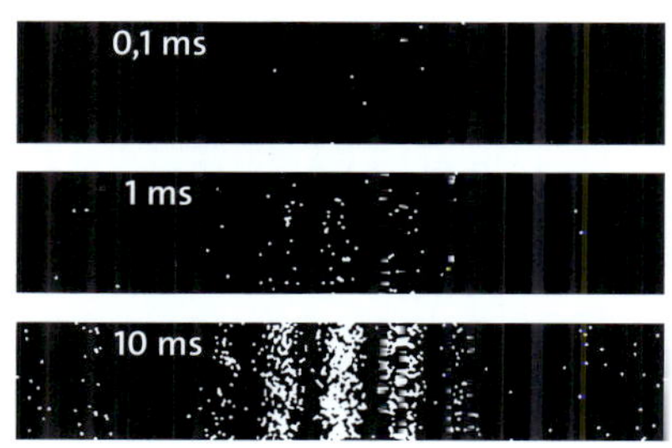

7 Zeitentwicklung der Häufigkeiten $h(d)$

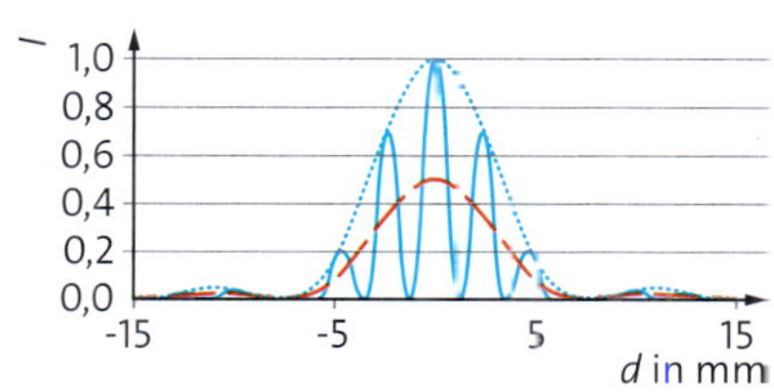

8 Intensität $I(d)$, Spaltbreite $\frac{1}{30}$ mm

Aufgaben mit Hinweisen und Ergebnissen • Quantenobjekte

A5 – Beugung von Elektronen

In einer Vakuumröhre werden Elektronen an einem Glühdraht freigesetzt, beschleunigt und an einem Doppelspalt mit Spaltmittenabstand 2 µm gebeugt. Dann werden sie durch einen Kamerasensor mit Pixeln an Koordinatenintervallen $[d - \delta, d + \delta]$ gesammelt. Der Kamerasensor gibt ständig Zwischenergebnisse aus.

a) Skizzieren Sie den Versuch.

b) Beschreiben Sie, wie das Muster $h(d)$ der Häufigkeiten h an Intervallmitten d mit der Zeit t entsteht (▸Abb. 1).

c) Die Elektronen werden mit $U = 50\,\text{kV}$ beschleunigt. Ermitteln Sie Geschwindigkeit v und Impuls p.

d) Der Spaltmittenabstand beträgt $g = 2\,\mu\text{m}$. Der Schirm ist vom Gitter $a = 100\,\text{mm}$ entfernt, benachbarte Maxima sind $d = 0{,}275\,\mu\text{m}$ entfernt. Ermitteln Sie λ.

e) Bestätigen Sie den Term $p = \frac{h}{\lambda}$ für die de-Broglie-Wellenlänge.

f) Berechnen Sie das zur Antreffwahrscheinlichkeit proportionale Zeigerquadrat $|Z|^2(d)$. Vergleichen Sie mit ▸Abb. 1.

g) Deuten Sie den Versuch mit den Begriffen Teilchen, Welle, Quantenobjekt, stochastische Deutung.

h) In einem weiteren Versuch werden solche Elektronen an einem Kristallgitter mit dem Abstand 123 pm benachbarter Gitterebenen gebeugt. Ermitteln Sie den Glanzwinkel für die erste Beugungsordnung.

A6 – Beugung filigraner Moleküle

Moleküle des Farbstoffs Phtalocyanin werden an der Quelle thermisch auf Geschwindigkeiten von $150\,\frac{\text{m}}{\text{s}}$ bis $350\,\frac{\text{m}}{\text{s}}$ gebracht.

a) Am Detektor sind die Moleküle aufgrund der Schwerkraft nach Geschwindigkeit geordnet. Erklären Sie.

b) Die Moleküle passieren ein Gitter ($g = 100\,\text{nm}$) und treffen 59 cm dahinter auf den Detektor. Beschreiben Sie das Beugungsmuster in ▸Abb. 2.

c) Ermitteln Sie für $v = 200\,\frac{\text{m}}{\text{s}}$ den in ▸Abb. 2 beobachteten Abstand Δd benachbarter Maxima, den entsprechenden Beugungswinkel und die resultierende Wellenlänge.

d) Ermitteln Sie die Masse m eines Moleküls in ▸Abb. 2, sowie den somit bei $v = 200\,\frac{\text{m}}{\text{s}}$ auftretenden Impuls. Ermitteln Sie daraus die de-Broglie-Wellenlänge und vergleichen Sie mit der beobachteten Wellenlänge aus b).

e) Begründen Sie, dass die Atome nicht einzeln, sondern Moleküle als Einheit gebeugt werden.

A7 – Unbestimmtheitsrelation

Ein Liniengitter mit $g = 1\,\text{mm}$ wird aus $a = 23\,\text{m}$ Entfernung mit einem Teleskop mit Licht der Wellenlänge $\lambda = 500\,\text{nm}$ beobachtet und mit dem Smartphone durch das Okular des Teleskops fotografiert.

a) Das Teleskop hat vorn eine Öffnung der Breite $b = 60\,\text{mm}$. Ermitteln Sie den kleinsten beobachtbaren Sehwinkel α_{min} über die Beugung am Spalt.

b) Nun wird eine Lochblende mit 10 mm Durchmesser vor das Teleskop gestellt. Analysieren Sie α_{min} und vergleichen Sie mit ▸Abb. 4.

c) In a) beträgt die Unbestimmtheit des Ortes $\Delta x = \frac{b}{2}$. Begründen Sie.

d) Ermitteln Sie mit der Heisenbergschen Unbestimmtheitsrelation die entsprechende Unbestimmtheit Δp_x. Skizzieren Sie die Versuchsanordnung und die zwei Unbestimmtheiten, den Impuls und den Sehwinkel.

e) Ermitteln Sie aus p sowie Δp_x den kleinsten beobachtbaren Sehwinkel.

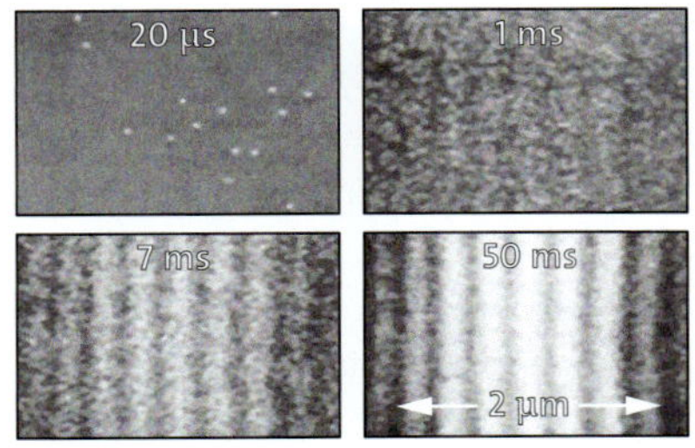

1 Erfasste Elektronen

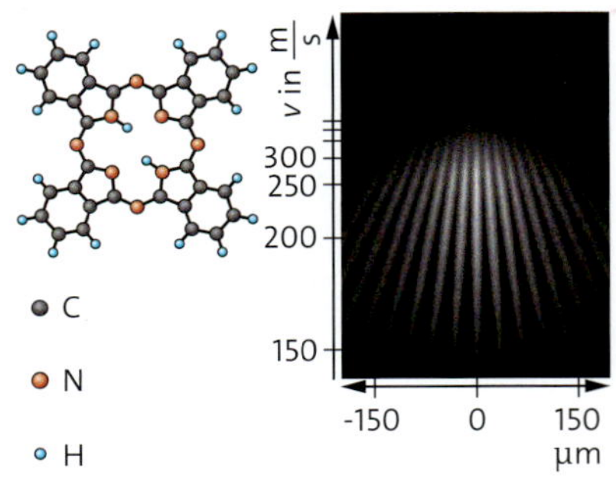

2 Beugungsmuster filigraner Moleküle

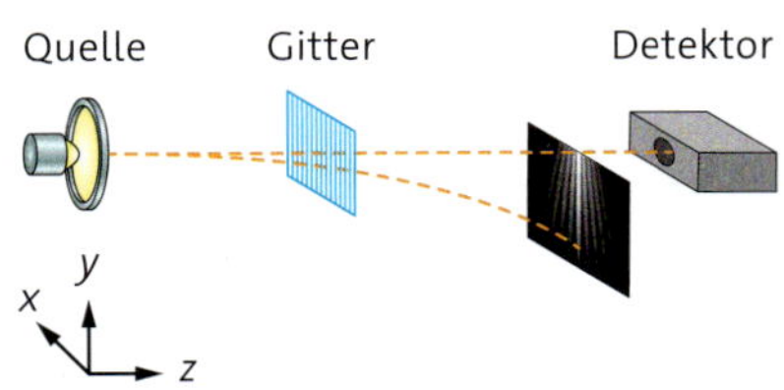

3 Beugung von großen Molekülen

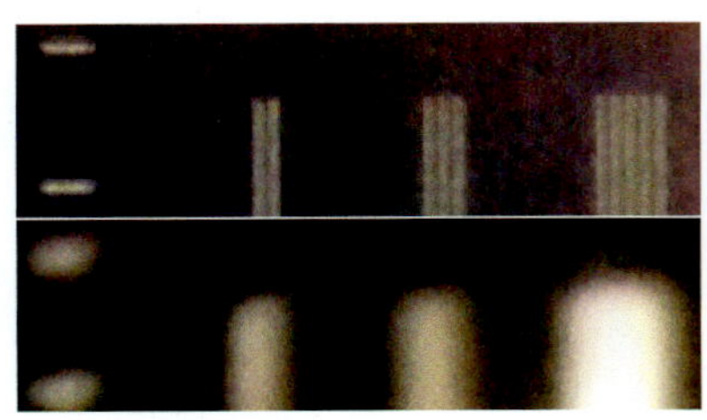

4 Unbestimmtheit beim Teleskop

Aufgabe ohne Hinweise • Quantenobjekte

A8 – Fotoeffekt

a) Die Zinkplatte in ▸Abb. 6 wird negativ geladen und dann mit UV-Strahlung beleuchtet. Dabei geht die Anzeige des Elektroskops auf null zurück. Erklären Sie.

b) Nun wird die negativ geladene Platte mit grünem Licht bestrahlt. Erklären Sie, was passiert.

c) Planen Sie einen Versuch zur Widerlegung folgender Hypothese: UV-Strahlung kann Ladung neutralisieren.

d) Mit dem Versuch in ▸Abb. 7 soll die maximale kinetische Energie E_{kin} der Elektronen ermittelt werden, welche Licht von einer Metallschicht ablöst. Beschreiben Sie den Aufbau sowie die Durchführung und erklären Sie, wie E_{kin} ermittelt wird.

e) Mit dem Versuch wurden die Messwerte in ▸Tabelle 9 gewonnen. Stellen Sie diese im $E_{kin}(f)$-Diagramm dar und führen Sie eine lineare Regression durch. Deuten Sie das Ergebnis mit einem passenden Modell des Lichts. Ermitteln Sie die beiden Parameter der linearen Funktion und deuten Sie diese physikalisch.

f) Analysieren Sie, mit welchem Metall die Rückwand der Fotozelle in ▸Abb. 7 beschichtet ist.

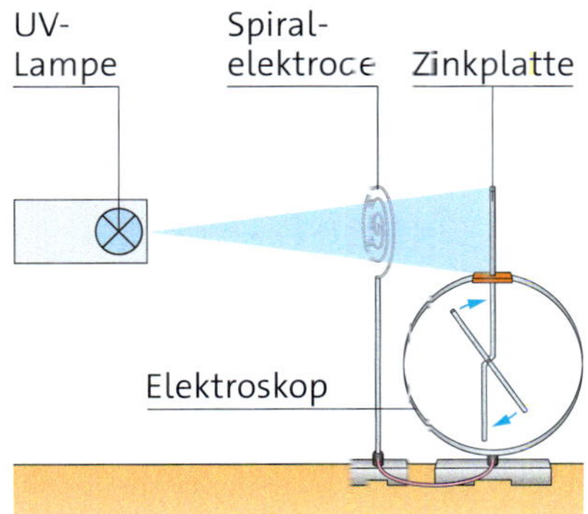

6 Entladen eines Elektroskops

Hinweise und Lösungen zu Aufgaben A2–A7

A2

a) Stellen Sie $|Z|^2$ abhängig von d mit dem GTR dar. Setzen Sie dazu den Term für $\Delta\varphi$ aus Teil b) ein.

A3

d) Ein einzelnes Photon trifft zwar zufällig ein. Aber viele Photonen treffen dennoch so ein, dass die Intensität $I(d)$ der Beugung entspricht.

A4

b) Wenn jedes Photon einen der Wege mit einer Wahrscheinlichkeit nehmen würde, dann könnte es nicht abtasten, ob der zweite Spalt offen oder versperrt ist. Somit könnten solche Photonen kein solches Beugungsmuster erzeugen.

A5

c) $v = 132\,600\,\frac{\text{km}}{\text{s}}$, $p = 1{,}208 \cdot 10^{-22}\,\text{kg} \cdot \frac{\text{m}}{\text{s}}$.

d) mit Kleinwinkelnäherung: $\lambda = 5{,}5\,\text{pm}$.

e) $\lambda = \frac{h}{p} = 5{,}485\,\text{pm}$.

g) Der Glanzwinkel beträgt $\vartheta = 1{,}281°$.

A6

b) Es wird der Abstand benachbarter Maxima $\Delta d = 21{,}9\,\mu\text{m}$ gemessen. Beugungswinkel:
$\alpha = \arctan\left(\frac{\Delta d}{0{,}59\,\text{m}}\right) = 0{,}00213°$. Die Wellenlänge: $\lambda = g \cdot \sin\alpha = 3{,}71\,\text{pm}$.

c) Zählen Sie die Wasserstoffatome, Kohlenstoffatome und Stickstoffatome und verwenden Sie die Massenzahlen 1, 12 und 14:
$m = 514\,\text{u} = 8{,}53 \cdot 10^{-25}\,\text{kg}$;
$p = m \cdot v = 1{,}706 \cdot 10^{-22}\,\text{kg} \cdot \frac{\text{m}}{\text{s}}$ und
$\lambda = 3{,}88\,\text{pm}$.

A7

a) Doppelter Winkel des 1. Minimums:
$\alpha_{min} = 2 \cdot \arcsin\left(\frac{\lambda}{b}\right) = 0{,}00095°$.

b) $b = 10\,\text{cm}$ ergibt $\alpha_{min} = 0{,}0057°$.

c) Die Unbestimmtheit ist die unbekannte Abweichung vom Erwartungswert. Das ist hier die geometrische Mitte. Daher ist Δx gleich der halben Öffnung b, also $\Delta x = \frac{b}{2}$.

d) Unbestimmtheit des Impulses:
$\Delta p_x = \frac{h}{4\pi \cdot \Delta x} = 1{,}66 \cdot 10^{-33}\,\text{kg} \cdot \frac{\text{m}}{\text{s}}$.

e) $p = \frac{h}{\lambda} = 1{,}325 \cdot 10^{-27}\,\text{kg} \cdot \frac{\text{m}}{\text{s}}$.

f) Der Winkel ist (▸Abb. 8):

$\alpha_{min} = 2 \cdot \arcsin\left(\frac{\Delta p_x}{p}\right) = 0{,}00144°$.

Das Ergebnis ist um einen Faktor 2π kleiner als α_{min}, weil die genaue Grenze der Bestimmtheit auf einer Vereinbarung beruht. Diese entspricht in der Statistik der Standardabweichung, wogegen sie in der Optik dem Minimum entspricht.

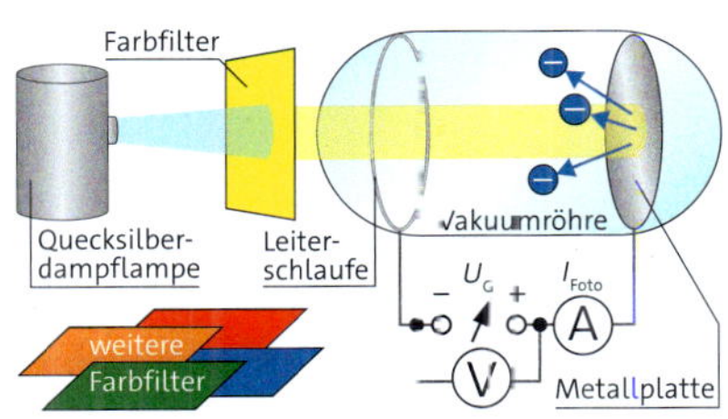

7 Experiment mit Fotozelle

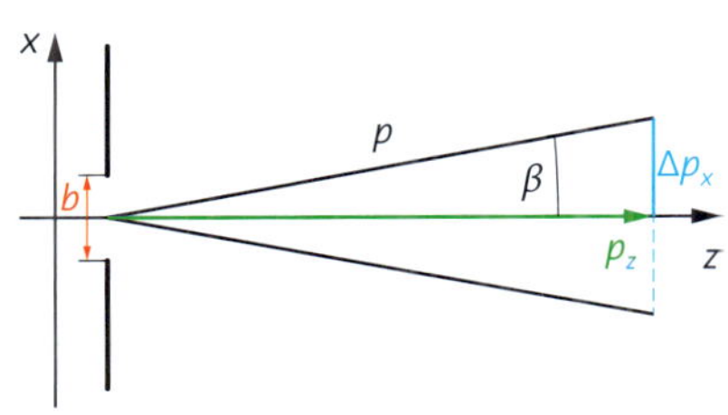

8 Impuls-Unbestimmtheit hinter der Öffnung

λ in nm	420	450	480	510	540	570
U_G in V	0,79	0,56	0,43	0,24	0,15	0,02

9 Messwerte

Phänomene von Quantenobjekten

Plancksches Wirkungsquantum: Das Plancksche Wirkungsquantum h ist eine grundlegende und definitionsgemäß exakte Naturkonstante mit dem Wert: $h = 6{,}626\,070\,15 \cdot 10^{-34}$ Js.

Welleneigenschaften von Teilchen: Auch Teilchen mit Masse haben Welleneigenschaften. Ihre Wellenlänge heißt de-Broglie-Wellenlänge: $\lambda = \frac{h}{p}$.

Zusammengesetzte Quantenobjekte: Wenn mehrere Quantenobjekte ein zusammengesetztes Quantenobjekt bilden, dann werden sie nicht mehr einzeln gebeugt. Stattdessen hat das zusammengesetzte Quantenobjekt als Ganzes eine eigene de-Broglie-Wellenlänge und wird entsprechend als neues Quantenobjekt gebeugt.

Photonen: Licht der Frequenz f liegt in Form von Portionen der Energie $E = h \cdot f$ vor. Eine solche Lichtportion heißt Lichtquant oder Photon.

Fotoeffekt: Ein Elektron kann ein Photon absorbieren und dabei die Energie $h \cdot f$ des Photons aufnehmen. Dieser Vorgang heißt Fotoeffekt.
Erreicht ein Elektron in einem Festkörper mittels der so aufgenommenen Energie das Leitungsband, spricht man vom **inneren Fotoeffekt.**
Wenn ein Photon mit der Energie $E = h \cdot f$ von einem Metallelektron absorbiert wird und dieses Elektron eine **Austrittenergie** $E_A < h \cdot \mathbf{f}$ hat, kann es aus dem Metall herausgelöst werden. Die kinetische Energie des Elektrons beträgt danach:
$E_{kin} = h \cdot f - E_A$.
Dies heißt **äußerer Fotoeffekt.**

Beugung von Einzelphotonen: Ein einzelnes Photon, das auf einen Doppelspalt trifft, wird am gesamten Doppelspalt gebeugt, sodass viele Photonen langfristig das Beugungsmuster des Doppelspalts erzeugen.

Welcher-Weg-Information: Wenn ein einzelnes Photon auf einen Doppelspalt trifft, dann wird es am gesamten Doppelspalt gebeugt, sofern keine Welcher-Weg-Information vorliegt.
Wenn dagegen Welcher-Weg-Information vorliegt, dann kann es nur einen Spalt passiert haben und es entsteht das Beugungsmuster des Einzelspalts.

Quantenobjekte: Photonen und Neutronen können sich wie eine Welle verhalten, aber auch wie ein Teilchen. Dabei sind sie weder Welle noch Teilchen. Ein Objekt, das sowohl Welleneigenschaften aufweisen als auch Teilcheneigenschaften zeigen kann, ist ein Quantenobjekt.

Gesetze der Quantenphysik

Wellenfunktion: Ein Quantenobjekt kann durch eine Wellenfunktion ψ mathematisiert, werden, welche eine Funktion von Ort und Zeit ist.

Antreffwahrscheinlichkeit: Die Wahrscheinlichkeit, mit der Quantenobjekte bspw. nach der Beugung an einem Doppelspalt an einem bestimmten Punkt auf einem Schirm auftreffen, heißt Antreffwahrscheinlichkeit P und ist proportional zur **Intensität.**
Die Antreffwahrscheinlichkeit P eines Quantenobjekts ist proportional zum Betragsquadrat der **Amplitude der Wellenfunktion:** $|\hat{\Psi}|^2 \sim P$.

Unbestimmtheitsrelation: Jedes Quantenobjekt hat stets eine Orts-Unbestimmtheit Δx und eine Impuls-Unbestimmtheit Δp. Dabei gilt

$\Delta x \cdot \Delta p \geq \frac{h}{4\pi}$.

Bei einem Quantenobjekt sind Ort und Impuls daher nie zugleich beliebig genau bestimmbar.

Komplementäre Größen: Sind Paare von Größen aufgrund der Unbestimmtheitsrelation nicht gleichzeitig beliebig genau bestimmbar, nennt man sie komplementäre Größen. Ein Beispiel sind Ort und Impuls eines Quantenobjektes. Impuls und Ort ergänzen sich beide in der Beschreibung eines Quantenobjektes, dabei sind nicht beide gleichzeitig genau messbar.

Mach-Zehnder-Interferometer: Das Mach-Zehnder-Interferometer ist so justiert, dass der eine Detektor immer eine Intensität misst und der an-

dere aufgrund von Phasenunterschieden immer nichts anzeigt. Dies ist eine Folge der **Interferenz** der getrennten und wieder zusammengeführten Teilwellen. Diese tritt dann auf, wenn keine Information vorliegt, welchen Weg ein Photon genommen hat. Liegt jedoch Welcher-Weg-Information vor, zeigen beide Schirme Helligkeit, denn die Interferenz verschwindet.
Für Quantenobjekte gilt die **Komplementarität:** Interferenz und Weginformation schließen sich gegenseitig aus.

Nicht-lokal sind Ereignisse, wenn sie räumlich so weit auseinanderliegen, dass zwischen ihnen Signale mit maximal Lichtgeschwindigkeit nicht mehr ausgetauscht werden können. Der **Kollaps der Wellenfunktion** eines Quantenobjektes erfolgt instantan und benötigt keine Ausbreitungsgeschwindigkeit: Er ist nicht-lokal.

Erklärungen mit Quantenobjekten

Röntgenbremsstrahlung: Treffen Elektronen mit hoher Geschwindigkeit auf eine Metallanode, so entsteht beim Abbremsen Röntgenstrahlung.

Grenzwellenlänge: Spektren der Bremsstrahlung beginnen bei einer kleinsten Wellenlänge. Diese nennt man Grenzwellenlänge λ_{Gr}. Die Wellenlänge der Bremsstrahlung kann also nur größer oder gleich dieser Grenzwellenlänge sein.

Schwarzes Loch: Ein schwarzes Loch der Masse m ist durch den Schwarzschildradius

$$R_S = 2 \cdot G \cdot \frac{m}{c^2}.$$

begrenzt. Kein Licht verlässt die Innenstruktur innerhalb von R_S. Andere Objekte im Bereich $r \leq R_S$ sind nicht schneller als Licht und bleiben daher auch in diesem Bereich.

Planck-Skala: Bei einem Objekt gibt es eine kleinste bestimmbare Länge $L_P = 1{,}616 \cdot 10^{-35}\,\text{m}$, eine kleinste bestimmbare Laufzeit $t_P = 5{,}391 \cdot 10^{-44}\,\text{s}$ und eine größte Dichte $\rho_P = 5{,}155 \cdot 10^{96}\,\frac{\text{kg}}{\text{m}^3}$. Diese Größen gehören zur Planck-Skala, bei der Quanten und Gravitation zusammenwirken.

Überprüfen Sie sich selbst:

Kann ich …

- eine Methode angeben, die Wellenlänge von Elektronen zu ermitteln? (▸S. 244)
- die Beugung zusammengesetzter Quantenobjekte beschreiben? (▸S. 249)
- für Atome einer gegebenen Geschwindigkeit die de-Broglie-Wellenlänge berechnen? (▸S. 249)
- eine Methode angeben, das Plancksche Wirkungsquantum zu ermitteln? (▸S. 256)
- die Spannung berechnen, bei der eine LED gegebener Wellenlänge aufleuchtet? (▸S. 256)
- den Unterschied zwischen innerem und äußerem Fotoeffekt erläutern? (▸S. 259 ff.)
- die Eigenschaften von Quantenobjekten beschreiben? (▸S. 267)
- die Antreffwahrscheinlichkeiten von Quantenobjekten nach der Beugung mithilfe des Zeigermodells ermitteln? (▸S. 271 ff.)
- die Impulsunbestimmtheit beim Sehen berechnen? (▸S. 279)
- begründen, warum man Gitter mit möglichst hoher Spaltenzahl verwendet? (▸S. 278)
- eine Möglichkeit beschreiben, Daten abhörsicher zu übertragen? (▸S. 284 ff.)
- aus der Energie der Röntgenphotonen der Bremsstrahlung das Plancksche Wirkungsquantum berechnen? (▸S. 292)
- das Zustandekommen des Bremsberges bei der Röntgenbremsstrahlung erläutern? (▸S. 292)
- erläutern, warum auch große Teleskope Objekte nur bis in eine Laufzeitentfernung von maximal 13,8 Lj sichtbar machen können? (▸S. 296 f.)

Atomhülle

In diesem Kapitel beschäftigen Sie sich mit:

- Spektrallinien. Sie erfahren, dass auch Atome an einer Art Fingerabdruck unterscheidbar sind, nämlich an dem Satz Spektrallinien, den sie aussenden. Sie lernen, warum jedes Atom sein charakteristisches Linienspektrum hat.
- dem Modell des Potenzialtopfes für Elektronen. Sie lernen ein einfaches Modell kennen, mit dem Sie für bestimmte Fälle die ausgesandten Wellenlängen berechnen können.

- der Erscheinung der Fluoreszenz. Sie erfahren, warum manche Materialien bei Beleuchtung mit UV-Licht anders aussehen als in sichtbarem Licht. Sie lernen, dass manche sogar längere Zeit nachleuchten können.
- dem Laser. Sie lernen eine Methode kennen, wie man einen Lichtstrahl verstärken kann, und erfahren, welche Eigenschaften das Material haben muss, um diese Verstärkung zu erreichen.

1 Aufnahme des Orionnebels mit dem Hubble-Weltraumteleskop

Spektrallinien

Das wunderschöne Bild vom Orionnebel wird von tausenden von Sonnen verursacht. Aber wie entstehen die beeindruckenden Farben? Woher stammt eigentlich unser Wissen über Sterne und deren Zusammensetzung?

Sterne senden farbiges Licht aus • Etwa um 1814 entdeckte der deutsche Optiker JOSEPH FRAUNHOFER, dass sich im Spektrum des Sonnenlichtes schwarze Linien befinden (▸Abb. 2). Er vermaß diese Linien sorgfältig und konnte so ihre Wellenlängen bestimmen. Man erkennt deutlich die Natrium-Doppellinie (D) sowie die Linien des Wasserstoffspektrums (C, F, G, h).

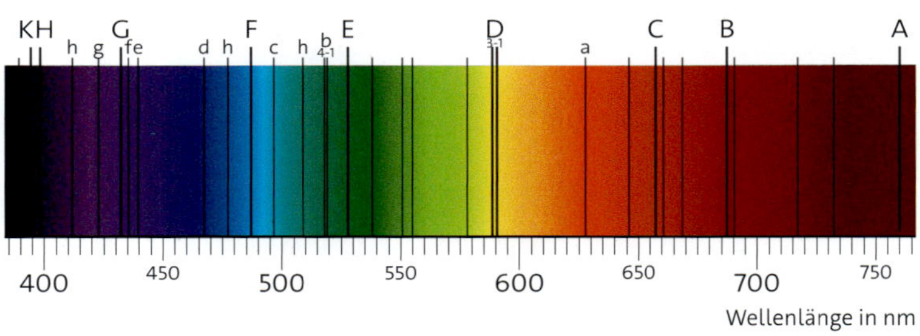

2 Fraunhofersche Linien des Sonnenlichtes

Wenig später fanden GUSTAV ROBERT KIRCHHOFF und ROBERT WILHELM BUNSEN ähnliche Linien, als sie Elemente zum Leuchten brachten und deren Licht spektral zerlegten. Ihnen fiel auf, dass jedes chemische Element mit einer spezifischen Anzahl und Anordnung von Spektrallinien assoziiert war. Daraus schlossen sie, dass auch die Fraunhoferschen Linien bestimmten Elementen der Atmosphäre der Sonne bzw. Elementen der Erdatmosphäre zuzuordnen waren. Daher lassen sich Linienspektren nutzen, um Elemente eines unbekannten Materials oder einer unbekannten Verbindung zu identifizieren. Das Verfahren wird **Spektralanalyse** genannt.

Jedem chemischen Element lässt sich ein spezifischer Satz von Spektrallinien zuordnen, an dem man wie bei einem Fingerabdruck das Element erkennen kann.

Die Spektralanalyse ist bis heute die wichtigste Möglichkeit, die Zusammensetzung ferner Himmelsobjekte zu bestimmen, sowie eine wichtige Methode, Informationen über deren Alter zu bekommen.

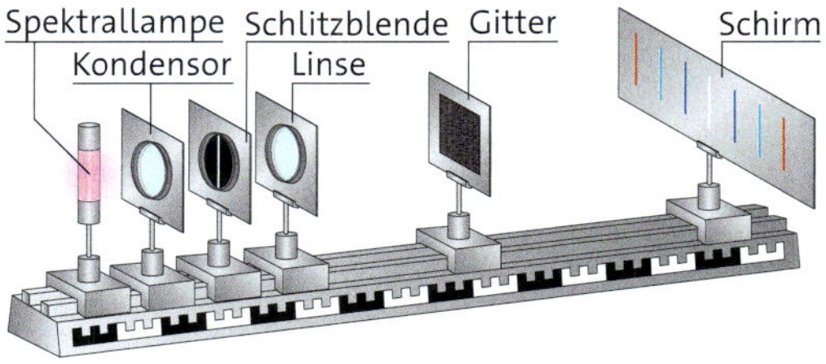

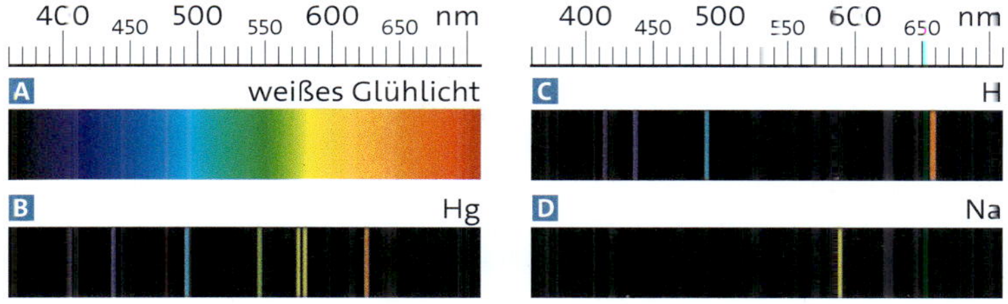

3 Projektion von Linienspektren

4 **A** Kontinuierliches Spektrum; Linienspektrum von **B** Quecksilber, **C** Wasserstoff, **D** Natriumdampf

Emissions- und Absorptionsspektren • Schon früh im 19. Jh. wussten die Chemiker das Prinzip der Flammenfärbung zu nutzen. Dabei bringt man ein unbekanntes Salz in die nicht leuchtende Brennerflamme. Die im Salz enthaltenen chemischen Elemente färben die Flamme auf charakteristische Weise: Natrium färbt sie z. B. gelb, Bor kräftig grün und Calcium ziegelrot. Erhitzt man also ein Element, gibt es Licht in einer für es typischen Farbe ab. Energiezufuhr bringt folglich die Atome der chemischen Elemente dazu, Licht einer bestimmten Wellenlänge abzugeben.

Zur Aufnahme eines Spektrums zerlegt man das Licht eines zu untersuchenden leuchtenden Körpers oder Gases mithilfe eines Prismas oder eines Strichgitters in seine Spektralfarben (▸Abb. 3). Das Licht z. B. einer Gasentladungslampe wird zunächst durch eine Schlitzblende geleitet und mittels einer Linse als scharfe Linie auf einen Schirm projiziert. Dann bringt man zwischen Abbildungslinse und Schirm das optische Strichgitter und erhält auf diese Weise das Spektrum des Gases. Dabei zeigt sich, dass glühende Körper, z. B. der glühende Draht einer Glühlampe, meist ein kontinuierliches Spektrum aussenden, während leuchtende Gase überwiegend Linienspektren erzeugen (▸Abb. 4). Diese Spektren werden als **Emissionsspektren** bezeichnet.

Beleuchtet man eine durch Natriumsalz gefärbte Brennerflamme mit dem einfarbigen Licht einer Na-Dampflampe, erkennt man auf einer weißen Wand einen Schatten (▸Abb. 5). Beleuchtet man sie dagegen mit einer Hg-Dampflampe, sieht man keinen Schatten. Offenbar vermag der heiße Na-Dampf der Flamme genau das Licht mit der Wellenlänge der Na-Dampflampe zu absorbieren, das Licht der Hg-Dampflampe jedoch nicht. Dies nennt man **Resonanzabsorption.**
Diese Beobachtung gilt für alle Elemente.

Jedes Element kann Licht mit genau derselben Wellenlänge absorbieren, mit der es Licht emittieren kann.

Die schwarzen Absorptionslinien eines Stoffes im kontinuierlichen Spektrum des weißen Lichtes werden **Absorptionsspektrum** genannt (▸Abb. 6). Auch die dunklen Linien, die FRAUNHOFER im Sonnenspektrum fand, bilden ein solches Absorptionsspektrum.

1 Erklären Sie die unterschiedlichen Farben im Bild des Orionnebels.

2 Ordnen Sie die rote Linie in Abb. 7 dem Spektrum eines Elementes zu.

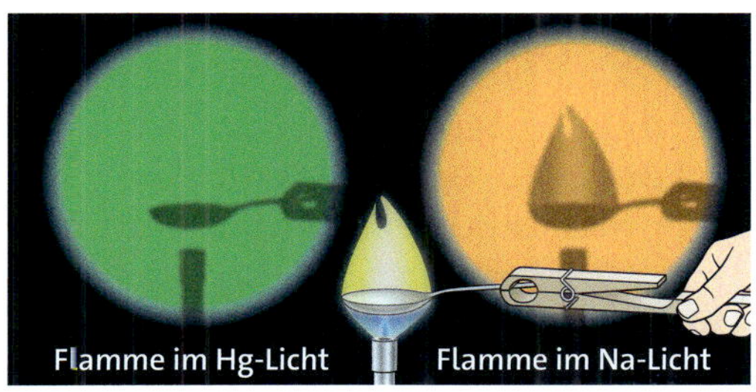

5 Schatten der Natrium-Flamme

6 **A** Emissions- und **B** Absorptionsspektrum von Hg

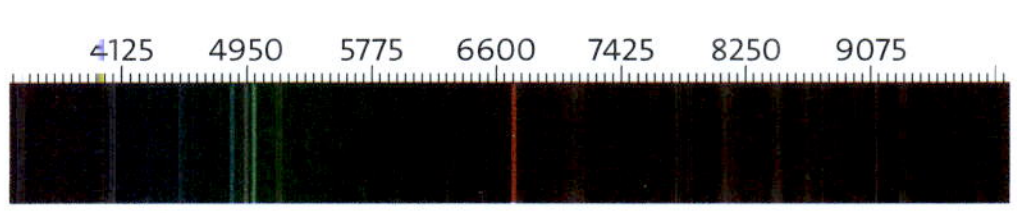

7 Spektrallinien aus dem Orionnebel (in 10^{-1} nm)

ENTWICKLUNG VON ATOMMODELLEN

Übergang $n_2 \rightarrow n_1$	$3 \rightarrow 2$	$4 \rightarrow 2$	$5 \rightarrow 2$	$6 \rightarrow 2$	$7 \rightarrow 2$	$8 \rightarrow 2$	$9 \rightarrow 2$	$\infty \rightarrow 2$
Name der Linie	Hα	Hβ	Hγ	Hδ	Hε	Hζ	Hη	
λ gemessen in nm	656,279	486,132	434,047	410,174	397,008	388,805	383,539	
λ berechnet in nm	656,278	486,132	434,045	410,174	397,007	388,806	383,540	(364,56)
Farbe	rot	blau-grün	violett	violett	violett	violett	UV	UV
Sichtbarkeit	sichtbar						nicht sichtbar	

1 Mit bloßem Auge sichtbare und teilweise sichtbare Linien des Wasserstoffs der Balmer-Serie

Wellenlängen von Spektrallinien • Geht man von der Vermutung aus, dass die Spektrallinien für jedes Element charakteristisch sind, müssen sie mit dem Bau der Atome zusammenhängen. Bis Ende des 19. Jh. hatte man mithilfe der Spektralanalyse etliche neue Elemente entdeckt und begann nun, nach Erklärungen zu suchen.

Balmer-Formel • Für das Emissionsspektrum des einfachsten chemischen Elementes, des Wasserstoffs, sah der Schweizer JOHANN JAKOB BALMER im direkt sichtbaren Bereich zunächst nur vier Linien. Für diese versuchte er 1885, eine mathematische Gesetzmäßigkeit zu finden. Durch systematisches Probieren gelangte er zu der nach ihm benannten empirischen Formel:

$$\lambda = G \cdot \frac{n^2}{n^2 - 2^2}.$$

$G = 3{,}6456 \cdot 10^{-7}\,\text{m} = 364{,}57\,\text{nm}$ ist eine empirische Konstante in der Größenordnung einer Wellenlänge im UV-Bereich (unter 400 nm). Für n sind die natürlichen Zahlen ab 3 einzusetzen. Für die Werte 3, 4, 5 und 6 erhält man eine recht gute Übereinstimmung zwischen berechneten Wellenlängen und den im Experiment beobachteten Spektrallinien des Wasserstoffs (▸Abb. 1).

Für $n = 7$ und 8 ergeben sich zwei Wellenlängen des Wasserstoffspektrums, die im nahen UV-Bereich liegen, also nicht für jedermann sichtbar sind. Diese wurden von BALMER zunächst nicht beschrieben, wenig später entdeckte man sie aber, indem man einen fluoreszierenden Schirm als Projektionsfläche benutzte. Die Spektrallinien, die zu $n > 2$ gehören, fasst man zur Balmer-Serie zusammen (▸Tabelle 1).

RYDBERGs Erweiterung • Durch bessere Beobachtungsmethoden fand man im IR- sowie im UV-Bereich des Spektrums zahlreiche Linien, die sich mit der Balmer-Formel nicht berechnen ließen. Der Schwede JOHANNES RYDBERG verallgemeinerte die Formel, indem er für den festen Zahlenwert 2 die Variable n_1 setzte und für $\frac{4}{G} = R$ schrieb. Damit ließen sich sämtliche Wellenlängen des Wasserstoffspektrums berechnen:

$$\frac{1}{\lambda} = R \cdot \frac{1}{n_1^2} - \frac{1}{n_2^2}.$$

Dabei sind n_1 und n_2 natürliche Zahlen größer null mit $n_2 > n_1$ und $R = 1{,}096778 \cdot 107\,\text{m}^{-1}$ die so genannte Rydberg-Konstante. Die Formel schließt für $n_1 = 2$ die Balmer-Formel mit ein.
Mit der Beziehung $\frac{c}{\lambda} = f$ ergibt sich zudem eine Gleichung für die zugehörigen Lichtfrequenzen:

$$f = R \cdot c \cdot \left(\frac{1}{n_1^2} - \frac{1}{n_2^2}\right) = R_H \cdot \left(\frac{1}{n_1^2} - \frac{1}{n_2^2}\right),$$

wobei $R_H = R \cdot c = 3{,}28984 \cdot 10^{15}\,\text{Hz}$ als **Rydberg-Frequenz** bezeichnet wird.

Damit hatte man eine Möglichkeit, alle erdenklichen Linien des Wasserstoffspektrums zu errechnen, kannte jedoch das physikalische Prinzip ihrer Entstehung nicht.

BOHR konnte im Rahmen seines Atommodells die Rydberg-Konstante theoretisch ableiten:

$$R_\infty = \frac{m_e \cdot e^4}{8 \cdot \varepsilon_0^2 \cdot h^3 \cdot c} = 1{,}096778 \cdot 10^7\,\text{m}^{-1}$$

Der theoretisch hergeleitete Wert R_∞ stimmt also recht gut mit dem empirisch bestimmten R überein.

Mit der Rydberg-Formel:

$f = R_H \cdot \left(\frac{1}{n_1^2} - \frac{1}{n_2^2}\right)$

lassen sich die Frequenzen und Wellenlängen der grundlegenden Emissionslinien des Wasserstoffatoms berechnen.

Nachfolgend entdeckten die Physiker THEODORE LYMAN, FRIEDRICH PASCHEN, FREDERICK SUMNER BRACKETT und AUGUST HERMAN PFUND viele bis dahin unentdeckte Linien durch Variation des Versuchs für unterschiedliche n_1 (▸Abb. 3).

Serie	n_1	n_2	Formel: $f =$	Spektralbereich/Farbe
Lyman	1	2, 3, 4 ...	$R_H\left(1 - \frac{1}{n_2^2}\right)$	Vakuum-UV 121 nm – 91 nm
Balmer	2	3, 4, 5 ...	$R_H\left(\frac{1}{2^2} - \frac{1}{n_2^2}\right)$	rot, blaugrün, violett, UV 365 nm – 656 nm
Paschen	3	4, 5, 6 ...	$R_H\left(\frac{1}{3^2} - \frac{1}{n_2^2}\right)$	IR-A 1875 nm – 820 nm
Brackett	4	5, 6, 7 ...	$R_H\left(\frac{1}{4^2} - \frac{1}{n_2^2}\right)$	IR-B 4050 nm – 1460 nm

3 Spektralserien des Wasserstoffs

Energieniveaus • Wegen des Zusammenhangs $\Delta E = h \cdot f$ lässt sich die zu einer Spektrallinie gehörende Energie berechnen. Bei der Aussendung von Photonen gibt ein Atom also Energie in ganz bestimmten Beträgen ab, die sich aus den Spektrallinien berechnen lassen. Diese sind von Element zu Element unterschiedlich, bei den Atomen eines Elements aber immer gleich. In den Atomen muss es daher einen für jedes Atom spezifischen Mechanismus geben, der die Energieabgabe und -aufnahme in ganz diskreten Beträgen ermöglicht. Auf Grundlage der Energieerhaltung gibt es im Atom offenbar ganz bestimmte Energiestufen, die AAGE NIELS BOHR 1913 als Erster formulierte und die man **Energieniveaus** nennt (▸Abb. 4). Wenn z. B. durch die rote Linie im Wasserstoffspektrum ein Energiebetrag ΔE abgegeben wird, wechselt das Atom von einem Energieniveau E_3 zu einem niedrigeren Energieniveau E_2. Nach dem Energieerhaltungssatz entspricht die abgegebene Energie der Energiedifferenz zwischen diesen beiden Niveaus:

$$\Delta E = E_3 - E_2 = h \cdot f = 3{,}0289 \cdot 10^{-19}\,\text{J} = 1{,}890\,\text{eV}.$$

Gegen Ende des 19. Jh. wusste man über den Aufbau von Atomen wenig. Aber inzwischen war auch die Elektrizität zum Forschungsgegenstand geworden. Daher vermutete man, dass es im Innern der Atome positive und negative elektrische Ladungen geben musste. Diese mussten auch für die physikalischen und chemischen Eigenschaften der Elemente verantwortlich sein, also auch für die Energieaufnahme bzw. -abgabe.

Es lag daher nahe, darin auch die Ursache für die unterschiedlichen Spektren und Energieniveaus zu suchen. Man entdeckte im Folgenden, dass UV-Licht Atome nicht nur zum Leuchten bringen, sondern sie auch ionisieren kann. Licht kann also auch Elektronen aus dem Atom entfernen. Vermutlich sind die Elektronen daher auch für die Absorption sowie für die Emission von Licht durch Atome verantwortlich.

Dank ERNEST RUTHERFORDs Streuexperiment wusste man Anfang des 20. Jh., dass die Elektronen im Atom elektrisch an den positiven Kern gebunden sind. BOHR gelang es als Erstem, anhand elektrischer und mechanischer Größen die Energieniveaus für Wasserstoff exakt zu berechnen. Der Vorgang der Energieumwandlung bei der Aussendung von Licht bzw. bei dessen Absorption blieb bis zur Einführung der Quantenmechanik jedoch ungeklärt.

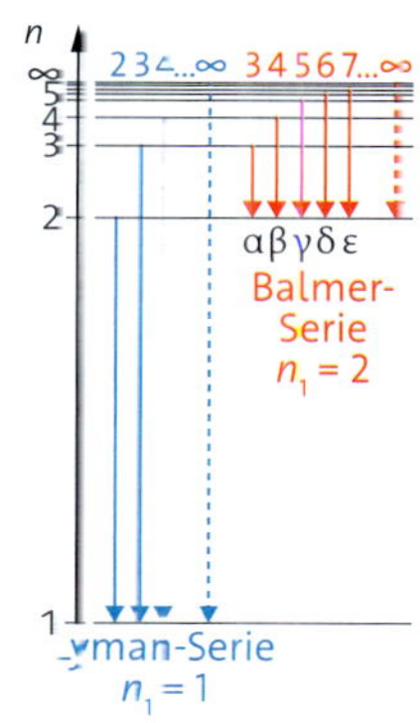

4 Energieniveaus des Wasserstoffs

1 Betrachten Sie mit einem Taschenspektroskop die Spektren von Sonnenlicht sowie einer Hg-, einer Wasserstoff- und einer Na-Lampe. Notieren Sie die Unterschiede.

2 Berechnen Sie die Wellenlängen der ersten vier Balmer-Linien im UV-Bereich.

3 Für $n_2 \to \infty$ werden die Frequenzabstände der Linien im Spektrum immer kleiner. Bezogen auf ein festes n_1 streben die Frequenzen der zugehörigen Spektrallinien daher gegen einen Grenzwert. Berechnen Sie diese Grenzfrequenz und die Grenzwellenlänge.

4 Erläutern Sie die Schritte zur Erweiterung der Balmer-Formel zur Rydberg-Formel.

Achtung: Richten Sie das Spektroskop nicht direkt auf die Sonne – Gefahr von Augenschäden! Richten Sie das Spektroskop auf Wolken oder andere von der Sonne beschienene Flächen. Blicken Sie nicht direkt in die Lichtquelle der Hg-Lampe!

BLICKPUNKT

Geschichte der Atommodelle

Vor 2400 Jahren entwickelte der Philosoph DEMOKRIT die Vorstellung, die Welt sei aus kleinen Teilchen aufgebaut. Er ging davon aus, dass diese Teilchen unteilbar sind und nannte sie Atome, von *atomos* (griech.): unteilbar. Im antiken Atommodell sind diese Atome durch Haken verbunden und je nach den Eigenschaften des jeweiligen Stoffes geformt. Atome harter, rauer Materialien sollten nach der damaligen Vorstellung z. B. hart und kantig sein. Diese Vorstellung galt bis in die Neuzeit nach 1500, unterstützt nicht zuletzt durch die Kirche, die Forschung am Aufbau der Natur als Zweifel an der Schöpfung verstand. Nach der Reformation wurde man in Teilen Europas aufgeschlossener.

Aufgrund der Fortschritte in der Chemie entwickelte JOHN DALTON im Jahr 1803 ein Modell von unteilbaren Teilchen, die je nach Zugehörigkeit zu einem chemischen Element eine bestimmte Masse tragen. Die Erkenntnis, dass in elektrisch neutraler Materie negativ geladene Elektronen vorhanden sind, führte 1903 JOSEPH JOHN THOMSON zu der Annahme, dass die Atome gleichmäßig positiv geladen sind und sich die Elektronen darin verteilen wie Rosinen in einem Kuchen.

Nachdem 1896 von ANTOINE HENRI BECQUEREL die Radioaktivität entdeckt worden war, standen ERNEST RUTHERFORD hochenergetische positive Teilchen zur Verfügung, die er zum Experimentieren nutzte. Durch den berühmten, nach ihm benannten Versuch wollte er das Rosinenkuchenmodell überprüfen. Er entdeckte jedoch eine ganz andere Verteilung der Ladungen im Atom und entwickelte daraus 1911 das Kern-Hülle-Modell, nachdem er festgestellt hatte, dass Atomkerne des Heliums (α-Teilchen) durch eine Goldfolie hindurch fliegen können. Zwei Jahre später entwickelte NIELS BOHR diese Vorstellung weiter: In seinem Modell kreisen die Elektronen auf Bahnen um den Atomkern. Diese Vorstellung führte aber zu Widersprüchen zu der als bewiesen geltenden klassischen Physik.

ERWIN SCHRÖDINGER lieferte 1928 den mathematisch-physikalischen Ansatz, aus dem sich die Quantenmechanik ergab. Demnach kreisen Elektronen nicht auf eindeutigen Bahnen. Stattdessen haben sie nur Antreffwahrscheinlichkeiten in bestimmten Bereichen um den Atomkern. Mit der Quantenmechanik lassen sich alle Atomhüllen sowie ihre Verbindungen untereinander grundlegend berechnen (Orbitalmodell).

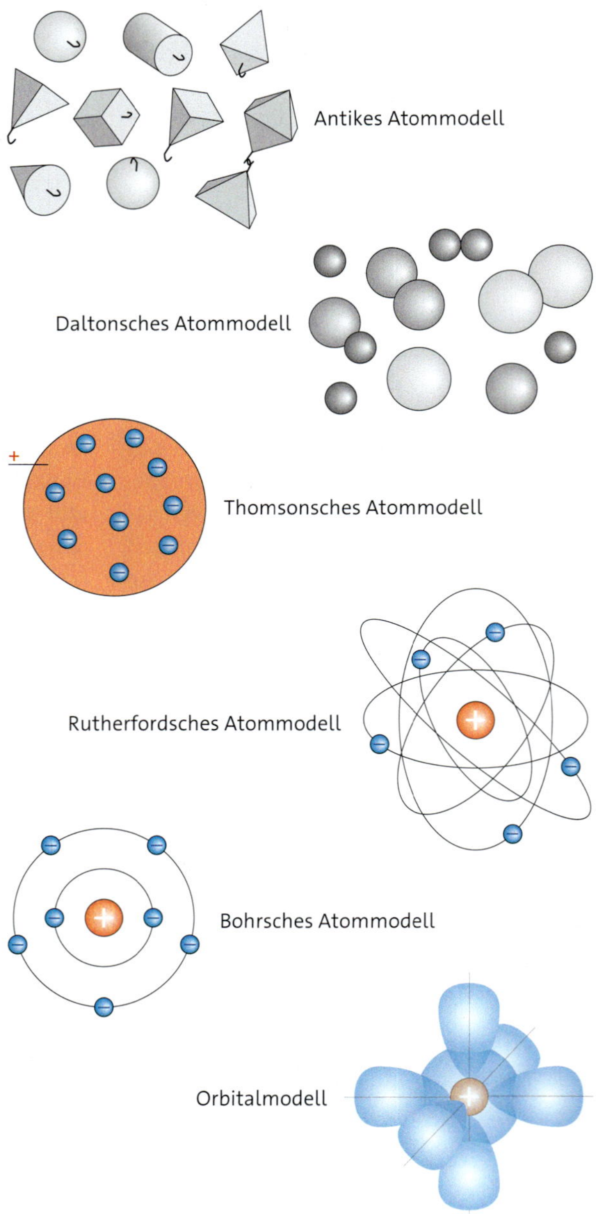

1 Atommodelle

Versuch A • Spektraluntersuchungen

V1 Emissionsspektren

Material:
Verschiedene anorganische Salze wie NaCl, KCl, $CuSO_4$, Brenner, je ein Magnesia-Stäbchen

Arbeitsauftrag:
a) Halten Sie auf je einem Magnesia-Stäbchen die verschiedenen Salze nacheinander in die nicht leuchtende Brennerflamme und beobachten Sie die Flammenfärbung (▸Abb. 2).
b) Notieren Sie für jedes Salz die Farbe des abgegebenen Lichtes und beurteilen Sie die Objektivität dieser Methode.
c) Arbeiten Sie zu zweit. Betrachten Sie die gefärbten Flammen auch mit einem Taschenspektroskop und kommentieren Sie die Beobachtung.

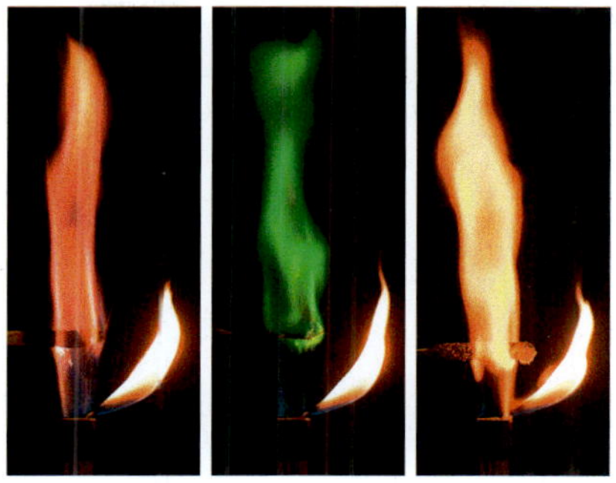

2 Flammenfärbung

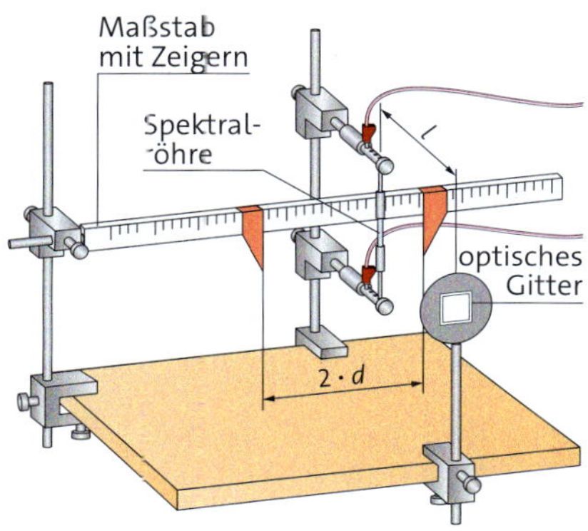

3 Subjektive Methode

V2 Emissionsspektren quantitativ

Material:
Lineal, verschiedene Spektralröhren (Geißlersche Röhren), Stativmaterial, optisches Strichgitter mit 570 Strichen/mm
Achtung: Verwenden Sie zum Betrieb der Geißlerschen Röhren ein Gleichspannungsgerät mit höchtens 5 kV. Achten Sie auf einen berührungssicheren Aufbau mit geeigneten Anschlusskabeln.

Arbeitsauftrag:
a) Informieren Sie sich über die subjektive Methode zur Bestimmung der Wellenlänge von Spektrallinien.
b) Bauen Sie die Versuchsanordnung ähnlich der ▸Abb. 3 auf und blicken Sie durch das Gitter. Schieben Sie die Markierungen links und rechts der Mitte auf die jeweils gleichfarbige Emissionslinie und notieren Sie deren Abstand.
c) Bestimmen Sie die Wellenlängen einiger der sichtbaren Linien der verschiedenen Spektrallampen.

Material A • Spektrallinien

A1 Die Spektralanalyse liefert Informationen zu den Eigenschaften von Sternen.
a) Begründen Sie, dass die in ▸Abb. 4 durch einen Pfeil gekennzeichnete Stelle des Spektrums durch einen Vorgang in Wasserstoffatomen entstehen kann.
b) Erklären Sie, welchen Vorteil die Benutzung des Hubble-Teleskops gegenüber Teleskopen auf der Erde hat, auch wenn diese viel größer sind.

A2 ▸Abb. 5 zeigt ein stark vereinfachtes Energieniveauschema für Natrium. Bestimmen Sie, welche Wellenlänge aus dem Licht des sichtbaren Spektrums in der Lage ist, Natriumatome anzuregen.

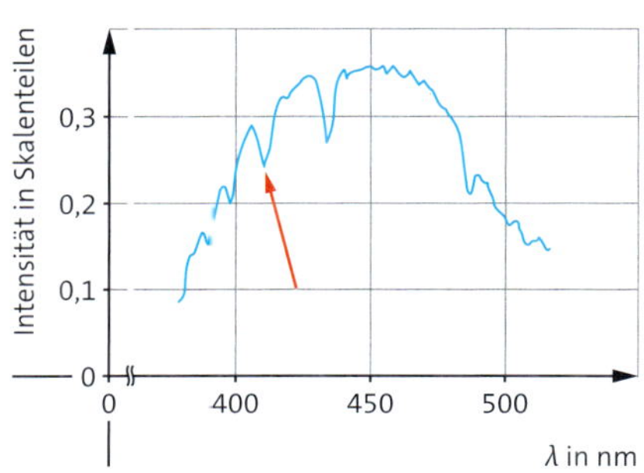

4 Spektrum eines Sterns

A3 Stellen Sie einen Zusammenhang her zwischen dem Spektrum in ▸Abb. 4 und dem Ergebnis zu Aufgabe A2.

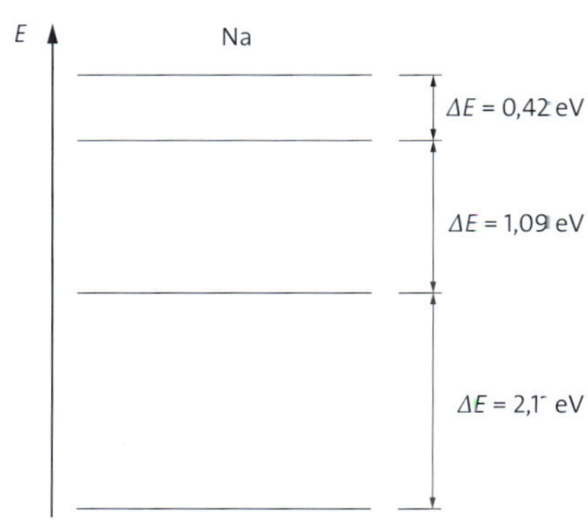

5 Energieniveauschema von Natrium

1 Roter Farbstoff in Tomaten

Elektronen im Potenzialtopf

Die Tomaten verdanken ihre Farbe dem Lycopen, einem linearen Molekül, das aus einer Kette von Kohlenstoffatomen mit alternierenden Doppelbindungen besteht (▸Abb. 2). Wie ist es diesen Elektronen möglich, ganz bestimmte Wellenlängen des Lichtes zu absorbieren?

Wellenfunktion von Elektronen im Atom • Wir erinnern uns, dass Elektronen Quantenobjekte sind und sie daher den Gesetzen der Quantenphysik unterliegen. So können wir den Elektronen Welleneigenschaften zuordnen und sie mit einer **Wellenfunktion** Ψ beschreiben.

Wie müssen wir uns nun das Verhalten von Elektronen im Atom vorstellen? Wegen der anziehenden elektrischen Wechselwirkung zwischen ihnen und dem positiven Atomkern sind die Elektronen keine freien Objekte. Vielmehr ist der Bereich, in dem sie sich aufhalten können, auf das Atom bzw. das Molekül beschränkt, sie sind also „eingesperrt". In dieser Situation verhalten sie sich wegen ihrer Welleneigenschaften wie die Saiten von Musikinstrumenten, die an zwei Seiten links und rechts festgeklemmt sind. Sie bilden stehende Wellen aus (▸Abb. 4 A).

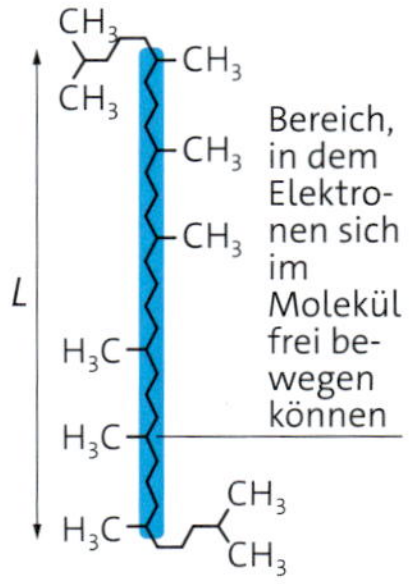

2 Lycopen-Molekül

Das Quadrat des Betrages der Wellenfunktion $|\Psi|^2$ (▸Abb. 4 B) beschreibt die **Antreffwahrscheinlichkeit** der Elektronen im Bereich des Atoms bzw. Moleküls.

Der Atomkern mit seiner positiven Ladung verursacht ein **Coulombpotenzial.** Wir können den Verlauf dieses Coulombpotenzials idealisieren, indem wir annehmen, dass die Elektronen sich zunächst gar nicht außerhalb des Atoms aufhalten können. Dann sind die Ränder des Atoms unüberwindbar, d.h., die potenzielle Energie wird unendlich groß. Wir können den Potenzialverlauf als kastenförmig annehmen (▸Abb. 3), wobei der Kasten unendlich hohe Wände hat.

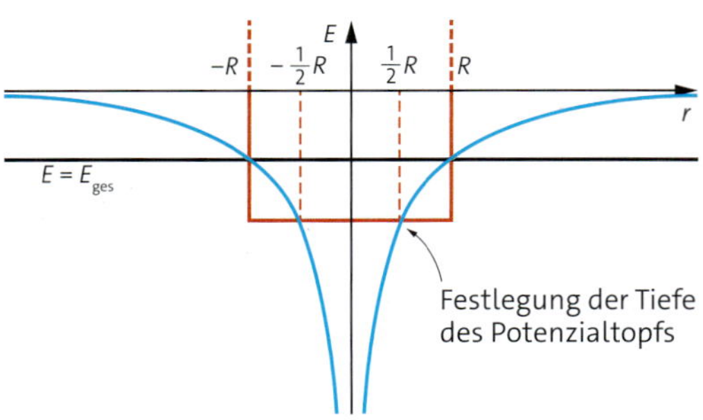

3 Coulombpotenzial und Kastenpotenzial

Wellenfunktion im Potenzialtopf • Ein einfaches Modell für solche Quantenobjekte ist daher der **eindimensionale lineare Potenzialtopf** (LPT). Darin können sich die Quantenobjekte nur entlang einer Richtung x im Bereich $0 < x < L$ aufhalten, wobei L die Breite des Potenzialtopfes ist (▸Abb. 4). Alle anderen Richtungen sind nicht möglich. Die Vereinfachung zu einem Kastenpotenzial (rot in ▸Abb. 3) führt zu übersichtlichen Rechnungen, da sich das Elektron ja innerhalb des Atoms, also im Bereich $-R < x < R$ aufhalten soll, wobei $2R = L$ ist.
Die orts- und zeitabhängige Wellenfunktion oder Zustandsfunktion $\Psi(x, t)$ des Elektrons im Atom hat nach LOUIS DE BROGLIE die Wellenlänge:

$$\lambda = \frac{h}{p}.$$

Wie bei der Klaviersaite sind stehende Wellen nur möglich, wenn die Breite des Potenzialtopfes ein ganzzahliges Vielfaches der halben Wellenlänge beträgt. Es gilt:

$$L = n \cdot \frac{\lambda_n}{2} \Rightarrow \lambda_n = \frac{2 \cdot L}{n}, \text{ mit } n = 1, 2, 3 \ldots$$

Innerhalb des Potenzialtopfs sind die Wellenfunktionen Ψ sinusförmig (▸Abb. 4 A). Die Wahrscheinlichkeitsdichten $|\Psi|^2$ ergeben sich daraus durch Bilden des Betrages und Quadrieren (▸Abb. 4 B).

Energiewerte im LPT • Um nun zu erklären, wie das Atom bzw. seine Hülle ganz bestimmte Energiebeträge aufnehmen und wieder abgeben kann, müssen wir die Energiezustände des Elektrons in der Hülle berechnen. Wir tun dies für das Modell des linearen Potenzialtopfes.
Wir nehmen an, dass die potenzielle Energie des Elektrons entlang der Strecke L gleich null ist. Wegen der unendlich hohen Wände ist E_{pot} außerhalb des Topfes unendlich. Das Elektron hat also nur **kinetische Energie:**

$$E = E_{kin} = \frac{1}{2} m \cdot v^2.$$

Mit dem Impuls $p = m \cdot v$ bzw. $p^2 = m^2 \cdot v^2$ ergibt sich für die Energie der folgende Ausdruck:

$$E = \frac{p^2}{2m}.$$

Setzt man $\lambda_n = \frac{2L}{n}$ gleich der De-Broglie-Wellenlänge $\lambda = \frac{h}{p}$ bzw. $\lambda_n = \frac{h}{p_n}$, so erhält man:

$$2\frac{L}{n} = \frac{h}{p_n} \Rightarrow p_n = \frac{n \cdot h}{2L}.$$

Eingesetzt in die Gleichung für die Energie liefert dies einen Ausdruck für die gesuchte Energie im Potenzialtopf:

$$E_n = \frac{h^2}{8 \cdot m \cdot L^2} \cdot n^2, \text{ mit } n = 1, 2, 3 \ldots$$

m entspricht hier der Elektronenmasse m_e.

Für ein Elektron im Potenzialtopf mit unendlich hohen Wänden sind also nur bestimmte Energiewerte möglich – die Energie ist **quantisiert.**

Dieser Ausdruck zeigt ferner, dass die Energie des Elektrons auch im einfachsten Fall für $n = 1$ nicht null sein kann. Diese sogenannte **Lokalisationsenergie** ist eine Folge des Einsperrens der Elektronen in den Potenzialtopf. Daraus ergibt sich, dass Elektronen im Atom nie ruhen.

1 Berechnen Sie die Lokalisationsenergie E_n für ein Elektron im Grundzustand in einem Potenzialtopf der Länge $L = 1{,}0 \cdot 10^{-10}$ m.

2 Überprüfen Sie durch Nachrechnen, ob ein Energieübergang von $\Delta E = E_{14} - E_{12}$ im oben genannten Beispiel des Farbstoffmoleküls sichtbares Licht absorbieren kann.

Das Planck'sche Wirkungsquantum h hat den Wert: $h \approx 6{,}626 \cdot 10^{-34}$ Js

Die Antreffwahrscheinlichkeit ist das Integral der Wahrscheinlichkeitsdichte, also die Fläche unter der Funktion $|\Psi|^2$.

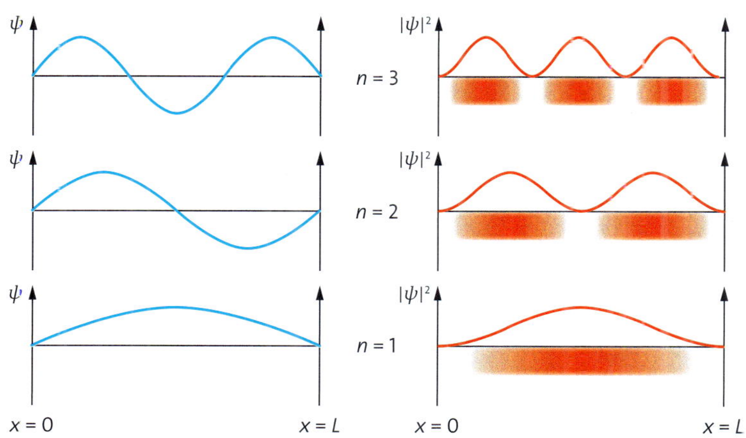

4 **A** Wellenfunktionen, **B** Wahrscheinlichkeitsdichten

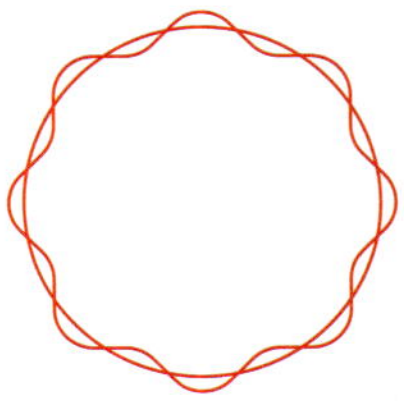

1 Stehende Welle auf einem Umfang

WOLFGANG PAULI formulierte 1925 ein Grundprinzip der Quantenmechanik, das z.B. beim Aufbau von Atomhüllen in Erscheinung tritt. Danach können höchstens zwei Elektronen dieselbe Energiestufe besetzen, müssen sich aber in einer Eigenschaft, dem Spin, unterscheiden.

Jedes Atom bzw. Molekül stellt für die darin enthaltenen Elektronen einen Potenzialtopf dar, in dem diese nur ganz diskrete, für das jeweilige Atom charakteristische Energiewerte annehmen können.

Lyocopen im Potenzialtopfmodell • Bereits mit diesem einfachen Modell lassen sich Eigenschaften bestimmter linearer Moleküle quantitativ beschreiben. Die Wellenfunktionen der Elektronen gehören für verschiedene n zu verschiedenen Energiestufen, die die Elektronen im Atom bzw. Molekül annehmen können. Wie führt dies dazu, dass Lyocopen ein roter Farbstoff ist?

Moleküle von Farbstoffen enthalten häufig Ketten von Kohlenstoffatomen mit einem delokalisierten Elektronensystem – beim Lycopen ist dies zwischen dem 5. und 27. C-Atom eine Kette aus 22 C-Atomen. In solchen Molekülen überlagern sich die Potenziale der einzelnen C-Atome zu einem einzigen breiten Potenzialtopf, der beim Lyocopen die Länge $L = 3{,}4\,\text{nm}$ hat (▸Abb. 2).
Darin ist von jedem C-Atom jeweils ein Elektron delokalisiert, d.h. keinem festen Bindungspartner zugeordnet, und es kann sich nahezu frei bewegen. Diese 22 so genannten Valenzelektronen besetzen gemäß dem Pauli-Prinzip im Grundzustand die ersten 11 Energiestufen. Führt man Energie zu, z.B. durch Lichteinwirkung, kann ein Elektron seinen Energiezustand ändern. Dabei kann es aber nur die höheren – bislang unbesetzten – Energiezustände, die zu $n = 12, 13, 14$ ... gehören, annehmen.
Absorbiert ein Elektron des oben genannten Farbstoffmoleküls z.B. Lichtenergie, die den Übergang von $n = 11$ zu $n = 14$ ermöglicht, absorbiert es die Energie $\Delta E = E_{14} - E_{11}$.

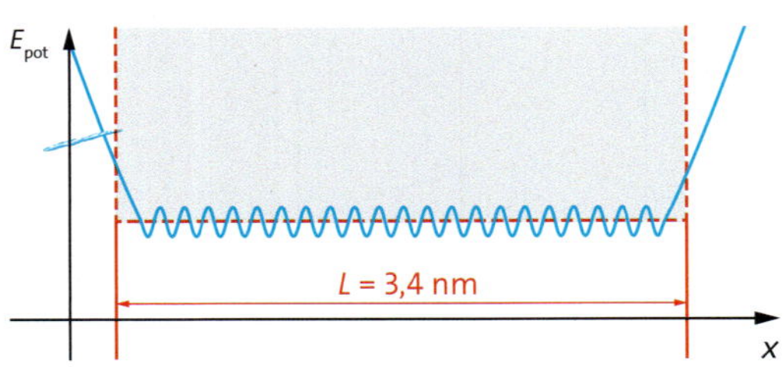

2 Potenzialtopf einer Molekülkette aus 22 C-Atomen

Verwendet man die oben hergeleitete Formel für E_n, ergibt dies einen Energiebetrag von $\Delta E = 3{,}9122 \cdot 10^{-19}\,\text{J}$.
Mit der Frequenzbedingung $\Delta E = h \cdot f$ ergibt sich eine Lichtwellenlänge von $\lambda = 508\,\text{nm}$, was blaugrünem Licht entspricht. Das Farbstoffmolekül absorbiert also blaugrünes Licht und erscheint damit in der Komplementärfarbe Rot.

Das Wasserstoffatom • Berechnen wir mit diesem einfachen Modell des Potenzialtopfes die Emissions- und Absorptionslinien des Wasserstoffatoms, so führt das zu anderen Ergebnissen als die Berechnung mit der Balmer-Formel. Dies liegt an der starken Vereinfachung des Potenzialtopf-Modells:
Beispielsweise müssten Wahrscheinlichkeitsdichtefunktionen verwendet werden, die sich auf drei Dimensionen beziehen ($\Psi_n(x, y, z)$). Außerdem weiß man aus Experimenten zu den Gasgesetzen, dass das Wasserstoffatom und seine Elektronenhülle nicht quaderförmig, sondern kugelförmig sind (▸Abb. 1).

Um nun zu den richtigen Ergebnissen zu kommen, müssen wir das Modell erweitern: Der lineare Potenzialtopf wird durch das Coulombpotenzial ersetzt, da im Atom die potenzielle Energie natürlich nicht null sein kann.
Die potenzielle Energie erhalten wir durch Gleichsetzen der Coulombkraft F_C zwischen Atomkern und Elektron und der Zentripetalkraft F_Z des Elektrons (dabei nehmen wir für das Elektron eine Kreisbahn an):

$$F_C = \frac{e^2}{4\pi\varepsilon_0 \cdot r^2} = \frac{m_e v^2}{r} = F_Z.$$

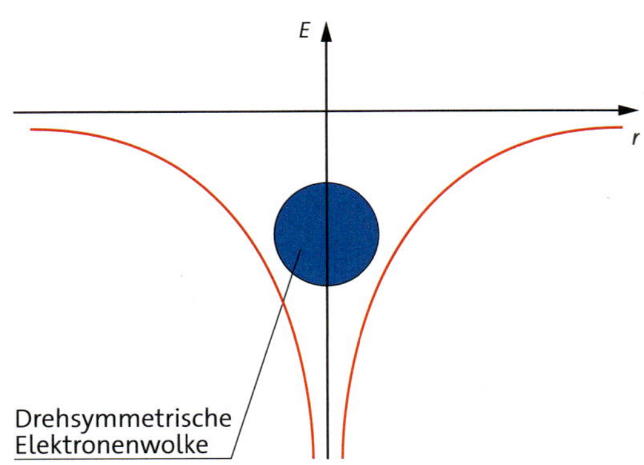

3 Potenzielle Energie im Feld des Atomkerns

Multiplizieren wir die Coulombkraft mit r, erhalten wir die potenzielle Energie des Elektrons im elektrischen Feld des Atomkerns (▸Abb. 3):

$$E_{\text{pot}} = \frac{e^2}{4\pi\varepsilon_0 \cdot r} = m_e v^2.$$

Auf der rechten Seite der Gleichung steht nun ein Ausdruck, der dem Doppelten der kinetischen Energie $E_{\text{kin}} = \frac{1}{2} m v^2$ entspricht.
Es gilt daher: $E_{\text{pot}} = -2 \cdot E_{\text{kin}}$.
Die Gesamtenergie $E = E_{\text{pot}} + E_{\text{kin}}$ wird damit zu:

$$E = -2 \cdot E_{\text{kin}} + E_{\text{kin}} = -E_{\text{kin}}.$$

Für eine Kreisbahn des Elektrons wird aus der Länge L ein Kreisumfang, auf dem ein ganzzahliges Vielfaches der Wellenlänge Platz finden muss, damit eine stehende Welle entsteht (▸Abb. 1):

$$2\pi \cdot r = n \cdot \lambda = n \cdot \frac{h}{p} = n \cdot \frac{h}{m \cdot v}$$

$$\Rightarrow r = \frac{n \cdot h}{2\pi \cdot m \cdot v}.$$

Anderenfalls würden sich die Wellenfunktionen an den „Begegnungsstellen“ auslöschen.

Wir setzen den Ausdruck für r in die Gleichung für E_{pot} ein und lösen nach der Geschwindigkeit auf:

$$\frac{e^2}{2\varepsilon_0} \cdot \frac{m_e \cdot v_n}{n \cdot h} = m_e \cdot v^2$$

$$\Rightarrow v = \frac{e^2}{2\varepsilon_0 n h}.$$

Damit ergibt sich für die Gesamtenergie im Wasserstoffatom:

$$E_n = -\frac{1}{2} m \cdot v_n^2 = -\frac{e^4 \cdot m_e}{8\varepsilon_0^2 \cdot h^2} \cdot \frac{1}{n^2}$$

$$= -2{,}18 \cdot 10^{-18}\,\text{J} \cdot \frac{1}{n^2}$$

Bis auf n, welches die möglichen Energiestufen in der Elektronenhülle angibt, besteht der Ausdruck nur aus Konstanten. Ziehen wir nun die Frequenzbedingung $E = h \cdot f = h \cdot \frac{c}{\lambda}$ hinzu und setzen dies für E_n ein, erhalten wir die **Rydberg-Konstante** R_∞.

Zudem ergibt sich für $n = 1$ die niedrigste Energiestufe im Wasserstoffatom, die sogenannte Grundzustandsenergie.
Sie entspricht genau der **Ionisierungsenergie,** jener Energie also, die nötig ist, um das Elektron aus der Elektronenhülle des Wasserstoffatoms zu entfernen. Dieser Wert wurde für Wasserstoff in guter Übereinstimmung auch gemessen. Umgekehrt ist es außerdem diejenige Energie, die frei wird, wenn ein Elektron sich von außen kommend in das Coulombfeld eines Wasserstoff-Kerns begibt und sofort bis in den Grundzustand „fällt“. Dazu passt auch das negative Vorzeichen der Energie.

Energieniveauschema von Wasserstoff • Die beobachteten Phänomene der Aufnahme und Abgabe von Energie durch die Atomhülle lassen sich am besten mit Hilfe von Energieniveaus beschreiben, die eine vereinfachte, aber oft maßstabsgerechte Darstellung der Energiestufen im Atom erlauben (▸Abb. 4). Die Energiestufen E_1, E_2, E_3 usw. werden durch die natürlichen Zahlen $n = 1$, $n = 2$, $n = 3$ usw. charakterisiert. Die Energiewerte in ▸Abb. 4 ergeben sich aus der oben hergeleiteten Formel durch Einsetzen der natürlichen Zahlen für n und Umrechnung in eV, wobei gilt:

$$1\,\text{eV} = 1{,}602 \cdot 10^{-19}\,\text{J}.$$

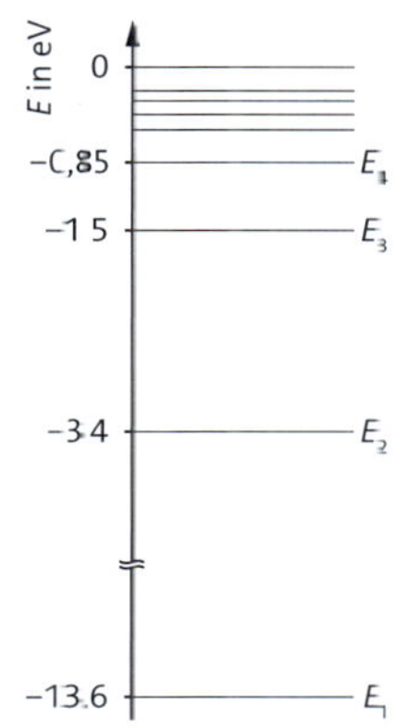

4 Energieniveauschema des Wasserstoffatoms

Mit dieser einfachen Darstellung können wir die Wellenlängen von Spektrallinien berechnen. Springt ein Elektron bspw. von E_4 zurück auf E_2 (▸Abb. 4), wird ein Energiebetrag von $\Delta E = 2{,}55\,\text{eV}$ frei. Mit der Frequenzbedingung $E = h \cdot f$ und $f = \frac{c}{\lambda}$ ergibt sich eine Wellenlänge von $\lambda = 486{,}13\,\text{nm}$. Dies entspricht der sichtbaren blaugrünen Linie der Balmer-Serie.

1 Vollziehen Sie den letzten Schritt der Umformung zu E_n nach und überprüfen Sie durch Nachrechnen den Wert für die Energie im Grundzustand des Wasserstoffatoms. Vergleichen Sie mit dem Wert der empirischen Rydberg-Konstanten R.

2 Überprüfen Sie durch Nachrechnen, welche Elektronenübergänge in dem in ▸Abb. 4 angegeben Energiebereich Wellenlängen im ultravioletten Spektrum ergeben.

BLICKPUNKT

Der Franck-Hertz-Versuch

Aufgrund der guten Erfolge in der energetischen Berechnung des Wasserstoffatoms und der Erklärung der Linienspektren postulierte der Däne NIELS BOHR 1913, dass Atome grundsätzlich so aufgebaut seien, dass die Elektronen in ihrer Hülle nur ganz bestimmte Energiebeträge aufnehmen und abgeben können. Zur gleichen Zeit untersuchten die Physiker JAMES FRANCK und GUSTAV HERTZ die Zusammenhänge zwischen der Energie, die zur Ionisation eines Atoms notwendig ist, und dem Radius des Atoms. Für den Versuch, der erstmals die Existenz diskreter Energieniveaus im Atom nachwies, erhielten sie 1925 den Nobelpreis für Physik.

Das Experiment • FRANCK und HERTZ verwendeten einen Strahl beschleunigter Elektronen, um die Energie zu messen, die benötigt wird, um Elektronen vom Grundzustand eines Gasatoms bis auf den ersten Anregungszustand zu heben. Sie benutzten dazu eine Elektronenröhre mit einer gitterförmigen Zwischenelektrode zwischen der Kathode K und der Anode A (▸Abb. 1).
Die Röhre ist mit dem zu untersuchenden Gas gefüllt (hier Quecksilber, die Gasförmigkeit ist angedeutet durch den Punkt neben dem Hg). Elektronen, die von einer Glühkathode K abgegeben werden, werden zwischen Kathode K und Gitter G durch das dazwischen herrschende elektrische Feld beschleunigt. Die Beschleunigungsspannung U_B liegt zwischen 0 und 60 V. Zwischen dem Gitter G und der Anode A lässt sich durch Anlegen einer weiteren Spannung U_G ein zweites elektrisches Feld aufbauen. Dieses zweite Feld wird so gepolt, dass die Elektronen, die durch das Gitter treten, in ihm abgebremst werden, es also als Gegenfeld wirkt. (Da es mit Gitter, Kathode und Anode drei Elektroden gibt, spricht man von einer Triode.)

Elektronen, die trotz der Gegenspannung die Auffanganode A erreichen, haben daher mindestens die Energie: $E = e \cdot U_G$. Für $U_B > U_G$ sollten in einer Vakuumtriode alle Elektronen zur Auffangelektrode A gelangen und einen Strom I_A zwischen G und A erzeugen. Für gasgefüllte Trioden ist dies jedoch nicht der Fall, wie wir im Folgenden für eine Füllung mit Quecksilbergas zeigen.

Die Beobachtung • Zunächst steigt wie erwartet die Stromstärke I_A mit wachsender Spannung U_B kontinuierlich an, um dann bei einer bestimmten Spannung plötzlich abzufallen. Erhöht man die Spannung weiter, treten weitere Minima auf, und zwar immer im Abstand von jeweils 4,9 V (▸Abb. 2). Die Elektronen verlieren also plötzlich eine Energie von $E = 4{,}9\,\text{eV} = 7{,}85 \cdot 10^{-19}\,\text{J}$.

Die Deutung • Diese Beobachtung ist nur erklärlich, wenn man annimmt, dass die Elektronen beim Zusammenstoß mit den Quecksilberatomen einen genau definierten Energiebetrag von 4,9 eV abgeben. Die Elektronenhülle von Quecksilber besteht aus 80 – ebenfalls negativ geladenen – Elektronen. Daher muss es beim Zusammentreffen mit der Elektronenhülle zu einem inelastischen Stoß gekommen sein, bei dem das Elektron diesen Energiebetrag an die Elektronenhülle des Hg-Atoms abgegeben hat.
Wenn die stoßenden Elektronen Energie abgeben, verringert sich ihre kinetische Energie, sodass sie durch das Gegenfeld hinter dem Gitter derart abgebremst werden, dass sie die Anode nicht mehr erreichen. Folglich nimmt die Stromstärke I_A plötzlich ab. Erhöht man die Beschleunigungsspannung U_B weiter, so erhalten die Stoßelektronen wieder mehr kinetische Energie und können das Gegenfeld erneut überwinden.

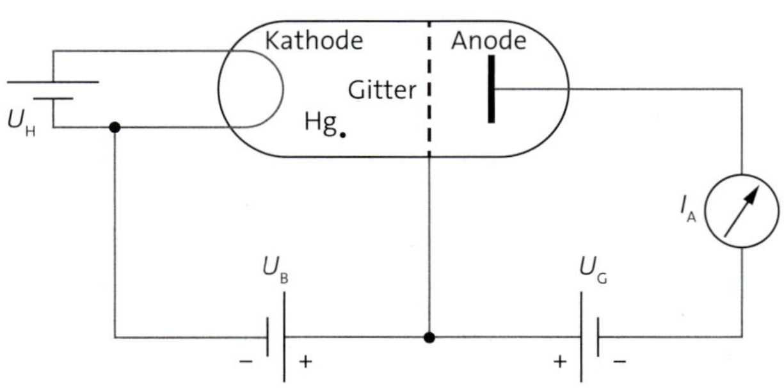

1 Schematischer Aufbau einer Franck-Hertz-Röhre

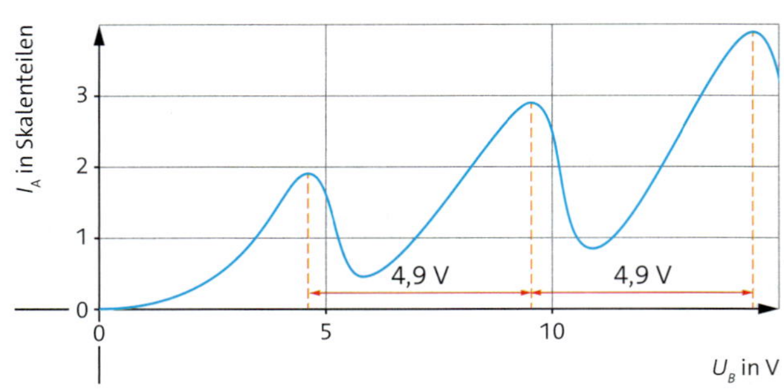

2 $I_A(U_B)$-Diagramm

Dabei können sie natürlich auch mit den Hg-Atomen zusammenstoßen. Solange $E < 4{,}9\,\text{eV}$ ist, sind die Stöße mit der Elektronenhülle der Quecksilberatome aber elastisch: Die Elektronen prallen ab, werden evtl. reflektiert oder abgelenkt (▸Abb. 3). Sie behalten jedoch ihre Energie, da diese nur vom zurückgelegten Weg im Beschleunigungsfeld zwischen Kathode K und Anode A abhängt. (Denn die Energie ist das Skalarprodukt von Kraft mal Wegstrecke.) Erst wenn die Energie wieder auf 4,9 eV angewachsen ist, können die Elektronen erneut mit den Hüllenelektronen des Quecksilbers wechselwirken und einen entsprechenden Energiebetrag abgeben. Die Stromstärke I_A sinkt erneut.

Energieabgabe • Wo aber bleibt nun der von den Hüllenelektronen aufgenommene Energiebetrag? Nach den Vorstellungen der Quantenmechanik ist dieser angeregte Zustand nicht stabil, sondern das Atom gibt die aufgenommene Energie in Form eines Photons wieder ab (▸Abb. 4). In der Annahme, dass die Anregungsenergie vollständig wieder abgegeben wird, entspricht der Energiebetrag einem Photon mit der Wellenlänge:

$$\lambda = \frac{h \cdot c}{E} = \frac{h \cdot c}{7{,}85 \cdot 10^{-19}\,\text{J}} = 253\,\text{nm}.$$

Die Wellenlänge liegt also im UV-Bereich, was experimentell auch nachgewiesen wurde.

Das Versuchsergebnis bestätigte also BOHRs Annahme, dass die Elektronen in der Atomhülle nur ganz bestimmte diskrete Energiebeträge aufnehmen können und dann „angeregt“ sind.

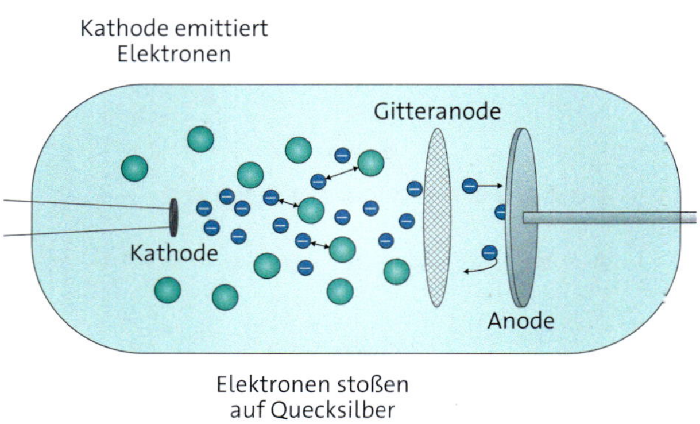

3 Elektronenstöße mit Hg-Atomen

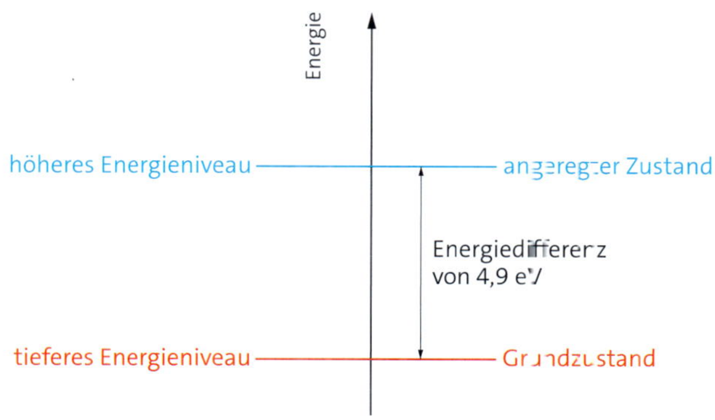

4 Aufnahme und Abgabe von Energie

1 Informieren Sie sich über den Aufbau einer Diode sowie einer Triode und deren Kennlinien. Wiederholen Sie dabei den glühelektrischen Effekt.

2 Eine Variante des Franck-Hertz-Versuchs wurde mit einer mit Neon gefüllten Röhre durchgeführt. Dabei erhielt man das folgende $I_A(U_B)$-Diagramm (▸Abb. 5).

3 **a)** Bestimmen Sie aus dem Diagramm die Anregungsenergie für die Neonatome.

b) Berechnen Sie daraus die Wellenlänge der ausgesendeten Photonen.

c) In der mit Neon gefüllten Röhre sieht man ein rötliches Leuchten. Klären Sie den damit verbundenen Widerspruch zur berechneten Wellenlänge durch eine Internetrecherche auf.

4 Informieren Sie sich darüber, weshalb die mit Hg gefüllte Röhre zum Betrieb auf ca. 175 °C geheizt werden muss, während man die mit Ne gefüllte Röhre bei Raumtemperatur betreiben kann!

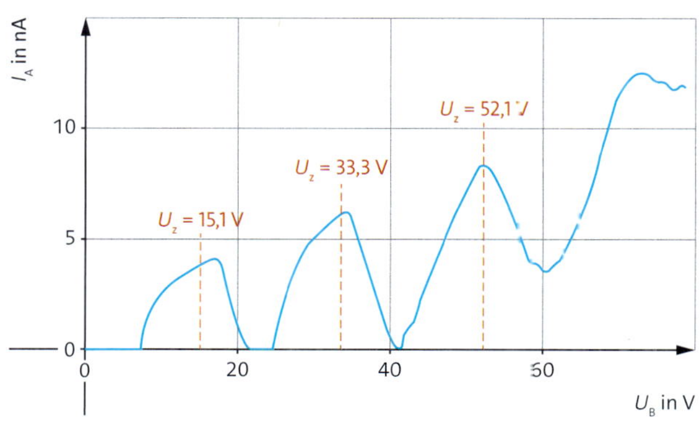

5 U_B-I_A-Diagramm

METHODE

Charakteristische Röntgenstrahlung

Um einzigartige Kulturgüter wie die 3600 Jahre alte Himmelsscheibe von Nebra zu untersuchen, dürfen die Stücke nicht beschädigt werden. Ein Materialabtrag zur chemischen Untersuchung der Metalle kommt also nicht in Frage. Wie kann man trotzdem Informationen über die Zusammensetzung erhalten?

„Linienspektren" bei Röntgenstrahlung • Wir kennen schon den Effekt, dass Metalle Röntgenphotonen aussenden, wenn man sie mit schnellen, d. h. energiereichen, Elektronen beschießt. Diese Photonen haben zunächst eine kontinuierliche Energieverteilung (Bremsspektrum). Bei genügend hoher Elektronenenergie und entsprechendem Material der Anode bemerkt man jedoch bei höheren Glanzwinkeln charakteristische Intensitätsausschläge bei ansonsten abnehmender Bremsstrahlung. Diese Ausschläge erinnern an die Spektrallinien beim Licht, sind sie doch typisch für das Anodenmaterial. ▸Abb. 2 zeigt das Röntgenspektrum einer Kupferanode aufgenommen nach der Drehkristallmethode bei verschiedenen Beschleunigungsspannungen.

Sind die eintreffenden Elektronen energiereich genug, so können sie die Atome des Anodenmaterials ionisieren. Auch können so Elektronen des untersten Energieniveaus (Zustand $n = 1$) entfernt werden. Dabei muss auf das gestoßene Elektron mindestens so viel Energie übertragen werden, wie zum Übergang auf einen höheren, noch unbesetzten Zustand nötig ist. Oft wird das Elektron jedoch ganz entfernt. Aus dem Niveau $n = 2$ oder einem noch höheren Niveau kann nun ein Elektron auf den frei gewordenen Platz im Zustand $n = 1$ „fallen". Die Energiedifferenz zwischen beiden Niveaus wird als Röntgenphoton abgegeben (▸Abb. 3).

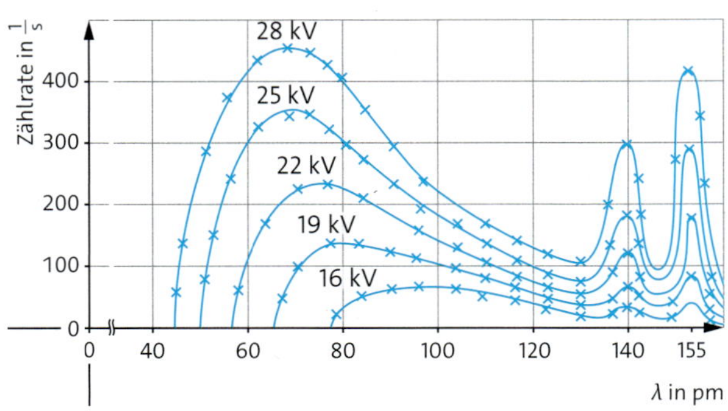

2 Spektrum der Röntgenstrahlung einer Cu-Anode

Die Photonenenergie liegt typischerweise in der Größenordnung 1–100 keV, entsprechend der Energiedifferenz der beiden Zustände in der Elektronenhülle. Im elektromagnetischen Spektrum entspricht dies der Röntgenstrahlung. Da die Energiedifferenzen elementspezifisch sind, spricht man von **charakteristischer Röntgenstrahlung.**

Die Bezeichnung der Röntgenlinien richtet sich nach dem untersten Niveau, in das das Elektron bei der Emission übergegangen ist, gefolgt von einem Index, der angibt, von wo es kam:

Geht das Elektron, wie in Abb. 3 gezeigt, auf das unterste Niveau $n = 1$ über, so heißt die Linie **K**-Linie (nach der chemischen Bezeichnung für diesen Zustand: K-Schale). Der Index wird mit den kleinen Buchstaben des griechischen Alphabets gebildet, wobei α für den Sprung von $\Delta n = 1$, β für $\Delta n = 2$ usw. gewählt wird.

Die Linie, die zu dem in ▸Abb. 3 dargestellten abgestrahlten Röntgenphoton gehört, wäre demnach die $\mathbf{K}_\alpha$-Linie des Kupfers.

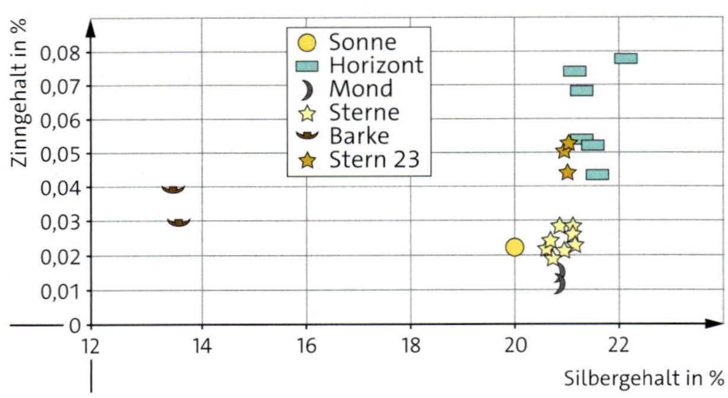

1 Sn- und Ag-Anteile im Gold der Himmelsscheibe

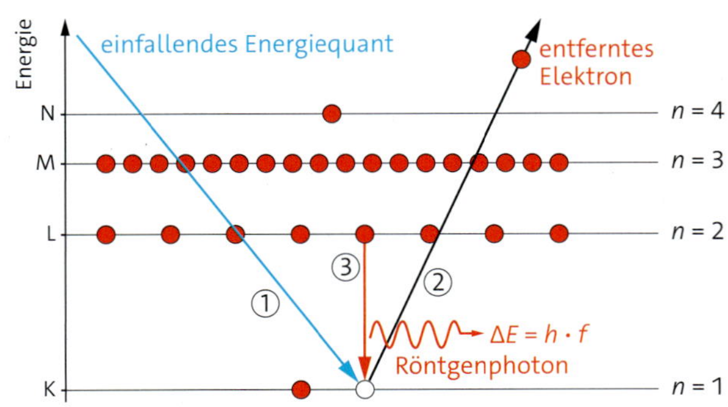

3 Entstehung der charakteristischen Röntgenstrahlung

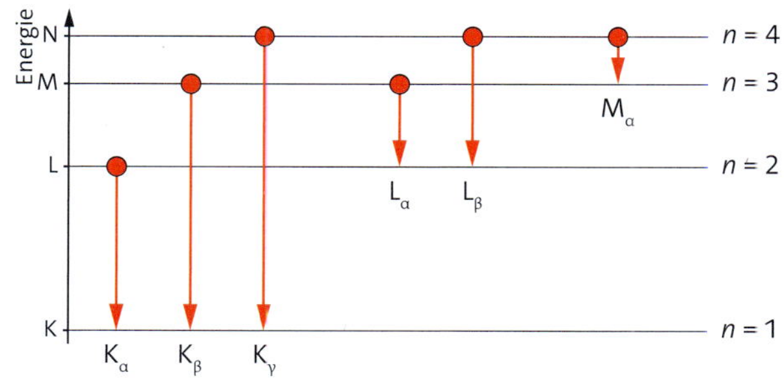

4 Die untersten K-, L- und M-Linien

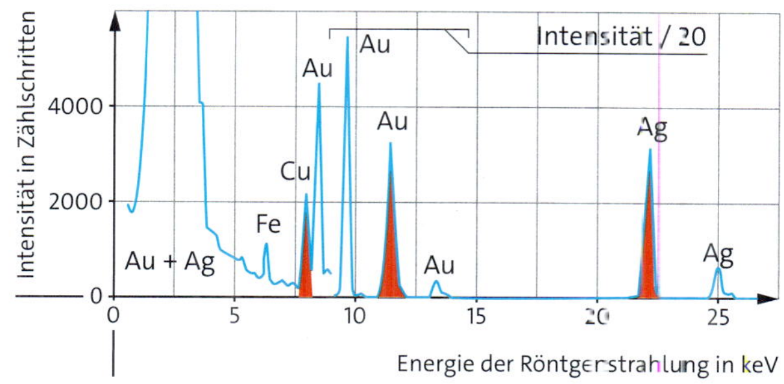

5 Charakteristische Röntgenstrahlung der Himmelsscheibe

Die ▸Abb. 4 zeigt die ersten K-, L- und M-Linien im Energieniveauschema. In größeren Atomen sind entsprechend ihrer Ordnungszahl mehrere höhere Energieniveaus mit Elektronen besetzt. Diese können die Lücke im unteren Energieniveau auffüllen. Deshalb können derartige Atome auch Röntgenstrahlen unterschiedlicher Energie aussenden und liefern ein komplexeres Spektrum. ▸Abb. 5 zeigt ein solches Spektrum der Himmelsscheibe von Nebra.

Moseleysches Gesetz • HENRY MOSELEY fand 1913 bei der Untersuchung der K_α-Linien verschiedener Elemente die folgende Gesetzmäßigkeit:

$$E_{Photon} = E_{n_2} - E_{n_1} = Z_{eff}^2 \cdot 13{,}6\,eV \cdot \left(\frac{1}{n_1^2} - \frac{1}{n_2^2}\right).$$

Die Formel erinnert an die Rydberg-Formel und wird oft auch als Erweiterung von dieser angesehen. Die effektive Kernladung Z_{eff} muss hierbei angewendet werden, da die positive Ladung des Kerns durch das verbliebene Hüllenelektron auf dem untersten Niveau abgeschirmt wird. Z_{eff} steigt mit der Ordnungszahl des Elements und mit ihr die Photonenenergie der charakteristischen Strahlung. Mithilfe dieses Zusammenhangs zwischen den Röntgenspektren und der Ordnungszahl des Elements im Periodensystem sagte MOSELEY das bis dahin noch unbekannte Element Hafnium vorher.

Für die **K**-Übergänge lässt sich Z_{eff} daher durch die Näherung $Z_{eff} = Z - 1$ ersetzen. Für andere Übergänge gelten andere Näherungen. Somit ergibt sich für die Wellenlänge der K_α-Linie von Kupfer der folgende Wert:

$$\Delta E = h \cdot f = (29 - 1)^2 \cdot 13{,}6\,eV \cdot \left(\frac{1}{1^2} - \frac{1}{2^2}\right) = 7996{,}8\,eV,$$

also: $\lambda = \frac{c}{f} = h \cdot \frac{c}{\Delta E} = 1{,}544 \cdot 10^{-10}\,m = 154{,}4\,pm$.

Der Wert stimmt mit der Messung (▸Abb. 2) gut überein.

Röntgenfluoreszenzanalyse • MOSELEY fand ebenfalls heraus, dass sich das Verfahren auch umkehren lässt: Bestrahlt man eine Materialprobe mit Röntgenstrahlen verschiedener Wellenlängen, so können die Röntgenphotonen bei ausreichender Energie Elektronen im bestrahlten Atom anregen oder ionisieren. Dabei wird die notwendige Energie vom Atom absorbiert. Gleichzeitig strahlt die Materialprobe Röntgenphotonen in der für das Atom charakteristischen Wellenlänge als Fluoreszenzstrahlung wieder ab. Das Spektrum dieser Sekundärstrahlung wird mit einem Detektor vermessen. Da dieses Spektrum von der Ordnungszahl des untersuchten Elements abhängt, kann man die Elemente der Probe eindeutig zuordnen. Die Intensität der Sekundärstrahlung ist ein Maß für die in der Probe vorhandene Menge des Elements.

Für die Untersuchung der Himmelsscheibe von Nebra war die Fragestellung von Bedeutung, welche Zusammensetzung die einzelnen Goldapplikationen haben. Sollten diese alle die gleiche Zusammensetzung haben, würde das auf eine zeitgleiche Fertigung schließen lassen. Das Ergebnis der Untersuchungen (▸Abb. 1) zeigt eine signifikante Variation der Zusammensetzung des Goldes, die eine Unterteilung in drei Gruppen erlaubt:

Der untere Randbogen, der i. Allg. als Sonnenbarke bezeichnet wird, weist mit Abstand den geringsten Silbergehalt auf. Die übrigen Goldobjekte bilden bei gleichem Silberanteil zwei Gruppen, die sich im Zinnanteil unterscheiden: Der als Horizontbogen bezeichnete rechte Randbogen und der Stern 23 bilden eine Gruppe, während Sonne, Mond und die übrigen Sterne die zweite Gruppe bilden. Man geht deshalb zurzeit von drei Entstehungsphasen aus.

Die Himmelscheibe diente vermutlich als Werkzeug, um den Aussaatzeitpunkt für den Ackerbau zu bestimmen.

Versuch A • Farbstoffmoleküle als Anwendung des Potenzialtopfmodells

V1 Spektralanalyse eines Farbstoffes

Cyanin-Farbstoffe werden u. a. zum Anfärben von Zellproben verwendet. **Achtung:** Einige Cyanin-Farbstoffe sind giftig!
Als Ersatz sollte sich auch β-Carotin-Lösung eignen.

Material:
Cyanin-Farbstoff (ersatzweise β-Carotin-Lösung), optische Bank sowie 2 Blendenhalter, Schlitzblende, optisches Strichgitter (400 Striche/mm), Linsen auf einem Reiter (+50 mm, +100 mm), Fassung mit Skala auf einem Reiter, Küvettenhalter, 2 kleine Küvetten (4 ml), Schirm (50 mm × 150 mm), Netzgerät, Halogenlampe auf Trägerplatine

Arbeitsauftrag:
Das durch einen Spalt fallende weiße Licht einer Halogenlampe wird durch eine verdünnte Lösung eines Cyanin-Farbstoffes gesandt und anschließend durch ein Strichgitter spektral zerlegt.

a) Bauen Sie die optische Bank zusammen (▸Abb. 1). Positionieren Sie die Halogenlampe mit dem Aufsetzhalter am linken Ende der optischen Bank und den Schirm am rechten. Setzen Sie die Linse mit $f = +100$ mm vor die Lampe auf die optische Bank, schließen Sie die Lampe an das Netzgerät an und schalten Sie sie ein. Verschieben Sie die Linse so weit, bis der kreisrunde Lichtfleck auf dem Schirm so groß wie die Linse ist. Anschließend wird die Schlitzblende in den Blendenhalter geschoben und dieser auf die Umrandung der Linse gesteckt.
Stellen Sie die Linse mit $f = +50$ mm zwischen Spalt und Schirm und verschieben Sie sie, bis auf dem Schirm ein scharfes Bild des Spaltes entsteht. Setzen Sie die Fassung mit Skala rechts neben die Linse ($f = +50$ mm), schieben Sie das Strichgitter in den zweiten Blendenhalter und stecken Sie diesen auf die Fassung. Auf dem Schirm erscheint nun das farbige Spektrum der Lampe. Sie sehen das Spektrum deutlicher, wenn Sie den Raum abdunkeln.
Verschieben Sie das Gitter in Richtung des Schirms und zurück und beobachten Sie die dabei auftretenden Veränderungen auf dem Schirm. Notieren Sie Ihre Beobachtungen in einem Protokoll.
b) Setzen Sie den Küvettenhalter in den Strahlengang vor das Strichgitter, füllen Sie eine Küvette mit Wasser und stellen Sie sie in den Küvettenhalter (▸Abb. 2). Notieren Sie wieder die Beobachtungen.
c) Tauschen Sie die mit Wasser gefüllte Küvette durch eine mit der Cyanin-Farbstofflösung gefüllte aus. Beobachten Sie dabei die Veränderungen im Spektrum und notieren Sie sie wieder.
d) Vermessen Sie mit der Ihnen aus der Wellenlehre bekannten Methode den Beginn und das Ende des Absorptionsbereiches (dunkler Bereich im kontinuierlichen Spektrum).

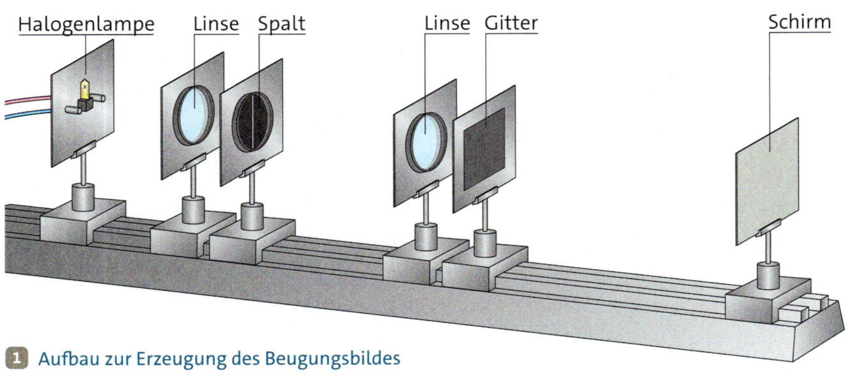

1 Aufbau zur Erzeugung des Beugungsbildes

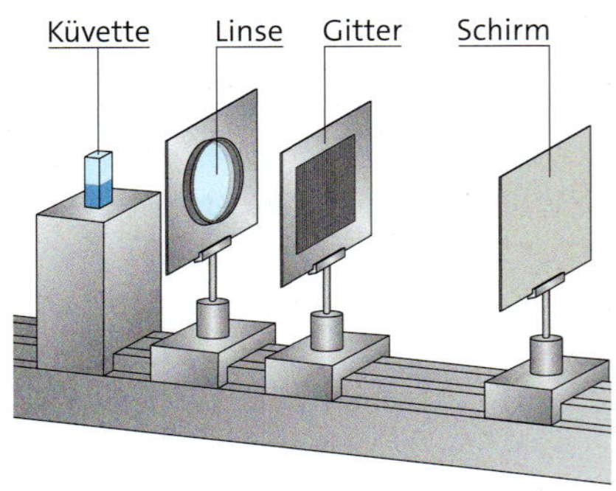

2 Aufbau mit Küvette im Strahlengang.

Material A • Berechnung von Wellenlängen

Auch mit dem vereinfachten Modell des Potenzialtopfes lassen sich Eigenschaften bestimmter Moleküle quantitativ ermitteln.

A1 Ein Cyanin-Farbstoffmolekül stellt den frei beweglichen Elektronen den Antreffbereich von $L = 1{,}23\,\text{nm}$ bereit. Es besitzt ein Elektron im Zustand $n = 5$. Bestimmen Sie die Energie zur Anregung in den Zustand $n = 6$. Berechnen Sie die Wellenlänge der nötigen Strahlung.

A2 Eine Kohlenstoffkette in einem Farbstoffmolekül hat eine typische Länge von $L = 1{,}0\,\text{nm}$.

a) Berechnen Sie die Energie E_1 und geben Sie die physikalische Bedeutung von E_1 an.

b) Berechnen Sie die ersten sechs Energiedifferenzen, die zu einer Absorption im sichtbaren Bereich des Spektrums führen.

Material B • Franck-Hertz-Versuch

B1 Die Grafik in ▸Abb. 3 zeigt die Stromstärke I_A in Abhängigkeit von der Beschleunigungsspannung U_B eines Franck-Hertz-Versuchs. Diese wurde bei verschiedenen Temperaturen des Quecksilberdampfes aufgenommen. Beschreiben Sie den Verlauf der Graphen und äußern Sie eine Vermutung über die auftretenden Unterschiede bei den verschiedenen Temperaturen.

B2 Angeregte Quecksilberatome senden UV-Strahlung mit der Wellenlänge $\lambda = 253{,}6\,\text{nm}$ aus. Entnehmen Sie die Anregungsenergie aus ▸Abb. 3 und vergleichen Sie mit der Photonenenergie, die sich aus $\lambda = 253{,}6\,\text{nm}$ ergibt.

B3 Bestimmen Sie zwei mögliche Geschwindigkeiten eines Elektrons in einer mit Quecksilber gefüllten Franck-Hertz-Röhre nach einer Beschleunigung mit $U_B = 11\,\text{V}$.

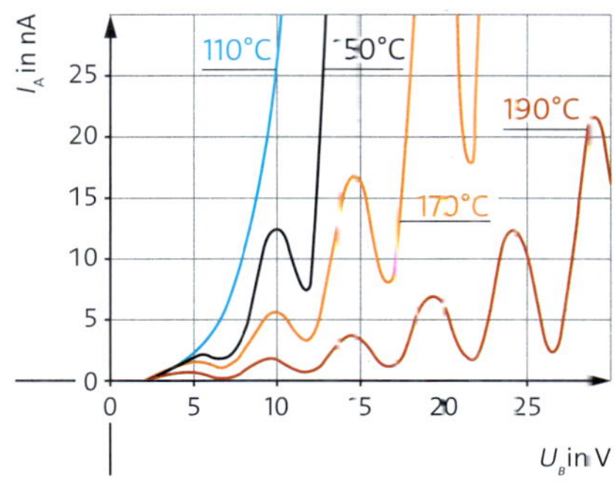

3 Temperaturabhängigkeit von $I_A(U_B)$-Kennlinien

Material C • Das Moseleysche Gesetz

C1 Überprüfen Sie, ob der gemessene Glanzwinkel für die K_α-Linie in ▸Abb. 4 die gleiche Wellenlänge liefert wie die Berechnung nach dem Moseleyschen Gesetz. Begründen Sie etwaige Abweichungen.

C2 Durch Einbringen eines Filters in den Strahlengang erhält man bei Verwendung einer Molybdän-Anode nahezu monochromatische Röntgenstrahlung. Mittels der Drehkristallmethode wird das Spektrum aufgenommen (▸Abb. 5). Der Netzebenenabstand des verwendeten Kristalls ist $d = 282\,\text{pm}$. Berechnen Sie jeweils die Wellenlänge zu den charakteristischen Glanzwinkeln und erklären Sie den experimentell erhaltenen Kurvenverlauf.

C3 Verwendet man bei entsprechendem Versuchsaufbau eine Cu-Anode, so sind die erhaltenen Wellenlängen etwa doppelt so groß. Versuchen Sie, eine Erklärung anhand des Atombaus der beiden Metalle zu finden.

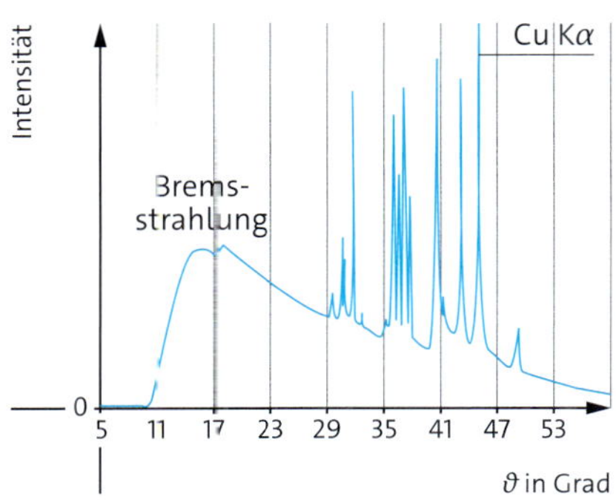

4 Röntgenspektrum einer Cu-Anode

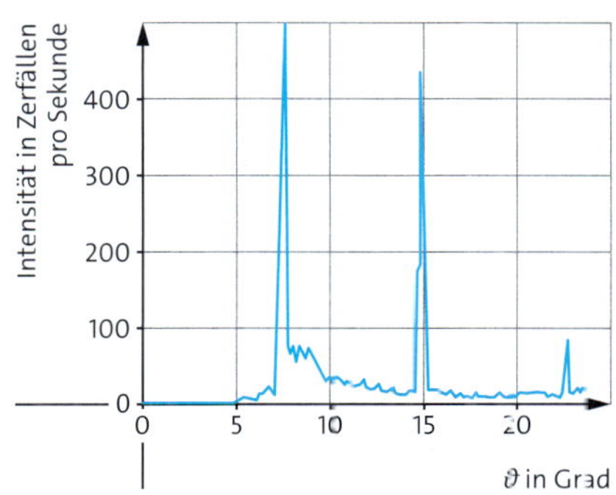

5 Röntgenspektrum der Mo-Anode mit Filter

1 Fluoreszierende Mineralien im Licht einer UV-Lampe

Fluoreszenz

Die Aufnahme (▸Abb. 1) zeigt eine Mineraliensammlung. Auf Knopfdruck kann man die Beleuchtung ausschalten und gegen eine UV-Beleuchtung ersetzen.
Die meist eintönigen und grauen Mineralien erscheinen plötzlich bunt. Woher stammen nun diese „versteckten" Farben, die bei Tageslicht nicht zu sehen sind?

Resonanzabsorption • Wir kennen schon das Phänomen, dass Atome Energie absorbieren können, wenn die Energie genau der Differenz zweier Energieniveaus entspricht. Diese Energie kann von Photonen mit der passenden Frequenz $E = h \cdot f$ stammen, die dann absorbiert werden.
Die Energie bzw. das Photon wird vollständig aufgenommen und danach sofort wieder als Photon abgegeben (spontane Emission).

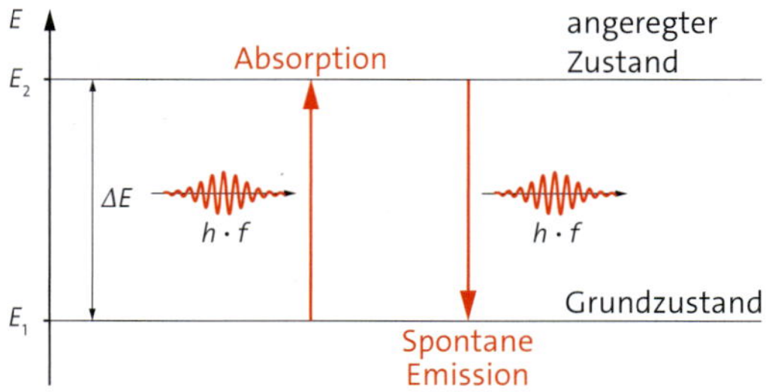

2 Resonanzabsorption

Wenn aufgenommenes und abgegebenes Photon gleiche Frequenz und Wellenlänge haben, spricht man von **Resonanzabsorption** (▸Abb. 2). Absorptionslinien und Emissionslinien liegen an der gleichen Stelle im Spektrum. Dies ist z. B. bei der leuchtenden Natriumflamme der Fall.

Gasentladung • Die Anregung der Elektronen kann aber auch thermisch oder elektrisch wie bei der **Gasentladung** erfolgen: Aus der Kathode einer Gasentladungsröhre werden Elektronen freigesetzt und in einem starken elektrischen Feld beschleunigt. Sie treffen dabei auf Gasatome und können diese durch Stoß anregen und auf ein höheres Energieniveau heben (▸Abb. 2) oder bei genügend starkem Feld auch ionisieren (Stoßionisation, ▸Abb. 3).

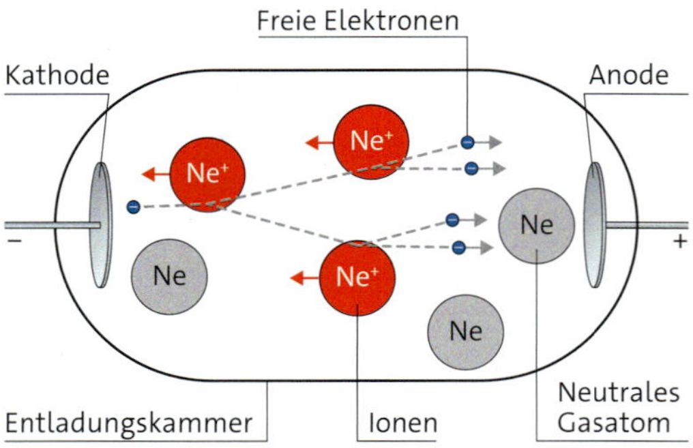

3 Stoßionisation in einer Neonröhre

Es bilden sich weitere Elektronen-Ionen-Paare, die ebenfalls beschleunigt werden. So entsteht eine Lawine geladener Teilchen, die das Gas anregt, zum Leuchten bringt und in der Röhre einen elektrischen Stromfluss hervorruft. Nach diesem Prinzip funktionieren z.B. Spektralröhren, Neonröhren oder auch Blitze.

Fluoreszenz • In ▸Abb.1 sind alle für das Auge sichtbaren Farben zu sehen, was auf eine Beleuchtung mit weißem Licht deuten würde. Dann wäre aber auch der Hintergrund hell und nicht schwarz. Wie können jedoch Photonen aus dem UV-Bereich bunte Farben hervorrufen, die im sichtbaren Bereich liegen?
Es gibt Materialien, die nicht die gleiche Wellenlänge wieder aussenden. Bei ihnen ist die abgestrahlte Wellenlänge größer als die des eingestrahlten Photons. Damit ist die abgestrahlte Energie kleiner als die absorbierte. Das lässt sich damit erklären, dass nach der Absorption vom dann erreichten Zustand E_2 ein Übergang in einen Zwischenzustand E_1 erfolgt (▸Abb.4). Bei der Rückkehr in das Ausgangsniveau E_0 wird dann ein Fluoreszenzphoton mit geringerer Energie abgegeben. Die Energiedifferenz $E_2 - E_1$ verbleibt im Material oder wird als Photon abgegeben. Die Abgabe des Fluoreszenzphotons erfolgt dabei sehr schnell, mit nicht wahrnehmbarer Zeitverzögerung nach der Absorption. In diesen Fällen spricht man allgemein von **Fluoreszenz.** Schaltet man die anregende Lichtquelle ab, so kann das menschliche Auge kein Nachleuchten feststellen.

Als Fluoreszenz wird allgemein die schnelle Abgabe von Photonen aus einem Zwischenzustand bezeichnet. Dabei erfolgt die Energieabgabe in einer größeren Wellenlänge als die des anregenden Photons.

Die Farben der Mineralien in ▸Abb.1 entstehen also durch Fluoreszenz. Das eingestrahlte UV-Licht regt die Elektronen in den Verbindungen, aus denen die Mineralien bestehen, an. Das sichtbare Licht ist für diese Anregung nicht energiereich genug. Je nach Material haben die Fluoreszenzphotonen unterschiedliche Frequenzen und erzeugen so unterschiedliche Farbeindrücke.
Auch das Aufleuchten der weißen Hemden und Blusen im „Schwarzlicht" einer Diskothek ist auf die Fluoreszenz eines Leuchtstoffes auf den Fasern der Textilien zurückzuführen.
Dieser gelangt durch moderne Waschmittel dorthin. Die „Weißmacher" haben den Zweck, den im Tageslicht vorhandenen geringen UV-Licht-Anteil durch Fluoreszenz in sichtbares Licht umzuwandeln. Die Fasern geben dann diese Strahlung zusätzlich zum reflektierten Tageslicht ab und erscheinen dadurch heller und weißer.
Auch neuere Schreib- oder Druckerpapiersorten enthalten solche optischen Aufheller.

Als Schwarzlicht bezeichnet man umgangssprachlich das Licht einer Leuchtstofflampe, die nur UV-Strahlung aussendet.

Phosphoreszenz • Es gibt auch Stoffe, bei denen sich die angeregten Atome für längere Zeit in einem Zwischenzustand halten können. Solche langlebigeren Zustände nennt man metastabil. Das Nachleuchten beim Abbau dieses Zustands kann bis zu mehreren Stunden anhalten. Dies bezeichnet man als Phosphoreszenz. Der Name geht auf die Entdeckung des weißen Phosphors im Jahre 1669 zurück, der von sich aus leuchtet. Typische Phosphoreszenz im physikalischen Sinn zeigen z.B. Markierungen von Notausgängen (▸Abb.5) oder die beliebten Leuchtsterne in Kinderzimmern.

5 Nachtleuchtende Kennzeichnung eines Fluchtweges

Das Leuchten des Phosphors ist auf eine Reaktion mit Luftsauerstoff zurückzuführen, ist also eigentlich eine Chemolumineszenz. Als Chemolumineszenz wird die Freisetzung von Licht als Folge einer chemischen Reaktion bezeichnet.

Als Phosphoreszenz bezeichnet man die Abgabe von Photonen aus einem metastabilen Zwischenzustand, die über eine längere Zeit andauert.

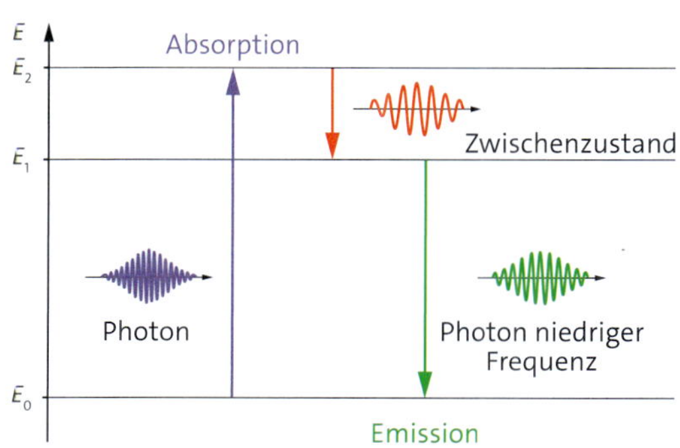

4 Fluoreszenz mit Photonen größerer Wellenlänge

Leuchtstoffröhren • Die moderne Beleuchtungstechnik ist ohne die Fluoreszenz nicht vorstellbar: Ein Beispiel ist die seit über 100 Jahren bekannte und millionenfach genutzte Leuchtstoffröhre.
Die Leuchtstoffröhre wird oft fälschlicherweise Neonröhre genannt, ist aber eigentlich eine Quecksilberdampf-Gasentladungsröhre. In ihr wird bei vermindertem Druck eine Gasentladung gezündet, wobei der Gasentladungsstrom durch eine Drossel begrenzt wird.

Daher arbeitet die Lampe sehr sparsam. Sie hat bei einem Lichtstrom von 400 lm nur eine elektrische Leistung von 7 W gegenüber einer Glühlampe mit 40 W. Da das leuchtende Quecksilbergas aber geringe Spektralanteile im sichtbaren Licht enthält, dafür höhere UV-Anteile, wäre das abgegebene Licht für Beleuchtungszwecke nicht geeignet und für das menschliche Auge sogar schädlich. Die oben erwähnten Schwarzlichtlampen sind solche Röhren und dürfen daher nur kurz betrieben werden.
Die Leuchtstofflampe ist jedoch innen mit einem Leuchtstoff beschichtet, der durch Fluoreszenz den UV-Anteil in sichtbares Licht umwandelt. Alle Wellenlängen zusammen ergeben dann nahezu weißes Licht (▸Abb. 1, 3 C). Auch die sogenannten Kompakt-Leuchtstofflampen oder Energiesparlampen funktionieren so.

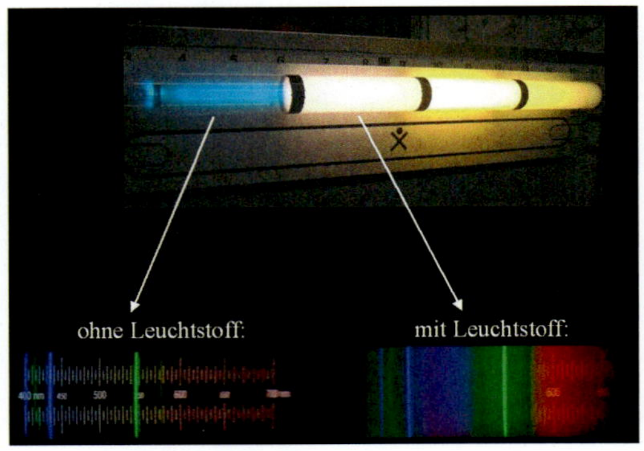

1 Aufbau einer Leuchtstofflampe

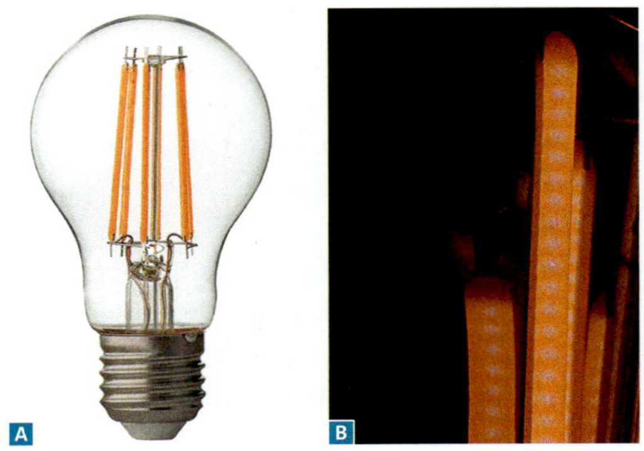

2 **A** LED-Fadenlampe, **B** Aufbau der Leuchtfäden

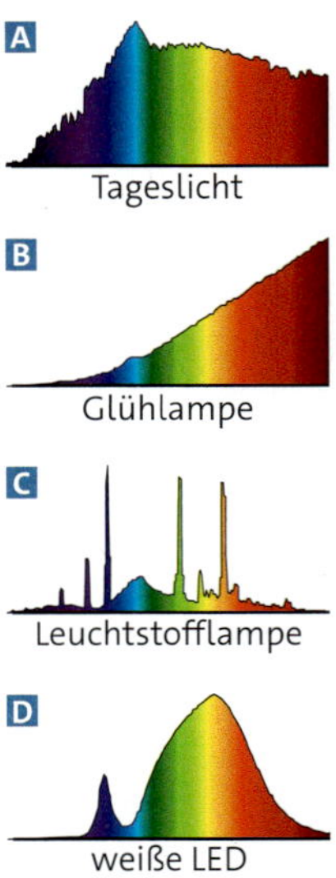

3 Spektren im Vergleich: **A** Tageslicht, **B** Glühlampe, **C** Leuchtstoffröhre, **D** weiße LED

Weiße LED zur Beleuchtung • Prinzipiell ähnlich funktionieren die modernen LED-Lampen mit sichtbarem Leuchtfaden (▸Abb. 2). Die Leuchtfäden bestehen aus einem schmalen Glasstreifen auf dem typischerweise 28 blaue und teils auch rote LEDs aufgebracht sind.
Diese sind in Reihe geschaltet, sodass sie mit 60 bis 80 Volt betrieben werden können, je nach Typ und Farbe der verwendeten LEDs. Schaltet man 3 oder 4 dieser Leuchtfäden ebenfalls in Reihe, so lassen sie sich an 230 V betreiben, ohne dass ein Netztransformator eingesetzt werden muss.

Um ein breites Lichtspektrum (▸Abb. 3 D) für Beleuchtungszwecke zu erhalten, sind die Streifen zusätzlich beidseitig mit einer Fluoreszenzschicht überzogen.

Die Farbtemperatur der Leuchtfäden gibt an, ob die Lampe warmweiß oder kaltweiß leuchtet. Sie wird über das Verhältnis der blauen und roten LEDs, die im Leuchtfaden verbaut sind, sowie über die Zusammensetzung und Dichte der Fluoreszenzschicht bestimmt.

Diese so genannten LED-Fadenlampen haben seit 2015 die alten Energiesparlampen fast vollständig verdrängt: Bei einem vergleichbaren Lichtstrom von 400 lm haben sie nur eine elektrische Leistung von 5 W.

1 **a)** Die Echtheit von Geldscheinen wird oft mit einer Schwarzlichtlampe geprüft. Beschreiben Sie das Funktionsprinzip.
b) Auch in der Kriminaltechnik wird die Lampe eingesetzt. Recherchieren Sie die Vorgehensweise.

Versuch A • Wirkungen von UV-Strahlung sichtbar machen

V1 Erzeugung des Hg-Spektrums

Material:
Optische Bank, Maßstab oder Lineal, Stativreiter, Linse (50 mm), Schlitzblende, optisches Gitter (570 $\frac{\text{Striche}}{\text{mm}}$), Schirm, Hg-Hochdrucklampe mit Betriebsgerät, weißes Druckerpapier. Sicherheitstafel zum Umgang mit der UV-Licht-Lampe
Achtung: Die UV-Lampe kann sehr heiß werden. Nicht in das UV-Licht blicken.

Arbeitsauftrag:
a) Bauen Sie das Experiment gemäß ▸Abb. 4 auf. Erzeugen Sie zunächst ein scharfes Bild des sichtbaren Hg-Spektrums. Bringen Sie dann ein entsprechend großes Stück Druckerpapier links neben der violetten Linie des Spektrums an. Notieren Sie Ihre Beobachtung.
b) Messen Sie mit einem Lineal den Abstand des optischen Gitters von dem Schirm und bestimmen Sie durch Ausmessen der Spektrallinien auf die Ihnen bekannte Weise die Wellenlängen der Spektrallinien. Vergleichen Sie mit den Literaturwerten.

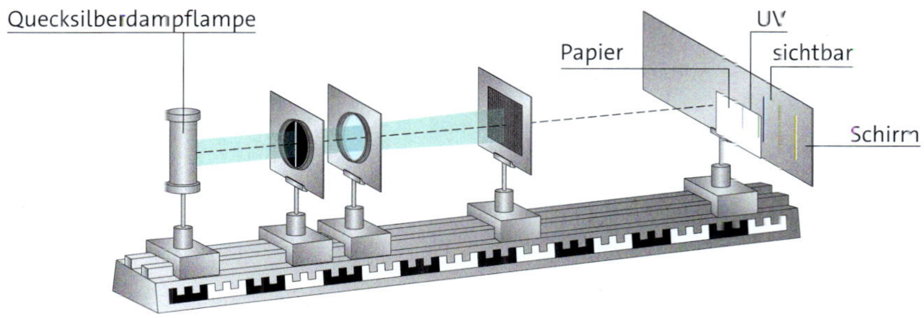

4 Versuchsaufbau zum Hg-Spektrum

V2 Versuche mit Fluorescein

Material:
Optische Bank, Netzgerät, rote LED, UV-LED, Störlichttubus, Küvette, Fluorescein-Lösung oder Uranin-Lösung, Taschenspektroskop
Achtung: Nicht direkt in die UV-LED blicken. Störlichttubus auf die LED stecken.

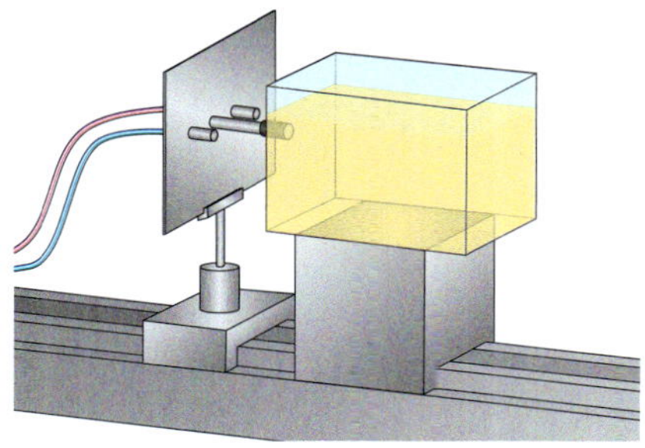

5 Versuchsaufbau

Arbeitsauftrag:
a) Bauen Sie den Versuch so auf, dass Sie im abgedunkelten Raum das Licht der roten LED durch die Küvette mit der Fluorescein-Lösung scheinen lassen. Betrachten Sie die Küvette zunächst von der Seite im 90°-Winkel zum Lichtweg und anschließend von gegenüber der Lichtquelle. Notieren Sie die Beobachtungen und erklären Sie.
b) Wiederholen Sie die die Beobachtungen mit einem Taschenspektroskop.
c) Führen Sie die gleichen Untersuchungen mit der UV-LED durch.

Material A • Fluoreszenz

Das Molekül des hier verwendeten organischen Cyanin-Farbstoffs enthält eine Kette aus linear angeordneten C-Atomen. Sechs Elektronen können sich entlang der Kette annähernd frei bewegen. Ein solches Molekül kann vereinfacht mit dem Modell eines linearen Potenzialtopfes beschrieben werden. Da jedes Energieniveau nur von maximal zwei Elektronen besetzt werden kann, sind im Grundzustand die ersten drei Energieniveaus voll besetzt. Diese Situation zeigt ▸Abb. 6 in Form eines Energieniveauschemas.

A1 **a)** Zeigen Sie, dass eine Lösung dieses Farbstoffes Photonen mit der Wellenlänge $\lambda = 198{,}2\,\text{nm}$ absorbieren kann.
b) Zeigen Sie, dass das Auftreten von sichtbarer Fluoreszenz grundsätzlich möglich ist. (Hinweis: Der sichtbare Wellenlängenbereich umfasst 400 nm – 750 nm.)

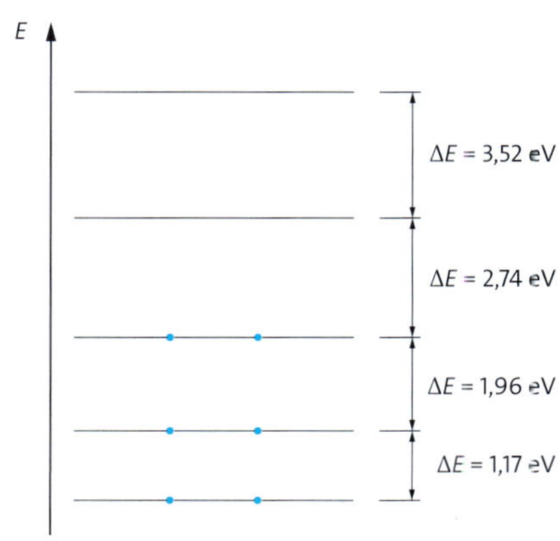

6 Energieniveauschema von Natrium

1 Laserstrahl aus einer Sternwarte

Der Laser

Mit Laserstrahlen, die in Richtung Mond abgesetzt werden, kann man die Entfernung zur Erde auf wenige Zentimeter genau messen. Möglich macht dies ein 1969 von den Astronauten NEIL ARMSTRONG und EDWIN ALDRIN auf dem Mond aufgestellter Reflexionsspiegel.
Wie aber erzeugt man nun Licht in einer Stärke und Konzentration, dass auf dem Mond nur ein Leuchtfleck von wenigen Metern Größe entsteht und der reflektierte Lichtstrahl von der Erde aus bequem beobachtet werden kann?

Laser steht für Lichtverstärkung • Der Begriff L-A-S-E-R steht für **l**ight **a**mplification by **s**timulatet **e**mission of **r**adiation. Nachdem die Photonentheorie durch PLANCK und EINSTEIN formuliert worden war, hatte man eine Erklärung für die Entstehung des Lichts: Elektronen im Atom wechseln nach Anregung in ein höheres Energieniveau und von dort mehr oder weniger zufällig wieder zurück. Dabei geben sie Photonen entsprechender Energie ab **(spontane Emission).** Die Photonen werden in beliebiger Richtung zufällig abgestrahlt, sind also normalerweise völlig ungeordnet. Um besonders intensives Licht zu erhalten, muss man jedoch erreichen, dass die Photonen alle gleichzeitig und in dieselbe Richtung abgestrahlt werden. Nach EINSTEIN sollte die so genannte **stimulierte Emission** von Photonen als eine Umkehrung der Absorption theoretisch möglich sein. Dabei stimuliert ein eintreffendes Photon passender Wellenlänge das sich noch im angeregten Zustand befindliche Elektron, sodass es zur Emission kommt. Das stimulierende Photon wird dabei nicht vom Atom absorbiert, sondern bleibt zusätzlich zum neu abgestrahlten Photon erhalten. Es verlassen also zwei genau gleiche Photonen das Atom. Sie sind phasengleich und haben dieselbe Wellenlänge. Für eine Lichtverstärkung muss es gelingen, diesen Prozess für sehr viele Elektronen gleichzeitig auszuführen (▸Abb. 3).

Besetzungsumkehr • Damit möglichst viele Elektronen lawinenartig ihre Anregungsenergie zur gleichen Zeit abgeben, muss es gelingen, viele Elektronen gleichzeitig auf ein höheres Niveau E_2 zu bringen und dort anzusammeln, also die so genannte Besetzungsumkehr oder Besetzungsinversion zu erreichen (▸Abb. 2). Anschließend werden sie durch ein Photon gleicher Wellenlänge zur gleichzeitigen Abgabe ihrer Anregungsenergie stimuliert.

Normalerweise sind in Atomen höhere Energiezustände kaum besetzt (▸Abb. 2 A). Die Besetzung höherer Niveaus ist im Grundzustand der Atome also weniger wahrscheinlich. Nehmen wir an, E_3 sei ein höheres Niveau, zu dem die Elektronen nach Anregung wechseln. Es gibt Materialien, die neben dem Energieniveau E_3 noch freie Plätze auf einem Zwischenniveau E_2 aufweisen. Man findet solche Verhältnisse, bei denen drei Energieniveaus an der Lichtentstehung beteiligt sind, z. B. bei der Fluoreszenz. Besetzungsumkehr kann dann erfolgen durch spontanen Übergang der Elektronen von E_3 auf das Zwischenniveau E_2. Ist die Verweildauer der Elektronen in E_2 länger als die Zeitdauer bis zur spontanen Emission, nennt man den Energiezustand metastabil. Während E_3 sich also relativ schnell leert, sammeln die Elektronen sich im metastabilen Zustand E_2 und die gewünschte Besetzungsumkehr ist erreicht (▸Abb. 2 B). Man wählt also geeignete Materialen mit passenden metastabilen Niveaus.

Anregung der Elektronen • Die Anregung der Elektronen nach E_3 erfolgt entweder mit Licht durch **optisches Pumpen,** z. B. mit einer Blitzröhre wie beim Rubinlaser (▸Abb. 4), oder über Stöße wie beim He-Ne-Laser.

Stimulierte Emission durch ein passendes Photon, dessen Energie genau der Differenz zwischen den Niveaus E_2 und E_1 entspricht, führt schließlich dazu, dass alle Elektronen gleichzeitig vom Zustand E_2 nach E_1 wechseln und Photonen aussenden (▸Abb. 3).
Diese passenden Photonen erhält man, indem man die entstandenen Laserphotonen zunächst durch geeignete Spiegel hin und her spiegelt. Man hält sie dadurch lange genug im Lasermedium, dass sie weitere Emissionen stimulieren können. Gleichzeitig erreicht man eine Vervielfachung der Photonenzahl. Alle Photonen dieser Photonenlawine haben dann gleiche Wellenlänge, gleiche Phase und schwingen in der gleichen Ebene (sind polarisiert) wie das erste Photon. Dadurch, dass alle Photonen beim Wechsel der Elektronen vom Niveau E_2 zu E_1 gleichzeitig abgestrahlt werden, entsteht eine einziger langer Wellenzug gleicher Wellenlänge und Polarisationsrichtung (▸Abb. 3).

Durch die Anordnung der Spiegel im Abstand eines Vielfachen von $\frac{\lambda}{2}$ zwingt man die Photonen zur Ausbildung einer stehenden Welle. Sie haben dann alle die gleiche Richtung, denn alle anderen Richtungen gehen für die Resonanz verloren. Mithilfe eines Fensters in einem der Spiegel, das zu etwa 1% lichtdurchlässig ist, koppelt man einen Teil dieser Laserphotonen aus und erhält so einen polarisierten Lichtstrahl, der zudem wegen der großen Kohärenzlänge seiner Photonen in hohem Maße monochromatisch ist.

Die Entwicklung des Lasers • An der technischen Ausführung wurde über 40 Jahre geforscht, bis 1960 der Durchbruch gelang. Dass es solange gedauert hat, bis der erste Laser funktionierte, lag auch an fehlenden Medien und Techniken. Der erste funktionierende Laser war ein Rubinlaser (▸Abb. 4). Als Lasermedium diente ein Rubinstab. Er wurde durch Licht einer ringförmig angeordneten Blitzlichtröhre stimuliert und konnte nur Laserimpulse von wenigen Millisekunden Dauer erzeugen. Ebenfalls 1960 wurde der Helium-Neon-Laser realisiert. Er kann einen kontinuierlichen Laserstrahl erzeugen.

Als kohärent bezeichnet man Wellen, die eine konstante Phasenbeziehung haben. Polarisiert sind sie, wenn ihre Schwingungsvektoren in der gleichen Ebene schwingen. Interferieren können kohärente Wellen nur, wenn ihre Kohärenzlänge größer als ihr Gangunterschied ist.

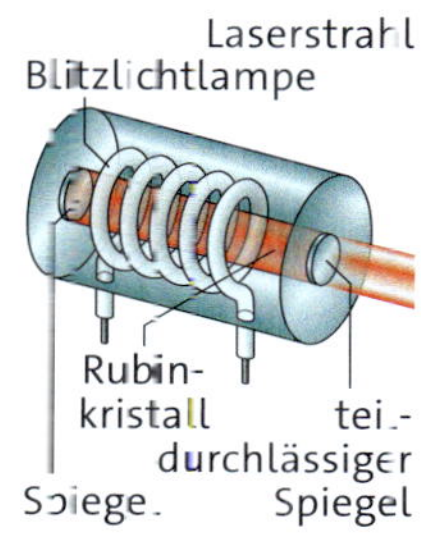

4 Rubinlaser

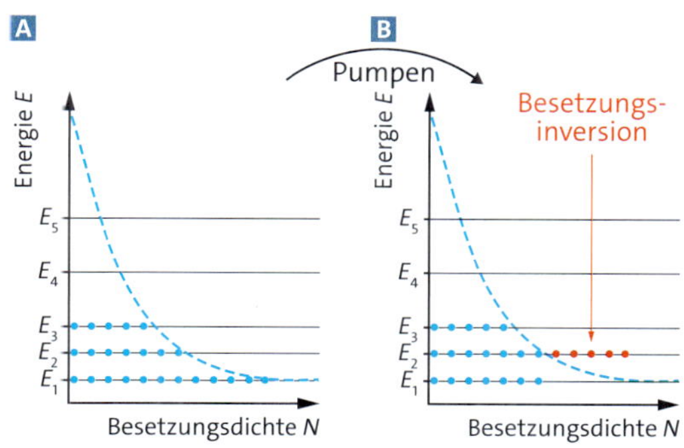

2 **A** Grundzustand, **B** Besetzungsinversion

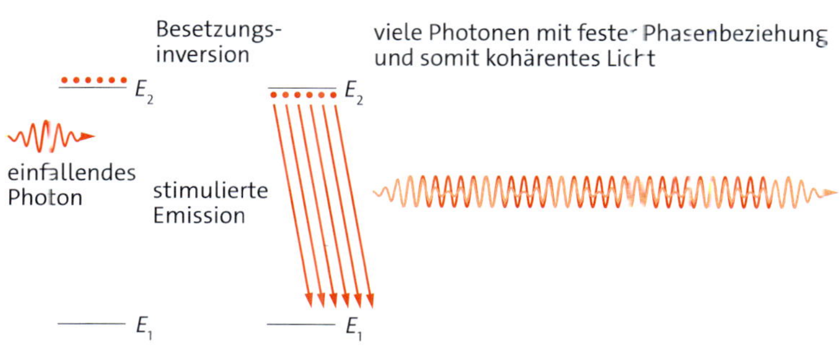

3 Lichtverstärkung durch stimulierte Emission

ATOME ERZEUGEN LICHT

Die beiden Spiegel (▸Abb. 1) im Abstand eines Vielfachen von $\frac{\lambda}{2}$ bilden den optischen Resonator. Der rechte Spiegel enthält ein teildurchlässiges Fenster mit geeignetem Filter, wodurch das monochromatische und polarisierte Laserlicht austreten kann. Blickt man seitlich auf die He-Ne-Röhre, sieht man nur das schwache Leuchten der Gasentladung mit Wellenlängen, die zu Helium und Neon passen.

1 He-Ne Laser mit dem Leuchten der Gasentladung

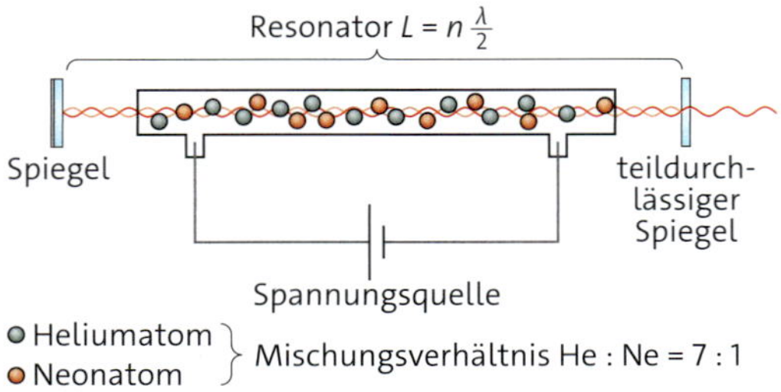

2 Schematischer Aufbau eines He-Ne-Lasers

Aufbau und Funktion des He-Ne-Lasers • Eine typische Laser-Konstruktion ist der He-Ne-Laser. Er erzeugt einen intensiv roten Lichtstrahl. Wie der Name schon verrät, besteht das Laser-Medium aus einem Gemisch aus Helium- und Neongas im Verhältnis 7:1, mit dem eine Gasentladungsröhre gefüllt ist (▸Abb. 1).

Wie in ▸Abb. 2 zu sehen, wird in der He-Ne-Gasmischung durch eine Hochspannung eine Gasentladung gezündet. Durch die Elektronenstöße während einer Gasentladung werden die Helium-Atome in angeregte Zustände versetzt. Einer dieser Zustände, $E_{He2} = 20{,}61\,eV$, ist zwar metastabil, jedoch würden eintreffende Photonen entsprechender Wellenlänge nach EINSTEINs Theorie zur Absorption und Emission von Licht in gleichem Maße vom Helium-Atom auch absorbiert werden. Es entstünde ein dynamisches Gleichgewicht und die Photonen gingen daher dem Prozess der Vervielfachung verloren.

Der Trick besteht nun in der Beimischung des Neongases, das angeregte Zustände ähnlicher Energie besitzt, z. B. $E_{Ne5} = 20{,}66\,eV$. Da die Verweildauer der Elektronen im angeregten He-Zustand hinreichend lang ist, kann während dieser Zeit durch zahlreiche Stöße ihre Anregungsenergie auf die Neon-Atome übertragen werden, sodass diese auf bspw. E_{Ne5} angeregt werden. Der Unterschied von 0,05 eV zum Energieniveau E_{Ne5} des Neons (▸Abb. 3) wird durch zusätzliche Bewegungsenergie der Gasatome während der Gasentladung ausgeglichen.

Ist die Stoßrate hoch genug, erreicht man bei den Neon-Atomen eine Besetzungsumkehr, allerdings ist hier nicht das Zwischenniveau metastabil, sondern die oberen Laserniveaus des Neons sind relativ langlebig, die Übergänge erfolgen langsam. Das untere E_{Ne2}-Niveau des Neons ist dagegen sehr kurzlebig, sodass sich dieses Niveau schnell leert. Dadurch wird die Besetzungsumkehr aufrechterhalten und es kommt auch nicht dazu, dass Elektronen des E_{Ne2}-Niveaus Laserlicht absorbieren und dieses schwächen.

Die Besetzungsinversion bleibt bestehen, solange die Gasentladung anhält. So kann ein kontinuierlicher Laserbetrieb erfolgen.

Die Laserdiode • Zu den heute am weitesten verbreiteten Lasern gehört die Laserdiode. Sie kommt in Laserpointern, Beamern, DVDs- und Blu-Ray-Playern sowie in zahlreichen Messgeräten vor. Der Laserprozess ist der gleiche, findet hier aber direkt im Halbleiter statt. Die Emission von Licht entsteht durch Rekombination von Elektronen und Löchern am Übergang zwischen p- und n-dotiertem Kristall. Die Endflächen des Bauelements sind verspiegelt und bilden den optischen Resonator.

Die Besetzungsinversion lässt sich besonders einfach erreichen, da in einer stromführenden Diode die Niveaus des n-dotierten Halbleitermaterials bei ausreichender Spannung energetisch höher liegen als die des p-dotierten. Durch elektrisches Pumpen mittels eines Gleichstroms in Durchlassrichtung sorgt man für stetigen Nachschub von Elektronen und Löchern, um die Besetzungsinversion aufrechtzuerhalten. Der Pumpstrom, bei dem der Laserbetrieb einsetzt, wird auch als Schwellenstrom bezeichnet. Bei geringerem Strom arbeitet die Diode nur als LED.

1 In der Abb. 3 sind drei mögliche Laser-Übergänge rot eingezeichnet. Begründen Sie durch geeignete Berechnungen, weshalb in der Praxis nur die Wellenlänge 632,8 nm von Bedeutung ist.

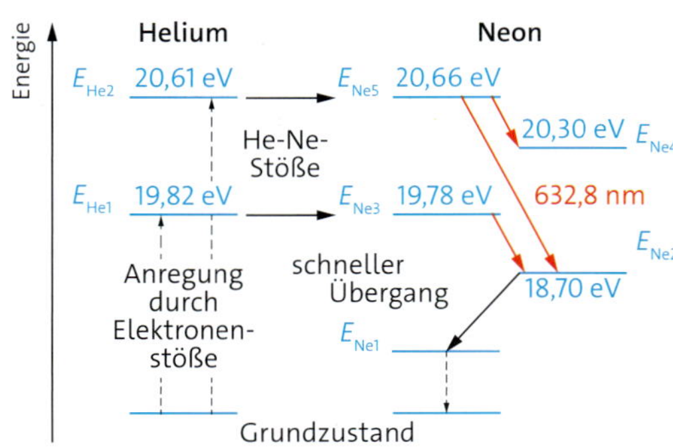

3 Energieniveaus im He und Ne

Versuch A • Laserlicht

V1 Polarisation

Material:
He-Ne-Laser, roter Laserpointer, rote LED, optisches Strichgitter mit $500 \frac{1}{\text{mm}}$, Polarisationsfilter, Blendenhalter für Gitter und Polarisationsfilter, Halterungen für Laser und LED, Schirm, Lineal

Achtung: Blicken Sie nicht in den Laserstrahl, auch nicht in reflektiertes Laserlicht. Richten Sie den Laserstrahl nicht auf andere Personen!

Arbeitsauftrag:

a) Bauen Sie den Laser, das Strichgitter und den Schirm horizontal so auf, dass der Laserstrahl durch das Gitter fällt und auf dem Schirm ein Interferenzbild in einer Größe erzeugt, in der es sich bequem mit dem Lineal vermessen lässt. Ermitteln Sie die Wellenlänge des Laserlichtes.

b) Wiederholen Sie den Versuch mit der roten Leuchtdiode und mit dem roten Laserpointer und deuten Sie die unterschiedlichen Interferenzbilder.

c) Bringen Sie zwischen Laser, Laserpointer bzw. LED und Gitter einen Polarisationsfilter. Beschreiben und deuten Sie die beobachteten Unterschiede. Drehen Sie den Filter.

d) Wiederholen Sie die Versuche aus c) ohne das optische Gitter.

e) Beurteilen Sie die Güte der beiden Laserstrahlen gegenüber der roten LED anhand der gemachten Beobachtungen und recherchieren Sie den Zusammenhang zwischen Kohärenzlänge und Interferenzfähigkeit.

V2 Wellenlängen von Laserpointern

Material:
Verschiedene Laserpointer (möglichst unterschiedlicher Farbe), optisches Strichgitter wie in V1, Schirm, Lineal, Halterungen für die Laserpointer

Achtung: Blicken Sie nicht in den Laserstrahl, auch nicht in reflektiertes Laserlicht. Richten Sie den Laserstrahl nicht auf andere Personen!

Arbeitsauftrag:

a) Bauen Sie den Versuch wie in V1 a) auf. Beurteilen Sie die Güte des jeweiligen Laserstrahls anhand der Breite der Maxima erster Ordnung.

b) Berechnen Sie die jeweiligen Wellenlängen durch Vermessen der Maxima erster Ordnung.

Material A • CO_2-Laser

Ein CO_2-Laser funktioniert praktisch wie ein He-Ne-Laser, nur dass hier CO_2-Gas mit N_2-Gas gemischt ist. Das Stickstoffgas übernimmt die Rolle des He-Gases und Übergänge im CO_2-Molekül erzeugen das Laserlicht. Ein entsprechendes Energieniveauschema ist in ▸Abb. 4 dargestellt.

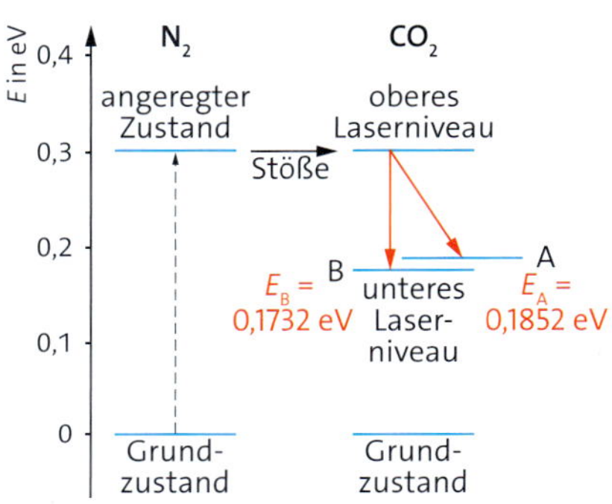

4 Energieniveauschema des CO_2-Lasers

Für die Emission von Laserlicht sind die Übergänge vom oberen zu den beiden unteren Laserniveaus A bzw. B im CO_2-Molekül verantwortlich.

A1 Berechnen Sie, welche Mindestgeschwindigkeit ein stoßendes Elektron haben muss, um beim Stickstoff-Molekül im Grundzustand den Anregungsprozess auszulösen.

A2 Der angeregte Zustand von N_2 liegt $2{,}2 \cdot 10^{-3}$ eV unter dem oberen Laserniveau von CO_2.

a) Erläutern Sie, unter welchen Umständen die Anregung der CO_2-Moleküle durch N_2-Moleküle dennoch energetisch möglich ist.

b) Berechnen Sie die thermische Energie der Gasmoleküle bei Raumtemperatur (20° C bzw. 293 K) mit der Formel $E_{therm} = \frac{3}{2} kT$ und beurteilen Sie, ob eine Anregung bei Zimmertemperatur möglich ist. (Hinweis: k ist die Boltzmann-Konstante.)

A3 Entscheiden Sie rechnerisch, ob der Laser sichtbares Licht aussenden kann.

A4 Zur Erzeugung eines Laserpulses muss sich eine genügend hohe Anzahl CO_2-Moleküle auf dem oberen Laserniveau befinden. Anschließend fällt innerhalb von $\Delta t = 2{,}2$ ns ein Anteil von 86 % der angeregten Moleküle auf das Laserniveau A zurück, der Rest auf das Laserniveau B. Berechnen Sie, wie viele CO_2-Moleküle angeregt werden müssen, wenn der Laserpuls eine mittlere Leistung von $P = 5{,}0$ kW haben soll.

Aufgabe mit Lösung • Atomhülle

A1 – Wasserstoffspektrum

In einer Spektralröhre wird Wasserstoff zum Leuchten gebracht.

a) Erläutern Sie die Entstehung der Spektrallinien mithilfe von ▸Abb. 1.

b) Berechnen Sie die größte Wellenlänge der Balmer-Serie und die kleinste Wellenlänge der Paschen-Serie mithilfe der ▸Abb. 1.

c) Gegeben ist die folgende Formel:

$$E_{m \to n} = \frac{h \cdot f_R}{e} \cdot \left(\frac{1}{n_1^2} - \frac{1}{n_2^2}\right).$$

Erklären Sie ausführlich, was man mit dieser Formel berechnen kann.

d) Bestätigen Sie mithilfe dieser Formel, dass die Ionisationsenergie für Wasserstoff 13,6 eV beträgt.

e) Einer Linie der Paschen-Serie lässt sich die Energie $\Delta E = 1{,}299\,\text{eV}$ zuordnen. Bestimmen Sie die zugehörigen Werte für n_1 und n_2.

f) Der Wellenlängenbereich 400 nm bis 800 nm wird als sichtbarer Bereich des elektromagnetischen Spektrums bezeichnet. Für Spektrallinien, die von Helium-Ionen erzeugt werden, gilt:

$$f = 4 \cdot f_R \cdot \left(\frac{1}{n_1^2} - \frac{1}{n_2^2}\right).$$

Bestätigen Sie durch Nachrechnen, dass für $n = 6$ keine Linien im sichtbaren Bereich liegen.

g) Das He^+-Ion emittiert nach Anregung Photonen folgender Energien: 0,6 eV, 2,5 eV und 10,2 eV. Zeichnen Sie einen Ausschnitt des Energieniveauschemas von He^+, welches diese beobachteten Energien erklärt.

Hinweis: f_R wird auch mit R_H bezeichnet.

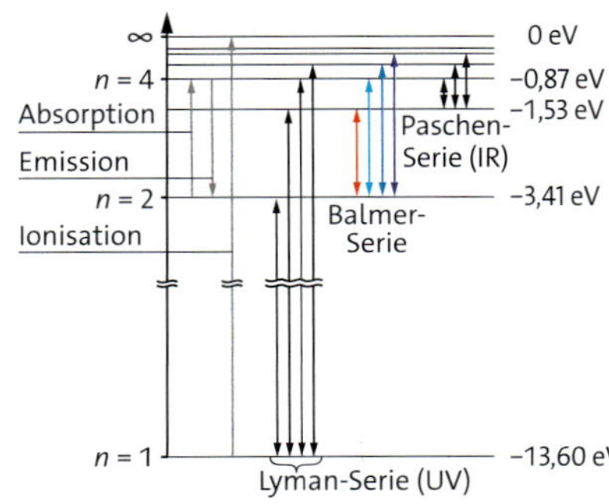

1 Spektralserien im Wasserstoff-Atom

Lösung

a) Die waagerechten Linien mit den Bezeichnungen $n = 1$, $n = 2$ usw. stellen die möglichen Energiestufen im Wasserstoff-Atom dar. Rechts stehen die Energien. Wird ein Atom durch Zuführen von Energie angeregt, so kann es diese Energie nur in bestimmten Beträgen, in „Quanten", aufnehmen (Absorption) oder abgeben (Emission). Die senkrechten Pfeile stellen die möglichen Energieübergänge dar. Sie sind in Gruppen, den Spektralserien, zusammengefasst, je nachdem bei welchem unteren Energieniveau sie beginnen. Wird eine Energie größer als 13,6 eV zugeführt, so verlässt das Elektron die Atomhülle (Ionisation).

b) Die größte Wellenlänge ist die mit der kleinsten Energiedifferenz, die mit der kleinsten Wellenlänge die mit der größten. Grundlage für die Berechnung ist die Formel $\lambda = \frac{h \cdot c}{\Delta E}$.

Die kleinste Energiedifferenz bei der Balmer-Serie ist der Übergang von $n = 3$ nach $n = 2$, entsprechend $\Delta E = -1{,}53\,\text{eV} - (-3{,}41\,\text{eV}) = 1{,}88\,\text{eV}$. Umgerechnet in Joule erhält man $3{,}01 \cdot 10^{-19}\,\text{J}$. Eingesetzt in die Formel ergibt dies $\lambda = 659\,\text{nm}$.

Die größtmögliche Energiedifferenz der Paschen-Serie ist der Übergang von ∞ auf $n = 3$. Die Differenz von 1,53 eV ergibt $\lambda = 810\,\text{nm}$.

c) Mit der gegebenen Formel lässt sich die Energiedifferenz zwischen zwei Energieniveaus im Wasserstoff-Atom berechnen. Dabei sind n_1 und n_2 ganze Zahlen mit $n_1, n_2 > 0$ und $n_1 > n_2$. e, h sind Naturkonstanten, f_R die Rydberg-Frequenz.

d) Bei der Ionisation wird das Elektron im Wasserstoff vom Grundzustand $n = 1$ (ein Elektron in der Hülle) über den Zustand ∞ gehoben. Einsetzen in die Formel ergibt 13,6 eV.

e) Für die Paschen-Serie ist $n_1 = 3$. Einsetzen in die Formel aus c) ergibt

$$\Delta E = 1{,}299\,\text{eV} = = \frac{h \cdot f_R}{e} \cdot \left(\frac{1}{n_1^2} - \frac{1}{n_2^2}\right).$$

Auflösen nach n_2 ergibt gerundet $n_2 = 8$.

f) Der Übergang mit der geringsten energetischen Differenz ist der von $n = 7$ auf $n = 6$. Die zugehörige Frequenz ist $f = 9{,}6 \cdot 10^{13}\,\text{Hz}$, mit $\lambda = \frac{c}{f}$ ergibt sich $\lambda = 3090\,\text{nm}$. Der größtmögliche Übergang ist der aus dem Unendlichen auf $n = 6$. Für $n_1 \to \infty$ liefert die Formel $E = 13{,}6\,\text{eV}$. Es ergibt sich $\lambda = 819\,\text{nm}$, beide im Infrarotbereich.

g) Siehe ▸Abb. 2

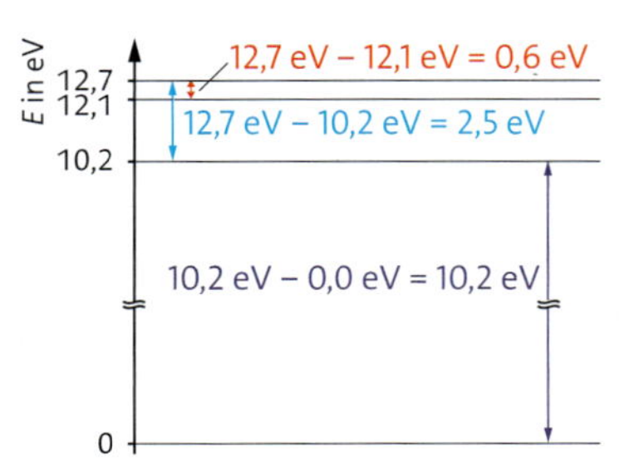

2 Energieniveauschema von He^+ (Ausschnitt)

Aufgaben mit Hinweisen • Atomhülle

A2 – Cyanin als Farbstoffmoleül

Cyanine sind eine Gruppe von Farbstoffen, deren Verhalten sich mithilfe des Modells eines linearen Potenzialtopfs beschreiben lässt. Dabei unterscheiden sich die unterschiedlichen Cyanin-Moleküle (▸Abb. 3) u. a. in der Länge der Moleküle und damit in der Länge des Potenzialtopfs. Im grau markierten Bereich des exemplarisch dargestellten Cyanin-Moleküls (Länge $L = 1{,}21\,\text{nm}$) können sich 8 Elektronen innerhalb der Molekülkette frei bewegen. Zur Vereinfachung bleibt ihre gegenseitige Wechselwirkung unberücksichtigt.
Wird weißes Licht durch eine verdünnte Lösung dieses Cyanins gesandt und anschließend spektral zerlegt, ergibt sich das in ▸Abb. 4 dargestellte Spektrum, mit dem Absorptionsmaximum bei $\lambda = 536\,\text{nm}$.

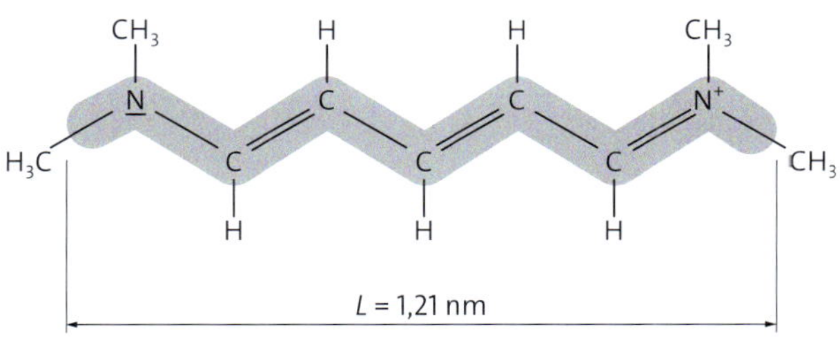

3 Struktur eines Cyanin-Moleküls

4 Absorptionsspektrum des Cyanins

a) Begründen Sie, dass man die Energieniveaus eines dieser frei beweglichen Elektronen vereinfacht mithilfe des Modells des eindimensionalen Potenzialtopfs mit unendlich hohen Wänden beschreiben kann.

b) Leiten Sie her, dass im Potenzialtopfmodell für die Energie eines Elektrons mit Masse m im n-ten Quantenzustand gilt: $E_n = \frac{h^2}{8m \cdot L^2} \cdot n^2$.
Nutzen Sie dazu den bekannten Zusammenhang zwischen der Länge des Potenzialtopfs und der Wellenlänge der Wellenfunktion ψ_n.

Die acht frei beweglichen Elektronen besetzen beim nicht angeregten Molekül unter Berücksichtigung des Pauli-Prinzips die untersten vier Energieniveaus.

c) Skizzieren Sie die Wellenfunktion und die Aufenthaltswahrscheinlichkeitsdichte für ein Elektron im höchsten besetzten Niveau des Grundzustands.

d) Berechnen Sie die zum Absorptionsspektrum aus ▸Abb. 4 passende Photonenenergie sowie die Energie eines Elektrons im höchsten besetzten Niveau des Grundzustands. Erläutern Sie anhand einer Skizze, welcher Zusammenhang zwischen diesen Energien besteht. Bestimmen Sie anschließend rechnerisch das Energieniveau, welches das Elektron direkt nach der Absorption einnimmt.

Das betrachtete Cyanin kann auch einen orangefarbenen Eindruck hervorrufen.

e) Begründen Sie zunächst, warum für einen orangefarbenen Farbeindruck eine Absorption im blauen Bereich nötig ist. Lassen Sie dabei ▸Abb. 4 außer Acht, da selten auftretende Absorptionen dort nicht zu erkennen sind.

f) Überprüfen Sie dann, ob eine entsprechende Absorption möglich ist.

A3 – Franck-Hertz-Versuch

Im Jahr 1925 wurden JAMES FRANCK und GUSTAV HERTZ für ihre experimentellen Forschungen auf dem Gebiet der Atomphysik mit dem Nobelpreis ausgezeichnet.

a) Beschreiben Sie knapp die Durchführung des Elektronenstoßversuches und skizzieren Sie die typische $I(U)$-Kennlinie in einem geeigneten Diagramm. Zeichnen Sie darin auch den ungefähren Verlauf der Kennlinie ein, die man erwarten würde, wenn zwischen Elektronen und Quecksilber-Atomen nur elastische Stöße auftreten könnten. Begründen Sie den von Ihnen gezeichneten Verlauf.

b) Nach Anregung der Quecksilber-Atome auf ein um 4,9 eV über dem Grundzustand liegendes Niveau geht die Mehrzahl direkt wieder in den Grundzustand über. Berechnen Sie die Wellenlänge der damit verbundenen Strahlung.

c) Atome können sowohl durch Stöße mit Elektronen als auch durch Photonen angeregt werden.
Geben Sie die wesentlichen Unterschiede dieser beiden Anregungsmöglichkeiten an.

d) Berechnen Sie die Mindestgeschwindigkeit der Elektronen, die zu einem inelastischen Stoß mit Quecksilber-Atomen nötig ist.

Aufgabe ohne Hinweise • Atomhülle

A4 – Lichtabsorption ▢

Material:
Grüne LED und UV-LED (jeweils mit Schutzwiderstand), Störlichttubus; 2 Stativstangen, Stativfüße sowie 2 Reiter ohne Winkelskala und 2 Blendenhalter; 5 Graufilter; grüner und blauer Fluoreszenzfilter; Lichtsensor mit Netzteil

Achtung: Blicken Sie nicht ohne einen Filter direkt in die UV-LED. Es besteht Gefahr von Netzhautschädigungen.

a) Bauen Sie das Experiment wie folgt auf:
Stellen Sie die grüne LED und den Lichtsensor mit aufgestecktem Störlichttubus in 20 cm Abstand voneinander auf.
Legen Sie an die Reihenschaltung aus LED und Schutzwiderstand eine Spannung an, achten Sie dabei auf die Polung. Wählen Sie die Spannung so, dass die LED hell leuchtet. Verbinden Sie den Lichtsensor mit dem Netzteil. Regeln Sie die Empfindlichkeit des Lichtsensors bei Verwendung der grünen LED so ein, dass Sie als Maß für die Lichtintensität eine Spannung von ca. 2,5 V erhalten.

b) Fertigen Sie eine Skizze ihres Aufbaus inklusive der elektrischen Schaltung an.

c) Verwenden Sie die fünf Graufilter als Absorptionsfilter. Messen Sie die Spannung U am Lichtsensor in Abhängigkeit von der Anzahl n der in den Lichtweg gestellten Graufilter. Dokumentieren Sie Ihre Messwerte in einer Tabelle. Alternativ verwenden Sie ▸Tabelle 6.

d) Ermitteln Sie aus Ihren Messwerten den zwischen n und U bestehenden funktionalen Zusammenhang $U = f(n)$, indem Sie Ihre Auswertung in der im Unterricht vereinbarten Form dokumentieren. Ermitteln Sie die minimale Anzahl an Graufiltern, die benötigt wird, um die Lichtintensität am Ort des Sensors auf weniger als 1 % der Anfangsintensität zu reduzieren.

e) Verändern Sie den Versuchsaufbau wie folgt:
Bauen Sie die UV-LED anstelle der grünen LED in das Experiment ein. Entfernen Sie den Lichtsensor. Ersetzen Sie die Graufilter durch den Blaufilter bzw. den Grünfilter. Stellen sie den Blaufilter bzw. den Grünfilter so auf, dass die Scheibe des Filters den Störlichttubus berührt. Die Seite mit dem Blendenhalter zeigt zur LED hin.
Blicken Sie zunächst von vorn auf den Filter und anschließend auf die Kante des Filters.

f) Notieren Sie die Beobachtungen der Leuchterscheinungen in einer Kopie von ▸Tabelle 1.

g) Erläutern Sie die gemachten Beobachtungen.

A5 – Fluoreszenz

Eine grüne Fluoreszenzplatte wird mit dem Licht einer UV-LED durchleuchtet und das Licht anschließend spektral zerlegt. Zum Vergleich wird das Spektrum der UV-LED ohne Platte aufgenommen. ▸Abb. 2 zeigt den Versuchsaufbau, ▸Abb. 3 die Spektren ohne (oben) und mit Platte. Das benutzte Gitter hat 500 Striche pro mm, der Schirm hat einen Abstand von 11,3 cm vom Gitter.

a) Erklären Sie die unterschiedlichen Spektren.

b) Bestimmen Sie die zu den Spektrallinien gehörenden Wellenlängen und skizzieren Sie ein maßstabsgerechtes Energieniveauschema.

grüne Platte		blaue Platte	
von der Seite	von vorn	von der Seite	von vorn

1 Beobachtung der Leuchterscheinungen

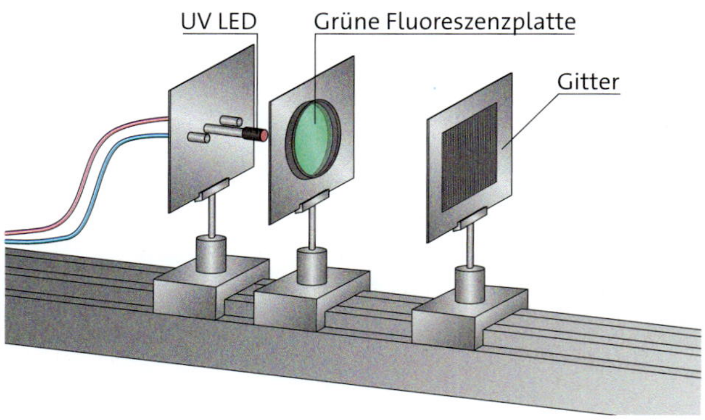

2 Versuchsaufbau zum Fluoreszenz-Experiment

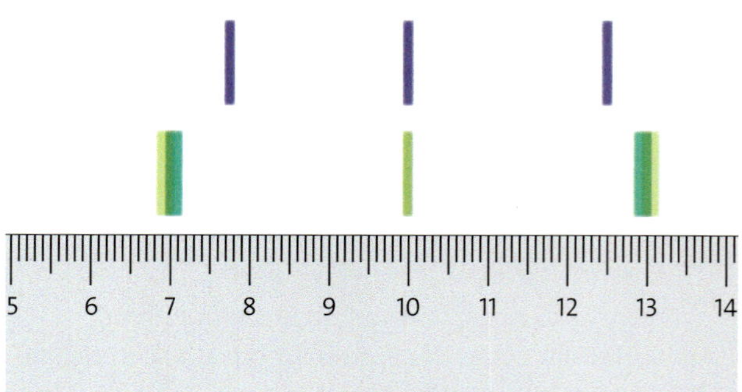

3 Veranschaulichung der Spektren ohne (oben) und mit Platte

Hinweise und Lösungen zu A2–A4

A2

a) Denken Sie an die Voraussetzungen, die zur Anwendung des vereinfachten Atommodels des linearen Potenzialtopfes gegeben sein müssen, und überprüfen Sie, ob diese hier gegeben sind.

b) Gleichsetzen der Bedingungen zur stehenden Welle $L = n \cdot \frac{\lambda}{2}$ mit der De-Broglie-Wellenlänge $\lambda = \frac{h}{p}$ und Einsetzen in den Ausdruck für die Energie der Quantenobjekte $E = E_{kin} + E_{pot}$, mit $E_{pot} = 0$ führt zum gewünschten Ergebnis.

c) Das oberste besetzte Energieniveau im Grundzustand ist dasjenige zu $n = 4$ (▸Abb. 4). Die Aufenthaltswahrscheinlichkeitsdichte ist das Quadrat der Wellenfunktion (▸Abb. 5).

d) Berechnung der Photonenenergie beim Absorptionsmaximum $\lambda = 536\,\text{nm}$ mit der Einsteinschen Gleichung $E = h \cdot f$.
Berechnung der Energie eines Elektrons für $n = 4$ mit der Formel aus b) und der angegebenen Länge des Potenzialtopfes.
Energieniveauschema mit den berechneten Werten zeichnen und erläutern. Berechnen der nächst höheren Energieniveaus und vergleichen mit E_{Ph}.
$E_{Ph} = 3{,}7 \cdot 10^{-19}\,\text{J} = 2{,}32\,\text{eV}$
Energieniveaus bei $E_7 = 12{,}58\,\text{eV}$, $E_6 = 9{,}25\,\text{eV}$, $E_5 = 6{,}42\,\text{eV}$, $E_3 = 2{,}31\,\text{eV}$, $E_2 = 1{,}02\,\text{eV}$, $E_1 = 0{,}26\,\text{eV}$,
$E_4 = 6{,}5 \cdot 10^{-19}\,\text{J} = 4{,}10\,\text{eV}$
$\Delta E = E_5 - E_4 = 2{,}31\,\text{eV}$

e) Erläuterung der Absorption und Begründen des Farbeindrucks mit Komplementärfarbe.

f) Berechnen weiterer möglicher Quantensprünge und der dazugehörigen Wellenlängen und Angabe der Lage im Farbspektrum
z.B.: $\Delta E = E_6 - E_5$
$= 9{,}25\,\text{eV} - 6{,}42\,\text{eV} = 2{,}83\,\text{eV}$,
$\lambda = 438\,\text{nm}$.

A3

a) Beschreibung anhand des Aufbaus der Franck-Hertz-Röhre, mit den Begriffen Gitter, Gegenspannung, Auffängerstrom. Energieabgabe der Elektronen. Skizze des $I(U)$-Diagramms mit zwei Kennlinien.
Die Kennlinie mit nur elastischen Stößen wäre stetig ansteigend, da keine Energie abgegeben wird.

b) Umrechnung der angegebenen Energie in Joule und Einsetzen in die Einsteinsche Formel $E = h \cdot f$ liefert die Frequenz bzw. die Wellenlänge der Photonen.
$\Delta E = 4{,}9\,\text{eV} = 7{,}85 \cdot 10^{-19}\,\text{J} = h \cdot f$
$= h \cdot \frac{c}{\lambda}$, $\lambda = 256\,\text{nm}$

c) Der Unterschied beruht auf der Verschiedenartigkeit der Quantenteilchen.
Photonen müssen exakt die Anregungsenergie haben, die sie vollständig abgeben, worauf sie dann verschwunden sind. Elektronen brauchen nur eine kinetische Energie, die größer oder gleich der Anregungsenergie ist. Nach dem Stoß können sie erneut beschleunigt werden.

d) Umrechnen der angegebenen Energie für die Anregung in Joule und Einsetzen in die Formel für die kinetische Energie $E = \frac{1}{2} \cdot m \cdot v^2$ ergibt
$v = 1{,}3 \cdot 10^6\,\frac{\text{m}}{\text{s}}$.

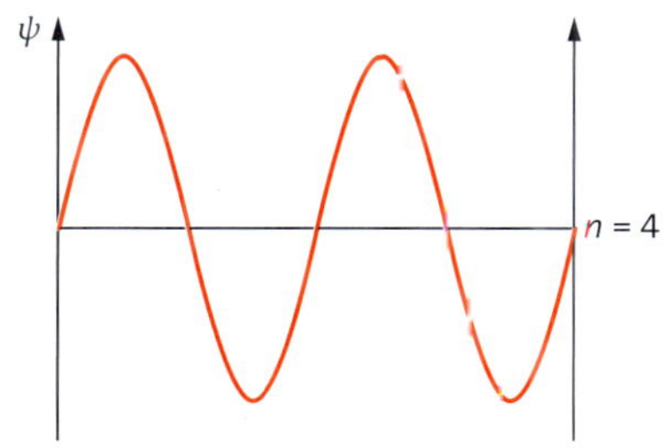

4 Wellenfunktion

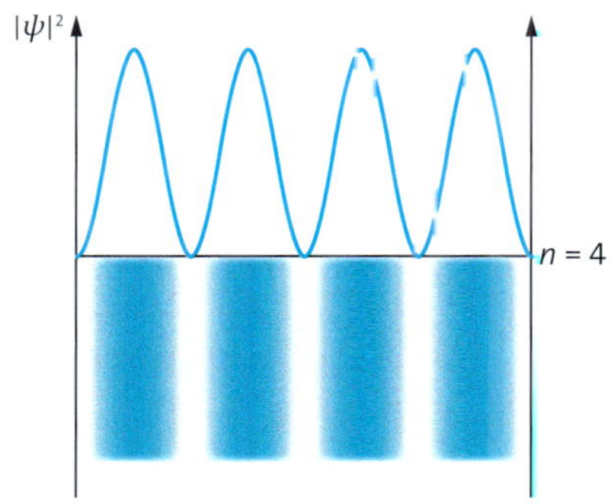

5 Antreffwahrscheinlichkeit

Material zu A4

Anzahl *n*	0	1	2	3	4	5
***U* in V**	2,6	1,25	0,6	0,3	0,2	0,1

6 Lichtabsorption

grüne Platte		**blaue Platte**	
von der Seite	von vorn	von der Seite	von vorn
gelb	grün	blaugrün	rötlich

7 Beobachtungen

Entwicklung von Atommodellen

Spektrallinien: Atome **emittieren** Licht in ganz bestimmten Frequenzen. Jedem chemischen Element lässt sich ein spezifischer Satz von Spektrallinien zuordnen, an dem man wie bei einem Fingerabdruck das Element erkennen kann.
Jedes Element kann Licht mit genau derselben Wellenlänge **absorbieren,** mit der es Licht emittieren kann.

Emissionsspektren: Glühende Körper, z. B. der glühende Draht einer Glühlampe, senden meist ein **kontinuierliches** Spektrum aus, während leuchtende Gase überwiegend **Linienspektren** erzeugen.

Absorptionsspektrum: Die schwarzen Absorptionslinien eines Stoffes im kontinuierlichen Spektrum des weißen Lichtes werden Absorptionsspektrum genannt.

Balmer-Serie: Die Spektrallinien des Wasserstoffs, die emittiert werden, wenn ein Elektron ins zweittiefste Energieniveau übergeht, fasst man zur Balmer-Serie zusammen. Ihre Wellenlängen berechnet man mit der empirischen Balmer-Formel:

$$\lambda = G \cdot \left(\frac{n^2}{n^2 - 2^2}\right).$$

$G = 3{,}6456 \cdot 10^{-7}\,\text{m} = 364{,}57\,\text{nm}$ ist eine empirische Konstante.

Rydberg-Formel: Mit der Rydberg-Formel:

$$f = R_\text{H} \cdot \left(\frac{1}{n_1^2} - \frac{1}{n_2^2}\right)$$

lassen sich die Frequenzen und Wellenlängen der grundlegenden Emissionslinien des Wasserstoffatoms berechnen.

Energieniveaus: Sendet ein Atom Photonen aus, gibt es Energie in ganz bestimmten Beträgen ab, die sich aus den Spektrallinien berechnen lassen. Diese sind von Element zu Element unterschiedlich, bei den Atomen eines Elements aber immer gleich. Es gibt im Atom daher ganz bestimmte Energiestufen, die man Energieniveaus nennt.

Potenzialtopf: Jedes Atom bzw. Molekül stellt für die darin enthaltenen Elektronen einen Potenzialtopf dar, in dem diese nur ganz diskrete, für das jeweilige Atom charakteristische Energiewerte annehmen können.

Eindimensionaler linearer Potenzialtopf: Der eindimensionale LPT ist ein Rechteck- oder Kastenpotenzial in nur einer Dimension. Elektronen können sich nicht außerhalb des Atoms aufhalten, damit sind die Ränder des Atoms unüberwindbar, d. h., die potenzielle Energie wird unendlich groß und der Kasten hat unendlich hohe Wände.

Quantisierung: Für ein Elektron im Potenzialtopf mit unendlich hohen Wänden sind nur bestimmte Energiewerte möglich – die Energie ist quantisiert.

Lokalisierungsenergie: Die Energie des Elektrons in einem Potenzialtopf mit unendlich hohen Wänden kann auch im einfachsten Fall für $n = 1$ nicht null sein. Daraus ergibt sich, dass Elektronen im Atom nie ruhen.

Wasserstoffatom: Um die Energieniveaus für ein Wasserstoffatom richtig zu berechnen, muss der lineare Potenzialtopf durch das Coulombpotenzial ersetzt werden. Damit ergibt sich für die Gesamtenergie im Wasserstoffatom:

$$E_\text{n} = -\frac{1}{2} m \cdot v_\text{n}^2 = -\frac{e^4 \cdot m_\text{e}}{8\,\varepsilon_0^2 \cdot h^2} \cdot \frac{1}{n^2}.$$

Grundzustandsenergie: Für $n = 1$ ergibt sich aus der Formel für die Energieniveaus im Wasserstoffatom die niedrigste Energiestufe, die sogenannte Grundzustandsenergie. Sie entspricht genau der Ionisierungsenergie, jener Energie also, die nötig ist, um das Elektron aus der Elektronenhülle des Wasserstoffatoms zu entfernen.

Atome erzeugen Licht

Resonanzabsorption: Wenn aufgenommenes und abgegebenes Photon gleiche Frequenz und Wellenlänge haben, spricht man von Resonanzabsorption.

Fluoreszenz: Als Fluoreszenz wird allgemein die schnelle Abgabe von Photonen aus einem Zwischenzustand bezeichnet. Dabei erfolgt die Energieabgabe in einer größeren Wellenlänge als die des anregenden Photons.

Phosphoreszenz: Als Phosphoreszenz bezeichnet man die Abgabe von Photonen aus einem metastabilen Zwischenzustand, die über eine längere Zeit andauert.

Besetzungsumkehr: Normalerweise ist in Atomen im Grundzustand die Besetzung der höheren Energieniveaus weniger wahrscheinlich. Besetzungsumkehr bedeutet, dass sich mehr Teilchen in einem höheren Energieniveau befinden als im niedrigeren.

Spontane Emission: Elektronen im Atom wechseln nach Anregung in ein höheres Energieniveau und von dort mehr oder weniger zufällig wieder zurück. Die dabei erfolgende Abgabe von Photonen nennt man spontane Emission.

Stimulierte Emission: Befindet sich ein Atom im angeregten Zustand, kann ein eintreffendes Photon passender Wellenlänge das sich noch im angeregten Zustand befindliche Elektron zum Übergang in ein niedrigeres Energieniveaus stimulieren, sodass es zur Emission eines Photons kommt. Das stimulierende Photon wird dabei nicht vom Atom absorbiert, sondern bleibt zusätzlich zum neu abgestrahlten Photon erhalten. Es verlassen also zwei genau gleiche Photonen das Atom. Sie sind phasengleich und haben dieselbe Wellenlänge. Somit wird das einfallende Licht verstärkt.

Charakteristische Röntgenstrahlung: Treffen Elektronen mit genügend hoher Geschwindigkeit auf eine Anode, können sie in dieser Elektronen des untersten Energieniveaus entfernen. Aus einem höheren Niveau kann nun ein Elektron auf den frei gewordenen Platz „fallen". Die Energiedifferenz zwischen beiden Niveaus wird als Röntgenphoton abgegeben. Da die Energiedifferenzen elementspezifisch sind, spricht man von charakteristischer Röntgenstrahlung.

Überprüfen Sie sich selbst:

Kann ich …

- den Unterschied zwischen Absorptions- und Emissionspektrum erklären? (▸ S. 313)
- das Emissionsspektrum eines Gases von dem eines Festkörpers unterscheiden? (▸ S. 313)
- die Wellenlängen berechnen, die zu Übergängen aus der Balmer-Serie gehören? (▸ S. 313)
- die Quantisierung der Energiezustände im Potenzialtopf über stehende Wellen der Elektronenwellenfunktion beschreiben? (▸ S. 318ff)
- die Lokalisationsenergie eines Elektrons im Grundzustand im linearen Potenzialtopf berechnen? (▸ S. 319)
- die Wellenlängen berechnen, die zu Übergängen eines Energieniveauschemas gehören? (▸ S. 321.)
- die Antreffwahrscheinlichkeiten von Elektronen im Potenzialtopf anhand von Wahrscheinlichkeitsdichten deuten? (▸ S. 320)
- die Funktion des Zwischenzustandes bei der Fluoreszenz erläutern? (▸ S. 329)
- erklären, wie die Prüfung von Geldscheinen auf Echtheit funktioniert? (▸ S. 330)
- die Funktion einer Gasentladungsröhre beschreiben? (▸ S. 329)
- begründen, dass stimulierte Emission zu einer Lichtverstärkung führt? (▸ S. 332)
- zwei Möglichkeiten nennen, im Laser durch Pumpen die Besetzungsumkehr zu erreichen? (▸ S. 334.)
- anhand der Energieniveauschemata von Helium und Neon die Wellenlänge des He-Ne-Lasers ermitteln? (▸ S. 334)

Atomkern

In diesem Kapitel beschäftigen Sie sich mit:

- Ionisierender Strahlung. Sie erfahren, welche Arten ionisierender Strahlung es gibt und worin sie sich unterscheiden.
- dem Modell des Potenzialtopfes für Nukleonen. Sie lernen ein Modell kennen, mit dem man die verschiedenen Zerfallsarten beschreiben kann.
- der Halbwertszeit. Sie lernen eine Methode kennen, wie man über die Zeitspanne, in der sich die Hälfte der Menge eines radioaktiven Nuklids umwandelt, das Alter einer organischen Probe bestimmen kann.

- der Alphaspektroskopie. Sie beschäftigen sich mit den Energien der α-Teilchen, die den Atomkern beim α-Zerfall verlassen.

Aufbau von Atomen

Kern-Hülle-Modell des Atoms: Atome bestehen aus einem kleinen positiv geladenen Atomkern und einer negativ geladenen Atomhülle. Die Atomhülle setzt sich aus Elektronen zusammen, der Atomkern besteht aus Protonen und Neutronen, den Nukleonen. Nach außen hin ist das Atom elektrisch neutral. Ein Atomkern ist ca. 10^{-14} m, ein Atom 10^{-10} m groß.

Ionisation: In einem glühenden Metall sind die Elektronen einiger Atome nur noch schwach gebunden und werden dadurch leicht abgetrennt (glühelektrischer Effekt). Aus dem elektrisch neutralen Atom wird ein positiv geladenes Ion. Das Abtrennen oder Anlagern von Elektronen an zuvor elektrisch neutrale Atome heißt Ionisation. Auch Strahlung radioaktiver Stoffe kann Atome ionisieren.

Kernphysik und Radioaktivität

Atomkerne bestehen aus elektrisch positiv geladenen Protonen und elektrisch neutralen Neutronen. Zwischen den Kernbestandteilen im Atomkern wirkt die **Kernkraft.**
Sie wirkt nur zwischen benachbarten Teilchen und ist viel größer als die abstoßende elektrische Kraft.

Nuklide: Einen Atomkern mit einer bestimmten Protonen- und Neutronenanzahl bezeichnet man als **Nuklid.** Nuklide mit der gleichen Protonenanzahl, aber unterschiedlichen Neutronenzahlen heißen **Isotope** eines **Elements.**

Symbolschreibweise für Atomkerne: Die Anzahl der Protonen im Atomkern heißt **Ordnungszahl** *Z* des Elements im Periodensystem. Die Summe von Protonenanzahl und Neutronenanzahl im Kern heißt **Massenzahl** *A*. Die Symbolschreibweise für Atomkerne ist:

$^{\text{Massenzahl}}_{\text{Ordnungszahl}}\text{Elementsymbol}$

Beispiel: Helium, $A = 4$, $Z = 2$: $^{4}_{2}\text{He}$

Ionisierende Strahlung: Die Strahlung radioaktiver Stoffe entsteht in ihren Atomkernen. Sie kann andere Atome oder Moleküle ionisieren. Es gibt verschiedene Arten von ionisierender Strahlung.

Kernenergie: In Atomkernen ist Energie gespeichert. Bei Kernumwandlungen ändern sich Masse und Energie des Kerns.

Bei einer **Kernfusion** verschmelzen Atomkerne zu einem schwereren Kern. Dabei wird Energie abgegeben.
Bei der **Kernspaltung** zerplatzt ein Atomkern in zwei leichtere Kerne und Neutronen. Dabei wird Energie frei.
Man kann aus Kernreaktionen Energie gewinnen, wenn durch die Reaktion die durchschnittliche Kernenergie pro Nukleon kleiner wird. Das bedeutet, dass bei Kernspaltung die Bruchstücke weniger Energie pro Nukleon haben, bei der Kernfusion dagegen hat der verschmolzene Kern weniger als die Ausgangskerne.
Nach der berühmten Gleichung von EINSTEIN $E = m \cdot c^2$ entspricht diese Abnahme der Energie auch einer Massenabnahme, dem sogenannten **Massendefekt.**

Kernkraft: Eigentlich müssten die Protonen im Kern sich abstoßen und den Kern auseinanderreißen. Es muss also eine anziehende Kraft geben, die größer ist als die elektrische Kraft. Diese Kraft nennt man Kernkraft. Sie ist deutlich stärker als die abstoßende elektrische Kraft, hat aber nur eine geringe Reichweite von etwa 10^{-15} m. Ihre anziehende Wirkung erstreckt sich nur auf benachbarte Nukleonen.

Strahlenschäden und Strahlenschutz

Strahlenschäden und Strahlenschutz: Alpha-, Beta-, Gamma- und Röntgenstrahlung ionisieren Moleküle im menschlichen Körper. Dabei kann die DNA und damit die Erbinformation beschädigt werden.

Die biologische Wirkung ionisierender Strahlung hängt von Intensität, Dauer und Art der Strahlung sowie von der Empfindlichkeit des bestrahlten Organs ab.

Die **Energiedosis** gibt an, wie viel Energie ein Kilogramm eines Stoffes durch Strahlung aufnimmt. Die **Äquivalentdosis** gibt Auskunft über die biologischen Strahlenwirkungen der durch Strahlung aufgenommenen Energie.
Die Einheit der Äquivalentdosis ist ein Sievert ($1\,\text{Sv} = 1\,\frac{\text{J}}{\text{kg}}$).

5-A-Regel: Sie nennt fünf Maßnahmen, die Schutz vor Strahlung bieten. Es sind:
Aktivität verringern;
Aufenthaltsdauer verringern;
Abstand vergrößern;
Abschirmung erhöhen;
Aufnahme vermeiden.

Aufbau von Atomen

1 Das Elektroskop in ▸Abb. 1 wird negativ geladen. Jemand vermutet, dass die Ladung auf dem Elektroskop beim Glühen der Drahtwendel zunehmen sollte. Dies geschieht jedoch nicht. Erklären Sie.

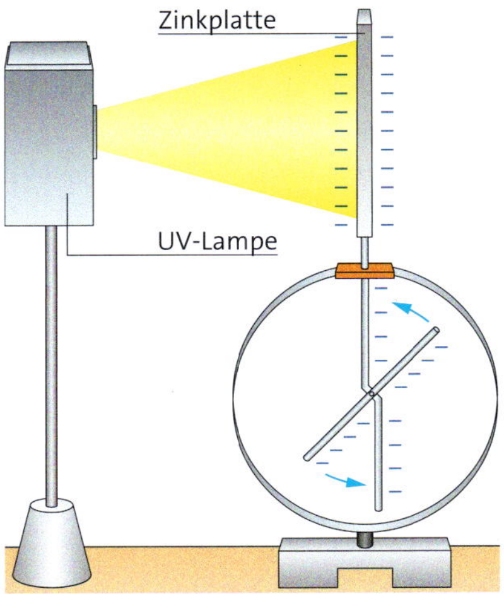

1 Versuch zum glühelektrischen Effekt

2 Im Atommodell von THOMSON sind die Atome ganz ausgefüllt. In eine positiv geladene Kugel sind die negativen Elektronen eingelagert.

a) Beschreiben Sie, welches Ergebnis man erwarten würde, wenn auf diese Folie α-Teilchen geschossen werden. Übertragen Sie die Skizze und ergänzen sie mögliche Teilchenbahnen. Begründen Sie.

b) RUTHERFORD beobachtete bei seinen Versuchen, dass fast alle α-Teilchen, die auf die Goldfolie geschossen wurden, die Folie durchdrangen. Erklären Sie diese Beobachtung mithilfe des Rutherfordschen Atommodells. Skizzieren Sie dazu den Aufbau der Goldfolie nach dem Kern-Hülle-Modell und zeichnen Sie einige Teilchenbahnen ein.

c) Überlegen Sie, was mit einem positiven α-Teilchen geschieht, das sich direkt auf den Atomkern zubewegt. Skizzieren Sie eine solche Teilchenbahn.
Skizzieren Sie auch Bahnen von α-Teilchen, die sich nahe am Kern vorbei bewegen.

Kernphysik und Radioaktivität

3 Bestimmen Sie aus der Liste:
$^{12}_{6}C$, $^{14}_{7}N$, $^{13}_{6}C$, $^{16}_{8}O$, $^{15}_{7}N$, $^{18}_{8}O$, $^{14}_{6}C$
die Nuklide mit ...

a) der gleichen Ordnungszahl,
b) der gleichen Massenzahl,
c) der gleichen Anzahl an Neutronen.

4 Wasserstoff kommt in drei Nukliden vor:
a) normaler Wasserstoff,
b) schwerer Wasserstoff (Deuterium),
c) überschwerer Wasserstoff (Tritium).
Geben Sie jeweils die Symbolschreibweise an.

Nuklearmedizin

5 Nuklearmedizin ist die Anwendung von Radioaktivität zur Diagnose und zur Therapie. Für die Untersuchung der Funktion von Organen werden z. B. sogenannte Szintigrafien angefertigt.
Dem Patienten wird dafür eine geringe Menge einer radioaktiven Substanz verabreicht. Eine spezielle Kamera kann dann von außen die Strahlung dieser Substanz registrieren.

a) Geben Sie eine Vermutung an, welche Strahlenart für eine Szintigrafie in Frage kommt. Begründen Sie Ihre Vermutung.

Strahlenschäden und Strahlenschutz

6 ▸Tabelle 2 zeigt die Werte für die Äquivalentdosis aufgrund der natürlichen und künstlichen Radioaktivität. Dabei handelt es sich um Durchschnittswerte, die individuell stark schwanken können. Die tatsächliche Strahlenbelastung eines Menschen hängt von verschiedenen Faktoren ab wie Wohnort, Beruf und Lebensweise.

a) Für Flüge in normaler Reisehöhe (12 km) wird aufgrund der kosmischen Strahlung eine zusätzliche Belastung von $0{,}005\,\frac{\text{mSv}}{\text{h}}$ angenommen. Bestimmen Sie daraus für einen Flug von Frankfurt nach New York – Flugdauer ca. 8 Stunden – den Anteil an der durchschnittlichen jährlichen Gesamtstrahlung.

b) Berechnen Sie, nach wie vielen Flugstunden das Bordpersonal die durchschnittliche berufsbedingte Strahlenbelastung erreicht hat.

Quelle	Äquivalentdosis in $\frac{\text{mSv}}{\text{a}}$
Technik, Kraftwerke, Forschung	0,01
berufsbedingte Strahlenbelastung	0,03
Röntgendiagnostik	1,9
kosmische Strahlung	0,4
Strahlung aus der Erde	0,5
Nahrungsaufnahme	0,4
Einatmen (Radon)	1,1

2 Äquivalentdosis

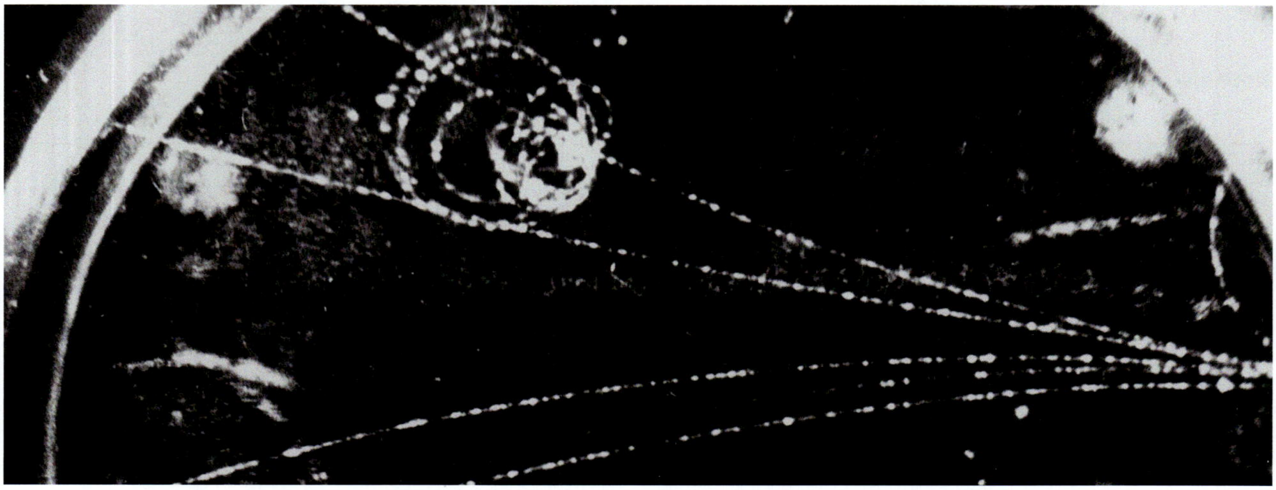

1 Spuren ionisierender Strahlung in einer Nebelkammer

Ionisierende Strahlung

Die Nebelspuren machen den Weg der Strahlung in der Nebelkammer sichtbar und es ist auch zu erkennen, dass es Unterschiede gibt. Doch wie entstehen diese Spuren eigentlich und welche Arten von Strahlung erkennen wir?

Beim übersättigten Dampf sind die thermodynamischen Bedingungen für die Kondensation erreicht. Ohne Kondensationskeime findet aber keine Kondensation statt.

Eine unsichtbare Strahlung • Es gibt unterschiedliche technische Geräte, die solche Strahlung nachweisen können. Eines ist die Nebelkammer (▸Abb. 1 und 2). Wahrnehmen können wir die Strahlung nicht, obwohl sie uns ständig umgibt.
Die Nebelkammer enthält ein Gemisch aus Luft und Alkoholdampf oder Wasserdampf. Wenn der Druck vermindert wird, kühlt die Luft ab und es entsteht übersättigter Dampf. Durch die eintreffende Strahlung werden die nötigen Kondensationskeime in Form von Ionen erzeugt, an denen der Dampf kondensieren kann. Es bilden sich feine Tröpfchen, die dann als Nebelspuren sichtbar sind. Man erkennt unterschiedlich lange und auch unterschiedlich dicke Nebelspuren. Diese Nebelspuren weisen ionisierende Strahlung in der Nebelkammer nach.
Die Strahlung kommt teilweise aus radioaktiven Stoffen, diese nennen wir Kernstrahlung oder radioaktive Strahlung. Ionisierende Strahlung aus anderen Quellen, z. B. UV- oder Röntgenstrahlung, ist auch möglich.

Strahlung radioaktiver Stoffe kann Atome und Moleküle ionisieren.

Ionisierende Strahlung im Magnetfeld • Wenn die Nebelkammer vertikal von einem Magnetfeld durchsetzt wird, sind die Nebelspuren unterschiedlich stark und in verschiedene Richtungen gekrümmt (▸Abb. 1). Dieses lässt auf unterschiedliche Strahlungsarten schließen. In einem weiteren Experiment werden wir deshalb anhand des Präparates Radium-226 untersuchen, welche Strahlung sich in einem Magnetfeld ablenken lässt. Aus den Positionen von Zählrohr und Präparat im Magnetfeld können wir die Bahn der Strahlung im Prinzip rekonstruieren (▸Abb. 3).

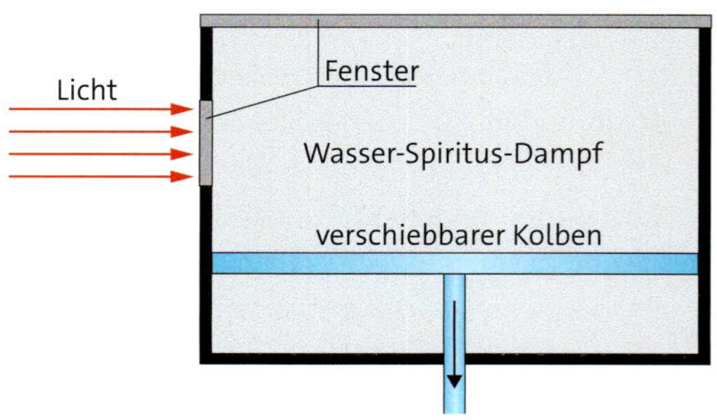

2 Aufbau einer Nebelkammer

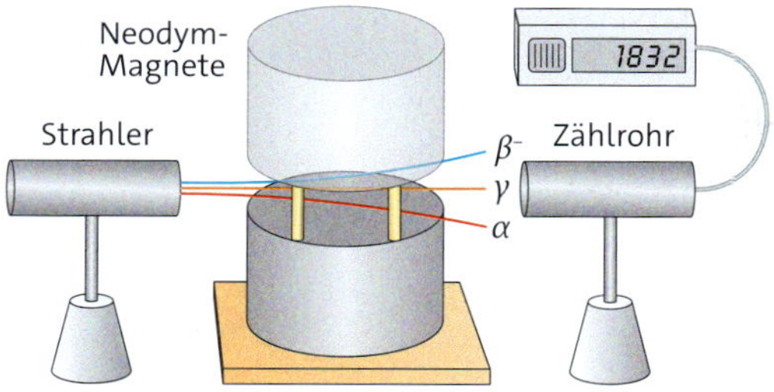

3 Ablenkung von ionisierender Strahlung im Magnetfeld

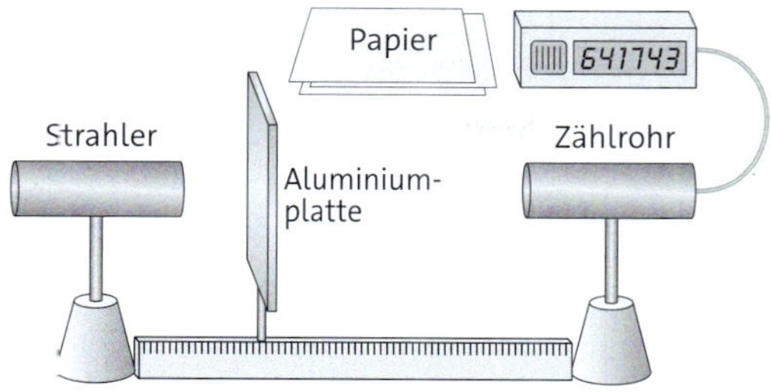

4 Reichweite der ionisierenden Strahlung

Bewegte elektrisch geladene Teilchen werden im Magnetfeld abgelenkt. Es gibt aber auch Kernstrahlung, die sich ebenso wie Röntgenstrahlung durch Magnetfelder nicht beeinflussen lässt. Daraus schließen wir, dass die nicht abgelenkte ionisierende Strahlung keine elektrische Ladung trägt. Diese Strahlung heißt γ-Strahlung.
Zur Identifizierung der Ladungsart der abgelenkten Strahlung nutzen wir die Drei-Finger-Regel der linken Hand. Bei einer weiteren Strahlungsart deutet die Richtung der Ablenkung auf eine positive elektrische Ladung hin, diese heißt α-Strahlung. Die dritte muss aufgrund der Richtung ihrer Ablenkung eine negative Ladung tragen. Dies ist die β^--Strahlung (▸Abb. 3).

Abschirmung von Strahlung • In einer Versuchsreihe mit Radium-226 untersuchen wir die abschirmende Wirkung verschiedener Materialien auf ionisierende Strahlung. Dafür stellen wir Platten aus verschiedenen Metallen, Kunststoffen oder auch Papier vor den Detektor (▸Abb. 4). Wir erkennen, dass die Strahlungsarten durch verschiedene Materialien abgeschirmt werden (▸Abb. 5): α-Strahlung lässt sich schon durch Papier abschirmen und β-Strahlung durch Aluminium. γ-Strahlung wird erst durch dicke Bleiplatten absorbiert und lässt sich auch noch nach mehreren Metern in Luft nachweisen.

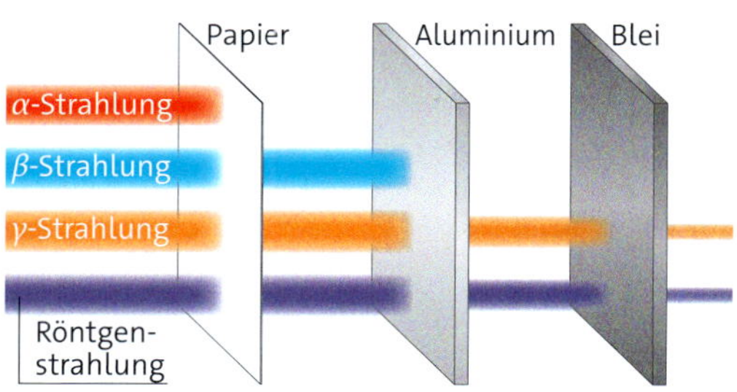

5 Durchdringungsvermögen der Strahlung von Ra-225

Elektrisch geladene Teilchen werden aufgrund der Lorentzkraft im Magnetfeld abgelenkt. Diese Gesetzmäßigkeit kann zur Analyse radioaktiver Strahlung genutzt werden.

Reichweite • Die Reichweite radioaktiver Strahlung im Vakuum ist unendlich. Dies gilt für alle drei Strahlungsarten. In einer weiteren Versuchsreihe bestimmen wir die Reichweiten ionisierender Strahlung in Luft. Die Reichweite von α-Strahlung in Luft ist kleiner als 10 cm (▸Abb. 6).
Statt mit der Nebelkammer können wir die Reichweite auch mit dem Geiger-Müller-Zählrohr bestimmen. Dazu ermitteln wir die Zählrate Z für verschiedene Abstände. Die Zählrate gibt an, wie viele Teilchen pro Zeit registriert werden.
Bei einem Experiment mit Strontium-90, einem β^--Strahler, stellen wir fest, dass wir nach 8 bis 10 m Entfernung keine signifikanten Messwerte mehr aufnehmen können. β^--Strahlung kann also bis zu 10 m in Luft zurücklegen.

γ-Strahlung wird in Luft fast gar nicht absorbiert, deshalb gibt es bei γ -Strahlung keine Reichweite, wie bei α-Strahlung und β^--Strahlung, sondern nur eine Verteilung im Raum.

Für die Strahlungsarten gibt es sowohl die Schreibweisen α-Strahlung, β-Strahlung, γ-Strahlung wie auch Alphastrahlung, Betastrahlung, Gammastrahlung.

6 α-Strahlung in der Nebelkammer

r in cm	5	7,5	10	12,5	15	17,5	20	22,5	25	27,5	30
Impulse pro min	352	167	107	63	47	44	40	39	35	30	28
Zählrate pro min	332	147	87	43	27	24	20	19	15	10	8

1 Messreihe zum Abstandsgesetz (Zählrate mit Berücksichtigung der Nullrate)

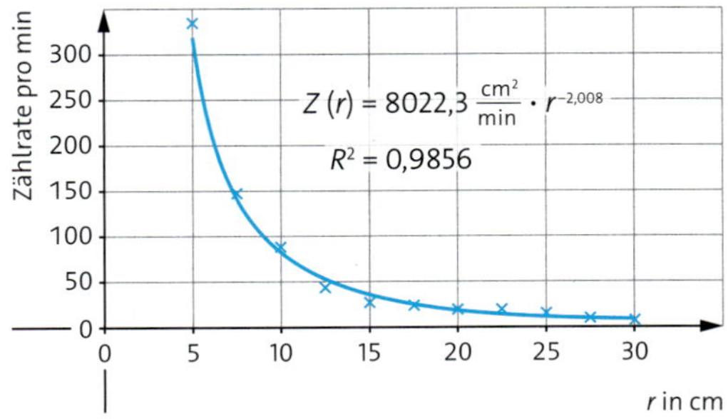

2 Diagramm zur Reichweite in Luft und Regression

d in mm	0	2	4	6	8	10	12	14	16	18	20
Zählrate pro min	1832	1138	840	718	564	420	408	352	276	212	164

3 Messreihe zur Bestimmung der Halbwertsdicke (ohne Berücksichtigung Nullrate)

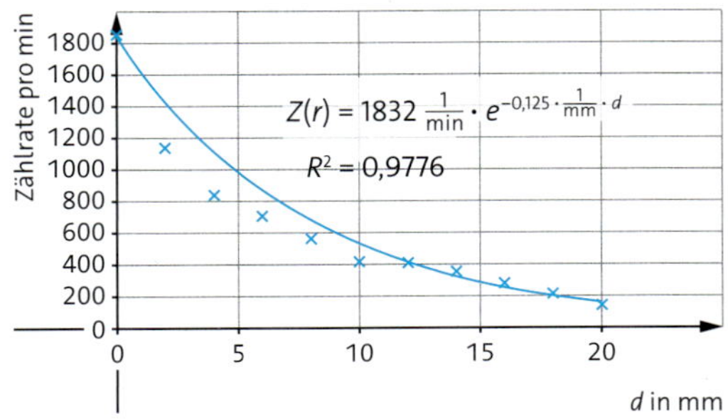

4 Diagramm zur Bestimmung der Halbwertsdicke

Bei der Messreihe zur Reichweite müssen die Nullrate und die Totzeit des Zählrohrs berücksichtigt werden.

Ungestörte Ausbreitung im Raum • Da γ-Strahlung keine Reichweite wie α-Strahlung aufweist, können wir bei ihr sinnvoll eine Abstandsabhängigkeit untersuchen. Wir führen dazu eine Messreihe mit einem γ-Strahler durch (▸Tabelle 1) und stellen die Zählrate in Abhängigkeit vom Abstand *r* in einem Diagramm dar (▸Abb. 2).
Den funktionalen Zusammenhang ermitteln wir durch die Auswertung der Daten in ▸Tabelle 1. Wir erkennen, dass die Zählrate proportional zu $\frac{1}{r^2}$ ist und können dies auch durch eine Regression (▸Abb. 2) zeigen.

> Die Zählrate von γ-Strahlung nimmt mit dem Quadrat des Abstandes in Luft ab. Dieses Abstandsgesetz gilt sogar im Vakuum. Es gilt: $Z(r) \sim \frac{1}{r^2}$. Hierbei ist $Z(r)$ die Zählrate in Abhängigkeit vom Abstand.

Halbwertsdicke • Wegen der unendlichen Reichweite von γ-Strahlung schirmt man diese häufig ab. Wenn wir bei gleichbleibendem Abstand zwischen Quelle und Zählrohr sukzessive Platten aus Blei gleicher Dicke im Strahlengang positionieren, erkennen wir eine Abnahme der Zählrate (▸Tabelle 3). Jede Schicht gleicher Dicke nimmt den gleichen Prozentsatz heraus. Dies lässt auf einen exponentiellen Zusammenhang schließen.

Daher wird häufig die Halbwertsdicke d_H bestimmt. Dies ist die Dicke eines Materials, bei der die gemessene Strahlung die Hälfte des ursprünglichen Werts erreicht.
Cäsium-137 ist ein β⁻-Strahler, dessen Folgeprodukt Ba-137 sich durch γ-Strahlung in das stabile Barium-137 umwandelt. Wir bestimmen zunächst die Zählrate bei Cäsium-137 ohne Aluminiumplatte. Dies ist der Anfangswert Z_0. Dann erhöhen wir die Anzahl der Platten und damit die Dicke schrittweise. Mittels Regression (▸Abb. 4) finden wir die zugehörige Funktion für unser Beispiel:

$$Z(d) = 1832\,\frac{1}{\text{min}} \cdot e^{-0{,}125 \cdot \frac{1}{\text{mm}} \cdot d} = 1832\,\frac{1}{\text{min}} \cdot 2^{-\frac{d}{5{,}55\,\text{mm}}}$$

$$= 1832\,\frac{1}{\text{min}} \cdot e^{-\frac{\ln 2}{5{,}55} \cdot d \cdot \frac{1}{\text{mm}}}$$

Allgemein gilt:

$$Z(d) = Z_0 \cdot 2^{-\frac{d}{d_H}} = Z_0 \cdot e^{-\frac{\ln 2}{d_H} \cdot d}.$$

Die Halbwertsdicke für unseren Strahler ist also 5,5 mm.

α-Strahlung • Wir wissen, dass α-Strahlung elektrisch positiv geladen ist und durch Papier abgeschirmt wird. Durch Untersuchung mit dem Massenspektrometer kann man zeigen, dass α-Teilchen dieselbe Masse haben wie Heliumkerne. Daher wissen wir, dass **α-Strahlung** aus Heliumkernen besteht (▸Abb. 5). Das Symbol für Heliumkerne ${}^{4}_{2}He$ kennen wir. Wenn wir den α-Strahler Radium-226 untersuchen, stellen wir bei der Kernumwandlung fest, dass ein neues chemisches Element entsteht, und zwar Radon. Damit lässt sich die Reaktionsgleichung aufstellen:

$${}^{226}_{88}Ra \rightarrow {}^{222}_{86}Rn + {}^{4}_{2}He\,.$$

α-Strahlung besteht aus Heliumkernen. Sie wird im elektrischen und im magnetischen Feld abgelenkt.

β-Strahlung • Wir wissen, dass β⁻-Strahlung elektrisch negativ geladen ist und durch Aluminiumfolie abgeschirmt werden kann. Es liegt nahe, dass sie aus Elektronen besteht. In der Nebelkammer gibt es Spuren, die genauso aussehen wie die der Elektronen, aber andersherum gekrümmt sind, also auf positive Ladung hindeuten. Dies sind Spuren von Positronen. Positronen sind die Antiteilchen der Elektronen.

Die Impuls- und Energieerhaltung erfordern beim β-Zerfall weitere Teilchen. Dies sind Neutrino (ν) und Antineutrino ($\bar{\nu}$), die wiederum ein Paar aus Teilchen und Antiteilchen bilden.

β⁻-Zerfall ist das Aussenden eines Elektrons und eines Antineutrinos aus einem Atomkern (▸Abb. 5). Wie kann aber ein positiv geladener Kern Elektronen und Antineutrinos aussenden? Im Atomkern eines β⁻-Strahlers wird ein Neutron in ein Proton, ein Elektron und ein Antineutrino umgewandelt. Auch beim β⁻-Zerfall bleibt die Ladungsmenge insgesamt erhalten. Das Elektron wird abgestrahlt, das Proton bleibt im Kern:

$${}^{1}_{0}n \rightarrow {}^{1}_{1}p + {}^{0}_{-1}e + \bar{\nu}\,.$$

Ein Beispiel ist das Cäsiumnuklid Cs-137:

$${}^{137}_{55}Cs \rightarrow {}^{137}_{56}Ba + {}^{0}_{-1}e + \bar{\nu}\,.$$

Die Reaktionsgleichung zeigt, dass sich auch β⁻-Strahler in neue Elemente umwandeln. In dem Beispiel entstehen aus Cäsium das Element Barium sowie β⁻-Strahlung.

β⁻-Strahlung besteht aus Elektronen. Sie wird im elektrischen und magnetischen Feld abgelenkt.

Als β⁺-Zerfall wird das Aussenden eines Positrons und eines Neutrinos aus einem Atomkern bezeichnet (▸Abb. 5). Im Atomkern eines β⁺-Strahlers werden ein Proton in ein Neutron, ein Positron und ein Neutrino umgewandelt. Das Positron wird abgestrahlt, das Neutron bleibt im Kern:

$${}^{1}_{1}p \rightarrow {}^{1}_{0}n + {}^{0}_{+1}e + \nu\,.$$

Auch wenn sich beim β-Zerfall Protonenzahl und Neutronenzahl ändern, bleibt die Nukleonenzahl als Ganzes wie bei jeder Kernreaktion erhalten.

γ-Strahlung • Sowohl bei α- als auch bei β-Strahlung werden bei der Umwandlung von Atomkernen Teilchen abgestrahlt. Im Unterschied dazu besteht die γ-Strahlung aus Photonen (▸Abb. 5). Deshalb ändern sich auch weder die Protonen- noch die Nukleonenzahl, wie das folgende Beispiel zeigt:

$${}^{222}_{88}Ra \rightarrow {}^{222}_{88}Ra + \gamma\,.$$

Diese Strahlung entsteht im Gegensatz zu Licht häufig im Atomkern. Durch sie kommt der Kern wieder in einen energetisch günstigeren Zustand. γ-Strahlung tritt meist im Nachgang zu α- oder β-Strahlung auf.

γ-Strahlung hat ein wesentlich höheres Durchdringungsvermögen als α- oder β-Strahlung. Sie durchdringt sogar Blei oder meterdicke Wände aus Beton. Alle beschriebenen Zerfälle sind natürliche Kernreaktionen.

γ-Strahlung besteht aus Photonen. Sie wird weder in elektrischen noch in magnetischen Feldern abgelenkt.

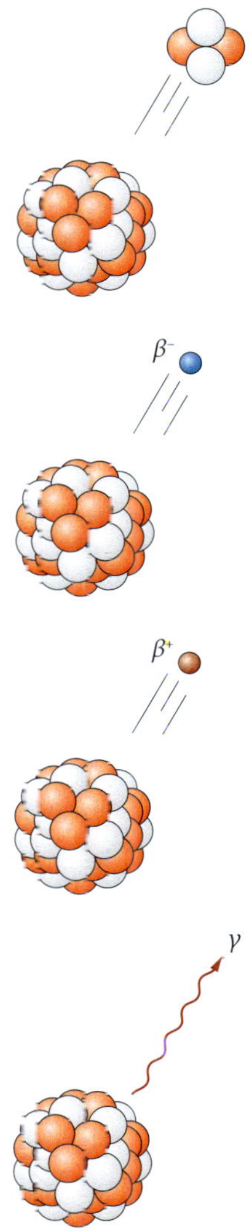

5 Von oben nach unten: α-Strahler, β⁻-Strahler, β⁺-Strahler, γ-Strahler

Es gibt Paare von Teilchen und Antiteilchen. Diese haben gleiche Masse. Wenn sie Ladung aufweisen, ist diese entgegengesetzt.

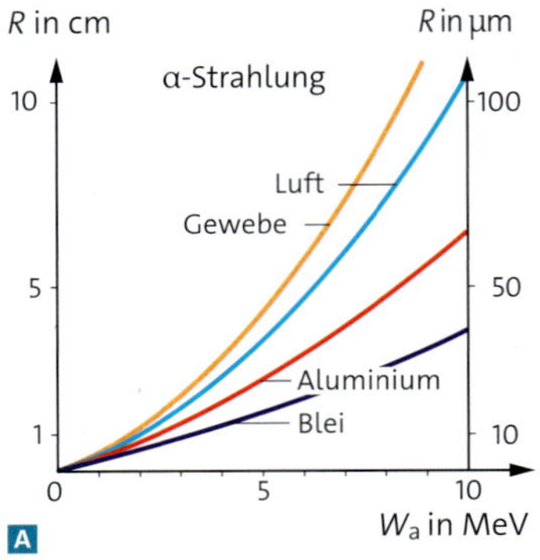

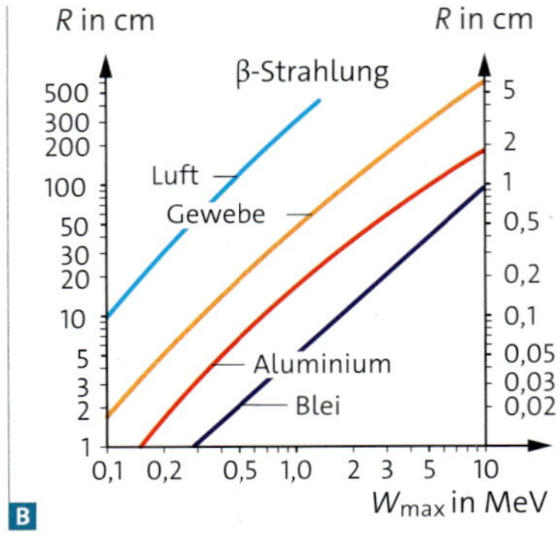

1 Reichweiten von Strahlung in verschiedenen Stoffen
A α-Strahlung,
B β-Strahlung;
linke Hochachse: Luft;
rechte Hochachse: übrige Materialien

Röntgenstrahlung • Röntgenstrahlung ist wie γ-Strahlung elektromagnetische Strahlung. Sie besitzt aber weniger Energie und entsteht in Atomen vor allem in der Atomhülle.

Strahlung mit unterschiedlicher Energie • Vergleicht man die Spuren in der Nebelkammer direkt, fällt auf: Die Spuren haben unterschiedliche Dicke, Länge und Krümmung. Die unterschiedlich langen Nebelspuren lassen auf unterschiedliche Reichweiten und Energien der Strahlung schließen. ▸Abb.1 zeigt die Reichweiten von α- und β-Strahlung in verschiedenen Materialien abhängig von der Energie der Strahlung. Offenbar hat β-Strahlung eine deutlich größere Reichweite als α-Strahlung.
Kürzere, dickere Nebelspuren sind demnach die der α-Strahlung, β-Strahlung verursacht dünnere, längere Spuren. Dies deutet auf eine hohe Ionisationsfähigkeit der α-Strahlung hin. γ-Strahlung in einer Nebelkammer nachzuweisen gelingt in der Regel nicht, da kaum Wechselwirkung mit den Atomen in der Nebelkammer stattfindet.
Die Nebelkammer liefert nur qualitative, aber keine quantitativen Ergebnisse, deshalb ist eine Energiemessung nicht möglich. Dafür eignet sich z.B. der Halbleiterdetektor. Mit einem passend dimensionierten Halbleiterdetektor kann jede Art von Strahlung nachgewiesen und die Energie bestimmt werden.

Halbleiterdetektor • Der Halbleiterdetektor (▸Abb. 2) ist ein Strahlungsnachweisgerät für geladene Teilchen und ionisierende Strahlung. Er ist wie eine Halbleiterdiode aufgebaut. Diese ist in Sperrrichtung gepolt. Dadurch befindet sich in der Mitte die Sperrschicht, eine Schicht ohne freie Ladungsträger. Wenn ionisierende Strahlung in diese Schicht eintritt, werden durch Ionisation paarweise Elektronen und Löcher in der Sperrschicht der Halbleiterdiode erzeugt.
Da beide Seiten der Sperrschicht ungleich geladen sind, streben die entstandenen freien Ladungsträger in unterschiedliche Richtungen. Das bewirkt einen Stromstoß, der am Widerstand einen Spannungsimpuls hervorruft. Die Anzahl der paarweise erzeugten Elektronen und Löcher ist proportional zur Energie der absorbierten Teilchen. Mit Halbleiterdetektoren kann nicht nur die Energie der Strahlung gemessen werden. Da die Detektoren sehr klein sind, kann die Strahlung auch genauer geortet werden. Mehrere Detektoren ermöglichen es, die Verbreitung der Strahlung im Raum zu messen. Die geringe Größe hat zudem den Vorteil, dass nur ein sehr geringer Anteil der kosmischen Strahlung aus der Umgebung registriert wird.

α-Teilchen im Halbleiterdetektor • Wenn ein α-Teilchen in die Grenzschicht eintritt, erzeugt es Ladungsträger durch Ionisation. Dabei wird die vollständige Energie des α-Teilchens genutzt. Die α-Teilchen werden vollständig absorbiert. Der Halbleiterdetektor hat ein hohes Zeitauflösungsvermögen und ein gutes Signal-Rausch-Verhältnis. Dies ist eine Besonderheit bei α-Strahlung, da eine hohe Wechselwirkung auftritt. Halbleiterdetektoren haben dadurch für α-Strahlung eine Nachweiseffektivität von nahezu 1.

1 Vergleichen Sie die drei Strahlungsarten. Nutzen Sie dazu eine Tabelle.
2 Vergleichen Sie die Nebelkammer, das Geiger-Müller-Zählrohr und den Halbleiterdetektor. Beschreiben Sie die Vorteile der Geräte.

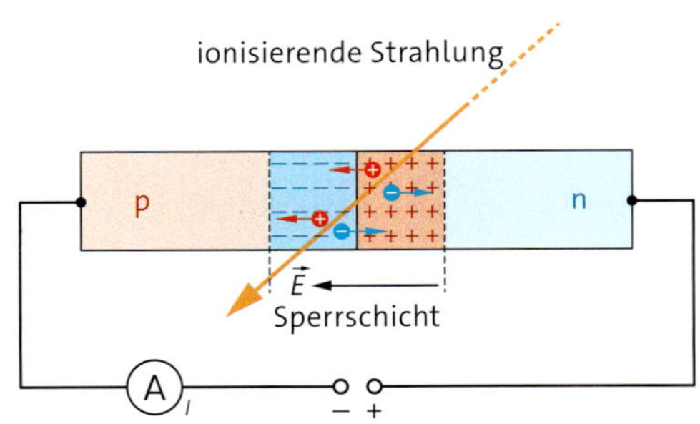

2 Halbleiterdetektor

Versuch A • Natürliche Radioaktivität in Gebäuden

V1 Messung der Radioaktivität

Material:
Luftballon, Bindfaden, Wolltuch oder Folie für Tageslichtprojektor, Zählrohr, Stoppuhr.

Arbeitsauftrag:

a) Bestimmen Sie zu Beginn mit dem Zählrohr die Nullrate (30 s).

b) Reiben Sie den aufgeblasenen Luftballon mit dem Wolltuch oder der Folie. Er ist jetzt elektrisch geladen. Hängen Sie den Ballon an der Raumdecke auf. Achten Sie darauf, dass der Ballon sich nicht entladen kann, und lassen Sie ihn für ca. 30 min dort hängen.

c) Nehmen Sie den Ballon ab, lassen Sie die Luft heraus und bringen Sie die leere Ballonhülle sofort direkt vor das Eintrittsfenster des Zählrohrs. Bestimmen Sie die Zählrate (30 s).

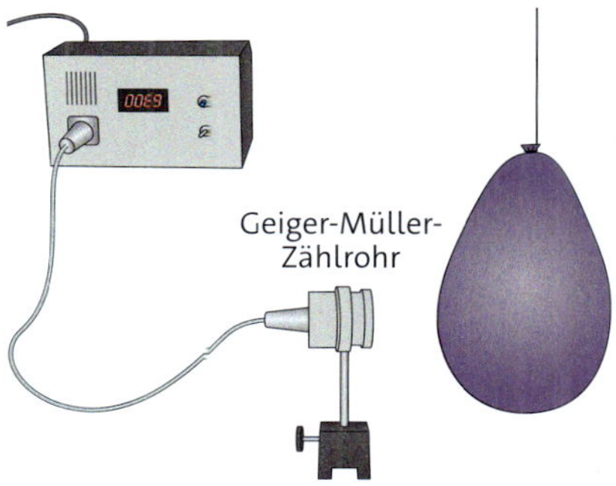

3 Versuch zur Umweltradioaktivität

d) Wiederholen Sie die Messung der Zählrate unmittelbar danach. Halten Sie jetzt aber ein Blatt Papier zwischen Zählrohr und Ballonhaut.

e) Wiederholen Sie die Messungen aus den Aufgabenteilen c) und d) nach 10 min.

f) Ziehen Sie von allen Messwerten jeweils die Nullrate ab und stellen Sie die Ergebnisse in einer Tabelle dar.

g) Interpretieren Sie Ihre Ergebnisse. Stellen Sie eine Vermutung über die Strahlenart auf. Erklären Sie, warum es wichtig ist, zur Messung die Luft aus dem Ballon herauszulassen.

Material A • Diagnose mithilfe von Röntgenstrahlung

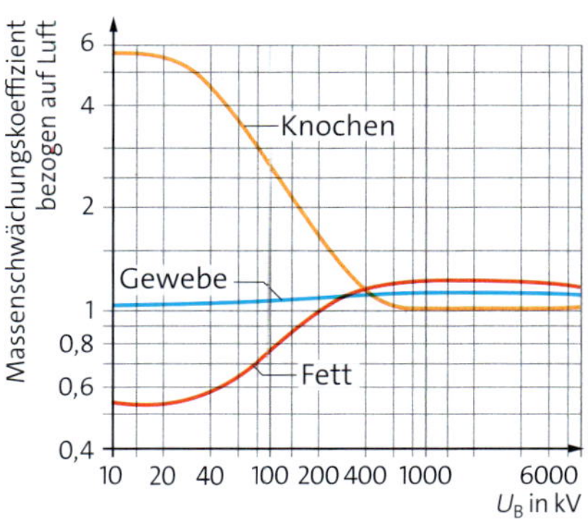

4 Absorption in Gewebe

Mit Röntgenstrahlung lassen sich Bilder vom Körperinneren aufnehmen, weil Knochen und Gewebe Röntgenstrahlung unterschiedlich gut hindurchlassen. Wie stark Fett, Knochen und Muskeln Röntgenstrahlung absorbieren, hängt von der Strahlungsenergie ab.

A1 a) „Harte" (energiereiche) Röntgenstrahlung ermöglicht kurze Belichtungszeiten. Betrachten Sie ▸Abb. 4 und begründen Sie, wie hart die Strahlung gewählt werden sollte, wenn Knochen bzw. Organe untersucht werden sollen.

b) Der Darm lässt sich von dem Gewebe, das ihn umgibt, kaum unterscheiden. Deshalb spritzt man dem Patienten ein Kontrastmittel. Welche Eigenschaften muss das Kontrastmittel haben?

Material B • Strahlung im elektrischen Feld

B1 Mischstrahler senden gleichzeitig α-, β- und γ-Strahlung aus. ▸Abb. 5 zeigt die Wege der Strahlung eines Mischstrahlers im elektrischen Feld.
Ordnen Sie den Strahlungsarten den zugehörigen Weg zu. Begründen Sie Ihre Entscheidung.

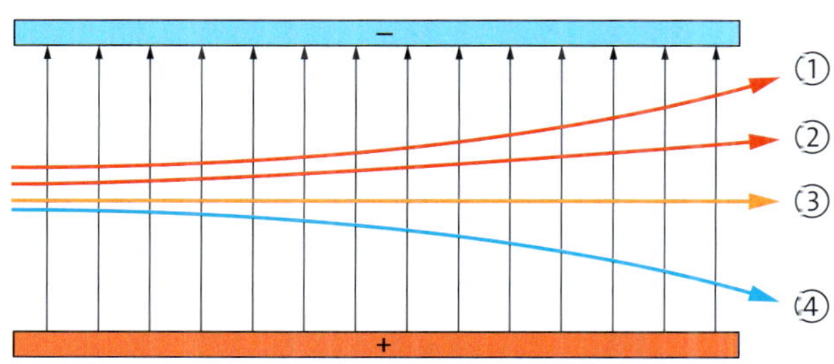

5 Ablenkung von Strahlung im elektrischen Feld

BLICKPUNKT

Natürliche und zivilisatorische Strahlung

1 MAGIC-Teleskop auf La Palma: Detektor für kosmische Strahlen

Ein Zählrohr weist auch dann Strahlung nach, wenn kein radioaktives Präparat in der Nähe ist. Diese gemessenen Zerfälle bezeichnet man als Nullrate. Woher kommen diese Zerfälle? Physiker unterscheiden zwischen der natürlichen Strahlung (kosmische und terrestrische Strahlung) und der zivilisatorischen Strahlung.

Kosmische Strahlung • Ständig prasseln von der Sonne und anderen Sternen stammende Teilchen auf die Erde ein, die sogenannte primäre kosmische Strahlung. Häufig handelt es sich dabei um besonders energiereiche Protonen, die auf die Erdatmosphäre treffen und dort Atomkerne zertrümmern. Dabei entstehen neue Kerne und Teilchen, die wiederum andere Kerne zertrümmern können – und zwar so lange, bis die ursprüngliche Bewegungsenergie umgewandelt ist. Bei diesem Prozess wird auch immer wieder elektromagnetische Strahlung frei. Die so entstandene ionisierende Strahlung nennt man sekundäre kosmische Strahlung. Sie lässt sich am Erdboden nachweisen (▸Abb. 1).
Bei den Reaktionen in der Atmosphäre werden unter anderem Radionuklide erzeugt. Denn wenn die Kerne stabiler Isotope wie Stickstoff-14 oder Sauerstoff-16 ein Neutron einfangen, sind die entstehenden Nuklide meist radioaktiv. So entstehen auch die radioaktiven Isotope Kohlenstoff-14 (C-14) und Wasserstoff-3 (H-3).
Kohlenstoff ist in allen Lebewesen enthalten. Er wird z. B. mit der Nahrung aufgenommen. So enthält jeder Organismus neben dem stabilen C-12 auch Anteile des radioaktiven C-14. Diese Tatsache wird für die Altersbestimmung von Höhlenmalereien oder Mumien genutzt.
H-3 wird auch als Tritium oder überschwerer Wasserstoff bezeichnet und kommt zu 99 % gebunden im Wasser vor. Er ist einer der Gründe, weshalb unser Meerwasser strahlt – wenn auch nur mit einer geringen Aktivität. Hauptsächlich strahlt unser Meerwasser aber, weil es Kalium-40 enthält.

Terrestrische Strahlung • Die natürliche ionisierende Strahlung stammt nicht allein aus dem Weltall. Auch unsere Erde besteht zum Teil aus radioaktiven Stoffen. Diese bildeten sich bei der Entstehung der Erde und besitzen eine sehr lange Halbwertszeit in der Größenordnung des Alters unserer Erde. Denn Radionuklide mit kleineren Halbwertszeiten sind im Laufe der Erdgeschichte bereits zerfallen. Zu den noch vorhandenen Radionukliden gehören Kalium, Thorium, Uran und dessen Zerfallsprodukte Radium und Radon. Das Edelgas Radon kann aus dem Erdboden austreten und in die Luft gelangen. Gut nachweisbar ist dieser α-Strahler z. B. in schlecht gelüfteten Kellerräumen.

Zivilisatorische Strahlenquellen • Neben den natürlichen Quellen ionisierender Strahlung gibt es auch vom Menschen geschaffene, künstliche Strahlenquellen. Sie dienen zur Konservierung von Lebensmitteln, zur Materialprüfung, zur medizinischen Diagnostik und Therapie, zur Energiegewinnung in Kernkraftwerken und zum Einsatz in Kernwaffen.
Reaktorunfälle und Kernwaffentests führen dazu, dass sich radioaktive Nuklide sowohl im Erdboden als auch in der Luft anreichern und über Nahrung und Atmung aufgenommen werden. Das kann zu schweren gesundheitlichen Schäden führen.
Zu den schwersten Reaktorunfällen zählen diejenigen in Tschernobyl 1986 und in Fukushima 2011. In beiden Fällen ist die nahe gelegene Umwelt so stark belastet, dass sie für sehr lange Zeit unbewohnbar geworden ist.

1 Das Bundesamt für Strahlenschutz liefert Informationen zur Strahlenbelastung für die Menschen in Deutschland. Finden Sie heraus, wie groß die Strahlenbelastung durch Radon und Lebensmittel in Ihrer Region ist.

Das Geiger-Müller-Zählrohr

Aufbau des Geiger-Müller-Zählrohres • Das Zählrohr ist ein Metallrohr, in dessen Mitte sich ein Draht befindet (▸Abb. 2). Dieser Draht ist vom Rohr elektrisch isoliert. Zwischen Metallrohr und Draht ist eine Spannung von 200 V bis 600 V angelegt, sodass der Draht positiv und das Metallrohr negativ geladen ist. Damit wirkt der Draht als Anode und das Rohr als Kathode.

Das Geiger-Müller-Zählrohr ist mit Edelgas gefüllt. Ein dünnes Fenster vorne am Rohr lässt die verschiedenen Strahlungsarten durch und hält das Gas im Zählrohr.

Funktionsweise • Die Strahlung gelangt durch das Fenster in das Zählrohr und ionisiert das Gas. Dabei entstehen Elektron-Ion-Paare. Die frei gewordenen Elektronen werden von der Anode angezogen und die positiven Ionen von der Kathode, sodass diese zum Metallrohr gelangen. Die Elektronen werden auf dem Weg zur Anode beschleunigt, wobei sie mit anderen Gasatomen zusammenstoßen. Bei den Stößen geben sie einen Teil ihrer Bewegungsenergie an die Atome ab. Dabei entstehen neue Elektron-Ion-Paare und es entwickelt sich eine Elektronenlawine, die sich zur Anode bewegt.
Durch das Zählrohr und den in Reihe geschalteten Widerstand fließt also kurzzeitig ein Strom. Dieser Strom verursacht einen kurzzeitigen Spannungsabfall, der verstärkt und anschließend vom Zähler registriert wird. Zusätzlich zum Zähler kann man einen Lautsprecher anschließen, der die Spannungsimpulse hörbar macht (▸Abb. 2).

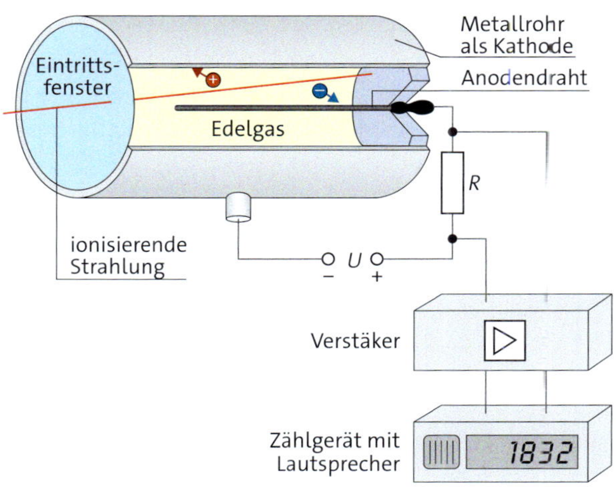

2 Aufbau des Geiger-Müller-Zählrohrs

Totzeit • Während die Elektronen zum Metalldraht gelangen, bewegen sich die positiven Ionen zum Metallrohr. Da die Elektronen aber viel leichter und kleiner sind als die Ionen, gelangen sie schneller zum Draht als die Ionen zum Metallrohr. Die entstandenen Ionen bleiben daher länger in der Nähe ihres Entstehungsortes.
Da die Elektronenlawinen überwiegend in der Nähe des Drahtes entstehen, bilden die Ionen deshalb eine Wolke um den Draht, während die beweglicheren Elektronen den Draht rasch erreichen und seine Ladung neutralisieren. Damit wirkt nicht mehr der Draht als positiver Pol auf die Elektronen, sondern die Ionenwolke. Somit können sich in Drahtnähe keine Elektronenlawinen mehr bilden. Deshalb können den Draht keine Elektronen mehr erreichen und es werden keine Spannungsimpulse mehr ausgelöst.

Erst wenn alle positiven Ionen das Rohr erreicht haben und der Weg zum Draht frei ist, können die Elektronen wieder zum Metalldraht gelangen. Den Zeitraum, in dem keine weiteren ionisierten Atome registriert werden können, nennt man Totzeit. Ein typischer Wert für die Totzeit ist 100 µs.
Entsprechend ist die angezeigte Zählrate ein qualitativer Nachweis von Strahlung. Um quantitative Messungen möglich zu machen, müsste man die Totzeit und die Nullrate berücksichtigen.

Nullrate • In unserer Umwelt ist ständig ionisierende Strahlung vorhanden, die natürlich auch vom Zählrohr registriert wird. Dieses immer vorhandene Strahlungsniveau wird als Nullrate bezeichnet. Mit dem Zählrohr sind alle drei Strahlungsarten nachweisbar, jedoch mit unterschiedlicher Wahrscheinlichkeit: Für α- und β-Strahlung ist eine hohe Ansprechwahrscheinlichkeit vorhanden, γ-Strahlung ist nur zu 1 % nachweisbar.

1 Begründen Sie geometrisch die Aussage:
Bei zweifacher Entfernung beträgt die Zählrate $\frac{1}{4}$ ihres ursprünglichen Werts.

1 Ein Potenzialtopfmodell

Nukleonen im Potenzialtopf

Das Konzept des Potenzialtopfs hat uns schon in der Atomhülle weitergeholfen. Wir können es auch auf den Atomkern übertragen. Wie hilft uns das Modell des Potenzialtopfs weiter?

Vorwissen • Das Modell des Potenzialtopfs haben wir schon für Elektronen nutzen können. Wenn im Kern nur die elektrische Kraft vorläge, wäre der Kern nicht stabil, weil die Protonen sich abstoßen. Es muss also noch eine weitere Kraft wirken, die Kernkraft.

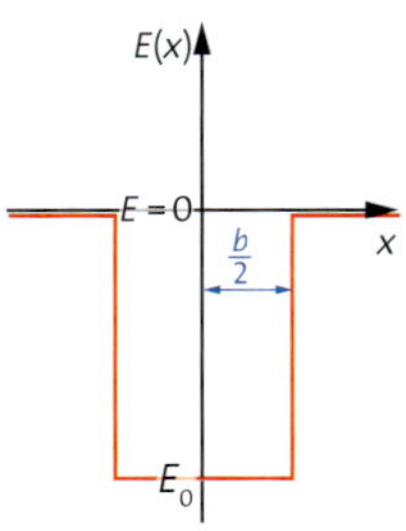

2 Einfacher Potenzialtopf

Der einfachste Potenzialtopf • Die grundlegenden Annahmen, die für den Potenzialtopf gebraucht werden, sind die Tiefe des Potenzialtopfes und die Breite. Als einfachsten Fall kann ein Rechteck als Potenzial (▸Abb. 2) gewählt werden. Diese Form ist durch Streuversuche bestätigt. Bei den Streuversuchen wurde darauf geachtet, dass die Teilchen nicht nur außen am Kern vorbei oder durch die Atomhülle geschossen wurden, sondern auch durch den Kern geschossen wurden. Wenn die halbe Breite des Potenzialtopfes kleiner als der Kernradius ist, ist das Potenzial E_0 und sonst 0 (▸Abb. 2). Das Nukleon kann also nicht über den Kernradius hinausgelangen, da es im Kern gebunden ist. Innerhalb ihres Potenzialtopfes können sich die Nukleonen jedoch unabhängig voneinander frei bewegen, wobei sie keine Energie verlieren dürfen, auch nicht durch Stöße.

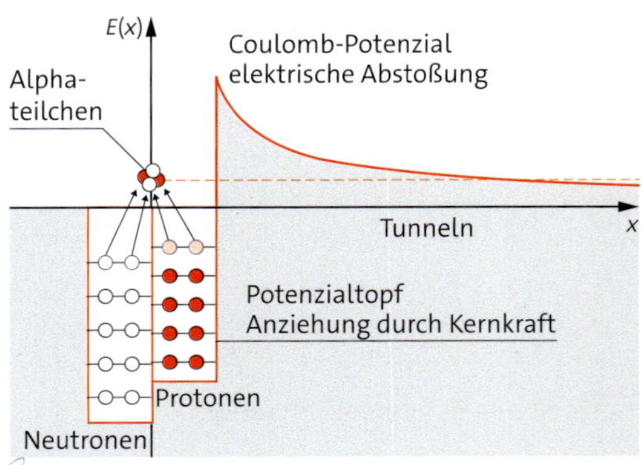

3 α-Zerfall im Modell des Potenzialtopfs

ziehen sich gegenseitig stärker an

Potenzialtopf für Neutronen und Protonen • Auch Nukleonen nehmen nur ganz bestimmte Energiezustände ein. Wir modellieren den Atomkern mit zwei separaten Potenzialtöpfen (▸Abb.1). Diese können aufgrund des Pauli-Prinzips höchstens zwei Protonen bzw. Neutronen auf je einem Energieniveau enthalten. Diese Nukleonen sind in ▸Abb.1 nebeneinander dargestellt. Wir übertragen unser Wissen von den Energieniveaus in der Atomhülle auf den Atomkern.

Wir modellieren den Atomkern mit zwei getrennten Potenzialtöpfen. In diesen können die Neutronen und Protonen nur ganz diskrete, für das Atom charakteristische Energiewerte annehmen.

Wie wir wissen, beschreibt das Quadrat der Wellenfunktion ψ^2 die Antreffwahrscheinlichkeit. Mit dem Modell der stehenden Wellen können wir für die Energieniveaus analog zu denen im Potenzialtopf der Atomhülle eine Formel ableiten. Die Energieniveaus lassen sich dann über $E = \frac{p^2}{2m}$ und $\lambda = \frac{h}{p}$ sowie $\lambda_n = \frac{2L}{n}$ mit $E_n = \frac{h^2}{8mL^2} \cdot n^2$ und $n = 1, 2, 3 \ldots$ berechnen.

Für m ist hier jedoch die Protonenmasse m_p oder die Neutronenmasse m_n einzusetzen.
Dies zeigt dann auch, dass die Abstände der Energieniveaus nicht alle gleich groß sein können und nicht so aussehen würden wie in ▸Abb.1 und 3.

Hierbei ist zu beachten, dass der Potenzialtopf unterhalb der Rechtsachse liegt und die Energien ein negatives Vorzeichen haben, da die Nukleonen den Kern nicht ohne eine Energiezufuhr verlassen können. Protonen, die von außen kommen, geraten erst in den Bereich der elektrischen Abstoßung, d.h., sie brauchen eine immer höhere Energie, um dem Kern näherkommen zu können. Erst wenn sie in den Bereich der Anziehung durch die Kernkraft kommen, „fallen" sie in die Zustände niedriger Energie im Potenzialtopf. Insgesamt ergibt sich so der Coulomb-Wall (▸Abb.3).

α-Strahlung • Mit dem Potenzialtopfmodell können wir sogar die Energie der α-Strahlung verstehen. Das α-Teilchen, das bei auftretender α-Strahlung den Kern verlässt, wird von zwei Protonen und zwei Neutronen aus den höchsten Energieniveaus gebildet. Es durchquert den Coulomb-Wall und tritt aus dem Kern aus (▸Abb.3). Durch die Abstoßung durch den positiv geladenen Kern kann seine kinetische Energie typischerweise 2 bis 10 MeV betragen. Dabei ist die Energie von der Art des Nuklids abhängig. Die Reaktionsgleichung sieht für ein Nuklid X mit der Massenzahl A und der Kernladungszahl Z folgendermaßen aus:
$^{A}_{Z}\mathrm{X} \rightarrow {}^{A-4}_{Z-2}\mathrm{X'} + {}^{4}_{2}\mathrm{He}$.

Massendefekt • Die Masse vieler Kerne ist kleiner als die Summe ihrer Bestandteile. Dazu sehen wir uns als Beispiel die Reaktionsgleichung der Umwandlung von U-233 genauer an:
$^{233}_{92}\mathrm{U} \rightarrow {}^{229}_{90}\mathrm{Th} + {}^{4}_{2}\mathrm{He}$.
Den **Massendefekt** berechnen wir, indem wir die tatsächlichen Massen von Th-229 und Helium von der Masse von U-233 abziehen:
$\Delta m = m_{\text{U-233}} - m_{\text{Th-229}} - m_{\text{He-4}}$
$= (233{,}039635 - 229{,}031762 - 4{,}002603)\,\mathrm{u}$
$= 0{,}005260\,\mathrm{u}$
Durch EINSTEINS Formel $E = m \cdot c^2$ kann zu jeder Masse die Energie berechnet werden. Damit entspricht der berechnete Massendefekt einer Energie von 4,9 MeV, die durch das α-Teilchen frei werden kann. Der Messwert für die kinetische Energie der α-Teilchen, die von U-233 ausgesendet werden, ist 4,824 MeV. Diese Energie kann aus dem Massendefekt zustande kommen.

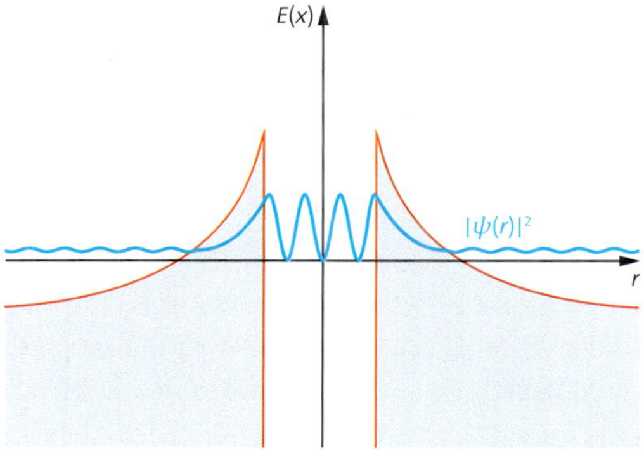

3 Tunneleffekt beim α-Teilchen

Energie der α-Teilchen • Die Energie der α-Teilchen ist auch ein Resultat aus der Coulomb-Abstoßung zwischen α-Teilchen und Kern. Bis zur Aussendung des α-Teilchen verminderte die Coulomb-Kraft die Bindungsenergie im Kern. Wenn wir die Coulomb-Energie bei U-233 berechnen, sollten wir eine Energie erhalten, die der Bewegungsenergie der α-Teilchen entspricht. Dazu benötigen wir den Kernradius. Eine Formel zur Berechnung des Kernradius ist $R = 1{,}2 \cdot A^{\frac{1}{3}}\,\text{fm}$. Mit der Massenzahl $A = 233$ beträgt der Kernradius also ca. 7,4 fm. Wenn ein α-Teilchen den Kern verlässt, benötigt es genau so viel Energie, wie es zum Hineinkommen benötigt, denn es muss wieder den Coulomb-Wall überwinden. Die Coulomb-Energie berechnen wir mit der uns bekannten Formel:

$$E_{\text{Coul}} = \frac{q_1 q_2}{4\pi\varepsilon_0 r}.$$

Die beiden Ladungen q_1 und q_2 sind bei U-233 dann $90e$ und $2e$, da den Kern mit der Kernladungszahl $Z = 92$ zwei Protonen in dem α-Teilchen verlassen. Es ist also $E_{\text{Coul}} = 35\,\text{MeV}$.
Diese Energie wäre aber um ein Vielfaches größer als die gemessene Energie der α-Teilchen und als die Energie, die wir mit dem Massendefekt berechnet haben. Diese hohe Energie wäre klassisch nötig. In der Quantenphysik verhält sich dies aber anders.

Tunneleffekt • Auch dem α-Teilchen wird im Potenzialtopf eine Antreffwahrscheinlichkeit zugeordnet. Doch hier ist die Besonderheit, dass es auch außerhalb des Potenzialtopfs erlaubte Bereiche gibt (▸Abb. 4) und so das α-Teilchen die Möglichkeit hat, durch das hohe Potenzial hindurchzutreten. Dies heißt Tunneleffekt.

Potenzialtopf bei β-Strahlung • Wir nutzen das Potenzialtopfmodell auch zur Erklärung der β-Strahlung (▸Abb. 1). Wenn das höchste unbesetzte Niveau der Protonen unterhalb des höchsten besetzten der Neutronen liegt, ist dies energetisch nicht optimal. Der Kern neigt dazu, einen möglichst niedrigen Energiezustand anzunehmen, deshalb wandelt sich ein Neutron aus dem höchsten Niveau (▸Abb. 1) in ein Proton, ein Antineutrino und ein Elektron um. Das Antineutrino und das Elektron verlassen den Kern, wobei das Elektron das β^--Teilchen ist. Das entstandene Proton nimmt den freien Platz im oberen Energieniveau ein. Als Reaktionsgleichung ergibt sich:
$^{A}_{Z}X \rightarrow {}^{A}_{Z-1}X' + {}^{0}_{-1}e + \bar{\nu}.$
Ähnlich verhält es sich bei der β^+-Strahlung: Hier liegt das höchste unbesetzte Niveau der Neutronen unterhalb des höchsten besetzten der Protonen. Ein Proton aus dem höchsten Niveau (▸Abb. 1) wandelt sich in ein Neutron, ein Neutrino und ein Positron um. Das Neutrino und das Positron verlassen den Kern und das Positron ist das β^+-Teilchen. Das Neutron nimmt den freien Platz im oberen Energieniveau ein. Die Reaktionsgleichung sieht dann folgendermaßen aus:
$^{A}_{Z}X \rightarrow {}^{A}_{Z-1}X' + {}^{0}_{1}e + \nu.$

γ-Strahlung • γ-Strahlung entsteht wiederum, weil der Kern in einen günstigeren energetischen Zustand möchte. In diesem Fall finden die Übergänge von Nukleonen in Energieniveaus innerhalb des jeweiligen zugehörigen Potenzialtopfes unter Aussenden von Photonen statt.

Einfangen eines Elektrons • Mithilfe des Potenzialtopfmodells kann auch der K-Einfang beschrieben werden. Hierbei wird ein Elektron aus der Atomhülle, und zwar der K-Schale, eingefangen (▸Abb. 1). Zusammen mit einem Proton auf einem höheren Energieniveau wird es zu einem Neutron. Dabei verlässt ein Neutrino den Kern und Röntgenstrahlung entsteht:
$^{A}_{Z}X + {}^{0}_{-1}e \rightarrow {}^{A}_{Z-1}X' + \gamma + \nu.$

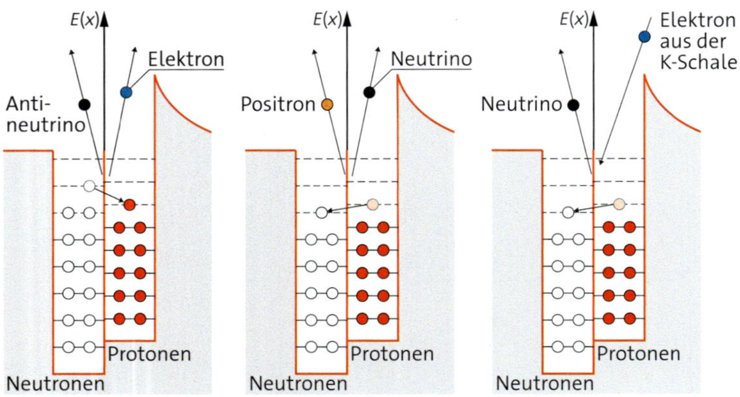

1 Modell des Potenzialtopfs: β^--Zerfall, β^+-Zerfall, K-Einfang

Versuch A • Potenzialtöpfe

V1 Potenzialtopf und Messwerte

Material:
Tabellenkalkulationsprogramm, Computer

Arbeitsauftrag:
Wir modellieren die 68 niedrigsten Zustände des Atomkerns des Bors mit der Massenzahl $A = 11$, ^{11}B, im dreidimensionalen Potenzialtopfmodell.

a) Für den Radius R eines Kerns gilt die Faustformel $R = 1{,}3\,\text{fm} \cdot A^{\frac{1}{3}}$. Berechnen Sie den Radius R. Ermitteln Sie die Kantenlänge L eines Würfels, der das gleiche Volumen $V = \frac{4\pi}{3} \cdot R^3$ hat wie der Kern mit diesem Radius R.

b) Begründen Sie: Der k-te Energiezustand in x-Richtung hat die Wellenlänge $\lambda = 2 \cdot \frac{L}{k}$, den Impuls $p = \frac{h}{\lambda}$ und die Energie $\frac{p^2}{2m} = E_x = \frac{h^2}{8m \cdot L^2}$.

c) Im dreidimensionalen Potenzialtopf gibt es für jede Richtung einen k-ten Zustand, also k_x, k_y und k_z. Somit ist $E = \frac{h^2}{8m \cdot L^2} \cdot (k_x^2 + k_y^2 + k_z^2)$.
Begründen Sie: Zwei Neutronen sind im niedrigsten Zustand mit
$E = \frac{h^2}{8m \cdot L^2} \cdot (1^2 + 1^2 + 1^2)$.
Die sechs nächsten Neutronenzustände haben
$E = \frac{h^2}{8m \cdot L^2} \cdot (1^2 + 1^2 + 2^2)$
und die Protonenzustände liegen jeweils 1,7 MeV höher.

d) ▸Abb. 2 zeigt modellierte Zustände und gemessene Anregungszustände von ^{11}B. Erklären Sie, warum die Messwerte beim zwölften Zustand beginnen.

V2 Potenzialtopf und Fermi-Energie

Material:
Tabellenkalkulationsprogramm, Computer

Arbeitsauftrag:
Wir modellieren die $N = 68$ niedrigsten Zustände des Atomkerns des Bors mit der Massenzahl $A = 11$, ^{11}B, mit der Fermi-Energie. Zum Vergleich ziehen wir die Ergebnisse aus V1 in ▸Abb. 2 hinzu.

a) Zwei Neutronen sind im niedrigsten Zustand mit $E = \frac{h^2}{8m \cdot L^2} \cdot (1^2 + 1^2 + 1^2)$, sechs Neutronen sind im zweitniedrigsten Zustand mit $E = \frac{h^2}{8m \cdot L^2} \cdot (1^2 + 1^2 + 2^2)$. Ermitteln Sie die 68 niedrigsten Energiezustände $E(j)$ abhängig von der Nummer j der Zustände.

b) Für große N entsprechen diese Energien der Fermi-Energie
$$E_F(j) = \frac{h^2}{8\pi^2 \cdot m} \cdot \left(\frac{3\pi^2 \cdot j}{V}\right)^{\frac{2}{3}}.$$
Tragen Sie die Energien des Potenzialtopfs und die Fermi-Energien gemeinsam im $E(j)$-Diagramm auf (▸Abb. 3). Vergleichen Sie mit den Ergebnissen aus V1 (▸Abb. 2).

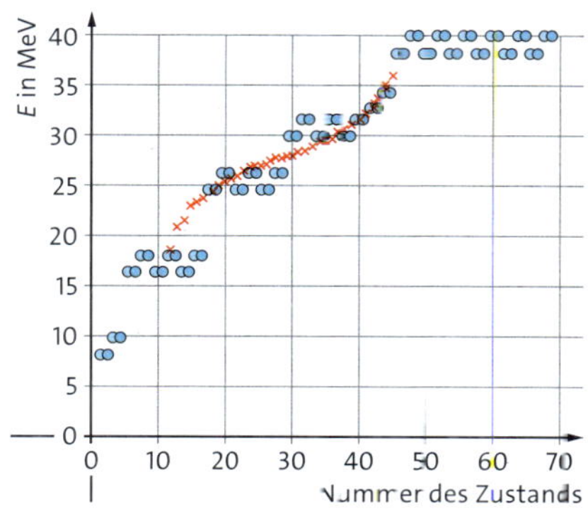

2 Zustände: berechnet (blau), gemessen (rot)

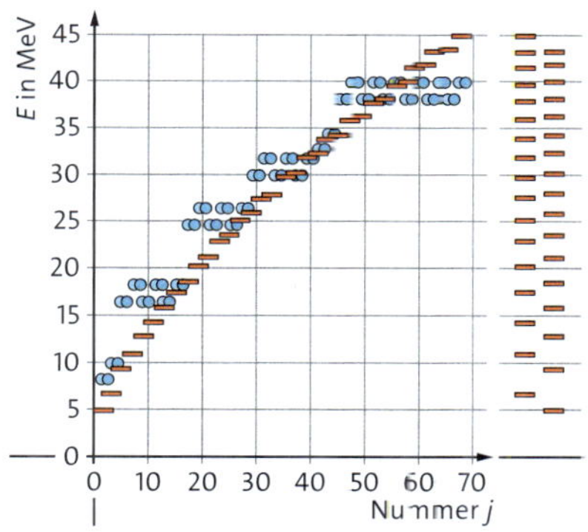

3 Blau: Zustände, rot: Fermi-Energie

Material A • Bor-Nuklide

A1 a) Boratome sind mit den Massenzahlen 6 bis 21 bekannt. Ermitteln Sie die Massendefekte für die Massenzahlen 6 bis 12 (▸Tabelle 4) und erläutern Sie damit die Stabilität der Isotope ^{10}B und ^{11}B.

b) Zeichnen Sie das Energieniveauschema der Fermi-Energien aus ▸Abb. 3 ins Heft, tragen Sie die Nukleonen von ^{12}B ein und erklären Sie damit die natürlich ablaufende Kernreaktion (entsprechend der Nuklidkarte im Anhang).

c) Tragen Sie in Ihr Schema aus b) die Nukleonen von ^{8}B mit einer neuen Farbe ein und erklären Sie damit die natürlich ablaufende Zerfallskette. Einen Ausschnitt der Nuklidkarte finden Sie im Anhang.

Nuklid	Z	N	Kernmasse in u
^{6}B	5	1	6,0480571
^{7}B	5	2	7,0269691
^{8}B	5	3	8,0213644
^{9}B	5	4	9,0105867
^{10}B	5	5	10,0101941
^{11}B	5	6	11,0065621
^{12}B	5	7	12,0116097

4 Isotope des Bors von 6B bis 12B

BLICKPUNKT

Kernfusion

Sonnenenergie • Wir wandeln Strahlungsenergie, Windenergie oder die in fossilen Brennstoffen enthaltene chemische Energie in elektrische Energie um, mithilfe von Solarmodulen bzw. Generatoren. Nicht nur die direkte Strahlungsenergie, sondern auch die Energie der Windströmungen und die chemische Energie der Steinkohle kommen bzw. kamen von der Sonne. Aber wie erzeugt die Sonne die Energie?

Kontraktion einer Gaswolke • Die Sonne ist ein riesiger Gasball, der zu über 90 % aus Wasserstoff besteht. Sie entstand aus einer Gaswolke, die sich unter ihrer eigenen Gravitation zusammenzuziehen und zu verdichten begann. Dabei stieg die Temperatur immer weiter an, bis in ihrem Zentrum Temperaturen von einigen Millionen Kelvin herrschten. Warum hörte die Kontraktion dann aber auf?

Fusion trotz Coulomb-Wall • Eine hohe Temperatur bedeutet hohe Teilchengeschwindigkeiten der Wasserstoff-Ionen – denn die Wasserstoff-Moleküle sind bei diesen Temperaturen längst zu einzelnen Protonen und Elektronen zerfallen. Die Wasserstoff-Kerne bzw. die Protonen sind schnell genug, dass sie die elektrische Abstoßung, d.h. den Coulomb-Wall, zwischen sich überwinden oder durchtunneln können.
Sind sie sich bis auf etwa 10^{-15} m nah gekommen, wirkt die anziehende Kernkraft zwischen ihnen und die beiden Kerne verschmelzen zu einem neuen Kern, nämlich dem Helium-Kern.

Proton-Proton-Reaktion • Ein Helium-Kern enthält vier Nukleonen – die Fusion von zwei Wasserstoff-Protonen reicht also noch nicht aus. Tatsächlich entsteht Helium in der Sonne im Wesentlichen in drei Schritten, die man als Proton-Proton-Reaktion bezeichnet (▸Abb. 1): Im ersten Schritt fusionieren zwei Wasserstoffkerne zu einem Deuterium-Kern, dem Wasserstoff-Isotop mit einem Neutron. Dabei wird eins der beiden fusionierenden Protonen zu einem Neutron und ein Positron sowie ein Neutrino werden frei.
Dieser Prozess hat nur eine geringe Wahrscheinlichkeit – es dauert im Mittel mehr als 10^{10} Jahre, bis ein bestimmtes Proton mit einem anderen fusioniert. Diese geringe Reaktionsrate ist der Grund dafür, dass die Sonne eine recht hohe Lebensdauer hat. Weil die Sonne größenordnungsmäßig 10^{53} Wasserstoff-Teilchen hat, finden dennoch genügend Fusionsprozesse statt.
Das entstandene Positron stößt früher oder später auf ein Elektron und in einer Materie-Antimaterie-Reaktion vernichten sie sich beide gegenseitig, wobei γ-Strahlung frei wird. Der Deuterium-Kern kann nun im zweiten Schritt mit einem weiteren Proton fusionieren und es entsteht mit ^{3}He ein Helium-Isotop aus zwei Protonen und einem Neutron. Dies geschieht schon um einiges schneller – im Mittel nach nur 1,4 s.
Für den dritten Schritt gibt es drei Möglichkeiten. Bei der mit 80 % am häufigsten auftretenden verschmelzen zwei ^{3}He-Kerne zu einem ^{4}He-Kern und zwei Wasserstoffkernen. Da hier zwei ^{3}He-Kerne fusionieren, muss die Anfangsreaktion zweimal stattgefunden haben.

Massendefekt • Aber woher kommt die gewaltige Energie, die die Sonne abgibt? Die Ursache ist der Massendefekt. Der ^{4}He-Kern hat eine um 0,7 % geringere Masse als die vier Protonen, aus denen er sich bildete. Die Differenz wird als Strahlungsenergie frei, netto etwa 26 MeV. Die Strahlungsenergie geht mit einem Strahlungsdruck einher, der die weitere Kontraktion der Sonne verhindert. Erst wenn der Wasserstoff im Zentrum vollständig zu Helium fusioniert ist, sinkt der Strahlungsdruck und die Sonne kontrahiert weiter, bis Dichte und Temperatur so weit angestiegen sind, dass nun Helium-Kerne miteinander verschmelzen können.

Technische Energiequelle • Es liegt auf der Hand, dass die Proton-Proton-Reaktion für die technische Energieumwandlung nicht geeignet ist. In Fusionsreaktoren soll daher in Zukunft die Fusion von Deuterium und Tritium zu Helium zum Einsatz kommen.

1 Proton-Proton-Reaktion

BLICKPUNKT

Neutrino

2 Das IceCube-Observatorium in der Antarktis sucht nach Neutrinos aus der Atmosphäre und dem Kosmos.

Sonnenneutrinos • Die Energie, die die Sonne abstrahlt, stammt aus Fusionsprozessen, bei denen auch Neutrinos ausgesendet werden, also elektrisch neutrale Teilchen mit sehr kleiner Masse. Außerdem haben wir gesehen, dass Neutrinos und ihre Antiteilchen beim β^+- bzw. β^--Zerfall frei werden.

Neutrinos retten die Energiebilanz • Ungeklärte Fragen zur Energiebilanz beim β^--Zerfall führten dazu, dass WOLFGANG PAULI 1930 das Neutrino postulierte. Das Problem war damals, dass die β^--Teilchen ein kontinuierliches Energiespektrum aufweisen. Das konnte jedoch nicht sein, denn wenn der Energieerhaltungssatz erfüllt sein sollte, musste beim β^--Zerfall immer dieselbe Energie frei werden und nicht mal mehr, mal weniger. Ein zweites Teilchen, welches jeweils die fehlende Energie mit sich trägt, konnte eine Lösung sein. Und tatsächlich fand man dieses postulierte Neutrino (bzw. das Antineutrino) 1956.

Wenig Wechselwirkung • Dass die Entdeckung so lange auf sich warten ließ, lag auch daran, dass Neutrinos nur sehr wenig mit Materie wechselwirken. Selbst der Erdkörper schirmt sie nur schwach ab. Um überhaupt Reaktionen mit Neutrinos aufzeichnen zu können, baut man Neutrinodetektoren deshalb dahin, wo sie durch viel Materie von anderen Signalen abgeschirmt werden, also unterirdisch, bspw. in Minen oder ins Eis der Antarktis.

Neutrinomasse • Zwar haben die Neutrinos das Rätsel der Energiebilanz beim β^--Zerfall gelöst, doch sorgen sie selbst durchaus für neue Fragen – z. B. die nach der Masse der Neutrinos. Dem Standardmodell der Teilchenphysik zufolge sollten sie keine Masse haben.

Man versucht nun auf verschiedenen Wegen dem Rätsel auf die Spur zu kommen, bspw. indem man die Masse einzugrenzen versucht über die Energiebilanz beim β-Zerfall. Bisher ermittelte Obergrenzen für die Neutrinomasse schließen aber nicht aus, dass Neutrinos nicht auch masselos sein könnten. Ein Indiz auf eine Masse liefern die Sonne und das Rätsel der Sonnenneutrinos.

Rätsel der Sonnenneutrinos • Man hat in den 1960er Jahren im sogenannten Homestake-Experiment begonnen, die von der Sonne kommenden Neutrinos zu untersuchen. Dabei wurde festgestellt, dass die aufgefangene Menge einem weniger als halb so großen Neutrinostrom entsprach, als man bei einem Stern von der Leuchtkraft der Sonne erwarten würde. Wo waren die fehlenden Neutrinos geblieben? Änderungen im Sonnenmodell erwiesen sich als nicht ausreichend, um das Problem zu lösen.

Drei Neutrinos • Um diese Frage zu beantworten, muss man wissen, dass es nicht nur eine Art Neutrinos gibt, sondern drei. Die Art, die wir bisher kennengelernt haben, ist das sogenannte Elektron-Neutrino. Daneben gibt es noch das Myon- und das Tau-Neutrino. Zudem sind Neutrinos Quantenobjekte und können mit Wellenfunktionen und Wahrscheinlichkeiten beschrieben werden. Das führt dazu, dass sogenannte Neutrinooszillationen auftreten können – periodische Umwandlungen von einer Neutrinoart in eine andere. Dann hat bspw. ein Elektron-Neutrino auch eine gewisse Wahrscheinlichkeit dafür, ein Myon- oder ein Tau-Neutrino zu sein. Macht sich nun ein Elektron-Neutrino auf den Weg von der Sonne zur Erde, variiert die Wahrscheinlichkeit dafür, an einem bestimmten Ort auf diesem Weg eine bestimmte der drei Neutrinoarten anzutreffen. Bei der Erde kann es gerade ein Tau-Neutrino sein. Da der Detektor vom Homestake-Experiment aber nur auf Elektron-Neutrinos ansprach, wurde nur ein Teil der Sonnenneutrinos erfasst. Nun können sich nach derzeitigem Kenntnisstand Neutrinos aber nur ineinander umwandeln, wenn sie unterschiedliche Massen haben. Damit müssen aber mindestens zwei der Neutrinoarten eine Masse haben.

1 Die Stoßzähne von Elefanten liefern das Elfenbein

Halbwertszeit

Jährlich werden Schätzungen zufolge 30 000 Elefanten wegen ihres Elfenbeins illegal getötet. Elfenbeinhändler behaupten, ihr Elfenbein sei älter und falle nicht unter das Handelsverbot. Wie überprüft man diese Behauptung?

Zerfall bedeutet, dass sich das ursprüngliche Material umgewandelt hat.

C-14 in der Atmosphäre • Durch die Höhenstrahlung wird in den oberen Atmosphärenschichten Stickstoff (N-14) in das radioaktive Kohlenstoffisotop C-14 umgewandelt. Die zugehörige Reaktionsgleichung lautet:

$$^{14}_{7}\mathrm{N} + ^{1}_{0}\mathrm{n} \rightarrow ^{14}_{6}\mathrm{C} + ^{1}_{1}\mathrm{p}.$$

Unter Aussendung von β^--Strahlung wandelt sich C-14 wieder in Stickstoff (N-14) um. Die zugehörige Reaktionsgleichung lautet:

$$^{14}_{6}\mathrm{C} \rightarrow ^{14}_{7}\mathrm{N} + ^{0}_{-1}\mathrm{e} + \overline{\nu}.$$

C-14 wird von den Lebewesen wie das gewöhnliche Isotop C-12 aufgenommen. Das Elfenbein der Elefanten enthält daher, wie Tierknochen und Pflanzen, die Kohlenstoffisotope C-12 und C-14. Solange ein Organismus lebt, nimmt er mit der Nahrung ständig neue C-14-Atome zu sich. Daher bleibt das Verhältnis von C-12 und C-14 im Organismus stabil. Wenn der Organismus stirbt, nimmt er keinen Kohlenstoff mehr auf und die Menge an C-14-Atomen nimmt wegen des radioaktiven Zerfalls ab. Dadurch ändert sich das Verhältnis von C-12 zu C-14. Man kann dieses Verhältnis bestimmen und daraus Rückschlüsse auf das Alter einer organischen Substanz ziehen. ▸Abb. 2 zeigt, wie der Anteil noch nicht zerfallener C-14-Atome im Laufe der Zeit abnimmt.

Die Halbwertszeit • Nach 5730 Jahren ist die Anzahl von C-14-Atomen auf die Hälfte der Ausgangsmenge zurückgegangen. Nach 11 460 Jahren, also der doppelten Zeitspanne, ist nur noch ein Viertel vorhanden. Die Anzahl der C-14-Atome hat sich also erneut halbiert. Dies setzt sich immer weiter fort (▸Abb. 2). Entsprechend hat die Menge von N-14 zugenommen. Der Stickstoff ist allerdings gasförmig und entweicht weitgehend aus der Probe.

Die in ▸Abb. 2 dargestellte Gesetzmäßigkeit, dass sich nämlich immer innerhalb einer bestimmten Zeitspanne die Menge halbiert, gilt auch für alle anderen radioaktiven Nuklide. Nur misst man bei der Untersuchung anderer radioaktiver Stoffe andere Zeitspannen für eine Halbierung und erhält andere Zerfallsprodukte.

Die Zeitspanne, in der die Hälfte der Menge eines radioaktiven Nuklids zerfällt, heißt **Halbwertszeit** $T_{1/2}$. Sie ist so charakteristisch wie ein Fingerabdruck: Jedes radioaktive Nuklid hat eine spezifische Halbwertszeit. Halbwertszeiten können von Sekundenbruchteilen bis zu vielen Milliarden Jahren reichen (▸Tabelle 3).

Die Halbwertszeit $T_{1/2}$ ist die Zeitspanne, in der sich die Hälfte der Menge eines radioaktiven Nuklids umwandelt. $T_{1/2}$ ist eine charakteristische Größe für radioaktive Atomkerne.

Der Zerfall ist ein stochastischer Prozess: Die Halbwertszeit beschreibt die erwartete Zeitspanne, in der die Hälfte der zu Beginn vorhandenen Nuklide umgewandelt wird. Niemand kann dagegen voraussagen, wann ein bestimmter Kern zerfällt. Aussagen auf der Grundlage der Halbwertszeit sind somit erst dann zuverlässig, wenn eine große Anzahl von Kernen betrachtet wird.

Die Anzahl N der Kerne, die noch nicht zerfallen sind, nimmt exponentiell ab (▸Abb. 2). Es gilt:

$$N(t) = N_0 \cdot 2^{-\frac{t}{T_{1/2}}}$$

oder

$$N(t) = N_0 \cdot e^{-\lambda \cdot t}$$

mit $\lambda = \frac{\ln 2}{T_{1/2}}$.

Dabei ist $N(t)$ die Anzahl der Kerne zum Zeitpunkt t und N_0 die Ausgangszahl zum Zeitpunkt $t = 0$. λ ist die sogenannte Zerfallskonstante. Sie hat die Einheit $\frac{1}{s}$.
Die Anzahl N der Kerne in einer Probe ist einer Messung nicht zugänglich. Deshalb verwendet man die Zählrate Z. Sie ist proportional zu N. Für sie gelten die gleichen exponentiellen Gesetze.

Altersbestimmung • Auch Lebewesen enthalten neben dem C-12- das radioaktive C-14-Isotop. Wenn man nun bei der Analyse einer organischen Probe mit tierischen oder pflanzlichen Anteilen eine verringerte Zählrate und damit eine verringerte Aktivität gegenüber einer frischen Probe

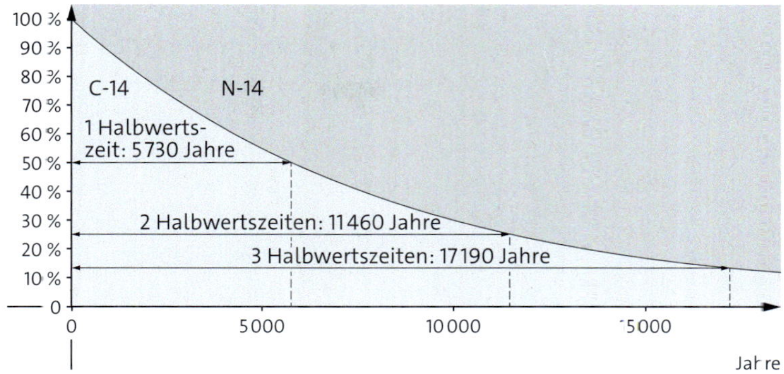

2 Anteil nicht umgewandelter C-14-Kerne in einer Probe (idealisiert).

feststellt, dann lässt sich daraus das Alter der Probe ermitteln. Denn unter der Annahme, dass das Mengenverhältnis von C-12 zu C-14 sich in der Atmosphäre über die Jahre nicht ändert, kann über die verringerte Aktivität auf die Menge des radioaktiven C-14 geschlossen werden, die sich seit dem Tod des Organismus umgewandelt hat. Bei bekannter Halbwertszeit kann dann die Zeit seit dem Tod ermittelt werden.

Nuklid	Halbwertszeit
B-12	20 ms
Rn-220	55,6 s
C-14	5730 a
Pu-239	24110 a
K-40	$1{,}277 \cdot 10^9$ a

3 Halbwertszeiten einiger radioaktiver Stoffe

Die Altersbestimmung auf Grundlage der Halbwertszeit ist bei sehr kleinen Proben allerdings unsicher, weil die Zählrate zu klein wird und somit zu starken statistischen Schwankungen unterliegt. Als Faustregel kann man sich merken, dass man auf die Weise höchstens ein Alter, das ca. 10 Halbwertszeiten entspricht, bestimmen kann. Für Altersbestimmungen bis zu 60 000 Jahren ist daher das C-14-Isotop gut geeignet.

Alter einer Elfenbeinprobe • In einer Ladung beschlagnahmter Stoßzähne sollen sich z. B. noch 99,9 % der ursprünglichen C-14-Kerne nachweisen lassen. Das Alter des Elfenbeins ermitteln wir über folgenden Ansatz:

$$\frac{N(t)}{N_0} = e^{-\lambda \cdot t} \quad \text{mit} \quad \frac{N(t)}{N_0} = 0{,}999$$

$$\Rightarrow 0{,}999 = e^{-\frac{\ln 2}{5730\,a} \cdot t}.$$

Lösen der Gleichung ergibt $t \approx 8{,}27$ a.

Das Elfenbein ist also noch keine 9 Jahre alt und wurde zu Recht beschlagnahmt, da in der EU mit Elfenbein aus der Zeit seit 1990 ausnahmslos nicht gehandelt werden darf.

Im Allgemeinen ist die C-14-Methode nur für Proben anwendbar, die älter als 300 Jahre sind. Erst die Erhöhung des C-14-Wertes durch die Atombombentests macht eine Altersbestimmung bei jungen Proben möglich.

Atombombentests • Lebewesen, die in den Jahren nach 1950 starben, weisen einen charakteristisch höheren C-14-Wert auf. Dies ist in den oberirdischen Atomwaffentests begründet, da diese die C-14-Werte in der Atmosphäre stark erhöht haben. Von den 1960er Jahren an fielen die Werte wieder. Der erhöhte C-14-Gehalt der Atmosphäre muss bei Altersbestimmungen berücksichtigt werden, weil dadurch die Annahme unveränderter Isotopenverhältnisse in der Atmosphäre nicht mehr gerechtfertigt ist. Wenn man dies berücksichtigt, kann man das Alter solch junger Elfenbeinproben mit der C-14-Methode ermitteln.

Zerfallsreihen • Viele radioaktive Nuklide kommen in der Natur vor – sie umgeben uns ständig. Sie wandeln sich um, indem sie α-Strahlung oder β-Strahlung aussenden, wobei oft auch noch γ-Strahlung entsteht. Das im Gas Radon enthaltene Nuklid Rn-220 wandelt sich z. B. um, indem es α-Teilchen aussendet:

$$^{220}_{86}\text{Rn} \rightarrow {}^{216}_{84}\text{Po} + {}^{4}_{2}\text{He}.$$

Das entstehende Poloniumnuklid Po-216 ist selbst radioaktiv und wandelt sich ebenfalls um und so weiter. Auf diese Weise sind natürliche radioaktive Nuklide in Zerfallsreihen eingebunden. An deren Ende steht jeweils ein stabiles Bleinuklid, das sich nicht mehr weiter umwandelt.

In der Natur kommen heute noch drei solcher Zerfallsreihen vor. Als Beispiel ist die Thorium-Reihe in ▸Abb. 1 dargestellt. Sie beginnt beim Nuklid Th-232 und endet beim stabilen Bleinuklid Pb-208. Die beiden weiteren natürlichen Zerfallsreihen beginnen beim Urannuklid U-238 (Uran-Radium-Reihe) und beim Urannuklid U-235 (Uran-Actinium-Reihe).

Eine Zerfallsreihe ist eine Folge von Umwandlungen radioaktiver Kerne und endet bei einem stabilen Nuklid. In der Natur kommen drei Zerfallsreihen vor.

1 $^{238}_{92}\text{U}$ ist ein α-Strahler. Welches Nuklid folgt damit in der Uran-Actinium-Reihe? Geben Sie die Umwandlungsgleichung an.

2 Die Uran-Radium-Reihe endet bei dem stabilen Nuklid $^{206}_{82}\text{Pb}$, das gleich zwei Vorgängernuklide hat: einen α-Strahler und einen β-Strahler. Geben Sie die beiden Vorgängernuklide in der Zerfallsreihe an.

a) Geben Sie eine Vermutung über die Halbwertszeiten der Ausgangsnuklide der Zerfallsreihen an. Begründen Sie Ihre Vermutung.

b) Es gab eine vierte natürliche Zerfallsreihe, die inzwischen „ausgestorben" ist. Erläutern Sie.

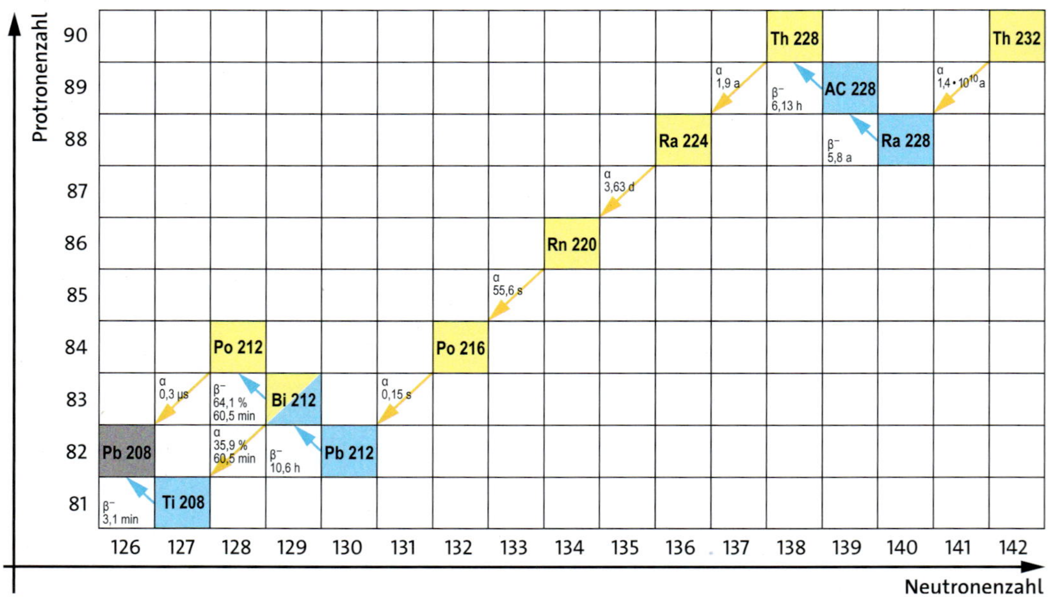

1 Thorium-Zerfallsreihe

Versuch A • Untersuchung radioaktiver Strahlung

Achtung: Beachten Sie die aktuellen Strahlenschutzbestimmungen

V1 Abstandsgesetz

Material:
Stoppuhr, Geiger-Müller-Zählrohr mit Zähler, γ-Strahler, Stativmaterial, Maßstab

Arbeitsauftrag:
Wir bestimmen die Zählrate pro Minute bei verschiedenen Abständen zwischen Präparat und Zählrohr (▸Abb. 2).

a) Skizzieren Sie den Versuch und beschreiben Sie die Durchführung. Begründen Sie anschaulich, dass die Zählrate proportional zu $\frac{1}{r^2}$ ist.
b) Nehmen Sie geeignete Messwerte auf und protokollieren Sie diese in einer Tabelle.
c) Stellen Sie die Messwerte in einem geeigneten Diagramm dar. Beschreiben Sie das Versuchsergebnis.
d) Bestätigen Sie anhand der Messwerte, dass die Zählrate proportional zu $\frac{1}{r^2}$ ist.

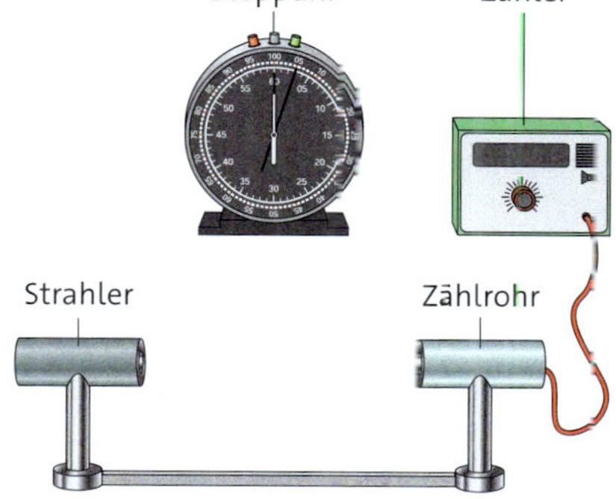

2 Bestimmung der Zählrate

Material A • Halbwertszeit

A1 Die Zählraten eines α-Strahlers wurden gemessen (▸Tabelle 3). Die Nullrate von 6 Impulsen pro 10 Sekunden wurde nicht berücksichtigt.
a) Skizzieren Sie den Versuch und beschreiben Sie die Durchführung.
b) Übertragen Sie ▸Tabelle 3 ins Heft. Ergänzen Sie die fehlenden Werte.
c) Stellen Sie die Werte in einem geeigneten Diagramm dar und bestimmen Sie graphisch die Halbwertszeit.
d) Ermitteln Sie den funktionalen Zusammenhang für $N(t)$ entweder graphisch oder mit einer Regression.
e) Ermitteln Sie mithilfe der Halbwertszeit, um welchen α-Strahler es sich handeln könnte.

Zeitraum in s	0–10	10–20	20–30	30–40	40–50	50–60	60–70	70–80	80–90	90–100	100–110	110–120	120–130	130–140
Impulse insgesamt	89	184	305	460	602	722	816	905	979	1048	1107	1162	1210	1254
Zeit *t* in s	5	15	25											
Impulse *N*(*t*)	83	89												

3 Zählraten

Material B • Durchdringungsvermögen

B1 Das Durchdringungsvermögen der Strahlung eines Knopfstrahlers wird untersucht. Die Nullrate beträgt 50 Impulse pro Minute. Für den ersten Tabellenwert (d = 0 mm) und die weiteren Werte (▸Tabelle 4) wird die Zählrate $Z(t)$ mit einem Blatt Papier direkt vor dem Zählrohr ermittelt. Dann werden fortlaufend Aluminiumplatten (Dicke 0,5 mm) eingesetzt und jeweils die Zählrate bestimmt.
a) Stellen Sie die Werte der Tabelle graphisch dar. Entscheiden Sie begründet, ob die Nullrate berücksichtigt werden muss. Erläutern Sie, warum ein Blatt Papier vor dem Zählrohr positioniert wird.
b) Ermitteln Sie aus dem Diagramm und auch mit dem Regressionsmodul des Taschenrechners die Halbwertsdicke.
c) Erläutern Sie anhand der Nuklidkarte, warum der Knopfstrahler, der U-238 enthält, als β-Strahler angesehen werden kann.
d) Inwiefern ist es für die Auswertung wichtig, dass man ausschließen kann, dass der Knopfstrahler γ-Strahlung emittiert?

***d* in mm**	0	0,5	1	1,5	2
***Z* in $\frac{1}{\text{min}}$**	949	515	255	160	110

4 Zählraten

METHODE

Modellieren eines Zerfalls mittels Differenzenverfahren

Anzahl der Kerne • Die Anzahl N der Kerne, die noch nicht umgewandelt sind, kann mit folgender Gleichung beschrieben werden:

$N(t) = N_0 \cdot e^{-\lambda \cdot t}$ mit $\lambda = \frac{\ln 2}{T_{\frac{1}{2}}}$.

Statt diese Gleichung direkt zu nutzen, können wir den radioaktiven Zerfall auch mithilfe des Differenzenverfahrens modellieren. Dazu nutzen wir eine Tabellenkalkulation.

Differenzengleichung • Die Berechnung erfolgt in drei Schritten:
Im ersten Schritt überlegen wir uns eine Gleichung für die zeitliche Entwicklung. Mit dieser Gleichung kommen wir immer einen Zeitschritt Δt weiter: $t_{neu} = t + \Delta t$.
Die Anzahl der zerfallenen Kerne berechnen wir im zweiten Schritt, indem wir $\dot{N}(t)$ bilden und ausnutzen, dass $\dot{N}(t) \approx \frac{\Delta N}{\Delta t}$ gilt.

$\dot{N}(t) = -\lambda \cdot N(t) = A(t)$, mit $\lambda = \frac{\ln 2}{T_{\frac{1}{2}}}$.

Also ist: $\Delta N \approx -\lambda \cdot N(t) \cdot \Delta t$

Für den dritten Schritt benötigen wir eine Gleichung, mit der wir die aktuelle Anzahl der noch nicht umgewandelten Kerne berechnen können:

$N(t_{neu}) = N(t) + \Delta N = N(t) - \lambda \cdot N(t) \cdot \Delta t$.

Anschließend führen wir die drei Schritte für die nächsten Zeitintervalle durch.
Die noch nicht umgewandelten Kerne sind die Mutterkerne und die, die umgewandelt wurden, die Tochterkerne.
Die Tabellenkalkulation liefert uns ein Ergebnis z. B. wie in ▸Tabelle 1.
Das Differenzenverfahren ist ein typisches numerisches Verfahren, welches für Abnahme- oder Wachstumsprozesse verschiedener Komplexität tragfähig ist. Beispiele sind die Entladung eines Kondensators, der Einschaltvorgang einer Spule oder Bewegung von Ionen in der Ionenfalle. Ein Vorteil bei der Verwendung einer Tabellenkalkulation liegt darin, dass die Modellierung auch für kompliziertere Prozesse möglich ist, ohne die eigentliche Gesetzmäßigkeit kennen zu müssen. Ein weiterer Vorteil ist, dass man direkt ein Diagramm (▸Abb. 2) erstellen kann. Die Regression liefert den passenden Funktionsterm.

Ergebnis • Auf unser Beispiel bezogen erhalten wir für die Entwicklung der Mutterkerne (▸Abb. 2):
$N(t) = 1000 \cdot e^{-0{,}01 t \cdot \frac{1}{s}}$
und für die Tochterkerne:
$N_T(t) = 1000 + N(t) = 1000 - 1000 \cdot e^{-0{,}01 t \cdot \frac{1}{s}}$.
Genauere Werte bekommen wir, wenn wir ein kleineres Δt wählen.
In dem dargestellten Fall sind die Tochterkerne stabil. Wenn diese nicht stabil sind, können wir den Mutter-Tochter-Zerfall mithilfe der Tabellenkalkulation um weitere Generationen ergänzen.

1 In ▸Tabelle 1 fehlen Zwischenwerte. Berechnen Sie die fehlenden Werte für 30 s.

2 Modellieren Sie den Zerfall von Radon-220 durch ein Differenzenverfahren mithilfe einer Tabellenkalkulation.

Modellierung eines Zerfalls			
Anfangsbedingungen			
$N(0)$	$T_{\frac{1}{2}}$ in s	λ in $\frac{1}{s}$	Δt in s
1000	73,000	0,00949	10
t in s	$N(t)$	$\lambda \cdot N(t) \cdot \Delta t$	$N(t) - \lambda \cdot N(t) \cdot \Delta t$
0	1000,000	94,952	905,048
10	905,048	85,936	819,112
20	819,112	77,776	741,336
...	...	...	...
100	368,738	35,012	333,726

1 Tabelle in der Tabellenkalkulation

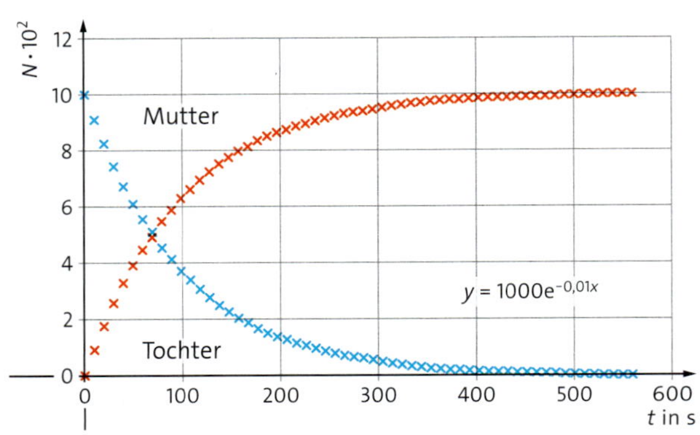

2 Modellierung des Mutter-Tochter-Zerfalls

METHODE

Arbeiten mit der Nuklidkarte

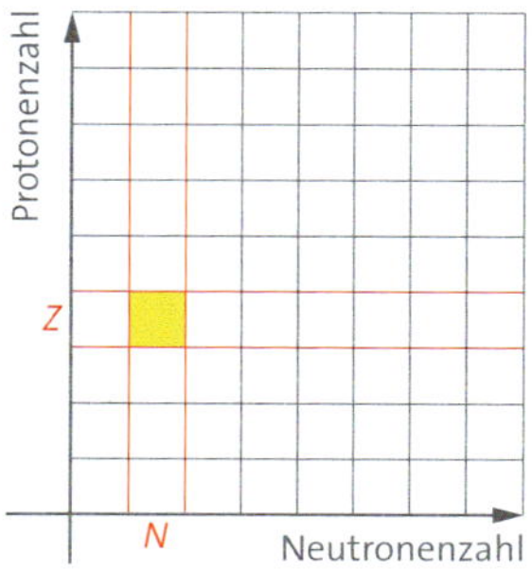

3 Aufbau der Nuklidkarte

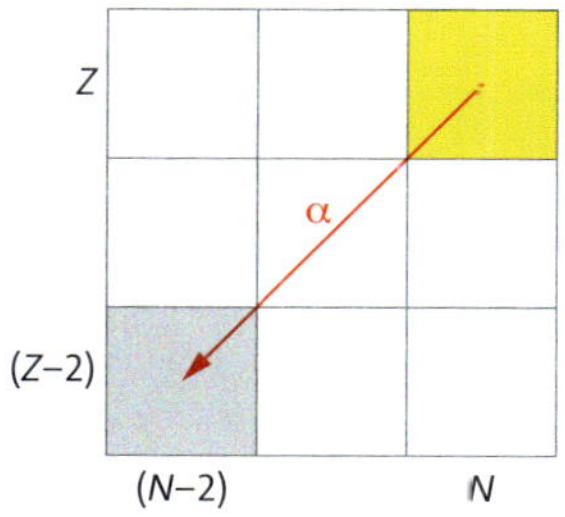

4 α-Zerfall

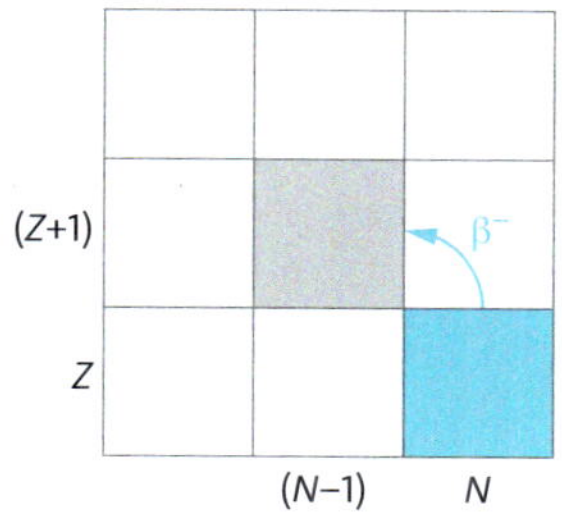

5 β⁻-Zerfall

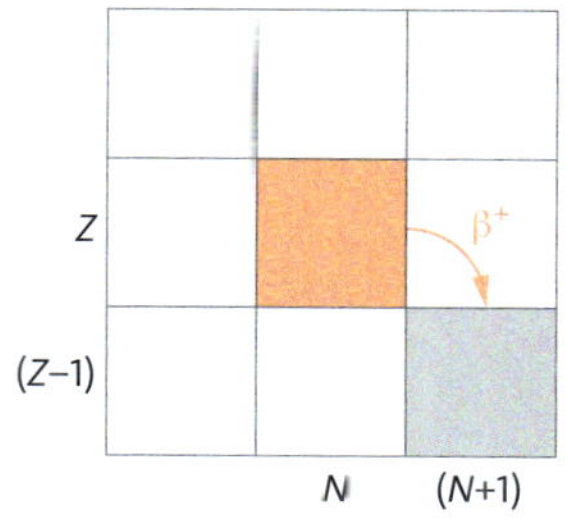

6 β⁺-Zerfall

Die Nuklidkarte ist systematisch aufgebaut. Ihr Aufbau entspricht im Prinzip dem einer Tabelle (▸Abb. 3): In den Zeilen stehen alle Nuklide mit der gleichen Protonenanzahl und somit auch der gleichen Ordnungszahl *Z*. Damit stehen also alle Nuklide, die zu demselben Element gehören, in einer Zeile der Nuklidkarte. In den Spalten der Nuklidkarte stehen alle Nuklide mit der gleichen Anzahl von Neutronen.

Die Farbe einer Zelle der Nuklidkarte enthält Informationen über die Zerfallsart für das entsprechende Nuklid: Gelb bedeutet α-Zerfall. Bei dem neu entstehenden Nuklid werden die Neutronenzahl *N* und die Protonenzahl *Z* jeweils um zwei verringert (▸Abb. 4).

In ▸Abb. 5 bedeutet Blau β^--Zerfall. Ein Elektron wird ausgesendet. Weil sich dabei aus einem Neutron ein Proton und ein Elektron bilden, verringert sich *N* um 1 und *Z* erhöht sich um 1 (▸Abb. 5).

Rot bedeutet β^+-Zerfall. Dabei wird ein Positron ausgesendet oder ein Elektron eingefangen. Dabei verringert sich *Z* um 1 und *N* vergrößert sich um 1 (▸Abb. 6)

Schwarz (im Anhang: grau) markierte Nuklide sind stabil. Sie wandeln sich von selbst nicht weiter um.

Zudem sind die Halbwertszeiten der instabilen Nuklide sowie die Energien der häufigsten Zerfallsarten angegeben.

Mit diesen Informationen kann man anhand der Nuklidkarte Kernumwandlungen und ganze Zerfallsreihen voraussagen.

Einen Ausschnitt aus der Nuklidkarte findet sich im Anhang.

1 ▸Abb. 7 zeigt die Entstehung des radioaktiven Nuklids Rn-222. Radon trägt wesentlich zur natürlichen Radioaktivität auf der Erde bei.
Übertragen sie die Zerfallsreihe und vervollständigen Sie sie mithilfe der Nuklidkarte. Geben Sie jeweils die Zerfallsart (α- bzw. β-Strahlung) mit den zugehörigen Energien und Halbwertszeiten an.

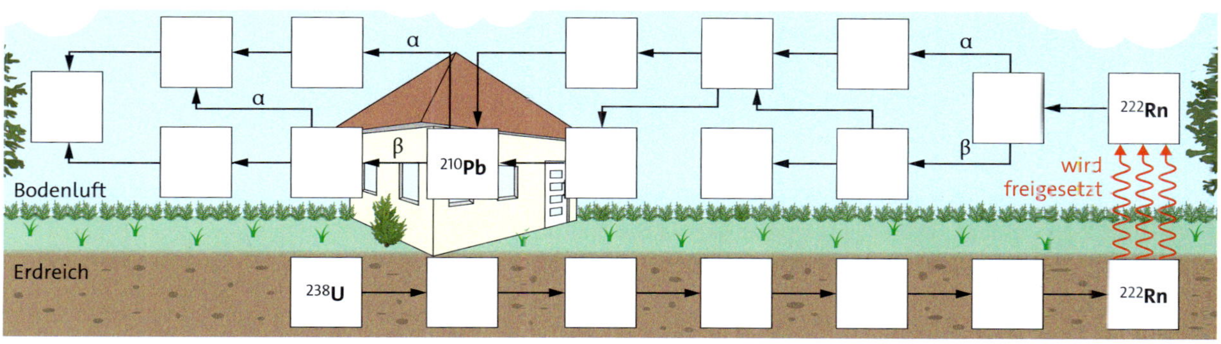

7 Entstehung des bodennahen radioaktiven Radons aus der Zerfallsreihe von Uran-238

1 Trinkwasser aus dem Wasserhahn

Kernspektren

Wenn wir Wasser aus dem Wasserhahn trinken, sind wir sicher, dass es keinerlei schädliche Rückstände enthält. Trinkwasser wird regelmäßig auf ionisierende Strahlung untersucht. Wie kann man einzelne radioaktive Elemente nachweisen?

Energie von α-Teilchen • Wir können ionisierende Strahlung mit verschiedenen Mitteln nachweisen. In der Nebelkammer haben wir Spuren der α-Teilchen gesehen, die Unterschiede in Länge und Dicke aufweisen. Diese deuten auf unterschiedliche Energien hin. Dadurch wissen wir aber noch nicht, wie hoch die Energien sind und mit welchen radioaktiven Materialien wir es zu tun haben. Durch die Aufnahme von Energiespektren kann die Strahlung auf das aussendende Element zurückgeführt werden, denn das Energiespektrum ist eindeutig einem Element zuzuordnen. Die Untersuchung von α-Strahlung ist hierbei wichtig, da diese Strahlung beim Verschlucken besonders gefährlich ist. Sie sollte also kaum im Trinkwasser vorkommen.

Die Energieabgabe der α-Teilchen untersuchen wir zunächst am radioaktiven Präparat Americium-241. Mit einem Halbleiterdetektor kann das Energiespektrum aufgenommen werden. Die Impulse, die am Detektor gemessen werden, sortiert man in einem Häufigkeitsdiagramm und erhält so das α-Spektrum. Dabei ist der Spannungsimpuls proportional zur Energie der Strahlung.

Es ist auffällig, dass bei ca. 5,48 MeV ein Peak mit 85 % Häufigkeit und ein weiterer bei 5,44 MeV mit 13 % Häufigkeit liegt (▸Abb. 2). Diese Energiewerte weisen α-Teilchen bei der Umwandlung von Am-241 am häufigsten auf. Zudem sind sie spezifisch für dieses Nuklid. Für andere Nuklide sind andere Peaks im α-Spektrum typisch. Das α-Spektrum kann für jede Art von α-Strahlung aufgenommen werden und über die spezifischen Peaks der bestimmten Energien somit eindeutig einem Nuklid zugeordnet werden.

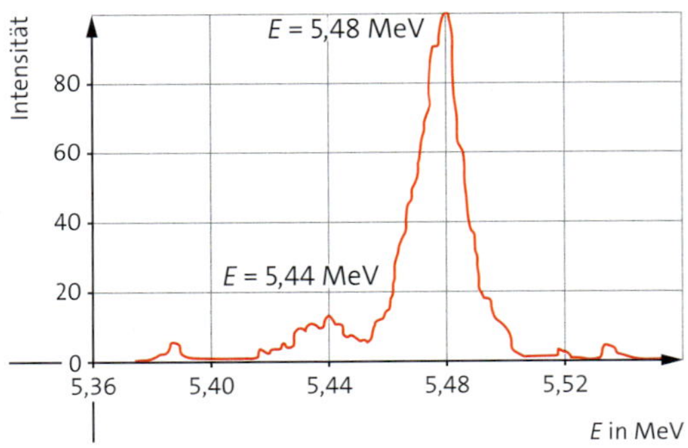

2 Energiespektrum für Am-241

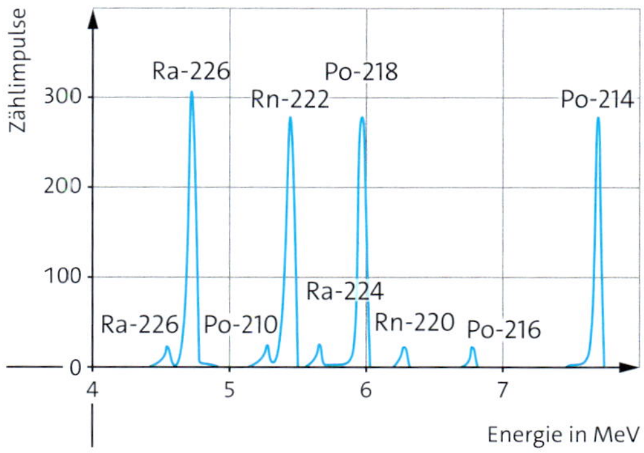

3 Energiespektrum eines Mineralwassers

Über derartige Energiespektren (▸Abb. 2 und 3) kann man z. B. die in einer Wasserprobe enthaltenen radioaktiven Nuklide bestimmen. Viele Spektren sind dazu nötig, denn je mehr Indizien man zur Verfügung hat, desto genauer und zuverlässiger kann man die vorhandenen Nuklide bestimmen.

Bei den Messungen zur Radioaktivität in Trinkwasser wird zusätzlich auch die γ-Spektroskopie genutzt, um weitere radioaktive Elemente zu detektieren. Mithilfe der α-Spektroskopie werden Po-210, U-234 und U-238 nachgewiesen und mit der γ-Spektroskopie Rn-222 und Ra-228.

α-Spektrum im Detail • Wir untersuchen exemplarisch das α-Spektrum von Americium-241.

In ▸Abb. 2 fällt auf, dass sich neben den hohen Peaks für 5,44 bzw. 5,48 MeV noch weitere Peaks befinden. Dies ist darauf zurückzuführen, dass die α-Teilchen unterschiedliche kinetische Energien aufweisen können. Die Energie, die am häufigsten vorkommt, ist in dem Energiespektrum grundsätzlich beim höchsten Peak zu finden, da das Energiespektrum ein Energie-Häufigkeits-Diagramm ist.

Durch die Aussendung des α-Teilchens ist das Zerfallsprodukt Neptunium-237 entstanden. Dieses wird auch als Tochterkern bezeichnet und der Ausgangskern als Mutterkern. Am-241 wandelt sich also in Np-237 und Helium-Kerne um. Die zugehörige Reaktionsgleichung kann mithilfe der Nuklidkarte aufgestellt werden und lautet:

$^{241}_{95}\text{Am} \rightarrow {}^{237}_{93}\text{Np} + {}^{4}_{2}\text{He} + 5{,}48\,\text{MeV}$.

Energetischer Zustand des Tochterkerns • Im Energieniveauschema in ▸Abb. 4 kann man die Häufigkeiten der Energiezustände ablesen. Daraus kann auf mögliche Energien der γ-Strahlung von Np-237 geschlossen werden. Zum Beispiel kann Neptunium direkt im Grundzustand vorliegen. Dann hat das emittierte α-Teilchen die größtmögliche Energie, in diesem Fall 5,5 MeV. Wenn die α-Teilchen eine geringere Energie aufweisen, befindet sich der Neptunium-Kern in einem angeregten Zustand.

In Nuklidkarten ist für die Nuklide oft die Energie, die am häufigsten vorkommt, bei der betreffenden Strahlungsart aufgeführt.

Die häufigsten Energieniveaus sind in dem Energieniveauschema zu finden (▸Abb. 4). Durch Aussenden von γ-Strahlung kann Np-237 dann in einen niedrigeren Energiezustand oder auch in den Grundzustand übergehen.

Umgekehrt kann durch das Spektrum des Am-241 auch auf die Anregungszustände des Neptuniums geschlossen werden.

1 Bestätigen Sie anhand des Energiespektrums von Am-241 (▸Abb. 2), dass die emittierten α-Teilchen am häufigsten eine Energie von 5,48 MeV aufweisen.
Schätzen Sie die dritthäufigste Energie ab.

2 Berechnen Sie unter Verwendung des Energieniveauschemas (▸Abb. 4) die möglichen Energien der von Np-237 emittierten γ-Strahlung sowie die zugehörigen Wellenlängen.

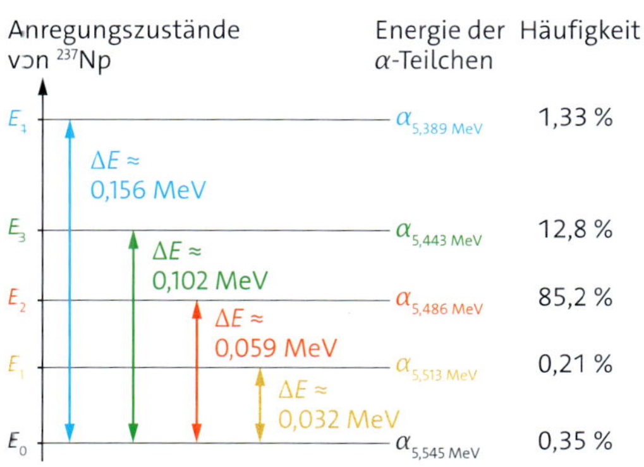

4 Energieniveauschema zu Np-237

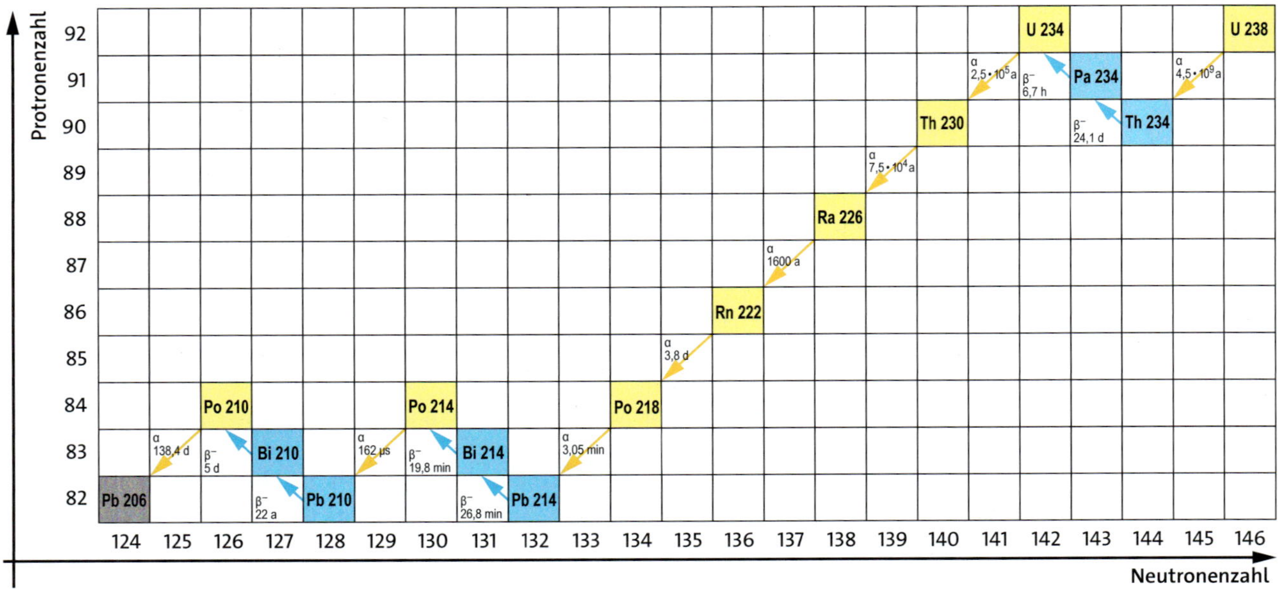

1 Uran-Zerfallsreihe

Die Energiedosis gibt allgemein an, wieviel Energie ein Kilogramm eines Stoffes durch Strahlung aufnimmt. Die Einheit ist $1\frac{\mathrm{J}}{\mathrm{kg}}$. Handelt es sich um lebende Zellen, ist die biologische Strahlenwirkung von Bedeutung. Die Äquivalentdosis ist eine gewichtete Energiedosis, die diese Wirkung berücksichtigt. Die Einheit ist ein Sievert (1 Sv).

Trinkwasseruntersuchung • Wenn im Trinkwasser U-238 mithilfe der α-Spektroskopie nachgewiesen wird, geht die Gefahr nicht nur vom Uran aus, sondern auch von den Folgenukliden. U-238 ist der Mutterkern, Th-234 der Tochterkern und es folgen Enkel und weitere Generationen. Um die Zerfallsreihe von U-238 aufzustellen (▸Abb. 1), nutzt man die Nuklidkarte. In dieser sind auch die Halbwertszeiten verzeichnet. Bei kleineren Halbwertszeiten ist es wahrscheinlicher, dass eine Kernumwandlung stattfindet, während das Wasser noch im Körper ist. Um die Gefahr, die von den radioaktiven Stoffen ausgeht, zu beurteilen, muss man nicht nur die Energie der Strahlung kennen, sondern auch wissen, wie der Körper die Nuklide einlagert oder ausscheidet.

Die Aktivität • Zur weiteren Beurteilung müssen auch die Stoffmenge und ihre Aktivität berücksichtigt werden. Die Aktivität $A(t)$ gibt an, wie viele Kerne N in der Probe pro Zeiteinheit zerfallen. Somit gilt:

Das Becquerel ist eine SI-Einheit und trägt diesen Namen zu Ehren von ANTOINE HENRI BECQUEREL, einem der Entdecker der Radioaktivität.

$$A(t) = \dot{N}(t) = \frac{dN(t)}{dt} = N_0 \cdot (-\lambda) \cdot e^{-\lambda \cdot t} = -\lambda \cdot N(t).$$

Also nimmt auch die Aktivität exponentiell ab und man kann schreiben:

$$A(t) = A_0 \cdot e^{-\lambda \cdot t}.$$

A_0 bezeichnet die Aktivität zum Zeitpunkt $t = 0$. Die Einheit ist das Becquerel: $1\,\mathrm{Bq} = \frac{1}{\mathrm{s}}$. Früher war die Einheit Curie (Ci) gebräuchlich ($1\,\mathrm{Ci} = 3{,}7 \cdot 10^{10}\,\mathrm{Bq}$).

Die Aktivität ist eine Größe, die sich z. B. auf Basis der Masse einer Probe berechnen lässt. Sie ist nicht direkt messbar, denn die Probe selbst schirmt bereits Strahlung ab. In der Praxis verwendet man deshalb die Zählrate Z. Aus der Zählrate kann auf die Aktivität geschlossen werden.

Die Aktivität A gibt die Anzahl der radioaktiven Umwandlungen einer Stoffmenge pro Zeiteinheit an. Die Einheit ist $1\,\mathrm{Bq} = \frac{1}{\mathrm{s}}$.

Die Trinkwasserverordnung sieht vor, dass ein als Richtdosis bezeichneter Wert von $0{,}1\frac{\mathrm{mSv}}{\mathrm{a}}$ nicht überschritten werden darf. Dabei wird angenommen, dass 730 L Trinkwasser pro Jahr aufgenommen werden. Die Richtdosis ist ein Maß für die Strahlenbelastung, der ein menschlicher Organismus während eines Jahres durch Radionuklide im Trinkwasser ausgesetzt ist. Hierbei werden Tritium und Radon-222 sowie Kalium-40 und die kurzlebigen Radon-Zerfallsprodukte nicht berücksichtigt. Bei der Untersuchung werden die Aktivitäten der α-Strahler U-238, U-234, Ra-226 und Po-210 summiert. Wenn die Summe unter $0{,}05\,\frac{\text{Bq}}{\text{l}}$ liegt, kann von einer Unterschreitung der Richtdosis ausgegangen werden.

Szintillationszähler • Zur Messung der γ-Strahlung und damit zur γ-Spektroskopie eignet sich ein Szintillationszähler. Szintillationen heißen die Lichtblitze, die Kristalle wie z. B. Zinksulfid beim Eintreffen von ionisierender Strahlung aussenden. Diese Lichtblitze entstehen durch Fluoreszenz. Sie lösen im Szintillationszähler aus einer Fotokathode (▸Abb. 2) Elektronen aus. Diese Elektronen werden beschleunigt und treffen auf weitere Elektroden, wo sie jedes Mal zusätzliche Elektronen auslösen und so den Elektronenstrom vervielfachen. Dieser Elektronenstrom wird gemessen und ist proportional zur Anzahl der ursprünglich ausgelösten Fotoelektronen und dadurch auch proportional zur Energie der ionisierenden Strahlung.

β-Spektrometer • Um die Energie der β-Teilchen zu bestimmen, werden β-Spektrometer genutzt. Ein Beispiel zeigt ▸Abb. 3. Durch ein homogenes Magnetfeld bewegen sich die β-Teilchen auf einer Kreisbahn. Es werden nun nur die Teilchen detektiert, die eine bestimmte Kreisbahn passiert haben. Je größer die kinetische Energie der β-Teilchen ist, desto größer muss deshalb die magnetische Flussdichte eingestellt sein, um die Teilchen auf diese Kreisbahn zu bringen, denn der Radius der Kreisbahn ist von der magnetischen Flussdichte und der Teilchengeschwindigkeit abhängig. Die Anzahl der β-Teilchen, die innerhalb einer bestimmten Zeitspanne für jedes eingestellte B-Feld (und damit für die diesem B-Feld entsprechende Teilchenenergie) registriert werden, ergibt das Spektrum. Im Gegensatz zu α- und γ-Spektren sind β-Spektren (▸Abb. 4) aus Kernzerfällen kontinuierlich. Denn die beim β-Zerfall auftretende Energie teilt sich beliebig zwischen β-Teilchen und Neutrino auf.

Energieabgabe der α-Strahlung • Ein Energiespektrum von α-Teilchen wird fast immer in einem Vakuum gemessen. Die α-Teilchen verlieren dann auf ihrem Weg zum Detektor keine Energie. Welchen Einfluss hat Luft auf das Energiespektrum? Wir untersuchen dies, indem Americium in einer bestimmten Entfernung von einem Halbleiterdetektor, der die ausgesendete α-Strahlung misst, positioniert wird. Anschließend wird das Präparat sukzessive verschoben und die Energie der α-Teilchen jedes Mal erneut ermittelt. Aus diesen Werten wird die Abnahme der Energie ΔE auf der Strecke Δx bestimmt. Das Energiespektrum ordnet so den jeweiligen Entfernungen die Energiewerte der α-Teilchen zu.
Die Ergebnisse zeigt beispielhaft ▸Abb. 5. Ein solches Diagramm wird als **Bragg-Kurve** bezeichnet. Auch hier ist deutlich zu sehen, dass die α-Teilchen des Americiums in Luft eine geringe Reichweite von unter 3 cm haben.

Eine Elektronenröhre, in der die Elektronen, die ursprünglich von Photonen freigesetzt wurden, ihrerseits weitere Elektronen aus Elektroden auslösen, nennt man Photomultiplier. Er ermöglicht es, auch schwache Lichtsignale zu detektieren.

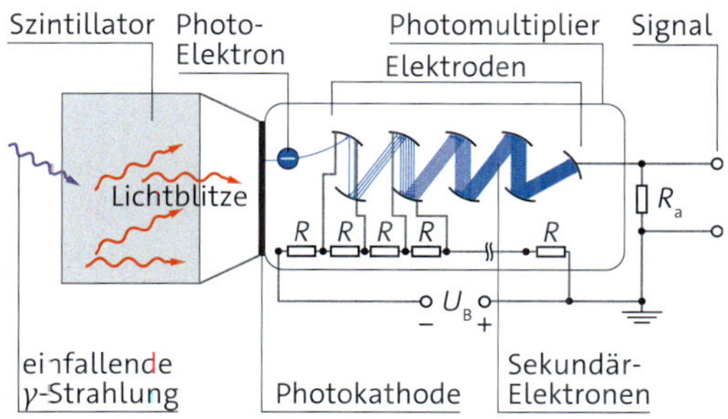

2 Szintillationszähler

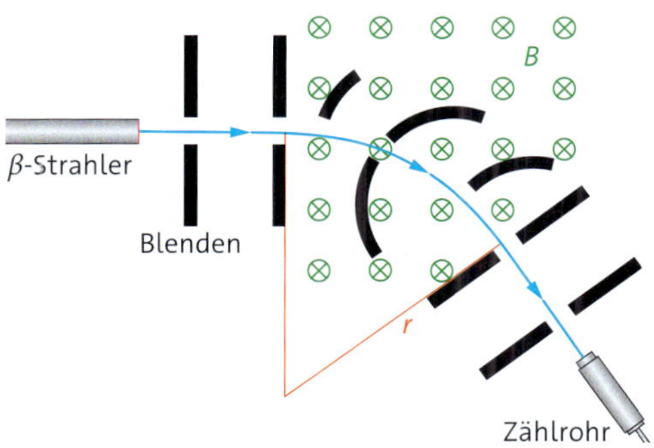

3 β-Spektrometer

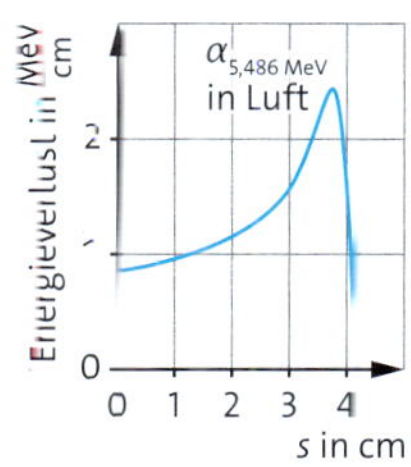

5 Bragg-Kurve zu α-Teilchen aus Am-241 in Luft

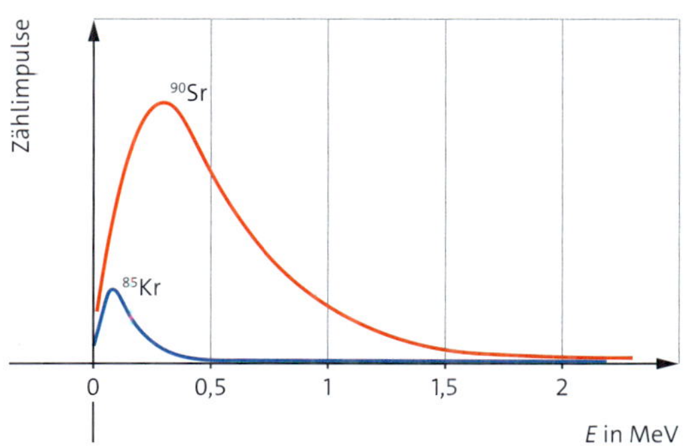

4 Energiespektrum eines β-Strahlers

Der Bragg-Kurve kommt in der Medizin eine besondere Bedeutung zu, die im Blickpunkt näher betrachtet wird.

BLICKPUNKT

Bedeutung der Bragg-Kurve in der Strahlentherapie

Tumorbehandlung • Wenn ein Tumor entdeckt wird, gibt es verschiedene Optionen der Behandlung, wie z.B. eine Operation, Chemotherapie oder Strahlentherapie. Die Strahlentherapie kommt in ungefähr der Hälfte der Fälle zum Einsatz.
Bisher werden für die Therapie überwiegend Röntgenstrahlen oder γ-Strahlung verwendet. Auch mit Elektronen werden Bestrahlungen durchgeführt. Diese nutzt man meistens für oberflächliche Bestrahlungen, da Elektronen dort die größte Dosis abgeben. Inzwischen werden auch Protonen und Ionen genutzt, da sie einen großen Vorteil bei der Behandlung bieten, der im Folgenden erläutert werden soll.

Strahlentherapie • Ziel der Strahlentherapie ist es, das Tumorgewebe zu zerstören. Dringt Strahlung in den Körper ein, gibt sie Energie an das Gewebe ab, das dadurch zerstört werden kann. In der Therapie setzt man dies gezielt gegen bspw. Tumore ein. In ▸Abb. 1 ist deutlich zu sehen, dass bei der Bestrahlung mit Photonen die Energieabgabe an das Gewebe zu Beginn des Eindringens hohe Werte aufweist und dann geringer wird. Dabei ist die Abnahme exponentiell. Bei tieferliegenden Tumoren ist dies nicht von Vorteil, da auf dem Weg zum Tumor das umliegende gesunde Gewebe durch die Strahlung geschädigt wird. Um die Schädigung des gesunden Gewebes gering zu halten, wird die Bestrahlung aus verschiedenen Positionen ausgeführt. So kommt die gewünschte Dosis zum Tumor und das umliegende Gewebe wird nicht zerstört.

Bedeutung der Bragg-Kurve • Die Bragg-Kurve von α-Teilchen kennen wir schon. In ▸Abb. 1 sind die Bragg-Kurven von Protonen und C-12-Ionen zu sehen. Die Bragg-Kurven von Protonen und Ionen haben einen ähnlichen Verlauf.

Die ins Gewebe eindringenden Teilchen geben ihre Energie durch Ionisation ab. Zu Beginn des Eindringens geschieht dies gleichmäßig, kurz vor dem Ende der Reichweite steigt die Energieabgabe steil an. Dies zeigt der Verlauf der Bragg-Kurve deutlich an den hohen schmalen Peaks (▸Abb. 2).

Die Teilchen geben den größten Teil ihre Energie also auf einem räumlich sehr eng begrenzten Gebiet ab. Dieses Gebiet der Energieabgabe liegt umso tiefer im Gewebe, je höher die Energie der Teilchen ist (▸Abb. 2), die diese im Teilchenbeschleuniger erhalten.

Auf die Weise kann die maximale Energieabgabe sehr genau auf den Bereich des Tumors eingestellt werden. Dies ist für die Strahlentherapie ideal, da auf diese Weise Tumorgewebe gezielt zerstört werden kann und das gesunde Gewebe sehr wenig Energie aufnimmt.

In der Strahlentherapie wird bisher erst in wenigen Fällen mit Protonen und C-12-Ionen gearbeitet. Diese Methode wird aber weiter in klinischen Studien erforscht.

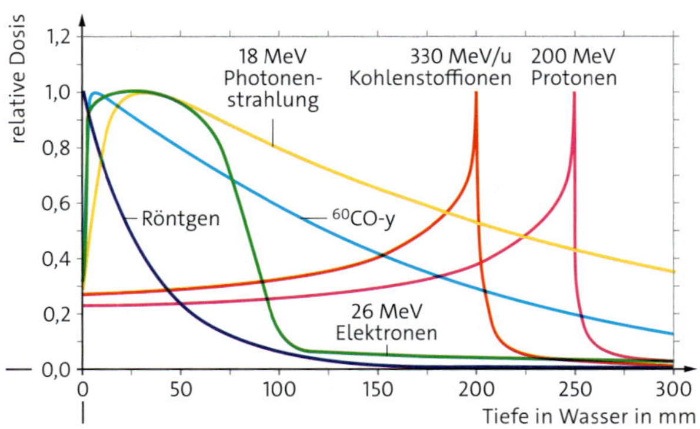

1 Absorption von Strahlungsarten im Vergleich

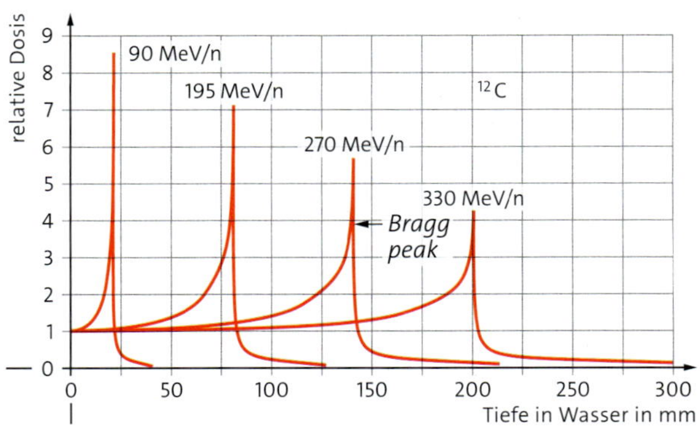

2 Verschiedene Bereiche der Energieabgabe

METHODE

Modellieren eines Zerfalls mit Würfeln

Die Anzahl der Kerne • Die Anzahl $N(t)$ der Kerne, die noch nicht umgewandelt sind, können wir auch mithilfe von Würfeln modellieren.

Modellbedingungen • Zunächst vereinbaren wir, dass in unserer Modellierung jeder Würfel einen Atomkern darstellt. Die Anzahl der zur Verfügung stehenden Würfel entspricht also dem Anfangsbestand der Kerne. Wie die Umwandlungswahrscheinlichkeiten bei radioaktiven Prozessen ist auch die Wahrscheinlichkeit, eine Sechs zu würfeln, konstant. Wir würfeln zu Beginn mit 100 Würfeln (oder mehr) und sortieren die Würfel aus, die eine Sechs anzeigen. Diese sind die Kerne des Tochternuklids. In der ersten Modellierung (Fall 1) sind dies stabile Kerne, die nicht weiter zerfallen. Die Würfel, die keine Sechs zeigen, werden erneut geworfen. Der Vorgang wird so lange wiederholt, bis keine Würfel mehr zur Verfügung stehen. Die Ergebnisse werden durch geschickte Anordnung (▸Abb. 3) dokumentiert und dann mit einer Tabelle (▸Tabelle 4) und einem Diagramm (▸Abb. 5) ausgewertet. Jeder Wurf entspricht einer bestimmten Zeitspanne. So können wir die Anzahl der Kerne von Mutter- und Tochter-Nukliden durch Würfeln bestimmen

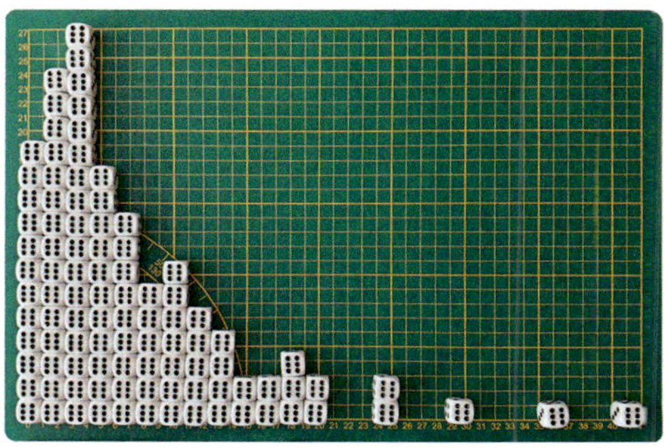

3 Tatsächlich durchgeführtes Beispiel

Wurf	Anzahl der Würfel	„6er“ dieses Wurfs	Tochter-nuklide
1	100	12	12
2	88	15	27
…	…	…	..
26	1	1	100

4 Ergebnisse der Modellierung mit Würfeln

Ergebnis • Durch die Auswertung des Diagramms können wir die Halbwertszeit bestimmen. Wir erkennen, dass die Halbwertszeit ca. vier Würfe bzw. vier Zeitspannen beträgt. Das können wir auch berechnen, da wir wissen, dass die Wahrscheinlichkeit für das Werfen einer Sechs bei $\frac{1}{6}$ liegt. Nach einem Wurf sind also noch $\frac{5}{6}$ des Anfangsbestands vorhanden. Um die Halbwertszeit zu berechnen, lösen wir die Gleichung: $0{,}5 = 1 \cdot \left(\frac{5}{6}\right)^t$ und erhalten $t \approx 3{,}8$. Die zu erwartende Halbwertszeit beträgt deshalb 3,8 Würfe. Unsere Modellierung ist also schon relativ genau, obwohl eine größere Anzahl von Würfeln oder mehrmalige Wiederholung entsprechend dem Gesetz der großen Zahlen sicher noch bessere Ergebnisse liefern würde.

Modellerweiterung • Nun sollen sich auch die Tochternuklide umwandeln (Fall 2). Deren Zerfall soll z. B. die halbe Halbwertszeit desjenigen des Mutternuklids aufweisen. Dies können wir erreichen, indem die Würfel, welche die Kerne des Tochternuklids darstellen, z. B. beim Wurf einer Eins und einer Zwei aussortiert werden. Das Ergebnis zeigt ▸Abb. 5.

Ergebnis • Wir werten die neu gewonnenen Daten mit einer Tabellenkalkulation und einem Diagramm aus (▸Abb. 5). Wir stellen fest, dass die Halbwertszeit der Tochterkerne großen Einfluss auf den Zeitverlauf haben kann. Da die Halbwertzeit um die Hälfte geringer als die des Mutternuklids ist, konnten wir dies auch erwarten.

1 Führen Sie eine selbstgewählte Simulation eines radioaktiven Zerfalls durch.

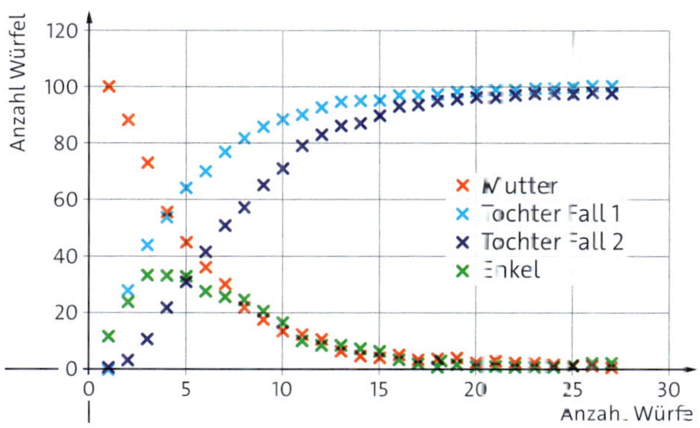

5 Auswertung

Versuch A • Modellversuche zum Zerfall

V1 Modellierung

Material:
Verschiedene Würfel (oder andere Gegenstände, die sich zur Simulation eignen, oder Zufallszahlen), Tabellenkalkulationsprogramm

Arbeitsauftrag:
Wir wollen die Anzahl $N(t)$ der Kerne, die noch nicht umgewandelt sind, geeignet modellieren.

a) Planen Sie einen solchen Versuch und beschreiben Sie die Durchführung.
b) Welchen mathematischen Zusammenhang vermuten Sie für die Anzahl $N(t)$?
c) Nehmen Sie geeignete Werte auf und protokollieren Sie diese in einer Tabelle. Stellen Sie die Messwerte in einem geeigneten Diagramm dar.
Beschreiben Sie das Versuchsergebnis.
d) Ermitteln Sie den funktionalen Zusammenhang für $N(t)$ und berechnen Sie die Halbwertszeit.
e) Planen Sie ein entsprechendes Experiment, um den Mutter-Tochter-Zerfall zu modellieren und bearbeiten Sie dazu die Aufgabenteile a) bis e).

1 Modellierung mit Würfeln

Material A • Kernumwandlungen und ihre Energie

A1 a) Erläutern Sie mithilfe einer Skizze das Funktionsprinzip eines Halbleiterdetektors im Zusammenhang mit der Energiemessung von α-Teilchen.
b) Stellen Sie die Zerfallsreihe von Am-241 mit den Energien der jeweils ausgesandten α-Teilchen mithilfe der Nuklidkarte so weit wie möglich dar.
c) Ordnen Sie die in der Nuklidkarte gefundenen Energien dem Spektrum in ▸Abb. 2 zu. Auf der Hochachse sind die Anteile bezogen auf das Maximum dargestellt.

A2 Zur Aufnahme des Spektrums (▸Abb. 2) wird die Anordnung in ▸Abb. 3 benutzt. Bei konstantem Radius r wird die Zählrate Z in Abhängigkeit vom B-Feld gemessen.
a) Erläutern Sie, warum das Vakuum und möglichst dünne Fenster beim Strahler und beim Eintritt in die Vakuumkammer wesentlich sind.
b) Für ▸Abb. 2 wurde aus den Messdaten die kinetische Energie der α-Teilchen berechnet. Dazu wurde u. a. die Beziehung $v = \frac{q}{m_a} \cdot B \cdot r$ verwendet. Dabei ist $m_\alpha = 6{,}64 \cdot 10^{-27}\,\text{kg}$ die Masse der α-Teilchen. Leiten Sie diese Beziehung begründet her.
c) Zum Peak mit der häufigsten kinetischen Energie in ▸Abb. 2 gehören die Werte $r = 1{,}00\,\text{m}$; $B = 295\,\text{mT}$. Berechnen Sie die kinetische Energie. Begründen Sie, dass die Experimentatoren für ▸Abb. 2 einen Korrekturfaktor für Energieverluste am Fenster des Strahlers und beim Eintritt in die Vakuumkammer verwendet haben müssen.

A3 Bei der Risikoermittlung für eventuelle Strahlenschäden spielen die Strahlungsart und das betroffene Organ eine Rolle. Die Energiedosis (Einheit: $1\frac{\text{J}}{\text{kg}}$) gibt allgemein an, wie viel Energie ein Kilogramm eines Stoffes durch Strahlung aufnimmt. Bei lebenden Zellen ist es von Bedeutung, durch welche Art von Strahlung die Energie aufgenommen wird.
a) Recherchieren Sie zur Äquivalentdosis und zur Organdosis. Stellen Sie deren Bedeutung heraus und den Zusammenhang zur Energiedosis her.
b) Recherchieren Sie zur Richtdosis der Trinkwasserverordnung. Beurteilen Sie, warum bei der Trinkwasseruntersuchung bei einer Aktivität von $0{,}05\frac{\text{Bq}}{\text{l}}$ von einer Unterschreitung der Richtdosis von $0{,}1\frac{\text{mSv}}{\text{a}}$ ausgegangen werden kann.

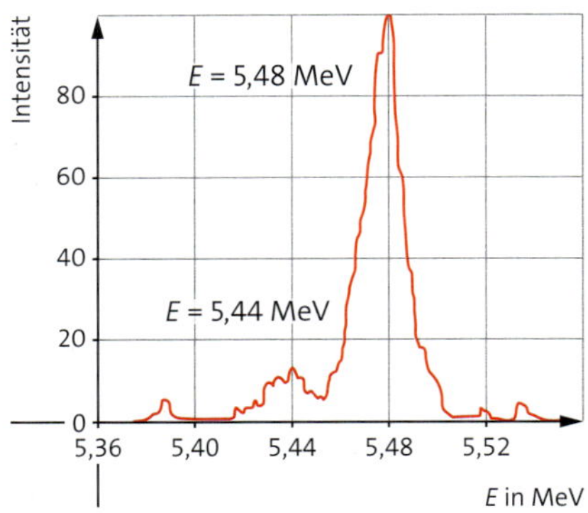

2 Energiespektrum von Am-241

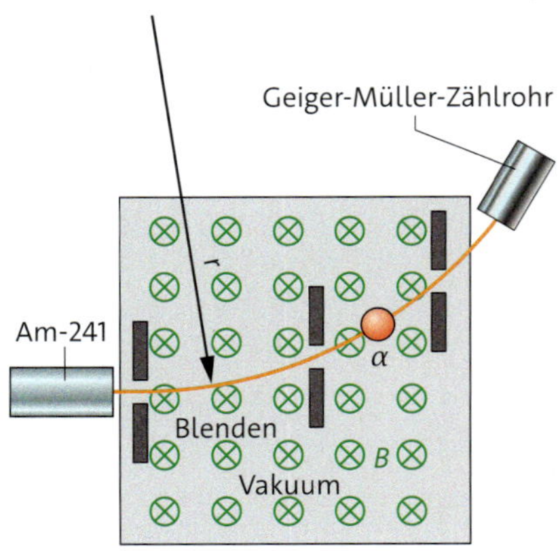

3 Schematischer Versuchsaufbauv

Material B • Schilddrüsenfunktion mithilfe von Technetium prüfen

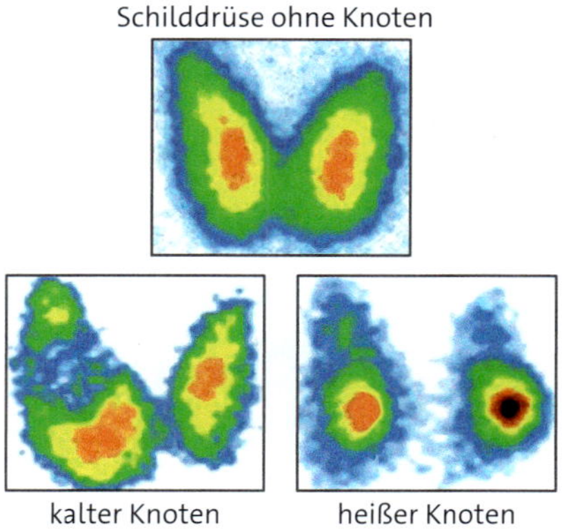

4 Szintigramm

Die Schilddrüse hat einen relativ hohen Umsatz von Jod. Sie nimmt gelöstes Jodid aus dem Blut auf, oxidiert es und baut es in organische Moleküle ein, welche in die Blutbahn abgegeben werden. Bestehen in der Schilddrüse sogenannte heiße Knoten, dann besitzen diese eine erhöhte Stoffwechselaktivität. In einem kalten Knoten ist die Stoffwechselaktivität zu gering.

Zur Schilddrüsenfunktionsprüfung wird dem Patienten eine bestimmte Menge des angeregten Technetiums-99m injiziert, welches eine Halbwertszeit von 6 h hat und ein reiner γ-Strahler ist. Das Radionuklid Technetium bindet an die Jodidrezeptoren der Schilddrüse an, wird aber anders als Jod nicht abgebaut. Nach 20 min erfolgt die Auswertung (Szintigraphie). Um zu aussagekräftigen Werten zu gelangen, muss zu diesem Zeitpunkt eine Aktivität von 57 MBq vorliegen.

Technetium-99 (98,882960 u) lässt sich u. a. über Molybdän-99 (98,884642 u) gewinnen. Der größte Teil des Molybdän-99 zerfällt dabei zunächst in das angeregte Technetium-99m. Im Grundzustand ist Technetium-99 ein β^--Strahler.

Im Prinzip ist auch eine Szintigrafie mithilfe des radioaktiven Jod-123 möglich, welches eine gut doppelt so hohe Halbwertszeit hat wie Technetium-99m. Jod-123 zerfällt über Elektroneneinfang in Verbindung mit γ-Strahlung.

B1 a) Geben Sie die Zerfallsgleichung für den Zerfall von Molybdän-99 in Technetium-99 an.

b) Begründen Sie, weshalb Technetium-99m für die medizinische Diagnostik besser geeignet ist als Technetium-99.

c) Errechnen Sie die Aktivität, die im beschriebenen Fall zum Zeitpunkt der Injektion vorlag, und berechnen Sie, welche Masse des radioaktiven Präparats dem Patienten verabreicht wurde.

d) Nennen Sie Argumente gegen und für die Verwendung von Jod-123.

Material C • Energiespektren von Am-241

Die Energiespektren von Am-241 (▸Abb. 5) wurden in Abhängigkeit vom Abstand des Präparats zum Halbleiterdetektor aufgenommen.

C1 a) Der Halbleiterdetektor wurde mithilfe zweier Referenzsignale kalibriert. Für die Referenzsignale wurden Po-218 und Ra-210 verwendet, so dass die Skalenteile (Skt) eindeutig Energien in MeV zugeordnet werden können. Notieren Sie die Peaks in einer Tabelle in Skt und MeV.

b) Beschreiben Sie ▸Abb. 5 und begründen Sie die Veränderungen, die sich aus der Vergrößerung des Abstands ergeben.

c) Begründen Sie anhand von ▸Abb. 5, dass das Experiment nicht im Vakuum durchgeführt worden sein kann.

d) Stellen Sie die Zerfallsreihe von Americium-241 mithilfe der Nuklidkarte dar.

C2 a) Erläutern Sie, welche Rolle die Bragg-Kurve in der Medizin spielt. Erläutern Sie die Unterschiede zwischen ▸Abb. 5 und einer Bragg-Kurve und begründen Sie, warum in der Medizin so hohe Energien eingesetzt werden.

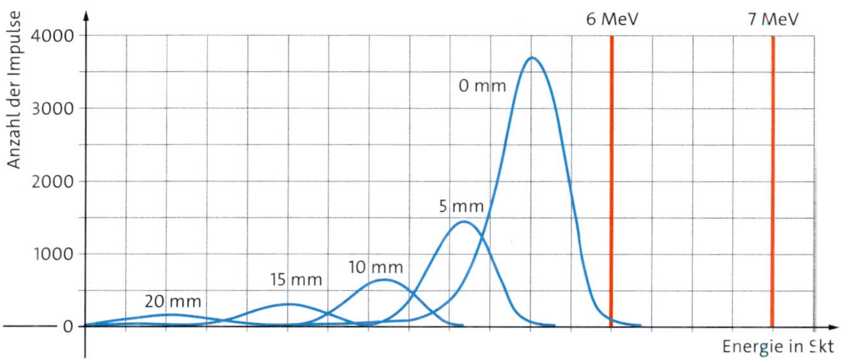

5 Energiespektren von Am-241

Aufgabe mit Lösung • Atomkerne

A1 – Untersuchung radioaktiver Strahlung

Wenn man eine Silberfolie mit langsamen Neutronen bestrahlt, entstehen die Nuklide $^{108}_{47}Ag$ und $^{110}_{47}Ag$ in der Silberfolie. Die daraufhin von den radioaktiven Isotopen ausgesandte Strahlung wird mithilfe eines Geiger-Müller-Zählrohrs gemessen. Die Zählrate $Z(t)$, bei der die Nullrate schon berücksichtigt ist und die direkt nach Beendigung der Bestrahlung aufgenommen wurde, ist in ▸Tabelle 2 und 3 zu finden. Die durchschnittliche Zählrate in den ersten 30 s der Messreihe ist in ▸Tabelle 2 angegeben, die Daten für die Zeitspanne von 300 s bis 480 s in ▸Tabelle 3.

a) Erläutern Sie mithilfe des Ausschnitts aus der Nuklidkarte (▸Abb. 1) die Entstehung der beiden Isotope.

b) Begründen Sie, dass in ▸Tabelle 2 größtenteils die Strahlung, die vom Silber-Isotop $^{110}_{47}Ag$ ausgeht, eine Rolle spielt und in ▸Tabelle 3 die Strahlung, die von $^{108}_{47}Ag$ ausgeht.

c) Ermitteln Sie für die Daten in ▸Tabelle 2 und 3 jeweils den funktionalen Zusammenhang $Z(t)$ sowie die Halbwertszeiten der beiden Isotope.

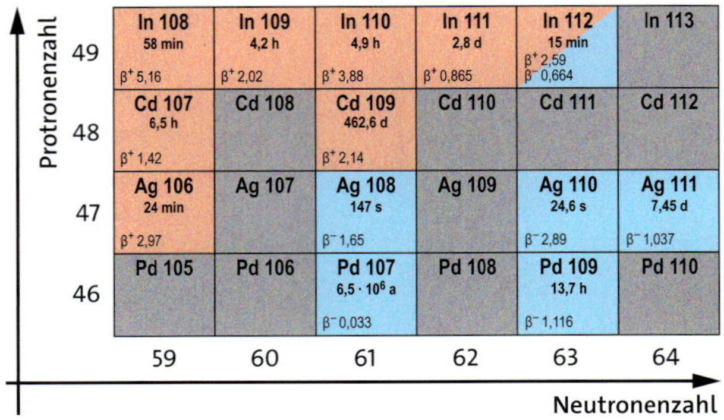

1 Ausschnitt der Nuklidkarte (vereinfacht)

t in s	0	5	10	15	20	25	30
$Z(t)$ in $\frac{1}{s}$	104	92	81	71	62	56	49

2 Durchschnittliche Zählrate, t = 0–30 s

t in s	300	330	360	390	420	450	480
$Z(t)$ in $\frac{1}{s}$	2,07	1,8	1,54	1,35	1,16	1,00	0,85

3 Durchschnittliche Zählrate $Z(t)$, t = 300–480 s

Lösung

a) Der Nuklidkarte ist zu entnehmen, dass die Silber-Isotope $^{107}_{47}Ag$ und $^{109}_{47}Ag$ stabil sind. Wir können davon ausgehen, dass die beiden stabilen Silber-Isotope in der Folie vorhanden sind. Bei der Bestrahlung mit langsamen Neutronen fangen die Silber-Atome die Neutronen ein. Dadurch erhöht sich ihre Massenzahl um 1. Es entstehen also $^{108}_{47}Ag$ und $^{110}_{47}Ag$.

b) Die beiden Tabellen zeigen die Zählraten zu unterschiedlichen Zeitpunkten. Für die Begründung nutzen wir die Halbwertszeiten von $^{108}_{47}Ag$ und $^{110}_{47}Ag$, welche auch im Ausschnitt der Nuklidkarte ▸Abb. 1 zu finden sind. Für $^{107}_{47}Ag$ beträgt die Halbwertszeit 24,6 s und für $^{108}_{47}Ag$ 147 s.

In den ersten 30 s nach der Bestrahlung mit langsamen Neutronen wird also überwiegend die ausgesandte β-Strahlung von $^{107}_{47}Ag$ gemessen. Nach 300 s sind für $^{108}_{47}Ag$ aber schon mehr als 12 Halbwertszeiten vergangen. Es ist also von $^{108}_{47}Ag$ weniger als $\left(\frac{1}{2}\right)^{12} \approx 0{,}025\,\%$ vorhanden, so dass jetzt fast nur die ausgesandte β-Strahlung von $^{107}_{47}Ag$ gemessen wird.

c) Nach Erstellung der Diagramme und der exponentiellen Regression sind die funktionalen Zusammenhänge:

$Z(t) = 103{,}93\,\frac{1}{s} \cdot e^{-0{,}025 \cdot t \frac{1}{s}}$ für t = 0–30 s, also $^{107}_{47}Ag$, und

$Z(t) = 9{,}093\,\frac{1}{s} \cdot e^{-0{,}005 \cdot t \frac{1}{s}}$ für t = 300–480 s, also $^{108}_{47}Ag$.

Die Halbwertszeiten für $^{108}_{47}Ag$ und $^{110}_{47}Ag$ werden über $\lambda = \frac{\ln 2}{T_{\frac{1}{2}}}$ berechnet.

Die durch die Messwerte ermittelten Halbwertszeiten betragen für $^{108}_{47}Ag$ ca. 28 s und für $^{110}_{47}Ag$ ca. 139 s.

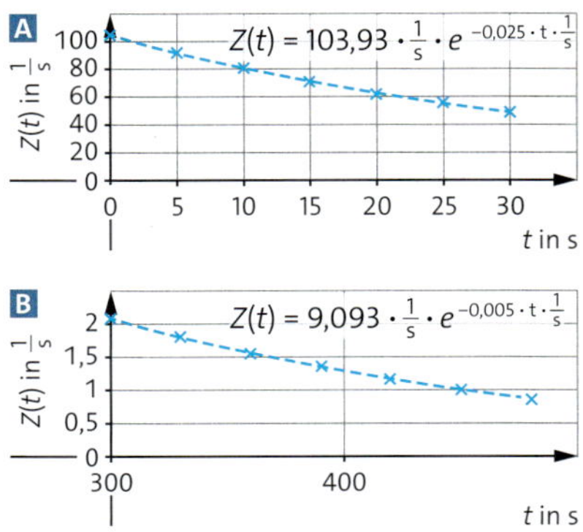

4 Daten: **A** t = 0–30 s, **B** t = 300–480 s

A2 – Uran-Blei-Methode zur Altersbestimmung

Die Uran-Blei-Methode basiert darauf, dass das Uranisotop U-238 über mehrere Zwischenprodukte in das stabile Pb-206 zerfällt. In guter Näherung kann man diese Zerfallsreihe so beschreiben, als würde U-238 mit der Halbwertszeit $T_{\frac{1}{2}} = 4{,}5 \cdot 10^9\,\text{a}$ direkt in Pb-206 zerfallen. Diese Zerfallsreihe kann zur Altersbestimmung genutzt werden. Aufgrund der langen Halbwertszeit lassen sich u.a. Entstehungszeitpunkte von Gesteinen bestimmen, wie bspw. Zirkonen. Weiß man, wann eine Zirkonprobe entstanden ist, kann man auch Rückschlüsse auf das Alter des umgebenden Gesteins ziehen.

Wir betrachten eine Gesteinsprobe, die zum Zeitpunkt $t = 0$ die Anzahl $N_U(0)$ von U-238-Atomen enthielt, jedoch kein Pb-206. Heute soll diese Gesteinsprobe die Anzahl $N_U(t)$ an U-238-Atomen enthalten sowie auch die Anzahl $N_{Pb}(t)$ an Pb-206-Atomen.

a) Begründen Sie anhand der Nukleonenzahlen, dass Protactinium-233 kein Zwischenprodukt der Zerfallsreihe von U-238 zu Pb-206 sein kann.

b) Begründen Sie unter Zuhilfenahme der Nuklidkarte, dass es sinnvoll ist, näherungsweise von einem einstufigen Zerfall von U-238 zu dem stabilen Isotop Pb-206 auszugehen.

c) Die Untersuchung der Gesteinsprobe ergibt die Massen $m_U = 1{,}23\,\mu\text{g}$ für U-238 und $m_{Pb} = 0{,}50\,\mu\text{g}$ für Pb-206. Berechnen Sie die Anzahl $N_U(0)$ und das Alter des Gesteins unter der Annahme, dass es nach seiner Bildung nicht mehr mit der Umwelt wechselwirkte.

d) Tatsächlich hat die Gesteinsprobe durch geologische Prozesse einen Teil ihres Bleigehalts verloren. Erläutern Sie begründet, ob das in c) berechnete Alter geringer oder höher als das tatsächliche Alter ist.

e) Entwickeln Sie einen begründeten Vorschlag, wie man das korrekte Alter bestimmen kann.

A3 – Absorption von Strahlung

In einigen Gegenden sind Pilze und Wildfleisch immer noch als Folge der Reaktorkatastrophe von Tschernobyl mit Cäsium-137 belastet. Es soll daher die von Cs-137 ausgehende Strahlung genauer untersucht werden.
In einem Vorversuch wird die Nullrate zu $0{,}38\,\frac{1}{\text{s}}$ ermittelt. Anschließend wird ein Geiger-Müller-Zählrohr in einem Abstand von 8,0 cm zum Präparat aufgestellt und eine Zählrate von $1052\,\frac{1}{\text{s}}$ gemessen (▸Abb. 6). Dann wird eine 0,50 mm dicke Bleiplatte direkt vor das Zählrohr gestellt. Dadurch sinkt die Zählrate von $1052\,\frac{1}{\text{s}}$ auf $125\,\frac{1}{\text{s}}$. Diese Platte bleibt auch bei den weiteren Messungen direkt vor dem Zählrohr. Bei diesen Messungen werden zusätzlich Eisenplatten unterschiedlicher Dicke d zwischen Präparat und Zählrohr eingebaut und die Zählrate in Abhängigkeit von d gemessen (▸Tabelle 5).

a) Entscheiden Sie begründet, welche Arten von Strahlung die Probe aussenden muss.

b) Beschreiben Sie den prinzipiellen Aufbau und die Durchführung eines derartigen Experimentes

c) Entscheiden Sie begründet, ob die Nullrate bei der Auswertung berücksichtigt werden muss.

d) Erläutern Sie, aus welchen Gründen die Bleiplatte vor dem Zählrohr platziert wird.

e) Erstellen Sie aus den Messwerten in ▸Tabelle 5 ein Diagramm. Ermitteln Sie die Halbwertsdicke und den funktionalen Zusammenhang $Z(d)$.

f) Berechnen Sie die Halbwertsdicke.

g) Berechnen Sie die Dicke, die die Eisenplatte haben muss, damit die Strahlung auf $\frac{1}{10\,000}$ des ursprünglichen Wertes reduziert wird.

h) Begründen Sie, warum Cs-137 in Blei und nicht in Eisen gelagert wird.

d in mm	0,0	10,0	20,0	30,0	40,0	50,0	60,0
$Z(d)$ in $\frac{1}{\text{s}}$	125	90	63	44	30	21,3	14,2

5 Zählrate in Abhängigkeit von der Dicke der Eisenplatten

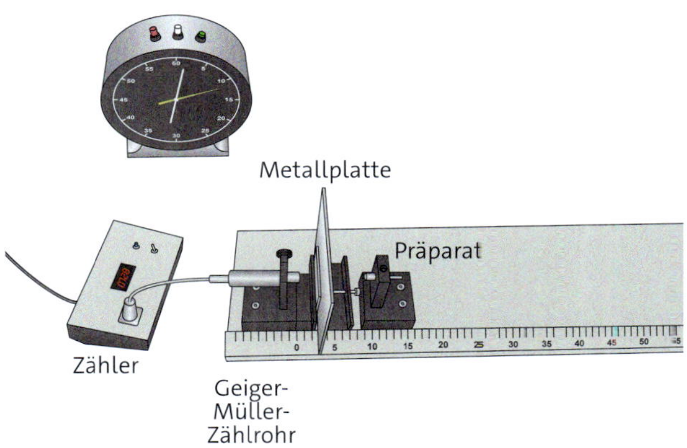

6 Untersuchung der Strahlung von Cs-137

Aufgaben ohne Hinweise • Atomkern

A4 – Radonmessung

Radon ist ein natürliches radioaktives Edelgas, welches geruch-, geschmack- und farblos ist. Es entsteht überall dort, wo sein Mutternuklid Radium vorhanden ist, zum Beispiel im Erdboden und in Baumaterialien. Aus dem Baugrund gelangt Radon ins Freie und auch in Gebäude.
Der Mittelwert der Radonkonzentration in Wohnungen beträgt in Deutschland rund 50 Bq pro Kubikmeter Raumluft, in Kellerräumen ist die Konzentration am höchsten. Dabei variiert die Radonkonzentration deutlich. Werte oberhalb von 100 Bq pro Kubikmeter Raumluft können zu gesundheitlichen Belastungen führen.
In der Luft treten natürlicherweise zwei Radon-Isotope auf: zum einen Rn-220 aus der Thorium-Reihe und zum anderen Rn-222 aus der Uran-Radium-Reihe. Beim radioaktiven Zerfall des Radons entstehen Isotope der Schwermetalle Polonium, Bismut und Blei. Vor allem die kurzlebigen Radon-Folgeprodukte lagern sich an feinste Teilchen in der Luft an und bleiben deshalb über einen relativ langen Zeitraum in der Schwebe. Sie können gemeinsam mit Radon eingeatmet werden und führen so vor allem zu einer Strahlenexposition des Lungengewebes.

a) Geben Sie die Zerfallsgleichung von Rn-222 an.

b) Geben Sie die Zerfallsreihe von Rn-222 bis hin zum stabilen Blei-Isotop vollständig an. Geben Sie dabei jeweils nur die am häufigsten auftretende Zerfallsart an. Die Angabe der Ordnungszahlen ist nicht erforderlich.

c) Erläutern Sie den α-Zerfall im Potenzialtopfmodell und wählen dazu eine geeignete Zeichnung.

Im Keller eines Hauses wird ein blanker Konstantandraht von 10 m Länge aufgespannt und einen Tag lang an den negativen Pol einer Spannungsquelle mit $U = 5\,\text{kV}$ angeschlossen (▸Abb. 2). Danach wird der Draht mit einem acetongetränkten Papiertuch abgewischt. Mit einem Zählrohr untersucht man den angesammelten Staub, indem man während eines Tages jeweils eine Minute lang die Zählrate Z misst.

d) Geben Sie an, welche Radionuklide sich hauptsächlich in dem Staub befinden, der sich im Experiment an den Konstantandraht (▸Abb. 2) anlagert.

e) Aus ▸Abb. 3 lässt sich entnehmen, dass in der Staubprobe zwei verschiedene Radionuklide mit unterschiedlicher Halbwertszeit enthalten sind. Ermitteln Sie die Zerfallskonstante λ_1 des längerlebigen Nuklids.

f) Berechnen Sie auch die zugehörige Halbwertszeit $T_{\frac{1}{2},1}$.
Für die Halbwertszeit des kurzlebigeren Nuklids ergibt sich $T_{\frac{1}{2},k} = 29{,}7\,\text{min}$. Bestimmen Sie die beiden Nuklide anhand der infrage kommenden Zerfallsreihen und ordnen Sie diese den beiden Radon-Isotopen zu.

g) Begründen Sie, warum sich gerade die in d) bestimmten Nuklide auf dem Draht angesammelt haben. Geben Sie eine begründete Vermutung an, welche Nuklide nach längerer Zeit zu erwarten sind, wenn also die Zählraten über mehrere Tage gemessen werden.

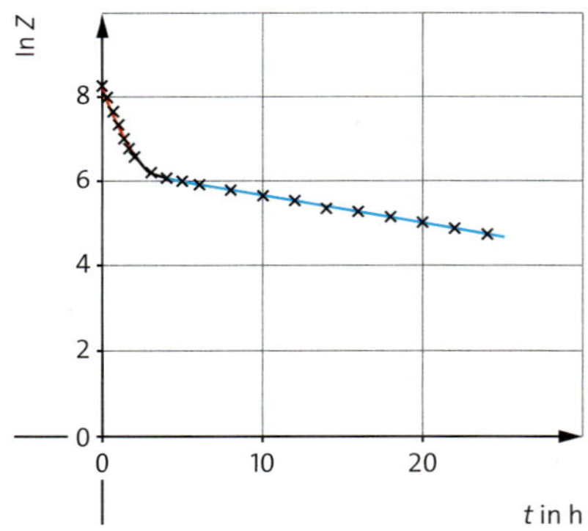

3 Graphische Darstellung der Messwerte

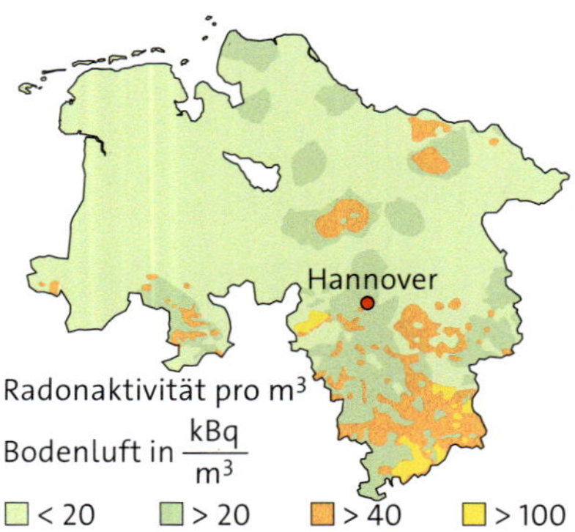

1 Durchschnittliche Radon-Konzentrationen in der Bodenluft in Niedersachsen

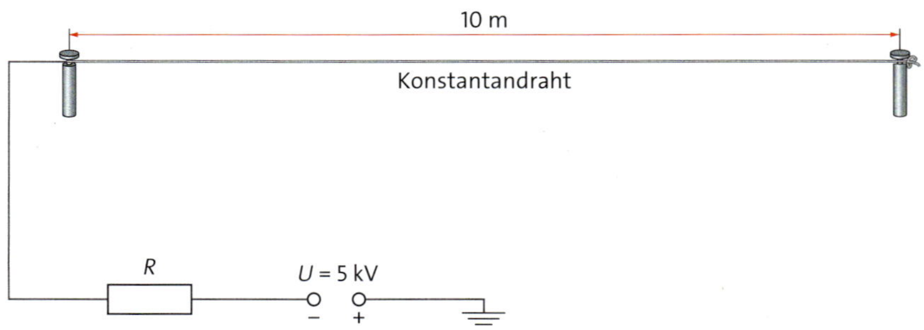

2 Schaltskizze

Aufgaben ohne Hinweise • Atomkern

A5 – Radonkonzentration

Nachfolgend betrachten wir einen geschlossenen, noch ungenutzten Kellerraum mit einer Länge von 5,0 m, der Breite 4,0 m sowie der Höhe 2,4 m, in dem die Aktivität des Isotops Rn-222 pro Kubikmeter Raumluft 50 Bq beträgt.

a) Nehmen Sie an, dass es sich um einen luftisolierten Raum handelt, d.h., es findet kein Teilchenaustausch mit der Umgebung statt. Berechnen Sie die Gesamtaktivität im gesamten Kellerraum und die Anzahl der Rn-222-Atome im Raum.

b) Vergleichen Sie die Anzahl der Rn-222-Atome mit der Anzahl von $1{,}4 \cdot 10^{27}$ Luftteilchen im Raum.

c) Ermitteln Sie, wie viele Atome Rn-222 innerhalb einer Stunde in den Raum hineinströmen müssten, damit die Aktivität pro Kubikmeter Raumluft auf dem konstanten Wert von 50 Bq pro m^3 gehalten wird. Nutzen Sie dazu folgenden Zusammenhang:
$A(t) = -\frac{dN}{dt}$.

d) Bei der Sanierung eines Gebäudes soll der Kellerraum vollständig abgedichtet werden. Entscheiden Sie sich begründet für eines der folgenden Materialien: Bitumen (teerähnlicher Anstrich; 3 mm dick), Fliesen, Kunststofffolie, Stahlblech (3 mm dick).

e) Berechnen Sie, wie lange es dauert, bis die Radonkonzentration um 95 % des ursprünglichen Wertes gesunken ist.

Hinweise und Lösungen zu A2–A3

A2

a) Unterschied der Massenzahlen der beiden Isotope: 5.
Massenzahländerung bei α-Strahlung: 4.
Bei den anderen Strahlungsarten: keine Änderung der Massenzahl, also nicht möglich.

b) Halbwertszeit von U-238: $T_{\frac{1}{2}} = 4{,}5 \cdot 10^9\,\text{a}$.
Die Halbwertszeiten der Folgeprodukte sind viel geringer.

c) $m_U = 1{,}23\,\mu g$ entspricht $3{,}11 \cdot 10^{15}$ Teilchen und $m_{Pb} = 0{,}50\,\mu g$ entspricht $41{,}46 \cdot 10^{15}$ Teilchen. Die Anzahl ist $N_U(0) = 4{,}6 \cdot 10^{15}$ und das Alter des Gesteins ist $2{,}5 \cdot 10^9\,\text{a}$. (Gleichungssystem nutzen)

d) Bei der Berechnung hätte mehr Blei berücksichtigt werden müssen d.h., das in c) berechnete Alter ist geringer als das tatsächliche Alter. Die Gesteinsprobe ist älter.

e) Kombination verschiedener Verfahren der Altersbestimmung.

A3

a) γ-Strahlung ist hier wesentlich. Diese hat eine größere Reichweite und ein größeres Durchdringungsvermögen. Deshalb ist es so gefährlich, Waldpilze mit hohem Cs-137 Gehalt zu essen. Cs-137 ist ein β-Strahler, dessen Folgeprodukt Ba-137 sich durch γ-Strahlung in das stabile Ba-137 umwandelt.

b) Informationen aus der Aufgabenstellung nutzen: Sukzessive Platten von 10 mm Dicke hinzufügen.

c) Nullrate wird nicht berücksichtigt. Die Bleiplatte direkt vor dem Zählrohr schirmt schon Strahlung ab und dadurch auch die die Nullrate verursachende Strahlung.

d) Bleiplatte vor dem Zählrohr, um jegliche Umgebungsstrahlung abzuschirmen.

e) Das Diagramm zeigt eine Exponentialfunktion (▸Abb. 4). Regression liefert: $y = 128{,}3 \cdot e^{-0{,}036 \cdot x}$, also folgenden Zusammenhang:
$Z(d) = 128{,}3\,\frac{1}{s} \cdot e^{-0{,}036 \cdot d\,\frac{1}{mm}}$

f) Halbwertsdicke beträgt ca. 19,25 mm. (Nutzung des Diagramms oder der Gleichung aus d))

g) Mehr als das Zehnfache der Halbwertsdicke, da $2^{10} = 1024$.
Genaue Bestimmung über
$0{,}1283 = 128{,}3 \cdot e^{-0{,}035 \cdot d\,\frac{1}{mm}}$
oder $\frac{1}{1000} = \cdot\, e^{-0{,}036\, d\,\frac{1}{mm}}$
liefert $d_{\frac{1}{2}} \approx 191{,}88\,\text{mm}$

h) Blei hat bessere Absorptionseigenschaften, eine Eisenhülle müsste viel dicker sein; siehe g).

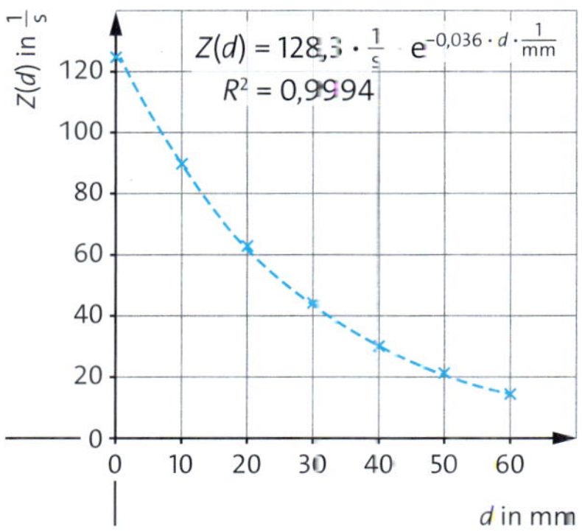

4 Auswertung mit Regression

Radioaktiver Zerfall

Ionisierende Strahlung: Strahlung radioaktiver Stoffe kann Atome und Moleküle ionisieren.

Abstandsgesetz: Die Zählrate von γ-Strahlung nimmt mit dem Quadrat des Abstandes in Luft ab. Dieses Abstandsgesetz gilt sogar im Vakuum. Es gilt: $Z(r) \sim \frac{1}{r^2}$. Hierbei ist $Z(r)$ die Zählrate in Abhängigkeit vom Abstand.

Halbwertsdicke: Die Halbwertsdicke d_H eines abschirmenden Materials ist die Dicke, bei der die gemessene Strahlung nur noch die Hälfte des ursprünglichen Werts erreicht.

Radioaktive Strahlung: α-Strahlung besteht aus Helium-Kernen. Sie wird im elektrischen und im magnetischen Feld abgelenkt.
β^--Strahlung besteht aus Elektronen. Sie wird im elektrischen und magnetischen Feld abgelenkt.
β^+-Strahlung besteht aus Positronen. Sie wird im elektrischen und magnetischen Feld abgelenkt.
γ-Strahlung besteht aus Photonen. Sie wird weder in elektrischen noch in magnetischen Feldern abgelenkt.
Röntgenstrahlung ist wie γ-Strahlung elektromagnetische Strahlung. Sie besitzt aber weniger Energie und entsteht in Atomen vor allem in der Atomhülle.

Halbleiterdetektor: Der Halbleiterdetektor weist ionisierende Strahlung nach. Er ist wie eine in Sperrrichtung gepolte Halbleiterdiode aufgebaut. Dadurch befindet sich in der Mitte die Sperrschicht, eine Schicht ohne freie Ladungsträger. Wenn ionisierende Strahlung in diese Schicht eintritt, werden durch Ionisation paarweise Elektronen und Löcher in der Sperrschicht erzeugt, wodurch diese durchlässig wird und ein Messsignal erzeugt.

Geiger-Müller-Zählrohr: In das Zählrohr eindringende Strahlung ionisiert das dort befindliche Gas. Die frei gewordenen Elektronen werden von der Anode angezogen und dabei beschleunigt. Über Stöße ionisieren sie weitere Gasatome und es entwickelt sich eine Elektronenlawine. Durch das Zählrohr fließt also kurzzeitig ein Strom, der einen kurzzeitigen Spannungsabfall bewirkt. Dieser wird vom Zähler registriert.

Potenzialtopfmodell: Der Atomkern kann mit zwei getrennten Potenzialtöpfen für die beiden Nukleonenarten beschrieben werden. In diesen können die Neutronen und Protonen nur ganz diskrete, für das Atom charakteristische Energiewerte annehmen.

Coulomb-Wall: Den Potenzialtopf begrenzt der Coulomb-Wall, eine Energiebarriere, die sich aus dem Zusammenspiel von anziehender Kernkraft und abstoßender Coulombkraft ergibt.

Massendefekt: Die Masse vieler Kerne ist kleiner als die Summe ihrer Bestandteile. Der Differenz, dem Massendefekt, kann durch EINSTEINS Formel $E = mc^2$ eine Energie zugeordnet werden.

α-Strahlung im Potenzialtopfmodell: Das α-Teilchen, das bei auftretender α-Strahlung den Kern verlässt, wird von zwei Protonen und zwei Neutronen aus den höchsten Energieniveaus gebildet. Es durchquert den Coulomb-Wall und tritt aus dem Kern aus.

Tunneleffekt: Ein α-Teilchen im Potenzialtopf hat eine Antreffwahrscheinlichkeit auch außerhalb des Potenzialtopfes und somit die Möglichkeit, durch den Coulomb-Wall hindurchzutreten. Deshalb misst man bei α-Teilchen eine geringere Geschwindigkeit als zur Überwindung des Coulomb-Walls eigentlich nötig wäre.

Potenzialtopf bei β^--Strahlung: Wenn das höchste unbesetzte Niveau der Protonen unterhalb des höchsten besetzten der Neutronen liegt, ist dies energetisch nicht optimal. Deshalb wandelt sich ein Neutron aus dem höchsten Niveau in ein Proton, ein Antineutrino und ein Elektron um. Antineutrino und Elektron verlassen den Kern, das entstandene Proton nimmt den freien Platz im oberen Energieniveau ein.

γ-Strahlung: γ-Strahlung entsteht, wenn die Übergänge von Nukleonen in Energieniveaus innerhalb des zugehörigen Potenzialtopfes unter Aussenden von Photonen stattfinden.

Halbwertszeit: Die Halbwertszeit $T_{\frac{1}{2}}$ ist die Zeitspanne, in der sich die Hälfte der Menge eines radioaktiven Nuklids umwandelt. $T_{\frac{1}{2}}$ ist eine charakteristische Größe für radioaktive Atomkerne. Die Halbwertszeit beschreibt die erwartete Zeitspanne, in der die Hälfte der zu Beginn vorhandenen Nuklide umgewandelt wird. Niemand kann dagegen voraussagen, wann ein bestimmter Kern zerfällt.

Zerfallsreihe: Eine Zerfallsreihe ist eine Folge von Umwandlungen radioaktiver Kerne und endet bei einem stabilen Nuklid. In der Natur kommen drei Zerfallsreihen vor.

Altersbestimmung: C-14 kann zur Altersbestimmung bei bspw. archäologischen Funden genutzt werden. Man vergleicht das Verhältnis zwischen C-12 und C-14 in den organischen Überresten mit dem in der Atmosphäre und kann über die verringerte Aktivität auf die seit dem Tod des Organismus umgewandelte Menge des radioaktiven C-14 schließen. Bei bekannter Halbwertszeit kann dann die Zeit seit dem Tod ermittelt werden.

Nuklidkarte: In der Nuklidkarte sind alle bekannten Nuklide angeordnet. Dabei stehen alle Nuklide, die zu demselben Element gehören, in einer Zeile und in den Spalten stehen alle Nuklide mit der gleichen Anzahl von Neutronen.
Jede Zelle enthält Informationen über die Zerfallsart und -energie für das entsprechende Nuklid.

Kernspektren

Aktivität: Die Aktivität A gibt die Anzahl der radioaktiven Umwandlungen einer Stoffmenge pro Zeiteinheit an. Die Einheit ist $1\,\text{Bq} = \frac{1}{\text{s}}$.

α-Spektrum: Anhand eines Energiespektrums kann die Strahlung auf das aussendende Element zurückgeführt werden, denn das Energiespektrum ist eindeutig einem Element zuzuordnen.

Bragg-Kurve: Dringen Teilchen in ein Material ein, verlieren sie Energie. Trägt man den Energieverlust ΔE über der Strecke Δx auf, erhält man die Bragg-Kurve.

Überprüfen Sie sich selbst:

Kann ich …

- die Funktion einer Nebelkammer erklären? (▸ S. 344)
- aus der Zählrate die Halbwertsdicke eines abschirmenden Materials berechnen? (▸ S. 346)
- angeben, welche Information die Krümmungsrichtung einer Spur in der Nebelkammer liefert? (▸ S. 347)
- einen Erhaltungssatz nennen, der zum Auffinden des Neutrinos führte? (▸ S. 347)
- Nebelkammer, Geiger-Müller-Zähler und Halbleiterdetektor als Nachweisgeräte für Strahlung vergleichen? (▸ S. 348)
- die zu einem Massendefekt gehörende Energie berechnen? (▸ S. 353)
- den Elektroneneinfang im Potenzialtopfmodell beschreiben? (▸ S. 354)
- die allgemeine Reaktionsgleichung für den β^+-Zerfall angeben? (▸ S. 354)
- aus dem Gehalt an nicht zerfallenen Nukliden in einer Probe deren Alter berechnen? (▸ S. 359)
- mindestens eine natürliche Zerfallsreihe nennen? (▸ S. 360)
- aus der Zerfallsart ermitteln, welches Element innerhalb einer Zerfallsreihe auf ein gegebenes folgt? (▸ S. 363)
- mithilfe der Nuklidkarte eine Zerfallsreihe vervollständigen? (▸ S. 363)
- anhand eines Energieniveauschemas eines Atomkerns die möglichen Energien der ausgesendeten γ-Strahlung ermitteln? (▸ S. 365)

Physikalische Größen – Mechanik

Größe	Symbol	Einheit	Gleichung oder Definition
Beschleunigung	a	$\frac{\text{m}}{\text{s}^2}$	$a = \frac{\Delta v}{\Delta t}$ für $\Delta t \to 0$
Corioliskraft	F_C	N (Newton)	$F_\text{C} = 2 \cdot m \cdot v \cdot \omega$
Drehmoment	M	N · m	$M = F \cdot r \cdot \sin\alpha$
Energie	E	J = N · m (Joule)	
Geschwindigkeit	v	$\frac{\text{m}}{\text{s}}$	$v = \frac{\Delta s}{\Delta t}$ für $\Delta t \to 0$
Gewichtskraft	F_G	N	$F_\text{G} = m \cdot g$
Gravitationskraft	F_G	N	$F_\text{G} = \gamma \cdot \frac{m_1 \cdot m_2}{r^2}$
Gravitationsfeldstärke	G^*	$\frac{\text{N}}{\text{kg}}$	$G = \frac{F_\text{G}}{m}$; in der Nähe der Erdoberfläche: $G = g$
Impuls	p	$\frac{\text{kg} \cdot \text{m}}{\text{s}}$	$p = m \cdot v$
kinetische Energie	E_kin	J	$E_\text{kin} = \frac{1}{2} m \cdot v^2$
Kraft	F	N	$F = m \cdot a$
Leistung	P	$\text{W} = \frac{\text{J}}{\text{s}}$	$P = \frac{E}{t}$
Masse, relativistisch	m	kg	$m = \frac{m_0}{\sqrt{1 - \frac{v^2}{c^2}}} = m_0 \cdot \gamma$
Temperatur	T	K (Kelvin)	$T = \left(\frac{\vartheta}{1\,°\text{C}} + 273{,}15\,\text{K}\right)$; ϑ = Temperatur in °C
Zentripetalbeschleunigung	a_Z	$\frac{\text{m}}{\text{s}^2}$	$a_\text{Z} = \frac{v^2}{r}$
Zentripetalkraft	F_Z	N	$F_\text{Z} = m \cdot \frac{v^2}{r}$

Physikalische Größen – Elektrizität und Magnetismus

Größe	Symbol	Einheit	Gleichung oder Definition
Bahnradius einer Ladung im B-Feld	r	m	$r = m \cdot \frac{v_\perp}{B \cdot q}$
B-Feld – eines stromdurchflossenen Leiters (außen) – im Innern einer langen, dünnen Spule	B	$\text{T (Tesla)} = \frac{\text{V} \cdot \text{s}}{\text{m}^2}$	 $B = \mu_0 \cdot \mu_\text{r} \cdot \frac{I}{2 \cdot \pi \cdot r}$ $B = \mu_0 \cdot \mu_\text{r} \cdot \frac{I \cdot N}{l}$
Elektrische Feldstärke – im Plattenkondensator	$\vec{E}$	$\frac{\text{N}}{\text{C}}$	$\vec{E} = \frac{\vec{F}_\text{el}}{q}$ $\lvert E \rvert = \frac{U}{d}$
Elektrische Kraft	F_el	N	$F_\text{el} = \frac{1}{4 \cdot \pi \cdot \varepsilon_0} \cdot \frac{Q_1 \cdot Q_2}{r^2}$
Elektrische Energie – im Radialfeld – im Plattenkondensator	E_el	J	 $E = \frac{Q_1 \cdot Q_2}{4 \cdot \pi \cdot \varepsilon_0} \cdot \frac{1}{r}$. $E = \frac{1}{2} \cdot Q \cdot U_\text{C} = \frac{1}{2} \cdot C \cdot U_\text{C}^2$
Elektrische Leistung	P_el	$\text{W} = \frac{\text{J}}{\text{s}} = \text{V} \cdot \text{A}$	$P = U \cdot I$
Elektrisches Potenzial im Radialfeld	φ	V (Volt)	$\varphi = \frac{Q}{4 \cdot \pi \cdot \varepsilon_0} \cdot \frac{1}{r}$

Größe	Symbol	Einheit	Gleichung oder Definition
Elektrische Spannung	U	V	$U = \|E\| \cdot d = \Delta\varphi$
Elektrische Stromstärke	I	A (Ampere)	$I = \frac{Q}{t}$
Elektrischer Widerstand	R	Ω (Ohm)	$R = \frac{U}{I}$
Energie des B-Feldes einer Spule	E	J	$E(t) = \frac{1}{2} \cdot L \cdot I(t)^2$
Geschwindigkeit eines geladenen Teilchens im elektrischen Feld	v	$\frac{\text{m}}{\text{s}}$	$v = \sqrt{\frac{2 \cdot e \cdot U_B}{m}}$
Hall-Spannung	U_H	V	$U_H = B \cdot \frac{I}{d} \cdot A_H$
Induktivität	L	H (Henry)	$L = \mu_0 \cdot \mu_r \cdot A \cdot \frac{N^2}{l}$
Induktionsspannung – durch Flächenänderung – durch B-Feld-Änderung – allgemein – Selbstinduktion	U_i	V	 $U_i = -N \cdot \frac{\Delta A}{\Delta t} \cdot B$; $U_i = -N \cdot \dot{A}(t) \cdot B$ $U_i = -N \cdot A \cdot \frac{\Delta B}{\Delta t}$; $U_i(t) = -N \cdot A \cdot \dot{B}(t)$ $U_i(t) = -N \cdot \dot{\Phi}(t)$ $U_i = -L \cdot \frac{\Delta I}{\Delta t}$; $U_i = -L \cdot \dot{I}$
Kapazität – im Plattenkondensator	C	F (Farad) = $\frac{\text{C}}{\text{V}}$	$C = \frac{Q}{U}$ $C = \varepsilon_0 \cdot \varepsilon_r \cdot \frac{A}{d}$
Kraft auf geraden Leiter	F	N	$F = I \cdot l \cdot B$
Lorentzkraft	F_L	N	$F = q \cdot v \cdot B$
Magnetischer Fluss durch eine Fläche	Φ	Wb (Weber) = V · s	$\Phi = B \cdot A$
spezifische Ladung (im Magnetfeld)	$\frac{e}{m}$	$\frac{\text{C}}{\text{kg}}$	$\frac{e}{m} = 2 \cdot \frac{U_B}{r^2 \cdot B^2}$
Zeitkonstante eines Kondensators	τ	s	$\tau = R \cdot C$

Physikalische Größen – Schwingungen und Wellen

Größe	Symbol	Einheit	Gleichung oder Definition
Amplitude	s_{max}	m (Meter)	Maximale Auslenkung
Ausbreitungsgeschwindigkeit	c	$\frac{\text{m}}{\text{s}}$	$c = \lambda \cdot f = \frac{\lambda}{T}$
Auslenkung – Schwingung – Welle	s	m	 $s(t) = s_{max} \cdot \sin(\omega t + \Delta\varphi)$ $s(t) = s_{max} \cdot \sin\left(2\pi\left(\frac{t}{T} - \frac{x}{\lambda}\right)\right)$
Eigenfrequenz – Federpendel – Fadenpendel – Schwingkreis	f_0 bzw. ω_0		 $f_0 = 2\pi \cdot \sqrt{\frac{D}{m}}$ $f_0 = 2\pi \cdot \sqrt{\frac{g}{l}}$ $\omega_0 = \sqrt{\frac{1}{L \cdot C}}$
Federkonstante	D	$\frac{\text{N}}{\text{m}}$	$D = \frac{F}{s}$
Frequenz	f	Hz (Hertz)	$f = \frac{1}{T}$

Größe	Symbol	Einheit	Gleichung oder Definition
Kreisfrequenz	ω	$\frac{1}{s}$	$\omega = 2\pi \cdot f = \frac{2\pi}{T}$
Periodendauer – Federpendel – Fadenpendel	T	s	$T = 2\pi \cdot \sqrt{\frac{m}{D}}$ $T = = 2\pi \cdot \sqrt{\frac{l}{g}}$
Phasenverschiebung	$\Delta\varphi$		Differenz der Nulldurchgänge zweier Wellen gleicher Wellenlänge
Wellenlänge	λ	m	

Physikalische Größen – Quantenobjekte, Atomphysik und Kernphysik

Größe	Symbol	Einheit	Gleichung oder Definition
Aktivität	A	Bq (Becquerel)	Zerfälle pro Zeit
Äquivalentdosis	H	Sv (Sievert)	
Halbwertszeit	$T_{\frac{1}{2}}$	s	Die Halbwertszeit $T_{1/2}$ ist die Zeitspanne, in der sich die Hälfte der Menge eines radioaktiven Nuklids umwandelt.
Zerfallskonstante	λ	$\frac{1}{s}$	$\lambda = \frac{\ln 2}{T_{1/2}}$

Physikalische Konstanten

Konstante	Symbol	Wert
Atomare Masseneinheit	u	$1{,}661 \cdot 10^{-27}\,\mathrm{kg}$
Elektrische Feldkonstante oder Dielektrizitätskonstante des Vakuums	ε_0	$8{,}8542 \cdot 10^{-12}\,\frac{\mathrm{A \cdot s}}{\mathrm{V \cdot m}}$
Elementarladung	e	$1{,}6022 \cdot 10^{-19}\,\mathrm{C}$
Gravitationskonstante	γ	$6{,}6743 \cdot 10^{-11}\,\frac{\mathrm{N \cdot m^2}}{\mathrm{kg^2}}$
Lichtgeschwindigkeit im Vakuum	c	$2{,}9979 \cdot 10^{8}\,\frac{\mathrm{m}}{\mathrm{s}}$
Magnetische Feldkonstante oder Permeabilität des Vakuums	μ_0	$1{,}2566 \cdot 10^{-6}\,\frac{\mathrm{V \cdot s}}{\mathrm{A \cdot m}}$
Plancksches Wirkungsquantum	h	$6{,}6260 \cdot 10^{-34}\,\mathrm{J \cdot s}$
Ruhemasse des Elektrons	m_e	$9{,}1094 \cdot 10^{-31}\,\mathrm{kg}$
Ruhemasse des Neutrons	m_p	$1{,}6749 \cdot 10^{-27}\,\mathrm{kg}$
Ruhemasse des Protons	m_n	$1{,}6726 \cdot 10^{-27}\,\mathrm{kg}$
Rydberg-Konstante	R_H	$1{,}0974 \cdot 10^{7}\,\frac{1}{\mathrm{m}}$
spezifische Ladung des Elektrons	$\frac{e}{m_e}$	$1{,}7588 \cdot 10^{11}\,\frac{\mathrm{C}}{\mathrm{kg}}$

Physikalische Gesetze

Name oder Inhalt	Bedeutung	Gleichung
Bragg-Bedingung	Trifft Röntgenstrahlung einer Wellenlänge λ unter einem Winkel ϑ auf parallele Netzebenen im Abstand d, dann kommt es zu konstruktiver Interferenz, wenn die Bragg-Bedingung erfüllt ist.	$n \cdot \lambda = 2d \cdot \sin\vartheta$ mit $n = 1, 2, 3$ ...
de-Broglie-Wellenlänge	Wellenlänge von Materiewellen	$\lambda = \frac{h}{p}$
Doppelspalt	Am Doppelspalt mit dem Spaltabstand g führt Interferenz zu Maxima im Abstand d_n. a ist der Abstand zwischen Gitter und Schirm. Die Beugung an den einzelnen Spalten der Spaltbreite b führt zu Minima bei d_k.	$d_n \approx \frac{n \cdot \lambda \cdot a}{g}$, mit $n = 1, 2, 3$ ... $d_k \approx \frac{k \cdot \lambda \cdot a}{b}$, mit $k = 1, 2, 3$ ...
Energie des Photons		$E = h \cdot f$
Gesetz von Malus	Tritt polarisiertes Licht durch einen Polarisator, dessen Transmissionsrichtung um den Winkel α gegenüber der Polarisationsrichtung verdreht ist, dann sinkt seine Intensität.	$I_A(\alpha) = I_P \cdot \cos^2\alpha$
Gitter, optisches	An einem Gitter mit der Gitterkonstanten g treten Interferenzmaxima im Abstand d_n von der optischen Achse auf. a ist der Abstand zwischen Gitter und Schirm.	$d_n = a \cdot \tan\left(\arcsin\left(\frac{n \cdot \lambda}{g}\right)\right)$
Harmonische Schwingungen	Können durch eine Differenzialgleichung beschrieben werden	$\ddot{s}(t) = -\frac{D}{m} \cdot s(t)$
Impuls des Photons		$p = \frac{h}{\lambda}$
Interferenz	Je nach Gangunterschied zwischen zwei sich überlagernden Wellen können sich diese verstärken oder abschwächen.	Auslöschung: $\Delta s = n \cdot \lambda$ maximale Verstärkung: $\Delta s = \left(n + \frac{1}{2}\right) \cdot \lambda$
Kondensator	Beim Entladen eines Kondensators folgen elektrische Ladung, Spannung am Kondensator und Stromstärke Exponentialgesetzen, mit $\tau = R \cdot C$ Zeitkonstante des Kondensators.	$Q(t) = Q_0(t) \cdot e^{-\frac{t}{\tau}}$ $U(t) = U_0(t) \cdot e^{-\frac{t}{\tau}}$ $I(t) = I_0(t) \cdot e^{-\frac{t}{\tau}}$
Lineares Kraftgesetz	Die Rückstellkraft eines schwingenden Systems ist proportional zur Auslenkung.	$F_{\text{rück}} = -D \cdot (s_0 - s)$
Radioaktiver Zerfall	Die Anzahl N der Kerne, die noch nicht zerfallen sind, nimmt exponentiell ab.	$N(t) = N_0 \cdot e^{-\lambda \cdot t}$, mit: $\lambda = \frac{\ln 2}{T_{\frac{1}{2}}}$
Rydberg-Formel	Bietet die Möglichkeit, alle erdenklichen Linien des Wasserstoffspektrums zu errechnen.	$\frac{1}{\lambda} = R \cdot \left(\frac{1}{n_1^2} - \frac{1}{n_2^2}\right)$
Schwingungsgleichung	Beschreibt die Auslenkung zu einem bestimmten Zeitpunkt.	$s(t) = s_{max} \cdot \sin(\omega t + \Delta\varphi)$
Stehende Wellen	auf einem Träger der Länge l bilden sich stehende Wellen unter folgenden Bedingungen:	gleiche Enden: $\lambda_n = \frac{2l}{n}$ ungleiche Enden: $\lambda_n = \frac{4l}{2n - 1}$
Thomsonsche Schwingungsgleichung	Ein Schwingkreis aus Kondensator und Spule ist ein harmonischer Oszillator mit der Eigenfrequenz $\omega_0 = \sqrt{\frac{1}{L \cdot C}}$.	$I(t) = -I_0 \cdot \sin(\omega_0 \cdot t)$ $U_C(t) = U_0 \cdot \cos(\omega_0 \cdot t)$ $U_L(t) = -U_0 \cdot \cos(\omega_0 \cdot t)$ $Q(t) = Q_0 \cdot \cos(\omega_0 \cdot t)$

Name oder Inhalt	Bedeutung	Gleichung
Transformator	Beim unbelasteten Transformator gilt: Beim belasteten Transformator gilt:	$\frac{U_1}{U_2} = \frac{N_1}{N_2}$ $\frac{I_1}{I_2} = \frac{N_2}{N_1}$
Unbestimmtheits-relation	Bei einem Quantenobjekt sind Ort und Impuls nie zugleich beliebig genau bestimmbar.	$\Delta x \cdot \Delta p \geq \frac{h}{4\pi}$
Wellengleichung	Beschreibt die Auslenkung zu einem bestimmten Zeitpunkt an einem bestimmten Ort.	$s(t) = s_{\max} \cdot \sin\left(2\pi\left(\frac{t}{T} - \frac{x}{\lambda}\right)\right)$

Die Erläuterung der Größen und Konstanten finden Sie auch in den vorhergehenden Tabellen.

Hall-Konstanten A_H in $\frac{m^3}{C}$

Aluminium	$-3{,}5 \cdot 10^{-11}$	**Gold**	$-7{,}2 \cdot 10^{-11}$	**Wolfram**	$1{,}2 \cdot 10^{-11}$
Bismut	$-5 \cdot 10^{-7}$	**Kupfer**	$-5{,}3 \cdot 10^{-11}$	**Zink**	$6{,}4 \cdot 10^{-11}$
Blei	$0{,}9 \cdot 10^{-11}$	**Platin**	$-2{,}0 \cdot 10^{-11}$	**Zinn**	$-0{,}3 \cdot 10^{-11}$
Cadmium	$5{,}9 \cdot 10^{-11}$	**Silber**	$-8{,}9 \cdot 10^{-11}$	**Indiumantimonid**	$-2{,}4 \cdot 10^{-4}$

Die Werte für Hall-Konstanten sind stark von der Temperatur und der Materialreinheit abhängig.
positive Werte: Löcher als Ladungsträger, negative Werte: Elektronen als Ladungsträger

Permittivitätszahlen ε (auch: Dielektrizitätskonstanten, relative Permittivitäten)

Ammoniak (0 °C)	1,007	**Ethanol**	25	**Holz**	3–10	**Porzellan**	2–6
Benzol	2,3	**Glas**	5–8	**Luft**	1,00059	**Sauerstoff**	1,00049
Erde, feucht	29	**Glimmer**	4–10	**Methanol**	32,6	**Stickstoff**	1,00053
Erde, trocken	3,9	**Gummi**	2,5–3	**Olivenöl**	3,1	**Vakuum**	1
Eis (0 °C)	3,0	**Helium**	1,00007	**Paraffin**	2,3	**Wasser**	80

Die Permittivitäten hängen u. a. von der Frequenz, der Temperatur und vom B- und E-Feld ab.
Werte für 20 °C, wenn nicht anders angegeben

Permeabilitätszahlen μ_r (auch: relative Permeabilitäten)

diamagnetische Stoffe ($0 \leq \mu_r < 1$)		paramagnetische Stoffe ($\mu_r > 1$)		ferromagnetische Stoffe ($\mu_r \gg 1$)	
Gold	0,999 971	Aluminium	1,000 022	Cobalt	80–200
Kupfer	0,999 994	Luft	1,000 000 4	Eisen	300–10 000
Quecksilber	0,999 966	Platin	1,000 257	Nickel	280–2500
Wasser	0,999 991	Sauerstoff, flüssig	1,000 003 4	Stahl	400–4500
Zink	0,999 986	Sauerstoff, gasförmig	1,000 001 9		

Halbwertszeiten

Isotop	Halbwertszeit	Isotop	Halbwertszeit	Isotop	Halbwertszeit	Isotop	Halbwertszeit
^{220}Rn	55,6 Sekunden	^{14}C	5730 Jahre	^{131}I	8 Tage	^{238}U	4 468 000 000 Jahre
^{222}Rn	3,8 Tage	^{137}Cs	30 Jahre	^{11}C	20,36 Minuten	^{235}U	703 800 000 Jahre

Brechzahlen *n*

für den Einfall von Licht der Wellenlänge 589,3 nm aus dem Vakuum ($n = 1$)

Augenlinse, menschlich	1,35–1,42	**Glas**	1,45–2,14	**Luft, trocken (0 °C)**	1,000 28
Benzol	1,501	**Glycerin**	1,473 99	**Methanol**	1,329
Bleikristall	bis 1,93	**Kochsalz**	1,54	**Plexiglas**	1,49
Diamant	2,417	**Kohlenstoffdioxid**	1,000 45	**Rübenzucker (30-%-Lsg.)**	1,38
Ethanol	1,3614	**Kronglas**	1,46–1,65	**Rübenzucker (80-%-Lsg.)**	1,49
Eis (0 °C)	1,309	**Kunststoff-Brillenglas**	bis 1,76	**Stickstoff**	1,000 30
Flintglas	1,56–1,93	**Leinöl**	1,486	**Wasser**	1,333

Je nach Materialreinheit sind Abweichungen möglich. Brechungszahlen für Gase unter Normbedingungen.

Vorgehensweise bei der Bearbeitung von Aufgaben

- Lesen Sie vor der Bearbeitung alle Aufträge durch.
- Notieren Sie stichwortartig anwendbare physikalische Regeln. Notieren Sie passende Formeln. Erstellen Sie einen Plan der Lösungsschritte.
- Beachten Sie die Operatoren (beschreiben, nennen, erklären, erläutern, deuten, ermitteln ...).

Operatoren

Analysieren:	diejenigen Bestandteile oder Eigenschaften eines Sachverhaltes herausarbeiten, die für die gegebene Fragestellung wichtig sind
Aufstellen einer Hypothese:	eine Vermutung formulieren, die sich anhand von Beobachtungen, Experimenten oder Untersuchungen begründen lässt
Begründen:	Sachverhalte auf Regeln, Gesetzmäßigkeiten oder kausale Zusammenhänge zurückführen
Beschreiben:	Sachverhalte und Zusammenhänge unter Verwendung der Fachsprache mit eigenen Worten wiedergeben
Bestätigen:	die Gültigkeit einer Aussage, die zu einem Experiment, zu Messdaten oder zu Schlussfolgerungen aus diesen gemacht wurde, feststellen
Beurteilen:	eine eigene Einschätzung eines Sachverhaltes formulieren, die mithilfe von Fachwissen und Fachmethoden gewonnen wurde und begründet werden kann
Deuten:	Zusammenhänge dahingehend untersuchen, wie sie erklärt werden können
Erklären:	unter Verwendung der Fachsprache nachvollziehbar auf allgemeine Aussagen und Gesetze zurückführen
Erläutern:	unter Verwendung der Fachsprache durch zusätzliche Informationen verständlich und anschaulich machen
Ermitteln:	rechnerisch, grafisch oder experimentell eine Lösung oder ein Ergebnis finden und formulieren
Erörtern:	Argumente und verschiedene Positionen zu einer Aussage oder einem Sachverhalt einander gegenüberstellen und zwischen ihnen abwägen
Herleiten:	die Bestimmungsgleichung einer naturwissenschaftlichen Größe aufstellen, aus bereits bekannten Größengleichungen mittels mathematischer Operationen
Nennen:	Sachverhalte, Begriffe, Daten lediglich aufzählen, ohne weitere Erläuterungen
Planen eines Experimentes:	zu einer gegebenen Fragestellung eine Experimentieranordnung finden oder eine Experimentieranleitung erstellen
Skizzieren:	das Wesentliche eines Sachverhaltes oder eines Ergebnisses übersichtlich grafisch darstellen
Vergleichen:	Gemeinsamkeiten, Ähnlichkeiten und Unterschiede zwischen mehreren Sachverhalten finden und formulieren
Zusammenfassen:	einen Sachverhalt auf die wesentlichen Punkte konzentriert wiedergeben

VEREINFACHTER AUSZUG AUS DER NUKLIDKARTE

Elemente

Hg 200,592 — Elementsymbol, Atommasse in u

Stabile Nuklide

O 16 99,757 — Elementsymbol, Massenzahl, Isotopenhäufigkeit in %

primordiale Nuklide (Nuklide, die mit der Erde entstanden)

Th 232 100, $1{,}4 \cdot 10^{10}$ a, α 4,012 — Elementsymbol, Massenzahl, Isotopenhäufigkeit in %, Halbwertszeit, Energie der Strahlung

instabile Nuklide (radioaktive Nuklide)

β^--Zerfall

Fr 225 4 min, β^- 1,6, γ 182 — Elementsymbol, Massenzahl, Halbwertszeit, Endpunktsenergie in MeV, Energie der γ Strahlung in keV

β^+-Zerfall oder Elektroneneinfang (ε)

Np 234 4,4 d, γ 1559, β^+ — Elementsymbol, Massenzahl, Halbwertszeit, Endpunktsenergie in MeV, Energie der γ Strahlung in keV

α-Zerfall

Pu 229 90 s, α 7,465 — Elementsymbol, Massenzahl, Halbwertszeit, Teilchenenergie in MeV

spontane Spaltung

▲ mit geringer Häufigkeit

Nuklide mit mehreren Zerfallsarten

Pa 229 1,5 d, ε, α 5,5 — Die Reihenfolge der Einträge und die Größe der Farbflächen symbolisiert vereinfacht die Häufigkeiten der Zerfallsarten.

Pa 230 17,4 d, ε, β^- 0,5, α 5,345, γ 952 — Für die untergeordnete Zerfallsart bedeutet
- kleines Dreieck in einer Ecke : ≤ 5 %.
- diagonale Teilung: 5 – 50 %.

At 220 3,71 min, β^-, α 5,943, γ 241 — Die Reihenfolge der Farben bleibt dabei gleich.

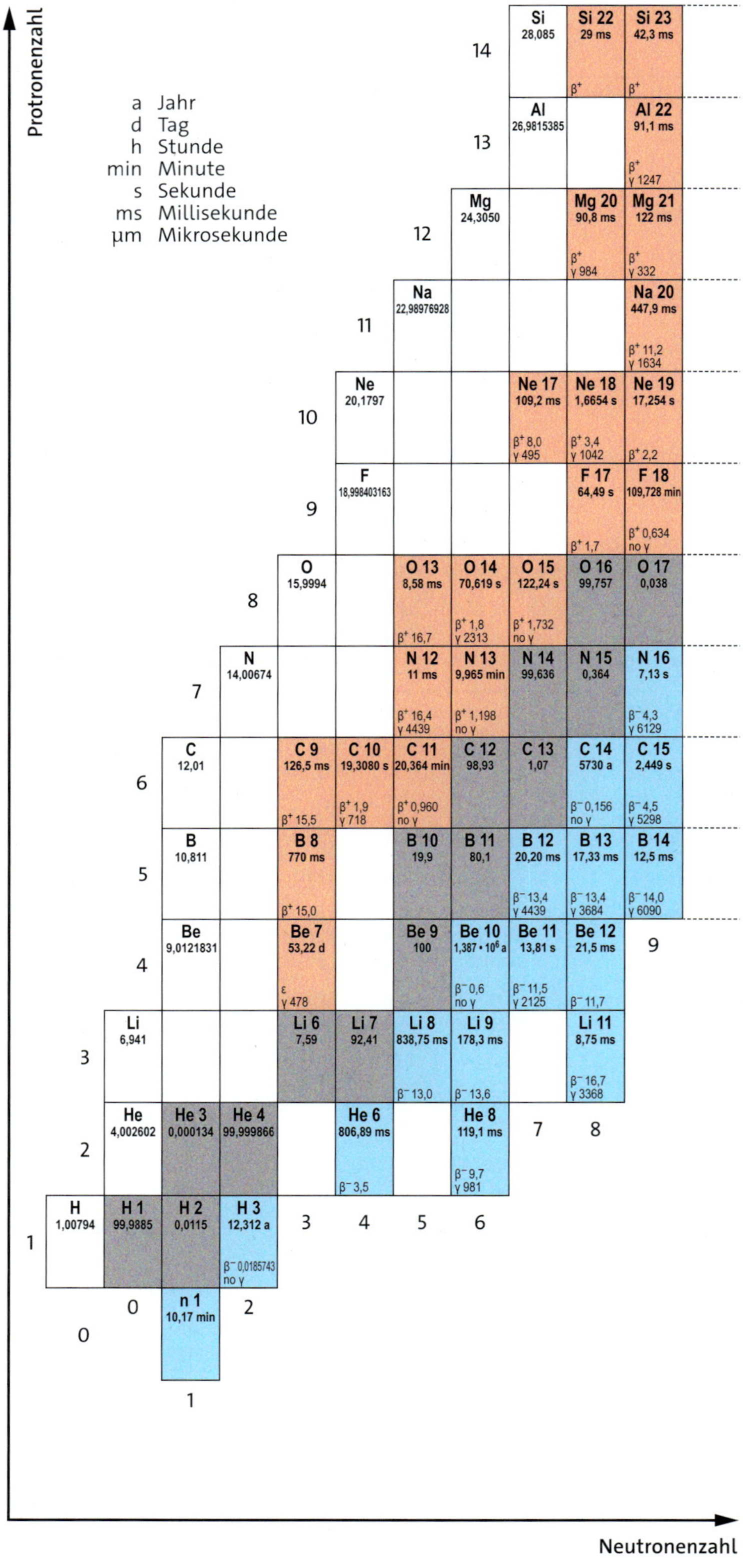

Protonenzahl \ Neutronenzahl	10	11	12	13	14	15	16	17	18	19
14	**Si 24** 140,5 ms β^+ 9,3 γ 664	**Si 25** 218 ms β^+ γ 452	**Si 26** 2,2453 s β^+ 3,8 γ 829	**Si 27** 4,15 s β^+ 3,8	**Si 28** 92,223	**Si 29** 4,685	**Si 30** 3,092	**Si 31** 157,36 min β^- 1,5	**Si 32** 153 a β^- 0,2 no γ	**Si 33** 6,11 s β^- 5,8 γ 1848
13	**Al 23** 446 ms β^+ γ 451	**Al 24** 2,053 s β^+ 4,4 γ 1369	**Al 25** 7,183 s β^+ 3,3	**Al 26** $7{,}17 \cdot 10^5$ a β^+ 1,2 γ 1809	**Al 27** 100	**Al 28** 2,245 min β^- 2,9 γ 1779	**Al 29** 6,56 min β^- 2,4 γ 1273	**Al 30** 3,62 s β^- 5,1 γ 2235	**Al 31** 644 ms β^- 5,7 γ 2317	**Al 32** 33 ms β^- γ 1941
12	**Mg 22** 3,8755 s β^+ 3,1 γ 583	**Mg 23** 11,3 s β^+ 3,1 γ 440	**Mg 24** 78,99	**Mg 25** 10,0	**Mg 26** 11,01	**Mg 27** 9,458 min β^- 1,8 γ 844	**Mg 28** 20,915 h β^- 0,5 γ 31	**Mg 29** 1,30 s β^- 4,4 γ 2224	**Mg 30** 335 ms β^- 6,1 γ 244	**Mg 31** 236 ms β^- γ 1613
11	**Na 21** 22,49 s β^+ 2,5 γ 351	**Na 22** 2,6018 a β^+ 0,5 γ 1275	**Na 23** 100	**Na 24** 14,997 h β^- 1,4 γ 1369	**Na 25** 59,6 s β^- 3,8 γ 975	**Na 26** 1,07128 s β^- 7,5 γ 1809	**Na 27** 301 ms β^- 8,0 γ 985	**Na 28** 30,5 ms β^- 14,0 γ 1474	**Na 29** 44,1 ms β^- 10,7 γ 55	**Na 30** 48 ms β^- 12,3 γ 1482
10	**Ne 20** 90,48	**Ne 21** 0,27	**Ne 22** 9,25	**Ne 23** 37,2 s β^- 4,4 γ 440	**Ne 24** 3,38 min β^- 2,0 γ 874	**Ne 25** 602 ms β^- 7,3 γ 90	**Ne 26** 197 ms β^- 7,3 γ 84	**Ne 27** 31,5 ms β^- 12,6 γ 63	**Ne 28** 20 ms β^- 12,2 γ 2063	**Ne 29** 15 ms β^- 15,7 γ 72
9	**F 19** 100	**F 20** 11,0 s β^- 5,4 γ 1634	**F 21** 4,158 s β^- 5,3 γ 351	**F 22** 4,23 s β^- 5,5 γ 1275	**F 23** 2,23 s β^- 8,5 γ 1701	**F 24** 0,34 s β^- γ 1982	**F 25** 50 ms β^- γ 1703	**F 26** 8,2 ms β^- 18,2 γ 2018	**F 27** 5 ms β^- γ 2018	
8	**O 18** 0,205	**O 19** 26,476 s β^- 3,3 γ 197	**O 20** 13,5 s β^- 2,8 γ 1057	**O 21** 3,42 ms β^- 6,4 γ 1730	**O 22** 2,25 s β^- γ 72	**O 23** 97 ms β^- γ 2243	**O 24** 65 ms β^- γ 1832			
7	**N 17** 4,173 s β^- 3,2 γ 871	**N 18** 0,619 ms β^- 9,4 γ 1982								
6	**C 16** 0,747 s β^- 4,7	**C 17** 193 ms β^- γ 1375								
5	**B 15** 9,93 ms β^- 16,0									

Protonenzahl \ Neutronenzahl	20	21	22	23	24	25	26	27	28
14	**Si 34** 2,77 s β^- 3,0 γ 1179	**Si 35** 0,78 s β^- γ 4101	**Si 36** 0,45 s β^- γ 175	**Si 37** 90 ms β^-	**Si 38** >1 µs	**Si 39** 47,5 ms β^-	**Si 40** 33,0 ms β^-	**Si 41** 20,0 ms β^-	**Si 42** 12,5 ms β^-
13	**Al 33** 41,7 ms β^- γ 1941	**Al 34** 56,3 ms β^- 12,7 γ 929	**Al 35** 37,2 ms β^- 13,2 γ 64	**Al 36** 90 ms β^-	**Al 37** 10,7 ms β^-	**Al 38** 7,6 ms β^-	**Al 39** 7,6 ms β^-		
12	**Mg 32** 86 ms β^- γ 2765	**Mg 33** 90,5 ms β^- 13,5 γ 1618	**Mg 34** 20 ms β^-	**Mg 35** 70 ms β^-	**Mg 36** 3,9 ms β^-				
11	**Na 31** 17,35 ms β^- 15,4 γ 51	**Na 32** 13,2 ms β^- γ 885	**Na 33** 8,0 ms β^- 0,8 γ 885	**Na 34** 5,5 ms β^- γ 885	**Na 35** 1,5 ms β^-				
10	**Ne 30** 5,8 ms β^- γ 151		**Ne 32** 3,5 ms β^-						
9	**F 29** 2,5 ms β^-								

Vereinfachter Auszug aus der Nuklidkarte
(Angaben nur zu häufigsten Energiewerten
und nur für den Grundzustand)

VEREINFACHTER AUSZUG AUS DER NUKLIDKARTE

Protronenzahl				112	113	114	115	116	117	118	119	120	121	122	123	124	125	126	127	128
92															**U** 238,02891			**U 218** 0,51 ms α 8,612	**U 219** ≈ 42 µs α 9,774	
91											**Pa** 231,03588			**Pa 213** 5,3 ms α 8,235	**Pa 214** 17 ms α 8,116	**Pa 215** 14 ms α 8,088	**Pa 216** 105 ms α 7,948 γ 134	**Pa 217** 3,6 ms α 8,337 γ 466	**Pa 218** 113 µs α 9,616 γ 92	**Pa 219** 53 ns α 9,90
90									**Th** 232.0377			**Th 210** 16 ms α 7,917	**Th 211** 37 ms α 7,792	**Th 212** 31,7 ms α 7,809	**Th 213** 144 ms α 7,690	**Th 214** 87 ms α 7,678	**Th 215** 1,2 s α 7,392 γ 134	**Th 216** 26,0 ms α 7,923 γ 629	**Th 217** 237 µs α 9,261 γ 822	**Th 218** 117 ns α 9,666
89								**Ac**		**Ac 207** 27,0 ms α 7,693	**Ac 208** 95 ms α 7,572	**Ac 209** 87 ms α 7,577	**Ac 210** 0,35 s α 7,462	**Ac 211** 0,21 s α 7,477	**Ac 212** 0,93 s α 7,38	**Ac 213** 738 ms α 7,360	**Ac 214** 8,2 s α 7,215 γ 139 ε	**Ac 215** 0,17 s α 7,60	**Ac 216** 440 µs α 9,064	**Ac 217** 69 ns α 9,65
88				**Ra**				**Ra 204** 59 ms α 7,484	**Ra 205** 0,21 s α 7,340	**Ra 206** 0,24 s α 7,270	**Ra 207** 1,38 s α 7,133	**Ra 208** 1,110 s α 7,133	**Ra 209** 4,8 s α 7,003	**Ra 210** 3,70 s α 7,016	**Ra 211** 13,2 s α 6,909	**Ra 212** 13,0 s α 6,899	**Ra 213** 2,73 min α 6,625 γ 110	**Ra 214** 2,435 s α 7,137 ε no β^+	**Ra 215** 1,66 ms α 8,70 γ 834	**Ra 216** 182 ns α 9,349
87	**Fr**				**Fr 200** 46 ms α 7,470	**Fr 201** 53 ms α 7,369	**Fr 202** 0,372 s α 7,238	**Fr 203** 549 ms α 7,131	**Fr 204** 1,8 s α 7,031	**Fr 205** 3,92 s α 6,916 γ 565	**Fr 206** 15,9 s α 6,792 ε γ 629	**Fr 207** 14,8 s α 6,767	**Fr 208** 59,1 s α 6,641 ε γ 636	**Fr 209** 50,5 s α 6,646 ε γ 798	**Fr 210** 3,18 min α 6,545 γ 126 ε	**Fr 211** 3,10 min α 6,537 ε γ 540	**Fr 212** 20,0 min ε α 6,262 γ 1274	**Fr 213** 34,14 s α 6,775	**Fr 214** 5,0 ms α 8,427	**Fr 215** 86 ns α 9,36
86	**Rn**		**Rn 197** 55 ms α 7,260	**Rn 198** 65 ms α 7,205	**Rn 199** 0,59 s α 6,989 ε	**Rn 200** 1,06 s α 6,902	**Rn 201** 7,0 s α 6,72 ε	**Rn 202** 9,7 s α 6,640 ε	**Rn 203** 45 s α 6,498 ε	**Rn 204** 1,24 min α 6,417 ε	**Rn 205** 2,83 min ε α 6,263 γ 265	**Rn 206** 5,67 min α 6,260 ε γ 498	**Rn 207** 9,3 min ε α 6,133 β^+ γ 345	**Rn 208** 24,4 min α 6,138 ε γ 427	**Rn 209** 28,8 min ε β^+ 2,2 γ 408 α 6,039	**Rn 210** 2,4 h α 6,041 γ 458	**Rn 211** 14,6 h α 5,784 γ 674	**Rn 212** 24 min α 6,264 γ	**Rn 213** 19,5 ms α 8,089 γ 854	**Rn 214** 0,27 µs α 9,036
85	**At**			**At 197** 381 ms α 6,960	**At 198** 4,2 s α 6,753	**At 199** 6,92 s α 6,643 ε	**At 200** 43,2 s α 6,464 ε γ 666	**At 201** 1,5 min α 6,344 ε γ 592	**At 202** 184 s ε γ 677 α	**At 203** 7,4 min ε α 6,088 γ 639	**At 204** 9,2 min α 5,951 γ 684	**At 205** 26,2 min ε α 5,902 γ 719	**At 206** 29,4 min ε β^+ 3,1 α 5,703 γ 701	**At 207** 1,8 h ε β^+ α 5,759 γ 815	**At 208** 1,63 h ε α 5,640 γ 686	**At 209** 5,42 h ε β^+ γ 545 α 5,647	**At 210** 8,1 h ε β^+ γ 1181 α 5,524	**At 211** 7,214 h ε α 5,8695	**At 212** 314 ms α 7,68 γ 63	**At 213** 125 ns α 9,079
84	**Po**			**Po 196** 5,60 s α 6,5220 ε	**Po 197** 53,6 s ε α 6,281	**Po 198** 1,760 min α 6,182 ε	**Po 199** 5,47 min ε γ 246 α 5,952	**Po 200** 11,5 min ε α 5,863 γ 671	**Po 201** 15,6 min ε α 5,683 γ 890	**Po 202** 44,6 min ε γ 689 α 5,588	**Po 203** 36,7 min ε β^+ α 5,384 γ 909	**Po 204** 3,53 h ε α 5,377 γ 884	**Po 205** 1,66 h ε β^+ α 5,22 γ 872	**Po 206** 8,8 d ε α 5,2233 γ 1032	**Po 207** 5,80 h ε β^+ γ 992	**Po 208** 2,898 a α 5,1152 ε	**Po 209** 125,2 a α 4,883 ε	**Po 210** 138,376 d α 5,30433	**Po 211** 516 ms α 7,450	**Po 212** 0,3 µs α 8,785
83	**Bi** 208,980			**Bi 195** 183 s ε β^+ γ 808 α 5,42	**Bi 196** 5,13 min β^+ γ 1049 α 5,153	**Bi 197** 9,33 min ε γ 855	**Bi 198** 10,3 min ε 1063	**Bi 199** 27 min ε β^+ γ 842	**Bi 200** 36,4 min ε β^+ γ 1027	**Bi 201** 103 min ε β^+ 2,2 γ 629	**Bi 202** 1,71 h ε β^+ γ 961	**Bi 203** 11,76 h ε β^+ 1,4 γ 820	**Bi 204** 11,22 h ε γ 899	**Bi 205** 14,91 d ε β^+ γ 1764	**Bi 206** 6,24 d ε β^+ γ 803	**Bi 207** 31,55 a ε β^+ γ 570	**Bi 208** $3,68 \cdot 10^5$ a ε γ 2615	**Bi 209** 100 $2,01 \cdot 10^{19}$ a α 3,077	**Bi 210** 5,012 d β^- 1,2 α 4,656	**Bi 211** 2,14 min α 6,6229 γ 351
82	**Pb** 207,2			**Pb 194** 12 min ε α 4,64 γ 582	**Pb 195** ≈ 15 min ε γ 384	**Pb 196** 36,4 min ε γ 253	**Pb 197** 8,1 min ε β^+ γ 386	**Pb 198** 2,4 h ε γ 290	**Pb 199** 90 min ε β^+ γ 367	**Pb 200** 21,5 h ε γ 148	**Pb 201** 9,33 h ε β^+ γ 331	**Pb 202** $5,25 \cdot 10^4$ a ε no γ	**Pb 203** 51,92 h ε γ 279	**Pb 204** 1,4	**Pb 205** $1,73 \cdot 10^7$ a ε no γ	**Pb 206** 24,1	**Pb 207** 22,1	**Pb 208** 52,4	**Pb 209** 3,234 h β^- 0,644 no γ	**Pb 210** 22,2 a β^- 0,02 γ 47 α 3,72
81	**Tl** 204,384			**Tl 193** 21,6 min ε β^+ γ 324	**Tl 194** 33 min ε β^+ γ 428	**Tl 195** 1,16 h ε β^+ 1,8 γ 564	**Tl 196** 1,84 h ε β^+ γ 426	**Tl 197** 2,84 h ε β^+ γ 426	**Tl 198** 5,3 h ε β^+ γ 412	**Tl 199** 7,42 h ε γ 455	**Tl 200** 26,1 h ε β^+ γ 368	**Tl 201** 3,0422 d ε γ 167	**Tl 202** 12,23 d ε γ 440	**Tl 203** 29,52	**Tl 204** 3,78 a β^- 0,8 no γ	**Tl 205** 70,48	**Tl 206** 4,202 min β^- 1,5	**Tl 207** 4,77 min β^- 1,4	**Tl 208** 3,053 min β^- 1,8 γ 2615	**Tl 209** 2,162 min β^- 1,8 γ 1567
80	**Hg** 200,592			**Hg 192** 4,85 h ε γ 275	**Hg 193** 3,80 h ε β^+ γ 187	**Hg 194** 520 a ε no γ	**Hg 195** 10,53 h ε β^+ γ 780	**Hg 196** 0,15	**Hg 197** 64,14 h ε γ 77	**Hg 198** 10,04	**Hg 199** 16,94	**Hg 200** 23,14	**Hg 201** 13,17	**Hg 202** 29,74	**Hg 203** 46,59 d β^- 0,2 γ 279	**Hg 204** 6,82	**Hg 205** 5,2 min β^- 1,5 γ 204	**Hg 206** 8,15 min β^- 1,5 γ 305	**Hg 207** 2,9 min β^- 1,8 γ 351	**Hg 208** ≈ 42 min β^- γ 474

Neutronenzahl

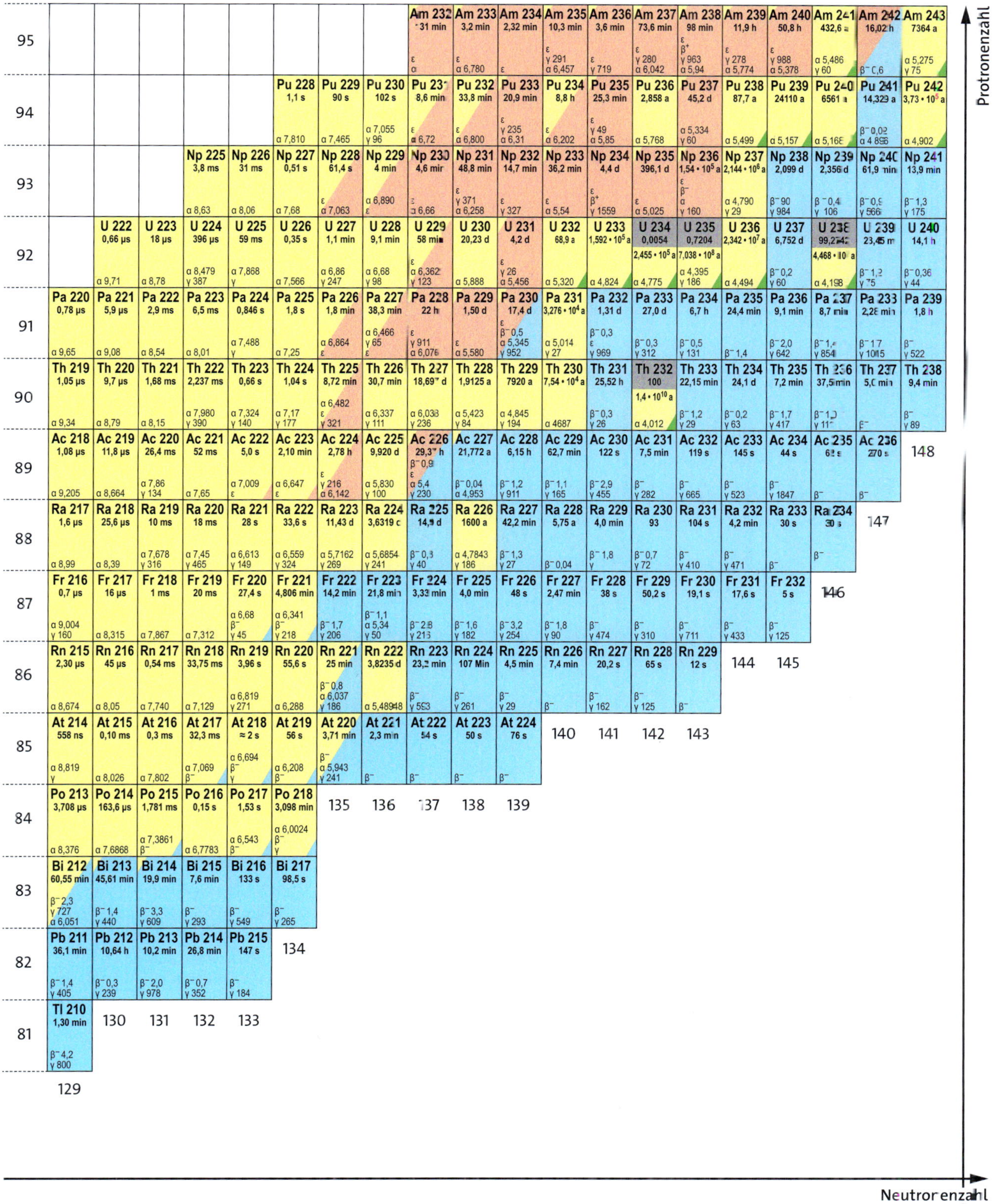
Protonenzahl
Neutronenzahl
95
94
93
92
91
90
89
88
87
86
85
84
83
82
81
129
130
131
132
133
134
135
136
137
138
139
140
141
142
143
144
145
146
147
148

STICHWORTVERZEICHNIS

M

N

O

P

Q

R

S

BILDQUELLENVERZEICHNIS

Titelbild: Shutterstock.com/andrey_l (Foto), SOFAROBOTNIK GbR, Augsburg (Wortbild-Marke); A. Hilger, I. Manke / HZB: 78/4; akg-images/Andrea Jemolo: 95/3, Catherine Bibollet: 201/5, Science Photo Library: 161/6; Alexander Lauterwasser, www.wasserklangbilder.de: 148/1, Andreas Schnederle-Wagner: 22/1, Anneke Emse: 160/1, 189/4+5, 190/3, 199/4, 200/2+3, 212/1, 213/8+9, 218/1, 221/3+6, 231/4B, 277/4, 370/1; Björn Mai, Tremsdorf: 185/4, 187/6; Bridgeman Images/Museum purchase funded by Anne H. Bushman, Loppe, Gabriel (1825-1913), 1902 (gelatin silver print): 15/4, Look and Learn: 294/1, Patrick Lecureuil/Novapix: 350; ClipDealer GmbH/Ulrich Schöttler: 358; coastersandmore.de: 126/2, 127/8; Cornelsen/Christo Libuda: 161/8; Cornelsen/Jochim Lichtenberger: 198/1; Cornelsen/Markus Gaa: 151/3; Cornelsen/newVision! GmbH, Bernhard A. Peter, Pattensen: 9/3, 11, 12/2, 13/4B+5B, 14/1+2, 15/5, 7+8, 16/2, 17, 18/1B, 2+3, 19-21, 22/2, 23/4, 24, 25, 26/1+3, 27/5, 28/2+3, 29, 30/3+5, 31, 32, 34, 35, 36/2, 37-39, 41, 42/1+3, 43/4+6, 44/2, 45/3+4, 46/2, 47/4B, 48-53, 54/1+4, 55, 60/u.r., 62/2+4, 63, 64/2-4, 65-67, 68/2+3, 69, 70/2, 71, 72, 73/3, 5+6, 74, 75, 76/3+4, 77/6-8, 78/3, 80, 81, 82/1+3, 83, 85/4, 5+7, 86/1, 87/4, 90/1+2, 91/4, 92/3, 93, 94/1, 95/4, 98, 99, 100/1, 2, 4-6, 106/3, 107-111, 113, 115-117, 120/2+4, 121/6+7, 122, 123, 127/5+6, 128/2, 129/5, 129/6, 134/3, 136, 137/3, 138/1A, 2+3, 140/1, 141, 142/1, 3+4, 143, 149/4, 150, 151/4+5, 152/2+3, 153, 156/1, 2+4, 157/5+7, 159, 160/3, 161/5, 162, 163, 164/2, 165/3+4, 166/3+4, 167/6+8, 168/2-4, 169-171, 172/3, 173-175, 176/2, 177, 179, 182/3+4, 183/7, 184/2, 185/3, 186/1, 2+4, 187/5+7, 188/2+3, 189/6+7, 191/5, 193, 194/2+3, 195/5, 196, 197, 199/5+6, 201/6+8, 202, 203, 205, 207/4, 209/4, 5+7, 210/2+4, 211/6, 212/2-5, 215/2, 5+6, 217/5, 218/2+3, 222/3, 223, 226/1, 228/3, 229/7+5, 230/2, 231/4A+5, 237, 242/2, 244, 246, 247/4, 248/2+3, 249-252, 253/4+6, 254/2, 255/5-7, 256, 257, 259/3+4, 260, 261/4, 262, 263, 264/2-4, 265-267, 268/1+2, 269/6, 270/2, 271/4-6, 272, 273, 274, 275/6-8, 276/2+3, 277/5, 278, 280-282, 284/2, 287, 291, 292, 296/3+4, 297/5, 298, 299/2, 300, 301, 305, 310/2, 311/3, 4, 6+7, 312-314, 315/3-5, 316/2+3, 317-325, 326/2+3, 327/4, 328/3, 329, 331/2+3, 332/2+3, 333-337, 343, 344/2, 345/3-5, 346, 347, 349/3, 351, 352/2+3, 353, 354, 359, 363, 364/2, 365, 367, 370/2, 372/4, 373, 374/2+3, 375; Cornelsen/Oliver Meibert, Berlin: 30/4; Cornelsen/Werner Wildermuth: 8, 9/5+8, 60/l.+o.r., 61, 64/1, 68/1, 77/9, 78/2, 87/6, 88/1+2, 89, 90/3, 91/5C, 92/2, 96/1-3, 97/4-6, 101, 106/2, 114/2, 118/1-3, 119/5, 124, 125, 126/3+4, 127/7, 130/1, 2+4, 131, 132, 133, 137/2, 138/1B, 139/4, 140/2B, 176/1, 183/5+6, 184/1, 190/2+4, 191/6, 192/2, 198/2+3, 200/1+4, 206, 207/3, 208/2, 209/1, 214, 217/3+4, 219/5+6, 220, 221/4+5, 224, 225/5, 226/2-4, 227/6-9, 230/3, 232-236, 268/4, 269/7, 271/3A, 285, 288, 295/4, 302, 303, 304/1-3, 311/5, 331/4, 348, 349/4+5, 355, 356, 360-362, 366, 368, 369/5, 370/3, 371, 372/1, 374/1, 384-387; Cornelsen/Werner Wildermuth, bearbeitet durch newVision!GmbH, Bernhard A. Peter, Pattensen: 148/2, 149/5, 154, 155, 157/6, 158/2, 160/1B, 2, 164/1, 166/2, 178; Deutsche Bahn/Oliver Lang: 76/1; dpa Picture-Alliance: 290/2; Dr. Thomas John, Grundpraktikum Physik, Universität des Saarlandes: 228/2; ENERCON GmbH: 120/3; ESA/Planck Collaboration: 299/3; EUROfusion, Culham Centre for Fusion Energy, UK Atomic Energy Authority: 5/r., 341; Experimente Physikalisches Institut, Albert-Ludwig-Universität Freiburg: 228/1; Fig.10b „The surface temperature distribution shown corresponds to t=2000 s for the CM" aus: MDPI and ACS Style: Monzón-Verona, J.M.; González-Domínguez, P.I.; García-Alonso, S.; Santana-Martín, F.J.; Cárdenes-Martín, J.F. ‚Thermal Analysis of a Magnetic Brake Using Infrared Techniques and 3D Cell Method with a New Convective Constitutive Matrix. Sensors 2019, 19, 2028. https://doi.org/10.3390/s19092028, https://www.mdpi.com/1424-8220/19/9/2028: 128/1; Forschungszentrum Jülich: 275/4; Foto „Fluorescent minerals" von Dr. Hannes Grobe/AWI/Wikimedia https://de.wikipedia.org/wiki/Datei:Fluorescent_minerals_hg.jpg - lizenziert unter CC BY-SA 2.5 (https://creativecommons.org/licenses/by-sa/2.5/deed.de): 326/1; Foto „Leuchtstoffröhre" von Dr. Patrick Bronner www.PatrickBronner.de http://www.physikdidaktik.uni-karlsruhe.de/software/hydrogenlab/Atomphysik/08_Stunde/Spektralanalyse/Leuchtstoff.htm - lizenziert unter CC BY-SA 3.0 https://creativecommons.org/licenses/by-sa/3.0/de/ (https://creativecommons.org/licenses/by-sa/2.5/deed.de): 328/1; Fruhmann GmbH NTL Manufacturer & Wholesaler: 10/2, 23/3, 62/3; Hans-Otto Carmesin: 10/3, 12/1, 13/3, 4A+5A, 14/3, 18/1A, 26/2, 27/4, 45/3+5, 62/1, 78/5, 79/7, 84/3, 85/6, 86/2, 87/5, 100/3, 114/3, 119/6, 121/5, 130/3, 243/4+5, 247/5, 254/3, 255/4, 258/2A, 259/5, 261/5, 264/1, 268/3, 270/1, 271/3B+3C, 283, 304/4; Image „Virgo detector (aerial photo) von The Virgo collaboration/CC0 1.0, https://www.ligo.caltech.edu/image, ligo20170927b - lizenziert unter CC0 1.0. (https://creativecommons.org/publicdomain/zero/1.0/deed.de): 230/1; Inka Katharina Pröhl: 194/1, 352/1, 369/3; interfoto e.k./Danita Delimont/Ellen Goff: 192/1, Science & Society: 344/1, 345/6; Laboratory for Ultrafast Microscopy and Electron Scattering, EPFL: 275/5; LEYBOLD /LD DIDACTIC GmbH, www.ld-didactic.de, Hürth: 30/2; Marc Evers, www.physikunterricht-online.de: 149/3, 242/3; Martin Piehler: 92/1; mauritius images/alamy stock photo/Chris Brown: 332/1, alamy stock photo/Kim Christensen: 73/4, alamy stock photo/lucag_g: 76/2, /alamy stock photo/Zoonar GmbH: 219/4, Science Source: 79/6, Westend61: 276/1; Mercedes-Benz Classic, Mercedes Benz AG: 10/1; NASA/Goddard: 165/5, 247/6, 253/5, 296/2, 91/5A+B, JPL: 28/1, 44/1, JPL-Caltech: 243/6; Panther Media GmbH/Andriy Popov: 114/1, Ingram Vitantonio Cicorella: 165/6, Tomasz Mikielewicz: 222/1; Peter Lingemann, dokspeicher.de: 195/4; Prof. Dr. Dietrich Zawischa (i.R.), Institut für Theoretische Physik, Leibnitz-Universität Hannover: 210/1; Rohde & Schwarz GmbH & Co. KG.: 47/4A; sciencephotolibrary/CLAUDE NURIDSANY & MARIE PERENNOU: 229/6, DAMIAN PEACH: 27/6, DAVID PARKER: 15/6, DR KLAUS BOLLER: 46/1A, Giphotostock: 152/1, KING'S COLLEGE LONDON ARCHIVES: 222/2, LAURENT LAVEDER: 215/4, LIVING ART ENTERPRISES, LLC: 295/5, O'Meara, Stephen & Donna: 330, POWER AND SYRED: 213/7, Science Photo Library: 290/1, Science Source/Charles D. Winters: 216/2; Shutterstock.com/Africa Studio: 166/1, Artem Orlyanskiy: 254/1, ChiccoDodiFC: 297/8, Chukov: 328/2A, Cre8tive Images: 183/8, creativetan: 42/2, Cristian Gusa: 213/6, Dobos Bella Noemi: 4/o.l., 147, ersin ergin: 3/r., 105, 119/4, Ewa Studio: 316/1, Free Belarus: 172/1B, Giedriius: 94/2, ginger_polina_bublik: 84/1, Goldsithney: 258/1, Heiti Paves: 242/1, hlopex: 201/7, IanRedding: 315/2, IrinaK: 186/3, itsmejust: 293, IvaFoto: 16/1, Jeff Warneck: 357, Kim Christensen: 5/l., 309, Koldunov: 36/1, ktsdesign: 128/3, kuruneko: 204/1, Larina Marina: 225/4, Lianys: 126/1, M. Schuppich: 161/7, maxim ibragimov: 43/5, mendlerdaniel: 172/2B, Menno van der Haven: 210/3, MIKHAIL GRACHIKOV: 284/1, MPH Photos: 134/1, MTrebbin: 4/r., 241, Pan Xunbin: 46/1B, peresanz: 310/1, POP_Studio: 3/o.l., 7, robert8: 77/9, ShutterStockStudio: 3/u.l., 59, sl_photo: 182/1, Steve Carroll: 106/1, Supawadee56: 294/2, Tyler Olson: 295/3; stock.adobe.com/Africa Studio: 167/7, Alex Staroseltsev: 4/u.l., 181, Archivist: 156/3, Daniel Jedzura: 172/2A, David Hense: 120/1, Delennyk: 227/5, dhallcaballero: 327/5, Dutourdumonde: 188/1, euthymia: 172/1A, focus finder: 182/2, jdostalm@volny.cz/Jan Dostál: 129/4, Kim: 54/3, Lukas Bast: 209/6, Markus Bormann: 70/1, mekcar: 142/2, nito: 364/1, pixs: sell: 84/2, Sergey Borisov/sborisov: 209/o.r., tippapatt: 168/1, tournee: 158/1, vchalup: 296/1; Tanja Stimpel, 2003, Universität der Bundeswehr München, Institut für Physik: 248/1; Wiebke Salzmann: 30/1, 82/2, 139/5, 190/1, 204/2-4, 208/1, 211/5, 215/3, 216/1, 279, 328/2B.

Datenquellen:
Bundesanstalt für Materialforschung und -prüfung: 322/1, Drake, F. D. (1971): Radio Observations of the Crab Nebula Pulsar. In: Davies, R. D., Smith, F. G. (Herausgeber): The Crab Nebula. International Astronomical Union / Union Astronomique Internationale (Symposium No. 46 Held at Jodrell Bank, England, August 5–7, 1970), vol 46. Springer, Dordrecht: 253/6, Gubbins, D. (2008): Earth science – Geomatgnetic reversals. Nature 452(7184):165-7: 132/3, Ihling, C., Tänzler, D., Hagemann, S., Kehlen, A., Hüttelmaier, S., Arlt, C., Sinz, A. (2020): Mass Spectrometric Identification of SARS-CoV-2 Proteins from Gargle Solution Samples of COVID-19 Patients. J. Proteome Res.: 92/2, Helmholtz-Zentrum Dresden Rossendorf / Ionenstrahlzentrum FWIZ: 323/5, LIGO – Laser Interferometer Gravitational-Wave Observatory: 230/2, Mayer-Kuckuk, T. (1979): Kernphysik. Stuttgart, Teubner: 355/2, National Geophysical Data Center (U.S.A), British Geological Survey (World Magnetic Model): 132/1, Niedersächsischer Landesbetrieb für Wasserwirtschaft, Küsten- und Naturschutz: 374/1, Solar Influences Data Analysis Center, World Data Center for the Sunspot Index, at the Royal Observatory of Belgium: 91/5, Standish, E. M., Williams, J. G. (2006): Orbital Ephemerides of the Sun, Moon, and Planets. In: Seidelman, P. K. (Hrsg.): Explanatory Supplement to the Astronomical Almanac. University Science Books: 28/3+5.